东北林业大学研究生教育教学质量工程

高等学校"十二五"规划教材·市政与环境工程系列研究生教材

# 环境生物技术：
# 典型厌氧环境微生物过程

李永峰　李巧燕　王　兵　秦必达　著

张国财　主审

哈尔滨工业大学出版社

# 内容简介

本书共包括4篇:第1篇系统论述了对厌氧生物处理过程微生物、厌氧过程的有机物转化、厌氧生物处理过程的控制、厌氧生物处理工程的设计等;第2篇详细介绍了产甲烷菌以及相关的研究方法和在工业方面的应用;第3篇全国阐述了硫酸盐还原菌及在污染物去除方面的应用;第4篇全面分析了厌氧发酵产氢机理及其实验产氢研究。

本书可作为微生物学、环境微生物学、环境科学及工程专业的研究生或高年级本科生教材,并可供从事微生物学、环境保护等教学与科研人员参考。

## 图书在版编目(CIP)数据

环境生物技术:典型厌氧环境微生物过程/李永峰
等著. —哈尔滨:哈尔滨工业大学出版社,2014.8
(市政与环境工程系列)
ISBN 978-7-5603-4800-1

Ⅰ.①环…　Ⅱ.①李…　Ⅲ.②厌氧微生物 – 厌氧处理
– 高等学校 – 教材　Ⅳ.①X703

中国版本图书馆 CIP 数据核字(2014)第 134447 号

策划编辑　贾学斌
责任编辑　李广鑫
出版发行　哈尔滨工业大学出版社
社　　址　哈尔滨市南岗区复华四道街 10 号　邮编 150006
传　　真　0451 – 86414749
网　　址　http://hitpress. hit. edu. cn
印　　刷　哈尔滨市工大节能印刷厂
开　　本　787mm×1092mm　1/16　印张 47　字数 1110 千字
版　　次　2014 年 8 月第 1 版　2014 年 8 月第 1 次印刷
书　　号　ISBN 978-7-5603-4800-1
定　　价　98.00 元

(如因印装质量问题影响阅读,我社负责调换)

# 《环境生物技术:典型厌氧环境微生物过程》编写人员名单与分工

# 前　言

随着人类社会的不断发展和进步,工业文明在进步的同时也给环境带来了严重的污染问题,环境污染的治理工作也就越来越受到人们的重视。尤其是水体污染,加重了中国本身就匮乏的水资源的短缺,环顾中国,人均水资源拥有量只有全世界平均水平的四分之一,所以治理水污染,开拓治理新方法、新工艺,力求解决水污染,使其资源化,迫在眉睫且任重道远。在水污染中,最受重视的是有机物的污染,其次是有关氮和磷的污染,有关硫在水体中的危害还没有引起足够的重视,但这必将成为各国的焦点问题之一。

厌氧消化是厌氧微生物以废水中构成 BOD 的有机污染物为基质,进行厌氧发酵降解的过程。在这个过程中各类菌群参与其中并各自发挥至关重要的作用。本书系统介绍了厌氧微生物的作用机理及其在各行业中的应用。

全书共分为 4 篇。第 1 篇介绍了厌氧生物处理过程微生物、厌氧过程的有机物转化、厌氧生物处理过程的控制、厌氧生物处理工程的设计等,并与厌氧处理技术有机地结合在一起。另外较全面地论述了目前国内外现有的废水厌氧生物处理工艺的工作原理、运行特性和设计方法,并详细地介绍了厌氧生物技术对含有不同有机废物的各种工业废水的处理方法;第 2 篇系统介绍了产甲烷菌以及相关的研究方法和在工业方面的应用。内容共分为八章,包括产甲烷菌的分类、生态多样性、生理特性、基因组研究,同时介绍了厌氧反应器中的产甲烷菌的多样性。另外还阐述了甲烷的产生机制,最后介绍了产甲烷菌的研究方法和产甲烷菌的工业应用。第 3 篇全面阐述了硫酸盐还原菌的分类、系统发育学、生理学、自然生态学、在厌氧处理工艺中的硫酸盐还原菌生态学,也介绍了油田中的硫酸盐还原菌的作用、危害与处理,脱硫弧菌属的分子生物学知识。第 4 篇阐述了硫酸盐还原的厌氧工艺,硫酸盐还原菌在环境污染治理中的应用,包括处理各种重金属废水、抗生素废水、青霉素废水等。第 4 篇详细分析了厌氧生物制氢的 3 种主要的不同发酵代谢类型,以及各发酵代谢类型稳定运行特征、各生态因子,如温度、pH 值、生物量等对厌氧发酵制氢产氢效能的影响,着重介绍了通过有机负荷和 pH 的变化实现乙醇型发酵的快速启动、厌氧发酵生物制氢的纯培养工艺、生物载体强化对乙醇型发酵的影响。另外还介绍了污泥强化厌氧发酵生物制氢、菌种强化厌氧发酵生物制氢、活性炭载体强化乙醇型发酵产氢效能、利用 UASB 反应器发酵制氢系统的启动和运行特征,以及 BP 神经网络并对其建模。

本书由东北林业大学、黑龙江八一农垦大学、上海工程技术大学和中国环境科学研究院的专家撰写。使用本教材的学校可免费获取电子课件。可与李永峰教授联系（dr_lyf@163.com）。本书的出版得到黑龙江省自然科学基金（No. E201354）、上海市科委重点技术攻关项目（No. 071605122）"、"上海市市教委重点科研项目（No. 07ZZ156）和国家"863"项目（No. 2006AA05Z109）的技术成果和资金的支持,特此感谢!

　　本书在撰写过程中参考了许多中外文献,尤其参阅了李永峰教授的硕士、博士论文,在此向文献作者表示诚挚的谢意。由于作者的水平有限,加之科技的发展日新月异,所以本书的内容还是不完善的,仍有不少疏漏之处,敬请广大读者及同行专业批评指正。

　　谨以此书献给李兆孟先生(1929 年 7 月 11 日—1982 年 5 月 2 日)。

作者

2014 年 1 月

# 目 录

## 第1篇 厌氧微生物与厌氧系统过程

# 第 3 篇　硫酸盐还原菌及其工艺

# 第1篇
# 厌氧微生物与厌氧系统过程

本篇提要:本篇分别对厌氧生物处理过程微生物、厌氧过程的有机物转化、厌氧生物处理过程的控制、厌氧生物处理工程的设计等进行了全面论述和介绍,并与厌氧处理技术有机地结合在一起。本篇不仅详细阐述了厌氧消化的基础理论,而且较全面地论述了目前国内外现有的废水厌氧生物处理工艺的工作原理、运行特性和设计方法,并详细介绍了厌氧生物技术对含有不同有机废物的各种工业废水的处理方法。

# 第1章 废水生物处理微生物学

国际上称有机废水的厌氧生物处理为厌氧消化,中国习惯称之为沼气发酵,前者侧重于有机物的厌氧分解,后者侧重于沼气的生产。早在4000多年以前,天然气就作为燃料在我国四川省大范围应用;在西方,古罗马时期就记载了地下冒出天然气的现象。因为天然气中95%的成分是甲烷,所以最初的天然气形成可能是植物和其他有机物发酵形成的。1630年,Van Helment记述了15种气体,其中的一种可燃气体是由有机物腐烂产生的,同时在动物肠道内也存在这种气体。1776年,意大利物理学家Alexander Valta发现沼泽中可产生可燃气体,他发现当用木棍搅动湖底沉淀物时,有许多气泡冒出水面,他认为这种气体与湖泊底部的沉积物腐烂分解有关,他分析了气体成分,了解到这种气体可以燃烧。这篇文章成为研究甲烷气体来自植物体分解的最早的文章,人们将这种自然界的可燃气体称为Valta气体。1808年,Humphriey Davy在实验室里将牛粪产生的沼气收集起来并保存在真空的曲颈瓶里,对其进行研究。

早在1676年,荷兰人Anthony Van Leeuwenhoek就用自制的单片显微镜观测到了污水、牙垢、腐败有机物中的细菌,并称之为"微动体",但并未引起广泛关注。直到1857年,法国人Louis Pasteur通过曲颈瓶实验彻底推翻了以往生命的自然发生说,确立了胚种学说,该学说称:细菌的存在是物体腐败的真正原因。根据这个理论,Pasteur利用富集培养物进行酒精发酵、乳酸发酵、醋酸发酵等,并得出"不同的发酵产物是由不同的细菌引起的"这一结论。有了这个理论基础,1868年,Pasteur的学生Bechamp第一个指出,甲烷的产生也是由微生物作用引起的,他还发现,用乙醇作为唯一碳源,碳酸盐作为缓冲剂的厌氧富集物中可以产生甲烷。这是甲烷产生于简单有机物的第一个证据。随后,在1875年,俄国学者Popoff将纤维素混入污泥中,同样产生了甲烷。1882年,Tappeiner花了很长时间研究反刍动物的消化物,进一步证明了甲烷来自于微生物。他将 3 个相同的植物材料与反刍动物肠道微生物一起培养,一个培养物中加入防腐剂阻止细菌生长,但不影响可溶性酶;第二个培养物经过高温煮沸,杀死细菌和酶;第三个则不做任何处理。结果发现,只有未做处理的培养物有甲烷产生。

但是由于当时的微生物学技术有限,没人能将发酵液中的菌种分离。直到 1906 年,Sohngen 培养出一种八叠球菌和杆状细菌的共生培养物,遗憾的是他未能将它们进一步分离鉴定。Delft 理工大学博士 Schnellen 继续了 Sohngen 的工作,分离出两个纯种——甲烷八叠球菌属和甲烷杆菌属,将其命名为 *Methanosarcina barker* 和 *Methanobacterium formicicum*。不过,虽然人们清楚了厌氧消化过程中产生的甲烷来自微生物,但对产甲烷菌以及它们的生理生化特性仍一无所知。

1967 年,Bryant 发现乙醇转化为甲烷的过程并非人们以往认为的那样由一种微生物完成,而是由两种共生菌一起完成的。其中一种微生物先把大分子乙醇转化为乙酸和氢气,另一种微生物再利用氢气把二氧化碳转化为甲烷。这个发现表明能够被产甲烷微生物利用的底物种类是有限的,其主要种类包括乙酸、氢气、碳酸氢盐、甲醛和甲醇。

今天我们知道,产甲烷微生物在亲缘关系上既不属于真核生物,也不属于原核生物。人们把它们归于与原核生物极其接近的古细菌。古细菌在分子生物学角度明显区别于原核生物,尤其是在 DNA 组成方面。产甲烷细菌的细胞壁组成也与其他细菌不同。由于细胞壁中不含胞壁酸,产甲烷菌对作用于细胞壁的高效抗菌素,如青霉素、右旋环丝氨酸、万古霉素、头孢菌素等均不敏感。而最令人感兴趣的是产甲烷菌具有从底物转换为甲烷过程中获得能量的能力,也有一些其他细菌虽然能产生甲烷,但它们不能从产甲烷过程中获取能源。

厌氧消化是一种普遍存在于自然界的微生物过程,凡是在有水和有机物存在的地方,在氧气不足或有机物含量过多的情况下,就存在厌氧消化。厌氧消化常发生在沼气淤泥、海底、湖底和江湾的沉积物,污泥和粪坑,牛及其他一些反刍动物的瘤胃,废水及污泥的厌氧处理构筑物等地方。厌氧消化使有机物经厌氧分解而产生 $CH_4$、$CO_2$、$H_2S$ 等气体。

厌氧消化是一种多菌群多层次的厌氧发酵过程,有些种群之间呈互营共生性,培养分离和鉴定细菌的技术难度非常大,所以尽管厌氧消化普遍存在,但人们对这一过程的研究和认识仍有很大的局限性。

厌氧消化系统有稳定和不稳定之分。当进行间歇性发酵(一次性加料发酵)时,随着最初基质不断向中间产物转移,当中的微生物组成及优势种群也随之不断更替,形成不稳定生态系统;当进行连续发酵(连续进料和排料)时,由于基质组成和环境条件基本稳定,微生物组成及优势种群也相对稳定,从而形成比较稳定的生态系统。理论上讲,稳定的厌氧消化生态系统易于研究厌氧消化微生物种群,但由于发酵原料的组成和控制发酵条件的实际情况千差万别,加之接种物的来源亦不尽相同,给厌氧微生物种群的研究带来很大的困难。

在厌氧消化系统中,细菌是数量最多、作用最大的微生物。细菌以厌氧菌和兼性厌氧菌为主,参与有机物逐级降解的细菌依次为水解发酵细菌、产氢产乙酸细菌、产甲烷细菌三大类群,另外还存在一种同型产乙酸细菌,它们能将产甲烷菌的一组基质 $CO_2/H_2$ 横向转化为另一种基质 $CH_3COOH$。在某些系统(如城市污泥消化系统)中,也能观察到数量庞大的好氧菌,可能是随进料带入消化系统的。真菌(主要是丝状真菌和酵母)虽然也能存活,但数量较少,作用尚不十分清楚;藻类和原生动物偶有发现,但数量稀少,作用不大。

根据有机物在厌氧消化过程中的 3 个转化阶段以及参与的微生物种群,可将厌氧消化过程做如下理解:

首先,蛋白质、纤维素、淀粉、脂肪等不溶性的大分子有机物经水解酶的作用,在溶液中分解为水溶性的小分子有机物(如氨基酸、脂肪酸、葡萄糖、甘油等)。而后,发酵细菌摄入这些小分子水解产物,经一系列生化反应后生成代谢产物并将之排出体外。由于发酵细菌种群有别,代谢途径各异,所以代谢产物也各不相同。在多种代谢产物中,能够被产甲烷菌直接吸收利用的包括无机产物 $CO$、$H_2$ 以及有机产物甲酸、甲醇、甲胺和乙酸,产甲烷菌将这些产物转化为 $CH_4$、$CO_2$,其他多碳类代谢产物,如丙酸、丁酸、戊酸、己酸、乳酸等有机酸以及乙醇、丙酮的有机物则不能被产甲烷菌直接利用,必须经过产氢产乙酸菌进一步转化为氢和乙酸之后,才能被产甲烷菌吸收利用,转化为甲烷和二氧化碳。

# 1.1　发酵细菌群

厌氧消化反应器内的发酵性细菌是指在厌氧条件下,将多种复杂有机物水解为可溶性物质,并将可溶性有机物发酵生成乙酸、丙酸、丁酸、氢和二氧化碳的菌类。因此,也有人称发酵细菌为水解发酵性细菌或产氢产酸菌。

## 1.1.1　发酵细菌的种类

厌氧处理污水中的有机物种类繁多,生物大分子物质包括碳水化合物(淀粉、纤维素、半纤维素和木质素等)、脂类、蛋白质和其他含氮化合物。因此发酵细菌是一个庞大而复杂的细菌群,已研究过的就有几百种。在中温厌氧消化过程中,有梭状芽孢杆菌属(*Clostridium*)、拟杆菌属(*Bacteriodes*)、丁酸弧菌属(*Butyrivibrio*)、真细菌属(*Eubacterium*)、双歧杆菌属(*Bifidbcterium*)和螺旋体等属的细菌。在高温厌氧消化器中,有梭菌属和无芽孢的革兰氏阴性杆菌。还存在一些链球菌和肠道菌等兼性厌氧细菌。菌群主要包括纤维素分解菌、木聚糖(半纤维素)分解菌、果胶分解菌、淀粉分解菌、木质素分解菌、脂肪分解菌、蛋白质分解菌等。

1. 纤维素分解菌

地球上每年光合作用产物以干重计算约为 $150 \times 10^9$ t,其中近一半是纤维素和木质素。这些纤维素除少量被燃烧外,绝大部分被微生物分解。

好氧条件下,纤维素易被细菌和真菌分解。自从 Hungate 厌氧技术发明之后,首先从瘤胃中分离到多株厌氧纤维素分解菌,多数为革兰氏染色阴性无芽孢杆菌和革兰氏染色阳性球菌。琥珀酸拟杆菌(*Bacteroides succinagenes*)是 Hungate 分离到的第一个重要的纤维素分解菌,后来又有包括 Stesarl 在内的许多学者分离过此菌,并对该菌的生理学特性进行了详细研究。瘤胃中的另一个数量较大的纤维素分解菌是溶纤维丁酸弧菌(*Butyrivibrio fibrisolbens*)。重要的球菌是金黄瘤胃球菌(*Ruminococcus flatefaciens*)和白色瘤胃球菌。瘤胃中还分离到梭状芽孢杆菌的洛氏梭菌(*C. lochheadii*)、长孢梭菌(*C. longisporum*)和产纤维二糖梭菌(*C. cellobioparus*),这些细菌在瘤胃中的数量并不多。除此之外,从瘤胃中还分离到为数不多的溶纤维真杆菌(*Eubacterium cellulosoliens*)和嗜热的梭菌。

有些纤维素分解菌为专性厌氧菌,适宜弱酸或弱碱的酸碱环境(pH 值为 6.5 ~ 7.7),适宜温度为 20～40 ℃,发酵纤维素、纤维二糖和葡萄糖产生氢气、二氧化碳、乙酸和少量乙醇、丙醇和丁醇。发酵纤维素的过程可能会有纤维二糖和葡萄糖的积累,当纤维二糖过量存在时,一种易与碘结合的多糖便会在培养基中积累,饥饿时这种多糖就可被代谢。

### 2. 木聚糖(半纤维素)分解菌

木聚糖也称为半纤维素,是一种戊糖或己糖与糖醛酸的多聚物。因为木聚糖在结构上与纤维素无关,所以"半纤维素"的名称已经停止使用。木聚糖是植物细胞壁的主要成分之一,一年生植物的多聚体含量很高,占干重的 10%～20% 左右,玉米秸和穗轴中的木聚糖高达 30% 左右。

木聚糖可被许多真菌和细菌直接好氧分解,最终被氧化为二氧化碳和水。在厌氧条件下,从瘤胃中发现主要的木聚糖分解菌是革兰氏阴性的、不生芽孢的杆菌和球菌。如瘤胃生拟杆菌(*Bacteroides ruminicola*)、溶纤维拟杆菌(*B. fibrisolvens*)和溶纤维丁酸弧菌(*Butyrivibrio fiblvensriso*)都可以水解木聚糖,并利用水解产物 D - 木聚糖作为碳源和能源。

木聚糖的分解速度比纤维素快,能分解纤维素的生物大多数也能分解木聚糖,而有许多不能分解纤维素的微生物却能分解木聚糖,因此参与木聚糖分解过程的微生物种类及数量要多于分解纤维素过程。

### 3. 果胶分解菌

果胶是一种复杂的植物多糖,存在于所有植物的细胞壁和细胞间质中,用来粘连相邻的细胞,薄壁组织中含有丰富的果胶,但木质部的果胶含量较少。在植物残体中的干物质中,果胶占 15%～30%。分解果胶的好氧菌种类繁多,瘤胃中分解果胶的细菌有多毛螺菌(*Lachnaspira mutiparus*)、溶纤维素拟杆菌(*B. fibrisolvens*)、瘤胃生拟杆菌、产琥珀酸拟杆菌(*B. succinogenes*)、瘤胃螺旋体和大的瘤胃密螺旋体。

### 4. 淀粉分解菌

淀粉是高等植物能量贮存的主要方式。瘤胃中许多微生物利用淀粉作为唯一能源。瘤胃中主要的淀粉水解菌是嗜淀粉拟杆菌(*B. amylophilus*),它对淀粉颗粒有很强的附着能力。其他瘤胃中水解淀粉的细菌还包括牛链球菌(*Streptococcus bovis*)、反刍形单孢菌(*Selemomvnas ruminantium*)、溶淀粉琥珀酸单孢菌(*Succinomonas amylolyticu*)、瘤胃生拟杆菌(*B. ruminicola*)、瘤胃螺旋体及原生动物等。

### 5. 木质素分解菌

木质素是植物体的重要组成部分,其含量仅次于纤维素和木聚糖。木材中木质素的含量约占 18%～30%。木质素包埋在植物组织中,位于细胞壁次生层内。木质素是生物降解最慢的植物组分,它有一个复杂的二维结构环状化合物的聚合物,以苯丙烷为基础,主要以 $\beta$ - 联苯基醚键连接的无规律结构,这种结构使其难以酶解,所以通常认为木质素抗厌氧微生物降解。由于木质素渗入到纤维素和木聚糖的组织结构中,使得被它包埋的纤维素和木聚糖的分解也变得困难。

目前关于厌氧降解木质素的微生物研究不多,已经分离到两种类型能分解芳香族化合物的细菌。一类是能运动的革兰氏阴性杆菌,与利用氧的细菌协作可完成苯甲酸盐的降解,产物为甲酸、乙酸、二氧化碳和氢;另一类则是不要求利用氢的细菌的协作,可单独降解环状化合物的革兰氏阴性无芽孢的杆状厌氧菌。

6. 脂类分解菌

在动植物残体中,脂类占有一定的比例。一般作物茎叶中脂类含量不多,约占干物质的 0.5% ~2% ,在某些果实和种子中其含量则可高达 50% 以上。

分解脂肪的微生物都具有脂肪酶。瘤胃中的溶脂厌氧弧菌(*Anaerovibrio lipolytic*)是一种水解甘油三酯活性很高的细菌,但它不能水解磷脂和半乳糖脂。溶纤维素丁酸弧菌产生的磷脂酶 A 能够水解卵磷脂,产生游离的磷脂,磷脂又被溶血磷脂酶降解生成甘油和脂肪酸。在瘤胃中,脂肪酸作为营养物质被肠胃吸收,但在消化器中,只有氢化的脂肪酸才能被进一步代谢,解脂细菌都具有氢化脂肪酸的活性。

7. 蛋白质分解菌

瘤胃中用来分解蛋白质的细菌主要是拟杆菌,而消化器中分解蛋白质的细菌主要是梭菌。梭状芽孢杆菌属的许多种都能以蛋白质作为氮源,如腐败梭菌(*C. putrificum*),该细菌分解蛋白质的能力很强,且还产生恶臭,膨大的芽孢从菌体一端生出。此外还有嗜热腐败梭菌(*C. thermoputrificum*)、类腐败杆菌(*C. paraputrificum*)等。

## 1.1.2　发酵细菌的功能

发酵细菌在厌氧发酵系统中的功能包括两大方面:

(1)将大分子不溶性有机物水分解成小分子的水溶性有机物。胞外酶水解酶在细菌细胞的表面或周围介质中催化完成水解作用,发酵细菌群中仅有一部分细菌种属具有分泌水解酶的功能,但其水解产物却可被其他发酵细菌群吸收利用。

(2)发酵细菌将水解产物吸收进细胞内,经细胞内复杂的酶系统的催化转化,将一部分供能源使用的有机物转化为代谢产物(主要为有机酸、醇、酮等)排入细胞外水溶液,被下一阶段生化反应的细菌群(主要是产氢产乙酸细菌)吸收利用。

## 1.1.3　发酵细菌的生态环境

发酵细菌主要分为专性厌氧菌和兼性厌氧菌两大类,属异养菌,其优势种属随环境条件和发酵基质的不同而异。

各条件影响中,以温度的影响最为显著。在中温消化装置中,发酵细菌主要为专性厌氧菌,包括梭菌属(*Clostridium*)、拟杆菌属(*Bacteriodes*)、丁酸弧菌属(*Butyrivibrio*)、真细菌属(*Eubacterium*)、双歧杆菌属(*Bifidbacterium*)等;在高温消化装置中,则有梭菌属和无芽孢的革兰氏阴性杆菌。

除温度外,发酵基质的种类也对发酵细菌的种群有显著影响。

(1)在富含纤维素的厌氧消化液中,如植物残体以及食草动物的粪便,存在蜡状芽孢杆菌(*Bacilluscereus*)、巨大芽孢杆菌(*Bacillius megathericum*)、产粪产碱杆菌(*Alcaligens faecalis*)、普通变形菌(*Proteus vulgaris*)、铜绿色假单孢菌(*Psedomonas aeruginosa*)、食爬虫假单孢菌(*Psedreptilovora*)、核黄素假单孢菌(*Psed riboflavina*)、溶纤维丁酸弧菌(*Butyrivibrio fibrisolvens*)、栖瘤胃拟杆菌(*Bacteroides raminicola*)等。

(2)在富含淀粉的消化液中,如淀粉废液、酒精发酵残渣等,存在着变异微球菌(*Micrococcus variaans*)、尿素微球菌(*M. ureae*)、亮白微球菌(*M. candidus*)、巨大芽孢杆菌、蜡状芽孢杆菌以及假单胞杆菌属的某些种。

(3)在富含蛋白质的厌氧消化液中,如奶酪厂废水,存在着蜡状芽孢杆菌、环状芽孢杆菌(*Bacillus circulans*)、球状芽孢杆菌(*B. coccilens*)、枯草芽孢杆菌(*B. subtitus*)、变异微球菌、大肠杆菌(*Escherichia coli*)、副大肠杆菌以及假单孢菌属的一些种。

(4)在富含肉类罐头残渣的消化液中,如肉类加工厂废液,存在着脱氮假单孢菌(*Psed denitrificans*)、印度沙雷氏菌(*Serratia indicans*)、克列伯氏菌(*Klebsiella*)和其他细菌。

(5)在硫酸盐含量高的消化液中,如硫酸盐制浆黑液,存在着大量属于专性厌氧菌的脱硫弧菌属细菌(*Desulfovibrio*)。

(6)在处理生活垃圾和鸡场废弃物的消化池中,属于兼性厌氧菌的大肠杆菌和链球菌将会大量出现,有时可达细菌总数的一半。

发酵细菌的世代期很短,数分钟到数十分钟即可繁殖一代,大多数发酵细菌为异养性细菌群,对环境条件的变化有较强的适应性。

### 1.1.4　发酵细菌的生化反应

发酵细菌生化反应主要受两方面因素制约:其一是基质的组成及浓度,基质组成的不同有时会影响物质的流向,形成不同的代谢产物,而在一定范围内,基质浓度越大,生化反应的速率越快;其二为代谢产物的种类及后续生化反应的进行情况,代谢产物的累积一般会阻碍生化反应的顺利进行,特别是当发酵产物中有氢气存在而又出现积累时,阻碍现象较为明显。因此,保持发酵细菌与后续产氢产乙酸细菌和甲烷细菌的平衡和协同代谢是控制生化反应流向的关键。

厌氧消化系统中的主要基质是纤维素、淀粉、脂类和蛋白质。这些复杂的大分子有机物首先在水解酶的作用下分解为以单糖、甘油、高级脂肪酸及氨基酸为主的水溶性简单化合物,这些水解产物再经发酵细菌的胞内代谢,转化为一系列有机酸和醇类等物质,以及$CO_2$、$NH_3$、$H_2S$、$H_2$ 等无机物排泄到环境中。代谢产物中含量最多的是乙酸、丙酸、丁酸、乙醇和乳酸等,其次为戊酸、己酸、丙酮、丙醇、异丙醇、丁醇、琥珀酸等。

在整个发酵过程中,发酵细菌首先将有机物在胞内转化为丙酮酸,再根据发酵细菌的种类和环境条件(如氢分压、pH 值、温度等)的差异形成不同的代谢产物。

## 1.2　产氢产乙酸菌群

### 1.2.1　产氢产乙酸细菌的发现及意义

1916 年,俄国学者奥梅梁斯基(V. L. Omeliansky)分离出第一株不产孢子、能发酵乙醇产生甲烷的细菌,命名为奥氏甲烷杆菌(*Methanobacterium omelianskii*)。1940 年,Bryant 发现这种细菌具有芽孢,又改名为奥氏甲烷芽孢杆菌(*Methanobacillus omelianskii*),并发现了 S 菌株,并证实奥氏甲烷芽孢杆菌是两种菌的共生体,S 菌株将乙醇发酵为乙酸和氢,反应成为产氢产乙酸反应,S 菌株属于产氢产乙酸菌。与 S 菌共生的另一种菌株为 M. O. H 菌株(*Methanogenic organism utilizes* $H_2$),该菌株能利用氢产生甲烷。两菌株之间,产氢产乙酸菌为产甲烷菌提供乙酸和氢气,促进产甲烷菌的生长,产甲烷菌由于能利用分子氢,降低生长环境的氢分压,有利于产氢产乙酸菌的生长。在厌氧消化过程中,这种不同生理类群菌种

之间氢的产生和利用氢的耦联现象被 Bryant、Wolfe、Wolin 等研究者称为种间氢转移,其生化反应为

$$2CH_3CH_2OH + 2H_2O \xrightarrow{\text{S 菌株}} 2CH_3COOH + 4H_2$$

$$4H_2 + HCO_3^- + H^+ \xrightarrow{\text{M.O.H 菌株}} CH_4 + 3H_2O$$

产氢产乙酸菌只有在耗氢微生物共生的情况下,才能将长链脂肪酸降解为乙酸和氢,并获得能量生长,这种产氢微生物与耗氢微生物间的共生现象称为互营联合。

S 菌株的发现具有非常重要的意义:

(1)以证实奥氏甲烷芽孢杆菌非纯种作为突破口,陆续发现以前命名的几种甲烷细菌均为非纯种,使得甲烷细菌的种属进一步得到纯化和确认,如能将丁酸和己酸等偶碳脂肪酸氧化成乙酸和甲烷,以及能将戊酸等奇碳脂肪酸氧化成乙酸、丙酸和甲烷的弱氧化甲烷杆菌(*Methanobacterium suboxydans*),能将丙酸氧化成乙酸、二氧化碳和甲烷的丙酸甲烷杆菌(*M. propioncum*)等。

(2)否定了许多原以为可以作为甲烷细菌基质的有机物(如乙醇、丙醇、异丙醇、正戊醇、丙酸、丁酸、异丁酸、戊酸和己酸等),而将甲烷细菌可直接吸收利用的基质范围缩小到仅包括"三甲一乙"(甲酸、甲醇、甲胺类、乙酸)的简单有机物和以 $H_2/CO_2$ 组合的简单无机物等为数不多的几种化学物质。

(3)厌氧消化中第一酸化阶段的发酵产物,除可供甲烷细菌吸收利用的"三甲一乙"外,还有许多其他具有重要地位的有机代谢产物,如三碳及三碳以上直链脂肪酸、二碳及二碳以上的醇、酮和芳香族有机酸等。发酵性细菌分解发酵复杂有机物时所产生的除甲酸、乙酸及甲醇以外的有机酸和醇类,均不能被甲烷菌所利用,因此,在自然界除 S 菌株外,一定还存在着其他种类的产氢产乙酸菌,将长链脂肪酸氧化为乙酸和氢气。

这种互营联合菌种之间所形成的种间氢转移不仅在厌氧生境中普遍存在,而且对于使厌氧生境的微生物生化代谢活性也十分重要,是推动厌氧生境中物质循环尤其是碳素转化的生物力。在厌氧发酵的场所,无论是在厌氧消化反应器还是反刍动物的瘤胃内,互营联合中的用氢菌主要是食氢产甲烷菌,所以种间氢转移也主要发生在不产甲烷菌和产甲烷菌之间。

### 1.2.2　产氢产乙酸反应的调控

产氢产乙酸菌的代谢产物中有分子态氢,表明体系中氢分压的高低对代谢反应的进行起着一定的调控作用,可能加速反应过程,可能减慢反应过程,也可能终止反应过程。

例如,S 菌株对乙醇的产氢产乙酸菌反应为

$$CH_3CH_2OH + H_2O \Longleftrightarrow CH_3COOH + 2H_2$$

$$\Delta G^{0'} = +19.2 \text{ kJ/mol}$$

沃尔夫互营单细胞菌(*Symtrophomonas wolfei*)通过 $\beta$ 氧化分解丁酸为乙酸和氢,再由共生的甲烷细菌将产物转化为甲烷,其反应式为

$$CH_3CH_2CH_2COOH + 2H_2O \longrightarrow 2CH_3COOH + 2H_2$$

$$\Delta G^{0'} = +48.1 \text{ kJ/mol}$$

沃林互营杆菌(*Symtrophobacter wolinii*)是一种既不能运动,又无法形成芽孢的中温专性

厌氧细菌。在氧化分解丙酸盐时能形成乙酸盐、$H_2$ 和 $CO_2$,即

$$CH_3CH_2COOH + 2H_2O \longrightarrow CH_3COOH + 3H_2 + CO_2$$

$$\Delta G^{0'} = +76.1 \text{ kJ/mol}$$

甲烷细菌会进一步将以上 3 种细菌的代谢产物(乙酸和氢)转化为甲烷,即

$$CH_3COOH \longrightarrow CH_4 + CO_2, \Delta G^{0'} = -31 \text{ kJ/mol}$$

$$4H_2O + CO_2 \longrightarrow CH_4 + 2H_2O, \Delta G^{0'} = -135.6 \text{ kJ/mol}$$

从以上 3 个反应可以看出,由于各反应所需自由能不同,进行反应的难易程度也就不一样。在厌氧消化系统中,降低氢分压的工作必须依靠甲烷细菌来完成。这表示,通过甲烷细菌利用分子态氢能够降低氢分压,对产氢产乙酸细菌的生化反应起着非常重要的作用。一旦甲烷细菌因受环境条件的影响而放慢对分子态氢的利用速率,产氢产乙酸菌也随之放慢对丙酸的利用,进而依次为丁酸和乙醇。这也是为什么一旦厌氧消化系统发生故障,就会出现丙酸累积的现象。

### 1.2.3 基质组成对产氢产乙酸过程的调控

一般情况下,厌氧系统中的产氢产乙酸菌的代谢产物为氢和乙酸,但在某些特殊基质的条件下,产氢产乙酸菌的代谢产物会发生变化。通常仍然会产生乙酸,但氢则被其他产物替代。以脱硫弧菌为例,脱硫弧菌有两种,脱硫脱硫弧菌(*Desulfovibrio desulfuricans*)和普通脱硫弧菌(*Desulfovibrio vulgaris*)。在缺乏硫酸盐的环境中,脱硫弧菌能与甲烷细菌共营生活,显示产氢产乙酸的生化功能,但在有硫酸盐存在的情况下,由于产生 $H_2S$ 的热力学条件比产生 $H_2$ 更为有利,系统将不会产氢,而是产生硫化氢。

在此种情况下,脱硫弧菌失去了同时产氢和产乙酸的功能,虽然产生的乙酸依然是甲烷细菌可以利用的基质,但由于没有氢气产生,氢分压便失去了调控作用。此外,产生的乙酸只对为数不多的能利用乙酸的甲烷细菌有利,对其他众多甲烷细菌的生长起到限制作用。代谢产物中的 $H_2S$ 是一种有毒物质,浓度高时对生物活性有抑制作用,所以厌氧消化系统中应尽量避免高浓度的硫酸,以免对厌氧消化过程产生阻碍作用。

## 1.3 同型产乙酸菌

有两类细菌能在厌氧条件下产生乙酸:一类属于发酵细菌,能利用有机基质产生乙酸,被称为异养型厌氧细菌;另一类既能利用有机基质产生乙酸,又能利用分子氢和二氧化碳产生乙酸,属于混合营养型细菌。因为这类细菌的产乙酸过程会消耗氢气,被称耗氢产乙酸菌,但因为无论利用何种基质,其代谢产物都是乙酸,因此又称为同型产乙酸细菌。同型产乙酸菌在发酵糖类时其主要产物或唯一产物为乙酸,这与异型乙酸菌有很大的区别。

同型产乙酸菌可以将糖类转化为乙酸,从这方面来讲,同型产乙酸菌是发酵细菌;但同时,它又能将甲烷细菌的一组基质($H_2/CO_2$)转化为另一种基质(乙酸),这成为它区别于其他发酵细菌的重要特征,也是使其能成为独立菌种的根本原因。

### 1.3.1 同型产乙酸菌的主要生理特征

根据测定,这类细菌在下水污泥中的数量为 $10^5 \sim 10^6$ 个/mL。近 20 年来已分离到的同

型产乙酸菌包括 4 个属的 10 余种,其主要特征见表 1.1。这类菌群可利用的基质有己糖、戊糖、多元醇、糖醛酸、三羧酸循环中的各种酸、丝氨酸、谷氨酸、3 - 羧基丁酮、乳酸、乙醇等。它们一般不能利用二糖或更复杂的碳水化合物,除少数种类外,菌群可生长于 $H_2/CO_2$ 上,在含有少量酵母汁和某些维生素的基质上生长得更好。Co、Fe、Mo、Ni、Se、W 是构成 $CO_2$ 固定酶的必须微量元素。

表 1.1　部分同型产乙酸菌的主要特征

| 细菌 | 适宜温度/℃ | 适宜 pH 值 | G + C/mol% | $H_2/CO_2$ 的生长 | 分离源 | 分离年份 |
|---|---|---|---|---|---|---|
| 诺特拉乙酸厌氧菌 | 37 | 7.6 ~ 7.8 | 37 | + | 沼泽 | 1985 |
| 裂解碳产乙酸杆菌 | 27 | 7 | 38 | + | 淤泥 | 1984 |
| 威林格氏产乙酸杆菌 | 30 | 7.2 ~ 7.8 | 43 | + | 废水 | 1982 |
| 伍德氏产乙酸杆菌 | 30 | 7.5 | 42 | + | 海洋港湾 | 1977 |
| 基维产乙酸菌 | 66 | 6.4 | 38 | + | 湖泊沉积物 | 1981 |
| 乙酸梭菌 | 30 | 8.3 | 33 | + | 废水 | 1940,1981 |
| 甲酸乙酸梭菌 | 37 | 7.2 ~ 7.8 | 34 | + | 淤泥废水 | 1970 |
| 大酒瓶形梭菌 | 31 | 7 | 29 | − | 无氧淤泥 | 1984 |
| 嗜热乙酸梭菌 | 60 | 6.8 | 54 | − | 马粪便 | 1942 |
| 嗜热自养梭菌 | 60 | 5.7 | 54 | + | 淤泥、土壤 | 1981 |
| 梭菌 CV - AA1 | 30 | 7.5 | 42 | + | 污泥 | 1982 |
| 嗜酸芽孢菌 | 35 | 6.5 | 42 | + | 蒸馏流出液 | 1985 |
| 卵形芽孢菌 | 34 | 6.3 | 42 | + | 淤泥 | 1983 |
| 拟球形芽孢菌 | 36 | 6.5 | 47 | + | 淤泥 | 1983 |

## 1.3.2　同型产乙酸菌的代表菌种

(1)伍德氏产乙酸杆菌(*Acedbacterium woodii*)。

1977 年,人们分离到一种典型的同型产乙酸菌,它能利用氢还原二氧化碳合成乙酸。在利用氢气和二氧化碳的产甲烷菌富集物中,在有甲烷产生时,向培养液中加入适量的连二亚硫酸钠,产甲烷菌的生长即被抑制,但是同型产乙酸菌并不会受到影响,从而被富集分离出来。该菌种是由 Wood 等人最早研究的,因此被命名为伍德氏产乙酸杆菌。

该菌种是混合营养型菌种中最有代表性的一种,可以代谢葡萄糖、果糖等糖类和乳酸、甘油、丙酮酸或甲酸,以及氢气和二氧化碳生成乙酸及少量琥珀酸。以果糖为发酵底物时,92% ~95% 的果糖转化为乙酸,但不产生分子氢,生成的反应物表明此时为同型乙酸发酵,菌体生长较快,每增加一倍的菌体耗时约 6 h。有趣的是,此种细菌在碳酸盐存在时能利用苯甲基醚类的甲基基团,并可以证明其所产生乙酸的甲基基团就来源于这些化合物的甲基基团。在氢气和二氧化碳为底物生成乙酸时,菌体生长过程较为缓慢,每增加一倍的菌体耗时 25 h。伍德氏乙酸杆菌和产甲烷菌共同培养时,菌种的生长速度要好于对其进行单独培养;如果利用氢气和二氧化碳为底物,并将该菌种与巴氏甲烷八叠球菌(*Methanosarcia barkeri*)共同培养时,由于巴氏甲烷八叠球菌既可利用乙酸,也可利用氢气和二氧化碳生成甲烷,所以共同培养的最终产物主要为甲烷和二氧化碳。如果将其与嗜树木甲烷短杆菌(*Methanobrvibacter arboriphilus*)共同培养,则由于该产甲烷菌只能利用二氧化碳和氢气制造甲烷,所以最终产物为乙酸、甲烷和二氧化碳。

(2)威林格氏乙酸杆菌(*Acetobacterium wieringae*)。

此菌种与伍德氏乙酸杆菌类似,属于中温性无孢子短杆菌,有时称链状,侧生鞭毛,革兰氏染色阳性。利用氢气和二氧化碳为底物,不加酵母膏培养,其最适宜生长温度为30 ℃,最适宜 pH 值为7.2 ~ 7.8。

(3)乙酸梭菌(*Clostridiem aceiicum*)。

1936 年 Wieringa 从富集培养物中分离出厌氧性梭状芽孢杆菌。此菌种能在富含碳酸氢钠河泥浸出液的无机培养基上,利用氢气和二氧化碳为底物产生乙酸,所以将其命名为乙酸梭菌。该菌种可以在富含果糖的培养基上生长,极生孢子,周生鞭毛,要求较高的 pH 值,范围在8.3 左右。

(4)基维产乙酸菌(*Acetogenium kivi*)。

基维是非洲一个湖泊的名字,因为此菌种是从基维湖中分离出来的,所以便以这个湖的名字命名。这种细菌自己不能运动,属革兰氏染色阴性,不形成芽孢,细胞经常发生不等分裂。该细菌可以利用葡萄糖、果糖、甘露糖、丙酮酸、甲酸、氢气和二氧化碳形成乙酸,但其在甲酸上的生长状况较差。此菌种为嗜热性细菌,适宜生长温度范围为50 ~ 72 ℃,最适宜生长温度是66 ℃,最适宜生长 pH 值范围是5.3 ~ 7.3,最适宜生长 pH 值为6.4。

(5)嗜热自养梭菌(*Clostridium thermoautotrophicum*)。

嗜热自养梭菌能够利用氢气和二氧化碳生产乙酸,在高温条件下生长并形成芽孢。它在生长早期为革兰氏染色阳性,生长后期为阴性,具有 3 ~ 8 根周生鞭毛。能够单独在氢气和二氧化碳或甲醇上生长,最适宜温度为60 ℃,低于37 ℃无法生长,菌体生长较快,每增加一倍菌体的时间为2 h。

### 1.3.3　同型产乙酸菌在厌氧消化反应中的作用

同型产乙酸菌在厌氧消化器中的作用还不十分明确。有人认为在肠道中产甲烷菌利用氢的能力可能胜过耗氢产乙酸菌,所以它们更重要的作用可能在于发酵多碳化合物,而菌种能利用 $H_2$ 的特性,降低了它们在消化器中分解有机物的重要性。但是由于同型产乙酸菌代谢了分子氢,降低了厌氧消化系统中的氢分压,有利于沼气发酵的正常进行。有人估计这些菌形成的乙酸在中温消化器中占1% ~ 4%,在高温消化器中占3% ~ 4%。

### 1.3.4　同型产乙酸菌的生态学意义

同型产乙酸菌在自然界中广泛分布,种类繁多,可把多种有机物质转化为乙酸。全球每年由 $CO_2$ 固定产生的有机物约为 $15 \times 10^{10}$ t,其中10% 的生物质经厌氧消化转化为 $CO_2$ 和 $CH_4$。而70% 甚至更多的 $CH_4$ 来自乙酸,这其中同型产乙酸菌在自然界乙酸的形成及碳素循环的过程中起着不可忽视的作用。

一些同型产乙酸菌能参与苯甲基醚的厌氧降解。苯甲基醚是木质素降解的中间产物,过去认为木质素的降解仅能在好氧条件下进行,现已证实,苯甲基醚可由同型产乙酸菌发酵生成乙酸和酚,酚进一步降解为乙酸,乙酸再进一步降解为 $CO_2$ 和 $CH_4$。这表明木质素可以在厌氧条件下被最终降解为 $CH_4$ 和 $CO_2$,具有明显的生态学意义。

经过发酵细菌、产氢产乙酸菌、同型产乙酸菌的作用,各种复杂的有机物最终生成乙酸、氢气和二氧化碳。发酵过程中如果积累了游离氢,那么有机物的进一步分解将受到阻碍。所以,游离氢的氧化不仅能为产甲烷菌提供能源,还能为除去发酵过程中的末端电子提供条件,使代谢产物一直进行到产乙酸阶段。可以说,不产甲烷菌的生长代谢的顺利进行,依赖于产甲烷菌的清洁作用。

# 1.4　产甲烷菌及其作用

产甲烷菌是参与有机物厌氧消化过程中最重要的一类细菌群。其分布范围广泛,在污泥、瘤胃、人、动物和昆虫的肠道、变形虫的内共生体、湿树木、地热泉水、深海火山口、碱湖沉淀物、淡水和海洋的沉积物、水田和沼泽等厌氧环境中都能找到它们的踪迹。产甲烷菌的细胞结构与一般细菌细胞的结构有很大的差异,尤其是在细胞壁的结构方面,一般细菌细胞的细胞壁都有肽聚糖,而产甲烷菌则没有或缺少肽聚糖。从生物学发展谱系角度而言,产甲烷菌属于与真核生物和普通单细胞生物无关的第三谱系,即原始细菌(Acrchebacteria)谱系。它们对氧和其他氧化剂十分敏感,属于严格的专性厌氧菌。

产甲烷菌这一名称是由 Bryant 于 1974 年提出的,用以区分这类细菌与氧化甲烷的好氧菌。产甲烷菌的细胞结构与一般细菌细胞结构有很大差异。大部分细菌的细胞壁结构都有肽聚糖,而产甲烷菌的细胞壁则没有或缺少肽聚糖。从生物学发展谱系角度来看,产甲烷菌属于原始细菌谱系,是与真核生物和普通单细胞生物无关的第三谱系。

产甲烷菌是厌氧食物链中的最后一组成员,包括食氢产甲烷菌和食乙酸产甲烷菌两个生理类群。产甲烷菌被称为是“有机物厌氧降解的清洁工”,因为在严格的厌氧环境中,在没有外源电子受体的情况下,产甲烷菌能将发酵性细菌、产氢产甲烷菌和同型产乙酸菌的终产物乙酸、$H_2$ 和 $CO_2$ 转化为 $CH_4$、$CO_2$ 和 $H_2O$,保证有机物在厌氧条件下的分解作用得以顺利进行。

## 1.4.1　产甲烷菌的分类及形态

产甲烷菌生存于极端厌氧环境中,对氧浓度极其敏感,这使得产甲烷菌成为最难研究的细菌之一。1901～1903 年巴斯德研究所的 Maze 第一次观察到一种产甲烷的微球菌。1969 年 Hungate 厌氧技术的发展使人们发现了产甲烷菌含有能产生荧光的特殊辅酶,从而促进了产甲烷菌纯培养研究的长足进步。迄今为止,已发现产甲烷菌 60 多种。

20 世纪 70 年代,科学家提出给产甲烷菌分类的概念。早期多根据形态进行分类,后期多根据细胞分子结构进行分类。

1974 年在《伯杰氏细菌鉴定手册》第 8 版里,Bryant 依据 Barker 的意见把产甲烷菌分为 1 个科、3 个属、9 个种;1979 年由 Balch W. E 等人根据菌株间 16S rRNA 降解后各寡核苷酸中碱基排列顺序间相似性的大小,提出了新的产甲烷菌分类系统,包括 3 个目、4 个科、7 个属、13 个种(表 1.2);1988 年,Zehnder 提出了新的产甲烷菌分类系统,详细菌种见表 1.3。

1989 年《伯杰氏细菌鉴定手册》第 9 版中将产甲烷菌分为 3 个目、6 个科、13 个属、43 个种；
1990 年发展为 3 个目、6 个科、17 个属、55 个种（表 1.4）；1991 年增加为 65 个种。

表 1.2　产甲烷菌分类系统（Balch 等，1979 年）

| 目 | 科 | 属 | 种 | 菌株 |
|---|---|---|---|---|
| 甲烷杆菌目<br>Methanobacteriates | 甲烷杆菌科<br>Methanobactericaceae | 甲烷杆菌属<br>Methanobacterium | 甲酸甲烷杆菌<br>*Mb. formicicum* | MF |
| | | | 布氏甲烷杆菌<br>*Mb. bryantii* | MOH,<br>MOHG |
| | | | 嗜热自养甲烷杆菌<br>*Mb. thermoautotrophicum* | ΔH |
| | | 甲烷短杆菌属<br>*Methanobrevibacter* | 瘤胃甲烷杆菌<br>*Mbr. ruminantium* | M1 |
| | | | 嗜树木甲烷短杆菌<br>*Mbr. arboriphilus* | DH1, AZ,<br>DC |
| | | | 斯氏甲烷短杆菌<br>*Mbr. smithii* | PS |
| 甲烷球菌目<br>Methanococcales | 甲烷球菌科<br>Methanococcaceae | 甲烷球菌属<br>*Methanococcus* | 万氏甲烷球菌<br>*Mc. vannielii* | SB |
| | | | 沃氏甲烷球菌<br>*Mc. voltae* | PS |
| 甲烷微菌目<br>Methanomicrobiales | 甲烷微菌科<br>Methanomicrobiaceae | 甲烷微菌属<br>*Methanomicrobium* | 活动甲烷微菌<br>*Mm. mobile* | BP |
| | | 产甲烷菌属<br>*Methanogenium* | 卡列阿科产甲烷菌<br>*Mg. cariaci* | JR1 |
| | | | 黑海产甲烷菌<br>*Mg. marisnigri* | JR1 |
| | | 甲烷螺菌属<br>*Methanospirillum* | 亨氏甲烷螺菌<br>*Msp. hungatei* | JF1 |
| | 甲烷八叠球菌科<br>Methanosarcina | 甲烷八叠球菌属<br>*Methanosarcina* | 巴氏甲烷八叠球菌<br>*Ms. barkeri* | MS, 227,<br>W |
| $S_{AB}=0.22\sim0.28$ | $0.34\sim0.36$ | $0.46\sim0.5$ | $0.55\sim0.65$ | $0.84\sim1.0$ |

表1.3　产甲烷菌分类系统(Zehnder 等,1988 年)

| 目 | 科 | 属 | 种 |
|---|---|---|---|
| 甲烷杆菌目<br>Methanobactriales | 甲烷杆菌科<br>Methanobacteriaceae | 甲烷杆菌属<br>*Methanobacterium* | 嗜碱甲烷杆菌 *M. alcaliphihum* |
| | | | 甲酸甲烷杆菌 *M. formicium* |
| | | | 嗜热自养甲烷杆菌<br>*M. thermoautotrophicum* |
| | | | 沃氏甲烷杆菌 *Mg. wolfei* |
| | | 甲烷短杆菌属<br>*Methanobreuibacter* | 嗜热甲烷短杆菌 *Mb. arboriphilus* |
| | | | 瘤胃甲烷短杆菌 *Mb. ruminatium* |
| | 甲烷热菌科<br>Methanothermaceae | 甲烷嗜热菌属<br>*Methanothrmas* | 炽热甲烷嗜热菌 *Mi. feruidus* |
| 甲烷菌目<br>*Methanococcales* | 甲烷球菌科<br>Methanococcaceae | 甲烷球菌属<br>*Methanococcus* | 热自养甲烷球菌<br>*Mc. thermolithotrophieus* |
| | | | 万氏甲烷球菌 *Mc. tanntehi* |
| | | | 沃氏甲烷球菌 *Mc. valtae* |
| 甲烷微菌目<br>Methanomicrobiale | 甲烷微菌科<br>Methanomicrobiaceae | 甲烷微菌属<br>*Methanomicrobium* | 运动甲烷球菌 *Mm. mobile* |
| | | 产甲烷菌属<br>*Methanogenium* | 卡氏产甲烷菌 *Mg. cariaci* |
| | | | 嗜热产甲烷菌<br>*Mg. thermophilicum* |
| | | | 沃尔夫氏甲烷产生菌 *Mg. wolfei* |
| | | 甲烷螺菌属<br>*Methanospirillum* | 亨氏甲烷螺菌 *Msp. hungatei* |
| | 甲烷八叠球菌科<br>Methanosarcinaceae | 甲烷八叠球菌属<br>*Methanosarcina* | 巴氏甲烷八叠球菌 *Ms. barkeri* |
| | | | 马氏甲烷八叠球菌 *Ms. macei* |
| | | | 嗜热甲烷八叠球菌<br>*Ms. thermophila* |
| | | 甲烷拟球菌属<br>*Methanococcoides* | 嗜甲基甲烷拟球菌<br>*M. methanococcoides* |
| | 甲烷盘菌科<br>Methanosarcina | 甲烷盘菌属<br>*Methanoplanus* | 居泥甲烷盘菌 *Mp. limicola* |
| | 未定科的产甲烷菌 | 甲烷丝菌属<br>*Methanothrix* | 索氏甲烷丝菌<br>*Methanothrix soehngenii* |
| | | | 嗜热乙酸甲烷丝菌<br>*Methanothrix thermoacetophila* |
| 未定目和科的甲烷菌 | | 甲烷叶菌属<br>*Methanolobius* | |
| | | 嗜盐甲烷菌属<br>*Halomethanococcus* | |
| | | 甲烷球状菌属<br>*Methanosphaera* | |

表1.4　产甲烷菌分类系统(1990 年)

| 目 | 科 | 属 | 种 |
|---|---|---|---|
| 甲烷杆菌目<br>Methanobacteriales | 甲烷杆菌科<br>Methanobacterium | 甲烷杆菌属<br>*Methanobacterium* | 甲酸甲烷杆菌<br>*M. formicicum* |
| | | | 嗜热自养甲烷杆菌<br>*M. thermoautotrophicum* |
| | | | 布氏甲烷杆菌 *M. bryantii* |
| | | | 沃氏甲烷杆菌 *M. wolfei* |
| | | | 沼泽甲烷杆菌<br>*M. uliginosum* |
| | | | 嗜碱甲烷杆菌<br>*M. alcaliphium* |
| | | | 热甲酸甲烷杆菌<br>*M. thermoformicicum* |
| | | | 伊氏甲烷杆菌 *M. ivanobii* |
| | | | 热嗜碱甲烷杆菌<br>*M. thermoalcaliphium* |
| | | | 热聚集甲烷杆菌<br>*M. thermoaggregans* |
| | | | 埃氏甲烷杆菌<br>*M. espanolae* |
| | | 甲烷短杆菌属<br>*Methanobrevibacter* | 嗜树木甲烷短杆菌<br>*M. arboriphilicus* |
| | | | 瘤胃甲烷短杆菌<br>*M. ruminantium* |
| | | | 史氏甲烷短杆菌<br>*M. smithii* |
| | 甲烷热菌科<br>Methanothermaceae | 甲烷球菌属<br>*Methanothermus* | 炽热甲烷热菌 *M. fervidus* |
| | | | 集结甲烷热菌<br>*M. sociabilis* |
| | | 甲烷球形属<br>*Methanosphaera* | 斯太特甲烷球形菌<br>*M. stadtmanae* |

续表1.4

| 目 | 科 | 属 | 种 |
|---|---|---|---|
| 甲烷球菌目<br>Methanococcales | 甲烷球菌科<br>Methanococcaceae | 甲烷球菌属<br>*Methanococcus* | 万氏甲烷球菌 *M. vannielii* |
| | | | 沃尔特甲烷球菌<br>*M. voltae* |
| | | | 海沼甲烷球菌<br>*M. maripaludis* |
| | | | 热矿养甲烷球菌<br>*M. thermolithotrophicus* |
| | | | 杰氏甲烷球菌<br>*M. jannaschii* |
| 甲烷微菌目<br>Methanomicrobiales | 甲烷微菌科<br>Methanomicrobiaceae | 甲烷微菌属<br>*Methanomicrobium* | 运动甲烷微菌 *M. mobile* |
| | | | 佩氏甲烷微菌 *M. paynteri* |
| | | 甲烷螺菌属 *M. hungatei* | 亨氏甲烷螺菌<br>*M. hungatei* |
| | | 甲烷产生菌属<br>*Methanogenium* | 卡氏甲烷产生菌<br>*M. cariaci* |
| | | | 塔条山甲烷产生菌<br>*M. tationis* |
| | | | 嗜有机甲烷产生菌<br>*M. organophilum* |
| | | 甲烷盘菌属<br>*Methanoplanus* | 泥境甲烷盘菌 *M. limicola* |
| | | | 内共养甲烷盘菌<br>*M. endosymbiosus* |
| | | 甲烷挑选菌属<br>*Methanoculleus* | 布尔吉斯甲烷挑选菌<br>*M. bourgensis* |
| | | | 黑海甲烷挑选菌<br>*M. marisnigri* |
| | | | 嗜热甲烷挑选菌<br>*M. thermophilicus* |
| | | | 奥林塔河甲烷挑选菌<br>*M. olentangyi* |

续表 1.4

| 目 | 科 | 属 | 种 |
|---|---|---|---|
| 甲烷微菌目<br>Methanomicrobiales | 甲烷八叠球菌科<br>Methanosarcinaceae | 甲烷八叠球菌属<br>*Methanosarcina* | 巴氏甲烷八叠球菌 *M. barkeri* |
| | | | 马氏甲烷八叠球菌 *M. mazei* |
| | | | 嗜热甲烷八叠球菌<br>*M. thermophila* |
| | | | 嗜乙酸甲烷八叠球菌<br>*M. acetovorans* |
| | | | 泡囊甲烷八叠球菌<br>*M. bacuolata* |
| | | | 弗里西甲烷八叠球菌<br>*M. frisia* |
| | | 甲烷叶菌属<br>*Methanolobus* | 丁达瑞甲烷叶菌 *M. tindarius* |
| | | | 西西里亚甲烷叶菌 *M. siciliae* |
| | | | 武氏甲烷叶菌 *M. vulcani* |
| | | 甲烷拟球菌属<br>*Methanococcoides* | 嗜甲基甲烷拟球菌<br>*M. methylutens* |
| | | 嗜盐甲烷菌属<br>*Methanohalophilus* | 马氏嗜盐甲烷菌 *M. mahii* |
| | | | 智氏嗜盐甲烷菌<br>*M. zhilinae* |
| | | | 俄勒冈嗜盐甲烷菌<br>*M. oregonensis* |
| | | 甲烷盐菌属<br>*Methanohalobium* | 依夫氏甲烷盐菌<br>*M. evestigatus* |
| | | 甲烷毛发菌属<br>*Methanosaeta* | 康氏甲烷毛发菌 *M. concilii* |
| | | | 嗜热乙酸甲烷毛发菌<br>*M. thermoacetophila* |
| | 甲烷微粒菌科<br>Methanocorpuseulaceae | 甲烷微粒菌属<br>*Methanocorpusculum* | 小甲烷粒菌 *M. parvum* |
| | | | 拉布雷亚砂岩甲粒菌<br>*M. labreanum* |
| | | | 集聚甲烷粒菌<br>*M. aggregans* |
| | | | 巴伐利亚甲烷粒菌<br>*M. bavaricum* |
| | | | 辛氏甲烷粒菌 *M. senense* |

产甲烷菌的形态多种多样,大致可分为 4 类:球状、杆状、螺旋状、八叠状。球状产甲烷菌通常为正圆形或椭圆形,排成对或链状;杆状产甲烷菌呈现为短杆、长杆、竹节状或丝状;

螺旋状产甲烷菌呈现规则的弯曲杆状,最后发展为不能运动的螺旋丝状;八叠状产甲烷菌的球形细胞形成规则的或不规则的堆积状。

## 1.4.2　产甲烷菌的细胞结构特性

近年来,产甲烷菌、嗜盐细菌和耐热嗜酸细菌一起被划归为古细菌部分。古细菌与所有已知的真细菌有明显差异,古细菌都存在于相当极端的生态环境下,这种极端环境条件几乎相当于人们假定的地球发展周期中最早的太古时期时,地球上普遍存在的环境。这类细菌不但成员共有特征与真细菌有所不同,成员间的细胞形态、结构和生理方面也有明显差异。

1. 细胞壁结构

产甲烷菌的细胞壁不含肽聚糖骨架,只有蛋白质和多糖,有的含有"假细胞壁质"。真细菌中的革兰氏染色阳性细菌的细胞壁含有 40% ~50% 肽聚糖,而革兰氏染色阴性细菌则含有 5% ~10% 的肽聚糖。例如,革兰氏染色阳性的嗜热自养甲烷菌( *M. thermoautotrophicum* )的细胞壁中,假壁质与肽聚糖明显不同。糖链中的 N - 乙酰塔罗糖胺糖醛酸代替了 N - 乙酰胞壁酸,同时连接在上面的肽链中的氨基酸排列也同样发生了变化。

溶菌酶分解胞壁质糖链中的 N - 乙酰胞壁酸的 C - 1 原子以及 N - 乙酰葡糖胺 C - 4 原子间的糖苷键。青霉素抑制胞壁质的合成但不会影响胞壁质结构单元的合成或者是聚糖链的延伸,而是会抑制肽链中的丙氨酸,并通过转肽作用与另一链的交联。产甲烷菌的细胞壁中,假壁质分子结构的改变会引起对环丝氨酸、青霉素、头孢霉素、万古霉素等抗生素不敏感,也不能用包括蛋白酶 K、胃蛋白酶或 2% SDS 等在内的溶菌酶溶解其细胞壁。

2. 细胞膜结构

微生物的细胞膜主要由脂类和蛋白质构成,脂类包括中性脂和极性脂。产甲烷菌细胞的总脂类中,中性脂占 70% ~80% 。细胞膜中的极性脂主要为植烷基甘油醚,而不是脂肪酸甘油酯,中性脂则以游离 C15 和 C30 聚类异戊二烯碳氢化合的形式存在。这些脂类性质稳定,缺乏可以皂化的脂键,不易被一般条件水解。相反,真细菌中的脂类甘油上以脂键结合饱和脂肪酸,可以皂化,易被水解。在真核生物的细胞中,甘油上以脂键连接的都为不饱和脂肪酸。古细菌、真细菌和真核生物细胞壁和膜成分对比见表 1.5。

表 1.5　古细菌、真细菌以及真核生物细胞壁和细胞膜的成分对比

| 成分 | 古细菌 | 真细菌 | 真核生物(动物) |
|---|---|---|---|
| 细胞壁 | + | + | − |
| 细胞壁特征 | 不含有典型原核生物的细胞壁<br>缺乏肽聚糖 | 有典型细胞壁<br>有肽聚糖 | |
| N - 乙酰胞壁酸 | − | + | − |
| 细胞膜中的脂类 | 疏水极为植烷醇醚键连接<br>完全饱和并分支的 $C_{20}$ 的化合物 | 主要为磷酸键连接<br>饱和的和一个不饱和的脂肪酸 | 主要为磷脂键连接<br>都为不饱和脂肪酸 |

产甲烷菌各种间的植烷基二醚和双植烷基四醚含量不同。甲烷球菌属含有的几乎全是二醚,其他属则二醚和四醚两种都有。甲烷杆菌属 AZ 菌株的四醚含量高达 62.4%,二醚仅为 37.5%。因此对脂类的分析是产甲烷菌分属的重要分析手段之一。

在甲烷杆菌科和甲烷螺菌属的产甲烷菌极性脂中,均发现 $C_{20}$ 植烷基和 $C_{40}$ 双植烷基的甘油醚。在甲烷球菌科和甲烷八叠球菌科的极性脂中只有 $C_{20}$ 的植烷基的甘油醚,主要由二醚糖脂和二醚膦酸酯组成。极端嗜热的詹氏甲烷球菌中 95% 的极性脂是大环双植甘油醚,可给予该细菌较大的膜热稳定性。

### 1.4.3　产甲烷菌的营养特征

作为食物链的最末端,在有机物厌氧降解方面,尽管不同类型的产甲烷菌在系统发育上有很大差异,但是作为一个类群,产甲烷菌突出的生理学特性是它们处于有机物厌氧降解末端。

**1. 碳源**

产甲烷菌的能源和碳源物质主要有 5 种:$H_2/CO_2$、甲酸、甲醇、甲胺和乙酸。其中可利用的甲基胺有 $CH_3NH_2$、$(CH_3)_2NH$、$(CH_3)_3N$、$CH_3N(CH_2CH_3)_2$ 等。绝大多数产甲烷菌能利用 $H_2/CO_2$,有几种仅能利用 $H_2/CO_2$,有些种能利用 CO 为基质但生长差,有的种能生长于异丙醇和 $CO_2$ 上。能利用 $H_2$ 的产甲烷菌多数可利用甲酸,有些只能利用 $H_2$。一些食氢的产甲烷菌还可利用短链醇类作为电子供体,氧化仲醇成酮和氧化伯醇成羧酸。

根据碳源物质的不同,还可以把甲烷细菌分为无机营养型、有机营养型、混合营养型 3 类。无机营养型仅利用 $H_2/CO_2$,有机营养型仅利用有机物,混合营养型既能利用 $H_2$、$CO_2$,又能利用 $CH_3COOH$、$CH_3NH_2$ 和 $CH_3OH$。产甲烷菌的适宜基质见表 1.6。

表1.6　适宜产甲烷菌的基质

| 菌种 | 生长和产甲烷的基质 |
| --- | --- |
| 甲酸甲烷杆菌 | 氢气、甲酸 |
| 布氏甲烷杆菌 | 氢气 |
| 嗜热自养甲烷杆菌 | 氢气 |
| 瘤胃甲烷短杆菌 | 氢气、甲酸 |
| 万氏甲烷球菌 | 氢气、甲酸 |
| 亨氏甲烷螺菌 | 氢气、甲酸 |
| 索氏甲烷丝菌 | 乙酸 |
| 巴氏甲烷八叠球菌 | 氢气、甲醇、乙酸、甲胺 |
| 嗜热甲烷八叠球菌 | 甲醇、乙酸、甲胺 |
| 嗜甲基甲烷球菌 | 甲醇、甲胺 |

**2. 氮源**

产甲烷菌都能利用氨态氮作为氮源,大部分对氨基酸的利用能力则较差,有些产甲烷菌在培养时供给氨基酸则能缩短世代时间,增加细胞产量。例如,瘤胃甲烷杆菌的生长要有氨基酸,但对嗜热自养甲烷杆菌供给氨基酸则无效果。无论在何种情况下,氨态氮都是产甲烷菌生长的必要条件。

3. 生长因子

一些产甲烷菌需要供给 B 族维生素及其他生长因子才能生长。通常情况下,含有 10 种水溶维生素的水溶液能满足其生长需求,见表 1.7。瘤胃甲烷短杆菌 M - 1 菌株的生长需要辅酶 M,这就需要在培养基中加入瘤胃液才能促进细菌的生长。

表 1.7　维生素溶液成分(mg/L 蒸馏水)

| | | | |
|---|---|---|---|
| 生物素 | 2 | 叶酸 | 2 |
| 盐酸吡哆醇 | 10 | 核黄素 | 5 |
| 硫胺素 | 5 | 烟酸 | 5 |
| 泛酸 | 5 | 维生素 $B_{12}$ | 0.1 |
| 对 - 氨基苯甲酸 | 5 | 硫辛酸 | 5 |

4. 微量元素

某些金属元素是一些产甲烷菌生长的必要因素,如 K、Na、Mg、Fe、Zn、Ni、Co、Mn、W、Se 等。所有产甲烷菌的生长都需要 Ni、Co 和 Fe。Ni 是产甲烷细菌中 $F_{430}$ 和氢酶的一种重要成分;咕啉生物合成时需要大量 Co;产甲烷菌的生长对 Fe 的需求量很大,吸收率也较高。此外,有些产甲烷菌需要其他金属元素,如 Mo 能刺激嗜热自养甲烷杆菌和巴氏甲烷八叠球菌的生长,并能在细胞中积累。有些产甲烷菌的生长则需要较高浓度的 Mg。

此外,产甲烷菌的独特生理特性与其细胞内存在的许多特殊辅酶有密不可分的关系。包括 $F_{420}$、CoM、FB 和 CDR 等几种辅酶,在产甲烷过程中起着重要的作用。常用的培养基配制微量元素溶液成分见表 1.8。

表 1.8　微量元素溶液成分(mg/L 蒸馏水)

| | | | |
|---|---|---|---|
| 氨基三乙酸 | 1.5 | $MnSO_4 \cdot 4H_2O$ | 0.5 |
| $FeSO_4 \cdot 7H_2O$ | 0.1 | $CoCl_2 \cdot 6H_2O$ | 0.1 |
| $CuSO_4 \cdot 5H_2O$ | 0.01 | $H_3BO_3$ | 0.01 |
| $NiCl_2 \cdot 6H_2O$ | 0.02 | $MgSO_4 \cdot 7H_2O$ | 3.0 |
| NaCl | 1.0 | $CaCl_2 \cdot 2H_2O$ | 0.1 |
| $ZnSO_4 \cdot 7H_2O$ | 0.1 | $AlK(SO_4)_2$ | 0.01 |
| $Na_2MoO_4$ | 0.01 | | |

## 1.4.4　甲烷形成的生化机理

1. 甲烷形成机制

甲烷由 $H_2/CO_2$、$CH_3OH$、$CH_3NH_2$、$HCOOH$ 以及 $CH_3COOH$ 5 种基质转化而来。几十年

来，人们一直投入研究试图精确了解甲烷的转化机制。

1956 年，巴克初步提出 $CO_2$、$CH_3OH$ 和 $CH_3COOH$ 3 种基质转化为 $CH_4$。反应的第一步都是和未知的 HX 结合，并转化为 X 的甲基衍生物 $CH_3X$，最后再还原为 $CH_4$；同时载体 X 复原为 HX 后重复使用。1978 年，Romesser 完善了巴克的说法，提出 $CO_2$ 还原为 $CH_4$ 的机制。该反应分为 5 个环节。首先，$CO_2$ 被 ATP 催化激活，与未知的 HX 反应生成 XCOOH；XCOOH 被氢化酶 $YH_2$ 还原为 XCHO，此过程中有 $CO_2$ 还原因子 CDR 参与；接下来，XCHO 与氢化酶作用释放出 HX，此时还原产物又与辅酶 M（HS－CoM）作用形成羟甲基辅酶 M（$HOCH_2$－SCoM）；羟甲基辅酶 M 进一步被氢化酶 $YH_2$ 还原成甲基辅酶 M（$CH_3$－S－CoM）；最后，甲基辅酶 M 在 ATP、$Mg^{2+}$ 和 ABC 因子的作用下，通过 $CO_2$ 的活化还原为 $CH_4$，同时释放出辅酶 M。最后一步反应需要 ATP、$Mg^{2+}$ 和 ABC 因子的参与。而 RPG 效应则起到连锁反应互促作用，一方面二氧化碳会作为最后反应阶段的催化剂，使 $CH_3$－S－CoM 迅速转化为甲烷，另一方面，由于 ATP 的参与，使二氧化碳迅速活化，转化为 XCOOH，形成甲烷的主要基质是乙酸。许多专家都表示，甲烷中的 70% 均来源于乙酸。还有研究表明，乙酸甲基碳转化为甲烷的转化率在 60% 以上，而羧基碳的转化率比则在（60～70）∶1。

几种基质形成甲烷时的碳原子流向甲烷的容易程度大致如下：$CH_3OH > CO_2 >$ *$CH_3COOH > CH_3$ *COOH。乙酸甲基碳流向甲烷的数量受其他甲基化合物的影响很大，当乙酸单独存在时，96% 的乙酸甲基碳流向甲烷，而当有甲醇存在时，则更多流向 $CO_2$ 和合成细胞。

2. 产甲烷菌的特殊辅酶

产甲烷菌的生理特性还与细胞内部存在的许多特殊辅酶有密切关系，包括 $F_{420}$、CoM、FB 和 CDR 等。

$F_{420}$ 是一种类似黄素单核苷酸的物质，相对分子质量为 630，具有荧光。这是产甲烷细菌特有的辅酶，在形成甲烷的过程中起着至关重要的作用。这种辅酶有两点特别的地方：

（1）它在被氧化时在 420 nm 波长处呈现蓝绿或黄色荧光，并出现一个明显的吸收峰，而在被还原时会在 420 nm 波长处失去荧光和吸收峰。因此，当用 420 nm 波长的紫外光照射时，这种辅酶就会自发产生荧光，但如果光照时间过长，辅酶被还原，荧光就会消失。人们多用这种方法来鉴定甲烷细菌的存在。

（2）在中性或碱性条件下，$F_{420}$ 易被氧化光解，使其与主酶分离，并使酶变性失活。有人据此推断，甲烷细菌对氧的敏感可能与这种辅酶有关。

辅酶 $F_{350}$ 是一种具有吡咯结构的含镍化合物，可在波长 350 nm 的紫外光照射下发出蓝白色荧光。有研究表明，这种辅酶可能会在甲基辅酶 M 还原酶的反应中起作用。

辅酶 CoM（CoM－SH、辅酶 M）的成分是 2－硫基乙酰磺酸（HS－$CH_2$－$CH_2$－$SO_3^-$），这是所有已知辅酶中相对分子质量最小、含硫量最高且具有渗透性和对酸及热均稳定的辅助因子。除此之外，人们从产甲烷活细胞中还分离到 2,2′－二硫二乙烷磺酸和 2－甲基硫乙烷磺酸，它们的结构与 CoM 类似。此辅酶有 3 个值得注意的特点：

（1）是产甲烷细菌中独有的辅酶，可以此鉴定产甲烷菌的存在。

（2）在产甲烷菌产甲烷过程中，该辅酶起到了转移甲基的重要作用。

（3）CoM 能够运用 $CH_3$－S－CoM 促进二氧化碳还原成甲烷，这使它成为活性甲基的载体，通过 ATP 激活，迅速形成甲烷，这被称作 RPG 效应。

### 3. 能量代谢与细胞合成

甲烷细菌利用基质二氧化碳、氢气、甲醇、甲胺、甲酸以及乙酸转化为甲烷的过程,会释放能量用来维持细菌自身的新陈代谢等生命活动。以甲酸、氢气或甲酸、二氧化碳作为底物时释放的自由能较大,分别为 $-145.3$ kJ/mol 和 $-136.9$ kJ/mol,反应也更易于进行;甲醇占第二位,为 $-106.7$ kJ/mol;而乙酸释放的能量最低,只有前3种的1/5到1/3,为 $-31.0$ kJ/mol。

产甲烷细菌在合成细胞物质时需要消耗能量,而且在分解基质获得能量的个别环节上,也需要先消耗一部分能量。一般认为,每生产 1 mol 的 ATP 需要消耗 50.20 kJ 的能量。在标准状况下,利用二氧化碳和氢气生成 1 mol 甲烷大约能产生 136.9 kJ 的能量,所以理论上最多能产生 2.7 mol 的 ATP。但在实际的厌氧消化系统中,氢分压只有 $10^{-3} \times 1.013\ 25 \times 10^5$ Pa,而不是标准状态下的 $1.013\ 25 \times 10^5$ Pa,也就是说,溶液中与之平衡的氢浓度为 1 mol/L,此时自由能变化由 $-136.9$ kJ/mol 降到 $-62.8$ kJ/mol,这些能量只够产生 1 个 ATP。

产甲烷细菌细胞的主要碳源是乙酸盐。有研究表明,乙酸可以提供的细胞碳为 60%,大部分甲基转化为甲烷用来获取能量,少部分甲基则通过类咕啉作用合成细胞物质的构成组分。除了碳源以外,氮源也是细胞生长的重要因素。产甲烷细菌细胞合成的氮源主要来自氨离子,菌体中含有氨基酸数量中绝大部分为丙氨酸,其次为谷氨酸,这两种氨基酸占到氨基酸总量的 80% 左右。

### 4. 产甲烷菌的生长繁殖与环境条件

(1)生长繁殖。

产甲烷菌的繁殖方式是二分裂繁殖法。如果生长环境中有两种可利用的营养基质,产甲烷菌会优先利用较为容易利用的一种基质,形成第一个生长高峰期,随后生长状况略有停滞,之后逐渐利用另一种基质,形成第二个生长高峰期。生长曲线呈两峰 S 型。一般认为,产甲烷菌生长繁殖速度很慢,倍增时间长达几小时至几十小时,还有报道称部分细菌长达 100 h 左右,而好氧细菌只需要数十分钟就可以倍增。

(2)生长环境条件。

表 1.9 列出了部分产甲烷菌的营养要求与环境条件。

产甲烷菌生长时要求有相适宜的环境条件,其中重要的环境条件包括氧化还原电位、温度和 pH 值等,有些毒物的存在也会对产甲烷菌造成一定的影响。

表 1.9　部分产甲烷菌的营养要求与环境条件

| 名称 | 基质 | 其他营养条件 | 适宜温度/℃ | 适宜 pH 值 | 倍增时间/h | 分离源 |
|---|---|---|---|---|---|---|
| 甲酸甲烷杆菌 | 氢气、二氧化碳、甲酸 | | 36 ~ 40 | 6.7 ~ 7.2 | 8 ~ 10.5 | 消化污泥 |
| 布氏甲烷杆菌 | 氢气、二氧化碳 | 维生素 B,半胱氨酸 | 37 ~ 39 | 6.9 ~ 7.2 | | 消化污泥 |
| 嗜热自养甲烷杆菌 | 氢气、二氧化碳 | 镍、钴、钼、铁 | 65 ~ 70 | 7.2 ~ 7.6 | 2 ~ 5 | 消化污泥 |
| 沼泽甲烷杆菌 | 氢气、二氧化碳 | | 37 ~ 40 | 6.0 ~ 8.5 | | 沼泽土 |

续表1.9

| 名称 | 基质 | 其他营养条件 | 适宜温度/℃ | 适宜 pH 值 | 倍增时间/h | 分离源 |
|---|---|---|---|---|---|---|
| 沃氏甲烷杆菌 | 氢气、二氧化碳 | W,酵母提取物 | 7.0~7.5 | | | 污泥 |
| 热聚集甲烷杆菌 | 氢气、二氧化碳 | 酵母提取物 | 65 | 7.0~7.5 | 3.5 | 牧区泥土 |
| 热甲酸甲烷杆菌 | 氢气、二氧化碳、甲酸 | | 55~65 | 7.0~7.8 | | 粪便消化污泥 |
| 斯氏甲烷球形菌 | 氢气,甲醇 | 二氧化碳、乙酸、亮氨酸、微生物B、异亮氨酸 | 37 | 6.5~6.9 | | 人粪 |
| 范氏甲烷球菌 | 氢气、二氧化碳、甲酸 | 铯、W、酵母提取物 | 36~40 | 6.5~7.5、8~8.5 | | |
| 聚集甲烷产生菌 | 氢气、甲酸 | 乙酸、酵母提取物 | 35 | 6.5~7.0 | | 消化污泥 |
| 布尔吉斯甲烷产生菌 | 氢气、二氧化碳、甲酸 | 乙酸、酵母提取物、盐 | 35~40 | 6.7 | | 消化污泥(制革) |
| 嗜热甲烷产生菌 | 氢气、二氧化碳、甲酸 | 胰酶解酪蛋白胨,维生素,酵母提取物 | 55 | 7.0 | 2.5 | |
| 巴氏甲烷八叠球菌 | 氢气、二氧化碳、甲醇、乙酸、甲胺、乙胺 | 酵母提取物 | 30~40 | 7.0 | 8~12(氢气、二氧化碳、甲醇)或大于24(乙酸、甲胺) | 消化污泥 |
| 马氏甲烷八叠球菌 | 甲醇、乙酸、氢气、二氧化碳 | 胰酶解酪蛋白胨 | 40 | 7 | 8 | |
| 嗜热甲烷八叠球菌 | 甲醇、乙酸 | | 50 | 6 | | 消化污泥 |
| 泡囊甲烷八叠球菌 | 氢气、二氧化碳、甲胺、甲醇、乙酸 | 酵母提取物、胰酶解酪蛋白胨 | 37~40 | 7.5 | | 消化污泥 |
| 孙氏甲烷丝菌 | 乙酸 | | 37 | 7.4~7.8 | 82 | 消化污泥 |
| 康氏甲烷丝菌 | 乙酸、二氧化碳 | | 35~40 | 7.1~7.5 | 24 | 消化污泥 |

①氧化还原电位。厌氧消化系统中的氧化还原电位的高低对产甲烷菌的影响极为显著。产甲烷菌的细胞内具有许多低氧化还原电位的酶,当系统中的氧化态物质的标准电位过高、浓度过大时,就会使系统的氧化还原电位过高,那么细胞中的酶就会被高电位不可逆转地氧化破坏,使产甲烷菌的生长受到抑制,甚至死亡。如前面提到的,产甲烷菌中用来产能代谢的重要辅酶 $F_{420}$ 被氧化时会与蛋白质分离,从而失去活性。

厌氧消化系统中一定不能存在氧,极少量的氧就可以毒害产甲烷菌的生长。有实验表明,在 5 mL 培养瘤胃甲烷短杆菌的琼脂培养基中注入 0.8 mL 氧饱和蒸馏水,菌落的出现时间就会延后,注氧前培养第 5 天就会出现菌落,注氧后则在第 6 天才会出现菌落。一般认为,在中温消化的产甲烷菌要求环境中维持的氧化还原电位低于 −350 mV,高温消化的产甲烷菌则应低于 −500 ~ −600 mV。产甲烷菌在氧质量浓度低于 2 ~ 5 mg/L 的环境下生长状况更好,甲烷产量也较大。

②温度。根据产甲烷菌对温度的适宜范围,人们将产甲烷菌分为 3 类:低温菌、中温菌和高温菌。低温菌的适宜温度在 20 ~ 25 ℃,中温菌的适宜温度在 30 ~ 45 ℃,高温菌在45 ~ 75 ℃。经过对大量产甲烷菌的研究,人们发现产甲烷菌中大多数为中温菌,低温菌较少,而高温菌的种类相对也较多。各种产甲烷菌对温度的要求见表 1.9。

与不产甲烷菌相比,产甲烷菌对温度的敏感度要大得多,这种影响明显地表现在其生长繁殖速度和甲烷产量两个方面,对生长繁殖速度的影响尤为显著。其中甲烷八叠球菌的产甲烷活性对温度的变化最为敏感,温度稍微偏离其生长的最适宜温度(45 ℃),其产甲烷活性便急剧下降。其他嗜热自养甲烷杆菌、索氏甲烷杆菌和嗜树木甲烷短杆菌的产甲烷活性也会受到温度的较大影响。

特别需要注意的是,产甲烷菌要求的最适宜温度范围和厌氧消化系统要求维持的最佳温度范围通常并不一致。例如,嗜热自养甲烷杆菌的最适宜温度范围在 65 ~ 70 ℃,而高温消化系统维持的最佳温度范围则是 50 ~ 55 ℃。之所以如此,原因在于厌氧消化系统是一个混合菌种共生的生态系统,不应只考虑到某一单一菌种,必须要照顾到各个菌种的协调适应性,来保持整个系统的最佳代谢平衡。如果为了满足嗜热自养甲烷杆菌而把系统温度升高至 65 ~ 70 ℃,在这样的温度下,大部分厌氧产酸菌以及中温产甲烷菌很难正常生活,从而影响整个系统的厌氧消化产甲烷能力。

③pH 值。pH 值对产甲烷菌生长的重要影响同样不容忽视。其影响主要表现在如下几个方面:影响菌体及酶系统的生理功能和活性;影响环境的氧化还原电位;影响基质的可利用性。

大多数中温甲烷细菌的最适宜 pH 值范围约在 6.8 ~ 7.2,但不同产甲烷菌对最适 pH值的要求也不相同,其范围从 6.8 至 8.5 不等。在培养产甲烷菌的过程中,随着基质不断被吸收利用,环境中的 pH 值也会随之变化,或逐渐升高或逐渐降低。通常,pH 值的变化速度基本上和基质的利用速率成正比,一旦基质消耗殆尽,pH 值就会趋于某一稳定值。当产甲烷菌的反应基质为乙酸或氢气、二氧化碳时,pH 值会随着反应的进行逐渐升高;而当反应基质为甲醇时,pH 值则会随着反应的进行逐渐降低。由于 pH 值的变化逐渐偏离了最适宜或试验规定值,将会影响试验的准确性和稳定性。为了解决这个问题,人们向培养基质中添加某些缓冲物质,如磷酸氢钾和磷酸二氢钾,或二氧化碳和碳酸氢钠等。

④化学物质。这里的化学物质指那些除了营养物以外的其他包括无机物和有机物在

内的物质。这些物质会对产甲烷菌产生3方面的影响:促进作用、无明显作用和抑制作用。有些学者认为,大多数的化学物质可同时兼有以上3种作用,其具体影响取决于化学物质的浓度,在较小浓度下起到促进产甲烷菌生长的作用,经过过渡浓度范围,当达到较高浓度时开始起到抑制作用。

在一直以来的研究中,人们十分重视化学物质对产甲烷菌的抑制作用,但相关的研究和报道却并不多见。大多数资料都是通过对厌氧消化系统的实验研究获得的,其只能证明某种化学物质对整个消化系统的影响,不足以用来确定是否会对产甲烷菌产生直接作用。有研究者从厌氧消化系统易受毒物影响停止产气这一现象得出,产甲烷菌比不产甲烷菌更易受到毒物的侵害,但这些结论必须经过纯培养的毒物考察才能确切得出。

目前人们在抗生素对产甲烷细菌的影响方面研究比较深入和全面,其中的一个重要成果是:某些对普通细菌抵抗能力很强的抗生素并不会对产甲烷菌起到抑制作用。有人分析,因为产甲烷细菌的古细菌谱系特点,其细胞结构和生理功能与普通细菌有很大区别,因此就产甲烷细菌而言,可能就是因为产甲烷细菌的细胞结构中缺乏某些抗生素的目的物,或者细胞组织中缺乏吸收和输入某些抗生素的机制,使得某些抗生素对这种细菌失去了抑制作用。这个结果的重要性在于,人们可以利用某些抗生素选择性地抑制其他反应不需要的细菌用来富集产甲烷菌,并对处理含抗生素废水起到积极作用。

人们曾研究过9种产甲烷菌或菌株,并对研究结果做了相应的报道。9种甲烷菌分别为:①嗜树木甲烷短杆菌 AZ 菌株;②斯氏甲烷短杆菌;③布氏甲烷杆菌 M.O.H.G 菌株;④甲酸甲烷杆菌;⑤嗜热自养甲烷杆菌菌株;⑥嗜热自养甲烷杆菌 I 菌株;⑦万氏甲烷杆菌;⑧亨氏甲烷螺菌;⑨巴氏甲烷八叠球菌。

抗生素磷霉素、万古霉素、青霉素 G 和头孢霉素 C 能够破坏普通细菌的细胞壁以及它们的合成结构(特别是肽聚糖的合成),但是因为产甲烷菌的细胞壁不含有肽聚糖,这些抗生素不能破坏产甲烷菌的细胞壁。另外,D - 环丝氨酸只能抑制万氏甲烷球菌,诺卡菌素 A 只能抑制嗜树木甲烷短杆菌,黄霉素则只能抑制布氏甲烷杆菌 M.O.H.G。

能破坏普通细菌的细胞膜及它们合成,但不能破坏产甲烷菌的抗生素有:两性霉素 B、缬氨霉素、无活菌素。另外,短杆菌肽 D 能破坏嗜热自养甲烷杆菌菌株和嗜热自养甲烷杆菌 I 菌株;多黏菌素能破坏嗜树木甲烷短杆菌 AZ 菌株、嗜热自养甲烷杆菌菌株和嗜热自养甲烷杆菌 I 菌株。

能破坏普通细菌蛋白质生物合成功能,但无法破坏产甲烷菌的抗生素有:放线酮、竹桃霉素和卡那霉素。另外,红霉素仅能抑制万氏甲烷杆菌,四环素则能抑制嗜热自养甲烷杆菌菌株、嗜热自养甲烷杆菌 I 菌株和万氏甲烷杆菌。

所以从上述研究可以看出,在研究过的9种产甲烷菌中,亨氏甲烷螺菌和巴氏甲烷八叠球菌能抵抗的抗生素种类最多。所以为了从混合菌种中富集产甲烷菌的抗生素,以青霉素 G、磷霉素、头孢霉素和卡那霉素为最优选择,但是如果为了富集单一的某一种产甲烷菌,就要根据这种产甲烷菌的自身特性做进一步选择。

# 1.5　硫酸盐还原细菌

厌氧条件是指生化反应中电子受体含有氧,但系统中不存在氧气或臭氧。硫酸盐、亚硫酸盐和硝酸盐就是这种电子受体。在自然界的厌氧生境中,与产甲烷菌共用同一基质的还有 3 种细菌:硫酸盐还原菌、同型产乙酸菌和三价铁还原细菌。硫酸盐还原菌(SRB)的主要特征是以硫酸作为最终受氢体,从而还原硫化物。由于这种还原形式类似有氧呼吸,所以称作硫酸呼吸或异化性还原作用。其反应过程为

$$8[H] + SO_4^{2-} \longrightarrow H_2S + 2H_2O + 2OH^-$$

自然界产生的硫化氢大多来自这个反应。硫酸还原菌是严格依赖于无氧条件的专性厌氧菌。它们能够利用的电子供体比产甲烷菌更为宽泛,因此所到之处都能产生并积累大量的硫化物,其中大部分为硫化氢。硫化氢能使水体发黑发臭,毒害水生生物,还能污染附近的大气,带来环境问题。

## 1.5.1　硫酸盐还原菌类群

硫酸盐还原菌指的是一类具有能把硫酸盐、亚硫酸盐、硫代硫酸盐等硫氧化物以及元素硫还原形成硫化氢这一生理特征细菌的统称。因此在这类生理类群中,包括各种形态、生理、生态分布等方面存在差异的细菌。

早在 1895 年,Beiherinck 首先发现了硫酸盐还原菌,但是在随后的很长一段时间内,人们对硫酸盐还原菌的研究进展相当缓慢,一直到 20 世纪 70 年代前期,研究人员仍然认为此类细菌只能利用乳酸、苹果酸等有限的几种脂肪酸。直至 20 世纪 70 年代后期,通过对河流和海底沉积物的大量研究,人们证实了还有其他的硫酸盐还原菌能降解其他种类的脂肪酸。1976 年,Pfennig 和 Biebl 通过分离研究,发现了第一个能利用乙酸的硫酸盐还原菌,并对其进行纯培养,此后,很多研究人员又陆续成功分离出了可降解其他脂肪酸的硫酸盐还原菌。到今天为止,硫酸盐还原菌已经被认为是一类利用基质范围相当广泛的微生物种群。1981 年,Pfennig 等人提出将所有异化作用的硫酸盐还原菌归于同一个生物类群,并在 1984 年提出了分属检索表。

迄今为止,发现的硫酸盐还原菌已有 12 个属近 40 余种,各属硫酸盐还原菌除了具有能还原硫酸盐这一共有特性外,其他方面均差异较大。

《伯杰氏系统细菌学手册》中的属检索表将硫酸盐还原菌分为以下几个种属:

(1)能完全氧化乙酸为 $CO_2$,利用元素硫作为电子受体的细菌,从不还原硫酸盐。异养性还原硫细菌。　　　　　　　　　　　　　　　　　脱黄单胞菌属(*Desulfuromonas*)

(2)能异化性还原硫酸盐的细菌。亚硫酸盐、硫代硫酸盐或其他氧化态硫化合物也可作为电子受体,异养性硫酸盐还原菌。

①细胞自生,以单个、成对或短链出现。

a. 细胞弧形、螺旋形、类似弧形或类似螺旋形,偶为直形。运动。乳酸不完全氧化为乙酸和 $CO_2$ 为共同特点。某些菌株可以彻底氧化利用脂肪酸。

脱硫弧菌属(*Desulfovibrio*)

b. 细胞杆形、直形。运动。不形成内生芽孢。丙酮酸被不完全氧化为乙酸和 $CO_2$。

脱硫单胞菌属(*Desulfuromonas*)

c. 细胞在所有条件下为球形。能彻底氧化脂肪酸或苯甲酸。

脱硫球菌属(*Desulfococcus*)

d. 细胞椭圆形到两端圆形的杆形,有时呈现拟球形。乙酸被彻底氧化为 $CO_2$。在含盐或海水培养基中生长优先出现。

脱硫杆菌属(*Desulfobacter*)

e. 细胞椭圆形,长而呈具尖末端的柠檬或洋葱状。不完全氧化丙酸或乳酸为乙酸和 $CO_2$。

脱硫洋葱状均属(*Desulfobulbus*)

f. 细胞杆状,直或弯曲。细胞末端可能为尖点形。所有种都能形成孢子。

脱硫肠状菌属(*Desulfotomaculum*)

②细胞不规则排列于类似八叠球菌囊或歪曲畸形出现。可以拟球菌或椭圆形单个细胞出现。偶有运动。可完全氧化脂肪酸或苯甲酸。

脱硫八叠球菌属(*Desulfosareina*)

③细胞排列成依次顺序的多细胞弹性丝状体,滑行运动,彻底氧化脂肪酸。

脱硫螺旋体属(*Desulfonema*)

## 1.5.2 硫酸盐还原菌的生长条件

物理因素中,硫酸盐还原菌对含氧空气最为敏感。在任何培养体系中加入空气都会抑制硫酸盐还原菌的生长,甚至完全杀死正在生长的细胞。营养细胞对热也极其敏感,50 ℃以上的温度几分钟之内就可将中温性脱硫弧菌全部杀死,脱硫肠状菌的营养细胞对热也极为敏感,但其芽孢的抗热性很强,在 98 ~ 100 ℃能耐受 10 ~ 30 min。紫外线对硫酸盐还原菌同样具有杀害作用,可变脱硫八叠球菌对于可见光亦十分敏感,在散射光下可完全被抑制,必须在黑暗条件下培养。

1. 生长温度

目前得到的硫酸盐还原菌多为中温性的,一般在 30 ℃左右。例如,脱硫肠状菌的生长温度为 37 ℃左右,中温性脱硫弧菌的生长上限温度在 45 ~ 48 ℃。嗜热性硫酸盐还原菌分离到的较少,脱硫弧菌中仅嗜热脱硫弧菌(*D. thermoacetodidans*),最适生长温度为 58 ~ 60 ℃,45 ℃和 70 ℃时的生长状况都较微弱。

2. 生长的 pH 值

硫酸盐还原菌生长的最适宜 pH 值一般在中性偏碱的范围。培养基制备时一般灭菌前调制到 7.0 ~ 7.6。

3. 生长的 Eh

硫酸盐还原菌是严格厌氧菌,只有 Eh 在 -100 mV 以下时才开始生长,因此培养基中必须加入还原剂。通常情况下,乳酸盐加硫酸盐的培养基在氮气流环境下煮沸,其氧化还原电位在 +200 mV 左右,加入 5 mmol/L $Na_2S$ 还原剂后,氧化还原电位可降至 -200 mV 以下,在培养基中加入刃天青作为氧化还原电位指示剂,如果刃天青由紫色变为无色,则培养基满足硫酸盐还原菌的厌氧生长要求。

4.生长因子

硫酸盐还原菌的生长需要维生素作为生长因子,因此在培养基中加入酵母浸提物可使硫酸盐还原菌较好地生长。对硫酸盐还原菌来说,生物素、叶酸、盐酸硫胺等具有较好的维生素促进作用,氨基苯甲酸、核黄素等的促进作用较小。

5.生长抑制剂

硫酸盐还原菌的化学抑制因子包括苯酚类、抗生素和金属离子等。当有 $H_2S$ 形成时,金属离子如 $Hg^{2+}$、$Cu^{2+}$、$Cd^{2+}$ 等会与 $H_2S$ 形成硫化物沉淀而解除对硫酸盐还原菌的毒害;但当没有 $H_2S$ 形成时,这些金属离子的毒性明显。硒酸盐与硫酸盐竞争质子和电子,影响硫酸盐的还原。钼离子可以耗尽硫酸盐还原菌体内的 ATP 库,影响硫酸盐还原菌的生存。实验中常用钼酸盐来抑制硫酸盐还原菌生长。

# 1.6　细菌种群间关系

在好氧条件下,只需要一种微生物就可以将复杂的有机物彻底氧化为二氧化碳。但是在厌氧条件下,由于缺乏外源电子受体,这个过程就只能依靠各种微生物的内源电子受体进行有机物降解。厌氧消化是一种多种群多层次的混合发酵过程,在这个复杂的生态系统中,各种微生物不可避免地存在着相互依存和制约的生态关系。因此,如果一种微生物的发酵产物或者脱下的氢不能被另一种微生物利用,那么它的代谢作用就无法继续进行。如酒精发酵、乳酸发酵的过程,都是在厌氧调控下由微生物进行的有机物降解,微生物将乙醛和丙酮酸作为自身的内源性电子受体,结果导致酒精和乳酸积累。当酒精和乳酸积累到一定程度之后,发酵微生物本身就受到了自身代谢产物的抑制,这时,有机物的降解作用就被迫中止。

厌氧降解有机物的纵向链条上生活着三大类群的细菌:发酵细菌群、产乙酸细菌群和产甲烷细菌群。除此之外,还有一类能将产甲烷菌的一组基质(氢气和二氧化碳)横向转化为另一种基质(乙酸)的同型产乙酸菌。无论是在自然界还是在消化器内,排在有机物厌氧降解食物链最末端的都是产甲烷菌,它们能利用的基质很有限,只有少数的几种 $C_1$、$C_2$ 二类化合物,所以只能在满足了产甲烷菌对简单化合物的要求后,它们才能继续对有机物进行分解,所以将复杂大分子有机物分解为简单化合物的工作就交给了体系中的不产甲烷菌。因为发酵菌群、产乙酸菌群都可以给产甲烷菌群提供有机酸基质,其成分主要为有机酸、氢气和二氧化碳,因此这两类菌群又被称为产酸细菌。它们的发酵作用过程被统称为产酸阶段。那么,厌氧消化系统中各大类菌群之间的关系,包括相互依存关系、相互制约关系就表现为产酸细菌与产甲烷细菌之间的关系。如果没有产甲烷菌分解有机酸来生成甲烷,那么系统必将因为有机酸的不断积累使得发酵环境酸化。

人们虽然还无法精确掌握菌群之间的相互作用,但可以做到在宏观上把握这一生态系统的主要方面。根据产甲烷菌与产酸菌的生理代谢机理和生活条件的不同,Ghosh 等人于1976 年提出了两相厌氧消化法,将产酸阶段与产甲烷阶段分别在各自的反应相内分离进行,从而达到了更高的厌氧消化效率。不过从产酸细菌和产甲烷细菌的生态关系的紧密程度来看,完全分离两种细菌并不只是有利无弊的。

(1)产酸细菌把各种复杂有机物进行降解,利用各种复杂有机物(例如,碳水化合物、脂肪、蛋白质等)生成游离氢、二氧化碳、氨、乙酸、甲酸、丙酸、丁酸、甲醇、乙醇等产物,使其成为产甲烷菌赖以生存的有机物和无机基质,其中丙酸、丁酸、乙醇等又可被产氢产乙酸菌转化为氢、二氧化碳和乙酸等,为产甲烷菌提供合成细胞物质和产甲烷所需的碳前体和电子供体、氢供体和氮源。产甲烷菌则依赖产酸细菌所提供的食物生存。

(2)产甲烷菌为严格的厌氧微生物,只能生活在无氧的环境下,少量的氧气就可将系统中的严格厌氧微生物在短时间内杀死,但是它们并不是被气态的氧杀死,而是不能解除某些氧代谢产物而导致死亡。在氧还原成水的过程中,会形成某些有毒的中间产物,如过氧化氢、超氧阴离子和羟自由基等。好氧微生物自身的酶可以降解这些物质,如过氧化氢酶、过氧化物酶、超氧化歧化酶等,但是严格厌氧微生物却没有这些酶。通常,专性好氧微生物都含有超氧化物歧化酶和过氧化氢酶,某些兼性好氧微生物和耐氧厌氧微生物只含有超氧化物歧化酶,缺乏过氧化氢酶。

在一个厌氧消化器启动初期,由于废水和接种物中都带有溶解氧,消化器中也不可避免地有空气存在,这时的氧化还原电位一定不利于产甲烷菌的生长。系统氧化还原电位的降低依赖于不产甲烷菌的好氧微生物和兼性厌氧微生物的活动,好氧及兼性厌氧微生物在开始的阶段都会以氧为最终电子受体,降低环境中的氧化还原电位。同时它们以及厌氧微生物自身的代谢过程还会产生有机酸类和醇类等还原性物质。各种厌氧微生物对氧化还原电位的不同要求,使它们可以依次交替地生长和代谢,使消化器内的氧化还原电位不断下降,逐步为产甲烷菌创造适宜的生长条件。

在实验室里,人工单独培养产甲烷菌对无氧条件要求十分严格,在自然界中产甲烷菌的存在范围则相当广泛,因为即使在通气良好的曝气池中或自然界的水域中,氧化还原电位也并非均匀的。例如,细菌聚集成团的环境下,内部可能产生局域厌氧环境,所以好氧活性污泥中也一样可以检测到产甲烷菌活性的存在,实验室中也大多利用好氧活性污泥作为启动厌氧消化器的种泥,并取得了成功。这些都说明不产甲烷菌的活动会消耗自然环境中丰富的氧气,从而为严格厌氧微生物产甲烷菌创造适宜生存的厌氧条件。

(3)工业废水中可能含有酚类、苯甲酸、抗菌素、氰化物、重金属等有害于产甲烷菌的物质。产酸菌中的许多种类能裂解苯环,并从中获得能量和碳源,有些能以氰化物为碳源。这些作用不仅解除了有害物质对产甲烷菌的毒害,而且给产甲烷菌提供了养分。此外,产酸细菌代谢所产生的硫化氢能够与重金属离子作用生成不溶性金属硫化物沉淀,从而解除一些重金属对产甲烷菌的毒害作用。

(4)在厌氧条件下,由于外源电子受体的缺乏,产酸细菌只能将各种有机物发酵生成氢气、二氧化碳及有机酸、醇等各种代谢产物,这些代谢产物的累积所带来的反馈作用会抑制产酸细菌的生长。而作为厌氧消化食物链末端的产甲烷菌,能够将产酸细菌的代谢产物加以清除,促进产酸细菌的生长。产甲烷菌生存于厌氧环境中依靠不产甲烷菌的代谢终产物生成甲烷,因为没有相应的菌类与其竞争,使得它们可以长期生存下来。除了几种简单的有机酸、有机醇以外,废水中的有机物种类对产甲烷菌的直接影响意义不大,只有在经过产酸菌发酵分解之后才能生成可以被产甲烷菌利用的物质,从而使厌氧消化对各种有机物有广泛的适应性,这也是甲烷发酵广泛存在于自然界的原因之一。

(5)产甲烷菌对厌氧环境中有机物的降解起着质子调节、电子调节和营养调节3种生物调节功能,见表1.10。产甲烷菌乙酸代谢的质子调节作用可去除有毒的质子,并使厌氧环境不致酸化,将环境控制在适于厌氧消化食物链中的各种微生物生活的 pH 值范围内。产甲烷菌的氢代谢电子调节作用为产氢产乙酸菌代谢醇、脂肪酸、芳香化合物等多碳化合物创造适宜条件,并提高水解菌对基质的利用率。某些产甲烷菌还能合成和分泌一些生长因子,促进其他生物生长,起着营养调节的作用。

表 1.10　厌氧消化过程中产甲烷菌的调节作用

| 调节作用 | 代谢反应 | 调节意义 |
|---|---|---|
| 质子调节 | $CH_3COO^- \longrightarrow CH_4 + CO_2$ | ①去除有毒代谢产物<br>②维持 pH 值 |
| 电子调节 | $4H_2 + CO_2 \longrightarrow CH_4 + 2H_2O$ | ①为某些代谢物的代谢创造条件<br>②防止某些有毒代谢物的积累<br>③增加代谢速度 |
| 营养调节 | 分泌生长 | 刺激异养型细菌的生长 |

# 第2章 有机污染物的厌氧生物转化

废水中存在大量的有机污染物质,在进行生物处理的过程当中,这些污染物会发生厌氧生物转化,有机物经大量的微生物共同作用,最终被转化为甲烷、二氧化碳、水及少量氨和硫化氢。

厌氧生物转化过程存在于沼泽、湖泊、海洋沉积物和瘤胃动物的胃液等自然生态系统中,在非自然生态系统中,例如堆肥、废水生物处理系统和污泥消化系统中,人们利用了这种厌氧过程产生甲烷的功能,另外,通过这样一个过程,人们能够防止大量有机物在环境中的有害积累。

## 2.1 有机污染物厌氧生物转化的基本原理

有机物污染物是我国水体的主要污染源。有机物进入水体会消耗一定数量的溶解氧,导致生态平衡遭到破坏。有机物在水中的浓度通常以生化需氧量 BOD(或称 5 日化学需氧量,水中有机物由于微生物的生化作用进行氧化分解,使之无机化或气体化时所消耗水中溶解氧的总数量表示水中有机物等需氧污染物质含量的一个综合指示)和化学需氧量 COD(利用化学氧化剂将水中可氧化物质氧化分解,然后根据残留的氧化剂的量计算出氧的消耗量)来表示。以微生物作用为主的生物处理法是废水处理中最基本最普遍的方法。废水生物处理的实质是将含污染物的废水作为培养基,在适当条件下对混合的微生物种群进行连续培养,通过微生物作用对有机物降解,转化为对环境无害的物质。

有机物在好氧条件和厌氧条件下的分解过程和分解产物是不同的,在好氧条件下,好氧微生物通过好氧呼吸作用分解有机物质;厌氧条件下厌氧菌通过无氧呼吸或发酵作用分解有机物质。

废水厌氧处理过程中,有机物经大量微生物的共同作用,最终被转化为甲烷、二氧化碳、水及少量硫化氢和氨。

### 2.1.1 有机污染物的种类及其污染指标

污水中所含的有机污染物千差万别,主要来源于两个方面:一是外界向水体中排放的有机物;二是生长在水体中的生物群体产生的有机物以及水体底泥释放的有机物。前者包括地面径流和浅层地下水从土壤中渗沥出的有机物,主要是腐殖质、杀虫剂、农药、化肥及城市污水和工业废水向水体排放的有机物、大气降水携带的有机物、水面养殖投加的有机物以及各种事故排放的有机物等。后者一般情况下在总的有机物中所占的比例很小,但是对于富营养化水体,如湖泊、水库,则是不可忽略的因素。

水中的有机物大致可分为两类:一类是天然有机物,包括腐殖质、微生物分泌物、溶解的植物组织和动物的废弃物;另一类是人工合成的有机物,包括农药、商业用途的合成物及一些工业废弃物。可根据有机污染物的毒性、生物降解的可能性以及在水体中出现的概率等因素,从 7 万种有机物化合物中筛选出 65 类 129 种优先控制的污染物,其中有机化合物占总数 88.4%,包括 21 种杀虫剂、11 种酚、26 种卤代脂肪烃、8 种多氯联苯、7 种亚硝酸及其他化合物。

天然有机物主要是指动植物在自然循环过程中经腐烂分解所产生的物质,也称为传统有机物。其中腐殖质占总量的 60% ~ 90%,其特性是亲水的、酸性的多分散物质,是饮用水处理中的主要去除对象。天然有机物一般由 10% 的腐殖酸、40% 的富里酸和 30% 的亲水酸等组成,3 种组分在结构上相似,但在相对分子质量和官能团含量上有较大的差别。

腐殖质是天然水体中有机物的重要组成部分,由多种化合物组成,它约占水中 DOC 的 40% ~ 60%,是地表水的成色物质。作为自然胶体具有大量官能团或吸附位,对金属离子的螯和能力很强,而且在氧化剂作用下可被氧化分解。另外,由于矿物质对它的吸附作用,往往形成无机 – 有机复合体,可以与环境中存在的各类污染物发生作用。腐殖质在天然水体中表现为带负电的大分子有机物,本身对人体无害,但由于其表面含有多种官能团,能够与水中重金属离子、杀虫剂等多种成分进行络合,从而增加了水中微污染有机物的溶解度和迁徙能力,影响水处理效果。另一方面,腐殖质有机物被认为是消毒副产物的主要前体物,是导致饮用水致突变活性增加的因素。

人工合成有机物大多为有毒有害有机污染物,具有以下特点:难降解,在环境中有一定的残留水平,具有生物富集、毒性和三致(致畸、致突变、致癌)作用。该类有机物一般难以被水中微生物降解,但却易被生物吸收。通过生物的食物链过程,逐渐富集到生物体内,从而对人体健康构成危害。

水中有机物的大量增加,这些有机物进入水体后将增加水质净化的难度,并对人体健康有较大的危害,其中的问题主要表现为以下方面:

(1)现有的常规处理工艺对水源水中有机物(TOC)的去除率一般为 20% ~ 50%,对氨氮的去除为 10% 左右,出水中有机物含量仍然较高,且其中含有毒有害物质,加氨使水中致突变物质含量增加,对人体健康造成危害。腐殖酸类物质是最重要的三卤甲烷前驱物质,特别是有机物中腐殖酸部分虽然只占溶解态有机物的一半左右,但其对氯仿的贡献却在 50% 以上。据世界卫生组织调查结果,80% 的人类疾病与水有关,在发展中国家,每年因缺乏清洁饮水而造成的死亡人数近 1 240 万。

(2)出水中有机物的增加为配水管网中的细菌提供了生长所需要的营养物质,使管壁上形成生物黏膜,水中细菌总量增加,腐蚀管道,使铁和重金属离子溶于水中,并增加输水能耗。

根据有机污染物种类的不同,可利用不同污染指标方法测试水体污染程度,其综合指标包括 $BOD_5$、COD、TOD、TOC、UVA 等。

$BOD_5$ 是一种用微生物代谢作用所消耗的溶解氧量来间接表示水体被有机物污染程度的一个重要指标。微生物对有机物的降解与温度有关,有机物降解最适宜的温度为 15 ~ 30 ℃,在测定生化需氧量时通常以 20 ℃ 作为测定时的标准温度。20 ℃ 时在 BOD 的测定条件下,一般情况下有机物 20 d 能够基本完成在第一阶段的氧化分解过程。也就是说,测定第一阶段的生化需氧量需要 20 d 完成,在实际工作当中,这是难以做到的。为此规定了一个标准时间,以 5 d 作为测定 BOD 的标准时间,因而称之为 5 d 生化需氧量,以 $BOD_5$ 表示。

COD 表示化学需氧量又称化学耗氧量,是利用化学氧化剂将水中可氧化物质(如有机物、亚铁盐、亚硝酸盐、硫化物等)氧化分解,然后根据残留的氧化剂的量计算出氧的消耗量。它和生化需氧量(BOD)一样,是表示水质污染度的一项重要指标。COD 的单位为 mg/L,其值越小,说明水质污染程度越轻。化学需氧量(COD)的测定,随着测定水样中还原性物质以及测定方法的不同,其测定值也有不同。目前应用最普遍的是酸性高锰酸钾氧化法与重铬酸钾氧化法。

TOD 即总需氧量,是指水中能被氧化的物质,主要是有机物质在燃烧中变成稳定的氧化物时所需要的氧量,结果以 $O_2$ 的 mg/L 表示。TOD 值可以反映几乎全部有机物质经燃烧后变成 $CO_2$、$H_2O$、NO 等所需氧量。它比 BOD、COD 更接近于理论需氧量值。其测定原理是将一定量水样注入装有铂催化剂的石英燃烧管,通入含已知氧浓度的载气(氮气)作为原料气,则水样中的还原性物质在 900 ℃下被瞬间燃烧氧化。测定燃烧前后原料气中氧浓度的减少量,便可求得水样的总需氧量值。

TOC 即水体中总有机碳含量。它是以碳含量表示水体中有机物质总量的综合指标。TOC 的测定一般采用燃烧法,此法能将水样中有机物全部氧化,能够直接表示有机物的总量。因而它被作为评价水体中有机物污染程度的一项重要参考指标。

由于废水中的芳香族有机化合物和一些具有不饱和双键的化合物对于紫外光有强烈的吸收作用,利用这一特性可应用 UVA 紫外线吸收法测定某些特定废水中的有机物浓度。目前该法测定有机物仍然有着很大的局限性,如对蔗糖、麦芽糖、葡萄糖、淀粉、饱和低级脂肪酸、醇、氨基酸等化合物很少有吸收,或者没有吸收。

当前水中有机污染物综合指标分析仍普遍采用 $BOD_5$ 或 COD 方法,为了用 TOC、TOD 代替 BOD 或 COD,科技工作者正在研究这些参数之间的相关性,寻找克服无机物对测定干扰的影响。这些问题一旦得到解决,这两种方法在监测技术中将可能得到更大的发展。

### 2.1.2　有机污染物的生物转化机制

有机物的污染迄今为止仍是我国水体的主要污染源。废水生物处理的实质是以含污染物的废水为培养基,在适当条件下对混合的微生物种群进行连续培养,通过微生物作用对有机物降解,转化为对环境无害的物质。转化途径主要分为有氧条件和厌氧条件:好氧微生物通过好氧呼吸作用将有机物分解,厌氧条件下厌氧菌通过无氧呼吸或发酵作用分解有机物。

氯代芳香烃、多环芳烃、硝基芳烃、农药等,大多为异生物合成物,就氯代芳香烃而言,它们广泛用作溶剂、还原剂、防腐杀菌剂、除草剂以及化工、医药、农药生产原料与中间体,可通过多种途径如生产废水排放、废物填埋与焚烧、事故性泄漏等进入环境,同时也是许多异生物合成物如农药等在环境中迁移转化的产物,对环境的污染具有广泛性与普遍性,且对人类健康构成严重威胁。

以下主要以氯代芳香族污染物为例,介绍有机污染物微生物转化与降解的途径与机制。

## 2.1.3  好氧和厌氧生物转化

有机物在好氧条件和厌氧条件下的分解过程和产物不同,在好氧条件下,好氧微生物通过好氧呼吸作用将有机物分解,厌氧条件下厌氧菌通过无氧呼吸或发酵作用分解有机物。

1. 好氧生物降解转化

我们简单介绍几种好氧生物转化机制,首先以氯代芳香族污染物为例,氯的脱除是氯代芳香族有机物生物降解的关键过程,好氧微生物可通过双加氧酶/加氧酶作用使苯环羟基化,形成氯代儿茶酚,进行邻位、间位开环、脱氯,也可在水解酶作用下先脱氯后开环,最终矿化。不同好氧微生物脱氯降解的生化机制不同,赋予降解途径的多样化,但大多以氯代儿茶酚 1,2 双加氧酶催化的邻位裂解途径为主。以 3 - 氯苯甲酸和 4 - 氯苯甲酸的脱氯途径为例,降解反应如图 2.1 所示。

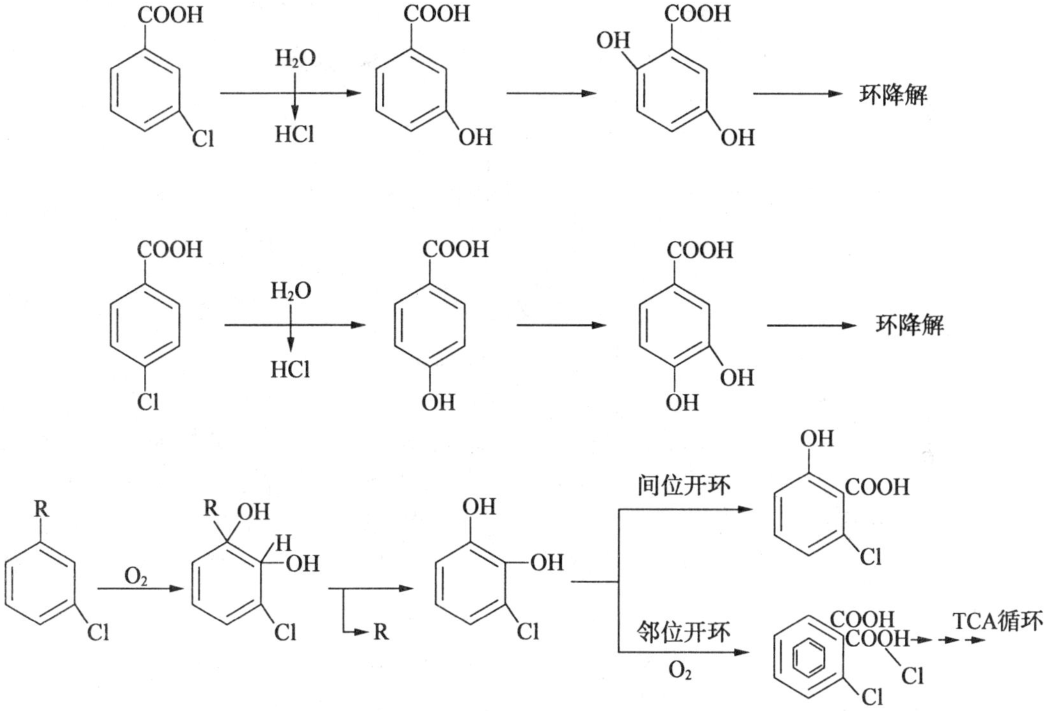

图 2.1  3 - 氯苯甲酸和 4 - 氯苯甲酸的降解反应

针对氯代芳香族降解,近几年研究发现在所分离的污染物降解菌中,有一些具有新功能的好氧降解菌,Marsetal 发现 Pseudomonas putida GJ31 存在特异的氯代儿茶酚 2,3 - 双加氧酶,通过间位裂解途径降解氯苯,使 3 - 氯代儿茶酚同时进行开环与脱氯,形成 2 - 羟基黏康酸;而在此之前普遍认为修饰邻位裂解是氯代芳香族污染物降解的最佳途径,氯代儿茶酚不能通过间位裂解途径转化,原因是会产生一种不稳定、有毒的氯代酰基化合物;Oht在矿化五氯酚(PCP)的 Sphin-gomonas chlorophenolica 菌株同样发现了通过间位裂解途径将 2,6 - 二氯羟基醌转化为 2 - 氯马来酸乙酸盐的双加氧酶。该菌株降解 PCP 的基因结构为 pcpEMACBDR,关键酶基因 pcpB、pcpC、pcpA 和 pcpE 在结构区位上分离,所编码酶代谢 PCP 相继形成 3 - 羰基己二酸、pcpM、pcpR。后来研究发现 Sphingomonas chlorophenol-ium 降解 PCP 并非由 pcpB 基因编码的 PCP 4 - 单加氧酶直接转化为四氯对苯二酚,实际上先转化为四氯苯醌,而后被还原为四氯对苯二酚,该过程由 pcpD 基因编码的依赖与 NAD-PH 的还原酶催化完成。

芳香烃是重要的石油组分,是修复土壤污染应优先控制的污染物。我们再以苯为例,其代谢机理为芳香烃由加氧酶氧化为儿茶酚,二羟基化的芳香环再氧化,邻位或间位开环。邻位开环生成己二烯二酸,再氧化为 β-酮己二酸,后者再氧化为三羧酸循环的中间产物琥珀酸和乙酰辅酶 A。间位开环生成 2-羟己二烯半醛酸,进一步代谢生成甲酸、乙醛和丙酮酸,其降解途径如图 2.2 所示。

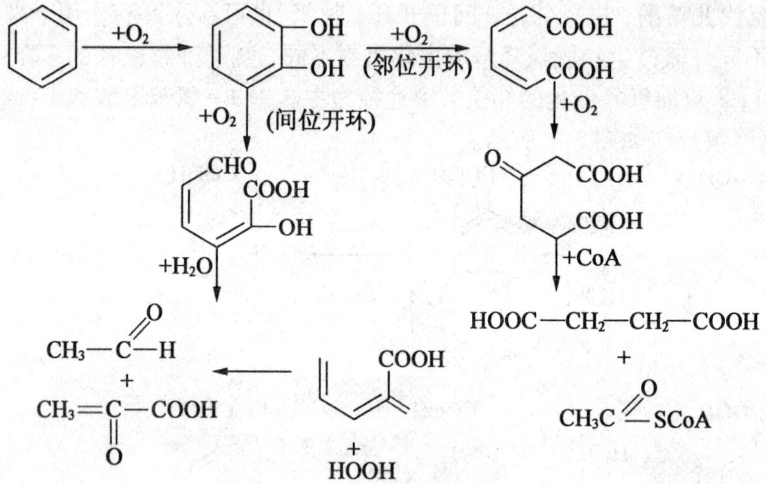

图 2.2　苯的降解途径

环烷烃在石油馏分中占有较大比例,在环烷烃中又以环己烷和环戊烷为主,没有末端烷基环烷烃,它的生物降解原理和链烷烃的次末端氧化相似。以环己烷为例,脂环烃的降解首先氧化为脂环醇,然后再被微生物降解。具体来说,其生物降解的机制为:混合功能氧化酶的羟化作用生成环己醇,后者脱氢生成酮,再进一步氧化,一个氧插入环而生成内酯,内酯开环,一端的羟基被氧化成醛基,再氧化成羧基,生成的二羧酸通过 β-氧化进一步代谢,其代谢途径如图 2.3 所示。

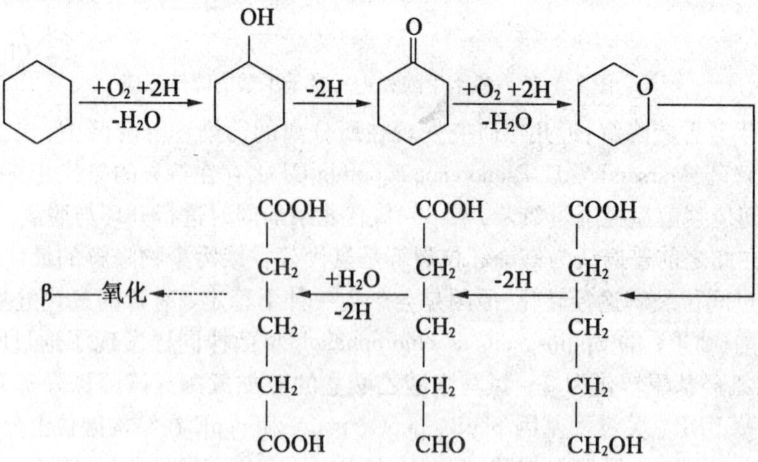

图 2.3　环烷烃降解途径

### 2. 厌氧生物转化

早在 1960 年就发现了脂肪烃的厌氧转化，有报道表明 Desulfovibrio desulfuricans 在以葡萄糖为其底物时可以降解甲烷、乙烷和正辛烷。

厌氧条件下饱和烷烃矿化为甲烷和 $CO_2$，如

$$8C_2H_6 + 6H_2O \longrightarrow 14CH_4 + 2HCO_3^- + 2H^+$$

在产甲烷的条件下乙烯的厌氧降解反应为

$$2C_2H_4 + 3H_2O \longrightarrow 3CH_4 + HCO_3^- + H^+$$

芳香化合物厌氧降解是通过混合培养发现的，研究者发现污泥混合培养物在缺氧条件下将苯甲酸、苯乙酸、苯丙酸和肉桂酸降解为 $CH_4$ 和 $CO_2$。在产甲烷条件下，芳香化合物作为多种属微生物群体或菌落的底物，这些微生物进行一系列耦合反应将芳香化合物彻底降解为 $CO_2$。

氯代芳香族污染物厌氧生物降解是通过微生物还原脱氯作用，逐一脱氯形成低氯代中间产物或被矿化生成 $CO_2$ 和 $CH_4$ 的过程。近年国内成功培养获得厌氧脱氯降解 PCP 颗粒污泥，该颗粒污泥具有间位、邻位脱氯活性，可将 PCP 脱氯转化为 2, 4, 6 – TCP、2,4 – DCP、4 – CP。

以上是有关卤代芳香化合物生物降解方面的研究，是有机污染物降解研究的一部分，不同的有机污染物其降解途径不同，同一有机物也会因参与降解的微生物不同而降解过程不同，由于各种废水的有机污染物的组成相当复杂，处理的菌种和工艺也多种多样，可以预见未来有关有机污染物生物转化与降解的研究，特别在分子生物学方面将是一个研究热点，也将取得更多的研究进展。

## 2.2　基本营养型有机物的厌氧生物降解途径

### 2.2.1　葡萄糖的厌氧降解途径

葡萄糖是糖在血液中的运输形式，在机体糖代谢中占据主要地位，葡萄糖的厌氧降解途径主要是糖酵解过程，即细胞在胞浆中分解葡萄糖生成丙酮酸的过程，此过程中伴有少量 ATP 生成，在缺氧条件下丙酮酸被还原为乳酸和乙醇。

糖酵解分为两个阶段：第一阶段经磷酸化、6 – 磷酸葡萄糖的异构反应、6 – 磷酸果糖的磷酸化、1,6 – 二磷酸果糖裂解反应、磷酸二羟丙酮的异构反应生成 2 分子 3 – 磷酸甘油醛；第二阶段经 3 – 磷酸甘油醛氧化反应、1,3 – 二磷酸甘油酸的高能磷酸键转移反应、3 – 磷酸甘油酸的变位反应、2 – 磷酸甘油酸的脱水反应、磷酸烯醇式丙酮酸的磷酸转移生成丙酮酸。

可将糖酵解为丙酮酸的途径分为 4 种，分别为 EMP 途径、HMP 途径、PK 途径和 ED 途径。

（1）EMP 途径又称为二磷酸己糖途径，EMP 途径是糖酵解途径中最基本的代谢途径。对专性厌氧微生物来讲，EMP 途径是产能的唯一途径，其中，由于葡萄糖所含的碳原子只有部分氧化，所以产能较少。其总反应式为

$$C_6H_{12}O_6 + 2NAD^+ + 2ADP + 2Pi \longrightarrow 2CH_3COCOOH + 2NADH + 2H^+ + 2ATP + 2H_2O$$

　　EMP 途径中,由 1,3 -二磷酸甘油酸转变成 3 -磷酸甘油酸以及由磷酸烯醇式丙酮酸转变成丙酮酸的反应通过底物水平磷酸化生成 ATP。

　　(2)HMP 途径为循环途径,又称为磷酸戊糖途径,HMP 途径主要是提供生物合成所需的大量还原力(NADPH + H$^+$)和各种不同长度的碳架原料,EMP 途径还与光能和化能自养微生物的合成代谢密切联系,途径中的 5 -磷酸核酮糖可以转化为 $CO_2$ 受体 -1,5 -二磷酸核酮糖。HMP 途径可概括为以下 3 个阶段:

　　①葡萄糖分子通过几步氧化反应产生核酮糖 -5 -磷酸和 $CO_2$。

　　②核酮糖 -5 -磷酸发生同分异构化而分别产生核糖 -5 -磷酸和酮糖 -5 -磷酸。

　　③上面所讲的各种戊糖磷酸在没有氧参与的条件下发生碳架重排,产生了己糖磷酸和丙糖磷酸,接着丙糖磷酸可通过以下两种方式进一步代谢:通过 EMP 途径转化为丙酮酸再进入 TCA 循环进行彻底氧化;通过果糖二磷酸缩酶和果糖二磷酸酶的作用而转化为己糖磷酸。HMP 途径的总反应式为

$$6 - 磷酸葡萄糖 + 12NADP^+ + 6H_2O \longrightarrow 5,6 - 磷酸葡萄糖 + 12NADPH + 12H^+ + 12CO_2 + Pi$$

　　(3)PK 途径又称磷酸酮解酶途径,PK 途径可分为两种途径:磷酸戊糖酮解酶途径和磷酸己糖酮解酶途径,前者要以肠膜状明串珠菌利用磷酸戊糖酮解酶途径分解葡萄糖,后者主要是以双歧杆菌作为降解菌,利用磷酸己糖酮解酶途径分解葡萄糖,其总反应式为

$$C_6H_{12}O_6 + ADP + Pi + NAD^+ \longrightarrow$$
$$CH_3CHOHCOOH + CH_3CH_2OH + CO_2 + ATP + NADH + H^+$$

　　(4)ED 途径又称 2 -酮 -3 -脱氧 -6 -磷酸葡萄糖裂解途径,由于 ED 途径产能较 EMP 途径少,所以只是缺乏完整 EMP 途径的少数细菌产能的一条替代途径。利用 ED 途径的微生物不多见,主要存在于一些发酵单胞菌中。

　　ED 途径的特点主要有:途径中的特征酶为 2 -酮 -3 -脱氧 -6 -磷酸葡萄糖酸醛缩酶;途径中,一分子葡萄糖经过 4 步反应就生成 2 分子丙酮酸,一分子由 2 -酮 -3 -脱氧 -6 -磷酸葡萄糖酸裂解直接产生,另一分子由 3 -磷酸甘油醛经 EMP 途径转化而来;特征性反应是 2 -酮 -3 -脱氧 -6 -磷酸葡萄糖裂解生成丙酮酸和 3 -磷酸甘油醛;途径产能效率较低,1 mol 葡萄糖经 ED 途径分解只产生 1 mol 的 ATP。

　　ED 途径的总反应式为

$$C_6H_{12}O_6 + ADP + Pi + NADP^+ + NAD^+ \longrightarrow$$
$$2CH_3COCOOH + ATP + NADPH + H^+ + NADH + H^+$$

　　上述葡萄糖厌氧分解的 4 种途径中均有还原氧供体 -NADH + H$^+$ 和 NADPH + H$^+$ 的氢产生,在实验当中应注意及时氧化再生,这样葡萄糖分解产能才不会中断。另外在途径中的丙酮酸在厌氧条件下可以被厌氧微生物形成多种代谢产物,反应中的中间产物由于不能进一步氧化成 $CO_2$ 和水,就会在环境中积累。这种生物学过程就是发酵。最后在不同条件下,丙酮酸会有不同的去路,在有氧的条件下,丙酮酸进入线粒体变成乙酰 CoA 参加三羧酸循环,最后氧化成 $CO_2$ 和 $H_2O$;在氧供应不足时,从糖酵解途径生成的丙酮酸转变为乳酸。在这个过程当中丙酮酸经乳酸脱氢酶催化作用转变成乳酸;在酵母菌或者其他微生物的作用下,丙酮酸经脱羧酶催化(TPP 辅酶)脱羧成乙醛后醇脱氢酶催化下由 NADH 还原形成乙醇。缺氧条件下的丙酮酸反应及糖酵解总反应图如图 2.4、图 2.5 所示。

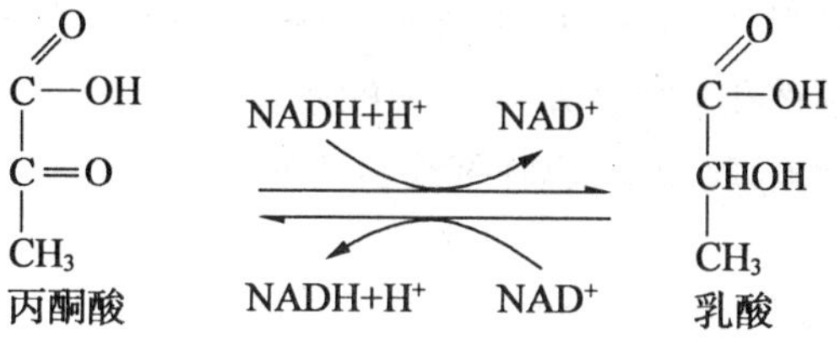

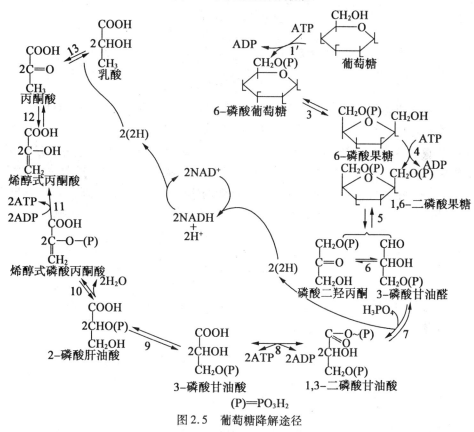

图 2.4　丙酮酸还原成乳酸

图 2.5　葡萄糖降解途径

葡萄糖酵解途径的总反应式为

葡萄糖 + 2Pi + 2ADP + 2NAD$^+$ —→ 2 丙酮酸 + 2ATP + 2NADH + 2H$^+$ + 2H$_2$O

无氧情况下糖酵解的反应式为

葡萄糖 + 2Pi + 2ADP —→ 2 乳酸 + 2ATP + 2H$_2$O

## 2.2.2　纤维素的厌氧降解途径

纤维素是地球上最丰富的多糖化合物,广泛存在于如树干等植物中,大部分纤维素以焚烧的形式被处理掉,这不仅造成大量资源的浪费还造成环境污染,因此将纤维素水解为小分子单糖,单糖再通过微生物发酵产生各种有用的产品显得尤为重要。目前,对纤维素的糖化过程研究较多的是用纤维素酶来水解纤维素。

纤维素是线性葡聚糖,残基间通过 β-(1,4) 糖苷键连接的纤维二糖可以看作是它的二糖单位。纤维素链中每个残基相对于前一个残基翻转 180°,使链采取完全伸展的构象。相邻、平行的伸展链在残基环面的水平向通过链内和链间的氢键网形成片层结构,片层之间即环面的垂直向靠其余氢键和环的疏水内核间的范德华力维系。这样若干条链聚集成紧密的有周期性晶格的分子束,成为微晶,纤维素结构如图 2.6 所示。

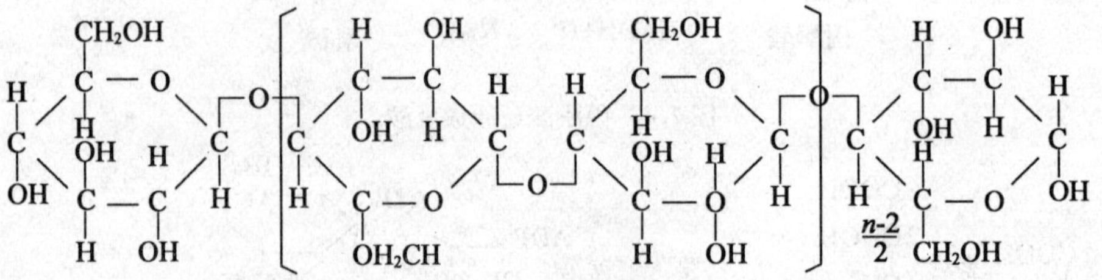

图 2.6　纤维素结构

天然纤维素酶解过程可分 3 个阶段:首先是纤维素对纤维素酶的可接触性;其次是纤维素酶的被吸附与扩散过程;最后是由 CBH – CMCase 和 $\beta$Gase 自组织复合体(C1)协同作用降解纤维素的结晶区,同时由 CBH – CMCase 和 $\beta$Gase 随机作用纤维素的无定形区。即天然纤维素首先在一种非水解性质的解链因子或解氢键酶作用下,使纤维素链间和链内氢键打开,形成无序的非结晶纤维素,然后在 3 种酶的协同作用下水解为纤维糊精和葡萄糖,纤维素酶各组分的协同作用如图 2.7 所示。

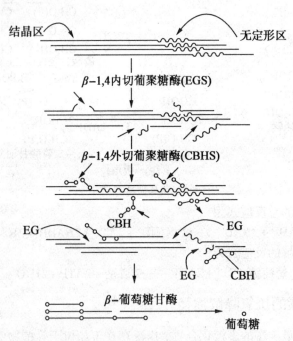

图 2.7　纤维素酶各组分的协同作用

在纤维素降解过程中的降解酶主要有细菌细胞表面的纤维素体,还有纤维素酶。

### 1. 细菌细胞表面纤维素体

纤维分解菌如何能使纤维素酶作用于纤维素关系纤维素的降解速率。Dykstra 和 Wiegeland 观察到滤纸纤维在由于分解菌细胞分泌的一种化合物而变成黄色时,滤纸纤维被大量纤维分解菌黏附的情况,利用其他纤维素或者从土壤、污泥样的富集培养物都可观察到这种情况。之后 Lamed 等发现在热纤梭菌的表面存在着分散而不连续的细胞表面细胞器——纤维体,这种纤维体中存在着一种高相对分子质量的且连接纤维素的含有多个纤维素酶的蛋白质复合物,在水解纤维素前,细菌细胞首先通过这种纤维素体去强烈黏附在纤维素上。之后发现这种纤维素体具有纤维素水解活性,由 14 个多肽亚单位组成,其中许多纤维素酶形态各异,相互协同水解纤维素复杂的分子结构。后来 Bayer 等又发现了热纤梭菌细胞表面的聚纤维素突起,其他研究者还在瘤胃纤维分解菌表面观察到球状体、泡囊状结构和管状附属物,这些不同结构与水解直接有关。

2.纤维素酶

纤维素酶是一种由多酶组成的酶系复合物,不同种的纤维素分解菌具有不同成分的酶系,且不同来源的同一酶成分对纤维素的降解能力也不一样,降解过程中的水解过程是这些酶协同作用的结果,这些酶包括热纤梭菌的内切葡萄糖苷酶、外切葡萄糖苷酶、纤维二糖酶和 $\beta$ - 葡萄糖苷酶。

裂解纤维乙酸弧菌的纤维素酶系包含 3 个胞外纤维素水解酶,分别为外葡聚糖酶和内葡聚糖酶,其产生过程可由纤维素、纤维二糖和水杨苷诱导。同样的还有瘤胃球菌的纤维素水解酶系,其活性受到二糖的影响。

纤维素酶由细菌合成后一般分泌到细胞外,以有力状态存在或以纤维素黏结的方式存在。结晶纤维素对内葡聚糖酶有较高的抗性,其降解由外葡聚糖酶作用于高度排列的纤维素分子,使其逐步降解成可被内葡聚糖酶作用的片段。天然纤维素的降解需要外葡聚糖酶和内葡聚糖酶的联合作用。

## 2.2.3　淀粉的降解途径

淀粉的降解有两种途径:水解途径和磷酸解途径。淀粉水解时每切断一个糖苷键吸收一分子水,主要的水解酶有 $\alpha$ - 淀粉酶和 $\beta$ - 淀粉酶。淀粉磷酸解作用使磷酸根和产物葡萄糖结合在一起产生磷酸葡萄糖,主要的酶为淀粉磷酸化酶。

$\alpha$ - 淀粉酶又叫淀粉内切酶或液化酶,能随机催化水解直链和支链淀粉上的 $\alpha$ - 1,4 - 糖苷键,产生的低聚糖进一步由 $\alpha$ - 淀粉酶水解,直至产生葡萄糖和麦芽糖。植物中 $\alpha$ - 淀粉酶具有许多同工酶。$\alpha$ - 淀粉酶不能水解支链淀粉分支上的 $\alpha$ - 1,6 - 糖苷键。因此,$\alpha$ - 淀粉酶水解支链淀粉的结果会产生葡萄糖、麦芽糖和带分支链的极限糊精,脱支酶可以水解极限糊精上的 $\alpha$ - 1,6 - 糖苷键产生低聚葡萄糖,后者再由 $\alpha$ - 淀粉酶进一步水解产生葡萄糖和麦芽糖。

$\beta$ - 淀粉酶又称淀粉外切酶或糖化酶。该酶可以催化水解淀粉链上的 $\alpha$ - 1,4 - 糖苷键,但只能从淀粉链上的非还原端逐个麦芽糖进行水解。$\beta$ - 淀粉酶不能水解支链 $\alpha$ - 1,6 - 糖苷键,因此在水解支链淀粉时有分子较大的极限糊精和麦芽糖存在。

能产生 $\beta$ - 淀粉酶的细菌和真菌都不少,细菌有多黏芽孢杆菌,它可作用直链和支链淀粉,也可作用极限糊精,产物为 $\beta$ - 麦芽糖和小分子糊精;真菌主要有根霉、黑曲霉、米曲霉等,都可产生大量 $\beta$ - 淀粉酶。

麦芽糖的还原碳是 $\beta$ - 构型,而 $\alpha$ - 淀粉酶产生的麦芽糖是 $\alpha$ - 构型的,所以才有 $\alpha$ - 淀粉酶和 $\beta$ - 淀粉酶之分。由 $\alpha$ - 淀粉酶和 $\beta$ - 淀粉酶产生的麦芽糖,经 $\alpha$ - 葡萄糖苷酶水解产生两个分子的葡萄糖,$\alpha$－淀粉酶和$\beta$－淀粉酶对支链淀粉的作用如图2.8所示。

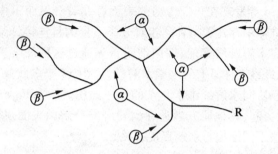

⒜—$\alpha$－淀粉酶;　⒝—$\beta$－淀粉酶;　R—还原性末端

图2.8　$\alpha$－淀粉酶和$\beta$－淀粉酶对支链淀粉的作用

除了$\alpha$－淀粉酶和$\beta$－淀粉酶,有关水解途径的淀粉酶还有葡萄糖淀粉酶和极限糊精酶,葡萄糖淀粉酶是从淀粉分子的非还原端每次切割一个葡萄糖分子,但对$\alpha$－1,6键作用缓慢,葡萄糖淀粉酶可由黑曲霉和米曲霉产生;极限糊精酶可专门分解$\alpha$－1,6键,切下支链淀粉的侧枝,极限糊精酶同样可由黑曲霉和米曲霉产生。

淀粉磷酸化酶在直链或支链淀粉的非还原端开始逐个切割淀粉链上的$\alpha$－1,4－糖苷键,产生葡萄糖－1－磷酸。直链淀粉可以被淀粉磷酸化酶完全水解,而支链淀粉则剩下带分支的极限糊精,这些极限糊精进一步由脱支酶和$\alpha$－葡萄糖苷酶水解成葡萄糖。值得注意的是,淀粉磷酸化酶既可以催化淀粉的降解,又可催化淀粉的合成。不过,在植物淀粉粒内,淀粉磷酸化酶的主要功能是催化淀粉的降解。

淀粉磷酸化酶和$\alpha$－淀粉酶广泛存在于植物中。很难判断$\alpha$－淀粉酶和$\beta$－淀粉酶中哪一种酶在淀粉降解中更重要。不过,理论认为非水溶性的淀粉粒只有经过$\alpha$－淀粉酶的初步水解后,$\beta$－淀粉酶和淀粉磷酸化酶才能起作用。

在禾谷类种子萌发后淀粉的降解主要由$\alpha$－淀粉酚和$\beta$－淀粉酶进行水解,而淀粉磷酸化酶的作用不大。在其他种类植物种子以及所有植物的叶片和其他组织中,淀粉的降解可能由几种酶协同作用。例如,叶绿体中淀粉的降解可能存在下列步骤:①淀粉粒被水解成可溶性的葡聚糖;②$\alpha$－可溶性葡聚糖在淀粉磷酸化酶和脱支酶的作用下产生葡萄糖－1－磷酸;③$\beta$－可溶性葡聚糖继续水解;④磷酸己糖和葡萄糖进一步转化为丙糖磷酸(磷酸二羟丙酮和甘油醛－3－磷酸);⑤丙糖磷酸由磷酸载体转运到细胞质中,到达细胞质中的磷酸丙糖再组装成磷酸六碳糖或直接进入糖酵解途径。

## 2.2.4　果胶的厌氧降解途径

果胶是一组聚半乳糖醛酸。在适宜条件下其溶液能形成凝胶和部分发生甲氧基化,其主要成分是部分甲酯化的$\alpha(1,4)$－$D$－聚半乳糖醛酸。它通常为白色至淡黄色粉末,具有水溶性,工业上即可分离,其相对分子质量约为5万～30万,存在于相邻细胞壁间的胞间层中,起着将细胞黏在一起的作用。

在含有果胶的有机残体物质中,果胶的降解途径首先由果胶降解菌分泌原果胶酶,将有机物质中的原果胶水解成可溶性果胶,使有机残体细胞离析,之后可溶性果胶经果胶甲

基酯酶水解成果胶酸,果胶酸再由多缩半乳糖酶水解成半乳糖醛酸,具体过程为

$$原果胶 + H_2O \longrightarrow 可溶性果胶 + 多缩戊糖$$

$$可溶性果胶 + H_2O \longrightarrow 果胶酸 + 甲醇$$

$$果胶酸 + H_2O \longrightarrow 半乳糖醛酸$$

降解果胶的细菌具有较高的果胶甲基酯酶活性,果胶降解菌发酵果胶和其他基质时产物不同,主要的末端产物为甲醇,除此之外还有乙酸、乙醇、丁酸、氢气、二氧化碳等。

### 2.2.5　木质纤维素的厌氧降解途径

木质素,又名半纤维素,是自然界中仅次于纤维素的最为丰富的有机物。由多缩戊糖、多缩己糖和多缩糖醛酸等构成。木质素不仅含有易水解的重复单元,并且可抵抗酶的水解作用,是目前公认的微生物难降解的芳香族化合物。

木质素的分解是一个氧化过程,需要多种酶的协同作用。木质素降解酶主要有 3 种:木质素过氧化物酶、锰过氧化物酶和漆酶。除了这 3 种酶,有些细菌还能够产生芳醇氧化酶、葡萄糖氧化酶、酚氧化酶等,都参与了木质素的降解并对其降解产生一定的影响,这些厌氧菌分泌的半纤维素酶和多缩糖酶依次将半纤维素水解为单糖和糖醛酸,吸收后发酵成各种产物,包括甲酸、乙酸、丁酸、乙醇、二氧化碳和水等。

(1)白腐菌降解木质纤维素的过程及其酶类。

在自然界中木质素的降解主要靠白腐菌,其对木质素的降解速度和效率与其他菌种相比,具有明显优势。因此,对白腐菌的研究最为广泛。孙正茂等认为白腐菌降解木质素可分以下几步:①脱甲基和羟基反应形成多酚结构;②加氧裂解多酚环,产生链烃;③水解使脂肪烃缩短。为此设想酶系是在胞外或束缚于细胞壁上,包括:$H_2O_2$ 产生酶系;利用 $O_2$、$H_2O_2$ 的木质素氧化酶系;木质素活性中间体还原形成稳定单体的醌还原酶系;木质素小分子片段在胞内发生环开裂反应,分解产物经三羧酸循环生成 $CO_2$。

(2)细菌降解木质素的过程。

许多研究者发现了细菌降解木质素衍生的芳香族化合物的途径,尤其是在土壤中,细菌将木质素降解为相对分子质量小的化合物,细菌对木质素降解的作用主要包括丙烷支链 $C\alpha$ 位上基团氧化形成羧基、低分子木质素降解产物的环内裂解和环修饰、$C\alpha(\!=\!O) - C\beta$ 键断裂以及脱甲基。

### 2.2.6　蛋白质和氨基酸的厌氧降解途径

#### 1. 蛋白质的降解

蛋白质的降解过程主要依靠两种酶的作用,即肽链内切酶和肽链端解酶。肽链内切酶作用于多肽链中部的肽键,催化多肽链中间肽链的水解,能将长多肽链分为长度较短的多肽链,如胰蛋白酶、胃蛋白酶、肛凝乳蛋白(糜蛋白酶)都属于肽链内切酶。肽链内切酶主要是基因专一性的酶,如胰凝乳蛋白酶作用于由芳香族氨基酸的羧基形成的肽键。蛋白质在一系列肽链内切酶的作用下生成相对分子质量不等的小肽。

肽链端解酶又叫肽链外切酶。这类酶可分别从多肽链的游离羧基端或游离氨基逐一地将肽链水解成氨基酸,作用于羧基端的水解酶称为羧肽酶。

蛋白质被水解成单个氨基酸是在肽链内切酶和肽链端解酶的共同作用下完成的,肽链

内切酶即为蛋白酶,作用的特点是从蛋白质肽链的中间切断,作用的产物是肽链,而肽链端解酶作用的底物是肽链,从肽链的 N 端或 C 端作用于肽键,其产物是二肽或单个 AA。

2. 氨基酸降解

氨基酸的代谢有多条途径,可以再合成蛋白质、氧化分解或转化为糖类和脂类,包括脱氨基作用和脱羧基作用。

脱氨基作用是将氨基转移到 α - 酮戊二酸或草酰乙酸,然后通过谷氨酸脱氢酶或嘌呤核苷酸循环脱氨基,称作联合脱氨基作用。因此,多数氨基酸的脱氨基作用是由氨基转移反应开始的,氨基转移反应的辅酶是 PLP 和 PMP,氨基转移反应如图 2.9 所示。

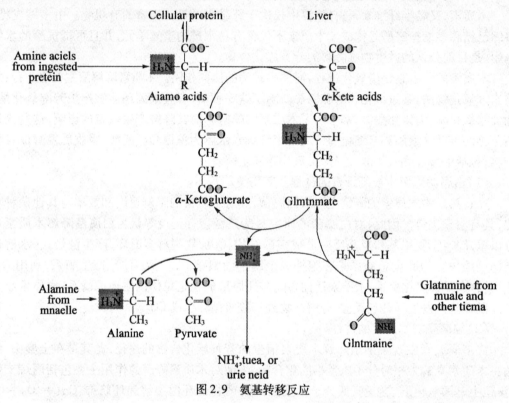

图 2.9 氨基转移反应

氨基酸的脱羧基作用中生物体内大部分 AA 可进行脱羧作用,生成相应的一级胺。AA 脱羧酶专一性很强,每一种 AA 都有一种脱羧酶,辅酶都是磷酸吡哆醛。AA 脱羧反应广泛存在于动植物和微生物中,氨基酸脱羧基生成的胺类有不少是生理活性物质,如 α - 氨基丁酸是重要的神经递质,组胺有降血压作用,酪胺有升血压作用。

## 2.2.7 脂肪酸的厌氧降解途径

脂肪酸是指一端含有一个羧基的长的脂肪族碳氢链,低级的脂肪酸是无色液体,有刺激性气味,高级的脂肪酸是蜡状固体,无可明显嗅到的气味,是中性脂肪、磷脂和糖脂的主要成分。脂肪酸根据碳链长度的不同又可分为:①短链脂肪酸,其碳链上的碳原子数小于6,也称作挥发性脂肪酸;②中链脂肪酸,指碳链上碳原子数为 6～12 的脂肪酸,主要成分是辛酸和癸酸;③长链脂肪酸。脂肪酸根据碳氢链饱和与不饱和的不同可分为 3 类,即饱和脂肪酸,碳氢上没有不饱和键;单不饱和脂肪酸,其碳氢链有一个不饱和键;多不饱和脂肪酸,其碳氢链有两个或两个以上不饱和键。脂肪酸是最简单的一种脂,它是许多更复杂的脂的组成成分。脂肪酸在有充足氧供给的情况下,可氧化分解为 $CO_2$ 和 $H_2O$,释放大量能量,因此脂肪酸是机体主要能量来源之一。

由于脂肪酸分子由极性的羧基基团和非极性的碳氢链组成,所以一个分子有疏水和亲水两部分,长链脂肪酸的碳氢链占分子体积大部分,因此它是疏水而脂溶性的,但分子中存在极性基团,所以分子仍可分为疏水和亲水,这对于脂肪酸被微生物所氧化降解至关重要。在这里主要研究长链脂肪酸和短链脂肪酸的厌氧降解途径。

1. 长链脂肪酸的厌氧降解

长链脂肪酸的厌氧降解是一个厌氧氧化的过程,其末端产物主要为乙酸和氢气,其降解方式是与在好氧条件下的方式相同,即 $\beta$ - 氧化的方式,至今未见有采用不同方式氧化的报道。饱和脂肪酸和不饱和脂肪酸的厌氧降解略有不同,饱和脂肪酸经 $\beta$ - 氧化后生成的乙酸去路与在好氧条件下不同,在好氧条件下是进入三羧酸循环彻底氧化为二氧化碳和水,而在厌氧条件下是被转化成甲烷和二氧化碳;不饱和脂肪酸则首先经内源性电子载体将电子转移至不饱和双键上使其变为饱和脂肪酸后再经 $\beta$ - 氧化降解。

2. 短链脂肪酸的厌氧降解

短链脂肪酸的厌氧微生物发酵、短链脂肪酸在厌氧条件下的降解与长链脂肪酸无多大区别,实质上都是经 $\beta$ - 氧化形成乙酸、丙酸和氢气等,但在厌氧降解短链脂肪酸时,会有一些专门的产氢产乙酸的细菌与产甲烷菌一起组成降解短链脂肪酸的微生物联合伙伴。近年来有关这方面的研究不少。Melnemey 等从一河区淤泥中分离得到能够降解脂肪酸的厌氧互营菌——沃尔夫互营单胞菌,其降解脂肪酸的过程如下。

偶数碳链为

$$CH_3CH_2CH_2COO^- + 2H_2O \longrightarrow 2CH_3COO^- + 2H_2 + H^+$$

$$CH_3CH_2CH_2CH_2CH_2COO^- + 4H_2O \longrightarrow 2CH_3COO^- + 4H_2 + 2H^+$$

$$CH_3CH_2CH_2CH_2CH_2CH_2COO^- + 6H_2O \longrightarrow 4CH_3COO^- + 6H_2 + 3H^+$$

奇数碳链为

$$CH_3CH_2CH_2CH_2COO^- + 2H_2O \longrightarrow CH_3CH_2COO^- + CH_3COO^- + 2H_2 + H^+$$

$$CH_3CH_2CH_2CH_2CH_2CH_2COO^- + 4H_2O \longrightarrow CH_3CH_2COO^- + 2CH_3COO^- + 4H_2 + 2H^+$$

支链碳链为

$$CH—CHCH_3CH_2CH_2COO^- + 2H_2O \longrightarrow CH_3CHCH_3COO^- + CH_3COO^- + 2H_2 + H^+$$

短链脂肪酸的降解反应的最后产物一般都为乙酸、氢气。降解的过程中氢气的产生会使环境中的氧分压提高,从而使降解速率受到抑制,这种情况下,要在培养物中与利用氢气的细菌(如产甲烷菌)或在硫酸根离子存在时,与硫酸盐还原菌进行共培养,不断地消耗氢,使氢分压维持在低水平。

## 2.2.8　尿素及尿酸的厌氧降解途径

尿素是由碳、氮、氧和氢组成的有机化合物,又称脲,其化学式为 $CON_2H_4$、$CO(NH_2)_2$,是动物蛋白质代谢之后的产物,同时也是营养性污染物。广泛存在于生活污水、农田存水中的能构成 COD 值的污染物。其降解途径是在尿素酶催化下水解生成无机碳酸铵,之后因其不稳性，进一步分解为 $NH_3$ 和 $CO_2$ 的过程。

有关尿素菌的研究，早在 1984 年科学家就发现幽门螺杆菌能产生大量的尿素酶。幽门螺杆菌所产生的尿素酶具有很高的酶活性，约为变形杆菌的 20～70 倍，是目前已知细菌尿素酶中最强的。尿素酶对幽门螺杆菌病具有自身保护作用，它能水解尿素，生成氨和二氧化碳。

尿酸是一种含有碳、氮、氧、氢的杂环化合物，其分子式为 $C_5H_4N_4O_3$，是另一种代谢产物，尿酸在微生物作用下可最终转化为尿素和乙醛酸。

## 2.3　非基本营养型有机物的厌氧生物降解途径

非基本营养型有机物是指基本营养型以外的所有有机物，比如工业废水中的烃类、酚类、农药等。在生物降解途径的研究中，我们发现大多数微生物都是在好氧条件下降解有机物质，而在厌氧条件下降解非基本营养性有机物不多且降解能力差。

有实验表明，在基本营养型有机物存在的厌氧发酵系统内，加入某些非营养型有机物会增加总产气量。这说明有些有机物在一定程度上已被厌氧微生物降解和吸收利用，这类有机物主要有邻甲酚、苯酚、邻苯二酚、对苯二酚、苯甲酸等。在有关非营养型有机物的厌氧降解途径的《工业废水处理的厌氧消化过程》一书中，曾列举了 60 多种非营养型有机污染物，包括苯甲酸、苯胺、艾氏剂等。

对苯甲酸的厌氧生物降解途径的研究中，利用 $^{14}C$ 全标记苯甲酸，发现苯甲酸分解反应中存在两种细菌，即产酸菌和产甲烷菌，首先是产酸菌作用使苯甲酸转化，通过加氢还原形成环乙烷酸，然后在 CoM 的作用下经过一系列的 $\beta$-氧化，使环破裂生成庚二酸，继而转化为戊酸、丁酸、丙酸、乙酸、甲酸和氢，最终在甲烷细菌的作用下形成甲烷。

有关烃类的降解过程，在之前也探讨过，这里就不多做介绍，接下来主要研究酚类化合物的厌氧降解途径。

废水中的酚类化合物通常来自于植物中的木素和单宁。木素是芳香族的高分子化合物，也是一类性质相似的物质的总称。不同的原料木素分子的化学组成及结构都有差异。它们是一种无定形结构的物质，存在于植物的木化组织中，是细胞之间的黏接物，在细胞壁中也含有。

单宁是多酚中高度聚合的化合物，如图 2.10 所示，它们能与蛋白质和消化酶形成难溶于水的复合物，影响食物的吸收消化。单宁可分为水解单宁和缩和单宁，两者常共存。

酚类化合物可以分为两大类，即单体酚化合物和聚酚化合物。

1. 单体酚化合物

酚类化合物降解主要有两个基本途径，即间苯三酚途径和酚途径。

某些单体酚很容易被厌氧降解，甚至在使用未驯化厌氧污泥时，降解过程也没有停滞期。在没有甲烷菌存在的条件下，一些单体的酚类化合物也能迅速酸化。这些化合物每个苯环上都有 3 个羟基或甲氧基，这种降解途径为间苯三酚途径。

有些酚类化合物只有一到两个羟基或甲氧基，这样的化合物不能迅速降解，在厌氧降解开始前它们需要一段停滞期。它们的降解受酸化产物的抑制，这些酚类化合物被认为是互养型底物。这类酚化合物的降解需要产甲烷过程除去酸化的末端产物才能继续进行，这种降解途径被称为酚途径。

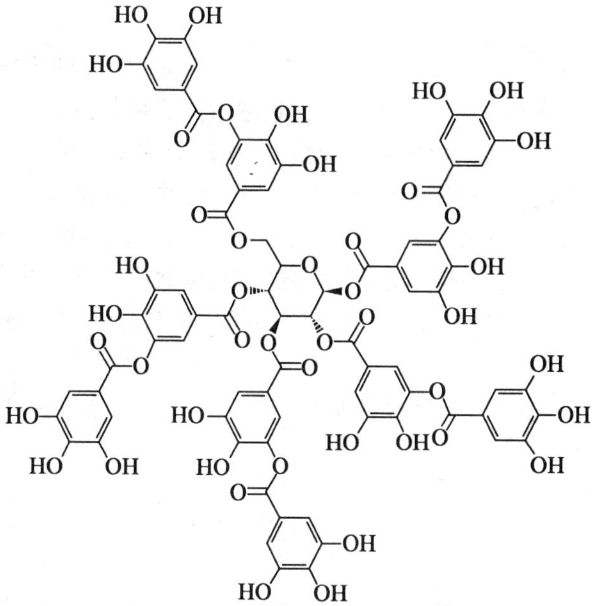

图2.10　单宁结构

2. 聚酚化合物

聚合物形式的木素和缩合单宁一般比单体酚化合物难降解。木材和草类中的大分子原本木素在厌氧过程中不能够降解。由2～7个单体组成的较小的木素可以部分降解,也就是说木素单体间的键能够被厌氧细菌产生的酶水解。因此废水中的木素在厌氧处理中可部分降解。同样的,天然单宁也一样,天然单宁通常为寡聚物,因此可以部分降解,但天然的单宁可以氧化生成不能厌氧降解的深色高分子单宁。可水解单宁与木素和缩合单宁不同,它们的生物可降解性并不随相对分子质量的增大而降低。

# 2.4　有机物生物转化后的环境效应

有机物生物转化后会形成新的化学物质,即中间、最终代谢产物。有机污染物都有一定的污染指标,但当产生新的产物后,相应的污染指标会随之改变,但一般是低于原有的污染指标,这些指标会对废水的可排放性和排放的水环境产生不同的环境效应。

## 2.4.1　最终代谢产物的环境效应

基本营养型有机污染物质多种多样,主要的构成元素有碳、氢、硫、氮、氧、磷等,其最终转化产物也各不相同,环境效应自然也不一样。在好氧转化过程中,化学反应基本上是围绕细胞内溶解氧进行的,其中最直接的氧化产物是 $H_2O$ ,其次就是 $SO_4^{2-}$ 、 $PO_4^{3-}$ 等,在氧化产物中 $CO_2$ 是由有机物脱羧作用和脱氢作用后的残基构成的; $NH_3$ 则是由有机物脱氨基得到,进一步的硝化、氧化作用可使其氧化成 $NO_2^-$ 和 $NO_3^-$ 。

那么我们从以下几个方面来分析一下最终代谢产物在污染指标和污染物浓度方面带来的变化,以及所产生的环境效应。

1. 硫的转化

硫的转化产物有两种:一种是厌氧下的 $S^{2-}$,另一种是好氧处理后产生的 $SO_4^{2-}$。

在进行厌氧生物处理时,有时会产生硫化物浓度上升的情况,导致原本能够到达排放标准的废水,经处理后反而无法达到排放标准。这种现象多发生在含有硫酸盐及含硫有机物废水中,原因在于硫酸盐在厌氧条件下可被硫酸盐还原菌还原为硫化物,含硫有机物也可被还原为硫化物。但若原有废水中含有重金属离子,如 Hg、Pb 等,可与消化液中的 $S^{2-}$ 反应生成沉淀,能够同时去除重金属离子和硫化物,这种情况可保护接纳水体。

目前对水体中的 $S^{2-}$、硫酸盐都有明确的环境指标限制,如在《污水综合排放标准》中,对 $S^{2-}$ 的质量浓度做了严格的限制,一级标准规定质量浓度不得大于 1 mg/L,二级标准规定不得大于 2 mg/L;还有《地面水环境质量标准》中,对水体中硫酸盐含量的规定指标为不大于250 mg/L,而对其他硫化物浓度没有正规限定。

2. COD 值的变化

COD 是衡量有机污染物浓度指标的重要参数,在好氧生物处理和厌氧生物处理中,其值是不同的。

在好氧生物处理中,$CO_2$、$SO_4^{2-}$、$H_2O$ 等最终氧化产物的 COD 值均为 0,这是因为这些产物都是氧化态的化合物。还有一点需要指出的是,$NH_3$ 虽为还原态氧化物,但由于结构稳定,测定时并不显示 COD 值,只有在进行生物硝化消耗溶解氧时才有,但此时的好氧值并不在 $BOD_5$ 范围内。由此,我们认为好氧过程是对有机物的彻底氧化,其最终产物的 COD 值为 0。所以,废水的 COD 值可随废水处理效率的提高而降低到很低的值。

在厌氧生物处理中,最终代谢产物 $CO_2$、$NH_3$、$H_2O$ 等 COD 值为 0,原因同上,$CH_4$ 的 COD 值不为 0,但由于其在水中的溶解度不高,属于气态化合物,所以当它从水中分离出时,留在水中的 $CH_4$ 是极少的,其 COD 值不想而知;水中的含硫化合物经过消化作用形成 $H_2S$,$H_2S$ 是酸性物质,且具有强还原性,又很难从正常发酵液中逸出,所以其 COD 值不可忽视。由此可看出厌氧消化生物处理的最终转化产物对环境造成一定的需氧性污染,而好氧生物处理的最终转化产物则无此效应。

### 2.4.2　中间代谢产物的影响

中间代谢产物多数为有机性中间代谢产物,在废水中可加剧需氧性污染进度,在好氧生物生物处理过程中转化产物多为稳定的无机物,除了水解产物外,一般没有有机性中间产物,而厌氧生物处理过程中通常存在大量的有机性中间产物,这些有机性中间产物若进一步进行好氧生物处理会提高有机物的去除效率。

在经过厌氧生物处理之后,大多数有机毒物会转化为无毒或微毒的有机中间代谢产物,这种情况对接纳水体质量是有好处的。比如废水中的汞离子,在经过生物转化过程中会形成一种毒性很强的甲基汞,但若发酵系统中含有浓度较高的硫化物时,会形成硫化汞沉淀,使接纳水体免遭毒化。

# 第3章　厌氧消化过程的控制条件

废水厌氧生物处理是环境工程与能源工程的一项重要技术,是有机废水强有力的处理方法之一。其中的厌氧生物处理是在无分子氧条件下通过厌氧微生物(包括兼氧微生物)的作用,将废水中的各种复杂有机物分解转化成甲烷和二氧化碳等物质的过程,也称为厌氧消化。厌氧生物处理是一个复杂的微生物化学过程,主要依靠三大微生物类群,即水解产酸细菌、产氢产乙酸细菌和产甲烷细菌的联合作用完成。厌氧消化过程分为水解酸化阶段、产氢产乙酸阶段和产甲烷阶段。

厌氧消化对环境条件的要求比好氧法更为严格。一般认为,控制厌氧处理效率的基本因素有两类:一类是基础因素,包括微生物量、营养比、混合接触状况、有机负荷等;另一类是环境因素,如温度、pH 值、氧化还原电位、有毒物质等。

## 3.1　厌氧消化过程的酸碱平衡及 pH 值控制

pH 值是厌氧生物处理过程中的一个重要控制参数,一般认为,厌氧反应器的 pH 值应控制在 $6.5 \sim 7.5$ 之间。为了维持这样的 pH 值,在处理某些工业废水时,需要投加 pH 值调节剂,因而增加了运行费用。但是,厌氧消化体系中的 pH 值是体系中 $CO_2$、$H_2S$ 等在气液两相间的溶解平衡、液相内的酸碱平衡以及固液相间离子溶解平衡等综合作用的结果,而这些又与反应器内所发生的生化反应直接相关。因此,有必要对厌氧消化过程中生化反应与酸碱平衡之间的相互关系进行分析研究。

### 3.1.1　pH 值对厌氧消化过程的重要意义

在厌氧消化反应过程中,酸碱度影响消化系统的 pH 值和消化液的缓冲能力,因此消化系统中有一定的碱度要求。pH 值条件的改变首先会使产氢产乙酸作用和产甲烷作用受到抑制,使产酸过程形成的有机酸不能正常降解,从而使整个消化过程的平衡受到影响。改变 pH 值使其 pH 值降到 5 以下,则对产甲烷菌不利,同时产酸作用受到抑制,整个厌氧消化过程停滞;若 pH 值较高,只要恢复中性,产甲烷菌便能较快恢复活性。所以厌氧装置适宜在中性或稍偏碱性的状态下运行。

除受外界因素影响之外,pH 值的升降变化还取决于有机物代谢过程中某些产物的增减情况。产酸作用产物有机酸的增加,会使 pH 值下降,而含氮有机物分解产物氨的增加,会引起 pH 值的升高。具体的影响因素还包括进水 pH 值、代谢过程中自然建立的缓冲平衡(在 pH 值为 $6 \sim 8$ 时,控制消化液 pH 值的主要化学系统是二氧化碳 - 重碳酸盐缓冲系统),以及挥发酸、碱度、$CO_2$、氨氮、氢之间的平衡。

由于消化液中存在氢氧化铵、碳酸氢盐等缓冲物质。pH 值难以判断消化液中的挥发酸积累程度,一旦挥发酸的积累量足以引起消化液 pH 值的下降时,系统中碱度的缓冲力已经丧失,系统工作已经相当紊乱。所以在生产运转中常把挥发酸浓度及碱度作为管理指标。

### 3.1.2　厌氧微生物的适宜 pH 值

厌氧处理要求的最佳 pH 值指的是反应器内混合液的 pH 值,而不是进水的 pH 值,因为生物化学过程和稀释作用可迅速改变进水的 pH 值。反应器出水的 pH 值一般等于或接近反应器内部的 pH 值。含有大量溶解性碳水化合物的废水进入厌氧反应器后,会因产生乙酸而引起 pH 值的迅速降低,而经过酸化的废水进入反应器后,pH 值将会上升。含有大量蛋白质或氨基酸的废水,由于氨的形成,pH 值可能会略有上升。因此,对不同特性的废水,可控制不同的进水 pH 值,可能低于或高于反应器所要求的 pH 值。

进水 pH 值条件失常首先表现在使产甲烷作用受到抑制,即使在产酸过程中形成的有机酸不能被正常代谢降解,从而使整个消化过程各个阶段的协调平衡丧失。如果 pH 值持续下降到 5 以下不仅对产甲烷菌形成毒害,对产酸菌的活动也产生抑制,进而可以使整个厌氧消化过程停滞。这样一来,即使将 pH 值恢复到 7 左右,厌氧处理系统的处理能力也很难在短时间内恢复。但如果因为进水水质变化或加碱量过大等原因,pH 值在短时间内升高超过 8,一般只要恢复中性,产甲烷菌就能很快恢复活性,整个厌氧处理系统也能恢复正常,所以厌氧处理装置适宜在中性或弱碱性的条件下运行。

每种微生物可在一定的 pH 值范围内活动,产酸细菌对酸碱度不及甲烷细菌敏感,其适宜的 pH 值范围较广,为 4.5 ~ 8.0。产甲烷菌要求环境介质 pH 值在中性附近,最适 pH 值为 7.0 ~ 7.2,pH 值 6.6 ~ 7.4 较为适宜。在厌氧法处理废水应用中,由于产酸和产甲烷大多在同一构筑物内进行,故为了维持平衡,避免过多的酸积累,常保持反应器内 pH 值在6.5 ~ 7.5,最佳范围为 6.8 ~ 7.2。

在厌氧处理过程中,pH 值的升降除了受进水 pH 值的影响外,还取决于有机物代谢过程中某些产物的增减。比如厌氧处理中间产物有机酸的增加会使 pH 值下降,而含氮有机物的分解产物氨含量的增加会使 pH 值升高。因此,厌氧反应器内的 pH 值除了与进水 pH 值有关外,还受到其中挥发酸浓度、碱度、浓度、氨氮含量等因素的影响。

### 3.1.3　碳酸氢盐缓冲系统

在水和纯二氧化碳的密闭系统中,非离解的溶解碳酸的浓度值取决于分压而非 pH 值,因此反应器中 $CO_2$ 浓度也受分压的影响,由于有机物组成和系统中强碱的量不同,二氧化碳分压占到了气相总压力的 0 ~ 50%,特定废水的产气组成在稳定操作下是相对固定的,因此,厌氧系统中的 pH 值是碳酸氢盐浓度的函数。

我们知道 pH 值的控制对于厌氧处理系统来说是很重要的,原因在于酸化阶段 VFA(弱酸)的形成与积累。当充足的碳酸氢盐碱度存在时,会有以下反应发生:

$$CH_3COOH + Na^+ + HCO_3^- \longrightarrow CH_3COO^- + Na^+ + CO_2 + H_2O$$

当所有碳酸氢盐碱度被形成的 VFA 中和后,pH 值急剧下降。在中性 pH 值范围内,其他的缓冲溶液会不同程度存在于溶液中,例如,$H_2PO_4^-/HPO_4^{2-}$,$pK_1 = 7.2$;$H_2S/HS^-$,$pK_1 = 6.5$,这些缓冲物浓度不高,所以在保持 pH 值上没有起到关键性的作用。

有机物形成的挥发性脂肪酸对 pH 值的影响作用很大,比如酸化菌相对于产甲烷菌在低 pH 值环境下的高耐受力,甚至在 pH 值小于 5 时仍然相当活跃,也就是说产甲烷菌过程被抑制时,产酸过程没有停止,这一点在缓冲能力小的厌氧处理系统中很重要。这些系统中,pH 值的下降导致甲烷菌的活力降低和 pH 值的进一步下降,从而导致反应器操作失败,因此对于含碳水化合物的废水而言,酸化对 pH 值的影响需多加注意。

### 3.1.4　厌氧体系中的碱度

在调节厌氧反应体统缓冲能力时,可以通过添加增大缓冲能力的化学物品来提高缓冲能力,我们首先会想到的碱性添加剂比如苛性钠、石灰以及纯碱等可能会对实验有所帮助,事实上并非如此,这些添加剂在未同二氧化碳反应前不能增加溶液的碳酸氢盐碱度:

$$NaOH + CO_2 \longrightarrow NaHCO_3$$

$$Na_2CO_3 + H_2O + CO_2 \longrightarrow 2NaHCO_3$$

$$Ca(OH)_2 + 2CO_2 \longrightarrow Ca(HCO_3)_2$$

由此可见加入这些化学药品会使产气中二氧化碳的浓度降低,并不能起到作用。可以起到一定效果的化学药品有碳酸氢钠,它可以在不干扰微生物敏感的理化平衡的情况下平稳调节 pH 值至理想状态,因此是理想的化学药品,不过它也有一定的缺点,比如价格昂贵等。

### 3.1.5　厌氧体系中的生化反应及其对酸碱平衡的影响

在厌氧消化体系中, 发生着许多不同类型的生化反应,这些反应对反应系统内的酸碱平衡具有一定的影响。根据各种生化反应的性质可将其划分为 4 类:氨的产生与消耗,硫酸盐或亚硫酸盐的还原,脂肪酸的产生与消耗,以及中性含碳有机物的转化。

1. 氨的产生与消耗

厌氧消化过程中氨产生的途径有很多种,如氨基酸、蛋白质的发酵;含氨有机物的降解等,但其最终产物只有一种,即 $NH_3$,这种游离的 $NH_3$ 是厌氧系统中的致碱物质,因此我们通常可以看到含氮有机物的降解导致厌氧反应系统中碱度升高的现象,这种碱度的变化决定于所释放的氨量:

$$\Delta A_N = E_N \cdot [N]_i$$

式中　$\Delta A_N$——由含氮有机物的降解而引起的碱性变化,mol/L;

　　　$E_N$——有机氮的去除率,% ;

　　　$[N]_i$——进水中的总有机氮浓度,mol/L。

2. 硫酸盐或亚硫酸盐的还原

在厌氧反应器中硫酸盐或亚硫酸盐在厌氧反应器中能被硫酸盐还原菌还原成硫化物,其主要的反应方程式为

$$CH_3COO^- + SO_4^{2-} \longrightarrow 2HCO_3^- + HS^-$$

$$4CH_3CH_2COO^- + 3SO_4^{2-} \longrightarrow 4CH_3COO^- + 4HCO_3^- + 3HS^- + H^+$$

$$4H_2 + SO_4^{2-} + CO_2 \longrightarrow HS^- + HCO_3^- + 3H_2O$$

$$3CH_3COO^- + 4HSO_3^- \longrightarrow 3HCO_3^- + HS^- + 3H_2O + 3CO_2$$

由此通过计算分析可知,每 0.5 mol $SO_4^{2-}$ 被还原,就会产生 1 mol 碱度。根据上面分析可得到下式:

$$\Delta A_{SO_4^{2-}} = 2E_{SO_4^{2-}} \cdot [SO_4^{2-}]_i$$

式中　$\Delta A_{SO_4^{2-}}$——硫酸盐还原引起的碱性变化,mol/L;

　　　$E_{SO_4^{2-}}$——硫酸盐的还原率,%;

　　　$[SO_4^{2-}]_i$——进水中硫酸盐浓度,mol/L。

3. 脂肪酸的产生与消耗

当厌氧反应器超负荷运行或是承受不良条件冲击的时候,由于产酸菌的生长快且对环境条件不太敏感的特点会导致脂肪酸的积累,积累的同时,厌氧缓冲体系中的 $HCO_3^-$、$HS^-$ 碱度会与脂肪酸发生反应从而转化为 $Ac^-$ 碱度,这时反应体系的 pH 值会下降,但当另一种情况,如累积的脂肪酸被产甲烷菌转化为 $CH_4$ 和 $CO_2$ 时,那么这一变化会向反向进行。由此可知,脂肪酸的产生和消耗对厌氧体系的总碱度没有较大的影响,但当其累积时,会消耗较多的 $HCO_3^-$ 而使体系 pH 值下降。

4. 中性含碳有机物的转化

当中性含碳有机物完全被转化为 $CH_4$ 和 $CO_2$ 时,不会产生、消耗碱度,但是 $CO_2$ 的溶解会较大地影响缓冲体系的 pH 值,$CO_2$ 的溶解度取决于温度和气相中 $CO_2$ 的分压。

# 3.2　温度对厌氧生物处理的影响

温度是影响微生物生存及生物化学反应的最主要因素之一。各类微生物适应的温度范围是不同的 ,根据微生物生长的温度范围,习惯上将微生物分为 3 类:嗜冷微生物 (5～20 ℃),嗜温微生物(20～42 ℃),嗜热微生物 (42～75 ℃)。相应地,废水的厌氧处理工艺也分为低温、中温、高温 3 类。

## 3.2.1　温度对厌氧消化过程的影响

在厌氧生物处理工艺中,温度是影响工艺的重要因素,其主要影响有几个方面:温度可影响厌氧微生物细胞内的某些酶活性、微生物的生长速率和微生物对基质的代谢速率,进而影响废水厌氧生物处理工艺中的污泥的产量、反应器的处理负荷和有机物的去除速率;某些中间产物的形成、有机物在生化反应中的流向、各种物质在水中的溶解度都会受到温度的影响,并由此影响到沼气的产量和成分;剩余污泥成分及其性状都可能受温度影响;在厌氧生物处理设备运行时,装置需要维持在一定的温度范围当中,这又与运行成本和能耗等有关。

各种微生物都有一定的温度范围,在厌氧消化系统中的微生物也是一样,分为嗜冷微生物、嗜温微生物、嗜热微生物 3 类。在不同的温度区间内运行的厌氧消化反应器内生长着不同类型的微生物,具有一定的专一性。

每一个温度区间内,随着温度的上升,细菌的生长速率也上升并在某个点上达到最大值,此时的温度称为最适生长温度,过此温度后细菌生长速率迅速下降。在每个区间的上限,细菌的死亡速率已经开始超过细菌的增值速率。

当温度高出细菌生长温度的上限时,会使细菌致死,如果这种情况持续的时间较长或是温度过高,会导致细菌的活性无法恢复。

当温度低于细菌生长温度下限时,细菌不会死亡,会使细菌代谢活性减弱,呈休眠状态,这种情况在一定时间范围内是可以恢复的,只需将反应温度上升至原温度就可恢复污泥活性。

所以说,温度太高相较于温度太低会带来较严重的影响。不过,在上限内,较高温度下的厌氧菌代谢活性较高,所以高温厌氧工艺较中温厌氧工艺、中温厌氧工艺较低温厌氧工艺反应速率要快很多,相应的反应器负荷和污泥活力也要高得多。

### 3.2.2　温度对厌氧微生物的影响

在厌氧生物反应中,需要一定的反应温度范围,也就是最适温度,最适温度是指在此温度附近参与消化的微生物所能达到其最大的生物活性,具体的衡量指标可以是产气速率,又或者是有机物的消耗速率。这是因为一般认为厌氧微生物的产气速率与其生化反应速率大致呈正相关,所以说最适温度就是厌氧微生物,或厌氧污泥具有最大产气速率时的反应温度。

一般来讲,厌氧生物反应可以在很宽的温度范围内运行,即 $5 \sim 83$ ℃,而产甲烷作用则可以在 $4 \sim 100$ ℃的温度范围内进行,由此厌氧消化过程的最适温度范围是有一定研究价值的问题。

许多研究表明,好氧生物过程仅有一个最适温度范围,而厌氧消化过程却存在两个最适温度范围,主要表现在 $5 \sim 35$ ℃的温度范围内,好氧生化过程的产气量随温度的上升而直线上升。有相关研究者对实验资料得出结论,在上述温度范围内,温度每上升 $10 \sim 15$ ℃,生化速率增快 $1 \sim 2$ 倍。在此温度范围内,厌氧生化反应也具有类似的规律。之所以会出现两个最适温度范围,是因为在甲烷发酵阶段,其参与者具有不同的最适温度。如布氏甲烷杆菌的最适温度在 $37 \sim 39$ ℃,而嗜热自养甲烷杆菌为 $65 \sim 70$ ℃,如果发酵温度控制在 $32 \sim 40$ ℃范围,上述中温菌的大量存在会导致反应出现一个产气高峰区。但在实际厌氧污泥实验中,利用混合细菌时所表现出来的最适温度范围与产甲烷菌所要求的温度范围不同,一般认为最适中温范围为 $30 \sim 40$ ℃,而最适高温范围为 $50 \sim 55$ ℃。这是因为厌氧消化过程是一个混合发酵过程,其总的生化速率取决于多种厌氧细菌,包括产甲烷菌、产酸菌等,只有这些厌氧菌都能处在良好的环境条件下时,才能创造出最佳条件。

对于连续运行的厌氧生物处理有机物时有机负荷和产气量与温度的关系的研究中,发现对于中温条件下培育的厌氧污泥,在 $38 \sim 40$ ℃时有机物去除有机负荷最高,其产气量与温度之间的关系与去除有机负荷的情况相似;而对于高温条件下培育的厌氧污泥,在 $50$ ℃左右可达到有机物去除负荷的高峰。

在厌氧生物工艺中,45 ℃左右的温度很不利于反应运行,因为它是处于中温和高温范围之内的,厌氧微生物如果处于这种温度范围下,其活性往往会很低,因此如果实际生产废水的温度在 45 ℃左右,就应将反应温度升高到 55 ℃的高温范围内,或者降低到 35℃ 的中温范围内,之后再对其进行厌氧处理。

### 3.2.3　温度对动力学参数的影响

以上是从宏观的角度来分析温度对厌氧微生物的影响,如果换个角度来看,比如从反应动力学的角度来看,在众多的反应参数当中,温度主要影响其中的两个参数,即最大比基质去除

速率 $k$ 和半饱和常数 $K_s$。温度的变化会通过影响最大比基质去除速率 $k$，而影响整个系统对进水中有机物的去除速率，半饱和常数 $K_s$ 也同样如此，温度的变化会影响厌氧微生物对相应基质的降解，因为，半饱和常数 $K_s$ 越高，表示基质对微生物来说较难降解，反之，就易于降解。

研究表明，在厌氧过程中起着控制作用的动力学参数如产甲烷过程的半速常数 $K_b$ 对温度的变化很敏感。在 1969 年，Lawerence 等曾经研究过几种不同温度下利用厌氧生物工艺处理复杂有机废弃物时反应动力学参数的变化，并制作了表 3.1。从表中可以看出，当温度从 35 ℃降至 25 ℃时，反应的 $K_s$ 值会增加，即从 164 mg/L 增至 930 mg/L，当温度进一步下降时，反应的 $K_s$ 值还会进一步升高，而且上升非常快，如此大的变化肯定会对出水水质和生物活性产生很大的影响。

**表 3.1　不同温度下厌氧生物处理复杂有机物时的动力学参数**

| 温度/℃ | $k/\mathrm{d}^{-1}$ | $K_s/(\mathrm{mg} \cdot \mathrm{L}^{-1})$ |
| --- | --- | --- |
| 35 | 6.67 | 164 |
| 25 | 4.65 | 930 |
| 20 | 3.85 | 2130 |

### 3.2.4　温度突变对厌氧消化过程的影响

大多数厌氧废水处理系统是在中温范围内运行的，且每升高 10 ℃，厌氧反应速率可增加一倍。温度的微小波动对于厌氧工艺的进行来说，不会有太大的影响，但当温度下降的幅度过大时，会由于污泥活力的降低、过负荷等影响导致反应器酸积累现象的产生。某实验中测得的温度突变与产气量关系图如图 3.1 所示。

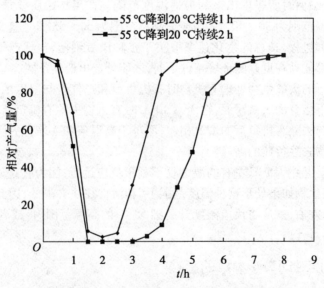

图 3.1　温度从 55 ℃降到 20 ℃的相对产气量变化

从图中可看出，当温度从 55 ℃降到 20 ℃时，由于持续时间不一样，导致产气量变化也不同。

从实验结果可以看出,温度突变会使得产气量下降甚至停止产气,但温度波动不会使得厌氧消化系统受到不可逆转的破坏,即温度瞬时波动对发酵的不利影响只是暂时的,温度一经恢复正常,发酵的效率也随之恢复。如温度波动时间较长时,效率的恢复所需时间也相应延长。

厌氧微生物对反应温度的突变十分敏感,温度的突降会对生物活性产生显著的影响,降温幅度越大,低温持续的时间就越长,产气量的下降就更严重,升温后产气量的恢复更困难。一般认为,厌氧生物处理系统的每日温度波动以不大于 2 ~ 3 ℃为佳。有相关研究表明,厌氧生物处理对温度的敏感程度随有机负荷的增加而增加,因此当反应器在较高的负荷下运行时,应该注意温度的控制;当在较低负荷下运行时,温度的影响不大。

### 3.2.5　厌氧消化过程温度的选择与控制

厌氧消化过程分为低温、中温和高温 3 类,分别适宜不同种群微生物生长,其相应生长温度范围在上文中已经做了相应的介绍。

当温度过高时,会造成细菌代谢活力下降甚至死亡,所以应把握好最适温度的控制情况,不要超过温度上限;当温度过低时,同样会降低细胞活力,不过如果做到降低反应器负荷或者是停止进液,就不会产生较严重的问题,当温度恢复正常以后,反应器运行即可恢复正常。

目前厌氧处理系统多为中温反应系统,反应温度在 30 ~ 40 ℃,最佳的处理温度为 35 ~ 40 ℃;高温处理工艺在 50 ~ 60 ℃范围内运行。低温厌氧处理工艺由于污泥活力低,其反应器负荷也相应较低,但某些情况下低温工艺也具有一定的优势,比如,对于某些温度较低的废水,低温处理工艺相对于其他处理工艺消耗的能量要小很多。

厌氧反应器的温度控制主要有 3 种方式:①采用热交换器对进水进行间接加热;②将蒸汽管直接安装到厌氧反应器内部,再通过温度传感器保证反应器内部温度处于适合的温度范围内,也就是直接在厌氧反应器内进行温度控制;③对厌氧反应器本身进行保温处理,将加热放在进入厌氧反应器之前的调节池中,对废水温度进行加热至略高于所需要的温度,最后将进水泵加热后的废水泵入厌氧反应器。

处理高浓度废水,不论温度高低都可以采用厌氧工艺进行处理,这是因为厌氧工艺在处理废水中有机物的时候,会产生甲烷,燃烧甲烷产生的热量可以用来加热废水,有研究表明,每 1 000 mgCOD/L 甲烷燃烧后产生的热量大约可使进水温度升高 3 ℃。由此可以看出,在处理高浓度有机废水的同时,对进水加热的经济可行性是很明显的,但这种情况适于高浓度的废水,当废水浓度较低时,就不会达到这样的效果了。甲烷的回收利用需要另外的投资,因此,对于小规模的厌氧处理设施来说,回收利用甲烷未必会提高经济效益,一般多直接在废弃燃烧器中处理掉。

## 3.3　厌氧消化过程中的氧化还原电位

氧化还原电位(Oxidation Reduction Potential,ORP)作为控制参数能够反映许多有氧和厌氧微生物培养过程中发生的有价值的代谢信息。发酵体系的氧化还原电位值是 pH 值、平衡常数、溶解氧浓度和大量溶解培养基中物质的氧化还原电位的综合反映。胞外的氧化还原电位可以影响胞内的酶活、NADH/NAD$^+$的比例,从而可以影响菌体的代谢。

### 3.3.1 厌氧环境中的氧化还原电位

厌氧环境指的是隔断发酵系统与空气中氧的接触,使发酵液中尽可能地没有溶解氧存在。厌氧环境是厌氧消化过程赖以正常进行的最重要的条件。在实际运行当中,系统与空气的完全隔断能够保证发酵系统具有良好的厌氧环境。

其实,严格来讲,厌氧环境的主要标志是发酵液具有较低的氧化还原电位。某种化学物质的氧化还原电位是该物质由其还原态向其氧化态流动时的电位差,而一个体系的氧化还原电位是由该体系中所有能形成氧化还原电位的化学物质的存在状态决定的。体系中的氧化态物质所占比例越大,其氧化还原电位就越高,形成的环境就越不适于厌氧微生物的生长,因为所形成的环境可能是好氧环境;反之同理。

发酵系统氧化还原电位升高的原因不仅有氧进入系统的关系,还有一些氧化剂或氧化态物质存在的关系,如一些工业废水中的铁离子、酸性废液中的氢离子等,当这些物质的浓度达到一定程度的时候,同样会危害厌氧消化过程的进行,因此,体系中的氧化还原电位更能够全面地反映发酵液所处的厌氧状态。

不同的厌氧消化系统要求的氧化还原电位的电位值不尽相同,同一系统中的不同细菌群所要求的氧化还原电位也不尽相同。至于厌氧细菌对氧化剂或氧化态物质的敏感原因,目前相关的研究还不是很透彻,不过根据研究结果分析,菌体内存在易被氧化剂破坏的化学物质,还有菌体缺乏的抗氧化酶系,很可能是重要的原因之一。比如,严格厌氧菌不具有超氧化物歧化酶和过氧化物酶,就无法保护各种强氧化态物质对菌体的破坏作用。

在厌氧消化处理系统中,产甲烷菌对氧和氧化剂非常敏感,原因是它不像好氧菌那样具有过氧化氢酶,对厌氧反应器内介质中氧的浓度可以由氧化还原电位来表达。相关研究表明,产甲烷菌初始繁殖时所需的环境条件为氧化还原电位不能高于 $-330$ mV。在厌氧消化过程中,不产甲烷阶段可在兼性条件下完成,此时的氧化还原电位为 $-0.1 \sim +0.1$ V;而在产甲烷阶段,氧化还原电位必须控制在 $-0.35 \sim -0.3$ V 与 $-0.6 \sim -0.56$ V,产甲烷阶段氧化还原电位的临界值为 $-0.2$ V。

厌氧菌的毒害过程可分为抑菌阶段和杀菌阶段。在抑菌阶段中,氧的介入会不断消耗菌体内为维持正常的生化反应而生成的还原力,使部分代谢功能受阻,ATP 等生物活性物质合成中断,这时氧的含量有限,当氧消耗殆尽的时候,抑菌过程会渐渐缓解直至消失;如果氧含量非常高时,反应阶段会转至杀菌阶段,大量的氧化剂将破坏菌体,使细菌大量死亡,最终导致厌氧消化系统无法运行。

### 3.3.2 氧化还原电位的计算和测定

水质的氧化还原电位都是采用现场测定的方法,即应用铂电极作为测量电极,饱和甘汞电极作为参比电极,电极与水样组成原电池,用电子毫伏计或 pH 计测定铂电极相对于甘汞电极的氧化还原电位。

我们知道,溶液的 pH 值反映测量氢离子的活度,由此可知,ORP 是由溶液中的电子活度所决定的。对于 OPR 的这种描述虽然无误,但这种表示方法却是十分抽象的,因为自由电子并不会在溶液中存在,那么具体来说 ORP 可定义为某种物质对电子结合或失去难易程

度的度量。如以氧化物为 Ox,还原物为 Red,电子为 e,电子数为 $\eta$,氧化还原反应为

$$Red \longrightarrow Ox + \eta e \qquad (3.1)$$

氧化还原电位由能斯特方程式表示为

$$E_n = E_o + 2.3RT/nF \ln Ox/Red \qquad (3.2)$$

式中　$E_o$——标准氧化还原电位;

　　　$R$——气体常数,$R = 8.314$ J/(K·mol);

　　　$T$——以 K 表示的绝对温度;

　　　$F$——法拉第常数,$9.649 \times 10^4$ c/mol;

　　　$n$——参与反应的电子数。

ORP 测定时,只要将铂测量电极和甘汞参比电极浸入被测样水中,再以 pH 值测定两电极间的电位差即可。我们还可以根据能斯特定理,以及所涉及的氧化、还原过程,通过确切的方程式,计算氧化还原电位:

$$Fe^{2+} \longrightarrow Fe^{3+} + Ie^-$$
$$E = E^\Theta + 2.3RT/F \ln[Fe^{3+}/Fe^{2+}] \qquad (3.3)$$
$$2I \longrightarrow I_2 + 2e^-$$
$$E = E^\Theta + 2.3RT/F \ln[I_2]/[I^-]^2 \qquad (3.4)$$

根据以上计算过程以及测定方法可得出如下规律:

(1) 化学方程中的系数是氧化还原方程式中的指数,被氧化物质应列在最终分数的标称项中。

(2)所涉及的电子数表示为 $F$ 的个数。

(3) pH 值与 ORP 间无关。

(4)ORP 通常可由被还原的组分间比例测得,因而不可能由 ORP 计算出一种单独组分的浓度。

在厌氧消化系统中,氧化还原电位的计算还需要考虑很多的影响因素,溶解氧就是其一,还有 pH 值对氧化还原电位的影响也很显著,当 pH 值每降低 1 个数值时,计算得到 $E$ 值会升高 0.06 V,因此,酸性条件对甲烷细菌的生境颇为不利。

发酵系统中往往会存在很多影响氧化还原电位的化学物质,此时需要准确地计算氧化还原电位就会很复杂,因此,在实际工程当中,通常会采用非选择性电极来直接测定发酵液的氧化还原电位值。

## 3.4　废水特性

在废水的厌氧生物处理系统研究中,对废水特性的研究是必要的,尤其是化学成分复杂又难处理的复杂废水。复杂废水,是指含有容易引起污泥上浮、形成浮沫或浮渣层、引起沉淀的化合物以及含有有毒物质的废水。复杂废水的特性和其所含的化合物种类影响厌氧处理系统的设计和运行,因此,对于这类废水特性的研究是有效处理废水的必要手段。

### 3.4.1　废水 COD 和氮参数

1. 废水 COD

废水中 COD 是在一定的条件下,采用一定的强氧化剂处理水样时,所消耗的氧化剂量。

它是表示水中还原性物质多少的一个指标。水中的还原性物质有各种有机物、亚硝酸盐、硫化物、亚铁盐等,但主要的是有机物。因此,废水中 COD 是衡量水中有机物质含量多少的一个重要指标,COD 越大,说明水体受有机物的污染越严重。根据相关的生物处理条件及有机物类型,可将废水中的 COD 分为可生物降解 COD、可酸化 COD、生物抗性 COD、可溶解 COD、胶体 COD、可水解和已水解 COD 等。

可生物降解 COD,即 $COD_{BD}$,是指在厌氧条件下能够被厌氧菌消耗的 COD,由于它可表示作为底物被细菌加以利用的 COD,所以也可将其称为"底物 COD"。在总 COD 中,可生物降解 COD 所占的百分比称为生物可降解性,记为"$COD_{BD}(\%)$",它的计算公式为

$$COD_{BD}(\%) = COD_{BD}/COD \times 100\%$$

可酸化 COD,即 $COD_{acid}$,是指在未酸化的废水中,除了被发酵菌转化的一部分 $COD_{BD}$,剩余的一部分可供甲烷菌利用的底物 COD 称为可酸化的 COD。$COD_{acid}$ 最终可被转化为甲烷和 VFA(挥发性脂肪酸),其占总 COD 百分比的计算公式为

$$COD_{acid}(\%) = (COD_{CH_4} + COD_{VFA})/COD \times 100\%$$

式中　　$COD_{CH_4}$——转化为甲烷的 COD;

$COD_{VFA}$——尚未转化为甲烷而以 VFA 存在的 COD。

生物抗性 COD,即 $COD_{res}$,是指污泥无法发酵的有机化合物 COD,生物抗性 COD 含有在处理过程当中污泥来不及驯化因而未能降解的有机物和不可能降解的有机物类型,这种有机物称为惰性有机物。

有机物溶解性的划分可根据滤纸膜法进行划分,通过滤纸膜的废水 COD 即为可溶解 COD,记为 $COD_{bol}$,未通过的胶体废水的 COD 称为胶体 COD,记为 $COD_{col}$,在多数地区的处理系统中,应用于这类的滤纸膜的孔隙度多为 0.45 μm。

水解 COD 分为可水解 COD 和已水解 COD,一般在废水处理当中,在发酵前需要对聚合物底物进行水解,在厌氧过程中被水解的聚合物 COD 就是可水解 COD,那么在某一阶段以非聚合物形式存在的 COD 就为已水解 COD,记为 $COD_{hydr}$。

2. 废水 COD 检测

对于废水,国家环保总局规定采用酸性重铬酸钾法测定 COD,即在强酸并加热的条件下,用过量重铬酸钾处理水样时所消耗氧化剂的量,以氧化剂消耗量(mg/L)表示。传统 COD 测定法,水样经回流氧化处理后,应用硫酸亚铁滴定剩余重铬酸钾,操作简单,测定结果重现性较好,但所需样品量较多,试剂用量较多,且试剂有毒,分析时间相对较长,能耗较大。下面简单介绍一下重铬酸钾的测定方法。

检测原理:在强酸性溶液中,一定量的重铬酸钾氧化水中还原物质,过量的重铬酸钾以试亚铁灵做指示剂,用硫酸亚铁铵回滴。根据用量,算出水中还原性物质消耗氧的量。酸性重铬酸钾氧化性很强,可氧化大部分有机物,加入硫酸银做催化剂时,直链脂肪族化合物可完全被氧化,而芳香族有机物却不易被氧化。对于氯离子的影响,采用在回流前向废水中加入硫酸汞,使氯离子成为络合物,从而消除氯离子的干扰。

检测试剂及溶液配制:重铬酸钾标准溶液(称取预先在 105 ~ 110 ℃ 烘干两个小时并冷却的基准或优级纯重铬酸钾 12.258 0 g 溶于水中移入 1 000 mL 容量瓶,稀释至标线,摇匀);试亚铁灵指示剂(称取 1.458 5 g 邻菲罗啉与 0.695 g 硫酸亚铁溶于水,稀释至400 mL,摇匀,贮于棕色瓶中);硫酸亚铁铵标准溶液;硫酸 - 硫酸银溶液(于 2 500 mL 浓硫酸中,加

入 25 g 硫酸银放置 1～2 d,不时摇动,使之溶解);纯硫酸汞。

检测过程:取 20 mL 混合均匀的废水样于 250 mL 磨口的回流锥形瓶中,准确加入 10 mL重铬酸钾标准溶液及数粒玻璃珠或沸石,慢慢加入 30 mL 硫酸－硫酸银溶液,轻轻摇动锥形瓶使溶液混匀,加热回流 2 h。

对于化学耗氧量高的废水样,可先取上述操作所需体积 1/10 的废水样和试剂,放入玻璃试管中摇匀,加热后观察是否成绿色。如溶液显绿,可适当减少废水样取用量,直至溶液不变绿色为止。从而确定废水分析时应取用的体积。稀释时,所取用废水样量不得少于 5 mL,如果化学耗氧量很高,则废水样应多次稀释。

如废水中氯离子质量浓度超过 30 mg/L 时,应按下述操作处理废水。先把 0.4 g 硫酸汞加入回流锥形瓶中,加入 20 mL 废水,摇匀。准确加入 10 mL 重铬酸钾标准溶液及数粒玻璃珠或沸石,慢慢加入 30 mL 硫酸－硫酸银溶液,轻轻摇动锥形瓶使溶液混匀,加热回流 2 h。

冷却后,用适量水冲洗冷凝管壁,取下锥形瓶,再用水稀释至 140 mL 左右。溶液总体积不得少于 140 mL,否则因酸度太大滴定终点不明显。当溶液再度冷却后,加 3 滴试亚铁灵指示剂,用硫酸亚铁铵标准溶液滴定,溶液的颜色由黄色经蓝色至褐色即为终点,记录硫酸亚铁铵标准溶液的用量。

最后测定废水样的同时,以 20 mL 蒸馏水按同样操作步骤作空白。记录空白滴定时,硫酸亚铁铵标准溶液的用量。

可按以下公式计算检测结果:
$$COD_{Cr} = (V_0 - V_1) \times N \times 8 \times 1\ 000 \div V$$

式中　$COD_{Cr}$——水样中的化学需氧量,mg/L;

$V_0$——空白滴定硫酸亚铁铵标准溶液的用量,mL;

$V_1$——废水样滴定硫酸亚铁铵标准溶液的用量,mL;

$N$——硫酸亚铁铵标准溶液的标准溶液浓度,mol/L;

$V$——废水样的体积,mL。

废水样取样体积可变动于 10.0～50.0 mL 范围之间,但试剂用量及浓度,需按表进行相应调整。废水样取用量和试剂用量见表 3.2。

表 3.2　废水样取用量和试剂用量表格

| 废水样体积<br>/mL | 0.250 0 mol/L<br>重铬酸钾溶液/mL | 硫酸－硫<br>酸银/mL | 硫酸汞/g | 硫酸亚铁铵标准溶液<br>浓度/(mol·L⁻¹) | 滴定前需<br>体积/mL |
|---|---|---|---|---|---|
| 10.0 | 5.0 | 15 | 0.2 | 0.050 | 70 |
| 20.0 | 10.0 | 30 | 0.4 | 0.100 | 140 |
| 30.0 | 15.0 | 45 | 0.6 | 0.150 | 210 |
| 40.0 | 20.0 | 60 | 0.8 | 0.200 | 280 |
| 50.0 | 25.0 | 75 | 1.0 | 0.250 | 350 |

3. 氮参数

含氮废水中的氮称为有机氮,这种氮多数以蛋白质和氨基酸的形式存在于废水中。在厌氧处理后,有机氮被降解为氨,即为氨氮,这个过程称为有机氮的无机化。在实验中,可

以通过测试进液和出液的总氮和氨氮的含量来确定无机化的程度，其所占百分比的计算公式可表示为

$$有机氮的无机化（\%）= 氨氮/总氮 \times 100\%$$

在厌氧过程中影响氨氮的浓度并非进液中氨氮的浓度，由于有机氮的分解会迅速改变这一浓度，因此明确厌氧过程中有机氮的无机化程度是非常重要的。假定有机氮主要为氨基酸与蛋白质，那么它的含量可用以下公式估算：

$$蛋白质质量浓度（g/L）= 有机氮质量浓度（g/L）\times 6.25$$
$$蛋白质质量浓度（gCOD/L）= 有机氮质量浓度（g/L）\times 7.81$$

### 3.4.2　废水的厌氧生物可降解性

生物可降解性是生物处理方法的重要影响因素，废水中厌氧生物可降解性研究可由厌氧生物可降解测试系统完成，厌氧的生物可降解性测试系统可测定废水中的有机污染物或特定的某化合物的生物可降解性能。多采用紫外吸光度法、VFA 滴定法等分析方法。我们来探讨一下常见的有机物的生物可降解性，比如多糖。

废水中的多糖常常包含纤维素、半纤维素、淀粉、果胶等物质，其中在制浆造纸工业废水中含有相当多的纤维素、半纤维素和一定量果胶；食品工业废水中含有较多的淀粉；在罐头加工废水中，则有较多的果胶。

纤维素能够由微生物所分泌的胞外纤维素酶水解为单糖和葡萄糖、纤维二糖；果胶和淀粉能够被淀粉酶和果胶酶水解。纤维素酶仅能由少数微生物产生，而绝大多数微生物能产生淀粉酶和果胶酶。淀粉和果胶的生物降解非常迅速，甚至接近于单糖的发酵速度，但纤维素的生物降解要缓慢得多。一般多糖都能被厌氧微生物所降解。多糖和单糖的厌氧比降解速率见表 3.3。

表 3.3　多糖和单糖的厌氧比降解速率

|  | 比降解速率/(gCOD · (gVSS · d)⁻¹) | pH 值 |
|---|---|---|
| 纤维素 | 1.2 | 7.4 |
|  | 3.3 | 6.6 |
| 淀粉 | 38.5 | 5.5 |
| 果胶 | 53.4 | 6.0 |
|  | 4.4 | 3.3 |
| 葡萄糖 | 77.0 | 5.8 |

### 3.4.3　废水中常见的有毒物质

废水当中常常含有许多有毒物质，尤其是工业废水，这些毒性物质对生物处理过程的影响很大，为方便分类，我们将毒性物质分为无机毒性物质、天然有机化合物中的毒性物和生物异性化合物。

1. 无机毒性物质

在无机毒性化合物中常含有氨、无机硫化合物、盐类和重金属等毒性物质。

（1）氨在废水中主要是以氨氮的形式存在的，存在于蛋白质和氨基酸丰富的废水当中，厌氧过程中有机氮被转化为氨氮，其在废水中的存在方式对毒性的大小有很大影响，当 pH 值为 7 时，游离氨仅占总氨氮的 1%，但如果 pH 值上升至 8，其游离氨所占的比例可上升 10 倍，对处理系统会造成一定的负担，此时可通过稀释的方法恢复产甲烷菌的活性，Koster 等人曾经观察到在高浓度的含氨氮废水被稀释时候，细菌的活性可立即得以恢复。产甲烷菌也可对氨的毒性逐渐适应而驯化，来自于粪肥消化物中的污泥不易受氨的抑制，因为驯化过程在粪肥消化过程中已自然发生。

抑制氨的方法有很多，主要可从质量浓度、温度和 pH 值方面抑制。在一定的浓度范围下，可促进反应进行，一般氨质量浓度在 200 mg/L 下有利于厌氧降解；温度会促使游离氨浓度升高，但同时也能促进微生物生长，所以需要适度调节温度，使反应顺利进行；我们知道 pH 值的升高可增加氨的抑制作用，这是因为 pH 值越高，氨转化为游离氨的可能性就越大，控制 pH 值在微生物生长的最适条件下，可降低氨的抑制作用。总之，具体的抑制方法有驯化、空气吹脱和化学沉淀，某些离子也可以拮抗氨的抑制作用，多离子作用效果明显。

（2）废水中的无机硫化物常以硫酸根的形式存在，但在厌氧处理中，这些含硫化合物被微生物还原为硫化氢，这种毒性物质常以游离硫化氢的形式存在，其毒性在硫化物中最大，原因是硫化氢呈电中性，只有中性才能穿过带负电的菌体细胞膜，并破坏蛋白质。硫化物可对所有的厌氧菌有直接的毒害作用，少量的硫酸盐利于厌氧消化过程，但当其含量过高时，会对厌氧生物处理造成严重抑制作用。其实，硫酸盐本身无毒，硫酸盐的生物还原增加了硫的毒性，硫酸盐等的硫的含氧化合物的还原和有机物的厌氧氧化是同时进行的，所以当溶液中含有足够的可生物降解 COD 时，硫的含氧化合物才能被完全还原。因为亚硫酸盐比硫化氢毒性更大，所以亚硫酸盐的还原可减少硫的毒性。

降低硫化物抑制作用的方法主要有投加金属或者是金属盐、利用厌氧产酸阶段去除硫、利用两相厌氧的酸相去除硫化氢、通过驯化提高 MPB 适应高硫化物环境的能力等，都取得了较为理想的效果。

（3）废水中的高浓度盐类同样为重要的毒性物质，它往往存在于那些工艺中要添加盐的工业废水中。这些盐类通常用于中和 VFA 或增加废水的缓冲能力，但是不断的积累会抑制反应的进行，可通过更换培养液的方法除去盐类。以下是各种盐类的产甲烷毒性。

表 3.4　盐对消化污泥产甲烷活性的 50% IC

| 盐 | 50% IC/( mg · L$^{-1}$) |
| --- | --- |
| $Mg^{2+}$ | 1 930 |
| $Ca^{2+}$ | 4 700 |
| $K^+$ | 6 100 |
| $Na^+$ | 7 600 |

从表 3.4 中可看出，钠离子的毒性较高，有研究表明钠的毒性在 pH 值为 7 ~ 8 时比较高，表 3.4 表示的是 pH 值为 7 时的实验结果。除此之外，底物不同时，钠的毒性也不同，当

底物为丙酸和丁酸时,钠盐的毒性比乙酸为底物时高很多。钠盐的去除可根据其可逆性来实现,有研究得到,当钠盐抑制产甲烷活性达 80% 时,除去钠盐并加入新培养液后依然可几乎完全恢复活性。

铝盐对铁和锰的竞争作用或对微生物细胞膜和细胞壁的黏附性,可影响微生物的生长,废水中铝盐对厌氧污泥颗粒中微生物的产甲烷活性有相当大的影响,投加 100 mg/L 氯化铝,微生物活性就可降低 37%,连续投加,在厌氧颗粒间,铝盐可以驯化厌氧微生物,颗粒污泥残余活性受抑制比较明显,微生物活性可恢复。

钙离子对产甲烷菌也有一定影响,大量的钙离子会形成钙盐沉淀物析出,导致不良后果,如在反应器和管道上结垢,降低产甲烷菌活性,造成营养成分损失,降低厌氧系统缓冲能力。

镁离子可增强污泥产甲烷活性,Schmidt 等研究发现镁离子可增强上流式厌氧污泥床反应器中高温厌氧污泥的沉降性能,并减少被洗出反应器的污泥量,但这种作用并不明显。镁离子的这种作用可能是因为镁离子能催化甲烷合成过程的几步反应,还有可能会影响有机物与污泥的有效接触。除了可以增强活性,它还能影响高温厌氧污泥的微生物特征,比如影响污泥中各种微生物的相对数量,改变微生物当中的优势菌等。

在中温到高温范围内,低浓度的钾离子可促进厌氧消化,但在高温,且高浓度的钾离子的条件下,钾离子会进入细胞,中和细胞膜电位,影响厌氧反应过程。

(4)在废水中,最常见的毒性物质便是重金属,比如制革厂废水中常常含有重金属铬,重金属是导致厌氧降解过程失败的主要原因。这些重金属作为反应中的营养物质,应当注意剂量的使用,因为其溶于水中的离子越多,毒性就越强,重金属取代了与蛋白质分子自然结合的金属,致使酶的结构和功能受到破坏。另一方面,重金属又是催化厌氧反应的重要酶的组成成分,所以,重金属对于厌氧反应的影响很关键,其对厌氧微生物是促进还是抑制主要取决于重金属离子浓度、重金属化学形态、pH 值以及氧化还原电位等。

重金属的化学形态非常复杂,它可能参与多种物理化学过程,并形成多种化学形态,比如形成硫化物沉淀、碳酸盐沉淀、吸附到固体颗粒上,或者与降解产生的中间产物形成复合物等。重金属除了化学形态复杂以外,不同的底物、菌群和环境也是影响重金属毒性的重要原因,有实验比较产甲烷菌的 $IC_{50}$,得到重金属的毒性大小的顺序为 $Cu > Zn > Cr > Cd > Ni > Pb$。

降低重金属毒性的方法有很多种,一般情况下,可以在废水中加入厌氧污泥,这时在厌氧过程中产生的 $HS_2$ 和碳酸根离子与金属离子反应,并生成沉淀。除此之外,pH 值对重金属的沉淀也有一定的影响。具体的方法主要有利用有机或无机配体使重金属沉淀、吸附、螯合等。常用沉淀法抑制重金属毒性,还可利用污泥、活性炭、高岭土等对重金属吸附、降低毒性。有机配体对重金属的螯合作用也对降低重金属毒性很有效。微生物与重金属的接触也会激活多种细胞内解毒机制,比如细胞表面的生物中和沉淀等作用。

2. 天然有机化合物中的毒性物质

天然有机化合物中毒性物质的毒性作用可根据其结构的不同,分为非极性毒性物质和含氢键毒性物质。

(1)非极性。

在废水中,非极性的有机化合物可能会损害细胞的膜系统,这些非极性的有机化合物包括挥发性脂肪酸(VFA)、长链脂肪酸、非极性酚化合物、树脂化合物。挥发性脂肪酸的毒性取决于 pH 值,因为只有非离子化的 VFA 是呈毒性的,pH 值越高,大于 7 时,挥发性脂肪酸无毒,且就算浓度再高,也不会显示毒性,当 pH 值较低时,非离子化的挥发性脂肪酸就会抑制甲烷菌生长,但在一定数量值下,甲烷菌是不会致死的,因为挥发性脂肪酸 VFA 的毒性是可逆的,有实验表明,在 pH 值为 5 左右时,甲烷菌在含挥发性脂肪酸的废水中最多可停留两个月,pH 值恢复以后,甲烷菌的活性可根据低 pH 值在几天或几个星期内恢复,甚至可立即恢复活性。

长链脂肪酸的毒性相比之下大于挥发性脂肪酸的毒性,其抑制作用主要是由于产甲烷菌的细胞壁与革兰氏阳性菌很相似,长链脂肪酸会吸附在其细胞壁或细胞膜上,干扰其运输或防御功能,从而导致抑制作用。长链脂肪酸的毒性与厌氧降解过程有直接联系,在厌氧降解过程中,长链脂肪酸发生降解时,可恢复受抑制的产甲烷活性,但如果 VEA 存在,就可抑制长链脂肪酸的这种降解作用。长链脂肪酸对生物质的表层吸附还会使活性污泥悬浮起来,导致活性污泥被冲走。通过驯化可提高生物膜对油酸盐的耐受性和生物降解能力。由于长链脂肪酸可与钙盐形成不溶性盐,所以加入钙盐可降低长链脂肪酸的抑制作用。Hanaki 等人研究发现,乙酸存在时,可增加长链脂肪酸的毒性。他们还发现在厌氧过程中,长链脂肪酸的不完全溶解会使其被吸附到厌氧污泥的表面,这时如果施以较低 pH 值,并投加钙离子会使长链脂肪酸沉淀,达到脱毒的效果。

非极性酚化合物:单体的酚化合物一般可以根据它们的非极性特征对其毒性进行估计。结构与官能团类似的酚化合物的非极性程度越高,毒性越大,且酚类化合物丙酸的降解要比乙酸的降解有更大毒性。较大非极性酚化合物如一些木素的单体衍生物——异丁子香酚等会强烈损伤细胞,其毒性很大,即使除去也无法恢复细菌活性。

木材中非极性的抽提物称为树脂化合物,树脂引起的产甲烷活性降低在树脂除去后是不能恢复的,且在质量浓度高于 280 mg/L 时可使细菌致死。

(2)氢键。

许多含有氢键的化合物质如单宁,可通过氢键被蛋白质吸附,如果这种吸附作用很强,会使酶失活。

单宁是树皮中含量较高的聚合酚类化合物,分子结构如图 2.10 所示。极性的酚化合物与细胞的蛋白质形成氢键。由于聚合物形成的单宁可以和蛋白质形成多个氢键连接,因此这种氢键结合力非常强。如果单宁与细菌的酶形成很强的氢键,会使酶受到损害。因此单宁单体是相对无毒的,而天然的寡聚物单宁毒性相对很强。更大相对分子质量的单宁则由于不能穿透细胞膜,因此对细菌毒性不是很大。

化合物的分子大小也是影响其毒性的重要因素,化合物分子大,就不能通过细菌的细胞壁和细胞膜,所以无法损害细胞组织。有研究表明,当化合物相对分子质量大于 3 000 时,不会抑制细菌。除此之外,这些有机毒物可以被驯化后的细菌适应,也就是厌氧污泥可在浓度较低的废水中先进行驯化,之后反应器就可以容纳含有较高有机毒物的废水。单宁的单体化合物毒性较低,较高的为单宁寡聚物,它是木材和造纸工业剥皮废水中的主要毒性物质,可分为水解单宁寡聚物和缩合单宁寡聚物,水解的单宁寡聚物在厌氧时可很快降解,缩合的单宁寡聚物不能很快降解,两种寡聚物在降解后,都不能使细菌的活性恢复。

除了非极性毒性物质和含氢键毒性物质,还有两种物质也很重要,即芳香族氨基酸和焦糖化合物。

在某些淀粉工业废水中常常含有酪氨酸等芳香族氨基酸，酪氨酸本身是无毒的，但在工业废水中，它就被氧化成有毒的多巴，同样的，当挥发性脂肪酸 VFA 存在时，其毒性更强。

焦糖化合物通过焦糖化形成，焦糖化即在高温作业下，水中的糖和氨基酸受热变为棕褐色的过程。糠醛类化合物是焦糖化的第一个产物，其毒性可随污泥的驯化而降低，具有生物降解性。

3. 生物异性化合物

生物异性化合物质是指人为制造且在自然环境中难以发现的有机化合物，这些化合物有：

（1）氯化烃。

某些氯化的碳氢化合物，如氯仿等可在小剂量浓度下使细菌致死，可通过驯化厌氧菌来降解这类有机物，使之生成甲烷和没有毒性的氯离子。

（2）甲醛。

常常存在于含有黏结剂的废水当中，一般情况下，达到 100 mg/L 就会对甲烷菌产生影响，可通过驯化甲烷菌来部分适应甲醛。

（3）氰化物。

存在于石油化工废水中，也可存在于淀粉废水当中，对甲烷菌伤害极大，可驯化甲烷菌来抵抗这类毒性物。

（4）石油化学品。

常见的产甲烷菌的石油类毒性物有苯和乙基苯等，这些非极性的芳香族化合物在其结构上与树脂化合物类似。

（5）洗涤剂。

多存在于工厂废水中，非离子型洗涤剂和离子型洗涤剂的 50% 抑制质量浓度分别为 50 mg/L和20 mg/L。

（6）抗菌剂。

酿造厂在使用抗菌剂灭菌原料时可能会在废水中积累这类毒性物质，这类毒性物对驯化后细菌的影响不大，但某些抗菌素对未经驯化的厌氧污泥的毒性较大。

## 3.5　负荷率与发酵

在厌氧生物发酵时期，反应过程需要一定的控制条件，包括生物量以及负荷率，其中，负荷率是表示消化装置处理能力的一个重要参数。负荷率主要有 3 种表示方法，即容积负荷率、污泥负荷率和投配率。负荷率与发酵状态之间存在一定的联系，不同的负荷率存在不同的发酵状态。

### 3.5.1　负荷率

负荷率是表示消化装置处理能力的一个参数。负荷率有 3 种表示方法：容积负荷率、污泥负荷率、投配率。

（1）容积负荷率。

反应器单位有效容积在单位时间内接纳的有机物量，称为容积负荷率，单位为

kg/（m³·d）或 g/（L·d）。有机物量可用 COD、BOD、SS 和 VSS 表示。

（2）污泥负荷率。

反应器内单位质量的污泥在单位时间内接纳的有机物量，称为污泥负荷率，单位为 kg/（kg·d）或 g/（g·d）。

（3）投配率。

每天向单位有效容积投加的新料的体积，称为投配率，单位为 m³/（m³·d）。投配率的倒数为平均停留时间或消化时间，单位为 d。投配率有时也用百分数表示，例如，0.07 m³/（m³·d)的投配率也可表示为 7%。

其实，厌氧消化池容积的选择与负荷率有直接的关系，负荷率的表达方式是容积负荷和有机物负荷。按容积负荷计算的生物处理构筑物的尺寸科学性不强，污泥的特性会造成个体差异性大。有机负荷率一般为挥发性固体负荷，即每天加入到消化池中的挥发性固体的质量除以消化池的有效容积，设计中一般采用持久的负荷条件，通常 VSS 的负荷设计峰值是 1.9 ~ 2.5 kg/（m³·d），最高限值是 3.2 kg/（m³·d），但是也不应过低，如果小于 1.3 kg/（m³·d），就会导致基建投资和操作费用增加。

增加负荷率可以明显减少水力停留时间，使有机容积负荷率大大提高，这时就不得不提到厌氧接触工艺，厌氧接触工艺是仿照好氧活性污泥法，在厌氧消化池外加了一个沉淀池，使沉淀的污泥回流到消化池，使污泥停留时间和废水停留时间分离，这样可以维持较高的污泥浓度。厌氧接触工艺与传统的消化池相比，负荷明显提高，使有机容积负荷率提高了，可有效地用于工业废水处理，它在处理具有中等浓度的废水方面取得了显著成功，瑞典糖业公司为瑞典和其他国家建造了 20 多座大型废水处理厂，均采用该工艺。

### 3.5.2　负荷率与发酵状态的关系

在厌氧消化装置中，负荷率的确定需要一定的原则，即在酸化和气化的两个转化速率保持稳定平衡的条件下，求得最大的处理目标。一般来讲，若厌氧消化微生物在进行酸化转化时，能力强且速率快，那么对环境条件的适应能力也强；而若进行气化转化的能力相对较弱时，速率也较慢，对环境的适应能力会较脆弱。这种现象使得两个转化速率要想保持稳定平衡显得尤为困难，由此便形成了以下 3 种发酵状态：

（1）当有机物负荷率很高时，由于供给产酸菌的食物相当充分，致使作为其代谢产物的有机物酸产量很大，超过了甲烷细菌的吸收利用能力，导致有机酸在消化液中的积累和 pH 值下降，其结果是使消化液显酸性。这种在酸性条件下进行的厌氧消化过程称为酸性发酵状态，它是一种低效而又不稳定的发酵状态，应尽量避免。

（2）当有机负荷率适中时，产酸细菌代谢产物中的有机酸基本上能被甲烷细菌及时地吸收利用，并转化为沼气，此时溶液中残存的有机酸量一般为每升数百毫克。这种状态下消化液中 pH 值维持在 7 ~ 7.5 之间，溶液呈弱碱性。这种在弱碱性条件下进行的厌氧消化过程称之为弱碱性发酵状态，它是一种高效而又稳定的发酵状态，最佳负荷率应达此状态。

（3）当有机物负荷率偏小时，供给产酸细菌的食物不足，产酸量偏少，不能满足甲烷细菌的需要。此时，消化液中的有机酸残存量很少，pH 值偏高，可达到 7.5 以上，这种条件下进行的厌氧消化过程，称为碱性发酵状态。由于负荷偏低，因而是一种虽稳定但低效的厌氧消化状态。

# 第4章 厌氧生物反应器

## 4.1 基质降解和微生物增长表达式

基质降解和微生物增长都是一系列酶促反应的结果,有学者曾推导出的米－门酶促反应式如下:

$$v = \frac{v_{\max}s}{k_{\mathrm{m}} + s}$$

(4.1)

式中    $v$——以浓度表示的酶促反应速度;

       $s$——作为限制步骤的基质的浓度;

       $v_{\max}$——最大酶促反应速度;

       $k_{\mathrm{m}}$——米氏常数,其值等于 $v = \frac{1}{2}v_{\max}$ 时的基质的浓度。

1942 年,莫诺特(Monod)将米－门关系式应用到了微生物细胞的增长上,提出了一个与米－门酶促反应式相似的微生物增长表达式。莫诺特关系式如下:

$$\mu = \frac{\mu_{\max}s}{k_s + s}$$

(4.2)

式中    $\mu$——微生物比增长速度($\mathrm{d}^{-1}$),即单位时间内单位质量微生物的增长量,若用 $X$ 表示微生物的浓度,则 $\mu = \frac{1}{X} \cdot \frac{\mathrm{d}x}{\mathrm{d}t}$;

       $s$——基质的质量浓度,$\mathrm{mg/L}$;

       $\mu_{\max}$——在饱和浓度中的微生物最大比增长速度,$\mathrm{d}^{-1}$;

       $k_s$——饱和常数,其值等于 $v = \frac{1}{2}v_{\max}$ 时的基质浓度。

一般认为,微生物的比增长速度($\mu$)和基质的比降解速度($v$)成正比,即

$$\mu = Yv$$

(4.3)

式中    $Y$——微生物生长常数或产率,即吸收利用单位质量的基质所形成的微生物增长(mg 微生物/mg 基质)。

在最大比增长速度下,当有 $\mu_{\max} = Yv_{\max}$,将其与公式(4.3)代入公式(4.2),得到基质比降解速度如下:

$$v = \frac{v_{\max}s}{k_s + s}$$

(4.4)

式中 $v$——基质比降解速度（$d^{-1}$），即单位时间内单位微生物量所降解的基质量，$v = -\dfrac{1}{X}\dfrac{ds}{dt}$；

$s$——基质质量浓度，mg/L；

$v_{max}$——基质最大降解速度，$d^{-1}$；

$k_s$——饱和常数，其值等于 $v = \dfrac{1}{2}v_{max}$ 时的基质浓度。

从公式(4.2)和(4.4)可以看出，无论是微生物增长关系式还是基质降解关系式都具有以下特性(图4.1)，图4.1表示了基质比降解速度与基质浓度的关系曲线。

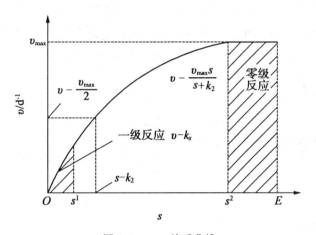

图4.1 $v-s$ 关系曲线

(1)当基质浓度很大时(或营养物质十分丰富时)，即 $s \gg k_s$ 时，分母中的 $k_s$ 可忽略不计，从而得

$$\mu = \mu_{max} \tag{4.5}$$

$$v = v_{max} \tag{4.6}$$

上式表明，在营养物质丰富的情况下，微生物的比增长速度和基质的比降解速度都是一常数，且为最大值，与基质的浓度无关。或者说比增长速度和比降解速度与基质浓度成零级反应。

(2)当基质浓度很小时(或者说营养物质十分匮乏时)，即 $s \ll k_s$ 时，分母中的 $s$ 可略去不计，从而得到

$$\mu = \frac{\mu_{max}}{k_s} \cdot s \tag{4.7}$$

$$v = \frac{v_{max}}{k_m} \cdot s \tag{4.8}$$

上式表明，在营养物质贫乏的情况下，微生物的比增长速度与基质的比降解速度都与基质的浓度成正比，即严格受基质浓度的制约。或者说比增长速度与比降解速度都与基质浓度成一级反应。

(3)当基质浓度介于以上两种情况之间时，可得到以下关系式：

$$\mu = k_1 s_1^n \tag{4.9}$$

$$v = k_2 s_2^n \tag{4.10}$$

式中　$k_1$、$k_2$、$n_1$、$n_2$——常数，且 $0 < n_1(n_2) < 1$，表明比增长速度和比降解速度与基质浓度成半反应。

以上公式均是在单一酶促反应方程的基础上演变而来的。当基质浓度采取 $BOD_5$ 或 COD 表示，而且进行混合发酵时会出现误差。因此，使用时必须根据试验资料加以修正，建立实用模式。

公式(4.4)中的常数 $k_s$ 和 $v_{max}$ 可通过小型试验予以确定。具体步骤如下。

(1)首先建立试验用基质比降解速度公式:

$$v = \frac{d(s_0 - s)}{Xdt} = \frac{1}{X}\frac{ds}{dt} \tag{4.11}$$

式中　$s_0$——起始基质质量浓度或进水基质质量浓度，mg/L;

　　　$s$——$t$ 时的基质质量浓度，当 $t$ 等于水力停留时间(d)时，$s$ 即为出水质量浓度，mg/L;

　　　$X$——微生物质量浓度，或为厌氧活性污泥质量浓度，mg/L。

当试验系统为连续运行的放映器且处于稳态运行(即在 $s_0$ 和 $X$ 保持不变，且在给定的水力停留时间下，出水水质基本稳定不变)，基质比降解速度还可简化表示为

$$v = \frac{s_0 - s}{Xt} \tag{4.12}$$

式中　$t$——水力停留时间，d。

(2)建立小型试验系统，在保持 $s_0$ 和 $X$ 不变的条件下，对应于一定的水力停留时间 $t$ (通过变动进水流量实现)，可得到相应的出水浓度 $s$，利用公式(4.12)求出相应的基质比降解速度 $v$，由此可得到一组 $v$ 和 $s$ 相应的数据。

(3)将求得的数据绘成如图 4.1 所示的曲线，则曲线的渐近线即为 $v_{max}$ 值。与 $\frac{1}{2}v_{max}$ 相对应的 $s$ 值即为 $k_s$。但是，要精确绘制 $v$-$s$ 曲线，需要较多的试验资料(如 $8 \sim 10$ 组对应点)，且从曲线交汇点上求 $k_s$，也难以精确。

公式(4.4)也可写成如下的直线形式:

$$\frac{1}{v} = \frac{k_s}{v_{max}} \cdot \frac{1}{s} + \frac{1}{v_{max}} \tag{4.13}$$

以 $\frac{1}{v}$ 和 $\frac{1}{s}$ 为变数，可以得到如图 4.2 所示的直线。直线在横坐标上的截距是 $\frac{1}{k_s}$，在纵坐标上的截距为 $\frac{1}{v_{max}}$，从而求出 $k_s$ 和 $v_{max}$。

$\frac{1}{v}$ 和 $\frac{1}{s}$ 关系线可用较少的试验资料($5 \sim 6$ 个点)绘制，且取值较为精确(与曲线相比)，得到广泛的应用。

至于 $\mu_{max}$ 的求定，方法和步骤与前述相同，只是在一定的水力停留时间下要同时测定 $s$ 和 $\mu$，最后绘制 $\frac{1}{s}$ 和 $\frac{1}{\mu}$ 直线，求得 $k_s$ 和 $\mu_{max}$。必须指出，$\mu$ 的测定难度很大，要求试验时必须仔细操作。

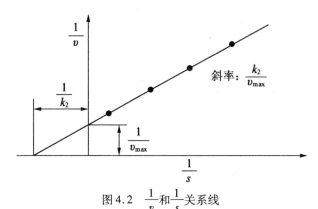

图 4.2　$\dfrac{1}{v}$ 和 $\dfrac{1}{s}$ 关系线

当进水浓度 $s_0$ 含有一定浓度($s_n$)非生物降解物时,则比降解速度如下:

$$v = \frac{v_{\max}(s - s_n)}{k_s + (s - s_n)} \tag{4.14}$$

通过前述试验步骤,也可绘制类似于如图 4.1 所示的 $v - (s - s_n)$ 曲线,不同的是曲线的原点坐标是($s_n$,0),而不是(0,0)。

当进水中含有一定量的抑制物时,基质的降解速度和微生物的增长速度都会受到一定的影响。若抑制物质一直存在于进水中,则 $v - s$ 曲线将会低于未含抑制物质的 $v - s$ 曲线。抑制物质浓度越大,曲线位置越低。当抑制物质浓度达到一定的极限值时,$v - s$ 曲线将与横坐标重合,表明生物处理过程遭到彻底破坏。

当进水中偶有抑制物质进入时,则 $v - s$ 曲线在抑制物质进入的试验点开始下滑,即相应的 $v$ 值开始变小。当抑制物质达某一极限值时,微生物被彻底抑制,曲线在此点垂直下滑至横坐标。

## 4.2　动力学基本方程

在连续运行的稳态生物处理系统中,同时进行着 3 个过程:①有机基质的不断氧化分解(降解);②微生物细胞物质的不断合成;③微生物老细胞物质的不断自身氧化衰亡。将这 3 个过程综合起来,形成如下基本方程:

$$\frac{\mathrm{d}X}{\mathrm{d}t} = Y\left(-\frac{\mathrm{d}S}{\mathrm{d}t}\right) - bX \tag{4.15}$$

式中　$\dfrac{\mathrm{d}X}{\mathrm{d}t}$——以浓度表示的微生物净增长速度,[mg 微生物/(L·d)];

　　　$\dfrac{\mathrm{d}s}{\mathrm{d}t}$——以浓度表示的基质降解速度,[mg 基质/(L·d)];

　　　$Y$——微生物增长常数,即产率,mg 微生物/mg 基质;

　　　$b$——微生物自身氧化分解率,亦即衰减系数,$\mathrm{d}^{-1}$;

　　　$X$——微生物质量浓度,mg/L。

将公式(4.15)两边各除以 $X$,得

$$\mu' = \frac{\dfrac{\mathrm{d}x}{\mathrm{d}t}}{X} = Y\left(-\dfrac{\dfrac{\mathrm{d}s}{\mathrm{d}t}}{X}\right) - b \tag{4.16}$$

式中　$\mu' = \dfrac{\dfrac{\mathrm{d}x}{\mathrm{d}t}}{X}$——微生物的(净)比增长速度;

$\dfrac{\dfrac{\mathrm{d}s}{\mathrm{d}t}}{X}$——单位微生物量在单位时间内降解有机物的量,亦即基质的比降解速度。

将公式(4.16)变换后可写成

$$\frac{\dfrac{1}{VX}}{V\dfrac{\mathrm{d}x}{\mathrm{d}t}} = -Y\frac{V\dfrac{\mathrm{d}s}{\mathrm{d}t}}{VX} - b$$

$$\frac{\dfrac{1}{X_0}}{\Delta X_0} = Y\frac{\Delta s_0}{X_0} - b \tag{4.17}$$

$$\frac{1}{\theta_\tau} = YU_s - b \tag{4.18}$$

式中　$V$——生物反应器容积,L;

$X_0$——生物反应器内微生物总量,$X_0 = VX$,mg;

$\Delta X_0$——生物反应器内微生物净增长总量,$\Delta X_0 = V\dfrac{\mathrm{d}x}{\mathrm{d}t}$,mg/d;

$\Delta S_0$——生物反应器内降解的基质总量,$\Delta s_0 = -V\dfrac{\mathrm{d}s}{\mathrm{d}t}$,mg/L;

$U_s$——生物反应器内单位质量微生物降解的基质量,$U_s = \dfrac{\Delta s_0}{X_0}$,mg/(mg · d);

$\theta_\tau$——细胞平均停留时间(MCRT),在废水生物处理系统中,习惯称为污泥停留时间(SRT)或泥龄(Sludge Age),单位为 d。

公式(4.18)把污泥停留时间 $\theta_\tau$ 和污泥负荷联系在一起,给实际运行和设计带来了新的控制因素。

在特定条件下运行的生物处理系统,其中微生物的增长率是有一定限度的,而且与污泥负荷有关。如每天增长 20%,则倍增时间是 5 d。如果污泥停留时间为 5 d,则每天污泥排出量是 20%,此排出量与微生物增长量相等,从而保证了处理系统的污泥总量保持不变。如果污泥停留时间小于微生物的倍增时间,则每天的污泥排出量大于增长量,其结果将使污泥总量逐渐减少,无法完成处理任务。如果停留时间大于微生物的倍增时间,则每天排出污泥量小于微生物增长量,从而保证处理系统有多余的污泥量以备排出。这种情况是设计和运行必须保证的。

厌氧消化系统的微生物生长很慢,倍增时间很长。因此,在一些新一代的高效处理装置中,为了保证有足够的厌氧活性污泥,都采用了一些延长污泥停留时间的措施,如在完全混合式厌氧消化池后设立沉淀池,以截留和回流污泥;在上流式厌氧污泥床反应器内培养不易漂浮的颗粒污泥,并在出水端设三相分离器;在反应器内设置挂膜介质,以生物膜的形式将微生物固定起来,不使流失。

# 4.3　升流式厌氧污泥床反应器(UASB)

升流式厌氧污泥床(Upflow Anaerobic Sludge Blanket,UASB)反应器,最早是由荷兰学者 Lettinga 等人在 20 世纪 70 年代初开发的。这种新型的厌氧反应器由于其结构简单,不需要填料,没有悬浮物堵塞等问题,所以,这种仪器一出现便立即引起了广大废水处理工作者的极大兴趣,并很快被广泛应用于工业废水和生活污水的处理当中。UASB 反应器在处理各种有机废水时,反应器内一般情况下均能形成厌氧颗粒污泥,而厌氧颗粒污泥不仅具有良好的沉降性能,而且具有较高的比产甲烷活性。UASB 反应器内设置三相分离器,因此污泥不易流失,反应器内能维持很高的生物量,一般可达 80 GSS/L 左右。同时,反应器 SRT 很大,HRT 很小,这使得反应器内具有很高的容积负荷率和处理效率,以及稳定运行性。

## 4.3.1　UASB 反应器的构造

UASB 反应器的正常运行必须具备 3 个重要前提:
①反应器内形成沉降性能良好的颗粒污泥或絮状污泥。
②由产气和进水的均匀分布所形成的良好的自然搅拌作用。
③设计合理的三相分离器使污泥能够保留在反应器内。
因此,UASB 在构造上主要由进水配水系统、反应区、三相分离器、气室和处理水排出装置等组成,如图 4.3 所示。

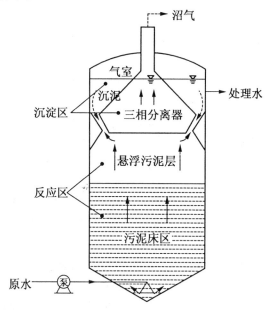

图 4.3　升流式厌氧污泥床(UASB)的组成

反应区是 UASB 内有机污染物被微生物分解氧化的主要部位,其内存留大量厌氧污泥,这些具有良好的絮凝和沉淀性能的污泥在底部形成颗粒污泥层,而颗粒污泥层的上面则是由于沼气在上升过程中搅动而形成的污泥浓度较小的悬浮污泥层。

　　三相分离器(图4.4)是UASB中进行水、气、泥三相分离,保证污泥床正常运行和获得良好出水水质的关键部位,废水从厌氧污泥床底部流入与颗粒污泥层和悬浮污泥层进行混合接触。污泥中厌氧微生物分解有机物的同时产生大量微小沼气气泡,该气泡在上升过程中逐渐增大并携带着污泥随水一起上升进入三相分离器。当沼气碰到分离器下部的反射板时,折向反射板的四周,穿过水层进入气室;泥水混合液经过反射板后进入三相分离器的沉淀区,废水中的污泥发生絮凝作用,在重力作用下沉降;沉降到斜壁上的污泥沿着斜壁滑回反应区,使污泥床内积累起大量的污泥;与污泥分离后的处理水则从沉淀区溢流堰上部溢出,然后排出UASB反应器外。

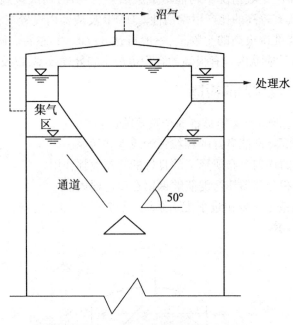

图4.4　UASB三相分离器示意图

## 4.3.2　UASB反应器厌氧颗粒污泥的形成及其性质

### 1.污泥颗粒化的意义

　　在厌氧反应器内颗粒污泥的形成过程称之为污泥颗粒化。由于颗粒污泥具有特别好的沉降性能,能在很高产气量和上向流速度下保留在反应器内。因而污泥颗粒化可以使UASB内保留高浓度的厌氧污泥,并可以使UASB能够承受更高的有机物容积负荷和水力负荷。

　　污泥颗粒化还具有以下的优点(Hulshoff Pol,1989):细菌形成的污泥颗粒状聚集体是一个微生态系统,其中不同类型的种群形成了共生或互生体系,有利于形成细菌生长的生理生化条件;颗粒污泥的形成利于其中的细菌对营养的吸收,利于有机物的降解;颗粒污泥使诸如产乙酸菌和利用氢的细菌等发酵菌的中间产物的扩散距离大大缩短;在诸如pH值和毒性物质浓度等废水性质骤变时,颗粒污泥能维持一个相对稳定的微环境而使代谢过程继续进行。

2.颗粒污泥的形成机理与主要因素

(1)颗粒污泥的形成机理。

颗粒污泥的形成机理尚处于研究阶段,但根据观察颗粒污泥在培养过程中所出现的现象已初步形成如下的有代表性的假说:

①Lettinga 等人的晶核假说:颗粒污泥的形成类似于结晶过程,晶核来源于接种污泥或运行过程中产生的诸如 $CaCO_3$ 等颗粒物质的无机盐,在晶核的基础上不断发育形成成熟的颗粒污泥。此假说已为一些实验所证实,如测得一些成熟颗粒污泥中确有 $CaCO_3$ 颗粒存在,还有在颗粒污泥的培养过程中投加颗粒污泥能促进颗粒污泥形成等。

②Mahoney 电中和作用假说:在厌氧污泥颗粒化过程中,$Ca^{2+}$ 能中和细菌细胞表面的负电荷,能削弱细胞间的电荷斥力作用,并通过盐桥作用而促进细胞的凝聚反应。

③Samson 等人胞外多聚物架桥作用假说:颗粒污泥是由于细菌分泌的胞外多糖将细菌黏结起来而形成的,有的甲烷菌就能分泌胞外多糖,胞外多糖是颗粒污泥形成的关键。

④Tay 等人细胞质子转移 – 脱水理论:在细胞自固定和聚合过程中,大量研究表明细胞表面憎水性是主要的亲和力。细胞质子转移 – 脱水理论认为颗粒污泥形成的第一步是细胞质子转移引起细胞表面脱水,强化了细胞表面的憎水性,进而诱导细胞间的聚合。聚合的微生物再经过熟化,成长为具有一定粒径的颗粒化污泥。

(2)颗粒污泥形成的主要因素。

影响颗粒污泥形成的主要因素主要有以下几方面:

①废水性质:废水特性,特别是有机污染物本身的热力学及生物降解性质,直接影响到颗粒化污泥形成的速度。

②有机负荷:在 UASB 启动到正常运行期间,有机负荷是以阶梯增加的方式,逐步达到设计负荷标准。目前,也有研究表明,高有机负荷能缩短 UASB 的启动周期。

③接种污泥:可以用絮状的消化污泥或活性污泥作为种泥,如有条件采用颗粒污泥更佳,可缩短颗粒污泥的培养时间。

④碱度:进水碱度应保持在 750 ~ 1 000 mg/L 之间。

⑤温度:以中温或高温操作为宜(一般为 35 ℃左右)。

⑥水力剪切力:一般认为,在水力剪切力较低的环境下有利于颗粒化污泥的形成,但是近期大量研究并不支持这一观点。UASB 反应器中一定程度的水力剪切力对于微生物具有筛选作用,加速了污泥颗粒化速度。

⑦毒性物质:在污泥颗粒化初期,如果废水中含有大量毒性或抑制性物质将直接影响颗粒污泥的形成,甚至造成 UASB 反应器启动失败。

3.颗粒污泥的特征

颗粒污泥的特征可以从其物理、化学和生物学等特性方面加以描述,详见表4.1。

表 4.1　UASB 中颗粒污泥的特征

| 颗粒污泥特征 | 特征描述 | 备注 |
|---|---|---|
| 物理特性： | | |
| 形状 | 相对规则的球形或椭球形 | 边界清晰 |
| 颜色 | 黑色或深浅不同的黑灰色 | 有时也发现呈白色 |
| 大小 | 多在 0.5～5.0 mm | 可能大于 5.0 mm，但大于 7.0 mm 少见 |
| 密度 | 约在 1 025～1 080 kg/m³ | |
| 沉降性能 | SVI 多在 10～20 mL/g<br>沉降速度约在 20.9～98.9 m/h | |
| 强度 | $(0.82～2.50)×10^5$ Pa | 处理工业废水 |
| 孔隙率 | 40%～80% | 有的也低至 10% 或高达 95% |
| 化学特性： | | |
| 有机物（细胞）量 | 多数情况下 VSS/SS 可在 50%～90% | 灰分质量分数也可能在 8%～65% 之间 |
| $CaCO_3$ 等沉降物 | 可能含有 | 其量随废水中 $Ca^{2+}$ 等浓度升高而上升 |
| Fe、Ni、Zn 等金属硫化物 | 如 FeS | 颗粒污泥的黑色源 |
| 生物特性： | | |
| 细菌构成 | 类似产甲烷丝菌属占相当大比例。微小菌落主要由产甲烷丝菌和产甲烷杆菌为主的互生菌组成，同一菌落中产酸菌和产甲烷菌错落地呈"格子"状分布 | 也有报道在稀麦芽汁和啤酒废水中培养的颗粒污泥以甲烷八叠球菌为主，同时存在产甲烷丝菌 |
| 产甲烷活性 | 0.5～2.0 gCODCH₄/gVSS/d<br>7.1 gCODCH₄/gVSS/d | 30 ℃<br>38 ℃ |

注：表中数据根据文献（贺延龄，1998）整理

### 4.3.3　UASB 反应器的启动与运行

UASB 反应器建成之后，如何快速启动达到设计负荷率和出水水质指标要求是很重要的。UASB 反应器启动成功的关键是培养出活性高、沉降性能好的厌氧颗粒污泥，使反应器内能维持足够的生物量，污泥平均质量浓度达到 40～50 g SS/L（30～40 VSS/L）。这时，反应器会具有很高的进水容积负荷率和较高的有机物去除率。

1. UASB 反应器的初次启动

初次启动（First Start-up 或 Primary Start-up）通常指对一个新建的 UASB 系统以未经驯化的非颗粒污泥（如污水厂处理污泥消化池的消化污泥）接种，使反应器达到设计负荷和有机物去除效率的过程，通常这一过程伴随着颗粒化的完成，因此也称之为污泥的颗粒化。

由于厌氧微生物，特别是甲烷菌增殖很慢，厌氧反应器的启动需要较长的时间，这被认为是高速厌氧反应器的一个缺点，但是，一旦启动成功，在停止运行后的再次启动可以迅速完成。同时，当使用现有废水处理系统的厌氧颗粒污泥启动时，它要比其他任何高速厌氧

反应器的启动都要快得多。

很多学者对厌氧污泥的颗粒化和 UASB 的初次启动都进行了多年的深入研究,总结出了一些成功经验,关于 UASB 初次启动的若干要点见表 4.2。

**表 4.2　UASB 初次启动的若干要点**

Ⅰ. 接种
　　①可供细菌附着的载体物质微粒对刺激和发动细胞的聚集是有益的
　　②种泥的比产甲烷活性对启动的影响不大,尽管质量浓度大于 60 g TSS/L 的稠消化污泥的产
　　　甲烷活性小于较稀的消化污泥,前者却更利于 UASB 的初次启动
　　③添加部分颗粒污泥或破碎的颗粒污泥,也可提高颗粒化过程

Ⅱ. 启动过程的操作模式
　　启动中必须相当充分地洗出接种污泥中较轻的污泥,保存较重的污泥,以推动颗粒污泥在其中
　　形成。推荐的要点如下:
　　①洗出的污泥不再返回反应器
　　②当进液 COD 质量浓度大于 5 000 mg/L 时采用出水循环或稀释进液
　　③逐步增加有机负荷。有机负荷的增加应当在可降解 COD 能被去除 80% 后再进行
　　④保持乙酸质量浓度始终低于 1 000 mg/L
　　⑤启动时稠型污泥的接种量为大约 10 ~ 15 kg VSS/m³,质量浓度小于 40 kgTSS/L 的稀消化污
　　　泥接种量可以略小些

Ⅲ. 废水特征
　　①废水浓度。低浓度水有利于颗粒化的快速形成,但浓度也应当足够维持良好的细菌生长条
　　　件。最小的 COD 质量浓度应为 1 000 mg/L
　　②污染物性质。过量的悬浮物阻碍颗粒化的形成
　　③废水成分
　　——溶解性碳水化合物为主要底物的废水比以 VFA 为主的废水颗粒化过程快
　　——当废水中含有蛋白质时,应使蛋白质尽可能被降解
　　④高的离子浓度($Ca^{2+}$、$Mg^{2+}$)会引起化学沉淀($CaCO_3$、$CaHPO_4$、$MgHPO_4$),由此导致形成灰分
　　　含量高的颗粒污泥

Ⅳ. 环境因素
　　①在中温范围,最佳温度为 38 ~ 40 ℃,高温范围为 50 ~ 60 ℃
　　②反应器内 pH 值应始终保持在 6.2 以上
　　③N、P、S 等营养物质和微量元素(Fe、Ni、Co 等)应当满足微生物的生长需要
　　④毒性化合物应当低于抑制浓度或应给予污泥足够的驯化时间

表 4.2 总结了 20 世纪 80 年代中期以前的一些经验,结合一些新老经验,我们对 UASB 的初次启动可以作如下讨论:

(1)关于种泥,应用最多的是废水处理厂污泥消化池的消化污泥,此外还有牛粪、各类粪肥和下水道污泥等,一些废水沟的污泥和沉淀物或富含微生物的河泥也可以被用于接种。污泥的接种质量浓度至少不低于 10 kgVSS/m³,填充量不超过反应器容积的 60% 。一般来说,稠的消化污泥对污泥颗粒化有利;广泛存在于各类种泥中、作为细胞最初形成聚集体内核的物质(有机或无机的或细胞本身菌胶团的物质)对形成初期颗粒污泥有益;部分破

裂的颗粒污泥碎片亦会成为新生的颗粒污泥载体。启动中还必须充分冲刷出种泥中较轻的污泥且不再返回反应器,以促进颗粒污泥的形成。

(2)关于废水水质,应尽量少含阻碍污泥颗粒化进行的悬浮物。富含溶解性碳水化合物的废水颗粒化进程较快,若含有蛋白质时应使其预先降解。较高的 $Ca^{2+}$ 和 $Mg^{2+}$ 等浓度会形成 $CaCO_3$、$CaHPO_4$ 和 $MgHPO_4$ 等沉淀,由此导致颗粒污泥中的灰分可能太高。低有机物浓度利于污泥的颗粒化,但为维持细菌的良好生长,COD 的质量浓度应不小于 1 000 mg/L,超过 5 000 mg/L 时可采用出水循环或稀释进水的办法。

(3)关于负荷,启动初始阶段负荷较低,一般控制在 0.5 ~ 1.5 kg COD/($m^3$ · d)或 0.05 ~ 0.1 kg COD/(kgVSS · d),种泥中非常细小的分散污泥将因水的上升流速和逐渐产生的少量沼气被冲刷出反应器。当负荷上升至 2 ~ 5 kg COD/($m^3$ · d)时,由于水的上流速度和产气增加使絮状污泥的冲刷流失量增大,在留下的污泥中开始产生颗粒污泥,从启动开始到 40 d 左右便可明显地观察到(Lettinga,1984)。当负荷超过 5 kg COD/($m^3$ · d)以后,颗粒污泥加速形成,而絮状污泥迅速减少直到反应器内不再存在。当反应器大部分为颗粒污泥所充满时,其最大负荷可以达到 50 kg COD/($m^3$ · d)。应当说明,有机负荷的逐步增加,一般应在各负荷阶段使可降解 COD 能被去除 80% 后再进行。

(4)关于环境条件,在中温操作范围内的最佳温度为 30 ~ 38 ℃,而在高温操作范围内的最佳温度为 53 ~ 58 ℃;反应器内的 pH 值应保持在 6.8 ~ 7.5;N、P 与 S 等营养物质和 Fe、Ni 与 Co 等微量元素应满足微生物生长的需要;控制毒性物质低于其对微生物的抑制浓度或给予污泥以足够的驯化时间,如保持乙酸质量浓度始终低于 1 000 mg/L 等。

完成初次启动的时间一般为 4 ~ 16 周(Lettinga,1984)。

2. UASB 的二次启动

如前面所述,初次启动是指用颗粒污泥以外的其他污泥作为种泥启动一个 UASB 反应器的过程。当越来越多的 UASB 反应器投入生产运行后,人们有可能得到足够的颗粒污泥来启动一个 UASB 反应器。使用颗粒污泥作为种泥对 UASB 反应器的启动即称为二次启动(Secondary Start-up)。颗粒污泥是 UASB 启动的理想种泥,使用颗粒污泥的二次启动大大缩短了启动时间。即使对于性质相当不同的废水,颗粒污泥也能很快适应。

使用颗粒污泥接种允许有较大的接种量,较大的接种量可缩短启动的时间。启动时间的长短很大程度上取决于颗粒污泥的来源,即颗粒污泥在原反应器中的培养条件(温度、pH 值等)以及原来处理的废水种类。新启动的反应器在选择种泥时应尽量使种泥的原处理废水种类和拟处理的废水种类一致,废水种类与性质越接近,则由于驯化所需时间较少而可以大大缩短启动时间。不同温度范围内的种泥会延长启动时间,例如高温种泥不利于中温反应器的启动,而中温种泥启动高温反应器也较慢,因此应尽量使用同一温度范围内的种泥。

在难以得到同种废水、同种条件培养的颗粒污泥时,尽管启动时间会略有延长,但二次启动也会很快完成。

由于二次启动采用较大的接种量,同时颗粒污泥的活性比其他种泥高得多,所以二次启动的初始负荷可以较高。Lettinga 推荐初始负荷可以为 3 kgCOD/($m^3$ · d)。负荷与浓度的增加模式亦与初次启动相当,但相对容易。在二次启动中,应注意经常监测产气、出水 VFA、COD 去除率和 pH 值等重要指标。

二次启动在原则上如上所述,但启动中不免遇到某些意外的问题或现象,这些问题如果处理得当,会有利于新的污泥颗粒化和加快启动过程。常见的问题和解决方法见表4.3。

表4.3 UASB 二次启动中可能出现的问题及解决方法

| 问题与现象 | 原因 | 解决方法 |
|---|---|---|
| 1. 污泥生长过于缓慢 | a. 营养与微量元素不足<br>b. 进液预酸化程度过高<br>c. 污泥负荷过低<br>d. 颗粒污泥洗出<br>e. 颗粒污泥的破裂 | a. 增加进液营养与微量元素浓度<br>b. 减少预酸化程度<br>c. 增加反应器负荷 |
| 2. 反应器过负荷 | a. 反应器中污泥量不足<br>b. 污泥产甲烷活性不高 | a. 降低负荷;提高污泥量增加种泥量或促进污泥生长;适当减少污泥洗出<br>b. 减少污泥负荷,增加污泥活性 |
| 3. 污泥产甲烷活性不足 | a. 营养与微量元素不足<br>b. 产酸菌生长过于旺盛<br>c. 有机悬浮物在反应器内积累<br>d. 反应器中温度降低<br>e. 废水中存在着毒物或形成抑制活性的环境条件<br>f. 无机物(如 $Ca^{2+}$ 等)引起沉淀 | a. 添加营养或微量元素<br>b. 增加废水预酸化程度降低反应器负荷<br>c. 降低进液悬浮物浓度<br>d. 增加温度<br>f. 减少进液中 $Ca^{2+}$ 浓度;在 UASB 前采用沉淀池 |
| 4. 颗粒污泥洗出 | a. 气体聚集于中空的颗粒中,在低温、低负荷、低进液浓度下易形成大而中空的颗粒污泥<br>b. 由于颗粒形成分层结构,产酸菌在颗粒污泥外大量覆盖使产气聚集在颗粒内<br>c. 颗粒污泥因废水中含大量蛋白质和脂肪面有上浮趋势 | a. 增大污泥负荷,采用内部水循环以增大水对颗粒的剪切力,使颗粒尺寸减小<br>b. 应用更稳定的工艺条件,增加废水预酸化的程度<br>c. 采用预处理(沉淀或化学絮凝)去除蛋白质和脂肪 |
| 5. 絮状的污泥或表面松散,"起毛"的颗粒污泥形成并洗出 | a. 由于进液中的悬浮的产酸细菌的作用,颗粒污泥聚集在一起<br>b. 在颗粒表面或以悬浮状态大量地生长产酸菌<br>c. 表面"起毛"的颗粒形成,大量产酸菌附着在颗粒表面 | a. 从进液中去除悬浮物,减少预酸化程度<br>b. 增加预酸化程度,加强废水与污泥混合的强度<br>c. 增加预酸化程度,降低污泥负荷 |
| 6. 颗粒污泥破裂分散 | a. 负荷或进液浓度的突然变化<br>b. 预酸化程度突然增加,使产酸菌呈"饥饿"状态<br>c. 有毒物质存在于废水中<br>d. 过强的机械力作用<br>e. 由于选择压过小而形成絮状污泥 | a. 采用更稳定的工艺<br>b. 应用更稳定的预酸化条件<br>c. 废水脱毒预处理;延长驯化时间;稀释进液<br>d. 降低负荷和上流速度,以降低水流的剪切力<br>e. 采用出水循环以增大选择压力,使絮状污泥洗出 |

**3. UASB 启动后的运行**

在 UASB 完成其启动以后,即可投入正常的运行状态。在实际运行中,应控制反应器的操作条件满足微生物的最佳生长条件,力求避免大的波动。

实际运行中需经常监测的指标有:流量 Q,进出水 COD 浓度,进水、出水与反应器内的 pH 值,产气量及其组成,出水的 VFA 浓度与组成,反应器内的温度等。

出水中 VFA 的浓度是 UASB 运行中需要监测的最为重要的参数,这不仅是因为 VFA 由于其分析迅速和灵敏可尽快反映出反应器内的微小变化,还因为 VFA 的去除程度可直接反映出反应器的运行状况,负荷的突然加大、温度的突然降低或升高、pH 值的波动、毒性物质浓度的增加等,都会由出水中 VFA 的升高反映出来。因此,监测出水中 VFA 的浓度,将有利于操作过程的及时调节。一般来讲,过高的出水 VFA 浓度表明反应器内 VFA 大量累积,当 VFA 的质量浓度超过 800 mgCOD/L 时,反应器即面临酸化危险,应立即降低负荷或停止进水,并检查其他操作条件有无改变。在正常运行中,应保持出水 VFA 质量浓度在 400 mgCOD/L 以下。以在 200 mgCOD/L 以下为最佳;出水中 VFA 的组成应以乙酸为主,占 VFA 总量的 90% 以上。

产气量是 UASB 运行中需要监测的另一重要参数,这是因为产气量能够迅速反映出反应器运行状态且容易测量。当产气量突然减少而负荷未变时,表明可能存在温度的降低、pH 值的波动、毒性物质浓度的增加等不正常运行情况致使产甲烷菌活性降低。废水组成变化,也会导致产气量的变化。在正常运行时,不仅产气量相对稳定,气体组成中 $CH_4$ 一般也在 60% ~ 80%,具体比例取决于废水的成分。

UASB 是目前应用最为广泛的高效厌氧反应器,几乎可用来处理所有以有机物为主的废水,几乎分布在世界各国。在全球范围内已经有 900 个以上的生产 UASB 在运行,其中最大的是荷兰 Paques 公司为加拿大建造的用于造纸废水处理的 UASB,反应器容积为 15 600 $m^3$,处理 COD 能力为 185 t/d。目前 UASB 反应器的应用仍呈迅速增加趋势。以 UASB 为基础的高效厌氧反应器(如厌氧内循环反应器、UASB + 厌氧滤池)也在研究、开发与应用中。

# 4.4　连续流式混合搅拌反应器(CSTR)

单个的连续流式混合搅拌反应器(CSTR)是生物处理中最简单的反应器,用于活性污泥、好氧塘、好氧消化、厌氧消化和生物法去除营养物等。这种反应器在微生物和环境工程研究中也得到了广泛应用。许多有关微生物生长的知识都是从这种反应器得到的。

CSTR 可能是最简单的连续流悬浮生长式生物反应器。反应器由一个能充分搅拌的容器、含有污染物的入水和含有微生物的出水组成。反应器体积恒定,混合充分,所有组分的浓度均匀一致,并且等于出水浓度。因此,这种反应器又称为完全混合式反应器。均匀的条件使微生物保持稳定正常的生理状态。只要增加一个物理单元操作,例如增加一个能分离微生物的沉淀池,就可获得相当高的运行灵活性。沉淀池的溢流出水中几乎不含微生物,而底流中含有浓缩的污泥。大部分浓缩的污泥被回流到生物反应器,一部分被废弃。因为被废弃的细胞是有机性的,所以在排放到环境之前必须采用适当工艺进行处理。

将几个 CSTR 串联可增加灵活性,因为可以将进水加入到任何一个或所有 CSTR 中。

而且,污泥回流可以在整个系列或者其中任何部分进行。这样,系统行为更加复杂,因为微生物通过一个个反应器时,其生理状态也在改变。尽管如此,许多通用的废水处理系统分别使用进水和污泥回流。多级系统的一个优点是不同层级可以调整到不同的状态,因而可以达到多重目标。这类系统在生物法去除营养物中非常普遍。

## 4.4.1　CSTR 反应器的构造特点

CSTR 反应器被广泛地应用于有机废水两相厌氧生物处理系统的产酸相和发酵制氢的实践中,也可作为甲烷的发酵装置。图 4.5 为 CSTR 装置图。

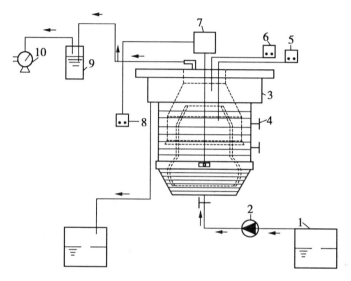

图 4.5　CSTR 装置图

1—进水箱;2—蠕动泵;3—反应器;4—取样口;5—温控仪;
6—ORP 测定仪;7—搅拌机;8—出水口;9—水封;10—湿式气体流量计

实验室用 CSTR 反应器一般由有机玻璃制成,内设气 - 液 - 固三相分离装置,为反应区和沉淀区一体化结构。反应器内设有搅拌装置,使泥水充分混合接触,提高传质效率。同时通过水封和轴封保证反应系统微生物生长所需要的厌氧环境。反应器运行过程中,采用将电热丝缠扰在反应器外壁上的方式加热,并通过温控仪将反应系统的温度控制在 $(35 \pm 1)$ ℃。

进水从配水箱经蠕动泵泵入反应器,通过调节蠕动泵的转速来保证进水恒定。反应器内的厌氧环境可通过 ORP 测定仪来测定,进入稳定运行状态后,ORP 值一般为 - 450 ~ - 460 mV。反应器设有取样口和集气管,发酵气体经过水封装置,采用湿式气体流量计来计量气体体积。

## 4.4.2　生产性 CSTR 反应器的设计

生产性装置的设计对启动和运行十分重要,系统的设计应以实验室所获得的数据为依据。

1.有机负荷率的确定

由实验室中所获得的最大的负荷率常常要比生产性装置中所得到的负荷率大。这主要是因为实验室中的设备比较容易调节,水质、温度波动小,反应区死角少。所以在生产性装置的设计不应以实验室所得到的最大负荷率作为设计负荷率,从实际经验来看,设计负荷率一般取实验室数据的 50% ~ 67% 进行计算,即

$$N_a = (0.5 \sim 0.67) N_{am}$$

式中　$N_a$——生产性装置设计的有机容积负荷,$kgCOD/(m^3 \cdot d)$;

　　　$N_{am}$——实验室所达到的最大的有机负荷,$kgCOD/(m^3 \cdot d)$。

　　2. 应器容积的确定

　　(1)根据 HRT 进行计算:

$$V_1 = Q \cdot HRT$$

式中　$Q$——连续进水流量,$m^3/h$;

　　　$V_1$——由 HRT 所得反应池体有效容积,$m^3$。

　　(2)根据有机容积负荷进行计算

$$N_a = \frac{Q \cdot s_0}{V^2}$$

$$V_2 = Q \cdot s_0/N_a = Q \cdot s_0/(0.5 \sim 0.67) N_{am}$$

式中　$v_2$——由 $N_a$ 所得反应池体有效容积,$m^3$;

　　　$s_0$——进水中有机物质量浓度,$kgCOD/m^3$。

　　取最终有效容积 $V = Max(V_1, V_2)$。像 CSTR 这种悬浮型厌氧反应器容积可直接取上述计算的容积,而对于附着型厌氧反应器,生产性装置的容积还应考虑填料或载体所占的容积。

　　计算和生产运行表明,对于低质量浓度进水( < 1 000 mg COD/L)和中温或高温的操作环境,反应器的容积一般取决于 HRT。这是由于对一定量的污泥来说,低浓度的进水使得分配到单位重量上的污泥的有机物量相对较低。为达到一定的有机物去除率,水力停留时间将起到更重要的作用。

　　当反应器体积大于 400 m³ 时,最好能将反应器分成几个相互联系的处理单元,这样易于配水均匀。在反应器启动初期,接种污泥量有限时,各单元可分开启动,比较灵活,这样的设计也利于运行中的检修。

　　3. 反应器的高度

$$H = q \cdot HRT$$

式中　$H$——反应器高度,m;

　　　$q$——最大允许表面负荷率,$m^3/(m^2 \cdot h)$。

　　一般讲,当处理溶解性废水时 $q$ 值可略大一些,为利于配水均匀,反应器高度应增高。

　　当污染物以非溶解性有机物为主时,往往水解时间较长,$q$ 值也就较小,即为了保证出水水质应延长 HRT,减少单位体积反应器的进水量。此时综合考虑反应器的高度可取得小一些。

　　4. 反应器进水系统

　　为保证进入系统的水能在整个反应器断面均匀分布,避免短流或死角,配水系统应保证在配水断面有 95% 以上的均匀率。

### 4.4.3　CSTR 反应器颗粒污泥的形成及其性质

在废水的 CSTR 生物处理过程中,进水基质与微生物之间的关系最为密切。一个成功的反应器必须首先具备良好的截留污泥的性能,以保证拥有足够的生物量,较高的生物量是厌氧反应器顺利启动、高效运行的先决条件。

污泥颗粒化可提高反应器中有效生物量、改进污泥沉降性能、改善工艺运行稳定性、提高处理效果及强化处理功能等。

1. 颗粒污泥的形成

温度控制在 $(35 \pm 1)$ ℃,保持最佳的营养配比,微量无机营养物质,以污水处理厂消化池污泥为种子污泥。根据连续流 CSTR 反应器运行过程中反应器的运行状况、颗粒污泥形成及其特性变化的进程,可分为 3 个阶段,即第 1 ~ 20 天为启动运行阶段,第 21 ~ 29 天为污泥颗粒形态出现阶段,第 31 ~ 60 天为颗粒污泥的成熟阶段。在整个运行期间,CSTR 反应器始终稳定运行。运行 20 d 后对污泥进行镜检分析表明,污泥的形态发生明显变化,由原来的絮状污泥逐步向结构较为松散、肉眼可见表面较多丝状体的小颗粒污泥转变,此后至第 60 天逐步相互黏合成长为结构较为紧密、尺寸为 1 ~ 5 mm 的淡金黄色成熟颗粒污泥。

2. 颗粒污泥及其特性分析

(1)颗粒污泥的形成过程。

反应器运行 30 d 后,出现外观为淡黄色、颗粒粒径为 1 ~ 5 mm(平均为 2 ~ 3 mm)的颗粒污泥。通过肉眼直观、光学生物显微镜及扫描电镜观察表明,污泥颗粒化过程由 EPS 作用下的自絮凝、大量丝状菌的缠裹及细颗粒间的黏附结合等作用产生,经过絮凝核的形成、絮凝核的黏附、颗粒的形成和颗粒的成熟等几个阶段,并逐步从大块絮体结构中脱离而实现。图 4.6 所示为颗粒污泥的形成过程的光学生物显微镜照片。

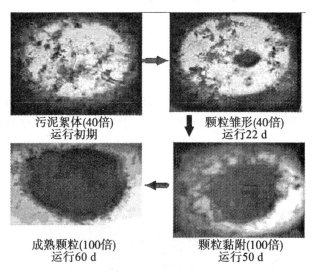

图 4.6　颗粒污泥的形成过程(光学生物显微镜照片)

运行过程中,随反应器 COD 容积负荷由低至高 [1.0 ~ 3.0 kg/(m³·d)],再由高至低 [1.0 ~ 4.24 kg/(m³·d)]地运行,反应器中污泥由深灰色逐步向淡(金)黄色转变,并产生较多具有较强黏性、呈羽毛状的大块絮体。镜检表明,污泥中含有大量球衣(丝状)菌,并导致污泥沉降性能的下降,使其 SV 由运行初期的 20% 左右增高至 60% ~70%,甚至高达90%(随负荷的提高而增高)。运行 20 d 后,在上述大块絮体中出现小粒径颗粒污泥并逐步与其脱离。运行至 50 d 后,颗粒污泥尺寸增大,至 60 d 颗粒污泥基本成熟,粒径增大至 3 ~5 mm(图 4.7)。竺建荣等的研究亦表明,这一过程是由较大的水力剪切作用和污泥颗粒化过程的选择作用实现的,而其中丝状菌则起到重要的黏附架桥作用,通过将不同的细颗粒相互黏结形成尺寸更大的颗粒的污泥。运行过程中,当进水 COD 容积负荷达到 2.0 ~3.0 kg/(m³·d)时,有利于在大块絮体中通过上述作用形成颗粒污泥,并逐步与其分离而成为独立的个体,并逐步成熟。

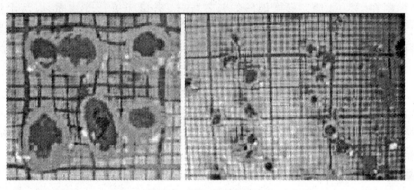

图 4.7　颗粒污泥照片

(2)颗粒污泥的特征。

图 4.8 和图 4.9 所示为 CSTR 反应器中所形成颗粒污泥的光学生物显微镜和扫描电镜照片。由图可见,颗粒污泥表面除有大量的丝状菌(如贝氏硫菌属 *Beggiatea* 和球衣细菌 *Sphaerotilus natans* 等)外,同时有较多的纤毛类原生动物(如钟虫 *Vorticella* 等)。而在颗粒污泥的内部,则有大量的长、短杆菌。竺建荣等的研究亦发现,较大的颗粒污泥表面和周围有大量的原生动物和后生动物,附着生长着大量的钟虫等,周围液相中则有很多的草履虫、变形虫、水蚤、线虫和衣藻等。

颗粒污泥内部具有大量的孔隙作为其营养物和代谢产物的传输的通道,大量以杆状为主的细菌生长在其内部,具有明显的分层现象,形成不同微生物各司其职地由不同微生物组成的食物网。同时,颗粒污泥内部微生物群落化分布明显,但未见球菌及其群落。

图 4.8　颗粒污泥的表面特征

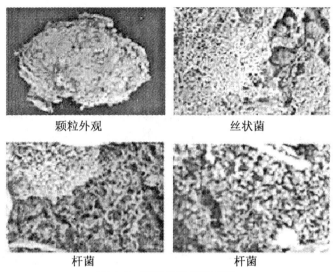

颗粒外观　　　　　　　　丝状菌

杆菌　　　　　　　　　　杆菌

图 4.9　颗粒污泥 SEM 照片

颗粒污泥结构较为紧密,具有明显的分层现象,形成不同微生物组成的食物网;其内部微生物群落化分布明显,但未见球菌及其群落。颗粒污泥具有极好的沉降性能,沉降速度达 30 ~ 58 m/h。

## 4.4.4　CSTR 反应器的启动与运行

1. CSTR 反应器启动的影响因素

因为 CSTR 反应器生物降解有机废水本身是一个生物化学过程,因而反应器的启动受到许多生物、化学和物理等因素的影响,其主要因素有以下几点:

(1)废水性质,包括废水的组成和浓度的大小。

(2)环境条件,包括工艺运行时的温度、pH 值、营养配比、微量无机元素的种类和数量等。

(3)接种污泥,包括接种污泥的数量、活性和污泥性质。

(4)启动运行条件,包括初始负荷、负荷提高的方法、水力停留时间及混合程度等。

(5)反应器方面,包括反应器形式、构造、几何尺寸等。

以上的这些因素在实际中是相互联系、密不可分的。也就是说,对于一种特定成分的废水,启动时间的长短不仅受反应器形式和结构的制约,也受到接种污泥的性质和数量以及环境条件、运行参数等的影响。

为了保障厌氧微生物快速生长,必须创造最佳的环境条件。反应器通常采用的温度范围为 33 ~ 37 ℃;反应系统的 pH 值应保持在 7.2 ~ 7.6,以保证微生物最大活性。营养平衡也很重要,一般而言 COD:N:P 约为 100:(1 ~ 10):(1 ~ 5)比较理想,试验表明进水中氨氮的质量浓度不应超过 1 000 mg/L。在营养物不足时,启动阶段必须适量加入氮、磷等营养物质。无机微量元素,如铁、镍、钴、钼等对启动时间的长短也有影响,因为这些元素成分是微生物菌中生长所必需的。

2. 污泥接种

污泥接种主要完成种泥的选择和污泥接种量的选择工作,这是 CSTR 反应器启动的第一步工作。

(1)种泥的选择必须考虑接种前后污泥所作用的底物的差异、浓度的变化等条件,一般来说处理同类性质污水的污泥作为种泥的成功率较高,可缩短启动时间。所以,在选择种泥时应尽可能采用相同或类似性质污水处理厂的污泥。

(2)污泥接种量的选择应当适中。任南琪和周雪飞等人的研究表明,适当的生物量是CSTR反应器顺利启动、发挥作用的先决条件,而适当的污泥负荷率是反应器稳定运行的基础。任何系统的污泥负荷率 $N_s$ 都是有一定范围的,如果系统中生物量即污泥浓度较低,那么污泥负荷率就升高,有可能引起污泥的过负荷现象,从而影响到有机物的去除率和系统运行的稳定性;反之,如果接种的污泥量过高(大于反应器容积的2/3),将会影响到微生物处理能力的有效发挥,甚至可能会出现微生物"自溶"的现象。

3.反应器的启动和污泥驯化

厌氧反应器的启动方式一般可以分为两种:一种是当进水有机物浓度高时,采用间歇进水启动方式,控制适宜的启动负荷;另一种是对于低浓度有机废水,采用连续进水启动方式。前者进水负荷较小,反应器难以在适当时间内达到最佳控制温度而影响启动进程;后者则因为进水负荷较大,而导致启动过程中污泥流失严重。

在实际的工作中,启动一般采用进水有机负荷和水力负荷逐渐升高的方法进行,通过对出水有机物浓度和挥发酸浓度的检测来判断负荷是否提高。在启动阶段有几个问题要特别注意:

(1)进水浓度。实际的进水浓度和组成常随时间发生变化,启动阶段最好通过调节池将进水浓度稳定在一个范围内,如COD控制在 5 000 ~ 10 000 mg/L 之间,实际运行中也希望进水浓度比较稳定。

(2)接种污泥。从启动角度来讲,直接用处理相同或相近成分污水的厌氧污泥作为种子污泥接种进行启切最为快速。从目前我国的具体情况来看,常用的接种材料是城市污水处理厂消化池污泥,也可用河(湖)底积泥、好氧活性污泥等。用消化池污泥作种子污泥,初始运行负荷控制在 $0.5 ~ 1.0$ kgCOD/($m^3 \cdot d$),污泥质量浓度为 $6 ~ 8$ kgVSS/$m^3$。

(3)用出水挥发酸(VFA)浓度和COD作为负荷提高的依据。出水VFA只要维持在 2 000 mg/L(以乙酸计)以下,COD去除率在80%以上,厌氧系统工作就算正常。VFA质量浓度最好不要超过 800 ~ 1 000 mg/L,因为过高的VFA质量浓度会造成产氢产乙酸菌和产甲烷菌代谢的不平衡,而厌氧体系对氢分压和pH值的要求严格,加之体系的缓冲能力有限,一旦VFA升高过,补救措施往往难见成效,所以最好是以VFA小于 800 ~ 1 000 mg/L 为界。超过此范围应及时分析原因。常见的原因有有机负荷过高、抑制物的存在、营养平衡失调以及驯化程度不够等。在启动阶段当VFA小于 1 000 mg/L,且COD去除率大于80%时,可加大有机负荷,增加的幅度为 $0.4 ~ 0.6$ kgCOD/($m^3 \cdot d$)。

(4)启动阶段结束的判断。启动成功的实质就是在一定的污泥负荷条件下,系统内各菌群间食料平衡状态恰好处于最佳点。此时有机污泥负荷的增加将会超过生物浓度增加的速度,也即污泥的负荷率大于最大比基质降解速率,这样会产生酸化现象,造成挥发酸的积累。启动结束的判断由于水质浓度组分的不同而不同,最好是以试验室工作的结果为依据,确定系统工作的最佳污泥浓度和最佳的运行负荷。也可参考同类反应器运行时的工作情况,处理易降解有机废水,COD去除率在80%以上的一些厌氧反应器通常能达到的负荷。

# 4.5　厌氧生物膜法

厌氧生物膜法是利用附着于载体表面的厌氧微生物所形成的生物膜净化废水中有机物的一种生物处理方法。

当载体浸没于含有营养物质及微生物的有机废水中,在废水流动的条件下,载体表面附着的细菌细胞生长繁殖而形成一种充满微生物的生物膜,吸收废水中的有机营养物质,达到净化有机废水的目的,其过程如图4.10所示。

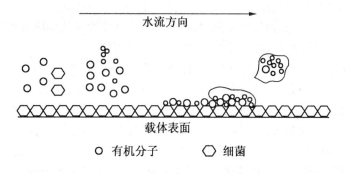

图4.10　生物膜形成示意图

废水中的有机物被吸附在载体表面,一些有机悬浮物也沉积在载体表面形成有机物薄层,这个过程瞬时可完成。接着微生物向载体表面迁移。当悬浮物本身生长着细菌时,就会出现同体着陆现象。在静止或层流液体中,其迁移速率主要取决于布朗运动和细菌本身的运动;在紊流条件下,则主要由涡流效应决定其迁移速率。随着不断迁移,微生物在载体表面逐渐形成生物膜。

生物膜可在塑料、金属、陶瓷和其他惰性材料的表面形成,并不断脱落、再生、更新。生物膜的脱落是由于生物膜内的微生物老化或环境条件发生变化而导致的,但有时水力剪切力过大也可使部分生物脱落。生物膜脱落后裸露的新表面可以形成新的生物膜。

同好氧生物膜一样,厌氧生物膜也对废水中的有机物起到吸附、降解作用。无论哪种厌氧生物膜工艺,其净化有机废水的过程都如图4.11所示,包括了有机物的传质、有机物的厌氧降解和产物的传质3个过程。

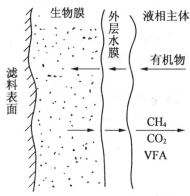

图4.11　厌氧生物膜降解有机质过程

目前已开发的厌氧生物膜法包括厌氧生物滤池、厌氧生物转盘、厌氧附着膜膨胀床及厌氧流化床。有的已成功用于生产,有的还处于研究开发阶段。

### 4.5.1　厌氧生物滤池

厌氧生物滤池(Anaerobic Biological Filtration Process,AF)是采用填充材料作为微生物载体的一种高速厌氧反应器,厌氧菌在填充材料上附着生长,形成生物膜。生物膜与填充材料一起形成固定的滤床。因此,其结构和原理类似于好氧生物滤床,是厌氧生物膜法的代表工艺之一。

1.厌氧生物滤池的构造

目前根据滤池进水点位置的不同,分为升流式厌氧生物滤池和降流式厌氧生物滤池两种。无论哪种类型的生物滤池其构造都与好氧生物滤池的构造类似,包括池体、滤料、布水设备及排水(泥)设备等。不同之处是厌氧生物滤池的池顶必须密封。也可以按功能不同将滤池分为布水区、反应区(滤料去)、出水区、集气区等4部分。厌氧生物滤池的中心构造是滤料,滤料的形态、性质及其装填方式对滤池的净化效果及其运行都有着重要的影响。滤料不但要求质量坚固、耐腐蚀,而且要求有大的比表面积。滤料是生物膜形成固着的部位,因此要求滤料表面应当比较粗糙便于挂膜,又要有一定的孔隙率以便于废水均匀流动。近年来大型厌氧生物滤池的运行结果还表明,滤料的形状和其在生物滤池中的装填方式等也会对运行效果产生很大的影响。

最早使用的滤料是石料(碎石或砾石),其后出现了其他各种类型的滤料,按其材质分有塑料、陶土、聚酯纤维等,从形状上看有块状、板状、波纹管等,如图4.12所示。

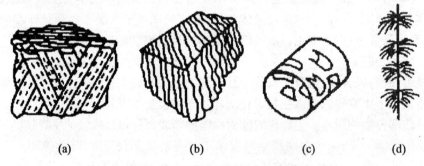

　　　　(a)　　　　　　　　　(b)　　　　　　　　(c)　　　　　　　　(d)

图4.12　厌氧生物滤池常用的滤料

(a)—交叉流管式滤料;(b)—包尔环;(c)—波纹式滤料;(d)—软性填料

2.工作原理

厌氧生物滤池的工作过程为:有机废水通过挂有生物膜的滤料时,废水中的有机物扩散到生物膜表面,并被生物膜中的微生物降解转化为生物气。净化后的废水通过排水设备排至池外,所产生的生物气被收集。

由于生物滤池的种类不同,其内部的流态也不尽相同。升流式厌氧生物滤池的流态接近于平推流,纵向混合不明显。降流式厌氧生物滤池一般采用较大回流比操作,因此其流态接近于完全混合状态。

3.厌氧生物滤池中的微生物

(1)微生物存在的形态。

厌氧微生物以附着于滤料表面的生物膜和生息于滤料空隙之间的悬浮聚合物两种形

态存在于厌氧生物滤池中。在降流式厌氧生物滤池内,厌氧微生物几乎全部以附着于反应器边壁和滤料表面的生物膜生长,也有一小部分以截留于滤料之间空隙内的悬浮凝聚物形态生息。升流式厌氧生物滤池两种生息状态都存在,一般附着于滤料表面的生物膜量约占生物滤池中总生物量的 1/4 ~ 1/2。

(2)微生物相。

在厌氧生物滤池中存在着大量兼性厌氧菌和专性厌氧菌。除此之外还出现不少厌氧原生动物。在厌氧生物滤池中出现的原生动物主要有 Metpous、Saprodinium、Urozona、Trimyema 及微小的鞭毛虫等。根据研究结果表明,厌氧原生动物约占厌氧生物滤池中生物总量的 20%。厌氧原生动物的作用主要是捕食分散细菌,这样不但可以提高出水水质,而且能够减少污泥量。

(3)厌氧生物滤池内的生物量。

厌氧生物滤池运行方式不同,其生物量的分布也不尽相同。在升流式厌氧生物滤池中,反应器内有较明显的有机物浓度梯度,有明显的微生物分层现象,即在反应器内不同高度有不同的生物相和生物浓度。

降流式厌氧生物滤池由于其流态接近于完全混合状态,滤池内生物量在上、中、下部基本相近。

大量研究表明,当生物膜的厚度在 1.1 mm 以下时,有机物的比生物膜去除率随生物膜厚度的增加而增加;生物膜厚度增加至 2.4 mm 时,有机物的比生物膜去除速率增至最大值。生物膜的厚度大致在 1 ~ 4 mm 内。

4. 厌氧生物滤池的运行

厌氧滤池启动是通过反应器内污泥在填料上成功挂膜,同时通过驯化并达到预定的污泥浓度和活性,从而使反应器在设计负荷下正常运行的过程。厌氧生物滤池启动可以采用投加接种污泥(接种现有污水处理厂消化污泥)。在投加前可以与一定量待处理污水混合,加入反应器中停留 3 ~ 5 d,然后开始连续进水。启动初期,反应器的容积负荷率一般在 1.0 kgCOD/(m³・d)。可以通过先少量进水,延长污水在反应器中的停留时间来达到该有机容积负荷率。随着厌氧微生物对处理污水的适应,逐步提高负荷。一般认为当污水中可生物降解的 COD 去除率达到 80%,即可适当增加负荷,直到达到设计负荷为止。对于高浓度和有毒有害污水的处理,在启动时要进行适当稀释,当厌氧微生物适应后逐渐减少稀释倍数,最终达到设计能力。

5. 运行过程中的影响因素

(1)温度。

温度是影响生化处理效果的一个重要因素。经验表明,在 25 ~ 38 ℃ 之间,厌氧生物滤池的运行效果良好;在 50 ~ 60 ℃ 范围内也能取得较好的处理效果。

(2)有机负荷率。

在废水生物处理中,系统的有机负荷率与系统中存在的微生物量成正比关系。微生物量越多,可以承受的 COD 负荷率越高。由于厌氧生物滤池具有较高的 COD 负荷率,因而也提高了对有机负荷变化的适应性。

(3)HRT。

水力停留时间是厌氧生物滤池设计和运行中最主要的控制参数之一。水力停留时间

(HRT)过长时,则会影响生物滤池反应器处理效能的发挥;水力停留时间过短,有机质降解过程进行得又不充分。所以说,如何确定水力停留时间(HRT)是决定反应器处理效果的一个关键性因素。

(4)进水 COD、SS。

进水中有机物质量浓度在 3 000 ~ 12 000 mg/L 范围以内对升流式厌氧生物滤池的处理效果影响不大;在 COD 低于 3 000 mg/L 时,若采用比较低的负荷(即较长的水力停留时间)也能取得较好的 COD 去除率。对于 COD 在 12 000 mg/L 以上的有机废水,应当采用回流措施。

为防止过高的 SS 造成滤池堵塞,如果进水中 SS 浓度较高,应考虑预处理措施。

(5)其他。

厌氧生物滤池要求 pH 值在 6.5 以上运行。如果碱度不够,往往导致运行失败,因此在碱度不够的情况下要投加碱性物质以维持 pH 值在 6.5 以上。

在厌氧生物滤池中,必须要有足够的营养物质来维持微生物的正常代谢。如果废水中缺乏 N、P 等基本营养物质时,可以投加农用化肥予以补充。S 及其他微量元素(Fe、Ni、Se 等)的需要量与废水的种类有关。

废水中的有毒物质对厌氧微生物有害,将严重影响厌氧生物处理的正常运行。为此对于含有有毒物质的废水,在选择厌氧生物滤池处理前必须进行毒性试验。

### 4.5.2　厌氧生物转盘

厌氧生物转盘(Anaerobic Rotating Biological Contactor Process)最早是由 Pretorius 等人在进行废水的反硝化脱氮处理过程中提出来的。1980 年 Tati 等人首先开展了应用厌氧生物转盘处理有机废水的实验研究工作。厌氧生物转盘具有生物量大、高效、能耗少和不易堵塞、运行稳定可靠等特点,应用于有机废水发酵处理,正日益受到人们的关注。当前在我国,对厌氧生物转盘的开发应用亦开始重视,开展着试验研究。

1.厌氧生物转盘的构造和工作原理

厌氧生物转盘在构造上类似于好氧生物转盘,即主要由盘片、转动轴和驱动装置、反应槽等部分组成,其结构示意图如图 4.13 所示。在结构上它利用一根水平轴装上一系列圆盘,若干圆盘为一组,成为一级。厌氧微生物附着在转盘表面,并在其上生长。附着在盘板表面的厌氧生物膜,代谢污水中的有机物,并保持较长的污泥停留时间。不同之处是反应器是密封的,而且圆盘全部浸没于水中。

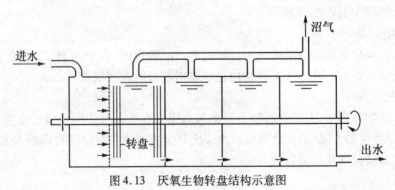

图 4.13　厌氧生物转盘结构示意图

其净化机理与厌氧生物滤池基本相同。在转动的圆盘上附着厌氧活性生物膜,同时反应器内还有悬浮的厌氧活性污泥。

厌氧生物转盘与其他厌氧生物膜工艺相比,其最大的优点就是转盘缓慢地转动产生了搅拌混合反应,使其流态接近于完全混合反应器;反应器的进出水是水平流向不致形成沟流、短流以及引起堵塞等问题。

厌氧生物转盘的盘片要求质轻,耐腐蚀,具有一定的强度,且表面粗糙以便于挂膜。目前常用的盘片材料有聚乙烯和聚丙烯等,盘片厚度约为 3～5 mm,盘片直径在 60～260 mm之间。盘片之间的间距直接影响着厌氧生物转盘的工作容量和生物量。一般要求盘片之间的间距适当小一些,以增多片数。增大厌氧微生物附着的总表面积,加大单位容积反应器的生物量,提高处理能力,但是间距过小也可能引起堵塞。目前试验研究中所采用的盘片间距大致为 8 mm 或更大。

为了防止盘片上的生物膜生长过厚,单独靠水力冲刷剪切难以使生物膜脱落,使得生物膜过度生长,过厚的生物膜会影响基质和产物的传递,限制微生物的活性发挥,也会造成盘片间被微生物堵塞,导致废水与生物膜的面积减少。有研究者将转盘分为固定盘片和转动盘片相间布置,两种盘片相对运动,避免了盘片间生物膜黏结和堵塞的情况发生。

厌氧生物转盘可以是一级也可以是几级串联。一般认为多级串联可以提高系统的稳定性,增强系统运行的灵活性。目前试验研究多用多级串联,级数一般为 4～10。

在生物转盘运行过程中,水力停留时间(HRT)、有机负荷率、进水水质以及转盘串联级数都对其处理效果产生影响,在处理过程中需探索出最佳的工艺参数。

2.厌氧生物转盘的研究及应用前景

从大多数的试验研究结果来看,厌氧生物转盘用以处理高浓度、低浓度、高悬浮固体含量的有机废水都能取得较好的效果。它不仅使用的处理范围很宽,而且在操作运行上比较灵活,是一种很有前景的厌氧生物膜处理工艺。

### 4.5.3　厌氧附着膜膨胀床及流化床

厌氧附着膜膨胀床(Anaerobic Attached Film Expanded Bed,AAFEB),是由美国的 Jewell等人最早在 20 世纪 70 年代中期,将化工流态化技术引进废水生物处理工艺,开发出的一种新型高效的厌氧生物反应器。20 世纪 70 年代末,Bowker 在厌氧附着膜膨胀床的基础上采用较高的膨胀率成功地研制了厌氧流化床(Anaerobic Fluidised Bed,AFB)。AAFEB 和 AFB的工作原理完全相同,操作方法也一样,只不过 AFB 的膨胀率更高。

1. AAFEB 的工作原理及特性

图 4.14 为 AAFEB 装置示意图。在 AAFEB 内填充粒径很小的固体颗粒介质(粒径小于 0.5～1 mm),在介质表面附着厌氧生物膜,形成了生物颗粒。废水以升流方式通过床层时,在浮力和摩擦力作用下使生物颗粒处于悬浮状态,废水与生物颗粒不断接触而完成厌氧生物降解过程。净化后的水从上部溢出,同时产生的气体由上部排出。

AAFEB 采用小颗粒的固体颗粒作为介质,流态化后的介质与废水之间有最大的接触,为微生物的附着生长提供了巨大的表面积,远远超过了厌氧生物滤池和厌氧生物转盘。这样不但可以使附着生物量维持很高(平均高达 60 kgVSS/m³),而且相对疏散。生物膜的厚度和结构也因流化时不停地运动和相互摩擦而处于最佳状态,能够有效地避免因有机物向生物膜内扩散困难而引起的微生物活性下降。AAFEB 的膨胀率为 10%～20%,这样能够有效地防止污泥堵塞,消除反应器中的短流和气体滞留现象。

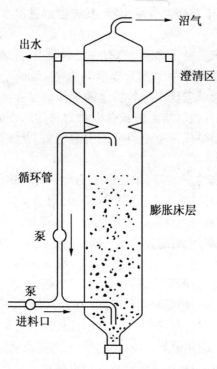

图 4.14　　AAFEB 装置示意图

附着生物膜的固体颗粒由于流态化,可促进生物膜与废水界面的不断更新,提高了传质推动力,强化了传质过程,同时也增强了对有机物负荷和毒物负荷冲击的承受能力。

2. 生物颗粒的生物特性

AAFEB 反应器上部和中部的厌氧微生物基本上以附着于固体颗粒表面的生物膜形态存在,仅在其上部出现悬浮性的厌氧微生物絮体。

生物颗粒表面光滑,其外层是由细胞分泌的多糖物质所组成的黏性物包裹。经乙酰脱水处理后,可发现生物膜表面凹凸不平,有明显沟槽,其结构主要是由丝状菌所组成的网状结构,其他形状的细菌镶嵌于此结构中。

在生物膜内充满着由细胞分泌物多糖组成的间质,其内生息着各种形态的微生物,主要有球菌、螺菌、杆菌和丝状菌。生物颗粒中存在着各种形状的产甲烷菌。各种细菌之间的共生关系有助于提高和稳定反应器的运行效率。

据测定,AAFEB 中的生物膜厚度一般不超过 2 mm。在稳定运行的 AAFEB 反应器中,生物相存在着相的差异,一般底部生物颗粒的微生物群体以产酸菌为主,同时也有一定数量的产甲烷菌,而在中部和上部以产甲烷为优势菌。这种相分离现象有助于稳定、高效地去除有机质。

3. 影响因素

影响 AAFEB 性能的主要因素有 COD 容积负荷、水力停留时间、温度、进水水质、固体颗粒性能及膨胀率等。

（1）COD 容积负荷的影响。

AAFEB 的容积负荷在某一限值内对 COD 去除率影响不大，而 COD 的去除能力却随容积负荷率的增加而增加。超过这一限值后，COD 去除率将随容积负荷率的增加而显著下降，但这时单位容积的 COD 取出能力仍然呈增加趋势。

上述限值取决于反应器内的活性生物体浓度及其活性。一般来说反应器内活性生物体浓度和活性越高，这一限值也越大。超过某一限值后，COD 去除率下降的原因主要是有机性挥发酸的积累对产甲烷菌存在的抑制。此外，AAFEB 内的生物量亦有随有机物容积负荷逐渐增大接近一个最大限值的趋势。

（2）HRT 的影响。

容积产气率随 HRT 的缩短而增大，但是缩短到一定值后，COD 去除率开始显著下降，因此，可认为以 HRT 的限值作为控制参数比较好。

（3）温度的影响。

温度对厌氧生物处理工艺的影响主要表现为对基质降解速度常数 $K$ 的影响，$K$ 值的大小取决于生物气活化能的 $E$ 值，而活化能的大小取决于厌氧生物反应器内生物体内酶活性的大小。反应器的类型不同，其生物体内的活化能亦不同。研究表明，AAFEB 对温度的敏感性接近于好氧活性污泥，远远低于厌氧污泥消化。这点说明，AAFEB 对温度的冲击与其他厌氧生物处理方法相比有很高的承受能力。

（4）进水水质的影响。

进水中有机物浓度对 COD 去除率影响不大，当进水中有机物浓度降低时，出水中的 COD 及 SS 也随之降低，这说明 AAFEB 工艺既能处理高浓度的有机废水，也能处理低浓度的有机废水。

碱度是维持废水中有机物质厌氧消化过程稳定运行的必要条件。一般认为消化液碱度应保持在 1 500 mg CaCO$_3$/L 以上，2 500 ~ 5 000 mg CaCO$_3$/L 为反应器正常运行的碱度。

（5）固体颗粒的特性及床层膨胀率的影响。

AAFEB 常用的固体颗粒有砂粒、陶粒、活性炭、氧化铝、合成树脂、无烟煤等。颗粒的尺寸和密度影响着操作水流速度和从液体中分离的效果。另外还对启动时的挂膜、运行过程中生物膜性能、传质过程等都有很大的影响。一般认为颗粒粒径要小，一般要求不大于 0.5 ~ 1 mm。

床层膨胀率低时，去除率也较低。这是由于膨胀率低时，搅拌状况不好，沼气易以气泡的形式滞留在床层内，它们的析出有较大的脉冲性，挂膜后的生物颗粒容易被顶出反应器，出现生物体流失现象，导致处理效果下降。此外，生物颗粒外表面黏附的小气泡也不同程度地阻碍了传质。

一般认为 AAFEB 的床层膨胀率必须维持在 10% 以上。如果水力负荷低，保证不了 10% 的膨胀率，可以采用回流。

近些年来，国外利用 AAFEB 工艺处理高、低浓度的有机废水都得到了很好的效果。国内也开展了一些应用 AAFEB 处理高浓度有机废水和低浓度有机废水的试验研究，但仍处于试验研究阶段，尚未见到有关生产性运行的报导。

# 4.6　其他厌氧生物反应器

## 4.6.1　内循环厌氧反应器

内循环(Internal Circulation,IC)厌氧反应器,简称IC反应器。IC反应器的基本构造如图4.15所示。IC反应器的构造特点是具有很大的高径比,一般可达4~8,反应器的高度可达16~25 m。所以在外形上看,IC反应器实际上是个厌氧生化反应塔。

由图4.15可知,进水1用泵由反应器底部进入第一反应室,与该室内的厌氧颗粒污泥均匀混合。废水中所含的大部分有机物被转化为沼气,被第一厌氧反应室集气罩2收集,沼气将沿着提升管3上升。沼气上升的同时,把第一反应室的混合液提升至设在反应器顶部上的气液分离器4,被分离出的沼气由气液分离器顶部的沼气排出管5排走。分离出的泥水混合液将沿回流管6回到第一反应室的底部,并与底部的颗粒污泥和进水充分混合,实现了第一反应室混合液的内部循环。IC反应器的命名就是这样得来的。

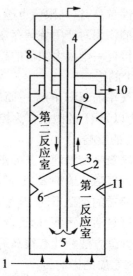

图4.15　IC反应器的基本构造

1—进水;2—第一反应室集气罩;3—沼气提升管;
4—气液分离器;5—沼气排出管;6—回流管;
7—第二反应室集气罩;8—集气管;9—沉淀区;
10—出水管;11—气封

内循环的结果,第一厌氧反应室不仅有很高的生物量、很长的污泥龄,并具有很大的升流速度,使该室内的颗粒污泥完全达到流化状态,有很高的传质速率,使生化反应速率提高,从而大大提高第一反应室的去除有机物能力。

经过第一厌氧反应室处理过的废水,会自动进入第二厌氧反应室被继续进行处理。废水中的剩余有机物可被第二反应室内的厌氧颗粒污泥进一步降解,使废水得到更好的净化,提高了出水水质。产生的沼气由第二厌氧反应室的集气罩7收集,通过集气管8进入气液分离器4。第二反应室的泥水混合液进入沉淀区9进行固液分离,处理过的上清液由出水管10排走,沉淀下来的污泥可自动返回第二反应室。这样,废水就完成了在IC反应器内处理的全过程。

综上所述可以看出,IC反应器实际上是由两个上下重叠的UASB反应器串联所组成。由下面第一个UASB反应器产生的沼气作为提升的内动力,使升流管与回流管的混合液产生一个密度差,实现了下部混合液的内循环,使废水获得强化预处理。上面的第二个UASB反应器对废水继续进行后处理,使出水达到预期的处理要求。

与UASB反应器相比,在获得相同处理效率的条件下,IC反应器具有更高的进水容积负荷率和污泥负荷率,IC反应器的平均升流速度可达处理同类废水UASB反应器的20倍左右。在处理低浓度废水时,HRT 可缩短至 2.0 ~ 2.5 h。使反应器的容积更加小型化。在处理同类废水时,IC 反应器的高度为 UASB 反应器高的 3 ~ 4 倍,进水容积负荷率约为 UASB 反应器的 4 倍左右,污泥负荷率为 UASB 反应器的 3 ~ 9 倍。由此可见 IC 反应器是一种非常高效能的厌氧反应器。

### 4.6.2 膨胀颗粒污泥床

膨胀颗粒污泥床(Expanded Granular Sludge Bed,EGSB)反应器是 UASB 反应器的变型,是厌氧流化床与 UASB 反应器两种技术的结合。EGSB 反应器可通过颗粒污泥床的膨胀以改善废水与微生物之间的接触,强化传质效果,以提高反应器的生化反应速率。可处理低浓度的废水,具有其他大部分厌氧反应器处理低浓度废水所不可替代的效能。

EGSB 反应器通过采用出水循环回流获得较高的表面液体升流速度。它的典型特征是具有较高的高径比,较大的高径比也是提高升流速度所必需的。EGSB 反应器液体的升流速度可达 5 ~ 10 m/h,比 UASB 反应器的升流速度(一般为 1.0 m/h 左右)高很多。

1. EGSB 反应器的构造特点

EGSB 反应器的基本构造与流化床类似,如图 4.16 所示。如前所述,其特点是具有较大的高径比,一般可达 3 ~ 5,生产性装置反应器的高可达 15 ~ 20 m。

EGSB 反应器的顶部可以是敞开的,也可是封闭的,封闭的优点是可防止臭味外溢,如在压力下工作,甚至可替代气柜作用。EGSB 反应器一般做成圆形,废水由底部配水管系统进入反应器,向上升流通过膨胀颗粒污泥床区,使废水中的有机物与颗粒污泥均匀接触被转化为甲烷和二氧化碳等。混合液升流至反应器上部,通过设在反应器上部的三相分离器,进行气、固、液分离。分离出来的沼气通过反应器顶或机器上的导管排出,沉淀下来的污泥自动返回膨胀床区,上清液通过出水渠排出反应器外。

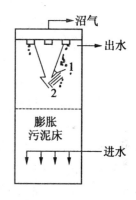

图 4.16　EGSB 反应器构造图
1—泥水混合液;2—沉淀污泥

由于 EGSB 反应器的上升流速很高,为了防止污泥流失,对三相分离器的固液分离要求特别高。

为了达到颗粒污泥的膨胀,必须提高液体升流速度,一般要求达到液体表面速度为 5 ~ 10 m/h。要达到这样的升流速度,即使是低浓度废水也难于达到,必须采取出水回流的方法,使混合后液体表面升流速度达到预期的要求。虽然 EGSB 反应器液体表面流速很大,但颗粒污泥的沉降速度也很大,并有专门设计的三相分离器,所以颗粒污泥不会流失,使反应器内仍可维持很高的生物量。

2. EGSB 反应器的运行性能

M. T. Kato 和 G. Lettinga 等(1994)以乙醇为基质进行了 EGSB 反应器处理低浓度废水的试验。容积为 5.2 L、温度 30 ℃、进水 COD 为 100 ~ 700 mg/L,进水有机负荷率达 12 kg COD/(m³·d),COD 去除率可达 80% ~ 97%。证明 EGSB 反应器适用于处理低浓度废水。他们的试验结果表明,当液体表面升流速度大于 2.5 m/h 时,可获得液体中基质与生物的充分接触和良好混合,并使污泥床有足够的膨胀。当升流速度小于等于 2.5 m/h,得到最大比 COD 去除率和表现饱和常数 $k_s$ 分别为 1.28 gCOD/(gVSS·d)和 28.3 mgCOD/L。当升流速度 >2.5 m/h,动力学常数分别为 1.16 gCOD/(gVSS·d)和 9.8 mgCOD/L。由此可知,$k_s$ 值较低说明污泥床的足够膨胀和混合强度具有正效应。

该试验结果表明,升流速度在 2.55~5 m/h 范围内,EGSB 反应器可获得高的 COD 去除率,当升流速度超过 5.5 m/h,COD 去除率不再增加。

该试验的接种污泥取自生产性处理酒精废水 UASB 反应器的颗粒污泥,平均粒径为 1.3 mm,随着 EGSB 反应器试验的进展,颗粒直径由起初的 1.3 mm 逐渐增加至平均为 5 mm。反应器底部平均可达 4~5 mm,而反应器上部的颗粒平均粒径为 2~3 mm。此外,由于较高的升流速度产生的剪切力,使颗粒的表面更为光滑,颗粒的机械强度可达 $3.2 \times 10^{-4}$ N/m²,与启动时污泥的机械强度 $4 \times 10^{-4}$ N/m² 相比,降低了约 20%,但颗粒污泥仍保持良好的机械稳定性。

EGSB 反应器运行的可行性在很大程度上取决于反应器在高的液体表面升流速度下的污泥滞留。当颗粒的沉降速度小于液体升流速度时,颗粒污泥被冲刷,而且相应的沼气升流,也会促使颗粒污泥流失。Lettinga 等人的试验表明,当污泥床的膨胀率达到 400% 时液体表面升流速度为 28 m/h,反应器污泥质量浓度可达 10 gVSS/L。升流速度为 25.5 m/h 和 22.9 m/h 污泥的存量将分别小于 20 gVSS/L 和 30 gVSS/L。为了使反应器内维持足够的生物量,选择适宜的升流速度非常重要。

EGSB 反应器可以在较低的温度下处理浓度较低的废水。S. Rebac 等在温度为 13~20 ℃下进行了容积为 225.5LEGSB 反应器处理麦芽废水的中试研究。当进水 COD 为 282~1 436 mg/L,操作温度为 16 ℃,进水有机负荷率在 4.4~8.8 kg COD/(m³·d),HRT 为 2.4 h,COD 的去除率平均可达 56%。在温度为 20 ℃时,当进水有机负荷率为 8.8~14.6 kgCOD/(m³·d),HRT 5.6 h,COD 去除率分别为 66% 和 72%。

EGSB 反应器不仅适用处理低浓度废水,而且也可处理高浓度有机废水。但在处理高浓度废水时,为了维持足够的液体升流速度,使污泥床有足够大的膨胀率,必须加大出水的回流量,其回流比大小与进水浓度有关。一般进水 COD 越高,所需回流比越大。

EGSB 反应器通过出水回流,使其具有抗冲击负荷的能力,使进水中的毒物浓度被稀释至对微生物不再具有毒害作用,所以 EGSB 反应器可处理含有有毒物质的高浓度有机废水。出水回流可充分利用厌氧降解过程通过致碱物质(如有机氮和硫酸盐等)产生的碱度提高进水的碱度和 pH 值,保持反应器内 pH 值的稳定,减少为了调整 pH 值的投碱量,从而有助于降低运行费用。

EGSB 反应器启动的接种污泥通常采用现有 UASB 反应器的颗粒污泥,接种污泥量以 30 gVSS/L 左右为宜。为减少启动初期反应器细小污泥的流失,可对种泥在接种前进行必要的淘洗,先去除絮状的和细小污泥,提高污泥的沉降性能,提高出水水质。

在国内尚未见到有关采用 EGSB 反应器处理废水的应用实例报道,但在欧洲已利用 EGSB 反应器处理甲醛废水和啤酒废水取得了较好的效果。

## 4.6.3　厌氧流化床反应器

厌氧流化床反应器(Anaerobic Film Bed Reactor,AFBR)如图 4.17 所示。

AFBR 反应器采用微粒状(如沙粒)作为微生物固定化的材料,厌氧微生物附着在这些微粒上形成生物膜。由于这些微粒粒径较小,反应器内采用一定高的上流速度,因此在反应器内这些微粒形成流态化。为维持较高的上流速度,反应器高度与直径的比例要比同类的反应器比例大。同时,必须采用较大的回流比(出水回流量与原废水进液量之比)。

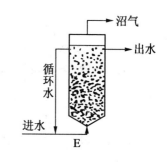

图 4.17　厌氧流化床反应器
装置图

流化床反应器的主要特点可归纳如下:

①流态化能最大限度地使厌氧污泥与被处理的废水接触。

②由于颗粒与液体相对运动速度高,液膜扩散阻力小,且由于形成的生物膜较薄,传质作用强,因此生物化学过程进行较快,允许废水在反应器内有较短的水力停留时间。

③克服了厌氧滤器堵塞和沟流问题。

④高的反应器容积负荷可减少反应器体积,同时由于其高度与直径的比例大于其他厌氧反应器,因此可以减少占地面积。

厌氧流化床反应器由于使用较小的微粒,因此可以形成比表面积很大的生物膜,流态化又充分地改善了有机质向生物膜传递的传质速率,同时它也克服了厌氧滤器中可能出现的短路或堵塞。在该工艺中,流化态形成是前提条件,较轻的颗粒或絮状污泥将会从反应器中连续冲出,流化态的真正形成必须依赖于所形成的生物膜在厚度、密度、强度等方面相对均一或形成颗粒的均一。且实际上,生物膜的形成与脱落是难于控制的,在反应器内将会有各种大小和密度不同的颗粒。在一定流速下,没有形成生物膜或生物膜脱落的颗粒会沉淀于反应器底部,而轻的、附着有絮状污泥的颗粒会存在于反应器上部甚至被冲出反应器。在操作过程中,不同密度和大小的颗粒必然会不断形成,因此不少研究者认为真正的流化床系统在实践上是不可行的。

## 4.6.4　厌氧折流板反应器(ABR)

厌氧折流板反应器(Amacrobic Baffed Reactor,ABR)是 P. L. McCarly 等在 1982 年研制的新型厌氧生物处理装置,是一种厌氧污泥层工艺,可以处理各种有机废水。它具有很高的处理稳定性和容积利用率,不会发生堵塞和污泥床膨胀而引起的污泥(微生物)流失,可省去气固液三相分离器。该反应器能保持很高的生物量,同时能承受很高的有机负荷。小型试验结果表明,当反应器进水容积负荷率达到 36 kg COD/($m^3$ · d)时,COD 的去除负荷率可达 24 kgCOD/($m^3$ · d)以上,产甲烷速率超过 6 $m^3$/($m^3$ · d)。

ABR 内由若干垂直折流板把长条形整个反应器分隔成若干个串联的反应室。迫使废水水流以上下折流的形式通过反应器,如图 4.18 所示。

反应器内各室积累着较多的厌氧污泥。当废水通过 ABR 时,要自下而上流动与大量的活性生物量发生多次接触,大大提高了反应器的容积利用率。就一个反应室而言,因沼气的搅拌作用,水流流态基本上是完全混合的,但各反应室之间是串联的具有塞流流态。整个 ABR 是由若干个完全混合反应器串联在一起的反应器,所以理论上比单一的完全混合状态的反应器处理效能高。

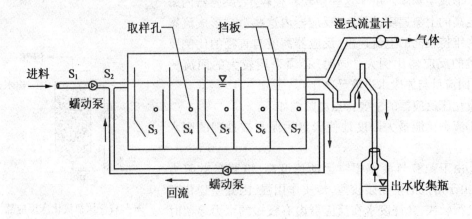

图 4.18  ABR 的构造及流程

ABR 中的每个反应室都有一个厌氧污泥层，其功能与 UASB 反应区是相似的，所不同的是上部没有专设的三相分离器。沼气上升至液面进入反应器上部的集气室，并一起由导管排出反应器外。ABR 的升流条件使厌氧污泥可形成颗粒污泥。

由于有机物厌氧生化反应过程存在产酸和产甲烷两个阶段，所以在 ANR 的第一室往往是厌氧过程的产酸阶段，pH 值易于下降。采用出水回流，可缓解 pH 值的下降程度，回流的结果使得塞流系统作用将向一个完全混合的系统过度。

综上所述，ABR 具有以下特点：

①上下多次折流，使废水中有机物与厌氧微生物充分接触，有利于有机物的分解。

②不需要设三相分离器，没有填料，不设搅拌设备，反应器构造较为简单。

③由于进水污泥负荷逐段降低，沼气搅动也逐段减小，不会发生因厌氧污泥床膨胀而大量流失污泥的现象，出水 SS 往往较低。

④反应器内可形成沉淀性能良好、活性高的厌氧颗粒污泥，可维持较多的生物量。

⑤因反应器内没有填料，不会发生堵塞。

国外学者已经对 ABR 的运行特性和动力学进行了深入的研究，ABR 的动力学模型可用生物膜模型和悬浮生长模型两种方法进行推导。进水的基质浓度、有机负荷率、HRT，以及微量元素（Fe、Co、Ni 等）和不同的回流比这些运行特性都会对 ABR 反应器产生一定的影响。我国采用 ABR 处理粪便废水，作为好氧前的预处理，获得了较好的处理效果。但是，目前还缺乏具体的数据报道。

# 第5章　废水厌氧处理的后处理工艺

## 5.1　后处理工艺概述

研究表明,废水厌氧处理工艺对有机物的处理效果很好,有比其他方法更为独特的一些优势。但是,厌氧方法仅能除去一小部分病源微生物,而且在去除营养物(氮、磷)等方面效果不明显。此外,残存的 BOD、悬浮物或还原性物质可能影响到出水水质。如果出水水质达不到排放标准,就必须采取一些后处理措施。

后处理工艺可以采取生物的、化学的、物理的、物化的方法,或者多种方法结合使用。表 5.1 标出了一些可能采用的后处理方法、原理及主要的去除物。

表 5.1　UASB 工艺出水的后处理

| 后处理工艺 | 去除污染物 | 机理或方法 |
|---|---|---|
| **A. 生物法**<br>活性污泥法 | BOD 和 TSS<br>氮<br>磷 | 好氧生物法机理<br>硝化或反硝化 |
| 稳定塘 | BOD 和 TSS<br>氮<br>磷<br>病源微生物 | 好氧－厌氧生物法机理<br>氨的气提<br>沉淀<br>高 pH 值、溶解氧和光照下的杀灭作用 |
| **B. 物理化学法**<br>石灰处理 | BOD 和 TSS<br>氮<br>磷<br>病源微生物 | 絮凝<br>氨的气提<br>沉淀<br>高 pH 值下的杀灭作用 |
| 用 $Fe^{3+}$ 絮凝 | BOD 和 TSS<br>磷 | 絮凝<br>形成 $Fe_3(PO_4)_2$ |
| **C. 物理法**<br>砂滤 | BOD 和 TSS<br>病源微生物 | 过滤<br>微生物的过滤 |
| 辐射 | 病源微生物 | 紫外光消毒 |

续表5.1

| 后处理工艺 | 去除污染物 | 机理或方法 |
|---|---|---|
| D. 化学法<br>用 $Cl_2$ 或 $O_3$ 消毒 | BOD 和 TSS<br>氮<br>病源微生物 | 氧化<br>氧化<br>消毒 |

由此可见,后处理的一般目标可归纳如下:

①除去参与有机物(包括胶体物质)和悬浮物。

②除去氮、磷。

③除去病源微生物。

④除去硫酸盐废水中的硫。

病源微生物常存在于生活污水中,有时也存在于某些工业废水中。在第三世界国家,污水或厌氧处理后的出水常用于农业灌溉或水产养殖,而病源微生物带来的危害非常大,因此除去病源微生物十分重要。

## 5.2　废水中病原微生物和营养物的浓度

为了能更明确地定义后处理的目标,我们必须先确定废水中病源微生物和营养物浓度的定量参数。如果这些浓度能以实验室的方法测定并且在环境法规中能够规定其排放标准,那么后处理需要的去除效率就能计算出来。

### 5.2.1　病源微生物的浓度

废水的种类不同,所含有的生物也多种多样,其中包括病毒、细菌、真菌及原生动物等。它们当中的一些能够传播疾病。对所有的这些微生物进行定量分析是很难的。因此,最常用的一个指标是检测耐热的、在肠道中大量存在的大肠杆菌,其中最大量存在的是大肠埃希氏杆菌(*Escherichia coli*,简写 *E. coli*),也是各国检测废水中病源微生物常用的标准方法。虽然有些细菌有时也被检测,但不普遍。

关于大肠杆菌的检测方法可以参照我国或国际上的标准方法。检测的方法是将稀释的废水样品在培养皿中选择,在鉴定培养基上培养,通过形成菌落的数目计算原样品中大肠杆菌的数量。

世界卫生组织(WHO)已就废水处理厂排水的水域及用于灌溉的废水的卫生提出了原则性的建议。其中,地中海地区经治理的废水暂定标准为取样量为 100 mL,其中 50% 的样品大肠杆菌和粪链球菌数量不超过 100 个/100 mL,90% 的样品以上两种菌不超过 1 000 个/100 mL。当废水处理厂的出水直接用于灌溉农作物,且考虑到农作物在未烹调的情况下直接食用或废水直接用于喷淋公共草坪,标准又规定废水中大肠杆菌数量不超过 1 000 个/100 mL,同时每升样品中肠道寄生虫卵不超过一个。我国农田水质灌溉标准(GB 5084—92)也规定粪大肠杆菌群数不超过 1 万个/L,蛔虫卵不超过 2 个/L。

### 5.2.2  营养物的浓度

废水中最重要的营养物质是氮和磷,这些物质以有机化合物和离子形成 $NH_4^+$ 和磷酸盐形式( $H_2PO_4^-$ 和 $HPO_4^{2-}$ )存在。经厌氧处理后,有机物被无机化,只存在无机物的形式。少数情况下也存在氮的氧化物(亚硝酸盐 $NO_2^-$ 和硝酸盐 $NO_3^-$ )。无论是处理前还是处理后的废水,其营养物的浓度都会因废水的性质不同区别很大。经过厌氧处理后,废水中总氮和磷与 COD 的比例将变化(以 TKN/COD 和 P/COD 表示),因为在厌氧过程中 COD 降低的幅度一般远大于氮和磷降低的幅度,所以厌氧出水中的 TKN/COD 和 P/COD 将会增大。

# 5.3  稳定塘的后处理

稳定塘就是大而浅的池塘,废水在稳定塘内因自发产生的生物作用而得到处理。主要用于气候比较温和、土地费用低、污染物负荷波动大而又缺乏熟练操作人员的地区。

稳定塘处理废水的主要缺点是水力停留时间太长,而且需要相当大的占地面积。所以,在人口密集的地区,仅可能作为一种后处理的手段。

### 5.3.1  稳定塘的分类

稳定塘的设计在传统上是以去除有机物为标准。有机物在稳定塘中被去除的机理很复杂,既有好氧过程,又有厌氧过程。一般情况下,空气中的氧从液面溶入水中,但在藻类存在时,主要的溶解氧来源是光合作用。很多情况下,光合作用产生的溶解氧远远大于从空气中溶解的氧。稳定塘的特征主要是由水中溶解氧产生速率与细菌氧化作用消耗的速度的比值决定的。主要的类型有厌氧糖、兼性塘和好氧塘三类。

1.厌氧糖

如果有机物浓度非常高,那么溶解氧的消耗就相当地快,此时仅在液面很薄的表面能检测到溶解氧的存在,这样的稳定塘称为厌氧塘。有机物的去除几乎全部是厌氧菌消耗的。

2.兼性塘

兼性塘是这样的一种稳定塘,稳定塘的表面是一个明显的好氧层,或者说是至少在白天由于藻类的光合作用形成显著的好氧层,而其余部分仍是厌氧条件。在兼性塘中,藻类和细菌营共生生活。细菌利用藻类光合作用产生的氧来生长繁殖并降解废水中的有机物,而藻类利用细菌形成的 $CO_2$ 进行光合作用。在兼性塘的上层好氧区,细菌与藻类的协同作用并不是直接去除有机物,而是将有机物转化为藻类物质,这种转化最终还是提高了有机物的去除率;藻类物质沉降于兼性塘的下部被那里的厌氧菌降解或转化为惰性污泥。

3.好氧塘

好氧塘中氧的产生量大于氧的消耗量,只能容纳低浓度的废水。在好氧塘中,水层的绝大部分处于好氧区。在白天日光照射下,好氧塘的上层甚至是氧过饱和状态,因而会自发地向空气中释放溶解氧。

通常一个稳定塘的性质与其负荷有关,因此稳定塘的有机负荷(以每 $m^2$ 塘面每日接受的 BOD 或 COD 计,记作 $gBOD/(m^2 \cdot d^{-1})$ ),是设计的主要参数。表 5.2 列出了不同稳定塘的有机负荷。在实践中,为了更好地去除有机物,经常将几种稳定塘同时应用于同一个系统。例如,使用一个厌氧塘、一个兼性塘再接一个或多个好氧塘。

表 5.2　不同类型稳定塘的有机负荷

| 稳定塘的类型 | 有机负荷 gBOD/(m² · d)⁻¹ |
| --- | --- |
| 厌氧唐 | 100 ~ 1 000 |
| 兼性塘 | 15 ~ 50 |
| 好氧塘 | 5 ~ 15 |

注:鱼塘的有机负荷为 1 ~ 10 gBOD/(m² · d⁻¹)

### 5.3.2　去除病原微生物

如果稳定塘用于 UASB 出水的后处理,其有机负荷通常较低,以便取得必要的好氧条件。这些塘的主要目的不是去除 BOD 和 TSS,而是去除病源微生物和营养物,其去除率取决于进水特征和最终出水要求达到的浓度。在处理生活污水的 UASB 反应器出水中,大肠杆菌 *E. coli* 的数量通常在 $10^7 \sim 10^8$ 个/100 mL 数量级,要达到世界卫生组织(WHO)$10^4$ 个/100 mL数量级,则后处理的去除率应当在 99.9% ~ 99.99%。

为了确定如此高的技术是否能在技术上达到,必须采用 *E. coli* 死亡速率的动力学方程。Marais 最早提出在汤中细菌死亡速率符合下面的方程:

$$\frac{\mathrm{d}N}{\mathrm{d}t} = -K_\mathrm{b}N \tag{5.1}$$

式中　$N$——*E. coli* 的数目;

　　　　$t$——时间,即指废水在塘中的停留时间;

　　　　$K_\mathrm{b}$——细菌死亡速率常数。

假定水在塘中的流动状态为塞流(也叫推流,即 plug flow),则上式可表示为

$$\frac{N_\mathrm{e}}{N_\mathrm{i}} = \mathrm{e}^{-K_\mathrm{b}t} \tag{5.2}$$

式中　$N_\mathrm{e}$、$N_\mathrm{i}$——塘的出水和进水中细菌的浓度(个/100 mL)。

若塘中水是完全混合状态,式(5.1)可表示为

$$\frac{N_\mathrm{e}}{N_\mathrm{i}} = \frac{1}{1 + K_\mathrm{b} \cdot t} \tag{5.3}$$

但是,实际上以上两种形式的方程都不能准确地描述塘中的状况,因为塘中的流动状态既非塞流也非完全混合。实践上常用式(5.2)计算常数 $K_\mathrm{b}$。

$K_\mathrm{b}$ 的大小与温度关系密切,一些研究人员研究了 $K_\mathrm{b}$ 与温度的关系,得到了稳定塘中 $K_\mathrm{b}$ 计算的经验式。但这些经验式的计算结果不尽相同。这些公式分别如下:

$$K_\mathrm{b} = 2.6 \times 1.19^{t-20} \tag{5.4}$$

$$K_\mathrm{b} = 1.5 \times 1.06^{t-20} \tag{5.5}$$

$$K_\mathrm{b} = 1.1 \times 1.07^{t-20} \tag{5.6}$$

$$K_\mathrm{b} = 0.84 \times 1.07^{t-20} \tag{5.7}$$

注:$t$ 为温度(℃)。

当把连续排列的稳定塘看作完全混合的流动状态时,当每个塘的水力停留时间相同时可取得最高的病源微生物去除效率。也就是说,如果塘的数目是 $M$ 个,每个塘的水力停留时间为 $t_m$,全部塘的水力停留时间为 $t_{tot}$,那么,$t_m = t_{tot}/M$。因此病源微生物的去除率可按下式计算估计:

$$E = 1 - N_e/N_i = 1 - 1/(1 + K_b \cdot t_{tot}/M)^M \tag{5.8}$$

有一点应当了解,许多串联排列的完全混合的稳定塘,其流动状态实际上可以按照塞流状态来对待。也就是说,$M$ 个完全混合的塘串联时,当 $M$ 趋于无穷大时,其流动状态实际上等于塞流。图5.1是当 $M$ 变化时,去除效率随 $K_b \cdot t_{tot}$ 变化的曲线。

由图5.1可以看出,死亡常数 $K_b$ 和塘的个数 $M$ 都会直接影响到 E. coli 的去除效率。而且,在一定的 $K_b$ 和水力停留时间 $t_{tot}$ 时,流动状态越接近于塞流时,去除效率越高。由此可见,把塘划分为多个小的区间以便使流动状态接近于塞流是增加细菌去除率和减少稳定塘占地面积的有效方法。也就是说,在同一水力停留时间里,串联塘的数目越多越好。

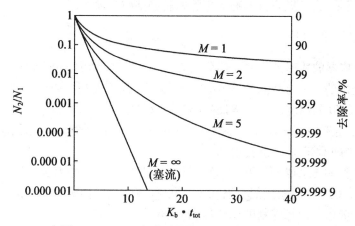

图5.1　　E. coli 的去除效率随 $K_b \cdot t_{tot}$ 变化的曲线

为了提高稳定塘对病源微生物的去除效率,对死亡速率常数和其影响因素进行大量研究后得出,除了温度外,还有大量的因素影响 $K_b$ 的大小。这些因素主要包括:①藻类的存在;②高的 pH 值;③高的溶解氧浓度;④光的照射。上述四个因素都会增大 $K_b$ 的值,因为这些因素或产生不利于病源微生物生存的环境会有利于能遏制病源微生物的其他生物生长。尤其是高的 pH 值下(pH 值 >9),藻类的光合作用可以迅速使大肠杆菌群死亡。

塘的深度对病源微生物的去除有很大的影响,浅的塘能使阳光到达接近其底部的深度,因此光合作用可以在整个塘内进行。在强烈的光合作用下,藻类的浓度、溶解氧的浓度和 pH 值都会增高,所以,浅的塘中病源微生物死亡更快。但是,从另一方面考虑,同样的占地面积时,深塘中废水停留时间要高于浅塘,较长的水力停留时间也影响到去除率。但总体考虑,浅塘中更高的 $K_b$ 值完全补偿甚至超过了停留时间的不足。

在巴西的 Pedregal 用两组中试规模的塘处理 UASB 反应器的出水,以这两组塘相互对比以研究塘深度对光合作用及病源微生物去除的影响。后来,为了估计除去 UASB 出水病源微生物时稳定塘的最佳深度,又进行了一些试验和估算。得到了以下结论:

①细菌死亡速率随塘深度的降低明显增大。

②把塘分割成更小的多个串联的塘以使流动状态接近塞流，可以明显增加细菌去除率并因此减少塘的尺寸。

值得提出的是，即使在气候温和的地区，稳定塘也要占用很大的土地面积。该缺点限制了稳定塘的使用，因为在大多数地区很难找到大面积空闲的土地。

### 5.3.3　去除营养物

光合作用较好的浅塘除去营养物质的效果同样优于深塘。浅塘中较高的 pH 值有利于氮和磷的去除。20℃，pH > 9.3（或 30 ℃，pH > 8.6）时，氮主要以 $NH_3$ 的形式存在，此时能以解吸的原理将其去除。当光合作用产生过饱和的氧形成气泡从水中逸出时，也加速了 $NH_3$ 的解吸作用而从水中进入空气中。磷酸盐可以被沉淀，在不同操作和环境条件下，它可能以 $Ca_5(OH)(PO_4)_3$ 或 $Mg(NH_4)PO_4$ 的形式沉淀。实验表明由这种物理化学过程可以有效地去除营养物。在巴西的中试规模的研究中，经浅水塘处理的氮的去除率达到95% ~ 96%，磷的去除率为 77% ~ 87%。但稳定塘的 pH 值如果较低，则营养物的去除率不会较高，在这样的情况下，为了提高营养物的去除率就必须减少塘的深度。

### 5.3.4　去除有机物

经 UASB 反应器的处理已除去大部分的有机物，在稳定塘中很难再进一步降低 COD 浓度。经稳定塘处理的出水有较高的 BOD 和 TSS 浓度，其原因是塘中形成的高浓度的藻类。同时，有的塘中 COD 的浓度反而呈增加的趋势。这是因为光合作用非常活跃，理论上，每产生 1 kg 氧气将产生 1 kg 的 COD 有机物，如果这些有机物不完全沉降在塘的底部并在那里被消化，则液相中的 COD 量必然会增加。

要想获得澄清的出水或低 BOD 含量的出水，必须除去水中的藻类物质。一种方法就是添加絮凝剂，石灰是不错的絮凝剂。当加入石灰使 pH 值达到 10.8 ~ 11.0 时，$Mg(OH)_2$ 将会沉淀并形成能吸附其他悬浮物的絮状体（包括藻类）并沉淀。

除去藻类最好的方法还是生物法。例如，引入漂浮生长的水生植物。这些水生植物（例如浮萍）可以种植于一组稳定塘的最后一个塘，浮萍遮挡阳光可以抑制藻类的生长从而使之死亡，出水中将基本不存在藻类。

# 5.4　活性污泥法后处理

## 5.4.1　活性污泥法后处理概述

活性污泥法是应用比较广泛的一种废水处理方法。经活性污泥处理后，废水中的可生物降解的有机质、悬浮物和营养物的浓度都很低。而且其水力停留时间比稳定塘低（一般为 8 ~ 24 h），因此，活性污泥法比稳定塘占地面积要少。但是，利用活性污泥法的投资和操作费用高、能耗大，同时产生的剩余污泥也需要稳定化处理。

下面列出了一些比较常用的活性污泥工艺流程，其中，最简单的工艺由一个反应器（曝气池）和一个沉淀池（图 5.2）构成。

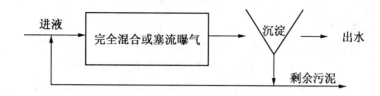

图 5.2　除去有机物的完全混合式工艺

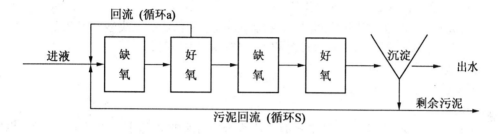

图 5.3　增加除氮能力的 Bardenpho 工艺

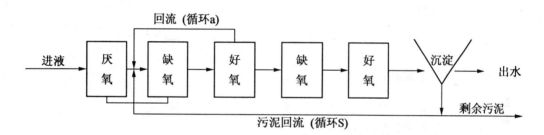

图 5.4　增加氮和磷去除能力的 UCT 工艺

在反应器中,废水中的有机物被好氧微生物的代谢作用分解,这一过程所需的氧气需通过曝气提供给废水和污泥混合物。曝气使絮状污泥均匀地悬浮于液体中。在沉淀池中,悬浮的污泥通过重力作用沉降于底部,因此,基本不含有有机物的废水和悬浮物得以分离。沉降下来的污泥一部分回流到反应器中,另一部分则作为剩余污泥排放。

剩余污泥的排放量是活性污泥工艺的关键操作参数,它不仅决定了氧气的需求量而且也决定了排放污泥的量和组成。泥龄,是指存在于系统中的污泥量与每日排放污泥量之比。在操作中,常把它作为最重要的工艺变量加以控制,其计算公式为

$$R_s = MX_v / ME_v \tag{5.9}$$

式中　$R_s$——泥龄,d;

　　　$MX_v$——系统中的污泥量;

　　　$ME_v$——每日排出的剩余污泥量。

Maraies 和 Ekama 以下式分析活性污泥系统中污泥量与泥龄等因素的关系:

$$mX_v = \frac{MX_v}{MS_{ti}} = \frac{(1 - f_{us} - f_{up})(1 + f \cdot B_h \cdot R_s)}{1 + B_h \cdot R_s} + \frac{R_s \cdot f_{up}}{P} \tag{5.10}$$

式中　$mX_v$——系统中污泥量与每日进入系统的 COD 总量之比;

　　　$MX_v$——系统中的污泥量,以 VSS 计;

　　　$MS_{ti}$——每日进入系统的 COD 总量;

　　　$f_{us}$——进液溶解 COD 中不可生物降解的 COD 占总 COD 的比例;

　　　$f_{up}$——进液中部溶解的 COD 中不可生物降解的 COD 占总 COD 的比例;

　　　$f$——污泥消化后仍具有活性的污泥所占的比例,一般可取 $f=0.2$;

　　　$B_h$——细菌死亡速率,$B_h = 0.24 \times 1.04^{t-20}$,其中 $t$ 为温度,℃;

　　　$Y_a$——污泥产率系数,$Y_a = 0.45$;

　　　$P$——污泥中 COD 与 VSS 的比值,$P = 1.5$。

从式(6.10)可以得出以下结论,即活性污泥系统中的污泥量取决于以下几点:

①以 $M_{Sti}$、$f_{us}$ 和 $f_{up}$ 所表示的有机负荷的大小与有机物的组成。

②污泥量参数 $f$、$Y_a$ 和 $P$。

③温度,因为温度会影响到 $B_h$。

④泥龄 $R_s$。

在活性污泥工艺中,絮状污泥中只有一小部分能在处理过程中产生活的微生物,也即这部分污泥在代谢活动中具有活性,叫作活性污泥。污泥中无生物活性的污泥是由进液中进入污泥絮聚物的不可生物降解的有机物和污泥中细胞死亡后的残余物组成的。活性污泥的浓度可由下式计算:

$$mX_a = \frac{MX_a}{MS_{ti}} = (1 - f_{us} - f_{up})C_r = \frac{(1 - f_{us} - f_{up})Y_a \cdot R_s}{1 + B_h \cdot R_s} \tag{5.11}$$

式中　$C_r$——泥龄依赖常数,$C_r = \dfrac{Y_a \cdot R_s}{(1 + B_h \cdot R_s)}$;

　　　$mX_a$——系统中活性污泥量与每日进入系统的 COD 总量之比;

　　　$MX_a$——系统中活性污泥的量。

活性污泥系统的最小容积(反应器与沉淀池之和)可以通过污泥的浓度来确定,反应器的容积与这一浓度成反比,但沉淀池的容积随浓度的增加而增大。在正常情况下,基建投资最小的最佳污泥浓度是 2~3 gVSS/L(3~5 gTSS/L)。活性污泥工艺的水力停留时间对出水的质量和系统的基本动力学行为并不是十分重要。

### 5.4.2　生物除氮

在活性污泥工艺中,还原性的氮(氨化合物)可通过硝化－反硝化过程除去。硝化是氨氧化为硝酸盐的过程,其反应可表示为

$$NH_4^+ + 1.5O_2 \xrightarrow{\text{亚硝化细菌}} NO_2^- + H_2O + 2H^+$$

$$NO_2^- + 0.5O_2 \xrightarrow{\text{硝化细菌}} NO_3^-$$

总反应为

$$NH_4^+ + 2O_2 \longrightarrow NO_3^- + 2H^+ + H_2O \tag{5.12}$$

在反硝化过程中,硝酸盐将有机物氧化而自身被还原为氮气,其反应可表示为

$$0.2NO_3^- + 1/(4x + y - 2z)C_xH_yO_z + (4x - 2z)/(4x + y - 2z)H_2O + 0.2H^+$$
$$\longrightarrow 0.1N_2 + 1/(4x + y - 2z)CO_2 + 0.6H_2O \tag{5.13}$$

从式(5.12)可以看出,废水中的氨只有当水中有溶解氧存在时才能被氧化,也就是说消化过程只能在好氧反应器(曝气池)中进行。另一方面,反硝化只能在缺氧的环境中发生。因此,硝化和反硝化反应在不同的反应器中发生,即硝化在曝气池(好氧环境)中进行而反硝化在缺氧反应器中进行。

除氮的活性污泥的典型工艺是 Bardenpho 工艺,如图 5.3 所示。Bardenpho 工艺由顺序排列的四个反应器和一个沉淀池组成。污泥与废水的混合物依次通过这四个反应器进入沉淀池,然后污泥再部分返回到第一个反应器。其中第二和第四个反应器是好氧的,第一、三反应器是缺氧的。第二个好氧反应器为主要的好氧反应器,在第二个反应器内,除了降解有机物外,也在此进行硝化作用。第四个反应器很小(仅相当于总反应器容积的5% ~ 10%),它仅用于对污泥与废水混合液快速曝气以保证废水在进入沉淀池时的好氧条件。第一个缺氧反应器称作预反硝化反应器,它接受进液、沉淀池返回的污泥和由第二个反应器返回的已硝化的污泥废水悬浮液。在第一个反应器中有机物浓度很高,其中溶解性的有机物可直接被细菌消化利用。因此,第一反应器的代谢速度与反硝化速度较高。第三个反应器也叫后反硝化反应器,其中有机物浓度较低,反硝化作用也较慢。

Van Haandel 等得到了在与反硝化反应器和后硝化反应器中反硝化的经验公式,反硝化反应器的反硝化能力定义为有机物中能够除去的最大硝酸盐浓度,公式表达如下:

$$D_{pr} = S_{bi}\Big[\frac{f_{bs}(1 - PY_a)}{2.86} + K_2 C_r f_{x1}\Big] \tag{5.14}$$

$$D_{po} = K_3 C_r f_{x3} S_{bi} \tag{5.15}$$

由以上两式又得到

$$D_{tot} = D_{pr} + D_{po} = S_{ti}(1 - f_{us} - f_{up})\Big[\frac{f_{bs}(1 - PY_a)}{2.86} + K_2 C_r f_{x1} + K_3 C_r f_{x3}\Big] \tag{5.16}$$

式中　$D_{tot}$——整个系统的反硝化能力;

$D_{pr}$——预反硝化反应器的反硝化能力(mgN/L 进液);

$D_{po}$——后反硝化反应器的反硝化能力(mgN/L 进液);

$K_2$、$K_3$——反硝化速率的经验常数;

$K_2 = 0.1 \times 1.08^{t-20}$mgN/(mgVSS・d);

$K_3 = 0.08 \times 1.03^{t-20}$mgN/(mgVSS・d);

$f_{bs}$——进液中易生物降解的 COD 占总 COD 的分数;

$f_{x1}$、$f_{x3}$——在预反硝化和后反硝化反应器中污泥量占全系统中污泥量的分数;

$S_{bi}$——进液中可生物降解的 COD 浓度;

$S_{ti}$——进液总 COD 浓度(包括悬浮物和不可生物降解的 COD)。

系统出水中氮浓度要降低到很低的水平,这要求硝化和反硝化反应器的效率都必须非常高,这样才能使氨和硝酸盐浓度均达到很低的水平。为了保证硝化过程高效进行,必须在好氧反应器中保持一定的污泥量,假定莫诺德(Monod)方程适用于硝化反应,则所需的最小污泥量可通过下式计算:

$$f_{min} = \Big(1 + \frac{K_n}{N_{ad}}\Big)\Big(b_n + \frac{1}{R_s}\Big)\frac{1}{\mu_m} \tag{5.17}$$

式中　$f_{min}$——在好氧反应器中有效脱氮所需的最小污泥量占全系统污泥量的分数;

$N_{ad}$——所要求的出水氨浓度;

$\mu_m$、$b_n$ 和 $K_n$——硝化过程的莫诺德常数(最大比生长速率、死亡速率和半饱和常数);

$R_s$——泥龄。

当 $f_{min}$ 值很低时,污泥长时间不曝气会使污泥性质(沉降性与活性)改变,并因此造成操作问题。在实践中,好氧反应器中的污泥量一般不低于 50%,虽然实验室研究证明可以在好氧反应器中采用低得多的污泥量。Arkley 证明在好氧反应器中仅有 20% 污泥量时,整个系统效果仍很好,污泥的活性与沉降性能依然很好,但在生产性的系统中尚未得到证实。

自然,相对于不曝气的反应器(缺氧反应器)有一个允许的最大污泥量:

$$f_{x1} + f_{x3} \leqslant f_M = 1 - f_{min} \tag{5.18}$$

式中　$f_M$——在缺氧反应器(反硝化反应器)中允许的最大污泥量占全系统污泥量的分数。

为使 Bardenpho 工艺最大限度地除去硝酸盐,应当使预反硝化反应器足够大,这样才能允许它最大限度地接受好氧反应器和沉淀器的回流,由好氧反应器的回流将更多的硝酸盐引入预反硝化反应器。在预反硝化反应器最大限度地除去硝酸盐后,后反硝化反应器可以除去好氧反应器产生的其余部分的硝酸盐,但这也与废水的性质和操作条件有关。从废水的性质角度看,Van Haandel 等得出了有效的硝化和完全的除去硝酸盐所允许的最大 TKN 与 COD 比值,这一比值是废水性质和操作条件的函数,可表示如下:

$$(N_{ti}/S_{ti})_{max} = \frac{(1 - f_{us} - f_{up})(\partial f_{hs} + K_2 C_f f_M)(\alpha + s + 1)}{\alpha + \frac{K_2}{K_3}(s+1)} + \frac{N_s + N_{ad}}{S_{ti}} \tag{5.19}$$

式中　$(N_{ti}/S_{ti})_{max}$——有效的硝化和完全去除硝酸盐所允许的最大 TKN/COD 比值;

$\partial$——硝酸盐 – COD 转换因子,$\partial = \dfrac{1 - PY_a}{2.86}$;

$\alpha$——好氧反应器回流到预反硝化反应器的循环因子(即回流比或回循环比);

$S$——沉淀池污泥回流到预反硝化反应器的循环因子;

$N_s + N_{ad}$——用于产生污泥的氮浓度($N_s$)和出水中残存的氮浓度($N_{ad}$)。

式(5.19)是使用生活污水时得到的经验式,已经被证明能相当可靠地预测在各种不同条件下完全脱氮所允许的 TKN/COD 的最大比值。它所适用的不同条件范围为:泥龄 $R_s$6 ~ 20 d;温度 14 ~ 25 ℃;循环比 $\alpha$ 为 0 ~ 4;循环因子 $s$ 为 0.5 ~ 2。从式中可以看出最大 TKN/COD 比值取决于下列因素:

①硝化菌的最大生长速率 $\mu_m$ 是决定硝化所需的好氧反应器最小污泥量的主要因素,因而也是决定反硝化的缺氧反应器所需最大污泥量的主要因素。

②进液中有机物的浓度和性质决定反硝化的速率。

③泥龄除了对活性污泥浓度有影响外,也影响到好氧反应器的最小污泥量。

④进液总凯氏氮(TKN)浓度决定硝酸盐的产生的浓度。

⑤废水温度影响硝化与反硝化动力学常数的大小。

⑥硝酸盐回流到预反硝化反应器的量决定能以较高速率在这个反应器除去的硝酸盐的比例。

荷兰将 Bardenpho 工艺去掉第四个反应器即最后一个好氧反应器后,用于处理 UASB

出水,进行了中试规模的研究。结果,在处理中,沉淀器中产生了严重的污泥上浮,这是因为反硝化在沉淀器中进行的缘故。这个问题的根本原因是因为太高的 TKN/COD 比值使反硝化在反应器中不能完全进行。当进液中添加 1/3 的生活废水后,污泥上浮的问题即得以解决,但由于有机负荷的增加,剩余污泥量自然也随之上升。

表5.3　Bardenpho 工艺中试研究的结果

| 参数 | 进液 | 预反硝化反应器 | 好氧反应器 | 后反硝化反应器 | 出水 | |
|---|---|---|---|---|---|---|
| | | | | | 未过滤 | 过滤 |
| BOD 质量浓度/(mg·L$^{-1}$) | 166 | – | – | – | 22 | 4 |
| COD 质量浓度/(mg·L$^{-1}$) | 401 | 62 | 46 | 46 | 48 | 35 |
| TSS 质量浓度/(mg·L$^{-1}$) | 167 | – | – | – | 34 | 12 |
| TKN 质量浓度/(mg·L$^{-1}$) | 57 | 12.3 | 2.8 | 3.4 | 3.7 | – |
| NH$_3$ 质量浓度/(mg·L$^{-1}$) | 42 | 96 | <1 | 1.2 | 1.4 | – |
| NO$_3^-$ 质量浓度/(mg·L$^{-1}$) | <1 | 17 | 9.5 | 4.8 | 4.2 | – |
| P 质量浓度/(mg·L$^{-1}$) | 9.1 | 12.0 | 3.2 | 6.4 | 4.8 | – |
| 碱度质量浓度/(mg·L$^{-1}$) | 8.6 | 5.5 | 4.9 | 6.1 | 6.2 | – |
| VSS 质量浓度/(mg·L$^{-1}$) | – | – | 2 080 | – | – | – |
| 耗氧/[mg·(L·h)$^{-1}$] | – | – | 128 | – | – | – |

这个中试试验结果表明,实际得出的 $D_{pr}$ 和 $D_{po}$ 比理论值都略高,但差别很小,这种差别也可能是由试验误差引起的。由试验结果可以得出结论,用活性污泥法作为后处理时的脱氮能力并不因废水已经过厌氧处理而降低。

比较未经厌氧处理的废水和已经 UASB 处理废水完全除去氮所要求的最大 TKN/COD 值小于 $(N_{ti}/S_{ti})_{max}$,则具备了完全除氮的条件。如果不能完全除去硝酸盐,则在温暖的气候条件下操作一个活性污泥工艺是十分困难的。如果硝酸盐引入沉淀池,则由于反硝化过程在其中进行以致氮气形成气泡并吸附到絮状污泥上,导致污泥上浮至液面形成污泥浮层并随出水一起排出。这样,由于污泥流失,不仅会恶化出水水质而且使反应器中的污泥量降低,TSS、有机物以及氮的去除率也下降。因此,必须保持进液的 TKN/COD 值在允许的最大值以下,通常可以通过维持 COD 高于某一最小浓度来保证较小的 TKN/COD 值。

另外,如果废水要求必须除去氮,则在厌氧处理阶段应当限制 COD 去除率或者将一部分原废水直接引入活性污泥工艺而不通过 UASB 反应器。第一种解决方法在建设投资上可能比较节省,但第二种解决办法在实践中更容易操作而且当全年气温变化较大时,工艺在操作上更具有灵活性。

### 5.4.3　生物除磷

从上述的描述可以看出,生物除氮可保证操作上的稳定性(反硝化避免了沉淀池中的污泥上浮)并能降低操作成本(硝酸盐代替了部分氧气)。但从出水质量的要求看,除磷更为重要。这是因为在很多水域中磷酸盐是水生生物生长的限制性营养物,而氮一般可以由水中的微生物从分子氮合成。

磷可以通过物化方法—磷酸盐沉淀或通过生物法与污泥结合而除去。生物法具有更大的优势,因为生物法不需要添加化学品,同时不需要从液相分离沉淀器沉淀。

磷在活性污泥中的质量分数约为 6%,在惰性污泥中约含 2.5%,但在活性污泥工艺中采用合适的工艺条件可以提高污泥中磷的含量,方法是使污泥先置于厌氧环境中然后再置于好氧环境中。在厌氧环境中,微生物会首先释放出磷,但紧跟着在好氧环境中微生物将吸收比正常好氧工艺(即没有厌氧部分的活性污泥工艺)更多的磷酸盐,这被称为过量吸收(Luxury uptake)。通过这种方法,污泥中磷的质量分数可增加 35%。

厌氧反应器可以方便地置于一个除氮的活性污泥工艺前而形成同时除磷除氮的新工艺,就是 UCT 工艺(图6.4)。厌氧反应器接受来自预反硝化反应器的污泥,在预反硝化反应器中通过控制循环 a 和循环 s 的循环比使其硝酸盐浓度很低,因此,几乎没有硝酸盐进入反应器。从而使第一个反应器是真正厌氧的,而不是像预反硝化和后反硝化反应器是缺氧的。

Wentzel 等提出了在第一个厌氧反应器中溶解性可生物降解的有机物以及厌氧反应器中的污泥占系统污泥总量的分数与活性污泥中磷积累的量有关。如果除磷的好氧工艺用作 UASB 出水的后处理,出水中挥发性脂肪酸(VFA)的浓度(通常为 1 ~ 2 mmol/L,即大约 60 ~ 100 mg COD/L)足以激发磷的释放 – 吸收过程。但是否超量吸收能除去 UASB 出水中全部的磷,则要看它的 P/COD 比值。通常 UASB 出水 P/COD 比值很低,能满足完全除磷的需要。当处理生活污水时,如果 UASB 处理效果更高(VFA 小于 1 ~ 2 mmol/L),则 P/COD 比值上升,磷的去除会比较困难。

上述介绍的 Bardenpho 工艺试验中,除磷的效果也被研究,但是去除率不高(仅有 50%),该试验主要着眼于除氮效果的研究,因此在工艺系统前未设专门的厌氧反应器。实验结果表明,该工艺同样也有磷的超量吸收。应值得提出的一点是,在剩余污泥的厌氧稳定化过程中,一些磷可能会从污泥中再释放至液相。

## 5.5　硫化物的生物氧化方法

### 5.5.1　硫循环与硫化物的生物氧化

硫循环的示意图如图 5.5 所示。这种循环可以完全由微生物完成,可以在没有高等生物的参与情况下完成,也就是说,如果使用恰当的微生物和相应的环境条件,各种含硫化合物在生物反应器里相互转化是可能的。

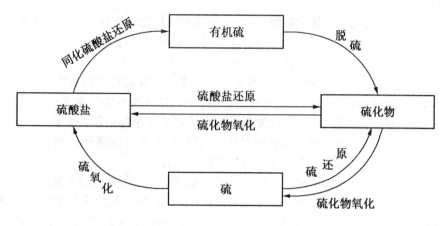

图 5.5　硫循环示意图

自然界的硫化物可以被微生物以 3 种方式氧化:

①由光合细菌进行的厌氧氧化。

②由反硝化细菌进行的氧化。

③由无色硫细菌进行的氧化。

Cork 和 Kobayshi 等建议采用光合细菌除去硫化物。光合细菌能将硫化物氧化为单质硫而除去。但是这种方法需要大量的辐射能,使其在经济技术上难以实现,因为当废水中出现硫的微粒后,废水将高度混浊,从而透光率大大降低。

近年来对无色硫细菌的研究取得了很大进展,实验室与中试的研究都表明以无色硫细菌氧化硫化物为硫具有很好的应用前景。属于无色硫细菌的微生物有不同的生理生化特性与不同的形态学特征。无色硫细菌的属包括: *Thiobacillus*、*Thiomicrospira*、*Sulfolobus*、*Thermothrix*、*Pseudomonas*、*Thiovulum*、*Beggiatoa*、*Thiothrix*、*Thiothrix*、*Thiospira* 和 *Thioploca*。

并非所有的无色硫细菌都能用于把硫化物转化为硫的工艺,一个重要的因素是由细菌产生的硫是积累在细胞内还是在细胞外。*Beggiatoa*、*Thiothrix* 和 *Thiospira* 将产生的硫积累于细胞内,如果用这几个属的细菌除去硫化氢,就必然产生大量含硫的细胞,这样硫的分离将会十分麻烦。因此,必须选择在细胞外形成硫的细菌,*Thiobacillus*(硫杆菌)就是具有这种特征的菌属。

硫细菌大多不需要特殊的环境因素,从 pH 值 0.5 ~ 10 范围内都有不同种的硫细菌,其最适生长温度为 20 ~ 75 ℃。大多数硫细菌能以自养方式生长,但也有一些以兼性或异养方式生长。它们在自然界的分布相当地广泛,在土壤、淡水、海洋、温泉和酸性污水中都能发现它们的踪迹。这些细菌能由硫化物、单质硫、硫代硫酸盐、连多硫酸盐和亚硫酸盐的氧化中获得能源,氧化的末端产物是硫酸盐,但是在一定条件下硫和连多硫酸盐可作为中间产物积累。

在含硫化物的废水处理中,硫化物除去的方式应当是使硫化物转化为硫而不是硫酸盐,硫杆菌(*Thiobacillus*)氧化硫化物时存在以下途径:

$$HS \longrightarrow 与细胞膜结合的 S^0 \Longrightarrow S^0$$

$$与细胞膜结合的 S^0 \longrightarrow SO_3^{2-} \longrightarrow SO_4^{2-}$$

由硫化物转变为硫酸盐的生物氧化过程分为两个阶段:第一阶段进行得较快,这一阶段硫化物释放出两个电子而与生物膜结合为多硫化合物;第二阶段,这些硫先后被氧化为亚硫酸盐和硫酸盐。

在一个除去硫化物的好氧生物反应器中，完整的生物化学反应可以表示如下：

$$2HS^- + O_2 \longrightarrow 2S^0 + 2OH^-$$

$$2S^0 + 2OH^- + 3O_2 \longrightarrow 2SO_4^{2-} + 2H^+$$

在生物反应器中，第二个反应应当避免，此外，技术能否成功还取决于硫化物的转化速率、硫化物转化为硫的百分率和硫的有效沉淀（以便不断从液相中分离单质硫）。从经济角度考虑，能耗与化学药品消耗、工艺的复杂性和反应器的大小都是至关重要的。

以无色硫细菌去除硫化物是以氧气来氧化硫化物，与光合细菌和反硝化细菌的去除过程不同。后两者分别以光和硝酸盐来实现硫化物的氧化。

荷兰自 20 世纪 80 年代末就开始以无色硫细菌在通入空气的情况下氧化硫化物的工艺与理论研究。1993 年，荷兰的 Paques 公司首次在 Thiopaq 的工艺中采用无色硫细菌以生产规模去除经厌氧处理的造纸工业含硫化物废水。Buisman 比较了以无色硫细菌（即用氧气的生物方法）和其他方法的效果，见表 5.4。

表 5.4　以无色硫细菌有氧氧化硫化物与其他方法的比较

| 方法 | 硫化物去除速率 /[mg·(L·h)$^{-1}$] | HRT/h | 去除率/% |
|---|---|---|---|
| 生物方法 | | | |
| 用 NO$_3^-$ | 104 | 0.09 | >99 |
| 用光 | 15 | 24 | 95 |
| 用 O$_2$ | 415 | 0.22 | >99 |
| 采用空气的化学法 | | | |
| 以 KMnO$_4$ 催化 | 116 | 间歇 | 90 |
| （1 mg/L） | | | |
| 以活性炭催化 | 237 | 间歇 | 74 |
| （53 mg/L） | | | |

### 5.5.2　硫化物的有氧生物氧化工艺

Buisman 等介绍了 3 种形式的以无色硫细菌除去废水中硫化物的反应器，它们是完全混合的连续搅拌槽反应器（CSTR）、类似生物转盘的生物回转式反应器和一个上流式生物反应器（图 5.7、5.8、5.9）。

3 个反应器中都以聚氨基甲酸乙酯（PUR）泡沫橡胶为载体材料，每个 PUR 颗粒大小为 1.5 cm×1.5 cm×1.5 cm，比表面积为 1 375 m$^2$/m$^3$。

在初次启动中，反应器以含硫化物的塘泥接种，在控制氧量、pH 值及负荷情况下操作，反应器逐渐形成硫杆菌的优势生长，硫化物被硫杆菌在氧气限制的情况下氧化为单质硫。由于硫形成的同时 pH 值上升，所以需要以 CO$_2$ 或 HCl 控制反应器内的 pH 值。出水中含有的硫在沉淀器中加以分离。

Buisman 等研究了以上反应器的操作条件。发现最佳的 pH 值在 8.0 ~ 8.5，在 pH 值

6.5~9.0之间硫化物都能正常除去。实验的最佳温度为25~35 ℃。硫化物氧化速率随进液硫化物浓度增大而上升。实验表明即使在100 mg/L的硫化物质量浓度下,细菌活性不受到任何抑制。

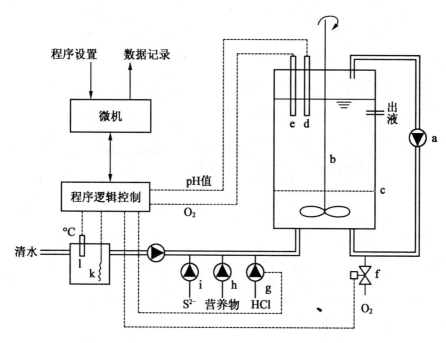

图 5.6　连续进液的实验室硫化物氧化 CSTR 反应器系统

a——气相循环泵;b——搅拌器;c——搅拌区与反应区之间的隔离网(保护填料颗粒);

d——pH 值测量;e——溶解氧测量;f——氧气输入阀;g——盐酸溶液输入泵;

h——营养物和微量元素输入泵;i——硫化物溶液输入泵;

j——清水泵;k——加热器;l——温度测量

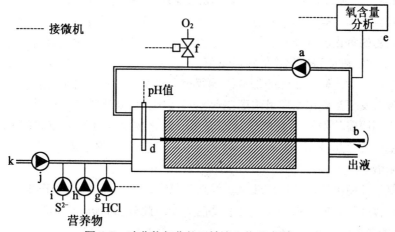

图 5.7　硫化物氧化的回转式生物反应器

a——气相循环泵;b——回转轴;c——带有 PUR 载体的回转笼;d——pH 计;

e——溶解氧测量;f——氧气输入阀;g——盐酸溶液输入泵;h——营养物和微量元素输入泵;

i——硫化物溶液输入泵;j——清水泵;k——恒温清水

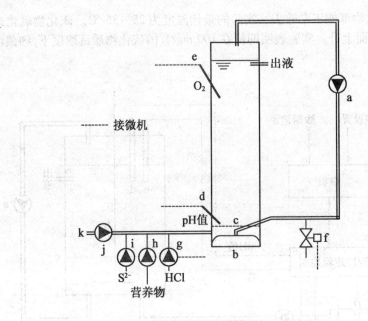

图 5.8　上流式硫化物氧化反应器

a—气相循环泵；b—回转轴；c—带有 PUR 载体的回转笼；d—pH 计；e—溶解氧测量；

f—氧气输入阀；g—盐酸溶液输入泵；h—营养物和微量元素输入泵；

i—硫化物溶液输入泵；j—清水泵；k—恒温清水

用 CSTR 反应器试验，接种 5 d 后，反应器可在水力停留时间（HRT）22 min 的情况下使进水硫化物质量浓度由 80 mg/L 降至 2 mg/L 以下，出水中除了单质硫以外，有少量硫酸盐，其他硫化合物几乎没有。

在反应器中硫酸盐的形成应当加以限制，但是当硫化物氧化为硫酸盐时每个硫提供 8 个电子，而当硫化物氧化为单质硫时每个硫仅提供 2 个电子，因此细菌的生化过程倾向于生成硫酸而获得更多的能。为了使硫化物氧化产物中尽量含有较少的硫酸盐，必须在操作条件下对硫化物的氧化加以控制。影响硫化物氧化最终产物的因素主要有 3 个，即硫化物与氧的比例、硫化物浓度和硫化物的污泥负荷。

硫化物浓度对硫酸盐或硫的形成影响很大。在 CSTR 反应器中，使用未固定化的游离细菌悬浮液时发现当硫化物质量浓度在 5 mg/L 以上时，几乎没有硫酸盐形成，其原因大概是细菌优先利用硫化物而不是单质硫或者由于硫化物的毒性不利于硫酸盐还原菌生长。在以聚氨基甲酸乙酯（PUR）材料为载体的 CSTR 反应器中，硫化物质量浓度超过 20 mg/L 才不再有硫酸盐产生。

降低氧浓度使硫酸盐的形成减少。但当硫化物负荷较高时，由于产生硫酸盐的细菌活性受到某种程度的抑制，这一因素的重要性降低。此外，Buisman 等证实了在氧浓度降低时，产生硫酸盐细菌的活力下降。

污泥负荷也对硫化物氧化结果有重要的影响，在没有填料的 CSTR 反应器内，当硫化物的污泥负荷低于 240 gS/（gN · d）时，反应器中只有硫酸盐生成，当负荷高于 1 200 gS/（gN · d）时，反应器只有硫生成。而在这两个负荷之间，既有硫生成，又有硫酸盐生成。添加填料后硫酸盐的形成会增加。

上述 3 个原因除外,反应器中液体流动的状态也对硫化物氧化结果产生影响,完全混合的 CSTR 反应器中由于硫化物浓度趋于均一,其效果不如形成硫化物浓度梯度的回转式和上流式反应器。

在除去硫化物的生物反应器中,一般能形成 *Thiobacillus* 的优势生长,如前所述,这个属的细菌能使硫化物转变为硫并在细胞外积累,但是反应器中也可能有其他杂菌生长。这类杂菌多分为两类:一类是在细胞内积累的硫细菌(如 *Thiothrix*),另一类是产生硫化物的细菌,例如,还原硫的细菌 *Desulfuromonas acetoxidans* 和硫酸盐还原菌 *Desulfobulbus propionicus*。这两类细菌是仅有的能在这类反应器内生长的杂菌,而且仅当废水中存在有机物时,这两类杂菌才能生长。

*Thiothrix* 的存在会引起两个问题:其一是硫的回收分离困难,主要原因是 *Thiothrix* 能将硫在细菌细胞内积累;其二是 *Thiothrix* 呈丝状生长,会引起污泥膨胀,可提高硫化物生物容积负荷,防止 *Thiothrix* 的生长。采用这种方法阻止 *Thiothrix* 生长的原因尚不清楚,Buisman 等假定这是因为在高负荷下 *Thiothrix* 在与产硫的 *Thiobacillus* 的竞争中处于劣势。*Thiothrix* 生长的 pH 值在 7.0 ~ 8.5 之间,水流的剪力、载体材料、进液的硫化物浓度和 HRT 等对 *Thiothrix* 的生长几乎没有影响。

在纸厂,废水除去硫化物的反应器中,Buisman 等发现硫和硫酸盐还原菌使除硫效果大大降低。当有乙酸存在时,反应器污泥中可发现有硫还原菌存在,但是丙酸存在时会有硫酸盐还原菌存在。在适当控制下,不带载体的反应器中产生的硫化物仅是被氧化的硫化物的 0.6% ,而在带载体材料的反应器中,这一比例为 2% ~4% 。由硫或硫酸盐在反应器中产生硫化物的最佳温度和 pH 值分别为 30℃和 8.0。

硫化物氧化为硫的生物化学过程可以用动力学方程表示:

$$R_i = k [\rho_S]^m [\rho_O]^{n \lg [\rho_O]}$$

式中　$R_i$——硫化物氧化速度;

　　$k$——反应速度常数;

　　$[\rho_S]$——硫化物质量浓度,mg/L;

　　$[\rho_O]$——氧质量浓度,mg/L。

式中,$k$、$m$、$n$ 均为常数。当硫化物质量浓度在 2 ~ 600 mg/L、氧质量浓度在 0.1 ~ 0.85 mg/L 时,$m$、$n$、$k$ 的值分别为 0.408、0.391 和 0.566。

综上所述,由于 CSTR 反应器出水硫化物浓度较高,它在应用上不如回转式和上流式反应器。在反应器中应当采用相对高的负荷,这样才能取得较高的硫化物 - 硫转化率并防止 *Thiothrix* 生长。当负荷较高时,CSTR 反应器出水硫化物浓度达不到荷兰的废水排放标准 (2 mg/L) 以下。表 5.5 是 3 种反应器处理结果的比较。

表 5.5　3 种硫化物氧化反应器处理结果比较

| 反应器类型 | HRT/h | $S^0$ 负荷 /[mg·(L·h)$^{-1}$] | 出水 $S^0$ 质量浓度 /(mg·L$^{-1}$) | $S^0$ 去除率/% |
|---|---|---|---|---|
| CSTR | 0.37 | 375 | 39 | 70 |
| 回转式 | 0.22 | 417 | 1 | 99.5 |
| 上流式 | 0.22 | 454 | 2 | 98 |

表 5.6 是用回流式硫化物氧化反应器处理经过厌氧处理的造纸废水的工艺条件与处理效果。

表 5.6　采用回流式硫化物氧化反应器处理经厌氧处理的造纸废水结果

| pH | 温度 /℃ | HRT /min | 转速 r/min | 空气通入量/(m³·h$^{-1}$) | 进液 $S^{2-}$ 浓度/(mg·L$^{-1}$) | 去除率 /% | 去除速率/ [mg·(L·h)$^{-1}$] | 出液 $SO_4^{2-}$ 质量分数/% |
|---|---|---|---|---|---|---|---|---|
| 8.0 | 27 | 13 | 46 | 1.32 | 140 | 95 | 620 | 8 |

目前,以无色硫细菌氧化除去硫化物的工艺尚在发展中,一些工艺与理论问题有待于进一步研究。

# 第6章 两相厌氧生物处理工艺

## 6.1 两相厌氧工艺概述

### 6.1.1 两相厌氧工艺特点

厌氧消化是一个复杂的生物学过程。复杂有机物的厌氧消化一般经历产酸发酵细菌、产氢产乙酸细菌、产甲烷细菌这3类细菌群的接替转化。

从生物学角度,我们把产酸发酵菌划为产酸相,把产氢产乙酸细菌和产甲烷细菌划为产甲烷相。

产酸发酵细菌的微生物学、生物化学、生态学及运行控制对策等项研究,无疑对厌氧处理系统的成败起着关键作用。一方面,产酸速率要快,并尽可能消除由于有机酸的大量产生从而抑制或阻遏了产酸细菌的代谢活性;另一方面,由于产酸细菌的产物作为产甲烷细菌的基质,所以提供易于被产甲烷细菌利用的产物,是保证产甲烷阶段高效、稳定运行的重要因素。

就单相厌氧生物处理反应器而言,产甲烷细菌比产酸发酵细菌的种群水平和数量水平均小得多,底物利用率有限,繁殖速率慢,世代时间最长可达 4~6 d,而且对环境因素如温度、pH 值、有毒物质影响十分敏感。由于这两大类群微生物对环境条件的要求有很大差异,在一个反应器中维持它们的协调和平衡是十分不容易的。当平衡失调时,对产酸发酵细菌活性的负影响很小,甚至有可能活性提高,而对产甲烷细菌活性的负影响将很大,导致反应器处理能力大大降低,并且易于造成有机酸积累,发生"酸化"现象,导致整个工艺处理过程失效。

表 6.1 几种废水两相和单相厌氧生物处理工艺的结果对比

| 废水来源 | Anodek 工艺 | | | 单相 UASB 反应器 | | |
| --- | --- | --- | --- | --- | --- | --- |
| | 进水 COD /(mg · L$^{-1}$) | COD 去除率/% | UASB 负荷 /[kgCOD · (m$^3$ · d)$^{-1}$] | 进水 COD /(mg · L$^{-1}$) | COD 去除率/% | UASB 负荷 /[kgCOD · (m$^3$ · d)$^{-1}$] |
| 浸、沤麻 | 6 500 | 85~90 | 9~12 | 6 000 | 80 | 2.5~3 |
| 甜菜加工 | 7 000 | 92 | 20 | 7 500 | 86 | 12 |
| 酵母、乙醇 | 28 200 | 67 | 21 | 27 000 | 90~7 | 6~7 |
| 霉和乙醇 | 7 500 | 84 | 14 | 5 300 | 90 | 10 |

续表 6.1

| 废水来源 | Anodek 工艺 | | | 单相 UASB 反应器 | | |
|---|---|---|---|---|---|---|
| | 进水 COD/(mg·L$^{-1}$) | COD 去除率/% | UASB 负荷/[kgCOD·(m$^3$·d)$^{-1}$] | 进水 COD/(mg·L$^{-1}$) | COD 去除率/% | UASB 负荷/[kgCOD·(m$^3$·d)$^{-1}$] |
| 啤酒 | 2 500 | 80 | 10 ~ 15 | 2 500 | 86 | 14 |
| 软饮料加工 | 31 800 | 94 | | | | |
| 纸浆生产 | 16 600 | 70 | 17 | 15 300 | 63 | 2 ~ 2.5 |
| 纸木加工 | 11 400 | 76 | 11 | | | |
| 豆浆生产 | 5 500 | 70 ~ 75 | 20 ~ 30 | | | |
| 柠檬酸生产 | 42 574 | 70 ~ 80 | 15 ~ 20 | | | |
| 动物残渣 | 23 250 | 50 ~ 60 | 6 ~ 7 | | | |
| 麦芽蒸馏 | 45 300 | 70 | 30 | | | |

## 6.1.2　两相厌氧工艺的微生物学

对沼气发酵中微生物生态学的认识,经历了漫长的岁月,直到 1988 年,S. H. Zinder 在第五届国际厌氧消化讨论会上提出的厌氧消化器中由复杂有机物形成甲烷的碳素流及五群菌模式,才为大家所公认(图 6.1)。不溶性有机物,如多糖、蛋白质脂类,必须由发酵性细菌(*Fermen-tative bacteria*)(类群 1)的作用,水解成可溶性物质如寡糖和单糖,多肽如氨基酸和游离脂肪酸。然后这些可溶性产物被发酵性细菌吸入细胞内,并将其发酵,主要产物为有机酸及氢和二氧化碳等多于 2 个碳(乙酸)的脂肪酸,以及其他一些有机酸和醇类,由产氢(质子还原)产乙酸菌(*Hytrogen-producing*(*Proton-reducing*)*acetogenic bacteria*)(类群 2)转化为乙酸、氢和二氧化碳。这两菌群作用是转化复杂有机物为甲烷的前体物质的主要菌群。耗氢产乙酸菌(*Hydrogne-Cunsurming acetogens*)(类群 3)的作用还未被广泛研究。$H_2 - CO_2$ 为食氢产甲烷菌(*Hydrogenotrophic methanogens*)(类群 4)所消耗;乙酸为食乙酸产甲烷菌(*Acedotrophic methanogens*)(类群 5)裂解为 $CH_4$ 和 $CO_2$。

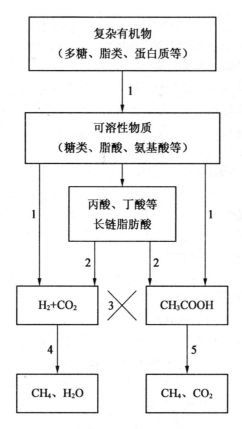

图 6.1　沼气发酵过程中的碳素流及五群菌模式

厌氧消化过程的 5 种细菌,构成一条食物链,从它们的生理代谢产物来看,前 3 种细菌的主要代谢产物为有机酸和氢及二氧化碳。后两种细菌利用前 3 种细菌代谢的终产物乙酸和氢及二氧化碳生成甲烷。所以称前 3 种细菌为不产甲烷菌,或称酸化菌群,后两群菌为产甲烷菌,或称甲烷化菌群。

1. 不产甲烷菌

不产甲烷菌主要包括发酵性细菌、产氢产乙酸菌和耗氢产乙酸菌 3 类,下面将它们的生理代谢特点及其在厌氧消化中的作用分别加以介绍:

(1)发酵性细菌。

厌氧消化器里的发酵性细菌,是指在厌氧条件下将多种复杂有机物水解为可溶性物质,并将可溶性有机物发酵主要生成乙酸、丙酸、丁酸、氢和二氧化碳的菌类,所以也有人称其为水解发酵性细菌或产氢产酸菌。

厌氧处理污水中的有机物种类繁多,生物大分子物质包括碳水化合物(淀粉、纤维素、半纤维素和木质素等)、脂类、蛋白质和其他含氮化合物。因此,发酵性细菌也是一个复杂的混合菌群。已研究过的就有几百种,在中温厌氧消化过程中,有梭状芽孢杆菌属(*Clostridium*)、拟杆菌属(*Bacteriodes*)、丁酸弧菌属(*Butyrivibrio*)、真细菌属(*Eubacterium*)、双歧杆菌属(*Bifidbcterium*)和螺旋体等属的细菌。在高温厌氧消化器中,有梭菌属和无芽孢的革兰氏阴性杆菌。其他也存在一些链球菌和肠道菌等的兼性厌氧细菌。

（2）产氢产乙酸菌。

1916 年,俄国学者奥梅梁斯基( V. L. Omeliansky)分离了第一株不产生孢子、能发酵乙醇产生甲烷的细菌,称之为奥氏甲烷杆菌。1940 年巴克( Barker)发现这种细菌具有芽孢,又改名为奥氏甲烷芽孢杆菌。布赖恩特( H. P. Bryant)等人于 1967 年发表的论文中指出,所谓奥氏甲烷菌,实为两种细菌的互营联合体:一种为能发酵乙醇产生乙酸和分子氢的、能运动的、革兰氏阴性的厌氧细菌,称之为 S 菌株;另一种为能利用分子氢产生甲烷、不能运动、革兰氏染色不定的厌氧杆菌,称之为 M. O. H 菌株,亦即能利用氢产生甲烷的细菌。其中,S 菌株属于产氢产乙酸菌。

产氢产乙酸菌在以乙醇为底物时的反应如下:

$$CH_3CH_2OH + H_2O \longrightarrow CH_3COOH + 2H_2 \qquad \Delta G'_0 = +19.2 \text{ kJ/反应}$$

产氢产乙酸菌的代谢产物中有分子态氢,所以不难看出,体系中氢分压的高低对代谢反应的进行起着重要的调控作用;或加速反应,或减慢反应,或中止反应。

产氢产乙酸菌在以丁酸为底物时的反应如下:

$$CH_3CH_2CH_2COOH + 2H_2O \longrightarrow 2CH_3COOH + 2H_2 \quad \Delta G'_0 = +48.1 \text{ kJ/反应}$$

产氢产乙酸菌在以丙酸为底物时的反应如下:

$$CH_3CH_2COOH + 2H_2O \longrightarrow CH_3COOH + 3H_2 + CO_2 \quad \Delta G'_0 = +76.1 \text{ kJ/反应}$$

以上 3 种细菌的代谢产物( 乙酸和氢)进一步被甲烷细菌转化为甲烷:

$$CH_3COOH \longrightarrow CH_4 + CO_2 \qquad \Delta G'_0 = -31 \text{ kJ/mol}$$

$$4H_2 + CO_2 \longrightarrow CH_4 + 2H_2O \qquad \Delta G'_0 = -135 \text{ kJ/mol}$$

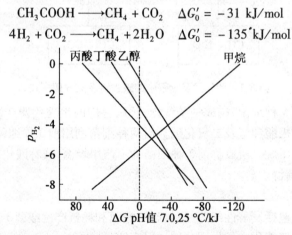

图 6.2　$p_{H_2}$ 对有机物降解和形成甲烷的自由能的影响,其中乙醇、丁酸和丙酸反应物的浓度各为

1 mmol/L,$HCO_3^-$ 的浓度为 50 mmol/L,甲烷的分压($p_{CH_4}$)为 $0.5 \times 1.01 \times 10^5$ Pa

由以上 3 种反应可以看出,由于各反应所需自由能不同,进行反应的难易程度也就不一样。由图 6.2 知,以大气压为单位时,当氢分压小于 0.15 时,乙醇即能自动进行产氢产乙酸反应,而丁酸则必须在氢分压小于 $2 \times 10^{-3}$ 下进行,而丙酸则要求更低的氢分压($9 \times 10^{-5}$)。在厌氧消化系统中,降低氢分压的工作必须依靠甲烷细菌来完成。由此可见,通过甲烷细菌利用分子态氢以降低氢分压,对产氢产乙酸细菌的生化反应起着何等重要的调控作用。

一旦甲烷细菌因受环境条件的影响而放慢对分子态氢的利用速率,其结果必须是放慢产氢产乙酸细菌对丙酸的利用,接着依次是丁酸和乙醇。因此,厌氧消化系统一旦发生故障时,经常出现丙酸的积累。

（3）耗氢产乙酸菌。

耗氢产乙酸菌又称同型产乙酸菌,该类菌在发酵糖类时乙酸是主要产物或唯一产物,能利用 $CO_2$ 作为末端电子受体形成乙酸,所以该类菌为混合营养型,既能代谢 $CO_2$ 自养生活,又能代谢糖异养生活。

近 20 年来已分离到包括 4 个属的 10 多种同型产乙酸菌。作为一个类群来说,同型产乙酸菌可以利用己糖、戊糖、多元醇、糖醛酸,三羧酸循环中各种酸、丝氨酸、谷氨酸、3 - 羧基丁酮、乳酸、乙醇等形成乙酸。

在厌氧消化器中,该类菌的确切作用还不十分清楚。有人认为在肠道中产甲烷菌利用氢的能力可能胜过耗氢产乙酸菌,所以它们更重要的作用可能在于发酵多碳化合物。有人认为耗氢产乙酸菌能利用 $H_2$,因而对消化器中有机物的分解并不重要,由于这些细菌能代谢 $H_2/CO_2$ 为乙酸,为食乙酸产甲烷菌提供了生成甲烷的基质,又由于代谢分了氢,使厌氧消化系统中保持低的氢分压,有利于沼气发酵的正常进行。有人估计这些菌形成的乙酸在中温消化器中占 1% ~4% ,在高温消化器中占 3% ~4% 。

常见的耗氢产乙酸菌有以下几种:

①伍德乙酸杆菌。该菌是由贝尔奇(Balch)等人发现的,属于典型的混合营养型同型产乙酸菌。既利用有机物(葡萄糖、果糖、乳酸、丙酮酸、甘油、甲酸等),又可以利用无机物( $H_2/CO_2$ )。以果糖为发酵基质时,约有 92% ~95% 的果糖转化为乙酸,菌体生长较快,倍增时间为 6 h;以 $H_2/CO_2$ 为基质时也能产生乙酸,生长相对较慢,倍增时间为 25 h。若和产甲烷菌共同培养,比单独培养时生长得好。以 $H_2/CO_2$ 为底物和巴氏甲烷八叠球菌共同培养时,由于巴氏甲烷叠球菌既可利用乙酸也可利用 $H_2/CO_2$ 生成甲烷,共培养的终产物主要为甲烷和二氧化碳。和嗜树木甲烷短杆菌共同培养时,由于该产甲烷菌只能利用 $H_2/CO_2$ 生成甲烷,所以终产物为乙酸、甲烷和二氧化碳。

②威林格氏乙酸杆菌。该菌与伍德氏乙酸杆菌类似,为中温性无孢子的短杆菌,有时呈链状,侧生鞭毛,革兰氏染色阳性。在没有酵母膏的培养基上能利用 $H_2/CO_2$ 自养生长,最适生长温度为 30 ℃,最适 pH 值为 7.2 ~7.8。该菌不能利用葡萄糖,但能利用 D - 果糖、DL - 乳酸盐。对密二糖、甘油和甲酸仅能少量利用。

③乙酸梭菌。该菌能够在含有碳酸氢钠河泥浸出液的无机培养基上利用 $H_2/CO_2$ 产生乙酸,也能利用某些糖类形成乙酸。

④基维产乙酸菌,该菌能利用葡萄糖、果糖、甘露糖、丙酮酸、甲酸、$H_2/CO_2$ 形成乙酸。该菌为嗜热性细菌,生长温度范围为 50 ~72 ℃,最适生长温度为 66 ℃。生长 pH 值范围为 5.3 ~7.3,最适生长 pH 值为 6.4。

以上 3 类不产甲烷菌的微生物学过程说明,各种复杂有机物,经过上述 3 类细菌的发酵作用,最终生成乙酸、$H_2$ 和 $CO_2$,这为产甲烷菌的生长创造了条件。当有产甲烷菌存在时不产甲烷菌群代谢的终产物被最后分解发酵为 $CH_4$ 和 $CO_2$。在此发酵过程中若发生游离氢的积累,则有机物的进一步分解受阻。因此游离氢的氧化,不仅为产甲烷菌提供能源,而且也为除去发酵过程中的末端电子提供了条件,能够保证代谢产物一直进行到产乙酸阶段。也就是说不产甲烷菌的生长代谢顺利进行,有赖于产甲烷菌的产甲烷过程的顺利进行。

2.产甲烷菌

（1）产甲烷菌的概念及分类。

产甲烷菌是一群形态多样,具有特殊细胞成分,可代谢 $H_2$ 和 $CO_2$ 及少数几种简单有机物生成甲烷的严格厌氧的古细菌。产甲烷菌包括食氢产甲烷菌和食乙酸产甲烷菌两个生理类群,它们是厌氧食物链中的最后一组成员。尽管它们具有各种各样的形态,但它们在食物链中的地位使它们具有相同的生理特性。它们在严格厌氧条件下,将发酵性细菌、产氢产乙酸菌和耗氢产乙酸菌的终产物,在没有外源电子受体的情况下,把乙酸 $H_2$ 和 $CO_2$ 转化为甲烷、$CO_2$ 和水。使有机物在厌氧条件下的分解作用得以顺利进行。

利用比较两种产甲烷细菌细胞内 16SrRNA 经酶解后各寡核苷酸中碱基排列顺序的相似性(即同源性)的大小即 $S_{AB}$ 值,来确定比较两个菌株或菌种在分类上目科属种菌株的相近性。可以将产甲烷菌分为 3 个目、4 个科、7 个属、13 个种(见表6.2)。

表6.2　产甲烷菌分类系统(Balch 等,1979 年)

| 目 | 科 | 属 | 种 |
|---|---|---|---|
| 甲烷杆菌目<br>(methanobacrerteriales) | 甲烷杆菌科<br>(methanobacteriaceae) | 甲烷杆菌属<br>(methanobacterium) | 甲酸甲烷杆菌(*Mb. formicicum*)<br>布氏甲烷杆菌(*Mb. bryantii*)<br>嗜热自养产甲烷杆菌<br>(*Mb. thermoautotrophicum*) |
| | | 甲烷短杆菌属<br>(*Methanobrevibacter*) | 嗜树甲烷短杆菌<br>(*Mbr. arboriphilicus*)<br>瘤胃甲烷短杆菌<br>(*Mbr. ruminatium*)<br>史氏甲烷短杆菌(*Mbr. smithii*) |
| 甲烷球菌目<br>(Methanococcales) | 甲烷球菌科<br>(Methanococcaceae) | 甲烷球菌属<br>(*Methanococcus*) | 万氏甲烷球菌(*Mc. vannielii*)<br>沃氏甲烷球菌(*Mc. voltae*) |
| 甲烷微球菌目<br>(Methanomicrobiales) | 甲烷微球科<br>(Methanomicrobiaceae) | 甲烷微菌属<br>(*Methanomicrobium*) | 运动甲烷微菌<br>(*Mm. mobile*) |
| | | 产甲烷菌属<br>(*methanogenium*) | 卡里亚萨产甲烷菌(*Mg · cariaci*)<br>黑海产甲烷菌(*Mg · marisnigri*) |
| | | 甲烷螺菌属<br>(*Methanospirillum*) | 享氏甲烷螺菌(*Msp · hungatei*) |
| | 甲烷八叠球菌科<br>(Methanosarcinaceae) | 甲烷八叠球菌属<br>(*Methanosarcina*) | 巴氏甲烷八叠球菌(*Ms. Barkeri*) |
| $S_{AB} = 0.22 \sim 0.28$ | $S_{AB} = 0.34 \sim 0.36$ | $S_{AB} = 0.46 \sim 0.5$ | $S_{AB} = 0.55 \sim 0.65$ |

(2)产甲烷菌的代表菌种。

①甲酸甲烷杆菌(图6.3)。甲酸甲烷杆菌一般呈长杆状,宽 0.4 ~ 0.8 μm,长度可变,从几 μm 到长丝或链状,为革兰氏染色阳性或阴性。在液体培养基中老龄菌丝常互相缠绕成聚集体。在滚管中形成的菌落呈圆形,具有丝状边缘,淡色。用 $H_2/CO_2$ 为基质,37 ℃培养,3 ~ 7 d 形成菌落。利用 $H_2/CO_2$、甲酸盐生长并产生甲烷,可在无机培养基上自养生长。最适生长温度 37 ~ 45 ℃,最适 pH 值为 6.6 ~ 7.8。$G + C$ 为(40.7 ~ 42)mol%。甲酸甲烷杆菌一般分布在污水沉积物、瘤胃液和消化器中。

②布氏甲烷杆菌(图6.4)。该菌是 1967 年 Bryant 等从奥氏甲烷杆菌这个混合菌培养物中分离到的,杆状,单生或形成链。革兰氏染色阳性或可变,不运动,具有纤毛。表面菌落直径可达 1～5 mm,扁平,边缘呈丝状扩散,一般在一周内出现菌落。深层菌落粗糙,丝状,在液体培养基中趋向于形成聚集体。

　　图6.3　甲酸甲烷杆菌　　　　　　　　　　　图6.4　布氏甲烷杆菌

利用 $H_2/CO_2$ 生长并产生甲烷,不利用甲酸,以氨态氮为氮源,要求维生素 B 和半胱氨酸、乙酸刺激生长。最适温度 37～39 ℃,最适 pH 值为 6.9～7.2,DNA 的 G＋C＝32.7mol%。分布于淡水及海洋的沉积物、污水及曲酒窖泥。

③嗜热自养甲烷杆菌(图6.5)。长杆或丝状,丝状体可超过数百 μm,革兰氏染色阳性,不运动,形态受生长条件特别是温度所影响,在 40 ℃ 以下或 75 ℃ 以上时,丝状体变为紧密的卷曲状。菌落圆形,灰白、黄褐色,粗糙,边缘呈丝状扩散。只利用 $H_2/CO_2$ 生成甲烷,需要微量元素 Ni、Co、Mo 和 Fe,不需有机生长素。该菌生长迅速,倍增时间为 2～5 h,液体培养物可在 24 h 完成生长,最适生长温度为 65～70 ℃,在 40 ℃ 以下不生长,最适 pH 值为 7.2～7.6,DNA 的 G＋C＝(49.7～52)mol%。可分离自污水、热泉及消化器中。

④瘤胃甲烷短杆菌(图6.6)。呈短杆或刺血针状球形,端部稍尖,常成对或链状,似链球菌,革兰氏染色阳性,不运动或微弱运动。菌落淡黄、半透明、圆形、突起,边缘整齐。一般在 37 ℃3 天出现菌落,3 周后菌落直径可达 3～4 mm,利用 $H_2/CO_2$ 及甲酸生长并产生甲烷,在甲酸上生长较慢。要求乙酸及氨氮为碳源和氮源,还要求氨基酸、甲基丁酸和辅酶 M。最适生长温度为 37～39 ℃,最适 pH 值为 6.3～6.8,G＋C＝(3.0～6)mol%。分离自动物消化道、污水。

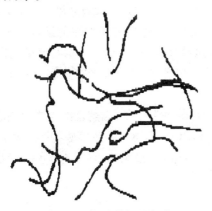

　　图6.5　嗜热自养甲烷杆菌　　　　　　　　图6.6　瘤胃甲烷短杆菌

⑤万氏甲烷球菌(图6.7)。规则到不规则的球菌,直径0.5～4 μm,单生、成对,革兰氏染色阴性,丛生鞭毛,活跃运动,细胞极易破坏。深层菌落淡褐色,凸透镜状,直径0.5～1 mm。利用$H_2/CO_2$和甲酸生长并产生甲烷,以甲酸为底物最适生长pH值为8.0～8.5;以$H_2/CO_2$为底物,最适pH值为6.5～7.5。机械作用易使细胞破坏,但不易被渗透压破坏。最适温度为36～40 ℃,G+C=31.1mol%。可分离自海湾污泥。

⑥亨氏甲烷螺菌(图6.8)。细胞呈弯杆状或长度不等的波形丝状体,菌体长度受营养条件的影响,革兰氏染色阴性,具极生鞭毛,缓慢运动。表面菌落淡黄色、圆形、突起,边缘裂叶状,表面菌落具有间隔为16 μm的特征性羽毛状浅蓝色条纹。利用$H_2/CO_2$和甲酸生长并产生甲烷,最适生长温度30～40 ℃,最适pH值为6.8～7.5,G+C=(45～46.5)mol%。分离自污水污泥及厌氧反应器。亨氏甲烷螺菌是迄今为止在产甲烷菌中发现的唯——种螺旋状细菌。

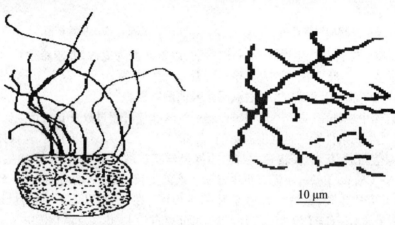

图6.7　万氏甲烷球菌　　　　　　　图6.8　亨氏甲烷螺菌

⑦巴氏甲烷八叠球菌(图6.9)。细胞形态为不对称的球形,通常形成拟八叠球菌状的细胞聚体。革兰氏染色阳性。不运动,细胞内可能有气泡。在以$H_2/CO_2$为底物时,3～7 d可形成菌落;以乙酸为底物时生长较慢,以甲醇为底物时生长较快。菌落往往形成具有桑葚状表面结构的特征性菌落。最适生长温度35～40 ℃,最适pH值为6.7～7.2,G+C=(40～43)mol%。

⑧索氏甲烷丝菌(图6.10)。细胞呈杆状,无芽孢,端部平齐,液体静止。培养物可形成由上百个细胞连成的丝状体,单细胞0.8×1.8～2 μm,外部有类似鞘的结钩。电镜扫描可以发现,丝状体呈特征性竹节状,强烈震荡时可断裂成杆状单细胞。革兰氏染色阴性,不运动。至今未得到该菌的菌落生长物,报导过的纯培养物都是通过富集和稀释的方法获得的。

索氏甲烷丝菌可以在只有乙酸为有机物的培养基上生长,裂解乙酸生成甲烷和$CO_2$,能分解甲酸生成$H_2$和$CO_2$,不利用其他底物,如$H_2/CO_2$、甲醇、甲胺等底物生长和产生甲烷。生长的温度范围是3～45 ℃,最适温度为37 ℃,最适pH值为7.4～7.8,G+C=51.8mol%。可自污泥和厌氧消化器中分离。

图6.9　巴氏甲烷八叠球菌　　　　　　　图6.10　索氏甲烷丝菌

甲烷丝菌是继甲烷八叠球菌属后发现的仅有的另一个裂解乙酸的产甲烷菌属。沼气中的甲烷 70% 以上来自乙酸的裂解,足以说明这两种细菌在厌氧消化器中的重要性。甲烷丝菌大量存在于厌氧消化器的污泥中,是构成附着膜和颗粒污泥的首要产甲烷菌类。甲烷丝菌适宜生长的乙酸浓度要求较低,其 $K_m$ 值为 0.7 mmol/L,当消化器稳定运行时,消化器中的乙酸浓度一般很低,因而更适宜甲烷丝菌的生长,经长期运行,甲烷丝菌就会成为消化器内乙酸裂解的优势产甲烷菌。

(3)产甲烷菌的结构特征。

根据近年来的研究,产甲烷菌、嗜盐细菌和耐热嗜酸细菌一起被划分为古细菌部分。古细菌与所有已知的统归为真细菌的其他细菌有显著的差别,古细菌都存在于相当极端的生态环境下,这种极端环境条件相当于人们假定的地球发展最早的时期(太古时期),古细菌有许多共同的特征,但是均与真细菌有所不同;即使在此类群细菌内,细胞形态、结构和生理方面也存在显著差异。

①细胞壁。产甲烷菌的细胞壁并不含肽聚糖骨架,而仅含蛋白质和多糖,有些产甲烷菌含有"假细胞壁质";而真细菌中革兰氏染色阳性菌的细胞壁内含有 40% ~ 50% 的肽聚糖,在革兰氏染色阴性细菌中,肽聚糖大约占 5% ~ 10%。

②细胞膜。微生物的细胞膜主要由脂类和蛋白质构成,脂类包括中性脂和极性脂。

在产甲烷细菌的总脂类中,中性脂占 70% ~ 80%。细胞膜中的极性脂主要为植烷基甘油醚,即含有 $C_{20}$ 植烷基甘油二醚与 $C_{40}$ 双植烷基甘油四醚,而不是脂肪酸甘油酯。细胞膜中的中性脂以游离 $C_{15}$ 和 $C_{30}$ 聚类异戊二烯碳氢化合物的形式存在,如图 6.11 所示。由表 6.3 可以看出产甲烷菌的脂类性质很稳定,缺乏可以皂化的脂键,一般条件下不易被水解。

真细菌中的脂类与此不同,甘油上结合的是饱和的脂肪酸,且以脂键连接,可以皂化,易被水解。在真核生物的细胞中,甘油上结合的都为不饱和脂肪酸,也以脂键连接。

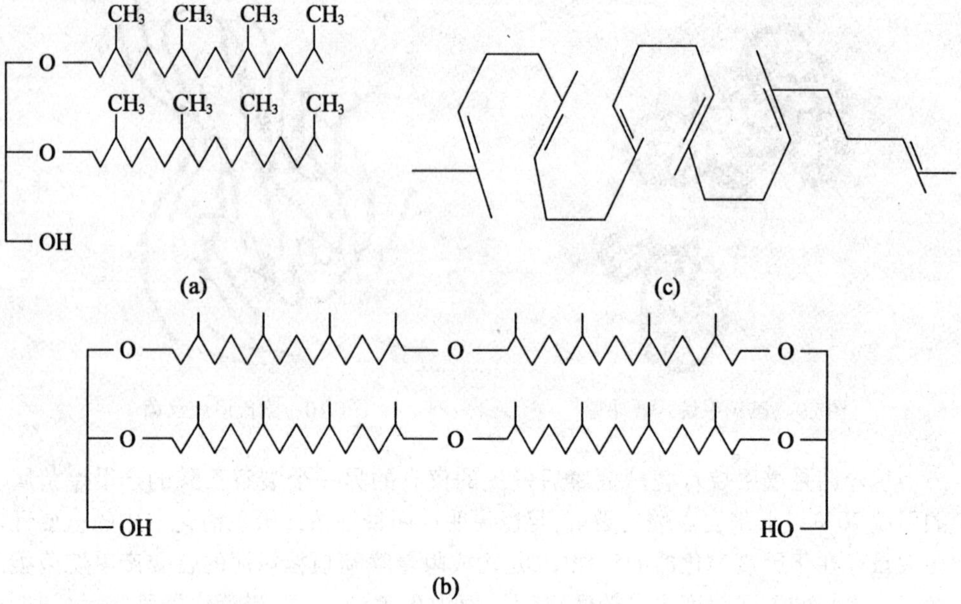

图 6.11　产甲烷菌细胞膜中的脂类分子结构

(a)$C_{20}$植烷基甘油二醚;(b)$C_{40}$双植烷基甘油四醚;(c)$C_{30}$聚类异戊二烯碳氢化合物

表 6.3　古细菌、真细菌和其核生物细胞壁和细胞膜膜成分比较

| 成分 | 古细菌 | 真细菌 | 真核生物(动物) |
|---|---|---|---|
| 细胞壁 | + | + | − |
| 细胞壁特征 | 不含有典型原核生物的细胞壁 | 有典型原核 | |
| | 缺乏肽聚糖 | 有肽聚糖 | |
| N‑乙酰胞壁酸 | | + | − |
| 脂类 | 疏水基为植烷醇醚键连接 | 疏水基为磷脂键连接 | 疏水基为磷脂键连接 |
| | 完全饱和并分支的$C_{20}$化合物 | 饱和脂肪酸和不饱和脂肪酸各一 | 均为不饱和脂肪酸 |

(4)产甲烷菌的生理特性。

一些与厌氧生物处理有较密切关系的产甲烷菌的营养要求见表 6.4。

表6.4　产甲烷菌的营养与环境条件

| 名称 | 能源及碳源 | 其他营养条件 | 最适温度/℃ | 最适 pH 值 | 倍增时间/h | 来源 |
|---|---|---|---|---|---|---|
| 甲酸甲烷杆菌 | $H_2/CO_2$，HCOOH | | 35~40 | 6.7~7.2 | 8~10.5 | 消化污泥 |
| 布氏甲烷杆菌 | $H_2/CO_2$ | 维生素 B，半胱氨酸 | 37~39 | 5.9~7.2 | | 消化污泥 |
| 嗜热自养甲烷杆菌 | $H_2/CO_2$ | Ni、Co、Mo、Fe | 65~70 | 7.2~7.6 | 2~5 | 消化污泥 |
| 沼泽甲烷杆菌 | $H_2/CO_2$ | | 37~40 | 6.0~8.5 | | 沼泽土 |
| 沃氏甲烷杆菌 | $H_2/CO_2$ | W，酵母提取物 | 55~65 | 7.0~7.5 | | 污泥 |
| 热嗜碱甲烷杆菌 | $H_2/CO_2$ | Se，酵母提取物 | 58~62 | 7.5~8.5 | 4 | 粪便消化污泥 |
| 斯氏甲烷球形菌 | $H_2/CH_3OH$ | $CO_2$，乙酸，亮氨酸，维生素 B，异亮氨酸 | 37 | 6.5~6.9 | | 人粪 |
| 嗜热甲烷产生菌 | $H_2/CO_2$，HCOOH | 胰解酶酪蛋白胨，维生素，酵母提取物 | 55 | 7.0 | 2.5 | |
| 巴氏甲烷八叠球菌 | $H_2/CO_2$，$CH_3OH$，$CH_3COOH$，$CH_3NH_2$，$(CH_3)_2NH$，$(CH_3)_3N$，$CH_3N(CH_3CH_2)_2$ | 酵母提取物 | 30~40 | 7.0 | ①8~12($H_2/CO_2$,$CH_3OH$) ②>24($CH_3NH_2$,$CH_3COOH$) | 消化污泥 |
| 聚集甲烷产生菌 | $H_2/HCOOH$ | 乙酸,酵母提取物 | 35 | 6.5~7.1 | | 消化污泥 |
| 孙氏甲烷丝菌 | $CH_3COOH$ | | 37 | 7.4~7.8 | 82 | 消化污泥 |
| 康氏甲烷丝菌 | $CH_3COOH(CO_2)$ | | 35~40 | 7.1~7.5 | 24 | 消化污泥 |

产甲烷菌只能利用简单的碳素化合物,这与其他微生物用于生长和代谢的能源和碳源明显不同。常见的基质包括 $H_2/CO_2$、甲酸、乙酸、甲醇、甲胺类等。有些种能利用 CO 为基质但生长差,有的种能生长于异丙醇和 $CO_2$ 上。绝大多数产甲烷菌可利用 $H_2$,但食乙酸的索氏甲烷丝菌、嗜热甲烷八叠球菌等不能利用 $H_2$,能利用氢的产甲烷菌多数可利用甲酸,有些只能利用氢。甲烷八叠球菌在产甲烷菌中是能代谢底物种类最多的细菌,一般可利用 $H_2/CO_2$、甲醇、乙酸、甲胺、二甲胺、三甲胺,有的还可利用 CO 生长。

某些产甲烷菌必需某些维生素类才能生长,或有刺激作用,尤其是 B 族维生素培养基配制维生素溶液配方见表6.5;所有产甲烷菌的生长均需要 Ni、Co 和 Fe,有些产甲烷菌需要其他金属元素,如 Mo 能刺激嗜热自养甲烷杆菌和巴氏甲烷八叠球菌的生长并在细胞内积累。有些产甲烷菌的生长需要较高浓度 Mg 的存在。培养基配制常用微量元素溶液配方见表6.6。

表 6.5　维生素溶液配方(mg/L 蒸馏水)

| 生物素 | 2 | 叶酸 | 2 |
|---|---|---|---|
| 盐酸吡哆醇 | 10 | 核黄素 | 5 |
| 硫胺素 | 5 | 烟酸 | 5 |
| 泛酸 | 5 | 维生素 $B_{12}$ | 0.1 |
| 对－氨基苯甲酸 | 5 | 硫辛酸 | 5 |

表 6.6　常用微量元素溶液配方(g/L 蒸馏水)

| 氨基三乙酸 | 1.5 | $MgSO_4 \cdot 7H_2O$ | 3.0 |
|---|---|---|---|
| $MnSO_4 \cdot 7H_2O$ | 0.5 | NaCl | 1.0 |
| $CoCl_2 \cdot 6H_2O$ | 0.1 | $CaCl_2 \cdot 2H_2O$ | 0.1 |
| $FeSO_4 \cdot 7H_2O$ | 0.1 | $ZnSO_4 \cdot 7H_2O$ | 0.1 |
| $CuSO_4 \cdot 5H_2O$ | 0.01 | $AlK(SO_4)_2$ | 0.01 |
| $H_3BO_3$ | 0.01 | $Na_2MoO_4$ | 0.01 |
| $NiCl_2 \cdot 6H_2O$ | 0.02 | | |

(5)产甲烷菌的生长繁殖所需的环境条件。

产甲烷菌采用二分裂殖法进行繁殖。一般认为,产甲烷菌生长繁殖得很慢,倍增时间长达几小时至几十小时,还有报道长达 100 h 左右,而好氧细菌的倍增时间仅需数十分钟。

细胞得率是用于对细胞反应过程中碳源等物质生成细胞或其产物的潜力进行定量评价的量。产甲烷菌的细胞得率 $Y_{CH_4}$ 随生长基质的不同而不同,以巴氏甲烷八叠球菌为例(表6.7)。

表 6.7　巴氏甲烷八叠球菌的细胞得率 $Y_{CH_4}$

| 生长基质 | 反应 | $\Delta G^\theta/(kJ \cdot mol^{-1})$ | $Y_{CH_4}/(mg \cdot mmol^{-1})$ |
|---|---|---|---|
| $CH_3COOH$ | $CH_3COOH \longrightarrow CH_4 + CO_2$ | $-31$ | $2.1$ |
| $CH_3OH$ | $4CH_3OH \longrightarrow 3CH_4 + CO_2 + 2H_2O$ | $-105.5$ | $5.1$ |
| $H_2/CO_2$ | $4H_2 + CO_2 \longrightarrow CH_4 + 2H_2O$ | $-135.7$ | $8.7 \pm 0.8$ |

除了生长基质对产甲烷菌的生长繁殖有重要影响外,环境条件的作用也是不容忽视的,比较重要的环境条件主要包括温度、氧化还原电位、pH 值。

①温度。产甲烷菌广泛分布于各种不同温度的生境中,从长期处于 2 ℃的海洋沉积物到温度高达 100 ℃以上的地热区,已分离到多种多样的嗜温产甲烷菌和嗜热产甲烷菌。

根据产甲烷菌对温度的适应范围,可将产甲烷菌分为 3 类:低温菌、中温菌和高温菌。低温菌的适应范围为 20 ~ 25 ℃,中温菌为 30 ~ 45 ℃,高温菌为 45 ~ 75 ℃。经鉴定的产甲烷菌中,大多数为中温菌,低温菌较少,而高温菌的种类也较多。

一般来说,产甲烷菌要求的最适温度范围和厌氧消化系统要求维持的最佳温度范围经常是不一致的。例如,嗜热自养甲烷杆菌的最适温度范围为 65 ~ 70 ℃,而高温消化系统维持的最佳温度范围则为 50 ~ 55 ℃。其之所以存在差异,原因在于厌氧消化系统是一个混合菌种共生的生态系统,必须照顾到各菌种的协调适应性,以保持最佳的生化代谢之间的平衡。如果为了满足嗜热自养甲烷杆菌,把温度升至 65 ~ 70 ℃,则在此高温下,大部分厌氧的产酸发酵细菌就很难正常生活。

②氧化还原电位。厌氧消化系统中氧化还原电位的高低,对产甲烷菌的影响极为明显。产甲烷菌细胞内具有许多低氧化还原电位的酶系。当体系中氧化态物质的标准电位高和浓度大时(亦即体系的氧化还原电位高时),这些酶系将被高电位不可逆转地氧化破坏,使产甲烷菌的生长受到抑制,甚至死亡。例如,产甲烷菌产能代谢中重要的辅酶因子 $F_{420}$ 受到氧化时,即与蛋白质分离而失去活性。

一般认为,参与中温消化的产甲烷菌要求环境中应维持的氧化还原电位应低于 $-350$ mV;对参与高温消化的产甲烷菌则应低于 $-500$ ~ $-600$ mV。产甲烷菌应该生活在氧低至 2 ~ 5 μL/L 的环境中。

③pH 值。pH 值对产甲烷菌的影响主要表现在以下几个方面:影响菌体及酶系统的生理功能和活性;影响环境的氧化还原电位;影响基质的可利用性。一般来说大多数中温产甲烷菌的最适 pH 值范围约在 6.8 ~ 7.2。但各种产甲烷菌的最适 pH 值也是相差比较大的,从 6.0 ~ 8.5 各不相同。据研究索氏甲烷杆菌对 pH 值最为敏感,而马氏甲烷球菌则表现迟缓。图 6.12 表示的是 pH 值对反应器中产甲烷菌活性的影响。

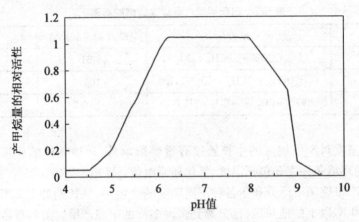

图 6.12　　pH 值对反应器中产甲烷菌活性的影响

在培养产甲烷菌的过程中，随着基质的不断吸收利用，环境中的 pH 值也会随之变化，或逐渐升高，或逐渐降低。pH 值的变化速率基本上和基质的利用速率成正比。一旦基质消耗殆尽，pH 值就趋于某一稳定值。基质为 $CH_3COOH$ 或 $H_2/CO_2$ 时，pH 值会逐渐升高；基质为 $CH_3OH$ 时，pH 值则会逐渐降低。由于 pH 值的变化逐渐偏离了最适值或试验规定值，将影响试验的准确性。为克服这一缺点，需要向培养基质内添加一些缓冲物质，如 $K_2HPO_4$ 和 $KH_2PO_4$，或 $CO_2$ 和 $NaHCO_3$ 等。

　　3. 不产甲烷菌与产甲烷菌之间的相互作用

无论是在自然界还是在消化器内，产甲烷菌是有机物厌氧降解食物链中的最后一组成员，其所能利用的基质只有少数几种 $C_1$、$C_2$ 化合物，所以必须要求不产甲烷菌将复杂有机物分解为简单化合物。由于不产甲烷菌的发酵产物主要为有机酸、氢和二氧化碳，所以统称其为产酸（发酵）菌，它们所进行的发酵作用统称为产酸阶段。如果没有产甲烷菌分解有机酸产生甲烷的平衡作用，必然导致有机酸的积累使发酵环境酸化，不产甲烷菌和产甲烷菌相互依存又相互制约。它们之间的相互关系可以分为协同作用和竞争作用。

　　（1）协同作用。

　　①不产甲烷菌为产甲烷菌提供生长和产甲烷所必需的基质。不产甲烷菌把各种复杂有机物如碳水化合物、脂肪、蛋白质进行降解，生成游离氢、二氧化碳、氨、乙酸、甲酸、丙酸、丁酸、甲醇、乙醇等产物。其中丙酸、丁酸、乙醇等又可被产氢产乙酸菌转化为氢、二氧化碳和乙酸等。这样，不产甲烷菌通过其生命活动为产甲烷菌提供了合成细胞物质和产甲烷所需的碳前体和电子供体、氢供体和氮源。产甲烷菌则依赖不产甲烷菌所提供的食物而生存，同时通过降低氢分压使得不产甲烷菌的反应顺利进行。

　　②不产甲烷菌为产甲烷菌创造适宜的厌氧环境。产甲烷菌为严格厌氧微生物，只能生活在氧气不能到达的地方。厌氧微生物之所以要如此低的氧化还原电位，一是因为厌氧微生物的细胞中无高电位的细胞色素和细胞色素氧化酶，因而不能推动发生和完成那些只有在高电位下才能发生的生物化学反应；二是因为对厌氧微生物生长所必需的一个或多个酶的 $-SH$，只有在完全还原以后这些酶才能活化或活跃地起酶学功能。严格厌氧微生物在有氧环境中会极快被杀死，但它们并不是被气态的氧所杀死，而是不能解除某些氧代谢产物而死亡。在氧还原成水的过程中，可形成某些有毒的中间产物，例如，过氧化氢（$H_2O_2$）、超

氧阴离子($O_2^-$)和羟自由基($OH^-$)等。好氧微生物具有降解这些产物的酶,如过氧化氢酶、过氧化物酶、超氧化物歧化酶(SOD)等,而严格厌氧微生物则缺乏这些酶。超氧阴离子($O_2^-$)由某些氧化酶催化产生,超氧化物歧化酶可将 $O_2^-$ 转化为 $O_2$ 和 $H_2O_2$。$H_2O_2$ 可被过氧化氢酶转化为水和氧。

③不产甲烷菌为产甲烷菌清除有毒物质。在处理工业废水时,其中可能含有酚类、苯甲酸、抗菌素、氰化物、重金属等对于产甲烷菌有害的物质。不产甲烷菌中有许多种类能裂解苯环,并从中获得能量和碳源,有些能以氰化物为碳源。这些作用不仅解除了对产甲烷菌的毒害,而且给产甲烷菌提供了养分。此外不产甲烷菌代谢所生成的硫化氢,可与重金属离子作用生成不溶性的金属硫化物沉淀,从而解除一些重金属的毒害作用。如:

$$H_2S + Cu^{2+} \longrightarrow CuS \downarrow \ + 2H^+$$

$$H_2S + Pb^{2+} \longrightarrow PbS + 2H^+$$

(2)竞争作用。

①基质的竞争。在天然生境中,产甲烷细菌厌氧代谢存在着 3 个主要竞争基质的对象:硫酸盐还原细菌、产乙酸细菌和三价铁($Fe^{3+}$)还原细菌。

大多数硫酸盐还原细菌为革兰氏阴性蛋白细菌(*Proteobacteria*),其中脱硫肠状菌属(*Desulfotomaculum*)为真细菌的革兰氏阳性分支,而极端嗜热的古生球菌属(*Archaeoglobus*)为古细菌。它们都能够利用硫酸盐或硫的其他氧化形式(硫代硫酸盐、亚硫酸盐和元素硫)作为电子受体生成硫化物作为主要的还原性产物(Widdel,1988)。作为一个细菌类群,它们能够利用的电子供体比产甲烷细菌要宽得多,包括有机酸、醇类、氨基酸和芳香族化合物。

产乙酸细菌(又称为耗 $H_2$ 产乙酸细菌或同型产乙酸细菌)属真细菌的革兰氏阳性分支,作为一个类群,它们能够利用基质的种类更多,包括糖类、嘌呤和甲氧基化芳香族化合物的甲氧基(Ljungdahl,1986)。

$Fe^{3+}$ 还原细菌最近才有研究报道。有一种叫作 GS – 15 的 $Fe^{3+}$ 还原细菌,能够利用乙酸或芳香族化合物作为电子供体(Lovley 和 Lonergan,1990;Lovley 等人,1987),而腐败希瓦氏菌(*Shewanella putrifaciens*)能够利用 $H_2$、甲酸或有机化合物作为电子供体还原三价铁离子(Lovley 等人,1989)。

②$H_2$ 的竞争。一种可以表示微生物的氢气竞争能力的量是细菌利用 $H_2$ 的表观 $K_m$ 值。产甲烷细菌和产甲烷生境利用 $H_2$ 的表观 $K_m$ 值为 4 ~ 8 $\mu$mol$H_2$(550 ~ 1 100 Pa),而硫酸盐还原细菌的 $K_m$ 值要低一些,约为 2 $\mu$mol;白蚁鼠孢菌,一种产乙酸细菌,其 $K_m$ 值为 6 $\mu$mol。一些厌氧细菌的 $K_m$ 值见表6.8。

表6.8　纯菌培养物和产甲烷生境利用 $H_2$ 的表观 $K_m$ 值

| 细菌或生境 | 表观 $K_m$ 值 | |
|---|---|---|
| | $\mu$mol | Pa |
| 亨氏甲烷螺菌 | 5 | 670 |
| 巴氏甲烷八叠球菌 | 13 | 1 000 |
| 热自养甲烷杆菌 | 8 | 1 100 |

续表6.8

| 细菌或生境 | 表观 $K_m$ 值 | |
| --- | --- | --- |
| | μmol | Pa |
| 甲酸甲烷杆菌 | 6 | 800 |
| 普通脱硫弧菌 | 2 | 250 |
| 脱硫脱硫弧菌 | 2 | 270 |
| 白蚁鼠孢菌 | 6 | 800 |
| 瘤胃液 | 4 ~ 9 | 860 |
| 污水污泥 | 4 ~ 7 | 740 |

另外可以表示氢气竞争能力的值为基质利用的最低临界值,该值可以用来描述厌氧氢营养型细菌之间的相互作用。一些厌氧细菌的最低临界值见表6.9。

表6.9 氢营养型厌氧细菌的临界值

| 细菌 | 电子接受反应 | $\Delta G^0$ /( KJ · mol$^{-1}$H$_2$ ) | H$_2$ 临界值 | |
| --- | --- | --- | --- | --- |
| | | | /Pa | /nmol |
| 伍氏醋酸杆菌 | $CO_2 \rightarrow$ 乙酸 | − 26.1 | 52 | 390 |
| 亨氏甲烷螺菌 | $CO_2 \rightarrow CH_4$ | − 33.9 | 3.0 | 23 |
| 史氏甲烷短杆菌 | $CO_2 \rightarrow CH_4$ | − 33.9 | 10 | 75 |
| 脱硫脱硫弧菌 | $SO_4^{2-} \rightarrow H_2S$ | − 38.9 | 0.9 | 6.8 |
| 伍氏醋酸杆菌 | 咖啡酸 → 氢化咖啡酸 | − 85.0 | 0.3 | 2.3 |
| 产琥珀酸沃林氏菌 | 延胡索酸 → 琥珀酸 | − 86.0 | 0.002 | 0.015 |
| 产琥珀酸沃林氏菌 | $NO_3^- \rightarrow NH_4^+$ | − 149.0 | 0.002 | 0.015 |

③乙酸的竞争。甲烷丝菌被认为只能够利用乙酸,消耗乙酸缓慢,细胞产量低,而且能够在非常低的浓度下利用乙酸。另一方面,甲烷八叠球菌利用基质的范围要宽得多,能够利用几种基质生长,利用这些基质的速度快,而且有较高的细胞产量。

TAM 有机体是一种嗜热的乙酸营养型产甲烷细菌,它除了利用乙酸外,还能够利用 $H_2 - CO_2$ 和甲酸( Ahring 和 Westermann,1985 )。TAM 有机体利用乙酸的倍增时间是 4 d,比典型的嗜热甲烷八叠球菌的倍增时间(约 0.5 d)或甲烷丝菌的倍增时间(约 1 d)要长得多。

其他乙酸营养型厌氧细菌,包括硫酸盐还原细菌和 $Fe^{3+}$ 还原细菌。正如利用 $H_2$ 产甲烷作用一样,高浓度的硫酸盐和 $Fe^{3+}$ 都会明显抑制沉积物中利用乙酸的产甲烷作用。乙酸营养型厌氧培养物进行乙酸代谢的表观 $K_m$ 值和最低临界值见表6.10。

表 6.10　乙酸营养型厌氧培养物进行乙酸代谢的表观 $K_m$ 值和最低临界值

| 细菌 | 表观 $K_m$ 值 | 临界值 |
|---|---|---|
| 巴氏甲烷八叠球菌 Fusaro 菌株 | 3.0[b] | 0.62[b] |
| 巴氏甲烷八叠球菌 227 菌株 | 4.5 | 1.2 |
| 甲烷丝菌 | — | 0.069 |
| 索氏甲烷丝菌 Opfikon 菌株 | 0.8 | 0.005 |
| 索氏甲烷丝菌 CALS－1 菌株 | >0.1 | 0.012 |
| 索氏甲烷丝菌 GP1 菌株 | 0.86 | — |
| 索氏甲烷丝菌 MT－1 菌株 | 0.49 | — |
| TAM 有机体 | 0.8 mmol | 0.075 |
| 乙酸氧化互营培养物 | — | >0.2 mmol |
| 波氏脱硫菌 | 0.23 | — |

④其他产甲烷基质的竞争。硫酸盐含量高的海洋和港湾沉积物中,产甲烷速率都很低。San Francisco Bay 沉积物中加入 $H_2$－$CO_2$ 和乙酸的产甲烷作用会被硫酸盐抑制,但硫酸盐不能抑制甲醇、三甲胺和蛋氨酸的产甲烷作用,因为这些基质能够转化成甲硫醇和二甲硫(Oremland 和 Polcin,1982)。此外,在沉积物中加入产甲烷抑制剂溴乙烷硫酸,会引起甲醇的积累,而 $^{14}C$－甲醇在这些沉积物中会被转化成甲烷(Oremland 和 Polcin,1982)。因此人们假定,这些甲基化合物为"非竞争性"(Noncompetitive)基质,硫酸盐还原细菌对它们的利用能力极差。但是,King(1984)获得了海洋沉积物中的硫酸盐还原细菌氧化甲醇的研究结果,以及一些甲胺的氧化作用,然而目前尚不清楚的是,什么环境条件有利于甲基化基质的产甲烷作用而不利于利用甲基化基质的硫酸盐还原作用(Kiene,1991)。

# 6.2　相 的 分 离

## 6.2.1　相的分离方法

所有生物相分离的方法都是根据两大类菌群的生理生化特性差异来实现的,见表6.11。目前,主要的相分离的技术可以分为物理化学法、半透膜法和动力学控制法 3 种。

表 6.11　产酸相细菌和产甲烷相细菌的特性

| 参数 | 产甲烷菌 | 产酸菌 |
|---|---|---|
| 种类 | 相对较少 | 多 |
| 生长速率 | 慢 | 快 |
| 对 pH 值的敏感性 | 敏感,最佳 pH 值:6.8～7.2 | 不太敏感,最佳 pH 值:5.5～7.0 |
| 氧化还原电位 Eh | 低于－350 mV(中温)<br>低于－560 mV(高温) | 一般低于－150～200 mV |

续表 6.11

| 参数 | 产甲烷菌 | 产酸菌 |
|---|---|---|
| 对温度的敏感性 | 最佳温度：30～38 ℃（中温）<br>50～55 ℃（高温） | 一般性敏感，最佳温度：20～35 ℃ |
| 对毒物的敏感性 | 敏感 | 一般性敏感 |
| 对中间产物 $H_2$ 的敏感性 | 相对不太敏感 | 敏感 |
| 特殊辅酶 | 含有特殊辅酶 | 不含特殊辅酶 |

（1）物理化学法。

在产酸相反应器中投加产甲烷细菌的选择性抑制剂（如氯仿和四氯化碳等）来抑制产甲烷细菌的生长；或者向产酸相反应器中供给一定量的氧气，调整反应器内的氧化还原电位，利用产甲烷细菌对溶解氧和氧化还原电位比较敏感的特点来抑制其在产酸相反应器中的生长；或者调整产酸相反应器的 pH 值在较低水平（如 5.5～6.5），利用产甲烷细菌要求中性偏碱的 pH 值的特点，来保证在产酸相反应器中产酸细菌能占优势，而产甲烷细菌则会受到抑制。但这种方法对产甲烷相中的产甲烷菌的生长发育会产生抑制作用，所以不推荐使用该种方法。

（2）半透膜法。

采用可通透有机酸的选择性半透膜，使得产酸相反应器出水中的多种有机物中只有有机酸才能进入后续的产甲烷相反应器，从而实现产酸相和产甲烷相分离。

（3）动力学控制法。

动力学控制法是最简便、最有效，也是应用最普遍的方法。该方法是利用产酸细菌和产甲烷细菌在生长速率上存在的差异（一般来说，产酸细菌的生长速率很快，其世代时间较短，一般在 10～30 min 的范围内；产甲烷细菌的生长很缓慢，其世代时间相当长，一般在 4～6 d），因此，在产酸相反应器中控制其水力停留时间（HRT）、有机负荷率等使生长速度慢、世代时间长的产甲烷菌不可能在停留时间短的产酸相中存活，可以达到相分离的目的。一般来说，高的有机负荷可以促进产酸菌的生长繁殖，有机酸浓度高可以提高对产甲烷菌的抑制作用。

目前，在实验室研究和实际工程中应用最为广泛的实现相分离的方法，是将第二种动力学控制法与第一种物理化学法中调控产酸相反应器 pH 值相结合的方法，即通过将产酸相反应器的 pH 值调控在偏酸性的范围内（5.0～6.5），同时又将其 HRT 调控在相对较短的范围内（对于可溶性易降解的有机废水，其 HRT 一般仅为 0.5～1.0 h），这样一方面通过较低的 pH 值对产甲烷细菌产生一定的抑制性，同时在该反应器内 HRT 很短，相应的 SRT 也较短，使得世代时间较长的产甲烷细菌难以在其中生长起来。

许多研究结果表明，在产酸相反应器中简单地通过控制水力停留时间就能够成功地实现相的分离，而相分离的成功，能提高整个系统的运行性能。

但必须说明的是，两相的彻底分离是很难实现的，只是在产酸相中产酸菌成为优势菌种，而在产甲烷相中产甲烷菌成为优势菌种。

### 6.2.2　相分离对中间代谢产物的影响

在传统的单相厌氧反应器中,废水或废物中的有机物首先会在发酵和产酸细菌的作用下,完成第一阶段反应,而产生以小分子有机酸(如乙酸)和醇类(如乙醇)等为主的中间代谢产物;这些产物会较为迅速地被与产酸发酵细菌共存于一个反应器中的产氢产乙酸细菌进一步利用,并将其转化成以乙酸和 $H_2/CO_2$ 为主的二次中间代谢产物;最后再由与产氢产乙酸细菌共生的产甲烷细菌最终转化为 $CH_4/CO_2$。

因此在这样的一个传统的单相厌氧反应器中,参与整个厌氧消化过程的几大类细菌都是较紧密地生长在一起的,前几阶段的细菌为后续的细菌提供生长基质,而后续的细菌则负责迅速、充分地将前阶段细菌的产物消耗掉,以减轻其所产生的产物抑制作用,同时也有利于消除某些中间产物对反应器内环境可能产生的不利影响,如有些挥发性有机酸如果发生积累就会造成反应器内 pH 值的下降并进而抑制产甲烷细菌的活性等,因此后续产甲烷细菌的作用对于维持系统的稳定运行具有很重要的作用,或者可以说传统的单相厌氧反应器在一定程度上对于一个完整的厌氧消化过程的顺利进行是具有一定好处的。

但当采用两个分建的厌氧反应器分别作为产酸相和产甲烷相反应器后,由于在产酸相反应器中不再存在着可以利用产酸细菌产物的产氢产乙酸细菌和产甲烷细菌,因此产酸细菌的产物如有机酸和醇等就不再会被立即利用,而是要等到进入后续产甲烷相反应器中才能被其中的产氢产乙酸细菌和产甲烷细菌利用,因此在产酸相反应器中产酸细菌的中间产物的种类和形式会由于相的分离而发生变化。因此,有必要研究两相分离对产酸阶段的中间产物的影响。

随着其中优势菌种的不同而发生变化。由于不同的细菌所要求的最佳生长环境条件不同,因此反应器运行条件(温度、pH 值、HRT、负荷等)的变化,就会影响其中优势菌群的生长,并因此也会影响发酵中间产物。从传统的单相厌氧发酵产物反应器转变为两相厌氧反应器后,由于产酸相反应器的运行条件与原来的单相厌氧反应器相比发生了很大的变化,因此在产酸相反应器中的细菌种类与单相反应器相比也发生了很大的变化,即由原来的能够完成整个完整的厌氧过程的四大类群细菌转变成为以发酵和产酸细菌为主的产酸相菌群,因此产酸相反应器的出水中主要以发酵产物为主,而且由于在产酸相反应器中不再存在可以利用发酵产物的产氢产乙酸细菌和产甲烷细菌,就不可避免地会出现某些发酵产物(如氢或其他有机酸或有机醇等)的积累,而这些物质的积累又会进一步影响其他发酵产物的生成,这种情况在原来的单相反应器中由于有产氢产乙酸细菌和产甲烷细菌的存在,一般是不会出现的。因此,由于相的分离,必然会导致产酸和发酵细菌中间产物的变化。

这里,我们主要讨论相分离后,在产酸相反应器中出现的氢的累积在热力学上对发酵和产酸细菌的中间代谢产物所产生的影响。图 6.13 所示为发酵细菌在将糖酵解时,会由于环境中氢分压的不同而导致不同产物的生成。糖类最初按 EMP 途径将己糖转化成丙酮酸,并释放氢,氢传递给 $NAD^+$ 载体而成为 NADH,厌氧条件下 NADH 通过生成分子氢而恢复成 $NAD^+$,即 $NADH + H^+ \rightleftharpoons NAD^+ + H_2$,但是这一反应在标准状态下的反应自由能为 $+18$ kJ/反应 $>0$,所以该反应只有降低氢分压到一定程度才能向右进行。计算可知,当氢分压下降到 $10^{-4} \times 1.01 \times 10^5$ Pa 时,上述反应的反应自由能才会小于零,此时反应才有可能向右进行。因此当氢分压较小时,上述的反应容易向右进行,发酵较彻底,中间产物主要是乙酸(图中虚线左侧所示)。传统单相厌氧反应器就属这种情况,由于发酵所产生的氢可以很快被嗜氢产甲烷菌利用并转化成 $CH_4$,因此系统内可保持很低的氢浓度,使得发酵的中间产物主要以乙酸为主。但是,当氢分压较高时,上述反应就不能向右进行,在糖酵解过程中产生的电子会沉积在中间产物中,从而形成还原性的发酵产物如丁酸、丙酸及乙醇等,导致发酵不彻底。在两相厌氧生物系统中的产酸相正常运行时就属于这种情况,由于在产酸相中没有能利用氢的产甲烷细菌的存在而导致氢的累积,使产物向高级脂肪酸和醇类的方向进行。

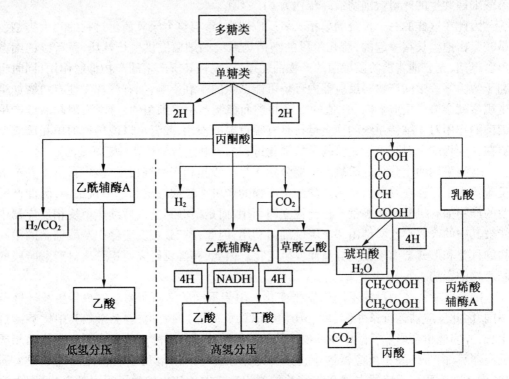

图 6.13　氢分压对糖酵解产物的影响

两相厌氧系统中产酸相中间代谢产物——有机酸的分布见表 6.12。

表 6.12　两相厌氧系统中有机酸的分布

| 反应器类型 | 基质 | 运行条件 | | | | 有机酸 | | | |
|---|---|---|---|---|---|---|---|---|---|
| | | COD/$(g \cdot L^{-1})$ | HRT/h | pH 值 | 温度/℃ | 乙酸 | 丙酸 | 丁酸 | 其他 |
| UASB | 葡萄糖 | 23.3 | 5.5 | 5.0 | 35 | 37.3 | 4.2 | 44.7 | 13.8 |
| UASB | 葡萄糖 | 16.5 | 3.1 | 4.6 | 35 | 32.0 | 5.3 | 45.9 | 16.8 |
| CSTR | 葡萄糖 | 10.7 | 10.0 | 6.0 | 30 | 35.0 | 9.0 | 56.0 | — |
| 下向流滤池 | 甜菜酒糟 | 70 | 8.0 | 6.8 | 30 | 35.0 | 9.0 | 56.0 | — |
| UASB | 甜菜酒糟 | 70 | 7.5 | 6.2 | 30 | 29.0 | 8.0 | 62.0 | — |

从表 6.12 中可以看出,不论是采用 UASB、CSTR 还是厌氧滤池作为产酸相反应器,也不论所处理的基质是简单易降解的葡萄糖还是难降解的甜菜酒糟,产酸相反应器的出水中有机酸的组成都是以丁酸为主要产物,其次是乙酸,而丙酸则最少。这与典型的传统单相厌氧生物反应器的出水中有机酸的组成主要以乙酸为主有着明显的区别。

Coben 和 Zoetemeyer 等以葡萄糖为基质的两相厌氧消化进行了比较细致的研究。产酸相的产物以丁酸为主,其次是乙酸,丙酸和乳酸等的量很少。在 pH 值为 4.5~6.0 时,产酸反应器出水的有机酸分布的变化不大。改变水力停留时间(3~12 h),乙酸含量不变,丁酸的含量有波动;pH 值为 5.8 时,温度在 20~30 ℃以内变化对产物的分布影响很小,35 ℃左右时乙酸的含量上升至最多,丙酸量增加,而丁酸量下降。

相分离后产甲烷相的运行性能大大提高,特别是最大比污泥负荷和比产气率显著增加。经受冲击负荷时,单相反应器的丙酸迅速积累,恢复正常运行后降解缓慢;而两相工艺的产甲烷相反应器虽然也出现丙酸的积累,但恢复正常运行后很快得到降解,因此,两相厌氧消化工艺的稳定性较好。Gil-Pena 对糖蜜废水的产酸相研究也发现丁酸占优势,乙酸次之,其他有机酸很少。但 Roy 和 Jones 的试验结果有些不同,他们也以葡萄糖为基质,得到的产酸相有机酸产物却以乙酸为主,丙酸其次,丁酸第三。pH 值和水力停留时间的改变对产物的分布均影响不大。但是,从表中的数据也可以看出,在上述几个试验的产酸相反应器中并没有实现绝对的相分离,即在产酸相反应器中仍然存在一定数量的嗜氢产甲烷细菌,使得在某些微环境中的氢分压达到了较低的水平,并形成了较多的乙酸作为发酵产物。

### 6.2.3　相分离对工艺的影响

由于实现了相的分离,进入产甲烷相反应器的废水是经过产酸相反应器预处理过的出水,其中的有机物主要是有机酸,而且主要以乙酸和丁酸等为主,见表 6.12,这些有机物为产甲烷相反应器中的产氢产乙酸细菌和产甲烷细菌提供了良好的基质;同时由于相的分离,可以将产甲烷相反应器的运行条件控制在更适宜于产甲烷细菌生长的环境条件下,因此可以使得产甲烷相反应器中的污泥的产甲烷活性得到明显提高。

Cohen 用 1% 葡萄糖作为基质进行了单相厌氧反应器和两相厌氧系统中产甲烷相反应器中的污泥活性的对比研究,见表 6.13,试验结果表明两相厌氧系统中产甲烷相反应器中污泥的活性有显著提高(提高了 2~3 倍),而且还认为产酸相反应器中酸化反应进行得越完全,产甲烷相反应器中污泥的产甲烷活性就相应越高。

由于辅酶 $F_{420}$ 与污泥的产甲烷活性存在着非线性正相关的关系,即可以简单地说污泥中辅酶的含量越高,说明污泥的活性也越高;所以他们还测定了单相反应器和两相厌氧系统的产甲烷相反应器中污泥的辅酶 $F_{420}$ 的含量,结果发现两相厌氧系统中产甲烷相反应器中污泥的 $F_{420}$ 含量明显比单相反应器中的高。也有研究者对单相厌氧反应器及两相工艺中产甲烷相反应器中的主要菌群数量进行了测定,结果发现两相工艺中产甲烷相反应器中的产甲烷细菌的数量比单相反应器中的高 20 多倍。这些都说明实现相分离后污泥的活性得到了强化。

表6.13　一相和两相厌氧消化对比试验结果

| 活性污泥 | 连续进水 | | | 冲击负荷 | | |
|---|---|---|---|---|---|---|
| | 一相 | 两相 | 两相/一相 | 一相 | 两相 | 两相/一相 |
| 最大比污泥负荷 /[kgCOD · (kgVSS · d)$^{-1}$] | 0.49 | 1.49 | 3 | 0.57 | 1.96 | 3.4 |
| 最大比气体产率 /[L · (kgVSS · d)$^{-1}$] | 0.18 | 0.74 | 4 | — | — | — |

一般两相分离对整个工艺可以带来两方面的好处:

(1)可以提高产甲烷反应器中污泥的产甲烷活性。由于实现了相的分离,进入产甲烷相反应器的污水是经过产酸相反应器预处理的出水,其中的有机物主要是有机酸,而且主要是乙酸和丁酸,这些有机物为产甲烷相反应器中的产氢产乙酸菌和产甲烷菌提供了良好的基质;同时由于相的分离,可以将产甲烷相反应器的运行条件控制在更适合产甲烷菌生长发育的环境条件下,可以使产甲烷菌的活性得到明显提高。

(2)可以提高整个处理系统的稳定性和处理效果。厌氧发酵过程中产生的氢不仅能够调节中间代谢产物的形成,还能够促进中间产物的进一步降解。实现相的分离后,在产酸相反应器中由于发酵和产酸过程而产生大量的氢而不会进入到后续的产甲烷相中,减少了产甲烷相中的氢分压,同时产酸相反应器还能给产甲烷相中的产甲烷菌提供更适合的基质,有利提高产甲烷菌的活性。同时产酸相还能有效地去除某些毒性物质、抑制物质等,可以减少这些物质对产甲烷菌的不利影响,从而可以达到增加整个系统的运行稳定性,提高系统的处理能力的目的。

虽然两相厌氧消化能够达到更高的厌氧消化效率,但从不产甲烷菌和产甲烷菌的紧密关系来看,将二者分离未必是有利的。

## 6.2.4　两相反应器的关系

实现相的分离后,很有必要研究什么是产甲烷相微生物的最适中间产物以及在什么条件下可以从产酸相得到最大比例的这种最适中间产物? Pipyn 和 Verstracte 对此进行了研究。研究表明:如果不考虑产酸相所产生的气体的回收与利用,单从热力学的角度来考虑,乳酸和乙醇是进入产甲烷相反应器的最适中间产物,因为从它们出发可以回收更多的能量即甲烷的产量会更高。此外,他们还提出了各种中间产物的形成条件(表6.14)。但是,在实际产酸反应器中,由于乙醇和乳酸形成的运行条件比较苛刻,而且受到厌氧条件下细菌生长特性的限制,产物往往以乙酸或丁酸为主,加上乙酸又是产甲烷菌的直接利用基质,所以产酸相以乙酸最合适。

表6.14　中间代谢产物的热力学参数和形成条件

| | 中间代谢产物 | | | | |
|---|---|---|---|---|---|
| | 乳酸 | 乙醇 | 丁酸 | 丙酸 | 乙酸 |
| 生成 $CH_4$ 的释放能量 /$(kJ \cdot mol^{-1})$ | 68.8 | 59.5 | 32.7 | 32.3 | 31.0 |
| 占起始反应物能量的 百分比/% | 51.1 | 44.1 | 20.2 | 11.3 | 15.4 |
| 形成条件　pH 值 | — | 4.0～5.0 | <7.0 | 7.0 | 5.2～5.5 |
| 　　　　　SRT | — | 几天 | 短 | 几周 | HRT |

　　对于两相厌氧消化系统的研究,除了产酸相外,更关心的问题是产甲烷相反应器的运行特性。厌氧流化床的实验结果表明,两相工艺比单相工艺的稳定性有所提高。比利时的 Ghent 大学,根据两相厌氧消化的原理,提出了一种 Anodek 的工艺,其特点是:采用完全混合式反应器作为产酸相,同时进行污泥回流;产甲烷相则采用 UASB 反应器。在对这种工艺的研究中,现有的实验结果不尽一致。在 UASB 反应器的开发初期,产酸相的存在对颗粒污泥的形成有促进作用。但在中试和生产性试验中发现,用单相反应器处理未经酸化的马铃薯废水,同样可以培养出较好的颗粒污泥。Hulshoff 等人用人工配水做试验,也可以发现蔗糖为主要成分的配水,比全部是挥发性有机酸的配水更加有利于颗粒污泥的形成,所需时间更短,而且颗粒粒径也较大。因此,对产酸相给颗粒污泥过程所带来的确切影响尚待进一步研究。

# 6.3　工艺的研究与应用

## 6.3.1　国内外两相厌氧工艺的研究现状及未来的发展方向

### 1.国内外两相厌氧工艺的研究现状

　　从微生物学角度来看,厌氧过程中所发生的这一系列反应主要是由两大类相互共生的细菌完成的,依靠两者之间的共生关系来维持系统的最佳效果。如前所述,VFA 的产生者(发酵和产酸细菌)与消耗者(产甲烷细菌)之间的平衡关系十分精细和脆弱,一旦被破坏后,生长速率快的发酵和产酸菌的生长,就会超过生长速率较慢且更敏感的产甲烷菌的生长,达到一定程度后,系统的内部环境就会进入一个恶性循环,而最终导致运行失败。在传统单相反应器内,两相反应都是在一个单独的反应器内进行的,而反应器的条件几乎全部都是根据生长速率较慢的产甲烷菌的要求来设计和调控的,有机负荷较低,HRT 较长,往往造成反应器的投资很大。

　　在 1978 年,Massey 和 Pohland 鉴于当时厌氧生物处理在应用于污泥处理时虽已有很多成功应用的实例,但仍会时常遇到运行不稳定和难于控制运行等方面的问题。他们认为这主要是由于在污泥的厌氧消化过程中,污泥中复杂有机物逐渐分解直至最终转化为甲烷和二氧化碳等气体的这一复杂过程实际上是一个多相过程,在整个反应过程中会有很多小分子的中间产物的产生和转化。由于挥发性有机酸是一种较易测定的中间产物,所以传统上将这样一个顺序反应过程简化为两个阶段:即第一相——酸性发酵,主要产生以 VFA 为主的中间产物;第二相——甲烷发酵,主要将这些中间产物转化为稳定的最终产物——甲烷和二氧化碳。在上述两相概念的启发下,他们将厌氧过程分开成为两个独立的反应器进行反应,生污泥或经过简单预处理后的生污泥直接进入第一相反应器,而其出水则可以经过一定调节和调整或者直接进入第二相反应器;这样就可以针对各自微生物种群所要求的最佳环境条件,在各自的反应器中进行设定和调控。对于每一个反应器,其有机负荷和是否需要回流都是可以单独控制的,以提高整个工艺的效率;而且还可以通过对产酸相出水进行监测来保护产甲烷相反应器中的产甲烷细菌,即可以提前采取预防措施。

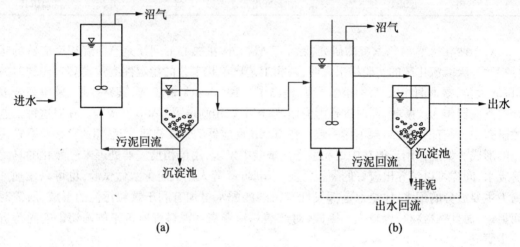

图 6.14　两相厌氧消化的流程图
(a)产酸相;(b)产甲烷相

　　图 6.14 是他们试验所采用的两相厌氧系统的工艺流程图。在第一相即产酸相反应器中通过选择较短的 HRT,在保证产酸菌生长的同时,抑制产甲烷细菌的生长。第一相的出水直接进入第二相即产甲烷相反应器,通过控制 HRT 和污泥回流可以保证产甲烷菌的最优生长条件。在两相间还可以通过加酸或加碱来调整产甲烷相反应器进水 pH 值。在产甲烷相中产酸细菌的生长会由于缺少合适的基质而受到抑制。从流程图中可以看出,两相反应器分别具有污泥回流系统,可以优化各自的微生物种群,因此可以在两相反应器中分别富集出各自所需的微生物种群。两个用有机玻璃制成的反应器的体积均为 10 L,其内均设有搅拌装置,可以使其达到完全混合的状态,其后均设有重力沉淀池,运行温度为中温,整个系统的 HRT 为 170 h 左右。

　　此后,两相厌氧工艺在德国和比利时等国得到进一步发展。1982 年,德国已有日处理32 tCOD 规模的两相厌氧消化装置投产。表 6.15 为国外一些两相厌氧消化工艺的小试和生产性装置的情况,从表中可以看出其运行效果良好。例如,柠檬酸生产废水,在进水 COD质量浓度高达 42 574 mg/L 情况下仍取得 COD 去除率为 70% ~80% 的效果。

表 6.15　国外两相厌氧消化工艺的运行参数

| 废水来源 | 进水 COD 质量浓度/(mg·L$^{-1}$) | 去除率/% | | UASB 负荷/[kgCOD·(m³·d)$^{-1}$] |
| :---: | :---: | :---: | :---: | :---: |
| | | COD | BOD$_5$ | |
| 浸、沤麻 | 6 500 | 85~90 | 90~95 | 9~12 |
| 甜菜加工 | 7 000 | 92 | — | 20 |
| 酵母和酒精生产 | 28 200 | 50~60 | — | 21 |
| 造纸 | 11 400 | 76 | — | 11 |
| 啤酒生产 | 2 500 | 80 | 85~90 | 10~15 |
| 纸浆生产 | 16 600 | 70 | — | 17 |
| 柠檬酸生产 | 42 574 | 70~80 | — | 15~20 |

　　1979 年中国科学院成都生物研究所开始采用两相厌氧消化工艺进行猪粪厌氧发酵试验。同济大学环境工程系于 1987 年开始进行了酿酒废水两相厌氧消化工艺的生产性试验，其工艺流程如图 6.15 所示。其试验进水 COD 质量浓度为 20 g/L，有机负荷率为 7.5~10.0 kgCOD/(m³·d)，采用的消化温度为 35 ℃，去除率为 75%~85%。

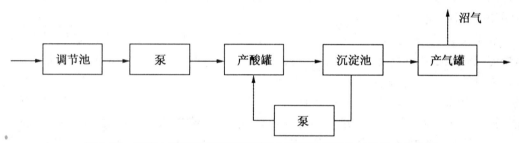

图 6.15　同济大学环境工程系酿酒废水两相厌氧消化工艺的工艺流程

　　表 6.16 列出了国内部分两相厌氧消化工艺处理高浓度有机废水的试验数据。从表中可以看出两相厌氧消化工艺处理高浓度有机废水时，不但有机负荷率高，COD 去除效果好，而且由于将不同种群微生物分开培养，使得产酸相和产甲烷相两相的水力停留时间缩短，而且产甲烷相的 pH 值比较稳定，适宜于产甲烷菌的环境条件，使得系统的运行更加稳定。

表 6.16　国内部分两相厌氧消化处理高浓度有机废水试验资料

| 废水种类 | 试验温度/(℃) | 进水 COD 质量浓度/(g·L$^{-1}$) | COD 去除率/% | COD 容积负荷率/[kg·(m³·d)$^{-1}$] | HRT/d | | pH 值 | | 研究单位 |
| :---: | :---: | :---: | :---: | :---: | :---: | :---: | :---: | :---: | :---: |
| | | | | | 产酸相 | 产甲烷相 | 产酸相 | 产甲烷相 | |
| 糖蜜酒精废水 | 30 | 30 | 63.2 | 50 | 3.6 | 10.8 | 5.1 | 7.3 | 广州能源所 |
| | 35 | 35 | 76.6 | 12 | 1.0 | 1.8 | 5.3 | 7.7 | 广州能源所 |
| | 32~33 | 34 | 81.1 | 13.66 | 0.58 | 1.92 | 5.0 | 7.5 | 广州能源所 |

续表 6.16

| 废水种类 | 试验温度/(℃) | 进水COD质量浓度/(g·L⁻¹) | COD去除率/% | COD容积负荷率/[kg·(m³·d)⁻¹] | HRT/d | | pH值 | | 研究单位 |
| | | | | | 产酸相 | 产甲烷相 | 产酸相 | 产甲烷相 | |
|---|---|---|---|---|---|---|---|---|---|
| 味精废水 | 30 | 25 | 82.7 | 7.3 | 1 | 2.4 | 5.0 | 7.4 | 广州能源所 |
| | 32~33 | 17.15 | 88.5 | 5.44 | 0.55 | 0.26 | 5.5 | 7.5 | 广州能源所 |
| | 35~37 | 2~3 | 85~95 | 25~35 | 0.55~0.67 | 1.2~2.08 | 5 | 7 | 广州能源所 |

竺建荣利用传统的微生物研究手段对比研究了单相 UASB 反应器和两相厌氧工艺中产甲烷相 UASB 反应器中的微生物学,对其颗粒污泥的细菌进行了计数分析,并进行了电子显微镜的微生物观察。结果发现,在颗粒化过程中,发酵细菌、产氢产乙酸细菌、产甲烷细菌三大类群细菌在单相 UASB 反应器中的颗粒污泥中的数量分别为 $9.3 \times 10^8 \sim 4.3 \times 10^9$、$4.3 \times 10^7 \sim 4.3 \times 10^8$、$2.0 \times 10^8 \sim 4.3 \times 10^8$。而两相工艺的产甲烷相 UASB 反应器中的颗粒污泥中的三大类群细菌的数量与单相 UASB 反应器中的类似。这样的一个研究结果说明,处理同种葡萄糖自配水的单相 UASB 反应器中的微生物与两相工艺中产甲烷相 UASB 反应器中的微生物基本相似。

清华大学左剑恶教授在研究一个处理含高浓度硫酸盐有机废水的两相厌氧工艺时,也采用传统的三管法(MPN)对其工艺中的第一相即产酸、硫酸盐还原相 UASB 反应器和第二相即产甲烷相 UASB 反应器中的四大类群细菌——发酵细菌、产氢产乙酸细菌、硫酸盐还原细菌和产甲烷细菌的总数进行了计数分析,结果表明:在硫酸盐还原相 UASB 反应器中的颗粒污泥中上述四大类细菌的数量分别是:$1.4 \times 10^{11}$、$1.4 \times 10^9$、$1.4 \times 10^9$ 和 $4.5 \times 10^6$,其中硫酸盐还原细菌的数量比产甲烷细菌的数量约高 3 个数量级;而在产甲烷相 UASB 反应器中的颗粒污泥中上述四大类细菌的数量分别是:$1.5 \times 10^9$、$4.5 \times 10^9$、$7.5 \times 10^7$ 和 $1.1 \times 10^9$,其中产甲烷细菌的数量比硫酸盐还原细菌的数量约高 2 个数量级。由以上结果可以看出,不管在硫酸盐还原相还是在产甲烷相反应器中,发酵细菌和产氢产乙酸细菌都有相当的数量;但对于硫酸盐还原细菌和产甲烷细菌来说,它们的数量则直接与反应器的功能类型相关,即在硫酸盐还原相反应器中,硫酸盐还原细菌占优势,比产甲烷细菌高出约 2~3 个数量级;而在产甲烷相反应器中,则是产甲烷细菌明显占优势,约高出硫酸盐还原细菌 2 个数量级。

但是,Raskin 等人利用产甲烷细菌和硫酸盐还原细菌的基因探针对 21 个单相和 1 个两相生产性规模的厌氧污泥消化器中的细菌组成进行了研究,并将该结果与传统的化学分析和代谢分析的结果进行了对比。结果发现,在运行良好的中温单相消化器中,产甲烷菌的数量占细菌总量的 8%~12%;而产甲烷八叠球菌和产甲烷微菌则是两种最主要的产甲烷菌,产甲烷杆菌和产甲烷球菌在消化器中的作用相对较小。在所有的消化器中都存在着一定数量的中温、革兰氏阴性的硫酸盐还原菌。他们认为,之所以在单相厌氧反应器中存在着大量硫酸盐还原菌,是因为硫酸盐还原菌可以给产甲烷菌提供基质,因而有利于产甲烷过程的顺利进行。对两相厌氧消化器的研究表明,实际上它并没有达到真正意义上的相分离,在产酸相反应器中,存在着明显的产甲烷活性;但在产甲烷相反应器中主要的细菌种类与单相消化器中的有很大不同。

由以上研究可以看出,虽然对两相厌氧反应器的研究已经进行了许多年,但是研究并不深入,特别是对产酸相反应器中的发酵和产酸细菌还缺乏系统的研究。由于产甲烷菌在厌氧生物处理过程中的不可替代作用,众多研究者对其进行了深入的研究,因此人们对产甲烷菌的了解比发酵和产酸细菌的了解要深入得多。但产甲烷菌可利用的基质只有有限的几种,废水或废弃物中大量复杂的有机物的完全降解更多的是依靠处在代谢过程前端的发酵和产酸细菌的作用。因此,开展对发酵和产酸细菌的深入研究,对于扩大厌氧生物处理的应用范围,提高两相厌氧工艺的处理效果具有十分重要的意义。

两相厌氧消化工艺与其他厌氧反应器不同的是,它并不着重于反应器结构的改造,而是着重于工艺的变革。由于其能承受较高的负荷率,反应器容积较小,运行稳定,日益受到人们的重视。采用两相厌氧消化工艺处理废水的前景广阔,可以利用各种高效反应器设备对现有的处理系统进行改造和升级,提高稳定性,以获得比现有的单相厌氧处理系统更高的负荷率和效率。目前国内的两相厌氧消化工艺仍处于试验研究阶段。这表明:虽然两相厌氧消化工艺是一种高效的厌氧生物处理新工艺,但仍有许多问题有待于研究,如对两相不同种群厌氧微生物的研究、两相不同反应器大小匹配的研究等。

从目前的试验研究结果看,相分离后虽然中间产物发生了变化,但对甲烷相没有产生不利的影响,相反为甲烷菌提供了更适宜的环境条件。但从微生物学角度出发,有些人认为厌氧消化是由多种菌群参与作用的生物过程,这些微生物种群的有效代谢相互联结、制约和促进,达到一定程度的平衡。而两相厌氧消化过程将这一有机联系的过程分开,势必会改变稳定的中间代谢产物形成,对消化过程产生一定的影响。对于这方面的问题也有待于进一步的研究。

尽管两相厌氧消化工艺在实验室和实际工程中得到了广泛的应用。但是人们对两相厌氧消化工艺的看法仍不尽一致。有研究者认为,从微生物的角度来看厌氧发酵过程是由多种菌群参与的生物过程。这些微生物种群之间通过代谢的相互连贯、制约和促进,最终达到一定的平衡。在厌氧发酵最优化的条件下不能分开,否则就不符合最优化条件。而两相厌氧过程势必会改变稳定的中间代谢产物水平,有可能对某些特殊营养型的细菌产生抑制作用,甚至造成热力学上不适于中间产物继续降解的条件。从实际生产的角度,两相厌氧工艺虽可以提高处理效果,但按两相工艺的总容积计算,其提高的幅度并不是太大,基建投资和运行费用不会有大幅度的节省,因此有人认为两相厌氧工艺并不经济。然而从目前的研究成果来看,虽然相分离后中间代谢产物发生了变化,但相的分离基本上是不完全的。所以产甲烷相中的污泥仍是多种菌群组成的,可以适应变化了的中间产物,因此相分离后中间产物的变化对产甲烷相没有不利的影响,相反,由于产酸相去除了大量的氢及其某些抑制物,可以为后一段的产甲烷菌提供更适宜的底物及环境条件,因此产甲烷相中的污泥活性得到了提高,处理效果及运行稳定性也相应得到了提高。因此,两相厌氧消化工艺又是值得推广和应用的,这也得到了许多实验的验证。

2. 国内外两相厌氧工艺未来的发展方向

两相厌氧工艺的发展方向主要有以下几个:

(1)根据要处理的废水种类的不同选择不同的厌氧反应器来进行产酸相和产甲烷相的

组合。

从国内外两相厌氧系统研究所采用的工艺形式看,主要有两种:第一种是两相均采用同一类型的反应器,如 UASB 反应器、UBF 反应器、ASBR 反应器,其中 UASB 反应器较常用。第二种是称作 ANODEK 的工艺,其特点是产酸相为接触式反应器(即完全式反应器后设沉淀池,同时进行污泥回流),产甲烷相则采用其他类型的反应器。

目前常用的组合及适用水质主要有:填充床酸化反应器 + UASB 甲烷化反应器来处理啤酒废水和抗生素废水、水解反应器 HUSB 和颗粒污泥膨胀床 EGSB 处理悬浮性固体含量高的废水。

(2)新型厌氧工艺。

温度两相厌氧工艺是最近在 Iowa 州立大学开发出来的一种新的两相厌氧工艺,它将高温厌氧消化和中温厌氧消化组合成一个处理工艺,可以充分发挥高温发酵速率快和去除致病菌的能力强以及中温发酵所具有的能量需求低和出水水质好的优势。尽管这样,与前述的传统的两相厌氧工艺相比,温度两相厌氧工艺仅仅处于试验研究阶段。

Kaiser 等人认为温度两相厌氧生物滤池(TPAB)工艺是一种新的高速厌氧处理系统,它由一个高温厌氧生物滤池与一个中温厌氧滤池串联组成,能够形成一个具有两个温度段和两相的厌氧生物处理系统。他们研究 3 个两相反应器的体积比分别为 1:7、1:3 和 1:1 的温度两相工艺,系统的 HRT 分别是 24 h、36 h、48 h,其中的高温相的温度是 56 ℃,中温相的温度是 35 ℃。当处理一种合成牛奶废水,系统的进水负荷在 2 ~ 6 gCOD/(L·d)的范围内,3个 TPAB 系统对溶解性和总 COD 的去除率分别达到 97% 和 90%。运行结果表明,虽然 3个系统的高温相和低温相的体积比有较大差别,但系统的运行效果并没有很大的差别,说明可以选择较小的高温相反应器的体积。当系统的 HRT 为 48 h,高温相的 HRT 为 6 h,高温相达到了其最高的 COD 负荷,为 48 gCOD/(L·d);如果此时再继续提高负荷,高温相的甲烷产率就会下降,而相应的中温相的甲烷产率会增加,同时出水中异戊酸和丁酸也会明显增加。可以认为在较高的有机负荷和较短的 HRT 下,在高温相反应器中发生了微生物种群的变化。虽然发现在高温相反应器中的甲烷产率下降,但从两个厌氧滤池的总的系统来看,其处理效果并没有下降。在相同的 HRT 和有机负荷下,温度两相系统的运行效果要比单级的厌氧滤池好。

尽管两相厌氧工艺已经在实验室和实际工程中得到了广泛应用,但是人们对两相厌氧工艺的看法仍然不尽一致。有研究者认为,从微生物学的角度来看厌氧发酵过程是由多种菌群参与的生物过程,这些微生物种群之间通过代谢的相互联贯、制约和促进,最终达到一定的平衡,在厌氧发酵最优化的条件下不能分开,否则不符合最优化条件,而两相厌氧过程势必会改变稳定的中间代谢产物水平。有可能对某些特殊营养型的细菌产生抑制作用,甚至造成热力学上不适于中间产物继续降解的条件。从实际生产的角度,两相厌氧工艺虽可提高处理效果,但按两相工艺的总容积计算,其提高的幅度并不是很大,基建投资及运行费用不会有大幅度的节省,因此有人认为两相厌氧工艺并不经济。然而从目前的研究结果来看,虽然相分离后中间代谢产物发生了变化,但相的分离基本上都是不完全的,所以产甲烷相中的污泥仍是由多种菌群组成的,可以适应变化了的各种中间产物,因此相分离后中间产物的变化对产甲烷相没有不利影响,相反,由于产酸相去除了大量的氢及某些抑制物,可以为后一阶段的产甲烷菌提供了更适宜的底物及环境条件,因此产甲烷相中的污泥活性得到了提高,处理效果及运行稳定性也相应得到了提高,因此,两相厌氧工艺又是可以推广应用的,这也得到了许多试验的验证。

（3）两相厌氧工艺的一体化。

由于两相厌氧工艺是由两个反应器组合而成,占地面积比较大,能源利用也较多,可以通过反应器的设计来实现在同一反应器内形成产酸相和产甲烷相,达到两相分离的目的;并且能够在消除两者之间制约的基础上,增强两者之间的互补和协同的作用。

目前国内常见的一体化两相厌氧反应器有以下几种:

①处理低浓度有机负荷的一体化两相厌氧反应器(图6.16):

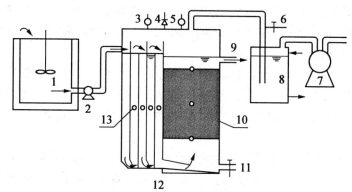

图6.16　一体化两相厌氧反应器示意图

1—调节池;2—水泵;3—温控仪;4—安全阀;5—压力表;6—气体取样点;7—湿式气体流量计;
8—水封瓶;9—出水口;10—填料;11—排泥口;12——体化两相反应器;13—取样点

②哈尔滨工业大学用来处理抗生素废水的 CUBF 一体化两相厌氧反应器(图6.17):

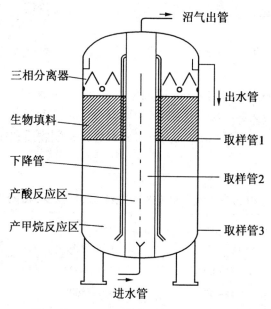

图6.17　CUBF 一体化两相厌氧反应器示意图

CUBF 一体化两相厌氧反应器是两相厌氧消化反应器。该反应器集产酸发酵、产甲烷两相为一体,它通过内部结构的优化实现了两相的分离,使产酸和产甲烷两大类细菌在各自的最佳环境条件下顺利完成自己的阶段性降解作用,增强了两相之间的协同作用,从而极大地提高了厌氧生物系统的处理能力和运行的稳定性。

CUBF 一体化两相厌氧反应器具有下列特点:

a. CUBF 反应器通过内部结构的精密设计,首次在同一反应器内形成产酸相、产甲烷相的合理搭配,在实现两相分离、消除二者之间制约作用的基础上,增强二者之间的互补、协同作用。

b. CUBF 反应器是膜生物反应器,反应器产甲烷相内安装特殊填料,形成生物膜对有机物进行进一步的降解,同时固定微生物,优化出水水质,发挥膜工艺技术的优势。

c. CUBF 反应器产酸相设独特的相分离装置,在性能上发挥了三相分离器的优点,在结构上进一步完善了其分离气、液、固三相的功能,并与布水设施紧密结合,构成完整有序的反应区、悬浮区、分离区。

d. CUBF 反应器通过水力射流泵高压喷射布水,进水在反应器内部进行紊流扩散,通过进水射流和回流的搅拌、卷吸作用使反应器内污泥与基质充分混合,增大接触反应面积,使得厌氧处理时间相对缩短,反应器所能承受的有机负荷增大,反应效率得到极大程度的提高。

e. CUBF 反应器内的产酸相配备污泥回流装置,运行过程中可通过同一工艺的活性污泥回流或系统以外的污泥补充对反应器内的污泥进行置换,增强微生物的活性,提高反应器的自由度。

f. CUBF 反应器配有功能完善、敏感度强、自动化程度高的温控包,通过该温度包可以严格控制反应器内各部位的温度,从而为厌氧微生物提供最适的温度条件,提高反应速率。

g. CUBF 反应器一体化的设计使得设备投资减少,节省工程占地;反应器启动时间比一般厌氧反应器相对缩短,运行管理方便;因为两相的分离,运行过程中基本上不需投加药剂,减少了运行费用。

反应器特别适用于高浓度有机废水的处理,具有去除有机物能力强、启动时间较短、节省占地、降低能耗、运行稳定、易于控制等特点。

采用 CUBF 一体化两相厌氧反应器处理抗生素废水(其效果见表 6.17),当最大进水 COD 达到 26 347 mg/L,最大容积负荷达到 8.54 kgCOD/$(m^3 \cdot d)$;$SO_4^{2-}$ 绝对值质量浓度为 1 325 mg/L,COD/$SO_4^{2-}$ 比值最低达到 3 时,反应器对各种抑制物质和冲击负荷均表现出很好的适应性。

表 6.17　CUBF 一体化两相厌氧反应器处理抗生素废水的效果

| 进水负荷 /[kgCOD · $(m^3 \cdot d)^{-1}$] | 低负荷 0.05 ~ 1.0 | 中等负荷 1.0 ~ 6.0 | 高负荷 6.0 ~ 11.0 |
|---|---|---|---|
| 进水 COD/(mg · $L^{-1}$) | 1 000 ~ 2 000 | 2 000 ~ 8 000 | 8 000 ~ 15 000 |
| 出水 COD/(mg · $L^{-1}$) | 300 ~ 400 | 300 ~ 400 | 200 ~ 400 |
| 去除率/% | 85 ~ 90 | 90 ~ 95 | 95 ~ 99 |

实践证明,CUBF 一体化两相厌氧反应器是一新型高效的污水处理设备,特别适用于高

浓度难降解有机废水的处理。反应器两相分离、水力射流泵进水方式、安装特殊填料、污泥回流等结构特点及运行中形成的颗粒污泥决定了该反应器的高效性,使其具有处理负荷高、防止系统"酸化"、抗冲击能力强、启动时间短、运行稳定、易于管理等特点。

③华南理工大学自主研制的一体化两相厌氧反应器如图 6.18 所示。

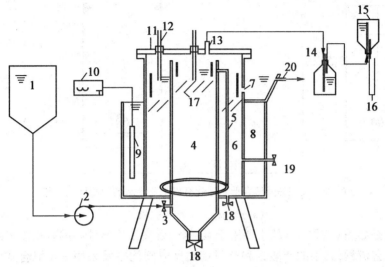

图 6.18　一体化两相厌氧反应器示意图

1—水箱;2—恒流泵;3—进水口;4—产酸相;5—布水管;6—产甲烷相;7—水封;
8—水浴层;9—电热棒;10—温控仪;11—取样管;12—温度计;13—集气口;14—水封;
15—排水瓶;16—量筒;17—挡板;18—排泥口;19—取样口;20—出水口

通过采用动力学控制与 pH 值调节相结合的方法对产酸相和产甲烷相进行分相,经过 68 d 的运行,系统的容积负荷(VLR)达到 8.84 kg/(m³·d),HRT 为 20.95 h,产酸相的 COD 去除率基本维持在 20%~30%,系统的 COD 去除率稳定在 80% 以上。其中产酸相的 VLR 和 HRT 分别为 31.11 kg/(m³·d)和 5.95 h,产甲烷相的 VLR 和 HRT 分别为 9.39 kg/(m³·d)和 15.00 h,出水悬浮固体(SS)质量浓度均在 400 mg/L 以下,去除率最高可达 92.8%,沼气的容积产气率达到 2.57 m³/(m³·d)。

## 6.3.2　两相厌氧工艺的应用

### 1. 两相厌氧工艺流程及装置的选择

两相厌氧工艺流程及装置的选择主要取决于所处理基质的理化性质及其生物降解性能,在实际工程和实验室的研究中经常采用的基本的工艺主要有以下 3 种,下面将分别进行简单地介绍。

第一种两相厌氧工艺的流程如图 6.19 所示,它主要用来处理易降解的、含低悬浮物的有机工业废水,其中的产酸相反应器一般可以是完全混合式的 CSTR 或者是 UASB、AF、AAFEB 等不同形式的厌氧反应器,产甲烷相反应器则主要是 UASB 反应器,也可以是 UBF(污泥床滤池)、AF、AAFEB 等。

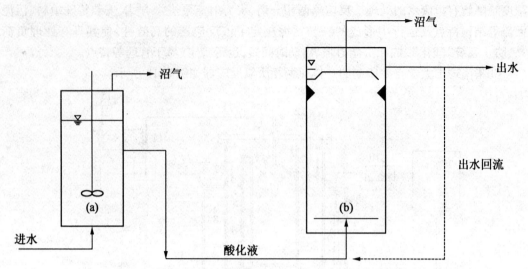

图 6.19　处理易降解含低悬浮物有机工业废水的两相厌氧工艺

(a)产酸相;(b)产甲烷相

　　第二种则是如图 6.20 所示的主要用于难降解、含高浓度悬浮物的有机废水或有机污泥的两相厌氧工艺流程,其中的产酸相和产甲烷相反应器均主要采用完全混合式的 CSTR 反应器,产甲烷相反应器的出水是否回流则需要根据实际运行的情况而定。

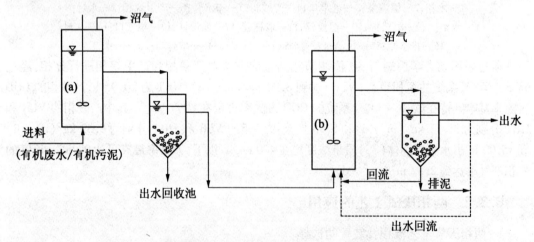

图 6.20　处理难降解含高悬浮物有机工业废水或污泥的两相厌氧工艺

(a)产酸相;(b)产甲烷相

　　第三种是如图 6.21 所示的两相厌氧工艺则主要用于处理固体含量很高的农业有机废弃物或城市有机垃圾,其中的产酸相反应器主要采用浸出床反应器,而产甲烷相反应器则可以采用 UASB、UBF(污泥床滤池)、AF、CSTR 等反应器,产甲烷相反应器的部分出水回流到产酸相反应器,这样可以提高产酸相反应器的运行效果。

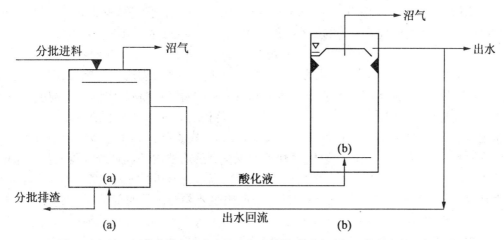

图 6.21　处理固体含量很高的农业有机废弃物或城市有机垃圾的两相厌氧工艺

(a)产酸相;(b)产甲烷相

2. 两相厌氧工艺的应用实例

(1)两相厌氧工艺处理普通的有机废水。

1984 年,Eeckhaut 等人报道了比利时一家啤酒厂采用两相厌氧生物处理工艺来处理其废水,结果发现两相厌氧系统特别适合于处理 840 m³/d 但变化很大(pH 值为 7 ~ 12,2 500 ~ 4 000 mgCOD/L)的废水。废水首先进入一个 550 m³ 的酸化调节池,产甲烷过程发生在一个 400 m³ 的 CASB 反应器——一种装填有 130 m³ 高效载体的杂合厌氧反应器。但是反应器内未能形成稳定的高活性污泥床,反应器的绝大部分活性都集中在小部分附着有生物膜的载体上。对于这种较低浓度的废水,反应器的去除负荷达到 5 ~ 8 kgCDD/($m^3_{(载体)}$·d),对溶解性 COD 的去除率达到 58%,这主要是由于反应器内的活性污泥量不足,当减少进水量时,溶解性 COD 的去除率可以达到 93%。

Guo 等人用一个固定床生物膜反应器作为产酸相反应器,UASB 作为产甲烷相反应器,研究了两相厌氧工艺处理高浓度啤酒废水和人工合成废水的情况,结果发现整个系统的最高负荷可以达到 32 ~ 35 kgCDD/($m^3_{(载体)}$·d)。他们还发现当进水质量浓度为 5 000 mgCOD/L,进水负荷为 30 kgCOD/($m^3$·d)时,为保证两相系统正常运行所需要的最小酸化率是 28%。两相厌氧系统对 COD 去除率的最主要影响因素是进水容积负荷、产酸相的酸化率以及进水碱度。

(2)两相厌氧工艺处理含高悬浮物的有机废水。

Yeoh 等人利用高温两相厌氧工艺处理蔗糖糖蜜酒精蒸馏废水,并与单相工艺的运行情况进行了对比。

在试验中,单相工艺的 HRT 控制在 36.0 ~ 9.0 d,相应的有机负荷在 3.45 ~ 14.49 kg-COD/($m^3$·d);两相工艺的 HRT 为 32.7 ~ 5.6 d,相应的有机负荷为 4.65 ~ 20.02 kgCOD/($m^3$·d),结果发现,两相工艺对 $BOD_5$ 和 COD 的去除率分别大于 85% 和 65%,其中的产酸相反应器可以很好地将原水中的有机物转化为 VFA,酸化率可以达到 15.6%。两个系统中产甲烷反应器的 pH 值均维持在 7.4 ~ 7.8。两相工艺产生的沼气中的甲烷含量都会下降。两相工艺中的产甲烷相反应器的甲烷产率为 0.17 m³CH₄/kgCOD 或0.29 m³CH₄/kgCOD,而单相反应器仅为 0.06 $m^3CH_4$/kgCOD 或 0.08 $m^3CH_4$/kgCOD。将上述的两相厌氧工艺扩大应用到生产规模的处理厂时，发现其平均的 $BOD_5$ 和 COD 的去除率分别可达 84.3% 和 63.2%。

（3）两相厌氧工艺处理固体有机废弃物。

Vieitez 和 Ghosh 等人研究和开发了一种两相厌氧系统来处理固体有机废弃物，主要研究了如何减轻通常在处理含高浓度固体废弃物时常见的对产甲烷过程的抑制作用，提高有机固体的发酵速率，并将所产生的甲烷回收利用。他们所开发的这个系统主要由一个填充模拟固体废弃物（160 kg/$m^3$ 时）的固体床反应器组成，在运行过程中还将滤出液进行循环回流，试验结果表明在这样的条件下，很快就能观察到反应器内的固体废弃物发生了水解、酸化等反应，在气相中还发现了氢气的产生。但是，当维持上述的方式连续运行 2.5 个月后却发现上述的发酵反应完全停止，他们认为其原因主要是经过长时间的运行后，反应器内积累了非常高浓度的挥发酸（以乙酸计已高达 13 000 mg/L），导致反应器内的 pH 值也已下降到 5 左右，因此使得水解、酸化等发酵反应都受到了严重的抑制，此时测得反应器上部气室内的气体组成以 $CO_2$ 为主，$CH_4$ 含量非常少，其组成为：75% $CO_2$、20% $N_2$、2% $H_2$、3% $CH_4$。随后的 2.5 个月没有对反应器作较大调整，结果发现该反应器中的挥发酸浓度和气体组成基本上没有变化，说明水解和产酸过程已经受到了严重抑制。最后，他们又在该酸化固体床反应器之后增加一个产甲烷反应器，将产酸相反应器的滤出液引入产甲烷相反应器，经过在产甲烷相反应器内的产甲烷反应后再将其出水（pH 值已经上升为 7.5）回流到产酸相固体床反应器，这样一个两相厌氧反应系统连续运行了 4.5 个月，结果表明该系统能将含高浓度固体有机废弃物中有机固体的 30% 转化为甲烷。

Dinsdale 等人利用两相厌氧工艺处理剩余活性污泥和水果/蔬菜下脚料的混合物，其产酸相反应器是 CSTR 反应器，而产甲烷相反应器则是一个斜管式消化器，反应温度为 30 ℃，整个系统运行稳定，有机负荷（VS）达到了 5.7 kgVS/($m^3$ · d)，总的 HRT 为 13 d，其中产酸相反应器的 HRT 为 3 d，产甲烷相反应器的 HRT 为 10 d，有机固体的去除率为 40%，沼气产率为 0.37 $m^3$/kgVS$_{(进料)}$，其中甲烷含量为 68%。

Fongsatitkal 等人也研究了两相 UASB 系统处理模拟市政污泥的效果和可行性。

Janvis 等人则研究了两相厌氧系统处理青饲料的情况。Ikbal 等人为了提高两相厌氧消化处理咖啡生产废弃物时的沼气产量，他们对液化过程和气化过程分别进行了研究。

（4）两相厌氧工艺处理其他废水。

Yilmazer 等采用两相厌氧系统研究来处理乳清废水，以 CSTR 反应器作为酸相反应器，上流式厌氧滤池（UFAF）作为产甲烷相反应器。乳清废水的进水水质为：COD = 20 000 mg/L，$BOD_5$ = 12 000 mg/L，SS = 1 750 mg/L。研究结果表明，在有机负荷为 0.5～2.0 gCOD/(gMLSS · d) 的范围内，酸相反应器的最佳 HRT 为 24 h，此时其酸化率可达 50%，出水中 VFA 的组成为乙酸 52%、丙酸 14%、丁酸 27%、异戊酸 7%。酸相反应器的出水直接进入产甲烷相反应器即 UFAF、HRT 控制在 3～6 d，当 HRT 为 4 d 时，溶解性 COD 的去除率可达 90%，表观产气率为 0.55 $m^3$/kgCOD$_{(去除)}$。

Strydom 等人对利用两相厌氧消化工艺处理 3 种不同的乳制品废水进行了研究。其产酸相反应器为一个预酸化反应器，产甲烷相反应器则是一个杂合反应器，试验温度为中温。结果表明，利用两相厌氧工艺来处理乳制品废水是完全可行的，当有机负荷在 0.97～2.82 kgCOD/($m^3$ · d) 之间时，对 3 种废水的 COD 去除率均在 91%～97%，相应的甲烷产率为 0.29 ~ 0.36 m³CH₄/kgCOD(去除)。

Ince 等人也利用小规模的两相厌氧系统研究了处理乳制品废水的情况。9 个月的试验结果表明,对于整个系统来说,当 HRT 为 2 d,有机负荷为 5 kgCOD/(m³·d)时,系统对 COD 和 BOD 的去除率分别为 90% 和 95%。产酸相反应器是一个完全混合式反应器,其有机负荷为 23 kgCOD/(m³·d),HRT 为 0.5 d;而产甲烷相反应器则是一个上流式厌氧滤池,其负荷达到 7 kgCOD/(m³·d),HRT 约为 1.5 d。在预酸化反应器中,当负荷达到 12 kgCOD/(m³·d)时,约有 60% 的 COD 被转化为脂肪酸;而在此之后,该转化率保持得很稳定。

Tanaka 等人则研究了两相厌氧系统处理稀释后的牛奶废水(质量浓度为 1 500 mgCOD/L)的情况,系统中产酸相反应器是完全混合式反应器,上流式厌氧滤池则用作产甲烷相反应器。在总 HRT 为 4.4 d 时,系统的 COD 去除率达到 92%。进一步的分析表明进水中的碳水化合物降解得最为彻底(85%),其次是蛋白质(50%),脂类则虽然在产酸相中很快就被水解为长链脂肪酸,但进一步降解就比较困难。在产酸相反应器中污泥产率为 0.257 mgVS/mgCOD(利用),而在产甲烷相反应器中为 0.043 mgVS/mgCOD(利用),因此产甲烷相厌氧滤池可以很长时间无需排放剩余污泥。他们还对系统承受冲击负荷的能力进行了考察,结果发现,该系统可以承受高达 3 倍于原进水 COD 浓度的冲击。

Beccari 等研究了两相厌氧工艺处理橄榄油厂废水的可行性,主要研究了这种废水中的各主要物质在产酸相和产甲烷相反应器中的降解情况。

Stephenson 等人利用两相厌氧工艺在 35 ℃和 55 ℃下研究了处理造纸废水的情况,主要研究了废水中的硫对工艺运行的影响。

# 第7章　污泥厌氧消化处理

## 7.1　污泥的分类及性质

污泥是一种由有机残片、细菌体、无机颗粒和胶体等组成的非均质体。它很难通过沉降进行彻底的固液分离。城市污水或一些工业废水处理厂的生物处理工艺中会产生大量的污泥,其数量约占处理水量的 0.3% ~0.5%(以含水率为97%计)。

### 7.1.1　污泥的分类

污泥的种类很多,分类也比较复杂,目前一般可按以下方法分类。

1. 按来源分

按来源分大致可分为给水污泥、生活污水污泥和工业废水污泥3类。

工业废水污泥可以按其来源分类:

食品加工、印染工业废水等污泥:挥发性物质、蛋白质、病原体、植物和动物废物、动物脂肪、金属氢氧化铝、其他碳氢化合物;

金属加工、无机化工、染料等废水污泥:金属氢氧化物、挥发性物质、动物脂肪和少量其他有机物;

钢铁加工工业废水污泥:氧化铁(大部分)、矿物油油脂;

钢铁工业等废水污泥:疏水性物质(大部分)、亲水性金属氢氧化物、挥发性物质;

造纸工业废水污泥:纤维、亲水性金属氢氧化物、生物处理构筑物中的挥发性物质。

2. 按污泥成分及性质分

以有机物为主要成分的污泥可称为有机污泥,其主要特性是有机物含量高,容易腐化发臭,颗粒较细,密度较小,含水率高且不易脱水,呈胶状结构的亲水性物质,便于用管道输送。

生活污水处理产生的混合污泥和工业废水产生的生物处理污泥是典型的有机污泥,其特性是有机物含量高(60% ~80%),颗粒细(0.02 ~0.2 mm),密度小(1 002 ~ 1 006 kg/m³),呈胶体结构,是一种亲水性污泥,容易管道送,但脱水性能差。

以无机物为主要成分的污泥常称为无机污泥或沉渣,沉渣的特性是颗粒较粗,密度较大,含水率较低且易于脱水,污泥烘干快但流动性较差,不易用管道输送。给水处理沉砂池以及某些工业废水物理、化学处理过程中的沉淀物均属沉渣,无机污泥一般是疏水性污泥。

3. 按污泥从污水中分离的过程分

(1)初沉污泥。初沉污泥指污水一级处理过程中产生的沉淀物,污泥干燥机其性质随污水的成分,特别是混入的工业废水性质而发生变化。

(2)活性污泥。活性污泥指活性污泥处理工艺二次沉淀池产生的沉淀物,扣除回流到曝气池的那部分后,剩余的部分称为剩余活性污泥。

(3)腐殖污泥。腐殖污泥指生物膜法(如生物滤池、生物转盘、部分生物接触氧化池等)污水处理工艺中二次沉淀池产生的沉淀物。

(4)化学污泥。化学污泥指化学强化一级处理(或三级处理)后产生的污泥。

4. 按污泥的来源分

(1)原污泥。

原污泥指未经污泥处理的初沉淀污泥,二沉剩余污泥或两者的混合污泥。

(2)初沉污泥。

初沉污泥指经初步絮凝,再以重力沉降或溶气浮除等初级废水处理程序分离所得的污泥,如来自净水厂胶凝沉淀池的铝盐污,都市废水处理厂初沉池的下水污泥,溶解气体浮除槽的浮渣污泥等,成分多为悬浮固体、油脂、溶解性有机物、表面活性剂、色度物质、微生物、无机盐类、絮凝剂等。但其悬浮固体与多数溶解性有机物并未经微生物消化分解,污泥胶羽颗粒的形成主要是由于外加化学药剂的絮凝聚集等化学处理而产生,因此称为“化学污泥”。典型的初沉污泥的性质与图片见表7.1与图7.1。

表 7.1　初沉污泥的性质

| 指标 | 数值范围 |
| --- | --- |
| 来源 | 造纸厂初沉池,未加混凝剂 |
| 干固体质量浓度 | 6 800 ~ 7 200 mg/L |
| pH 值 | 6.3 ~ 6.7 |
| 粒径 | 20 ~ 30 μm |
| 电位 | − 18 ~ − 15 mV |
| SVI | 40 ~ 60 |

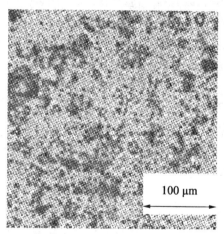

100 μm

图 7.1　初沉污泥的图片

(3)二级污泥。

经由生物处理方法所产生的污泥称为“生物污泥”(Biological Sludge)或“二级污泥”(Secondary Sludge)。初级处理程序仅能除去不溶性的悬浮颗粒,但无法除去其中以碳为主要元素成分的溶解性有机物,因此还须将初级程序处理后的污水导入曝气槽中,使得槽内悬浮状态的嗜氧性微生物群与污水中的溶解性有机物接触,摄取水中生物可以分解的成分进行生长繁殖;在过程中增生的胶羽形成菌(Floc Forming Bacteria)会与自身分泌的 ECPs、水相中的剩余悬浮固体、丝状菌(Filamentous Bacteria)、真菌(Fungi)、原生动物(Protozoa)以及二价钙、镁离子,共同聚集连结成大小约数百微米的污泥胶羽。除了悬浮式的活性污泥法之外,还可将微生物附着在固体基材上形成生物膜(Biofilm),以分解废水内的有机物,常用的程序包括滴滤池(Trickling Filter)与旋转生物盘法(Rotating Biological Contactor)都会产生少量的生物污泥(但组成的微生物大小相同)。其结构疏松、含水率极高、运行良好的活性污泥池产生的胶羽平均粒径约在 100~500 mm,通常不易脱水。表7.2 和图 7.2 为典型的二级污泥性质与图片。

表7.2　二级污泥的性质

| 指标 | 数值范围 |
| --- | --- |
| 来源 | 造纸厂活性污泥回流口 |
| 干固体质量浓度 | 12 000~14 000 mg/L |
| pH 值 | 6.7~7.0 |
| 粒径 | 150~200 μm |
| 电位 | −30~−25 mV |
| SVI | 60~70 |

图7.2　二级污泥的图片

(4)厌氧消化污泥。

初级化学污泥与二级生物污泥通常会混在一起进入消化槽(Digester)中,进一步减积与安定化,得到厌氧消化污泥。原本存在于污泥中的嗜氧性或厌氧性微生物会利用自身细胞基质(Biomass)进行自营消化作用(Endogenous Respiration)以取得能源,然后分解污泥中先前未分解的有机物。厌氧消化因设置成本较低,因此目前被普遍采用。在厌氧消化中,污泥中的大颗粒会在酵素作用下先行水解成较小的颗粒,微生物中的酸生成菌(Acidogenic Bacteria)会将其分解成有机酸,甲烷生成菌(Methanogenic Bacteria)利用这些有机酸产生二氧化碳与甲烷,此过程中将以大幅分解有机物,减少污泥中原有的 BOD 与臭味,致病菌或寄生虫的数量也随之减少。由于厌氧菌生长较慢,所以污泥的产量较少,而消化后的污泥(Digested Sludge)颜色较深、稳定度高,并呈现深色的腐殖土状(Humus)。在消化过程中污泥胶羽的高比表面积结构受到破坏,原本吸附于其上的水分便被剥离成为自由水(Free Moisture);因此消化后的污泥沉降性与脱水性都会获得改善。表7.3 和图 7.3 为典型厌氧消化污泥性质与图片。

表7.3　厌氧消化污泥的性质

| 指标 | 数值范围 |
| --- | --- |
| 来源 | 食品加工厂活性污泥回流口,并于实验室添加厌氧菌种,在 35 ℃进行 1 个月的厌氧消化 |
| 干固体质量浓度 | 6 500~7 000 mg/L |
| pH 值 | 6.4~6.7 |
| 粒径 | 50~60 μm |
| 电位 | −22~−19 mV |
| SVI | 40~50 |

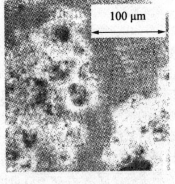

图7.3　厌氧消化污泥的图片

(5)消化污泥。

经过好氧消化或厌氧消化的污泥,所含有机物质浓度有一定程度的降低,并趋于稳定。

（6）回流污泥。

由二次沉淀（或沉淀区）分离出来，回流到曝气池的活性污泥。

（7）剩余污泥。

活性污泥系统中从二次沉淀池（或沉淀区）排出系统外的活性污泥。

（8）污泥气。

在污泥厌氧消化时，有机物分解所产生的气体，主要成分为甲烷和二氧化碳，并有少量的氢、氮和硫化氢，俗称沼气。

5. 依据污泥的不同产生阶段分

（1）生污泥。

生污泥指从沉淀池（包括初沉池和二沉池）排出来的沉淀物或悬浮物的总称。

（2）消化污泥。

消化污泥指生污泥经厌气分解、煤泥干燥机后得到的污泥。

（3）浓缩污泥。

浓缩污泥指生污泥经浓缩处理后得到的污泥。

（4）脱水干化污泥。

脱水干化污泥指经脱水干化处理后得到的污泥。

（5）干燥污泥。

干燥污泥指经干燥处理后得到的污泥。

### 7.1.2　污泥的性质指标

（1）含水率。

污泥中所含水分的质量与污泥总质量之比的百分数。污泥体积、质量及所含固体物浓度的关系用式（7.1）表示：

$$\frac{V_1}{V_2} = \frac{W_1}{W_1} = \frac{100 - p_2}{100 - p_1} = \frac{C_2}{C_1} \qquad (7.1)$$

式中　$V_1$、$W_1$、$C_1$——污泥含水率为 $p_1$ 时的污泥体积、质量及固体物浓度；

　　　$V_2$、$W_2$、$C_2$——污泥含水率为 $p_2$ 时的污泥体积、质量及固体物浓度。

一般来说，当含水率大于 85% 时，污泥呈流状；当含水率 65% ～85% 时，污泥呈塑态；当含水率小于 65% 时，污泥呈固态。

（2）挥发性固体和灰分。

挥发性固体（VS）通常用于近似表示污泥中的有机物的量；有机物含量越高，污泥的稳定性就更差。

灰分也称灼烧残渣，表示污泥中无机物含量。

（3）可消化程度。

污泥中有机物，是消化处理的对象。一部分是可被消化降解的（或称可被气化，无机化）；另一部分是不易或不能被消化降解的，如脂肪和纤维素等。用可消化程度表示污泥中可被消化降解的有机物数量。可消化程度（$R_d$）用于表示污泥中可被消化降解的有机物量，见式（7.2）。

$$R_\mathrm{d} = \left(1 - \frac{p_{v_2}p_{s_2}}{p_{v_1}p_{s_1}}\right) \times 100 \tag{7.2}$$

式中　$p_{s_1}$、$p_{s_2}$——生污泥和消化污泥的无机物质量分数，% ；

　　　$p_{v_1}$、$p_{v_2}$——生污泥和消化污泥的有机物质量分数，% 。

消化污泥量（$V_\mathrm{d}$）可用式（7.3）计算：

$$V_\mathrm{d} = \frac{(100 - P_1)V_1}{100 - P_\mathrm{d}}\left[\left(1 - \frac{P_{v_1}}{100}\right) + \frac{P_{v_1}}{100}\left(1 - \frac{R_\mathrm{d}}{100}\right)\right] \tag{7.3}$$

式中　$V_\mathrm{d}$——消化污泥量，$\mathrm{m}^3/\mathrm{d}$；

　　　$P_\mathrm{d}$——消化污泥含水量的周平均值，% ；

　　　$V_1$——生污泥量的周平均值，$\mathrm{m}^3/\mathrm{d}$；

　　　$P_1$——生污泥量含水量的周平均值，% ；

　　　$R_\mathrm{d}$——可消化程度的周平均值，% 。

（4）湿污泥比重和干污泥比重。

湿污泥质量为污泥所含水分质量与干固体质量之和。湿污泥比重等于湿污泥质量与同体积的水的质量之比值。

湿污泥比重（$\gamma$）可以用式（7.4）表示：

$$\gamma = \frac{p + (100 - p)}{p + \dfrac{100 - p}{\gamma_\mathrm{s}}} = \frac{100\gamma_\mathrm{s}}{p\gamma_\mathrm{s} + (100 - p)} \tag{7.4}$$

式中　$p$——湿污泥含水率；

　　　$r_\mathrm{s}$——污泥中干固体的平均比重。

在干固体中，挥发性固体（即有机物）的百分比及其所占的比重分别用 $p_v$、$r_v$ 表示；无机物的比重用 $r_\mathrm{a}$ 表示，则干污泥的平均比重 $r_\mathrm{s}$ 可以用式（7.5）计算：

$$\gamma_\mathrm{s} = \frac{100\gamma_\mathrm{a}\gamma_\mathrm{s}}{100\gamma_v + p(\gamma_\mathrm{a} - \gamma_v)} \tag{7.5}$$

一般来说，有机物的比重为 100% ，无机物比重约为 2.5% ~ 2.65% ，以 2.5 计，则式（7.5）则简化为式（7.6）：

$$\gamma_\mathrm{s} = \frac{250}{100 + 1.5p_v} \tag{7.6}$$

湿污泥平均比重按式（7.7）计算：

$$r = \frac{25\,000}{250p + (100 - p)(100 + 1.5p_v)} \tag{7.7}$$

式中　$p$——湿污泥含水率，% ；

　　　$p_v$——污泥中有机物的质量分数，% 。

（5）污泥产量。

沉淀后的污泥量可以根据污水中悬浮物的浓度、污水的流量、污泥的去除率及污泥的含水率来计算，具体的计算方法见式（7.8）：

$$V = \frac{100\eta C_0 Q}{1\,000(100 - P)\rho} \tag{7.8}$$

式中　　$V$——沉淀污泥量,$m^3/d$;

　　　　$Q$——污水流量,$m^3/d$;

　　　　$\eta$——去除率,%;

　　　　$C_0$——进水悬浮物质量浓度,mg/L;

　　　　$P$——污泥含水率,%;

　　　　$\rho$——沉淀污泥密度,以 1 000 $kg/m^3$ 计。

　　式(8.8)适用于初次沉淀池,二次沉淀池的污泥量也可以近似地按式(7.8)计算,$\eta$ 取 80%。

　　剩余活性污泥量可以用式(7.9)计算:

$$\Delta X_T = \frac{\Delta X}{f} = \frac{YQS_T - K_d VX_V}{f} \tag{7.9}$$

式中　　$\Delta X$——每日增长(排放)的挥发性污泥量(VSS),kg/d;

　　　　$QS_T$——每日的有机物降解量,kg/d;

　　　　$VX_V$——曝气池混合液中挥发性悬浮固体总量,kg;$X_V$ 为 MLVSS。

　　(6)污泥肥分。

　　污泥中含有大量植物生长所必需的肥分(如氮、磷、钾等)、微量元素及土壤改良剂(如腐殖质)。污泥消化不同过程中的成分见表7.4,我国部分城市污泥中的营养成分见表7.5。

表7.4　污泥中的具体成分

| 污泥类别 | 总氮/% | 磷(以 $P_2O_5$ 计)/% | 钾(以 $K_2O$ 计)/% | 有机物/% |
|---|---|---|---|---|
| 初沉污泥 | 2 ~ 3 | 1 ~ 3 | 0.1 ~ 0.5 | 50 ~ 60 |
| 活性污泥 | 3.3 ~ 3.7 | 0.78 ~ 4.3 | 0.22 ~ 0.44 | 60 ~ 70 |
| 消化污泥 | | | | |
| 初沉池 | 1.6 ~ 3.4 | 0.55 ~ 0.77 | 0.24 | 25 ~ 30 |
| 腐殖质 | 2.8 ~ 3.14 | 1.03 ~ 1.98 | 0.11 ~ 0.79 | — |

表7.5　我国部分城市污泥中的营养成分

| 城市 | pH 值 | O.M/$(g \cdot kg^{-1})$ | N/$(g \cdot kg^{-1})$ | P/$(g \cdot kg^{-1})$ | K/$(g \cdot kg^{-1})$ |
|---|---|---|---|---|---|
| 北京 | 6.90 | 602 | 37.4 | 14.0 | 7.1 |
| 天津 | 6.91 | 470 | 42.3 | 17.5 | 3.3 |
| 杭州 | — | 317 | 11.0 | 11.0 | 7.4 |
| 苏州 | 6.63 | 667 | 48.2 | 13.0 | 4.4 |
| 太原 | — | 484 | 27.6 | 10.4 | 4.9 |
| 广州 | — | 314 | 29.0 | — | 14.9 |
| 武汉 | 6.30 | 343 | 31.3 | 9.0 | 5.0 |

(7)重金属离子含量。

污泥中重金属离子的含量决定于城市污水中工业废水所占的比例及工业性质。污水经二级处理后,污水中重金属离子约有 50% 以上转移至污泥中。因此污泥中的重金属离子含量一般都较高。污泥中的重金属种类很多,如 Pb、Cd、Hg、Cr、Ni、Cu、Zn、As 等,能对土壤、水体及食物链带来污染,而人们较为关注的重金属主要是 Pb、Cd、Cr、Ni、Cu、Zn,但不同国家及不同城市的污泥重金属含量范围变化都很大,见表 7.6。

表7.6　部分国家及城市污泥中重金属的含量

|  | Cu | Zn | Pb | Cd | Ni | Cr |
|---|---|---|---|---|---|---|
| 澳大利亚 | 856 | 2 070 | 562 | 41 | 88 | 110 |
| 德国 | 322 | — | 113 | 22.5 | 34 | 62 |
| 新西兰 | 311 | 724 | 103 | 2.5 | 25 | 50 |
| 中国 | 55 ~ 460 | 300 ~ 1 119 | 85 ~ 2 400 | 3.6 ~ 24.1 | 30 ~ 47.5 | 9.2 ~ 540 |
| 武汉 | 48 | 230 | 25 | 0.8 | 29 | 32 |

中国广州市污泥中 Cu、Zn 的含量分别为 1 000 mg/kg、5 219 mg/kg,均大大超过控制标准,而 Pb、Ni 的含量在控制标准以内;西安市污泥中的 Zn 和 Ni 也显著超标;武汉市污泥中的重金属含量(表 7.7)都在控制标准以内,但这并不意味着武汉市城市污泥的重金属含量就是完全在控制标准以内,因污泥在不同季节有很大的变化。

表7.7　武汉市城市污泥的重金属形态及含量(1999 年 7 月)

| 重金属 | 交换态 | 碳酸盐结合态 | 铁锰结合态 | 有机物结合态 | 残余态 | 总量 |
|---|---|---|---|---|---|---|
| Zn | 1.9 | 33.1 | 142.3 | 41.1 | 12.0 | 230.3 |
| Cu | 1.4 | 0.5 | 2.4 | 38.4 | 5.0 | 47.6 |
| Pb | 0.0 | 0.2 | 2.9 | 13.4 | 7.9 | 24.4 |
| Cr | 0.3 | 0.0 | 40.3 | 14.4 | 13.3 | 32.3 |
| Cd | 0.0 | 0.1 | 0.6 | 0.1 | 0.0 | 0.8 |
| Ni | 3.1 | 3.3 | 8.3 | 5.8 | 8.6 | 29.1 |

周立祥等发现,66% ~ 84% 的污泥中的重金属(Cu、Zn、Pb、Cd、Hg、As)存在于污泥的生物絮凝体组分中,其中 Cu、Hg、Pb 及 As 在胶体及可溶性组分中所占比例不到 1%,基本上存在于生物絮凝体和颗粒态组分中;Zn 和 Cd 在胶体和可溶性组分中占有相当比例,尤其是 Cd 高达 13.4%;在生物絮凝体组分中,Zn 主要以松结合有机态形式存在;而 Cd 则以松结合有机态、紧结合有机态和可交换态 3 种形式存在;生物絮凝体组分是污泥中有效重金属的主要提供者。一部分土壤重金属可以转换成无效态,重金属的植物吸收、淋溶和无效态数量将只依赖于它们有效态的多少。

Tessier 等采用分级提取的办法,将重金属分为交换态、碳酸盐结合态、铁锰氧化物结合态、有机结合态和残余态 5 个组分。武汉市城市污泥中虽然含有一定的重金属,但大部分是以非交换态存在(除镍以外),即以有机物结合态及残余态存在(锌则主要是以铁锰氧化物结合态存在),而较易被当季作物吸收的交换态及碳酸盐结合态的含量则较低;另外城市污泥中重金属的总含量比工业污泥低,但重金属有效性却比磷肥化工厂污泥高。虽然城市污泥中存在的重金属形态在短时间内不易被淋失及被作物吸收,但污泥的长时间施用能增加土壤中总的重金属含量,特别是增加作物对重金属的吸收及积累,所以需要对污泥施用的土壤重金属形态及含量的影响进行深入研究。

(8)有机有害成分。

污泥中的有机有害成分主要包括聚氯二苯基(PCBs)和聚氯二苯氧化物/氧芴(PCDD/PCDF)、多环芳烃和有机氯杀虫剂等。据美国环境工作署 1988 年的调查结果表明在其污泥中含有稻瘟酞、甲苯、氯苯,并在每个样品中都发现了至少有 42 种杀虫剂中的 2 种。由于许多这类有机化合物对人体及动物有毒,它们的存在会影响污泥的农田利用。但现有的试验表明,能通过根部吸收和在植物中转移的二噁英、呋喃及 6 种重要的 PCB 衍生物的量非常少,即使将含 PCDD/PCDF 较高的污泥过量用于冬小麦、夏小麦、土豆和萝卜,与未施污泥的土壤相比也显示不出有害物质含量的增高,因此目前普遍认为应用于农川土壤的污泥中有机化合物尚不会通过植物吸收的途径进入营养链而引起重大的环境问题。

(9)污泥中的病原菌。

城市污泥中还含有大量的病原菌,但在堆肥处理过程中能有效地降低。虽然有部分病原菌在一定条件下会再生,但施入土壤后,土著微生物有阻止这些病原菌再生的作用。所以经堆肥化或消化处理的污泥施入土壤中不会引起病原菌的污染。

(10)污泥的热值。

由于污泥的含水率因生产与处理状态而有较大差异,故其热值一般均以干基或干燥无灰基形式给出。我国城市污水污泥含有较高的热值(表 7.8),在一定含水率以下具有自持燃烧(不需要添加辅助燃料)及干污泥用作能源的可能。

表 7.8 我国城市污水处理厂污泥的热值

| 污泥来源 | 污泥种类 | 挥发性固体/% | 热值/($MJ \cdot kg^{-1}$) | |
|---|---|---|---|---|
| | | | 干基 | 无灰基 |
| 天津污水处理厂 | 初沉污泥 | 45.2 | 10.72 | 23.7 |
| | 二沉污泥 | 55.2 | 13.30 | 24.0 |
| | 消化污泥 | 44.6 | 9.89 | 22.2 |
| 上海金山污水处理厂 | 混合污泥 | 84.5 | 20.43 | 24.2 |

### 7.1.3 污泥的处理、处置现状

据国家环保总局提供的数字,目前我国的污水处理率为 25% 左右,污水排放量为每年 $401 \times 10^8 \text{ m}^3$,现已建成并投入运转的城市污水处理厂有 400 余座,处理能力为 $2\,534 \times 10^4 \text{ m}^3/\text{d}$。按污泥产量占处理水量的 0.3% ~ 0.5%(以含水率 97% 计)计算,我国城市污水

厂污泥的产量为$(7.602 \sim 12.670) \times 10^4 \ m^3/d$。从我国建成运行的城市污水处理厂来看,污泥处理工艺大体可归纳为 18 种工艺流程,见表 7.9。

表 7.9 我国污水处理厂的污泥处理工艺分类

| 污泥处理流程 | 应用比例/% |
|---|---|
| 1 浓缩池→最终处置 | 21.63 |
| 2 双层沉淀池污泥→最终处置 | 1.35 |
| 3 双层沉淀池污泥→干化场→最终处置 | 2.70 |
| 4 浓缩池→消化池→湿污泥池→最终处置 | 6.76 |
| 5 浓缩池→消化池→机械脱水→最终处置 | 9.46 |
| 6 浓缩池→湿污泥池→最终处置 | 14.87 |
| 7 浓缩池→两相消化池→湿污泥池→最终处置 | 1.35 |
| 8 浓缩池→两级消化池→最终处置 | 2.70 |
| 9 浓缩池→两级消化池→机械脱水→最终处置 | 9.46 |
| 10 初沉池污泥→消化池→干化场→最终处置 | 1.35 |
| 11 初沉池污泥→两级消化池→机械脱水→最终处置 | 1.35 |
| 12 接触氧化池污泥→干化场→最终处置 | 1.35 |
| 13 浓缩池→消化池→干化场→最终处置 | 1.35 |
| 14 浓缩池→干化场→最终处置 | 4.05 |
| 15 初沉池污泥→浓缩池→两级消化池→机械脱水→最终处置 | 1.35 |
| 16 浓缩池→机械脱水→最终处置 | 14.87 |
| 17 初沉池污泥→好氧消化池→浓缩池→机械脱水→最终处置 | 2.70 |
| 18 浓缩池→厌氧消化池→机械脱水→最终处置 | 1.35 |

注:表中未注明的污泥均为活性污泥

### 1. 污泥浓缩

污泥浓缩主要是降低污泥中的孔隙水,通常采用的是物理法,包括重力浓缩法、气浮浓缩法、离心浓缩法等,其处理性能见表 7.10。

表 7.10 几种浓缩方法的比能耗和含固量

| 浓缩方法 | 污泥类型 | 浓缩后含水率/% | 比能耗 | |
|---|---|---|---|---|
| | | | 干固体 /$[(kW \cdot h) \cdot t^{-1}]$ | 脱除水 $[(kW \cdot h) \cdot t^{-1}]$ |
| 重力浓缩 | 初沉污泥 | 90 ~ 95 | 1.75 | 0.20 |
| 重力浓缩 | 剩余活性污泥 | 97 ~ 98 | 8.81 | 0.09 |
| 气浮浓缩 | 剩余活性污泥 | 95 ~ 97 | 131 | 2.18 |
| 框式离心浓缩 | 剩余活性污泥 | 91 ~ 92 | 211 | 2.29 |
| 无孔转鼓离心浓缩 | 剩余活性污泥 | 92 ~ 95 | 117 | 1.23 |

从表 7.10 可以看出,初沉污泥用重力浓缩法处理最为经济。对于剩余污泥来说,由于其浓度低、有机物含量高、浓缩困难,采用重力浓缩法效果不好,而采用气浮浓缩、离心浓缩则设备复杂、费用高,也不合适。所以,目前推行将剩余污泥送回初沉池与初沉污泥共同沉淀的重力浓缩工艺,利用活性污泥的絮凝性能,提高初沉池的沉淀效果,同时使剩余污泥得到浓缩。对此进行的试验研究表明这种工艺的初沉池出水水质好于传统工艺。我国污水厂所采用的污泥浓缩方法的情况如图 7.4 所示。

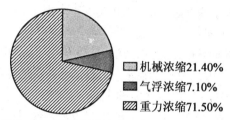

机械浓缩21.40%
气浮浓缩7.10%
重力浓缩71.50%

图 7.4    不同污泥浓缩方法在我国所占的比例

由于我国污水处理厂中的污泥有机物含量低,并考虑经济成本,所以重力浓缩法仍将是今后主要的污泥浓缩手段。

2. 污泥稳定

污泥稳定化处理就是降解污泥中的有机物质,进一步减少污泥含水量,杀灭污泥中的细菌、病原体等,打破细胞壁,消除臭味,这是污泥能否资源化有效利用的关键步骤。污泥稳定化处理的目的就是通过适当的技术措施,使污泥得到再利用或以某种不损害环境的形式重新返回到自然环境中,使污泥处理后安全、无臭味,不返泥性、实现重金属的稳定,可以用于多种循环再利用途径,如水泥熟料、建筑材料、园林土、土壤改良剂等。污泥稳定化的方法主要有堆肥化、干燥、碱稳定、厌氧消化等。

我国目前常用的污泥稳定方法是厌氧消化,好氧消化和污泥堆肥也有部分被采用,并且污泥堆肥正处于不断研究阶段,而热解和化学稳定方法由于技术的原因或者是由于经济、能耗的原因而很少被采用。图 7.5 为上述几种污泥稳定方法在我国所占的比例。

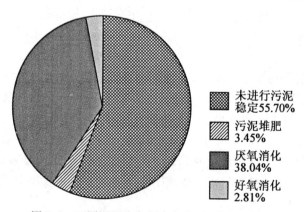

未进行污泥
稳定55.70%
污泥堆肥
3.45%
厌氧消化
38.04%
好氧消化
2.81%

图 7.5    不同污泥稳定方法在我国所占的比例

从图 7.5 可以看出,我国城市污水污泥中有 55.70% 没有经过任何稳定措施,大量的未经稳定处理的污泥必然会对环境造成严重的二次污染。就我国现有的经济技术情况来看,由于经过厌氧消化后的污泥具有易脱水、性质稳定等特点,所以今后污泥稳定将仍是以厌氧消化为主,而污泥好氧堆肥是利用微生物的作用将污泥转化为类腐殖质的过程,堆肥后污泥稳定化、无害化程度高,是经济简便、高效低耗的污泥稳定化、无害化替代技术,也将在我国拥有广阔的应用前景。

3. 污泥脱水

污泥脱水是将流态的原生、浓缩或消化污泥脱除水分,转化为半固态或固态泥块的一种污泥处理方法。

污泥经浓缩之后,其含水率仍在94%以上,呈流动状,体积很大。浓缩污泥经消化之后,如果排放上清液,其含水率与消化前基本相当或略有降低;如不排放上清液,则含水率会升高。总之,污泥经浓缩或消化之后,仍为液态,体积很大,难以处置消纳,因此还需进行污泥脱水。浓缩主要是分离污泥中的空隙水,而脱水则主要是将污泥中的吸附水和毛细水分离出来,这部分水分约占污泥中总含水量的15% ~ 25%。假设某处理厂有1 000 $m^3$ 由初沉污泥和活性污泥组成的混合污泥,其含水率为97.5%,含固量为2.5%,经浓缩之后,含水率一般可降为95%,含固量增至5%,污泥体积则降至500 $m^3$。此时体积仍很大,外运处置仍很困难。如经过脱水,则可进一步减量,使含水率降至75%,含固量增至25%,体积则减至100 $m^3$ 以后,其体积减至浓缩前的1/10,减至脱水前的1/5,大大降低了后续污泥处置的难度。经过脱水后,污泥含水率可降低到55% ~ 80%,视污泥和沉渣的性质和脱水设备的效能而定。

脱水的方法,主要有自然干化法、机械脱水法和造粒脱水法。自然干化法和机械脱水法适用于污水污泥。造粒脱水法适用于混凝沉淀的污泥。

(1)自然干化法。

自然干化法的主要构筑物是污泥干化场,一块用土堤围绕和分隔的平地,如果土壤的透水性差,可铺薄层的碎石和沙子,并设排水暗管。依靠下渗和蒸发降低流放到场上的污泥的含水量。下渗过程约经2 ~ 3 d 完成,可使含水率降低到85%左右。此后主要依靠蒸发,数周后可降到75%左右。污泥干化场的脱水效果受当地降雨量、蒸发量、气温、湿度等的影响。一般适宜于在干燥、少雨、沙质土壤地区采用。这种脱水方式适于村镇小型污水处理厂的污泥处理,维护管理工作量很大,且产生大范围的恶臭。

(2)机械脱水法。

通常污泥先进行预处理,也称为污泥的调理或调质。这主要是因为城市污水处理系统产生的污泥,尤其是活性污泥脱水性能一般都较差,直接脱水将需要大量的脱水设备,因而不经济。所谓污泥调质,就是通过对污泥进行预处理,改善其脱水性能,提高脱水设备的生产能力,获得综合的技术经济效果。污泥调质方法有物理调质和化学调质两大类。物理调质有淘洗法、冷冻法及热调质等方法,而化学调质则主要指向污泥中投加化学药剂,改善其脱水性能。以上调质方法在实际中都采用,但以化学调质为主,原因在于化学调质流程简单,操作不复杂,且调质效果很稳定。最通用的预处理方法是投加无机盐或高分子混凝剂。此外,还有淘洗法和热处理法。

机械脱水法有过滤和离心法。过滤是将湿污泥用滤层(多孔性材料如滤布、金属丝网)过滤,使水分(滤液)渗过滤层,脱水污泥(滤饼)则被截留在滤层上。离心法是借污泥中固、液比重差所产生的不同离心倾向达到泥水分离。过滤法用的设备有真空过滤机、板框压滤机和带式过滤机。真空过滤机连续进泥,连续出泥,运行平稳,但附属设施较多。板框压滤机为化工常用设备,过滤推动力大,泥饼含水率较低,进泥、出泥是间歇的,生产率较低。人工操作的板框压滤机,劳动强度甚大,现在大多改用机械自动操作。带式过滤机是新型的过滤机,有多种设计,依据的脱水原理也有不同(重力过滤、压力过滤、毛细管吸水、造粒),但它们都有回转带,一边运泥,一边脱水,或只有运泥作用。它们的复杂性和能耗都相近。离心法常用卧式高速沉降离心脱水机,由内外转筒组成,转筒一端呈圆柱形,另一端呈圆锥形。转速一般在 3 000 r/min 左右或更高,内外转筒有一定的速差。离心脱水机连续生产和自动控制,卫生条件较好,占地也小,但污泥预处理的要求较高。机械脱水法主要用于初次沉淀池污泥和消化污泥。脱水污泥的含水率和污泥性质及脱水方法有关。一般情况下,真空过滤的泥饼含水率为 60% ~80%,板框压滤为 45% ~80%,离心脱水为 80% ~85%。

(3)造粒脱水法。

水中造粒脱水机是一种新设备。其主体是钢板制成的卧式筒状物,分为造粒部、脱水部和压密部,绕水平轴缓慢转动。加高分子混凝剂后的污泥,先进入造粒部,在污泥自身重力的作用下,絮凝压缩,分层滚成泥丸,接着泥丸和水进入脱水部,水从环向泄水斜缝中排出。最后进入压密部,泥丸在自重下进一步压缩脱水,形成粒大密实的泥丸,推出筒体。造粒机构造简单,不易磨损,电耗少,维修容易。泥丸的含水率一般在 70% 左右。

在污水处理厂的污泥脱水过程中所产生的滤液,除干化床的滤液污染物含量较少外,其他都含有高浓度的污染物质。因此这些滤液必须处理,一般是与入流废水一起处理。

我国现有的污泥脱水措施主要是机械脱水,而干化场由于受到地区条件的限制很少被采用。图 7.6 为几种污泥脱水技术在我国所占的比例。

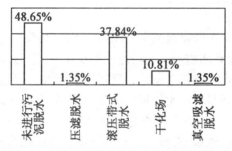

图 7.6　几种污泥脱水技术在我国所占的比例

从图 8.6 可以发现,我国将近 50% 的污泥没有经过脱水,说明我国的污泥脱水还是比较落后,还存在很大的问题。污泥经浓缩、消化后含水率尚为 95% ~97%,体积仍然很大。这样庞大体积的污泥如果不经过干化脱水处理,不但会造成环境污染,也将为运输及后续处置带来许多不便。

4.污泥的最终处置

城市污水污泥的处置途径包括土地利用、卫生填埋、焚烧处理和水体消纳等方法,这些方法都能够容纳大量的城市污水污泥。

表 7.11　各个国家每年的干污泥产量及污泥处置方法

| 国家 | 干污泥产量 /(百万 t · a⁻¹) | 处置方法 | | | |
|------|------|------|------|------|------|
| | | 土地利用 | 陆地填埋 | 焚烧 | 其他 |
| 奥地利 | 32 | 13 | 56 | 31 | 0 |
| 比利时 | 7.5 | 31 | 56 | 9 | 4 |
| 丹麦 | 13 | 37 | 33 | 28 | 2 |
| 法国 | 70 | 50 | 50 | 0 | 0 |
| 德国 | 250 | 25 | 63 | 12 | 0 |
| 希腊 | 1.5 | 81 | 18 | 0 | 1 |
| 爱尔兰 | 2.4 | 28 | 18 | 0 | 54 |
| 意大利 | 80 | 34 | 55 | 11 | 0 |
| 卢森堡 | 1.5 | 81 | 18 | 0 | 0 |
| 荷兰 | 28.2 | 44 | 53 | 3 | 0 |
| 葡萄牙 | 20 | 80 | 13 | 0 | 7 |
| 西班牙 | 28 | 10 | 50 | 10 | 30 |
| 瑞典 | 18 | 45 | 55 | 0 | 0 |
| 日本 | 17.1 | 9 | 35 | 55 | 1 |
| 澳大利亚 | — | 28.5 | 33.5 | 1 | 37(投海) |

　　由表 7.11 可以看出,每个国家根据自己国情的不同,污泥的处置方式也各不相同;但在国内,总的状况还是以土地利用的形式将污泥用于农业。我国自 1961 年北京高碑店污水处理厂的污泥大多被当地的农民施用于土地,其后的天津纪庄子污水处理厂的污泥也均用于农田。随着城市污水污泥产量和污水处理厂的逐渐增多,目前我国已开始将污水处理厂污泥用于土地填埋和城市绿化,并将污泥作为基质,制作复合肥用于农业等。但由于我国在污泥管理方面对污泥所含病原菌、重金属和有毒有机物等理化指标及臭气等感官指标控制的重视程度还不够,因此限制了对污泥的进一步处置利用。

　　图 7.7 为几种污泥处置技术在我国所占的比例。由此图可以看出国内的污泥有13.79% 没有作任何处置,这将对环境带来巨大危害。污泥散发的臭气污染严重,病原菌对人类健康产生潜在威胁,重金属和有毒有害有机物污染地表和地下水系统。造成这种现象的原因如下:由于国内污泥处理、处置的起步较晚,许多城市没有将污泥处置场所纳入城市总体规划,造成很多污水处理厂难以找到合适的污泥处置方法和污泥弃置场所;我国污泥利用的基础薄弱,人们对污泥利用的认识存在严重不足,对污泥的最终处置问题缺乏关注,给一些有害污泥的最终处置留了隐患;污泥利用率不是很高,仍有一部分的污水处理厂污泥只经储存即由环卫部门外运市郊直接堆放。污泥的随意堆放很容易产生二次污染,从而造成污泥资源的浪费。因此我国当前面临的问题是应尽快发展污泥处置技术来解决。

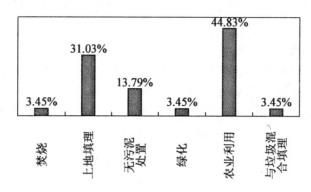

图7.7　几种污泥处置技术在我国所占的比例

目前污泥处置途径主要有以下几种：

(1)污泥在农业上的应用。

污泥农业利用的途径主要有直接施用和间接施用。

①直接施用。直接施用是将未经处理的污水污泥直接施用在土地上,如农业用地、林业用地、严重破坏的土地、专用的土地场所,这是美国及大多数欧共体国家最普遍采用的处理方法。我国在运行污水处理中,污泥未经任何处理直接农用的约占60%以上。

a.农田施用。污泥中富含的氮、磷、钾是农作物必需的肥料成分,有机腐殖质(初次沉淀污泥含33%、消化污泥含35%、腐殖污泥含47%)是良好的土壤改良剂。土壤施用污泥后可明显提高土壤肥力,具体表现在改善土壤物理性质,增加土壤有机质和氮磷水平,并增加土壤生物活性,因此作物产量较高,且可满足后茬作物生长的营养需求。但污泥中的重金属以及病原菌含量仍是不可小觑的问题,如蔬菜对重金属的富集使污泥对人体造成间接危害,以及污泥中的硝酸盐污染地下水的问题。

我国是一个农业大国,但土地资源严重不足,可以说,世界上没有哪个国家对肥料的需求像中国这样迫切,这就决定了我国必须认真考虑污泥的农用资源化问题。在安全、可靠、避免二次污染的前提下将污泥农用,既消除城市污染,又能促进农业的发展。因此,污泥农用是符合我国国情的处置方法。

有试验表明,用消化污泥作为肥料,土壤持水能力、非毛细管孔隙率和离子交换能力均可提高3%~23%,有机质提高35%~40%,总氮含量增加70%。但考虑到污泥中所含的重金属对作物的影响,应合理地施用污泥,一般以作物对氮的需要量为污泥施用量的限度,污泥中的重金属含量必须符合农用污泥标准以及污泥施用区土壤重金属含量不得超过允许标准。我国规定施用符合污染物控制标准的农用污泥每年不得超过 $30\ t/hm^2$,且连续施用不得超过20年(GB4284—84)。

b.林地施用。污泥在森林与园林绿地(包括林地、学地、市政绿化、高速公路的隔离带、育苗基地、高尔夫球场、学坪等非食物链植物生长的土地)施用可促进树木、花卉、草坪的生长,提高其观赏品质,并且不易构成食物链污染的危险。

有实验表明,污泥施用1年后,林地土壤0~20 cm中的全氮、速效氮、全磷、有机质及阳离子代换量的含量都明显增加,增加的量随试验污泥用量的增加而增大。同时,土壤的容重、持水量和孔隙度等物理性质也有一定程度的改善。同等深度土壤中的硝态氮和重金属含量比对照有所增加,但并没有对土壤造成较大程度污染。可能与污泥施用的时间较短有关。

c. 退化土地的修复。用污泥对干旱、半干旱地区的贫瘠土壤进行改良,也取得良好效果。我国内蒙古西部的包头地区属典型干旱、半干旱荒漠地带。该区气候干燥,降雨少且分布不均匀,生态环境脆弱,植被易遭破坏,水土流失十分严重。污泥对于防止土壤沙化、沙丘治理及被二氧化硫破坏地区的植被恢复均为一种优质材料。将污泥与粉煤灰、水库淤积物以一定比例混合施用,可改善土壤的保温、保湿、透气的性质,同时污泥中的有机营养物强化了废弃物组合体的微生物作用,使整个土壤加速腐殖化,达到增加土壤中有机质含量的作用。

另外污泥还可以施用于各种严重扰动的土地,如过采煤矿、尾矿坑,取土坑,以及已退化的土地、垦荒地、滑坡与其他因自然灾害而需要恢复植被的土地。C. Lue - Hing 等在美国芝加哥富尔顿的煤矿废弃地上施用污泥,改善了土壤耕性,增加了土壤透水性,提高了土壤CEC 值,并提供了作物生长所需的有效养分。

②间接施用。

a. 污泥消化后农用。对污泥进行厌氧消化处理,可以达到污泥减量化的目的,而且可以回收一部分能源,也可为后续处理减轻负担。近年日本的污泥消化技术进一步提高,如机械浓缩和高浓度消化的有机结合、搅拌和热效的改善、完全的厌氧两相消化法(发酵工艺 +甲烷发酵工艺的分离法),使发酵时间大大缩短,甲烷发生量和消化率提高。国内约有 40%的污水处理厂把污泥进行消化脱水后农用,一方面可以产生部分能源回用,另一方面可以减少污泥中的部分有害细菌,增加污泥的稳定性。这样,污泥在农用中其负面影响相对小一些。

b. 制成复合肥料使用。污泥与城市垃圾等堆肥后农用。污泥经过堆肥发酵后,可以杀死污泥和垃圾中绝大部分有害细菌,还可以增加和稳定其中的腐殖质,应用风险性较小。这种方式解决了污泥在使用中科技含量不高的问题,存在的问题是应用量较少,国内也有一些报道,但目前推广应用程度还远远不够。

国外对污泥的农业利用有严格的控制标准,如欧共体、美国等对污泥中的重金属都有严格的限定值及每年进入土壤的极限负荷值。我国也在 1984 年初次颁布了农用污泥中污染物控制标准(GB4284—84)。现在对污泥进行农田利用前都要进行稳定化和无害化处理。

堆肥化处理是最常见的稳定化及无害化处理方法,是利用污泥中的好氧微生物进行好氧发酵的过程。将污泥按一定比例与各种秸秆、稻草、树叶等植物残体或者与草炭、生活垃圾等混合,借助于混合微生物群落,在潮湿环境中对多种有机物进行氧化分解,使有机物转化为类腐殖质。污泥经堆肥化处理后,物理性状改善,质地疏松、易分散,含水率小于 40%,可以根据使用目的进行进一步处理。污泥的堆肥化处理虽减少了病菌、寄生虫的数量,增加了堆肥的稳定性,但对污泥中重金属的总量没有多大影响。众多研究表明近几十年来,城市污泥中重金属含量呈下降趋势,在严格控制污泥堆肥质量、合理施用的情况下,一般不会造成重金属的污染。

污泥与垃圾混合堆肥的体积比为 4:7,含水率和孔隙率约为 50%,有机质质量分数约20% 时,堆肥的效果较好,周期较短。污泥与垃圾混合高温堆肥的工艺流程分预处理、一次堆肥、二次堆肥和后处理 4 个阶段。

一次发酵:在发酵仓内进行,污泥与垃圾的混合比为1:3.5~2.8,混合料含水率50%~60%,C/N为30~40:1,通气量为3.5 $m^3/(m^3 \cdot h)$,堆肥周期7~9 d。

二次发酵:经过一次发酵后,从发酵仓取出,自然堆放,堆成1~2 m高的堆垛进行二次发酵,使其中一部分易分解和大量难分解的有机物腐熟,温度稳定在40 ℃左右即达腐熟,此过程大概1个月。腐熟后物料呈褐黑色,无臭味,手感松散,颗粒均匀。

后处理:去除杂质,破碎,装袋。

此外,污泥也可以和粉煤灰混合堆肥。

新鲜污泥泥饼经自然风干,使含水率降至15%左右,将干化污泥与1.5~4倍体积的氯化铵、过磷酸钙、氯化钾等养分单价较低的化肥混合,用链磨机破碎、过筛,按配方分别称量和混匀,然后造粒。造粒采用圆鼓滚动法、圆盘滚动法和挤压法进行造粒,前两者属团聚造粒,物料加水增湿下滚动造粒、烘干、筛分、冷却,合格部分装袋入库,粉料回转到前段工序重新破碎造粒。挤压法则将粉料直接输入挤压造粒机,使用强力挤压成圆柱状,再切成5 mm长的段。相对来说,挤压法的成粒率、含水量和平均抗压强度较好,且加工成本低。复混肥在盆栽试验中比化肥有增产效果,但在水稻与小麦的田间试验中增产效果相同。

c.污泥制作饲料。污泥中含有大量有价值的有机质(蛋白质和脂肪酸等),据报道污泥中含有28.7%~40.9%粗蛋白,26.4%~46.0%灰分,其中70%的粗蛋白以氨基酸形式存在,以蛋氨酸、胱氨酸、苏氨酸为主,各氨基酸之间相对平衡,是一种非常好的饲料蛋白。

据日本科学技术厅资源调查会的报告,当污水来源是有机性工业废水以及食品加工、酿造工厂和畜牧厂的废水时,剩余污泥中含有大量细菌类和原生动物,很有希望作为鱼、蟹的饲料。采用活性污泥法处理,污泥经过灭菌等过程,制成饲料,污泥与饲料成品的投入产出比为1:0.6。如果都用嗜气性微生物制成饲料,将成为水产养殖业的丰富的饲料来源。因污泥中含有蛋白质、维生素和微量元素,利用净化的污泥或活性污泥加工成含蛋白质的饲料用来喂鱼,或与其他饲料混合饲养鸡等,可提高产量,但肉质稍差。

另外,污泥还可用作建材、合成燃料和吸附剂等,但相关技术还有待于进一步研究和完善。

(2)污泥填埋。

由于污泥填埋方法简单、费用低廉,因此,在有些国家填埋是一种主要的处置方式。但填埋一方面要侵占大量土地;另一方面由于污泥含有一定的有毒物质,填埋不当有可能由于沥滤液的渗出而污染地下水。为此,在选择填埋场地时,要综合考虑水文地质条件、土壤条件、交通条件以及对人群可能产生的影响,并应该与土地规划相结合。

(3)污泥投海。

利用海洋的自净能力,投海处理污泥一直被许多国家所采用。但由于这一处置方式对海洋生态、环境卫生及水体污染所造成的严重后果,美国、日本、欧共体国家及组织对污泥投海均作了严格的规定,该方法已于1998年12月30日终止使用。

(4)污泥焚烧。

污泥焚烧是最彻底的污泥处置方法,它能使有机物全部碳化,杀死病原体,可最大限度地减少污泥体积。但由于焚烧过程能耗高,消耗大量能源,运行成本高。例如,日本以焚烧处理污泥为主(占55%),每年耗重油达3.9 × $10^5$ $m^3$。同时,污泥焚烧会产生大量废气,容易造成二次污染。

此外,从污泥综合利用角度出发,人们还进行了污泥制动物饲料、污泥热解产油、污泥制水泥质材料、污泥改性制活性炭等尝试。但其经济性、安全性、实用性尚待深入研究。

综上所述,城市污水污泥的处置途径包括土地利用、卫生填埋、焚烧处理和水体消纳等方法,这些方法都能够容纳大量的城市污水污泥,但因国家不同其应用情况有所不同。我国作为发展中国家,经济发展水平还不够高,污泥成分也不完全和国外相同,因此必须寻找适合国情的处理方法。

# 7.2　污泥厌氧消化工艺流程及消化池构造

## 7.2.1　污泥厌氧消化工艺流程

以甲烷发酵为目标的各处理设施的总和,称之为厌氧消化工艺系统。一个厌氧消化工艺系统,除厌氧生物反应器外,往往还包括预处理设施、后处理设施。

1. 预处理

污泥固体的生物可降解性低,完全的厌氧消化需相当长的时间,即使 20 ~ 30 d 的停留时间仅能去除 30% ~ 50% 的挥发性固体(VSS),厌氧消化的速度较慢,对固体废物采用预处理可以提高甲烷产气量。

目前对固态厌氧消化底物的预处理方法很多,有物理、化学和生物方法等,对物理和化学预处理方法研究较多,有碱处理、热处理、臭氧氧化、超声处理、微波处理、高压喷射法、冷冻处理法、辐照法等强化处理技术。生物方法主要是生物酶技术。

(1)碱解处理。

早在 19 世纪后期,Rajan 等就提出了污泥碱解预处理的方法。碱解处理作为传统而又简易的处理方法仍然有其很大的潜力。碱解处理可有效地将胞内硝化纤维溶解转化为溶解性有机碳化合物,使其容易被微生物利用。

碱对污泥的融胞效果与碱的投加量以及碱的种类有关,见表 7.12。

表 7.12　不同种类的碱对碱解处理的效果

| 条件 | NaOH | KOH | $Mg(OH)_2$ | $Ca(OH)_2$ |
|---|---|---|---|---|
| pH 值为 12 时常温 COD 的溶出率 | 39.8% | 36.6% | 10.8% | 15.3% |
| pH 值为 12,120 ℃ 的 COD 溶出率 | 51.8% | 47.8% | 18.3% | 17.1% |

通常污泥固体质量分数为 0.5% ~ 2%,碱的用量为 8 ~ 16 gNaOH/100 gTS 或 14.8 gCa(OH)$_2$/100 gTS,前者可将 40% 的 TCOD 转化为 SCOD,后者的转化率仅为 20%,因此应尽量选择 NaOH。其他试验结果表明,低剂量 NaOH 对污泥的溶解效果更为明显。Rajan 等报道经低剂量 NaOH 处理的污泥溶解性可达 46%,进行厌氧消化后气体产生量增长了 29% ~ 112%,VS 去除率提高,并随加碱量增加而提高。同时,加碱水解能促进脂类及蛋

白质的利用,所以加碱预处理后的污泥气中甲烷比率也会提高。另外,当加入一定量的碱时缩短 HRT 反而会使甲烷产率增加,可见加碱还可缩短 HRT。加碱的另一个作用就是使 pH 值处于厌氧消化的最佳控制范围。这种方法虽然可使较多的有机质加以释放(如利用 0.5 mol/L 的 NaOH 溶液进行碱性水解时有机碳释放率可达 55%),但增加了盐离子浓度和后续工艺的处理难度。

碱处理具有处理速度快,可有效提高污泥产气率和脱水性能等优点。但该方法药剂投加量大、运行费用高。对仪器设备易造成腐蚀,还会增加后续处理的难度,因此,对污泥碱处理方法的经济性和处理过程中的负面影响等尚需有一个全面的认识。

(2)热处理。

热处理法是通过加热使得污泥中的部分细胞体受热膨胀而破裂,释放出蛋白质和胶质、矿物质以及细胞膜碎片,进而在高温下受热水解、溶化,形成可溶性聚缩氨酸、氨氮、挥发酸以及碳水化合物等,从而在很大程度上促进了污泥厌氧消化的发生。该方法是目前研究较多、应用较广的一项污泥预处理技术。

热处理采用的温度范围较广,为 60 ~ 180 ℃,其中温度低于 100 ℃ 的热处理称为低温热处理,不同温度下热处理的效果见表 7.13。

表 7.13　不同温度下热处理的效果

| 分类 | 温度/℃ | 效果 |
|---|---|---|
| 低热处理(<100 ℃) | 45 ~ 65 | 细胞膜破裂 |
|  | 50 ~ 70 | DNA 破坏 |
|  | 65 ~ 90 | 细胞壁破坏 |
|  | 70 ~ 95 | 蛋白质变性 |
|  | >200 | 产生难溶性的有机物质 |

热处理温度越高对污泥的破解效果越显著,但是温度升高并不意味着厌氧消化效率的提升,而且过高的温度会增加处理的费用。故如何选择最佳热处理条件,在提高厌氧消化效率的同时降低热处理所需的能耗有待进一步研究。同时,现有研究重温度,轻压力,而反应压力很可能是影响高温预处理的重要因素之一,因此今后有必要对反应压力进一步研究。

(3)臭氧氧化。

臭氧可与污泥中的化合物发生直接或间接反应。间接反应取决于寿命较短的羟基自由基,直接反应速率很低,取决于反应物的结构形式。

臭氧作为一种强氧化剂,可以通过直接或间接的反应方式破坏污泥中微生物的细胞壁,使细胞质进入到溶液中,增加污泥中溶解性 TOC 的浓度,臭氧作为一种强氧化剂,可以通过直接或间接的反应方式破坏污泥中微生物的细胞壁,使细胞质进入到溶液中,增加污泥中溶解性 TOC 的浓度,提高污泥的厌氧消化性能。

A. Scheminske 等利用消化后的干污泥进行了试验,在臭氧投量为 0.5 gO₃/g 干污泥时污泥中 60% 的固体有机组分可以转化为可溶解的物质,其中污泥中的蛋白质含量可以减少

90%。Bunning 等证实,臭氧与污泥反应时破坏了细胞壁而使蛋白质从细胞中释放出来。而凝胶渗透色谱分析表明,被污泥溶液稀释了的蛋白质又继续与臭氧发生反应而被分解,由于氧化分解反应的速率很高,因此在氧化后的污泥液中测不出蛋白质浓度的增加。另外,臭氧与不饱和脂肪酸进行直接或间接反应形成可溶于水的短链片段。由于臭氧与微生物反应破坏了细胞壁,释放出细胞质,同时也将不溶于水的大分子分解成溶于水的小分子片断。当臭氧投加量为 0.38 g$O_3$/g 干污泥时污泥中 40% 的有机碳转化到污泥液中,致使氧化后污泥中的 SCOD 增加到 2 300 mg/L;氧化后污泥的基质构成也发生了显著的变化,处置前干污泥的蛋白质质量分数为 16%,处置后降到 6%。

臭氧氧化法是一种非常有效的污泥预处理技术,能够很大程度地改善污泥的厌氧消化性能,增加产气量,臭氧的处理效果与臭氧的投加量直接相关,投加量越大,处理效果越好,对厌氧消化越有利。但增加投药量也相应增加了污泥预处理的成本,目前尚不具备广泛应用的条件。

(4)超声波处理。

超声波是大量的能量通过媒介扩散而产生的有压波动,其频率范围一般为20 kHz ~ 10 MHz。19 世纪,研究者们就通过超声波技术计算细菌细胞数量,提取胞外聚合物以及研究污泥表面微生物性质。超声波在液态介质中传播时会产生热效应、机械效应以及空化效应。机械效应即水力剪切作用,与空化作用都能导致污泥的破解。超声波在液体中作用会产生大量空化气泡,气泡生长、变大并在瞬间破灭会在气泡周围的液体中产生极强的剪切力。频率低于 100 kHz 时超声波的机械作用是主要的。而空化效应发生的高效频率范围大于 100 kHz,该效应的产生主要是由于空化气泡崩裂瞬间产生的高温(5 000 K)和高压(100 MPa)的极端环境,导致空化气泡内化合物的高温热解以及生成高活性的羟基自由基。

有实验表明,超声波在低于 100 kHz 的频率下产生的机械力最为有效,并且 41 kHz 的超声波作用于污泥后污泥颗粒的平均粒径最小、污泥的浊度最大。

影响超声作用效果的因素有很多,如温度、pH 值、超声作用时间、能量密度、超声频率等。国内外已经有人对超声预处理影响因素做了研究。王芬研究了剩余污泥超声预处理破解效果,结果表明,各因素影响程度从大至小顺序为:超声作用时间 > 声能密度 > 声强。SCOD 溶出率随声强、超声作用时间及声能密度的增加而增大。声能密度为 0.192 W/mL 及 1.44 W/mL,作用时间 30 min 时,SCOD 溶出率分别为 24% 和 68.36%。研究还表明,在声强与声能密度一定时,SCOD 溶出率随时间线性增长。

超声波预处理具有如下优势:①设计紧凑并且可以改装完成;②实现了低成本和自动化操作;③可提高产气率;④改善污泥的脱水性能;⑤对污泥后续处理没有影响;⑥无二次污染。因此,国内外对用超声波预处理剩余污泥的效果进行了大量研究。

但在促进细胞破碎后固体碎屑的水解却不如添加碱和加热方法,同时,超声波的作用受到液体的许多参数(温度、黏度、表面张力等)和超声波发生设备的影响,在短时间内还难以应用于大规模的工程化中。

(5)微波处理。

微波预处理是近年出现的污泥破解的新方法。微波是一种振动频率在 0.3 ~ 300 GHz 的电磁辐射,即波长在 1 m 到 1 mm 之间的电磁波。微波会导致热量产生并且改变微生物蛋白质的二级、三级结构,研究者认为微波预处理是一种非常快速的细胞水解方法。20 世纪 90 年代初,国外学者开始将微波技术引入污水污泥的处理,其技术优势表现为加热速度快、热效高、热量立体传递、设备体积小等。

微波预处理可以实现污泥的减量化,同时提高产气量和产气速率,其能耗可以通过污泥中生物质能回收进行补偿,一次性投资可相对减少,进而给企业带来一定效益。因此,微波预处理剩余污泥具有良好的工业化应用前景。

(6)高压喷射法。

高压喷射法是利用高压泵将污泥循环喷射到一个固定的碰撞盘上,通过该过程产生的机械力来破坏污泥内微生物细胞的结构。使得胞内物质被释放出来,从而显著提高污泥中蛋白质的含量,促进水解的进行。Choi 等人研究了经过 3 MPa 高压喷射预处理的污泥的厌氧消化过程,试验结果表明,2 ~ 26 d 停留时间的厌氧消化后,污泥中挥发性固体(VS)的去除率达到 13% ~ 50% ,而对照组污泥(未经过预处理)在相同的试验条件下,VS 的去除率仅达到 2% ~ 35% 。可见高压喷射法明显有利于污泥厌氧消化的进行。为了进一步弄清高压喷射法对污泥作用的具体机制,Nah 等人通过试验发现,经过高压喷射法预处理污泥的 SCOD、STOC 和蛋白质质量浓度能由处理前的 100 ~ 210 mg/L、80 ~ 130 mg/L 和 63 ~ 85 mg/L 分别升高至 760 ~ 947 mg/L、560 ~ 920 mg/L 和 120 ~ 210 mg/L,同时,污泥的碱度、$NH_3-N$ 和总磷含量也有所上升,而 SS 浓度却略微下降,由此证实了高压喷射法对改善污泥消化性能的有效性。

然而,高压喷射法处理污泥过程的机械能损失较大,当所用设备的能耗为 $1.8 \times 10^4$ KJ/kgSS 时细胞裂解程度仅为 25% ,所以该方法在实际的工程应用中难以推广。

(7)冷冻处理法。

冷冻处理法是将污泥降温至凝固点以下,然后在室温条件下融化的处理方法。通过冷冻形成冰晶再融化的过程胀破细胞壁,使细胞内的有机物溶出,同时使污泥中的胶体颗粒脱稳凝聚,颗粒粒径由小变大,失去毛细状态,从而有效提高污泥的沉降性能和脱水性能,加速污泥厌氧消化过程的水解反应。

Wang 等人对活性污泥分别在 $-10\ ℃$ 、$-20\ ℃$ 和 $-80\ ℃$ 条件下进行冷冻法处理,发现经处理后污泥中溶出的蛋白质和碳水化合物总量比未经处理的污泥分别高出 25、24 和 18 倍,结果表明在较高的凝固点下( $-10\ ℃$ )条件下,污泥的冷冻速度相对较慢,对细胞的破壁效果更为显著,污泥消化后的产气量提高约 27% 。冷冻处理法受自然条件限制较大,在寒冷地区具有一定的应用前景。

(8)辐照法。

辐照法即利用辐射源释放的射线对污泥进行照射处理,目前应用较多的辐射源主要是产生 $\Gamma$ - 射线的钴源(60Co)和产生高能电子束的电子加速器。

国内外研究表明:经 $\Gamma$ - 射线辐照处理后,污泥的平均粒径减小,粒径分布由 70 ~ 120 μm 向 0 ~ 40 μm 迁移;污泥絮体中微生物的细胞结构被破坏,核酸等细胞内含物的流出增加了污泥中可溶性有机组分的含量,大大提高了 VFA 浓度;5 kGy 剂量的 $\Gamma$ - 射线处理污泥,能使污泥中的 SCOD 增长 55.5% ,可溶性有机物质量分数增加 59.6% ,经过 10 d 的高温厌氧消化后甲烷产量的增幅约为 50% ;此外,经高剂量的 $\Gamma$ - 射线照射处理后的污泥中粪大肠菌数减少约 3 个数量级。

辐照法处理污泥有利于缩短污泥厌氧消化的周期,加速厌氧消化速率,提高产气量,但该方法应用操作技术要求高,能耗相对较大,其经济可行性有待进一步研究。

(9)生物酶技术。

生物酶技术是指向污泥中投加能够分泌胞外酶的细菌,或直接投加溶菌酶等酶制剂(抗菌素)水解细菌的细胞壁,达到溶胞的目的,同时这些细菌或酶还可以将不易生物降解的大分子有机物分解为小分子物质,有利于厌氧菌对底物的利用,促进厌氧消化的进行。这些溶菌酶可以从消化池中直接筛选,也可以选育特殊的噬菌体和具有溶菌能力的真菌。

AzizeAyol 向污泥中投加溶菌酶使其质量浓度达到 10 mg/L 进行预处理,结果发现污泥中游离的固体含量占聚合体总量的比例由处理前的 26% 提高到 48% ,而且,随着溶菌酶量的增加,污泥中蛋白质和多糖浓度随之降低,说明溶菌酶能有效地溶解这些难以水解的高分子物质,使污泥的脱水性能和消化性能在很大程度上得以提高和加强。Barjenbruch 等人利用溶菌酶对污泥进行预处理试验,结果证实了溶菌酶预处理能有效促进污泥中有机物的降解,甲烷产率提高 10% 左右。尽管污泥的甲烷产率增加的幅度相对其他预处理技术较低,但投加生物酶的溶胞技术是一项新兴的生物处理技术,目前仍处于试验研究阶段,需进一步优化和完善。由于该项技术经济、廉价、无二次污染的优势,已引起越来越多的关注。

由以上叙述可以看出,污泥厌氧消化前采用不同的预处理方法,可以有效促进污泥中细胞的分解和胞内有机质的释放,提高污泥的消化性能,加快消化速率,提高产气量。在工程应用中,应根据实际需要,依据现场条件,综合考虑运行费用的前提下,因地制宜地选择合理的预处理技术。目前,热处理法和碱处理法已具备工程应用的条件,且基建投资、运行成本相对较低;超声波处理法和臭氧氧化法是十分有效的污泥预处理技术,需作进一步的优化和完善,同时开发廉价、稳定、有效的设备作为技术支持;其他技术如辐照法和生物酶技术同属新兴的污泥预处理技术,具有较好的发展前景,是今后重点研究的方向。此外,选择不同预处理技术进行优化组合,扬长避短,往往能取到更为显著的效果。如热处理法与其他预处理方法相结合应用,不仅有效利用污水处理厂工艺流程中的废热和余热,节约了能源,而且显著增强了其他方法的处理效果。

2.污泥的厌氧消化

城市污水与污泥处理系统流程如图 7.8 所示,生物垃圾厌氧生物处理系统流程如图 7.9 所示。

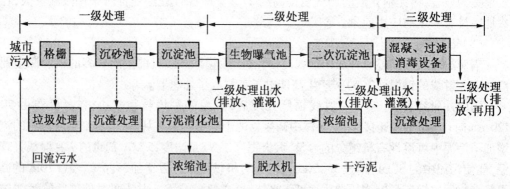

图 7.8　城市污水与污泥处理系统流程

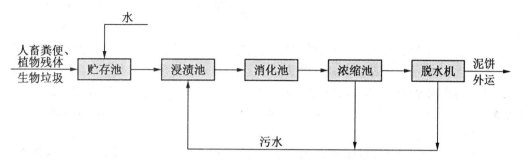

图7.9　生物垃圾厌氧生物处理系统流程图

根据厌氧消化的工艺运行形式,分为两相消化工艺和多级消化工艺。

(1)两相消化工艺。

两相消化工艺设有两个单独的反应器,为产酸菌和产甲烷菌提供了各自的生存环境,能够降低在有机负荷过高的情况下挥发性有机酸积累对产甲烷菌活性的抑制,降低反应器中不稳定因素的影响,提高反应器的负荷和产气的效率。但在实际应用中由于两相消化系统需要更多的投资,运转维护也更为复杂,并没有表现出优越性,在欧洲固体垃圾厌氧消化中,两相消化所占的比重比单相消化要小得多。

污泥两相消化是污泥厌氧消化技术的一个重要发展,前文中已述及,两相消化的设计思想是基于将污泥的水解、酸化过程和产甲烷化过程分开,使之分别在串联的两个消化池中完成,因而可以使各相的运行参数控制在最佳范围内,达到高效的目的。这种工艺的关键是如何将两相分开,其方法有投加抑制剂法、调节控制水力停留时间和回流比等。一般来说,投加抑制剂法是通过在产酸相中加入产甲烷菌的抑制剂如氯仿、四氯化碳、微量氧气、调节氧化还原电位等,使产酸相中的优势菌种为产酸菌。但加入的抑制剂可能对后续产甲烷发酵阶段有影响而难以实际应用。通常调节水力停留时间是更为实际的方法。目前有人研究高温酸化、中温甲烷化的两相消化工艺,其优点是比常规中温厌氧消化具有高的产甲烷率和病源微生物杀灭率。一种两相消化的工艺流程如图7.10所示,由于运行管理复杂,很少用于污泥处理的实际工程中。

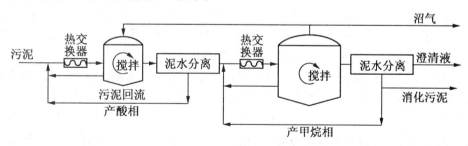

图7.10　污泥两相消化流程图

南阳酒精厂采用2个5 000 m³的厌氧发酵罐和1个3 000 m³的UASB厌氧反应器对高浓度酒精糟液进行处理,温度控制50～60 ℃,$COD_{Cr}$有机负荷7.0 kg/(m³·d),处理厌氧消化液。

$COD_{Cr}$ = 3 500～4 300 mg/L,$BOD_5$ = 1 500～2 100 mg/L,TN = 400～700 mg/L,$NH_3-N$ = 300～600 mg/L,碱度1 600～2 100 mg/L,每天处理酒糟量为2 000 m³左右,每天产沼气

40 000 $m^3$ 左右,可供 10 万户家庭用沼气,这也是我国利用酒精发酵产生沼气规模较大、运行较为成功的企业。

自 20 世纪 80 年代以来,两相厌氧消化工艺在污泥上的研究取得了新的进展：

清华大学杨晓宇、蒋展鹏等人对石化废水剩余污泥进行了湿式氧化 – 两相厌氧消化的试验研究,选择较温和的湿式氧化条件,使污泥的可生化性和过滤性能得到明显改善。对上清液采用两相厌氧处理,提高产气率和 COD 的去除率；固渣经离心分离形成含水 38% ～ 44% 的滤饼,湿式氧化 – 两相厌氧消化 – 离心脱水处理工艺对 COD 的去除率为 86.16% ～ 94.15% ,污泥消化率为 63.11% ～ 75.15% ,可减少污泥体积 95% ～ 98.15% ,可直接填埋。

哈尔滨工业大学的赵庆良等人研究了污泥和马铃薯加工废水、猪血、灌肠加工废物的高温酸化 – 中温甲烷化两相厌氧消化。认为污泥和一定比例的其他高浓度有机废物进行高温/中温两相厌氧消化在技术上是可行和有效的。控制高温产酸相在 75 ℃ 和 21.15 d 可基本达到水解与产酸的目的,控制中温产甲烷相在 37 ℃ 和 10 d 可达到最大产气与甲烷,系统稳定性较好。

哈尔滨工业大学的付胜涛等人较系统地研究了混合比例和水力停留时间对剩余污泥和厨余垃圾混合中温厌氧消化过程的影响,混合进料按照 TS 之比分别采用 75%:25%、50%:50% 和 25%:75% ,HRT 为 10 d、15 d 和 20 d。结果表明,在整个运行期间,进料 VS 有机负荷为 1.53 ～ 5.63 g/(L·d),没有出现 pH 值降低、碱度不足、氨抑制现象。进料 TS 之比为 50%:50% 时,具有最大的缓冲能力,稳定性和处理效果都比较理想,相应的挥发性固体去除率为 51.1% ～ 56.4% ,单位 TS 甲烷产率为 0.353 ～ 0.373 L/g,甲烷质量分数为 61.8% ～ 67.4% 。系统对原污泥的处理效果较明显,尤其是单位产气量和甲烷含量均具有较高值。

(2)多级消化工艺。

从运行方式来看,厌氧消化池有一级和二级之分,二级消化池串联在一级消化池之后。

一级消化池的基本任务是完成甲烷发酵。它有严格的负荷率及加排料制度,池内加热,并保持稳定的发酵温度；池内进行充分的搅拌,以促进高速消化反应。

一级消化池排出的污泥中还混杂着一些未完全消化的有机物,还保持着一定的产气能力；此外,污泥颗粒与气泡形成的聚合体未能充分分离,影响泥水分离；污泥保持的余热还可以利用。由此便出现了在一级消化池之后串联二级消化池的设想和工程实践,而且两级消化池在国外相当流行,近年来我国也有设计两级消化池的工程实践。

二级消化池虽有利用余热继续消化的功能,但由于不加热不搅拌,残余有机物为数较少,故其产气率很低,实际上它主要是一个固液分离的场所。一般从池子上部排出清液,从池子底部排出浓缩了的污泥。产生的沼气从池顶引出,与一级消化池产生的沼气混合贮存和利用。由二级消化池排出的污泥温度低、浓度大、矿化度高,进一步浓缩和脱水都比较容易,而且气味小,卫生条件好。

二级消化池既是泥水分离的场所,就不应进行全池性的搅拌。但是,为了有效地破除液面的浮渣层,往往在液面以下不深处吹入沼气,防止浮渣的滞留和结块。

一级消化池的水力停留时间多采用 15 ～ 20 d,二级消化池的水力停留时间可采用一级的一半,即两池的容积比大致控制在 2:1。两级消化池的液位差以 0.7 ～ 1.0 m 为好,以便一级池的污泥能重力流向二级池。

　　两级消化是为了节省污泥加温与搅拌所需能量,根据消化时间与产气量的关系而建立的运行方式。该方法把消化池设为两级(图7.11),第一级消化池有加热、搅拌设备,污泥在该池内被降解后,送入第二级消化池。第二级消化池不设加热与搅拌设备,依靠余热继续消化。由于不搅拌,第二级消化池还兼有污泥浓缩的功能,并降低污泥含水率。目前国内外仍以两级厌氧消化运行为主。

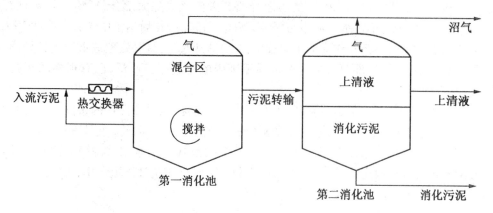

图7.11　两级消化流程图

　　在该系统中,新鲜污泥进入第一级消化池,固体有机物被水解液化、溶解性有机物被分解成有机酸和醇类等中间产物,同时产生甲烷。通过加强搅拌可加速污泥的水解酸化。在第二级消化池中主要是完成产气和固液分离过程,可以起到储存气体和污泥的作用。

　　两级消化:第一级进行加温搅拌,促进气体化反应;第二级为泥水分离。一级和二级消化池的容积比1:1用得最多,其次为2:1,也有用3:1的。京都市有一个双层池结构,被认为是广义的两级消化,其容积比为1:20。

　　两级消化时间的设计值一般为30 d,第一级消化池的停留时间通常是10~20 d。大部分采用中温消化,消化温度为30~40 ℃,也有不少采用消化温度在35 ℃以上的。京都的两个处理厂采用的消化温度在50 ℃左右。高温消化的消化速度快于中温消化,消化时间可缩减到7~8 d,因而一级消化池的容积可设计得小些,但产气量与中温消化的一样,而池子的管理及气体利用反而不利。

　　采用两级消化系统,虽然消化池容积不一定比采用传统的一级消化池小,但第二级消化不用搅拌和加热,出泥的含水率较一级低。二级消化的优点是减少耗热量,减少搅拌所需能耗,熟污泥的含水率低等。

　　在对城市污水污泥特性和各种厌氧反应器了解的基础上,借鉴国内外的研究结果和带有共性的研究思路,将治污、产气、综合利用三者相结合,使废物资源化、环境效益与经济效益和社会效益相统一。我国北京市环境保护科学研究院研究了污泥的多级消化,其基本思想是将具体工艺分为如下3个处理阶段:

　　①第一级处理阶段。第一级反应器应该具有将固体和液体状态的废弃物部分液化(分解和酸化)的功能。其中液化的污染物去UASB反应器(为第二级处理的一部分),固体部分根据需要进行进一步消化或直接脱水处理。可采用加温完全混合式反应器(CSTR)作为酸化反应器,采用CSTR反应器的优点是反应器采用完全混合式。由于不产气,可以采用不

密封或不收集沼气的反应器。

②第二级处理阶段。包括一个固液分离装置,没有液化的固体部分可采用机械或上流式中间分离装置或设施加以分离。中间分离的主要功能是达到固液分离的目的,保证出水中悬浮物含量少,有机酸浓度高,为后续的 UASB 厌氧处理提供有利的条件。分离后的固体可被进一步干化或堆肥并作为肥料或有机复合肥料的原料。

③第三级处理阶段。在第二阶段的固液分离装置应该去除大部分(80% ~ 90%)的悬浮物,使得污泥转变为简单污水。城市污泥经 CSTR 反应器酸化后出水中含有高浓度 VFA,需要有高负荷去除率的反应器作为产甲烷反应器。UASB 反应器对处理进水稳定且悬浮物含量低的水有一定的优势,而且 UASB 在世界范围内的应用相当广泛,已有很多的运行经验。

在该研究中,CSTR 反应器有效容积为 20 L,反应控制在恒温和搅拌的条件下。物料在 CSTR 反应器中进行水解、酸化反应,反应器后接一上流式中间分离池,作用是分离在 CSTR 反应器内产生的有机酸。采用 UASB(有效容积为 5 L)反应器出水回流洗脱方法。经液化后的水在 UASB 反应器内充分地降解,产气经水封后由转子流量计测定产率,水则排到排水槽内,部分出水回流到中间分离池,如图 7.12 所示。

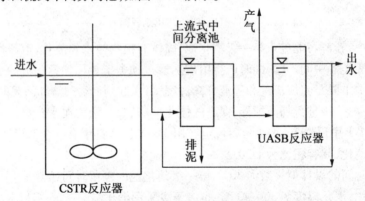

图 7.12　多级厌氧消化工艺流程

目前,工业废水和小型生活污水处理厂,普遍采用对好氧剩余污泥直接脱水的方法处理污泥。剩余活性污泥存在着耗药量大、脱水比较困难的缺点。北京市中日友好医院污水处理厂处理水量为 2 000 $m^3/d$,原污泥的处置方案为活性污泥经浓缩后,运至城市污水处理厂消纳,但在实际运行过程中经常出现由于污泥无稳定出路,而影响污水处理厂运转的情况。为了使活性污泥得到稳定的处置,实际工程中采用的一体化设备如图 7.13 所示。各反应器的停留时间分别为:污泥酸化池 5 d,中间分离池 1 d,UASB 反应器 1 d。

二沉池排出的剩余污泥首先排入污泥酸化池进行水解酸化处理,然后进入中间分离池,该池排出的上清液进入 UASB 反应器,进行高浓度、低悬浮物有机废水的降解;从中间分离池排出的污泥经测定已基本稳定化,污泥量较常规处理减少了 2/3,脱水性能大大改善;而且病菌和虫卵杀灭率达到 99.99%,完全符合国家关于医院污水处理厂污水污泥无害化标准,从而彻底解决了污泥消纳的问题。

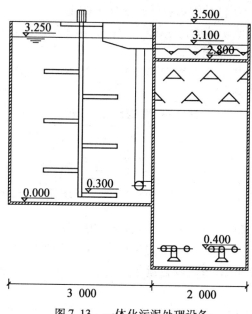

图 7.13　一体化污泥处理设备

**3. 后处理设施**

后处理设施包括浓缩脱水、脱硫、脱氨、好氧处理等。

（1）浓缩脱水。

污泥浓缩主要是降低污泥中的孔隙水，通常采用的是物理法，包括重力浓缩法、气浮浓缩法、离心浓缩法等。

（2）脱硫。

硫是组成细菌细胞的一种常量元素，对于细胞的合成是必不可少的。硫在水中主要以 $H_2S$ 的形态存在。当废水中含有适量的硫时，可能会产生 3 种效应：供给细胞合成所需要的硫元素；降低环境氧化还原电位，刺激细菌的生长；与废水中有害的重金属络合形成不溶性金属硫化物沉淀，减轻或消除重金属的毒性。产生上述效应的质量浓度范围一般在 50 mg/L。因此，待处理的废水中如不含硫或其含量甚微时，或废水中含有重金属离子时，应投加适量的硫化物，通常采用硫化钠、石膏或硫酸镁等。但是，当消化液中硫化氢质量浓度超过 100 mg/L 时，对细菌则会产生毒性，达到 200 mg/L 时会强烈地抑制厌氧消化过程，但经过长期驯化后，一般可以适应。

在废水厌氧消化处理中硫化氢毒性控制的方法一般分为 3 种，即物理方法、化学方法和生物方法。

物理方法：常采用进水稀释、汽提等方法。无论采用哪种物理控制方法实际都不能真正解决问题。因为这样做只能维持消化过程的进行，却不可能增加甲烷产量，而且硫化氢通过汽提进入消化气体中会引起消化池、集气、输气和用气设备及管道的腐蚀，需增加防腐措施及气体脱硫设施，因此会增加投资和运行费用。

化学方法：利用化学方法控制硫化氢的毒性主要是利用重金属硫化物难溶于水的特性，向入流废水或消化池内投加铁粉或某些重金属盐，使重金属与硫生成对细菌无毒害作用的不溶性金属硫化物。

生物方法:主要是指控制消化池内硫酸盐还原菌的生长。有人曾经往进水中投加 10 ~ 15 mg/L 氯,据说有效地控制了硫酸盐还原菌的生长,但采用这种方法时在长期运行中是否会影响其他细菌的生长,未见报道资料。

目前,在污泥厌氧消化工艺中最常用的脱硫方法是添加脱硫剂,具体成分见表 7.14。

表 7.14　脱硫剂的成分表

| 项目 | 1 | 2 | 3 | 4 | 5 | 烧失量 | 累计 |
|---|---|---|---|---|---|---|---|
| 化学成分 | $SiO_2$ | CaO | $Al_2O_3$ | MgO | $Fe_2O_3$ | — | — |
| 质量分数/% | 61.12 | 15.73 | 4.26 | 0.84 | 0.83 | 13.78 | 96.56 |

从表 7.14 可以看出,脱硫剂中的主要成分是 $SiO_2$,含有微量的 $Fe_2O_3$。而在所有的成分中,也只有 $Fe_2O_3$ 才能与沼气中的 $H_2S$ 发生反应,生成黑色 $Fe_2S_3$ 沉淀。据此可认为是脱硫剂中的 $Fe_2O_3$ 在起脱硫作用,虽然其含量很少,但脱硫效果相当好。应该说,这样的脱硫材料是比较容易获得的。

从理论上来说,脱硫剂的颗粒越小,其表面积越大,从而脱硫效果也越好;但颗粒过细,则造成颗粒间的孔隙减少,使沼气流过的阻力大大增加。对某研究中所采用的脱硫颗粒作筛分分析,结果见表 7.15。

表 7.15　颗粒状脱硫剂的筛分分析

| 筛子孔径/mm | 10 | 7 | 5 | 3 | <3 | 累计 |
|---|---|---|---|---|---|---|
| 筛余质量百分比/% | 0.00 | 39.60 | 48.12 | 11.78 | 0.50 | 100.0 |
| 过筛质量百分比/% | 100.00 | 60.40 | 12.28 | 0.50 | — | — |

(3)脱氨。

在某些蛋白质、尿素等含氮化合物浓度很高的工业废水和生物污泥厌氧消化处理过程中常常会形成大量氨态氮。氨氮不仅是合成细菌细胞必需的氮元素的唯一来源,而且当其浓度较高时还可以提高消化液的缓冲能力。因此,消化液中维持一定浓度的氨氮对厌氧消化过程显然是有利的。但是,氨氮浓度过高则会引起氨中毒,特别是当消化液的 pH 值较高时,游离氨的危险性更大些。McCarty 曾就氨氮在厌氧消化过程的影响进行了研究,其结果见表 7.16。

实际上,在工程技术中氨氮表示消化液中游离氨($NH_3$)和铁离子的总量。对于厌氧消化而言,游离氨往往具有更强的毒性,在未经驯化的系统中,游离氨的临界毒性质量浓度约为 40 mg/L,经长期驯化,可适应的最高允许质量浓度约为 150 mg/L;而铵离子的临界毒性浓度约为 2 500 mg/L,最高允许浓度为 4 000 mg/L 以上。

表 7.16　不同氨氮浓度对厌氧消化过程的影响

| 氨氮质量浓度/(mg·L⁻¹) | 对厌氧消化过程的影响 |
|---|---|
| 50~200 | 有利 |
| 200~1 000 | 无不利影响 |
| 1 000~4 000 | 当 pH 值较高时,有抑制作用 |

表 7.17 列出了在 35 ℃ 中温消化池内,欲保持游离氨低于某一临界值(40、150 mg/L)时,相应于不同 pH 值的铵离子浓度。可以看出,相应于一定的游离氨浓度,随着 pH 值的升高,达到平衡时所能维持的铵离子浓度较低,说明在高 pH 值条件下,允许的总氨氮浓度较低。如果废水中氨氮浓度很高,必然会导致较高的 pH 值,很容易导致游离氨中毒。但厌氧细菌本身对这种情况会产生反应,就是积累挥发酸,以中和 $HCO_3^-$ 碱度,从而降低 pH 值,使系统得到自行调节。不过这是以降低出水水质为代价的,所以,有人为了调整 pH 值,采用加盐酸的措施取得一定效果。但多数情况下,往往以降低整个系统的运行效率以获得较好的出水水质。

在处理氨氮浓度很高的废水或污泥时,高温消化看来是不利的,因为随着消化液温度的升高,欲保持游离氨浓度低于其临界毒性浓度或最高允许浓度,在一定的 pH 值条件下,消化液中允许的氨氮浓度较低,否则易引起氨中毒。表 7.18 列举了在高温 50 ℃ 条件下,消化液中游离氨和铵离子浓度随 pH 值的变化关系。

表 7.17　消化液中游离氨和铵离子质量浓度随 pH 值的变化(中温 35 ℃)

| pH 值 | NH₃/(mg·L⁻¹) | NH₄⁺/(mg·L⁻¹) | NH₃/(mg·L⁻¹) | NH₄⁺/(mg·L⁻¹) |
|---|---|---|---|---|
| 9.0 | 40 | 40 | 150 | 150 |
| 8.0 | 40 | 400 | 150 | 1 500 |
| 7.6 | 40 | 1 000 | 150 | 3 700 |
| 7.4 | 40 | 1 600 | 150 | 6 000 |
| 7.0 | 40 | 4 000 | 150 | 15 000 |

表 7.18　消化液中游离氨和铵离子浓度随 pH 值的变化(高温 50 ℃)

| pH 值 | NH₃/(mg·L⁻¹) | NH₄⁺/(mg·L⁻¹) | NH₃/(mg·L⁻¹) | NH₄⁺/(mg·L⁻¹) |
|---|---|---|---|---|
| 8.6 | 40 | 40 | 150 | 150 |
| 8.0 | 40 | 160 | 150 | 600 |
| 7.6 | 40 | 400 | 150 | 1 500 |
| 7.4 | 40 | 630 | 150 | 2 400 |
| 7.0 | 40 | 800 | 150 | 3 000 |
| 6.8 | 40 | 1 600 | 150 | 6 000 |

(4)好氧处理。

由于厌氧消化有消化过程不稳定、消化时间长的缺点,因此一般在污泥厌氧消化过程的最后会加入好氧处理设施,好氧处理设施能够进一步稳定污泥,减轻污泥对环境和土壤的危害,同时能进一步减少污泥的最终处理量。

### 7.2.2　消化池构造

早在 20 世纪初,在水污染控制工程中就出现了"消化"这一技术用语。当时的水污染控制指标主要是悬浮固体,因此把厌氧条件下污水污泥中挥发性悬浮固体(VSS)进行的生物"液化"过程(实际上是生物水解作用)称为消化。

在水污染控制工程中,有两个并用的术语:厌氧消化和好氧消化。所谓好氧消化指活性生物污泥(如生物曝气池产生的剩余污泥或生物滤池排出的腐殖污泥)在好氧条件下进行的微生物自身氧化分解过程。在一定意义上讲,这也是一种生物液化作用。

由于有了厌氧消化和好氧消化两个生物过程,准确地说,应把进行该过程的构筑物分别称为厌氧消化池和好氧消化池。不过好氧消化过程毕竟在工程实践中应用得很少,所以在一般不致引起混淆的情况下,也可把厌氧消化池简称为消化池。

最早出现的厌氧生物处理构筑物依次是化粪池和双层沉淀池。它们的共同特点是废水沉淀与污泥发酵在同一个构筑物中进行。由于污泥发酵是在自然温度下进行,加之废水沉淀室太小,产生的气泡对废水沉淀产生干扰,因此处理效果很差。消化池是最早开发的单独处理污水污泥(即城市生活污水产生的污泥)的构筑物。它的出现和不断的改进和完善,在有机污泥及类似性能的污染物处置方面,开辟了一个新的纪元,至今广泛应用于世界各地。国内外一些消化池的概况见表 7.19。

表 7.19　国内外一些消化池的概况

| 厂名 | 建造/投运年份 | 单个消化池体积/m³ | 单池尺寸/m(直径×高) | 温度/℃ | 加热方法 | 搅拌方法 | 备注 |
|---|---|---|---|---|---|---|---|
| 太原污水处理厂 | 1956 | 930 | 11×15 | 32~35 | 直接蒸汽 | 水射器 | |
| 西安污水处理厂 | 1958 | 1 352 | 14×14.5 | 32~36 | 直接蒸汽 | 水射器 | |
| 上海污水处理厂 | 1981 | 776 | 12×9.5 | 34 | 直接蒸汽 | 搅拌机 | |
| 首机污水处理厂 | 1980 | – | 8×8 | 55~60 | 直接蒸汽 | 搅拌机 | 高温消化 |
| 长沙污水处理厂 | 1982 | 1 366 | 14×14.28 | 33~35 | 直接蒸汽 | 搅拌机 | |
| 唐山西郊污水处理厂 | 1984 | – | 12*13.1 | 33~35 | 直接蒸汽 | 搅拌机 | |
| 纪庄污水处理厂 | 1984 | 2 800 | 18×19.2 | 33~35 | 外部换热器 | 沼气 | 两级消化 |
| 巴黎安谢尔污水处理厂 | 1968 | 8 125 | 26×15 | 35 | 外部换热器 | 沼气 | 两级消化 |
| 洛杉矶污水处理厂 | 1973 | 14 200 | 38×15.2 | 35 | 直接蒸汽 | 沼气 | |

续表7.19

| 厂名 | 建造/投运年份 | 单个消化池体积/m³ | 单池尺寸/m(直径×高) | 温度/℃ | 加热方法 | 搅拌方法 | 备注 |
|---|---|---|---|---|---|---|---|
| 兰开斯特污水处理厂 | 1980 | 2 695 | 18×10.6 | 35 | 两级消化 | 沼气 | |
| 横滨南部污水处理厂 | - | - | 21×19.05 | 中温 | 直接蒸汽 | 沼气 | 两级消化 |
| 汉堡污水处理厂 | - | 8 000 | 22.2×37.13 | 中温 | 两级消化 | 沼气 | 卵型消化池 |
| 温哥华污水处理厂 | - | 4 700 | 22.5×12.8 | 35 | 外部加热 | 搅拌机和沼气 | |

从发展的角度来看,厌氧消化池经历了两个阶段:第一阶段的消化池称为传统消化池;第二阶段的消化池称为高速消化池,这两种消化池的主要差异在于池内有无搅拌措施。

传统消化池内没有搅拌设备(图7.14),新污泥投入池中后,难于和原有厌氧活性污泥充分接触。据测定,大型池的死区高达61%~77%,因此生化反应速率很慢。要得到较完全的消化,必须有很长的水力停留时间(60~100 d),从而导致负荷率很低。传统消化池内分层现象十分严重,液面上有很厚的浮渣层,久而久之,会形成板结层,妨碍气体的顺利逸出;池底堆积的老化(惰性)污泥很难及时排出,在某些角落长期堆存,占去了有效容积;中间的清液(常称上清液)含有很高的溶解态有机污染物,但因难于与底层的厌氧活性污泥接触,处理效果很差。除以上方面外,

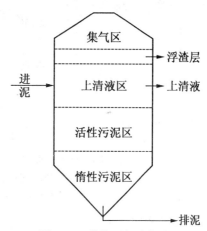

图7.14　传统厌氧消化池

传统消化池一般没有人工加热设施,这也是导致其效率很低的重要原因。

对去除90%可溶性有机物的初沉污泥来说所需的消化时间,一般在中温的范围内(30~38 ℃),最佳温度为35 ℃,所需时间为25 d左右。而在高温范围内(55~65 ℃),最佳温度为54.4 ℃,消化所需时间为15 d左右。高温消化虽然所需时间较短,但由于耗能大,而且对环境的变化较敏感而不易控制,故实际中采用较少。

1955年,消化池内开始采用搅拌技术,这是厌氧消化工艺中的一项重要技术突破。这一技术措施和以后出现的加热措施,使消化池大大地提高了生化速率,从而产生了高速厌氧消化池。

高速消化池的有机负荷可达到2.5~6.5 kgVSS/(m³·d),停留时间为10~20 d,采用连续搅拌方式运行,进料或排放消化后的污泥采用连续式或非连续式。由于连续搅拌,在高速消化池中的厌氧菌和新鲜污泥完全混合,因而发酵速度加快,同时也提高了有机负荷和减少了消化池的容积。高速消化池在进料时须停止搅拌,待分层后排出上清液。具体与

普通消化池的区别见表 7.20。

表 7.20 普通消化池与高速消化池的比较

| | 普通消化池 | 高速消化池 |
|---|---|---|
| 有机负荷/[kgVSS·(m³·d)⁻¹] | 0.5 ~ 1.60 | 2.5 ~ 6.5 |
| 消化时间/d | 30 ~ 40 | 10 ~ 20 |
| 初沉池和二沉池的污泥含固量/干固体% | 2 ~ 5 | 4 ~ 6 |
| 消化池底流浓度/干固体% | 4 ~ 8 | 4 ~ 6 |

消化池的构造主要包括池体结构、污泥的投配设施、排泥及溢流系统、收集与贮气设备、搅拌设备、加温设备及附属设施等。

**1. 池体结构**

消化池的基本池型有圆柱形和蛋形两种(图 7.15)。

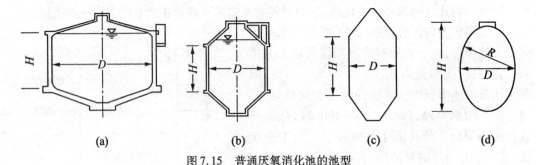

(a)        (b)        (c)        (d)

图 7.15 普通厌氧消化池的池型

(a) 圆柱形(椭圆形), $D > H$;(b) 圆柱形(龟甲型), $D = H$;
(c) 圆柱形(标准形), $D < H$;(d) 蛋形, $D < H$

圆柱形的特点是池身呈圆筒状,池底多呈圆锥形,而池顶可为圆锥形、拱形或平板形。根据直径与侧壁的比例大小,又可分为 3 种类型:

Ⅰ型圆筒形消化池的直径大于侧壁高(一般为 2:1)。池底倾角较平缓(25:10 或更大些),外形有点像平置的椭圆体,故又称椭圆形消化池。我国和美、日等国流行这种池型。

Ⅱ型圆筒形消化池的直径接近或略大于侧壁高,池底和池顶的倾角都较大。这种池子的外形很像龟甲,故又称龟甲型消化池。欧洲建有较多的龟甲型消化池。

Ⅲ型圆筒形消化池的池径小于侧壁高,池顶与池底的倾角很大。在国外,这种池子也称为标准型消化池,流行于德国。

卵形消化池与圆筒形消化池的主要差别是池侧壁呈圆弧形,直径远小于池高。这种池子于 1956 年始建于德国,在德国颇为流行。

根据资料,当以上 4 种池型具有如表 7.21 所列的壁厚时,其建设费用如图 7.16 所示,假设 $V = 3\ 000\ \text{m}^3$ 的费用为 1。

表 7.21　各池型各个部位的厚度

| 池型 | 部位 | 3 000 m³ | 6 000 m³ | 9 000 m³ |
|---|---|---|---|---|
| 圆柱形 | 顶盖 | 350 | 400 | 450 |
| | 侧壁 | 250 | 300 | 350 |
| | 底部 | 450 | 500 | 550 |
| 卵形 | 侧壁 | 250 ~ 550 | 300 ~ 600 | 350 ~ 650 |
| | 底部 | 450 | 500 | 550 |

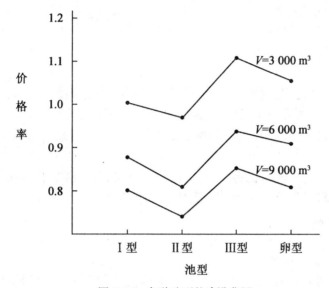

图 7.16　各种池型的建设费用

由图 7.16 可以看出,建设费用以龟甲型最低,原因是其外形轮廓比较接近于球体,具有最小的表面积。椭圆形、卵形和标准型消化池的建设费用则依次增大。

卵形的结构与受力条件最好,如采用钢筋混凝土结构,可节省材料;搅拌充分、均匀,无死角,污泥不会在池底固结;池内污泥的表面积小,即使生成浮渣,也容易清除;在池容相等的条件下,池子总表面积比圆柱形小,故散热面积小,易于保温;防渗水性能好,聚集沼气效果好等。

普通厌氧消化池的池顶构型有固定顶盖和浮动顶盖两类。前者的池顶盖固定不动,后者的池顶盖随池内沼气压力的高低而上下浮动。

固定顶盖式消化池又有两种构型:一种是淹没式双顶盖型,另一种是非淹没式单顶盖型。

淹没式双顶盖型有两层顶盖,下顶盖淹没在消化液中。淹没顶盖上有 3 排孔口,分别与顶盖外的 3 个区域连通。最下一排孔口可以让上清液流出到污泥水槽中去,以便及时排除部分上清液。中部一排孔口可以让浮渣排出到浮渣槽,以便及时破碎和排除浮渣,并在检修时清除池内浮渣或破碎板结层。最上面的孔口用以引出沼气至集气室。消化池的上层顶盖用以贮气和保温。这种池顶构型是早期为了解决浮渣层的板结和及时排除污泥水而设计建造的,但由于构造复杂,现已很少应用。

非淹没式单顶盖型消化池是目前应用最广的一种池顶构型,在施工修建、加热搅拌、加料排料等方面都有许多优点。

固定顶盖的主要缺点是池顶受力复杂,容易裂缝漏气。消化池排泥时,池内压力降低,顶盖受到由外向内的压力;而当沼气压力增大时,顶盖又受到由内向外的压力。在长期运行过程中,由于受到交替变换的内外压力的作用,顶盖容易产生裂缝,出现漏气现象。消化池漏气易引起事故:沼气外漏时,会引起火灾;空气内漏时,一旦引入火苗,会引起池内爆炸。

为了克服固定顶盖的上述缺点,曾出现过浮动顶盖式消化池。这种池子的顶盖插入池周壁的水封套里,防止漏气。水封套里装满水或其他液体。水封水的高度要保证顶盖处于最低位时,不致溢出;而处于最高位时,还能保证必需的水封高度。为了保证水封套里长期有水,最好建立水封水循环系统。

浮动顶盖式消化池的最大优点是池体受力均匀,具有一定的贮气容积,沼气压力保持稳定。设置合理时,可不另建贮气罐,减少占地面积。其主要缺点是构造复杂,运行管理较麻烦,故其应用相对较少。

2. 污泥的投配

生污泥(包括初沉污泥、腐殖污泥及经过浓缩的剩余活性污泥),需先排入消化池的污泥投配池,然后用污泥泵抽送至消化池。污泥投配池一般为矩形,至少设两个,池容根据生污泥量及投配方式确定,常用 12 h 的贮泥量设计。投配池应加盖、设排气管、上清液排放管和溢流管。

普通厌氧消化池的投配有两种:一种是间歇加排料,另一种是连续加排料。两种加排料制度的工况在运行操作及反应动力学模式等方面都有着不同的特点。

(1)间歇加排料。

通常将投加到消化池中去的新料称为生污泥,充分混合并经一定厌氧消化后的污泥称为熟污泥,而将消化池内称为厌氧活性污泥。

间歇加排料制度的操作程序是这样:a. 待处理的生污泥先排入计量槽计量其体积;b. 接着从消化池的底部排出同体积的惰性熟污泥;c. 然后将生污泥从计量槽投加到消化池中去;d. 进行搅拌,使新老污泥充分接触。通常加排料的次数为每日 1～2 次,视沉淀池排泥的次数而定。一般两者同步进行。如果沉淀池采用连续排泥,污泥应先贮存于计量池中,再按预定的消化池加排料制度进行加排料操作。如果生污泥来自二次沉淀池,或者是初沉污泥和二沉污泥的混合污泥,由于含水率高,必须先经浓缩后才能投加到消化池中去。执行间歇式加排料操作制度的消化池工况,其特征可从 3 个方面说明:

①生物学及生化特性。消化池中生物学及生化特性均呈周期性变化。在排料时,一部分厌氧活性污泥被排出,使池中的厌氧微生物总量有所减少,其中相应地减少了一部分产甲烷细菌。当生污泥投加到消化池中后,生活于生污泥中的厌氧微生物随之也进入池中。生污泥中的厌氧微生物基本上是产酸菌,因此,当生污泥进入消化池后,池中产酸菌数量得到了补充,而甲烷菌并未得到相应的补充。另外,加料后池中营养物大增,致使水解和产酸过程进行得旺盛,而产气过程相对减弱;也就是说,酸发酵强度大于甲烷发酵强度。此后,随着时间的推移,基质逐渐减少,致使水解和产酸过程逐渐减弱,产气环境得到改善,产气强度得到恢复。此时,产酸速率与产气速率达到了某种相对稳定和平衡。当第二次进行加排料操作后,以上的变化过程又周期性地重复了一遍。

②理化特性。消化池中理化特性随加排料的周期进行也呈周期性变化。在两次加排

料操作之间的一个变化周期内,池中的理化特性又有 3 个小的变化阶段。加料后的一段时间属于第一变化阶段,其特点是由于基质的突然增加,产酸过程大于产气过程,溶液中的有机酸量增多了,pH 值下降了,在此时段的 COD 值一般变化不大。第二阶段是一个较长的渐变过程,即随着基质的逐渐减少,产酸过程一步步地减弱,产气过程则一步步地增强,两者处于缓慢漂移的平衡状态。此时的有机酸稍有减少,pH 值稍有回升,而 COD 值则有明显的降低。第三阶段为衰减阶段,即产酸产气速率明显减慢,溶液的 pH 值有了进一步回升,氨氮含量也随之增多。此后,随着下一次加排料的开始,又重复出现以上的 3 阶段。

③工程学特性。由于间歇加排料,池内环境作周期性变化,故生化速率受到一定影响,有机物负荷率相对于连续加排料时要低,但操作运行较简单。

(2)连续加排料。

连续加排料制度的操作程序是这样的:待处理的生污泥以一定的流量连续加入消化池中,同时以同样的流量从消化池中连续排出熟污泥。在连续加排料的同时,进行连续的搅拌。如果沉淀池施行连续排泥制度,则沉淀池的排泥与消化池的加料可以连接起来操作,中间不一定再设置大的调节池;如果沉淀池施行间接排泥制度,则两池之间尚需设置一个贮泥池,其容积足以容纳一次排出的全部污泥。至于是否在两池之间设置浓缩池,视消化池连续操作时方便与否而定。

连续式加排料操作制度的消化池工况有以下特点:

①生物学及生化特性。池中的生物学特性和生化特性相对恒定。在一定的有机物负荷率及环境条件下,消化池中的微生物总量及产酸菌和产甲烷菌的比例基本上保持不变,酸发酵与甲烷发酵的速率维持某一恒定的协调关系,并不发生周期性的变化。

②理化特性。池中的理化特性保持相对稳定,pH 值、酸碱度、污泥浓度、挥发性悬浮固体浓度、COD 等主要参数均无周期性变化,池内温度也比较均匀。

③工程学特性。由于环境条件无周期性变化,细菌种群保持着均衡的协调关系,温度均一,因而负荷率较间歇加排料时大,液面不易产生浮渣层。搅拌时间长,耗电多。

**2. 排泥及溢流系统**

消化池的排泥管设在池底,出泥口布置在池底中央或在池底分散数处,排空管可与出泥管合并使用,也可单独设立。依靠消化池内的静水压力将熟污泥排至污泥的后续处理装置。排泥管布置在池底部。污泥管最小管径为 150 mm。

当池径较大时,可以设置几个排泥管,从易于沉积污泥的几个部位同时或轮流排泥。

消化池的污泥投配过量、排泥不及时或沼气产量与用气量不平衡等情况发生时,沼气室内的沼气压缩,气压增加甚至可能压破池顶盖。因此消化池必须设置溢流装置,及时溢流,以保持沼气室压力恒定。

溢流管的溢流高度,必须考虑是在池内受压状态下工作。为了防止池内液位超过限定的最高液位,池内应设置溢流管。液面上经常结有浮渣层,把溢流管的管口设于液面上易引起堵塞。通常的做法是从上清液层中引出水平支管,然后弯曲向上至最高液位的高程处,再弯曲向下,接于地面附近的水封井内。水封的作用是池内因排泥而使液位下降时,防止池内沼气沿溢流管泄漏。溢流管的布置必须考虑是在池内受压状态下溢流,最小管径为 200 mm。溢流管装置有 3 种形式,即倒虹管式、大气压式及水封式,如图 7.17 所示。溢流管的设置要绝对避免消化池沼气室与大气相通。若沼气压力超过规定值时,污泥除了从溢流管排除外,也会从开水封排出。

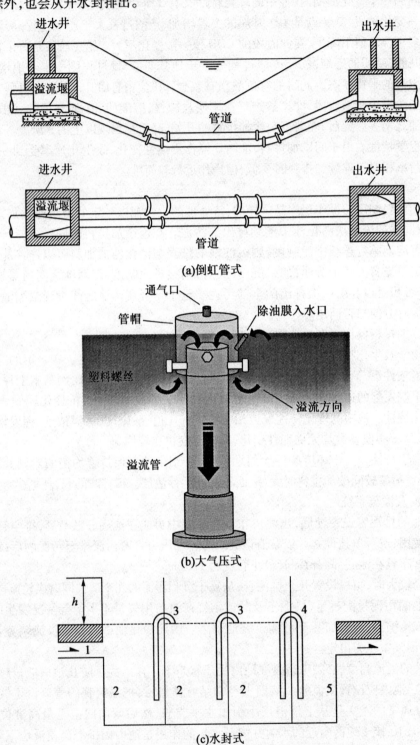

(a)倒虹管式

(b)大气压式

(c)水封式

1—进水口;2—水封分离室;3—溢流管;4—导出管;5 出水口

图 7.17　消化池的溢流管布置形式

(a)倒虹管式;(b)大气压式;(c)水封式

3. 收集与贮气设备

由于产气量与用气量常常不平衡,所以必须设贮气柜进行调节。沼气从集气罩通过沼气管输送到贮气柜。

为了减少凝结水量,防止沼气管被冻裂,沼气管应该保温。应采取防腐措施,一般采用防腐蚀镀锌钢管或铸铁管。低压浮盖式贮气柜构造如图 7.18 所示。

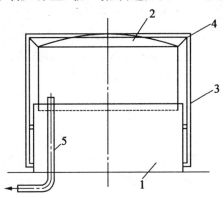

图 7.18　低压浮盖式贮气柜构造

1—水封柜;2—浮盖;3—外轨;4—滑轮;5—导气管

4. 加温设备

为了使消化池的消化温度恒定(中温或高温消化),必须对新鲜污泥进行加热和补偿消化池池体及管道系统的热损失。恒温工作的厌氧消化池必须通过加热系统保持池内的温度恒定。城市污水污泥通常采用中温消化,最适温度为 33 ℃。人畜粪便含有很多致病菌和寄生虫及卵,可采用 50～55 ℃的高温消化;而当采用中温消化时,可采用较高的 33～38 ℃。发酵残液可视其排出温度的高低,而选择中温消化或高温消化。

厌氧消化池的加热方式有池外加热和池内加热两大类。采用的热源有蒸汽、热水、燃气和太阳能四大类。

(1)池外蒸汽加热。

一般在池外设置的预加热池内进行。将待加热的生污泥装入预加热池,通过安装于池内的一组加热管用蒸汽对生污泥进行直接加热。加热结束后,将热污泥抽出,打入消化池。预加热池加盖,池顶设通气管。

池外蒸汽预热只对生污泥进行加热,污泥量少,易于控制。预热温度可以高些,以补充池体的热损失,同时还有利于杀灭寄生虫卵,以提高消化污泥的卫生条件。池外蒸汽预热可以提高生污泥的流动性,改善池内污泥的混合和搅拌性能。池外蒸汽预热的另一优点是不损伤池内甲烷细菌的生活。这种加热方式的缺点是池外要设置一套加热系统,建设费用较高。

(2)池外热水加热。

池外热水加热在套管式热交换器中进行。加热对象可以是生污泥,也可以是池内抽出的消化污泥。污泥在内管($d \geqslant 100$ mm)流动,热水在外管($d \geqslant 150$ mm)流动,两者可采用逆流或顺流方式。污泥流速较大,约 1.2～1.5 m/s,以防止沉积结垢。热水流速较小,约为 0.6 m/s,热水温度以 60～70 ℃为佳。如采用消化污泥循环流动加热方式,应从池底抽出污泥,加热后的污泥从池上部投入。池外热水加热的优点是可促进污泥的循环,设备检修方便,缺点是辅机较多,费用较高。这种加热方式多用于中小型池。

(3)池内蒸汽加热。

在池内设置数根垂直安装的蒸汽管,通过安装在管口处的蒸汽喷射泵将蒸汽喷入污泥内,并带动污泥作小范围循环运动。如把蒸汽加热和池内搅拌配合起来同时进行,效果将更加理想。这样不会因加热而损伤甲烷细菌的生活,并能保证池内温度尽快达到均匀。

池内蒸汽加热的优点是设备简单,操作方便,特别适用于大中型消化池。但是,不论是池内或者池外加热,生产蒸汽需要增设一套净化水的设备(软水制备系统),建设费用较高。此外,蒸汽加热时的冷凝水会占去一部分有效池容,并增高消化污泥进行浓缩和脱水的费用。当采用池内蒸汽加热时,消化池的有效容积应增大 5% ~ 10%,并应增设排除上清液的管路。

(4)池内热水加热。

在池内不同部位设置热交换器,通入热水进行间接加热。为了防止池内污泥在热交换器外壁上的沉积,器壁一般为直立式。热水温度以 65 ℃左右为好,热水流速以 0.6 ~ 0.8 m/s为佳。池内热水加热的缺点是更换管件比较困难,一般用于小型消化池。

(5)燃气加热。

将沼气通入液面下进行浸没燃烧,或者将沼气燃烧后的热烟气通入池内污泥中进行加热。这种加热方式在国外偶有应用,但尚未对应用前景做出评估。

(6)太阳能加热。

一般在池顶或周壁外设置太阳能加热器,带动热水进行间接加热。这种加热方式可考虑在光照充足的炎热地区选用。

为了减少消化池、热交换器及热力管外表面的热损失,一般均应敷设保温结构。消化池的池盖、池壁、池底的主体结构,一般均为钢筋混凝土、热交换器等为钢板制品。保温层一般均设在主体结构层的外侧,保温层外设有保护层,组成保温结构。凡是导热系数小、容重较小,并具有一定机械强度和耐热能力,而吸水性小的材料,一般均可作为保温材料,如泡沫混凝土、膨胀珍珠岩、聚乙烯泡沫塑料、聚氨醋泡沫塑料等。

5. 搅拌设备

混合搅拌在消化过程中起着很重要的作用,它对消化池的正常运行影响很大。然而对消化池的混合搅拌作用研究得还很不够。

目前国外采用的混合搅拌方法有许多种:

(1)机械混合搅拌法。混合搅拌机械通常安装在消化池内,有螺旋桨板、螺旋泵、喷射泵等。这种方法用得比较广泛。

(2)泵循环搅拌法。泵循环搅拌常与投加新鲜污泥同时进行,并与外部换热器结合使用。这种方法用于美、英、法等国,但不太广泛。

(3)池内沼气混合搅拌。沼气通入池内有几种布置方法,有悬管式、自由释放式和抽升管式。这种方法可以产生强烈地混合搅拌,池内无机械设备、结构简单、施工和运转简便、混合搅拌比较均匀,约可增加 10%产气量,但沼气喷头容易堵塞。由于效果较好,目前许多国家都采用它,例如英、美、日等国。

(4)池外沼气循环混合搅拌。这是一种比较新的方法,混合装置放在池外,通常与进泥、加热结合在一起,成为"三合一"的装置。这种装置国外已有定型产品生产,正在得到日益广泛地应用。

国外过去采用水力喷射器进行污泥的混合搅拌。这种混合搅拌能力不大,不能有效地将池内含物完全混合和打碎浮渣。西安污水处理厂消化池的运行实践表明,这种方法的作用半径只有 2 m,结浮渣层很厚。近些年来设计的消化池普遍采用螺旋搅拌机,在池中安装 1 台至数台(一次安装或分期安装)。由于这些消化池大多未投入运行或运行时间不长,它们的效果尚不清楚。

近年来国内也开始采用池内沼气混合搅拌的方法。这种方法有许多优点,例如池中没有机械设备、结构简单、施工和维护运转方便、混合搅拌比较均匀、可以增加产气量等。其缺点是目前国内还没有合适的沼气压缩机可供使用。沼气混合搅拌有好几种布置方法:竖管式,在池内均匀布置,管径 25～50 mm;在池底布置扩散器。天津纪庄子污水处理厂消化池采用沼气搅拌已经投产,在池中心的导流筒中安装有许多个沼气释放喷嘴。由于运行时间不长,尚未总结出经验。

大多数学者都认同搅拌在厌氧消化过程中所起的积极作用,但他们认为连续搅拌不仅没有必要而且起反作用,所以实际操作时,可以采用间歇式搅拌,例如每 30 min 搅拌约 5 min、每小时搅拌 10～15 min 或者每两个小时搅拌 25～35 min 等,或者每天持续搅拌数小时即可达到目的。

Khursheed Karim 等人认为,搅拌混合能够使有机物和微生物在反应器内均匀分布,同时传递热量。因此,在高浓度物料的厌氧消化过程中,搅拌混合是必不可少的一部分。目前,学者普遍认为搅拌主要通过改善厌氧消化过程中的以下几个方面来达到提高沼气产量的目的:

(1)提高传质效果。搅拌使可降解有机物和微生物之间发生紧密和有效的接触,从而提高有机物的降解和转化效率。

(2)均匀物理、化学和生物学性状。搅拌使污泥消化池内各处的物理、化学和生物学性状(污泥浓度、温度、pH 值、微生物种群等)保持一致,由于分布不均导致的局部地方物料浓度过高会抑制细菌的活性。

(3)降低有害物质抑制。搅拌将有机物和有害的微量抑制物均匀分布,降低或者消除其影响,特别是在冲击负荷下。Khursheed Karim 等人的实验结果也表明,搅拌对于进料负荷的波动有较好的缓冲作用,并且它较不搅拌在负荷冲击过后也拥有较短的恢复时间。

(4)提高消化池的有效容积。搅拌使浮渣层和底部沉积物积累的量减小,从而提高消化池的有效容积。在处理低固体浓度的有机物时若缺乏适当的搅拌,则容易形成一层很厚的表层浮渣。

此外,有人研究认为,有效的机械搅拌可以改善颗粒有机物的悬浮状态并加速这些悬浮颗粒有机物的溶解过程,这个加速过程通过以下步骤进行:①机械搅拌通过剪切作用将大的颗粒物变成粒径更小的;②促进有机固体与微生物接触,甚至将这种接触扩展到有机固体和胞外酶之间;③有助于降低水解固体周围的溶解物浓度,使水解过程受到的抑制解除。

当搅拌持续进行或者搅拌强度过高时,就会对厌氧消化过程的稳定形成很大的负面影响,从而出现沼气产量下降的现象。目前,过度搅拌对厌氧消化的影响主要有:阻碍反应器中甲烷化区域形成;连续剧烈的搅拌会破坏微生物絮团的结构,从而打乱厌氧环境中各互营性菌群间的空间分布关系;影响污泥的结构,降低脂肪酸的氧化效率,脂肪酸的累积则会导致消化器的不稳定运行; EPS(胞外聚合物)作为颗粒污泥的不可或缺的组成部分,也是反应器内污泥形成状态的指示物,在过度搅拌条件下,其存在量有着明显的下降,这也可能暗示小强度和短时间的搅拌能够使反应器内形成更多较大的污泥颗粒。

6. 附属设施

消化池中的附属设施主要包括以下设施:

(1)检修孔。

检修孔是用来清除沉砂及浮渣、检修或者更换池内管件、加热及搅拌等设备。检修孔的数量一般为 1~2 个,一般开在池盖上,也有开在侧壁上的。检修孔的盖板一般由铸铁制成,以合成树脂板做衬垫,以达到良好的气密性。

(2)测温装置。

温度与消化池的消化效果的关系密切,因此温度需要经常测量。测温装置一般设于池子侧壁,一般分上中下三个部位,测温敏感元件伸入池内,能够将测得的温度传入控制室。

(3)液位计。

消化池工作时,应该要维持正常的液位,尤其是排泥和加泥时要密切注意液位的升降变化。一般采用继电液位传感原件将液位传入控制室。

(4)观察孔。

生产性消化池往往要观察液面的状态,实验性的消化池要观察消化液内部的状态。因此,前者在池盖上设置观察孔,后者在侧壁上设置观察孔。

# 7.3　厌氧消化系统的运行与控制

## 7.3.1　启动

厌氧消化系统主要靠厌氧微生物来降解有机污染物,厌氧微生物通常以厌氧活性污泥(泥粒或泥膜)的形式悬浮于处理构筑物中,或固着于处理构筑物中的挂膜介质上。一个生产性厌氧处理构筑物的有效容积会达数百乃至数千立方米,在这样大的容积中培养足够数量的厌氧活性污泥并正常运行一般要花费几个月的时间。

启动的目的就是培养足够数量的厌氧活性污泥,并将其驯化成具有正常处理功能的厌氧活性污泥。

1. 污泥的来源

生产性厌氧处理构筑物需要的大量厌氧活性污泥是通过逐渐培养和不断积累而形成的。培养的方式有两种,即接种培养和自身培养。

接种培养是将成熟的消化污泥作为接种料,投加到新建的厌氧处理构筑物中去,然后不断添加待处理的污泥或废水,逐渐培养和积累起所需量的厌氧活性污泥。可供接种的厌氧活性污泥主要有以下来源:

(1)运行中的城市污水处理厂普通厌氧消化池中的消化污泥。

(2)处理同类工业废水的厌氧消化构筑物中的消化污泥。

(3)农村沼气池中的沉积物。

（4）沟、渠、池塘中的底泥。

（5）好氧生物处理系统中排出的剩余活性污泥。

城市污水处理厂通常建有容积很大的普通厌氧消化池。一个容积 2 000 m³ 的厌氧消化池,每天约可排出 100～150 m³ 成熟的消化污泥。这种消化污泥不仅数量多,而且性能好,适用于各种污泥或废水进行厌氧生物处理时的接种污泥。

从各类厌氧消化池取得的接种污泥都有很高的含水率,一般为 96%～97%。因此体积大,运输十分不便。通常将这种污泥在现场予以浓缩和脱水,使其含水率降至 75%～80% 左右,这样可使其体积减少到原来的 1/5 或 1/6。含水率为 75%～80% 的消化污泥呈饼状,装车运输都比较方便。经过数天甚至数十天之后,加水消解,加热培养,仍具有很好的厌氧生物活性。

处理工业废水的厌氧处理构筑物中的厌氧活性污泥,用来作为处理同类型工业废水的接种污泥,具有培养迅速、无需驯化、启动时向短等优点。但是,这类处理构筑物大多为小型的上流式厌氧污泥床反应器,每天排出的废水中残留的厌氧活性污泥量很少,且难于分离收集;如从处理构筑物中取用工作中的厌氧活性污泥,势必要影响其工作效能。由此看来,作为处理工业废水的接种污泥还是从城市污水处理厂的普通厌氧消化池中获取较易实现。

农村沼气池虽也存在质量较好的消化污泥,但体积不大,污泥量有限,只能供小型厌氧消化构筑物启动时作接种污泥使用。沟渠池塘的底泥也可作为接种污泥加以利用。但因其组成复杂,无机组分较多,成熟程度较低,使用时要经过淘洗、筛选、培养后,才能转化成有用的接种污泥。

最近的研究表明,好氧生物处理构筑物中排出的大量剩余活性污泥是培养厌氧活性污泥的另一重要泥源。吴唯民等人的研究表明,堆放的剩余活性污泥中存在着大量产甲烷细菌,其数量约为 $10^8$～$10^9$ 个/gVSS。它们主要是氢营养型和混合营养型产甲烷细菌。在实践中,用处理生活污水和印染废水的好氧剩余污泥作为接种污泥,已成功地启动了小型 UASB 装置,并培养出了良好的颗粒污泥。

综上所述,利用普通消化池排出的消化污泥和好氧剩余活性污泥单独或混合起来充作新池的接种污泥,是一种经济方便而又有效的途径。

厌氧活性污泥也可通过自身培养逐渐积累的方式予以形成将待处理的污泥或废水通入厌氧处理构筑物,在低负荷下加温培养。一般而言,城市污泥、人畜粪便及某些发酵残渣,只要条件控制易于自身培养成功;而工业废水进行自身培养的困难相对较大。

2. 培养

首先将采集的接种污泥(厌氧活性污泥或好氧剩余活性污泥)经消解后,用水配成含水率约为 95% 的污泥,投入消化池,投加量以不少于消化池有效容积的 10%～20% 为宜。然后加热培养,升温幅度控制在每小时 1 ℃ 左右。如原设计的加热系统难以利用时,可采用临时安装的蒸汽加热系统。经 1～2 d 后,池内温度可达到中温消化的 33～35 ℃(如为高温消化,升温时间将延长至 3～5 d)。此后维持温度不变,并逐日投加适量的活性污泥或生活污水(或无毒易消化的工业废水),待水深达到设计液位后,停止投加,要注意的是逐日投加的量要严加控制,不使产生酸性发酵状态(即 pH 值不致下降到 6.8～7.0 以下)。如 pH 值下降,可投加石灰水以改善环境条件。此后维持消化温度不变,进行厌氧发酵。在此过程中,可能的情况下给予适当的搅拌,以均化池内温度,强化接触过程。正常情况下,经过

20~40 d的培养,可形成成熟的厌氧活性污泥。如果采用现有厌氧消化池中的污泥进行接种培养,则成熟期可稍有减少。

一般而言,培养期的长短和接种污泥量的多少成正比。接种污泥量越多,培养成熟期越短。但是厌氧消化池的池容往往很大,达到设计负荷所需厌氧污泥量很难在短期内形成,长期积累是不可避免的。

3. 驯化

使厌氧活性污泥中的微生物逐渐适应待处理废水或污泥的特殊过程,称为驯化。

一般而言,城市污水的沉淀污泥和水质类似于生活污水的废水,多不存在驯化任务,当厌氧活性污泥培养成熟后,即能顺利地完成处理任务。但如处理对象是一些水质特异甚至存在抑制物的工业废水或工业废渣时,驯化就成为不可缺少的环节了。

培养和驯化可同步进行,亦可异步进行。前者指在利用生活污水或污泥培养的同时,适当掺加待处理的废水或污泥,实际上是边培养,边驯化。后者指先用生活污水或污泥把厌氧活性污泥培养成熟起来,然后再适当掺加待处理废水或污泥逐渐驯化,直至达到满负荷运行而止。一般而言,在经验不足的情况下,采用异步法比较稳妥。但不论采用何种方法驯化,重要的一条是循序渐进,千万不可急于求成。

## 7.3.2　运行

运行工作的主要任务是:首先要灵活运用系统的调节能力,尽量保证负荷的均匀性;其次要建立一套负荷缓冲制度,使系统在一定的负荷波动范围内仍能维持高效的工作,这些都有赖于收集数据,积累经验,一般而言,厌氧消化系统负荷率偏低仅对沼气用户有一定影响,对处理任务无影响;而负荷率过高往往影响全局,甚至破坏正常的甲烷发酵。因此,维持负荷的均衡,特别是预防超负荷和冲击负荷的出现,乃是运行人员的首要职责。

厌氧消化系统的日常运行工作主要包括加排料、加热、搅拌和监测,此外,及时发现排除故障,以及维护系统的安全,也是十分重要的。

按照设计要求加料排料是保证系统正常运行的前提,维持负荷的均衡,特别是预防超负荷和冲击负荷是运行人员的首要职责。

加热是维持厌氧消化过程正常运行的另外一个重要条件。由于停电、锅炉检修或加热系统出现故障而使厌氧消化过程停滞的情况屡见不鲜。因此,要建立一套能正常加热的保障机制是十分重要的。

搅拌对普通厌氧消化池的作用主要表现在两个方面:①能够加强混合和强化接触;②破除浮渣。监测是维持和了解系统工作状态的耳目。

在运行实践中,从消化污泥开始培养到稳定运行,通常出现的问题如下:消化池出现泡沫;消化池气相压力不稳定,出现波动;消化池内浮渣问题等。以上几种情况有时交替出现,有时同时出现,严重影响系统的安全和稳定。

1. 泡沫

根据已有报道,消化池的泡沫主要有两种来源:一种泡沫是化学泡沫,另一种泡沫主要发生在处理剩余污泥的消化池中,主要是由于剩余污泥含有大量的诺卡氏菌,从而导致消化池产生泡沫。

表 7.22　污水处理厂消化池出现泡沫的相关数据

|  | 是否出现泡沫 | $CH_4$/% | $CO_2$/% | $CH_4$/$CO_2$ |
|---|---|---|---|---|
| 1 | 无 | 69.4 | 26.2 | 2.648 855 |
| 2 | 无 | 67.5 | 27 | 2.5 |
| 3 | 有 |  |  |  |
| 4 | 无 | 68.7 | 27.4 | 2.507 3 |
| 5 | 无 | 70.6 | 24.6 | 2.869 9 |
| 6 | 有 | 70.6 | 24.7 | 2.858 3 |
| 7 | 有 | 71.8 | 23.9 | 3.004 184 |
| 8 | 无 | 70 | 25.3 | 2.766 798 |

在数据分析中,发现消化池出现泡沫时,其沼气中气体含量有较明显的变化。表 7.22 为污水处理厂出现泡沫的相关数据,每次消化池出现泡沫时,其沼气中甲烷和二氧化碳的体积比都有明显的变化,要高于 2.6 的平均值。

因此,对于卵形消化池的泡沫问题,可采用现场或在线检测沼气中甲烷和二氧化碳的含量,来进行泡沫的监控。

由前述消化池泡沫分析和监控看,消化池出现泡沫现象比较常见。在实际运行中,主要的措施之一就是采用自动或人工消泡。可采用自动控制程序监控泡沫的产生,随时进行消泡。此外,对于消化池的进泥,应按照有机负荷确定投加量,可减少泡沫的产生。在出现泡沫后,紧急降低消化池的液位同时辅助增加消泡力度,也是一个比较可行的方法。还可在顶部加装搅拌器消除泡沫的产生。

2. 消化池气相压力波动

消化池气相压力波动主要是由沼气管线中的冷凝水引起的。由于沼气在输送过程中,温度不断降低,不断有冷凝水排放出来。若冷凝水系统堵塞,排放不出,就会积存在沼气管道中,导致整个系统的压力发生变化。此外,在运行中也存在局部阻力过高(易发于脱硫塔、沼气流量计等),导致消化池压力升高的情况。

在消化池运行中,通过定期监控和测试系统的局部阻力,可避免消化池压力波动的问题。

3. 浮渣

搅拌不良的消化池很容易在液面形成浮渣,甚至板结成厚层。它的形成对沼气的产生和引出、对有效容积的利用以及对上清液的有效排出,都产生不良影响。所以,要采取措施及时破除或撇出。

产生浮渣层的原因,主要是水力提升器作用范围较小,池子较大,搅拌效果不够理想所致。在正常运转中,受水力提升器搅动而无浮渣的范围,一般仅为直径 2 m 大小。

防止的办法有:用沼气在浮渣底部吹脱搅拌;用上清液在浮渣层表面上进行压力喷洒;利用设在液面上的旋转耙进行破碎;利用浮渣排出池撇除。在以上措施中,沼气吹脱搅拌的效果最好,应用最广。并且在设计水力提升器时,适当地加大混合室和污泥面之间的距离,以充分发挥水力提升器的提升作用。另外,在消化池直径较大的情况下,一般说来,超过 10 m 就宜考虑 2 个以上的搅拌装置。

此外,由于沼气是可燃气体,与一定比例的空气混合后易引起爆炸。尤其是启动运行的初期,消化池顶部的气体实际上是沼气和空气的混合气体,一旦有火苗蹿入,将引起爆炸,轻则炸坏消化池,重则炸伤四邻。贮气罐前、后的水封及阻燃装置均应妥善安装,定期检修。

消化池的运行过程中需要控制以下几种因素:

(1)消化池的压力控制。

对于成熟的污泥消化系统,运行压力的监控非常重要,在实际运行操作中,消化池的压力是浮动的,消化池的进泥、排泥、搅拌都有可能影响消化系统的压力。其中最重要的是沼气管道内冷凝水的影响。及时排放管道中析出的冷凝水,保持管路畅通,避免系统压力过高是消化系统稳定运行的重要保证。

(2)消化池的温度控制。

尽量保持消化池内温度恒定,建议温度控制在$(35 \pm 1)$℃。虽然选择设计运行温度是重要的,保持稳定的运行温度更为重要,因为细菌,特别是产生甲烷的细菌,对温度变化是敏感的。通常,每天温度变化大于 1 ℃就影响过程效能。

(3)消化池的液位控制。

消化池液位的浮动直接反馈为消化池的压力变化,应将消化池的液位作为一个重要的监控指标。保持消化池液位的相对稳定,对保持消化池压力系统的稳定是非常重要的。在实际中,主要通过定期校核消化池进、排泥泵,定期校核消化池液位计来进行液位控制。

### 7.3.3　监测

厌氧消化是一个复杂的生物化学过程,要使这个过程高效而稳定地进行,必须及时地计量和监测有关参数,并根据结果对系统进行调控,使之处于最佳状态。

厌氧消化系统中需要测定的参数很多,大致可分为两类:一类为反映基质和产物浓度的项目,另一类为反映环境条件的项目。常用的监测项目见表 7.23。

表 7.23　厌氧消化系统常用监测项目

| 类　　别 | | 项　　目 |
| --- | --- | --- |
| 基质与沼气 | 基质 | 化学需要量(COD) |
| | | 5 日生化需氧量($BOD_5$) |
| | | 总有机碳(TOC) |
| | | 总固体(TS) |
| | | 挥发性固体(VS) |
| | | 挥发性悬浮固体(VSS) |
| | | 悬浮固体(SS) |
| | 沼气 | 甲烷($CH_4$) |
| | | 气体全分析($CH_4$、$CO_2$、$N_2$、$O_2$、$H_2$、CO、$H_2S$ 等) |

续表7.23

| 类　　别 | | 项　　目 |
|---|---|---|
| 环境条件 | 物理 | 温度 |
| | 化学 | 氧化还原电位(Eh)<br>pH 值<br>挥发性脂肪酸(VFA)<br>碱度 |
| | 营养 | 总氮(TN)氨氮($NH_3-N$)总磷(TP)<br>可溶解性磷(DP) |
| | 抑制物 | |

1. 有机物

废水或污泥常因含有大量可生化性有机物(蛋白质、氨基酸、脂肪、糖类、醇类、有机酸类等)而进行厌氧消化处理。反映可生化性有机物含量多少的最佳指标是生化需氧量(BOD),此外还有化学需氧量(COD)、总有机碳(TOC)、总固体(TS)、挥发性固体(VS)、挥发性悬浮固体(VSS)等指标。

选用何种指标进行测定,除设备条件和技术水平等因素外,还与有机物的存在状态有关。一般而言,有机物主要以溶解态(或乳化态)存在时,选用 BOD、COD 或 TOC 为宜;主要以悬浮态存在时,选用 VSS 或 SS 为宜;以溶解态和悬浮态并存时,选用 VS 为宜。

生化需氧量通常测定 5 日生化需氧量($BOD_5$)值。此值虽能准确地反映可生化性有机物的含量水平,但因测定过程历时较长,难以及时指导实践,以及抑制物含量高时难以取得准确数据,故在多数情况下,仅作为对照参数予以使用。

测定 COD 时采用重铬酸钾法。因其操作简便迅速,故应用最广。但当无机还原物质(亚铁盐、亚硝酸盐、硫化物等)含量高时,测定值中因包括此类物质而使结果偏高。

TOC 表示废水中含碳物质的量。它比 BOD 和 COD 更能直接地反映有机物的总量。分析TOC 的仪器类型很多,其中氧化燃烧——非分散红外吸收 TOC 分析仪器操作简便,使用较广。

TS 表示试样在一定温度下蒸发至干时所留固体物总量,是溶解性固体(DS)和悬浮性固体(SS)的总量。VS 是指总固体的灼烧(550~600 ℃)减量,主要包括有机物和易挥发的无机盐(如碳酸盐、按盐、硝酸盐等)。当易挥发的无机盐含量低且稳定时,VS 能较近似地代表有机物量。如果试样的 VS/TS 比值比较固定时,用 TS 测定值反映 VS 的含量水平,在操作上更为方便。如果试样为有机污泥或生物污泥,则测定挥发性悬浮固体(VSS)或悬浮固体(SS)更有实用价值。

测定废水量($m^3/d$)及有机物质量浓度($kg/m^3$),可计算总的有机负荷($kg/d$),并在选定有机物容积负荷后,计算处理构筑物的有效容积。测定进、出水的有机物浓度,可计算有机物的去除率,并根据出水的有机物浓度判定是否达到排放要求,是否需要进一步处理。测定反应器内各处的 SS 及 VSS 值,可了解生物污泥在其中的纵向和横向分布是否合理,并计算平均污泥浓度是否满足要求。测定出水的 SS 及 VSS 浓度,可判断有无污泥流失现象。有机物浓度在进水或出水中的突变,可帮助操作人员采取有效措施,及时调整负荷率。

2. 沼气组成成分分析

有机物在厌氧消化中的最终产物是沼气。沼气的主要成分是甲烷和二氧化碳,还有少量的一氧化碳、氢气、氮气、氧气和硫化氢气体等。沼气测定中的两项主要指标是产气量和甲烷含量。沼气量可用湿式气体流量计或转子流量计测定。甲烷含量可以用燃烧法测定。

3. 环境条件

环境条件方面的测定项目包括物理的、化学的、营养的和抑制物四类。

(1)物理项目。

物理项目主要是指温度。一般来说希望对进水、消化液和出水的温度能够测定,最好能自动记录其逐时的变化情况。如果反应器很大,应该在不同部位设置测点,以掌握温度的分布状况。

其他物理项目包括水力停留时间和容积有机负荷率等。

(2)化学项目。

化学项目通常包括氧化还原电位、pH 值、挥发性脂肪酸和碱度四项。

氧化还原电位反映厌氧消化系统氧化还原势的总状况。一般希望该值在 $-300 \sim -500$ mV 之间,以保持良好的厌氧或还原环境。有资料表明,产甲烷菌正常生长要求的氧化还原电位在 $-330$ mV 以下的环境中,并且厌氧条件越严格越有利于产甲烷菌的生长。影响氧化还原电位的因素很多,最主要的是发酵系统的密封条件的优劣。此外发酵物质中各类物质的组成比例也会影响到系统的氧化还原电位。

pH 值是厌氧消化系统中一项对运行管理十分有用的指标。厌氧消化虽能在 $6.5 \sim 8.0$ 之间进行,但最佳 pH 值约在 $7.0 \sim 7.2$。

挥发性脂肪酸包括甲酸、乙酸、丙酸、丁酸、戊酸和己酸等,它们是发酵细菌的代谢产物。保持适宜的挥发性脂肪酸浓度,对维持厌氧消化过程的有序进行是十分重要的,但当有机负荷偏大或环境条件恶化时,会出现挥发性脂肪酸的积累,导致 pH 值下降,最终抑制甚至破坏厌氧消化进程。

因此,定期测定挥发性脂肪酸的浓度,对了解系统的运行状况是十分重要的,在条件许可时,还应测定乙酸、丙酸和丁酸的变化情况,因为丙酸含量的相对增大,往往预示着酸抑制的出现。挥发性脂肪酸浓度采用比色法测定;挥发性脂肪酸各组分的测定,一般采用气相色谱法。

碱度是反映溶液中结合氢离子能力的指标。一般用与之相当的 $CaCO_3$ 浓度表示。厌氧消化系统中的碱度主要由碳酸盐($CO_3^{2-}$)、重碳酸盐($HCO_3^-$)和部分氢氧化物($OH^-$)组成。消化过程中经氨基酸而形成的氨是碱度的重要来源。

碱度反映系统的缓冲能力:在一定程度上能缓解因酸性物质(有时也包括碱性物质)突增而使 pH 值波动过大。例如:

碱度可采用电位滴定法或指示剂滴定法予以测定。一般认为,甲基橙碱度宜维持在 $3\ 000 \sim 8\ 000$ mg/L 之间,且与挥发性脂肪酸(以乙酸计)的比值宜大于 $2:1$。

(3)营养项目。

厌氧消化系统中的营养物质有 C、H、O、N、P、S 及某些作为酶活化剂的微量元素,其中主要包括 Fe、Mo、Ca、Mg、Co、Cu、Ni、Zn、K 等。废水中缺少其中任何一种物质,都会限制细菌的生长。一般来说,C 来源于废水中的有机物和 $CO_2$;H 和 O 主要来源于水;N、P、S 及各种微量元素通常也可由废水中得到。但对于缺少营养物的某些废水,则必须由外部供给适量的营养物。由于长期生存的环境条件不同,养物的需要量往在也是不同的,一般按下述要求确定。

①氮。从理论上讲,氮的需要量应根据细胞的化学组成、有机物的转化率、细胞产量系数及消化池内平均固体停留时间有关。

$$处理单位体积废水需氮量 = \frac{Y(S_0 - S_e) \times N}{1 + K_d t_s}$$

$$每日需氮量 = \frac{Y(S_0 - S_e) Q \times N}{1 + K_d t_s}$$

式中　$Y$——细胞产量系数,公斤细胞/公斤去除 COD。对于脂肪酸废水,取 $Y = 0.05$;对于含碳水化合物废水,取 $Y = 0.24$;对于含蛋白质废水,取 $Y = 0.08$;对于含复杂有机物废水,取 $Y = 0.1 \sim 0.15$;

　　　　$Q$——废水流量,$m^3/d$;

　　　　$S_0$——原废水的 COD 质量浓度,$g/L$;

　　　　$S_e$——出水的 COD 质量浓度,$g/L$;

　　　　$N$——细菌细胞组织中氮的百分含量,可根据细胞组织的化学组成($C_5H_7O_2N$)计算,约为 12%;

　　　　$K_d$——细菌细胞的衰减系数,$d^{-1}$。对于醋酸,取 $K_d = 0.02$;对于复杂有机物,取 $K_d = 0.03$;

　　　　$t_s$——消化池内平均固体停留时间。

计算得出的氮需要量往往不能满足细菌生长的需要,还必须在运行过程中通过测定出水中氨氮含量加以调整。一般在消化池启动阶段,应投加过量的氮。

②磷。一般为氮需要量的 1/6 ~ 1/5。在设计中估算氮和磷的需要量时,可采用 COD:N:P = 1 000:5:1(对于含脂肪酸废水)或 COD:N:P = 350:5:1(对于含复杂有机物废水)。

③硫。硫在细菌生长中是不可缺少的一种常量元素,它是细胞的主要组分之一。硫在消化池内主要以 $H_2S$ 形式存在,其作用具有两重性。当 $H_2S$ 质量浓度为 50 ~ 100 mg/L 时,可能会降低消化液的氧化还原电位,刺激细菌生长,有利于消化过程的进行。当 $H_2S$ 质量浓度超过 100 mg/L 时,对细菌则会产生毒性,不利于消化过程的正常进行。

④微量元素。多种微量元素都是酶的活化剂。如果废水中缺少细菌所必需的某种微量元素,就会降低细菌的生长速率。一般,应通过试验确定废水中缺少哪一种微量元素,以便补加相应的无机盐。各种微量元素的最佳需要量也应通过试验确定。一般对于细菌生长所必需的微量元素的量可参照表 7.24 进行投加。

**表 7.24　微量元素用量表**

| 化合物 | 需要量/($mg \cdot L^{-1}$) | 化合物 | 需要量/($mg \cdot L^{-1}$) |
|---|---|---|---|
| $MnCl_2$ | 0.5 | $NaMoO_4 \cdot H_2O$ | 0.5 |
| $CaCl_2$ | 200 | $NH_4VO_3$ | 0.5 |
| $H_3BO_3$ | 0.5 | $FeCl_3 \cdot 4H_2O$ | 40 |
| $ZnCl_2$ | 0.5 | $CoCl_2$ | 4.0 |
| $KHCO_3$ | 1 000 | $NiCl_2$ | 0.5 |
| $MgSO_4 \cdot 7H_2O$ | 400 | $NaHCO_3$ | 3 000 |

注:$KHCO_3$ 和 $NaHCO_3$ 用于需要投加缓冲剂的废水

（4）抑制物项目。

抑制物的存在要根据废水的分析化验报告及化学物质的浓度来确定。

# 7.4　化学物质对厌氧消化系统的影响

### 7.4.1　化学物质对厌氧消化系统的抑制类别

化学物质对厌氧微生物综合生物活性的影响与其浓度有关。一些研究者认为:大多数化学物质在浓度很低时对生物活性有一定的刺激作用(或促进作用);当浓度较高时,开始产生抑制作用;而且浓度越高,抑制作用越强烈。在从刺激作用向抑制作用的过渡中,必然存在一个既无刺激作用又无抑制作用的浓度区间,称为临界浓度区间。如果该浓度区间很小,表现为某一值时,则此值称为临界浓度,如图 7.19 所示。

虽然说许多化学物质对综合生物活性有一定的刺激作用,但多数化学物质的刺激作用表现得并不明显,或者临界浓度值很小,难于实际观察到。

研究表明,各种化学物质的临界浓度相差很大,而且不同研究者提供的同一化学物质的临界浓度值也很不一致。

化学物质对综合生物活性的抑制作用按程度不同大体上分为基本无抑制(即浓度在临界浓度附近时的情况)、轻度抑制、重度抑制、完全抑制等。轻度抑制和重度抑制的划分并无严格的界限。完全抑制指厌氧微生物完全失去甲烷发酵能力时的抑制。

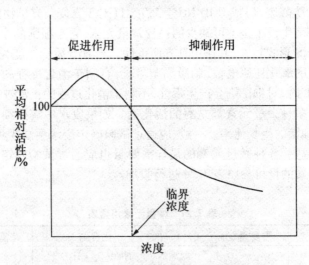

图 7.19　不同浓度对生物活性的影响

当厌氧微生物首次接触某些化学物质时,在浓度为 $A$ 时表现为重度抑制,那么在长期接触同一浓度后,由于适应能力的提高,有可能表现为轻度抑制了。同理,当初次接触某一化学物质时的临界浓度为 $a$,则在长期接触该化学物质后的临界浓度有可能变为大于 $a$ 的 $b$了。因此,应将初次接触时的抑制和长期接触后的抑制加以区别。前者可称为初期抑制(或冲击抑制),后者可称为长期抑制(或驯化抑制)。

生产实际中,初期抑制只发生在某种化学物质偶发性的短期进入厌氧消化系统的场合。由于初期抑制产生的抑制程度较高,往往会使厌氧消化系统在受到较高浓度冲击时遭到严重抑制,甚至完全破坏。

### 7.4.2　抑制剂种类

在工业废水和城市污水污泥的厌氧消化处理中,有许多物质(无机的和有机的)可能对厌氧菌群产生抑制影响。虽然各种物质引起抑制的程度及作用机制也各异,但大多数物质在一定条件下对细菌通常会产生下列几种作用:①破坏细菌细胞的物理结构;②与酶形成复合物使之丧失活性;③抑制细菌的生长和代谢过程,降低其速率。无机性抑制物质主要包括:硫化氢($H_2S$)、氨及铵离子、碱金属和碱金属阳离子(如 $Na^+$、$K^+$、$Ca^{2+}$ 和 $Mg^{2+}$),重金属(如 $Cu^{2+}$、$Fe^{2+}$、$Fe^{3+}$、$Cr^{3+}$ 和 $Cr^{6+}$ 等);有机性抑制物质主要有:$CCl_4$、$CHCl_3$、$CH_2Cl_2$ 及其氯代烃类、酚类、醛类、酮类及多种表面活性物质。

1. 有机抑制剂

(1)氯酚。

氯酚类化合物(CPs)广泛应用于木材防腐剂、防锈剂、杀菌剂和除草剂等行业。氯酚类化合物对大多数有机体都是有毒的,它会中断质子的跨膜传递,干扰细胞的能量转换。氯酚类有机物的厌氧生物降解性大小依次为:五氯酚(PCP) > 四氯酚(TeCP) > 三氯酚(TCP) > 单氯酚(MCP) > 二氯酚(DCP)。厌氧微生物经过驯化可以降低氯酚类化合物的抑制作用并提高其生物降解性。

(2)含氮芳烃化合物。

含氮芳烃化合物包括硝基苯、硝基酚、氨基苯酚、芳香胺等。它们的毒性是通过与酶的特殊化学作用或是干扰代谢途径产生的。硝基芳香化合物对产甲烷菌的毒性非常大,而芳香胺类化合物的毒性要小得多。这可能是由于硝基芳香化合物比芳香胺类化合物疏水性更低的缘故。厌氧微生物经过驯化可以降低含氮芳烃化合物的毒性并提高其生物降解性。

(3)长链脂肪酸。

长链脂肪酸(LCFAs)抑制产甲烷菌主要是由于产甲烷菌的细胞壁与革兰氏阳性菌很相似。LCFAs 会吸附在其细胞壁或细胞膜上,干扰其运输或防御功能,从而导致抑制作用 z73。LCFAs 对生物质的表层吸附还会使活性污泥悬浮起来,导致活性污泥被冲走。在 UASB 反应器中,LCFAs 导致污泥悬浮的浓度要远低于其毒性浓度。由于 LCFAs 可与钙盐形成不溶性盐,所以加入钙盐也可以降低 LCFAs 的抑制作用,但还是不能解决污泥悬浮的问题。

有机化学物质对厌氧消化过程特性的研究工作开展得较早、报道得也较多,但研究的有机化学物质却为数不多,而且多偏重于临界浓度的确定。

近年来,西安建筑科技大学对 60 多种有机化学物质(主要是酚类、苯类、苯胺类、多环芳香族、农药、抗生素及其他一些物质)的抑制特性进行了比较系统的研究。

每一待测的有机化学物质的考察系统有 5 套,每一套的发酵瓶中投加一定浓度的该物质。5 种浓度根据以下原则进行选定:①最小浓度对厌氧消化系统基本无抑制;②最大浓度使厌氧消化达到完全抑制;③其他 3 个浓度大致均匀分布在最小和最大浓度之间。

该研究对考察的每一化学物质在给定的 5 种浓度下的初期抑制和长期抑制进行计算和归纳,得到的结果见表 7.25。

表 7.25　有机物质的短期接触允许浓度和长期接触允许浓度

| 有机物类别 | 序号 | 有机物名称 | 短期接触允许质量浓度/(mg·L⁻¹) | 长期接触允许质量浓度/(mg·L⁻¹) |
|---|---|---|---|---|
| 苯酚及其衍生物 | 1 | 苯酚 | 300 | 1 500 |
| | 2 | 邻苯二酚 | 500 | 1 100 |
| | 3 | 间苯二酚 | 1 100 | |
| | 4 | 对苯二酚 | 1 000 | 1 500 |
| | 5 | 对特丁基邻苯二酚 | <100 | <100 |
| | 6 | 邻甲酚 | <100 | 800 |
| | 7 | 间甲酚 | 1 500 | 1 600 |
| | 8 | 对甲酚 | 250 | 500 |
| | 9 | 3,5 - 二甲酚 | <100 | 300 |
| | 10 | 邻硝基酚 | 100 | 500 |
| | 11 | 间硝基酚 | 500 | 1 600 |
| | 12 | 对硝基酚 | <100 | 7 500 |
| | 13 | 2,4 - 二硝基酚 | <100 | 100 |
| | 14 | 2,4 - 二氯酚 | <100 | 200 |
| | 15 | 2,6 - 二氯酚 | <100 | 接近 100 |
| | 16 | 五氯酚 | 0.2 | <0.1 |
| 胺类 | 17 | 二甲胺 | 7 000 | |
| | 18 | 三甲胺 | 12 000 | 11 500 |
| | 19 | 甲胺 | 750 | 800 |
| | 20 | 二苯胺 | 接近 100 | <100 |
| | 21 | 联苯胺 | 700 | 900 |
| | 22 | N - 甲基苯胺 | <100 | <100 |
| | 23 | N,N - 二甲基苯胺 | 150 | |
| | 24 | 乙基苯胺 | 接近 100 | <100 |
| | 25 | 间硝基苯胺 | 100 | 100 |
| | 26 | 对氯苯胺 | <100 | 4 500 |
| | 27 | 甲酰苯胺 | < <2 000 | <2 000 |
| | 28 | 乙酰苯胺 | <100 | <100 |
| 苯及其衍生物 | 29 | 甲苯 | | 3 250 |
| | 30 | 苯 | 1 100 | 2 100 |
| | 31 | 乙苯 | <500 | 1 000 |
| | 32 | 对硝基甲苯 | 接近 100 | 900 |
| | 33 | 2,4 - 二硝基甲苯 | <100 | <100 |
| | 34 | 氯代苯 | 接近 100 | 200 |
| | 35 | 邻二氯代苯 | 接近 100 | 100 |
| | 36 | 苯甲酸 | | 11 000 |

续表 7.25

| 有机物类别 | 序号 | 有机物名称 | 短期接触允许质量浓度/(mg·L$^{-1}$) | 长期接触允许质量浓度/(mg·L$^{-1}$) |
|---|---|---|---|---|
| 多环芳香族 | 37 | 蒽 | 接近 500 | >5 000 |
| | 38 | 苊 | 接近 100 | <100 |
| | 39 | 萘 | 6 000 | |
| | 40 | β - 萘酚 | 120 | 接近 100 |
| | 41 | β - 萘胺 | 3 000 | |
| 脂肪族 | 42 | 三氯甲烷 | 0.5 | 5 |
| | 43 | 二氯甲烷 | 20 | 150 |
| | 44 | 六氯甲烷 | 90 | 300 |
| | 45 | 二氯乙烯 | 10 | 120 |
| 农药及抗菌素 | 46 | DDT | <100 | 100 |
| | 47 | 灭菌丹 | 接近 100 | 接近 100 |
| | 48 | 福美双灭菌剂 | <100 | <100 |
| | 49 | 倍硫磷 | 90 | 200 |
| | 50 | 红霉素 | | |
| | 51 | 土霉素 | <100 | <100 |
| | 52 | 链霉素 | <100 | 100 |
| | 53 | 青霉素 K | | 5 300 |
| | 54 | 青霉素 Na | | 10 000 |
| | 55 | 庆大霉素 | <100 | <100 |
| | 56 | 四环素 | <100 | 200 |
| | 57 | 嘧啶 | 接近 1 000 | |
| 其他 | 58 | 水合肼 | | >10 000 |
| | 59 | 尿素 | 900 | 700 |
| | 60 | 氨水 | 1 100 | 3 300 |

注:短期和长期接触的抑制分别以 3 d 和 60 d 的抑制程度进行判定

部分芳香族有机物毒性大小顺序见表 7.26。

表 7.26　芳香族有机物毒性的大小顺序

| | 酚类 | 胺类 | 苯类 |
|---|---|---|---|
| 毒性增大 ↑ | 五氯酚 | 二乙基苯胺 | 邻二氯苯 |
| | 2,4 - 二硝基酚 | 间硝基苯胺 | 对硝基甲苯 |
| | 3,5 - 二甲酚 | 苯胺 | 对二氯苯 |
| | 硝基酚(邻、间、对) | 苯 | 乙苯 |
| | 甲酚(邻、间、对) | | 苯 |
| | 二苯酚 | | |
| | 苯酚 | | |
| | 苯 | | |

将一种毒性有机物投入厌氧处理系统,使其在消化液中的剂量达到表列临界毒性浓度时,就会导致产气速率下降。但是,对于大多数有毒物质,采用适当条件经过长期驯化,厌氧消化系统可适应的毒物浓度往往远高于临界毒性浓度值,这时产气速率与未接受毒性物质前相比并不会发生明显的下降。在工程上将厌氧处理系统所能接受这一毒物浓度称为最高允许浓度。实验证实,许多有毒物质都具有这样一种可驯化的特性。当消化液中某种有毒物质的浓度超过其最高允许浓度时,产气速率会迅速下降,最终将导致产气过程停止。产气停止并不是意味着产甲烷菌群的死亡。

实验证明,一旦将消化液中的有毒物质排除,产气过程往往会立即开始,并逐渐恢复到未遭受毒性物质破坏以前的水平,这说明产甲烷菌具有对毒物抑制的可逆性。很多情况下,所谓毒物抑制往往是可逆的,这一点在工程上具有十分重要的意义。一个生产性厌氧处理系统一旦遭受有毒物质的破坏后,根据可逆性抑制的原理,可以将混杂有毒物质的消化池内液体用自来水或不含毒物的废液迅速置换,然后少量进入所要处理的废水,可在短期内使系统完全恢复正常,而不必重新接种进行启动。

根据厌氧消化系统可驯化的原理,迄今为止,在国内外已经进行多种石油化学产品的厌氧处理试验。常用的驯化方法分为两类,即交叉驯化和长期驯化。前者主要用于分批试验中,目的在于加速一个新的厌氧处理系统的启动过程。后者多用于半连续进水或连续进水的各种厌氧处理系统。Speecc 采用完全混合型消化器和推流式厌氧滤池对 30 多种石油化学产品进行了长期驯化处理试验。根据这些试验结果得出下列几点主要结论:

(1)有机化合物的厌氧毒性强弱会影响该种化合物的驯化周期和厌氧生物降解度。

(2)驯化时间越长,有机化合物的降解度越高。

(3)含有基团 – Cl、– NH$_2$ 和羧基的各种化合物不利于驯化,其降解性也差。

(4)有机化合物分子中基团的位置会显著影响该种化合物在驯化过程中开始发生降解的迟缓期、降解度和降解速率。

(5)含有偶数和奇数碳的有机化合物,不影响驯化过程的迟缓期,但影响化合物的降解度和降解速率。

(6)链长相同的双羧基有机化合物与单羧基化合物比较,需要的驯化周期更长,降解速率更低。

(7)厌氧消化系统维持较长的细胞停留时间有利于驯化,并可提高系统抵抗毒物影响的能力。

几乎所有的表面活性物质均对厌氧消化处理都有不利影响。常用的硬洗涤剂十六烷基苯磺酸盐(ABS)在非乳化状态下,当消化液中质量浓度高于 65 mg/L 时,对厌氧消化过程就会产生抑制作用。但在污泥消化处理中,ABS 会掺和在人粪便内,表面吸附上其他有机物而发生乳化,这样就会降低其厌氧毒性,甚至在消化污泥中 ABS 质量浓度达 1 000 mg/L 时,对污泥的厌氧消化处理也不会产生严重的影响。当 ABS 的质量浓度达到 400 ~ 700 mg/L(占污泥的 0.8% ~ 1.4%)时,沼气的产生量明显下降。

**2. 无机抑制剂**

无机化学物质对厌氧消化的影响(特别是其抑制作用),早在 20 世纪二三十年代就开始了研究。

(1)碱金属和碱土金属盐。

在某些工业生产部门,如造纸、制药及石油化工的某些生产过程中会排出含有高浓度碱金属和碱土金属盐的有机废水,含有高浓度无机酸和有机酸的有机废水由于加碱中和也会导致其中含有高浓度碱金属和碱土金属的盐类。采用厌氧消化法处理这类废水时或当消化池发生酸积累而通过加碱控制 pH 值时,均有可能在消化液中出现很高的碱金属(主要是 $K^+$ 和 $Na^+$)和碱土金属的正离子(主要是 $Ca^{2+}$ 和 $Mg^{2+}$),由于这些离子的大量存在常会导致消化过程失败。如表 7.27,当消化液中含有不同浓度这类离子时,或者对细菌产生刺激作用,或者产生抑制作用。

表 7.27　碱金属和碱土金属离子的刺激和抑制质量浓度/$(mg \cdot L^{-1})$

| 金属离子 | 刺激质量浓度 | 中等抑制质量浓度 | 强烈抑制质量浓度 |
|---|---|---|---|
| $Na^+$ | 100 ~ 200 | 3 500 ~ 5 500 | 8 000 |
| $K^+$ | 200 ~ 400 | 2 500 ~ 4 500 | 12 000 |
| $Ca^{2+}$ | 100 ~ 200 | 2 500 ~ 4 500 | 8 000 |
| $Mg^{2+}$ | 75 ~ 150 | 1 000 ~ 1 500 | 3 000 |

$Ca^{2+}$ 对某些产甲烷菌株的生长至关重要。但是大量的 $Ca^{2+}$ 会形成钙盐沉淀物析出,可能导致以下后果:①在反应器和管道上结垢;②使生物质结垢,降低特定产甲烷菌群的活性;③造成营养成分的损失和厌氧系统缓冲能力的降低。

$Mg^{2+}$ 对厌氧污泥的产气活性有影响,当 $Mg^{2+}$ 浓度约为 3 ~ 10 mmol/L 时,能够提高污泥的产气活性,而超出此范围时,对污泥产气活性可能有抑制作用。$Mg^{2+}$ 提高厌氧污泥产气活性的机制可能是 $Mg^{2+}$ 能够催化甲烷合成过程的一步或几步反应,另外,$Mg^{2+}$ 可能会影响有机物与污泥的有效接触。

低浓度的 $K^+$(<400 mg/L)在中温和高温范围对厌氧消化有促进作用,而高浓度的 $K^+$ 在高温范围很容易表现出抑制作用。这是因为高浓度的 $K^+$ 会被动进入细胞膜,中和细胞膜电位当 $Na^+$ 质量浓度在 100 ~ 200 mg/L 范围内时,对中温厌氧菌的生长是有益的,因为

$Na^+$ 对三磷酸腺苷的形成或核苷酸的氧化有促进作用。$Na^+$ 浓度过高时很容易干扰微生物的代谢，影响它们的活性。

当这些离子同时存在时，由于它们之同拮抗作用会减弱它们对细菌的毒性，或者由于相互之间的协同作用而增强其毒性（表7.28）。钙和镁离子通常并不作为主要的拮抗剂使用，投加钙、镁离子往往会提高其他正离子的毒性；但是，当有另一种拮抗剂存在时则会产生刺激效应。如前所述，在发生 $Na^+$ 毒性的情况下，若向消化池内同时投加 300 mg/L $K^+$ 和 200 mg/L $Ca^{2+}$，则会消除 $Na^+$ 引起的毒性。但如不向消化池内投加钾盐，只投加钙盐时，往往适得其反。

表 7.28　不同金属离子的组合作用

| 有毒离子 | 与以下离子共存时有抑制增强作用 | 与以下离子共存时有抑制减弱作用 |
|---|---|---|
| $NH_4^+$ | $Ca^{2+}$、$Mg^{2+}$、$K^+$ | $Na^+$ |
| $Ca^{2+}$ | $NH_4^+$ | $K^+$、$Na^+$ |
| $Mg^{2+}$ | $Ca^{2+}$、$NH_4^+$ | $K^+$、$Na^+$ |
| $K^+$ | — | $Ca^{2+}$、$NH_4^+$、$Mg^{2+}$、$Na^+$ |
| $Na^+$ | $Ca^{2+}$、$NH_4^+$、$Mg^{2+}$ | — |

（2）硫及硫化物。

硫是组成细菌细胞的一种常量元素，对于细胞的合成是必不可少的。硫在水中主要以 $H_2S$ 的形态存在。当废水中含有适量的硫时，可能会产生 3 种效应：供给细胞合成所需要的硫元素；降低环境氧化还原电位，刺激细菌的生长；与废水中有害的重金属络合形成不溶性金属硫化物沉淀，减轻或消除重金属的毒性。产生上述效应的质量浓度范围一般在 50 mg/L。因此，待处理的废水中如不含硫或其含量甚微时，或废水中含有重金属离子时，应投加适量的硫化物，通常采用硫化钠、石膏或硫酸镁等。但是，当消化液中硫化氢质量浓度超过100 mg/L时，对细菌则会产生毒性，达到 200 mg/L 时会强烈地抑制厌氧消化过程，但经过长期驯化后，一般可以适应。

观测表明，当厌氧消化过程受到硫化物抑制时，常常会出现以下几种现象：

①甲烷产量明显减少。

②挥发酸浓度增高，pH 值下降。

③COD 去除率降低。

④气相中 $CO_2$ 含量升高。

⑤对停车和启动条件反应迟钝。

⑥超负荷时稳定性差。

如前所述，在含有高浓度 $SO_4^{2+}$ 的废水厌氧消化处理中，硫化物的形成对产甲烷过程可能会产生下列几方面的抑制作用：

①由于硫酸盐还原菌争夺 $H_2$ 而导致对甲烷生成过程的一次抑制作用。

②当消化液中溶解硫质量浓度高于 200 mg/L 时，对细菌的细胞功能会产生直接抑制作用，因为 $H_2S$ 可与酶形成复合物，抑制其活性。

③由于硫酸盐还原菌的大量生长，将与产甲烷菌争夺碳源，而引起产甲烷菌类群和数

量的减少,从而对甲烷生成产生二次抑制作用。

在废水厌氧消化处理中硫化氢毒性控制的方法一般分为 3 种,即物理方法、化学方法和生物方法。

物理方法常采用进水稀释、汽提等方法。无论采用哪种物理控制方法实际都不能真正解决问题。因为这样做只能维持消化过程的进行,却不可能增加甲烷产量,而且硫化氢通过汽提进入消化气体中会引起消化池、集气、输气和用气设备及管道的腐蚀,需增加防腐措施及气体脱硫设施,因此会增加投资和运行费用。

化学方法前已提及,利用化学方法控制硫化氢的毒性主要是利用重金属硫化物难溶于水的特性,向入流废水或消化池内投加铁粉或某些重金属盐,使重金属与硫生成对细菌无毒害作用的不溶性金属硫化物。

(3)氨。

氨主要由蛋白质和尿素生物分解产生。氨氮在水溶液中,主要是以铵离子($NH_4^+$)和游离氨($NH_3$,FA)形式存在。其中 FA 具有良好的膜渗透性,是抑制作用产生的主要原因。在 4 种类型的厌氧菌群中,产甲烷菌最易被氨抑制而停止生长。当 $NH_3-N$ 质量浓度在 4 051～5 734 mg/L 范围时,颗粒污泥中产酸菌几乎不受影响,而产甲烷菌的失活率达到了 56.5%。

在某些蛋白质、尿素等含氮化合物浓度很高的工业废水和生物污泥厌氧消化处理过程中常常会形成大量氨态氮。

氨氮不仅是合成细菌细胞必需的氮元素的唯一来源,而且当其浓度较高时还可以提高消化液的缓冲能力。因此,消化液中维持一定浓度的氨氮对厌氧消化过程显然是有利的。但是,氨氮浓度过高则会引起氨中毒,特别是当消化液的 pH 值较高时,游离氨的危险性更大些。McCarty 曾就氨氮在厌氧消化过程的影响进行了研究,其结果见表 7.29。

表 7.29　氨氮对厌氧消化过程的影响

| 氨氮质量浓度/($mg \cdot L^{-1}$) | 对厌氧消化的影响 |
| --- | --- |
| 50～200 | 有利 |
| 200～1 000 | 无不利影响 |
| 1 000～4 000 | pH 值较高时,有抑制作用 |

驯化、空气吹脱或化学沉淀都可以有效降低氨的抑制作用。某些离子(如钠离子、钙离子、镁离子)也可以拮抗氨的抑制作用。多种离子联合使用要比单独使用某种离子的效果好。

(4)重金属。

微量重金属(如铁、钴、铜、镍、锌、锰)对厌氧细菌的生长可能有某种刺激作用,有利于细胞的合成,对厌氧消化过程往往是有益的。但是,几乎所有重金属离子当其浓度达到某一值时,都会抑制细菌的生长,特别是铜、镍、锌、铬、锡、铅、汞等重金属离子对厌氧菌的毒性作用较强,即使消化液中只有几 mg/L,有时也会产生严重的后果。

一般认为重金属离子引起毒性的机制是与细胞蛋白质具有强烈的亲和性,可与过氧化氢酶形成络合物使之丧失活性,并可破坏细胞原生质,引起细胞蛋白质变性而产生沉淀。

一些重金属化合物的允许质量浓度，列于表 7.30。

表 7.30　几种重金属化合物的允许质量浓度

| 化合物 | 允许质量浓度/$(mg \cdot L^{-1})$ | 化合物 | 允许质量浓度/$(mg \cdot L^{-1})$ |
|---|---|---|---|
| $CuSO_4 \cdot 5H_2O$ | 700(178 以 Cu 计) | $Cr_2O_3$ | >5 000( >3 422 以 Cr 计) |
| $Cu_2O$ | 300(266 以 Cu 计) | $CrCl_3 \cdot 6H_2O$ | 1 000(195 以 Cr 计) |
| $CuO$ | 500(399 以 Cu 计) | $K_2Cr_2(SO_4)_4 \cdot 24H_2O$ | 3 000(156 以 Cr 计) |
| $CuCl$ | 500(321 以 Cu 计) | $Cr(NO_3)_3 \cdot 9H_2O$ | 100(13 以 Cr 计) |
| $CuCl_2 \cdot H_2O$ | 700(261 以 Cu 计) | $NiSO_4 \cdot 7H_2O$ | 300(63 以 Ni 计) |
| $CuS$ | 700(465 以 Cu 计) | $NiCl_2 \cdot 6H_2O$ | 500(123 以 Ni 计) |
| $Cu(OH)_2$ | 700(456 以 Cu 计) | $Ni(CH_3COO)_2 \cdot 4H_2O$ | 300(71 以 Ni 计) |
| $Cu(OH)_2$ | 700(456 以 Cu 计) | $Ni(NO_3)_2 \cdot 6H_2O$ | 200(40 以 Ni 计) |
| $Cu(CN)_2$ | 70(38 以 Cu 计) | $NiS$ | 700(453 以 Ni 计) |
| $K_2Cr_2O_7$ | 500(88 以 Cr 计) | $HgCl_1$ | 2 000(1 478 以 Hg 计) |
| $Cr(OH)_2$ | 1 000(505 以 Cr 计) | $HgNO_3$ | 1 000(764 以 Hg 计) |

重金属对厌氧微生物是促进还是抑制主要取决于重金属离子浓度、重金属化学形态、pH 值、氧化还原电位等。由于厌氧系统的复杂性，重金属可能参与许多物理化学过程，形成多种化学形态，如：①形成硫化物沉淀、碳酸盐沉淀、氢氧化物沉淀；②吸附到固态颗粒或惰性微粒上；③在溶液中，与降解产生的中间体或产物形成复合物。

在讨论硫化物毒性问题时已经提及，当重金属与硫化物同时存在于消化液中时，它们之间可以进行络合反应形成不溶性的无毒性金属硫化物沉淀，从而可同时消除重金属离子和硫化物的毒性。在只含有重金属离子的工业废水厌氧处理系统中，按一定量投加硫化钠、石膏或其他硫酸盐，一般可以有效地控制或者消除重金属离子的厌氧毒性。有些高价重金属离子( 如 $Cr^{6+}$ ) 较低价重金属离子( 如 $Cr^{3+}$ ) 会显示更强的厌氧毒性，但在消化池内高价离子很容易被还原为低价离子，因此可减弱或消除其毒性。

工业废水或废渣中一般含有多种重金属，它们在厌氧消化过程中会产生拮抗/协同作用，作用程度取决于成分的种类和比例。大多数重金属混合后，会产生协同作用，毒性增强，如 Cr – Cd、Cr – Pb、Cr – Cd – Pb、Zn – Cu – Ni。Babich 等发现，Ni 在 Ni – Cu、Ni – Mo – Co、Ni – Hg 组合中，起协同作用；而在 Ni – Cd、Ni – Zn 组合中，起拮抗作用。

中科院生态环境研究中心的研究表明重金属毒性大小的次序大致为铅 > 六价铬 > 三价铬 > 铜、锌 > 镍。还对铜、锌、镍和三价铬共同存在时的抑制作用进行了研究。结果表明，当几种重金属共同存在的情况下比单一离子存在时的毒性要大，即污泥对混合离子总量的承受能力要比任一单个离子的承受能力都低。

降低重金属毒性的主要方法是利用有机或无机配体使重金属沉淀、吸附或螯合。使重金属沉淀主要采用硫化物，但过量的硫化物也会对产甲烷菌的乙酰胆碱酯酶产生抑制。由于 $FeSO_4$ 溶解性好，$Fe^{2+}$ 的毒性也相对较小，且过量的硫化物可以通过添加 $FeSO_4$ 生成 FeS 来处理，较为常用。利用污泥、活性炭、高岭土、皂土、硅藻土及废弃物堆肥对重金属的吸附作用,也可以降低其毒性。有机配体对重金属的螯合作用也对降低其毒性很有效。微生物与重金属的接触也会激活多种细胞内解毒机制,如细胞表面的生物中和沉淀或螯合作用、生物甲基化作用、胞吐作用等。在废水和污泥厌氧消化处理中,常用的毒性控制方法列于表 7.31:

表 7.31　常用的毒性控制方法

| 控制方法 | 说　　明 |
| --- | --- |
| 1. 中和法 | 对于存在氢离子($H^+$)和羟离子($OH^-$)的废水(污泥),或失去平衡的消化池,可通过加碱或加酸进行中和 |
| 2. 络合法 | 向废水中投加某种可与原废水(污泥)中有毒物质形成络合物的物质以控制毒性。最常见的重金属一般采用投加硫化物使之与重金属离子形成对细菌无毒的重金属硫化物的络合物析出 |
| 3. 投加反离子 | 利用某些阳离子相互之间的拮抗作用来控制其抑制作用 |
| 4. 氧化－还原作用 | 如添加还原剂使得 $Cr^{6+}$ 还原为易于沉淀的三价铬盐 |
| 5. 气提法 | 脱除废水(污泥)消化处理过程中产生的有害气体如 $H_2S$,以消除或减弱其抑制作用 |
| 6. 生物氧化分解 | 有机抑制物质(如苯酚等)可通过生物的氧化分解作用来消除其抑制作用,同时使得污水(污泥)得以净化 |
| 7. 防止某些抑制物质进入消化池 | 通过预处理来除去废水(污泥)中的有毒物质 |
| 8. 投加特殊细菌作为抑制剂 | 投加抑制硫酸盐还原菌生长的康生物剂,以防止 $SO_4^{2-}$ 和 $SO_3^{2-}$ 还原为 $H_2S$ |
| 9. 稀释法 | 稀释废水(污泥),使得有毒物质的浓度降低至临界毒性浓度以下 |

# 第2篇 产甲烷菌及其工艺

本篇系统地介绍了产甲烷菌以及相关的研究方法和在工业方面的应用。内容共分为8章,包括产甲烷菌的分类、生态多样性、生理特性、基因组研究,也介绍了厌氧反应器中的产甲烷菌的多样性。另外还阐述了甲烷的产生机制,最后介绍了产甲烷菌的研究方法和产甲烷菌的工业应用。

# 第8章 产甲烷菌的分类

## 8.1 微生物的分类

### 8.1.1 分类原则

对生物进行分类存在两种基本的截然不同的分类原则:第一种是根据表型特征的相似性分群归类,这种表型分类重在应用,不涉及生物进化或不以反映生物亲缘关系为目标;第二种分类原则是指研究各类微生物进化的历史,按照生物系统发育相关性水平来分群归类,其目标是探寻各种生物之间的进化关系,建立反映生物系统发育的分类系统。

#### 8.1.1.1 表型分类
许多特征被用于微生物分类和鉴定,这些特征分为两类:经典特征和分子特征。

1. 经典特征

分类学的经典方法是利用形态学、生理学、生物化学、生态学和遗传特征来分类,这些特征用于微生物分类已有许多年了,日常鉴定中它们是非常有用的,并可以同时提供系统发育信息。

(1)形态特征。有许多理由认为形态特征在微生物分类学中是重要的。形态学容易观察和分析,特别是在真核微生物和更复杂的原核生物中。另外,比较形态也是有价值的,因为形态特征依赖于许多基因的表达,通常是遗传稳定的,并且正常情况下(至少在原核生物中)形态不会随环境改变而有大的变化。因此,形态相似性常常是系统发育关系密切的指征。

许多不同形态特征用于微生物分类和鉴定(表8.1)。虽然光学显微镜始终是非常重要的工具,但约0.2 μm的分辨率极度限制了它用于观察更小的微生物及结构。透射和扫描电镜,因其更高的分辨率,已极大地帮助了所有微生物类群的研究。

表 8.1　分类和鉴定中使用的形态学特征

| 特征 | 微生物类群 |
|---|---|
| 细胞形状 | 所有主要类群 |
| 细胞大小 | 所有主要类群 |
| 菌落形态 | 所有主要类群 |
| 超微结构特征 | 所有主要类群 |
| 染色行为 | 细菌,一些真菌 |
| 纤毛和鞭毛 | 所有主要类群 |
| 运动机制 | 滑行细菌、螺旋体 |
| 内生孢子形状和位置 | 形成内生孢子细菌 |
| 孢子形态和位置 | 细菌、藻类、真菌 |
| 细胞内含物 | 所有主要类群 |
| 颜色 | 所有主要类群 |

　　(2)生理和代谢特征。因为生理和代谢特征直接与微生物的酶和转运蛋白的本性和特性相关,所以它们是非常有用的。由于蛋白是基因的产物,分析这些特征即是提供了微生物基因组间的间接比较。表 8.2 列出了分类和鉴定中使用的生理和代谢特征。

表 8.2　分类和鉴定中使用的生理和代谢特征

| 碳源和氮源 | 渗透耐性 |
|---|---|
| 细胞壁组成 | 氧关系 |
| 能源 | 最适 pH 值和生长范围 |
| 发酵产物 | 光合作用色素 |
| 一般营养类型 | 盐需求及耐性 |
| 最适生长温度和范围 | 次级代谢产物形成 |
| 发光 | 对代谢抑制剂和抗生素的敏感性 |
| 能量转换机制 | 贮藏内含物 |

　　(3)生态特征。许多特征是自然界中的生态特征,因为它们影响着微生物与其环境之间的关系,因为根据生态特征即使是关系非常近的微生物也能区分开,所以这些特征是有分类价值的。生活在人体不同部位的微生物相互间不同,并且也不同于那些生活在淡水、陆地上和海洋环境中的微生物。下面是一些分类学上重要生态特征的例子,如生命循环类型、天然共生关系、对特定宿主致病能力、栖息地参数,如对温度、pH 值、氧和渗透浓度的要求,其中许多生长需求也认为是生理特征。

　　(4)遗传分析。因为大多数真核生物能有性繁殖,所以在这些生物分类中遗传分析是相当有用的。虽然原核生物没有有性繁殖,在它们分类时研究通过转化和接合导致染色体基因交换,有时是有用的。

　　转化可发生在原核生物不同种之间,但在属间非常少。两菌株之间的转化发生表明它们关系近,因为除非细菌基因组相当相似,否则不能发生转化。在以下几个属已进行了转化研究:杆菌属、微球菌属、嗜血菌属、根瘤菌属及其他属。尽管转化是无效的,它转化的结果有时难以解释,因为转化失败可以由别的因素造成,而不是因为 DNA 序列的主要差别。

接合研究也能够提供有用数据,特别是对肠道细菌。例如,埃希氏菌属能与沙门氏菌属和志贺氏菌属接合但不能与变形菌属和肠杆菌属接合,与其他数据结合分析表明,前 3 个属彼此间关系近似于同变形菌属和肠杆菌属的关系。

质粒在分类学上无疑是重要的,因为大多数细菌都有质粒,并且许多质粒携有编码表型性状的基因。如果质粒携有在分类计划中的主要特性的基因,那么质粒对分类将有重要影响,但是最好是依据许多特征进行分类。当依据非常少的特征来分类时,而其中一些特征由质粒基因编码,那么可能会得出错误结果。例如,硫化氢产量和乳糖发酵在肠道细菌分类中是非常重要的特征,但是编码这两个特征的基因可以在质粒上也可以在细菌染色体上,因此必须避免由质粒携带特征而导致的错误结果。

2. 分子特征

分类学最有力的方法是通过蛋白质和核酸的研究而得出的方法。因为这些物质或是直接基因产物或是基因自身,所以比较蛋白质和核酸会获得真正相关性的重要信息,在原核生物分类学中这些最新方法变得更为重要。

(1)蛋白质。蛋白质的氨基酸序列是 mRNA 序列的直接反映,并且与编码它们合成的基因的结构紧密相关。因此比较不同微生物的蛋白质对分类学有重要作用。蛋白质的比较有几种方法,最直接的方法是测定有相同功能蛋白的氨基酸序列。不同功能的蛋白质序列通常以不同速率改变(一些序列改变相当迅速,而另一些则非常稳定)。然而,如果相同功能蛋白质的序列是相似的,拥有它们的生物可能亲缘关系较近。细胞色素和其他电子传递蛋白、组蛋白、热激蛋白、转录和翻译蛋白、多种代谢酶的蛋白质的序列已经用于分类研究中。因为蛋白质测序缓慢又昂贵,所以比较蛋白质经常采用许多间接方法,在种和亚种水平上研究亲缘关系时蛋白质的电泳迁移率是有用的。抗体能区分非常相似的蛋白质,并且免疫学技术已用来比较不同微生物的蛋白质。

酶的物理、动力的和调控的特性已用于分类学研究。因为酶行为反映了氨基酸序列,当研究某些微生物类群时,这个方法是有用的,并已经发现调控的特定类群模型。

(2)核酸碱基组成。微生物基因组能直接比较,并且估计分类的相似性可用许多种方法。第一种技术可能是最简单的,即测定 DNA 碱基组成。DNA 包含有 4 个嘌呤和嘧啶碱基:腺嘌呤(A)、鸟嘌呤(G)、胞嘧啶(C)和胸腺嘧啶(T)。在双链 DNA 中,腺嘌呤(A)与胞嘧啶(C)配对,鸟嘌呤(G)与胸腺嘧啶(T)配对。因此 DNA 中的(G + C)/(A + T)比率、G + C 含量(G + C content)或 G + C 摩尔质量分数,反映了碱基序列,并且随着碱基改变而改变。

$$G + C/mol\% = \frac{G + C}{G + C + A + T} \times 100\%$$

可以用几种方法测定 DNA 碱基的组成。虽然水解 DNA 之后再用高效液相层析(HPLC)分析碱基也能确定 G + C 含量,但是物理方法更简单些并更常用。G + C 含量常通过 DNA 的解链温度(Melting Temperature,$T_m$)来测定。双链 DNA 中 GC 碱基对通过 3 个氢键连接,AT 碱基之间有 2 个氢键连接,因此高 G + C 含量的 DNA 将有更多氢键,在更高温度下才能分开。DNA 解链能用分光光度法监测到,因为 DNA 在 260 nm 的紫外吸光度随双链的分开而升高。缓慢加热 DNA 样品时,吸光度随着氢键的断裂而增加,当所有 DNA 都成为单链时,吸光度达到一个平台。上升曲线的中间点即为解链温度,直接测定了 G + C 含量。因为 DNA 的密度随 G + C 含量线性增加,所以用 DNA 的氯化铯密度梯度离心就能得到 G + C 摩尔分数。

已测定的微生物的 G + C 含量见表 8.3。动物和高等植物的 G + C 含量约为 40%,在 30% ~ 50% 之间。相反,真核和原核微生物 G + C 含量改变很大,原核生物 G + C 含量是变化最大的,在 25% ~ 80% 之间。特定种的菌株的 G + C 含量是稳定的,如果两种微生物 G + C 含量差别超过了约 10%,则可以判断它们的基因组有较大碱基顺序差别。但是,不能保证 G + C 含量非常相似的生物就有相似 DNA 碱基序列,因为碱基序列差别非常大的 DNA 能有相同的 AT 和 GC 碱基对组成。仅仅在两种微生物表型也相似时,才能认为它们的相似 G + C 含量表明它们亲缘关系近。

表 8.3　微生物的代表性 G + C 含量

| 生物 | G + C 含量/% | 生物 | G + C 含量/% | 生物 | G + C 含量/% |
|---|---|---|---|---|---|
| 放线菌属 | 59 ~ 73 | 葡萄球菌属 | 30 ~ 38 | 网柄菌属 | 22 ~ 25 |
| 鱼腥蓝细菌属 | 38 ~ 44 | 链球菌属 | 33 ~ 44 | Lycogala | 42 |
| 芽孢杆菌属 | 32 ~ 62 | 链霉菌素 | 69 ~ 73 | Physarum olycephalum | 38 ~ 42 |
| 拟杆菌属 | 28 ~ 61 | 硫化叶菌属 | 31 ~ 37 | 真菌 | |
| 蛭弧菌属 | 33 ~ 52 | 热原体属 | 46 | 二孢蘑菇 | 44 |
| 柄杆菌属 | 63 ~ 67 | 硫杆菌属 | 52 ~ 68 | 蛤蟆菌 | 57 |
| 衣原体属 | 41 ~ 44 | 密螺旋体属 | 25 ~ 54 | 黑曲霉 | 52 |
| 绿菌属 | 49 ~ 58 | 藻类 | | 埃莫森小芽枝霉 | 66 |
| 着色菌属 | 48 ~ 70 | 地中海伞藻 | 37 ~ 53 | 白假丝酵母 | 33 ~ 35 |
| 梭菌属 | 21 ~ 54 | 衣藻 | 60 ~ 68 | 麦角菌 | 53 |
| 噬纤维菌属 | 33 ~ 42 | 小球藻 | 43 ~ 79 | 白绒鬼伞 | 52 ~ 53 |
| 异常球菌属 | 62 ~ 70 | Cryptica 小环藻 | 41 | 岑层孔菌 | 56 |
| 埃希氏菌属 | 48 ~ 52 | 纤维裸藻 | 46 ~ 55 | 鲁氏毛霉 | 38 |
| 盐杆菌属 | 66 ~ 68 | 丽藻 | 49 | 粗糙脉孢菌 | 52 ~ 54 |
| 生丝微菌属 | 59 ~ 67 | 有菱菱形藻 | 47 | 特异青霉 | 52 |
| 甲烷杆菌属 | 32 ~ 50 | Danica 棕鞭藻 | 48 | 沼生多孔菌 | 56 |
| 微球菌属 | 64 ~ 75 | 三菱多甲藻 | 53 | 黑根霉 | 47 |
| 分支杆菌素 | 62 ~ 70 | 栅藻 | 52 ~ 64 | 啤酒酵母 | 36 ~ 42 |
| 支原体属 | 23 ~ 40 | 水绵藻 | 39 | 寄生水霉 | 61 |
| 黏球菌属 | 68 ~ 71 | Carteri 团藻 | 50 | | |
| 奈瑟氏球菌属 | 47 ~ 54 | 原生动物门 | | | |

续表8.3

| 生物 | G + C 含量/% | 生物 | G + C 含量/% | 生物 | G + C 含量/% |
| --- | --- | --- | --- | --- | --- |
| 硝化杆菌属 | 60 ~ 62 | Acanthamocba castallani | 56 ~ 68 | 立克次氏体属 | 29 ~ 33 |
| 颤蓝细菌属 | 40 ~ 50 | 阿米巴变形虫 | 66 | 毛滴虫 | 29 ~ 34 |
| 原绿蓝细菌属 | 41 | 草履虫 | 29 ~ 39 | 沙门氏菌属 | 50 ~ 53 |
| 变形菌属 | 38 ~ 41 | Berghei 疟虫 | 41 | 锥体虫 | 45 ~ 39 |
| 假单胞菌属 | 58 ~ 70 | 多态喇叭虫 | 45 | 螺菌属 | 38 |
| 红螺菌属 | 62 ~ 66 | 四膜虫 | 19 ~ 33 | | |

G + C 含量数据至少在两个方面是有分类学价值的。首先,与其他数据结合它们能确定一个分类大纲,如果在同一个分类单元中的生物 G + C 含量差别太远,这个分类单元可能应该再划分一下;第二,G + C 含量在鉴定细菌属时是有用的,因为即使属之间的 G + C 含量可以改变非常大,同一个属内的含量改变常常小于10%。例如,葡萄球菌属的 G + C 含量在30% ~38%之间,而微球菌属(*Micrococcus*)DNA 的 G + C 含量为64% ~ 75%。这两个革兰氏阳性球菌属之间仍有很多其他特征相同。

(3)核酸杂交。用核酸杂交(*Nucleic Acid Hybridization*)方法能更直接比较基因组相似性。如果将 DNA 因加热而解开形成的单链 DNA 混合物,在低于 $T_m$ 约25 ℃温度处保温,那么互补碱基序列的链将会重新结合形成稳定双链 DNA,然而非互补链仍将是单链。因为不完全相似的链在较低温度下会形成较稳定的双链 DNA 杂交体,在低于 $T_m$30 ~50 ℃时的温育混合物将会让较多单链 DNA 杂交上,而 $T_m$ 小于10 ~15℃的温育则仅仅让有几乎一致的链形成杂交体。

在最广泛使用的杂交技术中,结合有非放射性 DNA 链的硝酸纤维素膜与 32P、3H 或14C 放射性标记的单链 DNA 片段在合适温度下温育,放射性片段与膜结合的单链 DNA 杂交之后,洗膜以便去掉那些未杂交的单链 DNA,并测定它的放射性。膜结合的放射性的量反映了杂交的总量,因此也反映了 DNA 序列的相似性。相似性或同源性的程度以膜上实验 DNA 放射性的百分比与在同样条件结合同源 DNA 放射性百分比的比较来表示。如果两株菌在最适杂交条件下 DNA 至少有70%相关性,并且 $T_m$ 值有小于5%的差别,那么就认为它们是同一个种的成员。

如果 DNA 分子在序列上差别非常大,它们将不能形成稳定、可检测的杂交体,因此DNA – DNA 杂交仅仅用来研究亲缘关系近的微生物。亲缘关系较远的生物通过用放射性核糖体或转移 RNA 为材料的 DNA – RNA 杂交实验来进行比较。之所以能够检测远的亲缘关系,是因为 rRNA 和 tRNA 基因仅仅代表总 DNA 基因组的一小部分,并且没有大多数其他微生物基因进化迅速。这个技术与用于 DNA – DNA 杂交的技术相似:膜结合 DNA 与放射性 rRNA 温育,洗涤,并计数。一个更精确测定同源性的方法是找到从膜上解离和移去一半放射性 rRNA 所需的温度;这个温度越高,rRNA – DNA 复合体越强,并且序列越相似。

(4)核酸测序。基因组结构除了用于 G + C 含量测定和核酸杂交研究之外,仅仅通过对 DNA 和 RNA 测序也能直接比较。现在已经有了快速测定 DNA 和 RNA 序列的技术;迄今为止 RNA 序列已经在微生物分类学中得到更广泛的使用。

人们更多关注 5S 和 16S rRNA 的序列,它们分别是从原核生物核糖体 50S 和 30S 亚基中分离出来的。这些 rRNA 是研究微生物进化和相互关系的难得理想材料,因为发现它们对所有微生物的一个主要细胞器——核糖体是必要的。它们的功能在所有核糖体中是一样的。因此,它们的结构随时间改变非常慢,可能由于它们是恒定和必要的功能。因为 rRNA 包含有可变和稳定的序列,所以亲缘关系近和非常远的微生物都能比较。这是一个重要优点,仅仅使用随时间变化一点点的序列就能研究亲缘关系远的生物。

有几种方法来测定 rRNA 序列。依据用如下寡核苷酸编目方法得到的部分序列能分析核糖体 RNA 特征。首先用 T1 核糖体核酸酶处理经纯化的、放射性标记的 16S rRNA,前者可将后者切成片段。片段分离,包括至少 6 个核苷酸的所有片段都测序。然后把不同细菌的对应 16S rRNA 片段的序列集中,用计算机进行比较,计算相关系数($S_{ab}$ 值)。现在采用如下方法测定 rRNA 全序列。首先,分离和纯化 RNA,然后,使用反向转录酶合成互补 DNA,使用的引物是与保守 rRNA 序列互补的。其次,聚合酶链式反应(PCR)扩增这个 cDNA。最后,测定 cDNA 序列。从这个结果中推出 rRNA 序列。最近已经测定了一些细菌原核生物的全基因组序列。原核生物分类中直接比较全基因组序列无疑将会是重要的。

### 8.1.1.2　生物系统发育的分类系统

#### 1. 分子计时器

核酸和蛋白质的序列随时间而改变,并被认为是分子计时器(Molecular Chronometers)。这个概念首先由 Zuckerkandl 和 Pauling(1965)提出,在使用分子序列决定系统进化关系中是最重要的一个概念,并且该概念是建立在有一个进化钟的假说之上。该假说认为许多 rRNA 的序列和蛋白质随时间逐步改变,并且不破坏或极少改变它们的功能。人们假设这样的改变是选择中性的,完全随机发生,并随时间直线上升,当两个类群生物相同分子的序列非常不同时,那么很早以前一个类群就从另一个类群中分开了。用分子计时器分析系统发育有些复杂,因为序列改变的速率能够变化,某些时期会发生特别快的改变。而且,不同分子和相同分子的不同部位会以不同速率改变。用高度保守分子如 rRNA 来跟踪大尺度进化改变,而快速改变的分子用于跟踪物种形成。但是需要进一步研究来建立进化钟假说的准确性和有用性。

#### 2. 系统发育树

系统发育关系用分支图或树的形式说明一棵系统发育树(Phylogenetic Tree)是由连结节的分支组成的(图 8.1)。这些节代表分类单位如种或基因,那些在外的节,位于分支的末端,代表活的生物。这棵树可以有一个时间尺,分支的长度可以代表发生在两个节之间的分子改变的数目。系统发育树可以是无根或有根的。一棵无根树(图 8.1(a))仅仅表示系统发育关系但是不提供进化途径。图 8.1(a)表示 A 与 C 比与 B 或 D 关系近,但是不能明确 4 个种共同的祖先或变化的方向。相反,有根的树(图 8.1(b))给出了一个节作为那个共同祖先,并且显示了来自这个根的 4 个种的发育。

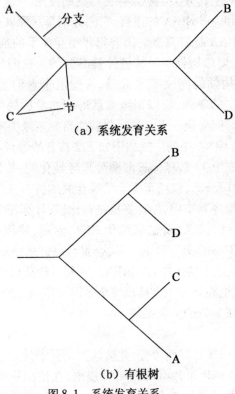

（a）系统发育关系

（b）有根树

图 8.1　系统发育关系

比较两个分子时,为了排列并比较同源序列首先必须对齐以便与相同的部分配对,相似的那些因为它们在过去有一个共同起源。由于这一工作量特别大,因此必须应用计算机和数学来缩小被比较序列的分歧和不匹配的数目。

排列了分子之后,就能测定序列中改变的位置的数目,然后用测得的数据来计算序列间差别的程度。这个差别表示为进化距离(Evolutionary Distance),进化距离仅仅是两个排列大分子差别的位置数目的定量表示。对发生的回复突变和多重置换可做统计修正,然后根据序列相似性把生物聚集在一起,最相似的生物聚集在一个类群,然后与剩下生物比较,与相似性或进化距离水平较低的聚在一起形成一个较大类群,这个过程继续进行,一直到所有的生物都包括在这棵树上。

3. rRNA、DNA 和蛋白质作为系统发育的指示物

虽然能够使用各种分子技术来推测原核生物的系统发育关系,但是比较从几千种菌株中分离的 16S rRNA 仍然是特别重要的(图 8.2)。完整 rRNA 或 rRNA 片段都能测序和比较,采用从 rRNA 研究中得出的相关系数或 $S_{ab}$ 值作为亲缘关系的一个真实测量, $S_{ab}$ 值越高,生物之间亲缘关系就越近;如果两种生物的 16S rRNA 序列是同样的,则 $S_{ab}$ 值为 1.0。 $S_{ab}$ 值也是进化时间的测量,一群很早就分叉的原核生物,其 $S_{ab}$ 值将会在一个大范围内,因为它比那些最近发育的类群有更多时间去分化。 $S_{ab}$ 值测定之后,用计算机计算生物之间的亲缘关系,并且将它们的关系总结在一棵树或树状图中。

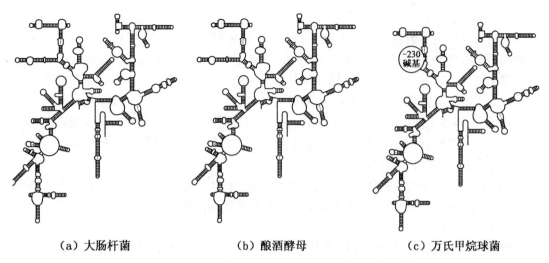

（a）大肠杆菌　　　　　　　　（b）酿酒酵母　　　　　　　　（c）万氏甲烷球菌

图 8.2  小核糖体亚单位 RNA

许多主要系统发育类群的 16S rRNA 有一个或多个被称为寡核苷酸标签的特征核苷酸序列。寡核苷酸标签序列（Oligonucleotide Signature Sequences）是特殊的寡核苷酸序列，一个特定系统发育类群的大多数或全部成员都有这个序列。其他类群很少或从不存在这个标签序列，即使是在亲缘关系近的细菌中。因此标签序列能用来把微生物放在正确的类群中。细菌、古生菌、真核生物和许多主要原核生物类群都已经鉴定出了标签序列，见表 8.4。

表 8.4  一些细菌类群被选择的 16S rRNA 标签序列

| rRNA 中的位置 | γ 变形杆菌 | 一致组成 | 蓝细菌 | 螺旋体 | 拟杆菌属 | 绿硫菌 | 绿色非硫菌 | 异常球菌属 | 革兰氏阳性菌 G+ | 革兰氏阴性菌 G- | 浮霉状菌属 |
|---|---|---|---|---|---|---|---|---|---|---|---|
| 47 | C | + | + | U | + | + | + | + | + | + | G |
| 53 | A | + | + | G | + | + | G | + | + | + | G |
| 570 | G | + | + | + | U | + | + | + | + | + | U |
| 812 | G | C | + | + | + | + | + | C | + | + | + |
| 906 | G | Ag | + | + | + | + | A | + | + | A | + |
| 955 | U | + | + | + | + | + | + | + | + | AC | C |
| 1207 | G | + | C | + | + | + | + | + | C | C | + |
| 1234 | C | + | + | a | U | A | + | + | + | + | + |

注：+ 表示类群有一致序列的碱基，如果给出大写字母，表示有 90% 以上发生变化，小写字母代表较少发生碱基改变（<15%）

虽然在种水平上比较 rRNA 是有效的，但是对不同的种和属分类时，用 G + C 含量或杂交来研究 DNA 相似性更有效些。如同用 rRNA 一样，细胞的 DNA 组成不随生长条件改变。比较 DNA 也是依据完整基因组，而不是一部分，并且使得以 70% 亲缘关系的标准精确定义一个种更加容易。

最近研究出现了蛋白质序列来做系统发育树。相对 rRNA 而言,蛋白质序列的系统发育树确实具有优势。因为 20 种氨基酸构成的序列比由 4 种核苷酸构成的序列在每个点上有更多信息,并且蛋白质序列比 DNA 和 RNA 序列少,并且受物种特异 G + C 含量差异的影响。最重要的是蛋白质排列更容易,因为它不像 rRNA 序列那样依赖二级结构。如同期望的那样,蛋白质以不同速率进化。功能恒定的必需蛋白质不会迅速变化(如组蛋白和热激蛋白),然而像免疫球蛋白之类的蛋白质则变化相当迅速。因此不是所有蛋白质都适合于研究发生在长时期的大标尺改变。

3 种大分子的序列都能提供有价值的系统发育信息,然而不同的序列有时会产生不同的树,并且难以决定哪种结果是最精确的。许多分子数据加上表型特征的进一步研究将有助于解决这种不确定性。

因为系统发育的结果随着分析数据的变化而变化,许多分类学家认为所有可能正确的数据都应该被用来测定系统发育。分类技术的选用依赖于分类方案的水平。例如,血清学技术能用于鉴定菌株而不是属或种。蛋白质电泳的方法对决定种很有用,却不能区分属或科。DNA 杂交及 G + C 含量的分析能用于研究种和属。一些特征诸如化学组成、DNA 探针结果、rRNA 序列和 DNA 序列能用于限定种、属和科。尽可能多的特征可得到更稳定、更可靠的结果。

## 8.1.2　微生物的分域

Carl Woese 和他的合作者使用 rRNA 研究结果将所有活的生物分成 3 个域(domains):古生菌、细菌和真核生物。第一个类群,细菌包含了原核生物的绝大部分。细菌的细胞壁由含胞壁酸的肽聚糖组成,或与有如此细胞壁的细菌相关联,并含有与真核生物膜脂相似的酯键、直链脂肪酸的膜脂类(表 8.5)。第二个类群,古生菌很多方面与细菌不同,某些方面与真核生物相似。与细菌不同,古生菌的细胞壁无胞壁酸,并且具有如下特性:①有醚键分支脂肪族链的膜脂;②转移 RNA 的 T 没有胸苷;③特殊的 RNA 聚合酶;④不同组成和形状的核糖体。从表 8.5 中看出细菌和古生菌都与真核细胞有一些共同生化特性,例如,细菌和真核生物有脂键膜脂类;古生菌和真核生物就 RNA 和蛋白质合成系统的某些成分而言是相似的。

表 8.5　比较细菌、古生菌和真核生物

| 特征 | 细菌 | 古生菌 | 真核生物 |
|---|---|---|---|
| 有核仁、核膜的细胞核 | 无 | 无 | 有 |
| 复杂内膜的细胞器 | 无 | 无 | 有 |
| 细胞壁 | 几乎都含胞壁酸的肽聚糖 | 多种类型,无胞壁酸 | 无胞壁酸 |
| 膜脂 | 酯键脂,直链脂肪酸 | 醚键脂,支脂肪族链 | 酯键脂,直链脂肪酸 |
| 气囊 | 有 | 有 | 无 |

续表8.5

| 特征 | 细菌 | 古生菌 | 真核生物 |
|---|---|---|---|
| 转移 RNA | 大多数 tRNA 有胸腺嘧啶 | tRNA 的 T 或 T&C 臂中无胸腺嘧啶 | 有胸腺嘧啶 |
| | 起始 tRNA 携带甲酰甲硫氨酸 | 起始 tRNA 携带甲硫氨酸 | 起始 tRNA 携带甲硫氨酸 |
| 多顺反子 mRNA | 有 | 有 | 无 |
| mRNA 内含子 | 无 | 无 | 有 |
| mRNA 剪接、加帽及聚腺苷酸尾 | 无 | 无 | 有 |
| 核糖体 | | | |
| 大小 | 70S | 70S | 80S(胞质核糖体) |
| 延伸因子 2 | 不与白喉杆菌毒素反应 | 反应 | 反应 |
| 对氯霉素和卡那霉素敏感性 | 敏感 | 不敏感 | 不敏感 |
| 对茴香霉素敏感性 | 不敏感 | 敏感 | 敏感 |
| 依赖 DNA 的 RNA 聚合酶 | | | |
| 酶的数目 | 1 个 | 几个 | 3 个 |
| 结构 | 简单亚基形式(4 个亚基) | 与真核生物酶相似的复杂亚基形式(8~12 个亚基) | 复杂亚基形式(12~14 个亚基) |
| 利福平敏感性 | 敏感 | 不敏感 | 不敏感 |
| 聚合酶Ⅱ型启动子代谢 | 无 | 有 | 有 |
| 相似 ATP 酶 | 无 | 是 | 是 |
| 产甲烷 | 无 | 有 | 无 |
| 固氮 | 有 | 有 | 无 |
| 以叶绿素为基础的光合作用 | 有 | 无 | 有 |
| 化能无机自养型 | 有 | 有 | 无 |

　　虽然古生菌、细菌和真核生物这 3 个域的观点获得最广泛接受,但也有其他的系统发育树,图 8.3 给出了生命树的不同形式。图 8.3(a)表示的是 3 个类群之间是等距的,并与早期 rRNA 数据相符。图 8.3(b)代表最被认可的系统发育树,其中古生菌和真核生物有共同祖先,像细菌之类的生物可能比其他的域先存在。第三个系统发育树,称为原生细胞(Eocyte)树(图 8.3(c)),认为依赖硫、极端嗜热的原核生物称为原生细胞(最早出现的细胞),是一个单独类群,与真核生物的关系较之与古生菌亲缘关系近。最后,有些人提出真核细胞是嵌合的,由一个细菌和一个古生菌融合生成,可能是缺少细胞壁的细菌吞食了一

个似原生细胞古生菌(图8.3(d))。

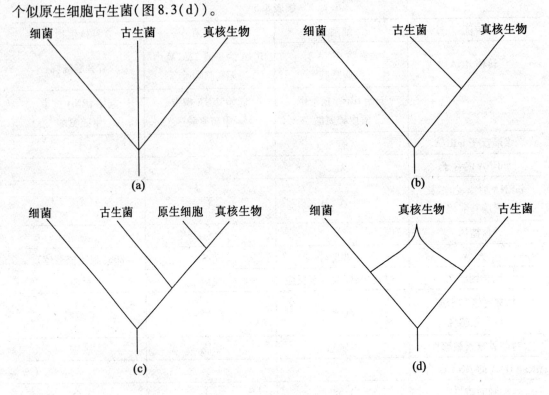

图 8.3　生命树的不同形式

# 8.2　产甲烷菌的分类

　　1990 年伍斯提出了三域分类学说:生物分为真核生物、真细菌和古生菌三域,古生菌作为微生物三个域中的一种,是一类很特殊的细菌,多生活在海底热溢口以及高盐、强酸或强碱性水域等极端环境中。古生菌又可以分为热变形菌、硫化叶菌、嗜压菌、产甲烷菌、盐杆菌、热原体、热球菌。其中,研究最多的是产甲烷菌。

　　产甲烷细菌作为一个生理和表型特征独特的类群,突出的特征是能够产生甲烷。它们生活在极端的厌氧环境中,如海洋、湖泊、河流沉积物、沼泽地、稻田和动物肠道,与其他群细菌互营发酵复杂有机物产生甲烷。

　　产甲烷菌是厌氧发酵过程中最后一个环节,在自然界碳素循环中扮演重要角色。由于产甲烷菌在废弃物厌氧消化、高浓度有机废水处理、沼气发酵及反刍动物瘤胃中食物消化等过程中起关键性作用,也由于产甲烷菌所释放出来的甲烷是导致温室效应的重要因素,产甲烷菌的研究成为环境微生物研究的焦点之一。

## 8.2.1　产甲烷菌的分类标准

　　1988 年国际细菌分类委员会产甲烷菌分会提出了产甲烷细菌分类鉴定的基本标准。这一基本标准既参考了过去沿用的表型特征的描述,也指出基于形态结构和生理特征的描述经常难以区分分类群中的差异,不能正确断定分类群种系发生的地位,新的分类鉴定的基本标准增加了化学、分子生物学和遗传学有关的分类数据,为使新的分类种系的位置更确切,常常依靠核酸序列、核酸编码的研究或黑白指纹法的研究。

在该次会议上提出一个观点:确定一个种的分类,系统发育上的数据和标准应当优先于生理学和形态学的特征。也就是说.正确的分类标准必须在提供大量表型特征的描述外,还要指明分类对象系列发育中有关的资料。因此产甲烷菌分类委员会提出以下内容作为进行产甲烷菌分类鉴定的基本标准。

1. 纯培养物

新种的描述,需要典型菌株的纯培养物,未获得纯培养的任何种的描述一般都是不可靠的,尽管在特殊情况下,有些种的纯培养物获得是非常困难的,关于索氏丝状菌分类地位的描述较长时期存在着困难,就是由于不少研究者获得的菌群难以证明它们为纯培养物。

纯培养的产甲烷菌的基本特征为:

(1)要在严格厌氧条件下才能生长。

(2)根据不同产甲烷菌的基质利用特点,只能在以 $H_2/CO_2$、甲酸、甲醇、甲胺或乙酸为能源和碳源的培养基中生长,而不能在其他基质中生长。

(3)在生长过程中必然有甲烷产生。

2. 细菌形态观察

形态的描述包括细菌形态的大小、多细胞下的排列状况。一般采用较高倍数的显微镜进行实地观察,有条件的情况下,最好采用相差显微镜或电子显微镜。超微结构的观察无疑对种的描述更加详尽。要注意观察在重率培养基表面或深层、不同培养基条件下的细菌形态的变化。要注意不同发育时期细菌细胞的变化。还应注意一些细微的变化,如细胞两端的形态差异、孢子着生部位、孢囊形状。显微镜检要取新鲜培养物,观察时应放置在盖片的中心位置。一般细胞在溶解发生的情况下,就不能代表细菌的本来形态。

3. 细菌溶解的敏感性

取对数生长中期至后期的细胞,通过去污剂和低渗的条件来观察细胞溶解的敏感性。观察细菌溶解的敏感性,可将培养物置于暴露和不暴露(10 min)情况下进行对比观察,混浊减小表明细胞溶解。

4. 革兰氏染色

革兰氏染色反应阳性或阴性可以判断细胞壁的结构和组成,而产甲烷菌测定革兰氏染色反应的重要性比真细菌要小得多。革兰氏染色对产甲烷菌来说,多数情况下易出现染色结果多变。革兰氏染色的结果应与已知革兰氏阳性或阴性菌株进行比较,因为产甲烷菌缺乏含有胞壁酸的胞壁质,不具有典型的革兰氏阳性或阴性的胞壁结构,因此产甲烷菌革兰氏染色检验结果常被报导成"细胞染色"阳性或阴性。也有一些只含有蛋白质细胞壁的产甲烷菌,在干燥过程中,由于细胞的溶解,影响了其革兰氏反应的测定。

5. 运动性

一些产甲烷菌在许多情况下,都可以在湿片中从显微镜中观察到。观察细菌的移动性,应该观察不同生长阶段的培养物。目前报道的多数具运动性的产甲烷菌一般都同时报道其细胞运动器官的显微镜或电镜的照片。运动性的观察应注意细胞在液体中的布朗运动,此种情况不足以说明细菌的运动性。

**6. 菌落形态**

菌落形态的描述，依靠生长在滚管或平板的固体培养基上表面菌落的出现，如果不能获得表面菌落，表面下的菌落描述可以代替表面菌落的描述。应利用解剖镜或透镜从上至下观察滚管中的菌落，变化光源的位置和强度对展现菌落的形态是有益的。进行形态学观察和描述时，滚管中的菌落应少于 30 个。注意菌落的形态、大小、颜色及菌落有无和气体裂缝的记载。

如果在固体培养基上不能形成菌落，可用液体培养的生长状况的描述代替菌落形态学的描述。

**7. 基质范围**

必须专门进行代谢甲酸、$H_2 + CO_2$、甲醇、甲胺(一、二、三甲胺)和乙酸的能力的测定，并确定可以利用哪些基质。一些菌株也许能利用异丙醇 + $CO_2$、乙醇 + $CO_2$、甲醇(甲胺) + $H_2$ 或者二甲醇。测定基质的利用应在无抑制生长的标准情况下进行。由可能的基质所引起的抑制，可通过接种培养基的方式测定。培养基应包括：①含有该基质的单一性基质；②含有上述基质并加入少量微生物能够代谢的第二种基质；③仅含少量的能够代谢的第二种基质。测定这些培养基产生的甲烷，指示所提到的基质是否妨碍了代谢基质的利用，以及这种基质是否能被代谢。如果发现甲烷八叠球菌属中的成员不能利用乙酸，那么应在含有乙酸并加少量 $H_2$ 的培养基中测定其降解乙酸的能力。

**8. 产物形成**

用气相色谱仪可容易地测定作为主要代谢产物的甲烷，产甲烷菌在生长过程中一定有甲烷产生。

**9. 比生长率的测定**

比生长率的测定即应测定生长对数期培养的比生长率。由于 $H_2$ 的溶解性差，生长在这种基质上的培养物必须常常摇动，以避免基质利用受限。许多方法都适合测定产甲烷菌的生长，一般情况下，都尽可能采用两种不同的方式测定。浊度的测定快速而且容易，但菌体中含有大量鞭毛、聚团物存在时，必须采用其他的方式测定。甲烷的形成可用来表示产甲烷菌细胞的生长，但在计算比生长率时，必须考虑接种细胞所形成的甲烷。

**10. 生长条件**

生长条件的测定应该在其他最适条件下测定影响生长的因子。评价与其他种的比较时，应该做其他种典型菌株的对照。

(1)培养基。

通过测定在含有代谢基质的矿质培养基中的生长情况，以确定对有机生长因子的基本需要。即在培养基中含有下列单一或复合物质时生长情况的测定，这些物质是乙酸、复合维生素、辅酶 M、牛瘤液蛋白胨和酵母膏。Se、W、Mo 等元素需求的测定也是重要的，但可以任意选择。

(2)最适温度和温度范围。

用少量的接种，在不同的温度下测定比生长率。用形成的产物(如产生的甲烷)表示生长量，应检查培养物的生长曲线，以确保是否属倍增生长。在同样的温度下如果产甲烷速率低或不呈对数生长的培养出现，应利用新制作的培养基培养获得的气质分析来确定甲烷生长是否为倍增生长。

（3）最适 pH 值和 pH 值范围。

在不同 pH 值的培养基中，通过比较比生长率的测定，以确定 pH 值范围和最适生长 pH 值。当用碳酸盐缓冲培养基时，应注意防止盐浓度过量而引起的抑制。制备高 pH 值的培养基时，必须减少部分 $CO_2$ 的压力，以防止碳酸盐浓度过量。由于生长过程中用 $H_2/CO_2$ 生成甲烷，会使培养基的 pH 值增加，这可采用反复向容器中加 $H_2/CO_2$（3∶1）增加压力至原始压力以确保 pH 值保持在有效范围内变化。

（4）NaCl 的最适浓度。

在含有不同 NaCl 浓度的培养中测定比生长率，以确定 NaCl 的最适浓度，一般采用直接加固体，而不利用高浓度 NaCl 的稀释。

11. 测定 DNA 的 G + C 含量

采用不同方法测定 G + C 含量时，所得的值会有差异。因此，对一个菌进行分类时，如果两个菌之间的 G + C 含量比较起着关键性的作用，那么两个菌的 G + C 含量测定方法应该是相同的。

## 8.2.2 产甲烷菌的分类

几十年来，不同的微生物分类学家得出各种不同的分类观点，近来对产甲烷菌类地位的看法也日趋一致。目前比较完善的分类有两种：一是按照最适温度的产甲烷菌的分类；二是以系统发育为主的产甲烷菌的分类。

### 8.2.2.1 按照最适温度的产甲烷菌的分类

以温度来划分产甲烷菌，主要是因为温度对产甲烷菌的影响是很大的。当环境适宜时，产甲烷菌得以生长、繁殖，过高、过低的温度都会不同程度抑制产甲烷菌的生长，甚至死亡。

根据最适生长温度（$T_{opt}$）的不同，研究者将产甲烷菌分为嗜冷产甲烷菌（$T_{opt}$ 低于 25 ℃）、嗜温产甲烷菌（$T_{opt}$ 为 35 ℃左右）、嗜热产甲烷菌（$T_{opt}$ 为 55 ℃左右）和极端嗜热产甲烷菌（$T_{opt}$ 高于 80 ℃）4 个类群。

1. 嗜冷产甲烷菌

嗜冷产甲烷菌是指能够在寒冷（0 ~ 10 ℃）条件下生长，同时最适生长温度在低温范围（25 ℃以下）的微生物。嗜冷产甲烷菌可分为两类：专性嗜冷产甲烷菌和兼性嗜冷产甲烷菌。专性嗜冷产甲烷菌的最适生长温度较低，在较高的温度下无法生存；而兼性嗜冷产甲烷菌的最适生长温度较高，可耐受的温度范围较宽，在中温条件下仍可生长。嗜冷产甲烷菌及其基本特征见表 8.6。

表 8.6　嗜冷产甲烷菌及其基本特征

| 菌种 | 分离时间 | 分离地点 | 外形特征 | $T_{opt}$/℃ | $T_{min}$/℃ | $T_{max}$/℃ | 底物 | 最适 pH 值 |
|---|---|---|---|---|---|---|---|---|
| *Methan ococcoides burton* | 1992 | Ace 湖，南极洲 | 不规则，不动，球状，具鞭毛，0.8 ~ 1.8 μm | 23 | -2 | 29 | 甲胺，甲醇 | 7.7 |
| *Methan ogenium frigidum* | 1997 | Ace 湖，南极洲 | 不规则，不动，球状，1.2 ~ 2.5 μm | 15 | 0 | 19 | $H_2/CO_2$ 甲醇 | 7.0 |

续表8.6

| 菌种 | 分离时间 | 分离地点 | 外形特征 | $T_{opt}$/℃ | $T_{min}$/℃ | $T_{max}$/℃ | 底物 | 最适 pH 值 |
|---|---|---|---|---|---|---|---|---|
| *Methan osarcina lacustris* | 2001 | Soppen 湖，瑞士 | 不规则,不动,球状,1.5~3.5 μm | 25 | 1 | 35 | $H_2/CO_2$ 甲醇、甲胺 | 7.0 |
| *Methan ogenium marinum* | 2002 | Skan 海湾，美国 | 不规则,不动,球状,1.0~1.2 μm | 25 | 5 | 25 | $H_2/CO_2$ 甲酸 | 6.0 |
| *Methan osarcina baltica* | 2002 | Gotland 海峡,波罗的海 | 不规则,有鞭毛,球状,1.5~3 μm | 25 | 4 | 27 | 甲醇、甲胺、乙酸 | 6.5 |
| *Methan ococcoides alasken* | 2005 | Skan 海湾，美国 | 不规则,不动,球状,1.5~2.0 μm | 25 | −2 | 30 | 甲胺、甲醇 | 7.2 |

注:$T_{opt}$代表最适生长温度,$T_{min}$代表最低生长温度,$T_{max}$代表最高生长温度

**2. 嗜温和嗜热产甲烷菌**

嗜温和嗜热产甲烷菌的 $T_{opt}$ 分别为 35 ℃ 和 55 ℃,其生长的温度范围为 25~80 ℃。1972 年,Zeikus 等从污水处理污泥中分离第一株热自养产甲烷杆菌开始,各国研究人员已从厌氧消化器、淡水沉积物、海底沉积物、热泉、高温油藏等厌氧生境中分离出多株嗜热产甲烷杆菌,Wasserfallen 等根据多株嗜热产甲烷杆菌分子系统发育学研究,将其立为新属并命名为嗜热产甲烷杆菌属(*Methanothemobacter*),该属分为 6 种,其中 *M. thermau-totrophicus str. Delta H* 已经完成基因组全测序工作。仇天雷等从胶州湾浅海沉积物中分离出 1 株嗜热自养产甲烷杆菌 JZTM,直径 0.3~0.5 μm,长 3~6 μm,具有弯曲和直杆微弯两种形态,单生、成对、少数成串。能够利用 $H_2/CO_2$ 和甲酸盐生长,不利用甲醇、三甲胺、乙酸和二级醇类。最适生长温度 60 ℃,最适盐质量分数 0.5%~1.5%,最适 pH 值为 6.5~7.0,酵母膏刺激生长。

**3. 极端嗜热产甲烷菌**

极端嗜热产甲烷菌的 $T_{opt}$ 高于 80 ℃,能够在高温的条件下生存,低温却对其有抑制作用,甚至不能存活。Fiala 和 Stetter 在 1986 年发现了 Pyrococcus furiosus,该菌的最适生长温度达 100 ℃的严格厌氧的异养性海洋生物。

**8.2.2.2　以系统发育为主的产甲烷菌的分类**

系统发育信息则主要是指 16S rDNA 的序列分析,16S rRNA 是原核生物核糖体降解后出现的亚单位。16S rRNA 在细胞结构内的结构组成相对稳定,在受到外界环境影响,甚至受到诱变情况下,也能表现其结构的稳定性。因此,Balch 等(1979)利用比较两种产甲烷细菌细胞内 16S rRNA 经酶解后各寡核苷酸中碱基排列顺序的相似性(即同源性)的大小即 $S_{ab}$ 值,来确定比较两个菌株或菌种在分类上的相近性。

1979 年根据 $S_{ab}$ 值对将产甲烷菌分类(表 8.7),主要包括 3 个目、4 个科、7 个属、13 个

种。

表 8.7　产甲烷菌的分类(1979 年)

| 目 | 科 | 属 | 种 |
|---|---|---|---|
| 甲烷杆菌目 | 甲烷杆菌科 | 甲烷杆菌属 | 甲酸甲烷杆菌 |
| | | | 布氏甲烷杆菌 |
| | | | 嗜热自养产甲烷杆菌 |
| | | 甲酸甲烷杆菌 | 嗜树甲烷短杆菌 |
| | | | 瘤胃甲烷短杆菌 |
| | | | 史氏甲烷短杆菌 |
| 甲烷球菌目 | 甲烷球菌科 | 甲烷球菌属 | 万氏甲烷球菌 |
| | | | 沃氏甲烷球菌 |
| 甲烷微球菌目 | 甲烷微球科 | 甲烷微菌属 | 运动甲烷微菌 |
| | | 产甲烷菌属 | 卡里亚萨产甲烷菌 |
| | | | 黑海产甲烷菌 |
| | | 甲烷螺菌属 | 享氏甲烷螺菌 |
| | 甲烷八叠球菌科 | 甲烷八叠球菌属 | 巴氏甲烷八叠球菌 |

随着厌氧培养和分离技术的日渐完善,以及细菌鉴定技术的日渐精深,发现和鉴定的产甲烷细菌新种也就越来越多。表 8.8 中列有 3 目、7 科、17 属、55 种的产甲烷菌。

表 8.8　产甲烷菌的分类

| 目 | 科 | 属 | 种 |
|---|---|---|---|
| 甲烷杆菌目 | 甲烷杆菌科 | 甲烷杆菌属 | 甲酸甲烷杆菌 |
| | | | 布氏甲烷杆菌 |
| | | | 嗜热自养产甲烷杆菌 |
| | | | 沃氏甲烷杆菌 |
| | | | 沼泽甲烷杆菌 |
| | | | 嗜碱甲烷杆菌 |
| | | | 热甲酸甲烷杆菌 |
| | | | 伊氏甲烷杆菌 |
| | | | 热嗜碱甲烷杆菌 |
| | | | 热聚集甲烷杆菌 |
| | | | 埃氏甲烷杆菌 |
| | | 甲烷短杆菌属 | 嗜树甲烷短杆菌 |
| | | | 瘤胃甲烷短杆菌 |
| | | | 史氏甲烷短杆菌 |
| | 甲烷热菌科 | 甲烷球菌属 | 炽热甲烷热菌 |
| | | | 集结甲烷热菌 |
| | 未分科 | 甲烷球形属 | 斯太特甲烷球形菌 |

续表8.8

| 目 | 科 | 属 | 种 |
|---|---|---|---|
| 甲烷球菌目 | 甲烷球菌科 | 甲烷球菌属 | 万氏甲烷球菌<br>沃夫特甲烷球菌<br>海沼甲烷球菌<br>热矿养甲烷球菌<br>杰氏甲烷球菌 |
| 甲烷微菌目 | 甲烷微菌科 | 甲烷微菌属 | 运动甲烷微菌<br>佩氏甲烷微菌 |
| | | 甲烷螺菌属 | 亨氏甲烷螺菌 |
| | | 甲烷产生菌属 | 卡氏甲烷产生菌<br>塔条山甲烷产生菌<br>嗜有机甲烷产生菌 |
| | | 甲烷盘菌属 | 泥境甲烷盘菌<br>内生养甲烷盘菌 |
| | | 甲烷挑选菌属 | 布尔吉斯甲烷挑选菌<br>黑海甲烷挑选菌<br>嗜热甲烷挑选菌<br>奥林塔河甲烷挑选菌 |
| | 甲烷八叠球菌科 | 甲烷八叠球菌属 | 巴氏甲烷八叠球菌<br>马氏甲烷八叠球菌<br>嗜热甲烷八叠球菌<br>嗜乙酸甲烷八叠球菌<br>泡囊甲烷八叠球菌<br>弗里西甲烷八叠球菌 |
| | | 甲烷叶菌属 | 丁达瑞甲烷叶菌<br>西西里亚甲烷叶菌<br>武氏甲烷叶菌 |
| | | 甲烷拟球菌属 | 嗜甲基甲烷拟球菌 |
| | | 嗜盐甲烷菌属 | 马氏嗜盐甲烷菌<br>智氏嗜盐甲烷菌<br>俄勒冈嗜盐甲烷菌 |
| | | 甲烷盐菌属 | 依夫氏甲烷盐菌 |
| | | 甲烷毛发菌属 | 康氏甲烷毛发菌<br>嗜热乙酸甲烷毛发菌 |
| | 甲烷微粒菌科 | 甲烷微粒菌属 | 小甲烷粒菌<br>拉布雷亚砂岩甲烷粒菌<br>集聚甲烷粒菌<br>巴伐利亚甲烷粒菌<br>辛氏甲烷粒菌 |

续表8.8

| 目 | 科 | 属 | 种 |
|---|---|---|---|
| 在该分类系统中,未包括的科、属、种有: | | | |
| 盐甲烷球菌属,与列出的甲烷嗜盐菌属无明显区别; | | | |
| 道氏盐甲烷球菌,与甲烷嗜盐菌属或甲烷盐菌属无明显区别; | | | |
| 三角洲甲烷球菌,为海沼甲烷球菌的异名; | | | |
| 嗜盐甲烷球菌,该种的描述与甲烷球菌属矛盾; | | | |
| 甲烷盘菌科,与16S序列数据相矛盾; | | | |
| 孙氏甲烷丝菌,非纯培养物,该种的典型菌株可作为康氏甲烷发毛菌的参考菌株 | | | |

　　《伯杰氏系统细菌学手册》第9版将近年来的研究成果进行了总结和肯定,并建立了以系统发育为主的产甲烷菌最新分类系统:产甲烷菌分可为5个大目,分别是:甲烷杆菌目(Methanobacteriales)、甲烷球菌目(Methanococcales)、甲烷微菌目(Methanomicrobiales)、甲烷八叠球菌目(Methanosarcinales)和甲烷火菌目(Methanopyrales),上述5个目的产甲烷菌可继续分为10个科与31个属,它们的系统分类的主要类群及生理特性见表8.9。

表8.9　产甲烷菌系统分类的主要类群及其生理特性

| 分类单元(目) | 典型属 | 主要代谢产物 | 典型栖息地 |
|---|---|---|---|
| 甲烷杆菌目 | *Methanobacterium*, *Methanobrevibacter*, *Methanosphaera*, *Methanothermobacter*, *Methanothermus* | 氢气和二氧化碳、甲酸盐、甲醇 | 厌氧消化反应器、瘤胃、水稻土壤、腐败木质、厌氧活性污泥等 |
| 甲烷球菌目 | *Methanococcus*, *Methanothermococcus*, *Methanocaldococcus*, *Methanotorris* | 氢气和二氧化碳、甲酸盐 | 海底沉积物、温泉等 |
| 甲烷微菌目 | *Methanomicrobium*, *Methanoculleus*, *Methanolacinia*, *Methanoplanus*, *Methanospirillum*, *Methanocorpusculum*, *Methanocalculus* | 氢气和二氧化碳、2-丙醇、2-丁醇、乙酸盐、2-丁酮 | 厌氧消化器、土壤、海底沉积物、温泉、腐败木质、厌氧活性污泥等 |

续表8.9

| 分类单元(目) | 典型属 | 主要代谢产物 | 典型栖息地 |
|---|---|---|---|
| 甲烷八叠球菌 | *Methanosarcina*,<br>*Methanococcoides*,<br>*Methanohalobium*,<br>*Methanohalophilus*,<br>*Methanolobus*,<br>*Methanomethylovorana*,<br>*Methanimicrococcus*,<br>*Methanosalsum*,<br>*Methanosaeta* | 氢气和二氧化碳、甲酸盐、乙酸盐、甲胺 | 高盐海底沉积物、厌氧消化反应器、动物肠道等 |
| 甲烷火菌目 | *Methanopyrus* | 氢气和二氧化碳 | 海底沉积物 |

# 8.3　产甲烷菌的代表种

由于产甲烷细菌进化上的异源性和分类的不确切性,因此至今在分类系统总体描述上仍不统一,在本节仅对研究比较深入的属和种进行描述。产甲烷菌代表属的选择特征见表8.10。

表8.10　产甲烷菌代表属的选择特征

| 属 | 形态学 | G+C含量/% | 细胞壁组成 | 革兰氏反应 | 运动性 | 用于产甲烷的底物 |
|---|---|---|---|---|---|---|
| 甲烷杆菌目 | | | | | | |
| 甲烷杆菌属 | 长杆状或丝状 | 32~61 | 假胞壁质 | +或可变 | – | $H_2+CO_2$,甲酸 |
| 甲烷嗜热菌属 | 直或轻微弯曲杆状 | 33 | 有一外蛋白S-层的假胞壁质 | + | + | $H_2+CO_2$ |
| 甲烷球菌目 | | | | | | |
| 甲烷球菌属 | 不规则球形 | 29~34 | 蛋白质 | – | – | $H_2+CO_2$,甲酸 |
| 甲烷微菌目 | | | | | | |
| 甲烷微菌属 | 短的弯曲杆状 | 45~49 | 蛋白质 | – | + | $H_2+CO_2$,甲酸 |
| 产甲烷菌属 | 不规则球形 | 52~61 | 蛋白质或糖蛋白 | – | – | $H_2+CO_2$,甲酸 |
| 甲烷螺菌属 | 弯曲杆状或螺旋体 | 45–50 | 蛋白质 | – | + | $H_2+CO_2$,甲酸 |
| 甲烷八叠球菌属 | 不规则球形、片状 | 36~43 | 异聚多糖或蛋白质 | +或可变 | – | $H_2+CO_2$,甲醇,甲胺,乙酸 |

1. 甲酸甲烷杆菌

甲酸甲烷杆菌一般呈长杆状,宽 $0.4 \sim 0.8$ μm,长度可变,从几 μm 到长丝或链状,为革兰氏染色阳性或阴性。在液体培养基中老龄菌丝常互相缠绕成聚集体。在滚管中形成的菌落呈圆形,具有丝状边缘,淡色。用 $H_2/CO_2$ 为基质,37 ℃培养,$3 \sim 7$ d 形成菌落。利用 $H_2/CO_2$、甲酸盐生长并产生甲烷,可在无机培养基上自养生长。最适生长温度 $37 \sim 45$ ℃,最适 pH 值为 $6.6 \sim 7.8$,G + C 为 $(40.7 \sim 42)$ mol%,甲酸甲烷杆菌一般分布在污水沉积物、瘤胃液和消化器中(图8.4)。

2. 布氏甲烷杆菌

该菌是 1967 年 Bryant 等从奥氏甲烷杆菌这个混合菌培养物中分离到的,杆状,单生或成链状。革兰氏染色阳性或可变,不运动,具有纤毛。表面菌落直径可达 $1 \sim 5$ mm,扁平,边缘呈丝状扩散,一般在一周内出现菌落。深层菌落粗糙,丝状,在液体培养基中趋向于形成聚集体(图8.5)。

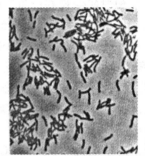

图8.4　甲酸甲烷杆菌　　　　图8.5　布氏甲烷杆菌

利用 $H_2/CO_2$ 生长并产生甲烷,不利用甲酸,以氨态氮为氮源,要求维生素 B 和半胱氨酸、乙酸刺激生长。最适温度 $37 \sim 39$ ℃,最适 pH 值为 $6.9 \sim 7.2$,DNA 的 G + C = 32.7 mol%。分布于淡水及海洋的沉积物、污水及曲酒窖泥中。

3. 嗜热自养甲烷杆菌

长杆或丝状,丝状体可超过数百 μm,革兰氏染色阳性,不运动,形态受生长条件特别是温度所影响,在 40 ℃以下或 75 ℃以上时,丝状体变为紧密的卷曲状。菌落呈圆形,灰白、黄褐色,粗糙,边缘呈丝状扩散。只利用 $H_2/CO_2$ 生成甲烷,需要微量元素 Ni、Co、Mo 和 Fe,不需有机生长素。该菌生长迅速,倍增时间为 $2 \sim 5$ h,液体培养物可在 24 h 完成生长,最适生长温度为 $65 \sim 70$ ℃,在 40 ℃以下不生长,最适 pH 值为 $7.2 \sim 7.6$,DNA 的 G + C 为 $(49.7 \sim 52)$ mol%。可分离自污水、热泉及消化器中(图8.6)。

4. 瘤胃甲烷短杆菌

呈短杆或刺血针状球形,端部稍尖,常成对或链状,似链球菌,革兰氏染色阳性,不运动或微弱运动。菌落淡黄,半透明,圆形,突起,边缘整齐。一般在 37 ℃三天出现菌落,三周后菌落直径可达 $3 \sim 4$ mm,利用 $H_2/CO_2$ 及甲酸生长并产生甲烷,在甲酸上生长较慢。要求乙酸及氨氮为碳源和氮源,还要求氨基酸、甲基丁酸和辅酶 M。最适生长温度为 $37 \sim 39$ ℃,最适 pH 值为 $6.3 \sim 6.8$,G + C 为 $(3.0 \sim 6)$ mol%。分离自动物消化道、污水(图8.7)。

图 8.6　嗜热自养甲烷杆菌

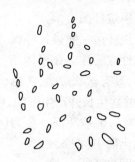

图 8.7　瘤胃甲烷短杆菌

**5. 万氏甲烷球菌**

规则到不规则的球菌，直径 $0.5 \sim 4 \ \mu m$，单生，成对，革兰氏染色阴性，丛生鞭毛，活跃运动，细胞极易破坏。深层菌落淡褐色，凸透镜状，直径 $0.5 \sim 1 \ mm$（图 8.8）。

利用 $H_2/CO_2$ 和甲酸生长并产生甲烷，以甲酸为底物最适生长 pH 值为 $8.0 \sim 8.5$；以 $H_2/CO_2$ 为底物，最适 pH 值为 $6.5 \sim 7.5$。机械作用易使细胞破坏，但不易被渗透压破坏。最适温度为 $36 \sim 40 \ ℃$，$G + C$ 为 $31.1 mol\%$。可分离自海湾污泥。

**6. 亨氏甲烷螺菌**

细胞呈弯杆状或长度不等的波形丝状体，菌体长度受营养条件的影响，革兰氏染色阴性，具极生鞭毛，缓慢运动。表面菌落淡黄色、圆形、突起，边缘裂叶状，表面菌落具有间隔为 $16 \ \mu m$ 的特征性羽毛状浅蓝色条纹。利用 $H_2/CO_2$ 和甲酸生长并产生甲烷，最适生长温度 $30 \sim 40 \ ℃$，最适 pH 值为 $6.8 \sim 7.5$，$G + C$ 为 $(45 \sim 46.5) mol\%$。分离自污水污泥及厌氧反应器。亨氏甲烷螺菌是迄今为止在产甲烷菌中发现的唯——种螺旋状细菌（图 8.9）。

图 8.8　万氏甲烷球菌

图 8.9　亨氏甲烷螺菌

**7. 巴氏甲烷八叠球菌**

1947 年，荷兰学者 Sehnellen 首次分离出了甲烷八叠球菌属并命名，甲烷八叠球菌通常是 8 个单细胞以图 8.10（a）中的形式进行生长，它存在两种不同的形态：在淡水中生长时，以聚集形式存在，细胞外包裹着杂多糖基质（图 8.10（b））；在高盐环境中生长时，则是以分散形式存在，没有胞外聚合物层（图 8.10（c））。甲烷八叠球菌是唯一能够通过胞外多糖形成多细胞结构的古细菌，胞外多糖的形成是甲烷八叠球菌的一种自我保护机制，它能吸收水作为湿润剂，保持细胞内的水活度；同时也能减少扩散到细胞的氧，保护细菌免受氧的损害。甲烷八叠球菌能够耐受高氨、高盐、高乙酸浓度，其独特的表面结构使可以在水下阴极上生长,可以增强厌氧消化反应器的性能,提高系统的稳定性。

（a）八叠球菌

（b）淡水环境

（c）高盐环境

图 8.10 甲烷八叠球菌细胞的显微照片

细胞形态为不对称的球形,通常形成拟八叠球菌状的细胞聚体,革兰氏染色阳性。不运动,细胞内可能有气泡。在以 $H_2/CO_2$ 为底物时,3 ~ 7 d 可形成菌落;以乙酸为底物生长较慢;以甲醇为底物时生长较快。菌落往往形成具有桑葚状表面结构的特征性菌落。最适生长温度 35 ~ 40 ℃,最适 pH 值为 6.7 ~ 7.2,G + C 为(40 ~ 43)mol% 。

8.索氏甲烷丝菌(图 8.11)

细胞呈杆状,无芽孢,端部平齐,液体静止。培养物可形成由上百个细胞连成的丝状体,单细胞 0.8 × (1.8 ~ 2)μm,外部有类似鞘的结钩。电镜扫描可以发现,丝状体呈特征性竹节状,强烈震荡时可断裂成杆状单细胞。革兰氏染色阴性,不运动。至今未得到该菌的菌落生长物,报导过的纯培养物都是通过富集和稀释的方法获得的。

图 8.11 索氏甲烷丝菌

索氏甲烷丝菌可以在只有乙酸为有机物的培养基上生长,裂解乙酸生成甲烷和 $CO_2$,能分解甲酸生成 $H_2$ 和 $CO_2$,不利用其他底物,如 $H_2/CO_2$、甲醇、甲胺等底物生长和产生甲烷。生长的温度范围是 3 ~ 45 ℃,最适温度为 37 ℃,最适 pH 值为 7.4 ~ 7.8,G + C 为51.8mol% 。可自污泥和厌氧消化器中分离。

甲烷丝菌是继甲烷八叠球菌属后发现的仅有的另一个裂解乙酸的产甲烷菌属。沼气中的甲烷70% 以上来自乙酸的裂解,足以说明这两种细菌在厌氧消化器中的重要性。甲烷丝菌大量存在于厌氧消化器的污泥中,是构成附着膜和颗粒污泥的首要产甲烷菌类。甲烷丝菌适宜生长的乙酸浓度要求较低,其 $K_m$ 值为 0.7 mmol/L,当消化器稳定运行时,消化器中的乙酸浓度一般很低,因而更适宜甲烷丝菌的生长,经长期运行,甲烷丝菌就会成为消化器内乙酸裂解的优势产甲烷菌。

# 第9章 产甲烷菌的生态多样性

产甲烷菌属于原核生物中的古菌域,具有其他细菌如好氧菌、厌氧菌和兼性厌氧菌所不同的代谢特征,产甲烷菌在自然界中分布极为广泛,在与氧气隔绝的环境几乎都有甲烷细菌生长,如海底沉积物、河湖淤泥、水稻田以及动物的消化道等,在不同的生态环境下,产甲烷菌的群落组成有较大的差异性,并且其代谢方式也随着不同的微环境而体现出多样性。

## 9.1 产甲烷菌的生物地球化学作用

宏观生物地球化学作用:微生物、高等生物和无生命的化学世界中无机循环的总体概略图如图9.1所示。

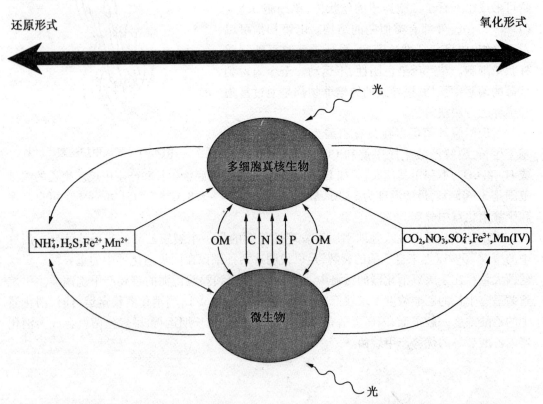

图9.1 宏观生物地球化学作用:微生物、高等生物和无生命的化学世界中无机循环的总体概略图

在地球表层生物圈中,生物有机体经由生命活动,从其生存环境的介质中吸取元素及其化合物(常称矿物质),通过生物化学作用转化为生命物质,同时排泄部分物质返回环境,并在其死亡之后又被分解成为元素或化合物(亦称矿物质)返回环境介质中。这一个循环往复的过程,称为生物地球化学循环。生物地球化学循环还包括从一种生物体(初级生产者)到另一种生物体(消耗者)的转移或食物链的传递及效应。在生物地球化学循环中比较重要的循环包括碳循环、氮循环、硫循环、铁循环。表9.1列举了在碳、氮、硫、铁在生物地球化学循环中的主要形式和价位。

表9.1　碳、氮、硫、铁在生物地球化学循环中的主要形式和价位

| 循环 | 是否存在重要气体成分 | 主要形式和价位 | | |
| --- | --- | --- | --- | --- |
| | | 还原形式 | 中间氧化态形式 | 氧化形式 |
| C | 是 | $CH_4$ (−4) | $CO$ (+2) | $CO_2$ (+4) |
| N | 是 | $NH_4^+$,有机 N (−3) | $N_2,N_2O,NO_2^-$ (0)(+1)(+3) | $NO_3^-$ (+5) |
| S | 是 | $H_2S$,有机物中的 SH 基 (−2) | $S^0,S_2O_3^{2-},SO_3^{2-}$ (0)(+2)(+4) | $SO_4^{2-}$ (+6) |
| Fe | 否 | $Fe^{2+}$ (+2) | | $Fe^{3+}$ (+3) |

注:碳、氮和硫循环有重要的气体组分,这些在气体营养循环中做详细评论。铁循环中没有气体成分,这在沉积营养循环中做具体描述。主要的还原、中间氧化态和氧化形式及其价位均被注明

碳素是构成各种生物体最基本的元素,能以还原形式存在,例如甲烷和有机物,也能以氧化形式存在,例如 CO 和 $CO_2$。图9.2表示的是一个完整的碳循环过程。还原剂(主要是氢气)和氧化剂(主要指氧气)能影响碳元素的生物和化学过程。

碳循环包括 $CO_2$ 的固定和 $CO_2$ 的再生。植物和藻类,以及光合微生物,通过光合作用固定自然界中的 $CO_2$,合成有机碳化合物,进而转化成各种有机碳化合物。动物以植物为食物,经过生物氧化释放出 $CO_2$,动物、植物的尸体经微生物完全降解(即矿化作用)后,最终主要产物之一也是 $CO_2$。地下埋藏的煤炭、石油等,经过人类的开发、利用,例如作为燃料,燃烧后也产生 $CO_2$,重新加入碳循环。通过这些生物和非生物过程产生的 $CO_2$,随后又被植物和光合微生物利用,开始新的碳素循环。

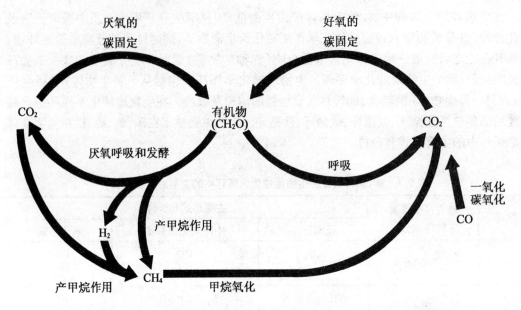

图 9.2　环境中基础的碳循环。通过光能自养型和化能自养型微生物的活动能够将碳固定。能够由无机
　　　　物($CO_2 + H_2$)或有机物产生甲烷,通过 CO 氧化菌的作用,由汽车和工业产生的 CO 又重新回到碳
　　　　循环

　　大气中甲烷的含量大约以 1% 的速度逐年递增,在过去 300 年中,从 0.7 mg/L 一直上升
到 1.6 ~ 1.7 mg/L。这些甲烷的来源多种多样,可以分为生物来源和非生物来源。甲烷可
以由动物和植物释放进入大气,但归根结底,生成甲烷的生物是产甲烷细菌。甲烷的非生
物来源则是油气田、煤矿和火山。一般也许会认为大气中的甲烷主要来自于气田、煤田泄
漏和火山爆发等物理过程。但实际上,这些环境中产生的甲烷只占很小的比例,大气层中
的甲烷绝大部分是由生物生成的。一些学者对各种来源的甲烷数量做了估计,Tyler 对其做
了总结,列于表 9.2。

表 9.2　自然界中甲烷的来源

| 甲烷来源 | | 甲烷生成量(百万 t/年) |
|---|---|---|
| 甲烷总量 | | 355 ~ 870 |
| 人类活动形成甲烷总量 | | 201 ~ 441 |
| 生物来源 | 总量 | 302 ~ 715 |
| | 饲养动物 | 80 ~ 100 |
| | 白蚁 | 25 ~ 150 |
| | 水稻田 | 70 ~ 120 |
| | 湿地、沼泽 | 120 ~ 200 |
| | 垃圾填埋场 | 5 ~ 70 |
| | 海洋 | 1 ~ 20 |
| | 苔原 | 1 ~ 5 |

续表 9.2

| 甲烷来源 | | 甲烷生成量(百万 t/年) |
| --- | --- | --- |
| 甲烷总量 | | 355～870 |
| 人类活动形成甲烷总量 | | 201～441 |
| 非生物来源 | 总量 | 20～48 |
| | 煤矿逸失 | 10～35 |
| | 油气田逸失 | 10～30 |
| | 输气管和工业逸失 | 15～45 |
| | 生物量燃烧生成 | 10～40 |
| | 水合甲烷 | 2～4 |
| | 火山 | 0.5 |
| | 机动车 | 0.5 |

产甲烷菌可以自由生活,也可以和动植物以及别的微生物结成不同程度的共生关系。自由生活的产甲烷细菌的选择性分布与生境基质碳的类型和浓度、氧浓度和氧化还原电位、温度、pH 值、盐浓度以及硫酸盐细菌和其他厌氧菌的活性有密切的关系。产甲烷菌广泛分布于各种厌氧生境,是厌氧食物链最末端的一个成员。

## 9.2　第一类生境

第一类生境:在含有硝酸盐、硫酸盐的厌氧环境中,电子不是流向 $CO_2$ 形成甲烷,而是首先流向硝酸盐和硫酸盐,形成 $N_2$、$NH_4^+$ 和 $H_2S$。整个厌氧生境中以有机物大分子为食物链起点的示意图见图 9.3。

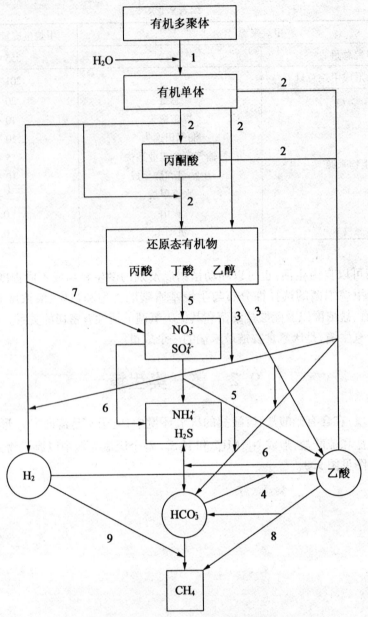

图9.3　第一种厌氧生境中有机物降解的碳硫和电子流

1—碳水化合物、蛋白质、脂肪酸等水解为有机单体如糖、有机酸和氨基酸等；2—有机单体降解为 $CO_2$、乙酸、丙酸、丁酸、乙醇、乳酸等；3—还原性有机物被产氢产乙酸菌还原为 $H_2$、$CO_2$、乙酸；4—同型产乙酸菌将 $H_2$、$HCO_3^-$ 合成乙酸；5—还原性有机产物被硝酸盐还原菌（NRB）或硫酸盐还原菌（SRB）氧化为 $CO_2$ 和乙酸；6—乙酸被硝酸盐还原菌（NRB）或硫酸盐还原菌（SRB）氧化为 $CO_2$；7—$H_2$ 被硝酸盐还原菌（NRB）或硫酸盐还原菌（SRB）氧化；8—乙酸裂解式的甲烷发酵；9—$CO_2$ 的产甲烷呼吸

### 9.2.1　海底沉积物

第一类生境如海洋沉积物、盐渍土、某些湖泊沉积物、河流入海口淤泥等处,以海洋沉积物为例:

由于存在缺氧、高盐等极端条件,所以在海底环境中有大量产甲烷菌的富集。在已知的产甲烷菌中,大约有 1/3 的类群来源于海洋这个特殊的生态区域。一般在海洋沉积物中,利用 $H_2/CO_2$ 的产甲烷菌的主要类群是甲烷球菌目和甲烷微菌目,它们利用氢气或甲酸进行产能代谢。在海底沉积物的不同深度里都能发现这两类氢营养产甲烷菌,此类产甲烷菌能从产氢微生物那里获得必需的能量。

硫酸盐在海洋中几乎无处不在,据测定,海水中硫酸盐浓度最大可达 27 mmol。从化学反应能看,硫酸盐还原细菌在与产甲烷菌竞争底物——乙酸和氢上占有优势,其还原产物 $H_2S$ 又可抑制产甲烷菌生长。因此,在海洋厌氧生境中硫酸盐还原细菌起了主导作用,特别在沉积物和水的交界面处硫酸盐还原细菌数量最多,在此交界面上下一定深度形成了一条硫酸盐还原带,此区域内甲烷基本不能生成。

据研究 $CH_4$ 每年的产生量大约为 320 Tg,年净 $CH_4$ 排放仅为 16 Tg,仅为产生量的 5%,造成这一现象的原因除了硫酸盐还原细菌与产甲烷菌的基质竞争作用外,绝大部分所产生的 $CH_4$ 都被厌氧氧化消耗。从表 9.3 中数据可以看出,不同深度区沉积物 $CH_4$ 厌氧氧化占总的 $CH_4$ 厌氧氧化量的比例大小关系为:陆地下缘 > 大陆架内 > 大陆架外 > 陆地上缘。

表 9.3　陆地不同深度区的甲烷厌氧氧化

| 不同深度区 | $CH_4$ 厌氧氧化速率 /[ mmol( $m^{-2} \cdot d^{-1}$ ) ] | 面积 $10^{12} m^2$ | $CH_4$ 厌氧氧化量 /( $Tg \cdot a^{-1}$ ) | 占总量比例 /% |
|---|---|---|---|---|
| 大陆架内 | 1.0 | 13 | 73.6 | 24.21 |
| 大陆架外 | 0.6 | 18 | 64 | 21.05 |
| 陆地上缘 | 0.6 | 15 | 56 | 18.42 |
| 陆地下缘 | 0.2 | 106 | 110.4 | 36.32 |
| 总和 | – | 152 | 304 | 100 |

在海洋沉积物中,影响 $CH_4$ 厌氧氧化的因子很多,包括微生物、表层水合物氧的存在、有机质含量、$CH_4$ 供应率、硫酸盐可获得性、温度、水压、沉积物孔隙度和矿物组成等。

参与甲烷厌氧氧化过程的微生物主要是 ANME – 1 古菌、ANME – 2 古菌、ANME – 3 古菌和硫酸盐还原菌。ANME – 2 古菌与细菌紧密结合形成微生物菌组,其结构由两个圈层组成,内部圈层直径( $2.3 \pm 1.3$ ) $\mu m$,有大约 100 个球状的 $CH_4$ 古菌细胞,每个细胞直径约为 0.5 $\mu m$,这些细胞部分或全部被 200 个硫酸盐还原菌细胞( 直径 0.3 ~ 0.5 $\mu m$ )所包围,形成外部圈层。这种结构只适合于描述 ANME – 2 古菌占优势的 $CH_4$ 厌氧氧化菌组,而 ANME – 1 古菌只是与硫酸盐还原菌以及其他微生物形成松散的菌组。

厌氧氧化速率最适的 $CH_4$ 和硫酸盐浓度分别为 1.4 mmol/L 和 28 mmol/L。一般来说,$CH_4$ 浓度较高对厌氧氧化具有促进作用,而硫酸盐的影响则不显著,有两点原因:第一,$CH_4$ 并非硫酸盐还原的唯一碳源,其对硫酸盐还原的贡献率决定着厌氧氧化速率和硫酸盐还原速率的相关性；第二，硫酸盐并非 $CH_4$ 厌氧氧化的唯一电子受体，可能还存在着其他电子受体（硝酸盐、Fe 和 Mn）。

　　$CH_4$ 厌氧氧化过程存在着一个最适的温度，低于这个温度，$CH_4$ 厌氧氧化随着温度的升高而增大，高于这个温度则随着温度的升高而减小。最适温度与原位温度之间存在着显著的线性正相关关系，如图9.4所示，这可能是参与 $CH_4$ 厌氧氧化过程的微生物对环境温度适应的结果。

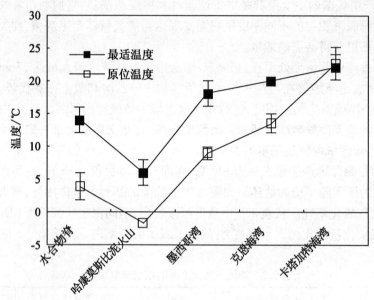

图9.4　不同沉积物甲烷厌氧氧化的最适温度

# 9.3　第二类生境

　　第二类生境包括：淡水淤泥、水稻田土壤、各种不含硫酸盐有机废水的厌氧消化器等，在这些环境中厌氧生物链如图9.5所示，包括了完整的水解阶段、产氢产乙酸阶段、产甲烷阶段、同型产乙酸阶段。

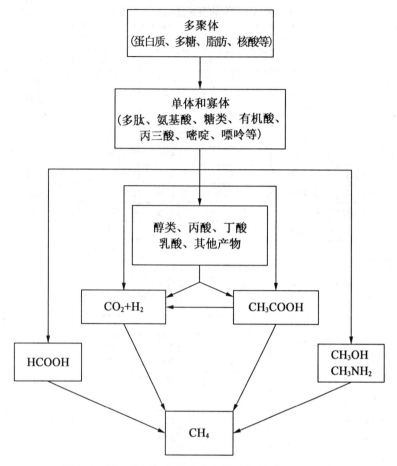

图9.5　第二种厌氧生境中有机物降解的碳流和电子流

## 9.3.1　淡水沉积物

　　水体环境中基质以单向方式从上进入沉积层,搅拌作用很弱甚至可能没有。时间一长,可能出现基质的浓缩和分层现象,随之菌群也可能出现分层。表9.4给出了沉积物的有机质及其组分,一般而言,沉积物表层含有较为丰富的复杂有机物,包括植物残体、藻类细胞、腐屑甚至动物残体等,表层的微生物菌群生理上具有较大的多样性,并有更为强烈的代谢活动。以长江中下游沉积物为例,沉积物中总磷含量为307.43 ~ 1 454.39 mg/kg,阳离子交换量为0.086 1 ~ 0.252 8 mmol/g,有机质总量为0.25% ~ 7.38%,有机质组分以胡敏素为主;沉积物的颗粒组成以粉砂粒级和粘粒级为主,占64% ~ 98%,粉砂粒级占50% ~ 70%;黏土矿物以伊利石/蒙脱石混层为主,其次是伊利石、绿泥石和高岭石;沉积物中主要的氧化物为$SiO_2$、$Al_2O_3$和$Fe_2O_3$,变化较大的成分为$SiO_2$、$Al_2O_3$和$Fe_2O_3$。沉积物下层营养受到限制,对菌群的选择性提高。在硝酸盐丰富的沉积物中,由于氧化还原电位高,很少存在产甲烷细菌。在含有硫酸盐的厌氧生境中,甲烷发酵受阻。而在温度低于15 ℃时,沉积物中的甲烷生成也会停止。

**表 9.4　沉积物的有机质及其组分分析**

| 编号 | ω(OM) | ω(HA) | HA 的比例 | ω(FA) | FA 的比例 | ω(HA)/ω(FA) | 胡敏素的比例 |
|---|---|---|---|---|---|---|---|
| D1 | $1.99 \pm 0.2$ | 0.134 | 6.7 | 0.467 | 23.5 | 1.369 | 68.8 |
| D2 | $1.35 \pm 0.1$ | 0.111 | 8.2 | 0.330 | 24.2 | 0.910 | 67.4 |
| D3 | $1.88 \pm 0.1$ | 0.122 | 6.5 | 0.505 | 26.9 | 1.189 | 63.2 |
| P1 | $1.40 \pm 0.1$ | 0.123 | 8.6 | 0.327 | 23.4 | 0.953 | 68.1 |
| P2 | $1.42 \pm 0.2$ | 0.108 | 7.6 | 0.394 | 27.7 | 0.918 | 64.6 |
| P3 | $1.41 \pm 0.1$ | 0.114 | 8.1 | 0.396 | 28.1 | 0.900 | 63.8 |
| P4 | $1.45 \pm 0.2$ | 0.116 | 8 | 0.335 | 23.1 | 1.001 | 69.0 |
| C-H14 | $0.56 \pm 0.02$ | 0.038 | 6.8 | 0.125 | 22.3 | 0.397 | 70.9 |
| C-S4 | $0.34 \pm 0.01$ | 0.022 | 6.5 | 0.084 | 24.7 | 0.234 | 68.8 |
| C-S18 | $0.25 \pm 0.01$ | 0.018 | 7.1 | 0.057 | 22.6 | 0.176 | 70.3 |
| T-M | $3.45 \pm 0.3$ | 0.358 | 10.5 | 0.632 | 18.6 | 0.564 | 70.9 |
| T-W | $3.16 \pm 0.4$ | 0.300 | 9.5 | 0.604 | 19.1 | 0.501 | 71.4 |
| T-X | $1.81 \pm 0.2$ | 0.155 | 8.5 | 0.422 | 23.4 | 0.371 | 68.1 |
| T-G | $1.73 \pm 0.3$ | 0.149 | 8.6 | 0.431 | 24.9 | 0.342 | 66.5 |
| X1 | $4.04 \pm 0.3$ | 0.128 | 3.2 | 0.975 | 24.1 | 2.937 | 72.7 |
| X2 | $4.41 \pm 0.3$ | 0.135 | 3.1 | 1.000 | 22.7 | 3.276 | 74.3 |
| X3 | $5.63 \pm 0.4$ | 0.192 | 3.4 | 1.355 | 24.1 | 4.083 | 72.5 |
| X4 | $5.74 \pm 0.2$ | 0.241 | 4.1 | 1.274 | 22.2 | 4.225 | 73.6 |
| Y1 | $7.09 \pm 0.4$ | 0.458 | 6.5 | 1.548 | 21.8 | 5.084 | 71.7 |
| Y2 | $7.38 \pm 0.3$ | 0.500 | 6.8 | 1.514 | 20.5 | 5.366 | 72.7 |

相对于海洋的高渗环境,淡水里的各类盐离子浓度明显要低很多,其硫酸盐的浓度只有 $100 \sim 200$ μmol/L。因此在淡水沉积物中,硫酸盐还原菌将不会和产甲烷菌竞争代谢底物,这样产甲烷菌就能大量生长繁殖,由于在淡水环境中乙酸盐的含量是相对较高的,因而其中的乙酸盐营养产甲烷菌占了产甲烷菌菌种的 70%,而氢营养产甲烷菌只占不到 30%。一般在淡水沉积物中,产甲烷菌的主要类群是乙酸营养的甲烷丝状菌科,同时还有一些氢营养的甲烷微菌科和甲烷杆菌科的存在。

很多观测实验都表明,尽管存在水域和地质条件的差异,淡水沉积物中产甲烷细菌的垂直分布仍具有明显的规律性。即从水层-沉积物的接触面开始,随着深度的增加,甲烷浓度也随之增加,在 $2 \sim 27$ cm 深度之间达到最大值,深度继续增加则甲烷浓度开始下降。因为在 $2 \sim 27$ cm 这段内,环境中的营养条件、氧化还原电位及其他限制性条件均适合产甲烷细菌和生理伴生菌群的生长需求。

### 9.3.2　稻田土壤

耕作土壤中存在大量微环境,甚至表面上通气良好的土壤也存在厌氧微环境。水稻田通常吸收大量的有机物质,一旦被水淹没很快转变成厌氧状态。稻田中的产甲烷菌类群主要有甲酸甲烷杆菌、马氏甲烷八叠球菌、巴氏甲烷八叠球菌。研究发现稻田里产甲烷菌的生长和代谢具有一定的特殊规律性。第一，产甲烷菌的群落组成能保持相对恒定，当然也有一些例外，如氢营养产甲烷菌在发生洪水后就会占主要优势。第二，稻田里的产甲烷菌的群落结构和散土里的产甲烷菌群落结构是不一样的，不可培养的。水稻丛产甲烷菌群作为主要的稻田产甲烷菌类群，其甲烷产生原料主要是 $H_2/CO_2$。而在其他的散土中，乙酸营养产甲烷菌是主要的类群，甲烷主要来源于乙酸。造成这种差别可能是由于稻田里氧气的浓度要比散土中高，而在稻田里的氢营养产甲烷菌具有更强的氧气耐受性。第三，氢营养产甲烷菌的种群数量随着温度的升高而增大。第四，生境中相对高的磷酸盐浓度对乙酸营养产甲烷菌有抑制效应。

### 9.3.2.1　甲烷的排放量模型

土壤中的 $CH_4$ 主要通过 3 种途径排入大气中：

（1）大部分被植株根系等吸收，随着养分的输送再经作物的通气组织排放到大气中。

（2）形成含 $CH_4$ 的气泡，气泡上升到水面破裂而喷射到大气中。

（3）少量 $CH_4$ 是由于浓度梯度的形成而沿土壤 - 水和水 - 气界面而扩散排出。在水稻生长的大多数阶段，一般认为大约 90% 的 $CH_4$ 排放量是通过水稻植物体排到大气中去的，由气泡和分子扩散完成的输送不到排放量的 10%。甲烷的排放量可以采用 Huang's 模型计算。

Huang's 模型的基本假设为：稻田土壤的甲烷基质主要源于水稻植株的根系分泌物及加入到土壤中的有机物（包括前作残茬、有机肥、作物秸秆等）的分解。甲烷的产生率取决于产甲烷基质的供应以及环境因子的影响，甲烷氧化比例受水稻的生长发育所控制。

产甲烷基质主要来源之一的外源有机物分解，描述方程为

$$C_{OM} = 0.65 \times SI \times TI \times (k_1 \times OM_N + k_2 \times OM_S)$$

式中　$C_{OM}$——外源有机物每日分解所产生的甲烷基质，$g/(m^2 \cdot d)$；

$OM_N$，$OM_S$——有机物中易分解组分和难分解组分的含量，$g/m^2$；

$k_1$ 和 $k_2$——对应于这两种组分的潜在分解速率的一阶动力学系数；

$SI$，$TI$——土壤质地和土壤温度对这一过程的影响。

水稻在正常的生理活动过程中，其根系会不断地产生一些代谢的分泌物进入土壤。这些分泌物经土壤微生物分解后作为产甲烷菌的基质：

$$C_R = 1.8 \times 10^{-3} \times VI \times SI \times W^{1.25} \tag{9.2}$$

式中　$C_R$——每日水稻植株代谢产生的甲烷基质，$g/(m^2 \cdot d)$；

$VI$——水稻的品种系数，表示不同水稻品种间的差异；

$W$——水稻植株的地上生物量，$g/m^2$：

$$W = \frac{W_{max}}{1 + B_o \times \exp(-r \times t)} \tag{9.3}$$

$$B_o = \frac{W_{max}}{W_o} - 1 \tag{9.4}$$

$$W_{max} = 9.46 \times GY^{0.76} \tag{9.5}$$

式中　$GY$——稻谷产量，$g/m^2$；

$W_o$，$W_{max}$——水稻移栽期和成熟期地上部分生物量，$g/m^2$；

$t$——移栽后的天数；

$r$——水稻地上部分内禀生长率。

土壤环境对甲烷产生的影响主要包括土壤质地（土壤砂粒含量，SAND），温度（$T_{soil}$）及氧化还原电位（Eh）。对应于这些土壤环境因素的影响函数来量化它们对甲烷产生的影响，并分别表示为

$$\text{土壤质地影响函数 } SI = 0.325 + 0.022\,5 \times \text{SAND} \tag{9.6}$$

$$\text{土壤温度影响函数 } TI = \frac{T_{soil}^{-3}}{Q_{10}^{10}} \tag{9.7}$$

$$\text{土壤氧化还原电位影响函数 } F_{Eh} = \exp\left(-1.7 \times \frac{150 + \text{Eh}}{150}\right) \tag{9.8}$$

$Q_{10}$ 的取值范围为 $2 \sim 4$；Eh 为土壤的氧化还原电位，是初次灌溉后天数的函数。

土壤中甲烷的产生源于土壤还原条件下各种产甲烷菌的活动，在这一过程中，土壤的氧化还原电位具有关键性的影响。稻田土壤中甲烷的产生率（$P$, g/（$m^2 \cdot d$））表示为

$$P = 0.27 \times F_{Eh} \times (C_{OM} + TI \times C_R) \tag{9.9}$$

式中，常数 0.27 是甲烷（$CH_4$）相对分子质量与产甲烷基质（$C_6H_{12}O_6$）相对分子质量的比值。

土壤中甲烷通过水稻植株的通气组织向大气排放。随着水稻的生长，甲烷向大气的排放量占土壤甲烷产生量的比例越来越小。用下面公式来描述该比例的变化为

$$F_P = 0.55 \times \left(1 - \frac{W}{W_{max}}\right)^{0.25} \tag{9.10}$$

由方程（9.9）和（9.10）可以得出稻田甲烷通过植株通气组织的排放率（$E_P$, g/（$m^2 \cdot d$））为

$$E_P = F_P \times P \tag{9.11}$$

土壤水中的甲烷达到最大饱和溶解度之后，新产生的甲烷就会聚集形成气泡。这些气泡聚集到一定体积，在浮力作用下快速向上运动并最终通过水气界面进入大气。这个过程中气泡中的甲烷极少被氧化。这一途径主要表现在水稻生长的初期，植株通气组织不够发达的时候，随着水稻通气组织的逐步发育，甲烷的排放逐渐过渡到通过植株通气组织的途径进入大气。考虑到这些过程，稻田甲烷的总排放（$E$, g/（$m^2 \cdot d$））表述为

$$E = E_P + E_{bl} = \min\left(F_P, 1 - \frac{E_{bl}}{P}\right) \times P + E_{bl} \tag{9.12}$$

式中　$P$——土壤中甲烷的生产速率，g/（$m^2 \cdot d$）；

$E_{bl}$——甲烷通过气泡形式向大气的排放（g/（$m^2 \cdot d$）），即

$$E_{bl} = 0.7 \times (P - P_0) \times \frac{\ln(T_{soil})}{W_{root}} \tag{9.13}$$

$P_0$ 是土壤中甲烷达到饱和后产生气泡的临界甲烷生产率（g/（$m^2 \cdot d$））。当土壤中水溶性甲烷达到饱和并且 $P > P_0$ 时，便会有甲烷气泡产生，$P_0$ 的取值为 0.002。

$T_{soil}$ 为土壤温度（℃）；$W_{root}$ 为水稻的根生物量（$g/m^2$），$W_{root} = 0.136 \times (W_{root} + W)^{0.936}$。式中，$W$ 为水稻的地上生物量（$g/m^2$）。利用方程（9.13），对给定的 $W$ 值（方程（9.3）），通过一个离散化的递归算法（$W_{root}^{(0)} = 0$，为起点，$W_{root}^{(i)} - W_{root}^{(i-1)} < 0.1$ 作为递归的结束条件），可以计算出对应的水稻根生物量。

### 9.3.2.2 稻田甲烷排放的规律

**1. 甲烷排放的耕作层深度规律**

在稻田中,$CH_4$ 产生主要发生在稻田土壤耕作层 2 ~ 20 cm,但不同的农田作业对此有很大的影响。意大利稻田中 7 ~ 17 cm 土壤层是重要的 $CH_4$ 产生区域,13 cm 处的 $CH_4$ 产生率最大;而我国湖南地区由于独特的有机肥铺施操作,土壤中 $CH_4$ 的产生在耕作层以下 3 ~ 7 cm 就到达最大值。

**2. 甲烷排放的日变化规律**

日变化规律随环境条件而异,目前观察到的主要有 4 种日变化类型:

第一种类型是午后 13:00 出现最大值,这种变化在我国多数地区和国外观测都出现过,并且和水温、土壤浅层及空气温度的日变化一致。

第二种类型是夜间至凌晨出现排放最大值,这是比较少见的一种,可能的原因是植物在炎热夏季的中午为防止植物体内的水分散失而关闭气孔,堵塞了 $CH_4$ 向大气传输的主要途径,未能排出的 $CH_4$ 在晚上随着气孔的开启排向大气,从而出现了 $CH_4$ 排放率在夜间的极大值。

第三种类型是一日内下午和晚上出现两次最大值,这种情况在杭州地区的晚稻和第二种型式一起常被发现,可能是以上两种排放途径的作用结合在一起造成的。

第四种类型是在特殊天气条件下发生的,如在连续阴雨天气,$CH_4$ 通量的日变化不像晴天那样明显地存在余弦波式的规律,而是有逐日降低的趋势,土壤温度的变化也只有微小的波动。这可能与阴雨天水稻光合作用减弱、水稻根系分泌物减少及阴雨天土温较低造成的较低的土壤 $CH_4$ 产生率有关。

**3. 甲烷排放的季节变化规律**

稻田甲烷排放的季节变化与水稻种植系统类型(例如早稻和晚稻)、稻田的预处理方式(例如施绿肥、前茬种小麦、垄作、泡田等)、土壤特性、天气状况、水管理、水稻品种、施肥情况等因子密切相关。水稻生长期甲烷排放具有 3 个典型排放峰,分别出现在水稻生长的返青、分蘖和成熟期,有研究者得到早、晚稻各生育期的产甲烷菌数量的变化规律,见表9.5。

**表9.5 早、晚稻各生育期的产甲烷菌的数量(个/g 干土)**

| 水稻 | 取样点 | 肥力 | 返青期 | 分蘖期 | 孕穗期 |
|---|---|---|---|---|---|
| 早稻 | 华家池 | 较高 | $3.6 \times 10^3$ | $1.7 \times 10^7$ | $5.1 \times 10^4$ |
| | 杨公村 | 低 | $1.2 \times 10^2$ | $5.9 \times 10^{33}$ | $2.7 \times 10^2$ |
| 晚稻 | 华家池 | 较高 | $2.4 \times 10^2$ | $7.2 \times 10^6$ | $9.4 \times 10^5$ |
| | 杨公村 | 低 | $1.4 \times 10^2$ | $2.0 \times 10^4$ | $1.4 \times 10^4$ |

| 水稻 | 取样点 | 开花期 | 乳熟期 | 成熟期 | 平均值 |
|---|---|---|---|---|---|
| 早稻 | 华家池 | $3.9 \times 10^5$ | $1.2 \times 10^4$ | – | $4.6 \times 10^6$ |
| | 杨公村 | $7.7 \times 10^3$ | $7.8 \times 10^2$ | – | $3.0 \times 10^2$ |
| 晚稻 | 华家池 | $7.4 \times 10^5$ | $4.6 \times 10^3$ | $5.8 \times 10^3$ | $1.5 \times 10^4$ |
| | 杨公村 | $8.7 \times 10^2$ | $2.4 \times 10^3$ | $6.6 \times 10^3$ | $7.3 \times 10^3$ |

#### 9.3.2.3　稻田甲烷的减排

近几年对大气甲烷[14]C 的观察表明:由生物学过程产生的甲烷约占整个地球大气中甲烷的 80%,而其中 1/3 以上是由水稻田所释放的。稻田甲烷排放研究的最终目标之一是制定有效的减排措施。由于世界人口不可避免地在增长,我们在减少全球稻田甲烷排放的同时,必须保证水稻产量不受影响。因此比较合理的思路是通过高效的农业管理措施或高产水稻品种来实现。

目前研究较多的农业管理措施主要是施肥管理和水分管理。

稻田甲烷排放的施肥效应从总体上讲,有机肥是增加甲烷排放的重要原因,而对无机肥的报道则有一些矛盾之处,有的发现增加甲烷排放,有的发现减少甲烷排放,有的则发现几乎没有影响。许多研究表明,施肥效应主要取决于所施肥料的质量、数量及施肥方法。因此,通过适宜的施肥措施,可以在不降低水稻产量的基础上减少稻田甲烷的形成速率。

水分管理对稻田甲烷排放也具有重要影响,合理的灌溉技术(如晒田、间歇灌溉)通过改变土壤的 Eh 状况,不仅可以达到减少甲烷的产生,而且能够促进土壤中甲烷的氧化作用,从而达到减少甲烷排放的目的。

在水稻生长期的某些阶段应晒田通气,晒田时甲烷排放量下降,而且重新灌水后需相当长时间才能使甲烷的排放率回升。

研究表明,因品种差异而导致甲烷排放的差异最大可达 1 倍多,因此在培育水稻新品种时应将甲烷释放性能列入考虑范围。

## 9.4　第三类生境

反刍动物的瘤胃、人畜肠道和盲肠等是典型的第三类生境,在这种环境中,有机物的发酵过程只经历水解发酵和产甲烷两个阶段。因为瘤胃中发酵生成的各种脂肪酸迅速被肠道内壁吸收。因此,缺乏产氢产乙酸阶段,如图 9.6 所示。

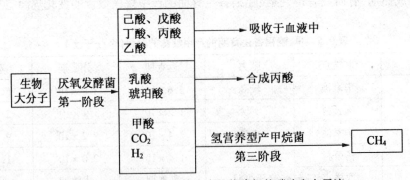

图 9.6　第三种厌氧生境中有机物降解的碳硫和电子流

### 9.4.1　反刍动物瘤胃

反刍动物瘤胃是自然界中十分重要的厌氧生境之一,可以把瘤胃看作一个半连续恒温发酵装置。反刍动物瘤胃能够为产甲烷菌提供诸如低电位、无氧等环境条件;动物瘤胃还能产生乙酸、丙酸、丁酸等有机酸,为产甲烷菌提供了足够的碳源和能源;同时随同食物进入瘤胃的唾液含有丰富的矿物质和氨基酸。据研究每升唾液中含有 N 159 mg、Na 3 005 mg、K 520 mg、Ca 26 mg、P 312 mg、$CO_2$ 2 330 mg、氨基酸 84 mg。

由于瘤胃为厌氧微生物提供了良好的环境,瘤胃中微生物的含量极为丰富。其中主要为细菌和厌氧原生动物,主要的特征见表9.6。瘤胃细菌主要的分类是纤维分解菌、淀粉水解菌、产甲烷菌,数量可以达到 $10^9 \sim 10^{10}$ 个/mL;原生动物的数量可以达到 $10^5 \sim 10^6$ 个/mL,主要以厌氧性纤毛虫和鞭毛虫为主。

表9.6　瘤胃中的细菌和原生动物

| | 细菌 | 原生动物 |
| --- | --- | --- |
| 细胞数/g 内容物 | $10 \sim (5 \times 10^{10})$ | $10^5 \sim 10^6$ |
| % 微生物氮 | 60 ~ 90 | 10 ~ 40 |
| % 总发酵力 | 40 ~ 70 | 30 ~ 60 |
| mg 干重/mg | 9 ~ 20 | 5 ~ 6 |
| g 细胞/动物(牛) | 1 463 | 455 |
| g 细胞蛋白质/动物(牛) | 797 | 248 |

饲喂高精料日粮的羊和牛的瘤胃液中分别含有产甲烷菌 $10^7 \sim 10^8$ 个/g 和 $10^8 \sim 10^9$ 个/g,放牧的羊和奶牛的瘤胃液中含有产甲烷菌 $10^9 \sim 10^{10}$ 个/g。一般认为,瘤胃中主要的产甲烷菌为瘤胃甲烷短杆菌和巴氏甲烷八叠球菌。动物瘤胃中产甲烷菌的分类及形态见表9.7。

表9.7　反刍动物瘤胃中产甲烷菌的形态及能源

| 种类 | 形态 | 能源 |
| --- | --- | --- |
| 反刍甲烷短杆菌 | 短杆状 | $H_2$/甲酸 |
| 甲烷短杆菌 | 短杆状 | $H_2$/甲酸 |
| 巴式甲烷八叠球菌 | 不规则团状 | $H_2$/甲醇、甲胺/乙酸 |
| 万式甲烷八叠球菌 | 球菌 | 甲醇、甲胺/乙酸 |
| 甲酸甲烷杆菌 | 长杆丝状 | $H_2$/甲酸 |
| 运动甲烷微菌 | 短杆状 | $H_2$/甲酸 |

动物瘤胃内生成的甲烷通过嗳气排入大气,全球反刍动物年产甲烷约 $7.7 \times 10^7$ t,占散发到大气中的甲烷总量的 15%,而且每年还以 1% 的速度递增。减少家畜体内甲烷的生成不仅可以提高动物的生产性能,而且对控制温室效应有一定作用。

甲烷的产生量主要受日粮类型、碳水化合物类型、采食量、环境温度的影响。反刍动物自由采食富含淀粉的饲料或瘤胃灌注可溶性的碳水化合物时,瘤胃丙酸产量增加,甲烷产量降低。当给动物饲喂粗饲料时,纤维素分解菌大量增殖,瘤胃主要进行乙酸发酵,产生大量的氢,瘤胃氢分压升高。这时就会刺激产甲烷菌大量增殖,甲烷产量增加。

采食量也会影响瘤胃甲烷的产量。当采食量水平提高到二倍的维持水平时,总的甲烷产量增加,但损失的甲烷能占饲料能的比例却降低 12% ~ 30%。另外,饲料的成熟程度、保存方法、化学处理和物理加工等都会影响瘤胃甲烷的产量。

尽管对瘤胃中甲烷菌优势种意见不同,但各国学者对瘤胃甲烷菌的研究主要集中于瘤胃内环境的调控。

(1)通过在日粮中添加化学药品如水合氯醛和溴氯甲烷抑制甲烷菌的活动,减少甲烷的产生。

(2)增加瘤胃中的乙酸生成菌,消耗氢气,减少甲烷菌的电子结合途径。

(3)去原虫。甲烷菌附着于瘤胃纤毛原虫表面或者与纤毛虫形成内共生体,与原虫共生的甲烷菌生成的甲烷量占甲烷生成总量的 9% ~ 25%。因此,去原虫可以降低甲烷生成量。随着对甲烷菌研究的深入,抑制瘤胃中甲烷菌的技术将更加全面,对于提高动物生产性能和控制温室效应将具有积极的意义。

### 9.4.2　人畜肠道和盲肠

#### 9.4.2.1　人体肠道

人体内存在大量共生微生物,它们大部分寄居在人的肠道中(人体肠道内的微生物种属及数量如图 9.7 所示),数量超过 1 000 万亿($10^{14}$ 数量级),是人体细胞总数的 10 倍以上,其总质量超过 1.5 kg,若将单个微生物排列起来可绕地球两圈。

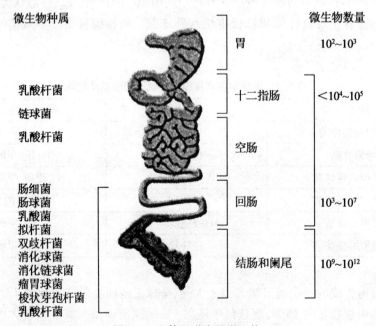

图 9.7　人体肠道内的微生物

目前估计肠道内厌氧菌有 100 ~ 1 000 种,严格厌氧的有拟杆菌属、双歧杆菌属、真杆菌属、梭菌属、消化球菌属、消化链球菌属、瘤胃球菌属,它们是消化道内的主要菌群;兼性厌氧的如埃希氏菌属、肠杆菌属、肠球菌属、克雷伯菌属、乳酸杆菌属、变性杆菌属,是次要菌群。

人的大肠吸纳未被消化的植物纤维和肠壁脱落的黏膜和细胞,发酵产物主要是脂肪

酸。大约 10% ~ 30% 的人产生数量不等的甲烷,人粪中产甲烷短杆菌的计数数量为
$10 ~ 10^{10}$ 个/g 干重,其数量多少和被检者的产甲烷速率一致。使用 $^{13}C$ 核磁共振,在人和鼠
粪中均可检测出加入 $^{13}CO_2$ 还原成 $^{13}C$ – 乙酸,同时也观察到产乙酸量多的个体则产甲烷量
低。还不清楚为什么有些人会产生较多甲烷。有趣的是,人类从膳食中获取的能量,约有
5% ~ 10% 是通过大肠吸收脂肪酸而实现的。另外,从人粪中还分离到一株球形的特殊的产
甲烷菌,需要 $H_2$ 和甲醇双重基质才能生长,虽然在总体的甲烷生成中它并不重要。

### 9.4.2.2　白蚁肠道

从解剖学和社会组织性特征可以把白蚁分为两大类群,即低等白蚁和高等白蚁。低等
白蚁包括澳白蚁科、木白蚁科、草白蚁科、鼻白蚁科和齿白蚁科 5 个科;高等白蚁仅有白蚁科
1 个科。

白蚁的明显特征就是其食木性,食物范围极广,包括木材(完好的或已腐解的)、植物叶
片、腐殖质、杂物碎屑以及食草动物粪便等,而有些白蚁进化程度较高,能够自己培养真菌,
作为其营养来源。因此,按白蚁食性,可以把白蚁分为食木白蚁、食真菌白蚁、食土白蚁和
食草白蚁。白蚁的食物都富含纤维素、半纤维素和木质素,但含氮量不高,即白蚁属于典型
的寡氮营养型生物。

白蚁消化道呈螺旋状,主要由 3 个部分组成:即前肠、中肠和后肠。与一般昆虫相比,白
蚁后肠相当发达,约占全部肠道总容积的 4/5。由于大多数白蚁个体较小,肠道内的微环境
条件难以准确描述。但可以肯定,从前肠向后肠推移,逐渐变为无氧状态,至充满微生物的
后肠部分达到最低的氧化还原电位( –50 ~ –270 mV),此处 pH 值近中性(6.2 ~ 7.6),但
食土白蚁的后肠 pH 值高达 11.0 以上。

1938 年 Hungate 就已经提出白蚁利用共生物消化木质的过程,即木质纤维进入白蚁消
化系统后,被消化道中的原生动物吸收,在原生动物体内被氧化为乙酸、二氧化碳和氢气,
乙酸被原生动物分泌到体外后又被白蚁吸收,作为生命活动的能量来源。目前在低等白蚁
的肠内已经发现了 434 种属于毛滴虫、锐滴虫和超鞭鞭毛虫的原生动物。但在高等白蚁中
很少发现原生动物。

低等木食性白蚁肠道含有丰富的多种多样的共生微生物区系,包括真核生物和原核生
物两类。其中原核生物有细菌和古菌,这些微生物在木食性白蚁消化纤维素过程中承担着
重要的作用。共生原核生物中细菌一般占优势,产甲烷菌在后肠肠壁和鞭毛虫中有分布,
产甲烷菌消耗纤维素降解的中间产物是 $H_2$,并利用 $CO_2$ 合成甲烷($4CO_2 + H_2 \longrightarrow 2H_2O +$
$CH_4$),促进纤维素的厌氧分解。有些产甲烷菌黏附在白蚁肠壁上皮,有些产甲烷菌与白蚁
肠道内的鞭毛虫共生,而游离在肠液中的产甲烷菌几乎没有。

科学家已经从白蚁体内分离得到同型乙酸菌和产甲烷菌。在白蚁肠道中,由同型产乙
酸过程产生的乙酸相当多,后肠微生物产生的乙酸可以满足白蚁 77% ~ 100% 的呼吸需要,
还有研究表明,白蚁呼吸需要的乙酸约有 1/3 是通过同型产乙酸菌产生的。Ohkuma 采用
PCR 技术分析白蚁肠道混合微生物区系的 16s RNA,从 4 种白蚁肠道中克隆到 7 种产甲烷
的核酸序列,并比较了它们的系统发育,这些产甲烷的核酸序列分为 3 个群,从高等白蚁肠
道中克隆到 2 个核酸序列与甲烷八叠球菌目和甲烷微菌目一致,从低等白蚁中克隆的核酸
序列与甲烷短杆菌一致,但是大部分产甲烷菌与已知的产甲烷菌不同,它们也不分散于已
知的产甲烷菌种中,可能作为一个独立的新种。

## 9.5　第四类生境

在温泉和海底火山热水口等环境中主要通过地质化学过程产生 $H_2$ 和 $CO_2$,而无其他有机物质。甲烷的生成只包括同型产乙酸阶段和产甲烷阶段,如图9.8所示。

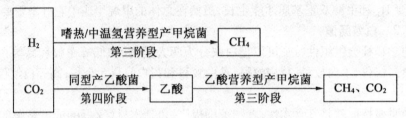

图9.8　第四种厌氧生境中有机物降解的碳流和电子流

在地热及地矿生态环境中均存在着大量能适应极端高温、高压的产甲烷菌类群,以往的研究发现大部分嗜热产甲烷菌是从温泉中分离到的。

Stetter 等从冰岛温泉中分离出来的甲烷栖热菌可在温度高达 97 ℃ 的条件下生成甲烷。Deuser 等对非洲基伍湖底层中甲烷的碳同位素组成进行研究后指出,这里产生的甲烷至少有80%是来自于氢营养产甲烷菌的 $CO_2$ 还原作用。多项研究显示出,温泉中地热来源的 $H_2$ 和 $CO_2$ 可作为产甲烷菌进行甲烷生成的底物。

除陆地温泉中存在有嗜热产甲烷菌外,在深海底热泉环境近年来也发现多种微喷口环境的产甲烷菌类群,它们不但能耐高温,而且能耐高压。例如,一种超高温甲烷菌是从加利福尼亚湾 Guayama 盆地热液喷口环境的沉积物中分离出来,其生存环境的水深约 2 000 m (相当于 20.265 MPa),水温高达 110 ℃。甲烷嗜热菌也是在海底火山口分离到的,它是以氢为电子供体进行化能自养生活的嗜高温菌,其生长温度可达 110 ℃。

在地矿环境中,由于存在有大量的有机质,其微生物资源也很丰富并极具特点,产甲烷菌在地壳层的分布比较广泛,在地壳不同深度、不同微环境中,其种属及形成甲烷气的途径各异。周翥虹等报道,在柴达木盆地第四系 1 701 m 的岩心中仍有产甲烷菌存在,并存在产甲烷的活性。张辉等指出近年来从油藏环境中分离得到的产甲烷菌主要有 3 类,包括氧化 $H_2$ 还原 $CO_2$ 产生甲烷的氢营养产甲烷菌、利用甲基化合物(依赖或不依赖 $H_2$ 作为外源电子供体)产生甲烷的甲基营养型产甲烷菌和利用乙酸产甲烷的乙酸营养型产甲烷菌。

## 9.6　其他生态环境中的产甲烷细菌

### 9.6.1　天然湿地

湿地是全球大气甲烷的最大排放源,其中天然湿地每年向大气排放 100 ~ 231 Tg 的甲烷,湿地占所有天然甲烷排放源的70%,占全球甲烷总排放量的20% ~ 39%。利用卫星监测估算的自然湿地甲烷年排放量为 167 Tg,并且发现非洲刚果河和南美洲亚马逊盆地是全球湿地甲烷的主要排放区域。

### 1. 产甲烷菌种类和甲烷产生途径

湿地是介于水生生态系统和陆生生态系统之间的过渡区,地表水多是湿地的重要特点,由于水淹导致土壤处于厌氧环境当中,这就为甲烷的产生创造了先决条件。研究表明,湿地产甲烷菌分属于 Methanomicrobiaceae(甲烷微菌科)、Methanobacteriaceae(甲烷杆菌科)、Methanococcaceae(甲烷球菌科)、Methanosarcinace-ae(甲烷八叠球菌科)和 Methanosactaceae(甲烷鬃毛菌科)等,同时,发现了一些新的产甲烷菌如 Zoige cluster I 等。

淡水湿地产甲烷菌主要以乙酸和 $H_2/CO_2$ 为底物产生甲烷,并且以乙酸发酵型产甲烷菌为主,其产生的甲烷占甲烷总量的 67% 以上。但也有研究发现,有些湿地产甲烷菌主要利用 $H_2/CO_2$ 还原产生甲烷,深层土壤尤其如此,即氢营养型产甲烷菌是主要的产甲烷功能菌。不同地区或相同地区不同植被下(表),产甲烷菌种类和甲烷产生途径存在着较大差异,这种差异主要是由于温度、底物、水位、植被类型、pH 值和硫酸盐含量等环境因子不同。

在温度较低的条件下,产甲烷菌以只利用乙酸的甲烷鬃毛菌科为主,细菌的产甲烷能力较弱;在较高温度(大约 30 ℃)条件下,产甲烷菌以乙酸和 $H_2/CO_2$ 都能利用的甲烷八叠球菌为主,温度超过 37℃ 时,Zoige cluster I 成为优势产甲烷菌。

Avery 等研究发现罗莱纳州 White Oak 河流沉积物中乙酸发酵途径产生的甲烷量占甲烷产生总量的 69% ±12%,并且发现甲烷的产生总速率、乙酸发酵产甲烷速率和 $CO_2$ 还原产甲烷速率均随着培养温度升高呈指数增长,表明 $CO_2$ 还原和乙酸发酵产甲烷都受控于温度,而不是受控于沉积物组成的季节性变化或者微生物群落大小。

充足的底物供应和适宜的产甲烷菌生长环境是甲烷产生的先决条件,底物丰富度直接决定了产甲烷菌功能的发挥。Amaral 和 Knowles 把沼生植物浸提液加入土壤,促进了甲烷的产生,把乙酸、葡萄糖等外源有机物加入产甲烷能力较低的泥炭土,显著提高了甲烷产生量。因此,易分解有机物质的缺乏可能限制了甲烷产生,即甲烷的产生受控于底物数量和质量。对泥炭沼泽和苔藓泥炭沼泽研究还发现,泥炭沼泽中水溶性有机碳一般为每升 mmol,而苔藓泥炭沼泽可以高出 2 倍,但是甲烷排放量却相反,原因就在于后者的有机酸等主要由木质素分解而来,具有较强的抗分解能力,无法进一步转化为产甲烷底物,可以说泥炭湿地中有机质组成是沼泽产甲烷潜能的主要决定因素。美国密歇根地区一个雨养泥炭地乙酸的累积刺激了以乙酸为底物的甲烷产生,占到全部甲烷产生量的 80% 以上。土壤溶液中乙酸的匮乏或非产甲烷微生物对乙酸的竞争利用,可能是此泥炭地甲烷产生量低的原因之一。研究也表明,尽管氢营养型产甲烷菌和乙酸发酵型产甲烷菌均存在于挪威高纬度 (78°N)泥炭湿地中,其甲烷排放受到泥炭温度和解冻深度而非产甲烷菌群落结构的影响,这可能由产甲烷菌可利用性底物的变化引起。可见,产甲烷底物的种类和数量在一定程度上决定着甲烷的产生,其可以通过控制产甲烷菌功能的发挥或群落结构而影响甲烷的产生。

硫酸盐还原与甲烷产生是有机底物重要的厌氧矿化过程。在淡水环境中,由于硫酸盐含量通常很低,尽管硫酸盐还原也有发生,但是产甲烷菌还原起主要作用,王维奇等对潮汐盐湿地甲烷产生及其对硫酸盐响应进行了详细综述。在硫酸盐含量丰富的盐沼湿地中,硫酸还原菌与产甲烷菌竞争利用乙酸、氢等底物,使得 $H_2/CO_2$ 的浓度减少 70% ~80%,乙酸盐减少 20% ~30%,硫酸盐的存在明显抑制甲烷产生。也有许多研究发现,在高盐环境中,甲烷产生的途径是以非竞争性机制为主,通过以非竞争性底物甲胺、三甲胺、甲醇和甲硫氨酸等作为碳源,产生甲烷,而硫酸盐还原菌不能利用此类化合物。因此,盐沼湿地甲烷产生不仅包括竞争性底物乙酸盐发酵和 $H_2/CO_2$ 还原途径,还包括非竞争性底物的氧化还原途径,且该途径可能是盐沼湿地甲烷产生的主要途径。

2. 湿地甲烷排放通量规律

湿地甲烷通量是由甲烷产生、氧化以及传输 3 个过程决定的,而每一环节条件的变化都会影响到湿地甲烷通量,因此,不同地区湿地甲烷通量不同,就是同一区域的不同湿地,其甲烷通量也不会相同,甚至同一湿地不同位置其甲烷通量也是不同的。湿地甲烷通量不光有空间上的差异,还有时间上的差异,其时间差异又分为季节差异和一天内不同时间的差异。

从全球范围来看,湿地主要集中在高纬度地区和热带地区,也是甲烷通量的最大来源。根据 IPCC 的估计,每年全球天然湿地甲烷通量为 110 Tg,而每年全球稻田的甲烷通量为 25 ~ 200 Tg,平均值为 100 Tg。不同区域甲烷通量是不一样的,这是由许多因素决定的,气候因素是影响全球甲烷通量的重要因素。

不仅在不同区域内甲烷的通量不一样,在同一区域内,由于环境异质性也会导致甲烷通量的不同;甚至在同一湿地当中,不同植被类型的甲烷通量也是不同的。王德宣等在若尔盖湿地的研究中指出,2001 年 5 ~ 9 月的暖季中若尔盖湿地的主要沼泽类型木里苔草沼泽的 $CH_4$ 排放通量范围是 0.51 ~ 3.20 mg·m$^{-2}$·h$^{-1}$,平均值为 2.87 mg·m$^{-2}$·h$^{-1}$;乌拉苔草沼泽 $CH_4$ 排放通量范围是 0.36 ~ 10.04 mg·m$^{-2}$·h$^{-1}$,平均值为 4.51 mg·m$^{-2}$·h$^{-1}$。

湿地甲烷通量的时间动态主要分为季节动态和日变化两种,时间动态的形成,也要归根于甲烷产生、氧化及传输 3 个过程的共同作用,而这 3 个过程是受到随时间变化因素的影响,这些因素包括温度、氧化还原电位、土壤酸碱度以及湿地植物的生长状况等。

一般认为,湿地甲烷通量有明显的日变化。曹云英在其对稻田甲烷排放的综述中指出,稻田甲烷排放通量是随着日出后温度逐渐升高而增大,下午达到排放高峰,然后快速下降,在夜间甲烷排放缓慢下降,并逐步趋于平稳,至日出前甲烷排放通量为最低。

黄国宏等对芦苇湿地甲烷进行观测后发现,其排放有明显的季节变化规律。大量的甲烷排放发生在夏季淹水期内,而在淹水前,土壤含水量低,表现为吸收甲烷;秋季排水后,甲烷排放明显减少。王德宣等指出,若尔盖高原沼泽湿地由于其独特的气候条件,夏季无明显的高温期,导致 $CH_4$ 排放没有明显的高峰出现。因此,不同湿地类型甲烷的季节动态也是不同的。一般认为,湿地甲烷排放的季节变化不仅和土壤、空气和水的温度有关,而且更重要的是和植物的生活型、生物量以及生长状况有关。

## 9.6.2 传统发酵酿酒窖池

窖池是中国白酒尤其是浓香型大曲酒生产酿造过程中必不可少的重要固态生物反应器,浓香型曲酒用小麦为原料,环境微生物自然接种,经培育制成大曲作为发酵剂,酿酒原料以高粱为主。发酵的主要多聚体成分是淀粉以及少量蛋白质和脂肪。酿造工艺特点是固态酒醅发酵,装料后即用泥密封,属半开放型封闭式发酵。发酵周期一般 30 d 到 60 d 不等。发酵过程中,由于各种微生物的相继作用,酒窖内迅速变成嫌气环境,温度也逐渐上升,一般最高达 30 ~ 32 ℃,在此温度维持几天后缓慢下降。

酿酒窖池内有丰富的有机营养物质,温度变化也不激烈,是厌氧中温菌良好的生态环境。发酵结束后,酒醅中乙醇体积分数可达5%以上,伴有大量有机酸和酯类物质生成。据测定,窖泥 pH 值在3.8～4.0之间,滴窖黄水的 pH 值则在 3 左右,窖内基本为酸性环境。发酵过程中除生成乙酸外,也有大量的 $CO_2$ 和 $H_2$ 生成,为乙酸营养和氢营养的甲烷菌提供了生长基质。

混蒸续糟、不间断的泥窖发酵使窖泥中的微生物长期处于高酸度、高乙醇和微氧的环境中,赋予了微生物群落结构的复杂性和特殊性,特殊的菌群结构对产品风格和质量的影响已引起众多学者的高度关注。

20 世纪 50 年代后期,原中央人民政府食品工业部组织中国科学院等数家研究机构对泸州老窖生产工艺的研究初步揭示了浓香型白酒的窖泥微生物学特征是以嫌气细菌,尤其是嫌气芽孢杆菌为优势菌群。进一步地研究揭示了产甲烷菌、甲烷氧化菌等菌群因窖龄不同而差异显著,在分离培养己酸菌、丁酸菌的基础上开发的己酸菌与产甲烷菌二元发酵人工培养技术促进了酿酒微生物学的快速发展。

浓香型白酒产香功能菌的研究,发现参与产香细菌类主要包括厌氧异养菌、甲烷菌、己酸菌、乳酸菌、硫酸盐还原菌、硝酸盐还原菌等,并认为这些微生物在特殊的环境中进行生长繁殖及代谢,各种代谢物在酶的作用下发生酯化反应而产生白酒的香气物质。由此可知,香气及其前体物产生菌主要表现为细菌类群。

何翠容等基于 FISH 技术的检测结果表明,窖泥中的细菌与古菌数量随窖龄不同而呈现较显著差异($p < 0.05$),如图9.9所示,相同窖龄窖泥中的细菌、古菌数量差异性不明显。试验窖中细菌和古菌数最低,分别为 $0.82 \times 10^9 \text{cells/g}$ 和 $0.78 \times 10^9 \text{cells/g}$,300 年窖池中细菌数最高,为 $11.19 \times 10^9 \text{cells/g}$,100 年窖池中古菌数最高,为 $12.61 \times 10^9$ 个/(g 窖泥)。

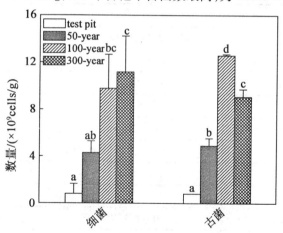

图9.9　窖池中细菌与古菌随窖龄的变化规律

窖池生态系统中微生物种群间相互依存,相互作用,使窖池形成一个有机整体,保证其微生物代谢活动的正常进行。胡承的研究表明,新老两类窖池主要厌氧功能菌分布有明显差异,产甲烷菌和己酸菌数量以老窖为多,新窖中未测出产甲烷菌;同一窖池中,产甲烷菌与己酸菌的数量有同步增长的特征趋势,己酸和甲烷菌存在共生关系;丁酸菌在代谢过程中产生的氢,被产甲烷菌及硝酸盐还原菌利用,解除其代谢产物的氢抑制现象;丁酸的累积又有利于己酸菌将丁酸转化为己酸;产甲烷菌、硝酸盐还原菌与产酸、产氢菌相互耦联,实现"种间氢转移"关系,且产甲烷菌代谢的甲烷有刺激产酸的效应,黄水中若含有大量的乳酸，被硫酸盐还原菌利用，就消除了黄水中营养物的不平衡。

窖泥中存在多种形状的产甲烷细菌（杆状、球状、不规则状等），酒窖中的厌氧环境和各种基质（如 $CO_2$、$H_2$、甲酸、乙酸等）给产甲烷菌的生长与发酵提供了有利条件。

20 世纪 80 年代首次从泸州老窖泥中分离出氢营养型的布氏甲烷杆菌 CS 菌株，揭示了酿酒窖池是产甲烷古菌存在的又一生态系统。随后发现该菌和从老窖泥中分离的己酸菌——泸酒梭菌菌株存在"种间氢转移"互营共生关系，混合培养时可较大程度提高己酸产量，以后将 CS 菌株应用于酿酒工业，与己酸菌共同促进新窖老熟，有效提高酒质。因此，窖泥中栖息的产甲烷古菌既是生香功能菌，又是标志老窖生产性能的指示菌。

王俪鲆等用厌氧操作技术，从泸州老窖古酿酒窖池窖泥中分离到两株产甲烷杆菌 0372 – D1 和 0072 – D2。0372 – D1 菌体形态为长杆状，略弯，两端整齐，不运动，可由多个菌体形成长链；在固体培养基中难以长出菌落，只利用 $H_2 + CO_2$ 产生甲烷。0072 – D2 菌体形态为弯曲杆状，淡黄色圆形菌落，利用 $H_2 + CO_2$ 或甲酸盐作为唯一碳源生长。两株菌最适生长温度均为 35 ℃、菌株 0372 – D1 最适生长 pH 值为 6.5 ~ 7.0，生长 pH 值范围 5.0 ~ 8.0；菌株 0072 – D2 最适生长 pH 值则为 7.5。在各自最适条件下培养，两株菌的最短增代时间分别为 19 h 和 8 h。通过形态、生理生化特征和 16S rDNA 序列的同源性分析，表明菌株 0372 – D1 为产甲烷杆菌属的一个新种，0072 – D2 则为甲酸甲烷杆菌（*Methanobacterium formicicum*）的新菌株，相似性为 99%。表 9.8 列出了泸州老窖古酿酒窖泥中分离到的产甲烷杆菌的特征。

表 9.8　泸州老窖古酿酒窖泥中分离到的产甲烷杆菌的特征

| 特征 | 1 | 2 |
| --- | --- | --- |
| 菌体大小 | $(0.4 ~ 0.5) \times (2 ~ 15)$ | $(0.2 ~ 0.3) \times (2 ~ 10)$ |
| 菌落大小 | ND | 1.0 ~ 2.0 |
| 底物利用 | $H_2 + CO_2$ | $H_2 + CO_2$、甲酸盐 |
| 最适温度/℃ | 35 | 35 |
| 温度范围/℃ | 15 ~ 50 | 15 ~ 50 |
| 最适 pH 值 | 6.5 ~ 7.0 | 7.5 |
| pH 值范围 | 5.0 ~ 8.0 | 6.0 ~ 9.0 |
| 最适 NaCl 浓度 | 0 | 0.2 ~ 0.5 |
| NaCl 浓度范围 | 0 ~ 4.5 | 0 ~ 5.0 |
| 来源 | 窖泥 | 窖泥 |

通过系统发育分析得出 0372 – D1 与产甲烷杆菌属中同源性最高的种 M. curvum 和 M. congolense C 的相似性为 96%。在生理特征上，菌株 0372 – D1 与产甲烷杆菌属其他种最大的区别就在于生长 pH 值范围的宽泛性和一定的耐酸能力，生化性质上也存在较大差异，因此 0372 – D1 可能为产甲烷杆菌属的一个新种。菌株 0072 – D2 与 M. formicicum 的同源性最高，为 99%，因此为甲酸甲烷杆菌的一个新菌株。

尽管我们对浓香型白酒糟醅及窖泥中的功能菌已经做了大量的研究，但也存在以下问题:首先,对发酵过程中的微生物分布及鉴定研究较多,但对具体的某种或某类功能菌鉴定及产生变化研究还远远不够;其次,功能菌研究区域有一定的局限性,目前主要集中在四川、江苏等南方产地,而河南、山东、河北等北方产地功能菌的研究是零散的;再次,从研究手段上来看,基本上还处于传统微生物研究阶段借助于分子生物学等先进方法的相对较少;最后,对于产香功能菌的认识仍不系统,其开发应用有待更进一步的研究和探索。要想真正弄清其中微生物的本质,必须借助于先进的理论和方法,如引入微生物工程、基因工程、代谢工程、发酵工程及环境微生物生态学等理论以及分子生物学的方法,以便更好地促进酒业发展,使白酒生产实现质的提高。

# 第 10 章　产甲烷菌的生理特性

产甲烷菌是有机物厌氧降解食物链中的最后一个成员,尽管不同类型产甲烷菌在系统发育上有很大差异,然而作为一个类群,突出的生理学特征是它们处于有机物厌氧降解末端的特性。

## 10.1　产甲烷菌的微生物特性

古细菌与所有已知的统归为真细菌的其他细菌有显著的差别,古细菌都存在于相当极端的生态环境下,这种极端环境条件相当于人们假定的地球发展最早的时期(太古时期)。产甲烷菌在生物界中属于古细菌界。与所有的好氧菌、厌氧菌和兼性厌氧菌都有许多极其不同的特征。产甲烷菌是一些形态极不相同,而生理功能又惊人地相似的产生甲烷的细菌的总称。近年的研究表明,所有产甲烷细菌都具有以下一些共同的特征:

(1)所有产甲烷菌的代谢产物都是甲烷和二氧化碳。

不管产甲烷菌的形态是球状、杆状、螺旋状甚至八叠球状等多种形态,它们分解利用物质的最终产物都是甲烷和二氧化碳。产生甲烷是在分离鉴别产甲烷菌时的最重要的研究特征。

(2)所有的产甲烷菌都只能利用少数几种简单的有机物和无机物作为基质。

产甲烷菌能够利用的基质范围很窄,目前为止,已知的产甲烷菌用以生成甲烷的基质只有氢、二氧化碳、甲醇、甲酸、乙酸和甲胺等少数几种有机物和无机物。就每种产甲烷菌而言,除氢和二氧化碳可作为共同的基质以外,一些种只能利用甲酸、乙酸,不能利用甲胺。只有从海洋深处分离出的一些产甲烷菌种才能利用甲胺。因此,就每个种来说,可能利用的基质就更少了。究其原因,是由于产甲烷菌体缺乏自身合成的许多酶类,因而不能对较广泛的有机物质进行分解利用。

(3)所有产甲烷菌都只能在很低的氧化还原电位环境中生长。

到目前为止,所分离出的产甲烷菌种都是绝对厌氧的。一般认为,参与中温消化的产甲烷细菌要求环境中应维持的氧化还原电位应低于 $-350$ mV;参与高温消化的产甲烷细菌则应低于 $-500 \sim -600$ mV。产甲烷细菌在氧体积分数低至 $2 \sim 5$ μL/L 的环境中才生长得好,甲烷生产量也大。

## 10.2　产甲烷菌的细胞结构特征

根据近年来的研究,产甲烷菌、嗜盐细菌和耐热嗜酸细菌一起被划为古细菌部分。古细菌与所有已知的统归为真细菌的其他细菌有显著的差别,古细菌都存在于相当极端的生态环境下,这种极端环境条件相当于人们假定的地球发展最早的时期(太古时期),古细菌有许多共同的特征,但是均与真细菌有所不同;即使在此类群细菌内,细胞形态、结构和生理方面也存在显著差异。

### 1. 细胞壁

产甲烷菌的细胞壁并不含肽聚糖骨架,而仅含蛋白质和多糖,有些产甲烷菌含有"假细胞壁质";而真细菌中革兰氏染色阳性菌的细胞壁内含有 40% ~50% 的肽聚糖,在革兰氏染色阴性细菌中,肽聚糖的质量分数大约占 5% ~10%。

### 2. 细胞膜

微生物的细胞膜主要由脂类和蛋白质构成,脂类包括中性脂和极性脂。

在产甲烷细菌的总脂类中,中性脂占 70% ~80%。细胞膜中的极性脂主要为植烷基甘油醚,即含有 $C_{20}$ 植烷基甘油二醚与 $C_{40}$ 双植烷基甘油四醚,而不是脂肪酸甘油酯。细胞膜中的中性脂以游离 $C_{15}$ 和 $C_{30}$ 聚类异戊二烯碳氢化合物的形式存在,如图 10.1 所示。由表 10.1 可以看出产甲烷菌的脂类性质很稳定,缺乏可以皂化的脂键,一般条件下不易被水解。

真细菌中的脂类与此不同,甘油上结合的是饱和的脂肪酸,且以脂键连接,可以皂化,易被水解。在真核生物的细胞中,甘油上结合的都为不饱和脂肪酸,也以脂键连接。

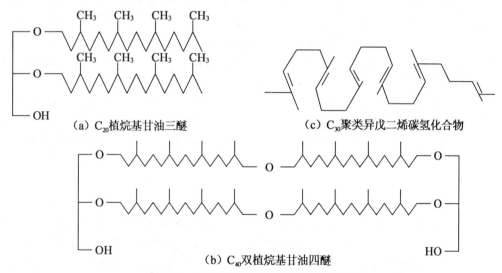

（a）$C_{20}$ 植烷基甘油三醚　　　　　（c）$C_{30}$ 聚类异戊二烯碳氢化合物

（b）$C_{40}$ 双植烷基甘油四醚

图 10.1　产甲烷菌细胞膜中的脂类分子结构

表 10.1　古细菌、真细菌和其核生物细胞壁和细胞膜膜成分比较

| 成分 | 古细菌 | 真细菌 | 真核生物(动物) |
|---|---|---|---|
| 细胞壁 | + | + | - |
| 细胞壁特征 | 不含有典型原核生物的细胞壁 | 有典型原核 | |
| | 缺乏肽聚糖 | 有肽聚糖 | |

续表 10.1

| 成分 | 古细菌 | 真细菌 | 真核生物(动物) |
|---|---|---|---|
| N-乙酰胞壁酸 | - | + | - |
| 脂类 | 疏水基为植烷醇醚键连接 | 疏水基为磷脂键连接 | 疏水基为磷脂键连接 |
| | 完全饱和并分支的 $C_{20}$ 化合物 | 饱和脂肪酸和不饱和脂肪酸各一 | 均为不饱和脂肪酸 |

### 3. 气体泡囊

现在发现具有游动性的产甲烷细菌,是甲烷球菌目(Methanococcales)以及甲烷微菌目中的甲烷螺菌属(*Methanospirillum*)、产甲烷菌属(*Methanogenium*)、甲烷叶菌属(*Methanolobus*)和甲烷微菌属(*Methanomicrobium*)。关于细菌游动性的生理作用,目前唯一令人信服的看法是,它们对环境刺激的趋向性,或趋向于环境的刺激,或远离(背向)环境的刺激。微生物能够用于调整它们在生境中位置的另一机制是可漂浮的泡囊。气体泡囊只在一些嗜热甲烷八叠球菌(Mah 等人,1977;Zhilina 和 Zavarzin,1987)和三株嗜热甲烷丝菌(Kamagata 和 Mikami,1991;Nozhevnikova 和 Chudina,1985;Zinder 等人,1987)中检出。气泡在这些产甲烷细菌中的功能尚不清楚。但研究者们注意到,甲烷丝菌 CALS-1 菌株细胞在其生长的早期阶段气泡较少,而进入稳定期气泡较多(Zinder 等人,1987)。同时还发现,在基质耗尽的甲烷丝菌 CALS-1 菌株培养物的上面漂浮着数条细胞带,可见这很可能是细胞撤离乙酸贫乏生境的一种机制。然而应该指出的是,研究者们在并不有利于漂浮作用的连续混合厌氧生物反应器中也分离到具有气泡的甲烷丝菌 CALS-1 菌株和巴氏甲烷八叠球菌 W 菌株(Mah 等人,1977)。在连续混合的嗜热生物反应器中,一种类似甲烷丝菌的细胞含有气泡(Zinder 等人,1984)。因此研究者们认为,气泡的存在可能是一种退化现象,也可能是除漂浮作用外还有其他功能。

### 4. 储存物质

生物需要内源性能源和营养物质,以便在缺乏外源性能源和营养物质时能够生存,产甲烷细菌也不例外。例如,可运动的氢营养型产甲烷细菌,在培养基中少量 $H_2$ 被耗尽后的较长时间内,仍能从显微镜的湿载玻片上观察到菌体的运动。这些储存物质通常都是一些多聚物,它们是在营养物质过剩时作为能源和营养物储存起来。产甲烷细菌中已检测出储存性的多聚物糖原和聚磷酸盐。

糖原已在以下产甲烷细菌中检测到:甲烷八叠球菌属(Murray 和 Zinder,1987)、甲烷丝菌属(Pellerin 等人,1987)、甲烷叶菌属(König 等人,1985)和甲烷球菌属(König 等人,1985)。限制氮源和碳能量过量的条件下,是典型刺激其他生物储存糖原的途径,同样也使嗜热甲烷八叠球菌和廷达尔角甲烷叶菌累积糖原(König 等人,1985;Murray 和 Zinder,1987)。关于糖原在能量饥饿条件下降解作用的证据,已在嗜热甲烷八叠球菌和廷达里角甲烷叶菌的研究中获得(König 等人,1985;Murray 和 Zinder,1987),而甲烷八叠球菌在缺能 24 h 内仍具有完整的游动性。廷达尔角甲烷叶菌降解 1 mol 糖原检测出 1mol $CH_4$。试验研究证明,含有糖原的嗜热甲烷八叠球菌的饥饿细胞比缺乏糖原的细胞维持着更高的 ATP 水平,因此更容易从乙酸转换到甲醇作为产甲烷基质(Murray 和 Zinder,1987)。这些研究尽管还未完全了解其起因和作用,但是可以认为,糖原可以作为产甲烷细菌的短期储存能量。令人感到好奇的是,糖原作为内源性碳水化合物可以被产甲烷细菌利用,却从未发现过产甲烷细菌利用外源性碳水化合物。这正如前面所讨论的那样,可能反映出产甲烷细菌缺乏与发酵性细菌竞争外源性碳水化合物的能力。

聚磷酸盐也在甲烷八叠球菌中检测到(Rudnick 等人,1990;Scherer 和 Bochem,1983)。试验研究证明,弗里西亚甲烷八叠球菌(*Methanosarcina frisia*)所含聚磷酸盐的量,取决于生长培养基中磷酸盐的浓度,磷酸盐浓度为 mol/mL 培养基中生长的细胞,1 g 细胞蛋白储存 0.26 g 聚磷酸盐(Rudnick 等人,1990)。现在还未研究聚磷酸盐在产甲烷细菌中的生理作用。事实上,尽管有试验证明,聚磷酸盐能够使糖和 AMP 磷酸化,并可作为磷酸盐储存物,然而聚磷酸盐在真细菌中的生理作用尚不清楚(Wood 和 Clark,1988)。

如前所述,甲烷杆菌目(Methanobacteriales)和甲烷嗜热菌属(*Methanopyrus*)的菌体中含有环 2,3 - 二磷酸甘油酸盐(cDPG,Kurr 等人,1991)。弗里西亚甲烷八叠球菌也含有低水平的 cDPG(Rudnick 等人,1990)。由于 cDPG 分子中含有高能酯键,由此有理由认为它是作为储存能量的化合物,最初它被称为"甲烷磷酸原"(methanophosphogen)(Kanodia 和 Roberts,1983),尽管现在还没有这方面作用的直接证据。热自养甲烷杆菌只有在培养基中存在着可利用的磷酸盐和 $H_2$ 时,才能储存 cDPG(Seely 和 Fahmey,1984)。试验研究还证明,cDPG 可以作为生物合成的中间产物(Evans 等人,1985)。最近发现,热自养甲烷杆菌的提取物含有高水平的 2,3 - 二磷酸甘油酸盐,它可以通过形成磷酸烯醇丙酮酸盐而转化成 ATP(van Alebeek 等人,1991)。作者推测,2,3 - 二磷酸甘油酸盐可能由 cDPG 衍生而来,因为这一反应已在热自养甲烷杆菌的提取物中检测到(Sastry 等人,1992)。因此,cDPG 可能有多种多样的作用(磷酸原、磷酸盐储存化合物、生物合成中间产物、蛋白质稳定剂和 osmolyte),在不同的产甲烷细菌中可能完成一种或一种以上功能。

5. 氨基酸

产甲烷菌中含有其他微生物所含有的各种氨基酸,至今尚未发现有特殊的氨基酸存在。在不同种产甲烷菌中氨基酸的含量不同,见表 10.2,可以看出谷氨酸含量最高,其次是丙氨酸。

表 10.2　产甲烷细胞内氨基酸的数量

| 氨基酸 | 嗜热自养甲烷杆菌 | | 巴氏甲烷八叠球菌 | |
|---|---|---|---|---|
| | μmol/500 mg 细胞 | 占总氨基酸的百分比/% | μmol/500 mg 细胞 | 占总氨基酸的百分比/% |
| 天门冬氨酸 | 1.81 ± 0.24 | 2.5 | 2.50 ± 0.54 | 3.1 |
| 苏氨酸 | 0.85 ± 0.12 | 1.2 | 1.96 ± 0.42 | 2.4 |
| 丝氨酸 | 0.65 ± 0.16 | 0.9 | 0.49 ± 0.23 | 0.6 |
| 谷氨酸 | 37.86 ± 4.92 | 51.5 | 53.04 ± 12.27 | 64.8 |
| 谷氨酰胺 | 存在 | | 存在 | |
| 脯氨酸 | 0.89 ± 0.09 | 1.2 | 0.81 ± 0.35 | 1.0 |
| 甘氨酸 | 3.88 ± 0.50 | 5.3 | 4.12 ± 0.89 | 5.0 |

续表 10.2

| 氨基酸 | 嗜热自养甲烷杆菌 | | 巴氏甲烷八叠球菌 | |
|---|---|---|---|---|
| | μmol/500 mg 细胞 | 占总氨基酸的百分比/% | μmol/500 mg 细胞 | 占总氨基酸的百分比/% |
| 缬氨酸 | 0.75 ± 0.24 | 1.0 | 1.48 ± 0.28 | 1.8 |
| 亮氨酸 | 0.85 ± 0.10 | 0.8 | 0.70 ± 0.10 | 0.9 |
| 丙氨酸 | 23.73 ± 2.55 | 32.3 | 15.25 ± 1.66 | 18.6 |
| 赖氨酸 | 1.80 ± 0.28 | 2.4 | 0.95 ± 0.20 | 1.2 |
| 精氨酸 | 0.67 ± 0.13 | 0.9 | 0.53 ± 0.12 | 0.6 |
| 总计 | 73.47 | | 81.83 | |

## 10.3　产甲烷菌的辅酶

产甲烷菌是迄今所知最严格的厌氧菌，因为它不仅必须在无氧条件下才能生长，而且只有当氧化还原电位低于 −330 mV 时才产甲烷。它们从简单的碳化合物转化成为甲烷的过程中获得生长所需的能量。产甲烷菌能够利用的基质范围很窄。绝大多数产甲烷菌从 $H_2$ 还原 $CO_2$ 生成甲烷的过程中获取能量。

产甲烷菌在生长和产甲烷过程中有一整套作为 C 和电子载体的辅酶（表 10.3）。在这些辅酶中，有些是产甲烷菌与非产甲烷菌所共有的。例如 ATP、FAD、铁氧还蛋白、细胞色素和维生素 $B_{12}$。同时产甲烷菌体内有 7 种辅酶因子是其他微生物及动植物体内不存在的，它们是辅酶 M、辅酶 $F_{420}$、$F_{350}$、B 因子、CDR 因子和运动甲烷杆菌因子。这些因子，可以分为两类：①作为甲基载体的辅酶；②作为电子载体的辅酶。产甲烷菌的生理特性与其细胞内存在的许多特殊辅酶有密切关系。这些辅酶包括 $F_{420}$、CoM 等。

表 10.3　产甲烷菌的辅酶

| 辅酶 | 特征性结构成分 | 功能 | 类似物 |
|---|---|---|---|
| $CO_2$ 还原因子 | 对位取代的酚、呋喃、甲酰胺 | 甲酰水平上的 $C_1$ 载体 | 无 |
| （四氢）甲烷蝶呤 | 7 - 甲基蝶呤，对位取代的苯胺 | 甲酰、甲叉和甲基水平上的 $C_1$ 载体 | 四氢叶酸 |
| 辅酶 M | 2 - 巯基乙烷硫胺 | 甲基水平上的 $C_1$ 载体 | 无 |
| $F_{430}$ 因子 | Ni - 四吡咯卟吩型结合 | 末端步骤中的辅酶 | 无 |
| 辅酶 $F_{430}$ | 5 - 去氮核黄素 | 电子载体 | 黄素、NAD |
| B 组分 | 未知 | 末端步骤中的辅酶 | 未知 |
| 因子 III | 5 - 羟苯并咪唑钴胺 | 甲基水平上的 $C_1$ 载体 | 5,6 - 二甲苯咪唑钴胺（$B_{11}$) |
| 细胞色素、铁氧还蛋白、FAD、ATP | | 辅酶作用不大 | |

产甲烷代谢途径中包含了两类重要的辅酶：①作为甲基载体的辅酶；②作为电子载体的辅酶。主要的辅酶有以下几种。

### 10.3.1　氢化酶

在产甲烷菌作用下，二氧化碳被氢还原成甲烷的初始步骤是分子氢的激活。利用 $H_2/CO_2$ 为基质的产甲烷菌通常包含两种氢化酶：一种是利用辅酶 $F_{420}$ 为电子受体的氢化酶，另一种是非还原性辅酶 $F_{420}$ 氢化酶。在产甲烷代谢中，辅酶 $F_{420}$ 氢化酶催化次甲基四氢甲基蝶呤还原成亚甲基四氢甲基蝶呤，再进一步催化还原成甲基蝶呤；非还原性辅酶 $F_{420}$ 氢化酶的生理功能有两种：①激活二氧化碳，并将它催化还原成甲酰基甲基呋喃；②在甲基辅酶 M 的还原过程中提供电子。迄今为止，研究人员已对 20 多种微生物的氢化酶进行了较为详尽的研究。从已报道的研究结果来看，产甲烷菌的氢化酶结构类似于铁氧还蛋白，并含有对酸不稳定硫，其活性中心为 [4Fe－4S]，结构图如图 10.2 所示。

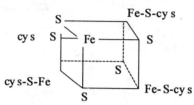

图 10.2　氢化酶的 [4Fe－4S] 结构

### 10.3.2　辅酶 $F_{420}$

辅酶 $F_{420}$ 是一种脱氮黄素单核苷酸的类似物，在磷酸酯侧链上附有一条 N－（N－L－乳酰基－r－谷酰基）－L－谷氨酸侧链（图 10.3）。在不同的生长条件下，产甲烷菌能合成侧链上有 3～5 个谷酰胺基团的辅酶 $F_{420}$ 衍生物。氧化态的辅酶 $F_{420}$ 的激发波长为 420 nm，发射波长为 480 nm。辅酶 $F_{420}$ 首先被 Fzeng 和 Cheeseman 等所发现，后来被证实在产甲烷细菌中普遍存在。

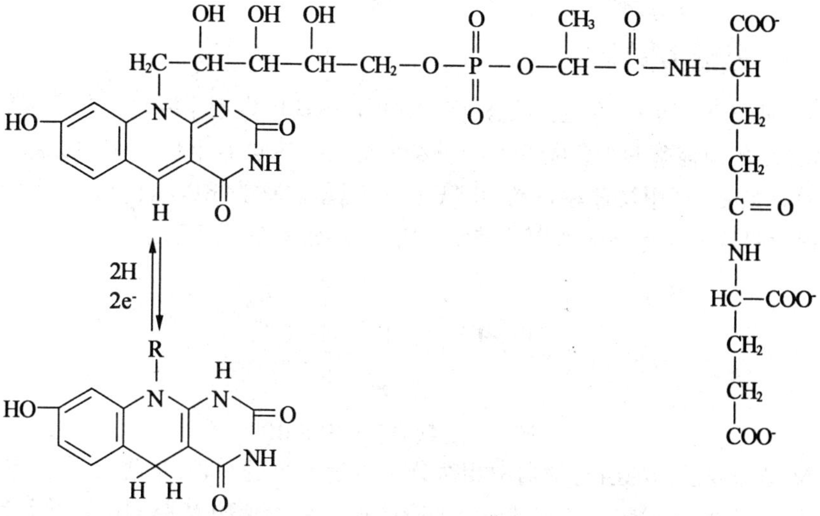

图 10.3　辅酶 $F_{420}$ 的结构

由表10.4可以看出,大多数产甲烷菌中辅酶$F_{420}$含量相当高,一般不低于150 mg/kg湿细胞),但在巴氏甲烷八叠球菌和瘤胃甲烷短杆菌中辅酶$F_{420}$的含量却很低( <20 mg/kg湿细胞)。目前除产甲烷菌外,还没有发现其他专性厌氧菌存在有辅酶$F_{420}$和其他在420 nm激发、480 nm发射荧光的物质。因此,利用荧光显微镜检测菌落产生的荧光已成为定产甲烷菌的一种重要技术手段。

表10.4  产甲烷菌和非产甲烷菌细胞内辅酶$F_{420}$的含量

| 产甲烷细菌 | ( mg/kg 湿细胞) | 非产甲烷细胞 | ( pmol/mg 干重) |
|---|---|---|---|
| 布氏甲烷杆菌 M.O.H. 菌株 | 410 | 嗜盐细菌菌株 GN-1 | >210 |
| 布氏甲烷杆菌 M.O.H.G. 菌株 | 226 | 嗜热菌质体(*Thermoplasma*) | >5.0 |
| 嗜热自养甲烷杆菌 | 324 | 硫叶菌(*Sulf ol obus solf at icus*) | >1.1 |
| 甲酸甲烷杆菌 | 206 | 链霉菌(*Strep tamy ces spp.*) | <20 |
| 亨氏甲烷杆菌 | 319 | | |
| 黑海产甲烷菌 | 120 | | |
| 嗜树木甲烷短杆菌 AZ 菌株 | 306 | | |
| 瘤胃甲烷短杆菌 MI 菌株 | 6 | | |
| 巴氏甲烷八叠球菌 | 16 | | |
| 非产甲烷菌 | | 产甲烷菌 | |
| 何德氏产乙酸杆菌 | <2 | 嗜热自养甲烷杆菌 | 3 800 |
| 大肠杆菌 JK-1 | <3 | 甲酸甲烷杆菌 | 2 400 |

辅酶$F_{420}$的作用是独特的,它不能替代其他电子载体,也不能被其他电子载体所替代。这可能由于辅酶$F_{420}$与其他电子载体的分子结构不同,还可能因为它们的氧化还原电位不同。辅酶$F_{420}$是一种低电位($E_0 = -340 \sim -350$ mV)电子载体。由于大部分产甲烷菌缺少铁氧还蛋白,辅酶$F_{420}$替代它起电子载体的作用:

$$H_2 + F_{420} = H_2F_{420}$$

## 10.3.3  辅酶 M(CoM)

1970年,McBride和Wolfe在甲烷杆菌 M.O.H 菌株中发现了一种参与甲基转移反应的辅酶,并将其命名为辅酶 M。Gunsalus和Wolfe发现嗜热自养甲烷杆菌的细胞粗提取液中加入甲基辅酶 M 后,产甲烷速率提高30倍,这种现象被称为 RPG 效应。它表明辅酶 M 在产甲烷过程中起着极为重要的作用。辅酶 M 的结构如图10.4所示。

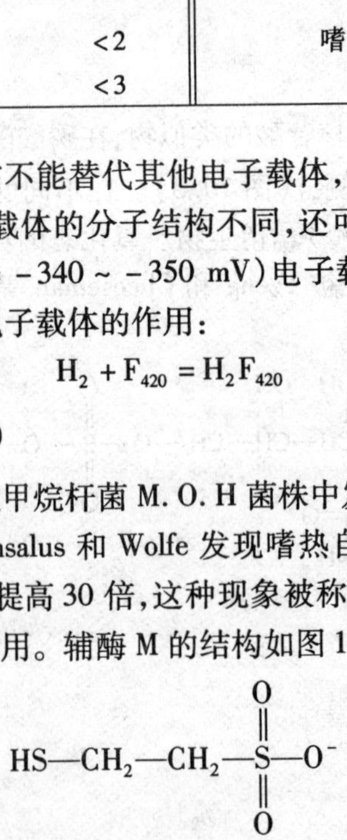

$$\text{HS—CH}_2\text{—CH}_2\text{—}\overset{\displaystyle O}{\underset{\displaystyle O}{\overset{\|}{\underset{\|}{S}}}}\text{—O}^-$$

图10.4  辅酶 M 的结构图

辅酶 M 是迄今已知的所有辅酶中相对分子质量最小的一种,辅酶 M 含硫量高,具有良好的渗透性,无荧光,在260 nm处有最大的吸收值。另外辅酶 M 是对酸及热均稳定的辅助因子。辅酶 M 有3个特点:①是产甲烷菌独有的辅酶,可鉴定产甲烷菌的存在;②在甲烷形成过程中,辅酶 M 起着转移甲基的功能;③辅酶 M 中的 $CH_3-S-CoM$ 具有促进 $CO_2$ 还原为 $CH_4$ 的效应,它作为活性甲基的载体,在 ATP 的激活下,迅速形成甲烷:

$$CH_3-S-CoM \xrightarrow{H_2,ATP} CH_4 + HS-CoM$$

辅酶 M(简写为 CoM)有 3 种存在形式,见表 10.5。

表 10.5　辅酶 M 的存在形式

| 简写 | 化学结构 | 化学名称 | 俗称 |
|---|---|---|---|
| $HS-CoM$ | $HS-CH_2CH_2SO_3^-$ | 2 - 巯基乙烷磺酸 | 辅酶 M |
| $(S-CoM)_2$ | $O_3SCH_2CH_2S-SCH_2CH_2SO_3^-$ | 2,2' - 二硫二乙烷磺酸 | 甲基辅酶 M |
| $CH_3-S-CoM$ | $CH_3-S-CH_2CH_2SO_3^-$ | 2 - (甲基硫)乙烷磺酸 | 甲基辅酶 M |

这 3 种形式的转化过程可以表述为:

(1)$HS-CoM$ 为 CoM 的原型。

(2)CoM 在空气中极易被氧化为 2,2' - 二硫二乙烷磺酸$[(S-CoM)_2]$,在 NADPH - $(S-CoM)_2$ 还原酶的作用下,$(S-CoM)_2$ 还原成为活性 $HS-CoM$。

(3)$HS-CoM$ 在转甲基酶的作用下经过甲基化作用,形成 $CH_3-S-CoM$。

由表 10.6 可知,不同种的产甲烷菌或同种但利用的底物不同,所含辅酶 M 的数量也有差异,一般为 $0.3 \sim 1.6$ μmol/mg 干重。

表 10.6　产甲烷菌细胞内辅酶 M 的含量

| 产甲烷菌 | 无细胞提取液中（nmol/mg 蛋白） | 完整细胞中 | |
|---|---|---|---|
| | | nmol/mg | nmol/mg 蛋白 |
| 嗜热自养甲烷杆菌 | 3.0　6.1　9.1　21.1 | 2.0 | 6.7 |
| 甲酸甲烷杆菌 | 3.2　31.2 | 8.4 | 17.5 |
| 亨氏甲烷螺菌 | >0.1 | 1.2 | 3.0 |
| 布氏甲烷杆菌 | 17.8　19.0 | 6.0 | 12.1 |
| 巴氏甲烷八叠球菌 MS | | | |
| $H_2/CO_2$ | 15.0　20.0　20.0　22.0 | 1.5 | 3.0 |
| $CH_3OH$ | 50.0 | 16.2 | 44.4 |
| 史氏甲烷短杆菌 PS | – | 5.0 | 8.3 |
| 瘤胃甲烷短杆菌 | 0.3　0.48 | 0.5 | 0.7 |
| 嗜树木甲烷短杆菌 | – | 3.3 | – |
| 活动甲烷微菌 | – | 0.3 | 0.26 |

| 产甲烷菌 | 无细胞提取液中 (nmol/mg 蛋白) | 完整细胞中 | |
|---|---|---|---|
| | | nmol/mg | nmol/mg 蛋白 |
| 嗜树木甲烷短杆菌 AZ | – | – | 5.1 |
| 卡列阿科产甲烷菌 JRI | – | – | 0.75 |
| 黑海产甲烷菌 JRI | – | – | 0.32 |
| 范尼氏甲烷球菌 | 0.5 | | |
| 沃氏甲烷球菌 PS | 2.0 | | |

### 10.3.4　甲基呋喃

在利用 $H_2/CO_2$ 产甲烷的代谢途径中,甲基呋喃(MFR)是 $CO_2$ 激活和还原过程中的第一个载体,所以早期的文献中称它为二氧化碳还原因子(CDR)。甲基呋喃的结构如图 10.5 所示,它是一类 C4 位取代的氨基呋喃类化合物,存在于所有的产甲烷菌中。在产甲烷菌中目前至少发现了有 5 种 R 取代基不同的甲基呋喃衍生物。

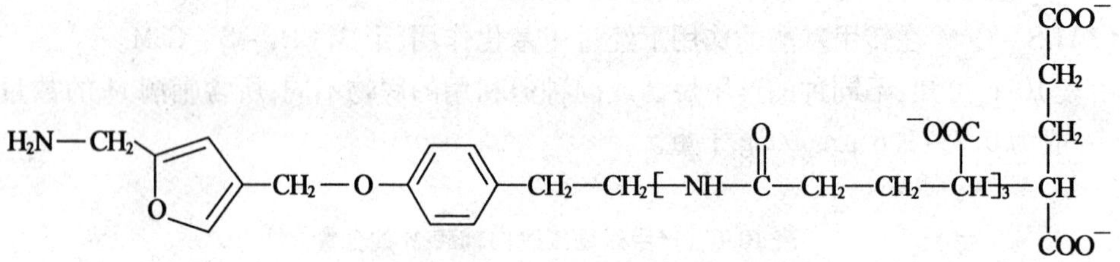

图 10.5　甲基呋喃的基本结构

甲基呋喃的基本结构如图 10.5 所示,相对分子质量为 748。甲基呋喃在产甲烷菌中的含量为 $0.5 \sim 2.5$ mg/kg 细胞干重。目前有关甲基呋喃衍生物作为产甲烷过程生化指标的测定方法还未见专门的报道。

### 10.3.5　四氢甲基蝶呤

四氢甲基蝶呤($H_4MTP$)是产甲烷代谢 C1 化合物还原和甲基转移的重要载体。它从甲酰基甲基呋喃获得甲酰基,将其还原为甲基,最后将甲基传递给辅酶 M。四氢甲基蝶呤的化学结构与四氢叶酸有相似之处,如图 10.6 所示。甲烷八叠球菌 spp 菌株含有四氢甲基蝶呤的另一种异构体——四氢八叠蝶呤,只是 R 取代基中多了一个谷酰胺基。

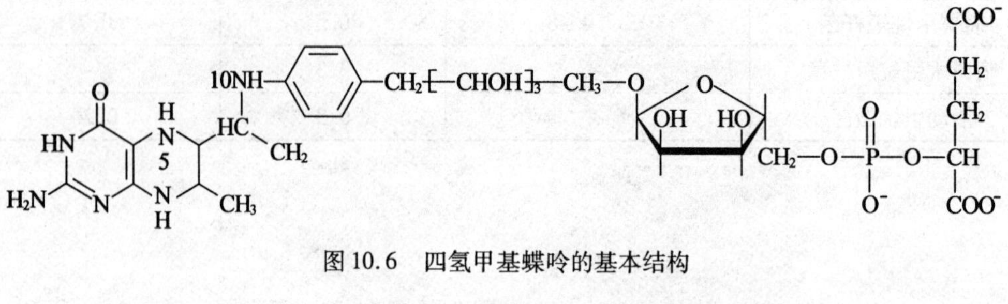

图 10.6　四氢甲基蝶呤的基本结构

四氢甲基蝶呤是一种能发射荧光的化合物(激发波长 $E_m$ = 287 nm,发射波长 $E_x$ = 480 nm),在紫外光照下能够发出蓝色荧光,可用高压液相色谱技术进行分离。根据它的这些性质,可定量测定产甲烷菌中的四氢甲基蝶呤。

### 10.3.6　$F_{350}$(辅酶350)

$F_{350}$(辅酶350)是一种含镍的具有毗咯结构的化合物,在紫外光(波长 350 nm)的照射下,会发生蓝白色荧光。研究表明,它很可能在甲基辅酶 M 还原酶的反应中起作用。

### 10.3.7　$F_{430}$(辅酶430)

$F_{430}$ 是一种含镍的,相对分子质量的经羧甲基和羧乙基甲基化修饰的黄色化合物。它具有四吡咯结构。$F_{430}$ 是甲基辅酶 M 还原酶组分 C 的弥补基,参与甲烷形成的末端反应。$F_{430}$ 在产甲烷菌中的含量丰富,约为 $0.23 \sim 0.80$ μmol/g 细胞干重。$F_{430}$ 在细胞中主要是与细胞内的蛋白质部分结合,很少游离于细胞中。

当产甲烷菌生长在有限 Ni 浓度条件下生长时,被吸收的 Ni 中的 50% ~70% 用于合成细胞中的 $F_{430}$,剩余30% ~50% 的 Ni 结合在细菌的蛋白质部分。生长于 Ni 浓度为5μmol/L时,产甲烷菌和非产甲烷菌体内的 Ni 及 $F_{430}$ 的含量见表10.7。

表 10.7　Ni 浓度为 5 μmol/L 时,产甲烷菌和非产甲烷菌体内的 Ni 含量及 $F_{430}$ 的含量

| 生物 | | Ni $n$ mol/L | $F_{430}$ $n$ mol/L |
|---|---|---|---|
| 产甲烷菌 | 嗜热自养产甲烷菌 Marburg | 1 100 | 800 |
| | 嗜热自养产甲烷菌 $\Delta H$ | – | 643 |
| | 史氏甲烷短杆菌 | 680 | 307 |
| | 范尼氏甲烷球菌 | 290 | 227 |
| | 亨氏甲烷螺菌 | 581 | 482 |
| | 巴氏甲烷八叠球菌 | – | 800 |
| 非产甲烷菌 | 嗜热乙酸梭菌 | 250 | < 10 |
| | 伍德氏乙酸杆菌 | 400 | < 10 |
| | 大肠杆菌 | – | < 10 |

# 10.4　产甲烷菌的生长繁殖

产甲烷菌主要采用二分裂殖法进行繁殖,即一个细菌细胞壁横向分裂,形成两个子代细胞。具体来说就是当细菌细胞分裂时,DNA 分子附着在细胞膜上并复制为二,然后随着细胞膜的延长,复制而成的两个 DNA 分子彼此分开;同时,细胞中部的细胞膜和细胞壁向内生长,形成隔膜,将细胞质分成两半,形成两个子细胞,这个过程就被称为细菌的二分裂。

一般来说,产甲烷菌的生长繁殖进行得相当缓慢,在适宜的条件下,其倍增时间可以达到几小时到几十小时不等,甚至还可以达到 100 小时,而好氧菌在适宜的条件下的倍增时间仅为数十分钟。

### 10.4.1　营养条件

几种产甲烷的适宜基质见表 10.8，产甲烷菌的营养需求主要分为能源及碳源、氮源以及微量金属元素和维生素。

表 10.8　几种产甲烷的适宜基质

| 菌名 | 生长和产甲烷的基质 | 菌名 | 生长和产甲烷的基质 |
|---|---|---|---|
| 甲酸甲烷杆菌 | $H_2$、HCOOH | 亨氏甲烷螺菌 | $H_2$、HCOOH |
| 布氏甲烷杆菌 | $H_2$ | 索式甲烷丝菌 | $CH_3COOH$ |
| 嗜热自养甲烷杆菌 | $H_2$ | 巴氏甲烷八叠球菌 | $H_2$、$CH_3COH$、$CH_3NH_2$、$CH_3COOH$ |
| 瘤胃甲烷短杆菌 | $H_2$、HCOOH | 嗜热甲烷八叠球菌 | $CH_3OH$、$CH_3NH_2$、$CH_3COOH$ |
| 万氏甲烷球菌 | $H_2$、HCOOH | 嗜甲基甲烷球菌 | $CH_3OH$、$CH_3NH_2$ |

1. 能源及碳源

产甲烷菌只能利用简单的碳素化合物，这与其他微生物用于生长和代谢的能源和碳源明显不同。常见的基质包括 $H_2/CO_2$、甲酸、乙酸、甲醇、甲胺类等。有些种能利用 CO 为基质但生长差，有的种能生长于异丙醇和 $CO_2$ 上。绝大多数产甲烷菌可利用 $H_2$，但食乙酸的索氏甲烷丝菌、嗜热甲烷八叠球菌等不能利用 $H_2$，能利用氢的产甲烷菌多数可利用甲酸，有些只能利用氢。甲烷八叠球菌在产甲烷菌中是能代谢底物种类最多的细菌，一般可利用 $H_2/CO_2$、甲醇、乙酸、甲胺、二甲胺、三甲胺，有的还可利用 CO 生长。后来的研究发现，一些食氢的产甲烷菌还可利用短链醇类作为电子供体，氧化仲醇成酮或者氧化伯醇成羧酸。

根据碳源物质的不同，可以把产甲烷细菌分为无机营养型、有机营养型、混合营养型 3 类。无机营养型仅利用 $H_2/CO_2$；有机营养型仅利用有机物，混合营养型既能利用 $H_2/CO_2$，又能利用 $CH_3COOH$、$CH_3NH_2$ 和 $CH_3OH$ 等有机物。

细胞得率是用于对细胞反应过程中碳源等物质生成细胞或其产物的潜力进行定量评价的量。产甲烷菌的细胞得率 $Y_{CH_4}$（表 10.9）随生长基质的不同而不同，以巴氏甲烷八叠球菌为例。

表 10.9　巴氏甲烷八叠球菌的细胞得率 $Y_{CH_4}$

| 生长基质 | 反应 | $\Delta G^{0'}/(kJ \cdot mol^{-1})$ | $Y_{CH_4}/(mg \cdot mmol^{-1})$ |
|---|---|---|---|
| $CH_3COOH$ | $CH_3COOH \longrightarrow CH_4 + CO_2$ | −31 | 2.1 |
| $CH_3OH$ | $4CH_3OH \longrightarrow 3CH_4 + CO_2 + 2H_2O$ | −105.5 | 5.1 |
| $H_2/CO_2$ | $4H_2 + CO_2 \longrightarrow CH_4 + 2H_2O$ | −135.7 | $8.7 \pm 0.8$ |

从表 10.10 中可以看出，在形成甲烷的几种基质中，碳原子流向甲烷的容易程度大致如下：$CH_3OH > CO_2 > {}^*CH_3COOH > CH_3{}^*COOH$。此外，研究表明，乙酸甲基碳流向甲烷的数量受其他甲基化合物的影响很大。例如当乙酸单独存在时，96% 的乙酸甲基碳流向甲烷；而当有甲醇存在时，乙酸甲基碳更多地是流向 $CO_2$ 和合成细胞。

表 10.10　产甲烷菌利用不同基质的自由能

| 反应 | $\Delta G^{0'}/(\text{kJ} \cdot \text{mol}^{-1})$ |
| --- | --- |
| $4H_2 + CO_2 \longrightarrow CH_4 + 2H_2O$ | -131 |
| $4HCOO^- + 4H^+ \longrightarrow CH_4 + 3CO_2 + 2H_2O$ | -119.5 |
| $4CO + 2H_2O \longrightarrow CH_4 + 3CO_2$ | -185.5 |
| $4CH_3OH \longrightarrow 3CH_4 + CO_2 + 2H_2O$ | -103 |
| $4CH_3NH_3^+ + 2H_2O \longrightarrow 3CH_4 + CO_2 + 4NH_4^+$ | -74 |
| $2(CH_3)_2NH_2^+ + 2H_2O \longrightarrow 3CH_4 + CO_2 + 2NH_4^+$ | -74 |
| $4(CH_3)_3NH^+ + 6H_2O \longrightarrow 9CH_4 + 3CO_2 + 4NH_4^+$ | -74 |
| $CH_3COO^- + H^+ \longrightarrow CH_4 + CO_2$ | -32.5 |
| $4CH_3CHOHCH_3 + HCO_3^- + H^+ \longrightarrow 4CH_3COCH_3 + CH_4 + 3H_2O$ | -36.5 |

　　产甲烷菌将 $CO_2$ 固定为细胞碳的途径至今研究得还不是很明确,目前普遍认为两分子 $CO_2$ 缩合最终形成乙酰 CoA,Holder 等提出 $CO_2$ 固定的推测图示,如图 10.7 所示。

$$CO_2 \longrightarrow CH_3-X \longrightarrow CH_3-S-CoM \longrightarrow CH_4$$

$$CO_2 \longrightarrow [CO]-Y \xrightarrow{CH_3-X} CH_3-CO-Y \xrightarrow{HS-CoA} CH_3-CO-SCoA \longrightarrow 细胞碳$$

图 10.7　由 $CO_2$ 合成乙酰 CoA 的推测性图示

　　X 和 Y 分别表示含类咕啉的甲基转移酶和 CO 脱氢酶。在 CO 脱氢酶的作用下 $CO_2$ 还原成为乙酸中的羧基,当这一还原过程被氰化物抑制,CO 就能代替 $CO_2$ 而被转化为乙酰 CoA 中的 C1。

2. 氮源

　　产甲烷菌均能利用铵态氮为氮源,但对氨基酸的利用能力差。瘤胃甲烷短杆菌的生长要求氨基酸。酪蛋白胰酶水解物可以刺激某些产甲烷菌和布氏甲烷杆菌的生长。一般来说,培养基中加入氨基酸,可以明显缩短世代时间,且可增加细胞产量。产甲烷菌中氨同化的过程与一般的微生物相同,都是以谷氨酸合成酶(GS)/α-酮戊二酸氨基转移酶(GOGAT)途径为第一氨同化机理。在嗜热自养甲烷杆菌的细胞浸提液中丙氨酸脱氢酶(ADH)的活性达到 $(15.7 \pm 4.5)$ nmol/min/mg 蛋白起着第二氨同化机理的作用,表 10.11 所示的氨转移酶的活性证明了这一点。

表 10.11　产甲烷菌中氨转酶活性的比较

| 酶 | 比活性(nmol/min/mg 蛋白) | |
| --- | --- | --- |
| | 嗜热自养甲烷杆菌 | 巴氏甲烷八叠球菌 |
| 谷氨酸合成酶 | $6.1 \pm 2.6$ | $93.0 \pm 25.8$ |
| 谷氨酸脱氢酶 | <0.05 | <0.05 |

续表 10.11

| 酶 | 比活性（nmol/min/mg 蛋白） | |
| --- | --- | --- |
| | 嗜热自养甲烷杆菌 | 巴氏甲烷八叠球菌 |
| 谷氨酰胺合成酶 | <0.05 | <0.05 |
| 谷氨酸/丙酮酸转氨酶 | $102.0 \pm 25.9$ | $6.4 \pm 1.19$ |
| 谷氨酸/草酰乙酸转氨酶 | $348.8 \pm 124.2$ | $9.7 \pm 2.69$ |
| 丙氨酸脱氢酶 | $15.7 \pm 4.5$ | <0.05 |

丙氨酸脱氢酶（ADH）的活性依赖于丙酮酸、NADH 和氨的浓度，对氨有较高的 $K_m$ 值，当嗜热自养甲烷杆菌从过量的环境转移至氨浓度在较低水平时，ADH 的活性显著降低，而谷氨酸合成酶（GS）/α – 酮戊二酸氨基转移酶（GOGAT）的比活性提高；相反当从氨浓度在较低水平转移至氨浓度过量的环境中时，ADH 的活性显著提高，而谷氨酸合成酶（GS）/α – 酮戊二酸氨基转移酶（GOGAT）的比活性下降，见表 10.12。

表 10.12　氢浓度对嗜热自养甲烷杆菌的 ADH 和 GS 比活性的影响

| 氮源 | $NH_4^+$ 浓度 mmol/L | | 比活性 nmol/min/mg 蛋白 | |
| --- | --- | --- | --- | --- |
| | 贮库 | 容量 | ADH | GS |
| 起始过量 | 15.4 | 13.2 | $2.96 \pm 1.26$ | $0.78 \pm 0.35$ |
| 转入限制 | 1.5 | 0.02 | $0.49 \pm 0.35$ | $1.54 \pm 0.64$ |
| 起始限制 | 1.5 | 0.88 | $0.56 \pm 0.44$ | $1.43 \pm 0.71$ |
| 转入过量 | 20.0 | – | $1.98 \pm 0.65$ | $0.86 \pm 0.31$ |

### 3. 其他营养条件

Speece 对产甲烷菌所需的营养给出一个顺序：N、S、P、Fe、Co、Ni、Mo、Se、维生素 $B_2$、维生素 $B_{12}$。缺乏上述某一种营养，甲烷发酵仍会进行但速率会降低，特别指出的是只有当前面一个营养元素足够时，后面一个才能对甲烷菌的生长起激活作用。

近年来研究表明，Ni 是产甲烷菌必需的微量金属元素，是尿素酶的重要成分。产甲烷菌生长除需要 Ni 以外，尚需 Fe、Co、M、Se、W 等微量元素，但对产甲烷菌中的 $F_{430}$ 而言，其他微量金属元素均不能替代 Ni 的作用。

某些产甲烷菌必须某些维生素类才能生长，或有刺激作用，尤其是 B 族维生素培养基配制维生素溶液配方见表 10.13。

表 10.13　维生素溶液配方（mg/L 蒸馏水）

| | | | |
| --- | --- | --- | --- |
| 生物素 | 2 | 叶酸 | 2 |
| 盐酸吡哆醇 | 10 | 核黄素 | 5 |
| 硫胺素 | 5 | 烟酸 | 5 |
| 泛酸 | 5 | 维生素 $B_{12}$ | 0.1 |
| 对 – 氨基苯甲酸 | 5 | 硫辛酸 | 5 |

所有产甲烷菌的生长均需要 Ni、Co 和 Fe,有些产甲烷菌需要其他金属元素,如 Mo 能刺激嗜热自养甲烷杆菌和巴氏甲烷八叠球菌的生长并在细胞内积累。有些产甲烷菌的生长需要较高浓度 Mg 的存在。培养基配制常用微量元素溶液配方见表 10.14。

表 10.14　常用微量元素溶液配方(g/L 蒸馏水)

| 氨基三乙酸 | 1.5 | $MgSO_4 \cdot 7H_2O$ | 3.0 |
|---|---|---|---|
| $MnSO_4 \cdot 7H_2O$ | 0.5 | NaCl | 1.0 |
| $CoCl_2 \cdot 6H_2O$ | 0.1 | $CaCl_2 \cdot 2H_2O$ | 0.1 |
| $FeSO_4 \cdot 7H_2O$ | 0.1 | $ZnSO_4 \cdot 7H_2O$ | 0.1 |
| $CuSO_4 \cdot 5H_2O$ | 0.01 | $AlK(SO_4)_2$ | 0.01 |
| $H_3BO_3$ | 0.01 | $Na_2MoO_4$ | 0.01 |
| $NiCl_2 \cdot 6H_2O$ | 0.02 | | |

## 10.4.2　环境条件

除了生长基质对产甲烷菌的生长繁殖有重要影响外,环境条件的作用也是不容忽视的,比较重要的环境条件主要包括氧化还原电位、温度、pH 值、抑制剂等。

1. 氧化还原电位

产甲烷细菌是世人熟知的严格厌氧细菌,一般认为产甲烷细菌生长介质中的氧化还原电位应低于 -0.3 V(Hungate,1967)。据 Hungate(1967)计算,在此氧化还原电位下 $O_2$ 的浓度理论上为 $10^{-56}$g/L,因此可以这样说,在良好的还原生境中 $O_2$ 是不存在的。

厌氧消化系统中氧化还原电位的高低对产甲烷细菌的影响极为明显。产甲烷细菌细胞内具有许多低氧化还原电位的酶系。当体系中氧化态物质的标准电位高和浓度大时(亦即体系的氧化还原电位时),这些酶系将被高电位不可逆转地氧化破坏,使产甲烷细菌的生长受到抑制,甚至死亡。例如,产甲烷细菌产能代谢中重要的辅酶因子在受到氧化时,即与蛋白质分离而失去活性。

一般认为,参与中温消化的产甲烷细菌要求环境中应维持的氧化还原电位应低于 -350 mV;参与高温消化的产甲烷细菌则应低于 -500 ~ -600 mV。产甲烷细菌在氧浓度低至2 ~ 5 μL/L的环境中才生长得好,甲烷生产量也大。

尽管产甲烷细菌在有氧气存在下不能生长或不能产生 $CH_4$,但是它们暴露于氧环境下时也有着相当的耐受能力。

Zehnder 和 Brock(1980)将淤泥样稀释瓶在37 ℃好氧条件下剧烈振荡6 h,使黑色淤泥变为棕色,然后将此淤泥置于空间为空气的密闭血清瓶中培养。结果发现氧很快被耗尽,而且甲烷的氧化与形成几乎以1∶1 000 的速率平行发生,氧对于甲烷的氧化没有促进性影响,在氧耗尽后甲烷的形成和氧化都比氧耗尽前更大的速率进行。这种经好氧处理的甲烷氧化和形成均比不经好氧处理下的要小。利用消化器污泥所获得的结果也与此相似。即氧不仅在某种程度上抑制甲烷的形成,也抑制甲烷的氧化。也表明氧并不是影响甲烷厌氧氧化的直接因子。

2. 温度

根据产甲烷菌对温度的适应范围,可将产甲烷细菌分为3类:低温菌、中温菌和高温菌。

低温菌的适应范围为 20 ~ 25 ℃,中温菌为 30 ~ 45 ℃,高温菌为 45 ~ 75 ℃。经鉴定的产甲烷菌中,大多数为中温菌,低温菌较少,而高温菌的种类也较多。

与甲烷形成一样,甲烷厌氧氧化液呈现出两个最适的温度范围:中温性和高温性。甲烷形成的第一个最适范围在 30 ~ 42 ℃,最高活性在 37 ℃左右;第二个活性范围在 50 ~ 60 ℃,最高在 55 ℃左右。这些结果表明甲烷形成与氧化活性的适宜温度范围是十分一致的。

应该指出的是:产甲烷菌要求的最适温度范围和厌氧消化系统要求维持的最佳温度范围经常是不一致的。例如,嗜热自养甲烷杆菌的最适温度范围为 65 ~ 70 ℃,而高温消化系统维持的最佳温度范围则为 50 ~ 55 ℃。之所以存在差异,原因在于厌氧消化系统是一个混合菌种共生的生态系统,必须照顾到各菌种的协调适应性,以保持最佳的生化代谢之间的平衡。如果为了满足嗜热自养甲烷杆菌,把温度升至 65 ~ 70 ℃,则在此高温下,大部分厌氧的产酸细菌很难正常生活。

### 3. pH 值

从图 10.8 可以看出大多数中温产甲烷菌的最适 pH 值范围在 6.8 ~ 7.2 之间,但各种产甲烷菌的最适 pH 值相差很大,从 6.0 ~ 8.5 不等。pH 值对产甲烷菌的影响主要表现在 3 个方面:影响菌体及酶系统的生理功能及活性,影响环境的氧化还原电位,影响基质的可利用性。

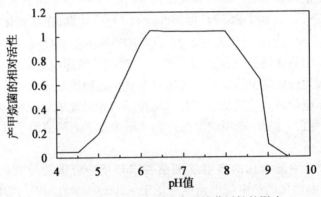

图 10.8　pH 值对反应器中产甲烷菌活性的影响

在培养产甲烷菌的过程中,随着基质的不断吸收,pH 值也随之变化,一般来说当基质为 $CH_3COOH$ 或 $H_2/CO_2$ 时,pH 值会逐渐升高;基质为 $CH_3OH$ 时,pH 值会逐渐降低。pH 值的变化速度基本上与基质的利用速率成正比。当基质消耗尽时,pH 值会逐渐地趋向于某一稳定值。因为 pH 值的变化偏离了最适值或者试验规定值,因此不可避免地影响实验的准确性,因此当监测到 pH 值的变化时,要向培养基质中加入一些缓冲物质,如 $K_2PO_4$ 和 $KH_2PO_4$,或者 $CO_2$ 和 $NaHCO_3$ 等。

### 4. 抑制剂

2 - 溴乙烷磺酸是产甲烷细菌产甲烷的特异性抑制剂,它同样是甲烷厌氧氧化的强抑制剂。无论是在自然的厌氧环境中还是活性消化污泥中都显示出其抑制作用。而且甲烷的厌氧氧化过程比甲烷形成过程对此化合物似乎更为敏感。如在消化污泥和湖沉积物中抑制甲烷厌氧氧化活性 50% 的 2 - 溴乙烷磺酸浓度为 $10^{-5}$ mol/L 浓度。而抑制 50% 甲烷形

成活性则需 $10^{-3}$mol/L 浓度。2 - 溴乙烷磺酸对于以各种基质的甲烷形成和甲烷氧化抑制 50% 时的深度也不相同。另外硫酸盐的存在不仅影响甲烷的形成也影响甲烷的厌氧氧化，而且也呈现出硫酸盐对甲烷厌氧氧化的影响比对甲烷形成更大。随着硫酸盐浓度的增加，甲烷的厌氧氧化量占甲烷形成量的比率随之减小。在不存在或低浓度(1 mmol/L)硫酸盐情况下，甲烷的厌氧氧化量与甲烷形成量的比率随着温育时间的延长而增加，便随着硫酸盐浓度的增加，这种趋势渐趋消失。

# 10.5　产甲烷菌与不产甲烷菌之间的相互作用

无论是在自然界还是在消化器内，产甲烷菌是有机物厌氧降解食物链中的最后一组成员，其所能利用的基质只有少数几种 $C_1$、$C_2$ 化合物，所以必须要求不产甲烷菌将复杂有机物分解为简单化合物。由于不产甲烷菌的发酵产物主要为有机酸、氢和二氧化碳，所以通称其为产酸(发酵)菌。它们所进行的发酵作用统称为产酸阶段。如果没有产甲烷菌分解有机酸产生甲烷的平衡作用，必然导致有机酸的积累使发酵环境酸化。不产甲烷菌和产甲烷菌相互依存又相互制约，它们之间的相互关系可以分为协同作用和竞争作用。

## 10.5.1　协同作用

1. 不产甲烷菌为产甲烷菌提供生长和产甲烷所必需的基质

不产甲烷菌把各种复杂有机物如碳水化合物、脂肪、蛋白质进行降解，生成游离氢、二氧化碳、氨、乙酸、甲酸、丙酸、丁酸、甲醇、乙醇等产物，其中丙酸、丁酸、乙醇等又可被产氢产乙酸菌转化为氢、二氧化碳和乙酸等。这样，不产甲烷菌通过其生命活动为产甲烷菌提供了合成细胞物质和产甲烷所需的碳前体和电子供体、氢供体和氮源。产甲烷菌则依赖不产甲烷菌所提供的食物而生存，同时通过降低氢分压使得不产甲烷菌的反应顺利进行。

2. 不产甲烷菌为产甲烷菌创造适宜的厌氧环境

产甲烷菌为严格厌氧微生物，只能生活在氧气不能到达的地方。厌氧微生物之所以要如此低的氧化还原电位，一是因为厌氧微生物的细胞中无高电位的细胞色素和细胞色素氧化酶，因而不能推动发生和完成那些只有在高电位下才能发生的生物化学反应；二是因为对厌氧微生物生长所必需的一个或多个酶的 -SH，只有在完全还原以后这些酶才能活化或活跃地起酶学功能。严格厌氧微生物在有氧环境中会极快被杀死，但它们并不是被气态的氧所杀死，而是不能解除某些氧代谢产物而死亡。在氧还原成水的过程中，可形成某些有毒的中间产物，例如，过氧化氢($H_2O_2$)、超氧阴离子($O_2^-$)和羟自由基($OH^-$)等。好氧微生物具有降解这些产物的酶，如过氧化氢酶、过氧化物酶、超氧化物歧化酶(SOD)等，而严格厌氧微生物则缺乏这些酶。超氧阴离子($O_2^-$)由某些氧化酶催化产生，超氧化物歧化酶可将 $O_2^-$ 转化为 $O_2$ 和 $H_2O_2$。$H_2O_2$ 可被过氧化氢酶转化为水和氧。

3. 不产甲烷菌为产甲烷菌清除有毒物质

在处理工业废水时，其中可能含有酚类、苯甲酸、抗菌素、氰化物、重金属等对于产甲烷菌有害的物质。不产甲烷菌中有许多种类能裂解苯环，并从中获得能量和碳源，有些能以氰化物为碳源。这些作用不仅解除了对产甲烷菌的毒害，而且给产甲烷菌提供了养分。此外不产甲烷菌代谢所生成的硫化氢，可与重金属离子作用生成不溶性的金属硫化物沉淀，从而解除一些重金属的毒害作用。如：

$$H_2S + Cu^{2+} \longrightarrow CuS \downarrow + 2H^+$$

$$H_2S + Pb^{2+} \longrightarrow PbS + 2H^+$$

4. 产甲烷菌又为不产甲烷菌的生化反应解除了反馈抑制

不产甲烷细菌的发酵产物可以抑制产氢细菌的继续产氢，酸的积累可以抑制产酸细菌的继续产酸。在正常沼气发酵工程系统中，产甲烷细菌能连续不断地利用不产甲烷细菌产生的氢气、乙酸、$CO_2$ 等合成甲烷，不至于有氢和酸的积累，因此解除了不产甲烷细菌产生的反馈抑制，使不产甲烷细菌就能继续正常生活，又为产甲烷细菌提供了合成甲烷的碳前体。

5. 不产甲烷菌和产甲烷菌共同维持环境中适宜的 pH 值

在沼气发酵初期，不产甲烷细菌首先降解原料中的糖类、淀粉等产生大量的有机酸、$CO_2$，$CO_2$ 又能部分溶于水形成碳酸，使发酵液料中 pH 值明显下降。但是不产甲烷细菌类群中还有一类细菌叫氨化细菌，能迅速分解蛋白质产生氨，氨可中和部分酸。

### 10.5.2　竞争作用

1. 基质的竞争

在天然生境中，产甲烷细菌厌氧代谢存在着 3 个主要竞争基质的对象：硫酸盐还原细菌、产乙酸细菌和三价铁（$Fe^{3+}$）还原细菌。

大多数硫酸盐还原细菌为革兰氏阴性蛋白细菌，其中脱硫肠状菌属为真细菌的革兰氏阳性分支，而极端嗜热的古生球菌属为古细菌。它们都能够利用硫酸盐或硫的其他氧化形式（硫代硫酸盐、亚硫酸盐和元素硫）作为电子受体生成硫化物作为主要的还原性产物。作为一个细菌类群，它们能够利用的电子供体比产甲烷细菌要宽得多，包括有机酸、醇类、氨基酸和芳香族化合物。

产乙酸细菌（又称为耗 $H_2$ 产乙酸细菌或同型产乙酸细菌）属真细菌的革兰氏阳性分支，作为一个类群，它们能够利用基质的种类更多，包括糖类、嘌呤和甲氧基化芳香族化合物的甲氧基。

$Fe^{3+}$ 还原细菌最近才有研究报道。有一种叫作 GS – 15 的 $Fe^{3+}$ 还原细菌，能够利用乙酸或芳香族化合物作为电子供体，而腐败希瓦氏菌能够利用 $H_2$、甲酸或有机化合物作为电子供体还原 $Fe^{3+}$。

2. $H_2$ 的竞争

一种可以表示微生物的氢气竞争能力的量是细菌利用 $H_2$ 的表观 $K_m$ 值。产甲烷细菌和产甲烷生境利用 $H_2$ 的表观 $K_m$ 值为 $4 \sim 8$ $\mu mol H_2$（$550 \sim 1\,100$ Pa），而硫酸盐还原细菌的 $K_m$ 值要低一些，约为 2 $\mu mol$；白蚁鼠孢菌，一种产乙酸细菌，其 $K_m$ 值为 6 $\mu mol$。一些厌氧细菌的 $K_m$ 值见表 10.15。

表 10.15　纯菌培养物和产甲烷生境利用 $H_2$ 的表观 $K_m$ 值

| 细菌或生境 | 表观 $K_m$ 值 | |
|---|---|---|
| | μm | Pa |
| 亨氏甲烷螺菌 | 5 | 670 |
| 巴氏甲烷八叠球菌 | 13 | 1 000 |
| 热自养甲烷杆菌 | 8 | 1 100 |
| 甲酸甲烷杆菌 | 6 | 800 |
| 普通脱硫弧菌 | 2 | 250 |
| 脱硫脱硫弧菌 | 2 | 270 |
| 白蚁鼠孢菌 | 6 | 800 |
| 瘤胃液 | 4～9 | 860 |
| 污水污泥 | 4～7 | 740 |

另外可以表示氢气竞争能力的值为基质利用的最低临界值,该值可以用来描述厌氧氢营养型细菌之间的相互作用。一些厌氧细菌的最低临界值见表 10.16。

表 10.16　氢营养型厌氧细菌的临界值

| 细菌 | 电子接受反应 | $\Delta G^0/(kJ \cdot mol^{-1})$ | $H_2$ 临界值 | |
|---|---|---|---|---|
| | | | /Pa | /nmol |
| 伍氏醋酸杆菌 | $CO_2 \rightarrow$ 乙酸 | -26.1 | 52 | 390 |
| 亨氏甲烷螺菌 | $CO_2 \rightarrow CH_4$ | -33.9 | 3.0 | 23 |
| 史氏甲烷短杆菌 | $CO_2 \rightarrow CH_4$ | -33.9 | 10 | 75 |
| 脱硫脱硫弧菌 | $SO_4^{2-} \rightarrow H_2S$ | -38.9 | 0.9 | 6.8 |
| 伍氏醋酸杆菌 | 咖啡酸 → 氢化咖啡酸 | -85.0 | 0.3 | 2.3 |
| 产琥珀酸沃林氏菌 | 延胡索酸 → 琥珀酸 | -86.0 | 0.002 | 0.015 |
| 产琥珀酸沃林氏菌 | $NO_3^- \rightarrow NH_4^+$ | -149.0 | 0.002 | 0.015 |

3. 乙酸的竞争

甲烷丝菌被认为只能够利用乙酸,利用乙酸缓慢,细胞产量低,而且能够在非常低的浓度下利用乙酸。另一方面,甲烷八叠球菌利用基质的范围要宽得多,能够利用几种基质生长,利用这些基质的速度快,而且有较高的细胞产量。

TAM 有机体是一种嗜热的乙酸营养型产甲烷细菌,它除了利用乙酸外,还能够利用 $H_2/CO_2$ 和甲酸。TAM 有机体利用乙酸的倍增时间是 4 d,比典型的嗜热甲烷八叠球菌的倍增时间(约 0.5 d)或甲烷丝菌的倍增时间(约 1 d)要长得多。

其他乙酸营养型厌氧细菌,包括硫酸盐还原细菌和 $Fe^{3+}$ 还原细菌。正如利用 $H_2$ 产甲烷作用一样,高浓度的硫酸盐和 $Fe^{3+}$ 都会明显抑制沉积物中利用乙酸的产甲烷作用。乙酸营养型厌氧培养物进行乙酸代谢的表观 $K_m$ 值和最低临界值见表 10.17。

表 10.17　乙酸营养型厌氧培养物进行乙酸代谢的表观 $K_m$ 值和最低临界值

| 细菌 | 表观 $K_m$ 值 | 临界值 |
|---|---|---|
| 巴氏甲烷八叠球菌 Fusaro 菌株 | 3.0 | 0.62 |
| 巴氏甲烷八叠球菌 227 菌株 | 4.5 | 1.2 |
| 甲烷丝菌 | – | 0.069 |
| 索氏甲烷丝菌 Opfikon 菌株 | 0.8 | 0.005 |
| 索氏甲烷丝菌 CALS – 1 菌株 | >0.1 | 0.012 |
| 索氏甲烷丝菌 GP1 菌株 | 0.86 | – |
| 索氏甲烷丝菌 MT – 1 菌株 | 0.49 | – |
| TAM 有机体 | 0.8 mmol | 0.075 |
| 乙酸氧化互营培养物 | – | >0.2 mmol |
| 波氏脱硫菌 | 0.23 | – |

**4. 其他产甲烷基质的竞争**

　　硫酸盐含量高的海洋和港湾沉积物中,产甲烷速率都很低。San Francisco Bay 沉积物中加入 $H_2/CO_2$ 和乙酸的产甲烷作用会被硫酸盐抑制,但硫酸盐不能抑制甲醇、三甲胺和蛋氨酸的产甲烷作用,因为这些基质能够转化成甲硫醇和二甲硫。此外,在沉积物中加入产甲烷抑制剂溴乙烷硫酸,会引起甲醇的积累,而[14]C – 甲醇在这些沉积物中会被转化成甲烷。因此人们假定,这些甲基化合物为“非竞争性”基质,硫酸盐还原细菌对它们的利用能力极差。但是,King(1984)获得了海洋沉积物中的硫酸盐还原细菌氧化甲醇的研究结果,以及一些甲胺的氧化作用,然而目前尚不清楚的是,什么环境条件有利于甲基化基质的产甲烷作用而不利于利用甲基化基质的硫酸盐还原作用。

# 第 11 章 产甲烷菌的基因组研究

## 11.1 产甲烷菌基因组特征

基因组(Genome)是一个物种的单倍体的所有染色体及其所包含的遗传信息的总称。基因组和比较基因组的研究为一个物种基因的组织形式和不同物种间基因的进化关系的分析提供了一种全面的、高通量的分析手段。

1996 年伊利诺伊大学完成了第一个产甲烷菌 Methanococcus jannaschii 的基因组测序。迄今为止已有 4 个目中的 5 种产甲烷菌(表 11.1)完成基因组测序。热自养甲烷杆菌、嗜树木甲烷短杆菌、伏氏甲烷球菌、热无机营养甲烷球菌、嗜盐甲烷球菌以及巴氏中烷八叠球菌的基因组分别为:$1,0 \pm 0.2 \times 10^9$,$1.8 \pm 0.3 \times 10^9$,$1.8 \pm 0.3 \times 10^9$,$1.1 \pm 0.2 \times 10^9$,$2.6 \times 10^9$ 和 $1.1 \pm 0.2 \times 10^9$ g/mol,这些数值在典型原核生物基因组的范围之内。产甲烷菌基因组 DNA 具有原核生物的性质。

表 11.1 产甲烷菌基因组特征

| 目 | 种 | 基因组/bp | G + C/% | Gen bank 组号 |
|---|---|---|---|---|
| Methanobacteriales | Methanothermobacter thermautotrophicus | 1 757 377 | 49.5 | NC – 000916 |
| Methanococcalea | Methanococcus jannaschii | 1 739 933 | 31.3 | NC – 000909<br>NC – 001732 |
| Methanopyrales | Methanopyrus kandleri AV19 | 1 694 969 | 62.1 | NC – 003551 |
| Methanosarcinales | Methanosarcina acetivorans C2A | 5 751 492 | 42.7 | NC – 003552 |
| | Methanosarcina mazei Goe1 | 4 096 345 | 41.5 | NC – 003901 |

从已获得的数据来看,产甲烷菌基因组的大小约为 $1.5 \times 10^6 \sim 6 \times 10^6$ bp。一般来说,产甲烷菌基因组由一个环状染色体组成,但也有一些产甲烷菌除了含一个环状染色体外,还含有染色体外元件(Extrachromosomal Element,ECE)。比如 Methanococcus jannaschii 不仅含有 1 个 1 664 976 bp 的环状染色体,还含有 1 个 58 407 bp 的大 ECE 和 1 个 16 550 bp 的小 ECE。产甲烷菌的 G + C 含量在 30% ~65% 之间,这种变化与其所生存的环境相关。比

如嗜热的 Methanopyrus kandleri AV19 的 G + C 含量高达 62.1%。

编码蛋白的 ORF 与一个物种的复杂度相关联,产甲烷菌的 ORF 约在 1 500 ~ 5 000 之间。

### 11.1.1　DNA 复制子

依据变性和复性动力学知识,有人预言,产甲烷菌核 DNA 具原核生物 DNA 的复杂性,同时包含大量独特序列,而且它比大肠杆菌(*Escherichia coli*)的基因组小。这个预言的准确性因后来沃氏甲烷球菌(*Methanococcus voltae*)基因组物理图谱的发表而得到证实,这个基因组是单个、环状、双链 DNA 分子,约为 1.9 Mbp 长,为大肠杆菌基因组大小的 45%。Southern 杂交实验为沃氏甲烷球菌基因组几乎所有基因定了位。与细菌一样,一些具相关功能的基因是群聚的,而同一生化途径的基因并非连锁。一些含有许多可移动插入序列的嗜盐古细菌的基因已定位,与之相反,沃氏甲烷球菌基因图谱却没有给出时常发生重复序列的证据。除核 DNA 外,一些产甲烷细菌也具有质粒 DNA,然而,迄今为止,还未发现与这些质粒 DNA 存在相关联的表现型。从嗜热自养甲烷杆菌(*Methanobaterium thermoautotrophicum*)Marburg 菌株中分离到一个质粒 pME2001,其全长 4 439 bp 的 DNA 序列已经获得,从序列中可发现有几个开放可读框(Open Reading,ORF)和一个在体内高水乎转录的序列。然而,嗜热自养甲烷杆菌 *Marburg* 细胞在缺少 pME2001 时仍能存活。

### 11.1.2　G + C 含量

产甲烷菌 DNA 的 G + C 含量见表 11.1。在甲烷杆菌目中,DNA 的 G + C 含量一般与生长温度有相关性。热自养甲烷杆菌、沃氏甲烷杆菌(*Methanobacterium wolfei*)和热聚甲烷杆菌(*Methanobacteriun thermoaggregans*)这几种嗜热甲烷杆菌 DNA 的 G + C 含量均较高。但是,最高生长温度为 97 ℃(最适生长温度为 83 ℃)的炽热甲烷嗜热菌(*Methanothermus fervidus*),其 DNA 的 G + C 摩尔质量分数只有 33%,比最适生长温度为 37 ~ 45 ℃ 的中温甲烷杆菌还要低。甲烷球菌目中,即使最高生长温度为 70 ℃ 和 86 ℃ 的热自氧甲烷球菌(*Methanococcusthermothotrophicus*)和詹氏甲烷菌(*Methanococcus jannaschii*),其 DNA 的 G + C 含量也和有些中温菌差不多,甚至低于三角洲甲烷球菌。而甲烷微菌目成员的 G + C 含量一般均较高,尤其是甲烷微菌科的 3 个属。G + C 含量与生长温度之间无规律可循。甲烷丝菌虽为中温菌,其 DNA 的 G + C 含量却很高,联合甲烷丝菌的 G + C 含量高达 61.25%,居迄今所知产甲烷菌之首。

### 11.1.3　染色质

所有细胞都面临着如何在有限的有效核空间内压缩其基因组 DNA 的难题。在真核细胞中,基因组 DNA 被组蛋白压缩成规则的核小体,进而组装(串联重复排列)成染色质。在细菌中也已经发现了丰富的、保守的 DNA 联结蛋白,然而在细菌细胞内,还未找到类似于真核生物核小体的保守复合物存在的有力证据,这似乎是真核生物与细菌的主要不同之处。因此,了解古细菌核 DNA 在体内是如何包装的就显得重要了。随着高温古细菌(其中包括产甲烷菌)的发现就提出了一个相关的问题,这类微生物正常生长的温度很高,如在离体情况下,其基因组 DNA 就会因经受不起这样的高温而被变性成单链分子。因而在体内必然存在某种机制,使其 DNA 不但能被压缩在有限的空间内,而且能免受热变性的影响。

从炽热甲烷嗜热菌和嗜热自养甲烷杆菌 AH 株中分别分离到的 DNA 连结蛋白 HMf 和 HMt 在这两方面可能起到了重要作用,这些蛋白包含两个非常小的(7 kd)、类似的多肽亚基(HMf1 + HMf2 和 HMt1 + HMt2),其氨基酸序列与真核生物组蛋白十分相似。结合 DNA 分子的 HMf 和 HMt 在体外可形成核小体类似结构(Nucleosome-likestructure,NLS),推测这个 NLS 含有 150 bp 的 DNA,这与只有长度大于 120 bp 的 DNA 分子才能与 HMf 形成电泳稳定复合物的实验相一致。与真核生物核小体中负超螺旋 DNA 分子相比,古细菌 NLS 中的 DNA 分子被缠绕成一个正的环形超螺旋。NLS 的形成增加了 DNA 分子在体外的抗热变性的能力,但 NLS 在胞内的重要性尚不清楚。

Hensel 和 Konrig(1988)发现,最适生长温度为 83 ℃的炽热甲烷嗜热菌的胞质内含 1 mol钾 - 2'3'(环) - 二磷酸甘油(K3cDPG),这种盐在此浓度下能增加炽热甲烷嗜热菌酶活性半衰期,同时也能保护其核 DNA 免受热变性的影响,事实上,在内部如此高盐浓度下,炽热甲烷嗜热菌 DNA 在复制和转录时两条链间的分离都相当困难。炽热甲烷嗜热菌基因组的一部分为 HMf 束缚而形成正的环形超螺旋,这可能会引起基因组余下部分的负同向双螺旋结构的增强,进而促进链的分离。由于胞内有足够的 HMf 把 25% 的基因组缠绕成正超螺旋,以及 HMf 在温度大于 80 ℃且存在 K3cDPG(与体内浓度一致)条件下确能结合 DNA,这也许是 HMf 的重要功能。

Bouthier de la Tour 等(1990)发现炽热甲烷嗜热菌及其他高温菌还具有反向旋转酶(reversegyrase),在离体反应中,这种酶能把正的同向双股螺旋引入环形 DNA 分子,并且在 DNA 分子抗热性方面也可能具有重要功能。炽热甲烷嗜热菌的反向旋转酶也能平衡 HMf 的结合效果,即是说,由于 HMf 的结合而引入基因组无 HMf 区域的同向双股螺旋可以被反向旋转酶的活性所减弱。然而,Musgrave 等(1992)指出,这种酶并非必不可少,因为嗜热自养甲烷杆菌细胞(生长温度为 65 ℃)虽然含有(在离体反应中形成 NLS 的)HMt——与炽热甲烷嗜热菌中形成 NLS 的 HMf 十分一致,但嗜热自养甲烷杆菌细胞中却没有反向旋转酶。

## 11.1.4　DNA 的修复、复制及其代谢

产甲烷菌经化学突变剂作用或在辐射下都会引起细胞死亡和存活细胞的突变作用,所以 DNA 修复系统很可能存在于产甲烷细菌中,同时也发现在嗜热自养甲烷杆菌中存在光复活系统,不过关于 DNA 修复的分子机理尚未见报道。一种类似于大肠杆菌 dnaK 热休克基因的马氏甲烷八叠球菌 S6 基因已被克隆和定序。尽管产甲烷菌是一类专性厌氧菌,必须生活在厌氧条件下,但它们确实含有超氧化物歧化酶(SOD),所以超氧自由基也必然会造成产甲烷菌的氧毒性问题。嗜热自养甲烷杆菌的 SOD 编码基因已被克隆和定序,根据其一级结构推测它可能是 Mn - SOD,事实上,原子吸收光谱已证实这种酶是 Fe - SOD。

Aphidicolin 和丁苯 - dGTP 是真核生物 α 型 DNA 聚合酶的抑制剂。Zabel 等(1985)研究了 aphidicolin 对万尼氏甲烷球菌、塔提尼产甲烷菌(*Methanogenium tationis*)、黑海产甲烷菌(*Methanogenium marsnigri*)、甲酸甲烷杆菌(*Methanobacterium formicicum*)、沃氏甲烷杆菌(*Methdnobacterium wolfei*)、巴氏甲烷八叠球菌(*Methanosarcina barkeri*)MS 菌株和 Neples 菌株(球形)、亨氏甲烷螺菌(*Methanospirillum hungatii*)等甲烷菌生长的影响。结果发现,Aphidicolin 浓度在小于等于 20 μg/mL 时,能完全抑制万尼氏甲烷球菌、沃氏甲烷杆菌、塔提

尼产甲烷菌、黑海产甲烷菌、巴氏甲烷八叠球菌 Neples 菌株等菌的生长，而真核生物 Sojamadarin 及甲酸甲烷杆菌、巴氏甲烷八叠球菌 MS 菌株则对 Aphidicolin 不那么敏感。在无细胞的甲烷菌粗提液和真核生物 Physayum Polycephalum 粗提液中，Aphidicolin 的存在使 DNA 合成系统被抑制，而大肠杆菌抽提液对此不敏感。他们还证明了万尼氏甲烷球菌的 DNA 的合成以及 DNA 聚合酶均为上述两种抑制剂所抑制，这表明，万尼氏甲烷球菌 DNA 聚合酶是真核 $\alpha$ - 型的，从而得出了产甲烷细菌存在真核 $\alpha$ - 型 DNA 聚合酶的证据，这暗示，产甲烷细菌和真核生物复制可能有共同之处。

几种限制酶已从产甲烷菌中分离出来，其中一些酶已成为商品。Lunnen 等（1989）对沃氏甲烷杆菌中编码 MwoI 限制性核酸内切酶的基因克隆，通过对甲基化活性的选择鉴定含核酸内切酶基因的克隆，用含质粒 pklMwolRM3 - 1 的大肠杆菌培养，并用溶菌产物提纯这种核酸内切酶，MwoI 的收率达到 1 000 单位/（g·cell）。此酶在大肠杆菌中的高水平表达，促进了这种酶的商品化。从嗜热自养甲烷杆菌和万尼氏甲烷球菌中还分离到了依赖 DNA 的 DNA 聚合酶。

# 11.2　产甲烷菌的基因结构

目前产甲烷菌的基因都是从大肠杆菌中制备的基因库中分离出来的。此外，还克隆了一些功能未加的基因，以 ORF（开译读码组）表示。

## 11.2.1　遗传密码及其利用

产甲烷菌基因在大肠杆菌、鼠伤寒沙门氏菌和枯草杆菌中表达，以及这些基因编码的多肽与预期产物大小一样有力地证明生物遗传密码的通用性。

在大肠杆菌和啤酒酵母中，密码子利用不是随机的，选用同义密码子与同氨基酸受体 tRNA 的可利用性直接有关。表 11.2 是 4 种产甲烷菌、大肠杆菌和啤酒酵母利用密码子的比较。热自养甲烷杆菌基因组 G + C 含量（49.7%）与大肠杆菌（51%）差不多。

史氏甲烷短杆菌、伏氏甲烷球菌和万尼氏甲烷球菌基因组 G + C 含量（31%）与啤酒酵母（36%）相近。产甲烷菌对密码子的选择好像受 A - T 和 G - C 对的可利用性，即受 G + C 含量高低支配的。G + C 含量低的史氏甲烷短杆菌、伏氏甲烷球菌和万尼氏甲烷球菌喜欢用第 3 位置上为 A 或 U 的密码子，如 AAA（赖氨酸）、AAU（天冬酰胺）等。而基因组中 G + C 含量较高的热自养甲烷杆菌则喜欢用第 3 个碱基为 G 或 C 的密码子，如 AAG 赖氨酸）、AAC（天冬酚胺）等。产甲烷菌还常常爱用大肠杆菌几乎从不利用的一些密码子，如 AUA 异亮氨酸）、AGA 和 AGG（精氨酸）等。产甲烷菌很少用含 CG 二核苷酸的密码子，从这两点看，产甲烷菌的密码子利用像真核生物啤酒酵母。

表 11.2　4 种产甲烷菌、大肠杆菌和啤酒酵母对部分密码子利用的比较

| 残基 | 密码子 | 大肠杆菌 | | 啤酒酵母 | | 史氏甲烷短杆菌 | | 热自养甲烷杆菌 | | 伏氏甲烷球菌 | |
|---|---|---|---|---|---|---|---|---|---|---|---|
| | | 数目 | 同义利用/% | 数目 | 同义利用/% | 数目 | 同义利用/% | 数目 | 同义利用/% | 数目 | 同义利用/% |
| Arg | AGA | 3 | <1 | 113 | 88 | 36 | 68 | 10 | 32 | 10 | 62 |
| | AGG | 3 | – | 4 | 3 | 4 | 7 | 15 | 48 | 2 | 13 |
| | CGA | 14 | 3 | – | 0 | 2 | 4 | – | 0 | 1 | 6 |
| | CGC | 156 | 33 | 1 | <1 | 3 | 6 | 1 | 3 | – | 0 |
| | CGG | 17 | 4 | – | 0 | – | 0 | 3 | 10 | – | 0 |
| | CGU | 280 | 59 | 10 | 8 | 8 | 15 | 2 | 7 | 3 | 19 |
| Asn | AAC | 210 | 75 | 105 | 85 | 29 | 25 | 16 | 84 | 6 | 13 |
| | AAU | 69 | 25 | 18 | 15 | 89 | 75 | 3 | 16 | 40 | 87 |
| Lys | AAA | 331 | 73 | 62 | 25 | 152 | 94 | 8 | 28 | 47 | 87 |
| | AAG | 123 | 27 | 185 | 75 | 10 | 6 | 21 | 72 | 7 | 13 |
| Thr | ACA | 25 | 6 | 14 | 7 | 40 | 43 | 3 | 20 | 11 | 50 |
| | ACC | 205 | 54 | 76 | 41 | 16 | 17 | 7 | 47 | 3 | 14 |
| | ACG | 44 | 11 | 2 | – | 31 | 3 | 2 | 13 | 1 | 4 |
| | ACU | 105 | 28 | 95 | 51 | 33 | 37 | 3 | 20 | 7 | 32 |

## 11.2.2　操纵子和核糖体结合位点

已克隆的产甲烷菌 DNA 序列分析表明有操纵子结构,而且每个基因前也有一段转录时用来结合核糖体的序列。如编码甲基辅酶 M 还原酶 r 与 a 这两个亚基的基因紧靠在一起,共转录形成多顺反子信使。在 a 基因前还有一个 GAAGTGA 核糖体结合序列。由此推测,产甲烷菌是按与真细菌类似的方式利用 mRNA:16S rRNA 杂交起始转录的。

## 11.2.3　rRNA 基因

产甲烷菌核糖体是 70S 核糖体,它们含 23S、5S 和 16S 3 类 rRNA。热自养甲烷杆菌的 rRNA 基因为真细菌型。每个基因组有两个按 16S – 23S – 5S 顺序排列的操纵子。甲酸甲烷杆菌的基因组中也有两个 rRNA 操纵子。16S rRNA 基因长 1 476 bp。在 16S rRNA 与 23S rRNA 基因的间隔区内有一个 tRNA Ala 基因。万尼氏甲烷球菌的 rRNA 基因为镶嵌型,每个基因组中有 4 个 1GS – 23S – 5S 的真细菌型操纵子,还有真核生物中那样单个不连锁的额外 5S rRNA 基因。16S rRNA、23S rRNA 和 5S rRNA 基因分别长 1 466 bp、2 953 bp 和 120 bp。连锁与不连锁的 5S rRNA 基因有 13 个 bp 取代的差异。

## 11.2.4　tRNA 基因

像真细菌一样,甲酸甲烷杆菌和万尼氏甲烷球菌的 16S rRNA 与 23S rRNA 基因间有一个 tRNA Ala 基因。已知多数真细菌的 tRNA 基因编码 3'端 CCA 序列,而真核 tRNA 基因都不编码此序列。上述两种产甲烷菌的 tRNA[Ala] 基因都不编码 3'端 CCA 序列。但万尼氏甲

烷球菌 tRNA$^{Pro}$、tRNA$^{Asn}$和 tRNA His 具有 3'端 CCA 序列。甲酸甲烷杆菌和万尼氏甲烷球菌在 16S rRNA 与 23S rRNA 基因的间隔区内有一个 tRNA$^{Ala}$基因。推测的 tRNA$^{Ala}$结构如图 11.1 所示。

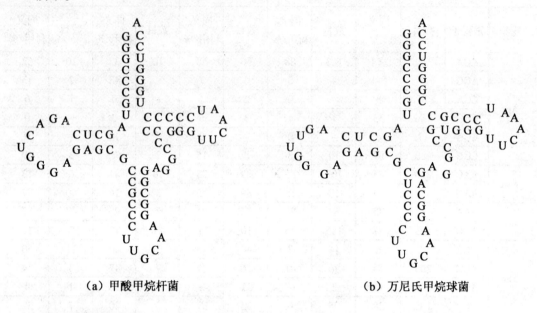

（a）甲酸甲烷杆菌　　　　　　　　　　　　　　（b）万尼氏甲烷球菌

图 11.1　根据 16S rRNA、23S rRNA 基因间隔区 DNA 序列推测的 tRNA$^{Ala}$的结构

## 11.3　突 变 型

与其他微生物一样,研究产甲烷菌遗传,也必须具备合适的遗传标记(Gentic Marker)。目前,遗传标记菌株的分离集中在甲酸甲烷杆菌、热自养甲烷杆菌 Marburg 菌株、甲烷杆菌 FR - 2 菌株、甲烷短杆菌 HX 菌株、伏氏甲烷球菌、万尼氏甲烷杆菌、巴氏甲烷八叠球菌 227 和马氏甲烷八叠球菌 S - 6 中进行。

### 11.3.1　抗药性突变型

目前从产甲烷菌中分离出的对抗菌素和结构类似物有抗性的突变型大多为自发突变型,它们都是在含这些药物的培养基中选的。这些突变型是巴氏甲烷八叠球菌的抗溴乙烷磺酸和抗一氟代乙酸突变型。万尼氏甲烷球菌的抗溴乙烷磺酸和抗氯霉素突变型,伏氏甲烷球菌的抗 5 - 甲基色氨酸突变型、甲酸甲烷杆菌的抗茴香霉素突变型、甲烷杆菌 FR - 2 菌株的抗杆菌肽突变型和甲烷短杆菌 HX 菌株的抗克林达霉素突变型。还从伏氏甲烷球菌中分离出抗 5 - 甲基色氨酸和溴乙烷磺酸的双重突变型。

除了上述一些自发的抗性又变型外,还用亚硝基肌诱变得到了热自养甲烷杆菌 Marburg 菌株的抗溴乙烷磺酸、DL - 乙硫氨酸和假单胞菌酸 A 诱发突变型。

### 11.3.2　营养缺陷型

用 γ 射线作诱变剂从伏氏甲烷球菌中得到了需要组氨酸和腺嘌呤的营养缺陷型。从亚硝基胍处理过的热自养甲烷杆菌 *Marburg* 菌株的群体中分离出需要 L－亮氨酸、L－苯丙氨酸、L－色氨酸、硫氨酸和腺苷的营养缺陷型。

# 11.4　原　生　质　体

已在几种产甲烷菌中获得了原生质体。亨氏甲烷螺菌在碱性(pH 值为 9)条件下经二硫苏糖醇处理后释放出原生质体,这样形成的原生质体在 0.5 mol 蔗糖中可以稳定几小时。布氏甲烷杆菌在加有 20 mmol $Cl_2$ 的一种合成培养基中生长时自发形成原生质。巴氏甲烷八叠球菌 FR－1 和 FR－19 菌株在基质耗尽时也自发形成原生质体。巴氏甲烷八叠球菌 FR－19 菌株的原生质体在 0.3 mol 蔗糖中是稳定的,但不能再生。用链霉蛋白酶处理两株尚未鉴定的产甲烷菌 GÖ1 和 AJ 2 也得到了原生质体。

马氏甲烷八叠球菌在其生活周史中释放出单个接近球状的细胞。S－6 菌株的单细胞虽然渗透敏感,但糖和二价阳离子可使它们稳定,而且没有细胞壁。在含有渗透稳定剂的生长培养基中,它们的再生频率可达 100%。这样,形成聚集体的乙酸营养产甲烷菌的遗传研究成为可能。

# 11.5　基　因　工　程

利用分子克隆技术已使产甲烷菌基因在大肠杆菌、枯草杆菌和鼠伤寒沙门氏菌,甚至啤酒酵母中克隆,有的基因还得到了表达。这表明,专性厌氧产甲烷菌的 DNA 可以在需氧生长的大肠杆菌等真细菌中指导合成功能产物。看来,将产甲烷能力从基质利用范围很窄和生长缓慢的产甲烷菌转移到基质利用范围广和生长快的发酵真细菌中去是有希望的。

### 11.5.1　DNA 分离

目前用以获取产甲烷菌 DNA 的破壁方法主要有 SDS 法、冷冻冲击法和挤压器破壁法。SDS 用于溶破壁较脆的产甲烷菌。对于壁较为坚韧的产甲烷菌需用冷冻冲击或挤压器破壁,一般用 French 挤压器。DNA 分离与真细菌相同。

### 11.5.2　DNA 切割和重组

虽然已在埃奥利斯甲烷球菌中检出限制酶 Mae I、Mae II 和 Mae III,但目前用的还都是真细菌的限制酶,较常用的有 Hind III、Pst I 和 Eco RI。有些产甲烷菌难以被一些限制酶消化,如亨氏甲烷螺菌和奥伦泰杰产甲烷菌 DNA 难以用 Hind III 和 Alu I 来消化。目前应用的 DNA 连接酶为 $T_4$ DNA 连接酶。

### 11.5.3　基因载体

表 11.3 是一些从产甲烷菌中分离出的质粒。pMPl 与染色体 DNA 一起存在于离心后的黏性沉淀中。pME 2001 和 pUBR 500 都存在于透明溶解产物的上清液中。它们都是功能未知的隐秘小质粒。虽然编码产甲烷菌代谢过程的基因有些可能位于质粒上,但在大多数菌株中检不出质粒,这一现象表明,产甲烷代谢的共同特征不是由质粒所决定的。

pET2411 是由 pME X001 与 pBR322 组建成的可能穿梭载体。它不仅在大肠杆菌中编码多肽,而且在有大肠杆菌 DNA 聚合酶 I 存在的情况下利用 pBR 322 的复制起点复制。从来自瘤胃的甲烷短杆菌 G 菌株中分离出一种烈性噬菌体。这是迄今所知唯一的产甲烷菌噬菌体。虽然已从产甲烷菌中分离出质粒和噬菌体,但目前用的基因载体还是真细菌质粒和噬菌体。质粒有:pBR 322、pEX 31、pEX 150、pNPT 20、pUR 2、pUC 8、pACYC 184、pHE 3 和 pUB 100 等。噬菌体有:λL47.1、λcharon 30、λ467、M13mp8 和 M13mp9 等。

### 11.5.4　产甲烷菌 DNA 的克隆与表达

已克隆的产甲烷菌基因见表 11.3。用含 hisA、arg G、pro C 和 pur E 基因的产甲烷菌 DNA 去转化大肠杆菌等真细菌的含养缺陷菌株,由于产甲烷菌 DNA 中有大肠杆菌样的启动子序列和核糖体结合序列,结果就在大肠杆菌等真细菌中转录和转译,导致合成治愈宿主细胞营养缺陷的新蛋白质,从而产生对营养缺陷的互补作用。

值得一提的是,万尼氏甲烷球菌中也有真核生物中存在的能自主复制的序列(ARS)。含万尼氏甲烷球菌 ARS 的重组质粒不仅对酵母细胞有低的转化率,还能促使酵母转化体缓慢地生长。

表 11.3　产甲烷菌质粒

| 产甲烷菌 | 质粒名称 | 相对分子质量 |
| --- | --- | --- |
| 球状菌 PL – 12/M | pMP1 | 7.0 |
| 热自养甲烷杆菌 Marburg | pME2001 | 4.5 |
| 甲烷球菌 CS | pUBR500 | 8.7 |

## 11.6　问题与展望

遗传操纵为改造微生物提供了最大的机会,产甲烷菌当然也不例外。但产甲烷菌特有的一些性质给遗传研究带来了很大的困难。生理屏障可以通过改进厌氧技术,选用生长最快的菌株和进一步了解产甲烷菌而得到克服,但研究周期总要比真细菌长。丝状和聚集体状态会推迟纯的无性繁殖系的分离,如果产甲烷菌有多基因组,情况会更加复杂。连续的选择压力会导致显性和隐性抗性标记基因的分离。但分离营养缺陷型时,诱变后使基因得以表达的时间很关键,此外,还需要有高效率的富集方法。产甲烷菌的古细菌性质迫使我们努力寻找专以产甲烷菌为靶子的抑制剂和降解产甲烷菌细胞壁的酶或试剂。

在产甲烷菌中得到选择性标记使得我们有可能研究自然和人工的基因互换,但目前只能用完整的细胞和同源线性染色体 DNA 寻找人工的基因交换。利用抗性突变型作为标记菌株可以研究启动、稳态运转期间或消化器发生故障后"接种"消化器群体的可行性。利用有效的诱变处理与选择技术可以分离出在消化器中表现优良性状的菌株。

有了基因转移系统,必须鉴定和分离要操纵的"靶"基因,但要用合适的条件致死突变型作为受体。马氏甲烷八叠球菌释放活的单细胞使形成聚集体的乙酸营养产甲烷菌的遗传研究成为可能。它还为一旦获了遗传标记,通过原生质体转化与融合促进遗传交换与重组展现了前景。

　　总之,产甲烷菌有其特殊的复杂问题,例如,专性厌氧菌和古细菌的属性,独特的生化途径以及它在厌氧消化时的生境,所以,有关遗传育种的策略必须考虑到这些问题,尤其是产甲烷菌的工业生境,即在原料组分和负荷率时刻变动的条件下的连续混合培养发酵。

# 第12章 厌氧反应器中的产甲烷菌

## 12.1 常见厌氧反应工艺

### 12.1.1 分类标准

**1. 按发展年代分**

一般来说,把 20 世纪 50 年代以前开发的厌氧消化工艺称为第一代厌氧反应器;20 世纪 60 年代至 80 年代中期之前开发的厌氧消化工艺称为第二代厌氧反应器(主要的第一代和第二代厌氧处理工艺见表 12.1);20 世纪 80 年代后期以后开发的厌氧消化工艺称为第三代厌氧反应器。

第一代厌氧反应器,化粪池和隐化池(双层沉淀池)主要用于处理生活废水下沉的污泥,传统消化池与高速消化池用于处理城市污水处理厂初沉池和二沉池排出的污泥。第一代厌氧反应器如传统厌氧消化池和高速厌氧消化池它们的特点是污泥龄(SRT)等于水力停留时间(HRT)。为了使污泥中的有机物达到厌氧消化稳定,必须维持较长的污泥龄、较长的水力停留时间,反应器的容积很大,反应器约处理效能较低。

第二代厌氧反应器主要用于处理各种工业排出的有机废水。第二代厌氧反应器的特点是污泥龄(SRT)与水力停留时间(HRT)分离,两者不相等。维持很长的污泥龄,但水力停留时间很短,即 SRT > HRT,可以在反应器内维持很高的生物量,所以反应器有很高的处理效能。

厌氧接触法虽然是开发在 20 世纪 50 年代中期,但是由于采用了污泥回流,可以做到使 SRT > HRT,所以它已具有第二代厌氧反应器的特征。

第三代厌氧反应器主要指内循环反应器(IC 反应器)和膨胀颗粒污泥床反应器(EGSB反应器)。

表 12.1　主要的第一代和第二代厌氧处理工艺

| | 厌氧处理工艺 | 水力停留时间（HRT） | 处理对象 | 负荷率/（m³·d⁻¹） | 开发时间 | 应用情况 | 运行温度 |
|---|---|---|---|---|---|---|---|
| 第一代反应器 | 化粪池 | 半年~1年（污泥） | 生活污水和污泥 | | 1895 年 | 生产 | 常温 |
| | 隐化池 | 46~80 d（污泥） | 生活污水和污泥 | 0.5 kgVSS | 1906 年 | 生产 | 常温 |
| | 普通消化池 | 20~30 d | 污泥 | 1.0~1.5 kgVSS | 1920 年 | 生产 | 中温、高温 |
| | 高速消化池 | 7~10 d | 污泥 | 3.0~3.5 kgVSS | 1950 年 | 生产 | 中温、高温 |
| | 厌氧接触法 | 0.5~6 d | 有机废水 | 1.8~4.0 kgCOD | 1955 年 | 生产 | 中温 |
| 第二代反应器 | 厌氧生物滤池 | 0.9~8 d | 有机废水 | 3~10 kgCOD | 1967 年 | 生产性 | 中温 |
| | 升流式厌氧反应器 | 6~20 h | 有机废水 | 6~15 kgCOD | 1974 年 | 生产性 | 中温 |
| | 厌氧膨胀床 | 6~24 h | 有机废水 | 4.0 kgCOD | 1978 年 | 实验小试 | 常温 |
| | 厌氧流化床 | 0.5~4 h | 有机废水 | 9~13 kgCOD | 1979 年 | 实验小试 | 常温 |
| | 厌氧生物转盘 | 8~18 h | 有机废水 | 8~33 kgCOD | 1980 年 | 实验小试 | 常温 |
| | 厌氧折流板反应器 | 6~26 h | 有机废水 | 8~36 kgCOD | 1982 年 | 实验小试 | 常温 |

**2. 按厌氧微生物在反应器内的生长情况不同分类**

厌氧反应器可以分成悬浮生长厌氧反应器和附着生长厌氧反应器。如传统消化池、高速消化池、厌氧接触法和升流式厌氧污泥层反应器等,厌氧活性污泥以絮体或颗粒状悬浮于反应器液体中生长,称为悬浮生长厌氧反应器;而厌氧滤池、厌氧膨胀床、厌氧流化床和厌氧生物转盘等,因为微生物附着于固定载体或流动载体上生长,称为附着膜生长厌氧反应器。

把悬浮生长与附着生长结合在一起的厌氧反应器称为复合厌氧反应器,如 URF 反应器,其下面是升流式污泥床,而上面是充填填料厌氧滤池,两者结合在一起,故称为升流式污泥床过滤反应器(UBF 反应器)。

### 3. 按厌氧反应器的流态分类

厌氧反应器可分为活塞流型厌氧反应器和完全混合型厌氧反应器,或介于活塞流和完全混合两者之间的厌氧反应器。如化粪池、升流式厌氧滤池和活塞流式消化池接近于活塞流型。而带搅拌的普通消化池和高速消化池是典型的完全混合反应器。而升流式厌氧污泥层反应器、厌氧折流板反应器和厌氧生物转盘等是介于完全混合与活塞流之间的厌氧反应器。

### 4. 按厌氧消化阶段分类

厌氧反应器可分为单相厌氧反应器和两相厌氧反应器。单相反应器是把产酸阶段与产甲烷阶段结合在一个反应器中;而两相厌氧反应器则是把产酸阶段和产甲烷阶段分别在两个互相串联反应器进行。由于产酸阶段的产酸菌反应速率快,而产甲烷阶段的反应速率慢,两者的分离可充分发挥产酸阶段微生物的作用,从而提高了系统整体反应速率。

## 12.1.2　常见的厌氧反应器

### 1. 完全混合式反应器

1927 年第一个单独加热的用于市政污泥处理的厌氧消化罐在德国 Essen – Rellinghausen 建成,它是一个完全混合式反应器(CSTR 反应器),是基本的厌氧处理系统的代表。绝大多数城市污水处理厂利用产生的甲烷气来加热消化罐,从而达到一个最佳中温菌生长温度,约35 ℃。因为利用产生的甲烷燃烧得到热能,经济便利,操作过程稳定。目前完全混合反应器的停留时间一般是 15 ~ 25 d,远远高于在该温度下严格利用醋酸盐产甲烷菌的 $[\theta_x^{min}]_{lim}$(为 4 d)。因此,可以通过将安全系数设为 $\theta/[\theta_x^{min}]_{lim}$ 的 4 ~ 6 倍来避免有用微生物的流失。

早期的反应器设计没有搅拌,这会导致两个问题:第一,新鲜污泥和发酵微生物不能有效接触;第二,密度大的固体,如沙石,会在反应器内沉积,减少反应器的容积。为了解决这些问题,没有混合的反应器通常间歇操作,运行时间为反应器容积与进入反应器的污泥流量之比,约为 60 d 或更长。

CSTR 反应器是一个带有搅拌的槽罐,废水进入其中,在搅拌作用下与厌氧污泥充分混合,处理后的水与厌氧污泥的混合液从上部流出。CSTR 体积大,负荷低,其根本原因是因为它的污泥停留时间等于水力停留时间,即 SRT = HRT。由于 SRT 很低,它不能在反应器中积累起足够浓度的污泥。因此传统上仅用于城市污水污泥、好氧处理剩余污泥以及粪肥的厌氧消化。

厌氧 CSTR 反应器的一个缺点是只有处理相当高浓度的废水,如类似城市污水厂污泥,可降解 COD 达 8 000 ~ 50 000 mg/L 时,才能使体积负荷较高。然而,许多废水的浓度都比较低。如果处理这样的低浓度废水,使用 CSTR,停留时间 15 ~ 20 d,则单位体积 COD 负荷会变得非常低,这样就会减弱或抵消厌氧处理节省费用的优势。经济有效地处理这种废水的关键是将反应器的水力停留时间与污泥停留时间分离($\theta_x/\theta > 1$),就像好氧活性污泥系统和生物膜系统那样。

### 2. 厌氧接触工艺

20 世纪 50 年代中期,在 CSTR 基础上发展起来了厌氧接触工艺,该工艺参照了好氧活性污泥的工艺流程,即在一个厌氧的完全混合反应器后增加了污泥分离和回流装置,从而使 SRT 大于 HRT,有效地增加了反应器中的污泥浓度。厌氧接触工艺与传统的 CSTR 反应器相比负荷明显提高、HRT 减少,从而可以有效地用于工业废水的处理。

1955 年 Schroepfer 等人首次提出了类似好氧活性污泥系统的厌氧接触工艺,其目的是为了处理浓度较低(COD 约为 1 300 mg/L)的食品加工厂废水。通过回流二沉池污泥,可将 $\theta_x$ 与 $\theta$ 分开,反应器水力停留时间为 0.5 d,远小于醋酸盐分解产甲烷菌长达 4 d 的 $\theta_x$。研究表明,当 BOD 去除负荷达到 2 ~ 2.5 kg/($m^3 \cdot$ d),BOD 去除率可达 91% ~95%。

厌氧接触工艺有以下几个优点:

(1)由于设置了专门的污泥截流设施,能够回流污泥,使得厌氧接触工艺具有较长的固体停留时间。保持消化池内有足够的厌氧活性污泥,提高了厌氧消化池的容积负荷,不仅缩短了水力停留时间,也使占地面积减少。

(2)易于启动,对高负荷的冲击有较大的承受能力,运行稳定,管理比较方便。

(3)厌氧接触工艺适用于处理悬浮物浓度较高的高浓度有机废水。这是由于微生物可附着在悬浮颗粒上,使微生物与废水的接触表面积很大,并能在沉淀分离装置中很好地沉淀。

(4)由于沉淀分离装置本身设计和运行中存在的问题,容易造成污泥流失等问题。

3.厌氧滤池

厌氧滤池(AF 反应器)是 20 世纪 60 年代末由美国 McCarty 等确立的第一个高速厌氧反应器。传统的好氧生物系统一般容积负荷在 2 kgCOD/($m^3 \cdot$ d)以下,而在 AF 发明之前的厌氧反应器一般容积负荷也在 4 ~ 5 COD/($m^3 \cdot$ d)以下。但 AF 在处理溶解性废水时负荷可高达 10 ~ 15 COD/($m^3 \cdot$ d)。因此 AF 的发展大大提高了厌氧反应器的处理速率,使反应器容积大大减少。

AF 作为高速厌氧反应器地位的确立,还在于它采用了生物固定化的技术,使污泥在反应器内的停留时间(SRT)极大地延长。MoCarty 发现在保持同样处理效果时,SRT 的提高可以大大缩短废水的水力停留时间(HRT),从而减少反应器容积,或在相同反应器容积时增加处理的水量。这种采用生物固定化延长 SRT,并把 SRT 和 HRT 分别对待的思想推动了新一代高速厌氧反应器的发展。

SRT 的延长实质是维持了反应器内污泥的高浓度,在 AF 内,厌氧污泥的浓度可以达到 10 ~ 20 gVSS/L。AF 内厌氧污泥的保留由两种方式完成:其一是细菌在 AF 内固定的填料表面(也包括反应器内壁)形成生物膜;其二是在填料之间细菌形成聚集体。高浓度厌氧污泥在反应器内的积累是 AF 具有高速反应性能的生物学基础,在一定的污泥比产甲烷活性下,厌氧反应器的负荷与污泥浓度成正比。同时,AF 内形成的厌氧污泥较之厌氧接触工艺的污泥密度大、沉淀性能好,因而其出水中的剩余污泥不存在分离困难的问题。由于 AF 内可自行保留有高浓度的污泥,也不需要污泥的回流。

在 AF 内,由于填料是固定的,废水进入反应器内,逐渐被细菌水解酸化、转化为乙酸和甲烷,废水组成在不同反应器高度逐渐变化。因此微生物种群的分布也呈现规律性。在底部(进水处),发酵菌和产酸菌占有最大的比重;随反应器高度上升,产乙酸菌和产甲烷菌逐渐增多并占主导地位。细菌的种类与废水的成分有关,在已酸化的废水中,发酵与产酸菌不会有太大的浓度。

细菌在反应器内分布的另一特征是在反应器进水处(例如上流式 AF 的底部),细菌由于得到营养最多因而污泥浓度最高,污泥的浓度随高度迅速减少。

填料的选择对 AF 的运行有重要影响。具体的影响因素包括填料的材质、粒度、表面状况、比表面积和孔隙率等。

各种各样的材料可以作为 AF 的填料,已经报道过的填料是五花八门的,例如卵石、碎石、砖块、陶瓷、塑料、玻璃、炉渣、贝壳、珊瑚、海绵、网状泡沫塑料等。细菌可以在各类材料上成膜生长,材质对 AF 的影响尚未得到证实。

对于块状的填料,选择适当的填料粒径是重要的,据报道,与人们最初的估计相反,填料的比表面积对 AF 的行为并无太大影响。Van den Berg 等研究了多种填料(表 12.2),结果表明 AF 的效果与填料的比表面积没有太大的关系。

表 12.2　不同条件下厌氧滤池的处理效果

| 废水类型 | 填料 | | 废水 COD 质量 浓度/(g·L⁻¹) | HRT /d | COD 负荷 /[kg·(m³·d)⁻¹] | COD 去 除率/% |
|---|---|---|---|---|---|---|
| | 种类 | 比表面积 | | | | |
| 豆类漂白 废水 | 聚氯乙烯 | 174 | 10 | 0.95 | 9.5 | 93 |
| | | | 10 | 0.59 | 16.9 | 93 |
| | 陶器黏土 | 141 | 10 | 1.0 | 10 | 87 |
| | | | 10 | 0.54 | 15.5 | 88 |
| | 排水瓦管 黏土 | 149 | 10 | 0.9 | 11.1 | 92 |
| | | | 10 | 0.88 | 26.3 | 91 |
| | 穿孔的聚酯 | 86 | 10 | 1.5 | 6.7 | 90 |
| | | | 10 | 0.75 | 13.3 | 90 |
| 化工废水 | 陶器黏土 | 142 | 14 | 0.8 | 17.5 | 81 |
| 经热处理的消 化污泥液体 | 陶器黏土 | 149 | 10.5 | 0.36 | 29.3 | 70 |

填料表面的粗糙度和表面孔隙率会影响细菌增殖的速率。粗糙多孔的表面有助于生物膜的形成。用多种材料作填料,发现排水瓦管黏土作为填料时反应器启动最快运行也更稳定。厌氧滤池对高浓度酸性有机废水的处理效果见表 12.3,中试和生产规模的 AF 反应器运行情况见表 12.4。

表 12.3　完全混合式 AF 处理高浓度酸性有机废水的试验结果

| 进水 COD /(mg·L⁻¹) | HRT /d | 回流比 | 容积负荷 /[kgCOD·(m³·d)⁻¹] | COD 去除率 /% |
|---|---|---|---|---|
| 3 200 | 74 | 1:35 | 0.44 | 97 |
| 3 200 | 17.5 | 1:87 | 1.83 | 96 |
| 3 200 | 7.5 | 1:4.4 | 4.26 | 94 |

表 12.4　中试和生产规模的 AF 反应器运行情况

| 废水类型 | 废水质量浓度 /(gCOD·L$^{-1}$) | VLR /[kgCOD·(m$^3$·d)$^{-1}$] | HRT /d | 温度 /℃ | COD 去除率 /% | 反应器体积 /m$^3$ |
|---|---|---|---|---|---|---|
| 化工废水 | 16.0 | 16.0 | 1.0 | 35 | 65 | 1 300 |
| 化工废水 | 9.14 | 7.52 | 1.2 | 37 | 60.3 | 1 300 |
| 小麦淀粉 | 5.9~13.1 | 3.8 | 0.9 | 中温 | 65 | 380 |
| 土豆加工 | 7.6 | 11.6 | 0.68 | 36 | 60 | 205 |
| 酒糟废水 | 16.5 | 6.1 | 13.0 | 40 | 60 | 27.0 |
| 豆制品废水 | 24.0 | 3.3 | 7.3 | 中温 | 72 | 1.0 |
| 牛奶厂废水 | 2.5 | 4.9 | 0.5 | 28 | 82 | 9.0 |
| 屠宰废水 | 16.5 | 6.1 | 13.0 | 40 | 60 | 27.0 |
| 黑液碱回收冷凝水 | 7.0~8.0 | 7.0~10.0 | 1.0 | 中温 | 65~80 | 5.0 |

**4. 上流式厌氧污泥床**

20 世纪 70 年代以来,厌氧处理的最大突破是荷兰农业大学环境系 Lettinga 等人研发出了上流式厌氧污泥床(UASB 反应器)。UASB 反应器与其他大多数厌氧生物处理装置不同之处在于:废水由下向上流过反应器;污泥无需特殊的搅拌设备;反应器顶部有特殊的三相(固、液、气)分离器。与其他厌氧生物处理装置相比,其突出优点是处理能力大,处理效率好,运行性能稳定,构造比较简单。因此在 20 世纪 70 年代开发的第二代厌氧处理工艺设备中 UASB 反应器是在处理悬浮物含量较少的高浓度有机废水方面应用最为广泛的一种。

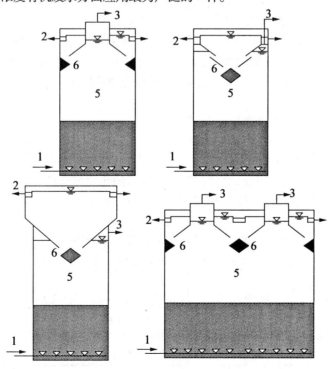

图 12.1　UASB 反应器的不同构造形式

1—进水;2—出水;3—沼气;4—污泥床;5—悬浮层;6—三相分离器

图 12.1 为试验用的 UASB 反应器的构造示意图。虽然具体的构造不同,但是所有的 UASB 反应器从下向上都可以划分为 3 个功能区,即底部的布水区、中部的反应区、顶部的分离出流区。

布水区位于反应区的底部,其主要功能是通过布水设备将待处理的废水均匀布入反应区,完成废水与厌氧活性污泥的充分接触。

反应区为 UASB 反应器的工作主体,其中装满高活性的厌氧生物污泥(下部为污泥床层,上部为悬浮污泥层),用以对废水中的可生化性有机污染物进行有效的吸附和降解。

UASB 反应器的反应区一般高 1.5 ~ 4 m,其中充满高浓度和高生物活性的厌氧污泥混合液。这是它高效工作的物质基础。

反应区内的厌氧微生物有 3 种存在形态:①游离的单个菌体;②助聚集成微小絮体的菌群;③聚集成较大颗粒的菌群。为便于区别,可将 3 种形态的厌氧微生物依次称为游离污泥、絮体污泥、颗粒污泥。3 种污泥可统称为污泥粒子。

高效工作的 UASB 反应器内,反应区的污泥沿高程呈两种分布状态。下部约 1/3 ~ 1/2 的高度范围内,密集堆存着絮体污泥和颗粒污泥,污泥粒子虽呈一定的悬浮状态,但相互之间距离很近,几乎呈搭接之势。这个区域内的污泥固体质量浓度高达 40 ~ 80 gVVS/L 或 60 ~ 120 gSS/L,通常称为污泥床层,是对废水中的可生化性有机物进行生物处理(吸附和降解)的主要场所。被降解的有机物中,大约 70% ~ 90% 是在这个区域内完成的。污泥床层以上约占反应区总高度 2/3 ~ 1/2 的区域内,悬浮着粒径较小的絮体污泥和游离污泥,絮体之间保持着较大的距离。污泥固体的浓度较小,平均约为 5 ~ 25 gVVS/L 或 5 ~ 30 gSS/L。这个高度范围通常称为污泥悬浮层,是防止污泥粒子流失的缓冲层,其进行生物处理(吸附和降解)的作用并不明显,被降解的有机物中仅有 10% ~ 30% 是在此层中完成的。正常工作的 UASB 反应器内,在污泥床层和污泥悬浮层之间通常存在着一个浓度突变的分界面,叫作污泥层分界面,污泥层分界面的存在及其高低和废水种类、出水及出气等条件有关。

分离出流区位于反应区的顶部。其主要功能是通过三相分离器完成气液分离和固液分离,截留和回收污泥固体,改善出水水质,同时将处理后的废水和产生的生物气(沼气)分别引出反应器。

UASB 反应器运行的 3 个重要的前提是:

(1)反应器内形成沉降性能良好的颗粒污泥或絮状污泥。

(2)由产气和进水的均匀分布所形成的良好的自然搅拌作用。

(3)设计合理的三相分离器,这使沉淀性能良好的污泥能保留在反应器内。

各种高速厌氧反应器特征见表 12.5。

表 12.5　各种高速厌氧反应器特征

| 特征 | | UASB 反应器 | 上流式 AF | 下流式 AF | 流化床 |
|---|---|---|---|---|---|
| 启动速度 | 初次启动 | 4 ~ 16 周 | >3 ~ 4 周 | >3 ~ 4 周 | 约 3 ~ 4 周 |
| | 二次启动 | 0 ~ 2 d | 0 ~ 2 d | 几天 | 不确定 |
| 悬浮物去除或稳定效率 | | 满意(在中等或较低的 TSS 浓度下) | 相当好(仅在低 TSS 浓度下,并当不堵塞时) | 非常差 | 非常差 |

续表 12.5

| 特征 | UASB 反应器 | 上流式 AF | 下流式 AF | 流化床 |
|---|---|---|---|---|
| 出水循环的需要 | 一般不需要 | 可要可不要 | 少量需要 | 大量需要 |
| 复杂布水系统 | 对低浓废水需要 | 有了更好 | 不需要 | 必须有 |
| 三相分离器 | 必须用 | 有了可能有益 | 不需要 | 有了有益 |
| 填料的需要 | 不是必须的 | 必须有 | 必须有 | 必须有 |
| 高度与截面比 | 相当高 | 略小 | 略小 | 很高 |

注:这里二次启动指反应器停止运行一段时间后重新运行并达到原有负荷

如表 12.5 中所看到的,厌氧反应器在初次启动时需要较长的时间。但是当 UASB 正常运行后它可以产生剩余的颗粒污泥,这些剩余颗粒污泥可以在常温下保存很长时间而不损失其活性,因此新建的 UASB 反应器可以使用现有 UASB 反应器的剩余污泥接种。

UASB 反应器处理工艺是目前研究较多、应用广泛的新型污水厌氧生物处理工艺,它具有其他厌氧处理工艺(厌氧流化床、厌氧滤池)难以比拟的优点,不仅可实现污泥的颗粒化,使生物固体的停留时间可长达 100 d,而且使气、固、液的分离实现了一体化。该工艺具有很高的处理能力和处理效率,尤其适用于各种高浓度有机废水的处理。

目前,UASB 反应器已经应用于多种类型的废水处理,如农产品加工废水、饮料加工废水、食品加工废水、煤油加工废水、制糖废水、制酒废水、屠宰废水、造纸废水、生活污水等。国外已有近千座生产性规模的 UASB 反应器应用于不同废水的处理,国内已有数百座投入生产性运行。目前,对低浓度废水的试验研究亦表明,UASB 反应器亦有良好的处理效果。UASB 在处理不同种类废水中的应用见表 12.6。

表 12.6　UASB 在处理不同种类废水中的应用

| 废水种类 | 容积负荷 /[kgCOD · (m³ · d)⁻¹] | HRT /h | 温度 /℃ | 去除率 /% | 反应器容积 /m³ |
|---|---|---|---|---|---|
| 牛奶废水 | 7.5 | 6 | – | 88 | 400 |
| 土豆加工废水 | 3.0 | 21.2 | 35 | 85 | 2 200 |
| 纸板废水 | 6.6 | 2.5 | 30 | 75.6 | 1 000 |
| 甜菜制糖废水 | 20.7 | 5.6 | 35 | 82 | 1 800 |
| 香槟酒废水 | 15 | 6.8 | 30 | 94 | – |
| 造纸废水 | 4.4 ~ 5 | 5.5 | 28 | 75 ~ 83 | 2 200 |
| 制糖废水 | 22.5 | 6 | 30 | 94 | – |
| 酒糟废液 | 3.0 | 10d | 55 | 96.5 | 2 × 5 000 |
| 啤酒废液 | 7 ~ 12 | 5 ~ 6 | 25 | 75 ~ 93 | 8 × 250 |
| 制药废水 | 13.1 | 24 | 40 ~ 45 | 90 | 1 320 |
| 柠檬酸废水 | 6 ~ 12.5 | 38 ~ 49 | 36 ~ 40 | 85 ~ 92 | 4 × 200 |

### 5. 厌氧生物转盘

厌氧生物转盘是 Pretorius 等人于 1975 年在进行废水的反硝化脱氮处理时提出来的。1980 年 Tati 等人首先开展了应用厌氧生物转盘处理废水。

厌氧生物转盘在构造上类似于好氧生物转盘,即主要由盘片、传动轴与驱动装置、反应槽等部分组成。在结构上它利用一根水平轴装上一系列圆盘,若干圆盘为一组,称为一级。厌氧微生物附着在转盘表面,并在其上生长。附着在盘板表面的厌氧生物膜,代谢污水中的有机物,并保持较长的污泥停留时间。对于好氧生物转盘来说,已经较普遍应用在生活污水、工业污水,例如化纤、石油化工、印染、皮革、煤气站等污水处理,而厌氧生物转盘还大多数处于试验研究方面。

生物转盘中的厌氧微生物主要以生物膜的附着生长方式,适合于繁殖速度很慢的产甲烷菌的生长。由于厌氧微生物代谢有机物的条件是在无分子氧条件下进行,所以在构造上有如下特点:

(1)由于厌氧生物转盘是在无氧条件下代谢有机物质,因此不考虑利用空气中的氧,圆盘在反应槽的废水中浸没深度一般都大于好氧生物转盘,通常采用70% ~ 100%,轴带动圆盘连续旋转,使各级内达到混合。

(2)为了在厌氧条件下工作,同时有助于使所产生的沼气进入集气空间并为了收集沼气,一般将转盘加盖密封,在转盘上形成气室,以利于沼气收集和输送。

(3)相邻的级用隔板分开,以防止废水短流,并通过板孔使污水从一级流到另一级。

6. 厌氧附着膜膨胀床

20 世纪 70 年代中期,美国的 Jewell 等人,把化工流态化技术引进废水生物处理工艺,开发出一种新型高效的厌氧生物反应器——厌氧附着膜膨胀床(AAFBE 反应器)。20 世纪 70 年代末,Bowker 在厌氧附着膜膨胀床的基础上采用较高的膨胀率研制成功了厌氧流化床(简记为 AFB)。AAFBE 和 AFB 的工作原理完全相同,操作方式也一样,只不过 AFB 的膨胀率更高(习惯上把生物颗粒膨胀率为 20% 左右的填料床称为膨胀床,当生物颗粒的膨胀率达 30% 以上时称为流化床)。

固体流态化是指固体颗粒依靠液体(或气体)的流动而像流体一样流动的现象。在含有固体颗粒和流体的垂直系统中,随着颗粒特性、容器的几何形状以及流体速度的不同,可以存在 3 种不同的颗粒与流体之间的相对运动。

(1)当流体以较低速度通过固体颗粒床层时,床层中的固体颗粒静止不动,此时它借助和反应器壁的接触及相互之间的接触支撑,形成所谓的固定床。

(2)当流体流速增大后,颗粒相互之间脱离接触,在浮力和摩擦力作用下处于悬浮状态,即进入"流态化"状态。

(3)当流体的流速继续增大之后,固体颗粒随流体一起从反应器溢出,进入了"水力输送"阶段,正常的流态化状态遭到破坏。

因此反应器内的固体颗粒物理性质对 AFB 的运行效果有决定性的影响,具体影响见表12.7,以砂、活性炭为载体的 AFB 运行性能的影响效果见表12.8,国外部分 AAFEB 的研究情况见表12.9。

表 12.7　固体颗粒物理性质对 AFB 运行的影响

| 物理性质 | | 对运行性能的影响 |
|---|---|---|
| 粒径 | 过大 | 需要较大水流速度以维持足够的床层膨胀率;表面积小,为保证必要的接触,需加大反应器体积;容积负荷率低;水流剪切力大,生物膜易脱落 |
| | 过小 | 操作困难;在颗粒周围绕流的雷诺数 $Re$ 小于 1 的情况下液膜传质阻力大;相互摩擦剧烈,使生物膜易脱落 |
| 密度 | 过大 | 需较高水流线速度以维持必需的膨胀率;水流剪切力大,生物膜易于脱落;使附着生物膜较厚的粒子位于上部,出现逆向分层 |
| | 过小 | 与粒径过小的影响相同 |
| 粒径分布 | 过大 | 上部的孔隙率较大,且在介质床层内易发生短流 |
| | 过小 | 加剧了粒子的混合效应,在介质床层内易形成厚度相近的生物膜 |

表 12.8　以砂、活性炭为载体的 AFB 运行性能

| 温度 /℃ | 进水 BOD 质量 浓度/(mg·L$^{-1}$) | 砂载体 AFB | | | 活性炭体 AFB | | |
|---|---|---|---|---|---|---|---|
| | | HRT /h | 出水 BOD 质量 浓度(mg·L$^{-1}$) | BOD 去除 率/% | HRT /h | 出水 BOD 质量 浓度(mg·L$^{-1}$) | BOD 去除 率/% |
| 26.5 | 113 | 1.33 | 50 | 56 | 1.90 | 25.0 | 78 |
| 26.8 | 110 | 1.44 | 57 | 49 | – | – | – |
| 24.8 | 107 | 1.80 | 44 | 59 | 0.85 | 48.5 | 55 |
| 23.0 | 110 | 1.40 | 61 | 44 | 2.00 | 35 | 68 |
| 22.2 | 124 | 1.70 | 93 | 33 | 2.10 | 51 | 61 |

表 12.9　国外部分 AAFEB 的研究情况

| 废水类型 | 处理温度 /℃ | 容积负荷率/ [kgCOD·(m$^3$·d)$^{-1}$] | HRT /h | 进水 COD 质量 浓度/(mg·L$^{-1}$) | COD 去除率 /% |
|---|---|---|---|---|---|
| 人工合成 | 55 | – | 4 | 3 000 | 80 |
| 有机废水 | 55 | – | 4.5 | 8 800 | 73 |
| | 55 | – | 3 | 16 000 | 43 |
| | 中温 | – | 0.75 | 480 | 79 |
| | 中温 | – | 24 | 1 718 | 98 |
| | 中温 | – | 24 | 3 469 | 98.7 |
| | 中温 | – | 24 | 5 750 | 97 |
| 蔗料 | 55 | 0.003 | 4 | – | 80 |
| | 55 | 0.016 | 4.5 | – | 48 |
| 葡萄糖和 酵母萃取液 | 22 | 2.4 | 5 | – | 90 |
| | 10 | 24 | 0.5 | – | 45 |

续表 12.9

| 废水类型 | 处理温度/℃ | 容积负荷率/[kgCOD·(m³·d)⁻¹] | HRT/h | 进水 COD 质量浓度/(mg·L⁻¹) | COD 去除率/% |
|---|---|---|---|---|---|
| 人工合成 | 55 | – | 4 | 3 000 | 80 |
| 乳清废水 | 25 ~ 31 | 8.9 ~ 60 | 4 ~ 27 | – | 80(最大) |
| 纤维素废水 | 35 | 6 | – | – | 85 |
| 城市污水 | 20 | – | 8 | 307 | 93 |
| | 20 | – | 9.5 | 307 | 86 |

**7. 厌氧流化床反应器**

在流化床系统中依靠在惰性的填料微粒表面形成的生物膜来保留厌氧污泥,液体与污泥的混合、物质的传递依靠使这些带有生物膜的微粒形成流态化来实现。

厌氧流化床反应器(AFBR 反应器)的主要特点可归纳如下:

(1)流态化能最大限度使厌氧污泥与被处理的废水接触。

(2)由于颗粒与流体相对运动速度高,液膜扩散阻力小,且由于形成的生物膜较薄,传质作用强,因此生物化学过程进行较快,允许废水在反应器内有较短的水力停留时间。

(3)克服了厌氧滤器堵塞和沟流问题。

(4)高的反应器容积负荷可减少反应器体积,同时由于其高度与直径的比例大于其他厌氧反应器,因此可以减少占地面积。

厌氧流化床试验结果见表 12.10,但是,厌氧流化床反应器存在着几个尚未解决的问题。其一,为了实现良好的流态化并使污泥和填料不致从反应器流失,必须使生物膜颗粒保持均匀的形状、大小和密度,但这几乎是难以做到的,因此稳定的流态化也难以保证;其次,一些较新的研究认为流化床反应器需要有单独的预酸化反应器。同时,为取得高的上流速度以保证流态化,流化床反应器需要大量的回流水,这样导致能耗加大,成本上升。由于以上原因,流化床反应器至今没有具有生产规模的设施运行。

**表 12.10　某些厌氧流化床试验结果**

| 废水来源 | 进液质量浓度/(g·L⁻¹) | | HRT/h | VLR/ kgCOD/[(m³·d)⁻¹] | 温度/℃ | 去除率/% | | 规模 |
|---|---|---|---|---|---|---|---|---|
| | COD | BOD | | | | COD | BOD | |
| 大豆蛋白生产 | 3.7 ~ 4.7 | 2.3 ~ 2.5 | 10 ~ 12 | 7.6 ~ 11.0 | 30 ~ 35 | 91 | 96 | 中试 |
| 有机酸生产 | 8.8 | 7.0 | 5 | 42 | 30 | 99 | 99 | 中试 |
| 含酚废水 | 2.8 ~ 3.7 | 2.1 ~ 3.0 | 15 | 4.5 ~ 5.9 | 30 | 99 | 99 | 中试 |
| 软饮料生产 | 0.98 | 0.83 | – | – | 30 | 90 | –0 | 中试 |
| 化工废水(含乙醇) | 12.0 | – | – | 8 ~ 20 | 35 | >80 | – | 小试 |
| 食品加工 | 7.0 ~ 10.0 | – | – | 8 ~ 24 | 35 | >80 | – | 小试 |
| 软饮料生产 | 6.0 | 3.9 | – | 8 ~ 14 | 35 | >80 | – | 小试 |
| 污泥热处理分离液 | 10 ~ 30 | 5.0 ~ 15 | – | 8 ~ 20 | 35 | >80 | – | 小试 |

8.内循环反应器

近 10 年来,已建造了许多处理工业废水的 UASB 反应器生产性装置。实践证明:为了防止升流度太大使悬浮固体大量流失,UASB 反应器在处理中低浓度 1.5~2.0 gCOD/L 废水时,反应器的进水气积负荷率一般限制在 5~8 kgCOD/($m^3 \cdot$ d),在此负荷率下,最小 HRT 约为 4~5 h;在处理 COD 质量浓度为 5~9 g/L 的高浓度有机废水时,反应器的进水容积负荷率一般被限制在 10~20 kgCOD/($m^3 \cdot$ d),以免由于产气负荷率太高而增加紊流造成悬浮固体的流失。为了克服这些限制,1985 年荷兰 Paques BV 公司开发了一种称为内循环反应器,简称 IC 反应器。IC 反应器与 UASB 反应器运行参数的比较见表 12.11。IC 反应器在处理中低浓度废水时反应器的进水容积负荷率可提高至 20~24 kgCOD/($m^3 \cdot$ d),对于处理高浓度有机废水,其进水容积负荷率可提高到 35~50 kg/($m^3 \cdot$ d)。这是对现代高效反应器的一种突破,有着重大的理论意义和实用价值。

经过第一厌氧反应室处理过的废水,会自动地进入第二厌氧反应室被继续进行处理。废水中的剩余有机物可被第二反应室内的厌氧颗粒污泥进一步降解,使废水得到更好的净化,提高了出水水质。产生的沼气由第二厌氧反应室的集气罩收集,通过集气管进入气液分离器。第二反应室的泥水混合液进入沉淀区进行固液分离,处理过的上清液由出水管排走,沉淀下来的污泥可自动返回第二反应室。这样,废水就完成了在 IC 反应器内处理的全过程。

IC 反应器实际上是由两个上下重叠的 UASB 反应器串联所组成。由下面第一个 UASB 反应器产生的沼气作为提升的内动力,使升流管与回流管的混合液产生一个密度差,实现了下部混合液的内循环,使废水获得强化预处理。上面的 UASB 反应器对废水继续进行后处理(或称精处理),使出水达到预期的处理要求。

IC 颗粒污泥的灰分为 0.13%~0.15%,低于 UASB 颗粒污泥的灰分为 0.2%~0.26%,这说明 IC 颗粒污泥中有机成分含量更高,污泥的活性更高。

表 12.11　IC 与 UASB 反应器运行参数的比较

| 反应器形式 | UASB | UASB | IC | IC | UASB | IC | 单位 |
|---|---|---|---|---|---|---|---|
| 废水种类 | 造纸 | 啤酒 | 啤酒 | 啤酒 | 土豆加工 | 土豆加工 | |
| 反应器容积 | 2 200 | 1 400 | 50 | 6×162 | 2×1 700 | 100 | $m^3$ |
| 反应器高 | 5.5 | 6.4 | 22 | 20 | 5.5 | 15 | m |
| 容积负荷率 | 5.7 | 6.8 | 20 | 24 | 10 | 48 | kgCOD/($m^3 \cdot$ d) |
| 污泥负荷率 | 0.1 | 0.2 | 0.7 | 0.96 | 0.35 | 1.3 | gCOD/(gVSS $\cdot$ d) |
| 容积产气率 | 1.4 | 2 | 5.5 | – | 3 | – | $m^3$(沼气)/($m^3 \cdot$ d) |
| 反应器温度 | 25 | 23 | 24~28 | 31 | – | – | ℃ |
| 进水 COD | 1.3 | 1.7 | 1.6 | 2.0 | 12 | 6~8 | kg/$m^3$ |

续表 12.11

| 反应器形式 | UASB | UASB | IC | IC | UASB | IC | 单位 |
|---|---|---|---|---|---|---|---|
| 进水 SS | 0.03 ~ 0.1 | 0.2 ~ 0.3 | 0.4 ~ 0.6 | 0.3 ~ 0.5 | 1.0 ~ 1.6 | - | kg/m³ |
| 出水 COD | 0.4 | 0.3 | 0.24 | 0.4 | 0.6 | 1.0 | kg/m³ |
| 出水 SS | 0.08 | 0.2 ~ 0.8 | - | 0.4 ~ 0.5 | 0.3 | 1.1 | kg/m³ |
| COD 去除率 | 70 | 80 | 85 | 80 | 95 | 85 | % |
| TSS 浓度 | 80 | 73 | 60 | 52 | 50 | 55 | kgTSS/m³ |
| 灰分 | 0.26 | 0.20 | 0.13 | 0.15 | 0.20 | 0.13 | |
| 颗粒最大粒径 | 3.43 | 3.42 | 3.14 | 3.22 | 3.38 | 3.57 | mm |
| 颗粒平均直径 | 0.83 | 0.60 | 0.84 | 0.66 | 0.51 | 0.87 | mm |
| 污泥密度 | 1 065 | 1 054 | 1 057 | 1 041 | 1 039 | 1 043 | kg/m³ |
| 污泥活性 | 0.6 | 1.10 | 1.40 | 1.90 | 1.08 | 1.83 | gCOD/(gVSS · d) |

### 9. 膨胀颗粒污泥床

直至今天,大部分高效厌氧反应器,如厌氧接触法、升流式厌氧污泥层反应器、厌氧滤池和厌氧流化床等,一般只是作为处理中高浓度工业废水。近年来,也有向着处理较低浓度工业废水(如 COD < 1 g/L)的企图。但是,用上述厌氧反应器处理低浓度有机废水存在一些问题,如由于进水 COD 较低,使反应器的负荷率较低,甲烷产量少,因此,混合强度较低,使基质与微生物接触不好。

膨胀颗粒污泥床(简称 EGSB)反应器是 UASB 反应器的变型,是厌氧流化床与 UASB 反应器两种技术的结合。它最初开发是通过颗粒污泥床的膨胀以改善废水与微生物之间的接触,强化传质效果,以提高反应器的生化反应速度,从而大大提高反应器的处理效能。

EGSB 反应器通过采用出水循环回流获得较高的表面液体升流速度。这种反应器典型特征是具有较高的高径比,较大的高径比也是提高升流速度所需要的。EGSB 反应器液体的升流速度可达 5 ~ 10 m/h,这比 UASB 反应器的升流速度一般在 1.0 m/h 左右要高得多。

EGSB 反应器不仅适于处理低浓度废水,而且也可处理高浓度有机废水。但在处理高浓度废水时,为了维持足够的液体升流速度,使污泥床有足够大的膨胀率,必须加大出水的回流量,其回流比大小与进水浓度有关。一般进水 COD 浓度越高,所需回流比越大。

EGSB 反应器通过出水回流,使其具有抗冲击负荷的能力。使进水中的毒物浓度被稀释至对微生物不再具有毒害作用。所以 EGSB 反应器可处理含有有毒物质的高浓度有机废水。出水回流可充分利用厌氧降解过程通过致碱物质(如有机氮和硫酸盐等)产生的碱度提高进水的碱度和 pH 值,保持反应器内 pH 值的稳定,减少为了调整 pH 值的投碱量,从而有助于降低运行费用。

EGSB 反应器启动的接种污泥通常采用现有 UASB 反应器的颗粒污泥,接种污泥量以 30 gVSS(颗粒污泥)/L 左右为宜。为减少启动初期反应器细小污泥的流失,可对种泥在接种前进行必要淘洗,先去除絮状的和细小污泥,提高污泥的沉降性能,提高出水水质。

10. 升流式厌氧污泥床 – 滤层反应器

升流式厌氧污泥床 – 滤层反应器,简称 UBF 反应器,是由加拿大学者 S. R. Guiot 于 1984 年研究开发的。UBF 反应器综合了 UASB 反应器和 AF 的优点,使该种新型的厌氧反应器具有很高的处理效能,引起了国内外学者的很大兴趣,开展了大量的研究和应用。

Guiot 等人开发的 UBF 反应器的构造特点是:下部为厌氧污泥床,与 UASB 反应器下部的污泥床相同,有很高的生物量浓度,床内的污泥可形成厌氧颗粒污泥,污泥具有很高的产甲烷活性和良好的沉降性能;上部为厌氧滤池相似的填料过滤层,填料表面可附着大量厌氧微生物,在反应器启动初期具有较大的截留厌氧污泥的能力,减少污泥的流失可缩短启动期。由干反应器的上下两部均保持很高的生物量浓度,所以提高了整个反应器的总的生物量,从而提高了反应器的处理能力和抗冲击负荷的能力。

Guiot 开发的 UBF 反应器试图以局部的填料滤层替代 UASB 上部的三相分离器,这样使整个反应器的构造更为简单。

过滤层所采用的材质与厌氧滤池填料的种类基本相同,可采用塑料、纺织用纤维或陶粒等。要求比表面大、孔隙率大、机械强度高和表面粗糙易于挂膜,但应避免发生堵塞。

URF 反应器适于处理含溶解性有机物的废水不适于处理含 SS 较多的有机废水,否则填料层易于堵塞。

我国关于 UBF 反应器的研究始于 20 世纪 80 年代初,起步是比较早的,与国外差距不大。1982 年广州能源研究已开始了采用 UBF 反应器处理糖蜜酒精废水和味精废水的研究,起始时间比加拿大(1984 年)还要早。国内 UBF 反应器的研究与应用情况见表 12.12。

表 12.12　国内 UBF 反应器研究与应用

| 废水种类 | 容积负荷率/[kgCOD·(m³·d)⁻¹] | 进水 COD 质量浓度/(mg·L⁻¹) | COD 去除率/% | 沼气产率/[m³·(m³·d)⁻¹] | HRT/d | 温度/℃ | 规模/m³ | 研究单位 |
|---|---|---|---|---|---|---|---|---|
| 味精 | 5.5 | 17150 | 88.5 | 2.30 | 3.15 | 30~32 | 3.8 | 广州能源所 |
| 糖蜜酒精 | 17.0 | 17 000 | 70.3 | 6.80 | 1.00 | 34 | 0.009 | 原哈尔滨建筑工程学院 |
| 甲醇废水 | 33.4 | 29 300 | 95 | – | 1.14 | 35 | 小试 | 河北轻化工学院 |
| 维生素 C | 10.8 | 20 000 | 95 | 5.41 | 1.85 | 35~37 | 2 | 河北轻化工学院 |
| 乳品 | 13 | 11 000 | 85~87 | 4.0 | 0.85 | 35 | 6 | 原哈尔滨建筑工程学院 |
| 啤酒 | 10~15 | – | 80 | 7.2 | 0.28 | – | 小试 | 原重庆建筑工程学院 |

**11. 厌氧折流板反应器**

厌氧折流板反应器(ABR 反应器)是 P. L. McCarty 等 1982 年研制的新型厌氧生物处理装置,是一种厌氧污泥层工艺,可以处理各种有机废水。它具有很高处理稳定性和容积利用率,不会发生堵塞和污泥床膨胀而引起的污泥(微生物)流失,可省去气固液三相分离器。该反应器能保持很高的生物量,同时能承受很高的有机负荷。国内做过的小型试验的结果表明,当反应器进水容积负荷率达到 36 kgCOD/(m³ · d) 时,COD 的去除负荷率可达 24 kgCOD/(m³ · d)以上,产甲烷速率超过 6 m³(甲烷)/(m³ · d)。

ABR 内由若干组垂直折流板把长条形整个反应器分隔成若干个组串联的反应室。迫使废水水流以上下折流的形式通过反应器。反应器内各室积累着较多厌氧污泥。当废水通过 ABR 时,要自下而上流动与大量的活性生物量发生多次接触,大大提高了反应器的容积利用率。就一个反应室而言,因沼气的搅拌作用,水流流态基本上是完全混合的,但各个反应室之间是串联的具有塞流流态。整个 ABR 是由若干个完全混合反应器串联在一起的反应器,所以理论上比单一的完全混合状态的反应器处理效能高。

综上所述,ABR 具有以下特点:

(1)上下多次折流,使废水中有机物与厌氧微生物充分接触,有利于有机物的分解。

(2)不需要设三相分离器,没有填料,不设搅拌设备,反应器构造较为简单。

(3)由于进水污泥负荷逐段降低,沼气搅动也逐段减小,不会发生因厌氧污泥床膨胀而大量流失污泥的现象。出水 SS 往往较低。

(4)反应器内可形成沉淀性能良好,活性高的厌氧颗粒污泥可维持较多的生物量。

(5)因反应器内没有填料,不会发生堵塞。

**12. 升流式厌氧固体反应器(USR 反应器)**

升流式厌氧固体反应器是美国 Fannion 等人在 1982 年开发的。他们参照 UASB 反应器的原理,把它用于以海藻为原料进行厌氧消化制取沼气。因为被处理的对象是固体,所以称为升流式厌氧固体反应器,虽然在国外很少见到有关 USR 的研究和应用的报道。然而我国的科技工作者却把 USR 用来进行含 SS 很高的禽畜粪便和酒精废液等的厌氧处理,并取得了很好的效果。USR 构造原理如图 12.2 所示。

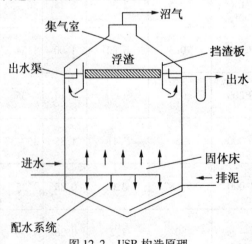

图 12.2　USR 构造原理

USR 的最大特点是可处理含固体量很高的废水(液),一般来说废水(液)的含固量可达

5%左右,甚至可处理含固量达 10%的废液。

13.管道厌氧消化器

管道厌氧消化器是浙江农业大学冯孝善等于 1982 年研究开发的。因为消化器的形状像管道,可埋设于地下,并可把若干个单节消化器串联运行,故以管道消化器命名。他们认为在某种条件下可以与下水管道结合起来,可节省占地面积和降低动力消耗,并有利于保温维持稳定的温度条件。由于消化器的过水断面面积小而长度大,水流的流态接近塞流型。因而具有较高的容积负荷率。据冯孝善、俞秀娥等报道(1987),在中温 30℃下采用五节管道消化器串联运行处理柠檬酸废水,容积负荷率达到 15.7 kgCOD/(m³·d),容积产气率为 9.1 m³/(m³·d)。上述参数表明,管道厌氧消化器的确是一种高效能的厌氧反应器,有着很大的推广应用前景。

管道厌氧消化器的构造如图 12.3(a)所示,可以看出该系统是由若干个单节消化器串联所构成的,单节消化器的构造如图 12.3(b)所示。管道厌氧消化器串联节数的多少主要取决于废水的有机物浓度和废水降解难易程度。一般有 3~5 节串联即可满足要求。

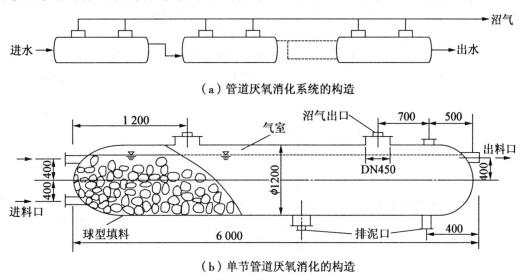

（a）管道厌氧消化系统的构造

（b）单节管道厌氧消化的构造

图 12.3　管道厌氧消化器的组成示意图

由图 12.3(b)可知,对于单节消化器,前端下部设进料口,后端上部设出料口。出料口以上的空间为集气室,集气室顶设排气管和安装填料口,底部设排泥口或放空管。每个管节内可填装填料,也可不充填填料,因此管道厌氧消化器可以是悬浮生长系统也可以是附着生长系统。浙江农大所采用的填料是用竹子编织的空心球,随机堆放。要求填料有较大的孔隙率,防止堵塞发生。从以上的介绍可知,管道厌氧消化器具有构造简单、可以工业化生产、施工安装方便、运行稳定等特点。

# 12.2　厌氧消化污泥中的产甲烷菌

## 12.2.1　厌氧消化器环境

人工建造的厌氧消化器包括污水处理系统和农村沼气池,其功用是为了处理污物污水和获得燃料气体——沼气。厌氧消化器是研究得较为彻底且最易操作的产甲烷生态系统,从复杂有机物到甲烷的转化包括了甲烷发酵4个阶段的全过程,是典型的产甲烷菌的第一类生态环境。

厌氧消化器有机负载高,有机物浓度在5%左右。城市污泥消化器中含10%~15%的纤维素,6%~7%的木质素,20%~25%的蛋白质和15%~30%的脂类。农村沼气池原料以动物排泄物为主,由大约14%~25%的纤维素,8%~15%的木质素,5%~10%的蛋白质和1.5%~2.5%的脂类组成。在厌氧消化器中,有机物有效的生物转化取决于参与各阶段发酵的多种复杂的微生物种群。这些菌群由水解菌、产氢产乙酸菌、同型产乙酸菌和产甲烷菌组成。这些不同营养类型的细菌作为一个整体协调作用,影响一个类型菌的代谢活动就可能影响整个的微生物种群。例如,如果氢营养甲烷菌发生某种混乱,就会造成氢分压升高,互营性的脂肪酸氧化不能正常进行,脂肪酸积累又导致pH值下降和未离解脂肪酸的毒性增强。

## 12.2.2　厌氧消化器中微生物种群和数量

国外研究者对厌氧消化器中的微生物种群和数量做了大量的调查工作。污泥消化器中产甲烷菌数量约为$10^6 \sim 10^8$/mL,其他厌氧菌总数约为$2 \times 10^9 \sim 6 \times 10^9$/mL。它们绝大部分是严格厌氧菌,兼性厌氧菌大约只占总数的1%。Smith等利用特异的含碳底物对水解菌计数研究,每mL下水污泥中含$10^7$数量级的蛋白水解菌,$10^5$数量级的纤维素分解菌,产氢产乙酸菌数量$4.2 \times 10^6$个,同型产乙酸菌的数量也可达$10^5 \sim 10^6$个。赵一章报导川西平原沼气池中,产甲烷菌数量一般为$10^5 \sim 10^8$个/mL,产氢菌为$10^5 \sim 10^7$/mL,而厌氧纤维素分解菌为$10^3 \sim 10^5$/mL。钱泽澍在一个连续进料,高产沼气的奶牛场沼气池中观察到了更多数量的微生物种群,发酵水解菌达$26 \times 10^{12}$个/mL,产氢产乙酸菌达$49.6 \times 10^{12}$个/mL,产甲烷菌也可达到$49.8 \times 10^{12}$个/mL。

### 1. 厌氧发酵性细菌

下水污泥中厌氧发酵性细菌组成非常复杂。解蛋白的细菌大多属于梭状芽孢杆菌属、葡萄球菌属、真细菌属和类杆菌属等。分解纤维素和半纤维素细菌的知识大多来自于Hungate对瘤胃的研究。一般认为,存在于粪便残渣和沉积物环境中的细菌也会出现于中温消化器中。根据消化器中使用的原料,瘤胃中的优势纤维素分解菌如琥珀酸拟杆菌、生黄瘤胃球菌、溶维丁酸弧菌、纤维二糖梭菌等可能也存在于消化污泥中。此外,从消化污泥中还分离出分解纤维素能力强的类弧菌,并从木材生物质原料消化器中分离出3种生成芽孢的纤维素分解菌。从瘤胃中也已经分离出数种解纤维素的厌氧真菌。纤维素分解菌能够从径流水或人和动物的排泄物中进入厌氧消化器。在高温(约60℃)的厌氧消化器中重要的纤维素分解菌是热纤梭菌,以及不产孢子的杆菌。

2. 产氢产乙酸菌

产氢产乙酸菌的典型代表是从所谓"奥氏甲烷芽孢杆菌"混合培养物中分离出的"S"有机体,在甲烷杆菌存在时,"S"有机体可以分解代谢乙醇。在此启发下,以后又陆续分离出了代谢脂肪酸产氢的细菌,如氧化丁酸、戊酸等的沃尔夫互营单胞菌( Syntrophomonas wolfel ),降解丙酸的沃林互营杆菌( Syntrophobacter wolinii )和降解苯甲酸盐的 Syntrophus buswellii 等。此外,部分硫酸盐还原菌,如脱硫弧菌和普通脱硫弧菌,在环境中没有硫酸盐,并有产甲烷菌存在时,也可在乙醇或乳酸盐培养基上生长,并氧化乙醇或乳酸生成乙酸和氢气。许多研究工作者已证实厌氧消化器所产生的甲烷中,大约有 70% 来自于乙酸。因而在污泥的甲烷发酵中,产氢产乙酸菌占有重要的生态位置。

3. 同型产乙酸菌

同型产乙酸菌表现为混合营养类型,它既能代谢 $H_2/CO_2$,也能代谢糖类等多碳化合物,还可以进行丁酸发酵。最早分离出的同型产乙酸菌是伍氏乙酸杆菌( Acetobacterium woodii ),是 Balch 在用 $H_2/CO_2$ 富集产甲烷菌的培养物中,在甲烷形成后加入连二亚硫酸钠分离出来的。以后又分离出了乙酸梭菌( Clostridium acericum )、基维产乙酸菌( Acetogenium kivui )、嗜热自养梭菌( Clostridium thermoautotrophicum )、黏液真杆菌( Eubacterium limosum )等菌株。但在厌氧消化器中,以消耗氢气来生成乙酸的同型产乙酸菌的确切生态作用并不十分清楚。

4. 产甲烷菌

产甲烷菌是唯一能够有效地利用氧化氢形成的电子,并能在没有光和游离氧,$NO_3^-$ 和 $SO_4^{2-}$ 等外源电子受体的条件下厌氧分解乙酸的微生物。厌氧消化中,产甲烷菌是甲烷发酵的核心。厌氧消化器下水污泥中,产甲烷菌的数量约为 $10^8$ 个/mL,Smith 等计数甲烷杆菌属、甲烷球菌属、甲烷螺菌属和甲烷八叠球菌属的数量为 $10^6 \sim 10^8$ 个/mL,甲烷丝状菌属的数量为 $10^5 \sim 10^6$ 个/mL。在中国农村沼气池中,产甲烷菌的主要类型是甲酸甲烷杆菌,史密斯甲烷短杆菌、嗜树木甲烷短杆菌、甲烷八叠球菌和甲烷小球菌。嗜热产甲烷菌也同时存在于农村沼泽池中,其中一种是利用 $H_2/CO_2$ 和甲酸的杆菌,一种是包囊状球菌,形成类似于马氏甲烷球菌的包囊,另外一种是小球菌。

氢营养型甲烷菌代时短,而乙酸营养型甲烷菌繁殖速度慢。厌氧消化器中甲烷八叠球菌代时为 $1 \sim 2$ d,利用乙酸产甲烷的优势菌索氏甲烷丝状菌,代时超过 3.5 d。互营利用丙酸、丁酸产甲烷的共生培养物则需要更长的时间。实际上,互营脂肪酸降解菌和乙酸营养甲烷菌是有机物厌氧降解转化成甲烷的主要限制因素。由于这些微生物生长缓慢,在厌氧消化器中必须停留足够长的时间才能免于被洗脱。按照工程要求,厌氧消化器的保留时间必须大于 10 d 才能够有效地和稳定地运行。因为产甲烷菌在代谢一碳化合物和乙酸时,要有对氢进行氧化的氧化还原酶参与,并要求一定的质子梯度,而较低的 pH 值有利于质子还原成氢,不会使氢氧化成质子。高质子浓度也抑制产甲烷菌和产乙酸菌的氢代谢。乙酸营养型产甲烷菌的质子调节作用可除去有毒的质子和确保各类型菌优势菌群的最适 pH 值范围。一些事实说明,产甲烷菌的质子调节作用是其最重要的生态学功能,只有产甲烷菌才能够有效地代谢乙酸。产甲烷菌代谢氢而完成的电子调节作用则从热力学上为产氢产乙酸菌代谢多碳化合物(如醇、脂肪酸、芳香族化合物等)创造了最适条件,并促进水解菌对基质的利用。此外,产甲烷菌还可能具有营养调节作用,合成和分泌某些有机生长因子,有利于其他类型厌氧菌的生长。产甲烷菌表现的这 3 种调节机能(表 12.13),维持了复杂微生物种群间相互联合和相互依赖的代谢联系,为厌氧消化过程的稳定和保持生物活性提供了最适条件。

表 12.13　厌氧消化中产甲烷菌的生物调节作用

| 功能 | 代谢反应 | 意义 |
|------|----------|------|
| 质子调节 | $CH_3COO^- + H^+ \longrightarrow CH_4 + CO_2$ | 1. 除去有毒代谢产物<br>2. 维持 pH 值稳定 |
| 电子调节 | $4H_2 + CO_2 \longrightarrow CH_4 + 2H_2O$ | 1. 为某些底物代谢创造条件<br>2. 防止某些有毒代谢物积累<br>3. 增加代谢速率 |
| 营养调节 | 分泌生长因子 | 刺激异样菌生长 |

# 12.3　厌氧颗粒污泥中的产甲烷菌

## 12.3.1　厌氧颗粒污泥

UASB 反应器中水流的升流式运行方式是其污泥颗粒化的最直接和基本的原因和前提,是必要条件,但并非是决定颗粒污泥的形成及其特性的充分条件,亦即颗粒污泥的形成除受水力条件的影响和制约外,还与废水水质、运行控制条件等许多因素有关;同时污泥颗粒化的过程需要较长的时间,其对运行条件的要求亦是非常严格的。而在不同的运行条件下,污泥颗粒化的实现途径(机理)也不尽相同,因而颗粒污泥的特性将有所不同。表 12.14 给出了几种 UASB 颗粒污泥的基本参数。通过对污泥颗粒化的条件、颗粒化机理、颗粒污泥的形成过程等的研究,有利于加深对颗粒污泥特性的了解,促进运行条件的优化,获得性能优良的颗粒污泥,促进反应器的稳定高效运行。

表 12.14　几种 UASB 颗粒污泥的基本参数

| 基本运行参数 | 形成颗粒污泥的废水种类 | | |
|------|------|------|------|
| | 人工配水 | 屠宰废水 | 丙酮、丁醇废水 |
| 颗粒污泥直径/mm | 0.7 ~ 2.0 | 0.5 ~ 1.0 | 0.5 ~ 1.0 |
| 沉降性能/$(mL \cdot g^{-1})$ | 17 | 81 | 22 |
| 湿比重/$[g \cdot (cm)^{-3}]$ | 1.06 | 1.05 | 1.06 |
| 水力滞留时间/HRT | 5 ~ 7 | 6 ~ 8 | 48 |
| 试验温度/℃ | 35 | 常温 | 35 |
| 进水质量浓度/$(CODmg \cdot L^{-1})$ | 3 000 | 3 000 | 9 000 ~ 10 000 |
| COD 去除率/% | 90 | 80 | 90 |

1. 厌氧颗粒污泥的形成机理

有关厌氧颗粒污泥形成机理的各种假设是根据对颗粒污泥培养过程中观察到的现象的分析提出的。至今尚未有一种较为完善的理论来阐明厌氧颗粒污泥形成的机理。以下将分别介绍各种假说。

(1)晶核假说。Lettinga 等人提出了"晶核假说",认为颗粒污泥的形成类似于结晶过程,在晶核的基础上,颗粒不断发育到最后形成成熟的颗粒污泥。形成颗粒污泥的晶核来源于接种污泥或反应器运行过程中产生的非溶解性无机盐(如 $CaCO_3$ 等)结晶体颗粒。这一假说获得了试验结果的支持,如在培养过程中投加 $Ca^{2+}$ 等,将有助于实现污泥颗粒化,在镜检时可观察到颗粒污泥中有 $CaCO_3$ 晶体的存在。但是也有不少试验结果发现在成熟的颗粒污泥中并未发现有晶核的存在。有些研究者提出,颗粒污泥完全可以通过细菌自身的生长而形成。

(2)电荷中和假说。细菌细胞表面带负电荷,互相排斥使菌体趋于分散状态。金属离子如 $Ca^{2+}$、$Mg^{2+}$ 等带有正电荷,两者互相吸引可减弱细菌间的静电斥力,并通过盐桥作用而促进细胞的互相凝聚,形成团粒。

(3)胞外多聚物假说。不少研究者认为,胞外多聚物(ECP)是形成颗粒污泥的关键因素。ECP 主要由蛋白质和多聚糖组成,ECP 的组成可影响细菌絮体的表面性质和颗粒污泥的物理性质。分散的细菌是带负电荷的,细胞之间有静电排斥,ECP 产生可改变细菌表面电荷,从而产生凝聚作用。

(4)Spaghetti 理论。该理论认为颗粒污泥的形成过程也就是压力等物理因素对微生物进行选择的过程。在启动初期,由于上升流速很小,在 UASB 反应器的接种污泥中的一些菌体会自然生长成为小聚集体或附着于其他物体上,这样有利于菌体的聚团化生长,一旦新生体形成,颗粒即慢慢长大。初生颗粒会由于自身菌体生长或黏附一些零碎的细菌而成长起来。在上升水流和沼气的剪切力作用下,颗粒会长成球形。

J. E. Schmidt 和 B. K. Ahring(1995)总结了国外最近的研究成果,提出了颗粒污泥形成的过程(表 12.15)。他们认为颗粒污泥的初始形成可分为 4 个步骤:①单个细胞通过不同的途径,如扩散(布朗运动)、对流或鞭毛活动等转移到一个非菌落的惰性物质或其他细胞的表面;②在物理化学力的作用下在细菌细胞之间或对惰性物质之间发生的可逆吸附;③通过微生物的附着或胞外多聚物使细菌细胞之间或对惰性物质之间产生不可逆吸附;④附着细胞的不断增殖和颗粒的发育。

表 12.15　颗粒污泥的形成过程

| 形成阶段 | 污泥形态及微生物组成 |
|---|---|
| 絮状污泥 | 污泥为分散相,产甲烷菌数量少且多呈流动性 |
| 絮团状污泥 | 基本形态仍为絮状,出现部分缠黏状、粒径小的絮聚体,产甲烷杆菌、短杆菌和球菌等相互交错排列,缠绕在一起 |

续表 12.15

| 形成阶段 | 污泥形态及微生物组成 |
|---|---|
| 小颗粒污泥 | 0.5mm 小颗粒大量出现,表面有黏状分泌物,甲烷索氏丝状菌开始出现,插入其他细菌间 |
| 颗粒状污泥 | 索氏丝状菌大量繁殖,小颗粒污泥不断增大,粒径多为 1~3 mm,表面颜色由灰转黑 |
| 成熟颗粒污泥 | 形态更趋似圆形,粒径基本稳定且大小较一致,形成稳定菌群 |

2. 颗粒污泥的类型及形成过程

经许多学者的研究,发现 UASB 反应器内的颗粒污泥有 3 种类型(A 型、B 型、C 型)。其中 A 型和 B 型两种颗粒污泥主要由菌体构成,而 C 型颗粒污泥则是由菌体附着于惰性固体颗粒表面而形成的生物粒子。

A 型颗粒污泥是以巴氏甲烷八叠球菌为主体的球状颗粒污泥,外层常有丝状产甲烷杆菌缠绕。它比较密实,但粒径很小,约 0.1~0.5 mm。

B 型颗粒污泥是以丝状的产甲烷杆菌为主体的颗粒污泥,故也称杆菌颗粒,它在 UASB 反应器内出现频率极高,其表面比较规则,外层缠绕着各种形态的产甲烷杆菌的丝状体。B 型颗粒污泥也可细分为两种:一种是细丝状颗粒,内含很长的产甲烷杆菌的丝状体,通常出现在实验室 UASB 反应器内;另一种是杆菌颗粒,它只含较短的产甲烷杆菌丝状体,常见于各种规模的 UASB 反应器内。丝状颗粒的密度为 1.033 g/cm$^3$,杆状颗粒的密度为 1.054 g/cm$^3$。

C 型颗粒污泥是由疏松的纤丝状细菌缠绕黏连在惰性微粒上所形成的球状团粒,故也称丝菌颗粒。它类似于厌氧流化床反应器中的生物粒子(即在人工无机载体上覆盖着生物膜的微粒)。C 型颗粒污泥大而重,粒径为 1~5 mm。颗粒污泥的比重约为 1.01~1.05。颗粒污泥的沉降速度依比重和粒径的不同而差异甚大,从 0.2~30 mm/s 不等,一般为 5~10 mm/s。

不同类型的颗粒污泥的形成与废水中化学物质(营养基质和无机物)的不同和反应器的工艺运行条件(特别是水力表面负荷和产气强度)有关。当 UASB 反应器中的乙酸浓度很高时,以乙酸为主要基质的少数菌种,如巴氏甲烷八登球菌(或许还有马氏甲烷八叠球菌),将迅速生长繁殖,并依靠其杰出的成团能力而形成肉眼可见的 A 型颗粒污泥。由于 A 型颗粒污泥基本上是由厌氧微生物组成,比重小,因此它的出现并保持稳定存在,必要条件是 UASB 反应器中的表面水力负荷及表面产气率要低,即由其产生的水力及气力分级作用要弱。但是,在实际的生产性装置中,难于维持高水平的乙酸浓度,故很少见到 A 型颗粒。此外,由于甲烷八叠球菌形成的 A 型颗粒污泥内部有孔洞,常作为其他细菌栖息的场所而变型,不能稳定存在。有研究表明 B 型颗粒就是由丝状甲烷杆菌栖息于上述空洞中而逐渐形成的。B 型颗粒的形成,破坏了 A 型颗粒的稳定而使其解体。超薄切片观察幼龄 B 型颗粒的结果表明,在接近边缘的地方尚存有甲烷八叠球菌簇,而其中心则未见甲烷八叠球菌,表明 B 型颗粒是由 A 型颗粒转型而成的。随着幼龄 B 型颗粒的逐渐发展,位于外层的甲烷八叠球菌逐渐脱落,表明 A 型颗粒已完全解体,不复存在,而典型的 B 型颗粒已成熟定型,其中已不含甲烷八叠球菌了。当 UASB 反应器中存在适量的悬浮固体时,具有较好附着能力的丝状甲烷菌可附着于固体颗粒(初级核)表面,进而发展成 C 型颗粒,即在初级核表面形成生物膜。初级核可以是无机颗粒,也可以是其他生物碎片。C 型颗粒发育到一定的程度,生物膜会脱落而导致 C 型颗粒破碎,这些碎片即成为次级核,形成新的 C 型颗粒污泥。

**3. 反应区内颗粒污泥的分布**

反应区内颗粒污泥的形成与分布,受到一些外界条件的制约,其中最主要的是基质的种类和浓度,以及表面水力负荷和表面产气率的分级作用。

(1)基质的种类和浓度。

基质的种类和浓度对形成颗粒污泥的种类和质量有着重要的影响。乙酸是厌氧消化系统中最主要的供甲烷细菌吸收利用的基质,而能利用这种基质的甲烷细菌有巴氏甲烷八叠球菌和马氏甲烷八叠球菌,以及常呈丝状的孙氏甲烷丝菌。巴氏甲烷八叠球菌在乙酸浓度较高的消化液中有较快的比增殖速度(比后者快 4.5 倍),因而有利于 A 型颗粒污泥的形成。丝状的孙氏甲烷丝菌对乙酸有较强的亲和力,在乙酸浓度低时,它捕获乙酸进行增殖的能力比前者强,因而有利于 B 型和 C 型颗粒污泥的形成。

环境中 $H_2$ 的浓度对微生物的成团起着重要作用。氢分压较高时,以 $H_2$ 为能源的产甲烷菌(氢营养型的产甲烷菌)在有足够的半胱氨酸存在下,能产生过量的各种氨基酸,形成胞外多肽,再与厌氧细菌结合成团粒而形成颗粒污泥。

一般来说,应在反应区的底部废水入口处附近培养较高浓度的 A 型颗粒污泥,以发挥其在乙酸浓度高时比增殖速度快的生理特性,尽量多地降解有机营养物,而在反应区的中段应培养浓度较高的 B 型和 C 型颗粒污泥,以发挥其在乙酸浓度低时有较强亲和力的生理特性,充分捕获和转化消化液中残存的有机营养物,最大限度地改善出水水质。

但是,在实际工程中很难实现颗粒污泥的这种理想分布,产生这一现象的主要原因是 UASB 反应器在启动阶段,为避免酸化,常采用较低的负荷值,且在 COD 去除率达 80% ~ 90% 后才允许增大负荷值。其结果是从一开始即维持体系中较低水平的乙酸浓度,一般只形成 B 型和 C 型颗粒污泥,而 A 型颗粒污泥却无法培养起来。这也是 UASB 反应器在提高处理能力方面的一个内部障碍。

(2)表面水力负荷和表面产气率所产生的分级作用。

在 UASB 反应器中,由表面水力负荷决定的上升液流和由表面产气率促成的上窜气泡对反应区内污泥粒子产生的浮载作用,使大而重的污泥粒子堆积于底层,小而轻的污泥粒子浮于上层。这种使污泥粒子沿高度的分级悬浮现象称为污泥粒子的水力和气力分级作用。

分级作用特低时,反应区内会保持大量的分散态细菌,由于其传质阻力小,能优先捕获营养物质而大量繁殖,并抑制了传质阻力大的颗粒污泥的形成,使反应器内保持了低水平的处理能力。分级作用中等时,分散态细菌被迫仅存留于反应区顶层,而让附着型和结团型的厌氧微生物在反应区底部富营养带内大量滋生,从而在此区域内形成颗粒污泥,大大提高了反应器的处理能力。当分级作用很大时,不仅分散态细菌大量流失,而且一些能改善出水水质的较小颗粒污泥也频频流失,造成反应器处理效能的反退。分级作用很高时,只有附着生长或结团至足够大的厌氧细菌才能选择性地滞留,其中大多是缠绕能力很强的丝状甲烷细菌。甲烷八叠球菌只有在迅速结团并达到足够大后,才能被滞留,否则难以幸存。实际的 UASB 反应器在启动期由于采用低负荷而使乙酸浓度很低,在这样的低乙酸浓度水平的环境中,产甲烷八叠球菌很难发挥其比增殖速度快的优势,因而难以迅速结成生物团粒,被选择滞留的机会较少,而且甲烷八叠球菌形成的 A 型颗粒要比 B、C 型颗粒小。

4. 培养颗粒污泥的综合条件

在 UASB 反应器中培养出高浓度高活性的颗粒污泥并维持合理的纵向分布,一般需要 1~3 个月时间。其中可大致分为 3 个时段,即启动期、颗粒污泥形成期和颗粒污泥成熟期。培养和形成颗粒污泥的综合技术条件可大致归纳为以下几方面:

(1)接种污泥:选取稠型消化污泥( >60 kgDS/m³)要比稀型消化污泥( <40 kgDS/m³)为好。前者的接种量为 12~15 kgVSS/m³,后者为 6 kgVSS/m³。

(2)维持稳定的环境条件,如温度等。

(3)初始污泥负荷为 0.05~0.1 kgCOD/(kgVSS·d),待正常运行后,再增加负荷,以增大分级作用,但负荷不宜大于 0.6 kgCOD/(kgVSS·d)。

(4)废水中原有的和产生的挥发性脂肪酸经充分分解(达80%)后,即保持低浓度的乙酸条件下(与培养孙氏甲烷丝菌有关),才能够逐渐提高有机负荷。

(5)表面水力负荷应大于 0.3 m³/(m²·h),以保持较大的水力分级作用,冲走轻质污泥絮体。

(6)进水 COD 质量浓度不大于 4 000 mg/L,以便于保持较大的表面水力负荷。如果 COD 浓度过高,可采用回流或稀释等措施降低 COD 浓度。

(7)进水中可提供适量的无机微粒,特别要补充 $Ca^{2+}$、$Fe^{2+}$ 同时补充微量元素( 如 Ni、Co 和 Mo 等)。

总之,由以上介绍可知,颗粒污泥的形成保证了反应区内能够保持高浓度污泥;而颗粒污泥的形成,又保证了反应区内稳定而又高效能的有机物转化速率。可见,UASB 反应器的关键问题是培养和保持高浓度、高活性的足够数量的颗粒污泥。

## 12.3.2 厌氧颗粒污泥的微生物学

1. 颗粒污泥的生物活性

研究表明,在颗粒污泥表面生物膜的外层中占优势的细菌是水解发酵细菌,内部是甲烷细菌。细菌的这种分布规律是由环境中的营养条件决定的。

颗粒污泥表面的厌氧微生物接触的是废水中的原生营养物质,其中大多数为不溶态的有机物,因而那些具有水解能力及发酵能力的厌氧微生物便在污泥粒子表面滋生和繁殖,其代谢产物的一部分进入溶液,经稀释后降低了浓度,供分散在液流中的游离细菌吸收利用;另一部分则向颗粒内部扩散,使颗粒内部成为下一营养级的产氢产乙酸细菌和产甲烷细菌滋生和繁殖的区域。由于产甲烷细菌在颗粒内部的密度大于颗粒外部的溶液本体,亦即颗粒内部的生物降解作用(包括酸化和气化)大于颗粒外部的溶液本体,故发酵细菌的代谢产物在颗粒内部的浓度或分压小于外部溶液,为水解及发酵细菌的代谢产物向颗粒内部扩散提供了有利的动力学条件。可见,颗粒污泥实际上是一种生物与环境条件相互依托和优化结合的生态粒子,由此构成了颗粒污泥的高活性。

2. 颗粒污泥的微生物相

近年来,国内外一些学者加强了对厌氧颗粒污泥代谢特性的研究工作。颗粒污泥这种特殊的厌氧消化种泥,其微生物相由产甲烷菌、产氢产乙酸菌和其他生理类群厌氧菌组成。

刘双江等对啤酒厂废水、豆制品废水等含蛋白质废水中颗粒污泥的研究发现,颗粒污泥中降解乙酸盐的生物量占总生物量的 19.6%,其代谢活性较絮状污泥高一个数量级。颗粒污泥中的乙酸分解菌主要是 *Methanothrix SP.* 和 *Methanosarcina SP.*。前一种菌主要分布于颗粒污泥的中层,后者分布在表面。研究者认为它们在反应器中的功能有所不同,*Methanothrix SP.* 主要降解颗粒污泥产生的乙酸,而 *Methanosarcim SP.* 主要降解反应器内由悬浮细菌产生的乙酸。

赵一章等对颗粒污泥的菌相做了详细的显微观察和生理研究。借助于荧光显微镜能直观地对产甲烷菌进行特异性观察,再配合电子显微镜观察其超微结构,可以对颗粒污泥中的产甲烷细菌在属一级水平上做出初步的鉴定。对 3 种废水中形成的颗粒污泥观察的结果简介如下。

(1)人工配水的颗粒污泥、用工业糖、尿素和磷酸盐配制的污水中,形成的颗粒污泥的外表较为规则,比表面积大,表面可见较多孔穴。颗粒内菌群分布不均一,存在阻产甲烷丝状菌和产甲烷球菌分别占优势的区域,但多数区域为各种菌群混栖分布。可发现甲烷八叠球菌相互叠加,形成拟八叠体。在颗粒形成的后期,表面以丝状菌占绝对优势。

(2)屠宰废水颗粒污泥:颗粒较小,直径 0.5～1.0 mm,为黑色不规则拟球形,表面较粗糙且松散,但活力强,产气迅猛。荧光和相差显微镜下可观察到丝状、杆状、八叠球状、短杆状及球状的产甲烷细菌。各种产甲烷菌在颗粒中呈随机分布,唯表面丝状菌分布较多,故结构虽不紧密,但较为稳定。

(3)丙酮丁醇废水颗粒污泥:颗粒为黑灰色拟圆形,表面粗糙,沉降性能较好,但未形成颗粒的絮状物质较多。显微镜下可见到丝状、杆状和球状的产甲烷细菌,产甲烷八叠球菌偶尔可见。扫描电镜下可观察到颗粒表面以丝状菌为主和以短杆菌为主的区域,有些区域则由丝状菌、短杆菌和球菌混栖。形成的颗粒中,直径 1.0～1.2 mm 的较为紧密,2.0 mm 以上的颗粒结构较松散,呈絮粒状。

通过上述观察以及进一步的生理实验可以认识到,颗粒污泥内的菌群是颗粒形成过程中自然选择的结果。它们在生理上存在互营共生关系。厌氧水解菌、产氢产乙酸菌和产甲烷细菌在颗粒内部生长、繁殖,形成相互交错的复杂菌丛。据刘双江等的报导,厌氧污泥颗粒化提高了厌氧污泥耐乙酸的能力,UASB 反应器中颗粒污泥的乙酸抑制质量浓度为 4 000 mg/L,较不形成颗粒污泥的普通厌氧消化器的 2 000 mg/L 提高了 1 倍。厌氧颗粒污泥的代谢活性也较絮状污泥提高 1 个数量级。

3. 颗粒污泥形成过程中的微生物学

乙酸营养甲烷细菌是颗粒污泥中的优势种群。在有机废水厌氧颗粒污泥中,很容易观察到甲烷索氏丝状菌和甲烷八叠球菌,在显微视野中常常形成主要的分布区域。氢营养甲烷杆菌在形成颗粒污泥过程中也有重要作用,这种细菌在生长时菌体可伸长,相互缠绕,并在生长后期形成明显菌团。颗粒污泥中,各种形态的菌处于有序的网状排列,其间有气体和基质分流的通道,使各种微生物群处于最佳的种间氢转移状态。

在颗粒污泥形成的过程中,除产甲烷细菌以外,发酵性细菌、产氢产乙酸菌也起着重要的作用。刘双江等报导,颗粒污泥形成过程中,乙酸营养甲烷菌、氢营养甲烷菌、发酵性细菌、丙酸分解菌和丁酸分解菌 5 种类型细菌的数量都有较大幅度的增加。其中氢营养型的甲烷菌增长最多,几乎达 4 个数量级,其余 4 个类群细菌数量也大致增加了 2～3 个数量级。

而在颗粒污泥的稳定运行期间,污泥中仅乙酸营养甲烷菌数量增加较多,其余类群细菌的数量变化都不大。他们认为只有当污泥中各类群细菌达到一定数量并具有合适的比例后,才有可能形成颗粒污泥。而细菌类群数量上的差异可能意味着它们在颗粒污泥形成和作用的过程中功能上的不同。

赵一章等人则追踪观察了厌氧颗粒污泥形成的全过程。在酒精废水中接入活性污泥种泥,最初出现了絮状团聚物,其沉降性能差,跑泥严重。大约几天后,小颗粒大量形成,可观察到几乎全部由细菌构成的颗粒。有机负荷约 2.0 kg/(m³·d)时,颜色逐渐由黑变为黑灰色。随后的 20 天,颗粒逐渐变大,丝状菌增加较多。有机负荷为 6 kg/(m³·d)时,氢化酶的活力高达 647(H₂ μmol/ mgVSS·10min),较接种污泥高出 15 倍以上,跑泥现象此时已基本停止。50 d 以后,有机负荷进一步增大到 10 kg/(m³·d),形成较为均匀的黑灰色颗粒(1.2~2.0 mm),内部的微生物群已基本稳定。在实验中发现,有机负荷是形成颗粒污泥的重要因素,一般有机负荷大于 4 kg/(m³·d)才出现颗粒污泥。原因可能是营养丰富的环境中,厌氧微生物才能大量增殖,分泌出胞外多聚糖等大分子物质,形成微粒可黏结凝聚的物质基础。在颗粒污泥形成的过程中,产甲烷丝状菌起主导作用。污水中的絮状聚合体能否形成沉降性良好的颗粒,关键是甲烷丝状菌能否大量繁殖。尽管丝状菌对乙酸盐有较高的亲和力,但丝状菌倍增期很长。因此,甲烷丝状菌在颗粒污泥形成的中期才开始出现,并在随后的阶段发挥了重要的作用。

UASB 反应器中厌氧颗粒污泥的外形多种多样,大多呈卵形,也有球形、棒形、丝状形及板状形的。它们的平均直径为 1 mm,一般为 0.1~2 mm,最大的可达 3~5 mm。在反应区内的分布大体为下部大、上部小。反应区底部的多以无机粒子作为核心,外包生物膜而成。无机粒子及生物膜的内层一般为黑色(可能与生化过程中形成的 FeS 沉淀有关),生物膜的表层则呈灰白色、淡黄色以及暗绿色等。反应区上部的颗粒污泥的挥发物含量相对较高。颗粒污泥质软,有韧性及黏性。颗粒污泥的组成主要包括各类厌氧微生物、矿物质及胞外多聚物,其 VSS/SS 一般为 70%~80%。

颗粒污泥的主体是各类厌氧微生物,包括水解发酵细菌、共生的产氢产乙酸细菌和产甲烷细菌,有时还存在硫酸盐还原菌等。据测定,细菌数为 $1 \times 10^{12}$~$4 \times 10^{12}$个/gVSS。其中,常见的优势产甲烷细菌有:孙氏甲烷丝菌、马氏甲烷八叠球菌、巴氏甲烷八叠球菌等;非产甲烷细菌有丙酸盐降解菌、伴生杆菌和伴生单胞菌等。颗粒污泥中产甲烷细菌与伴生菌的比例见表 12.16。从表中知,伴生单胞菌多于产甲烷细菌,而产甲烷细菌又多于伴生杆菌。

表 12.16 颗粒污泥中产甲烷菌与伴生菌的比例

| 颗粒污泥来源 | 产甲烷菌/伴生杆菌 | 产甲烷菌/伴生单胞菌 |
| --- | --- | --- |
| 实验室 UASB 装置 | 2.46 | 0.71 |
| 生产性 UASB 装置 | 2.36 | 0.48 |

有关颗粒污泥中主要构造元素组成的资料不多,难以进行综合性分析比较。荷兰 6 m³ 的 UASB 反应器用污水处理厂的污泥启动,运行一年后的颗粒污泥中挥发性 C、H、N 比例分

别为:C 约 40% ~ 50%,H 约 7%,N 约 10%。我国某处理酒精废水的 UASB 反应器中,颗粒污泥的 C、H、N 组成见表 12.17。

表 12.17　颗粒污泥的 C、H、N 组成

| 距池底高度 | C/% | H/% | N/% | 备注 |
|---|---|---|---|---|
| 0.5 m | 33.57 | 4.9 | 7.47 | 占总固体的 |
| 0.0 m | 31.78 | 4.64 | 7.00 | 百分含量 |
| 0.5 m | 52.0 | 7.5 | 11.4 | 占挥发性固体的 |
| 0.0 m | 48.0 | 6.6 | 10.0 | 百分含量 |

从表 12.17 中可以看出,0.5 m 高处的颗粒污泥中 N 含量略高于底层。假定颗粒污泥中的 N 主要以微生物细胞质组分的形式而存在,则 0.5 m 高处的颗粒污泥中厌氧微生物的百分含量比底层污泥中稍高一些。同样,从 N/C 来看,0.5 m 高处 N/C 比为 $11.4/52.0 \approx 0.219$(以 VSS 计)和 $7/33.57 \approx 0.223$(以 SS 计);底层则为 $10.0/48.0 \approx 0.208$(以 VSS 计)和 $7/31.78 = 0.220$(以 SS 计)。即 0.5 m 处的 N/C 比均高于相应的底层处,也表明 0.5 m 处颗粒污泥中活性微生物含量较高,或者说 0.5 m 处颗粒污泥灰分要比底层污泥中稍低。此外,一般细菌的 N/C 比平均约为 $1/6 \approx 0.17$,而颗粒污泥中的 N/C 比均高于此平均值,表明颗粒污泥中很可能还吸附有一部分含氮高的有机悬浮固体。

颗粒污泥中的灰分,特别是 $FeS$、$Ca^{2+}$ 等对保持颗粒污泥的稳定性仍起着重要作用。颗粒污泥中的金属元素含量表 12.18。据研究约有 30% 的灰分量是由 $FeS$ 组成的,并在一级稀释管中观察到 $FeS$ 牢固地黏附在丝状甲烷杆菌的鞘上。矿物质在颗粒污泥内的沉积并没有独特的方式,其在颗粒中的空间分布与细菌活动的局部环境有关,如在硫酸盐还原菌活动的区域,由其产生的 $CO_2$,在碱性环境中即与废水的 $Ca^{2+}$ 结合,形成较多的 $CaCO_3$ 沉积物。此外,颗粒中的产甲烷菌和其他发酵细菌能有效地吸收培养基中的特异离子(如 $Ni^{2+}$、$Co^{2+}$ 等)。颗粒中的无机沉积物不仅起到增加颗粒密度和在一定程度上起到稳定颗粒强度的作用,而且可能提供了细菌赖以黏附的核心或天然支持物,促进颗粒污泥的形成。

表 12.18　颗粒污泥中的金属元素含量(mg/kg)

| 距池底高度/m | Na | Ca | Mg | Fe | K | Zn | Mn | Ni |
|---|---|---|---|---|---|---|---|---|
| 1.0 | 9 200 | 2 896 | 12 984 | 35 200 | 29 110 | 306.9 | <1.5 | 未检出 |
| 0.5 | 1 700 | 2 140 | 2 926 | 29 600 | 8 000 | 212.8 | <1.5 | 未检出 |
| 0.1 | 2 080 | 1 985 | 3 566 | 3 5600 | 9 265 | 200.6 | <1.5 | 未检出 |

对颗粒污泥中的金属元素的测定(表 12.18)表明,金属离子的含量有两个突出特点:

(1)Fe 的比例大。在上、中、下三层中,约占 8 种金属元素总含量的比例分别为 39%、66% 和 68%,远远超出一般微生物的含铁比例。可见,颗粒污泥中存在着大量的非细胞物质的含铁无机沉淀物,而且越向底层,含铁量的比例越大,表明铁的化合物(硫化铁)在形成

颗粒污泥时作为核心的重要性。

(2)镁含量比钙含量高,说明溶度积小的 $Mg(OH)_2$ 比溶度积较大的 $Ca(OH)_2$ 更易沉淀出来,充当颗粒污泥的核心。

颗粒污泥中的另一重要化学组分为胞外多聚物(即分泌在细菌细胞外的聚合物)。颗粒污泥的表面和内部,一般均可见透明发亮的黏液性物质,主要组成为聚多糖、蛋白质和糖醛酸等。胞外多聚物的含量差异很大,以胞外聚多糖为例,少的占颗粒污泥干重的 1% ~ 2%,多的则占 20% ~30%。

4. 产甲烷活性

颗粒污泥的比产甲烷活性与操作条件和底物组成有关。废水越复杂,颗粒中的酸化菌占的比例越高,其结果是颗粒污泥的比产甲烷活性较低。在 30 ℃时,在未酸化的底物中培养的颗粒污泥的产甲烷活性可达到 1.0 kgCOD/(kgVSS·d),而对于已酸化的底物中颗粒污泥的产甲烷活性可达到 2.5 kgCOD/(kgVSS·d)。也有人报道过更高的产甲烷活性,例如 Guiot 等以蔗糖为底物,在 27 ~29 ℃时,活性为 1.3 ~2.6 kgCOD/(kgVSS·d),活性的大小与微量元素的含量有关。Wiegant 等人发现在 65 ℃下在乙酸和丁酸混合液中培养的颗粒污泥产甲烷活性高达 7.3 kgCOD/(kgVSS·d)。

假定产甲烷丝菌是颗粒污泥中占优势的菌并考虑到它的生长率为 0.05 kgCOD/(kgVSS·d)去除 COD,因此能够估计产甲烷丝菌中不同的菌株的产甲烷活性(表 12.19)。

表 12.19 某些产甲烷丝菌分离菌株的世代时间与比产甲烷活性

| 菌株 | 最适生长温度/℃ | 世代时间/h | 比产甲烷活性/[kgCOD·(kgVSS·d)$^{-1}$] |
|---|---|---|---|
| *M. soehngenij Opfikon* | 37 | 82 | 4.1 |
| *M. soehngenij VNBF* | 40 | 23 ~29 | 11.5 ~14.5 |
| *M. concilii GPG* | 35 ~40 | 24 ~29 | 11.5 ~13.5 |
| *Methanothrix Sp.* | 60 | 31.5 | 10.6 |
| *Methanothrix Sp.* | 60 | 72 | 6.6 |

以废水培养的颗粒污泥的活性将总是小于表中所列的产甲烷丝菌分离株的活性,因为颗粒污泥中含有相当数量的其他非产甲烷菌、多余的胞外多聚物、不可降解的 VSS 和死细胞等物质,表 12.20 列出了各类废水中培养的颗粒污泥的比产甲烷活性。

表 12.20 各类废水中培养的颗粒污泥的比产甲烷活性

| 废水类型 | 温度/℃ | 比产甲烷活性/[kgCOD·(kgVSS·d$^{-1}$)] |
|---|---|---|
| 稀麦芽汁 | 25 | 0.85 |
| 葡萄糖溶液 | 35 | 1.2 |
| 啤酒废水 | 35 | 1.9 |

续表 12.20

| 废水类型 | 温度/℃ | 比产甲烷活性 /[kgCOD・(kgVSS・$d^{-1}$)] |
|---|---|---|
| 生活污水 | 30 | 0.02 ~ 0.04 |
| 小麦淀粉废水 | 35 | 0.55 |
| 酒精废水 | 32 | 0.60 |
| 造纸废水 | 27 ~ 30 | 0.45 |
| 土豆废水 | 30 | 1.2 |
| 造纸废水 | 30 | 0.19 ~ 0.62 |
| 动物腐肉废渣 | 30 | 0.75 |

污泥活性一般都通过测定辅酶 $F_{420}$ 来表示。$F_{420}$ 在由利用氢的产甲烷菌还原二氧化碳的过程中起到电子载体的作用,因此很清楚,利用氢的产甲烷菌比利用乙酸的产甲烷菌有高得多的 $F_{420}$ 含量。因此以 $F_{420}$ 来估计颗粒污泥活性应只限于颗粒污泥中微生物种群没有大的变化时。

在未酸化的废水中形成的颗粒污泥含有相当多的产酸菌。由于产酸菌生长率远大于产甲烷菌,在未酸化废水中颗粒污泥生长要快得多。但另一方面,由于产酸菌的大量存在,污泥的比产甲烷活性降低。但是由于产酸菌在不同的底物中产率不同,因此在不同性质的废水中颗粒生长的速度也不同(表 12.21)。

表 12.21　中等负荷下使用不同底物时颗粒污泥的强度与活性

| 底物 | 100% 蔗糖 | 90% 蔗糖 +10% 葡萄糖 | 50% 蔗糖 +50% 葡萄糖 | 10% 蔗糖 +90% 葡萄糖 | 100% 葡萄糖 |
|---|---|---|---|---|---|
| 比产甲烷活性/[gCOD ・(gVSS・$d^{-1}$)] | 0.7 | 0.6 | 0.7 | – | 1.4 |
| 相对强度 /% | <5 | 37 | 85 | 65 | 100 |

目前研究颗粒污泥中产甲烷菌的数量一般都是采用 MPN 法(国内用 MPN 法得到的不同颗粒污泥微生物的组成见表 12.22),但是 MPN 法有其局限性,因为在试验时必须把颗粒粉碎,从而破坏了颗粒内种群的相对组成结构,因此破坏或削弱了种群之间的互相反应。

表 12.22　国内用 MPN 法得到的不同颗粒污泥微生物的组成

| 种群 | 细菌数(个)/mL 颗粒污泥 | | | | |
|---|---|---|---|---|---|
| | 1 | 2 | 3 | 4 | 5 |
| 发酵菌 | $2 \times 10^{11}$ | $(2.5 \sim 9.5) \times 10^9$ | $3.0 \times 10^9$ | $4.5 \times 10^8$ | $3.5 \times 10^8$ |
| 产氢产乙酸菌 | $4.8 \times 10^8$ | — | — | $2.0 \times 10^7$ | $6.0 \times 10^7$ |
| 丙酸分解菌 | — | $9.5 \times 10^6 \sim 7.5 \times 10^7$ | $2.5 \times 10^8$ | — | — |
| 丁酸分解菌 | — | $(4.5 \sim 15) \times 10^7$ | $9.5 \times 10^7$ | — | — |
| 产甲烷菌 | $2 \times 10^8$ | $(7.5 \sim 40) \times 10^7$ | | $7.5 \times 10^7$ | $2.5 \times 10^8$ |
| 乙酸裂解产甲烷 | — | — | $4.5 \times 10^8$ | — | — |
| 甲酸、$H_2/CO_2$ 产甲烷菌 | | | $7.5 \times 10^7$ | | |

注:1—葡萄糖人工废水培养的颗粒,中温;2—葡萄糖人工废水培养的颗粒,中温;3—豆制品废水培养的颗粒,中温;4—生活污水培养的颗粒,17 ~ 25 ℃;5—啤酒废水培养的颗粒,20 ~ 25 ℃

目前国外已开始采用免疫学方法确定颗粒污泥中微生物的组成,国内尚未见到这方面的研究报道。用免疫方法可鉴别不同条件下培养的颗粒污泥中占优势的产甲烷菌。

已被鉴定出的颗粒污泥中的微生物有:典型的产甲烷菌是甲烷杆菌属、产甲烷螺菌属、甲烷毛状菌属和甲烷八叠球菌属;互营菌是:互营杆菌属、互营单胞菌属;硫酸盐还原菌主要是脱硫弧菌属和脱硫洋葱状菌属等。

5.颗粒污泥结构模型

竺建荣等人对厌氧颗粒污泥中的产甲烷菌及厌氧颗粒结构模型进行了研究,得到了以下结论:

(1)颗粒表层的产甲烷细菌。

存在于表层的产甲烷细菌主要是氢营养型类群,有产甲烷短杆菌、产甲烷杆菌、产甲烷球菌、产甲烷螺菌等。表层细菌的分布的一个特点是细菌的分布有一定的“区位化”,即一种产甲烷菌以成簇或成团的方式存在于一定的区域,而在另外的区域则分布着另一种产甲烷菌或发酵细菌,这种分布模式类似“微菌落”结构。另一个特点是在表层很少见到乙酸营养型类群,包括产甲烷八叠球菌或产甲烷丝菌等。

(2)颗粒内层的产甲烷细菌。

颗粒内部存在大量乙酸营养型产甲烷菌,既有产甲烷丝菌,也有产甲烷八叠球菌,而它们在顺粒表层很少见到。产甲烷丝菌是厌氧颗粒污泥中的优势种群,它们通常以成束或成捆的丝状体存在,并有活细胞和空细胞两种类型。活细胞之间的排列非常紧密。一般小于几十纳米。细胞间的黏附主要借助细胞壁的直接作用,如表面电荷的互相吸引。空细胞的出现,是由于缺乏营养自溶还是嗜菌体感染导致细胞裂解,尚待进一步研究。产甲烷八叠球菌也是厌氧颗粒污泥中的优势菌种,但是数量比产甲烷丝菌要少。

除了乙酸营养型产甲烷菌外,也观察到存在氢营养型产甲烷细菌,如产甲烷短杆菌和产甲烷螺菌等。

厌氧颗粒污泥是由产甲烷细菌和其他细菌(如发酵细菌、产氢产乙酸细菌等)组成的,具有一定排列分布的团粒状结构。厌氧颗粒表层主要是氢营养型产甲烷细菌和发酵细菌，细菌的分布有一定的"区位化"，即一种细菌以成簇的方式集中存在于一定的区域，而另一种细菌存在于另一区域，相互之间可能发生种间氢转移。厌氧颗粒内层主要是乙酸营养型产甲烷细菌、产氢产乙酸细菌等，其中产甲烷丝菌是优势产甲烷菌种群，它与产氢产乙酸细菌之间存在互营共生关系，通常以成束的方式存在。这种束状产甲烷丝菌构成厌氧颗粒的核心。

按照这一模型，作者认为产甲烷丝菌构成的核心是厌氧颗粒污泥形成和生长的关键。核心的形成直接与颗粒污泥的培养有关。产甲烷丝菌的细胞之间距离很近，一般小于几十纳米，因此，相互间的连接成束可能主要依赖于细胞表面的直接作用，如表面电荷的吸引，并构成厌氧颗粒的核心骨架。一旦培养条件适宜，这一骨架类似结晶过程的晶核一样，迅速网罗其他类群细菌并发生互营关系，创造更加有利于自身生长繁殖得环境条件，短时间内使核心很快扩增并转化成为肉眼明显可见、粒径比较均一的厌氧颗粒污泥，大小一般在 0.5 mm 以上，在厌氧颗粒污泥的培养过程中观察到，颗粒化转变发生在很短的时间内（约 1～2 周）。随着负荷的提高，厌氧颗粒逐渐长大，最后发育为成熟的颗粒污泥。

通常乙酸营养型产甲烷菌比氢营养型计数值要低，但测定活性时厌氧颗粒污泥却表现出很高的乙酸盐或葡萄糖降解能力。这种代谢活性与计数值的反差，其原因一方面是由于乙酸营养型产甲烷丝菌生长速率较慢且细胞交联成束，另一方面是由于存在互营共生关系，可以维持较高的代谢降解速率。这也说明细菌的计数值并不能完全反映细菌的生理代谢活性。如果提供产甲烷丝菌的适宜生长工艺条件，则会有利于颗粒污泥的培养，这在生产上已有实际应用。

## 12.4　好氧活性污泥中的产甲烷菌

吴唯民等通过 MPN 计数试验，发现在 4 种好氧活性污泥中存在产甲烷菌，数量在 $10^8 \sim 10^9$ 个/gVSS，其中有利用 $H_2/CO_2$ 的氢营养型产甲烷菌和既能利用乙酸盐，又能利用 $H_2/CO_2$ 的混合营养型产甲烷菌，可能还有利用乙酸盐的乙酸盐营养型产甲烷菌。

在好氧活性污泥中存在严格厌氧的产甲烷菌的原因是由于污泥絮体内部存在厌氧核心，一般情况下，溶解氧进入絮体后很快被外层的好氧菌和兼性菌消耗殆尽，难以贯穿整个絮体，因此容易在絮体内部形成厌氧核心。在厌氧条件下生长的兼性厌氧菌和其他专性厌氧菌发酵有机物质，产生的物质主要有 $H_2$、$CO_2$ 和乙酸盐等，提供了产甲烷菌必须的基质。产甲烷菌在好氧活性污泥中存在的另一个原因在于产甲烷菌的耐氧性。研究发现利用乙酸盐的索氏甲烷丝菌在较高浓度溶解氧存在的环境中生长繁殖受到抑制；但是当进入厌氧环境之后，能够恢复产甲烷活性。在曝气池中产甲烷菌受到抑制，当进入溶解氧浓度较低的二次沉淀池后，由于其他菌的耗氧作用为产甲烷菌提供了恢复活性的厌氧环境。

# 第 13 章　产甲烷菌的甲烷形成途径

## 13.1　产甲烷菌的甲烷形成途径

产甲烷菌能利用的基质范围很窄,有些种仅能利用一种基质,并且所能利用的基质基本是简单的一碳或二碳化合物,如 $CO_2$、甲醇、甲酸、乙酸、甲胺类化合物等,极少数种可利用三碳的异丙醇,这些基质形成甲烷的反应如下:

$$4H_2 + HCO_3^- + H^+ \longrightarrow CH_4 + 3H_2O$$

$$4HCOO^- + 4H^+ \longrightarrow CH_4 + 3CO_2 + 2H_2O$$

$$4CH_3OH + 4H^+ \longrightarrow 3CH_4 + CO_2 + 2H_2O$$

$$CH_3COO^- + H^+ \longrightarrow CH_4 + CO_2$$

$$4CH_3NH_3^+ \longrightarrow 3CH_4 + HCOOH + 4NH_4^+$$

$$4CO + 2H_2O \longrightarrow CH_4 + 3CO_2$$

$$4CH_3CHOHCH_3 + HCO_3^- + H^+ \longrightarrow 4CH_3COCH_3 + CH_4 + 3H_2O$$

关于由 $CO_2$ 还原为 $CH_4$ 的途径,Vart Niel 早在 1930 年就提出了 $CO_2$ 通过供氢体还原转化为 $CH_4$ 的假说,即

$$4H_2A + CO_2 \longrightarrow 4A + CH_4 + 2H_2O$$

其中 $H_2A$ 为供氢体,这就是甲烷形成的经典理论。1967 年 Bryant 等研究证实原奥氏甲烷杆菌是由氧化乙酸产氢菌"S"菌和产甲烷杆菌 M. O. H 菌株组成的产氢和产甲烷耦联的共生培养物,从而使 Vart Niel 的这一理论获得了实验性支持。

Barker 在 1956 年指出,一种产甲烷细菌,如甲烷八叠球菌,不管是以 $H_2$ 和 $CO_2$ 作底物还是以甲醇或乙酸作为底物,从不同基质产生 $CH_4$ 的途径应该是同一的,也就是说一种细菌不可能通过多种完全不同的途径来产生专一的产物 $CH_4$。因而提出了由不同底物产生甲烷途径的 Barker 图式,如图 13.1 所示。后来 Wolfe 等人绘出了以循环形式表示的 Barker 图式。

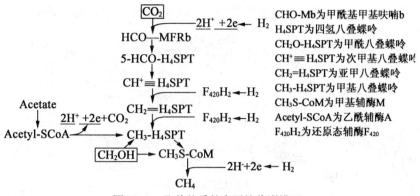

图 13.1 几种基质的产甲烷代谢模型

1978 年 Romesser 根据当所获得的有关知识提出了 $CO_2$ 还原为 $CH_4$ 的机制图式,如图 13.2 所示,在这个图式中把 $CO_2$ 还原和氢酶、电子载体、甲基载体以及甲烷形成的最后步骤联系在一起了。

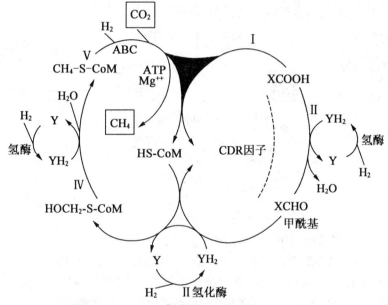

图 13.2 Romesser 提出的 $CO_2$ 还原为 $CH_4$ 的图式

### 13.1.1 氢气和二氧化碳形成甲烷

$H_2$ 和 $CO_2$ 是大多数产甲烷细菌能利用的底物,在氧化 $H_2$ 的同时把 $CO_2$ 还原为 $CH_4$,这是产甲烷细菌所独有的反应。

$$4H_2 + HCO_3^- + H^+ \longrightarrow CH_4 + 3H_2O \quad \Delta G^{0'} = -131 \text{ kJ/mol}$$

在以 $H_2$ 和 $CO_2$ 为底物时,产甲烷细菌的生长效率并不高,$CO_2$ 基本上都转变为 $CH_4$ 了。在产甲烷生态体系中,氢分压通常在 $1 \sim 10$ Pa 之间。在此低浓度氢状态下,利用 $H_2$ 和 $CO_2$ 产甲烷过程中自由能的变量为 $-20 \sim -40$ kJ/mol。在细胞内,从 ADP 和无机磷酸盐合成 ATP 最少需要 50 kJ/mol 自由能,因此,在生理生长条件下,产生每摩尔甲烷可以合成不到 1 molATP,它可作为产能的甲烷形成与吸能的 ADP 磷酸化通过化学渗透机制耦联的证

据。由 $H_2$ 和 $CO_2$ 代谢产甲烷的途径如图 13.3 所示。具体可以分为以下几个步骤:

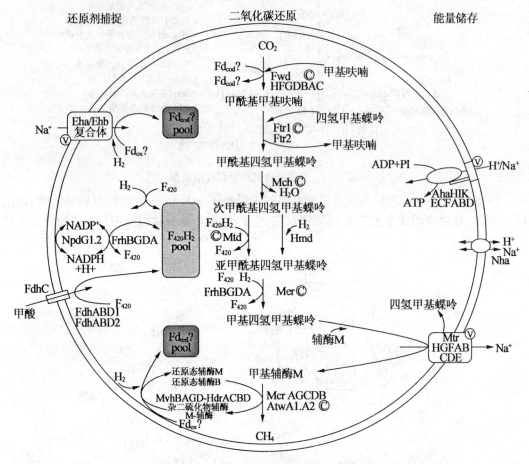

图 13.3　氢气和二氧化碳形成甲烷的途径

$H_4MPT$,四氢甲基蝶呤;MF,甲基呋喃;$F_{420}$,氧化态辅酶 $F_{420}$;$F_{420}H_2$,还原态辅酶 $F_{420}$;$Fd_{ox}$?,未知氧化态铁氧还原蛋白;$Fd_{red}$?,未知还原态铁氧还原蛋白;HSCoM,还原态辅酶 M;HSCoB,还原态辅酶 B;CoMS-SCoB,杂二硫化物辅酶 M 辅酶 B;NADP+,非还原态的咽酰胺腺嘌呤二核苷酸磷酸;NADPH,还原态的咽酰胺腺嘌呤二核苷酸磷酸。

第一阶段:$CO_2$ 还原为甲酰基甲基呋喃(HCO-MF)

$$CO_2 + H_2 + MF \longrightarrow HCO-MF + H_2O \quad \Delta G^{0'} = 16 \text{ kJ/mol}$$

氢气和二氧化碳形成甲烷的第一步为 $CO_2$ 与甲基呋喃(MF,见图 13.4)键合,并被 $H_2$ 还原生成中间体甲酰基甲基呋喃(HCO-MF,见图 13.5)。

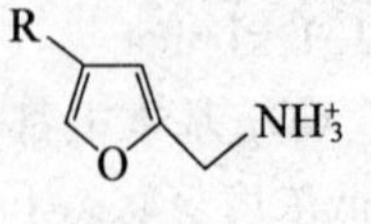

图 13.4　甲基呋喃(MF) 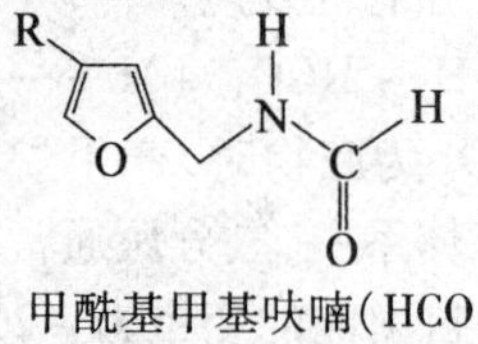　　　　图 13.5　甲酰基甲基呋喃(HCO-MF)

甲基呋喃存在于产甲烷菌和闪烁古生球菌(*Archaeoglobus fulgidus*)中,是一类 C4 位取代的呋喃基胺,至少存在 5 种 R 基代基不同的甲基呋喃衍生物。

甲酰基甲基呋喃由甲酰基甲基呋喃脱氢酶催化形成。该酶含有一个亚钼喋呤二核苷酸作为辅基。从 Methanobacterium thermoautotrophicum 中分离到这种酶是由表观相对分子质量为 60 kg/mol 和 45 kg/mol 的亚基以 $\alpha_1\beta_1$ 形式构建的二聚体,每摩尔该二聚体含有 1 mol 钼、1 mol 亚钼喋呤二核苷酸、4 mol 非亚铁血红素铁和酸不稳定硫。而从 Methanobacterium wolfei 中分离到两种甲酰基甲基呋喃脱氢酶,一种由表观分子质量为 63 kg/mol、51 kg/mol 和 31 kg/mol 的 3 个亚基以 $\alpha_1\beta_1\gamma_1$ 形成构建的钼酶,该酶含有 0.3 mol 钼、0.3 mol 亚钼喋呤二核苷酸和 4~6 mol 非亚铁血红素铁和酸不稳定硫;第二种为由表观相对分子质量为 64 kg/mol、51 kg/mol 和 35 kg/mol 3 个亚基以 $\alpha_1\beta_1\gamma_1$ 三聚物形成的钨蛋白,每摩尔三聚物含有 0.4mol 钨、0.4 mol 亚钼喋呤鸟嘌呤二核苷酸和 4~6 mol 非亚铁血红素铁和酸不稳定硫。

第二阶段:甲酰基甲基呋喃甲酰基侧基转移到 $H_4MPT$ 形成次甲基 – $H_4MPT$:

$$HCO – MF + H_4MPT \longrightarrow HCO – H_4MPT + MF \quad \Delta G^{0'} = -5 \text{ kJ/mol}$$

$$HCO – H_4MPT + H^+ \longrightarrow CH \equiv H_4MPT + H_2O \quad \Delta G^{0'} = -2 \text{ kJ/mol}$$

甲酰基甲基呋喃中的甲酰基转移给 $H_4MPT$(四氢甲基蝶呤,结构如图 13.6 所示)。这个反应由甲酰基转移酶(Ftr)催化,该酶已从多个产甲烷菌和硫酸盐还原菌中分离中纯化到,该酶在空气中稳定,是一种多肽的单聚体或四聚体,表观相对分子质量为 32~41 kg/mol,无发色辅基。在溶液中,Ftr 是单体、二聚体和四聚体的平衡态,单体不具有活性和热稳定性,而四聚体具有活性和热稳定性。

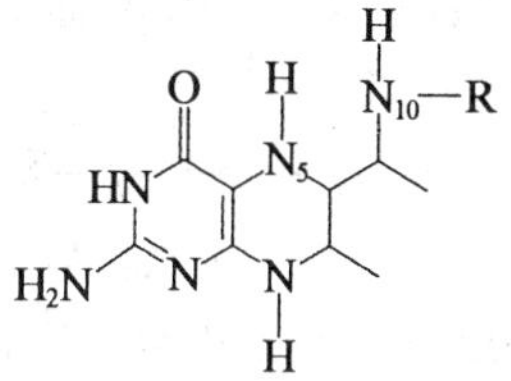

图 13.6 四氢甲基蝶呤($H_4MPT$)

第三阶段:次甲基 – $H_4MPT$ 还原为甲基 – $H_4MPT$:

$$CH \equiv H_4MPT^+ + F_{420}H_2 \longrightarrow CH_2 \equiv H_4MPT + F_{420} + H^+ \quad \Delta G^{0'} = 6.5 \text{ kJ/mol}$$

$$CH_2 \equiv H_4MPT + F_{420}H_2 \longrightarrow CH_3 – H_4MPT + F_{420} \quad \Delta G^{0'} = -5 \text{ kJ/mol}$$

甲烷形成的第三阶段是次甲基 – $H_4MPT$ 被还原剂 $F_{420}$ 还原为亚甲基 – $H_4MPT$,进一步还原生成甲基 – $H_4MPT$。次甲基 – $H_4MPT$、亚甲基 – $H_4MPT$、甲基 – $H_4MPT$ 的结构如图 13.7 所示。

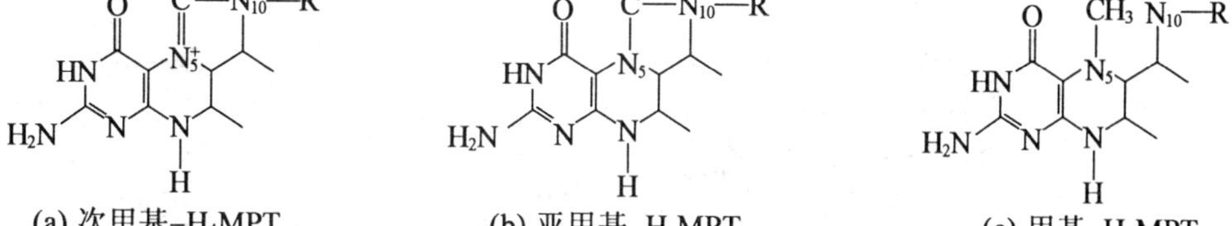

(a) 次甲基–$H_4MPT$    (b) 亚甲基–$H_4MPT$    (c) 甲基–$H_4MPT$

图 13.7 次甲基 – $H_4MPT$、亚甲基 – $H_4MPT$、甲基 – $H_4MPT$ 的结构

在这一阶段中,依赖 $F_{420}$ 的次甲基 – $H_4MPT$ 还原反应是可逆的,由亚甲基 – $H_4MPT$ 脱氢酶催化,该酶在空气中稳定,是一种多肽均聚物,表观相对分子质量为 32 kg/mol,无辅基。

在可逆的依赖 $F_{420}H_2$ 的亚甲基 – $H_4MPT$ 还原为甲基 – $H_4MPT$ 的过程是由亚甲基 – $H_4MPT$ 还原酶(Mer)催化发生的。Mer 为可溶性酶，表观分子质量为 35 ~ 45 kg/mol，无发色辅基，在空气中稳定。该酶的一级结构与依赖 $F_{420}$ 的乙醇脱氢酶有极大的相似性。

第四阶段：甲基 – $H_4MPT$ 上的甲基转移给辅酶 M：

$$CH_3 – H_4MPT + HS – CoM \longrightarrow CH_3 – S – CoM + H_4MPT \quad \Delta G^{0'} = -29 \text{ kJ/mol}$$

甲烷形成的第四阶段是甲基辅酶 M 的生成过程。研究发现分离出的转甲基酶可被 $Na^+$ 激活，并且在 $H_2 + CO_2$ 产甲烷过程中作为钠离子泵，这就意味着在甲基基团转移过程中产生的自由能( $-29$ kJ/mol)以跨膜电化学钠离子梯度( $\Delta\mu Na^+$ )形式储存，这个梯度可能通过 $\Delta\mu Na^+$ 驱动 ATP 合酶将 $\Delta\mu Na^+$ 作为驱动力用于 ATP 合成。

基于有关转甲基反应的研究观察到在缺少辅酶 M 时，一种甲基化类卟啉物质出现积累，当加入辅酶 M 时，甲基化类卟啉脱甲基。现已鉴定出这种类卟啉物质是 5 – 羟基苯并咪唑基谷氨酰胺。从这些研究可以假设甲基 – $H_4MPT$ 上的甲基转移给辅酶 M 的过程分为两个步骤：首先甲基 – $H_4MPT$ 上的甲基侧基转移给类卟啉蛋白，接下来甲基再从甲基化的类卟啉转移给辅酶 M。甲基 – $H_4MPT$ 上的甲基转移给辅酶 M 的过程是非常重要的，是 $CO_2$ 还原途径中的唯一一个能量转换位点。

催化整个反应的酶复合物已从嗜热自养甲烷杆菌中分离到，它由表观分子质量为 12.5 kg/mol、13.5 kg/mol、21 kg/mol、23 kg/mol、24 kg/mol、28 kg/mol 和 34 kg/mol 的亚基组成，其中表现分子质量为 23 kg/mol 的多肽可能是结合类卟啉的多肽。每摩尔复合物含有 1.6 mol 的 5 – 羟基苯并咪唑基谷氨酰胺、8 mol 非血红素铁和 8 mol 酸不稳定硫。

第五阶段：甲基辅酶 M 还原产生甲烷：

$$CH_3 – S – CoM + HS – HTP \longrightarrow CH_4 + CoM – S – S – HTP \quad \Delta G^{0'} = -43 \text{ kJ/mol}$$

甲基辅酶 M 的还原由甲基辅酶 M 还原酶催化，这个反应包括两个独特的辅酶，一个是 HS – HTP，主要作为辅酶 M 还原过程中的电子供体，用于生成甲烷和杂二硫化物(由 HS – CoM 和 HS – HTP 反应生成，CoM – S – S – HTP)；另一个是 $F_{430}$，作为发色团辅基。甲基辅酶 M 还原酶(Mcr)已从许多产甲烷菌分离纯化，该酶的表观分子质量大约是 300 kg/mol，由 3 个分子质量为 65 kg/mol、46 kg/mol 和 35 kg/mol 的亚基以 $\alpha_2\beta_2\gamma_2$ 形成排列。参与该过程的辅酶和物质的结构如图 13.8 所示。

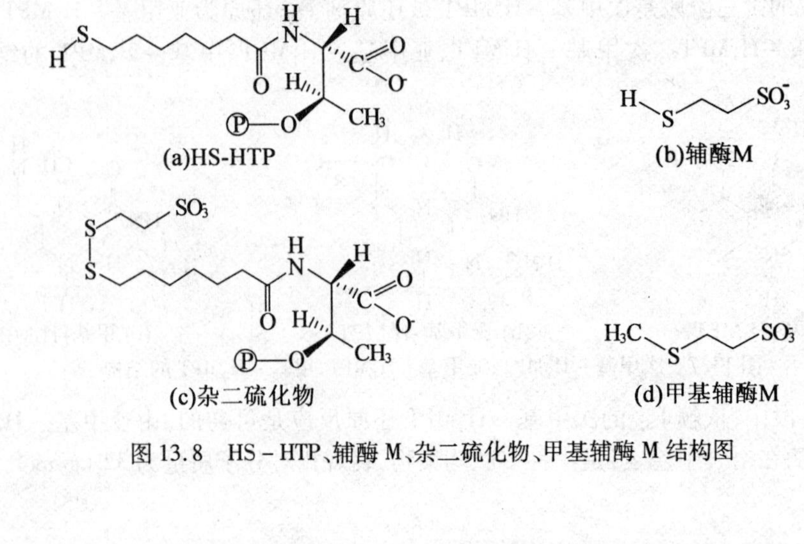

图 13.8　HS – HTP、辅酶 M、杂二硫化物、甲基辅酶 M 结构图

### 13.1.2　甲酸生成甲烷的途径

除氢气和二氧化碳外,产甲烷菌最常用的基质是甲酸。产甲烷菌利用甲酸生成甲烷的途径首先是甲酸氧化生成 $CO_2$,然后再进入 $CO_2$ 还原途径生成甲烷。甲酸代谢过程中的关键酶是甲酸脱氢酶。该酶已从 *M.formicicum* 菌和 *M.vannielii* 菌分离纯化,研究发现来源于 *M.formicicum* 菌的甲酸脱氢酶由 2 个不确定的亚基组成,表观分子质量为 85 kg/mol 和 53 kg/mol 并以 $\alpha_1\beta_1$ 形式构建,每摩尔酶含有钼、锌、铁、酸不稳定硫和 1 molFAD,钼是钼嘌呤辅因子的一部分,光谱特征分析显示在黄嘌呤氧化酶中存在一个钼辅因子的结构相似体。编码甲酸脱氢酶的基因已被克隆和测序,DNA 序列分析显示来源于 *M.formicicum* 的甲酸脱氢酶并不含有硒代半胱氨酸,与之相反,*M.vannielii* 菌中含有 2 个甲酸脱氢酶,其中一种含有硒代半胱氨酸。

### 13.1.3　甲醇和甲胺的产甲烷途径

可以利用甲醇或甲胺为唯一能源的菌类仅限于甲烷八叠球菌科。甲烷八叠球菌科中的甲烷球形菌属只有 $H_2$ 存在时才可以利用含甲基的化合物。大部分的甲烷八叠球菌属的产甲烷菌既可以利用甲基化合物,也可以利用 $H_2 + CO_2$,但甲烷叶菌属、拟甲烷球菌属和甲烷嗜盐菌属的产甲烷菌只在甲基化合物上生长。*Methanolobus siciliae* 和一些甲烷嗜盐菌属的产甲烷菌还可以利用二甲基硫化物为产甲烷基质。甲醇转化中含有的一个氧化和还原途径,见表 13.1。

表 13.1　甲醇转化过程中的反应

| 过程 | 反应 | 自由能 kJ/mol | 酶(基因) |
|---|---|---|---|
| CH₄ 形成 | $CH_3 - OH + H - S - CoM \longrightarrow CH_3 - S - CoM + H_2O$ | -27.5 | 甲醇-辅酶 M 甲基转移酶(mtaA + mtaBC) |
| | $CH_3 - S - CoM + H - S - CoB \longrightarrow CoM - S - S - CoB + CH_4$ | -45 | 甲基辅酶 M 还原酶(mcrBDCGA) |
| | $CoM - S - S - CoB + 2[H] \longrightarrow H - S - CoM + H - S - CoB$ | -40 | 杂二硫化物还原酶(hdrDE) |
| CO₂ 形成 | $CH_3 - OH + H - S - CoM \longrightarrow CH_3 - S - CoM + H_2O$ | -27.5 | 甲醇-辅酶 M 甲基转移酶(mtaA + mtaBC) |
| | $CH_3 - S - CoM + H_4SPT \longrightarrow H - S - CoM + CH_3 - H_4SPT$ | 30 | 甲基-$H_4SPT$-辅酶 M 甲基转移酶(mtrEDCBAFGH) |
| | $CH_3 - OH + H_4SPT \longrightarrow CH_3 - H_4SPT + H_2O$ | 2.5 | |
| | $CH_3 - H_4SPT + F_{420} \longrightarrow CH_2 = H_4SPT + F_{420}H_2$ | 6.2 | 依赖 $F_{420}$ 亚甲基-$H_4SPT$ 还原酶(mer) |

续表 13.1

| 过程 | 反应 | 自由能 kJ/mol | 酶(基因) |
|---|---|---|---|
| | $CH_2 = H_4SPT + F_{420} + H^+ \longrightarrow CH \equiv H_4SPT + F_{420}H_2$ | $-5.5$ | 依赖 $F_{420}$ 亚甲基 – $H_4SPT$ 脱氢酶 (mtd) |
| | $CH \equiv H_4SPT + H_2O \longrightarrow HCO - H_4SPT + H^+$ | 4.6 | 次甲基 – $H_4SPT$ 环化水解酶(mch) |
| | $HCO - H_4SPT - MFR \longrightarrow HCO - MFR + H_4SPT$ | 4.4 | 甲酰基甲基呋喃 – $H_4SPT$ 甲基转移酶(ftr) |
| | $HCO - MFR \longrightarrow CO_2 + MFR + 2[H]$ | $-16$ | 甲酰基甲基呋喃脱氢酶(fmdEFAC-DB) |

甲醇的产甲烷途径可以分为以下几个阶段:

1. 甲基的转移

甲醇的利用首先是甲基侧基转移给辅酶 M,在两种特有酶的催化下,甲基经过两个连续的反应转移给辅酶 M。首先,在 MTl(甲醇 – 5 – 羟基苯并咪唑基钴氨酰胺转甲基酶)的催化下,甲醇中的甲基基团转移到 MTl 上的类咕啉辅基基团上。然后在 MT2(钴胺素 – HS – CoM 转甲基酶)作用下转移 MTl 上甲基化类咕啉的甲基基团到辅酶 M。MTl 对氧敏感,表观分子质量为 122 kg/mol,由 2 个分子质量分别为 34 kg/mol 和 53 kg/mol 的亚基以 $\alpha_2\beta$ 形式构建,每摩尔该酶含有 3.4 mol 5 – 羟基苯并咪唑钴氨酰胺,编码 MTl 的基因通常含有一个操纵子。MT2 含有一个表现分子质量为 40 kg/mol 的亚基,编码 MT2 的基因是单基因转录。

2. 甲基侧基的氧化

在甲醇的转化过程中,甲基 CoM 还原为甲烷的过程与 $CO_2$ 的还原方法相同。在氧化时,甲基 CoM 中的甲基基团首先转移给 $H_4MPT$。标准状态下这个反应是吸能的,并且有显示这个反应。

需要钠离子的跨膜电化学梯度以便驱动甲基 CoM 的吸能转甲基到 H4MPT。甲基 – $H_4MPT$ 氧化为 $CO_2$ 的过程经由亚甲基 – $H_4MPT$、次甲基 – $H_4MPTMPT$、甲酰基 – $H_4MPT$ 和甲酰基 MF 等中间体。分别在亚甲基 – $H_4MPT$ 还原酶和亚甲基 – H4MPT 脱氢酶的催化下,甲基 – $H_4MPT$ 和亚甲基 – $H_4MPT$ 氧化生成还原态的 $F_{420}$ 因子。

3. 甲基侧基的还原

由甲基 – $H_4MPT$ 氧化产生的还原当量接着转移到杂二硫化物。来自甲酰基 MF 的电子通道目前还不清楚,但可以假设这个电子转移与能量守恒有关。

甲基 – $H_4MPT$ 和亚甲基 – $H_4MPT$ 氧化过程中产生的 $F_{420}H_2$ 则由膜键合电子转运系统再氧化。Methanosarcina G61 反向小泡的实验证实依赖 $F_{420}H_2$ 的 CoM – S – S – HTP 还原产生了一个跨膜电化学质子电位,这个电位驱动 ADP 和 Pi 通过膜链合 ATP 合酶生成 ATP。依赖 $F_{420}H_2$ 的 CoM – S – S – HTP 还原酶系统可分为两个反应:首先 $F_{420}H_2$ 被 $F_{420}H_2$ 脱氢酶氧化,然后电子转移到杂二硫化物还原酶,杂二硫化物还原酶在依赖 $F_{420}H_2$ 的杂二硫化物还原酶系统中起着非常重要的作用。该酶的表观分子质量为 120 kg/mol,由 5 个多肽组成,其分子质量分别为 45 kg/mol、40 kg/mol、22 kg/mol、18 kg/mol 和 17 kg/mol,含有16mol Fe

和 16mol 酸不稳定硫。

利用甲基化合物的产甲烷菌通过转甲基作用形成甲基 CoM,然后该中间体被不均匀分配,1 个甲基 CoM 氧化产生 3 对可用于还原 3 个甲基 CoM 产甲烷的还原当量,该过程包括 CoM – S – S – HTP 的形成,CoM – S – S – HTP 是实际的电子受体,并且 CoM – S – S – HTP 还原与能量转换有关。

### 13.1.4　乙酸的产甲烷途径

在多数淡水厌氧生境中,利用有机质降解产甲烷最少需要 3 类相互作用的代谢群体组成的微生物共生体。第一个群体(发酵性细菌)将大分子有机物质降解为氢、二氧化碳、甲酸、乙酸和碳链较长的挥发性脂肪酸。第二个群体(产乙酸细菌)将长碳链脂肪酸氧化成氢、乙酸和甲酸。第三个群体(产甲烷菌)通过两种不同的途径利用氢、甲酸或乙酸为基质生长:一条途径利用从氢或甲酸氧化获得的电子将二氧化碳还原成甲烷;另一条途径通过还原乙酸的甲基为甲烷和氧化它的羧基为二氧化碳来发酵乙酸。

1.乙酸的产甲烷途径的作用

自然界产生的甲烷多数源于乙酸,而从乙酸脱甲基和还原二氧化碳产生甲烷的相对数量随其他厌氧微生物代谢群体的参与和环境条件而变化。同型产乙酸微生物氧化氢和甲酸,并使二氧化碳还原成乙酸。被称之为乙酸氧化(AOR)的非产甲烷已被前人论述,它将乙酸氧化为氢和二氧化碳。像乙酸氧化这样的微生物在厌氧环境中的存在范围还是未知的,不过它们的存在将削弱乙酸营养型产甲烷菌的相对重要性。在海相环境中,乙酸营养型硫酸盐还原菌居支配地位。因而当有硫酸盐存在时产甲烷的主要途径是二氧化碳还原和甲基化。乙酸营养型微生物生长比还原二氧化碳细菌慢得多,因而当有机物的停留时间很短时,利用乙酸的产甲烷不可能占主导地位。

2.乙酸产甲烷过程中的碳传递

早期的研究者认为乙酸被氧化为二氧化碳,随后被还原成甲烷。以后采用 14C – 标记乙酸的研究发现:多数甲烷来自于乙酸中的甲基,只有少数产生于乙酸的羧基。这就排除了二氧化碳还原理论。这些研究结果还证明甲基上的氢(氘)原子原封不动地转移到了甲烷上。进一步的研究获得的结论是:利用所有基质产甲烷(还原二氧化碳或转化其他基质的甲基)的最终步骤是一种共同的前体($X – CH_3$)的还原脱甲基。多数"细菌"范畴的利用乙酸的厌氧微生物裂解乙酰辅酶,将甲基和羧基氧化二氧化碳,并还原别的电子受体。嗜乙酸产甲烷"古细菌"(Archaea)也裂解乙酸,此时甲基被从羧基氧化获得的电子还原成甲烷,因此乙酸转化成甲烷和二氧化碳是一个发酵过程。

尽管乙酸是产甲烷的重要前体物质,但仅有少数产甲烷菌种可以利用乙酸作为产甲烷基质。这些菌种主要是甲烷八叠球菌属和甲烷丝菌属,他们都属于甲烷八叠球菌科。对于这两类菌的主要区别是甲烷八叠球菌可以利用除乙酸之外的 $H_2 + CO_2$、甲醇和甲胺作为基质;而甲烷丝菌只能利用乙酸为基质。由于甲烷丝菌属对乙酸有较高的亲和力,因此在乙酸浓度小于 1 mmol/L 时的环境中,甲烷丝菌为优势乙酸菌;但在乙酸浓度较高的环境中,甲烷八叠球菌属则生长迅速。

由乙酸形成甲烷有以下两种途径:

a.由甲基直接生成甲烷:

$$14CH_3COOH \longrightarrow 14CH_4 + CO_2$$

由甲基直接生成甲烷是乙酸形成甲烷的一般途径,也是主要的途径。

b.乙酸先氧化成为 $CO_2$,然后 $CO_2$ 还原成为甲烷。

(1)乙酸活化和甲基四氢八叠蝶呤的合成。

产甲烷菌利用乙酸首先是乙酰辅酶 A 的活化。两种菌活化乙酸的酶不同,甲烷八叠球菌利用乙酸激酶和磷酸转乙酰酶,而甲烷丝菌利用乙酰基辅酶 A 合成酶。乙酸激酶是由 2 个相对分子质量均为 53 g/mol 的相同甲基组成;磷酸转乙酰酶含有 1 个相对分子质量为 42 的多肽,并且 $K^+$ 和铵离子可以刺激该酶的活性,催化机理是碱基催化生成 $-S-CoA$,然后通过硫醇阴离子对乙酰磷酸中羧基 C 的亲核反应生成乙酰辅酶 A 和无机磷酸盐;乙酰基辅酶 A 合成酶含有相对分子质量为 73 的亚基,对辅酶 A 的 $K_m$ 为 48 μm。

(2)乙酰辅酶 A 的断裂。

乙酰辅酶 A 的 $C-C$ 和 $C-O$ 断裂由一氧化碳脱氢酶 - 乙酰辅酶 A 的催化,CO 脱氢酶复合体催化乙酰辅酶 A 的断裂,生成甲基基团、羧基基团和辅酶 A,这些物质暂时与酶结合,接下来羧基基团氧化形成 $CO_2$,产生的电子转移给 $2\times[4Fe-4S]$ 铁氧还蛋白,甲基转移给 $H_4SPT$ 生成甲烷。

Blaut 提出了乙酰辅酶 A 断裂的机理(1993),如图 13.9 所示。根据 Jablonski 等提出的机理,在 $Ni-Fe-S$ 组分的作用下乙酰辅酶 A 断裂,且甲基和羧基键合到金属中心的活性位点上,而 CoA 则结合到 $Ni-Fe-S$ 组分的其他位点上然后被释放出来。结合到金属位点上的羧基侧基被氧化为 $CO_2$ 后释放。甲基被转移到 $Co(I)-Fe-S$ 组分上,生成甲基化的 $Co(III)$ 类咕啉蛋白。然后甲基化的类咕啉蛋白上的甲基再转移给 $H_4MPT$ 生成甲基 - $H_4MPT$。

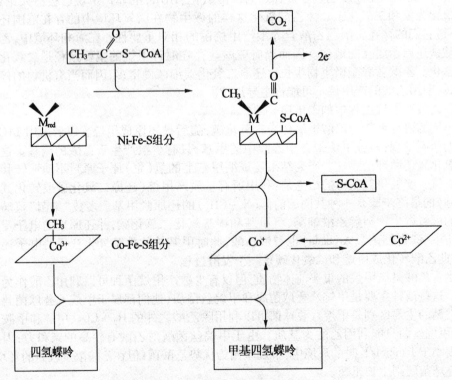

图 13.9　乙酰辅酶 A 断裂的机理

Zeikus 等(1976 年)发现,在天然沉积物中加入标记甲基的乙酸盐可以产生一些 $14CO_2$,这表明乙酸盐的甲基可以氧化成为 $CO_2$,在某些沉积物中可能通过一条选择性的种间氢转移途径由乙酸盐产生甲烷。在这种途径中,甲基首先被氧化成为 $H_2$ 和 $CO_2$,然后 $CO_2$ 被 $H_2$ 还原为甲烷。羧基直接脱羧释放 $CO_2$,如添加氢则进一步还原生成甲烷,反应为

$$CH_3COOH + 2H_2O \longrightarrow CO_2 + 4H_2$$

$$4H_2 + CO_2 \longrightarrow CH_4 + 2H_2O$$

乙酸产甲烷过程中所涉及的反应见表 13.2，具体途径如图 13.10 所示。

表 13.2　Methanosarcinales 中利用乙酸产甲烷过程中所涉及的反应及酶

| 反应 | 自由能/<br>($kJ \cdot mol^{-1}$) | 酶（基因） |
|---|---|---|
| 乙酸 + CoA $\longrightarrow$ 乙酰 - CoA + $H_2O$ | 35.7 | 甲烷八叠球菌属利用乙酸激酶（ack）和磷酸转乙酰酶（pta）；鬃毛甲烷菌中为乙酸硫激酶（acs） |
| 乙酰 - CoA + $H_4SPT$ $\longrightarrow$<br>$CH_3 - H_4SPT + CO_2 + CoA + 2[H]$ | 41.3 | CO 脱氢酶 - 乙酰辅酶 A 合酶（cdh ABCXDE） |
| $CH_3 - H_4SPT + HS - CoM$ $\longrightarrow$<br>$CH_3 - S - CoM + H_4SPT$ | -30 | 甲基 - $H_4SPT$ - 辅酶 M 甲基转移酶（能量储存）（mtrEDCBAFGH） |
| $CH_3 - S - CoM + H - S - CoB$ $\longrightarrow$<br>$CoM - S - S - CoB + CH_4$ | -45 | 甲基辅酶 M 还原酶（mcrBDCGA） |
| $CoM - S - S - CoB + 2[H]$ $\longrightarrow$<br>$H - S - CoM + H - S - CoB$ | -40 | 杂二硫化物还原酶（hdrDE） |

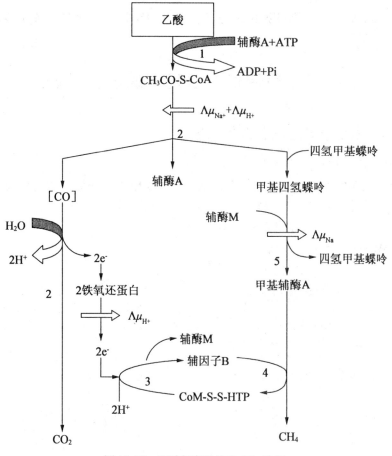

图 13.10　乙酸的产甲烷和 $CO_2$ 途径

实际上,产甲烷菌在以乙酸为基质时的生长速率较以 $H_2 + CO_2$、甲醇或甲胺为基质时的生长速率慢,此外乙酸中两个位置不同的碳原子在甲烷形成过程中进入甲烷的转移率也不一样,向 $CO_2$ 的转移率也不一样。碳标记的乙酸利用的实验表明 [14]C 标记的甲基向甲烷的转移率为 65% ,是 [14]C 标记的羧基向甲烷的转移率(16%)的 4 倍多,$CO_2$ 中标记的 [14]C 向甲烷的转移率为 21% 。因此甲烷从各种基质中获得的碳源按以下的顺序减少:$CH_3OH >$ $CH_2 > C-2$ 乙酸 $> C-1$ 乙酸,但当环境中有辅基质如甲醇存在时乙酸的代谢顺序会发生巨大变化,甲基碳的流向也会发生改变。

(3)乙酸产甲烷过程中电子转移和能源转化。

产甲烷菌以乙酸和 $H_2 + CO_2$ 为基质时,从甲基 – $H_4MPT$ 到甲烷的途径中碳的流向相同,不同之处在于电子的流向。在以 $H_2 + CO_2$ 为基质时,$H_2$ 由膜键合的氢化酶活化,电子则是通过异化二硫还原酶传递;在以乙酸为基质时,产甲烷菌中的电子载体目前还不清楚。研究发现在 M. thermophila 中铁氧还蛋白利用纯化出来的 CO 脱氢酶传递电子给与膜有关的氢化酶,可以推测,还原态的铁氧还蛋白在膜上被氧化,这个过程主要是通过利用异化二硫化物为终端电子受体的能量转化电子传递链,但是该系统目前还未曾在实验中检测到。但是可以假设细胞色素参与到产甲烷过程的电子传递链中,因为甲烷八叠球菌属和甲烷丝菌属都含有这种膜键合的电子载体。

产甲烷菌对于不同基质利用的区别在于用于 $H_2$、$F_{420}H_2$ 和乙酰辅酶 A 的羧基基团反应的电子受体的不同。

## 13.2　甲烷形成过程中的能量代谢

### 13.2.1　甲烷形成过程中的电子流

1. 产甲烷过程中的电子转移位点

产甲烷过程实际上是各种氧化状态的碳逐步接受电子被还原至碳的最高还原状态的过程,从 $CO_2$ 还原至甲烷共有 4 个电子转移位点,如图 13.11 所示,分别位于①$CO_2 \longrightarrow$ $HCO-MFR$;②$(=CH-)H_4MPT \longrightarrow CH_2 = H_4MPT$;③$CH_2 = H_4MPT \longrightarrow CH_3 - H_4MPT$;④$CH_3S-CoM \longrightarrow CH_4$。

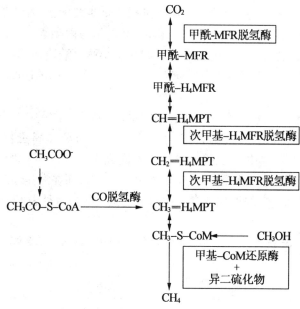

图 13.11　产甲烷菌的能量代谢模式

2. 参与电子转移的一些酶及辅酶

（1）氢酶。

在利用 $H_2/CO_2$ 生长的产甲烷菌中存在两类氢酶，一是依赖 $F_{420}$ 的氢酶；二是以甲基紫精为电子受体的氢酶。两者均是 Fe－S 蛋白，巴克氏甲烷八叠球菌中的依赖 $F_{420}$ 的氢酶和甲酸甲烷杆菌中的依赖甲基紫精氢酶都含有[Fe4－S4]簇，范尼氏甲烷球菌含有键合在相对分子质量为 42 亚基上的 Se－半胱氨酸，其他氢酶上的 Fe－S 簇的特性尚不清楚。产甲烷菌的氢酶是一种含 Ni 蛋白，这与硫酸盐还原酶、氢细菌和固氮微生物的氢酶相同。

依赖 $F_{420}$ 的氢酶相对分子质量差异大，亚基组成也很不一样，内含一种黄素为辅酶（FAD 或 FMN），这种辅酶作为 1－电子载体和 2－电子载体，在 1－电子载体 Fe－S 部分和 2－电子受体 $F_{420}$ 之间起着媒介作用。

（2）其他氧化还原酶。

在嗜热自养甲烷杆菌、史密斯氏甲烷短杆菌、巴克氏甲烷八叠球菌和范尼氏甲烷球菌中已证实有 $NADP:F_{420}$ 氧化还原酶。范尼氏甲烷球菌中的 $NADP:F_{420}$ 氧化还原酶的相对分子质量为 85，由两个相同的亚基组成，至少含有一个催化作用所必需的巯基，NAD、FMN 和 FAD 不能替代 NADP。嗜热自养甲烷杆菌中的 $NADP:F_{420}$ 氧化还原酶的相对分子质量为 95。

NADPH 参与细胞的合成反应，在甲基 CoM 还原酶反应中起着电子供体的作用。

FAD 甲酸脱氢酶、依赖 $F_{420}$ 氢酶和依赖 NAD 的硫辛酰胺脱氢酶的辅酶，该酶催化时需要巯基。

布赖恩特氏甲烷杆菌中含有超氧化物歧化酶，该酶含有 4 个相同的亚基组成，主要作用是保护产甲烷菌免受氧中毒。

（3）铁氧还蛋白。

在巴克氏甲烷八叠球菌和甲酸甲烷杆菌中存在铁氧还蛋白，一种功能尚不清楚，含有

[Fe3 - S3]簇,由 59 个氨基酸残基组成,其中包括 8 个半胱氨酸,而不存在芳香族氨基酸;另一种是从巴克氏甲烷八叠球菌中分离出来的,可以作为丙酮酸脱氢酶的电子载体,由两个相同的亚单位组成,含有 7 个 Fe,7 ~ 8 个 S 和 8 个半胱氨酸残基;第三种铁氧还蛋白含有 [Fe4 - S4]簇,可以参与甲醇:5 - 羟苯咪唑钴胺酰胺甲基转移酶的还原性活化。

(4)细胞色素。

Kuhn 等发现细胞色素仅仅存在于能利用甲醇、甲胺或乙酸的产甲烷菌中,甲烷八叠球菌含有两种类型的细胞色素 b,其含量为 0. 3 ~ 0. 5 $\mu mol/g$ 膜蛋白,中点电位分别为 $-320\ mV$ 和 $-180\ mV$,当生长于乙酸上时可以检测到中点电位为 $-250\ mV$ 的第三种细胞色素 b。细胞色素 c 的含量只是细胞色素 b 的 5% ~ 20% ,而在海洋性产甲烷菌中细胞色素 c 占优势。不同产甲烷菌中的细胞色素 b 和细胞色素 c 的含量见表 13.3。

表 13.3　产甲烷菌中的细胞色素 b 和细胞色素 c 的含量

| 产甲烷菌 | 基质 | 细胞色素含量( $\mu mol/g$ 膜蛋白) | |
|---|---|---|---|
| | | 细胞色素 b | 细胞色素 c |
| 巴氏甲烷八叠球菌 | 甲醇 | 0.30 | 0.024 |
| Fusaro 菌株 | 一甲胺 | 0.38 | 0.075 |
| | 二甲胺 | 0.27 | 0.019 |
| | 三甲胺 | 0.38 | 0.016 |
| | 乙酸 | 0.50 | n. d |
| | $H_2/CO_2$ | 0.42 | n. d |
| 液泡甲烷八叠球菌 | 甲醇 | + + + | + |
| 嗜热甲烷八叠球菌 | 甲醇 | + + + | + |
| 马氏甲烷八叠球菌 | 甲醇 | 0.27 | n. d |
| 索琴氏甲烷丝菌 | 乙酸 | 0.14 | 0.12 |
| 嗜甲基甲烷拟球菌 | 三甲胺 | 0.007 | 0.306 |
| 蒂旦里甲烷叶菌 | 甲醇 | 0.016 | 0.189 |

## 13.2.2　甲烷形成过程中的能量释放

产甲烷菌以 $H_2/CO_2$、甲醇、甲酸、乙酸、异丙醇为基质形成甲烷时释放的自由能见表 13.4。以 $H_2/CO_2$ 为基质和以甲酸为基质生成 1 mol 甲烷所释放的能量几乎相等,而以乙酸为基质时则相当低。由 ADP 和无机磷酸合成 ATP 所需的能量约为 31.8 ~ 43.9 kJ/mol,以 $H_2/CO_2$,甲酸 CO 为基质形成 1 mol 甲烷所释放的能量足够合成 3 molATP。

表 13.4　甲烷形成中的能量释放

| 反应 | $\Delta G^{0'}/(kJ \cdot mol^{-1})$ |
|---|---|
| $4H_2 + CO_2 \longrightarrow CH_4 + 2H_2O$ | $-131$ |
| $4HCOO^- + 4H^+ \longrightarrow CH_4 + 3CO_2 + 2H_2O$ | $-119.5$ |
| $4CO + 2H_2O \longrightarrow CH_4 + 3CO_2$ | $-185.5$ |
| $4CH_3OH \longrightarrow 3CH_4 + CO_2 + 2H_2O$ | $-103$ |
| $4CH_3NH_3^+ + 2H_2O \longrightarrow 3CH_4 + CO_2 + 4NH_4^+$ | $-74$ |
| $2(CH_3)_2NH_2^+ + 2H_2O \longrightarrow 3CH_4 + CO_2 + 2NH_4^+$ | $-74$ |
| $4(CH_3)_3NH^+ + 6H_2O \longrightarrow 9CH_4 + 3CO_2 + 4NH_4^+$ | $-74$ |
| $CH_3COO^- + H^+ \longrightarrow CH_4 + CO_2$ | $-32.5$ |
| $4CH_3CHOHCH_3 + HCO_3^- + H^+ \longrightarrow 4CH_3COCH_3 + CH_4 + 3H_2O$ | $-36.5$ |

### 13.2.3　甲烷形成过程中的能量要求

Gunsalus 等(1978)，当在嗜热自养甲烷杆菌的提取液中不加入外源性 ATP 时仅有 191 nmol甲烷；当加入50 nmol外源性 ATP 时，甲烷的生成量为924 nmol，除去内源性 ATP 所形成的甲烷背景值后可以发现甲烷净增加了773 nmol。另外当用理化方法除去内源性 ATP 经培养后发现没有甲烷形成；当加入 1 μmolATP 后，每毫克酶蛋白质每小时生成 465 nmol 甲烷。

Kell 等(1981)提出 ATP 起到的作用主要有以下几种：①阻拦质子泄漏；②通过水解而随后缓慢地重新合成以创造一个高能量的膜状态，这种高能的膜状态是动力学需要；③ATP 起着嘌呤化、磷酸化酶或辅因子的作用。现在实验已经证实，ATP 在产甲烷过程中起到的只是催化的作用，即需要一定量的 ATP 启动和催化，在启动和催化之后，更高浓度的 ATP 对于甲烷的形成没有更大的促进作用。ATP 的催化作用必须有 $Mg^{2+}$ 的存在，结合成 ATP - $Mg^{2+}$ 复合物后参与产甲烷过程，$Mg^{2+}$ 的适宜浓度为 30～40 mmol/L，当除去反应体系中的 $Mg^{2+}$ 形成的甲烷量大大减少。其他二价阳离子如 $Mn^{2+}$、$Fe^{2+}$、$Ni^{2+}$、$Co^{2+}$ 或 $Zn^{2+}$ 替代同浓度的 $Mg^{2+}$ 后，其效率分别为同浓度 $Mg^{2+}$ 的 86%、28%、20.5%、25.4% 和 17.3%。

其他磷酸核苷在某种程度上也可以替代 ATP 的催化作用，GTP、UTP、CTP、ITP、ADP、dATP 的效率分别为 ATP 的 42%、58%、61%、11%、49% 和 38%。

# 13.3　沼 气 技 术

## 13.3.1　沼气技术概论

1. 我国沼气技术发展历程

沼气在我国的应用有一个多世纪的历史，发展历程可以分为 4 个阶段：

(1)20 世纪 30 年代。沼气早期被称为瓦斯，沼气池被称为瓦斯库。在 19 世纪 80 年代末，广东潮梅一带民间就已经开始了制取瓦斯的试验，到 19 世纪末出现了简陋的瓦斯库，并初步总结了制取瓦斯的经验。由于当时的沼气池过于简陋,产气率低,因此没有得到推广应用。我国真正意义上的沼气研究和推广始于 20 世纪 30 年代,代表人物主要有中国台湾省新竹县的罗国瑞和汉口的田立方。罗国瑞在 20 世纪初期就开始了天然瓦斯库的研究和试验工作,在 20 年代研制出了我国第一个较完备且具有实用价值的瓦斯库,于 1929 年在广东汕头市开办了我国第一个推广沼气的机构——汕头市国瑞瓦斯汽灯公司。1933 年开始了沼气技术人员的培训工作,并编写了培训教材《中华国瑞天然瓦斯库实习讲义》。田立方在 1930 年左右成功设计了带搅拌装置的圆柱形水压式和分离式两种天然瓦斯库,由于瓦斯库应用效果较好,因此于 1933 年左右开办了汉口天然瓦斯总行,在总行内设立了研究机构——汉口天然瓦斯灯技术研究所和人员培训机构——天然瓦斯传习所,并于 1937 年主持编写了《天然瓦斯灯制造法全书》,全书共有《材料要论》《造库技术》《工程设计》和《装置使用》4 个分册。

(2)20 世纪 50 年代。武昌办沼气的经验经新闻报道后在全国产生了巨大的影响,因此1958 年上半年农业部举办了全国沼气技术培训班。1958 年 4 月 11 日,毛主席视察武汉地方工业展览馆参观沼气应用的展览时,发出了"这要好好推广"的指示。此后全国大多数省(市)、县基本上都建造了沼气池。但是由于操之过急,忽视了建池的质量,并且缺乏正确的管理,当时所建的数十万沼气池大多都废弃了。

(3)20 世纪 70 年代。20 世纪 70 年代末期由于农村生活燃料的缺乏,在河南、四川等的农村掀起了发展沼气的热潮,并传遍了全国。几年时间内累计修建户用沼气池 700 万个,但修建的沼气池的平均使用寿命只有 3 ~ 5 年,到 70 年代后期就有大量的沼气池报废。

(4)20 世纪 80 年代以后。在以上 3 次沼气推广中,人们对沼气技术的认识只停留在利用其解决燃料短缺的层面上,建沼气池的出发点大多是为了获取燃料用于点灯做饭,也就是说只是认识到沼气技术作为能源的价值。对沼气技术更深层次的认识和更大范围的应用始于 20 世纪 80 年代。20 世纪 80 年代以后沼气技术的发展主要有以下几个特点:

①有了可靠的技术保障。农业部组织了专门的研究机构——农业部沼气科学研究所,1980 年又组织成立了中国沼气学会,一些高校如首都师范大学、哈尔滨工业大学、东北农业大学等陆续开展了沼气技术的研究和人员培养工作,经过广大科技工作者的努力在沼气发酵微生物学原理和沼气发酵工艺方面取得了重大的研究进展。

②沼气池池型和沼气发酵原料有了很大的发展和变化。在池型方面,在传统的圆筒形沼气池的基础上,研究出了许多高效实用的池型,如曲流布料沼气池、强回流沼气池、预制板沼气池等。沼气发酵原料方面,原料实现了秸秆向畜禽粪便的转变,解决了利用秸秆作为原料存在出料难、易结壳等难题。

2. 沼气技术的作用

(1)缓解化石能源供应的压力。随着我国国民经济持续快速发展,一些能源消耗行业呈现快速增长的势头,使得能源需求明显扩大、价格不断上升,局部地区出现了能源供应紧张的情况。因此在这种情况下,加大沼气等生物能源的开发利用已经成为缓解我国能源供应压力的一个重要途径。

沼气作为可再生的清洁能源,既可以替代秸秆、薪柴等传统生物质能源,也可以替代煤炭等商品能源,而且能源效率明显高于秸秆、薪柴、煤炭等。根据 2006 年国家发展委员会制定的《可再生能源中长期发展规划》,2010 年我国沼气年利用量要达到 190 亿 $m^3$,到 2020

年达到 443m³。

（2）改善农民生活环境及卫生条件。发展户用沼气,可以做到猪进圈、粪进池、沼渣沼液进地,从而显著改善农民的居住环境和卫生状况。发展农村沼气,对人畜粪便进行无害化、封闭处理,消灭、阻断传染源,切断疫病传播途径,把卫生问题解决在家居、庭院和街区之内。

（3）控制局部地区环境污染。地区环境污染主要是指养殖场粪污废水,在我国许多地区养殖业排放的高浓度有机废水对环境造成的污染已成为影响当地环境质量的重要因素。随着养殖业的快速发展,我国畜禽粪便的产生量很大,畜禽粪便的化学需氧量(COD)的含量已达 7 118 万吨,远远超过工业废水与生活废水 COD 排放量之和。另外畜禽养殖场的污水中含有大量的污染物质,如猪粪尿和牛粪尿混合排出物的 COD 值分别高达 81 000 mg/L 和 36 000 mg/L,蛋鸡场冲洗废水的 COD 为 43 000～77 000 mg/L,$NH_3 - N$ 的质量浓度为 2 500～4 000 mg/L。由于养殖场所排放的污水是一种高浓度有机废水,所以适合采用厌氧生物技术进行处理。通过养殖场沼气工程的建设,在产出清洁燃料的同时,还可以使养殖场粪污废水达标排放,从而可以显著地改善当地的环境质量。

（4）促进农业生态环境的改善。在促进农业生态环境改善方面,沼气技术可以发挥以下几个方面的功能:

①保护森林资源,减少水土流失。目前我国广大农村地区,尤其是中西部地区,农村生活用能仍以林木、柴草和秸秆等生物质能源为主,因此有大量的植被被消耗和破坏。例如,贵州省每年烧柴 450 万 m³,占林木砍伐总量的 50% 以上。通过推广沼气技术,以沼气代替薪柴,能够有效缓解森林植被被大量砍伐的现状。

②生产有机肥和杀虫剂,降低农药和化肥污染。农村沼气的开发利用,可以有效地解决燃料和肥料问题,减少农药化肥的污染。

③无害化处理畜禽粪便和生活污水,防治农村面源污染。目前,由于农田径流水、生活污水和养殖污水等造成的面源污染相当严重,通过沼气发酵处理可以显著地降低废水中有机质的含量,改善排放废水的水质。

### 13.3.2　农村户用沼气池

目前亚洲各国农村户用沼气池推广应用情况差别很大,大体可以分为 3 类:一是发展情况好的国家,包括中国、印度和尼泊尔,这些国家有成熟的技术、完整的技术推广体系,产业市场也基本形成;二是越南,已经制订周密的推广计划,正在实施,通过政府宣传,多数农民已经了解沼气技术的作用和好处;三是柬埔寨、老挝等国家,沼气技术推广应用才刚刚起步。

中国是世界上推广应用农村户用沼气技术最早的国家,20 世纪 90 年代以来,在发酵原料充足、用能分散的中国农村地区,户用沼气建设发展迅速,为中国农村能源、环境和经济的可持续发展做出了贡献。1996 年全国农村户用沼气为 489.12 万户,经过推广应用,到 2003 年发展到 1 228.60 万户,以年均 14.06% 的速度增加。1996 年和 2003 年农村户用沼气产气量分别为 158 644 万 m³ 和 460 590.27 万 m³,折标准煤 113.0 万 t 和 330.21 万 t。

1. 农村户用沼气池设计原则

合理的设计,可以节约材料、省工省时,是确保修建沼气池成功的关健。设计沼气池的

主要原则如下:

(1)技术先进,经济耐用,结构合理,便于推广。

(2)在满足发酵工艺要求,有利于产气的情况下,兼顾肥料、卫生和管理等方面的要求,充分发挥沼气池的综合效益。

(3)因地制宜,就地取材,力求沼气池池形标准化、用材规范化、施工规范化。

(4)考虑农村修建沼气池面广量大,各地气候、水文地质情况不一,既要考虑通用性,又要照顾区域性。

总之,户用沼气池的设计关键就是要使设计出来的沼气池有利于进出料,有利于沼气池的管理,有利于提高产气率和提高池温为原则。根据实践经验证明:沼气池的结构要"圆"(圆形池)"小"(容积小)"浅"(池子深度浅);沼气池的布局,南方多采用"三结合"(厕所、猪圈、沼气池),北方多采用"四位一体"(厕所、猪圈、沼气池、太阳储温棚)。

2. 农村户用沼气池设计参数的确定

(1)气压。农村户用沼气池,主要用于农户生产沼气,一般用于炊事和照明,沼气产量较多的农户,除炊事和照明外,还可以用作淋浴、冬季取暖、水果和蔬菜保鲜等诸多用途,其沼气气压和气流量的设计,应根据产气源到用气点的距离、用气速度等来确定输气管的大小。但是,作为大众用的农村户用沼气池,这样就会比较复杂,很难达到定型和通用的目的。根据目前全国各地农村沼气池的选址调查,大多数沼气池都建于畜禽圈栏旁边和靠近圈栏,甚至有的地区建在畜禽圈栏内(上为畜禽圈栏,下为沼气池),利用气点都比较近,一般在 20 m 以内。因此,农村户用沼气池的设计气压一般为 2 000 ~ 6 000 Pa 比较适合。

(2)产气率。产气率是指每 $m^3$ 沼气池 24 h 产沼气的体积,常用 $m^3/(m^3 \cdot d)$ 表示。农村户用沼气池产气率的高低,一般与沼气池的池形没有明显直接关系,而是与发酵温度、原料的浓度、搅拌、接种物多少、技术管理水平等有关。当这些条件不同时,产气率也不同。根据经验农村户用沼气池,在常温条件下,以人畜粪便为原料,其设计产气率为 0.20 ~ 0.40 $m^3/(m^3 \cdot d)$。

(3)容积。沼气池设计的一个重要问题就是容积确定。沼气池池容设计过小,如果农户人畜禽粪便比较充裕,则不能充分利用原料和满足用户的要求。如果设计过大,若没有足够的发酵原料,使发酵原料浓度过低,将降低产气率。因此,沼气池容积的确定主要是根据用户发酵原料的丰富程度和用户用气量的多少而定。我国农村户用沼气池,每人每天用气量为 0.3 ~ 0.4 $m^3$,那么 3 ~ 6 口人之家,沼气池建造容积 6 ~ 10 $m^3$。

(4)贮气量。户用水压式沼气池是通过沼气产生的压力把大部分发酵料液压到出料间,少量的发酵料液压到进料管而储存沼气的。浮罩池由浮罩的升降来储存沼气。贮气容积的确定和用户用气的情况有关。养殖专业户沼气池的设计贮气量应按照 12 h 产沼气量设计。

(5)投料量。沼气池设计投料量,主要考虑料液上方留有贮气间,是贮存沼气的地方。投料量的多少,以不使沼气从进出料间排除为原则。一般来说,沼气池设计投料量,一般为沼气池池容的 90%。

3. 户用沼气池的启动

沼气池的启动是指新建成的沼气池或者已经大出料的沼气池。从向沼气池内投入原料和接种物起,到沼气池能够正常稳定产生沼气为止的这个过程。

　　我国农村户用沼气池,普遍采用半连续沼气发酵工艺,它的启动可以按照下面的步骤逐步展开。

　　(1)发酵原料的处理与配料。各种粪便用作沼气发酵原料时,一般不需要进行任何处理就可以下沼气池。但玉米秆、麦秸、稻草等植物性原料表皮上都有一层蜡质。如果不堆闷处理就下沼气池,水分不易通过蜡质层进入秸秆内部,纤维素很难腐烂分解,不能被产甲烷菌利用,而且会造成浮料或结壳现象。为了加快原料的发酵分解,提高沼气的产气量,要对各种作物秸秆等植物性原料做好预处理。

　　我国农村沼气发酵的一个明显特点就是采用混合原料(一般为农作物秸秆和人畜粪便)入池发酵。因此,根据农村沼气原料的来源、数量和种类,采用科学适用的配料方法是很重要的。配料、原料在入池前,应按下列要求配料。

　　①浓度。发酵料液浓度是指原料的总固体(或干物质)质量占发酵料液质量的百分比。南方各省夏天发酵原料的质量分数以6%为宜,冬天以10%为宜;北方地区,沼气最发酵时间一般在5~10月,质量分数为6%~11%。不同季节投料量不同,初始浓度低些有利于启动,早产气、早用气、早用肥。按6%的质量分数,每 $m^3$ 池容需投入鲜人粪、鲜畜粪300~350 kg,水(包括接种物)650~700 kg;按8%的质量分数,每 $m^3$ 池容需投入鲜人粪、鲜畜粪430~470 kg,水530~570 kg,其中接种物占20%~30%。

　　②碳氮比值。正常沼气发酵要求一定的原料碳氮比,比较适宜的碳氮比值是(20~30):1。

　　③投料。新料或大换料的沼气池经过一段时间的养护,试压后确定不漏气不漏水,即可投料。将准备好的粪类原料、接种物和水按比例投入池内,并且入池后原料药搅拌均匀。

　　(2)调节酸碱度。产甲烷菌的适宜环境是中性或者微碱性的,适宜的pH值为6.8~7.4。当发酵液的pH值降到6.5以下时,需要重新接入大量接种物或老发酵池中的发酵液,也可以加入草木灰或者石灰水调节。

　　(3)封池。将蓄水圈、活动盖底及周围清扫干净后,将石灰胶泥铺在活动盖口表面,将活动盖放在胶泥上,使得活动盖与蓄水圈之间的缝隙均匀,然后插上插销,加水密封。

　　(4)放火试气。当沼气压力表上的压力读数达到4 kPa时,应该放火试气。当放气2~3次以后,沼气即可以点燃使用。

### 13.3.3　沼气工程

#### 13.3.3.1　定义及分类

1. 沼气化工程的定义

　　沼气化工程(Biogas Engineering)以规模化厌氧消化为主要技术,集污水处理、沼气生产、资源化利用为一体的系统工程。

　　沼气工程最初是指以粪便、秸秆等废弃物为原料以沼气生产为目标的系统工程。我国的沼气工程建设始于20世纪60年代,经过半个多世纪的发展,沼气工程从最初的单纯追求能源生产,拓展为以废弃物厌氧发酵为手段、以能源生产为目标,最终实现沼气、沼液、沼渣的综合利用。

　　2. 沼气化工程的分类

　　根据沼气工程的单体装置容积、总体装置容积、日产沼气量和配套系统的配置4个指标将沼气工程分为大型、中型和小型 3 类,沼气工程规模分类指标见表 13.5。

表 13.5　沼气工程规模分类指标

| 工程规模 | 单体装置/m³ | 总体装置容积/m³ | 日产沼气量/m³ | 配套系统的配置/m³ |
|---|---|---|---|---|
| 大型 | ≥300 | ≥1 000 | ≥300 | 完整的发酵原料的预处理系统;沼渣、沼液综合利用或进一步处理系统;沼气净化、储存、输配和利用系统 |
| 中型 | 300 > V ≥ 50 | 1 000 > V ≥ 100 | ≥50 | 发酵原料的预处理系统;沼渣、沼液综合利用或进一步处理系统;沼气储存、输配和利用系统 |
| 小型 | 50 > V ≥ 20 | 100 > V ≥ 50 | ≥20 | 发酵原料的计量、进出料系统;沼渣、沼液综合利用或进一步处理系统;沼气储存、输配和利用系统 |

　　沼气工程规模分类指标中的单体装置容积指标和配套系统的配置为必要指标,总体装置容积指标与日产沼气量指标为择用指标。沼气工程规模分类时,应同时采用两项必要指标和两项择用指标中的任意指标加以界定。

　　根据沼气工程的发酵温度、进料方式、发酵料液状态和装置类型,沼气工程又可分为不同类型,见表 13.6。

表 13.6　沼气工程的分类

| 分类依据 | 工艺类型 | 主要特征 |
|---|---|---|
| 发酵温度 | 常温发酵型 | 发酵温度随气温的变化而变化,产气量不稳定 |
| | 中温发酵型 | 28 ~ 38 ℃,沼气产量高,转化效率高 |
| | 高温发酵型 | 48 ~ 60 ℃,有机质分解速度快,适用于有机废物和高浓度有机废水的处理 |
| 进料方式 | 批料发酵 | 一批料经一段时间的发酵后,重新换入新料。可以观察发酵产气的全过程,但不能均衡产气 |
| | 半连续发酵 | 正常的沼气发酵,当产气量下降时,开始小进料,之后定期补料和出料,能均衡产气,实用性强 |
| | 连续发酵 | 沼气发酵正常运转后按一定的负荷量连续进料或进料间隔很短,能均衡产气,运转效率高 |
| 发酵料液状态 | 液体发酵 | 干物质质量分数在 10% 以下,存在流动态的液体 |
| | 固体发酵 | 干物质质量分数在 20% 左右,不存在流动态的液体 |
| | 高浓度发酵 | 发酵浓度在液体发酵和固体发酵之间,适宜百分比为 15% ~ 17% |
| 装置类型 | 常规发酵 | 发酵装置内没有固定或截留活性污泥的措施,效率受到一定的限制 |
| | 高效发酵 | 发酵装置内有固定和截留活性污泥的措施,产气率、转化效果等均较好 |

大中型沼气工程与农村户用沼气池在设计、运行管理、沼液出路等方面都有诸多不同,其主要区别见表 13.7(黎良新,2007)。

表 13.7　大中型沼气工程与农村户用沼气池的比较

| | 农村户用沼气池 | 大中型沼气工程 |
|---|---|---|
| 用途 | 能源、卫生 | 能源、环保 |
| 动力 | 无 | 需要 |
| 配套设施 | 简单 | 沼气净化、储存、输配、电气、仪表控制 |
| 建筑形式 | 地下 | 大多半地下或地上 |
| 设计、施工 | 简单 | 需要工艺、结构、电气与自控仪表配合 |
| 运行管理 | 不需专人管理 | 需专人管理 |

### 13.3.3.2　沼气工程的设计原则

(1)沼气工程的工艺设计应根据沼气工程规划年限、工程规模和建设目标,选择投资省、占地少、工期短、运行稳定、操作简便的工艺路线。做到技术先进、经济合理、安全实用。沼气工程工艺设计中的工艺流程、构(建)筑物、主要设备、设施等应能最大限度地满足生产和使用需要,以保证沼气工程功能的实现。

(2)工艺设计应在不断总结生产实践经验和吸收科研成果的基础上,积极采用经过实践证明行之有效的新技术、新工艺、新材料和新设备。

(3)在经济合理的原则下,对经常操作且稳定性要求较高的设备、管道及监控系统,应尽可能采用机械化、自动化控制,以方便运行管理,降低劳动强度。

(4)工艺设计要充分考虑邻近区域内的污泥处置及污水综合利用系统,充分利用附近的农田,同时要与邻近区域的给水、排水和雨水的收集、排放系统及供电、供气系统相协调,工艺设计还要考虑因某些突发事故而造成沼气工程停运时所需要的措施。

### 13.3.3.3　沼气工程的工艺流程

工艺流程是沼气工程项目的核心,要结合建设单位的资金投入情况、管理人员的技术水平、所处理物料的水质水量情况确定,还要采用切实可行的先进技术,最终要实现工程的处理目标。要对工艺流程进行反复比较,确定最佳的和适用的工艺流程。

一个完整的沼气发酵工程,无论其规模大小,都应包括如下的工艺流程(图 13.12):原料(废水等)的收集、原料的预处理、厌氧消化、厌氧消化液的后处理、沼气的净化、储存和输配以及利用等环节。

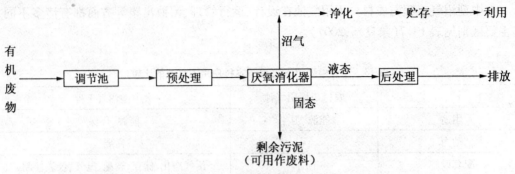

图 13.12　沼气工程的基本流程

### 1. 原料(废水等)的收集

原料的供应是沼气发酵的基础,在畜禽场设计时应根据当地的条件合理地安排废物的收集方式及集中地点,以便进行沼气发酵处理。因为原料收集的时间一般比较集中,而消化器的进料通常在一天内均匀分配,因此收集起来的原料一般要进入调节池贮存,在温暖的季节,调节池兼有酸化作用,可以显著改善原料性能,加速厌氧消化。

### 2. 调节池

由于厌氧反应对水质、水量和冲击负荷较为敏感,所以对工业有机废水处理的设计,应考虑适当尺寸的调节池以调节水质、水量,为厌氧反应稳定运行提供保障。调节池的主要作用是均质和均量,还可考虑兼有沉淀、混合、加药、中和和预酸化等功能。如果在调节池中考虑沉淀作用时,其容积设计应扣除沉淀区的体积;根据颗粒化和 pH 值调节的要求,当废水碱度和营养盐不够而需要补充碱度和营养盐(N、P)等时,可采用计量泵自动投加酸、碱和药剂,并通过调节池中的水力或机械搅拌以达中和作用。

### 3. 原料的预处理

原料中常混有畜禽场的各种杂物,如牛粪中的杂草、鸡粪中的鸡毛沙粒等,为了便于泵输送,防止发酵过程中发生故障,减少原料中的悬浮固体含量,在进入消化器前要对原料进行升温或降温处理等预处理。有条件的可以采用固液分离装置将固体残渣分出用作饲料。

一般预处理系统包括粗格栅、细格栅或水力筛、沉砂池、调节(酸化)池、营养盐和 pH 值调控系统。格栅和沉砂池的目的是去除粗大固体物和无机的可沉降固体。为了使各种类型厌氧消化器的布水管免于堵塞,格栅和沉砂池是必需的,当污水中含有沙砾等不可生物降解的固体时,必须考虑并设计性能良好的沉砂池,因为不可生物降解的固体在厌氧消化器内的积累会占据大量的池容。反应器池容的不断减少将使厌氧消化系统的效率不断降低,直至完全失效。

### 4. 消化器

厌氧消化是整个系统的核心步骤,微生物的生长繁殖、有机物的分解转化、沼气的生产均是在该环节进行,选择合适的消化器及关键参数是整个沼气工程设计的重点。

(1)厌氧消化器类型。

根据原料在消化器内的水力滞留期(HRT)、固体污泥滞留期(SRT)和微生物滞留期(MRT)的不同,可将消化器分为三大类,见表 13.8。

表13.8 消化器类型

| 类型 | 滞留期特征 | 厌氧消化工艺举例 |
|------|-----------|----------------|
| I 常规型 | MRT = SRT = HRT | 常规消化、连续搅拌、塞流式 |
| II 污泥滞留型 | (MRT 和 SRT)≥HRT | 厌氧接触、上流式厌氧污泥、升流式固体床、折流式、内循环 |
| III 附着膜型 | MRT≥(SRT 和 HRT) | 厌氧滤器、流化床、膨胀床 |

注:HRT 为水力停留时间,SRT 为固体停留时间,MRT 为微生物停留时间

在一定的 HRT 条件下,如何尽量延长 SRT 和 MRT 是厌氧消化水平提高的主要研究方向,根据所处理废弃物理化性质的不同,采用合适的消化器,是大中型沼气工程提高科技水平的关键。

(2)厌氧消化器设计关键参数。厌氧消化器设计的关键参数主要有水力滞留时间、有机负荷、容积负荷、污泥负荷、消化器容积等。

①水力停留时间(HRT)。水力滞留时间对于厌氧工艺的影响是通过流速来表现的。一方面,高流速将增加系统内的扰动,从而增加了生物污泥与物料之间的接触,有利于提高消化器的降解率和产气率;另一方面,为了保持系统中有足够多的污泥,流速不能超过一定的限值。在传统的 UASB 系统中,上升流速的平均值一般不超过 0.25 m/s,而且反应器的高度也受到限制。

②有机负荷。有机负荷指每日投入消化器内的挥发性固体与消化器内已有挥发性固体的质量之比,单位为 kg/(kg·d)。有机负荷反映了微生物之间的供需关系,是影响荐泥增长、污泥活性和有机物降解的重要因素,提高有机负荷可加快污泥增长和有机物降解,也可使反应器的容积缩小。对于厌氧消化过程来讲,有机负荷对于有机物去除和工艺的影响尤为明显。当有机负荷过高时,可能发生甲烷化反应和酸化反应不平衡的问题。有机负荷不仅是厌氧消化器的重要设计参数,也是重要的控制参数。对于颗粒污泥和絮状污泥反应器,它们的设计负荷是不相同的。

③容积负荷。容积负荷为 1 m³ 消化器容积每日投入的有机物(挥发性固体 VS)质量,单位为 kg/(m³·d)。在不同消化温度下,消化器的容机负荷见表 13.9。

表13.9 消化器的容机负荷

| 消化温度 | | 8 | 10 | 15 | 20 | 27 | 30 | 33 | 37 |
|---------|------|------|------|------|------|------|------|------|------|
| 容积负荷 /[kg·(m³·d)⁻¹] | 最小 | 0.25 | 0.33 | 0.50 | 0.65 | 1.00 | 1.30 | 1.60 | 2.50 |
| | 最大 | 0.35 | 0.47 | 0.70 | 0.95 | 1.40 | 1.80 | 2.30 | 3.50 |

④污泥负荷。污泥负荷可由容积负荷和反应器污泥量来计算得到。采用污泥负荷比容积负荷更能从本质上反映微生物代谢同有机物的关系。特别是厌氧反应过程,由于存在甲烷化反应和酸化反应的平衡关系,采用适当的污泥负荷可以消除超负荷引起的酸化问题。

在典型的工业废水处理工艺中,厌氧过程采用的污泥负荷率是 0.5~1.0 gBOD/(g 微

生物·d),它是一般好氧工艺速率的2倍,好氧工艺通常运行在0.1~0.5 gBOD/(g 微生物·d)。另外,因为厌氧工艺中可以保持比好氧系统高5~10倍的MLVSS浓度(混合液挥发性悬浮固体浓度),所以厌氧容积负荷率通常比好氧工艺大10倍或以上,即厌氧工艺为5~10 kg/(m³·d),好氧工艺为0.5~1.0 kg/(m³·d)。

⑤消化器容积。容积负荷与有机负荷是消化器容积设计的主要参数。

消化器容积可按消化器投配率来确定。首先确定每日投入消化器的污水或污泥投配量,然后按下式计算消化器污泥区的容积:

$$V = \frac{10 \times V_n}{P}$$

式中　$V$——消化器污泥容积,m³;

$V_n$——每日需处理的污泥或废液体积,m³/d;

$P$——设计投配率,%,通常采用5%~12%(每日)。

(3)厌氧消化器的排泥。

厌氧消化器排泥管道设计要点如下:

①剩余污泥排泥点以设在污泥区中上部为宜;

②矩形池排泥应沿池纵向多点排泥;

③对一管多孔式布水管,可以考虑进水管做排泥或放空管;

④原则上有两种污泥排放方法:在所希望的高度处直接排放或采用泵将污泥从反应器的三相分离器的开口处泵出,可与污泥取样孔的开口一致。

一般来讲随着反应器内污泥浓度的增加,出水水质会得到改善。但是很明显,污泥超过一定高度时将随出水一起冲出反应器。因此,当反应器内的污泥达到某一预定最大高度之前建议排泥。一般污泥排放应该遵循事先建立的规程,在一定的时间间隔(如每月)排放一定体积的污泥,其排放量应等于这一期间所积累的量。排泥频率也可以根据污泥处理装置的处理量来确定,更加可靠的方法是根据污泥浓度分布曲线排泥。

污泥排泥的高度是重要的,合理高度应是能排出低活性污泥并将最好的高活性污泥保留在反应器中。一般在污泥床的底层会形成浓污泥,而在上层是稀的絮状污泥。剩余污泥一般从污泥床的上部排出,但在反应器底部的浓污泥可能由于积累颗粒和小沙砾活性变低,因此建议偶尔也可从反应器的底部排泥,这样可以避免或减少反应器内积累的沙砾。

(4)厌氧消化液的后处理。

厌氧消化液的后处理是大型沼气工程不可缺少的环节,如果直接排放,不仅会造成二次污染,而且浪费了可作为生态农业建设生产的有机液体肥料资源。厌氧消化液的后处理的方法有很多,最简便的方法是直接将消化液施入土壤或排放入鱼塘,但土壤施肥有季节性且土壤的单位施肥面积有限,不能保证连续的后处理,可以将消化液进行沉淀后,进行固液分离,沼渣可用作肥料,沼液的用处有:农作物基肥和追肥,浸种,叶面喷肥,保花保果剂,无土栽培的母液,饲喂畜禽及花卉培养。

(5)沼气的净化储存和输配以及利用。

沼气中一般含有60%左右的甲烷,其余为$CO_2$及少量$H_2S$等气体。在作为能源使用前,必须经过净化,使沼气的质量达到标准要求。沼气的净化一般包括脱水、脱硫及除二氧化碳,如图13.13所示。

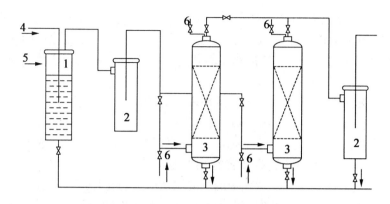

图 13.13　沼气净化工艺流程

1—水封;2—气水分离器;3—脱硫塔;4—沼气入口;5—自来水入口;6—再生通气放散阀

①脱水。从发酵装置出来的沼气含有饱和水蒸气,可用两种方法将沼气中的水分去除。

　　a. 对高、中温厌氧反应生成的沼气温度应进行适当降温,通过重力法,即常用沼气气水分离器的方法,将沼气中的部分水蒸气脱除。

　　b. 在输送沼气管路的最低点设置凝水器脱水装置。为了使沼气的气液两相达到工艺指标的分离要求,常在塔内安装水平及竖直滤网,当沼气以一定的压力从装置上部以切线方式进入后,沼气在离心力作用下进行旋转,然后依次经过水平滤网及竖直滤网,促使沼气中的水蒸气与沼气分离,水滴沿内壁向下流动,积存于装置底部并定期排除。这种凝水器分为人工手动和自动排水两种。

　　沼气中水分宜采用重力法脱除,采用重力法时,沼气气水分离器空塔流速宜为 $0.21 \sim 0.23$ m/s。对日产气量大于 $10\,000$ m³ 的沼气工程,可采用冷分离法、固体吸附法、溶剂吸收法等脱水工艺处理。

②脱硫。沼气中含有少量硫化氢气体,脱除沼气中硫化氢可采用干法与湿法。与城市燃气工程相比,沼气工程的脱硫具有以下几个特点:

　　a. 沼气中硫化氢的浓度受发酵原料或发酵工艺的影响很大,原料不同则沼气中硫化氢质量浓度变化也很大,一般在 $0.5 \sim 14$ g/m³,其中以糖蜜、酒精废水发酵后,沼气中的硫化氢含量为最高。

　　b. 沼气中的二氧化碳质量分数一般在 $35\% \sim 40\%$,而人工煤气中的二氧化碳只占总量的 2%,由于二氧化碳为酸性气体,它的存在对脱硫不利。

　　c. 一般沼气工程的规模较小,产气压力较低,因此在选择脱硫方法时,应尽量便于日常运行管理(沼气中硫化氢的质量浓度见表 13.10),所以在现有的沼气工程中,多采用以氧化铁为脱硫剂的干法脱硫,很少采用湿法脱硫,近年来某些工程也开始试用生物法脱硫。

表 13.10　几种常用原料生产的沼气中硫化氢的质量浓度

| 生产废水的行业 | 屠宰废水<br>猪场废水<br>牛场废水 | 鸡粪肥水 | 酒精厂废水<br>城粪污水<br>柠檬酸厂废水 |
|---|---|---|---|
| 沼气中硫化氢的质量浓度/(g·m⁻³) | $0.5 \sim 2$ | $2 \sim 5$ | $5 \sim 18$ |

　　干法脱硫中最为常见的方法为氧化铁脱硫法。它是在常温下沼气通过脱硫剂床层,沼气中的 $H_2S$ 与活性氧化铁接触,生成硫化铁和硫化亚铁,然后含有硫化物的脱硫剂与空气中的氧接触,当有水存在时,铁的硫化物又转化为氧化铁和单体硫。这种脱硫再生过程可循环进行多次,直至氧化铁脱硫剂表面的大部分孔隙被硫或其他杂质覆盖而失去活性为止。一旦脱硫剂失去活性,则需将脱硫剂从塔内卸出,摊晒在空地上,然后均匀地在脱硫剂上喷洒少量稀氨水,利用空气中的氧,进行自然再生。

　　干法脱硫装置宜设置两套,一备一用。脱硫罐(塔)体床层应根据脱硫量设计为单床层、双床层或多床层。沼气干法脱硫装置宜在地上架空布置,在寒冷地区脱硫装置应设在室内,在南方地区可设置在室外。脱硫剂的反应温度应控制在生产厂家提供的最佳温度范围内,一般当沼气温度低于 10 ℃ 时,脱硫塔应有保温防冻和增温措施,当沼气温度大于35 ℃ 时,应对沼气进行降温。脱硫装置进出气管可采用上进下出或下进上出方式。脱硫装置底部应设置排污阀门和沼气安全泄压等设备。大型沼气干法脱硫装置,应设置机械设备装卸脱硫剂,氧化铁脱硫剂的更换时间应根据脱硫剂的括性和装填量、沼气中硫化氢含量和沼气处理量来确定。脱硫剂宜在空气中再生,再生温度宜控制在 70 ℃ 以下,利用碱液或氨水将 pH 值调整为 8 ~ 9,氧化铁法脱硫剂的用量不应小于下式的计算值:

$$V = \frac{1\ 673\ \sqrt{C_s}}{f\rho}$$

式中　$V$——每小时 1 000 $m^3$ 沼气所需脱硫剂的容积,$m^3$;

　　　　$C_s$——气体中硫化氢的体积分数,%;

　　　　$f$——脱硫剂中活性氧化铁的质量分数,%;

　　　　$\rho$——脱硫剂的密度,$t/m^3$。

　　沼气通过粉状脱硫剂的线速度宜控制在 7 ~ 11 mm/s;沼气通过颗粒状脱硫剂的线速度宜控制在 20 ~ 25 mm/s。

　　(6)沼气的储存和输配。

　　沼气的储存通常用浮罩式贮气柜和高压钢性贮气柜。贮气柜的作用是调节产气和用气的时间差,贮气柜的大小一般为日产沼气量的 1/3 ~ 1/2。

　　沼气的输配系统是指在沼气用于集中供气时,将其输送至各用户的整个系统,近年来普遍采用高压聚乙烯塑料管作为输气管道,不仅可以避免金属管道的锈蚀而且造价较低。

### 13.3.3.4　厌氧消化器启动及运行的注意事项

1.厌氧消化器启动的注意事项

厌氧消化器启动与农村户用沼气池的启动方法相同,但应注意以下事项:

　　(1)固态厌氧接种污泥在进入厌氧消化器之前,应该加水溶化,经滤网滤去大块杂质后才能用泵抽入厌氧消化器。

　　(2)宜一次投加足够量的接种污泥,污泥接种量为厌氧消化器容积的 30%。

　　(3)厌氧消化器的启动方式可采用分批培养法,也可采用连续培养法。

　　(4)应逐步升温(以每日升温 2 ℃ 为宜)使厌氧消化器达到设计的运行温度。

　　(5)启动开始时,负荷不宜太高,以 0.5 ~ 1.5 kgCOD/($m^3 \cdot$ d)为宜。对于高浓度(COD > 5 000 mg/L)或有毒废水应进行适当稀释。

　　(6)当料液中可降解的化学需氧量(COD)去除率达到 80% 时,可逐步提高负荷。

（7）对于上流式厌氧污泥床，为了促进污泥颗粒化，上升流速宜控制为 $0.25 \sim 1.0$ m/h。

（8）厌氧消化器启动时，应采取措施将厌氧消化器、输气管路及贮气柜中的空气置换出去。

2．厌氧消化器的主要维护保养

沼气池建成后，发酵启动和日常管理对产气率的高低影响极大。沼气池装入原料和菌种，启动使用后加强日常管理并控制好发酵过程的条件，是提高产气率的重要技术措施，应按照沼气微生物的生长繁殖规律，加强沼气池的科学管理。

（1）安全发酵。

要做到安全发酵，必须防止有毒、有害、抑制微生物生命活动的物质进入沼气池。第一，各种剧毒农药，特别是有机杀菌剂、杀虫剂以及抗生素等，能做土农药的各种植物（如大蒜、桃树叶等），重金属化合物、盐类等化合物都不能进入沼气池。第二，禁止将含磷物质加入沼气池，以防产生剧毒的磷化三氢气体，给入池检查和维修带来危险。第三，加入秸秆和青杂草过多时，应同时加入适量的草木灰或石灰水和接种物，抑制酸化现象。第四，避免加入过多的碱性物质，避免碱中毒。同时要避免氨中毒，即避免加入过多含氮量高的人畜粪便。

（2）经常搅动沼气池内的发酵原料。

搅拌能够使原料与沼气细菌充分地接触，能够促进沼气细菌的新陈代谢，提高产气率；搅拌还能够打破上层结壳，加快沼气的逸出；搅拌还可以使沼气细菌的生活环境不断更新，有利于获得新的养料。

（3）保持沼气池内发酵原料适宜的浓度。

沼气池内的发酵原料必须含有适量的水分，才有利于沼气细菌的正常生活和沼气的产生。

（4）随时监测沼气发酵液的 pH 值。

沼气池内的适宜 pH 值为 $6.5 \sim 7.5$，过高或过低都会影响沼气池内微生物的活性。如果出现发酵物料过酸的现象，可以用以下方法调节：

①取出部分发酵原料，补充相等数量或稍多一些的含氮多的发酵原料和水。

②将人、畜粪尿拌入草木灰，一同加入到沼气池内，不仅可以调节 pH 值，还能够提高产气率。

③加入适量的石灰澄清液，并与发酵液混合均匀，避免强碱对沼气细菌活性的破坏。

（5）强化沼气池的越冬管理。

沼气池的越冬管理主要是搞好增温保温，防止池体冻坏，并使发酵维持在较好的水平，达到较高的产气率。主要的保温方法有：①沼气池表面覆盖盖料保温；②在沼气池周围挖环形沟，在沟内堆沤粪草，利用发酵产热保温；③加大料液浓度，维持产气；④检查管道内是否有水，尽可能将管道埋入地下或包裹起来，防止冻裂。

### 13.3.3　产物的利用

#### 13.3.3.1　沼液

沼液是沼气发酵残余的液体部分，是一种溶肥性质的液体。沼液不仅含有较为丰富的可溶性无机盐类，同时还含有多种沼气发酵的生化产物，在利用过程中表现出多方面的功效。沼液与沼渣相比较而言,虽然养分含量不高,但其养分主要是速效养分。这是因为发酵物长期浸泡在水中一些可溶性养分自固相转入液相。其中主要的农化性质物质、氨基酸及矿物质含量见表 13.11 ~ 13.13。

表 13.11　沼液的主要农化物质性质

| 水分/% | 全氮/% | 全磷/% | 全钾/% |
|---|---|---|---|
| 95.500 | 0.042 | 0.027 | 0.115 |
| 碱解氮/ × 10⁻⁶ | 速效氮/ × 10⁻⁶ | 有效钾/ × 10⁻⁶ | 有效锌/ × 10⁻⁶ |
| 335.60 | 98 200 | 895.70 | 0.400 |

表 13.12　沼液的氨基酸质量浓度(mg/L)

| 天冬氨酸 | 苏氨酸 | 谷氨酸 | 甘氨酸 | 丙氨酸 | 半胱氨酸 | 缬氨酸 |
|---|---|---|---|---|---|---|
| 12.30 | 5.42 | 14.01 | 8.07 | 6.56 | 26.79 | 12.70 |
| 异亮氨酸 | 亮氨酸 | 苯丙氨酸 | 赖氨酸 | 天冬氨酸 + 谷氨酰胺 | | 色氨酸 |
| 7.16 | 1.24 | 12.03 | 7.65 | 356.03 | | 7.10 |

表 13.13　沼液的矿物质质量浓度(mg/L)

| 矿物质 | 磷 | 镁 | 硫 | 硅 | 钾 | 钠 | 铁 | 锰 |
|---|---|---|---|---|---|---|---|---|
| 质量浓度 | 43.00 | 97.00 | 14.30 | 317.4 | 30.90 | 26.20 | 1.41 | 1.07 |
| 矿物质 | 铜 | 铬 | 钡 | 锶 | 锌 | 氟 | 碘 | 硒 |
| 百分含量 | 36.80 | 14.10 | 50.20 | 107.0 | 28.30 | 0.16 | 0.15 | 0.50 |
| 矿物质 | 钼 | 钴 | 镍 | 钒 | 汞 | 铅 | 砷 | 镉 |
| 百分含量 | 4.20 | 2.80 | 8.50 | 2.80 | 0.03 | 2.83 | 3.06 | 8.90 |

1. 沼液的利用

一般来说沼液的利用方式主要有以下几个方面:

(1)沼液用作肥料。

沼气发酵过程中,作物生长所需的氮、磷、钾等营养元素基本上都保持下来,因此沼液是很好的有机肥料。同时,沼液中存留了丰富的氨基酸、B 族维生素、各种水解酶、某些植物生长素、对病虫害有抑制作用的物质或因子,因此它还可用来养鱼、喂猪、防治作物的某些病虫害,具有广泛的综合利用前景。

(2)沼液浸种。

沼液中除含有肥料三要素(氮、磷、钾)外,还含有种子萌发和发育所需的多种养分和微量元素,且大多数呈速效状态。同时,微生物在分解发酵原料时分泌出的多种活性物质,具有催芽和刺激生长的作用。因此,在浸种期间,钾离子、铵离子、磷酸根离子等都能因渗透作用或生理特性,不同程度地被种子吸收,而这些离子在幼苗生长过程中,可增强酶的活性,加速养分运转和新陈代谢过程。因此,幼苗"胎里壮",抗病、抗虫、抗逆能力强,为高产奠定了基础。

　　沼液常用于水稻的浸种和育秧及小麦、玉米、棉花和甘薯浸种等,增产效果明显。例如,据试验,沼液浸麦种比清水浸麦种多收 77.9 kg/亩,增产 19.74%,比干种直播多收 54.9 kg/亩,增产 12.88%。再如,用沼液浸甘薯种,浸种与不浸种相比,黑斑病下降 50%,产芽量提高 40%,壮苗率提高 50%。

　　(3)沼液防治植物病虫害。

　　沼气发酵原料经过沼气池的厌氧发酵,不仅含有极其丰富的植物所需的多种营养元素和大量的微生物代谢产物,而且含有抑菌和提高植物抗逆性的激素、抗生素等有益物质,可用于防治植物病虫害和提高植物抗逆性。

　　①沼液防治植物虫害。用沼液喷施小麦、豆类、蔬菜棉花、果树等,可防治蚜虫侵害;用沼液原液或添加少量农药喷施,可防治苹果、柑橘等果树蚜虫、红蜘蛛、黄蜘蛛和螨等虫害。沼液原液喷施果树,匿蜘蛛成虫杀灭率为 91.5%,虫卵杀灭率为 86%,;沼液加 1/3 水稀释,红蜘蛛成虫杀灭率为 82%,虫卵杀灭率为 84%,黄蜘蛛杀灭率为 25.3%。

　　②沼液防治植物病害。科学实验和大田生产证明,用沼液制备的生化剂可以防治作物的土传病、根腐病等,见表 13.14。

表 13.14　沼液防治植物病害的种类

| 农作物 | 病害 |
| --- | --- |
| 水稻 | 穗颈病、纹拓病、白叶枯病、叶斑病、小球菌核病 |
| 小麦 | 赤霉病、全蚀病、根腐病 |
| 大麦 | 叶锈病、黄花叶病 |
| 玉米 | 大斑病、小斑病 |
| 蚕豆 | 枯萎病 |
| 花生 | 病株 |
| 棉花 | 枯萎病 |
| 甘薯 | 软腐病、黑斑病 |
| 烟草 | 花叶病、黑胫病、赤星病、炭疽病、气候斑点 |
| 黄瓜/辣椒/茄子/甜瓜/草莓 | 白粉病、霜霉病、灰霉病 |
| 西瓜 | 枯萎病 |

　　沼液浸泡大麦种子,可以明显减轻大麦黄花叶病,且随沼液浓度的增加而减少。用上海土壤肥料所研制的 IP(沼液 + 少量生化剂)和 AFS(沼液浸种后用沼液泥篝)处理大麦种,黄花叶病发病率减少 50% ~ 90%,增目 0% ~ 50%。此外,沼液对大麦叶锈病也有较好的防治作用。试验证明,沼液叶面喷施可以有效地防治西瓜枯萎病融麦赤霉病。此外,沼液对棉花的枯萎病和炭疽病、马铃薯枯萎病、小麦根腐病、水稻小球菌核病和纹枯病、玉米的拳斑病以及果树根腐病也有较好的防治作用。

③沼液提高植物抗逆性。沼液中富含多种水溶性养分用于农作物、果树等植物浸种、叶面喷施和灌根等，收效快，一昼夜内叶片中可吸收施用量的80%以上足够及时补充植物生长期的养分需要，强健植物机体，防御病虫害和抗严寒、干旱的能力。

试验证实，用沼液原液或50%液进行水稻浸种，减轻胁迫对原生质的伤害，保持细胞完整性，提高根系活力，从而增强秧苗抗御低温的能力。用沼液对果树灌根，对及时抢救受冻害或其他灾害引起的树势衰弱有明显效果，用沼液长期喷施果树叶片，可防治小叶病和黄叶病，使叶片肥大，色泽浓绿，增强光合作用，有利于花芽的形成和分化。花期喷施能提高坐果率，果实生长期喷施，可使果实肥大，提高产量和水果质量。

在干旱时期，对作物和果树喷施沼液，可引起植物叶片气孔关闭，从而起到抗旱的作用。

(4)沼液叶面肥。

沼液中营养成分相对富集，是一种速效的水肥，用于果树和蔬菜叶面喷施，收效快，利用率高。一般施后24 h内，叶片可吸收喷施量的80%左右，从而能及时补充果树和蔬菜生长对养分的需要。

果树和蔬菜地上部分每一个生长期前后，都可以喷施沼液，叶片长期喷施沼液，可增强光合作用，有利于花芽的形成与分化；花期喷施沼液，可保证所需营养，提高坐果率；果实长期喷施沼液，可促进果实膨大，提高产量。

果树和蔬菜叶面喷施的沼液应取自正常产气的沼气池出料间，经过滤或澄清后再用。一般施用时取纯液为好，但根据气候、树势等的不同，可以采用稀释或配合农药、化肥喷施。

(5)沼液养鱼。

沼液作为淡水养殖的饲料，营养丰富，加快鱼池浮游生物繁殖，使耗氧量减少，水质改善，而且，常用沼液，水面能保持茶褐色，易吸收光热，提高水温，加之沼液的 pH 值为中性偏碱性，能使鱼池保持中性，这些有利因素能促进鱼类更好生长。所以，沼肥是一种很好的养鱼营养饵料。

表 13.15　沼液养鱼与常规养鱼方法产量的比较

| 分类 | 鱼苗质量 | | 每公顷产量 | | 增肉倍数 | | 增产情况 | |
|---|---|---|---|---|---|---|---|---|
| | 沼液 | 常规 | 沼液 | 常规 | 沼液 | 常规 | 沼液 | 常规 |
| 肥水鱼 | 62.0 | 61.25 | 3 088.5 | 2 951.25 | 3.71 | 3.62 | 111.75 | 4.7 |
| 吃食鱼 | 48.15 | 46.5 | 4 023 | 368 | 5.55 | 5.32 | 339 | 9.2 |
| 合计 | 110.1 | 107.8 | 7 111.5 | 6 635.25 | 4.52 | 4.35 | 475.5 | 7.1 |

从表13.15可以看出，鱼池使用沼肥后，改善了鱼池的营养条件，促进了浮游生物的繁殖和生长，因此，提高了鲜鱼产量。南京市水产研究所用鲜猪粪与沼肥作淡水鱼类饵料进行对比试验，结果后者比前者增产19%～38%。同时，施用沼肥的鱼池，水中溶解氧增加10%～15%，改善了鱼池的生态环境，因此，不但使各类鱼体的蛋白质含量明显增加，而且影响蛋白质质量的氨基酸组成也有明显的改善，并使农药残留量呈明显的下降趋势，鱼类常见病和多发病得到了有效的控制，所产鲜鱼营养价值高，食用更加安全可靠。

2. 沼液产品的加工

目前沼液产品的加工还不多见,主要是农民自己利用厌氧发酵进行直接浇灌,或过滤后进行叶面喷施,主要有以下两个方面:

(1)用作液肥的加工工艺(13.14)。

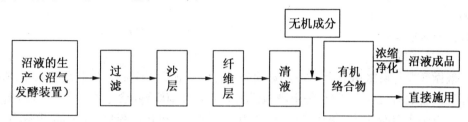

图 13.14　沼液用作液肥的加工工艺

(2)用作杀虫剂的加工工艺(13.15)。

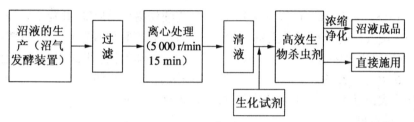

图 13.15　沼液用作杀虫剂的加工工艺

### 13.3.3.2　沼渣

1. 沼渣的营养成分

有机物质在厌氧发酵过程中,除了碳、氢等元素逐步分解转化,最后生成甲烷、二氧化碳等气体外,其余各种养分元素基本都保留在发酵后的剩余物中,其中一部分水溶性物质保留在沼液中,另一部分不溶解或难分解的有机、无机固形物则保留在沼渣中,在沼渣表面还吸附了大量的可溶性有效养分。所以沼渣含有较全面的养分元素和丰富的有机物质,具有速缓兼备的肥效特点。

沼渣中的主要养分有:30% ~50% 的有机质,10% ~20% 的腐殖酸,0.8% ~2.0% 的全氮(N),0.4% ~1.2% 的全磷,0.6% ~2.0% 的全钾。

由于发酵原料种类和配比的不同,沼渣养分含量有一定差异。根据对一些地区的沼渣的分析结果,若每亩地施用 1 000 kg(湿重)沼渣,可给土壤补充氮素 3 ~4 kg,磷 1.25 ~2.5 kg、钾 2 ~4 kg。

沼肥中的纤维素、木质素可以松土,腐殖酸有利于土壤微生物的活动和土壤团粒结构的形成,所以沼渣具有良好的改土作用。

沼渣能够有效地增加土壤的有机质和氮素含量。纯施化肥时会降低土壤有机质和含氮量,因此化肥与有机肥要配合使用。

沼渣作为一种优质有机肥,在实际应用中能够起到增产的作用。一项试验证明,在每亩施用沼渣 1 000 ~1 500 kg 的条件下,配合其他措施,水稻约能增产 9.1%,玉米增产8.3%,薯增产 13%,棉花增产 7.9%。

沼渣对不同的土壤都有增产作用,由于基础土质的区别,增产效果有一定的差异。沼渣对红壤地区的茶园改造和增产效果显著。将沼渣作为底肥施用,对茶园行间土壤进行深耕(20~30 cm)的基础上,第一年每亩施沼渣(液)2 000~4 000 kg,第二年再施2 000~3 000 kg,分别在每年的3月中旬、5月下旬和7月下旬进行。各次施沼渣的数量不同,3月施总量的50%,5月和7月分别施总量的25%。采用这一措施可使低产茶园亩产量达到50~60 kg。

2. 沼渣做肥料的用法。

(1)沼渣做基肥。

一般做底肥每亩施用量为1 500 kg,可直接泼撒田面,立即耕翻,以利沼肥入土,提高肥效。据四川省农科院生产试验,每亩增施沼肥1 000~1 500 kg(含干物质300~450 kg),可增产水稻或小麦10%左右;每亩施沼肥1 500~2 500 kg,可增产粮食9%~26.4%,并且,连施三年,土壤有机质增加0.2%~0.83%,活土层从34 cm增加到42 cm。

(2)沼渣做追肥。

每亩用量1 000~1 500 kg,可以直接开沟挖穴,浇灌作物根部周围,并覆土以提高肥效。山东省临沂地区沼气科研所在玉米上的试验表明,沼渣肥密封保存施用比对照增产8.3%~11.3%,晾晒施用比对尽增产8.1%~10%,沼液直接开沟覆土施用或沼液拌土密封施用均比对照增产5.7%~7.2%,而沼液拌土晾晒施用比对照增产3.5%~5.4%。有水利条件的地方也可结合农田灌溉,把沼液加入水中,随水均匀施入田间。

(3)沼渣与碳铵堆沤。

沼肥内含有一定量的腐殖酸,可增加腐殖质的活性。当沼渣的含水量下降到60%左右时,可堆成1 m³左右的堆,用木棍在堆上扎无数个小孔,然后按每100 kg沼渣加碳铵4~5 kg,拌和均匀,收堆后用稀泥封糊,再用塑料薄膜盖严,充分堆沤5~7d,做底肥,每亩用量250~500 kg。

(4)沼渣与过磷酸钙堆沤。

每100 kg含水量50%~70%的湿沼渣,与5 kg过磷酸钙拌合均匀,堆沤腐熟7 d,能提高磷素活性,起到明显的增产效果。一般做基肥每亩用量500~1 000 kg,可增产粮食13%以上,增产蔬菜15%以上。

3. 沼渣配制营养土

营养土和营养钵主要用于蔬菜、花卉和特种作物的育苗,因此,对营养条件要求高,自然土壤往往难以满足,而沼渣营养全面,可以广泛生产,完全满足营养条件要求。用沼渣配制营养土和营养钵,应采用腐熟度好、质地细腻的沼渣,其用量占混合物总量的20%~30%,再掺入50%~60%的泥土,5%~10%的锯末,0.1%~0.2%的氮、磷、钾化肥及微量元素、农药等拌匀即可。如果要压制成营养钵等,则配料时要调节黏土、沙土、锯末的比例,使其具有适当的黏结性,以便于压制成形。

4. 沼渣栽培食用菌

沼渣含有机质30%~50%、腐殖酸10%~20%、粗蛋白质5%~9%、全氮1%~2%、全磷0.4~0.6%、全钾0.6%~1.2%和多种矿物元素,与食用菌栽培料养分含量相近,且杂菌少,十分适合食用菌的生长。利用沼渣栽培食用菌具有取材广泛、方便、技术简单、省工省时省料、成本低、品质好、产量高等优点。

目前较常见的综合利用有沼渣菇床栽培蘑菇、平菇以及沼渣瓶栽灵芝。

灵芝的生长以碳水化合物和含碳化合物如葡萄糖、蔗糖、淀粉、纤维素、半纤维素、木质素等为营养基础,同时也需要钾、镁、钙、磷等矿质元素,能够满足灵芝生长的需要。利用沼渣瓶栽灵芝能够获得较好的经济收益。

### 5. 沼渣养殖蚯蚓

蚯蚓是一种富含高蛋白质和高营养物质的低等环节动物,以摄取土壤中的有机残渣和微生物为生,繁殖力强。据资料介绍,蚯蚓含蛋白质60%以上,富含18种氨基酸,有效氨基酸占58% ~62%,是一种良好的畜禽优质蛋白饲料,对人类亦具有食用和药用价值。蚯蚓粪含有较高的腐殖酸,能活化土壤,促进作物增产。用沼渣养蚯蚓,方法简单易行,投资少,效益大。尤其是把用沼渣养蚯蚓与饲养家禽家畜结合起来,能最大限度地利用有机物质,并净化环境。

沼渣养殖蚯蚓用于喂鸡、鸭、猪、牛,不仅节约饲料,而且增重快,产蛋量、产奶量提高。据测定,采用蚯蚓做饲料添加剂,肉鸡生长速度加快30%,一般可提早7 ~10 d 上市,小鸡成活率提高10%以上,鸭子的生长速度提高27.2%,鸡鸭的产蛋率均提高15% ~30%,生猪生长加快19.2% ~43%。奶牛每天每头喂蚯蚓250 g,产奶量提高30%。近年来,为发展动物性高蛋白食品和饲料,国内外采用人工饲养蚯蚓,已取得很大进展。蚯蚓不仅可做畜禽饲料,还可以加工生产蚯蚓制品,用于食品、医药等各个领域。

### 13.3.3.3　沼气的利用

#### 1. 沼气的燃烧特点

由于沼气中有气体燃料$CH_4$、惰性气体$CO_2$,还含有$H_2S$、$H_2$和悬浮的颗粒状杂质,沼气成分体积分数见表13.16。甲烷的着火温度较高,这样沼气的着火温度相对更高。沼气中大量存在的二氧化碳对燃烧具有强烈的抑制作用,所以沼气的燃烧速度很慢。通过对甲烷－空气混合气的燃烧试验和研究表明,甲烷－空气的混合气在发动机的燃烧中具有优异的排放和抗爆性,在诸多代用燃料中,沼气备受青睐。

当沼气和空气按一定比例混合后,一遇明火马上燃烧,散发出光和热。沼气燃烧时的化学反应式如下:

$$CH_4 + 2O_2 \longrightarrow CO_2 + 2H_2O + 35.91 \text{ MJ}$$

$$H_2 + 0.5O_2 \longrightarrow H_2O + 10.8 \text{ MJ}$$

$$H_2S + 1.5O_2 \longrightarrow SO_2 + H_2O + 23.38 \text{ MJ}$$

$$CO + 0.5O_2 \longrightarrow CO_2$$

沼气中的主要成分$CH_4$易燃、易爆,最高爆炸极限为空气体积的2.5% ~15.4%(在20 ℃时,质量浓度为16.7 ~102.6 $g/m^3$);而$CO_2$的存在,又使沼气的燃烧速度降低,使燃烧平稳。沼气的燃烧速度很低,其最大燃烧速度为0.2 $m^3/s$,不足液化石油燃烧速度的1/4,仅为炼焦气燃速的1/8。因为燃烧速度低,当从火孔出来的未燃气流速度大于燃烧速度时,容易将没来得及燃烧的沼气吹走,从而形成脱火。因此,沼气燃烧的稳定性差。当沼气完全燃烧时,火焰呈蓝白色,火苗短而急,稳定有力,同时伴有微弱的哑哑声,燃烧温度较高。

表 13.16　沼气成分测定

| 测定单位 | 沼气成分体积分数/% | | | | | | | |
|---|---|---|---|---|---|---|---|---|
| | $CH_4$ | $CO_2$ | CO | $H_2$ | $N_2$ | $C_mH_n$ | $O_2$ | $H_2S$ |
| 鞍山市污水厂 | 58.2 | 31.4 | 1.6 | 6.5 | 0.7 | | 1.6 | |
| 西安市污水厂 | 53.6 | 30.18 | 1.32 | 1.79 | 9.5 | 0.42 | 3.19 | |
| 四川化学研究所 | 61.9 | 38.77 | | | 1.88 | 0.186 | 0.23 | 0.034 |
| 四川德阳园艺场 | 59.28 | 38.14 | | | 2.12 | 0.039 | 0.40 | 0.021 |
| 农展馆警卫连 | 64.44 | 30.19 | | | 1.97 | | 0.4 | |
| 沼气用具批发部 | 63.1 | 32.8 | 0.03 | | 2.53 | 1.145 | 0.34 | 0.055 |
| 北京通县苏庄 | 57.2 | 35.8 | | | 3.5 | 1.626 | 1.8 | 0.074 |

2. 沼气的应用

(1) 沼气发电。

沼气发电始于 20 世纪 70 年代初期。当时国外为了合理、高效地利用在治理有机废弃物中产生的沼气,普遍使用往复式沼气发电机组进行沼气发电。通常每 100 万 t 的家庭或工业废物就足以产生充足的甲烷作为燃料供一台 1MW 的发电机运转 10~40 年。沼气燃烧发电是随着沼气综合利用的不断发展而出现的一项沼气利用技术,它将沼气用于发动机上,并装有综合发电装置,以产生电能和热能。欧洲主要国家沼气发电量和热能产量见表 13.17。

表 13.17　欧洲主要国家沼气发电量和热能产量

| 国家 | 发电量($10^4$ kW·h) | | | 热能产量($10^3$ kW·h) | | |
|---|---|---|---|---|---|---|
| | 发电厂 | 热点联产厂 | 合计 | 热厂 | 热点联产厂 | 合计 |
| 德国 | – | 73 380 | 73 380 | 1 000.18 | 2 000.36 | 3 000.54 |
| 英国 | 45 891 | 4 079 | 49 970 | 753.62 | – | 753.62 |
| 意大利 | 9 961 | 2 378 | 12 339 | 441.94 | | 441.94 |
| 西班牙 | 5 906 | 844 | 6 749 | 170.96 | – | 170.96 |
| 希腊 | 5 786 | – | 5 786 | 124.44 | | 124.44 |
| 丹麦 | 20 | 2 826 | 2846 | 40.70 | 291.9 | 332.62 |
| 法国 | 5 010 | | 5 010 | 626.86 | 12.79 | 639.62 |
| 奥地利 | 3 726 | 372 | 4 098 | – | 48.85 | 48.85 |
| 荷兰 | – | 2 860 | 2 860 | 233.76 | | 233.76 |

我国沼气发电始于 20 世纪 70 年代初期,并且受到国家的重视,成为一个重要的课题被提出来。到 20 世纪 80 年代中期,我国已有上海内燃机研究所、广州能源所、四川省农机所、武进柴油机厂、泰安电机厂等十几家科研院所、厂家对此进行了研究和实验。我国沼气产业现已建成近 3 万个大中型沼气工程,预计到 2020 年我国工业沼气的潜力将为 215 亿 $m^3$,农业沼气潜力为 200 亿 $m^3$,如果将这些沼气全部用于发电,按每立方米沼气发电 1.6 kW·h

计算,则发电量可以达到660亿 kW·h 之多。

（2）沼气燃料电池。

由于燃料电池的能量利用率高,对环境基本上不造成污染,因此目前国际上对燃料电池进行了大量的研究。

沼气燃料电池是将经严格净化后的沼气,在一定条件下进行烃裂解反应,产生出以氢气为主的混合气体(氢气体积分数达77%),然后将此混合气体以电化学的方式进行能量转换,实现沼气发电。

（3）沼气储粮。

将沼气通入粮囤或储粮容器内,上部覆盖塑料膜,可全部杀死玉米橡、长角盗谷等害虫,有效抑制微生物繁殖,保持粮食品质。首先选用合适的瓦缸、坛子、木桶或水泥池作为储粮装置。用木板做一瓶盖或缸盖,盖上钻两个小孔,孔径大小以恰能插入输气管为宜。将进气管连接在一个放入缸底的自制竹制进气扩散器(即把竹节打通,最下部竹节不打通,四周钻有数个小孔的竹管)上,缸内装满粮食,盖上盖子,用石蜡密封。输入沼气。第一次充沼气时打开排气管上开关,使缸内空气尽量排出,直到能点燃沼气灯为止,然后关闭开关,使缸内充满沼气5 d 左右。

（4）沼气保鲜水果。

沼气适用于苹果、柑橘、橙等水果保鲜,贮藏期可达120 d,而且好果率高,成本低廉,操作简单方便,无污染。储藏地点要求通风、清洁、温度较稳定、昼夜温差小;储存方式有箱式、薄膜罩式、柜式、土窑式、储藏室五大类。对水果要求八成熟,采收时应仔细,不能有破损。在阴凉、干燥处预储2~3 d,其中 $CO_2$ 控制在30%~35%,甲烷控制在60%~65%,温度4~15 ℃,相对湿度94%~97%,储藏2个月后,每10 d 换气并翻动一次,定期对储藏环境进行消毒,注意防火。

（5）沼气供热孵鸡。

沼气孵鸡是以燃烧沼气作为热源的一种孵化方法,具体的孵化箱的结构如图13.16所示。它具有投资少、节约能源、减轻劳动、管理方便、出雏率和健雏率高等优点。

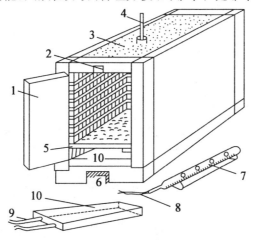

图13.16　沼气孵化箱结构
1—门;2—排湿孔;3—保温锯末;4—温度计;5—蛋排;
6—燃烧室;7—燃烧室;8—输气管;9—进、排水管;10—水箱

利用沼气孵鸡，是一项投资少，见效快，充分利用生物质再生能源，增加农民的经济收入，开创致富门路的好途径。

（6）沼气加温养蚕。

在春蚕和秋蚕饲养过程中，因气温偏低，需要提高蚕室温度，以满足家蚕生长发育。传统的方法是以木炭、煤作为加温燃料，一张蚕种一般需用煤 40～50 kg，其缺点是成本高，使用不便，温度不易控制，环境易污染。在同等条件下，利用沼气增温养蚕比传统饲养方法可提高产茧量和蚕茧等级，增加经济收入。和煤球加温养蚕相比，产茧量增加 10%，每千克蚕茧售价高 0.54 元，全茧量高 0.039%，茧层量高 0.059%，茧层率高 0.9%。

# 第14章 产甲烷细菌的研究方法

## 14.1 厌氧操作

### 14.1.1 厌氧方法的理论基础

产甲烷菌是一类最严格的厌氧细菌,对于氧的存在极为敏感,要求环境中的氧浓度必须低于 $1.48 \times 10^{-56}$ g/L,至今尚未发现产甲烷菌具有超氧化物歧化酶和过氧化氢酶。因此,产甲烷菌不能有效地去除在生命代谢过程中产生的氧化产物 $OH^-$、$O_2$、$H_2O_2$。这些氧化物可损害组成细胞的生物大分子,如 $F_{420}$ 因子,在 $F_{420}$ 处于氧化态时,即与酶蛋白分离,从而失活。

严格厌氧细菌生长所要求的氧化还原电位都很低,如产甲烷细菌就只能在氧化还原电位低于 $-220$ mV 的环境中生长。因此,产甲烷细菌的分离、纯化、保存,某些生理生化特征的测定,以及培养基的制备都必须避免接触氧,使各个操作过程都处于无氧的状态下。由于严格厌氧这一近似苛刻的要求,曾给产甲烷细菌分离带来了许多困难,并使产甲烷细菌的研究在很长一段时期内进展缓慢。

1950 年,美国微生物学家亨盖特为研究瘤胃微生物而提出了一种简单、实用并十分有效的厌氧技术——亨盖特厌氧技术。该技术的出现,为人们研究严格厌氧微生物提出了前所未有的技术条件,保证了许多严格厌氧细菌分离成功。目前常用于厌氧细菌分离的除氧系统主要有两个,即铜柱除氧系统(亨盖特厌氧装置)和厌氧操作箱除氧系统。

#### 14.1.1.1 铜柱除氧系统

由气钢瓶出来的气体($N_2$、$CO_2$、$H_2$ 等)都含有微量 $O_2$,使其经过一高温铜柱,除去其中所含的 $O_2$,用此无氧气流创造无氧环境,使培养物与有氧的环境隔绝,以获得厌氧菌生长所必须的条件。

1. 原理

来自钢瓶的气体通过温度约350 ℃的铜柱时,铜与气体中的氧化合生成氧化铜,铜柱由明亮的黄色变为黑色。向氧化状态的铜柱中通入氢气,氢与氧化铜中的氧结合生成水,氧化铜被还原生成铜,铜柱又呈明亮的黄色,这样铜柱可反复使用。

2. 铜柱的结构

直径30~35 mm,长300~350 mm 的硬质玻璃管,两端加工成漏斗状,以便连接胶管,玻管中装入剪短的(10~20 mm)细的(直径约0.5 mm)铜丝或碎铜屑,并尽量压紧。铜丝部分大约250~300 mm。铜丝的下面垫以玻璃纤维,上端留 50 mm 左右的空间,以防止管口过热损伤胶管。这样装好铜丝的玻璃管即"铜柱",沿着装有铜丝的柱体外壁绕上加热带。如无加热带,可用 500 W 的电炉丝代替,电炉丝之间绕上石棉绳,防止电炉丝短路并保温,为安全起见,外边最好再套一个大的玻管。铜柱竖直地固定在架台上,加热带或电炉丝的两端与可调变压器(500 ~ 1 000 W)的输出接头相连,铜柱下端用耐压胶管与装有压力表头的气钢瓶相连。铜柱上端通过胶管与分支玻管连接,分支玻管的枝管接胶管,胶管的另一端通过盐水接头与长针头(9 号或大于 9 号)相连。如希望由针头出来的气体既无氧又无菌,可在盐水接头内装棉花,灭菌备用。

3. 铜柱温度的调控

铜柱的温度可由变压器的电压控制。较简便的方法是间隔地转动变压器旋钮,使铜柱每转动一次变压器旋钮,10 ~ 15 min 后柱温度可趋于稳定。向铜柱内吹入至气时铜丝变黑(铜被氧化);通入氢气,铜丝由黑变亮(铜被还原),此温度为所需之温度。

4. 铜柱的使用

处于工作状态的铜柱能不断地除去流经它的气体所含的氧,铜柱由底部向上逐渐变黑。一般柱下部 1/3 到 1/2 变黑就需通氢还原。如果钢瓶中的气体含氧太多,通气后几分钟铜柱变黑,可让少量氢气与所使用的气体同时流经铜柱,保持铜柱有效除氧的还原状态。

### 14.1.1.2　厌氧操作箱除氧系统

1975 年 Edwards 和 McEride 在已有厌氧箱基础上加以改进,提高厌氧水平,成为今天适于严格厌氧菌研究用的厌氧箱。虽型号不断更新,由原来的手动操作发展到由电脑控制的自动操作,但其基本结构及原理是一致的。

1. 原理

厌氧箱内装黑色的钯粒。当常温下箱内含有氢气时,钯可催化氢与氧结合生成水的反应,达到去箱内氧的目的。

2. 结构

厌氧箱可分为操作室和交换室两部分,交换室又与真空泵及气钢瓶相连。

操作室是进行厌氧操作的地方。前面塑料膜上有一对塑料套袖及胶皮手套,供操作用。操作室内装着钯粒以及干燥剂,它们与电风扇组装在一起,箱内的气体可不断通入钯粒和干燥剂,除去操作室内的氧及所形成的水分。操作室内还备有用于接种针灭菌的电以及接种针。有的操作室内装有培养箱,有的还可把显微镜放到里边。

交换室是用于操作室外物品的放入和室内物品的取出。有可严密封闭的内外两个门。内门与操作室相通,外门与外界相通。交换室有 2 ~ 3 个开口,分别与真空泵及气钢瓶相连。

## 14.1.2　培养基的组成

厌氧与好氧培养基之间的主要差别在于:厌氧培养基缺氧,通常具有低氧化还原电位。虽然好氧菌细胞中的酶系统在低氧化还原电位条件下起作用,但它们在高氧化还原电位时并不被可逆损坏。好氧细胞的特点在于它们具有保护自身的抗活性氧基因和过氧化物的过氧化酶、过氧化氢酶。缺乏这些酶的厌氧菌对 $O_2$ 和它的反应产物很敏感,许多厌氧菌在开始生长时需要低氧化还原电位,并在氧化还原电位高于 $-100 \sim -300$ mV 时受到抑制,同时,厌氧培养基的缓冲容量被增大,以补偿酸性发酵产物带来的 pH 值降低。

1. 氧化还原电位的测定

氧化还原电位定义:一个特定化学体系(被还原体系 – 被氧化体系 + 电子)的氧化或还原程度。

一般来说,$O_2$ 是引起高氧化还原电位最常见的原因,因而在测定厌氧样品的电位时排出空气就显得格外重要。由于当二氧化碳和硫化氢等挥发性成分释放时,将改变重要的化学平衡,故从厌氧瓶中取出的样品不能直接在开放体系中测定。另外,为了测定缓慢氧化还原电位,电极系统常常需要一个持续的平衡周期,由于通常在厌氧培养基中存在的化合物与铂电极发生化学反应,导致铂电极缓慢污染,所以它可能增加氧化还原电位值的测量偏差。因此,电极测量需要在培养基中或在有适当体积的密闭厌氧系统中进行。

2. 氧化还原指示剂

虽然氧化还原电位的测定数据需要氧化还原电极,但通常简单地知道氧化还原电位低于这个值便够了。厌氧培养基中的氧化还原染料常用于该目的。这时,氧化还原染料用作塞子防止试管漏气、瓶子破裂的指示剂。

多数指示剂是靛酚类或靛蓝衍生物,它们的还原态通常无色,氧化态显颜色。每一种染料被还原的氧化还原电位不同。在 pH 值为 7 时该染料被还原 50% 的氧化还原电位被称为标准氧化还原电位。

由于氧化还原染料的易反应性质,可观察到一些不利的作用即它直接与微生物作用或间接与培养基反应。氧化还原染料可作为电子受体或供体,因而可以与其他氧化还原染料相互反应。它们可作为中间电子载体,因而可催化微生物氧化。另外,染料可抑制反应,或者甚至使微生物中毒。因此,总是尽可能采用最低染料浓度,若采用有毒性或有未知作用的染料时,需采用与培养瓶一样严格处理和管理的未接种对照瓶。

3. 还原剂

为了确保足够低的氧化还原电位,在培养基中加入一种或多种还原剂,用于培养厌氧微生物。还原剂势必同比它的半反应氧化还原电位高的氧化物反应。因而达到低氧化物浓度和氧化还原电位,用于厌氧培养基制备的多数还原剂含硫做反应组分,由有机物,如半胱氨乙酸和无机化合物,如硫化钠、无定形硫化铁和柠檬酸亚钛等组成。巯基乙酸、盐酸半胱氨酸和硫化钠是厌氧培养基中最常用的还原剂。厌氧培养基中还原剂的加入量取决于该培养基中氧化物的量和该种还原剂对所培养的微生物的毒性,通常加入 0.02 ~ 0.05% 。

(1)含硫和有机还原剂。

除作为许多微生物潜在的硫源外,这些化合物可作为结合剂,以沉淀和减少培养室中痕量元素的量。这些含硫有机还原剂的还原机制与被高于其半反应电位的化合物氧化的巯基有关。巯基乙酸、半胱氨酸、1,4 – 二巯基 – 2,3 – 丁二醇和辅酶 M(2 – 巯基乙酸)可进行高温灭菌;在无氧气氛($N_2$、$CO_2$、$H_2$、Ar 或 He)中贮存。在进行限定碳源利用研究的培养基中,由于某些微生物可利用有机还原剂的一部分碳,所以在培养基中应避免使用这类化合物。

在厌氧菌的研究中不常用二巯基丁二醇(Cleiand 试剂),这也许是由于它的价格昂贵。但在制备对氧不稳定的酶时,这种化合物作为蛋白质的 – SH 基团保护剂却非常有效。

像多数其他还原剂一样,含硫有机化合物低浓度就显示出毒性,0.05% 的盐酸半胱氨酸和硫基乙酸的一般质量分数(0.03% ~ 0.05%)均严重抑制细菌的生长。

(2)柠檬酸钛(Ⅲ)。

钛(Ⅲ)是不能被已知的任何微生物代谢的强还原剂。为了避免出现它的氢氧化物沉淀,采用柠檬酸钛(Ⅲ)来添加钛。用氯化钛和柠檬酸钠反应来制备柠檬酸钛。这个化合物是蓝紫色,而被氧化的柠檬酸钛(Ⅲ)化合物是无色的,像含硫有机试剂一样,某些细菌可利用这个化合物的碳部分做能源和碳源。

(3)硫化钠。

硫化钠是一种强还原剂,在 pH 值为 7 时,$Na_2S \longrightarrow S + 2Na^+ + 2e^-$ 反应的标准氧化还原电位为 $-571$ mV。硫化钠贮备液可以用过滤和高压消毒的灭菌方法处理。不过,在硫化钠溶液的气相中使用 $CO_2$,这是因为 $CO_2$ 的溶解会使溶液 pH 值上升,使 $Na_2S$ 变成挥发性的 $H_2S$。同样,物贮备液在玻璃容器中的存放时间是有限的。因为硫化物可溶解硼硅酸钠玻璃的成分。除作为一种还原剂外,硫化钠还是许多厌氧微生物常用的硫源。另外,高浓度的硫化物对厌氧细菌产生抑制。如从纤维素产甲烷,当硫化物浓度为 9 mmol 时,产甲烷量被抑制 87%。浓度为 5 mmol 时无抑制。

(4)连二亚硫酸钠。

连二亚硫酸钠($Na_2S_2O_4$)是一种强还原性化合物,它很少被用在厌氧培养基中。在制备 1% 的贮备液时,无须高压消毒,因为该溶液是无菌的。在培养基中的浓度须保持低于 0.05%,甚至这种浓度对甲烷菌常常是有毒的。

(5)无定型硫化亚铁。

这种化合物被看作是有效的还原剂。由于黑色的硫化亚铁被氧化时变成橙黄色的氢氧化铁,它同时是氧污染的指示剂。通过煮沸含有等摩尔硫酸亚铁铵和硫化钠的无氧溶液来制备硫化亚铁。沉淀的硫化亚铁与上清液分离,用沸蒸馏水洗涤它。它在培养基中的用量并不苛求,为了保证充分的还原量,该化合物可以加入过量,这是由于硫化亚铁的无毒性能。由于硫化亚铁的沉淀形式存在,妨碍用光密度法测定微生物生长。

(6)其他还原方法。

由于存在各种还原性有机化合物,一些复合有机组分,如酵母提取物、瘤胃液和消化器流出物可使氧化还原电位降低到 $-100$ mV。有时为开拓最大还原量,可将煮沸后并充过无氧气体的这些组分加入培养基,在严格厌氧菌培养前,兼性厌氧菌被用于原培养基,这些兼性厌氧菌可经高压灭菌杀死后,培养基便可用于培养严格厌氧菌。这种方法可能的缺点包括,这些还原细菌产生抑制物,降低 pH 值或耗尽基本营养。

Eschecichiacoli 的无菌耗氧膜囊可从培养基中除去 $O_2$,这种膜含有一种电子转移体系,在有可利用的氢供体存在时,它可将 $O_2$ 还原成水。

4.缓冲液

多数厌氧微生物产生和利用大量的酸性化合物,因而有必要控制和稳定培养基的 pH 值。通常方法是加入一种或多种缓冲体系来达到此目的,这些缓冲体系通过释放或消耗酸性化合物来消除潜在的 pH 值变化。未缓冲或弱缓冲的培养一般只用于微生物产生充足的脂肪酸以改变预先加入的 pH 指示剂颜色的鉴定实验。

5.复合培养基

(1)MS 富集培养基。

这是无硫基乙磺酸、胰蛋白胨和酵母浸提物质量浓度降至 0.5 g/L 的培养基。

（2）MS 矿物元素培养基。

这是无巯基乙磺酸、胰蛋白胨和酵母浸提物的 Ms 培养基。这种培养基用于不需生长因子的细菌富集培养。

（3）MG 培养基。

MG 培养基是每升 MS 培养基中加入了 2.5g NaCl 和 5 mmol 乙酸钠。除每升加 2.5 gNaCl 和 5 mmol 乙酸钠外，MG 富集培养基和 MG 矿物元素培养基与相应的 MS 培养基是相同的，包括甲烷球菌在内，许多利用 $H_2$ 的甲烷在有少量盐分的培养基中生长良好。

（4）MH 培养基。

除每升中有 87.75 g（1.5 mol）NaCl、增加 5g $MgCl_2$·$6H_2O$ 和 115 g（大约 200 mmolKCl 外，MH 培养基与 Ms 培养基相同，这种培养基用于中度嗜盐菌。

（5）MSH 培养基。

MSH 培养基是两份 MS 培养基和一份 MH 培养基的混合物，它可用于海相产甲烷菌。

（6）M.A 培养基。

通过把气相由 $CO_2$ – $N_2$ 改变成纯 $N_2$，便可修正上述培养基；这种培养基的名称与未修正的相同，只是增加了"A"，例如，MsA 培养基是 Ms 培养基的气相变成了纯 $N_2$。这种气相的改变只能在碳酸氢缓冲体系建立以后进行。它将使培养基的 pH 值从 7.2 上升至 7.8 ~ 8.0。可以通过同充 $N_2$ ~ $CO_2$ 条件下按一般方法制备培养基，但充 $N_2$ 的方式制成 M.A 培养基，也可简单采取用以制好的培养基充 $N_2$ 的方式制备它。

每升用于液管的固体培养基含 20 g 琼脂（每支血清管加 7 mL 培养基）。每升用于斜面的培养基含 10 g 琼脂（每只血清管加 10 mL 培养基）。

可通过直接加入各个瓶子来修改培养基，达到实验目的，也可以用无菌套厌氧贮备液来加基质，当需要许多瓶中有相同基质时，可在分配前将基质加入培养基中。对气态基质（例如 $H_2$）而言。纯 $H_2$ 是接种后以加压方式加入（试管被加压后很难接种）初始加压时，由于将改变培养基的 pH 值，故不能用 $H_2$/$CO_2$ 混合气，在利用 $H_2$ 的甲烷菌生长期间，当 $H_2$ 耗尽需要加 $H_2$ 时，可按 3:1 比例充入 $H_2$/$CO_2$ 混合气，同时摇动。这个步骤将重新确定相应的 pH 值和培养基的 $CO_2$ 浓度。

加入培养瓶中的溶液可按大于预定的培养基浓度的 50 倍来配制，并调整到中性 pH 值（例如，加入的有机酸通常采用它的钠盐），采用 50 倍的浓溶液后，适量的溶液便可在制备时加入血清管、血清瓶，甚至培养基，不过，高浓度贮备液对较大的容器或许更方便（例如，对 50 mL 培养基，需用 1mL 50 倍的溶液或 0.2 mL250 倍的溶液。250 倍的溶液更方便）。通过在厌氧水中的溶解，密封和灭菌等与制备培养基类似的方法，便可制得这种溶液。

从溶液贮存瓶中取出液体导致气压降低。为防止产生负压（它使氧进入瓶中），这些贮存溶液瓶内需用 $N_2$，加压至 35 kPa。

有时用大瓶分装时，方便的做法是直接加浓的液体基质，无须充气赶氧，例如甲醇或酸。纯甲醇是无菌的（用无菌注射器从瓶中取出），并且含很少氧，加酸也采用这种方法，然后通过加入无氧、无菌 NaOH 中和酸。

（7）固体培养基。

通过每升加 10 g 纯琼脂便可制成琼脂斜面，每支血清试管分装 5 mL 培养基。高压灭菌时，溶解性的 $CO_2$ 离开溶液，进入气相。这使培养基呈碱性，并引起二价阳离子沉淀，当琼脂冷却到45 ℃并混匀时,全系的碳酸盐缓冲体系重新建立,生成沉淀的盐也重新溶解。试管培养基在接种前也需混合,以溶解沉淀的盐。接种后,通过用手转动冷水槽中的试管,可以使培养基固化。有关基质的资料通常将基质贮备液制成中性溶液,但是,如丁酸等酸的盐不能找到,它们的溶液只能制成酸性的,再用NaOH中和。

具体的配置方法:

每100 mL 1mol溶液含:

液体:乙酸5.7 mL,丙酸7.5 mL,丁酸9.2 mL,盐酸8.3 mL,硫酸5.6 mL,氨水13.5 mL,乙醇(95%)6.1 mL,甲酸(工业级90%)4.2 mL,甲醇(100%)4.0 mL。

固体:含3分子结晶水乙酸钠13.6%。

### 14.1.3　培养基的制备

**1.煮沸驱氧**

首先加入一定量的蒸馏水于烧瓶中,然后依次加入各种药品。遇热分解、挥发的药品通常分装后加入。半胱氨酸在停止加热后,减少氧化,降低效能。将$N_2$气针头插入烧瓶中,加热煮沸(也可于停止加热前插入气针头)。如瓶口较大,最好塞上胶塞,确保煮沸和分装过程中无对流空气进入瓶中。通常煮沸5~10 min即可,有的工作者习惯于煮到褐色再加入半胱氨酸。如果培养基中有机成分的量少,加热过程释放出的还原性物质少,培养基难于褐色。停止加热后,加入0.02%~0.05%的半胱氨酸,培养基很快变为无色。冷却到50 ℃以下进行分装。分装前(或煮沸前)将培养基调为中性,以减少高压灭菌时营养成分的破坏。

**2.分装**

以分装试管为例,用2~3个气针头分别插入试管中驱赶空气。气针头气流的强度要适中,对着脸明显感到气流即可。气流过大,在管内易形成涡流,把空气带入管内。驱赶空气20~30 s即可,但经验更为重要。然后用适当的注射器或移液管吸取培养基进行分装。吸取培养基前,将注射器针头插入已驱赶过空气的试管中抽注几次,然后移入培养基烧瓶中,同样用气冲洗几次,再吸取培养基,注入已去除氧的试管中,注射器返回烧瓶之前,用一干净纱布擦掉注射器针头上的培养基,以防把溶于其中的氧带入烧瓶培养基中。塞试管前,将气针头插入培养基中冒泡数秒钟,更有效地驱赶空气,将胶塞轻塞入管口,停几秒钟,拔出气针头的同时,将塞子塞紧。在厌氧箱内分装,各管(瓶)的厌氧状态更为一致。

**3.无氧无菌贮液的制备**

培养基接种之前,可能要加入一到几种补加物,如$Na_2S$、pH调节剂、某些生长底物等。这些底物均要制备成一定浓度的无氧无菌贮液。制备方法是称取一定量的药品放入试管或培养瓶中,用无氧气针头驱赶空气,然后用无氧分装方法(同培养基分装)加入定量的、经煮沸除氧并冷下来的蒸馏水。如贮液的浓度要求精确,需用容量瓶配制,再无氧操作转入试管;或培养瓶中,灭菌备用。可用无菌注射器向贮液瓶中注入适量的无氧无菌$N_2$或$H_2$,保持瓶内正置,防止使用操作过程中进入空气。无论培养基还是贮液都不可久放,一般2~3周之后需重新配置。

## 14.2　产甲烷细菌的分离

因各类菌对氧的敏感性不同,可采用不同的分离方法。如一些耐氧的厌氧菌,可用较简单的琼脂平板划线法,然后置于厌氧罐中培养,挑取单菌落,获得纯培养物。但分离敏感的产甲烷细菌则不能用上法,通常采用 Hungate 滚管法、软琼脂柱法或划平板分离的方法。由于许多产甲烷细菌生长较慢,分离困难,往往首先进行富集培养,提高分离对象在培养物中的数量,使之易于分离。

### 14.2.1　产甲烷细菌的富集培养技术

在一个复杂的厌氧生态环境中,人为地改变某种环境条件,就会引起各种种群的变化。我们可以利用这种特性,通过创造特定的条件,以促进某种微生物的异常繁殖——富集培养。这样就可有效地从自然界中分离出我们需要研究的各种各样的微生物。目前,人们经常利用营养特性,设计选择性培养基进行富集培养。因为在甲烷发酵中醋酸和 $H_2/CO_2$ 途径的重要性,富集研究常选择 $H_2/CO_2$ 和醋酸钠基质进行富集培养。在这两种富集培养中,醋酸和 $H_2/CO_2$ 分别作为唯一的有机碳源和能源。许多研究者为了尽快、尽可能全面地分离各种产甲烷细菌,专门设计了不同的富集培养,并在富集中添加抗菌素。

1.富集培养基的组成(表 14.1)

表 14.1　培养基的组成

| NH$_4$Cl | 1 g | K$_2$HPO$_4$·3H$_2$O | 0.4 g |
| NaCl | 0.5 g | 酵母膏 | 1.0 g |
| 0.1% 刃天青 | 1 mL | 蒸馏水 | 1 000 mL |
| MgCl$_2$·6H$_2$O | 0.1 g | 半胱氨酸 | 0.5% |
| 酪素水解物 | 1.0 g | | |

制备培养基过程利用了亨盖特厌氧方法,在 100% $N_2$ 下制备、贮存。在加热煮沸前,pH值先调到 6.8,然后在 100% $N_2$ 下,用连续注射器分装 50 mL 培养基到 120 mL 血清瓶中,120 ℃ 灭菌 20 min,接种前加入 1% NaS$_2$·9H$_2$O 和 10% NaHCO$_3$ 溶液,最终 pH 值为 7.15。

2.富集方法

乙酸钠和 $H_2/CO_2$(70/30)连续富集 4 次,其方式和方法如下:

(1)乙酸钠静态连续富集。

加青霉素连续富集

5% 样品 + 50mL MA + NaAc + 青霉素

↓第一次富集 37 ℃

第一次富集物

指数中期转移↓ $10^{-1} \sim 10^{-9}$ 滚管

5%第一次富集物 + 50 mLMA + NaAc + 青霉素

　　　　　└第二次富集 37 ℃

第二次富集物

指数中期转移↓

5%第二次富集物 + 50 mLMA + NaAc + 青霉素

　　　　　└第三次富集 37 ℃

第三次富集物

指数中期转移↓$10^{-1} \sim 10^{-9}$滚管

5%第三次富集物 + 50 mLMA + NaAc + 青霉素

　　　　　└第四次富集 37 ℃

第四次富集物

指数中期转移↓$10^{-1} \sim 10^{-9}$滚管

（2）$H_2/CO_2$ 动态连续富集培养。

$H_2/CO_2$ 的连续富集方法与醋酸的连续富集基本上相似，不同之处是：$H_2/CO_2$ 富集是置于 37 ℃、50 r/min 旋转式摇床上培养，$H_2/CO_2$ 富集在培养前通入 $H_2/CO_2$（体积比，70/30）。

### 14.2.2　产甲烷细菌的分离纯化方法

分离纯化是通过各种手段，从样品（自然样品或富集物）中获得纯菌培养物的过程。依据菌的类型、实验室条件等，可采用不同的分离方法。用于严格厌氧菌分离的方法有：滚管法、软琼脂柱法、厌氧箱内划平板法以及用抗菌素富集培养、稀释法。

如果目的是了解某生境中厌氧菌的种类及数量，则需要取样后直接分离。为了避免厌氧菌遇氧死亡，需无菌操作取样。首先准备无氧无菌试管（或培养瓶）和无菌注射器，取样之前最好用无氧无菌气体(可用试管内气体)洗 2～3 次注射器，将注射器针头刺入取样部位取样，然后把样品注入无氧无菌试管。如从某些自然环境中取样，可用带有严密塞子的瓶子装大约 4/5 容量的样品，可保证大部分样品的无氧状态。取样后尽快分离，特别是量少的样品，以免菌系发生变化或死亡。

1. 滚管法分离纯化

滚管法是 Hungate 厌氧技术的一部分。是用盛有溶化的无氧琼脂培养基（45～48 ℃）的试管中接入适当稀释的菌液，使其在冷水中迅速滚动，琼脂在管内壁凝固成一层，适温培养，细菌可在琼脂层内或表面长成菌落。滚管之前最好显微镜观察待分离样品，了解样品中细菌的形态类型及大概比例，作为分离结果的参考。滚管法的主要操作包括滚管和取菌落两步。

（1）滚管。

取 12～16 支盛有 4.5 mL 无氧固体培养基的试管，加热融化，置于 45～48 ℃的水浴中，加入各种补加物。每稀释度两管，共 6～8 个稀释度。取 6～8 支盛有 4.5 mL 无氧液体培养基的试管,加入还原剂。用无菌注射器取新鲜样品或对数生长中后期的富集物 0.2 ~ 0.5 mL,10 倍系列稀释,作为滚管接种物。用无菌注射器取 0.2 mL 样品稀释液接种到已融化的固体培养基中,立即滚管,适温培养。可用手操作滚管,也可用滚管机滚管。

手工操作的滚管法是在搪瓷盘中放入冰水,将接种后、凝固前的固体培养基试管平放于搪瓷盘中,用手使其迅速滚动,直到培养基凝固为止。

(2)挑取菌落。

菌的纯化过程是多次挑取单菌落,稀释滚管的过程。

首先准备好挑取菌落用的弯头毛细管。将滴管的细口段在火焰上拉成毛细管,并使末端弯成近 90°角,截掉部分末端,使弯曲部分保留 2 ~ 3 mm,端部内径 0.5 mm,另一端塞棉花,灭菌备用。准备好滚管用的琼脂培养基及稀释用的液体培养基。

挑取菌落时,用适当的架台和夹子把要挑取菌落的试管固定于解剖镜下,去掉试管胶塞的同时,将气流适当、火焰灭菌过的 N₂ 针头迅速插入管内,将一液体培养基试管胶塞去掉,迅速插入另一火焰灭过菌的气体针头。在解剖镜下寻找到要挑取的菌落。弯头毛细管粗口端接一 60 ~ 70 cm 长的乳胶管,用嘴咬住胶管的末端,小心地把毛细管插入挑取菌落的试管中,注意不要碰到管壁,以防接触杂菌。毛细管口停于要挑取的菌落附近,眼睛移到解剖镜上,缓缓吸气,让无氧气体充满毛细管,然后吸取菌落,使无杂菌的培养基封闭毛细管口,慢慢抽出毛细管,移入移液管,插入液体中,轻挤胶管,挤出菌落,并洗几次,移出毛细管,塞上胶塞的同时,抽出气头针,如果菌落大,管内杂菌很少,也可不用解剖镜。但最好联系在解剖镜下挑取,可减少菌落附近杂菌污染的机会,缩短纯化过程。将以挑入菌落的毛细管轻轻摇震,是菌体散开,用液体培养基适当稀释作为接种物滚管。这样重复几次,直到管中菌落形成一致,细胞形态一致,液体培养无杂菌生长,即为纯菌。用解剖镜监察菌落形态时,应注意到琼脂内部与表面菌落形态的差异。产甲烷菌的纯度还可通过接种含有葡萄糖的有氧、无氧液体培养基和含有乳酸盐的无氧培养基,检查是否杂有常见的异养菌及硫酸盐还原菌。

**2. 软琼脂柱法分离纯化**

此法最早是由 Pfennig(1978)提出的,后来广泛用于厌氧菌分离。用多次洗过的琼脂,备成 3.5%(W/V)的水琼脂,如果培养基中含有中量的 NaCl 或 MgCl₂ 等盐类,可将其适当加入到水琼脂中。以每管分装 3 mL 煮融的水琼脂,加棉塞灭菌。将灭过菌并融化了的水琼试管放于 55 ℃的水浴中,用吸管吸取 6 mL 预热到 40 ~ 42 ℃的无氧液体培养基到溶化的水琼中。移液体培养基时,吸管头要插入水琼脂中,以减少液体培养基接触空气进氧的机会。滴管加几滴待分离的样品于融化的琼脂培养基中,然后用 6 ~ 8 支试管系列稀释,加入适量还原剂溶液,并用滴管将培养基混匀,放于冰水中使培养基凝固,立即封一层约 2 cm 厚的蜡油(1 份石蜡,3 份矿油),用丁基橡胶塞塞好,或用 90% 的 N₂ 和 10% 的 CO₂ 的混合气赶管内空气后再塞胶塞。培养 1 ~ 2 d,重新融化管内石蜡油,保证其密封效果。适温培养,到在高稀释度管中长出分离的菌落。取出琼脂柱,用吸管吸取菌落,置于无氧无菌的液体培基中,用以上方法重复分离,直到获得纯培养物。

除以上两种分离纯化方法外,平板划线法和稀释法也用于厌氧菌的分离。

随着厌氧箱的完善和普及,操作简单的平板划线法近来也用于严格厌氧菌的分离。稀释法分离纯化一般用于难以长出菌落的细菌。首先通过严格的富集培养,确保分离对象在培养物中的数量占绝对优势，然后稀释纯化。得到的培养物必须接种营养较丰富的、常见化能异养菌能生长的有氧、无氧培养基，无杂菌生长后，才能认为是纯菌。

# 14.3　产甲烷细菌形态观察

产甲烷菌的表型分析一般能把一株菌鉴定到属但很难鉴定到种。一些种有明显的特征，所以如知道菌的来源，一些种可通过显微镜来鉴定。例如，已知的能动、螺旋状甲烷菌是亨氏甲烷螺菌；所有已知的有假八叠形态的嗜热甲烷菌是嗜热甲烷八叠球菌，而所有已知的中温、分解乙酸的有鞘杆菌是索氏甲烷菌。另一方面，一些微生物即使有更多的细节也还没法将其归到属。例如，中温、淡水甲烷球菌，在中性 pH 值下以 $H_2 + CO_2$ 或甲酸盐生长，可以归到 2 个科的 4 个属：产甲烷菌属、甲烷盘菌属、甲烷袋状菌属或甲烷微粒菌属。没有分子分析要把一个新的球菌归到 4 个属中的一个是困难的。对大多数菌而言，知道其生理及形态特征有助于将其归到属。

产甲烷菌一般形态学的描述和标准的细菌学方法没有什么不同。只是由于甲烷菌的细胞壁不含胞壁质，而使得革兰氏染色不是那么重要。大小、形状、细胞间的排列通过对湿样的观察来描述。一些产甲烷菌（特别是万尼氏甲烷球菌，当暴露于空气中时）会裂解。但湿样快速制备和观察，还是能看到细胞。在这种情况下，还是有必要在厌氧培养室中制备湿样并就地观察（显微镜附件安装于厌氧培养室中），或者在将其从厌氧培养室中取出前用 Vaspar 密封湿样的边缘。

产甲烷细菌含有独特的 $F_{420}$，$F_{420}$ 氧化态时在 420 nm 处可发出蓝绿色或亮绿色荧光。这是产甲烷菌所独有的特性，利用这一特性可以检测在滚管琼脂上哪些菌落是产甲烷菌，作为初步鉴定分离物是否属产甲烷菌的一种手段。

## 14.3.1　菌落形状和荧光的检测

设备：具备落射荧光（1ncidentfluorescentlight 或 Epifluorescentlight）装置的荧光显微镜。

操作步骤：

（1）开启荧光显微镜电源，再开启荧光灯，待所发射的荧光稳定后即可使用。

（2）首先用钨丝灯光源调节焦距和位置，使菌落在视野中央，如菌落太大，则可调节菌落局部在视野中。

（3）关闭普通光源，插入滤光片，换荧光源，在视野中即可见到蓝绿至亮绿色荧光。滤光片有两个系统，即激发滤片（Excitationfilter）和抑制滤片（Barrierfilter）。由于产甲烷菌在使用广谱紫外线照射后均能产生自发荧光，可用此鉴定产甲烷菌。目前发现产甲烷菌产生的荧光已有多种，主要为辅酶 420，即 $F_{420}$，在 420 nm 波长激发下产生荧光，使用激发滤片系统 D（3 mmBG3 + KP425）和抑制滤片 $K_{460}$。另一种辅酶为 $F_{350}$，同样可在 350 nm 波长激发下产生荧光，因此可采用滤光片系统 A（2X2UGl）和 $K_{430}$ 作为抑制滤片。420 nm 下激发的荧光黄绿色，350 nm 下激发的荧光蓝白色。一般在 420 nm 下激发的荧光比 350 nm 处强。因此选择适当的激发滤片和抑制滤片是很重要的。产甲烷菌细胞内除辅酶 $F_{420}$、$F_{350}$ 外，其他还有 $F_{340}$、$F_{342}$、$F_{430}$ 等，$F_{340}$ 及 $F_{342}$ 可能就是 $F_{350}$ 同一种物质，$F_{430}$ 为一种黄的荧光化合物。产甲烷菌的幼培养荧光强，老培养仅有微弱的荧光。由于在紫外光照射下发生光还原作用而使荧光消失,但在黑暗下又恢复荧光至原来状态,$F_{350}$的荧光在黑暗下不能恢复。在普通光源下,可观察到产甲烷菌各个种菌落的不同形态,甲酸甲烷杆菌在 $H_2/CO_2$ 或甲酸盐基质上生长形成的菌落,呈乳白色,较干燥,边缘呈绒毛状散射,菌落中央由许多呈菌丝状物组成,荧光较强,但易消失,呈亮绿色。嗜树木甲烷短杆菌菌落为圆形和透明,边缘光滑,在荧光镜下荧光强,而且不易消失。马氏甲烷球菌在甲醇或乙酸盐上形成的菌落呈乳白色至乳黄色,成沙粒状堆积,荧火呈蓝绿色,不如甲酸甲烷杆菌的荧光强,且移接次数多后,荧光有减弱或不显荧光的现象。亨氏甲烷螺菌菌落周边成叶状,菌落中为间隔条纹如同斑马条纹,荧光较强,但极易消失,消失过程可在 4~5 s 内完成。

### 14.3.2　菌体湿标本的荧光检测

设备:

(1)灭菌 1 mL 注射器。

(2)高纯无氧的 $N_2$ 气流。

(3)洁净载玻片。

操作步骤:

(1)以无氧操作技术抽取欲观察的液体培养物少许,均匀涂布于洁净载玻片中央,不易太厚,如液体培养物中菌体数量较多,可加 1 滴蒸馏水涂匀,仔细盖上盖破片,不使菌液中产生气泡。

(2)按上述操作方法,先在钨丝灯下看清楚菌体形态后,再在荧光下进行观察,可见到产生绿色荧光体的菌体。由于荧光呈现在氧化状态($F_{420}$),故不是活的细胞也可呈现出自发荧光。初步试验表明,产甲烷细菌细胞暴露在空气下 24 h,仍保持有荧光,因此应用湿标本菌体仍能表现出荧光。菌体在紫外光下不易消失,而甲酸甲烷杆菌和亨氏甲烷螺菌、嗜热甲烷杆菌、瘤胃甲烷杆菌等在荧光显微镜下呈现荧光时间很短,因此很难进行荧光摄影。在荧光显微镜上摄影,可采用相差物镜或荧光物镜。

# 14.4　产甲烷细菌的保存法

实际上在所有实验室中细菌培养物都是通过定期将其转接到新鲜的培养基上来保存的。

在完成生长后,培养物在转到新培养基之前可以在温室或冰箱保存。这种短期保存方法对在试验中提供有活力的接种物是有用处的,但容易发生培养物污染。可以通过延长培养物传代之间的时间来减少污染和遗传变异。但是产甲烷菌苛刻的厌氧要求和一些培养物在缺乏代谢底物时的生存能力差,常常限制传代时间,一般是一个月或更短。呈休眠状态(通常冷冻)的培养物长期保存无需定期地传代,研究产甲烷菌的实验室都应用长期保存法来保存其培养物。

### 14.4.1　短缺保存法

许多产甲烷菌的液体培养物可保存一个多月。嗜盐甲烷菌如甲烷嗜盐菌耐受力很强,可保存几个月,但是很多球型甲烷菌、甲烷球菌和许多甲烷微菌会很快死亡,几小时到几天后,培养物中就没有活的细胞存在。

在有代谢底物和无 $O_2$ 情况下保存,可延长液体培养物的存活时间。以 $H_2$ 和 $CO_2$ 生长的培养物加入 $H_2$ 和 $CO_2$ 形成正压,在低于其最适温度下保存,可延长其生长期,可溶性底物(甲酸盐、乙酸盐、甲胺)的培养物也可用这种方法处理,或者在斜面上生长,这样底物从琼脂培养基扩散到表面为微生物持续地提供代谢底物。琼脂斜面(每升加 10 g 琼脂的培养基 10 mL)在密封的 Balch 试管中制成,用注射器注入 1 滴培养物。

$O_2$ 的进入会使得保存一个多月的培养物的存活率降低。$O_2$ 的进入可能是扩散或不合适的塞子造成的渗漏,或者塞子被针刺过多次。渗漏(而不是扩散)可以使培养容器保持正压来克服。氢利用产甲烷菌的培养和保存都是在正压情况下进行。制备培养基时,气相部分是 $N_2$ 和 $CO_2$。在接种后,加入 $H_2$ 成为正压。在这种情况下,生长后的内部压力降至基本和大气压相近(但不会低于大气压)。如果培养物在生长后,要重新加压,应加入 $H_2 - CO_2$ 的混合气体(3:1)。

即使是无渗漏塞子,通过塞子的扩散仍是存在的。保存在用丁基橡胶塞密封的 Balch 试管的培养基被氧化前的有效期平均是大约两个月左右。如果假定在新鲜培养基中加入的还原剂都是还原态的,通过塞子的 $O_2$ 的扩散是还原剂氧化的唯一原因,我们可以粗略地估计 $O_2$ 进入试管的速率。以完全氧化培养基中的还原剂计(假如是 0.5 $\mu mol$),则 $O_2$ 的扩散率为 0.25 $\mu mol$/月。血清瓶中的培养物的期限更长些,因为较多的液体培养基有更多的还原剂,也就有更大的去除 $O_2$ 的能力。在长期保存中 $O_2$ 进入密封培养容器的问题,可通过把容器保存在厌氧瓶或厌氧培养室中来减少到最低程度。

在短期保存方法必要的传代中,污染也是个问题。在所用的丰富培养基中污染很容易发现。在这样培养基中污染菌的大量生长通常是明显的。相反,培养物维持在无机盐培养基或是以乙酸盐或三甲胺为唯一有机底物的培养基中,污染菌很难察觉。这些污染菌的数量如此之低以至于用显微镜观察也发现不了。

## 14.4.2　培养物的长期保存

甲烷杆菌、甲烷短杆菌和甲烷八叠球菌可以冷冻干燥法保存;有蛋白质细胞壁的甲烷菌冷冻干燥法很少有成功的。程序是:在 0.1 mL 安培瓶的开口处接上一节乳胶管,再将其放在带盖培养试管中高压灭菌,并在厌氧培养室中放置几个星期。在厌氧培养室中向小瓶加入细胞悬浮液后(用带针注射器),再用夹子夹住乳胶管暂时密封,然后将其从厌氧室中取出,用喷灯在玻璃开口处封管。在加热封管前,用针插入乳胶管中以使加热瓶颈时,热气体能从小瓶中跑掉。这个方法可使得玻璃瓶中的培养物在不接触 $O_2$ 的情况下密封。

Hippe 描述了玻璃毛细管中冷冻甲烷菌的方法。美国俄勒冈甲烷菌保藏中心的甲烷菌长期保存的主要方法是密封于小玻璃瓶,在液氮中保存。液体培养基中的培养物长好后,加入灭菌、无 $O_2$ 的甘油溶液(50% 甘油(体积比))到终浓度为 10%(体积比)在厌氧培养室中(气体为 65% $N_2$、30% $CO_2$ 和 5% $H_2$),0.5 mL 上述细胞悬浮液加入到无菌安培瓶中。准备在连续通气过程中,用针从胶管侧面加入细胞悬液。在小瓶热封前,通气针抽回到其针尖在要热封的瓶颈之上的部分,但仍在胶管的侧面。小瓶在喷灯上用小火焰封管。

美国俄勒冈甲烷菌保藏中心也用螺旋盖小瓶进行产甲烷菌的保存(几年)。塑料瓶比玻璃瓶准备起来方便。在用前几个星期就将其放入厌氧培养室,在室内装好培养物;取出后立即冷冻。该中心发现这种方法同样可以保存达两年,但更长时间的保存就不行了。冷冻密封小瓶最可靠的方法是从 20 ~ 40 ℃以约 1 ℃/min 的速率降温。此后就可将小瓶浸入液氮中快速冷冻。一些菌株(如甲烷杆菌、甲烷短杆菌和甲烷八叠球菌)对冷冻不太敏感,这样,未冷冻小瓶可直接放入液氮中。另一些培养物(如甲烷球菌、甲烷微粒菌和甲烷袋状菌)在这样条件下不能很好存活,但在控制冷冻率后容易复活。控制冷冻率的设备已有产品。可以用金属板来造一个冷冻器,上有小孔,小瓶正好放下。孔下面是一空腔,有两上口(进口和出口),这样可用液氮来冷却此板。用阀门控制液氮以恒定速率进入,使金属板按上面的速率冷却。这个冷冻方法对所有的甲烷菌的复活都有很好的效果。俄勒冈产甲烷菌保藏中心得到的冷冻培养物存活率大于90%。

当密封玻璃小瓶保存在液氮罐中时,如果罐中的液氮淹没了一些小瓶,就会有爆炸的潜在危险。冷冻后,瓶内压力很低,如果小瓶没有很好密封,液氮就会被吸入小瓶内。一个不明显的针尖样小孔的渗漏会导致液氮在瓶内慢慢累积。当这样的瓶从罐中取出时,升温使瓶内压力急剧增加可能导致爆炸。所以在从液氮罐中取出玻璃瓶时应穿上防护衣,包括厚手套和金属面具。

玻璃瓶从液氮罐中取出后,应快速融化并用酒精对表面消毒。然后打开小瓶,用注射器取出悬液(先用无 $O_2$ 气体冲洗)。注入无菌培养基中,塑料小瓶从罐中取出,应快速融化并转入培养基中,瓶内悬液经常被氧化(含刃天青的培养基变红),但如快速转到无 $O_2$ 呈还原态的培养基中,还是能存活。

# 14.5　产甲烷细菌的生理学特性测定

## 14.5.1　碳源利用特征测定方法

(1)设备和培养基。

①高纯无氧的 $N_2$ 气流、$H_2$ 气流和 $CO_2$ 气流。

②1 mL 灭菌注射器。

③灭菌的厌氧液体基础培养基。

④厌氧试剂。

⑤欲试验的基质:$H_2/CO_2$、HCOONa、$CH_3OH$、$CH_3COONa$、$CH_3NH_2$、$NH(CH_3)_2$、$N(CH_3)_3$ 等。

⑥分光光度计。

⑦气相色谱仪。

(2)操作步骤。

①在装有 20 mL 灭菌的厌氧液体培养基的 50 mL 玻瓶中,以无氧操作技术,各接入约 48 h 菌龄的菌液 0.4 mL。按量加入各厌氧试剂,然后分别加入无氧灭菌的 HCOONa、$CH_3COONa$、$CH_3OH$、$(CH_3)NH_2$、$(CH_3)_2NH$、$(CH_3)_3N$、$CO_2/H_2$ 等,使 HCOONa、$CH_3COONa$、$CH_3NH$、$(CH_3)_2NH$、$(CH_3)_3N$ 等最终浓度为 0.05 mol/L,$CH_3OH$ 的为0.5%,$CO_2/H_2$ 为 2 个大气压,重复 3 ~ 4 次。在 37 ℃下振荡培养 7 ~ 10 d。

②振荡培养 7 ~ 10 d 后,测定各处理的甲烷生成量,比较各碳源供给处理间甲烷生成量

的差异。也可在 72 型分光光度计上 660 nm 处测定光密度,比较其生长的差异。这就可测出所试验菌种所要求的碳源。

### 14.5.2　产甲烷菌生长的营养物测定

产甲烷菌的正常生长,除能源(底物)之外,还需要各种无机或某些有机成分,都属于营养要求的范畴。此处只简要介绍对有机成分要求的测定。

(1)设备和培养基。

①高纯无氧 $N_2$ 气流、$H_2$ 气流和 $CO_2$ 气流。

②1 mL 灭菌注射器。

③10 ~ 30 mL 灭菌注射器。

④灭菌的厌氧液体基础培养基。

⑤厌氧试剂。

⑥各欲试验的灭菌的生长物质,如酵母膏、瘤胃液(注)、胰酶解酪蛋白。

⑦气相层析仪。

⑧72 型分光光度计。

(2)操作步骤。

①在装有 20 mL 灭菌培养基的 50 mL 玻瓶中按量加入各厌氧试剂,接 0.4 mL 液体菌液。

②分别加入酵母膏、瘤胃液、胰酶解酪蛋白等生长物质,使这些物质在培养基内的最终质量分数达到0.2%。

分别在同一瓶内加入酵母膏和瘤胃液或酵母膏和胰酶解酪蛋白等不同的组合。

分别加入酵母膏(或瘤胃液或胰酶解酪蛋白等)使最终质量分数分别达到 0.1%、0.2%、0.3%。

③再加入欲试验菌种的碳源物质,浓度和碳源试验相同。若以 $H_2/CO_2$ 作为能源物质,通入两个大气压的混合气体( $H_2$ : $CO_2$ = 80 : 20 容积比)。

在 37 ℃下振荡培养 7 ~ 10 d。

④测定每瓶中的甲烷形成量。比较各生长物质和不同浓度的生长物质对于甲烷形成量的刺激差异。

或在 72 型分光光度计上 660 nm 处测定各处理培养物的光密度,比较其差异。

瘤胃液的制备:采集瘤胃液或瘤胃内含物后,静置,倾取上清液,用多层纱布过滤,于 121 ℃(1.05 kg/cm³)灭菌 20 ~ 30 min,冷却后以 5 000 r/min 离心 20 ~ 30 min,取上清液装于试剂瓶中,置冰箱低温保存。

### 14.5.3　产甲烷菌生长的最适 pH 值及最适温度测定

(1)生长最适温度的测定。

用液体培养基接种后,置 5 ℃间隔的水浴中培养,生长情况可通过 $CH_4$ 产量或光密度测定。培养 2 ~ 3 d(对数生长早期),观察少数几个明显生长的结果,用于确定最适生长温度。延长培养 3 ~ 4 周(生长周期的 2 ~ 3 倍)的测定结果用于确定生长的温度范围。

(2)生长的最适 pH 值及 pH 值范围的测定。

近年来普遍有用 NaOH(或 $Na_2CO_3$)和 HCl 溶液调培养基 pH 值,早期测定,确定生长最适 pH 值的方法,代替了过去用无机或有机 pH 缓冲剂控制培养基 pH 的方法。因用缓冲剂操作麻烦,较明显地改变了培养基的成分,并且多数 pH 值缓冲剂都较昂贵。

(3)测定的设备和培养基。

①无氧 $N_2$ 气流、$H_2$ 气流和 $CO_2$ 气流。

②灭菌的 pH 值为 7.5 的无氧磷酸盐缓冲液,每 50 mL 瓶装 20 mL。

③灭菌无氧的 1% $Na_2S$。

④灭菌无氧的 1% HCl 和 10% NaOH。

⑤气相层析仪。

⑥酸度计(PHS – 29 型)。

⑦72 型分光光度计。

(4)操作步骤。

①按试验菌株的营养要求配制的培养液,在已灭菌的每个玻瓶 20 mL 培养液中,加入 5% $NaHCO_3$ 和 1% $Na_2SO_4$ 毫升后,pH 值为 7.0 ~ 7.1,再用 1% $Na_2CO_3$ 或 2% HCL 调节 pH 值至 5.0 ~9.0 之间,中间间隔各 0.5 即 5.0,5.5,6.0,…,9.0。若碳源基质为 $H_2/CO_2$,由于通入 2 个大气压的 $H_2/CO_2$ 混合气体后,在碱性范围内的 pH 值明显下降,因此应采用 Tris 缓冲液(即三羟甲基氨基甲烷缓冲液),再加入要求的营养液,培养液中只用 $K_2HPO_4$、半胱氨酸,用量为 1%。用酸、碱液调节 pH 值分别为 8.0、8.5、9.0、9.5、10.0 后,再每瓶分装 20 mL,灭菌后,同法加入 $Na_2S$、$NaHCO_3$。每个 pH 值处理重复 3 ~4 次。

②各瓶中接入 2%(即 0.4 mL)所分离的产甲烷菌的液体培养物。

③若碳源为 $H_2/CO_2$ 时,通入 2 个大气压的 $H_2/CO_2$ 混合气。

④置 37 ℃下振荡培养 4 ~5 d。

⑤测定每瓶发酵液的 pH 值、$CH_4$ 形成量和培养物在 660 nm 光处的光密度。$CH_4$ 形成量最大的 pH 值(培养液的最终 pH 值)即为此菌的最适 pH 值。一般产甲烷菌对酸较为敏感,而对碱性的适应性较强。

### 14.5.4　产甲烷细菌对 NaCl 等盐分适应力的测定

产甲烷菌往往依据其来源不同而对 NaCl 有不同的反应。一般淡水来源的菌不要求 NaCl,海洋或咸水湖的细菌则要求 NaCl,有的还要求 $Mg^{2+}$ 等。因加入的 NaCl 或 $MgCl_2$ 的量一般较大,可用天平称取固态 NaCl 或 $MgCl_2$,放入培养瓶中,驱氧、装入液体培养基,以便保证培养基量一致,便于气体定量测定。量很少的盐类,可用无氧无菌溶液的形式加入。

### 14.5.5　产甲烷细菌的倍增时间测定

倍增时间是指细菌的细胞数增加一倍所需的时间。不同的细菌倍增时间不同。同一个菌,其倍增时间取决于培养条件。通常倍增时间是指某菌在最适条件下的结果。细菌细胞数目的增长可用显微镜直接计数法,也可用比浊法,但较为简便、准确的方法是用产物($H_2$、$CH_4$、有机酸等)的增长代表细胞数的增长。

细胞量的直接确定法,如细胞量的重量确定法,或 DNA、蛋白质等的测定,往往是费时而不准确的。在培养物呈絮状式生长为丝状或聚合体时,细胞量很难准确地由浊度法测定。

一个间接的细胞量的测定法是产物形成。一些微生物形成单一的代谢产物。比细胞产量在对数生长期是不变的。在一定条件下,培养物生长中形成的产物与生成的细胞量是呈一定的比例的,见表 14.2。

**表 14.2　在培养瓶中细胞生长与甲烷累积的理论关系**

| 时间/h | 倍增数 | 细胞/mg | 甲烷/μmol | 甲烷 + 接种物的甲烷/μmol |
|---|---|---|---|---|
| 0 | 0 | 1 | 0 | 50 |
| 8 | 1 | 2 | 50 | 100 |
| 16 | 2 | 4 | 150 | 200 |
| 24 | 3 | 8 | 350 | 400 |
| 32 | 4 | 16 | 750 | 800 |
| 40 | 5 | 32 | 1 550 | 1 600 |

倍增时间的测定与计算方法:

选用容积 80 mL(气相 50 mL)以上的培养瓶,设 3 ~ 4 个重复,接种 2% 旺盛生长的菌种,最适条件培养,每天测 $CH_4$ 产量 2 ~ 3 次,直到对数生长后期。以时间为横坐标,$CH_4$ 产量的对数值为纵坐标划出曲线。

在生长曲线的直线部分取点,可以根据下式计算:

$$N_{t_2} = N_{t_1} + nP$$
$$\log N_{t_2} = \log N_{t_1} + \ln \log P$$

可以得到产甲烷菌的倍增时间

$$G = \frac{t_2 - t_1}{n}$$

式中　$N_{t_1}$——对数生长较早某一时刻的细胞数($CH_4$ 量);

$N_{t_2}$——对数生长较晚某一时刻的细胞数;

$n$——从 $t_1$ 到 $t_2$ 的世代数;

$P$——一个细胞每一世代的子细胞数,因细菌通常是 2 分裂,所以 $P$ 为 2。

# 第15章 产甲烷菌的工业应用

产甲烷菌是厌氧发酵过程中最后一个环节,在自然界碳素循环中扮演着重要角色。由于产甲烷菌在废弃物厌氧消化、高浓度有机废水处理、沼气发酵及反刍动物瘤胃中食物消化等过程中起关键性作用,也由于产甲烷菌所释放出来的甲烷是导致温室效应的重要因素,产甲烷菌的研究必将成为环境微生物研究的焦点。产甲烷菌的研究意义大致概括为以下几个方面:

(1)为生物地球化学研究领域工作打开一个新的局面。

(2)是一个开展生物成矿研究的起点,它对拓宽我国金属和非金属矿床的开发有重要的意义。

(3)是天然气成矿理论研究的一部分,对扩大天然气勘探领域有重要影响,尤其是在未熟－低成熟地区寻找靶区,具有理论指导意义。

(4)产甲烷菌酶系统的生气模拟实验能为生物气的储量计算提供可靠的数据。

(5)研究某些菌群在成油及形成次生气藏中的作用机理,以及微生物降解原油的机制。

(6)研究甲烷氧化菌,根据气体分子扩散运移机理,建立较好的地表勘探方法。

(7)有可能利用微生物代谢一碳化合物的能力,来消除可能的环境污染物(如 CO 和氰化物等),并有可能在实验室和工业上利用这些微生物的酶系促使若干种化合物在常规(常温、常压)条件下进行化学转化,为人类生产和生活服务。

(8)利用某些微生物作为食物链中一个新的环节,使家畜等能够间接利用甲烷为饲料,并有希望间接或直接地利用微生物产生的蛋白质和糖类,作为地球上迅速增长的人口的补充食物来源。

(9)通过细菌的生物活动,每天有大量甲烷气产生,可作为替补能源。

产甲烷菌在自然界中的种类和生态类群是相当丰富的,随着厌氧培养技术和分子生物学技术的不断发展,人们对产甲烷菌这一独特类群的研究将更加细致和全面,产甲烷菌由于具有独特的代谢机制,所以必将在环境和能源等工业领域发挥重要的作用。

## 15.1 厌氧生物处理

20 世纪七八十年代,由于世界范围内出现的能源危机,使得世界各国不得不努力寻找其他可替代的能源。由此,对生物质能源或再生能源利用的研究十分重视,而产甲烷菌能够有效地分解污泥、粪便中的有机物,产生沼气,不但减少了环境的污染,而且可以提供廉价的能源。因此,能够产生沼气的产甲烷菌的研究,日益受到各国的重视。

产甲烷菌具有独特的代谢机制,能使农业有机废物、污水等环境中其他微生物降解有机物降解后产生的乙酸、甲酸、$H_2$ 和 $CO_2$ 等转换为甲烷,既可生产清洁能源,又可实现污水中污染物减量化;同时,其代谢产物对病原菌和病虫卵具有抑制和杀伤作用,可实现农业生产、生活污水无害化。因此,产甲烷菌及其厌氧生物处理工艺技术在工农业有机废水和城镇生活污水处理方面具有广阔的应用前景。

产甲烷菌具有独特的代谢机制,能使农业有机废物、污水等环境中其他微生物降解有机物降解后产生的乙酸、甲酸、$H_2$ 和 $CO_2$ 等转换为甲烷,既可生产清洁能源,又可实现污水中污染物减量化;同时,其代谢产物对病原菌和病虫卵具有抑制和杀伤作用,可实现农业生产、生活污水无害化,因此,产甲烷菌及其厌氧生物处理工艺技术在工农业有机废水和城镇生活污水处理方面具有广阔的应用前景。厌氧生物处理生成甲烷一般需要 3 类微生物的共同作用,而最后一步由产甲烷菌微生物完成的甲烷生成则是限速步骤,高活性的产甲烷菌是高效率的厌氧消化反应的保证,同时也可以避免积累氢气和短链脂肪酸。当然,这一限速步骤也容易受到菌体活性、pH 值和化学抑制剂等多种因素的影响。

产甲烷菌作为一种厌氧菌,需要严格的厌氧条件,单纯地分离和培养产甲烷菌,目前主要集中于产甲烷菌的分类学研究中,而对产甲烷菌进行大量的应用,尚有一定的距离。对产甲烷菌进行富集培养、营养基质的研究成为利用产甲烷菌生产沼气的主要方向。

在厌氧消化反应器中目前研究较多的是 *Methanosaeta* 和 *Methanosarcina* 这两种乙酸营养产甲烷菌。*Methanosaeta* 具有较低的生长速率和较高的乙酸转化率;而 *Methanosarcina* 具有相对高的生长速率和低的乙酸转化率这两种类群数量不仅受控于作为底物的乙酸的浓度,也受控于其他营养物的浓度。在工业应用中,*Methanosaeta* 在高进液量、快流动性的反应器(如 UASB)中使用广泛,可能与它们具有较高的吸附能力和颗粒化能力有关,而 *Methanosarcina* 对于液体流动则很敏感,所以主要用于固定和搅动的罐反应器温度和 pH 值是影响厌氧反应器效率的两个重要参数。对于温度而言,一般的中温条件有助于厌氧反应的进行并同时减少滞留时间在高温厌氧消化器中常见的氢营养产甲烷菌主要是甲烷微菌目(*Methanomicrobiales*)和甲烷杆菌目(*Methanobacteriales*),它们的厌氧消化能力一般是随着温度的升高而增强,但过高的温度会使其受到抑制,因此为保证厌氧消化的顺利进行,一般需要选择合适的温度,对于 pH 值来说,大多数产甲烷菌的最适生长 pH 值是中性略偏碱性,但一般增大进料速率会导致脂肪酸浓度的增大,从而导致 pH 值降低,因此耐酸的产甲烷菌可以提高厌氧反应器的稳定性 Savant 等从酸性厌氧消化反应器中分离到一株产甲烷菌(*Methanobrevibacter acididurans*),其最适 pH 值略偏酸性,向厌氧消化反应器加入该产甲烷菌可以有效增加甲烷的产生量,减少脂肪酸的积累。

# 15.2 煤层气开发

煤层气是在较低的温度条件下,有机质通过各种不同类群细菌的参与或作用,在煤层中生成的以甲烷为主的气体,产甲烷菌对煤层气的形成起着重要的作用,目前已发现产甲烷菌有低温型、中温型和嗜热型。生物成因煤层的形成方式主要有两种:一种是由 $CO_2$ 还原而成;另一种由甲基类发酵而成,这两种作用一般都是在近地表环境的浅层煤层中进行的地表深处煤层中生成大量生物成因气的有利条件是:大量有机质的快速沉积、充裕的孔隙空间、低温,以及高 pH 值的缺氧环境。美国地质研究中心的 Elizabeth JP 等对煤层甲烷产生的过程中产甲烷菌群的生理活性和煤降解的过程做了相关分析,研究得出在产甲烷菌混合菌群的作用下煤样会发生降解产气。研究还建立了与之相适应的生物检测法,对煤的微生物降解产甲烷进行了定量的研究。

近年的煤层气勘探开发研究中,主要从热成气角度考虑煤层甲烷的形成,而煤被产甲烷菌等厌氧菌降解生成次生生物气一直是人们所关心的问题。Smith J W 等测定了澳大利亚悉尼盆地二叠系烟煤中煤层气的组成和同位素组成,提出了这两个盆地煤层气的生成机理主要是生物成因。Ahmed M 等从有机地球化学角度研究了上述两盆地二叠系煤岩中有机物质的生物降解作用,进一步论证了产甲烷菌在煤层甲烷形成过程的重要作用。

Kotarba MJl 用地球化学方法研究了波兰 Silesian 和 Lublin 盆地晚石炭世含煤地层煤层气的组分和同位素组成,经综合测试分析得出这两个含煤地层煤层气主要为产甲烷菌经 $CO_2$ 还原途径生成的次生生物成因气。美国地质研究中心的 Elizabeth J P 等对煤层甲烷产生的过程中产甲烷菌群的生理活性和煤降解的过程做了相关分析,研究得出在产甲烷菌混合菌群的作用下煤样会发生降解产气研究还建立了与之相适应的生物检测法,对煤的微生物降解产甲烷进行了定量的研究。

近年来使用产甲烷菌群开发煤层气资源,主要使用两种方式:一种方式是直接从环境中筛选驯化高效的厌氧菌群,将其接入难以开采的煤层中,在天然地质条件下利用微生物厌氧发酵开发次生煤层甲烷如 Volkwein J C 等发明了一系列厌氧菌制剂(包含有产甲烷菌),能直接应用于难于开采的煤矿中,在天然的条件下降解其中的煤等高分子有机物产生清洁的甲烷生物气这一技术被称为地质生物反应器(Geobioreactor),其主要工作原理就是在天然的地质条件下通过接入相关的微生物制剂,利用原始环境的条件作为反应器来进行生物气开发或者矿区环境修复等,另一种方式是通过设计合适的厌氧生物反应器,在实验室的条件下利用产甲烷菌等厌氧菌降解煤产生清洁能源如 Kohr W J 等设计出包含矿物的破碎、预处理和生物催化等多个流程点的生物催化反应体系,利用产甲烷菌群作为主要的生物催化剂进行煤的生物转化,研究取得了明显的效果,并获得了相关专利产甲烷菌群在煤的生物转化中起着重要的作用,然而要使其能投入工业应用还需要解决转化效率低、反应时间长、培养成本高等限制性问题。

# 15.3　酿酒行业

20 世纪 60 年代末至 80 年代初,中科院成都生物所先后从污水处理厂泥浆中与沼气池中分离出了产甲烷菌。近年来该所从特殊生态环境的酒厂老窖泥中分离出 T 布氏甲烷杆菌,实践表明,该菌在酿酒过程中有独特作用。

目前一般认为,产甲烷菌只能产沼气、治理环境,但产甲烷菌能参与酒窖发酵及其在酿酒中的特殊作用还鲜为人知。产甲烷菌是一个特殊的、专门的生理群,它具有特殊产能代谢功能。$H_2$ 和 $CO_2$ 几乎是所有产甲烷菌都能利用的底物,在氧化 $H_2$ 的同时把 $CO_2$ 还原为 $CH_4$。它是沼气发酵微生物中的重要细菌类群。科研人员在研究泸酒大曲和窖泥微生物区系结构以及泸酒香型与窖泥微生物关系的基础上,又深入开展了酿酒各类微生物之间的作用和相互关系的研究,从而加深了浓香型曲酒发酵机理的认识。老窖泥中除存在产己酸菌的产香功能菌外,还有产甲烷菌。它们既是生香功能菌,又是标志老窖生产性能的指示菌,并发现窖泥中存在多种形伏的产甲烷菌（杆状、球状、不规则状等）。说明酒窖中的厌氧环境和各种基质（如 $CO_2$、$H_2$、甲酸、乙酸等）给产甲烷菌的生长和发酵提供了有利条件。科研人员采用严格的洪格特厌氧技术分离出了布氏甲烷杆菌 CS 菌株，将该菌与己酸菌共同培养，发现它们之间存在"种间氢转移"关系。乙酸菌代谢产物中积累 $H_2$，产甲烷菌则利用 $H_2$ 和 $CO_2$ 形成甲烷。

乙酸菌的环境得到改善后，促进了己酸菌的生长和产酸。己酸和乙酯在酯化酶作用下产生乙酸乙酯。乙酸乙酯是酒质中的主体香成分，进一步提高了酒的品质。根据研究结果，又将产甲烷菌和乙酸菌共栖于窖泥中培养，使之形成稳定的代谢联合作用，使酒质得到明显改进。目前，该项技术已用于科学院在黄淮海地区的攻关项目上，使封丘等酒厂的产品质量大大提高。经专家鉴定，此项技术酿出的酒，酒味协调，浓香突出，后味余长。经过50 天、60 天发酵的酒，乙酸乙酯含量分别平均达每 100 mL180 mg 和 200 mg，且四大酯含量协调。浓香型曲酒发酵过程中，通过对功能菌的种类、生理、生化特性及作用，以及如何满足功能菌所必需的条件和各类微生物群体间相互关系的研究，是促进曲酒发酵技术朝着更完美、更科学的阶段发展的必由之路。

# 15.4　微生物采油

传统的强化采油技术（Enhanced Oil Recovery，EOR）有热力驱法、化学驱法和聚舍物驱法等。微生物强化采油（Mleroblal Unhanced Oll Recovery，MEOR）又称微生物采油，是继热力驱、化学驱、聚合物驱等传统的方法之后利用微生物的代谢活动提高原油采收率的一项综合性技术。MEOR 技术能够利用微生物代谢产生的聚合物、表面活性剂、二氧化碳及有机溶剂等有效驱油，与其他 EOR 技术的区别仅在于驱油剂进入油层的方式是以微生物为媒介。该技术与其他传统的技术相比，具有工艺简单、操作方便、适用范围广、成本低廉、经济效益好和无污染等优点。

利用微生物提高采油开采效率早在 20 世纪 20 年代就已经提出，迄今已有近 1 个世纪的发展历史。从早期的利用微生物清除水质及土壤的原油污染，发展成今天油田上常用的微生物清防蜡、单井吞吐、调剖、降黏、选择性封堵地层、强化水驱等诸多实用技术。产甲烷菌在微生物强化采油方面的应用主要表现在烃厌氧降解上，并且需要由两部分不同功能菌群协同作用才能完成。首先需要一定的菌群将烃降解为小分子有机物，然后小分子物质再通过另一部分菌群最终转化成甲烷。食碱菌属、脱硫菌以及发酵菌参与了第一部分的厌氧反应，它们将石油烃降解为小分子有机物。产甲烷菌将第一部分的产物转化成甲烷。产甲烷菌主要有 3 类：乙酸营养型产甲烷菌，利用乙酸产生甲烷；氢营养型产甲烷菌，利用 $H_2$ 和 $CO_2$ 产生甲烷；乙酸氧化菌，先将乙酸共生氧化成 $H_2$ 和 $CO_2$ 后，再由氢营养型产甲烷菌利用 $H_2$ 和 $CO_2$ 产生甲烷。

MEOR 技术的关键是选用石油开采微生物。这类微生物需要在极端油藏环境条件下旺盛地生长繁殖并保留活性，能产生有利于提高原油采收率并对环境无污染的代谢产物。

目前广泛应用的异源菌主要有假单胞菌、芽孢杆菌、微球菌、棒杆菌、分支杆菌、节杆菌、梭菌、甲烷杆菌、拟杆菌、热厌氧菌等。它们通常属于厌氧菌或兼性菌，代谢产物有生物气体（氢气、甲烷等）、有机酸（甲酸、乙酸、丙酸、乳酸等）、表面活性剂、生物聚合物、有机溶剂(甲醇、乙醇、丙醇、丙酮)等。

通过接种微生物或营养物,使微生物在油层中生长繁殖,并代谢产生生物表面活性剂、有机酸、生物聚合物、气体等。这些微生物或其代谢产物分别作用于原油并发挥各自的驱动动能。能降低原油的黏度,增加原油的流动性能,驱使原油从油井中采出,从而提高原油的采收率。

# 15.5　生物制氢

## 15.5.1　生物制氢技术

大量的研究资料显示,根据微生物的生理代谢特性,能够产生分子氢的微生物可以分为以下两大主要类群:第一,包括藻类和光合细菌在内的光合生物;第二,诸如兼性厌氧的和专性厌氧的发酵产氢细菌。由于产氢的微生物划分为光合细菌和发酵细菌两大类群,目前生物制氢技术也发展为两个主要的研究方向,即光合法生物制氢技术和发酵法生物制氢技术。

1. 光合法生物制氢技术

自 Gaffron 和 Rubin 发现一种栅列藻属绿藻可以通过光合作用产生氢气以来,不断深入的研究表明,很多的藻类和光合细菌都具有产氢特性,目前研究较多的主要有颤藻属、深红红螺菌、球形红假单胞菌、深红红假单胞菌和球形红微菌等。

从目前光合法生物制氢技术的主要研究成果分析,该技术未来的研究动向主要有以下几个方面:光合产氢机理的研究、参与产氢过程的酶结构和功能研究、产氢抑制因素的研究、产氢电子供体的研究、高效产氢基因工程菌研究和实用系统的开发研究等。在这些发展方向之中,高效产氢工程菌的构建以及光反应器等实用系统的开发具有较大的研究价值。

多年来,人们对光合法生物制氢技术开展了大量的研究工作,但是利用光合法制氢的效果并不理想。要使光合法生物制氢技术达到大规模的工业化生产水平,很多问题仍有待于进一步研究解决。

2. 发酵法生物制氢技术

在 100 多年前,有人发现在微生物作用下,通过蚁酸钙的发酵可以从水中产生氢气。1962 年,Rohrback 首先证明 Clostrium butyricum 能够利用葡萄糖产生氢气。Karube 等人利用 Clostrium butyricum 采用固定化技术连续 20 d 产生氢气。Zeikus 等人证明细菌利用碳水化合物、脂肪、蛋白质等生产氢气的同时,得到蚁酸、乙酸和二氧化碳,而乙酸、蚁酸又能被甲烷生成细菌所利用生产甲烷。1983 年日本生等人系统地研究了 Enterobacter aerogenes strain E.82005 的产氢情况,氢气速率可以达到 $1.0 \sim 1.5$ molH$_2$/mol glucose。1992 年 TaguchiF 等人从白蚁虫体内得到的 153 株细菌中分离得到 51 株产氢细菌,其中 Clostrum beijerinckii strain AM21B 是产氢能力最强的单菌,氢气产率为 245.0 mLH$_2$/mol glucose。

同光合法生物制氢技术相比,发酵法生物制氢技术具有一定的优越性:第一,发酵细菌的产氢速度通常很快,其产氢速度是光合细菌的几倍,甚至是十几倍。第二,发酵细菌大多数属于异养型的兼性厌氧细菌群,在其产氢过程对 pH 值、温度、氧气等环境条件的适应性比较强,并且不需要光照,可以在白天和夜晚连续进行。第三,酵细菌能够利用的底物比较多,除通常糖类化合物外,甚至固体有机废弃物和高浓度的有机废水都可以作为产氢的底物,并且对营养物质的要求比较简单。第四,利用的产氢反应器类型比较多,并且反应器的结构同藻类和光合细菌相比也比较简单。

### 15.5.2　厌氧发酵生物制氢的产氢机理

许多微生物在代谢过程中能够产生分子氢,其中已报道的化能营养性产氢微生物就有40多个属,见表15.1,其中一些产酸发酵细菌具有很强的产氢能力。根据国内外大量资料分析,对于发酵生物制氢反应器中的微生物而言,可能的产氢途径有3种:EMP途径中的丙酮酸脱羟产氢,辅酶I的氧化与还原平衡调节产氢以及产氢产乙酸菌的产氢作用。

表 15.1　发酵法产氢的微生物

| 细菌名称 | 细菌种属 | 细菌编号 |
|---|---|---|
| 产气肠杆菌 | *Enterobacter aerogenes* | E. 82005 |
| 产气肠杆菌 | *Enterobacter aerogenes* | HO－39 |
| 产气肠杆菌 | *Enterobacter aerogenes* | HU－101 |
| 产气肠杆菌 | *Enterobacter aerogenes* | NCIMB 10102 |
| 拜氏梭菌 | *Clostridium beijerinckii* | AM21B |
| 丁酸梭菌 | *Clostridium butyricum* | IFO3847 |
| 丁酸梭菌 | *Clostridium butyricum* | IFO3858 |
| 丁酸梭菌 | *Clostridium butyricum* | IFO3315t1 |
| 丁酸梭菌 | *Clostridium butyricum* | NCTC 7423 |
| 丁酸梭菌 | *Clostridium butyricum* | IAM19001 |
| 巴氏梭菌 | *Clostridium pasteurianum* | － |
| 艰难梭菌 | *Clostridium difficle* | 13 |
| 生孢梭菌 | *Clostridium sporogenes* | 2 |
| 梭菌属 | *Clostridium sp.* | NO.2 |
| 丙酮丁醇梭菌 | *Clostridium acetobutylicum* | ATCC824 |
| 热纤维梭菌 | *Clostridium thermocellum* | 651 |
| 阴沟肠杆菌 | *Enterobacter cloacae* | IIT－BT 08 |
| 大肠杆菌 | *Escherichia coli* | － |
| 柠檬酸杆菌属 | *Citrobacter sp.* | Y19 |
| 中间柠檬酸杆菌 | *Citrobacter intermedius* | － |
| 地衣芽孢杆菌 | *Bacillus licheniformis* | 11 |

(1)EMP途径中的丙酮酸的脱羧产氢。

厌氧发酵细菌体内缺乏完整的呼吸链电子传递体系,发酵代谢过程中通过脱氢作用所产生的"过剩"电子,必须通过适当的途径得到"释放",使物质的氧化与还原过程保持平衡,以保证代谢过程的顺利进行。通过发酵途径直接产生分子氢,是某些微生物为解决氧化还原过程中产生的"过剩"电子所采取的一种调节机制。

能够产生分子氢的微生物必然还有氢化酶,目前,人们对蓝细菌和藻类的氢化酶研究已取得了较大的进展,但是,国际上对产氢发酵细菌的氢化酶研究较少,Adams 报道了巴氏梭状芽孢杆菌(*Clostridium pasteurianum*)中含氢酶的结构、活性位点及代谢机制。细菌的产氢作用需要铁氧还蛋白的共同参与,产氢产酸发酵细菌一般含有 8Fe 铁氧还蛋白,这种铁硫蛋白首先在巴氏梭状芽孢杆菌中发现,其活性中心为 $Fe_4S_4(S-CyS)_4$ 型。螺旋体属亦为严格发酵碳水化合物的微生物,在代谢上与梭状芽孢均属相似,经糖酵解 EMP 途径发酵葡萄糖生成 $CO_2$、$H_2$、乙酸、乙醇等作为主要末端产物,该属也有些种以红氧还蛋白替代铁氧还蛋白,其活性中心为 $Fe_4(S-CyS)_4$ 型。

产氢产酸发酵细菌(包括螺旋体属)的直接产氢过程均发生于丙酮酸脱羧作用中,可分为两种方式:

①梭状芽孢杆菌型:丙酮酸首先在丙酮酸脱氢酶作用下脱羧,羟乙基结合到酶的 TPP 上,形成硫胺素焦磷酸——酶的复合物,然后生成乙酰 CoA,脱氢将电子转移给铁氧还蛋白,使铁氧还蛋白得到还原,最后还原的铁氧还蛋白被铁氧还蛋白氢化酶重氢化,产生分子氢。

②肠道杆菌型:此型中,丙酮酸脱羧后形成甲酸,然后甲酸的一部分或全部转化为 $H_2$ 和 $CO_2$。由以上分析可见,通过 EMP 途径的发酵产氢过程,不论是梭状芽孢杆菌型还是肠道杆菌型,虽然他们的产氢形式有所不同,但其产氢过程均与丙酮酸脱羧过程密切相关。

(2)NADH/NAD$^+$的平衡调节产氢。

生物制氢系统内,碳水化合物经 EMP 途径产生的还原型辅酶 I(NADH$^+$/H$^+$),一般可通过与一定比例的丙酸、丁酸、乙醇或乳酸等发酵相耦联而得以氧化为氧化型辅酶 I(NAD$^+$),从而保证代谢过程中 NADH/NAD$^+$的平衡,这也是有机废水厌氧生物处理中,之所以产生各种发酵类型(丙酸型、丁酸型及乙醇型)的重要原因之一。生物体内的 NAD$^+$与 NADH 的比例是一定的,当 NADH 的氧化过程相对于其形成过程较慢时,必然会造成 NADH 的积累。为了保证生理代谢过程的正常进行,发酵细菌可以通过释放 $H_2$ 的方式将过量的 NADH 氧化:

$$NADH + H^+ \longrightarrow NAD^+ + H_2$$

根据生理生态学分析,与大多数微生物一样,厌氧发酵产氢细菌生长繁殖的最适 pH 值在 7 左右。然而,在产酸发酵过程中,大量有机挥发酸的产生,使生境中的 pH 值迅速降低,当 pH 值过低(pH < 3.8)时,就会对产酸发酵细菌的生长造成抑制。此时,发酵细菌将被迫阻止酸性末端产物的生成,或者依照生境中的 pH 值,通过一定的生化反应,成比例地降低 H$^+$在生境中的浓度,以达到继续生存的目的。大量分子氢的产生和释放,酸性末端产物中丁酸及中性产物乙醇的增加,正是这种生理需求的调节机制。

(3)产氢产乙酸菌的产氢作用。

产氢产乙酸细菌($H_2$-producing acetogens)能将产酸发酵第一阶段产生的丙酸、丁酸、戊酸、乳酸和乙醇等,进一步转化为乙酸,同时释放分子氢。这群细菌可能是严格厌氧菌或是兼性厌氧菌,目前只有少数被分离出来。

### 15.5.3　厌氧发酵制氢的研究

当前,利用厌氧发酵制氢的研究大体上可分为 3 种类型。

(1)采用纯菌种和固定技术进行生物制氢。

由于纯菌种的发酵条件要求严格,偏向机理,还处于实验室研究阶段;但是因为纯培养生物制氢工艺具有工艺操作简单、底物利用率高等优点而一直受到人们的关注。利用生物质进行乙醇的发酵转化已经实现了产业化应用,其主要的技术进步就是发现大量的生产乙醇的菌株,最终筛选出能够稳定生产乙醇的酵母菌,实现了乙醇的大规模生产。目前,国外学者已经分离出约 50 余株产氢细菌,但是大部分都属于 *Clostridium*、*Enterobacte* 等少数几个菌属,发酵产氢微生物的遗传基础十分狭窄,另外由于所发现的产氢微生物的产氢能力低及菌种的耐逆性差等原因,到目前仍难以进入工业化生产中。因此,在开展混合培养生物制氢的同时,从混合培养发酵生物制氢系统中分离培养出环境适应能力强、产氢效能高的新型产氢细菌,进行纯培养生物制氢研究,对拓宽产氢微生物种子资源,提高生物制氢效能具有重要的意义。

(3)利用厌氧活性污泥进行有机废水发酵生物制氢。

在废水厌氧处理过程中很早就有利用从厌氧活性污泥中得到的产氢产酸菌产生氢气的报导,其发酵过程大体可被分为 3 个阶段:水解阶段、产酸产氢阶段和产甲烷阶段,产氢处于第二阶段。而如何控制第二阶段的积累和抑制第三阶段产甲烷细菌对氢气的消耗成为利用废水连续制氢的一个研究思路。目前,采用活性污泥方法生物制氢的研究很多,Steven Van Ginkel 等人的研究表明,热处理可以抑制甲烷细菌和硫化氢还原细菌的存活,可以有效抑制第三阶段的发生。氮气吹扫可以减少氢气分压和提供完全厌氧环境从而提高氢气产率。

(3)采用连续混合高效产氢细菌。

利用混合高效产氢细菌能够在含有碳水化合物、蛋白质等的有机物质分解过程中产生氢气的方法。而利用高效厌氧产氢细菌进行连续发酵制氢方法目前主要工作是高效产氢菌种的开发以及采用基因技术等手段筛选优秀菌种。设计高效、低成本反应器和选择最佳反应工艺是此制氢方法在技术上的研究方向。

生物制氢技术由于具有常温、常压、能耗低、环保等优势,在化石资源日渐紧张的今天,逐渐成为国内外研究的热点。利用生物质资源,进一步降低制氢成本是生物制氢走工业化的必由之路。但无论哪种生物制氢方法都存在自身的缺陷。近年来,混合培养技术和分阶段处理工艺越来越受到人们的重视,例如,将厌氧发酵细菌与厌氧光合细菌耦合的两步生物制氢技术。二步方法制氢的概念是通过建立一步厌氧发酵反应器酸化有机废弃物并部分产生氢气,再利用光合细菌在二步反应器中将厌氧发酵的产物进一步转化为氢气的技术。它既弥补了厌氧发酵法产氢效率低和光合细菌法无法直接利用有机废弃物连续产氢的缺点,是高效利用有机废弃物、处理废水的一条可行性很高的研究途径。二步法制氢有可能成为高效利用可再生 - 生物质的关键技术环节。此外,采用多步厌氧光合制氢技术、厌氧光合/厌氧发酵同体系协同制氢技术也引起人们越来越多的关注,但如何保持制氢连续性、稳定性和抑制产酸积累仍是很难克服的技术难题。解决这些问题,必须考虑在传统工艺技术基础上渗入新的技术元素,如基因技术和酶/细胞固定化技术。固定化技术在生物制氢中的应用日渐增多,如使用乙烯 - 醋酸乙烯共聚物(EVA)作为细菌的载体可以得到 1.74 molH$_2$/mol sucrose 的产率。此外,玻璃钢珠、活性炭和木纤维素等材料也可作为固定化载体。固定化制氢具有产氢纯度高、产氢速率快等优点,但细胞固定化后细菌容易失活、材料不耐用且成本高等问题有待开发新的载体材料和新工艺来解决。

　　这些技术和模型的应用很可能会使生物制氢技术具有更大的开发潜力。但生物制氢机理的研究整体不足,特别是厌氧发酵制氢,它的遗传机制、能量代谢和物质代谢途径以及抑制机理都不十分清楚,这制约了生物制氢的发展。随着氢能的日渐受重视,生物制氢机理的研究也将越来越深入。

　　生物制氢技术是一种经济、有效、环保的新型能源技术。它与有机废水处理过程相结合,既可以产生清洁能源——氢气,又能实现废弃物的资源化,保护环境,对我国的可持续发展能源战略有重大意义。通过基因技术、固定化技术等内外部促进手段,进一步提高氢气的产率和有机质的利用效率,必然加速生物制氢工业化的进程。相信不久的将来必将迎来一次以利用生物质资源采用微生物方法制取氢气的新能源技术革命。

# 第3篇
# 硫酸盐还原菌及其工艺

本篇提要:本篇系统地介绍了硫酸盐还原菌及其在污染物去除方面的应用。具体内容共分为10章,包括硫酸盐还原菌的分类、系统发育学、生理学、自然生态学、在厌氧处理工艺中的硫酸盐还原菌生态学,同时介绍了油田中的硫酸盐还原菌的作用、危害与处理,脱硫弧菌属的分子生物学知识。另外还阐述了硫酸盐还原的厌氧工艺,硫酸盐还原菌在环境污染治理中的应用,包括处理各种重金属废水、抗生素废水、青霉素废水等。最后介绍了复合硫酸盐还原菌处理重金属废水以及含砷废水的原理等。

# 第16章 概 述

## 16.1 硫

### 16.1.1 硫

硫是自然界中最丰富的元素之一,原子序数是16,元素周期表中的化学符号是S,它是一种重要的生物营养元素,是一些必需氨基酸、维生素和辅酶的组成成分。硫是一种常见的无味无臭的非金属,在自然界中它经常以硫化物或硫酸盐的形式出现,但在火山地区会出现纯硫的形式。硫有许多不同的化合价,主要化合价为 $-2$、$0$、$+6$,除此之外还有 $-1$、$+1$、$+2$、$+3$、$+4$、$+5$。大气中的 $SO_2$ 和 $H_2S$ 主要来自化石燃料的燃烧、火山喷发、海面散发以及有机物分解过程中的释放。这些硫化物主要经过降水的作用形成硫酸或硫酸盐等化合物进入土壤,并被植物吸收、利用而成为氨基酸成分。硫是生物有机体蛋白质和氨基酸的基本成分。尽管有机体内含硫量很少,但却是十分重要的,其功能是以硫键连接蛋白质分子,使其成为蛋白质造型所必需的原料。氨基酸是大多数蛋白质的组成部分,对所有的生物来说都是必不可少的。

硫单质俗称硫黄,为淡黄色晶体,有单质硫和化合态硫两种形态。单质硫有几种同素异形体,主要是菱形硫和单斜硫(S8)。纯粹的单质硫,密度 $1.96$ g/cm³、熔点 $120.0$ ℃、沸点 $444.6$ ℃、导热性和导电性差、性松脆,不溶于水。无定形硫主要是弹性硫,这种形态的硫不稳定,是由熔态硫迅速倾倒在冰水中所得,形态可转变为晶状硫。晶状硫有正氧化态,也存在负氧化态,可形成离子化合物、共价化合物和配位共价化合物。晶状硫化学性质比较活泼,能与氧、金属、卤素(除碘外)及已知的大多数元素化合。它主要被用在肥料中,也广泛地被用在火药、润滑剂、杀虫剂和抗真菌剂中。

在自然生态系统中,硫的循环既是沉积型,也是气体型。陆地火山爆发时,地壳和岩浆中的硫以硫化氢、硫酸盐和二氧化硫的形式排入大气;海底火山爆发出的硫,一部分溶于海水,一部分以气态硫化物逸入大气中;陆地和海洋中的一些有机物质由于微生物分解作用,向大气释放硫化氢;海洋波浪飞溅使硫以硫酸盐气溶胶形式进入大气;陆地植物可从大气中吸收二氧化硫;陆地和海洋植物从土壤和水中吸收硫,吸收的硫可供养植物本身;植物残体经微生物分解,使硫成为硫化氢逸入大气;硫通过食物链逐级进入各级消费者生物体中,然后硫在动植物的残体中被细菌分解成 $H_2S$ 和 $SO_4^{2-}$,最后释放到土壤中,再进入植物体内,形成硫在陆地生态系统中的循环;如果进入土壤中的硫被地表径流带入海洋,则可形成海底沉积岩,这部分硫就不在参与陆地生态系统的循环。

人类在日常生产生活中,燃烧含硫的矿物燃料和柴草,冶炼含硫矿石,会释放 $SO_2$。近些年来,随着工业发展,大大增加了大气中 $SO_2$ 的含量,从而增大了硫在自然界的循环,但 $SO_2$ 在大气中氧化成硫酸,这是引起全球性环境问题——酸雨的原因。

## 16.1.2　硫化物

硫元素有很多不同的化合价,不同形式的硫之间可以相互转化,而且这些相互转化过程都有微生物参与。

硫能以不同形式的离子或分子形式存在,其种类可达 30 种,其中仅有 5 种可存在常温和常压下,只有 $HSO_4^-$、$SO_4^{2-}$、$H_2S$ 和 $HS^-$ 溶液具有稳定性。硫在水溶液中的存在状态与 pH 值和氧化还原电位有关,如图 16.1 所示。

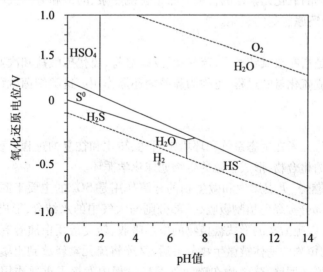

图 16.1　硫在水溶液中的存在方式与 pH 值和氧化还原电位的关系

1.有机硫的转化

有机硫的转化主要为脱硫作用,即有机硫经微生物作用分解形成硫化氢的过程。有机硫主要是动、植物和微生物机体蛋白质中含有的胱氨酸、半胱氨酸和甲硫氨酸等含硫氨基酸。其分解的过程一般为:含硫氨基酸→$NH_3$ + $H_2S$ + 有机酸。

含硫蛋白质经微生物的脱硫作用形成的硫化氢,如果分解不彻底,会有硫醇,如硫甲醇($CH_3SH$)暂时积累,而后再转化为硫化氢。在好氧条件下通过硫化作用氧化为硫酸盐后,作为营养元素被植物和微生物利用。在无氧条件下,硫化物可积累于环境中,但一旦超过某种浓度可危害植物和其他生物。

2. 无机硫的转化

无机硫的转化有硫化作用和反硫化作用两种。

(1)硫化作用。

硫化作用是指在有氧条件下,硫化细菌将 S、$H_2S$、$FeS_2$、$S_2O_3^{2-}$ 和 $S_4O_6^{2-}$ 等还原态无机硫化物氧化生成硫酸的过程。硫化细菌主要可分为化能自养型细菌类、厌氧光合自养细菌类和极端嗜酸嗜热的古菌类三类。

化能自养型细菌为革兰氏阴性杆菌,典型代表是称为硫杆菌(*Thiobacillus*)的细菌。硫杆菌广泛分布于土壤、淡水、海水、矿山排水沟中,包括好氧菌和兼性厌氧菌。好氧菌有氧化亚铁硫杆菌(*Thiobacillus ferrooxidoans*)、排硫杆菌(*Thiobacillus thioparus*)、新型硫杆菌(*Thiobacillus novellus*)等。兼性厌氧菌有脱氮硫杆菌(*Thiobacillus denitrificans*)。硫在有氧条件下被氧化为硫酸,降低环境碱性同时产生能量,分子式如下:

$$H_2S + 0.5O_2 \longrightarrow S^0 + H_2O$$
$$S^0 + 0.5O_2 + H_2O \longrightarrow H_2SO_4$$

厌氧性光合自养细菌有紫硫细菌和绿硫细菌。这些细菌以 $H_2S$、S、$S_2O_3^{2-}$ 等还原态无机硫化物作为电子供体还原 $CO_2$,分子式如下:

$$2CO_2 + H_2S + 2H_2O \longrightarrow 2[CH_2O] + H_2SO_4$$

极端嗜酸嗜热的氧化元素硫的古菌分布于含硫热泉、陆地和海洋火山爆发区等一些极端环境中,进行着还原态硫的氧化。

(2)反硫化作用。

反硫化作用是指在缺氧状态下,硫酸盐、亚硫酸盐、硫代硫酸盐和次亚硫酸盐在微生物的还原作用下形成硫化氢的过程,也称为硫酸盐还原作用。这类细菌就称为硫酸盐还原细菌或反硫化细菌。

3. 硫循环

硫循环是指硫元素在生态系统和环境中运动、转化和往复的过程。硫在生物的作用下转变为不同价态的化合物,形成了硫的生物地球化学循环。

化石燃料的燃烧、火山爆发和微生物的分解作用是 $SO_2$ 的主要来源。在自然状态下,大气中的 $SO_2$ 一部分被绿色植物吸收,一部分则与大气中的水结合,形成 $H_2SO_4$,随降水落入土壤或水体中,以硫酸盐的形式被植物的根系吸收,转变成蛋白质等有机物,进而被各级消费者所利用,动植物的遗体被微生物分解后,又能将硫元素释放到土壤或大气中,这样就形成一个完整的循环回路,微生物在硫元素循环过程中发挥了重要作用,主要包括脱硫作用、硫化作用和反硫化作用,如图 16.2 所示。

图 16.2　硫元素循环简图

微生物在硫循环过程中的作用途径主要有三条：

（1）有机硫被矿化，凡是能将含氮有机物分解产氨的微生物均具有脱硫作用，在这类微生物的作用下，含硫有机物脱硫后形成 $H_2S$。

（2）还原态硫的氧化，$H_2S$ 在好氧条件下通过硫氧化微生物的氧化作用形成硫酸盐。目前发现的硫氧化微生物主要有无机化能自养细菌（如硫杆菌属）、厌氧光合自养细菌（如绿硫细菌、紫硫细菌）和极端嗜酸嗜热的古生菌类（如硫化叶菌）三种。

（3）硫酸盐还原，硫氧化形成的硫酸盐一部分被植物和微生物吸收利用，另一部分在厌氧条件下参与由 SRB 介导的硫酸盐异化还原过程（形成 $H_2S$）或同化还原过程（形成有机硫化物）。

### 16.1.3　硫酸盐

硫酸盐是由硫酸根离子与其他金属离子组成的化合物，都是电解质，大多数溶于水。硫酸盐矿物是金属元素阳离子或铵根离子和硫酸根相化合而成的盐类。由于硫是一种变价元素，在自然界它可以呈不同的价态进而形成不同的矿物。

S 以最高的价态 $S^{6+}$ 与四个 $O^{2-}$ 结合成 $SO_4^{2-}$，即硫酸盐中的硫酸根是一个硫原子和四个氧原子通过共价键连接形成的正四面体结构，硫原子位于正四面体的中心位置上，而四个氧原子则位于它的四个顶点，一组氧－硫－氧键的键角为 109°28′，而一组氧－硫键的键长为 0.144 nm。由于硫酸根得到两个电子才形成稳定的结构，因此带负电，且很容易与金属离子或铵根结合，产生离子键而稳定下来，如图 16.3 所示。

图 16.3　硫酸根离子结构图

在硫酸盐矿物中，与硫酸根化合的金属阳离子有二十余种，主要包括 $Ca^{2+}$、$Al^{3+}$、$Mg^{2+}$、$K^+$、$Na^+$、$Fe^{3+}$、$Ba^{2+}$、$Sr^{2+}$、$Pb^{2+}$、$Cu^{2+}$。目前已知的硫酸盐矿物种数有 170 余种，但其只占地壳总重量的 0.1%。

硫酸盐矿物的形成需要有氧浓度大和低温等条件，因此地表部分是最适宜形成硫酸盐矿物的地方。由原生金属硫化物氧化后而成的硫酸盐矿物，在种类上几乎占本类矿物的半数。

硫酸盐对人类有一定的用途，如硫酸钾是常见的钾肥；硫酸铜是一种常用农药；无水硫酸铜可以用于吸水或检测水分;二水合硫酸钙俗称石膏,在医学上可以用于固定,也用于进行家居装潢;硫酸钡又称钡餐,在医学上可以用于消化系统的 X 光检查。但硫酸盐同时对环境和人类也存在着一些危害,如大气中硫酸盐形成的气溶胶对材料有腐蚀破坏作用,会危害动植物健康,而且还可以加重硫酸雾毒性,随降水到达地面以后,破坏土壤结构,降低土壤肥力,对水系统也有不利影响;如果人类在大量摄入硫酸盐后,会出现的最主要生理反应是腹泻、脱水和胃肠道紊乱。

# 16.2　硫酸盐还原菌

## 16.2.1　硫酸盐还原菌

硫酸盐还原菌(Sulfate-Reducing Bacteria,SRB) 是一类独特的原核生理群组,也是一类严格厌氧的具有各种形态特征,能通过异化作用将硫酸盐作为有机物的电子受体进行硫酸盐还原的严格厌氧菌。SRB 在地球上分布很广泛,通过多种相互作用发挥诸多潜力,尤其在由微生物的代谢等活动造成的缺氧的水陆环境之中,如土壤、海水、河水、地下管道以及油气井、淹水稻田土壤、河流和湖泊沉积物、沼泥等富含有机质和硫酸盐的厌氧生境和某些极端环境。

1. SRB 的生长环境

SRB 的生长环境中氯化钠含量小于 0.818% 时,SRB 能够正常生长,处于 0.972% ~ 2.28% 之间时可在沉积物中生长,而大于 2.45% 时生长受到完全的抑制。生长最适合的 pH 值区间在 6.5 ~ 7.5,小于 5.5 或大于 8.0 时,SRB 的生长会受到抑制,但是在 pH 值小于 4.0 的强酸条件下或大于 9.5 的强碱条件下也发现了 SRB 的生长。

如果要培养 SRB,采用最多的是 Postgate 培养基 C,培养基中氧气含量必须处于较低水平,绝大多数 SRB 的生长环境的 ORP 必须低于 $-150$ mV,为了达到这种低氧环境,通常在培养基中加入硫化钠、巯基乙酸钠或抗坏血酸钠等物质。氮化合物可促进一些 SRB 的生长,很多菌株都有专门的亚硝酸盐还原酶,这对于细胞膜内电子传递是很重要的。

硫酸盐还原菌还原硫酸盐生成硫化氢,产生的硫化氢腐蚀金属和混凝土,又直接或间接危害水生植物,并产生臭气。在被污染的湖沼水中,夏季堆积层里每毫升能检出 $10^3$ 个数量级的硫酸盐还原菌,而在污染程度较差的泥底,每克泥中也有 $10^3 \sim 10^8$ 个。

硫酸盐还原菌是一种兼性营养的细菌,它既能有机化异养,又能自养,也是一种最适宜生长在温度 30 ~ 35 ℃的中性或偏碱性环境下的厌氧性细菌。SRB 由 Beijerinck 于 1895 年首次发现,目前人们已经认识到其是严格厌氧菌,并发现 13 属细菌中的一些种具有还原硫酸盐的能力。表 16.1 将 SRB 分成两大亚类,一类不能氧化乙酸盐,另一类能氧化乙酸盐。但是所有的 SRB 都不能以氧作为电子受体,它们可以各种有机物或 $H_2$ 作为电子供体,以元素硫或硫酸盐作电子受体,将元素硫或硫酸盐还原生成硫化氢 $H_2S$。脱硫作用的化学反应式如下:

$$4H_2 + 2H^+ + SO_4^{2-} \longrightarrow S^{2-} + 4H_2O + 2H^+$$

$$C_6H_{12}O_6 + 3H_2SO_4 \longrightarrow 6CO_2 + 6H_2O + 3H_2S$$

表 16.1　硫酸盐还原菌

| 不能氧化乙酸盐的硫酸盐还原菌 | 能氧化乙酸盐的硫酸盐还原菌 |
| --- | --- |
| 脱硫弧菌属 | 脱硫菌属 |
| 脱硫微菌属 | 脱硫杆菌属 |
| 脱硫肠状菌属 | 脱硫球菌属 |
| 脱硫念珠菌属 | 脱硫线菌属 |
| 古生球菌属 | 脱硫八叠球菌属 |
| 脱硫叶菌属 | 脱硫状菌属 |
| 嗜热脱硫杆菌属 | |

脱硫弧菌属是 SRB 中应用能力最强的细菌,生活在有机物和硫酸盐含量均高的水中或有积水的土壤中。脱硫肠状菌是内生芽孢杆菌,最初是在土壤中被发现的,但是在罐头食品中也发现其生长,并可导致食物腐败。脱硫单胞菌也可从哺乳动物的肠道内分离出来。其他种类的 SRB 是无氧淡水或海洋中的土著菌群。

除了在以上所述的环境中生长 SRB 外,在动植物中也存在着,如在含砂量较高的绿地中、牛等高等动物的瘤胃液或粪便中、人的结肠中以及白蚁的内脏中等。

2. SRB 的分析鉴定及分离

随着对 SRB 认识的不断深入,我们发现,SRB 并不像我们以前认为的是绝对厌氧的微生物,事实上,SRB 更趋向于微需氧,它能耐受约 4.5 mg/L 的环境溶解氧,但在接近饱和的溶解氧质量浓度(9.0 mg/L)下不能存活。这些发现都归功于分类学的知识与方法,在微生物分类学中,分子比较分类法改变了我们认识和研究 SRB 的方法。SRB 的分类一开始是以比较 16S rRNA 的序列进行的,而现在这种方法却成了 SRB 鉴定的工具。通过 16S rRNA 序列分析比较,人们不断地分离出有特殊的代谢能力的新菌株,不断地壮大 SRB 的数量。于是人们通过总结,建立了一个系统发生的框架,这一框架的形成更有助于对环境中各种多样的微生物进行探索研究。

对分离的细菌进行常规鉴定依赖于对其进行系统测定所得到的性状特征。DNA 或 RNA 探针已成为与免疫学反应一样有效的工具。SRB 细胞的脂肪酸已经被分析出来,其脂类化合物的显著不同表明可以利用这一点来鉴定 SRB。

SRB 在还原硫酸盐的同时,还能够矿化甲苯、苯酚、邻苯二酚、苯甲酸酯、对 – 甲酚及邻 – 甲酚、苯甲醇、香草酸、苯甲酸酯、4 – 羟基苯甲酸酯和 3 – 氨基苯甲酸,正因为这些发现,使 SRB 在环境污染的生物治理方面引起了人们的注意,在未来可能得到应用。

分离 SRB 的标准程序结合了在含硫酸盐的培养基中加入电子供体化合物这一步,这种方法广泛用于分离对某一有机化合物具有唯一代谢能力的 SRB 细菌。筛选细菌较为有效的方法是自动化分析系统。此外,一种具有独创性的操作系统——用多克隆的抗体包裹免疫磁珠来分离特定细菌的方法已经开发出来。用 Thermodesulfobalterium mobile 细胞作抗原,从北海分离出了新的 T. mobile 菌。这是由于多克隆的抗体缺乏对 SRB 的绝对特异性,因此 Desulfotomaculum 可以被抗 T. mobile 的抗体捕捉到。

3. SRB 的细胞特征

SRB 有 3 个基本的细胞群组：革兰氏阴性真核菌、革兰氏阳性真核菌和古细菌。SRB 在细胞形态上从长杆状到球状的特征变化相当大。人们已经从普通脱硫弧菌 NC1B8303、脱硫脱硫弧菌 ATCC13541、脱硫脱硫弧菌 ATCC27774 和需盐脱硫弧菌 NC1B8303 等菌珠中分离出了抗菌素。

4. SRB 的代谢活动

从理论上来讲，SRB 的代谢产物是比例为 1∶2 的 $H_2S$ 和 $CO_2$，在一些特殊条件下，这些 SRB 也可能产生一些其他的代谢产物，如在培养基中会因为乳酸的分解代谢而产生乙酸等；普通脱硫弧菌 NU1B8303 会在整个生长阶段都产生氢；巨大脱硫弧菌也会产生氢，但是在完成最大生长速率之后，在海水和淡水中的 SRB 菌珠生活在丙酮酸歧化的条件下时，会产生非常少的沼气；脱硫脱硫弧菌代谢甲基水银时也可产生沼气等。

目前发现脱硫脱硫弧菌产生的一种新的代谢产物 3 – 甲基 – 1，2，3，4 – 四羟丁烷 – 1，3 环磷酸氢盐；巨大脱硫弧菌体内可产生聚磷酸盐颗粒；另外，有几株脱硫脱硫酸盐还原菌可产生已糖的多聚物、富含甘露糖的物质等多聚葡萄糖化合物。

SRB 产生的 $H_2S$ 和重金属阳离子之间的化学反应能产生重金属硫化物。SRB 可转化一些有毒物质，如将水银甲基化，也可转化铀或铁等其他一些重金属。在特定情况下 SRB 可以产生亚硫酸磁铁，是一种黄铁矿的前体。

细菌氢化酶和细菌铁氧还蛋白的生物光解反应系统中，铁氧还蛋白将电子转移给氢化酶，使质子（与电子）结合产生分子 $H_2$。大多数硫酸盐还原菌的氢化酶对氧的敏感性限制了其在生物光解反应中的应用，但是脱硫脱硫弧菌的氢化酶有着非常强大的氧稳定性和热稳定性。

## 16.2.2　SRB 在地球化学循环中的作用

地球化学循环是地球物质运动的一种形式，是指地球表面和地球内部各种元素在不同物理化学条件下周期性变化的化学过程，包括无机化学循环、有机化学循环和生物化学循环。SRB 主要分布于海洋沉积物中，对氮、碳、硫等元素的地球化学循环过程起着关键作用。

1. SRB 在碳循环中及对有机物降解的作用

有些 SRB 如嗜热脱硫菌属、嗜热脱硫杆菌属等能将有机物完全氧化为 $CO_2$ 和 $H_2O$，这些 SRB 的生活条件都是较为极端的高温、高压环境，如在海洋中，一半以上的有机碳沉积物是由 SRB 矿化形成的。

过去对 SRB 研究的初期，科学家们一直认为 SRB 可利用的底物较少，只有乳酸或丙酮酸。但是经过多年来不断的探索和发现，现在已知的 SRB 可利用的底物多达 100 多种，除了可以利用自然界中已存在的有机物为电子供体之外，还能够分解人工合成的化学物质。除此之外，在缺少电子受体的环境中，有一些菌株还可以通过歧化作用，以碳水化合物为电子供体或受体，通过发酵反应获得能量。除了糖类外，乙酸也能够被某些 SRB 以有机碳源和能源来利用。有的菌，如脱硫树杆菌，还能够氧化亚磷酸，甚至氧化无机亚磷酸来进行化学自养型生长。有的几株新发现的菌种能够将铁氧化成亚铁，更值得注意的是，这几株 SRB 对硫酸盐的还原率依赖于对铁的氧化，说明了还原硫酸盐的电子直接来自于铁的氧化过程。

现在了解到有些 SRB 还能够降解石油以及石油化工产品的主要成分芳香烃和脂肪烃，而且还发现某些 SRB 能够以原油为唯一碳源生长，这些发现为我们阐明采油过程中硫化物的产生原因提供了依据。

另外，SRB 通过驯化后可降解一些难降解的化合物，如多氯联苯、硝基苯、有机农药等有机化合物，可将其应用到有机污染的生物治理中。

### 2. SRB 在硫循环中的作用

硫的循环在前面的内容中已经做过介绍，硫酸盐是化学惰性分子，是硫元素的最高氧化形式，也是海水中的主要阴离子之一，而 SRB 在海洋中含量非常丰富，在硫酸盐还原过程中起到非常重要的作用。

硫酸盐还原的机理只有生物催化作用，生物催化进行硫酸盐还原有两种方式：一种是异化型还原，另一种是同化型还原。其中，异化型硫酸盐还原是 SRB 特有的获得能量的方式，其过程为 SRB 氧化电子供体获得电子，通过电子传递体系最终将电子传递给硫酸盐，在电子传递过程中合成 ATP。而同化型硫酸盐还原，普遍发生在所有的生命体中，将摄入体内的硫酸盐还原后用于生物体有机组分的合成。

硫酸盐本身对环境是没有直接危害的，但是它能够滋生 SRB，SRB 还原硫酸盐除了与产甲烷菌竞争电子供体外，还能产生恶臭气体 $H_2S$，严重影响环境质量。所以国家《地面水环境质量标准》（GB 3838—2002）规定 I ~ V 类水体中 $SO_4^{2-}$ 浓度均不得超过 250 mg/L。

### 3. SRB 在重金属污染治理中的作用

在工业文明不断进步的今天，工业的发展所带来的除了社会贡献以外，也给环境带来严重的污染。如在工矿业生产的过程中，产生了大量的重金属和放射性物质，这些有毒有害物质直接排放到环境中，会造成生物的生理病变。SRB 在重金属污染治理中表现出极大的应用前景。

SRB 处理法的原理是利用 SRB 在厌氧条件下，通过异化的硫酸盐还原作用，将硫酸盐还原为硫化氢，重金属离子与硫化氢生成金属硫化物沉淀而被去除，此外，SRB 还可通过转甲基等作用将重金属转化为其他化合物。有实验数据表明，SRB 法对重金属污染的治理要比常规使用的离子交换法和液相膜抽提法等更加经济有效。SRB 的代谢过程大概可分成分解代谢、电子传递和氧化三个阶段。因此，有机物对 SRB 来说不仅是提供碳源，也为其生长提供能源。SRB 以硫酸根作为最终的电子受体，将有机物作为细胞全盛的碳源和电子供体，同时将硫酸根还原为硫化物。

例如，人们在各种矿中利用间歇培养的脱硫弧菌产生的硫化氢与相应的重金属离子起反应生成硫化铅、硫化锌、硫化锑、硫化铋、硫化钴和硫化镍。而连续流培养的脱硫脱硫弧菌产生的硫化氢与相应的重金属离子产生硫化汞、硫化铜。这些金属硫化物的溶解度非常低，所以很容易从溶液中除去。

有些 SRB 还能通过酶促作用直接将电子转移到金属元素，将其还原到毒性或溶解度较低的状态。例如三价铬是人体必需的元素，而六价铬却是剧毒，且在水中溶解度很高。经研究发现，SRB 在六价铬还原过程中具有重要作用，科学家从含 Cr 的活性淤泥中分离得到 48 个抗性菌株，分为 6 大类。其中除了两种菌株外，其他的都能在 1 mmol/L 的六价铬中生长，在富集期间，所有的菌株都能在 2 mmol/L 的六价铬中生存，并能够还原所有的六价铬。

除此之外,科学家还发现 SRB 对放射性铀进行还原产生能量进行生长繁殖。根据异化型亚硫酸盐还原酶基因的克隆测序分析,在铀浓度小于 302 mg/L 的水体中,主要存在脱硫肠状菌属,而在浓度超过 1 500 mg/L 水体中,得到一个脱硫肠状菌属序列类似菌体,表明微生物在不同铀污染程度的环境中有不同的作用。

SRB 与金属化合物也能有效地结合,如脱硫球菌属的一些种类可以与铜、锌结合。SRB 在自然环境会形成生物膜,在其表面可吸附很多金属离子,有效沉降金属。

影响 SRB 还原硫酸盐的因子主要有:不同的有机碳源、环境的酸碱性、污泥量、硫酸根离子的溶度、重金属离子含量、硫化氢浓度和温度等。

### 16.2.3　SRB 参与的生物转化反应

SRB 参与环境中多种化学物质相互转换过程,如图 16.4 所示。

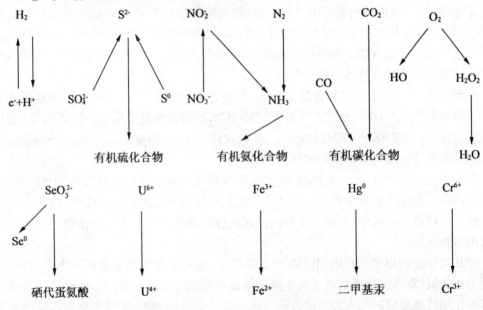

图 16.4　硫酸盐还原菌参与的化学转化过程示意图(Barton,1995)

如图所示,硫酸盐还原菌能参与有机硫化合物、有机氮化合物、有机碳化合物、硒酸盐还有一些金属或非金属元素的生物转化。值得注意的是有些有毒有害的物质排入环境中,硫酸盐还原菌能够将其有毒价态进行转化,如脱硫脱硫弧菌能将汞转化为甲基汞,这种甲基化作用是以钴胺素介导实现的;SRB 可以还原酸矿废水中的木质素,木质素被 SRB 代谢后,其多酚骨架和官能团受到影响,经过 SRB 处理,牛皮纸木质素和木质素磺酸盐的金属耦合能力显著提高;脱硫弧菌将硒酸盐还原为硒化氢是呼吸作用的结果,但是 SRB 不能还原硒为硒化氢;SRB 还原六价铬在上述内容中已有所提及。

### 16.2.4　硫酸盐还原菌的应用

SRB 属于代谢谱较宽的广食性微生物,可降解许多较难降解的物质,尤其在处理含硫酸盐的废水中,另外 SRB 胞外聚合物有较好的吸附作用。

首先,通常处理重金属废水的常规方法有物理法和化学法,但费用过高而且可能会造成二次污染，SRB 处理重金属废水可以以 $SO_4^{2-}$ 为电子受体氧化有机物，将硫酸盐还原为 $H_2S$，$H_2S$ 可与废水中的重金属离子反应生成溶解度很低的金属硫化物沉淀，进而去除重金属离子。

对于硫酸盐引起的环境问题，科学家们采用厌氧序批式反应器处理高浓度硫酸盐废水，并取得了非常好的效果。采用两相厌氧工艺可以解决单相厌氧工艺处理高浓度硫酸盐废水时，存在 SRB 与产甲烷菌之间发生基质竞争和 SRB 将硫酸盐还原时产生的硫化氢造成对产甲烷菌的毒性作用。对于硫酸盐的还原，既可采用厌氧完全混合活性污泥反应器，也可采用生物膜载体填充床反应器。由于 SRB 的世代停留时间通常大于水力停留时间，微生物在反应器中需要固定化。

目前国内外矿山酸性废水处理法主要包括中和法、湿地法和微生物法，其中微生物法又包括硫酸盐还原菌法和氧化亚铁硫杆菌法。SRB 法处理酸性矿山废水在国内研究较少，科学家们以发酵末端产物为电子供体来进行酸矿废水的硫酸盐还原，以陶粒作为上向流厌氧生物膜填充床中的填料，小试规模研究了初级厌氧阶段利用 SRB 处理模拟酸性矿山废水，实验结果表明，酸性发酵成本低廉，生活垃圾酸性发酵产物可以作为 SRB 处理酸性矿山废水的合适碳源。另外，SRB 也可以处理很多难降解的有机废水，如聚丙烯酰胺、油田废水、味精废水、抗生素废水和染料废水等。

除此之外，SRB 还可用于生物采油等方面。

# 第 17 章　硫酸盐还原菌的分类

近年来,微生物对硫酸盐异化还原作用的研究,在基础理论和应用领域均有显著的增加。自 20 世纪 60 年代起,SRB 以硫酸盐为底物的代谢方式引起人们的关注,90 年代的很多报道总结了 SRB 参与的各种特殊的生命过程,人们已经充分认识到它们具有更强的演变、遗传和代谢的能力,丰富了异化型硫酸盐还原理论,提高了人们对这类特殊生命的认识。

分类学是指通过对生物表型、生理生化和基因序列特征进行比较分类,并进行命名的科学。人们利用分子生物学手段在硫酸盐还原菌的分类方面做了很多工作,特别是在硫酸盐还原菌亲缘关系方面。Hector 等研究了硫酸盐还原菌的系统发育,通过测定 16S rRNA,绘制了硫酸盐还原菌的系统发育树。

我们在本章中将 SRB 的分类学做一个详细的讲述。当然,如果想对 SRB 的多样性有一个完全的认识,还必须从与演化有关的系统发生学和生态学入手,这部分内容将在后面的章节中进行详尽的阐述。

SRB 的分类主要是基于 SRB 形态、生理生化及 16S rDNA 序列等特征建立起来的。比较认可的 SRB 的分类方式主要有以下三种:

①根据《伯杰氏细菌系统分类学》(第 2 版)传统分类;

②根据是否具有完全氧化有机物的能力进行分类;

③根据 16S rDNA 序列比较分析的系统发育分类。

利用 16S rDNA 序列比较分析不同微生物菌种的 16S rDNA 序列已经成为微生物分类的重要依据。当将 16S rDNA 的相似性同 DNA – DNA 杂交率进行比较时发现,通过 DNA – DNA 杂交率确定的微生物菌种( >70% ),其 16S rDNA 序列的相似性均大于 97%。16S rDNA序列相似性与微生物的功能特征往往不尽相同,有的时候即使 16S rDNA 序列相似性很高,但由于其表型和生理特征的差别也会占据不同的生态位,于是,往往选择功能基因作为微生物多样性调查和分类的依据。

目前据资料记载,SRB 已有 18 个属近 40 多个种。依据 SRB 对底物利用的不同将其分为氧化氢的硫酸盐还原菌(HSRB)、氧化高级脂肪酸的硫酸盐还原菌(FASRB)和氧化乙酸的硫酸盐还原菌(ASRB)三类。依据 SRB 生长的温度不同可以将 SRB 分为中温菌和嗜热菌两类。至今所分离到的 SRB 菌属大多是中温性的,其最适温度一般在 30 ℃左右,高温 SRB 的最佳生长温度为 54 ~ 70 ℃。

# 17.1　传　统　分　类

自上个世纪 60 年代中期,科学家们就开始了 SRB 系统分类的早期阶段的研究。由于当时生化和遗传特征进行分类的技术限制,加之人们对微生物的表型特征知之甚少,所以,从螺旋脱硫菌(*Spirillum desulfuricans*)开始直到脱硫弧菌属(*Desulforibrio*)、脱硫肠状菌属(*Desulfotomaculum*)的建立及脱硫弧菌属的再次修正,经此命名过程中,更多依赖于分类学家主观臆断。

根据《伯杰氏细菌系统分类学》的原核微生物分类框架,通过 NCBI taxonomy database 和 2006 年 5 月更新的 Bacterial Nomenclature Up – To – Date 对 SRB 的分类,合法有效的 SRB 已分布于 5 个门(图 17.1),共包含 41 个属、168 个种。

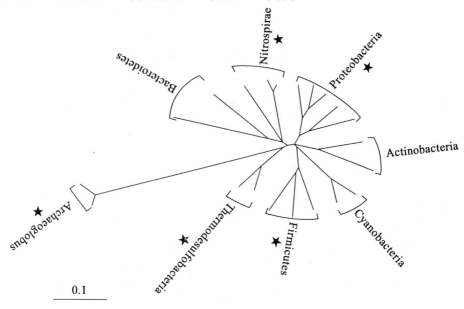

图 17.1　SRB 在微生物中的分布

(下方比例尺代表 10% 的碱基替换,★表示该门中有 SRB 分布)

在硫酸还原菌属的系统学分类研究中,是否所有成员均为革兰氏阴性和这些菌株之间是否存在相互转化现象是当时面临的主要问题。1895 年,Beijerinck 首先分离到一株严格厌氧的 SRB,并将其命名为脱硫螺旋菌,后更名为脱硫弧菌。1925 年,Elion 分离出第一个喜温的 SRB,当时鉴定命名为嗜热脱硫弧菌(*Vibrio thermodesulfuricans*)。1930 年,Baars 又分离出一种微生物,将它与脱硫弧菌(*Vibrio desulfuions*)进行了比较分析,认为该菌株是脱硫弧菌(*V. desulfuions*)中的一种可以在不同温度下生长的菌株。1933 年,Starkey 观察到一株单鞭毛的、短而无芽孢的弧菌逐渐转变为嗜热的、周生鞭毛的、有芽孢且巨大的、略弯曲的杆菌的过程,所以他建议将菌株嗜热脱硫弧菌(*V. desulfuions*)命名为脱硫螺旋弧菌(*Sporrovibio desulfuricans*)。1938 年,Starkey 又将其命名为脱硫螺旋弧菌,直到脱硫弧菌属的建立。1961 年,Basu 和 Ghose 也从城市废水中分离出了这种菌。后来研究者们又证实乳酸、苹果酸和乙醇等可作为碳源被硫酸盐还原菌利用,但一直到 20 世纪 70 年代前期,硫酸盐还原菌所能利用的基质范围比较狭窄,只有乳酸、苹果酸等有限的几种。所确认的硫酸盐还原菌的菌种也只有硈硫弧菌(Desulfovibrio)、脱硫肠状菌(Desulfotomaculum)和脱硫单胞菌(Desulfomonas)3 个属。

20 世纪 70 年代后期,大量的关于河流和海底沉积物的研究,证实了还有能降解其他一些脂肪酸的硫酸盐还原菌的存在。Middleton 和 Lawrence 于 1977 年成功地分离了可以降解乙酸的第一个纯硫酸盐还原菌。最有突出贡献的是 Widde 于 1977 年分离出了能利用乙酸的第一个纯硫酸盐还原菌种 Desulfotomaculum acetoxidans。自此,很多研究者又分离出了可降解脂肪酸的硫酸盐还原菌。

根据能否形成芽孢,致黑梭菌、东方脱硫弧菌(Dv. orientis)及一株从绵羊瘤胃中分离到的 SRB,不仅与脱硫弧菌属不同,而且同革兰氏阳性的梭菌也不同。故此,革兰氏阴性、肠状的微生物类群——脱硫肠状菌属建立起来,包括致黑脱硫肠状菌(Dt. nigrificans)、东方脱硫肠状菌(Dt. orientis)和瘤胃脱硫肠状菌(Dt. ruminis)。

硫酸盐的还原作用并不仅限于这两个属的微生物,在已发现的其他属微生物中这也是产能的一种方式。有些情况下,有的属只包含一种硫酸盐还原菌,除此之外没有其他的 SRB,如螺旋状菌属(Spirillum),假单胞菌属(Pseudomonas)和弧杆菌属(Campylobacter)。而在另外一些情况下,某些新属的描述是通过一些 SRB 来进行的,当然这一属中还包括不还原硫酸盐的细菌存在,如嗜热脱硫肠状菌属(Thermodesulfotobacterium)和古球菌属(Archaea Archaeoglobus)。

### 17.1.1　嗜温革兰氏阴性 SRB

Rostgatel 和 Campbell 于 1965 年校正后,脱硫弧菌属包含 5 个无芽孢、极性鞭毛、嗜温的革兰氏阴性硫酸盐还原菌种。其目的是将当时的分类作为一种分类的工作框架,以便日后有可靠的新数据时进行修整。不像脱硫肠状菌属中各菌在形态和代谢方面均较一致,革兰氏阴性的异化型 SRB 可以利用的电子供体非常广泛,且在形态上也表现出极大的多样性。菌种数量也迅速增加,由 1965 年的 5 种上升到 1884 年的 9 种,再到 1994 年的 15 种,2006 年的 50 种。

早些时候,学者们通过 rRNA 基因的相似性分析表明,普通脱弧菌的参照 rRNA 同脱硫脱硫弧菌的 rDNA 相似度非常高,可以说几乎完全相同,而与需盐脱硫弧菌和非洲脱硫弧菌的 rDNA 比较所得的值要远远高于同外族微生物的 rDNA 比较所得的值。此外,脱硫弧菌属中各菌的(G + C)mol% 在 49% 到 65% 之间。

在脱硫弧菌属的分类中,测试的各种特性过少是导致分类不够完美的原因。经实验观察,菌种的表型不稳定,经常发生形态、运动性的丧失、菌丝体或双鞭毛细胞的存在等改变,另外培养行为也多有改变。因此,在脱硫弧菌属的分类中,菌种表型并不能为分类提供依据。脱硫绿啶(desulfoviridin)测试用于将脱硫弧菌属(阳性)从脱硫肠状菌属(阴性)中区分出来,而现在脱硫弧菌属中某些成员的这一测试也是阴性的,如杆状的脱硫脱硫弧菌菌株 Norway 和巴氏脱硫弧菌(Dv Baarsii)等。

综合一些关键特征分离有别于脱硫弧菌属的微生物,从而导致了不形成芽孢的异化型 SRB 属数量的增长。近几年,学者们陆续发表了脱硫弧菌属及相关属各菌的特征及用于分类的大量关键特征,包括细菌大小、生长温度、生境、硫酸盐还原的电子供体等(表 17.1)。

表 17.1　革兰氏阴性异化硫酸盐还原菌分类的关键特征( Barton,1995 )

| 分类 | 氧化型 | 形态 | 运动性 | 脱硫绿胶霉素 | 细胞色素 | (G + C) mol% | 主要的甲基萘醌类 |
|---|---|---|---|---|---|---|---|
| **Desulfovibrio** | | | | | | | |
| africanus | I | 弧状 | 偏端丛生 | + | c3 | 65 | MK – 6( H₂ ) |
| alcholovorans | nr | nr | nr | nr | nr | nr | nr |
| carbionolicus | I | 杆状 | – | + | nr | 65 | nr |
| desulfuricans$^T$ | I | 弧状 | 单端极生 | + | c3 | 59 | MK – 6 |
| fructosovorans | nr | 弧状 | 单端极生 | + | nr | 64 | nr |
| furfuralis | I | 弧状 | 单端极生 | + | c3 | 64 | nr |
| giganteus | | 弧状/杆状 | 单端极生 | + | nr | 56 | nr |
| gigas | I | 螺旋状 | 偏端丛生 | + | c3 | 65 | MK – 6 |
| halophilus | nr | 弧状 | 单端极生 | + | nr | 61 | nr |
| longus | nr | 变形杆状 | 单端极生 | + | nr | 62 | nr |
| salexigens | I | 弧状 | 单端极生 | ' | c3 | 49 | MK – 6( H₂ ) |
| simplex | | 弧状 | 单端极生 | + | nr | 48 | nr |
| sulfodismutans | I | 弧状 | + | + | nr | 64 | nr |
| termitidis | nr | 曲杆状 | 单端极生 | + | nr | 67 | nr |
| vulgaris | I | 弧状 | 单端极生 | + | c3 | 65 | MK – 6 |
| **Desufobacter** | | | | | | | |
| curvatus | c | 弧状 | + | – | nr | 46 | MK – 7 |
| hydrogenophilus | c | 杆状 | – | – | nr | 45 | MK – 7 |
| latus | c | 大卵形杆状 | – | – | nr | 44 | Nr |
| postgatei$^T$ | c | 椭圆杆状 | 不定 | – | b,c | 46 | MK – 7 |
| **Desulfobaccterium** | | | | | | | |
| anilini | c | 卵形 | – | – | c | 59 | Nr |
| autotrophicm$^T$ | c | 卵形 | 单端极生 | – | nr | 48 | MK – 7 |
| catecholicum | c | 柠檬状 | – | – | nr | 52 | nr |
| indolicum | c | 卵形杆状 | 单端极生 | – | nr | 47 | MK – 7( H₂ ) |
| macestii | nr | 杆状 | 单端极生 | – | nr | 58 | nr |
| niacini | c | 不规则球状 | – | – | nr | 46 | MK – 7 |
| phenolicum | c | 卵形/曲杆状 | 单端极生 | – | nr | 41 | MK – 7( H₂ ) |
| vacuolatum | c | 卵形/球状 | – | – | nr | 45 | MK – 7( H2) |

续表 17.1

| 分类 | 氧化型 | 形态 | 运动性 | 脱硫绿胶霉素 | 细胞色素 | (G+C) mol% | 主要的甲基萘醌类 |
|---|---|---|---|---|---|---|---|
| *Desulfobulbus* | | | | | | | |
| *elongatus* | I | 杆状 | 不定 | – | nr | 59 | MK – 5(H₂) |
| *marinus* | I | 卵形 | 单端极生 | – | nr | nr | MK – 5(H₂) |
| *propiomcus* | I | 柠檬/洋葱形 | 不定 | – | b,c | 60 | MK – 5(H₂) |
| *Desulfococcus* | | | | | | | |
| *biacutus* | c | 柠檬形 | | + | b,c | 57 | nr |
| *multivorans r* | c | 球状 | 不定 | + | b,c | 57 | MK – 7 |
| *Desulfohalobium* | | | | | | | |
| *retbaenseᵀ* | I | 曲杆状 | 极生鞭毛 | 脱硫玉红啶 | c3 | 57 | nr |
| *Desulfomonas* | | | | | | | |
| *pigraᵀ* | I | 杆状 | – | + | nr | 66 | MK – 6 |
| *Desulfomonile* | | | | | | | |
| *tiedjeiᵀ* | nr | 杆状 | – | + | nr | 49 | nr |
| *Desulfonema* | | | | | | | |
| *limicola* | c | 丝状 | 滑动 | + | b,c | 35 | MK – 7 |
| *magnum* | c | 丝状 | 滑动/转动 | – | b,c | 42 | MK – 9 |
| *Desulfosarcina* | | | | | | | |
| *variabilisl* | c | 不规则包状 | 不定 | | nr | 51 | MK – 7 |
| *Desulfoarculus* | | | | | | | |
| *baarsii* | c | 弧状 | 单端极生 | – | nr | 66 | MK – 7(H₂) |
| *Desulfobotulus* | | | | | | | |
| *sapovorans* | I | 弧状 | 单端极生 | – | b,c | 53 | MK – 7 |
| *Desulfomicrobium* | | | | | | | |
| *asperonum* | nr | 杆状 | 单端极生 | – | nr | 52 | nr |
| *baculatusᵀ* | nr | 短杆状 | 单端极生 | – | b,c | 57 | nr |

## 17.1.2 嗜热革兰氏阴性 SRB

嗜热脱硫杆菌属(*Thermodesulfobacterium*)包括两个种,即普通嗜热脱硫细菌(*T. commune*)和游动嗜热脱硫细菌(*T. mobilis*)。这种微生物的最高生长温度是 85 ℃,是迄今为止所见的生长温度最高的真细菌之一。

模式种普通嗜热脱硫细菌是一种生活于美国黄石国家公园的,在热浆和海藻沉淀中生长的革兰氏阴性细菌,它的大小约为 $0.3 \times 0.9 \ \mu m$,极嗜热,无芽孢,无运动性。这种微生物还有一个显著特点是( G + C)mol% 只有 34% ,并且只能在含有硫酸盐的乳酸盐和丙酮酸盐的培养基上才能生长,细胞内还含有细胞色素 C3。嗜热脱硫杆菌属含有的是一种异化型的重亚硫酸盐还原酶( desulfofuscidin) ,而不含有脱硫绿胶霉素、脱硫玉红啶和 582 型的重亚硫酸盐还原酶。真细菌的界定通常主要是通过与酯相连的脂肪酸,与之相比,普通嗜热脱硫细菌主要依靠的是与醚相连的磷脂。但与古细菌不同的是,普通嗜热脱硫细菌带有的与醚相连的成分是一个具端点甲基分支的脂肪链。

游动嗜热脱硫细菌为缺乏脱硫绿胶霉素,( G + C)含量也要比脱硫弧菌属低很多,为极度嗜热的杆状细菌。由于游动嗜热脱硫细菌同另外两株脱硫弧菌的 DNA 相似性很低,Rozanova 和 Pivovarova 在 1988 将此株菌分类到嗜热脱硫杆菌属。根据细菌命名法的国际编码,虽然细菌名称的改变是不合法的,但其作为嗜热脱硫杆菌属的唯一菌种命名生效了。根据游动嗜热脱硫细菌和普通嗜热脱硫细菌在生长条件、形态,有无芽孢,异成二烯类组成( mk - 7)及脂肪酸组成的相似性,这种改变也被认为是合理的,并且两菌种所含有的重亚硫酸盐还原酶也具有很高的同源性。

### 17.1.3　革兰氏阳性 SRB

脱硫肠状菌属到目前为止已包含 12 个合法菌种,这些菌种主要是根据代谢特征和对生长因子的需要来分类的( 表 17.2)。此菌属在最开始的时候只含有三个种,此后,陆续有一些菌种被发现并分类到此菌属中,包括乙酸氧化脱硫肠状菌 *Dt. acetoxidans*、南极脱硫肠状菌 *Dt. antarcticum* 和大肠脱硫肠状菌 *Dt. gnttoideum* 三种嗜温菌。其中后两种菌同最早的三种菌相似度较高,都不能完全氧化有机底物,且着生周生鞭毛。而乙酸氧化脱硫肠状菌是能够完全氧化有机底物的,并着生单个极生鞭毛,其 DNA 的( G + C)mol% 含量也特别低,只有 38%。

表 17.2　脱硫肠状菌( *Desulfotomaculum* )的分类特征( Barton,1995 )

| 分类 | 形态 | 鞭毛排列 | 细胞色素 | 甲基萘醌类 | 最适温度/℃ |
|---|---|---|---|---|---|
| acetoxidans | 直杆或曲杆状 | 单端极生 | b | MK - 7 | 34 ~ 36 |
| antarcticum | 杆状 | 周生 | b | nr | 20 ~ 30 |
| australicum | 杆状 | 摆动 | nr | nr | 68 |
| geothermicum | 杆状 | 至少 2 根 | c | nr | 54 |
| guttoideum | 杆状/水滴形 | 周生 | c | nr | 31 |
| kuznetsovii | 杆状 | 周生 | nr | nr | 60 ~ 65 |
| nigrificans | 杆状 | 周生 | b | MK - 7 | 55 |
| orientis | 直杆/曲杆状 | 周生 | b | MK - 7 | 37 |
| rumimis | 杆状 | 周生 | b | MK - 7 | 37 |
| sapomandens | 杆状 | 摆动 | nr | nr | 38 |
| hermobenzoicum | 杆状 | 摆动 | nr | nr | 62 |
| thermoacetoxidans | 直杆/曲杆状 | 摆动 | nr | nr | 55 ~ 60 |

　　通过电子显微镜研究观察,发现一个最意外的结果:脱硫肠状菌属的菌株从超微结构上看有一个革兰氏阳性的细胞壁,但是通过革兰氏染色结果却是阴性的,系统发育分析也进一步证实这一发现。

　　革兰氏阳性 SRB 中所有种的界定的依据为是否具有芽孢,并且芽孢的形状(球形到椭圆)和位置(中心、近端、末端)也因菌而异。至于硫酸还原过程中的电子供体,对于脱硫肠状菌属来说是多种多样的(见 Widdel,1992a)。一些是自养型细菌,一些是通过发酵葡萄糖和其他有机质生长的异养型细菌,还有一些类型的细菌是通过同型产乙酸作用,通过将 $H_2$ 和 $CO_2$ 等的基质转化为乙酸,并从此过程中获得能量。这也许表明这些种的细菌更应该归为同型产乙酸的梭菌属而不是脱硫肠状菌属。在脱硫肠状菌属中没有发现一种亚硫酸盐还原酶——脱硫绿胶霉素,却发现了亚硫酸盐还原酶 p582。同时检测到了细胞色素 b 和细胞色素 c。磷脂类型与脱硫弧菌属及相关种属相差不大,都是饱和的、不分支的、偶数碳原子的(16∶0, 18∶0)和同型、异型分支的(16∶1, 18∶1)脂肪酸占优势(Ueki and Suto,1979)。然而有两个嗜热的脱硫肠状菌,致黑脱硫肠状菌(*Dm. nigrificans*)和 *Dt. australicum*,却含有大量的不饱和、分支的(i‒15∶0, i‒17∶0)脂肪酸,在后者中可占到总脂肪酸的比例可高达87%。这些化合物的大量出现是细菌适应高热生境的产物,同样在其他嗜热菌中也发现了大量此类的脂肪酸,例如 thermi 和一些梭菌。

## 17.1.4　硫酸盐还原古细菌

　　到目前为止,人类发现的古细菌界只有古生球菌属(*Archaeoglobus*)中的三种异化型的硫酸盐还原古细菌,分别是从厌氧的地下热水区域中分离出来的闪烁古生球菌 *Archaeoglobus*(A.)*fulzidus*、深奥古生球菌(*A. profundus*)和火山古生球菌(*A. veneficus*)。通过系统发育分析,一开始认为这个种是代谢硫的古菌和产甲烷的古菌之间的中间状态的菌种。闪烁古生球菌、深奥古生球菌在 420 nm 处发出相似的蓝绿荧光,以硫酸盐、亚硫酸盐及硫代硫酸盐作为电子受体,而元素硫却能使它们的生长受到抑制。这两个菌种的细胞呈规则至不规则的球状,最高生长温度为 90 ℃,属极度嗜热菌,并且需要至少 1% 的盐类才可正常生长。

　　闪烁古生球菌(*A. fulzidus*)中含有腺苷酰硫激酶、ATP 硫酸化酶和亚硫酸氢盐还原酶,在这些酶的作用下,乳酸经过一个特殊的途径被氧化,释放能量。另外,闪烁古生球菌 *Archaeoglobus*(A.) *fulzidus*、深奥古生球菌这两种古菌的细胞壁均缺少肽聚糖,但含有脂肪族 $C_4O$ 四醚和 $C_2O$ 二醚脂。闪烁古生球菌 *A. fulgidus* 可产生少量甲烷,并有辅因子甲基呋喃和四羟甲基喹啉,而深奥古生球菌 *A. profundus* 不能产生甲烷。闪烁古生球菌和深奥古生球菌(*A. fulgidus* 和 *A. profundus*)DNA 的碱基组成(G + C)分别是 46% 和 41%,营养结构类型也不同,分别是特定的化学无机自养型和严格的化学无机异养型。

　　1997 年 11 月的《自然》杂志上,发表了闪烁古生球菌的基因组全序列测定工作的相关内容,这是第一株被全序列测定的硫代谢生物体,为探讨硫元素代谢机制奠定了基础。

　　1. 古生球菌属(*Archaeoglobus*)的发现

　　1987 年,Stetter 从意大利火山的厌氧底泥中首次分离出耐热硫酸盐还原菌。通过菌株16S rRNA 序列和特征比较,鉴定其为古细菌。对硫酸盐的异化现象结果是能够以硫酸盐为底物并且产生大量的硫化氢。此菌株能够依靠分子氢和硫酸盐作为单一能源,表明硫酸盐还原是伴随着能量储存的。古细菌能够在厌氧呼吸中以硫酸盐作为电子受体,生理学上的特征对细菌分类的界定等结论都证明此菌为古细菌。目前,所有分离到的硫酸盐还原菌都统一归为古生球菌属。

2. 细胞结构的形态与组成

古生球菌属细胞包括规则和不规则的球菌,呈现为单体或双体,通过鞭毛进行移动,能在琼脂形成墨绿体,并在 420 nm 处呈蓝绿色荧光,这被认为是 Archaea 甲烷菌特性。

Archaea 硫酸盐还原菌的细胞膜由糖蛋白的亚单位构成,与细胞质膜相邻。细胞内没有严格的小囊和突变体。细胞膜的形态为圆拱形。细胞质膜由乙醚和丁醚构成。这种组成只能通过计算单体的数量进行表达。

闪烁古生球菌和深奥古生球菌的不同脂肪酸的组成可通过气相色谱进行监测。在闪烁古生球菌中两种磷酸葡萄糖分为在 Rf 0.10 和 Rf 0.25,作为主要的复杂脂类,一种磷脂在 Rf 0.30,一种糖脂在 Rf 0.60。深奥古生球菌的主要复杂脂类由两种在 Rf 0.10 和 Rf 0.13 磷酸葡萄糖和在 Rf 0.40,Rf 0.45,Rf 0.60,Rf 0.65 的糖脂构成。目前,所有检测的单体都缺少氨基脂类。

3. 生存环境和生长要求

因为古生球菌属的菌株需要较高的温度和盐度,所以可从下列不同等环境中分离得到:意大利那不勒斯火山口附近浅海的热水中;墨西哥的热沉积物中;亚速尔群岛地下 10 m 的热水中;玻利尼西亚的火山口的沉积物中;冰岛北部地下 103 m 海底的热水中。

古生球菌属生长的上限温度是 92 ℃,下限温度是 64 ℃。然而,在对海底热水系统的硫酸盐还原菌进行示踪剂研究发现,其能在更高的温度下生长,上限温度是 110 ℃,理想温度是 103 ~ 106 ℃。但生长速度不快,在理想条件下,菌种的世时为 4 h。

闪烁古生球菌能够在 $H_2$、$CO_2$、硫酸盐、亚硫酸盐、硫代硫酸盐、甲酸、丙酮酸盐、葡萄糖、甲酰胺、乳酸、淀粉、蛋白胨、胶质、酪蛋白、酵母膏中进行化能自养生长,但不能以硫单质作为电子受体。较适合选用硫酸盐和乳酸以单一的能源和碳源的形式作为富集因子。

深奥古生球菌可以 $H_2$、硫酸盐、硫代硫酸盐、亚硫酸盐作为能源,以乳酸、丙酮酸、醋酸、酵母膏、蛋白胨等有机化合物作为碳源。这些菌种的生长是离不开 $H_2$ 的。比较适合选用醋酸和 $CO_2$ 在 $H_2$ 和硫酸盐中作为富集因子。

4. 辅酶、酶和代谢途径

古生球菌属含有两种酶,tetrahydromethanopterin 和 methanofuran 两种酶曾被认为是只在产甲烷菌中特有的。其结构与从 Mrhtanobacterium thermoautotrophicum 提纯分离的 methanopterin 和从 Methanosarcina barkeri 分离到的 methanofuran 在结构上是一致的。

用名 Archaeal 硫酸盐还原菌体内含有大量的辅酶 $F_{420}$,这种酶只在产甲烷菌中出现过。在长波紫外光照射下,细胞中这种辅酶在 420 nm 处呈蓝绿色荧光。目前,古生球菌属至少有 3 种不同的辅酶 $F_{420}$。其中一种为 $F_{420-5}$,另外两种为 $F_{420}$ 的异构体。

硫酸盐还原菌都含有萘醌作为脂类的电子传送体。在古生球菌体内发现一种新的带有侧链的维生素 $K_2$。属于 Crenarchaeota 的 Archaeal 体系的 Thermoproteus tenax 和 Sulfolobus 的脂醌呼吸代谢中含有这种物质。在菌株 Archaeoglobus fulgidus VC - 16 体内的 FAD、FMN、维生素 $B_2$、维生素 H、泛酸、烟碱酸、维生素 $B_6$、硫辛酸的含量已被检定出。

古生球菌属检测出的酶的特性与硫酸盐还原菌的酶非常相似。从古细菌和硫酸盐还原菌中的 DNA 的氨基酸序列具有高度的一致性,这表明古细菌和硫酸盐还原菌具有一个发育源。

在闪烁古生球菌的细胞液中下列酶被证明与生物合成有关,谷氨酸水解酶、顺乌头酸酶、异柠檬酸酶、甘油醛磷酸盐水解酶、苹果酸盐水解酶、延胡索酸盐水解酶,及甘油磷酸盐水解酶等。

从闪烁古生球菌 VC – 16 中的酶和辅酶可以推断出硫酸盐还原中乳酸被氧化为 $CO_2$ 的代谢途径,该途径与硫酸盐还原菌中脱硫肠状菌 *acetoxidans* 和脱硫肠状菌 *autotrophicum* 的途径非常相似。然而,不同的是:四氢甲烷蝶呤替代四氢叶酸充当 C 的传递,甲酸甲烷呋喃替代甲酸成为末端产物。

5. Archaea 硫酸盐还原的同化

现在对 Archaea 利用硫酸盐作为硫源的能力所知非常有限。绝大多数甲烷菌依靠还原的硫化物生长,如硫化氢、硫代硫酸盐、亚硫酸盐。只有 *Methanococcus thermolithotrophicus* 被报道对硫酸盐还原具有同化作用。催化亚硫酸盐生成硫化氢的亚硫酸盐还原酶已被从 *Methanosarcina* 分离出来。

# 17.2　根据对有机物的氧化能力分类

根据有机物在还原硫酸盐过程中能否完全氧化,SRB 可分为不完全氧化型 SRB(incomplete oxidizing SRB)和完全氧化型 SRB(complete oxidizing SRB)两类。

完全氧化型代谢 SRB,它们能利用乙酸为碳源,可通过 TCA 途径或乙酰辅酶 A 途径将乙酸反向氧化至 $CO_2$ 和 $H_2O$,主要包括脱硫杆菌(*Desulfbacter*)、脱硫线菌属(*Desulfonema*)、脱硫球菌(*Desulfococcus*)、脱硫八叠球菌(*Desulfsarcina*)、脱硫叶状菌属(*Desulfobulus*)、脱硫丝菌属(*Desulfonema*)、*Desulfoarulus*、*Desulforhabdus* 和 *Thermodesulforhabdus* 等。对于完全氧化型 SRB,如下式所示:

$$CH_3COO^- + SO_4^{2-} \longrightarrow 2HCO_3^- + HS^-$$

不完全氧化型代谢 SRB 在进行硫酸盐还原时,只能将有机物如乳酸、丙酮酸、丙酮等降解至乙酸、$CO_2$ 等,不能进行进一步乙酸代谢的相关氧化途径,主要包括脱硫弧菌(*Desulfvibrio*)、脱硫单胞菌(*Desulfomonas*)、脱硫微菌(*Desulfomicrobium*)、脱硫念珠菌(*Desulfomonile*)、脱硫叶菌(*Desulfobulbus*)、*Desulfobolus*、*Desulfobacula*、古生球菌(*Archaeoglobus*)和脱硫肠状菌(*Desulftomaculum*)等,其氧化过程如下:

$$2CH_3CHOHCOO^- + SO_4^{2-} \longrightarrow 2CH_3COO^- + 2HCO_3^- + HS^- + H^+$$

根据利用底物的不同,不完全氧化型 SRB 还可分为利用氢的 SRB(HSRB)、利用乳酸的 SRB(I – SRB)、利用丙酸的 SRB(p – SRB)和利用丁酸的 SRB(b – SRB)等,后三种可以统称为利用脂肪酸的 SRB(FSRB)。HSRB 是利用 $H_2$ 提供电子,以 $CO_2$ 为电子受体进行自营养生长,而嗜氢脱硫杆菌则通过逆向 TCA 循环以 $H_2$ 和 $CO_2$ 合成各种有机物。

## 17.3　未培养的新发现的 SRB

通过放射性跟踪或 16S rRNA 序列的比较对环境中的微生物进行研究,结果表明 SRB 具有较大的多样性。

### 17.3.1　Greigite 磁小体

从含有硫化物的、微咸的生境或海水中收集到的有磁趋向性细菌,通常细胞内含有 $Fe_3S_4$ 和 $FeS_2$ 这两种物质。通过富集培养,对培养的细菌进行 16S rRNA 序列测定比较表明,它们与 Desulfosarcina variabilis 是近亲。

但是,这些微生物还没有得到纯培养,所以还不知道它们是否是以异化性硫酸盐还原作用生长。

### 17.3.2　超嗜温硫酸还原细菌

有学者在加利福尼亚湾发现了一种 SRB,其能够在温度大于 100 ℃ 的生境中生长,通过放射性示踪研究确定是 Guayma　Basin tectonic spreading center。这些研究阐明了在温度达 106 ℃ 时硫酸盐的还原作用,表明了目前描述的超嗜温 SRB 的存在。

## 17.4　硫酸盐还原古菌的分类学关系

古细菌界中增加了一个新的表型,就是新分离出来的 Archaecglobus fulgidus strain VC - 16。这种细菌与古细菌内已发现的三种主要的类型表现出不同的表型,主要的不同为不产甲烷、嗜热、极度嗜盐,但是能够还原硫酸盐。

A. fulgidus 被称为最古老的介于嗜热 SRB 和产甲烷古菌之间的一种连接的过渡菌。我们采用了进化距离法、最大简约法等方法对分支图进行评价,鉴定进化树拓扑结构的稳定性,均能够将该菌的 16S rRNA 置于两个分支之间,这两个分支分别是由 Thermococcus celer 和 Methanococcus 种界定的。

然而,对一个高度相关的菌株 VC - 16 进行 16S rRNA 编目的结果是,将这个分离种放在了产甲烷菌的进化树的早期分支中。直到 1991 年,Woese 等学者对包括嗜热菌在内的微生物进行分类时,才解决了这个问题。它们的 rRNA 和 rDNA 也许比嗜温菌有更高的( G + C)含量。为了消除由于碱基组成而造成的假象,又采用了碱基置换分析,结果表明 A. fulgidus strain VC - 16 的分支点发生了改变。从古菌树的 euryarchaeota 侧的近底端移走,而放置于包含有 Methanomicrobiales 和极度嗜盐微生物的系统发育群中。

现在,人们普遍认为古球菌( Archaeoglobus )的成员是从产甲烷的祖先进化而来的。还原硫的酶系在这些类群中是不是一种原始属性,基因横向转移是不是必须需要这一系统等这些问题都需要进一步探索和研究,只有在对定向进化同源基因进行比较之后才能确定。

# 17.5　SRB 的富集、分离与鉴定

## 17.5.1　SRB 的富集与分离

　　脱硫弧菌可在无氧的乳酸盐－硫酸盐并添加了亚铁离子的培养基上相对容易地富集,但是另外还需要添加巯基乙醇或抗坏血酸作为还原剂以获得低氧化还原电位。由硫酸盐还原作用得到的硫化物与亚铁离子结合形成黑色的、不溶性的亚铁硫化物,但变黑并不仅仅表明硫酸盐的还原作用,同时也表明铁与硫化物结合并解毒,从而可以得到较高的细胞产量。运用常规的程序进行液体富集,如果培养基变黑则证明有菌体已经生长,这时可在内层含有琼脂的试管或培养皿上划线,并置于无氧培养箱中进行纯化。

　　虽然 SRB 是厌氧菌,但其不像甲烷营养菌那样敏感,当氧气存在时活性下降速度较慢,所以可在空气中进行平板划线分离,然后迅速放到无氧培养箱中培养,同时培养基中应存在还原剂。

　　纯化方法还可以用振荡琼脂试管法。这种方法是将少量的原始富集液加入装有已溶化的琼脂生长培养基的试管中,充分混匀,再用培养基系列稀释。固体纯化是从平板上长出的菌落中挑取单菌落重复划线分离直到获得纯培养为止。识别 SRB 的菌落是通过亚铁硫化物的黑色沉积物,并进一步划线分离纯化来实现的。

## 17.5.2　SRB 的鉴定

　　除了用 16S rRNA 序列测定的方法来鉴定 SRB,还有脂类标记、基因探针、核酸杂交技术等新的工具,并具有更广泛的应用。它们不仅仅单纯用于对实验菌种的鉴定,其对环境样品的直接应用也有望成为我们快速认识环境多样性的基础。

　　1. 脂类标记

　　很早以前,脂类标记的分析技术就已成为 SRB 鉴定和环境学研究鉴定的生物化学探针。近些年来,人们通过对脱硫弧菌属细胞脂肪酸组成的详细比较,表明由细胞脂肪酸数值分析确定的关系同 16S rDNA 序列为基础构建的系统发育关系非常吻合。根据脂肪酸特征确定的巨大脱硫弧菌特定的亲缘菌包括 *D. giganteus*(DSM4123 和 4370),*D. sufodismutans*(DMS3696),*D. fructosovorans*(DSM3604),*Desulfovibrio SP.*(DSM6133),*D. carbinolicus*(DSM3852),*D. alcoholovorans*(DSM5433)等。高含量的异构 17∶1 或反式异构 15∶0 脂肪酸决定了脱硫弧菌属中的一个主要分支。由反式 15∶0 脂肪酸界定的包含巨大脱硫弧菌和相关种的分支同脱硫弧菌属的其他成员是不同的。另外,在不同的自然 SRB 群体中不同脂类指征的鉴定也可直接作为检测环境中群落的基础。

　　2. 基因探针

　　(1)以 rRNA 为靶的探针。

　　1992 年,Devereux 等专家描述了与 SRB 系统发育群的 16S rRNA 的保守区杂交的 6 个寡核苷酸探针。大量的以 rRNA 为靶的相似探针(20 ~ 30 bp)既有放射性标记又有荧光标记的,均已用于 SRB 的鉴定及环境研究中(注:放射性标记的探针用于大量的核酸杂交,荧光标记的探针用于单细胞的杂交)。因为测试这些探针同所有已知的 16S rRNA 是不太可

能实现的,所以如要验证探针的特异性,就需用测试探针同非靶微生物进行杂交,一般采用附着于一个膜上的("phylogrid"膜)的参考群来进行。近些年来,这些探针已被用于研究SRB 在盐水微生物群落中的丰度和分布。研究表明 SRB 各属在沉淀中是分层存在的,大多数不同的 SRB 群体的分层存在,同直接测量硫酸盐还原相联系,将更有助于这些探针在鉴定和研究中的应用。

(2)全基因组探针。

利用来自两种生物的全基因组进行 DNA 的重新组合是评价两种生物遗传关系的标准方法。重新联合或杂交的程度能给出两种生物间核酸序列相似性的平均值。这种技术最初是基于分子分类学建立的,但人们将这一技术进行了改进,并已用于区别和鉴定土壤中SRB 的研究。这些作者们采用适合的参考种基因组探针"标准"库,去筛选未鉴定的 SRB。在标准方法的改进技术中,他们将程序颠倒过来,以参考种"库"为靶,其探针来自于环境样品中(环境样品是富集培养物,来源于油田样品)。

(3)氢化酶。

[Fe]、[NiFe]和[NiFeSe]是脱硫弧菌属中三种不同的氢化酶,其基因均已克隆。脱硫弧菌属中所有已检测的成员的 DNA 均能与来自普通脱硫弧菌 Miyazaki F[NiFe]氢化酶基因探针杂交,没有或很少同 SRB 的其他属杂交。因为不同的种携带此基因具有不同的长度限制性片段,所以在一个样品中的多个种均可检测到。然而仅有一小部分脱硫弧菌能与[Fe]和[NiFeSe]氢化酶基因探针杂交。

3.核酸杂交技术

核酸杂交技术在鉴定和诊断微生物中得到了很好的应用,并在普通微生物学中应用越来越广。在鉴定研究中有两类核酸探针:一类是以特定基因为靶基因的核酸探针,另一类是整修基因组的杂交。如果认识到 SRB 的重要性,如腐蚀、油井变质、地球生物化学循环等,那么它们将比那些非医学的微生物得到更大的关注,并作为核酸探针的靶群体。

rRNA(或 RNA 或 DNA)在研究的特异基因靶中是最受关注的,因为使用这些基因(或其产物)作为靶位点具有更大的灵活性,尤其是,种属特异性探针已经根据具有大量保守区的 rRNA 靶设计好了。这些探针既可用于鉴定微生物又可用于环境方面的研究。但是,到目前为止,还没有异化性的硫酸盐还原代谢途径中的基因用作探针靶位点。

## 17.5.3　其他研究硫酸盐还原菌的分子生态学方法

传统的微生物检测手段只能研究土壤中不到 1% 的微生物种类,这大大阻碍了土壤微生物生态学研究的进展。分子生物学技术能够提供丰富的不可培养的微生物数量和活性信息,为了解和认识不同环境中微生物的结构和功能提供了有效手段。

这些研究技术主要包括:基于聚合酶链式反应(PCR)的分子标记技术,如末端限制性片段长度多样性(T-RFLP)、基因克隆文库分析法、变性梯度凝胶电泳(DGGE)、实时荧光定量 PCR(real-time PCR)和不依赖于 PCR 的核酸杂交技术,如荧光原位杂交(FISH 技术)。这些技术已经广泛应用于 SRB 的分子生态学研究,将环境微生物领域的研究带入一个革命性的新时代。

1.末端标记限制性片段长度多态性和克隆文库技术

末端标记限制性片段长度多态性(T-RFLP)是一种全新、快速、有效的微生物群落结构分析方法。它采用一端荧光标记的引物进行 PCR 扩增,PCR 产物经限制性内切酶消化后,消化产物以 DNA 测序仪进行分离,通过激光扫描,得到荧光标记端片段的图谱。图谱中波峰的多少表明了群落结构的复杂程度,峰面积的大小代表了相应群落的相对数量。这种技术能够迅速产生大量重复且精确的数据,用于微生物群落结构的时空演替研究,且拥有高精确度和高分辨率。

但是,T – RFLP 仅提供微生物的种类和相对数量的信息,还无法确定微生物的种类。因此,需要结合克隆文库测序分析,来确定微生物种类。

2. 变性梯度凝胶电泳(DGGE)

DGGE 的原理是根据含有不同序列的 DNA 片段,在具有变性剂梯度或温度梯度的凝胶上,由于其解链行为的不同而导致迁移率的不同,从而将 DNA 片段分离开来的。这种技术灵敏度非常高,能将仅有 1 个碱基差异的 DNA 片段分开。自 1993 年 Muyzer 等将 DGGE 技术应用于微生物生态学研究以来,DGGE 已迅速成为一种简便而有效的分子生物学研究手段。

DGGE 是一种有效的揭示 SRB 群落结构的分子生物学方法。目前,DGGE 技术已经广泛用于研究海底沉积物、含水土层、湖泊等环境的 SRB 研究中。但 DGGE 技术也存在一定的局限性,如它并不能对样品中所有的 DNA 片段进行分离。

3. 实时荧光定量 PCR 技术(Real-time PCR)

从环境中获得 SRB 群落的数量信息对于研究 SRB 的活性强度和生态意义具有重要的意义。过去,普遍采用传统的依赖于可培养的方法对环境样品中的 SRB 进行定量,然而,这种方法非常耗时,而且由于环境中大部分 SRB 为不可培养微生物,所以很难估计样品中 SRB 的数量。

实时荧光定量 PCR 在 PCR 反应体系中加入荧光基团,利用荧光信号的积累实时监测整个 PCR 的进程,最后通过标准曲线对未知模板进行定量分析。目前对 SRB 的定量大多借助于 Real-time PCR 技术。Stubner 等用该技术定量分析了水稻土壤中三个主要的革兰氏阴性 SRB 种群,Desulfobacteraceae 科、Desulfovibrionaceae 科和 Desulfobulbussp 的组成以及革兰氏阳性 *SRB Desulfotomaculum* 属的丰度。其结果与基于 16S rRNA 的斑点杂交结果相吻合,再次证明了 Real-time PCR 是一种灵敏的微生物种群定量技术。

4. 荧光原位杂交技术(FISH)

FISH 技术主要以微生物 16S rRNA 基因作为鉴别微生物的标志物,设计并合成荧光探针,直接与环境样品中微生物 16S rRNA 基因上的目标特异性片段进行杂交反应,激发荧光信号对目标微生物进行观察和计数。该方法的特点是能直观、准确地得到目标微生物的原位数量和空间分布信息,探测微生物群落结构和生物多样性,监测微生物群落动态变化。

该技术结合了分子生物学的精确性和显微镜的可视性,是各种分子标记技术的有益补充,并已经被广泛应用于微生物生态学的研究领域中。

# 第18章 硫酸盐还原菌的系统发育学

系统发育(phylogeny),或叫系统发生、种系发生,是指生物形成或进化的历史。系统发育学是探讨进化,研究物种之间的进化关系的科学,其基本思想是比较物种的特征,并认为特征相似的物种在遗传学上接近。分子系统发育学(molecular phylogeny, molecular systematics)是一门应用分子结构的变化来研究生物进化关系的学科,系统发育分析就是要推断或者评估这些进化关系,通过对进化关系的评价和比较,不但可以追溯物种的起源,还可以比较不同物种之间的遗传距离,进而进行分子生物学分类。最常见的就是通过进化树(tree of life)研究种系的起源以及不同种系间的亲缘关系。进化树描述了同一谱系的进化关系,包括分子进化(基因树)、物种进化以及分子进化和物种进化的综合。在构建进化树时,可以应用生物的保守基因,如核糖体小亚基因、细胞色素 c 等。在分子水平上进行系统发育分析具有许多优势,也使所得到的结果更加科学、可靠。

在现代系统发育学研究中,研究的重点是生物大分子,尤其是序列,比如大分子 rRNA以及基因,它们具有很多的优势特征,如 rDNA 分子存在于所有的细胞中,且具有相似的结构和功能;rRNA 分子含量大,约占细菌总 RNA 的 80%;它们的序列特别保守,变化特别缓慢,但在整个操纵子序列之中,又存在高度可变区域,能够进行种属科的区分。以分子系统发育研究为基础,来鉴定微生物未被发现的代谢能力是最有应用价值的策略。

近些年来人们不断地发现很多具有特殊代谢能力的 SRB 新菌株,现在,这些微生物已经构成了一个系统育框架。而分子系统发育学又将具有相似生理特征的自然分类群框在一起,为筛选 DNA 探针奠定了基础,这些探针可以对环境中微生物的多样性及 SRB 的生态学直接进行研究。通过对 rDNA 的分析,SRB 可以分为嗜温革兰氏阴性 SRB、嗜热革兰氏阴性 SRB、革兰氏阳性 SRB 和嗜热古细菌 SRB 四个主要的不同发育类群。

## 18.1 分子系统发育与系统发育树

### 18.1.1 分子系统发育分析

系统发育学是进化生物学的一个重要领域,系统发育分析早在达尔文时代就已经开始。从那时起,科学家们就开始寻找物种的源头,分析物种之间的进化生态关系,给各个物种分门别类。经典系统发育学研究所涉及的特征主要是生物表型特征,即指形态学的特征、生理学的特征,以及生化、行为习性的特征。通过表型比较来推断生物的基因型,研究物种之间的进化关系。但是表型推断是有局限性的,因为趋同进化的原因,有的时候关系很远的物种也能进化出相似的表型。

分子系统发育分析直接利用从核酸序列或蛋白质分子中提取的信息，作为物种的特征，通过比较生物分子序列，分析序列之间的关系，构造系统发育树，进而阐明各个物种的进化关系。在现代分子进化研究中，根据现在生物基因或物种多样性来重建生物的进化史是一个非常重要的问题。根据核酸和蛋白质的序列信息，可以推断物种之间的系统发育关系。其原理为：从一条序列转变为另一条序列所需要的变换越多，说明这两条序列的相关性越小，从共同祖先分歧的时间越早，进化的距离就越大；相反，两个序列越相似，它们之间的进化距离就越小。

所有的生物都可以追溯到共同的祖先，生物的产生和分化就像树一样的生长、分枝，以树的形式来表示生物之间的进化关系是非常自然的。可以用树中的各个分支点代表一类生物起源的相对时间，两个分支点靠得越近，则对应的两类生物进化关系越近。

系统发育分析一般建立在分子钟的基础上。在进化过程中，进化速率是进化研究中的基本问题。进化速率为在某一段时间内的遗传改变量。在长期的进化过程中，有着相似功能约束的位点的分子进化速率几乎完全一致。早在20世纪60年代的研究表明，蛋白质同系物的替换率就算过了千百万年也能保持恒定，因此将氨基酸的变异积累比作分子钟。科学家们在比较动物的细胞色素 c 以及血红蛋白的序列后发现：蛋白质的氨基酸取代速率在不同的种系间大致相同，即分子水平的进化存在恒速现象。两序列间稳定的变异速率不仅有助于确定物种间系统发育关系，而且能够准确测定序列分化发展的时间。

### 18.1.2　系统发育树

系统发育树一般来说是二叉树，实际上是一个无向非循环图。系统发育树由一系列节点和分支组成，每一个节点代表一个物种的分类单元，而节点之间的连线代表物种之间的进化关系。树的节点分为外部节点和内部节点。外部节点代表实际观察到的分类单元，内部节点代表进化事件发生的位置。分类单元是一种由研究者选定的基本单位，一般以 DNA 序列或蛋白质序列作为分类单元。

系统发育树有有根树、无根树、二叉树、标度树、非标度树等。其中二叉树是一种特殊的树，它的每个节点最多有两个子节点，在标度树中，它的分支长度一般与分类单元之间的变化成正比，它是关于生物进化时间或者遗传距离的一种度量形式。有根树的树根代表在进化史上最早的、并且与其他所有分送单元都有联系的分类单元；如果找不到可以作为树根的单元，则系统发育树是无根树；从根节点出发，到任何一个节点的路径均指明进化时间或者进化距离。基于单个同源基因差异构建的系统发育树叫作基因树，它代表单个基因的进化历史，而不是所在物种的进化历史。物种树是通过综合多个基因数据的分析结果而产生的，基因树和物种树之间的差异域是很重要的。

### 18.1.3　距离和特征

构建系统发育树的分子数据分为距离数据和特征数据。距离数据常用距离矩阵来描述，表示两个数据集之间所有两两差异；特征数据则表示分子所具有的特征。分子系统发育分析的目的是探讨物种之间的进化关系，分析的对象一般是一组取自不同生物基因组共同位点的同源的序列。

通过序列的比对分析序列之间的差异，计算序列之间的距离。距离是反映序列之间关系的一种度量,是建立系统发育树时常用的一类数据。在计算距离之前,首先进行序列比对,然后累加每个比对位置的得分,应用序列比较法直接计算序列之间的距离。若序列比较时使用的是打分函数或相似性度量函数,则需要将得分转换成距离。如果处理 DNA 或 RNA 序列,采用等价矩阵、核苷酸转换 – 颠换矩阵或者其他具有非对称置换频率的矩阵;如果处理蛋白质序列,则采用 PAM 矩阵、BLOSUM 矩阵等。

特征数据可分为二态特征与多态特征。二态特征只有具有或不具有某种特征,通常用 0 或 1 来表示,而多态特征则具有两种以上可能状态。特征数据可以转换为距离数据。

### 18.1.4　分子系统发育分析过程

分子系统发育分析主要分为分子序列或特征数据的分析、系统发育树的构造以及结果的检验三个步骤。系统发育树的构建方法大体上分为两类:一类是基于距离的构建方法;另一类是基于特征的构建方法。基于距离的基本过程是列出所有可能的序列对,计算序列之间的遗传距离,选出相似程度比较大的序列对,利用遗传距离预测进化关系。这类方法有非加权分组平均法、邻近归并法、Fitch – Margoliash 法和最小进化法等。利用特征状态的构建方法着重分析分类间或序列间每个特征的进化关系等,这类方法有最大简约法、最大似然法、进化简约法、相容性方法等。

系统发育树的构建方法也可分为穷尽搜索法、分支约束法和经验性方法三类。穷尽搜索法即产生所有可能的树,然后根据评价标准选择一棵最优的树。值得注意的是系统发育树可能的个数随序列的个数急剧增加,但是只有其中的一棵树代表了待分析的基因或者物种之间的真实进化关系,研究的目的就是找出这个反映真实进化关系的树。但是穷尽搜索法只能处理很少的分类单元,所以当分类单元个数超过一定个数时,这个方法不再适用。分支约束法是根据一定的约束条件将搜索范围控制在一定的数值内,产生可能的树,然后选择。经验性方法是根据先验知识或一定的指导性规则压缩搜索空间,提高计算速度,这种方法能够处理大量的分类单元。

进化假设和进化模型是构造系统发育树时需要考虑的东西,一般认为序列是随机进化的,序列中的所有位点的进化也是随机的而且是独立的。在进行具体的系统发育分析时要假设序列必须是正确的,待分析的序列是同源的,所有的序列都起源于同一个祖先序列,并不是共生同源序列。构建好一棵系统发育树之后,就要对其合理性和可靠性进行分析,若进行多种方法分析后得到相似的进化关系,那就说明分析结果的可信度较高。

### 18.1.5　基于距离数据的系统发育树构建方法

构建系统发育树是在包括分类单元、分类单元的特征值或序列等条件给定的情况下,构造一棵最优的系统发育树。

利用距离数据建立系统发育树的方法是给定一种序列之间距离的度量,在距离度量下构建一棵系统发育树。这种方法采用两两距离,建立一个距离矩阵,见表 18.1,根据距离矩阵构造系统发育树。

表 18.1　　10 条核酸序列的距离矩阵

| | 1 | 2 | 3 | 4 | 5 | 6 | 7 | 8 | 9 |
|---|---|---|---|---|---|---|---|---|---|
| 2 | 0.051 6 | | | | | | | | |
| 3 | 0.055 0 | 0.003 1 | | | | | | | |
| 4 | 0.048 3 | 0.022 1 | 0.025 3 | | | | | | |
| 5 | 0.058 2 | 0.065 1 | 0.068 5 | 0.054 9 | | | | | |
| 6 | 0.009 4 | 0.041 6 | 0.045 0 | 0.038 4 | 0.054 9 | | | | |
| 7 | 0.012 5 | 0.058 4 | 0.061 9 | 0.055 1 | 0.065 1 | 0.015 7 | | | |
| 8 | 0.028 4 | 0.068 7 | 0.072 2 | 0.065 4 | 0.075 4 | 0.031 7 | 0.028 5 | | |
| 9 | 0.092 5 | 0.122 1 | 0.125 3 | 0.118 5 | 0.137 0 | 0.082 0 | 0.078 6 | 0.092 7 | |
| 10 | 0.192 1 | 0.218 3 | 0.222 8 | 0.205 4 | 0.230 9 | 0.179 8 | 0.179 5 | 0.183 3 | 0.186 0 |

1. 最小二乘法

在处理 DNA 序列和蛋白质序列时,为了便于分析,首先定义一种连续加和距离函数,在此函数下两个分类单元之间的距离与系统发育树中连接这两个分类单元的分支总长度成正比。两个分类单元由经过中间节点的两条边相连,两条边的长度之和就是它们之间的距离,这样,就可以确定两个分类单元在系统发育树中的相对位置。若 3 个以上的分类单元确定相对位置时,可通过求解线性方程计算出系统发育树的各种内部距离。在实际应用中,要处理的分类单元和需要求解的线性方程都很多,同时也存在着很多的不确定性,所以需要采用最小二乘法来构造一棵系统发育树,以该树的中节点代表分类单元,预测分类单元之间的距离。

2. 连锁聚类方法

利用连锁聚类方法来构建系统发育树的前提条件是假定在进化过程中,氨基酸的替换速率是恒定的,且在每一次分歧发生后,从共同祖节点到两个分类单元间的分支长度一样。基本算法是首先从距离矩阵中选择距离最小的一对分类单元,将这两个分类单元合二为一,形成一个新的单元,重新计算这个新的单元与其他分类单元之间的距离。每次合并后修改距离矩阵,重复上述过程,直到所有的分类单元都被合并到一类为止。按计算方法的不同有单连锁聚类、最大连锁聚类和平均连锁聚类。

3. 邻近归并法

邻近归并法是一种快速的聚类方法,在构建系统发育树时取消了非加权分组平均法所作的假定,不需要分子钟的假定,在进化分支上发生的趋异次数可以不同。邻近归并法的过程是在进行分类单元的合并时,不仅要求待合并的分类单元是相近的,并且还要求待合并的分类单元要远离其他的分类单元。在聚类过程中,根据原始距离矩阵以及节点间的平均趋异域程度,对每两个节点间的距离进行调整,形成一个新的矩阵。在树中增加一个父节点,在距离矩阵中增加新的分类单元,并删掉原来的两个分类单元,新增加的父节点被看成为叶节点,重复循环,直到只剩下一个分类单元为止。

## 18.1.6　基于特征数据的系统发育树构建方法

基于特征数据的系统发育树构建方法是以若干个分类单元、若干个用以描述分类单元的特征和每个分类单元所对应的特征值,共同构建一棵系统发育树,使某个目标函数最大。

1. 最大简约法

最大简约法利用能对简约分析提供信息的特征,构造一棵能够反映分类单元之间最小变化的系统发育树。比如在 DNA 序列中,利用存在于核苷酸序列差异的信息位点来进行分析构建。信息位点就是能把一棵树与其他树区分开的位点,它至少有两种不同的核苷酸,并且这些核苷酸至少出现两次。如在表 18.2 中,位点 6 属于非信息位点,对于区别分类单元没有帮助,所以在简约分析法中该位点将被舍弃。利用最大简约法构建系统发育树的实质是一个对给定分类单元所有可能的树进行比较的过程。

表 18.2　分类单元特征矩阵

| 分类单元 | 位点 1 | 位点 2 | 位点 3 | 位点 4 | 位点 5 | 位点 6 |
|---|---|---|---|---|---|---|
| 甲 | C | A | G | G | T | A |
| 乙 | C | A | G | C | C | A |
| 丙 | C | G | G | G | T | A |
| 丁 | T | G | C | C | C | T |
| 戊 | T | G | C | G | T | A |

在整个树中,所有简约信息位点最小核苷酸替换数的总和称为树的长度。通过比较所有可能的树,选择其中长度最小、代价最小的公款作为最终的系统发育树,即最大简约树。最大简约法的基本过程首先是针对待比较的物种,选择核酸或蛋白质序列;然后比较各个序列,产生序列的多重比对,确定各个序列字符的相对位置;最后根据每个序列比对的位置确定相应的系统发育树,该树将用最少的进化动作产生序列的差异,最终生成完整的树。经过研究现在已经改进一些算法,能够更方便可靠地确定最大简约树。

2. 快速搜索策略

对于庞大的搜索空间,可采用快速搜索策略提高搜索效率,分支约束就是快速搜索中的一种在一个复杂的空间中进行搜索的通用技术,搜索空间以从一个分层树的根节点至叶节点的一系列路径进行表示。这种算法的形式是按照一定的顺序遍历搜索树,保存到目前为止到达叶节点路径的最小长度,在后面的搜索过程中,如果到达搜索树的某个节点的长度大于最小长度,就不再搜索以该节点为树根的子树。在搜索之前,可以根据设想设定初始的最小长度。在分析过程中如果发现比设定的初始上限的树替换成数更少的树,则最小长度值将随之修正,这样对余下的数据集的分析将更为准确。搜索树的根代表系统发育树,在一棵发育树上增加一个新节点不会减小简约长度,故搜索树满足单调条件,分支约束技术可对搜索树进行剪枝,从而压缩搜索空间提高搜索效率。

对于超过 20 个的更多的分类单元,分支约束法还是存在计算效率的问题,于是需要其他更有效的快速搜索法,比如启发式方法。启发式方法也基于这样的假设:最简约树应该和次简约树有着相似的拓扑结构。如果初始树很接近于最简约树,启发式搜索会更有效。这种方法不能逐个分支构建所有可能的树,而是通过子树分支交换,把它们接到经分析找到的最好的那棵树的其他位置上,从而产生一棵拓扑结构和初始树相似的树。

3. 最大似然法

最大似然法明确地使用概率模型来寻找能够以较高概率产生观察数据的系统发育树。这是一类完全基于统计的系统发育树重建方法的代表,它在每组序列比对中考虑了每个核苷酸替换的概率。被研究序列的共同祖先序列是未知的,所以概率的计算是非常复杂的,尽管如此,还是能用客观标准来计算每个位点的概率,计算表示序列关系的每棵可能的树的概率,概率总和最大的那棵树最有可能是反映真实情况的系统发育树。

在分析 DNA 或蛋白质序列的系统发育树时,首先依赖于一个合理可靠的多重序列的比对,然后检测每一列的变化。对于每一个可能的树,计算每一列发现真实序列变化的可能性,将每个排列位置的概率相乘,结果作为每棵树的可能性,具有最大似然值的树就是最可能的树。利用这种方法得到的系统发育树一般是有根树,然而,如果特征替换是可逆的,则树是无根的,在不改变树的似然得分情况下,可以任意选择树根。

### 18.1.7　系统发育树的可靠性

统计分析的误差可能会影响所构建的系统发育树的可靠性,无论是基于距离数据的重建方法还是基于特征数据的重建方法,都不能保证一定能够得到一棵描述比对序列进化历史的真实的树。大量的模拟实验可以比较这些建树方法的统计可靠性,模拟的结果为:一般尾部来说,对于某个数据集,如果用一种方法能推断出正确的系统发育关系,则用其他的流行方法也能得到比较理想的结果。但是如果模拟数据集中序列的不同分支变化速率不同,则没有一种方法是十分可靠的。

## 18.2　嗜温革兰氏阴性 SRB 的系统发育学研究

Beijerinck 在研究微生物产硫化物时,第一个分离到了严格厌氧的 SRB,并将其命名为脱硫螺旋弧菌,后来正式定名为脱硫弧菌。截至目前,被分离和描述的 SRB 绝大多数为革兰氏阴性的。革兰氏阴性嗜温 SRB 分布于变形菌门的 δ - 变形菌纲亚族中,这一分支包含绝大多数 SRB,其中最早分离的 SRB 也属于这一类群。根据对该分支的系统发育学分析,提出将其分为两个科,即脱硫弧菌科( Desulfovibrionaceae )和脱硫杆菌科( Desulfobacteriaceae )。

初始分析 SRB 系统发育关系时应用 16S rRNA 编目方法的结果出现了很大的系统发生分歧,这表明 SRB 的属间营养类型差异很大。革兰氏阴性的 SRB 菌属分别是脱硫杆菌属( Desulfobacter )、脱硫八叠球菌属( Desulfosarcina )、脱硫丝菌属( Desulfonema )、脱硫球菌属( Desulfococcus )和脱硫叶状菌属( Desulfobulbus ),这五个属中亲缘关系最近的是脱硫八叠球菌属和脱硫丝菌属。反转录酶发展的测序技术获得了大量完整的 16S rRNA 序列,将那些近乎完全的序列进行比较,进一步确定了革兰氏阴性嗜温 SRB 的系统发育关系。

### 18.2.1　脱硫弧菌科(Desulfovibriodesulfuricans)

通过 16S rRNA 顺序比较技术分析,表明脱硫弧菌属存在着一个复杂多样的系统发生关系,这一科微生物同其他革兰氏阴性嗜温菌有些不同。脱硫弧菌属中有两个种 Dv. sapovorans 和 Dv. baarsii 的序列恰好落在主要脱硫弧菌属群的外侧,后来将其重新命名为 Desulfobotulus sapovorans 和 Desulfoarculus baarsii。脱硫弧菌属中至少存在五个分支,这些分支之间的关系同 SRB 属间关系一样远。脱硫弧菌属的多样性已引起了科学家们更为密切的关注。

脱硫弧菌科中 SRB 的系统发育关系如图 18.1 所示。

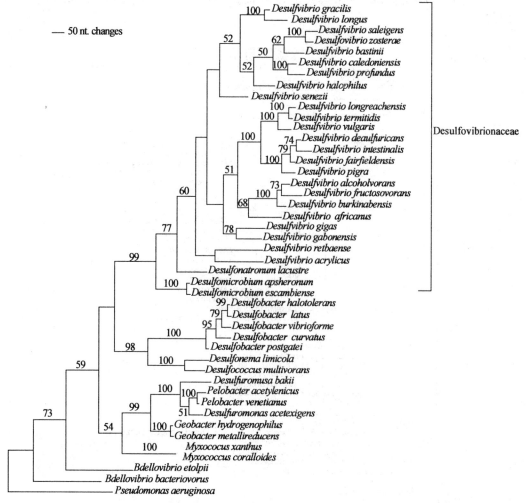

图 18.1　嗜温革兰氏阴性 SRB(脱硫弧菌科)的系统发育关系(Castro et al.,2000)

在属级水平分支的识别,由以下菌株来代表:

(1)D. salexigens and D. dexulfuricans strain EI Aghelia Z;

(2)D. desulfuricans ATCC 2774,Desulfuromonas pigra,and D. vulgaris Hildenborough;

(3)Desulfomicrobium baculatus and D. desulfuricans strain Narway 4;

(4)D. africanas;

(5)D. gigas。

根据16S rRNA 的序列相似性、基因组 DNA 之间的同源性和由此建立起来的相关系数,表明脱硫弧菌属中种的分歧度实际上是处于属级水平的。区别脱硫弧菌属中各种同其他属 SRB 的 16S rRNA 核苷酸指标也已确定。这些研究即认识到了该属中菌的多样性,又认识到了单系统起源性,所以提出了"脱硫弧菌科"。

## 18.2.2　脱硫杆菌科(Desulfobacteraceae)

基于脱硫弧菌属系统发生关系的多样性的研究,科学家们将革兰氏阴性嗜温的其他属 SRB 组成一个分离的科。另外,有一个统一的 16S rRNA 指标将所有这些成员统一起来。这样便提出了脱硫杆菌科,其系统发育关系如图 18.2 所示。这些属之间的分类关系是由 Devereux 等人于 1989 和 DeWeerd 等人于 1990 根据 16S rRNA 的顺序得来的,与经典分类是一致的。

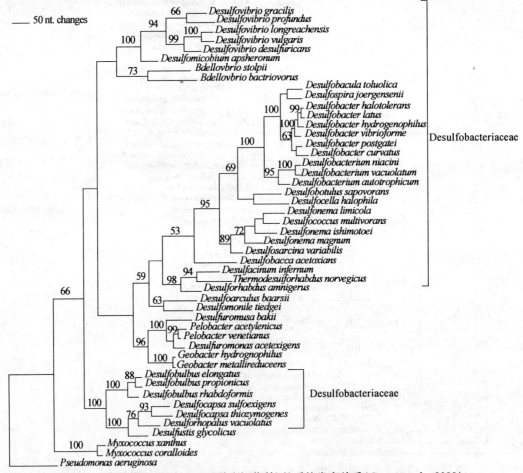

图 18.2　嗜温革兰氏阴性 SRB(脱硫杆菌科)的系统发育关系(Castro et al.,2000)

除 *Desulfovibrionaceae* 外,$\delta$ – *Proteobacteria* 内所有 SRB 均为 *Desulfobacteriaceae*,包括 *Desulfobulbus*、*Desulfobacterium*、*Desulfococcus*、*Desulforhabdus*、*Desulfomonile*、*Desulfonema*、*Desulfobacula*、*Desulforhopalus*、*Desulfobotulus*、*Desulfacinum*、*Desulfocella*、*Desulfoarculus*、*Desulfosarcina*、*Desulfospira*、*Desulfobacter*、*Desulfobacca*、*Thermodesulforhabdus*、*Desulfocapsa*。脱硫杆菌属中的各个种之间的亲缘关系很近,菌株间的 16S rDNA 序列最高具有 95% 的相似性。同样,*Desulfobacterium antotrophicum* 与 *Desulfobacteriumniacini* 和 *Desulfobacterium vacuolatum* 也具有

至少95%的序列相似性,这两属是从一个最近共同祖先演化而来的,16S rRNA 顺序有90%相似性,这也表明将后两种菌分配到该属中是可行的。

脱硫叶状菌属(*Desulfobulbus*)的酸脱硫叶状菌(*Desulfobnlbus propionicus*)和海洋脱硫叶状菌(*Desulfobulbus marinas*)表型相似,但是在系统发生上要比脱硫杆菌属(*Desulfobacter*)和脱硫细菌属(*Desulfobacterium*)具有更大的多样性。

有一些 SRB 能够氧化高级脂肪酸,在这些 SRB 中,*Desulfococcus multivorans* 和 *Desulfosarcina variabilis* 的 16S rRNA 相似性高达92%, *Desulfoarculus sapovorans* 同 *Desulfococus muttivorans* 的序列具有90%相似性。

对于菌株 *Desulfonema limoicola* 的更为精确的系统发生位置有待于 16S rDNA 全序列的测定。通过对该菌与 *Desulfosarcina variabilis* 16S rRNA 编目研究,得到的 SAB 的值为0.53,基本上同88%的序列相似性一致。此值表明这个种的分支点在 *Desulfosarcina / Desulfococcus* 的分岔点的下面,并且足够低,这进一步支持了属 *Desulfonema* 提出的合理性。

## 18.3　嗜热革兰氏阴性 SRB 的系统发育学研究

嗜热革兰氏阴性 SRB 有嗜热脱硫杆菌属(*Thermodesulfobacterium*)和嗜热脱硫弧菌属(*Thermodesulfovibrio*)两个属,分别归属在嗜热脱硫细菌门(Thermodesulfobacteria)和硝化螺旋菌门(Nitrospirae)(图18.3),嗜热革兰氏阴性 SRB 的最适生长温度介于嗜温 SRB、产芽孢的革兰氏阳性 SRB 与嗜热的古细菌 SRB 之间,温度为65~70 ℃。

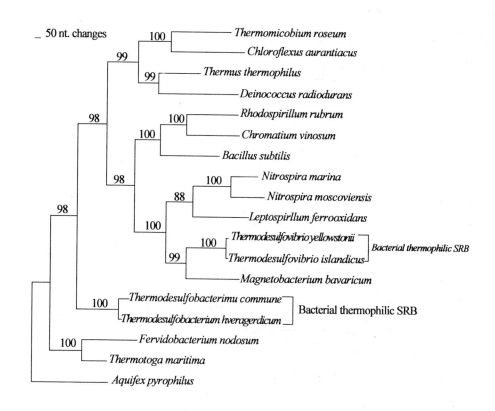

图18.3　嗜热革兰氏阴性 SRB 的系统发育关系(Castro et al. ,2000)

在研究的过程中,有一段时间科学家们认为嗜热 SRB 同嗜温 SRB 的关系是很远的。已经完成了 T. commune 同从黄石公园的沸泉中分离得到的嗜热菌株 YP87 进行的 16S rRNA 序列比较分析,结果表明革兰氏阴性的 SRB 起源于真细菌界的早期。

以简约法或进化距离法进行分析时,高(G + C)含量的序列更趋向于聚在一起。另外,rRNA 序列中的嘌呤或嘧啶的含量非常稳定,所以可以利用测定(G + C)含量来进行系统发育研究。

T. commune 和菌株 YP87 在生理方面具有高度的相似性,但碱基转换距离却使它们在系统发生上表现出极大分歧。这一现象类似于某些脱硫弧菌,生理相似却具有系统发生多样性。

## 18.4 革兰氏阳性 SRB 的系统发育学研究

革兰氏阳性 SRB 在系统发育学上分布于低(G + C)的革兰氏阳性菌厚壁细菌门(Firumictues),同该门中芽孢菌属(*Bacillus*)和梭菌属(*Clostridium*)的亲缘关系很近,DNA(G + C)mol% 含量均低于 55%,如图 18.4 所示。

革兰氏阳性 SRB 主要包括脱硫肠状菌属和 *Desulfosporosinus* 属等,均能够形成内生芽孢。有些 SRB 能够利用乙酸、乙醇、丙酮、烟碱、苯胺、琥珀酸盐、吲哚、酚、硬脂酸等作为电子供体,有些菌株还能够以 $Fe^{3+}$ 作为唯一电子受体。

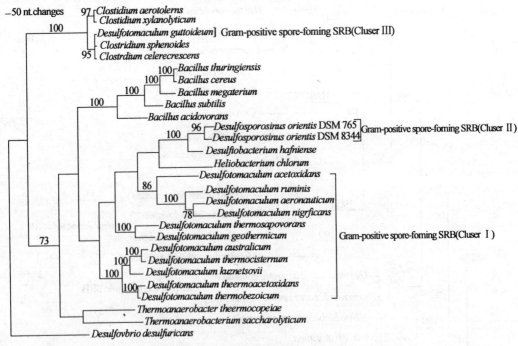

图 18.4 低(G + C)革兰氏阳性 SRB(*Desulfotomaculum*)的系统发育关系(Castro et al. ,2000)

采用 16S rRNA 编目的方法,将致黑脱硫肠状菌(*Dm. nigrificans*)和 *Dm. acetoxidans* 同革兰氏阳性的梭菌属、芽孢杆菌属亚门组成一群,它们的 DNA(G + C)含量均低于 55%。但是这两种菌只有约86%的相似性,并在基因组和表型方面也表现出巨大差异。

通过反转录酶方法测得的 16S rRNA 的序列,结果发现东方脱硫肠状菌和瘤胃脱硫肠状菌的发育学关系更远,相似性仅有 83%。但是在基因组和表型方面,它们却比致黑脱硫肠状菌和 Dm. acetoxidans 之间的相似性要大得多。

随着近来对 8 个菌种的分析,脱硫肠状菌属(Desulfotomaculum)的系统发育框架和其在梭菌属中的位置也已确定,它包括 4 个类群,即东方脱硫肠状菌(Dm. orientis)、Dm. acetoxidans、Dm. australicum 和其他脱硫肠状菌。

通过 16S rRNA 编目分析,与脱硫肠状菌属亲缘关系最近的是某些嗜热梭菌。此外,Dm. australicum 的 16S rRNA 基因中含有多达 3 个的大插入片段( >120 bp),这些片段不被转录成为成熟的 rRNA,这一个特征在其他原核生物中未曾发现。

## 18.5  硫酸盐还原古细菌 SRB 的系统发育学研究

硫酸盐还原古细菌 SRB 类群均为古细菌域,与真细菌域中 SRB 的进化距离很远。只有古生球菌属(Archaeoglobus)一个属,包括闪烁古生球菌、深奥古生球菌和火山古生球菌这 3 种 SRB。

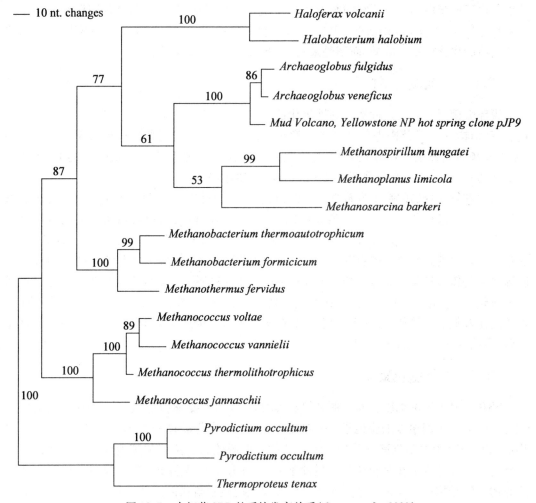

图 18.5  古细菌 SRB 的系统发育关系(Castro et al. ,2000)

研究发现,闪烁古生球菌可以产生少量甲烷,使闪烁古生球菌成了更古老的嗜热 SRB 和产甲烷古细菌之间的进化的过渡菌。采用了进化距离法、最大简约法及其他策略对进化树拓扑结构的稳定性进行评价,均能够将该菌的 16S rDNA 置于两个分支之间。对闪烁古生球菌的腺苷酰硫酸盐(APS)还原酶结构的研究,结果表明它存在[4Fe - 4S]簇,这同巨大脱硫弧菌相应酶相似度极高。

# 18.6　除 16S rDNA 以外遗传标记的 SRB 系统发育分析

SRB 的特殊的代谢过程引起了微生物生理学家、生物化学家和遗传学家相当大的兴趣,大多数研究主要局限于脱硫弧菌属,并分析了它们的分布、化学组成、基因的主要结构、蛋白质的氨基酸组成等。

SRB 在系统发育上具有广泛的异质性,在功能上具有丰富的多样性,与硫酸盐代谢相关的酶及其基因也广泛应用于该类微生物的系统发育分析中。这些酶主要包括:铁氧还蛋白、细胞色素 c、氢化酶、亚硫酸盐还原酶;腺苷酰硫酸盐还原酶、细胞色素 b、红素氧还蛋白、黄素氧化还原蛋白等。这些酶的基因在 SRB 类群中相对保守,其中部分基因已经应用于系统发育分析中,以补充 16S rDNA 基因系统发育分析的不足。下面是能够确定脱硫弧菌属遗传关系的生化或遗传数据,而不是来自于 16S rDNA 或 DNA 的分析。

## 18.6.1　铁氧还蛋白

脱硫弧菌属有一至几种类型的铁氧化还原蛋白(Fd I、II、III),每个单体主要根据分子量、亚基结构、Fe - S 族来进行区别的。通过序列比较,结果表明普通脱硫弧菌 Miyazaki 的 FdI 同脱硫脱硫弧菌 norway 的 FdII 同源性为 76%,同非洲脱硫弧菌 Benghazi 的 FdIII 相似性更高达 84%,同巨大脱硫弧菌的 Fd 也具有一定的同源性。

在对铁氧还蛋白的系统发育学关系的研究中,人们对 3 个脱硫弧菌的共 31 个原核类型的铁氧还蛋白进行了比较。通过最大简约系统发育树分析表明脱硫弧菌是细菌科中最古老的类群。另一方面,嗜热菌同芽孢杆菌属和分支杆菌属的其他成员及 proteobacteria 属的成员紧密相关的。脱硫脱硫弧菌菌株 Norway 中的 I 型铁氧还蛋白同非洲脱硫弧菌和巨大脱硫弧中的铁氧还蛋白聚为一类。在 16S rDNA 和铁氧还蛋白基因序列分支图中也是很明显的分歧,这可能归咎于根据铁氧还蛋白序列比较得到的分支图,其下面 3/4 的分支顺序的可信度比较低。尽管如此,这 3 个脱硫弧菌分支之间的距离与从 16S rDNA 得到的数据相一致,说明这 3 个种仅是远相关。

## 18.6.2　细胞色素 c

SRB 含有不同的细胞色素。脱硫弧菌属中含有的主要细胞色素是一种具有极低的氧化还原能力的小四聚体细胞色素——细胞色素 c3,细胞色素 c533 也在脱硫弧菌中出现,严格厌氧的 SRB 中细胞色素体系是非常复杂的。而脱硫肠状菌属和其他硫酸盐还原菌属的细胞色素研究较少。在对脱硫弧菌的细胞色素的研究中,真正地、彻底地对一般基因或其产物的一级结构进行大量的系统比较的菌株仅有脱硫脱硫弧菌菌株 *Berre - Eau* 和 G200,普通脱硫弧菌菌株 *Hildemborough* 和 *Norway*。

### 18.6.3　氢化酶

脱硫弧菌属中包括的三种类型氢化酶(hyd)的主要区别在于存在的亚基、氨基酸序列、金属的组成、基因结构及催化、免疫属性等方面。氢化酶作为进化标记的限制因子主要是氢化酶系统的复杂性较高、存在的普遍性较低等。

到目前为止,所有研究过的种均包含一个[NiFe]氢化酶,这个酶中除了含有 Ni 之外,还有两(4Fe-4S)中心和一个(3Fe-XS)族。氨基酸序列比较表明,普通脱硫弧菌菌株 Miyazaki F 的周腔[NiFe]氢化酶基因的两个亚基同巨大脱硫弧菌的[NiFe]氢化酶的两个亚基具有 80% 的同源性,然而 Dv. fructosovorans 的周腔[NiFe]氢化酶的基因同巨大脱硫弧菌仅有 65% 的同源性。在棒状脱硫微菌、脱硫弧菌和 Rhodobacter capsulatus 的含 Ni 氢化酶的大亚基中,以及在 Methanobacterium formicicum 和 M. thermoautotrophicum 的 F$_{420}$ 氢化酶的 α - 亚基的氨基端均发现了保守序列框。巨大脱硫弧菌的[NiFe]氢化酶和棒状脱硫微菌的[NiFe-Se]氢化酶之间却有很大的同源性,棒状脱硫微菌的周腔[NiFe]氢化酶同普通脱硫弧菌的周腔[Fe]氢化酶没有同源性。但是,普通脱硫弧菌中的周腔[Fe]氢化酶却同巴斯德梭菌 Clostridium pasteurianum 中的氢化酶 I 具有某些共同属性(长度、半胱氨酸的位置及序列),尤其是分子的羧基端。近来从可动噬热脱硫肠状杆菌中分离出一种可溶的[NiFe]氢化酶,并描述了它的特征,但却未与其他 SRB 进行比较研究。

### 18.6.4　亚硫酸盐还原酶

异化型亚硫酸盐还原酶(DSR)在 SRB 的硫酸盐呼吸中具有关键地位,是催化亚硫酸盐还原为硫化物的酶。对大量的 dsr AB 基因的序列进行分析比较,发现基因序列存在部分高度保守的区域,这为以 PCR 为基础的分子生态学技术研究,以及自然状况下 SRB 的存在、种类、分布和动态等特征奠定了有利的基础。与 16S rDNA 序列相比,dsr 基因序列似乎更能反映 SRB 间的亲缘关系,因此在 SRB 的系统分类中具有广泛应用。

Wagner 等(1998)对古细菌、革兰氏阴性和阳性 SRB 细菌中的 dsr 基因进行了分析,获得了包含 α 亚基和 β 亚基的约 1.9 kb 的 DNA 序列,经比较发现,这些序列高度的同源性在 49% ~89%,远远高于根据 16S rDNA 序列比较而获得的亲缘关系。因此可以推测真细菌和古细菌中的 dsr 基因可能来源于同一祖先,或者在进化过程中该基因发生了横向漂移。同样,深奥古球生菌和嗜热革兰氏阳性菌 Dt. thermocisternum 的 dsr AB 基因也十分相似。另外,还对其他 SRB 中的 dsr 基因序列以及非 SRB 中的 dsr 基因序列进行了比较分析,并构建了系统发育树,结果表明,DSR 的 cc 亚基和 p 亚基是平行起源进化的。

dsr AB 和 16S rDNA 分析均表明 SRB 菌株 TBP-1 为脱硫弧菌属,菌株 AK-01 和 Hxd3 均与 Desulfosarcina、脱硫线菌属和脱硫球菌属亲缘关系相近。然而,这两种方法有时也存在着分歧,如在 16S rDNA 发育树中,闪烁古球生菌和产甲烷球菌(Methanococcusjannas-chii)相距甚远,而 dsr AB 基因序列分析则表明它们之间没有明显的距离;同样 dsr AB 分析 δ - 变形菌纲 SRB 与其他 SRB 之间距离很远,而 16S rDNA 基因发育分析显示二者较近等。它们之间之所以存在分歧,原因可能是:

(1)基因进化速度和方式不同;

(2)发育树构建不够完善,数量不多;

（3）基因可能在不同类群之间存在横向漂移等因素。

### 18.6.5　腺苷酰硫酸盐还原酶

腺苷酰硫酸盐（APS）还原酶（5'-adenylylsulfate reducates）是催化硫酸盐还原为亚硫酸盐反应的第一步，是硫酸盐呼吸的关键酶。研究表明闪烁古生球菌的 APS 还原酶同 $\delta$-变形菌纲中 SRB 的 APS 还原酶具有很高的同源性，该酶在不同 SRB 中保守性均较强。

通过对硫光氧化细菌酒色红硫菌（*Chromatium vinosum*）的 APS 还原酶基因（aprBA）和亚硫酸盐还原酶基因（dsrAB）进行序列分析，结果表明 aprBA 和 dsrAB 同闪烁古生球菌和普通脱硫弧菌的相关基因有很高的同源性。

对 60 种不同 SRB 中的 APS 还原酶 $\alpha$ 亚基基因（apsA）进行测序比较，发现序列中存在高度保守区域，然而通过 apsA 构建的系统进化树却与 16S rDNA 的有一定的差异，推测 apsA 基因可能在不同类群细菌间发生了横向漂移。

# 第 19 章　硫酸盐还原菌的生理学

硫酸盐还原菌(SRB)是一类能够通过硫酸盐呼吸获取能量的原核微生物。目前,对 SRB 的生理学的研究方面主要集中在:

(1)还原力[H]从电子供体向电子受体流动的过程伴随着电子传递水平的磷酸化作用,大量的电子载体参与其中。SRB 的呼吸末端产物是 $H_2S$,它是能与金属发生反应形成硫化物的主要微生物代表之一,因此,大部分能够和活的生物反应的金属都能在这类细菌中找到。几种从 SRB 分离出的电子传递蛋白被用作模型和工具来置换和取代金属,因为这些电子传递蛋白的含量相对丰富、相对分子质量小、稳定,易于提纯。

(2)SRB 能够利用大量的有机化合物。即使是那些相对分子质量低、结构非常简单的有机物,在缺氧条件下的氧化过程也包含了复杂的生物化学反应。SRB 还能够以 $H_2$ 和 $CO_2$ 为唯一能源和碳源合成细胞有机物,这一特殊代谢行为引起了人们的浓厚兴趣。

(3)硫酸盐还原为硫化物。在微生物界,异养型的硫酸盐还原菌具有独特的利用无机硫作为电子最终受体的能力。硫酸盐还原菌的呼吸过程是在厌氧条件下进行的,该生物化学过程要比需氧生物的有氧呼吸复杂得多,需要各种各样的酶或酶系统才能完成。硫元素共存在 8 种不同的价态形式,除硫酸盐外,其他氧化形式都非常活泼,甚至可以在室温下发生转化或氧化反应,这些化学反应使得酶促反应分析起来更加困难。为维持这种生活方式,硫酸盐还原菌需要消耗数量较大的硫酸盐,因此造成大量硫化氢在其附近释放的严重后果。

(4)硫酸盐还原菌中主要的能量储存问题。经过对硫酸还原过程中的生物能量进行全面考虑之后,我们将追随硫酸盐还原菌中一个硫酸盐分子代谢的途径,即从它被硫酸盐还原细菌吸收到以 $H_2S$ 的形式释放出来。SRB 中与能量储存有关的其他途径,如有机化合物的发酵,无机硫化物的氧化、歧化反应,以及对硝酸盐和分子氧这些电子受体选择性的利用。

## 19.1　硫酸盐还原菌的呼吸代谢作用

硫酸盐还原菌的代谢过程分为 3 个阶段:第一阶段是对短链脂肪酸,乙醇等碳源不完全氧化(分解代谢),生成乙酸;第二阶段是电子转移;第三阶段是 $SO_4^{2-}$ 等还原为 $S^{2-}$,如图 19.1 所示。

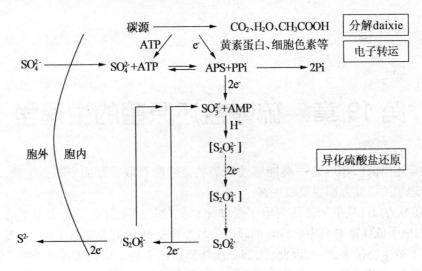

图 19.1　硫酸盐还原菌的代谢过程

多数的硫酸盐还原菌都以硫酸盐为末端电子受体,将硫酸盐还原为 $S^{2-}$。有些属种还能够利用元素硫、亚硫酸盐、硫代硫酸盐等为电子受体进行硫酸盐还原反应。

如图 19.1,硫酸盐还原过程可分为 3 个步骤:

(1)硫酸盐活化。硫酸盐与 ATP 在 ATP – 硫激酶的作用下生成腺苷酰硫酸(APS)和焦磷酸(PPi),PPi 很快水解形成磷酸(Pi),促使反应连续进行。

(2)APS 在 APS – 还原酶作用下形成 $SO_3^{2-}$ 和一磷酸腺苷(AMP)。

(3)亚硫酸盐在亚硫酸盐还原酶复合酶系的作用下,最终还原为 $S^{2-}$。

硫酸盐还原菌的另一条氧化途径是将乙酸、丙酸和乳酸等短链脂肪酸和乙醇完全氧化为二氧化碳和水。所以在含有硫酸盐的废水中硫酸盐还原菌便会大量存在,使厌氧消化过程中有机物的代谢途径呈现多样化,出现菌种对基质的竞争现象。主要表现在 SRB 和产甲烷菌(MPB)对乙酸和氢气的竞争;SRB 与产氢产乙酸菌(HPAB)对乙酸、丁酸等短链脂肪酸以及乙醇等的竞争;不同类型的 SRB 之间对硫酸盐利用的竞争。硫酸盐还原菌与产甲烷菌发生基质竞争的 COD/ $SO_3^{2-}$ 比范围见表 19.1。

表 19.1　硫酸盐还原菌与产甲烷菌发生基质竞争的 COD/ $SO_3^{2-}$ 比范围

| 基质 | COD/ $SO_3^{2-}$ 比范围 | 基质 | COD/ $SO_3^{2-}$ 比范围 |
|---|---|---|---|
| 乙酸 | 1.7 ~ 62.7 | 丁酸 | 0.5 ~ 1.0 |
| 丙酸 | 1.0 ~ 3.0 | 苯甲酸酯 | 0.33 左右 |

硫酸盐还原菌对厌氧消化的影响:SRB 的基质谱广泛且氧化分解能力强,能提高难降解有机物处理效果;SRB 氧化氢气,可使厌氧系统中的氢分压降低,从而使消化过程维持较低的氧化还原电位,为产甲烷创造良好条件;SRB 可将丙酸、丁酸等短链脂肪酸直接氧化为乙酸和二氧化碳,减少它们在系统中的积累,一定程度上促进了甲烷化过程的进行。

### 19.1.1　有机物作为电子供体的代谢途径

在微生物体内,硫酸盐还原有两种方式:一种是同化型硫酸盐还原途径,硫酸盐还原作用的产物直接用于合成细胞物质,这种方式在各种生物体内普遍存在;另一种是异化型硫酸盐还原途径,是 SRB 特有的获取能量的厌氧呼吸方式,是有机物厌氧氧化、电子传递、能量储存与硫酸盐还原相耦联的过程,需要一系列的酶参与,过程如图 19.2 所示。

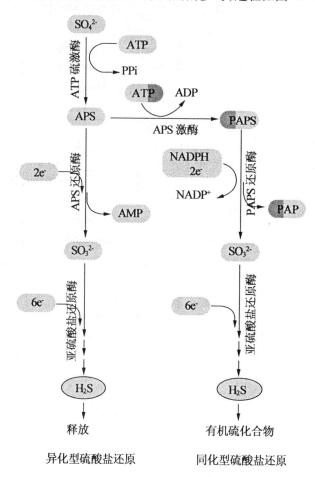

图 19.2　异化型和同化型硫酸盐还原过程

20 世纪末,SRB 中部分代谢相关的酶也逐渐得以分离并鉴定。一般来说,在固定化的脱硫脱硫弧菌和普通脱硫弧菌细胞内氢化酶的活性远低于溶解性的酶。真细菌 SRB 中分离出的部分酶如下:

氧化酶/脱氢酶包括:乙醛氧化还原酶、一氧化碳脱氢酶、过氧化氢酶、甲酸盐脱氢酶、延胡索酸盐还原酶、D-乳酸盐脱氢酶、L-L 酸盐脱氢酶、苹果酸脱氢酶、NADP 氧化还原酶、NADH 红素氧还蛋白氧化还原酶、NAD(P)H₂、甲萘醌氧化还原酶、原卟啉原氧化酶、铁氧化还原蛋白。

氧化还原酶包括:红素氧还蛋白、硫氧化还原酶、超氧化物歧化酶。

氨基酸代谢涉及的酶包括:L-丙氨酸脱氢酶、$\beta$-天冬氨酸盐脱羧酶、半胱氨酸合酶、丝氨酸转乙酰酶、L-$\delta$-茜素-5-羧酸盐还原酶。

硫代谢过程涉及的酶包括:腺苷 – 5'– 磷酸硫酸盐 APS 还原酶、三磷酸腺苷硫酸化酶、亚硫酸氢盐还原酶、脱硫绿胶霉素、亚硫酸氢盐还原酶、亚硫酸氢盐还原酶(p582)、硫氰酸酶、亚硫酸盐还原酶、亚硫酸盐还原酶、连三硫酸盐还原酶、硫代硫酸盐形成酶、硫代硫酸盐还原酶。

氮代谢过程涉及的酶包括:亚硝酸盐还原酶、固氮酶。

氢代谢过程涉及的酶包括:氢化酶。

核酸代谢过程涉及的酶包括:核酸代谢、腺嘌呤核苷脱酰胺酶、无嘌呤的核酸限制性内切酶、限制性核酸内切酶。

磷酸盐代谢过程涉及的酶包括:三磷酸腺苷酶、无机焦磷酸酶、焦磷酸酶等。

SRB 在氧化有机物过程中产生的电子,通过一系列的电子传递体系,最终传递给硫酸盐,生成硫化物。硫酸盐还原过程主要包括硫酸盐活化生成 APS,APS 还原生成亚硫酸盐,亚硫酸盐再还原生成硫化物。以普通脱硫弧菌菌株 Hildenborough 氧化乳酸为例来介绍有机物被 SRB 氧化后电子传递及 ATP 产生过程如下:

(1)1 mol 乳酸在乳酸脱氢酸作用下生成 1 mol 丙酮酸和 2 mol $H^+$ 和 2 mol $e^-$。$2H^+$ 和 2 mol $e^-$ 在膜结合细胞质内氢化酶作用下产生 $H_2$,$H_2$ 穿过细胞膜进入周质。

(2)酮酸进一步裂解生成乙酸和 $CO_2$,并且通过底物水平磷酸化产生 1mol ATP,产生的电子同上一步一样产生 $H_2$,扩散进周质。

(3)质中的 $H_2$ 在周质氢化酶的作用下氧化,将电子传递给 SRB 特有的电子受体蛋白——细胞色素 $c_3$。周质中 $H^+$ 与细胞质形成周质 – 细胞质 $H^+$ 离子梯度,推动产生 ATP。

(4)细胞色素 $c_3$ 将电子传递给电子传递复合体,复合体将电子跨膜传递给硫酸盐还原相关的酶,进行硫酸盐还原。

(5)$H_2$ 从细胞质转移至周质,通过周质氢化酶产生 $H^+$ 和 $e^-$,$H^+$ 和 $e^-$ 通过 ATP 合成酶和细胞色素传递体系,又返回到细胞质,这一过程称为氢循环。

(6)氧化 2 mol 乳酸释放 8 mol $e^-$,通过底物水平磷酸化,形成 2 mol ATP。8 mol $e^-$ 传递给 1 mol $SO_4^{2-}$,还原生成 $S^{2-}$,如图 19.3 所示。

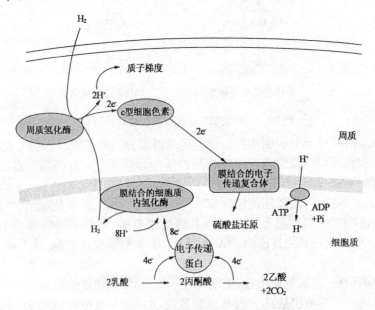

图 19.3　乳酸氧化及硫酸盐还原机理示意图

有些 SRB 能够经过 TCA 循环或乙酰辅酶 A 途径完全氧化乙酸。但是大多数 SRB 都没有 TCA 循环的酶,所以乙酸的完全氧化大都通过乙酰辅酶 A 途径来完成。

乙酰辅酶 A 首先在 CO 脱氢酶(CODH)作用下裂解,生成 CO - CODH 复合体 $CH_3$ - $B_{12}$ - 蛋白复合体。CO - CODH 分解产生 $CO_2$ 和 2 mol $e^-$。$CH_3$ - $B_{12}$ - 蛋白复合体经甲基转移酶(MeTr)生成复合体 $CH_3$ - THF,分解生成甲酸,同时转移 4 mol $e^-$,甲酸在甲酸脱氢酶(FDH)作用下转移 2 mol $e^-$,最终生成 $CO_2$。

## 19.1.2　硫酸盐的活化及亚硫酸盐的形成

### 1. 硫酸盐的活化

硫酸盐还原菌通过氧化各种各样的有机化合物,引导氧化作用产生的电子流向硫酸盐还原系统还原硫酸盐。硫酸盐还原菌可利用的有机化合物非常丰富,从简单的脂肪酸到复杂的芳香族碳氢化合物均可利用。硫酸盐的还原过程首先是硫酸盐从细胞外转移细胞内的过程,一般情况下,$SO_4^{2-}$ 是通过离子浓度梯度的驱动进入细胞内的。但阴离子对 $SO_4^{2-}$/ $SO_3^{2-}$ 之间的氧化还原电势很低,并且 $SO_3^{2-}$ 的热稳定性很强,所以在还原之前,硫酸盐还原的起始反应是激活阶段,在该阶段 $SO_4^{2-}$ 需要在 ATP 硫激酶作用下活化,生成腺苷酰硫酸 APS 和焦磷酸 PPi,方程式如下:

$$SO_4^{2-} + ATP + 2H^+ \longrightarrow APS + PPi$$

焦磷酸水解生成磷酸:

$$PPi + H_2O \longrightarrow 2Pi$$

总反应式如下:

$$SO_4^{2-} + ATP + 2H^+ + H_2O \longrightarrow APS + 2Pi$$

活化反应由 ATP 硫激酶催化进行。ATP 硫激酶是由 Robbins 和 Lipmann 于 1958 年在从事硫酸盐活化作用的主导研究时从酸母细胞中提取的。后来该酶也从普通脱硫弧菌和致黑脱硫肠状菌中提取出来,并发现它的许多特性与酵母菌 ATP 硫激酶类似。但科学家们进行了多次实验,结果有很多相互冲突的地方,所以直到现在,APS 形成观点仍悬而未决。

ATP 硫激酶有两种类型:一种是同化型硫酸盐还原过程中的异构二聚体 AIP 硫激酶($\alpha\beta$);另一种是在同化型或异化型硫酸盐还原过程中都存在的单聚体 ATP 硫激酶,在脱硫弧菌中为三聚体($\alpha3$),而在闪烁古生球菌中则是二聚体($\alpha2$),单体或单聚体 ATP 硫激酶由 sat 基因编码,其序列同异构二聚体 ATP 硫激酶基因没有同源性。

### 2. 亚硫酸盐的形成

APS 盐还原生成 AMP 和亚硫氢盐的过程,由 APS 还原酶作催化剂。这种酶,每个分子中含有一个黄素腺嘌呤二核苷酸(FAD)、12 个非血红素铁和 12 个酸性不稳定的硫化物。目前发现有两种不同类型的 APS 还原酶:一种类型同所有真核生物和原核生物中都存在的同化型 APS 还原酶相似;另一种则是同 SRB 异化型 APS 还原相关,异化型 APS 还原酶是分别由 apsA、apsB 基因编码的 $\alpha\beta$ 二聚体,$\alpha$ 亚基中带有 FAD 辅基,而 $\beta$ 亚基中带有两个 $Fe_4S_4$ 基团。根据 DNA 序列的比较,Peck 在 1961 年发现异化型 APS 还原酶是 APS 还原生成 AMP 和亚硫盐的催化剂。

细胞色素 c3 向 APS 传递 2mol $e^-$,APS 在 APS 还原酶的作用下,生成亚硫酸盐

($SO_3^{2-}$),同时释放 AMP。APS 还原酶将 APS 中的亚硫酸盐基团转移到还原态的 FAD 上,随后解离成亚硫酸盐和氧化态的 APS 还原酶。

APS 还原机理被假定发生在一个亚硫盐加成产物到形成异咪嗪环的第五个位置上的 FAD 的过程中。在该反应机制中,APS 把它的亚硫酸盐组转移成 APS 还原酶的一个被还原的 FAD 的一半,随之亚硫酸加成产物解离成亚硫酸盐,并氧化成 APS 还原酸,这个过程表示如下:

$$E - FAD + 电子载体(red) \Longleftrightarrow E - FADH_2 + 电子载体(OX)$$
$$E - FADH_2 + APS \Longleftrightarrow E - FADH_2(SO_3) + AMP$$
$$E - FADH_2(SO_3) \Longleftrightarrow E - FAD + SO_3^{2-}$$

有研究发现,普通脱硫弧菌中的 APS 还原酶也能还原 APS 的类似物鸟苷酰硫酸(GPS)、胞苷酰硫酸(CPS)、尿苷酰硫酸(UPS),生成氧化态的 APS 还原酶和亚硫酸盐。

### 19.1.3　亚硫酸盐的还原过程

目前对 APS 还原形成的亚硫酸盐随之还原为硫化物过程有两种理论:一种是直接还原理论,即亚硫酸盐直接获得电子还原生成硫化物;另一种是间接还原理论,即反应过程首先生成连三硫酸盐和硫代硫酸盐这两种中间产物,硫代硫酸盐进一步还原生成硫化物和亚硫酸盐。

1. 直接还原过程

(1)亚硫酸盐还原酶。

Postgate(1956)从 D. vulgaris 提取物中分离出吸收 630 nm、585 nm 和 411 nm 波长的绿色素。他把该色素描述为一种酸性咔啉蛋白,在波长为 365 nm 紫外线下暴露时能在碱性条件下分解生成一种红色荧光色团,该发色团被称为脱硫绿啶。

脱硫弧菌属除一种突变体——D. 脱硫弧菌 Norway4 外的所有种均含有脱硫绿啶,这些种是 Miller 和 Saleh(1964)分离的。Postgate 在 1956 年发现这些绿色素尚无可知作用,尽管其在 D. vulgaris 的提取物中大量存在。氧化还原反应并不能改变脱硫绿啶的吸收光谱,且不能与一氧化碳、氰化物或叠氮化钠等发生任何反应。其功能由 Lee 和 Peck 经研究最终确定,他们认为这种色素催化了亚硫酸盐还原成连三硫酸盐的反应,并将其命名为亚硫酸盐还原酶。随后有研究指出脱硫绿啶含有一种四氢卟啉辅基,与同化型亚硫酸盐还原酶相同。

1979 年,Seki 和 Ishimoto 分别分离了这两种类型的脱硫绿啶,在 MVH 连接的亚硫酸盐还原中,差异不大,两条带均形成连三硫酸盐、硫代硫酸盐及硫化物,另外吸收光谱、相对分子质量、亚基组成、不稳定性硫元素、铁含量、氨基酸组成以及圆二色性谱等特征均相同。

在普通脱硫弧菌菌株 Hildenborough/Miyazaki、巨大脱硫弧菌和非洲脱硫弧菌中,脱硫绿啶的亚基组成均为 4 聚体($\alpha_2\beta_2$),带 2 个血卟啉辅基和 6 个典型的 $Fe_4S_4$ 基团,其中有 2 个 $Fe_4S_4$ 基团同血卟啉结合。$\alpha$ 亚基的相对分子质量在 50 ~ 61 000 之间,$\beta$ 亚基的在 39 ~ 42 000 之间,由 dsrA 和 dsr 基因编码。最后从 D. vulgaris Hildenborough 的脱硫绿啶中发现第三个亚基 $\gamma$,由基因 dsrC 编码,11kDa 多肽,从而该酶成为 6 聚体结构($\alpha_2\beta_2\gamma_2$)。这三种亚基的抗体已具备,且被发现是专门针对各自的抗原而形成的,没有发现交叉反应能够表明 $\gamma$ 亚基不是 $\alpha$ 或 $\beta$ 亚基的蛋白水解部分。

1970 年,Trudinger 从致黑脱硫肠状菌中成功分离出一种一氧化碳结合色素 P582,该色素能催化亚硫酸盐还原生成硫化物,起着与亚硫酸盐还原酶类似的作用。1973 年 Akagi 和 Adams 发现 p582 还原亚硫酸盐形成的主要产物为连三硫酸盐,同时生成少量硫代硫化物和硫化物。另一种蛋白质是在亚硫酸氢盐还原形成三硫堇化合物和硫化物的过程中发现的,它是一种红色素。该红色素是脱硫玉红啶,它从 D. 脱硫弧菌 Norway 的提取物中被 Lee et al (1973)分离出来。

第四种亚硫酸盐还原酶是从不产芽孢的嗜热 SRB 普通嗜热脱硫细菌中分离出来的,被命名为 desulfofuscidin,能够还原亚硫酸盐生成连三硫酸盐,硫代硫酸盐和硫化物所生成的量相对较少。

(2)直接还原机理。

同化型或异化型亚硫酸盐还原酶,从细胞色素 c3 获得 6 mol e⁻,将 $SO_3^{2-}$ 还原为 $H_2S$,反应式如下:

$$SO_3^{2-} + 6e^- + 8H^+ \longrightarrow H_2S + 3H_2O$$

2 mol 乳酸氧化为乙酸的过程中,释放 8 mol e⁻,还原 1 mol $SO_4^{2-}$ 形成 1 mol $S^{2-}$。2 mol 乳酸氧化通过底物水平磷酸化作用产生 2 mol ATP,这 2 mol ATP 用于 1 mol $SO_4^{2-}$ 的活化。

1975 年,Chambers 和 Trudinger 进行了通过对采用 S35 标定的底物的同位素研究,通过脱硫脱硫弧菌中休眠细胞和生长细胞来确知这些标定物在他们新陈代谢过程中的取向,他们发现硫代硫化物的硫酸和磺胺组群均能被还原生成大致相同比率的硫化物。

如果硫酸盐以硫代硫化物为中间体被还原,则分布于硫烷基和磺酸盐基团原子之间的放射率应是相同的。因为硫代硫化物引起三硫堇化物的还原,他们得出的结论是三硫堇化物和硫代硫化物并非亚硫酸氢盐还原过程的中间体。这个结论与早期 Jones 和 Skyring (1974 年)的观点相吻合,后者发现脱硫绿啶素谱在聚丙烯酰铵凝胶中还原亚硫酸盐生成硫化物。

有研究发现,亚硫酸盐在氧气中还原的过程可发生快速的质子生成现象。Peck 实验室的另一研究表明,顺电化学上被还原的脱硫绿胶霉素可被亚硫酸盐氧化,每微摩的酶可产生 0.8 微摩的硫化物,这表明存在着六电子还原。以上研究积累的结果引导研究者提出这样一个假设:亚硫酸盐直接通过电子还原机理被还原,并且还原过程未形成任何可分离的中间产物。

工作者讨论亚硫酸盐还原酶(脱硫绿啶,p582,脱硫红啶,desebfoscidin)活性的真正产物是三硫堇化物还是硫化物,到目前为止,没有一个实验能够确定亚硫酸氢盐还原成硫化物的真正途径。有可能亚硫酸盐还原过程中存在另一种 SRB。

1975 年 Chamber 和 Trudinger 研究表明,如果脱硫弧菌属休眠和生长细胞所进行的亚硫酸盐还原过程是由同化亚硫酸还原酶所引起,那么他们文章中所发表的结果就可被解释。这种酶从 D. vulgaris 中分离提纯,并被证明在无任何其他化合物,如三硫堇化物、硫代硫化物形成的情况下,把亚硫酸氢盐还原成硫化物。

2. 间接还原过程

1990 年,Fitz 和 Cypionka 研究发现以 $H_2$ 或甲酸为电子供体时,脱硫脱硫弧菌能使亚硫酸盐还原生成硫代硫酸盐和连三硫酸盐。1992 年,Sass 等的工作表明,当脱硫弧菌属、脱硫叶状菌属、脱硫球菌属、脱硫杆菌属和脱硫细菌属的某些种在亚硫酸盐和适量的 $H_2$ 中培养时，能形成硫代硫酸盐或连三硫酸盐。他们同时观察到，在一个有限电子供体 $H_2$ 的恒化器内生长时，脱硫脱硫弧菌能生成硫代硫酸盐和连三硫酸盐。但是，Sass 等人没有阐明这些副产品是否是硫化物以外的最终产物。

（1）连三硫化物和硫代硫化物的发现。

1969 年，Kobayashi、Tachibana 和 Ishimoto 从普通脱硫弧菌提取物中分离出两种组分，这两种组成分能够还原亚硫酸盐物硫化物，依次通过连三硫化物、硫代硫化物，而另一部分把这些产物还原成硫化物。他们指出的异养亚硫酸还原过程是：

$$3SO_2^{2-} \xrightarrow{2e^-} S_3O_6^{2-} \xrightarrow{2e^-} S_2O_3^{2-} + SO_3^{2-} \xrightarrow{2e^-} S^{2-} + SO_3^{2-}$$

同年，Suh 和 Akagi 报道从普通脱硫弧菌菌株 8303 中分离出两种组分，这两种组分能使亚硫酸盐生成硫代硫酸盐。这个过程被命名为硫代硫酸盐形成体系，该体系中一种组分为脱硫绿啶，另一组分被命名为 F II。Ishimoto 和 Akagi 实验室的这些发现表明在脱硫弧菌属中存在形成连三硫酸盐的途径。同一研究中还得出结论，这些提取物中通过"硫代硫酸盐形成体系"发生上述作用的离子为亚硫酸氢盐而非亚硫酸盐。

（2）连三硫酸盐途径。

1971 年，Lee 和 Peck 发现脱硫绿啶可催化亚硫酸盐，并将其还原生成唯一产物连三硫酸盐。而 Jones 和 Skyring 等随后进行的研究表明，除连三硫酸盐之外，还有硫代硫酸盐和硫化物的生成。许多研究者利用氢化酶——甲基紫精（MV）进行实验，该实验中包括连三硫酸盐、硫代硫酸盐、亚硫酸氢盐和异化型亚硫酸盐还原酶，令其在氢气中进行，反应式如下：

$$H_2 + MV[\text{氧化态}] + H_2ase \Longleftrightarrow MV[\text{还原态}] + 2H^+$$
$$MV[\text{还原态}] + nHSO_3^- + Dsr \Longleftrightarrow S_3O_6^{2-} + S_2O_3^{2-} + S^{2-}$$

如果氢化酶或甲基紫精浓度相对较高，而亚硫酸氢盐浓度较低，一般将导致较低的连三硫酸盐和较高的硫化物产量水平，而在相反的条件下，所产生物质的量呈相反趋势。

Drake 和 Akagi（1977a）利用普通脱硫弧菌的丙酮酸盐和丙酮酸磷酸裂解系统取代氢和氢化酶作为亚硫酸盐还原的电子供体。在此实验条件下，形成了连三硫酸盐、硫代硫酸盐和硫化物。所形成产物的数量与丙酮酸盐和亚硫酸盐的浓度有关，该结论与氢化酶实验得到的结果相似。

亚硫酸盐还原酶包括相邻的 A、B、C 三个活性位点。C 位点在 A 位点和 B 位点形成适当的催化外形之前就与亚硫酸盐结合，该亚硫酸盐被两个电子还原生成亚硫酸氢盐。如果电子浓度高，次硫酸氢盐可能还原为硫化物，或者二硫中间体可能还原生成硫代硫酸盐；如果电子浓度相对较低，连三硫酸盐将是终产物。亚硫酸氢盐还原生成硫代硫酸盐和连三硫酸盐的途径如图 19.4 所示。

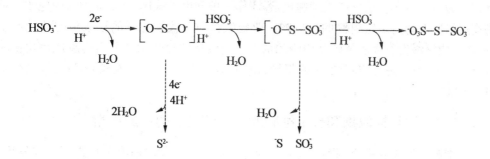

图 19.4　亚硫酸氢盐还原过程途径

1974 年,Kohayshi 等提出一个稍有不同的亚硫酸盐还原生成硫化物的模式,其中包括三硫堇化物和硫代硫化物的形成。假设亚硫酸盐被还原生成一个中间体 X,该中间体与两个亚硫酸盐结合形成三硫堇化物,或被还原形成另一中间体 Y。这个中间体接着可与一个亚硫酸盐分子结合形成硫化物或被还原为硫化物。根据该模式,如果有连三硫酸盐形成,它将被还原成硫代硫化物,反之它将被还原成硫化物。

(3)连三硫酸盐还原酶。

1977 年,连三硫酸盐被一种分离蛋白质还原成硫代硫化物,这一反应最先被 Drabe 和 Akagi 提出。通过聚丙烯酰胺凝胶电泳,FII 组分被进一步分离提纯,纯化产物可将亚硫酸氢盐和连三硫酸盐还原生成硫代硫酸盐,该反应需要亚硫酸氢盐和连三硫酸盐同时存在。

从连三硫酸盐释放亚硫酸氢盐分子,作为序列反应中自由态的亚硫酸氢盐重新循环参与随后的反应。尽管这种酶并非一种特征明显的三硫化物还原酶,但它是最先被分离出来的,能使连三硫酸盐还原形成硫代硫化物的酶。从 D. vulgaris 提取物中分离出另一种连三硫酸盐还原体系,该体系包括亚硫酸盐还原酶和另一被命名为 TR－1 的部分组成。该活性也被称作依赖于亚硫酸氨盐还原酶的连三硫酸盐还原酶。TR－1 也曾从致黑脱硫肠状菌中分离出来,并与 p582 作用形成连三硫酸盐还原酶体系。致黑脱硫肠状菌中的 TR－1 能在还原连三硫酸盐的过程中利用脱硫绿啶。这意味着,TR－1 和亚硫酸氢盐还原酶互相可以进行内部转化,其中亚硫酸氢盐还原酶是由 D. valgal 和 Dt. 脱硫弧菌中分离出来的。

(4)硫代硫酸盐还原酶。

根据三硫堇化物途径,亚硫酸氢盐还原生成硫化物的最终步骤中涉及酶,硫代硫化物是原酶。硫代硫酸盐还原分为两个步骤:第一步是磺胺硫原子还原成硫化物,第二步是亚硫酸盐缓慢还原成硫化物。从硫代硫酸盐还原反应产物中分离到了亚硫酸盐,硫代硫酸盐的还原的反应如下:

$$S-SO_3^{2-} \xrightarrow{2e^-} S^{2-} + SO_3^{2-}$$

对致黑脱硫肠状菌和普通脱硫弧菌的硫代硫酸盐还原酶的研究表明亚硫酸盐是硫代硫酸盐还原酶催化反应的最终产物之一。通过内部和外部标定的 35S－硫代硫化物还原表明外层标定的磺胺硫被还原成硫化物,而内部磺酸硫原子仍以亚硫酸盐状态存在。如果硫代硫酸盐被细胞提取物还原,那么两个硫原子将以大致相等的速率被还原为硫化物。

这种酶能把硫代硫化物还原成硫化物和亚硫酸盐,并且在任何情况下,都可以利用甲基紫精作为电子供体。该酶能以细胞色素 c3 作为中间电子载体，从氢化酶获得电子。抑制该酶作用的反应物是硫氢组群的反应物。亚硫酸盐对硫代硫化物的还原酶的活性产生抑制，铁离子能够激发巨大脱硫弧菌中酶的活性。由致黑脱硫肠状菌分离的硫代硫化物还原酶含有 FAD 作为辅酶，这部分的去除将导致酶的活性的降低，核黄素和 FMN 在该情况下不能替代 FAD。

### 19.1.4　细胞提取物和整个细胞的亚硫酸氢盐的还原作用

通过细胞提取物和整个细胞对亚硫酸氢盐还原成硫化物的所有反应进行研究发现，一些有关该反应进程的可能的内部机理，细胞提取物在亚硫酸氢盐还原过程中起着重要的作用。1983 年，Akagi 观察到，由 Dt. 脱硫弧菌得到的细胞提取物能很快将亚硫酸氢盐还原成硫化物。当连三硫酸盐加到该系统以后，没有硫化物生成，并且反应混合物中有硫代硫化物迅速还原成硫化物，但如果连三硫酸盐与硫代硫化物同时存在，则没有硫化物生成。通过这些研究，得出的结论是所选用的制剂是一种硫代硫化物的抑制剂。

进一步研究发现：①连三硫酸盐能够抑制亚硫酸氢盐还原成硫化物，并导致硫代硫化物的积累；②连三硫酸盐本身可通过细胞提取物还原成硫代硫化物；③连三硫酸盐不抑制 p582 活性；④硫代硫化物还原成硫化物的过程受连三硫酸盐抑制。

连三硫酸盐对亚硫酸盐和硫代硫酸盐还原过程的抑制作用在脱硫脱硫弧菌中同样存在。他们发现这些细胞减少 mmol 浓度（0.5 ~ 4 mmol）从而导致硫代硫化物的积累，而且高浓度的连三硫酸盐抑制硫酸盐、亚硫酸盐和硫代硫化物还原成硫化物。

## 19.2　硫酸盐还原菌的电子传递蛋白

从 SRB 分离出的电子传递蛋白含量丰富、相对分子质量小、性质稳定、易于提纯，这种性质在几种修饰作用如金属或黄素置换反应中已体现出来。所以经常用于模型分析和用分子工具来置换和取代金属。

### 19.2.1　独立的电子传递蛋白

1. 非血红素铁蛋白

（1）铁硫蛋白（Rubredoxin）。铁硫蛋白是在 SRB 中发现的结构最简单、相对分子质量最小的氧化还原蛋白。其含一个铁原子，分别与四个半胱氨酸残基硫原子相连接组成一个四面体。在几种硫酸盐还原菌的细胞质中发现了铁硫蛋白，这些菌种包括巨大脱硫弧菌属、普通脱硫弧菌菌株 Hildenborough、D. desulfuricans 和 D. salexigens，现已测出普通脱硫弧菌和脱硫弧菌菌种中铁硫蛋白的氨基酸顺序，并对部分红氧还蛋白三级结构进行了充分研究，确定至原子水平。红氧还蛋白的大量带电残基存在着差异，D. desulfuricans 的铁硫蛋白缺少一个 7 - 氨基环，这些都说明铁硫蛋白与从 D. gigas 提取的一种 NADH - 铁硫蛋白氧化还原酶之间存在着不同的反应活性。

铁硫蛋白的氧化还原电位在 $-50 \sim 0$ mV 之间，而在脱硫弧菌属中的异化型硫酸盐还原需要从电位更低的还原剂（$-400 \sim -200$ mV）上获取电子，因此铁硫蛋白在硫酸盐还原菌中很难参与生理反应。

近年来,一种 NADH - 铁硫蛋白氧化还原酶特征的确定以及在巨大脱硫弧菌中铁硫氧化还原酶的发现,说明巨大脱硫弧菌中铁硫蛋白可能参与了有氧呼吸链,而且这个呼吸链从 NADH 中获得电子,并将 $O_2$ 还原成水。

普通脱硫弧菌菌株 Miyazaki 中红氧还蛋白主要是作为电子载体接受细胞质中乳酸脱氢酶的电子。应用分子模型和核磁共振(NMR)技术,建立了一个四聚体血红素细胞色素 c3 的结构模式。四聚体血红素细胞色素 c3 位于外周胞质中,铁硫蛋白在细胞质中被发现,因此这两种蛋白质之间的相互作用看起来是非生理性的。然而,分子模型显示细胞色素 c3 的一个血红素与铁硫蛋白中的[Fe - S]中心有着相互的联系。

Rubrerythrin 从普通脱硫弧菌中提取出了非血红素铁蛋白。该蛋白为同型二聚体,含有的四个铁原子位于 2 个铁硫中心和 1 个内部亚单位双核束中。从 rubrerythrin 的基因序列来分析,没有证据证明该蛋白质有导肽。

最近,报导另外一种功能尚未确定的非血红素铁蛋白,nigerythrin 与 rubrenythin 有相似之处。Nigerythrin 也是一个同型二聚体,每个单体含有 6 个铁原子。从相对分子质量大小、PI 值、N - 末端序列、抗体活力、光吸收、EPR 光谱学以及氧化还原电势几方面分析表明,rubrerythrin 和 nigerythrin 是两种不同的蛋白质。

脱硫铁氧还蛋白(desulfoferredoxin)是另外一种类型的非血红素铁蛋白,是从脱硫脱硫弧菌菌株 ATCC 27774 和普通脱硫弧菌菌株 Hildenborough 中分离出来的。Moura 等研究表明,在该蛋白质中有两种类型的铁:一种是铁 - 硫中心,类似于巨大脱硫弧菌中的脱硫氧还蛋白的铁 - 硫中心;另一类是高度旋转的铁,可能与含氮 - 氧配位体以八个方向连接。对普通脱硫弧菌属中的这种蛋白质的末端氨基酸顺序进行分析表明,它是普通脱硫弧菌中的 rbo 基因编码的产物,也是一种铁硫蛋白氧化还原酶,NAD(P)H 不能还原这种蛋白。

(2)脱硫氧还蛋白(Desulforedoxin)。脱硫氧还蛋白是一种新的非血红素铁蛋白,首先从巨大脱硫弧菌中分离出来并研究了其特性。与铁硫蛋白相似的是,这种蛋白也含有一个可被 Co 和 Ni 替换的 Fe 原子。巨大脱硫弧菌中的脱硫氧还蛋白的基因已被克隆并测序出,这表明普通脱硫弧菌中由 rob 基因编码的末端产物(靠近 N - 末端有 4 kg/mol 的脱硫氧还蛋白)可通过基因融和形成。2000 年,Ascenso 等从普通脱硫弧菌克隆到编码脱硫氧还蛋白的基因,并将 N 末端和 C 末端部分在大肠杆菌中进行了表达。结果表明,蛋白 N 末端和 C 末端均有独立的金属结合域,N 末端特性与全蛋白类似,可能存在铁、钴结合域,C 末端包含一个铁 - 硫中心。

2. 铁氧还蛋白(Ferredoxin,Fd)

铁氧还蛋白含铁原子和硫原子,每个铁原子都与四个无机硫原子对称连结在一起。在硫酸盐还原菌的磷酸裂解反应和亚硫酸盐还原的电子传递过程中起着重要的作用。这种蛋白具有低的氧化还原电势、特征性电子光谱和典型的电子顺磁共振特征。含有四种 Fe - S 排列方式的 7 种铁氧还蛋白已从硫酸盐还原菌中分离出来,即 [3Fe - 4S]、[4Fe - 3S]、[3Fe - 4S]和[4Fe - 4S]、2 × [4Fe - 4S]基团。

(1)铁氧还蛋白的分类。巨大脱硫弧菌有两种形式的铁氧还蛋白,被命名为铁氧还蛋白Ⅰ(FdⅠ)和铁氧还蛋白Ⅱ(FdⅡ)。这两种蛋白质都由相同的多肽链组成,FdⅠ是三聚体和二聚体,其每个单体含一个[4Fe - 4S]基团,氧化还原电势为 - 450 mV;FdⅡ是四聚体,每个亚单位含一个[3Fe - 4S]基团,氧化还原电势为 - 130 mV。

Desulfomicrobium（Dm）baculatum 菌株 Norway 4 中也分离出了两种铁氧还蛋白,这两种铁氧蛋白是由不同的多肽链组成的。Fd I 含一个[4Fe－4S]基团,氧化还原电势为 －374 mV;Fd II 含一个 2×[4Fe－4S],氧化还原电势为 －500 mV。

非洲脱硫弧菌中含有三种铁氧还蛋白,这三种铁氧蛋白是二聚体结构。目前认为 Fd I、Fd II 的每一个单体含有一个[4Fe－4S]基团,Fd III 含一个氧化还原电势为 －140 mV 的[3Fe－4S]基团和一个氧化还原电势为 －410 mV 的[4Fe－4S]基团。

在普通脱硫弧菌菌株 Miyazaki 中发现两种类型的铁氧还蛋白,都为二聚体结构。FdI 包含两个有着不同作用的氧化还原中心,由一个[3Fe－4S]基团和一个[Fe－4S]基团组成,其氨基酸序列与非洲脱硫弧菌的 Fd III 相似。Fd II 每个单体仅含一个[4Fe－4S]基团,其氧化还原电位是 －405 mV。

在其他的 SRB 中也存在铁氧还蛋白,如普通脱硫弧菌菌株 Hildenborayh、D. salexigens、D. desulfuricans ATCC27774、Dm. baculatum 9974 菌株和 Desulfotowaadum,但是目前还没有进行详细的研究。

（2）铁氧还蛋白的结构。目前铁氧还蛋白的结构研究最清楚的是巨大脱硫弧菌中含[3Fe－4S]的 Fd II,利用光谱学方法研究[3Fe－4S]基团的结构,结果显示这是一个单独的铁－硫中心。采用 X 光衍射分析 Fd II 的结构,结果表明,[3Fe－4S]基团通过 Cys8、Cys14 和 Cys50 这三个半胱氨酸基与多肽链相连。Cysll 作为[4Fe－4S]基团第四位点的配基,在远离中心处折回。在含 2x[Fe－S]的铁氧还蛋白中发现 Cys18 和 Cys42 之间的一个二硫桥位于第二个铁－硫基团处。在 Fd II 还原时,这个二硫桥能被打开,二硫桥在铁硫氧还蛋白的生理行为中的势能作用有待于进一步研究。初步的衍射学数据已从 Dm. baculatum 菌株 Noruay4 中的铁硫蛋白获得。

另外,几种 SRB 的铁氧还蛋白氨基酸序列已经测定,包括巨大脱硫弧菌的 Fd I 和 Fd II、Dm. baculatum 菌株 Norway 4 的 Fd I 和 Fd II、普通脱硫弧菌菌株 Miyazaki 的 Fd I 和 Fd II、非洲脱硫弧菌的 FdI 和 FdII。

巨大脱硫弧菌中 Fd II 上的[3Fe－4S]将成为研究这类 Fe－S 基团的光谱特性的有力依据。许多技术都被用于它的特性研究上,包括 EPR、Mossbauer、Resonance Raman、MCD、EX-AFS、Saturation magnetization、NMR 和电化学等。最近的报导也集中在运用不同技术手段对不同菌株的 Fd 特征进行研究。

（3）铁氧还蛋白的生理功能。大多数铁氧还蛋白的生物活性体现在:当以亚硫酸盐为电子受体时,铁氧还蛋白能够加速氢的消耗,或以丙酮酸为底物时,能够加速氢的产生。已经证明四聚血红素细胞色素 c3 是介于脱氢酶和 Fd 之间的中间体。这个电子传递链在氢化酶与亚硫酸盐还原酶之间相耦联或在含氢气的自养生长中还具有活性。

巨大脱硫弧菌中的 Fd I 和 Fd II 分别在不同的代谢途径中起作用。Fd I 在磷酸裂解反应中是必需的,氢在丙酮酸的氧化过程中产生;Fd II 也可单独加速这种磷酸裂解反应,说明 Fd II[3Fe－4S]基团向 Fd I[4Fe－4S]基团的转变。

从丙酮酸脱下的氢可以在含有氢化酶、细胞色素 c3、FdI、不完全提纯的丙酮酸脱氢酶及 COA 的反应体系中重建,在反应中 Fd II 的活性仅为 Fd I 的 40%。

巨大脱硫弧菌中的 Fd II 或黄素氧还蛋白在脱氢酶和硫酸盐还原酶之间是不可缺少的。已报导的在巨大脱硫弧菌中与氢的氧化相耦联的亚硫酸盐还原反应,可在胞外中含细胞色素 C3、FdⅡ、黄素氧还蛋白的电子传递链上重建,同时可被 $Ca^{2+}$ – 蛋白激活。

(4)[3Fe – 4S]/[4Fe – 4S]束之间相互转换和异金属(Heterometal)基团。正如我们所知道的,在巨大脱硫弧菌粗提液中丙酮酸能够诱导巨大脱硫弧菌中 FdⅡ 的[3Fe – 4S]基团转变成 FdⅠ 的[4Fe – 4S]基团。在二硫醚(dithiothretol)存在下,用过量的 $Fe^{2+}$ 的处理后,提纯的巨大脱硫弧菌 FdⅡ 也可以转化成 FdⅠ,这证明巨大脱硫弧菌中 Fd 的多肽链含有[3Fe – 4S]基团和[4Fe – 4S]基团。

在 $Fe^{2+}$ 存在下,非洲脱硫弧菌中 FdⅢ 的[3Fe – 4S]基团可以转化为[4Fe – 4S]基团中心。Asp14 的羧基端被认为是已转化的[4Fe – 4S]基团的第四个配基,它占据了一个典型的 8Fe Fd 的半胱氨酸的位置。起初在巨大脱硫弧菌 Fd 中发现的[3Fe – 4S] / [4Fe – 4S]基团之间的相互转化,表明除铁元素外,金属转换可在[3Fe – 4S]中心上实现。实际上,这种 Cubanlike 型的 [M,3Fe – 4S]中心可由 $CO^{2+}$、$Zn^{2+}$、$Ni^{2+}$ 构成。D. gigas FdⅡ 还包括[Zn,3Fe – 4S]中心和[Ni,3Fe – 4S]中心。在 D. africanuis FdⅢ 和 Pyrococcus fuiosus Fd 中得到了同样的结论。

3. 黄素氧还蛋白(flavodoxin)

黄素氧还蛋白存在于许多微生物中,在巨大脱硫弧菌、脱硫脱硫弧菌和嗜盐脱硫弧菌中都已发现。其中对普通脱硫弧菌的黄素氧还蛋白研究得最多,一级和三级结构已经确定。在 Desulfovibrio 的几个种包括巨大脱硫弧菌、普通脱硫弧菌菌株 Hildenborough、嗜盐脱硫弧菌和脱硫脱硫弧菌菌株 Essex 6 中的黄素氧还蛋白基因已经克隆得到,其中嗜盐脱硫弧菌和普通脱硫弧菌的基因在大肠杆菌中得到了表达。

以 elcetrostatic potential field calculation 和 MuR 实验为基础的计算机做图法,建立起了 D. vnlgeris 中黄素氧还蛋白 – 四聚血红素细胞色素 c3 的电子传递复合体的假设模型。由于各自独立,这两种蛋白质之间的复合体还不能直接表明生理上的作用,但它对于研究血红素和黄素基团之间的电子传递的机理是一个很好的模型。

在产氢和耗氢的反应中,黄素氧还蛋白可以代替铁氧还蛋白行使电子传递的功能。黄素氢还蛋白和 Fd 之间的生物化学相似性在于黄素氧还蛋白有两种稳定的氧化 – 还原状态:半醌 – 氢醌状态,其氧化还原电位为 – 440 mV;半醌 – 醌状态,其氧化还原电位为 – 150 mV。黄素的这两种状态同巨大脱硫弧菌中的铁氧还蛋白 FdⅠ 和 FdⅡ 的氧化还原电势相一致。这两种电子传递蛋白的氧化还原性质和观察到的生物互换性相符合。

在 C. tyrobutyriaun 中可观察到相同的结果,即在 NADH 被 NADH – Fd 氧化还原酶氧化时,黄素氧还蛋白仍可被 Fd 取代。已报导,巨大脱硫弧菌中氢化酶和亚硫酸盐还原酶之间存在电子传递,尽管在耦联反应中黄素氧还蛋白效率低些。但在加入 Fd 或黄素氧还蛋白后可以被重建,只有在加入 Fd 而不是黄素氧还蛋白时,才能观察到与电子传递链相关的磷酸化作用。

巴斯德梭菌中的黄素氧还蛋白只有在缺铁生长条件下才能被合成,而普通脱硫弧菌菌株 Hildenborough 中的黄素氧还蛋白即使在铁过量的条件下,也会大量存在。

Dm. baculatum Noruay 4 和 DSM1743 不含黄素氧还蛋白,但含有一个具[4Fe – 4S]中心结构的铁氧还蛋白,和一个具 2×[4Fe – 4S]中心结构的铁氧还蛋白。说明在一些代谢途径中,黄素氧还蛋白和 Fd 不能互相代替。

黄素氧化还原酶(Flavoredoxin)是一个同型二聚体,其每分子含有 2 个 FMN,在 pH =

7.5 时,氧化还原电势是 $-348$ mV,是一种从巨大脱硫弧菌分离出来的新黄素蛋白。它与黄素氧还蛋白的区别主要在于:在用联二亚硫酸钠还原时,没有半醌形式存在。黄素氧化还原酶在氢的氧化和亚硫酸盐还原耦联过程中是必不可少的。

对黄素氧还蛋白与黄素氧化还原酶的 N 末端氨基酸顺序进行对比,表明了二者存在较低的同源性。

**4. 细胞色素**

(1)细胞色素 c。在硫酸盐还原菌中发现了其他几种 c 型细胞色素,下面将介绍这些血红素蛋白的主要特征。

①单体血红素细胞色素 c。1968 年,由 Le Gall 和 Bruschi 首次在普通脱硫弧菌菌株 Hildenborough 中提取出来。但目前,这个细胞色素已经在其他的几个菌种中被发现。单体血红素细胞色素 c 含有的唯一血红素在 N 末端,应属于 Ambler I 类,根据 α 峰的位置命名为细胞色素 C553,被认为是普通脱硫弧菌菌株 Miyazaki 中延胡索酸脱氢酶的固有的电子受体。

②二聚体血红素细胞色素 c。到目前为止,二聚体血红素细胞色素 c 只在脱硫脱硫弧菌菌株 27774 中发现,因它的特征性光谱也被叫作 Split soret。其结构为每个相对分子质量为 26 kDa 的单体中含两个血红素,氧化还原电势分别是 $-168$ mV 和 $-330$ mV,生理功能目前尚不清楚。

③四聚体血红素 c3。1954 年,Postgate 和 Ishimoto 首次发现了这种最原始的细胞色素 c3,但其结构尚未研究清楚,直到 1968 年,Ambler 建立了它的一级结构,才确定它每个分子中含有四个血红素。此蛋白质在很多脱硫弧菌中存在。

已经确定普通脱硫弧菌菌株 Miyazaki、巨大脱硫弧菌和 Dm. baculatum 中的四聚体血红素细胞色素 c3 的 X 衍射结构。其结构为四个血红素聚在一起形成一个氧化还原电势为 $-30 \sim -400$ mV基团。

四聚体血红素 c3 是氢化酶的辅助因子,可传递电子到其他电子载体上。在它不存在时,铁氧还蛋白、铁硫蛋白和黄素氧还蛋白的还原速度均减慢。据报道,四聚体血红素 c3 可在与硫代谢相关的电子传递链上充当"加速"电子传递体,也可在硫还原作用中作为末端电子供体。

④八聚血红素细胞色素 c3。这种蛋白已在 Desulfovibrio 不同种中被发现,如巨大脱硫弧菌和 Dm. baculatum。这种细胞色素是由相对分子质量为 13.5 kg/mol 的两个相同亚单位组成,在单体之间有一些血红素形成桥。巨大脱硫弧菌中的这种蛋白在 $H_2$ 到硫代硫酸盐之间充当一种高效的电子传递体。已有学者对这种细胞色素的一个初步 X 衍射线结构进行研究。

⑤十六血红素细胞色素 c。一种含 16 个血红素的细胞色素是在普通脱硫弧菌菌株 Hildenborough 中首次发现的,并通过克隆相关的基因得到证实。

(2)细胞色素 b。细胞色素是脱硫肠状菌属中发现的唯一细胞色素类型。在巨大脱硫弧菌发现的细胞色素 b 可能和延胡索酸还原酶有关,因为当细菌利用延胡索酸而不是硫酸盐作为最终电子受体时,细胞色素 b 的合成加速。细胞色素 b 同在其他这样的蛋白质中一样,也是琥珀酸脱氢的一部分,琥珀酸脱氢酶是长茎脱硫叶状菌中主要蛋白质之一。

脱硫弧菌中都存在醌,却没有细胞色素 b,说明在脱硫弧菌中醌和细胞色素 b 没有任何的关联,对硫酸盐还原菌中基本的氧化还原组分的功能进行彻底的研究是势在必行的。

## 19.2.2  电子传递链重建

在 SRB 电子传递过程中,仍有许多问题亟待解决:不同种类微生物的差异性;一些种类的蛋白在一种微生物中是独立存在的,而在另外种类微生物中却以一复合体结构存在,如发现在巨大脱硫弧菌中的脱硫氧还蛋白是普通脱硫弧菌中脱硫铁氧还蛋白的一部分;一定的电子载体对电子受体或电子供体缺少专一性,具多血红素细胞色素 c3 是一个很好的例子,即在没有氢化酶 Desulformonas acetoxidans 中被发现的细胞色素 c7,一个与细胞色素 c3 密切相关的三聚体血红素血红蛋白,很容易地被细胞素 c3 还原。

光解反应系统中,叶绿素吸收光子,叶绿体内光合系统 II 的 Mn–酶催化 $H_2O$ 光解产生分子 $O_2$ 质子和电子(图 19.5)。铁氧还蛋白将电子转移给氢化酶,使质子与电子结合产生分子 $H_2$。

细菌氢化酶和铁氧还蛋白对 $O_2$ 非常敏感,大多数 SRB 的氢化酶对氧的敏感性限制了其在生物光解反应中的应用。最有应用前景的要数脱硫脱硫弧菌菌株 NCIB 27774 中的黄素氧还蛋白和暗淡奴卡菌 Ib 中的氢化酶的运用。

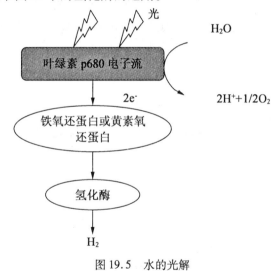

图 19.5  水的光解

1. 用可溶性或增溶性蛋白进行定位和重建

1993 年,Barata 等建立了巨大脱硫弧菌从底物到最终电子受体之间的完整电子传递链,在该传递链中,从醛到 $H_2$ 的产生需要 11 个独立的氧化还原中心。巨大脱硫弧菌的优势在于它仅有一个氢化酶和一个铁氧还蛋白,结构简单;普通脱硫弧菌中有三个氢化酶和一个铁氧还蛋白;脱硫脱硫弧菌中有两个铁氧还蛋白。

1981 年,Odom 和 Peck 提出的氢循环假说是唯一能解释硫酸盐还原菌中能量储存的模型,而且与实验数据最吻合。这个模型中存在两种氢化酶,或者同一种氢化酶位于细胞的不同部位(图 19.6)。

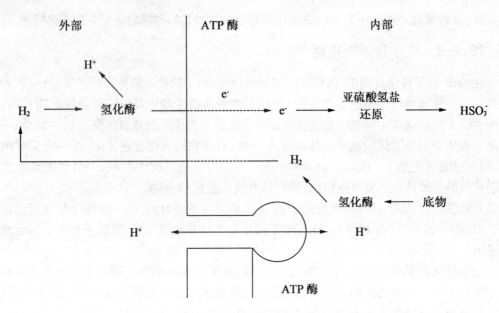

图 19.6　SRB 的氢循环模型(Odom 和 Peck,1984)

巨大脱硫弧菌包含两种氢转换和利用的电子传输链,如图 19.7 所示,某些电子传递链结构与这种模型相符合。

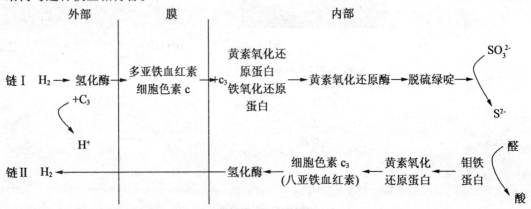

图 19.7　两种氢转换和利用的电子传输链(Barton,1995)

两套完整的电子传递蛋白体系可解释巨大脱硫弧菌中的能量储存问题。

所有的蛋白除一种很难确认的膜上细胞色素 c 外,都是可溶的,而且它们的位置与实验数据相吻合,但只有一个特例:含[Ni-Fe]的氢化酶的位置还有待于确认。

这种氢化酶的双重定位与其他的结论相符合,说明同样的蛋白可以在细胞的不同部分找到。如果所有的氢化酶分子在细胞周质中存在是生理上必需的,那么由 Le Gall 和 Fauque 提出被 Mviere 等人用于解释他们结论的一个模型是可行的(图 19.8)。在这样一个体系中,电子传递链 I (图 19.7)保持不变;相反,电子传递链 II 需要一个额外的跨膜的电子载体,如巨大脱硫弧菌中的甲基萘醌。

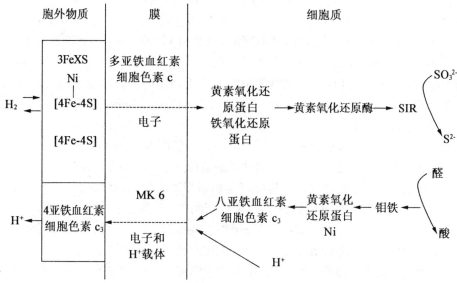

图19.8　氢循环模型(Le Gall 和 Fauque,1988)

尽管醌和多血红束细胞色素 c 之间的这种反应还没得到证实,但这有利于详尽阐述氢循环假说。氢化酶在 D. multisphirans 中定位的动力学模型是非常重要的。

ATP 在 $H_2$ 到延胡索酸盐还原过程中的形成可在巨大脱硫弧菌观察到。在这个反应中不需要可溶性蛋白,由细胞色素 b、甲基萘醌类组成了这个电子传递链。然而,这样还不能很好地解释在这些样品中"可溶性"的氢化酶存在,除非酶陷入倒置的囊状物或未知的附于膜上与活性有关的氢化酶中。对巨大脱硫弧菌的"膜"进行系统的研究表明,四聚体血红素细胞色素 c3 中存在与质子和氧化还原相关的构向转换现象。

2. 原生质球、膜的影响

原生质球(Spheroplasts)的应用对最初详细描述氢循环假说或氢化酶在 D. multispirans 中的定位做出很大的贡献。然而,还没有关于原生质球结构和在脱硫弧菌属菌种中与可溶性蛋白关系的报道。

Peck 用膜的方法证明在巨大脱硫弧菌中氧化磷酸化的存在。这些实验显示出从分子氢到亚硫酸盐的还原作用中可溶性的蛋白与 ATP 的形成相耦联。

3. 计算机建模

X - 结晶学在建立一些脱硫弧菌属氧化还原蛋白结构方面取得了重要的进展,并建立了:①普通脱硫弧菌的黄素氧还蛋白,第一个知道其三维结构的氧还蛋白;②四聚体血红素细胞色素 c3 的结构;③第一个含具有氧化还原活性的二硫桥的铁氧还蛋白结构;④普通脱硫弧菌、脱硫脱硫弧菌和巨大脱硫弧菌中的铁硫蛋白等结构。

正如已经提到过的,运用 H - NMR 在建立细胞色素 c3 的三维结构以纠正依据 X - 衍射数据建立起的错误结构上,无疑将会有重要的意义。

化学计量关系表明四聚血红素细胞色素 c3(位于周质)和黄素氧还蛋白或铁氧还蛋白之间不能发生相互作用,而它们真正的伴侣是另外一个位于细胞质中与其类似的细胞色素 c。这种理论有一些实验证据,因为在巨大脱硫弧菌中连接醛氧化和氢生成的氧化还原链,可用黄素氧还蛋白和四聚血红素细胞色素 c3 或八聚血红素细胞色素 c3 得到重建。在黄素氧还蛋白和八聚血红素细胞色素 c3 之间的相互作用模型中，其比例是 1:1。然而，最新的进展发现普通脱硫弧菌中的关于细胞色素 c3 和 Fd I 之间相互作用的 NMR 数据，更倾向于认为 1 分子的 Fd 与 2 个细胞色素 c3 连接，结合系数为 $1 \times 10^8 \text{ mol}^{-1}$。近期的另外一个研究也表明了 D. salexigens 的黄素氧还蛋白和三个四聚体血红素细胞色素 c3 之间的相互关系是 1:2 的化学计量单位。这样一个模型的确需要有更多结构方面的信息；现在对巨大脱硫弧菌中的八聚血红素细胞色素 c3 的 X - 衍射结晶学研究正在进行当中。

4. 分子生物学

应用分子生物学工具研究 SRB 电子传递链过程，已取得部分成果：

（1）操纵子上的基因是具有某些生理功能的单位。

（2）要想从一个给定的基因推出另外与其相似基因的生理活性，这只有在分离出由此基因编码的蛋白和得到有关两种蛋白之间电子传递的实验数据后才能够实现。相反，还存在其他的一些情况，如氧化还原酶除了在编码它的基因位置出现外，还被发现在这基因组的不同部位出现。因此，还不能得出关于这种酶生理活性伙伴的结论。

（3）只有通过基因编码的导肽序列，才能给蛋白定位。这种序列的存在并不能确定成熟蛋白的最终定位。同时，在普通脱硫弧菌 nibrerythrin 基因中发现不存在导肽，这与实验中所发现的结果，即成熟蛋白只在细胞质中相矛盾。可能是后者在到达它的最终位置时，通过其他蛋白的水解作用释放出来。

四聚血红素细胞色素 c3 的基因编码一个信号肽，普通脱硫弧菌单血红素细胞色素 c553 也有相同结果。根据细胞色素 c3 存在状态可确定直接的点突变发生，这表明用 Met 取代 His 诱导特定血红素的氧化还原电势的提高。这一结果可想而知，因为所有的线粒体细胞色素 c 都有一个组氨酸 - 血红素 - 蛋氨酸型连接链和较高的氧化还原电势。

几个黄素氧还蛋白的基因已被克隆出来，但没有发现对应导肽的 DNA 序列，这与它们细胞质定位相一致。最后，在对由 Higuchi 等人在普通脱硫弧菌 Hildenborongh 中发现的六聚体血红素细胞色素进行克隆后，又对它的一串基因进行分析，发现了 8 个开读结构，并证实在一个跨膜功能单位上存在相应的蛋白。这个体系受到高度的关注，同时需要实验验证。

# 19.3　硫酸盐还原菌溶质运输和细胞能量

在发现 SRB 的碳代谢有多条途径之后的一段时期内，硫和能量的代谢也被证明是多样的。下面详细阐述硫酸盐还原菌对硫酸盐分子代谢的途径，包括硫酸盐还原的每一个步骤能量的产生、硫酸盐的运输过程、储存过程以及其机理等。

## 19.3.1　异化型硫酸盐还原的热力学

异化型硫酸盐还原菌含有的可利用能量很少。热力学限制了硫酸盐还原过程中能量储存的上限。如果氧化还原电位为 - 420 mV 的有效的电子供体 $H_2$ 被氧化，在中性 pH 值标准条件下，总反应的自由能变化是 - 155 kJ/mol，而以 $O_2$ 作为电子受体时自由能变化是 - 949 kJ/mol，反应式如下：

$$4H_2 + SO_4^{2-} + 1.5H^+ \longrightarrow 0.5HS^- + 0.5H_2S + 4H_2O \quad \Delta G^{0\prime} = -155 \text{ kJ/mol}$$

$$4H_2 + 2O_2 \longrightarrow 4H_2O \quad \Delta G^{0\prime} = -949 \text{ kJ/mol}$$

细胞在生长过程中每个 ATP 的合成大约需要 70 kJ/mol 能量,所以理论上每个硫酸盐分子还原只能储存不超过 2 个 ATP 的能量,但实际上产生的 ATP 会比理论上产生的更少。如果其中包括一些关键步骤,增加的那部分自由能可能也不用于能量储存。通过对硫酸盐活化所需的 ATP、同化型硫酸盐还原所需的能量以及 SRB 的不完全氧化过程进行研究,结果显示:硫酸盐还原和能量储存没有耦联的关系。

产芽孢的硫酸盐还原菌可作为发酵过程中产生的过量电子的电子"储备库"。但是,细胞能在含 $H_2$ 和硫酸盐的无机营养下生长完成硫酸盐还原和净能量的储存。

### 19.3.2　硫酸盐、亚硫酸盐和硫化物特性简介

硫酸盐还原过程中存在几个有氧呼吸中没有涉及的问题,而在只有可透膜的化合物、气体和水参与的反应中,硫酸盐还原时还存在离子的消耗和产生。有氧呼吸的终产物是水,而硫酸盐还原产物则是 $H_2S$,且当浓度超过 5 mmol 时对 SRB 也产生毒害作用。

从硫酸到 $H_2S$ 的形成存在质子消耗,所以硫酸盐的还原会引起 pH 值改变。$H_2S$ 是一种弱酸,在中性 pH 值时仅部分解离。

硫酸盐和硫代硫酸盐几乎能完全解离,亚硫酸($H_2SO_3$)的第二解离常数是 6.9 。这意味着在中性 pH 值时,亚硫酸盐以数量大致相等的 $HSO_3^-$ 和 $SO_3^{2-}$ 形式出现。

硫化物是指 $H_2S$ 和亚硫化物($HS^-$)。$H_2S$ 的第一解离常数为 7 左右,所以在 SRB 有活性的范围内 $H_2S$ 和 $HS^-$ 都可以存在。$H_2S$ 的第二解离常数大约为 17～19,表示 $S^{2-}$ 的碱性比 $OH^-$ 更强。

### 19.3.3　标量和矢量的过程

细胞能量的最小单位是单一的质子、离子或电子,它们通过跨膜运输出、输入细胞。目前认为每产生一个 ATP 需运输三个质子。对其他的离子,其转换因素与运输的机制有关。运输的过程和细胞能量是紧密相关的。

通常,标量过程和矢量过程是有差异的。标量的变化是化合物的净量发生变化的过程,例如硫酸盐还原为硫化物的碱化作用就是一个标量过程。这种变化在无区室的系统和一个细菌培养基中都能以化学角度去分析,因为内部细胞量只占培养量中很小的百分比。公式如下:

$$4H_2 + SO_4^{2-} \longrightarrow S^{2-} + 4H_2O \quad \Delta G^{0\prime} = -118 \text{ kJ/mol}$$

或者

$$4H_2 + SO_4^{2-} + H^+ \longrightarrow HS^- + 4H_2O \quad \Delta G^{0\prime} = -152 \text{ kJ/mol}$$

但是这个公式不能准确地描述在中性培养基中标量质子的消失。硫化物或亚硫酸盐的不同数量的质子组成的混合形式也导致了自由能变化上的差异。

通常认为,标量过程不能储存能量。如果把酸加入细胞的悬浮液中,产生的标量酸化作用不能被细胞用于 ATP 的储存。由于标量的变化只影响膜的一侧,因此只有极少的质子能进入细胞。膜电位的变化能平衡跨膜 pH 值的变化。

与矢量过程耦联的化学渗透能是必不可少的,它也与细胞膜两侧的浓度变化相偶联。当一个质子或离子从细胞内侧被跨膜运输时,检测到的 $H^+$ 总量是不变的。因此,由跨膜电子和化学的浓度差推动质子重新回到细胞中。

质子的运动可与一个化学反应相耦联，这可划分为一级运输系统；另外，质子可与另一种化合物同向或反向转运，这种情况称为二级运输系统，其驱动力取决于两种化合物的浓度差。

### 19.3.4　硫酸盐运输

**1. 硫酸盐运输机制**

硫酸盐的活化需要 ATP 的参与，而 ATP 只存在细胞质中，因此，硫酸盐同化和异化还原的前提是硫酸盐被吸收到细胞里。一级运输系统通常完成同化型硫酸盐的吸收。在肠细菌和蓝细菌中，周质的硫酸盐结合蛋白参与硫酸盐的吸收，并且吸收的动力是 ATP 的水解。该系统是单向的，以防止细胞内硫酸盐的损失。异化型 SRB 的硫酸盐吸收所需要的 ATP 约占硫酸盐还原产生自由能的一半。

与磷酸转移酶系统对糖的吸收相比较，这将是一种可行的基团转移运输机制。运输的溶质在吸收过程中被化学修饰进而转变成另一种形式被代谢，但并不穿透细胞质膜。相反，在 SRB 中发现了二级硫酸盐运输系统。预先存在的质子或钠离子梯度驱动硫酸盐的积累。

**2. 通过质子转运实现硫酸盐积累**

详细研究硫酸盐运输的前提是防止硫酸盐还原和 $H_2S$ 的立即释放。因此，细胞悬液需要在 0 ℃下预冷或者完全暴露在空气中，这样碱化作用和硫化物的形成才能分开。通过与等摩尔 HCl 的校准脉冲相比较，可以计算出每加入一个硫酸盐消失两个质子。

放射性标记硫酸盐的实验证明，质子的吸收伴随着硫酸盐的积累，超过 90% 的 1.25 μmol/L 的硫酸盐被细胞吸收。胞外剩余的浓度大约为 0.1 μmol，而胞内浓度大约是 0.5 mmol。

在研究淡水和海生硫酸盐还原菌的硫酸盐吸收过程的质子踪迹的实验中，氧抑制了硫酸盐的还原。淡水菌种中每个硫酸盐失去两个质子，而海生菌株可发生轻微的碱化作用。

**3. 质子电势和硫酸盐积累的相关性**

在确定了 ΔpH 和 ΔΨ 之后，就可以对同向运送的质子数进行定量计算。采用 13P - NMR 和透膜弱酸分布这两种不同的方法对 SRB 中跨膜 pH 值梯度进行研究，结果表明细胞外为中性 pH 值时，细胞维持 pH 变化值为 0.5 个单位，即内部是碱性的；外部基质 pH 值为 5.9 时，pH 变化值上升到 1.2 个单位；在细胞外的 pH 值大于 7.7 时，脱硫脱硫弧菌中不存在 pH 值梯度。利用透膜放射性标记探针技术测定出了 10 株淡水菌株的 pH 变化值在 0.25 和 0.8 之间。

假设硫酸盐的积累和质子移动力相平衡，即使观察到最高的积累因子也可以通过每个硫酸盐中的三个质子的理想配比来解释。海洋 SRB 中硫酸盐的积累，对影响跨膜钠离子梯度的抑制剂非常敏感。而淡水 SRB 中的硫酸盐实现最大积累的条件是三个阳离子和硫酸盐同向转运。

**4. 硫酸盐运输的调节**

SRB 在添加微摩尔级硫酸盐时，硫酸盐在 SRB 细胞内并不总是能产生高浓度的积累，而运输是由基因和蛋白质水平双重调节的，目前发现至少有两种不同的硫酸盐运输机理。

1957 年，Littlewood 和 Postage 在实验中观察到：在脱硫弧菌的非代谢性的细胞悬液中加入的高浓度硫酸盐并没有被细胞内的水分稀释,该细胞表现出对硫酸盐的不可透过性。1961 年,Furusaka 发现脱硫弧菌在硫酸盐还原过程中积累了硫酸盐。脱硫弧菌细胞在还原过程中积累了放射性标记的硫酸盐。

除了基因水平的调节,细胞内还存在另一种活性水平的快速调节机制。如果表达有高积累运输系统的细胞暴露在不断增加的硫酸盐浓度下,积累会相应地降低。细胞并不像所表明的那样,在较高浓度范围内的硫酸盐上通过恒定的 ATP 水平和质子电势,利用硫酸盐的吸收去能。

在硫酸盐长期受限的条件下,在恒化器内生长的细胞表现出最高浓度的硫酸盐积累,而在硫酸盐过量的条件下生长的细胞,硫酸盐的积累很少超过 100 倍。故得出结论:细胞中不只拥有一个硫酸盐运输系统,高积累的运输系统只在硫酸盐受限时表达,而低积累系统是最基本的组成型表达。

### 5. 硫代硫酸盐和其他硫酸盐类似物的运输

SRB 可以还原包括硫酸盐在内的各种硫的化合物,其中最重要的是硫代硫酸盐和亚硫酸盐。硫代硫酸盐是硫酸盐的一个结构类似物,它与硫酸盐的区别只是一个附加的硫原子代替了氧原子。到目前为止,仅对硫代硫酸盐的运输进行了详细的研究。淡水和海洋 SRB 中的硫代硫酸盐和硫酸盐的运输特征十分相似。硫酸盐受限能诱导硫代硫酸盐的高度积累能力,而过量的硫代硫酸盐也可以去除积累的硫酸盐。硫代硫酸盐的积累大都是通过高积累硫酸盐运输系统实现的。但目前发现,只有脱硫脱硫弧菌菌株 Essex 在吸收硫酸盐和硫代硫酸盐时,质子的吸收动力不同,硫酸盐和硫代硫酸盐的吸收依赖于生长过程中提供的电子受体。

含有硫酸盐的细胞和含有硫代硫酸盐的细胞从外观上是无法区分的。在几个其他的硫酸盐结构类似物以 25 倍过量进行实验研究,结果可以观测到硫酸盐还原过程的典型抑制剂:钼酸盐和钨酸盐对硫酸盐的积累影响不大;铬酸盐可强烈抑制硫酸盐积累;硒酸盐能抑制一半硫酸盐积累量。

总之,硫酸盐在异化型 SRB 中的吸收是通过与阳离子同向运送的可逆的二级运输系统完成的。淡水与海水中的硫酸盐浓度不同,所以在淡水 SRB 中利用质子进行同向运送,海洋 SRB 利用钠离子进行同向转运。细胞生长在硫酸盐过量条件下不表现高度积累的能力。

与质子同向转运时,硫酸盐运输中所需的能量较易估算出来。三个质子同向运送的硫酸盐被吸收进细胞消耗一分子 ATP。当硫酸盐分子与两个质子同向运送时将消耗 2/3 个 ATP。但是,在同化型硫酸盐还原中,硫酸盐对所需能量的吸收可由产生的 $H_2S$ 得到部分补偿,因此,对硫酸盐运输中能量的平衡进行估算时,必须要考虑到硫化物释放时的能量问题。

### 6. 淡水与海生硫酸盐还原菌依赖钠的硫酸盐积累

淡水种和海生种的硫酸盐还原菌的运输机制存在很大差异。一般情况下,淡水中的硫酸盐和沉降物浓度较低,且淡水种需要适应低浓度的硫酸盐,并具有硫酸盐积累的能力,所以 SRB 的主要栖息地在水表面下几毫米处典型的少硫酸盐区。而生存在高浓度硫酸盐环境中的海洋 SRB,在硫酸盐吸收过程中对 pH 影响非常小。硫酸盐积累依赖于钠离子,部分钠离子可由锂离子代替。在淡水和海洋 SRB 中,发现了 $Na^+$/质子反向运输系统,其中每个 $Na^+$ 不只消耗一个 $H^+$。如果包括这一机制,那么硫酸盐运输将比与质子偶联的系统消耗更多的能量。

海洋 SRB 嗜盐脱硫球菌能量代谢的基础是一级质子泵而不是 $Na^+$ 泵;淡水 SRB 中除了 $Na^+$/质子反向转运,还未见 $Na^+$ 对 SRB 的特殊作用。

7. 稳态硫酸盐积累的计算

硫酸盐吸收过程是可逆的。此可逆性是描述跨膜稳态梯度的化学渗透方程式的基础。通过与一个阳离子的同向运送而获得的阴离子稳态积累可被描述为

$$\lg(c_i/c_o) = -(m+n)\Delta\Psi/z + n\lg(x_o/x_i)$$

式中　　$c_i$、$c_o$——细胞内外的阴离子浓度;

$x_i$、$x_o$——细胞外同向运送的阳离子浓度;

$M$——阴离子的电荷;

$N$——同向运送的阳离子电荷;

$\Delta\Psi$——膜电位;

$Z$——2.3 RT/F。

硫酸盐与两个质子同向运送的积累和膜电位无关,因为电中性的同向转运没有净电荷的转移。其中唯一的驱动力是 $\Delta pH$。1 000 倍稳态积累所需 pH 梯度为 1.5(log 1 000 = 3),为计算 1 000 倍硫酸盐积累所需的质子梯度,上式可被简化为

$$\log(c_i/c_o) = 2 \times \Delta pH$$

稳态硫酸盐的积累和质子动力的相关性降低了其理想配比。当外部硫酸盐浓度大于 100 μmol 时计算出的理想配比甚至降低到 2 以下。质子势能达到平衡之前,硫酸盐的不可透过性阻止了硫酸盐的运输。高硫酸盐积累与膜电位有关,硫酸盐的积累对影响膜电位的抑制剂和 pH 值梯度敏感。显然,高度的硫酸盐积累依赖于 $\Delta pH$ 和 $\Delta\Psi$,且是产电的,而 pH 值电极只能检测到电中性质子的运动。

## 19.3.5　亚硫酸盐还原的能量学

1. 硫酸盐激活及能量变化

硫酸盐还原菌不能直接还原硫酸盐,硫酸盐必须在消耗 ATP 的情况下先被活化,在 ATP 硫酸化酶的作用下,ATP 和硫酸盐变为 APS 和焦磷酸。硫酸盐活化能量相当于两分子 ATP 水解为 ADP 所释放的能量。ATP 硫激酶的第二个产物 APS 的去除是第一个氧化还原反应,反应式如下:

$$APS + H_2 \longrightarrow HSO_3^- + AMP + H^+ \quad \Delta G^0 = -69 \text{ kJ/mol}$$

APS 被 APS 还原酶还原为亚硫酸盐和 AMP 所释放的能量大大多于焦磷酸断裂释放的能量。以 $H_2$ 作为电子供体时,自由能的变化要高 3 倍。

异化型硫酸盐还原菌能否提供如此多的能量消耗,以及焦磷酸的水解或 APS 还原是否耦联着能量储存机制,至今尚未得到证实。

2. 焦磷酸或 APS 还原酶的能量耦联

几种焦磷酸水解酶储存能量方式的可能性已被讨论,在脱硫弧菌属和东方硫肠状菌中的焦磷酸水解酶的活性可被还原。如果没有可用的还原性底物时,这种机制可以通过硫酸盐活化防止能量浪费。

在几种脱硫肠状菌菌株中,没有观测到还原剂激活焦磷酸酶的行为,然而,却发现了酶

与膜结合位点。因此,不能排除焦磷酸酶能通过质子运输参与能量的储存。焦磷酸盐在脱硫肠状菌中能用于乙酰磷酸的形成,但一部分观察结果暗示依赖焦磷酸的乙酰磷酸的形成是一种假象。有关细菌以焦磷酸盐为外部能源生长的报道也是建立在一种假象基础上的。加入到生长培养基中的焦磷酸盐会引起盐的沉淀,但没有蛋白质增加的现象。

　　APS 的还原过程是一个强烈的放能过程,但如果 APS 还原酶能与能量的储存机制相耦联将是十分有利的。然而,到目前为止在大多数研究的菌株中,酶都定位于细胞质中。在 AMP 存在时,反向电子运输最可能驱动亚硫酸盐氧化为 APS,因而也和能量耦联。

　　目前尚无证据能够确定硫酸盐活化消耗的 ATP 的个数,但从恒化器中 SRB 的生长率进行推断,硫酸盐活化消耗的 ATP 少于 2 个。在普通脱硫弧菌中,不需要活化的亚硫酸盐和硫代硫酸盐最大生长率比硫酸盐高 3 倍。在相似的脱硫肠状菌 orientis 实验中,它们的生长产率差异非常小。

　　3. 亚硫酸盐还原的能量学

　　亚硫酸盐到硫化物的还原弥补了硫酸盐活化所消耗的能量,并能产生额外的 ATP 用于生长。以 $H_2$ 作为电子供体的亚硫酸盐还原反应式为

$$0.5HSO_3^- + 0.5SO_3^{2-} + 3H_2 + H^+ \longrightarrow 0.5HS^- + 0.5H_2S + 3H_2O \quad \Delta G^0 = -174 \text{ kJ/mol}$$

　　比较亚硫酸盐还原为硫化物和连三硫酸盐途径的能量学,其中连三硫酸盐途径能产生连三硫酸盐和硫代硫酸盐,它们是亚硫酸盐还原的中间产物。亚硫酸盐还原酶、硫代硫酸盐还原酶和三硫酸盐还原酶参与了该反应。亚硫酸盐还原酶:在它的作用下,三个亚硫酸盐分子形成连三硫酸盐:

$$1.5HSO_3^{2-} + 1.5SO_3^{2-} + H_2 + 2.5H^+ \longrightarrow S_3O_6^{2-} + 3H_2O \quad \Delta G^0 = -48 \text{ kJ/mol}$$

连三硫酸盐还原酶:在它的作用下,连三硫酸盐形成亚硫酸盐和硫代硫酸盐:

$$S_3O_6^{2-} + H_2 \longrightarrow S_2O_3^{2-} + 0.5SO_3^{2-} + 0.5HSO_3^- + 1.5H^+ \quad \Delta G^0 = -122 \text{ kJ/mol}$$

硫代硫酸盐还原酶:在它的作用下能形成硫化物和亚硫酸盐:

$$S_2O_3^{2-} + H_2 \longrightarrow 0.5HS^- + 0.5H_2S + 0.5HSO_3^- + 0.5SO_3^{2-} \quad \Delta G^0 = -4 \text{ kJ/mol}$$

以上各步骤的氧化还原电势和相应的自由能变化差异很大。在连三硫酸盐还原中自由能的变化最大,而最后一步形成硫化物反应即使在 $H_2$ 饱和的情况下也很难放能。

　　连三硫酸盐途径要求电子传递到依次排列的三个不同的电子受体,每一个电子受体都要消耗电子,尚不了解酶在过程中的作用机制。有研究报道指出亚硫酸盐还原酶与膜的相连,并已经在脱硫脱硫弧菌中得到了纯化的与膜结合的亚硫酸盐还原酶,但主流思想仍然认为它在细胞质中。

　　为了阐明亚硫酸盐还原的机制,对没有考虑该过程中所必需的酶进行了几次全细胞研究,这项研究结果支持存在一个有中间产物途径理论。从热力学角度来说,电子供体受限是前提条件。然而,Chambers 和 Trudinger 使用了很高浓度的电子供体,在利用标记的硫酸盐和硫代硫酸盐进行研究中没有发现中间产物形成的迹象。

　　两种化学渗透检测结果也支持连三硫酸盐途径:第一,亚硫酸盐还原为 $H_2S$ 能被解耦联剂抑制并依赖完整的细胞结构,在一步还原的情况下,需要解耦联剂对亚硫酸盐还原的激发作用;第二,当亚硫酸盐还原不完全而且和硫化物的形成不相耦联时,可观测到在微摩尔 $H_2$ 存在下出现最大的 $H^+/e^-$。在电子供体受限的条件下,细胞能利用电子进行最适宜的反应。亚硫酸盐还原反应在出现某些中间产物时停止,这些中间产物还原为硫化物时消

耗电子且不与能量相耦联。

### 19.3.6　质子移动力的产生

大部分硫酸盐还原菌以分子氢作为电子供体。目前已经发现了很多种位于细胞内和周质空间中的氢化酶。一个周质氢化酶将电子传递给细胞色素并且在细胞质中消耗电子，这一过程会引起膜电势和跨膜 pH 值梯度，从而不需泵质子穿过细胞膜，这一机制称为矢量电子运输。此外，SRB 可能将质子泵过膜来完成矢量质子运输。

1. 氢循环

通过对矢量电子运输产生质子移动力的机制的了解，使人们考虑这样一种机制也可能参与到细胞内被氧化底物的能量储存上。氢循环的假说指细胞内 $H_2$ 的形成是细胞质氢化酶的作用，然后它扩散到周质空间，并被周质氢化酶氧化。但从热力学角度上来讲，由于跨膜 pH 值梯度和在碱性 pH 值时 $H_2$ 的氧化还原电势的负值更大，所以 $H_2$ 在细胞内的形成没有细胞外那么简单。因此科学家们大胆地假设这两个氢化酶是通过可逆电子载体连接的。

SRB 能利用有机底物产氢，硫酸盐存在下细胞氧化 CO 或丙酮酸都能产生和消耗 $H_2$。但是一氧化碳和丙酮酸的中点电势比 $H_2$ 更低一些，乳酸盐的中点电势为 $-190$ mV，没有氢循环。而一些 SRB 中并没有氢化酶，显然，氢循环不是必须的。

2. 通过周质氢化酶以及运输的质子释放

通过氧化剂脉冲的方法完成了矢量质子运输。少量的 $O_2$ 脉冲加入到无氧培养的细胞中，在电子运输的短期内引起外部基质中发生可逆酸化作用，然后，运输的质子又被吸收并驱动 ATP 的再生。在用硫酸盐还原菌和硫酸盐代替 $O_2$ 进行同样的实验，得出了不同的结论。

采用还原剂脉冲的方法研究利用硫酸盐还原产生质子动力的实验中，在过量的硫酸盐中预培养不含或含有少量内源底物的细胞。当加入少量 $H_2$ 脉冲启动电子运输时，电子受体——硫酸盐的运输是不必要的。因为检测分析是在 $N_2$ 饱和并没有电子供体出现情况下进行的，所以氧化还原的电势较高，电子运输率比氧化剂脉冲低。实验获得在周质氢化酶作用下，$H_2$ 的形成过程中典型的 pH 踪迹。

以硫酸盐作为电子受体时，脱硫脱硫弧菌菌株 Essex 中每个 $H_2$ 能产生 $1.8H^+$，如图 19.9(a)所示。亚硫酸盐作为电子受体时，$H^+/H_2$ 比值稍高，而硫代硫酸盐作电子受体时，$H^+/H_2$ 比值为 0.5。当实验中不形成 $H_2S$ 时，硫酸盐和亚硫酸盐为电子受体时 $H^+/H_2$ 比值分别达到 3.1 和 3.4，如图 19.9(b)所示。显然硫酸盐或亚硫酸盐被不完全还原。

几个实验研究结果显示，硫代硫酸盐的加入甚至会引起硫化物的消失，但其机制尚未研究清楚。可以确定的是 $H^+/H_2$ 比值达到 4.4 时，脱硫脱硫弧菌通过典型的质子运输产生了质子动力。

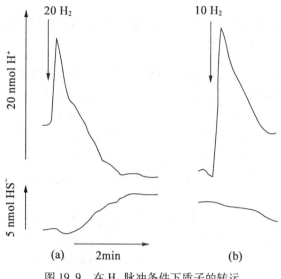

图 19.9　在 $H_2$ 脉冲条件下质子的转运

脱硫脱硫弧菌菌株 Marburg 含有活性很强的周质氢化酶,这种氢化酶在以硫酸盐、亚硫酸盐和硫代硫酸盐为电子受体时,释放的 $H^+/H_2$ 比值小于 2。相应地,由于 $CuCl_2$ 不进入细胞,质子的运输对能专一性地抑制周质氢化酶的 $CuCl_2$ 敏感。但是,在以乳酸和丙酮酸盐作为底物时,运输方式为质子运输,因为质子运输对 $CuCl_2$ 并不敏感。以 $O_2$ 作为电子受体,$H^+/H_2$ 比值达到 4 时,该菌株既可以利用矢量电子运输也可以利用跨膜的质子运输。

### 19.3.7　硫酸盐还原能量学的综合评价

继 Wood 作出评价之后的二十余年中,我们对硫酸盐呼吸中的硫酸盐运输、硫酸盐活化、电子运输、质子运输和跨膜梯度方面的认识取得了相当大的进展。但是有待于进一步研究的方面仍然存在,如焦磷酸水解酶和 APS 还原酶的能量耦联、质子运输的位点、亚硫酸盐还原的途径。

以 $H_2$ 为电子供体,每分子硫酸盐还原为亚硫酸盐的净能量储存约是 1 个 ATP。按照化学渗透假说,1 个 ATP 相当于 3 个质子跨膜运输。当硫酸盐充足时,硫酸盐的吸收需要与两个质子同向运送,相当于 2/3 个 ATP。在硫酸盐受限时,每运输 1 个硫酸盐会消耗 1 个 ATP。$H_2S$ 形成时质子的标量结合影响与硫酸盐一起吸收的质子的输出,但两者不直接相关。

目前发现两种产生质子动力的机制,通过周质氢化酶将电子运输到细胞内释放质子以及质子运输。在周质氢化酶的单独作用下,每个硫酸盐能释放 2 个 $H^+/H_2$ 或 8 个 $H^+$,然而,并非在所有的 SRB 中都存在周质底物的氧化。

硫酸盐活化消耗的能量在亚硫酸盐还原时得到了补偿,但对连三硫酸盐途径还不清楚。只要不能确切地阐明焦磷酸酶和 APS 还原酶的能量耦联机制,就必须设定硫酸盐的再活化需要 2 个膦酸酯键的水解。

目前,还没有详细地研究过海生硫酸盐还原菌的能量学。如果钠梯度是通过产电的 $Na^+/H^+$ 反向运输产生的,那么硫酸盐运输对钠的需求增加了硫酸盐运输的消耗。唯一研究过的海洋菌株的能量代谢主要是以质子动力为基础的。

### 19.3.8　通过硫酸盐还原以外的其他过程实现的能量储存

#### 1. 有机底物的发酵

很早以前有研究发现很多 SRB 都能在缺乏硫酸盐时通过对有机底物的发酵获得能量。最简单的发酵方式是丙酮酸发酵生成乙酸盐、$CO_2$ 和 $H_2$,在乙酸激酶的作用下进行底物水平磷酸化储存发酵过程中产生的能量。

乳酸能被发酵为 $H_2$、乙酸和 $CO_2$,但前提是乳酸首先氧化为丙酮酸,但在此过程中需要依赖能量的反向电子运输,这一反应是由膜结合酶催化的。而底物水平磷酸化形成的 ATP 可用于耗能的反向电子运输。在互生培养中,由于耗氢 SRB 的存在,可保持较低的氢分压,此时乳酸发酵能使 SRB 生长。

其他的硫酸盐还原菌能通过丙酸发酵生长,此过程中一个化学渗透的步骤参与进来。丙酸是在丙酸细菌的代谢途径中形成的,因此该途径也包括与能量耦联的延胡索酸还原酶。另外,东方脱硫肠状菌中可以进行的一个包含化学渗透作用的同型乙酸发酵。同型乙酸发酵也可看作碳酸盐呼吸,电子供体不能利用底物水平磷酸化时,它必须与化学渗透的能量储存相耦联。东方脱硫肠状菌能够利用 $H_2$、$CO_2$、甲酸、乙醇或乳酸形成乙酸。

#### 2. 硫的化合物的歧化反应

很多 SRB 能完成独特的无机硫化物发酵过程。无机硫化物能经过歧化反应生成硫酸盐和硫化物。例如,硫代硫酸盐被转化为等量的硫酸盐和硫化物:

$$S_2O_3^{2-} + H_2O \longrightarrow SO_4^{2-} + 0.5H_2S + 0.5HS^- + 0.5H^+ \qquad \Delta G^0 = -25 \text{ kJ/mol}$$

硫酸盐经歧化反应形成 3/4 硫酸盐和 1/4 硫化物:

$$2HSO_3^- + 2SO_3^{2-} \longrightarrow 3SO_4^{2-} + 0.5H_2S + 0.5HS^- + 0.5H^+ \qquad \Delta G^0 = -235 \text{ kJ/mol}$$

在研究的 19 个 SRB 中,大约一半能进行这些转化中的一种或两种,这种能力在无色硫细菌和光养硫细菌中尚未发现。硫代硫酸盐歧化反应的自由能变化很小,不能用于细胞生长;而亚硫酸盐歧化反应仅存在于很少种类的 SRB 中,但它能用于细胞生长。如果形成的硫化物能够去除,那么单质硫也可能发生歧化反应。

歧化反应的能力是组成型表达的,歧化反应所需要的酶和硫酸盐还原是一致的。但此过程有两个吸能的过程:第一,APS 还原酶在标准氧化还原电势 $-60$ mV 时释放电子,而硫代硫酸盐还原为硫化物和亚硫酸盐需要的氧化还原电势为 $-402$ mV。因此 APS 还原中释放的电子必须通过反向电子传递降低氧化还原电势,因此可能在硫酸盐还原中储存能量。第二,焦磷酸向 ATP 硫酸化酶的供应是有待于研究的。在研究的 SRB 中,没有发现 ADP 硫酸化酶的活性。在任何情况下,ATP 硫激酶作用下生成的 ATP 都要用于吸能反应。

#### 3. 硝酸盐还原中的能量储存

某些脱硫弧菌和丙酸脱硫叶状菌能利用硝酸盐作为电子受体,形成氨为最终产物,亚硝酸盐作为硝酸盐还原的中间产物,能被许多 SRB 还原,而 SRB 不能直接还原硝酸盐。亚硝酸盐的还原能力是组成型表达的,硝酸盐还原酶为诱导型,只在硝酸盐作为电子受体时才能够表达。

所有 SRB 细胞在亚硫酸盐还原过程中存在质子运输现象,亚硝酸盐呼吸的能量耦联与质子运输有关。在膜制品中已获得与亚硝酸盐还原相耦联产生的 ATP。

目前还没有观测到亚硝酸盐还原过程中的质子运输现象。但是从恒化实验中得到的生长产率来推断,硝酸盐还原为亚硝酸盐和亚硝酸盐还原为氨的过程都和能量的储存相耦联。硝酸盐和亚硝酸盐氨化作用的热力学效率远远低于硫酸盐还原的热力学效率。

4.有氧呼吸中的能量储存

近些年来,很多研究发现某些 SRB 能还原分子氧。化学计算表明 $O_2$ 能被完全还原为水。将脱硫弧菌属的呼吸率和好氧微生物进行比较,发现与质子运输耦联的有氧呼吸中的 $H^+/2e^-$ 比值高于硫的化合物或亚硝酸盐呼吸中的 $H^+/2e^-$ 比值。有氧呼吸能形成 ATP,同时解偶联剂能阻止 ATP 的形成。

硫酸盐还原菌能进行真正的有氧呼吸,但是,细胞在以 $O_2$ 为电子受体时不能够生长。

硫酸盐还原菌含有与好氧有机物不同的末端氧化酶,呼吸作用对氰化物或叠氮化物这些典型的抑制剂不敏感。除了细胞色素 c3,一种含 FAD 的血红素蛋白已从巨大脱硫弧菌中提纯化出来,它在 $O_2$ 存在时铁硫蛋白的氧化起催化作用。

同一底物可用于好氧呼吸或硫酸盐还原,但是一些底物的氧化作用对 $O_2$ 非常敏感,在有氧(或硝酸盐)时,SRB 能氧化无机硫的化合物。亚硫酸盐、硫代硫酸盐、多聚硫化物,甚至硫化物都能作为电子供体用于好氧呼吸作用,并根据菌株的不同这些物质会被不完全或完全地氧化为硫酸盐。

这些化合物在 $O_2$ 或者亚硝酸盐存在的条件下,硫的化合物的氧化作用必然出现硫的化合物的歧化反应,证明了 SRB 中硫酸盐还原和电子运输存在多条途径。

在 SRB 细胞中硫和能量的代谢也有很多条途径。但是至今为止,大多数研究仍采用脱硫弧菌属的淡水菌种。与无机硫化合物的歧化反应耦联生长,表明其能量利用的高效性。并且,异化型 SRB 十分易于进行硫的转化。

# 第 20 章　硫酸盐还原菌的自然生态学

硫酸盐还原菌(SRB)在自然环境中碳元素和硫元素的地质化学循环中起着关键作用。硫循环是主要的生物化学循环,异化SRB在其中起着复杂的作用。部分SRB能够将有机物彻底氧化为 $CO_2$ 和 $H_2O$。在硫元素的地质化学循环中,SRB对硫酸盐的异化还原作用是关键的一步,它们通过厌氧氧化磷酸化反应,以硫元素、亚硫酸盐或硫酸盐作为最终电子受体。

## 20.1　在生态圈中 SRB 的起源和进化

根据地球化学数据推测,首先出现的生物来源的氧气,是通过氧化丰富的可溶性二价铁离子消耗的。铁离子的氧化起到了将光合作用的氧化末端产物转化为不溶性的氧化铁的作用,所以氧化铁在沉淀中积累起来。

在太古代时期的沉淀中进行铁离子呼吸的那些微生物的活动是同来源于那个时期的同位素记录一致的。

SRB 作为还原铁离子的群体,在湖、海体系的形成中起着重要作用。所以硫酸盐呼吸和铁离子呼吸微生物之间的进化关系是一个非常重要的问题。所以科学家们推测在早期的地球上,在大量的三价铁离子出现丰富的硫化物之前,所有可能的铁离子呼吸要早于硫酸盐呼吸。据此推测,没说完通过能利用铁离子和硫酸盐做电子受体的微生物之间的系统发育关系而被反映出来。

硫在许多极嗜温的古细菌中是一种主要的末端电子受体,表明了一种更为古老的呼吸形式的存在。如果不同电子受体在地质出现的顺序是同它们开始作为呼吸受体的顺序相一致,那么有可能的演化顺序是,从硫单质到三价铁离子,再到硫酸盐或亚硫酸盐。这种演化顺序也可以通过当代的微生物或其酶系统的发育关系而反映出来。

微生物在全球硫循环的同化 – 异化作用和氧化还原过程中起着非常重要的作用。在生物学的硫循环中,硫还原细菌和硫酸盐还原菌的异化作用还原硫化合物又是关键的一步。这种异化还原作用主要归功于厌氧氧化磷酸化反应,以硫元素、亚硫酸盐或硫酸盐作最终电子受体。这些细菌产生大量的硫化物,通过光能营养型微生物和化能营养型微生物对这些硫化物的氧化作用又可以产生能量。

在过去的二十几年中对 SRB 的分类法和生理学研究已经有了重大进展,人们已经较成功地掌握了 15 个属的 SRB 的特征。

## 20.2　在有机物厌氧消化过程中 SRB 的生态学

异养菌在有氧的生态系统中可将有机物完全矿化为 $CO_2$。有机物的厌氧降解是个非常复杂的过程,它需要不同微生物群之间的相互协同作用。食物链每一生物级中的每个微生物群都有一定的功能。在厌氧环境中参与有机物分解的细菌可分为 4 种不同类群:

第一类为发酵微生物群,可以水解包括蛋白质、多聚糖、脂类、核酸等高相对分子质量的聚合物并发酵分解成氨基酸、糖、挥发酸、核苷酸等单体,并产生氢、$CO_2$、乙醇、乙酸以及其他有机酸。

第二类为产乙酸菌群,此菌群可将有机酸和乙醇分解为乙酸、$H_2$ 和 $CO_2$。

第三类为产甲烷菌群,该菌群可利用以上反应的终产物 $CO_2$、$H_2$、乙酸、甲酸盐等产生甲烷。

第四类为 SRB 菌群,该菌群可与产甲烷菌和产乙酸菌竞争适宜的底物,竞争过程中可判断哪种菌群占优势地位和菌群的种类。

## 20.3　SRB 在生物学硫循环中的作用

硫元素主要存在于蛋白质中,是生命的基本元素之一,约占生物干重的 1%。硫元素在自然界中有四种形式:硫酸盐($SO_4^{2-}$)、硫化物($H_2S$、$HS^-$、$S^{2-}$)、单质硫($S$)和含硫有机物($R-SH$)。通过真菌和细菌的死亡和分解作用,大部分硫在生物体内会以硫化物的形式又返回到循环中。硫循环的异化部分包括化能营养和光能营养的硫化物氧化过程和硫氧化过程,以及微生物的硫酸盐还原和硫还原等过程。

### 20.3.1　生物学硫循环

无机硫酸盐还原为有机或无机硫化物,进而硫化物氧化回到硫酸盐的过程称之为生物学硫循环,如图 20.1 所示。生物学硫循环由同化部分和异化部分组成。

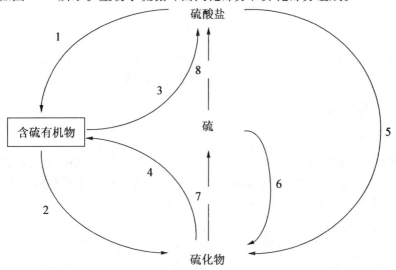

图 20.1　生物学硫循环

图中途径 1 为通过细菌、植物和真菌的硫酸盐同化还原作用,2 为死亡及细菌和真菌的分解作用,3 为动物的硫酸盐排泄物,4 为细菌和某些植物的硫化物同化作用,5 为硫酸盐异化还原作用,6 为单质硫的异化还原作用,7 为化能和光能的硫化物氧化,8 为化能和光能的硫氧化。

硫酸盐的同化还原作用是通过合成含硫的氨基酸和含硫的生长因子为细菌、真菌、藻类和植物等提供所需要的还原态含硫化合物的作用。动物排泄的硫以硫酸盐的形式存在,然而通过真菌、细菌的死亡和分解作用,大部分硫在生物体内会以硫化物的形式又返回到循环中。

硫循环的异化部分包括化能营养、光能营养的硫化物氧化过程和硫氧化过程,以及微生物的硫酸盐还原和硫还原等还原过程。包括硫的小循环和大循环。

小循环部分指在单质硫元素和硫化物之间的硫循环,主要发生在有充足的硫元素的地方,如海洋沉淀物中靠近氧化还原渐变群的地方,在此环境中,光能自养绿硫杆菌和脱硫单胞菌的厌氧共生群落,乙酸氧化脱硫单胞菌和绿硫杆菌形成互生关系,如图 20.2 所示。

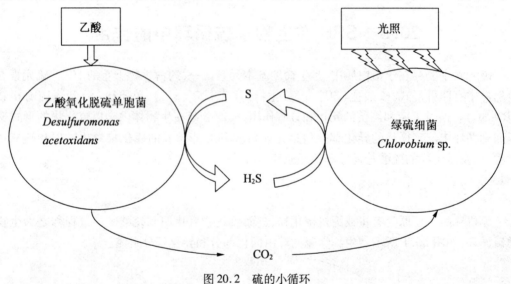

图 20.2　硫的小循环

大循环是指在硫酸盐和硫化物之间的硫循环。硫的大循环对于环境中硫的平衡十分重要,因为它连接着硫元素生物循环的有氧区和下部的缺氧区。

### 20.3.2　参与硫循环的微生物

在硫的生物循环中,有许多不同的微生物参与,包括 SRB、硫还原菌、化能营养型硫氧化菌、需氧和缺氧的光能营养细菌。生物硫循环并非局限于海洋沉积物中,在含硫温泉、沼泽、火山和其他有机物与硫酸盐共存的缺氧环境中均存在。根据它们利用无机硫化合物作电子供体和受体的方式可将其分为五个不同的代谢类型。

1. 异化硫酸盐还原

异化硫酸盐还原作用是由异化 SRB 来完成的。异化 SRB 由 14 种真核细菌属组成:D.(*Desulfovbrio*), Da. (*Desulfoarculus*), Dba. (*Desulfobacter*), Dbt. (*Desulfobacterium*), Dbo.(*Desulfobotulus*), Dbu. (*Desulfobulbus*), Dc. (*Desulfococcus*), Dh. (*Desulfohalobium*), Dsm.

（*Desulfomicrobium*），Dm.（*Desulfomonile*），Dn.（*Desulfonema*），Ds.（*Desulfosarcina*），Dtm.（*Desulfotomaculum*），T.（*Thermodesulfo bacterium*），还有一个古细菌属：A.（*Archaeoglobus*）。

2. 异化单质硫还原

几个真核细菌和古细菌属能以呼吸代谢的形式将硫元素异化还原为 $H_2S$，从而获取能量得以生长。还原硫的真细菌包括以下几个属：Desulfuromonas、Compylobacter、Desulfurella、Sulfurospirillum、Thermotoga、Wolinella succinogenes 以及脱硫弧菌属和脱硫微菌属中的某些嗜硫 SRB。此外，在黑暗条件下光营养绿硫细菌和紫硫细菌也能进行异化型硫还原代谢作用。古细菌中的产甲烷菌和极端嗜热菌为硫还原菌。

3. 硫化合物的光能营养厌氧氧化

某些深蓝细菌和绝大多数光营养真核细菌，如 Chromatiaceae、Rhodospirillaceae、Ectothiorhodospiraceae 等科的紫硫细菌和 Chloroflexaceae、Chlorobiaceae 等科的绿硫细菌等能利用硫化物、单质硫、硫代硫酸盐等还原态硫化合物作为电子供体，进行缺氧状态下的光合作用。

4. 化能营养的好氧硫氧化

化能营养好氧硫氧化微生物能够生长在有氧条件下，并且能氧化还原态无机硫化合物为硫酸盐的微生物，包括如下几种。

无机化能营养异养菌：硫杆菌属和假单胞菌属中的某些种；

专性无机化能营养菌：*Thiomicrospira* 属和 *Thiobacillus* 属的某些种；

兼性无机化能营养菌：*Sulfolobu* 属、*Thiobacillus* 属和 *Paracoccous* 属中的 *denitrificans* 种；

异养菌：*Beggiatoa* 属和假单胞菌属的某些种；

硫细菌：卵硫细菌属、硫丝菌属、硫螺菌属、*Macromonas* 属和 *Achromatium* 属。

5. 化学营养的厌氧硫氧化

硫杆菌属的脱氮硫杆菌也能以硝酸盐作最终电子受体，将还原态无机硫化合物厌氧氧化为硫酸盐，这类微生物称为硝酸盐或亚硝酸盐还原硫氧化菌（NR－SOB）。NR－SOB 是指一类能够以硝酸盐为电子受体，以各种类型的含硫化合物为电子供体的自养型反硝化菌，该菌可分为以下三种不同亚类群：

严格化能自养型菌，包括 *Thiobacillusdenitrificans*、*Thiobacillus thioparus* 和 *Thiomicrospira denitrificans*；

兼性自养型菌，包括 *Paracoccus denitrificans*、*Thiobacillus delicatus*、*Thiobacillus thyasiris* 和 *Thiosphaera pantotropha*；

巨大丝状菌，包括 *Beggiatoa* 和 *Thioplaca* 中的成员。

2000 年，Gevertz 等在油田中分离到两株严格化能自养菌——CVO 和 FWKO B，这两株菌均能够氧化硫化物还原硝酸盐。

# 20.4　自然生境中硫酸盐还原菌的生物多样性及还原作用

SRB 是一类形态各异、营养类型多样，在厌氧和微氧环境中能利用硫酸盐或者其他硫氧化物作为氧化有机物的电子受体，其在代谢过程中产生高浓度 $H_2S$ 的革兰氏阳性或阴性细菌或古菌。SRB 在厌氧环境和水环境中分布广泛，可通过硫化亚铁沉淀反应检测到 SRB

的存在。海洋和沉积物是 SRB 的典型生境,这些环境中有较高的硫酸盐浓度。在受污染的环境中,如腐败食物和污水处理厂中均能检测到 SRB 的存在,人们还从稻田、瘤胃、白蚁肠道、人畜粪便及油田水中检测到 SRB 的存在。

水稻土中,由于根际和非根际土壤不同的物理、化学性质,如有机底物浓度、含氧量,SRB 的数量和多样性分布也存在着差异。与非根际水稻土相比,根际水稻土中 SRB 的数量较高。另外,在根际水稻土中,生长速度较快、不完全氧化代谢有机物的 SRB,如 Desulfivibrio 占优势;而在非根际水稻土中,生长较为缓慢,能够形成孢子且以完全氧化代谢有机物的 SRB 如 Desulfotomaculum 为主要类群。

目前,已发现的 SRB 达 130 余种,通过 16S rRNA 基因序列的分子进化分析,它们被分为 4 个主要类群:革兰氏阴性嗜温 SRB、革兰氏阳性 SRB、嗜热 SRB 细菌和嗜热 SRB 古菌。涵盖了 4 个细菌门:变形菌门、硝化螺旋菌门、热脱硫杆菌门、厚壁菌门,还有 1 个古菌门:广古菌门。

异化型硫酸盐还原作用和产甲烷作用是厌氧环境中有机物降解的终极降解过程。产甲烷作用在硫元素缺乏的生境中占优势,而硫酸盐还原作用在硫酸盐丰富的生境中占主导。

## 20.4.1　革兰氏阴性嗜温 SRB

此类群属于 $\delta$ 变形菌纲,主要包括两大科:脱硫杆菌科和脱硫弧菌科,其中脱硫杆菌科中有些具有很特殊的形态特性。如脱硫八叠球菌属可以形成鞭毛,脱硫线菌属的丝状 SRB 可以进行滑行运动。Desulfovibrio、Desulfobulbus、Desulfohalobium、Desulfomiriobium 不能完全氧化有机物为乙酸; Desulfobacter、Desulfobacterium、Desulfococcus、Desulfomonile、Desulfonema、Desulfosarcina 能完全氧化有机物为 $CO_2$; Desulfobacter、Desulfobacterium、Desulfohalobium、Desulfonema 和 Desulfobotulus 几个属主要是嗜盐或微嗜盐的; Desulfoareulus、Desulfobotulus、Desulfomicrobium 和 Desulfomonile 等属则是从淡水环境中分离出来的; Desulfobacter、Desulfobulbus、Desulfomicrobium 和 Desulfovibrio 等属微生物具有固氮能力。

利用 T – RFLP 和 16S rRNA 基因克隆文库分析发现,水稻根际和非根际土壤中革兰氏阴性嗜温 SRB 的组成并无区别,但是会随季节而演替。水稻根际 SRB rRNA 杂交分析显示,革兰氏阴性嗜温 SRB 约占细菌 rRNA 总量的 2% ~ 3%,其中 Desulfobacteraceae 科约占 1.4%,高于 Desulfovibrionaceae 科的 0.5%。

Real – time PCR 定量研究发现,在水稻根际和非根际土壤中 Desulfobacteraceae 科是 SRB 的主要类群,每克干土中所含拷贝数分别为 $6.4 \times 10^7$ 个和 $7.5 \times 10^7$ 个,其中以 Desulforhabdus – Syntrophobacter 复合体和脱硫杆菌属为主。而在水稻根部,Desulfobacterace 科、Desulfovibrionaceae 科和脱硫叶菌属均为主要类群,拷贝数量均为每克干土约 $1.0 \times 10^8$ 个。

表 20.1　主要 SRB 类群的分布

| 主要分类单元 | 代表属种 |
| --- | --- |
| 革兰氏阴性嗜温 SRB | *Desulfovibrio* , *Desulfomicrobium* , *Desulfobulbus* , *Desulfobacter* , *Desulfobacterium* , *Desulfococcus* , *Desulfosarcina* , *Desulfomonile* , *Desulfonema* , *Desulfobotulus* , *Desulfoarculus* , *Desulfobacula* , *Desulfospira* , *Desulfocella* , *Desulfobacca* , *Desulfacinum* , *Thermodesulforhabdus* , *Desulforhabdus* , *Desulfocapsa* , *Desulforhopalus* , *Desulfofustis* |
| 革兰氏阳性 SRB | *Desulfotomaculum* , cluster *Desulfosporosinus orientis Desulfotomaculum guttoideum* |
| 嗜热 SRB 细菌 | *Thermodesulfobacterium commune* , *Thermodesulfovibrio yellowstonii* |
| 嗜热 SRB 古菌 | *Archaeoglobus fulgidus* , *Archaeohlobus profundus* , , *Archaeoglobus lithotrophicus* |

## 20.4.2　革兰氏阳性 SRB

革兰氏阳性 SRB 的($G + C$)含量比较低,形态多样,乙酸、苯胺、琥珀酸盐、儿茶酚、吲哚、乙醇、烟碱、苯酚、硬脂酸盐、丙酮等都可以作为 SRB 生长的底物。革兰氏阳性产芽孢 SRB 主要为脱硫肠状菌属中菌株,包括完全和不完全氧化型 SRB。大多数脱硫肠状菌属菌种是从淡水环境或盐度相对较低的生境中分离到的,包括 5 个能形成芽孢的嗜热菌,在 50～65 ℃条件下可进行异化型硫酸盐还原作用。

此类 SRB 中以 *Desulfotomaculum* 属为代表,并可进一步分为 3 个类群:cluster Ⅰ、Ⅱ 和Ⅲ, 其中大部分种都属于 Desulfotomaculum cluster Ⅰ。Desulfosporosinusorientis 和 Desulfotomaculum guttoideum 的 16S rRNA 基因序列分别与梭菌属(*Clostridium*)和 *Desulfitobacterium* 属具 有很高的相似性,因此被认为是两类新的革兰氏阳性嗜温 SRB,分别代表着 cluster Ⅱ 和 clusterⅢ。

这类 SRB 与革兰氏阴性嗜温 SRB 的生长环境相似,能形成芽孢,具有耐受高温、干燥和 富氧的能力。Stephan 等通过检测水稻根际和非根际土壤中的革兰氏阳性 SRB 发现,所得 到的 16S rRNA 基因序列都属于 Desulfotomaculum cluster Ⅰ,说明此类革兰氏阳性 SRB 在水 稻土壤中的广泛分布。

## 20.4.3　革兰氏阴性嗜热真核 SRB

嗜热脱硫细菌属包括两个种,均为不完全氧化型 SRB,在系统发育学上明显有别于其 他真细菌 SRB。此类 SRB 主要以热脱硫杆菌属和热脱硫弧菌属为代表。嗜热脱硫细菌属 是从盐水中分离到的,然而却未表现出典型的耐盐性。这两个属的 SRB 都是从美国黄石国 家公园的热泉中分离出来的,其生长温度大约为 65～70 ℃,介于革兰氏阳性细菌和嗜热 SRB 古细菌之间。在自然生境中,嗜热脱硫细菌属能利用地热反应或者热发酵过程中产生 的分子氢生长。这两个属的 SRB 虽然具有相似的生理特性,但是基于 16S rRNA 基因序列 的系统发育分析表明它们的进化距离较远。此外,嗜热 SRB 细菌和 Desulfovibrio 属的 SRB

能够利用的底物有限,且对乙酸进行的是不完全氧化。

### 20.4.4　革兰氏阴性嗜热硫酸盐还原古细菌

Archaeoglobus 属的硫酸盐还原古细菌只能在厌氧海底热液中找到,它的生长需要盐分和高温。该属可以代表甲烷菌之间缺少的连接部分。该属可能是甲烷菌和硫代谢古细菌之间的过渡类型。

嗜热革兰氏 SRB 古菌相对于其他几类 SRB 而言最大的特点是其最适生长温度都在 80 ℃以上,到目前为止共得到 3 株分离自海底热泉的 SRB 古菌:*Archaeoglobus fulgidus*,*Archaeoglobus profundus* 和 *Archaeoglobus lithotrophicus*,它们均属于古生球菌属。科学家们根据硫酸盐还原菌和产甲烷菌之间进化关系的推测认为,硫酸盐还原菌的祖先可能来自于产甲烷菌。另外,通过对 A. fulgidus 16S 和 23S rRNA 基因序列的分子进化分析得出,它与硫还原古菌和硫氧化菌的进化距离反而没有与产甲烷菌的进化距离近。

# 20.5　生态因素对 SRB 的影响

自然生境中微生物对生物学因子和生理生化因子改变的适应能力可以决定其生长和活性。

### 20.5.1　温度、pH 值的影响

同化硫酸盐还原作用存在明显的季节性变化,温度是影响厌氧沉积物中硫酸盐还原作用的主要环境参数。然而,在海洋沉淀中,SRB 种群没有生理上的反应和适应性应对环境温度的季节性改变。在海洋沉积物中异化硫酸盐还原作用的温度依赖性是多样的、非随机性的,随着活性速率的降低显示出更强的温度依赖性。嗜温 SRB 最适生长温度在 28 ~ 38 ℃,其上限温度为 45 ℃左右;嗜热真核 SRB 脱硫肠状菌属和嗜热脱硫细菌属的最佳生长温度范围为 54 ~ 70 ℃,最高生长温度范围可达 56 ~ 85 ℃。古细菌 SRB 古球菌属的最佳生长温度为 83 ℃,最高可在 92 ℃条件下生存。大多数嗜热 SRB 是从地热环境和油田中分离到的,其最佳生长温度反映了其生境状况。专性喜寒 SRB 目前还未分离到。

SRB 在微碱度条件下会生长得更好,其 pH 值的耐受范围可达 5.5 ~ 9.0。然而,异化硫酸盐还原作用可以在 pH 值 2.5 ~ 4.5 的高酸性环境中进行,在工业酸矿排水中或淡水湿地的泥煤中进行还原作用。从酸矿水混合培养基上分离到的 Desulfovibrio 和 Desulfotomaculum 种不能在 pH 值低于 5.5 的条件下还原硫酸盐。

### 20.5.2　盐分对 SRB 的影响

SRB 能够利用广泛的有机物,这一点在海底有机物矿化过程中起着重要作用。即使在盐度 24% 的大盐湖、死海和盐田等超盐生态系统中,都发现了微生物的硫酸盐还原作用。到目前为止,分离到的绝大多数嗜盐 SRB 无论是海生还是微嗜盐性的,其最佳 NaCl 质量分数范围在 1% ~ 4%。中等嗜盐的 SRB 只分离到两个菌种:*D. halophilus* 和 *Dh. retbaense*。*D. halophilus* 是从微生物垫中分离到的,生长的盐度范围为 3% ~ 18%,最佳生长条件是 6% ~ 7% NaCl 浓度的环境;*Desulfohalobium retbaense* 是从超盐湖中分离到的,生长在含 NaCl 浓度

24%的介质中,其最佳盐度环境为10%。

### 20.5.3　氧对 SRB 的影响

很久以前,曾认为异化型 SRB 是专性厌氧微生物,只能采用严格厌氧技术才能分离 SRB。然而,研究表明 SRB 能够在分子氧存在的条件下存活,有些 SRB 甚至能够通过有氧呼吸作用获得能量,并将 $O_2$ 还原为 $H_2O$。研究证明 SRB 暴露于分子氧中数时甚至几天都会有活性。脱硫弧菌属、脱硫叶状菌、脱硫杆菌属和脱硫球菌属中的某些 SRB 具有好氧呼吸的能力。脱硫脱硫弧菌和自养脱硫杆菌可在微氧条件下生长。据报道几个去磺弧菌属存在着抵抗分子氧的保护性酸,如超氧化物歧化酶、NaOH 氧化酶和过氧化氢酶。

最近从巨大脱硫弧菌的溶解性萃取液中提纯并特性分析了一种终端氧化还原酶,它是一种氧还蛋白,含 FAD 的蛋白质,能伴随着 NaOH 的氧化结合还原态的氧形成 $H_2O$。

研究表明在微生物垫的有氧区发生着高速的异化型硫酸盐还原作用,在沉积物的有氧或缺氧界面附近或内部也有此现象。1991 年,Jeirgensen 和 Bak 就发现在海洋沉积物的有氧层 SRB 的数量可达 $2 \times 10^6$ 个/mL。

微生物垫可能是我们所知的最古老、最普遍的生物群落。这些生态系统是由垂直分层的光营养、化能营养和异养微生物群落组成的。微生物垫在很多环境中存在,包括海水和淡水,但在超盐和海水生境中存活得最好。多数情况下,以蓝细菌为代表的光合生物,其有色的叠片结构主要是因为最上层绿色的蓝细菌层和红色的紫硫细菌层所致。其下层变黑是由于 SRB 产生的硫化物为黑色硫化亚铁沉淀物。

## 20.6　硫酸盐还原菌与其他微生物的种间关系

在极端条件并且硫元素相对丰富的环境,如深海沉积物和火山口中,SRB 及相关功能微生物类群均有分布。另外,当环境中存在硝酸盐时,SRB 将与反硝化菌形成非常密切的关系。

### 20.6.1　硫酸盐还原菌与光营养微生物的共生关系

据报道 SRB 或硫还原原菌和光合微生物之间存在着特殊的关系称为 Consortion 或者合营生活。硫的合营生活循环在有光营养紫硫细菌存在时难以发生,因为这种菌细胞能够储存硫元素,使硫难以被异养生物获得。1954 年,Butlin 和 Postgate 在研究含硫丰富的荒盐湖的硫沉积物时首次提了 SRB 和光营养绿硫细菌的混合培养的共生关系,在这种共生关系中存在一个微型硫循环。这种合营生活关系由微型硫循环组成。

据报道关于合营生活的一个有趣的例子是所谓的乙基绿硫假单胞菌是仅能以乙醇、乙酸等有机物为底物,而不能以亚硫酸盐为底物的光营养绿硫菌。实际上,乙基绿硫假单胞菌是一种包含异养微生物和绿硫细菌的共生体。

当 $CO_2$ 和无机电子供体存在时,光营养绿硫菌才能同化乙酸等有机物,因此,它依赖于乙酸氧化脱硫单胞菌产生的 $H_2S$。同样,绿硫菌产生的硫单质迅速被异养型 SRB 还原为 $H_2S$,同时硫还原菌将有机化合物氧化为 $CO_2$。在这样一种合营生活关系中,硫在两种类型的微生物之间起着携带电子的催化剂作用。

### 20.6.2　硫酸盐还原菌与产甲烷菌的关系

SRB 和产甲烷菌(MPB)存在着许多生态学和生理学上的相似,具有重叠的生态位,主要表现为它们只存于广泛多样的类似于沉积物的厌氧生态系统中,且均能利用乙酸和分子氢作电子供体。MB 能利用的底物可分成两类:①电子供体是 $H_2$、甲酸和某些醇类,电子受体为 $CO_2$,将 $CO_2$ 还原为 $CH_4$,利用 $H_2$ 还原产生甲烷是 MPB 中最常见的代谢方式;②能量底物是大量的含有甲基的化合物,部分分子被氧化为 $CO_2$,而甲基部分还原为 $CH_4$。

SRB 与 MPB 之间能发生三种普通的关系:

①通过利用分离的电子供体而存在的种间共生关系;

②为争夺相同电子供体而发生的竞争关系;

③一个菌种提供给另一菌种所需的电子供体而发生合作的非竞争关系。

1. 种间氢转移

种间氢转移指在混合培养或共培养时,在维持较低氢分压的情况下,分子 $H_2$ 从产生 $H_2$ 的生物转移给利用 $H_2$ 的生物的过程。1977 年,Bryant 等研究指出脱硫弧菌属各菌株不能发酵乳酸和乙醇,但当它与食氢产甲烷菌共培养时,在没有硫酸盐的情况下,可以靠乳酸和乙醇等物质生长,在这样的合营关系中,SRB 充当了产氢产乙酸细菌的功能。

首次证明合营种间氢转移关系的是发现奥氏产甲烷菌是两个不同菌种的共生体。这两个菌种分别为能氧化乙醇产生 $H_2$ 和乙酸的非产甲烷菌和产甲烷杆菌。氢化酶在厌氧微生物生态系统中有机物发酵发生种间氢转移的过程中起着核心的作用。

2. 种间竞争

对沉积物进行抑制性研究表明,SRB 和 MPB 在争夺共同的乙醇和 $H_2$ 等生长底物时,前者能在竞争中取胜。主要的竞争结果为在海水或富含硫酸盐的沉积物中进行的厌氧矿化的最终过程,异化硫酸盐还原菌占优势,而在硫酸盐较低的淡水环境中,则产甲烷菌作用占主导。在人类大肠中也发生 SRB 与 MPB 之间竞争 $H_2$ 的作用。

在较高浓度硫酸盐环境中,SRB 的竞争力优于 MPB 的原因在于:SRB 对 $H_2$ 和乙酸具有更高的亲和力;SRB 在竞争 $H_2$ 和乙酸时存在动力学和热力学的优势,硫酸盐还原反应比产甲烷反应更容易进行;MPB 要求比 SRB 更低的氧化还原电位。

研究表明,影响 SRB 和 MPB 竞争的重要指标是 COD/$SO_4^{2-}$ 值。一般的,较低的 COD/$SO_4^{2-}$ 或 COD 值有利于 SRB 竞争,而较高的 COD/$SO_4^{2-}$ 则有利于 MPB。研究发现,COD/$SO_4^{2-}$ 为 1.7~2.7 时,SRB 与 MPB 存在着竞争;当大于 2.7 时,MPB 占优势;当小于 1.7 时,则 SRB 占优势。当以丁酸为底物,COD/$SO_4^{2-}$ 大于 2 时,MPB 占优势;而当 COD/$SO_4^{2-}$ 为 0.5 时,SRB 占优势。在以高浓度丙酸废水为底物时,当 COD/$SO_4^{2-}$ 降至 0.67 以下后,SRB 对乙酸的降解逐渐升高。对于某些底物,SRB 无法与 MB 竞争,如以甲醇作底物,COD/$SO_4^{2-}$ 为 0.67 时,体系中只发生产甲烷反应。

另外,$H_2S$、$HS^-$ 和 $S^{2-}$ 等硫化物在低浓度时对产甲烷菌的生长是有利的,主要原因为硫化物是产甲烷菌生长所需的重要硫来源。另外,可沉降 $Cu^{2+}$、$Ni^{2+}$ 等具有毒害作用的重金属离子,但过量的硫化物对 MPB 和 SRB 会造成毒害作用。

### 20.6.3　硫酸盐还原菌与产乙酸菌的生态学关系

产乙酸菌(AB)是一类具备乙酰辅酶 A 代谢途径的厌氧微生物,为自养型类群,可通过与 TCA 相反的代谢途径产生机体所需要的有机物质。通过这种代谢机制,能够将来源于 $CO_2$ 的乙酰辅酶 A 还原,接受电子产生 ATP,并且能够固定 $CO_2$ 合成细胞成分。

乙酸梭菌是首先分离到的产乙酸菌,能够进行以下反应:

$$4H_2 + 2CO_2 \longrightarrow CH_3COOH + 2H_2O$$

某些脱硫弧菌种以 $H_2$ 为电子供体时,能够完全氧化乙酸,成为完全氧化型 SRB。根据以上分析,在 $H_2$ 和 $CO_2$ 利用上 AB 和 SRB 确实构成了竞争。

# 第21章 废水处理工艺中硫酸盐还原菌的生态学

20世纪80年代,含有硫酸盐的有机废水通常采用升流式厌氧污泥床(UASB)等厌氧处理工艺治理。厌氧处理工艺则是利用SRB将废水中的硫酸盐还原为硫化物,同时氧化有机物,从而降低废水中的硫酸盐浓度达到净化水质的目的。硫酸盐还原－硫化物生物氧化－有机物矿化是处理高浓度硫酸盐有机废水的有效途径。在此处理工艺中,硫酸盐还原单元是首要环节,也是最重要的一个环节。

在厌氧系统中,SRB同其他厌氧微生物存在非常复杂的生态学关系。主要包括产酸微生物(AB)、产甲烷古细菌(MPB)、反硝化细菌、产氢产乙酸菌(HPA)等厌氧类群。SRB在生态系统中的功能突出地体现在以下两方面:SRB与AB协同降解COD,COD去除率明显提高;利用氢为供体的SRB(HSRB)作为氢的"消费者",能够显著降低氢分压。

微生物群落是指在一定时间内,特定的生境中各微生物种群相互联系、相互影响的有规律的结构单元。微生物群落生态学是研究微生物群落与环境之间相互关系及其相互作用规律的科学。在人工微生物生态系统中,群落的生态特征与各细菌种群的生理代谢途径及反馈调节密切相关。

本章将主要论述在硫酸盐废水厌氧处理系统中SRB的种类、SRB与其他微生物类群的生态学关系,影响SRB的环境生态因子,以及活性污泥中的微生物群落结构模式与功能菌群间关系、乙酸型代谢等相关内容。

## 21.1 厌氧处理工艺中的 SRB

### 21.1.1 含硫有机废水的厌氧处理工艺

1. 传统单相厌氧工艺的弊端

传统的单相厌氧工艺中硫酸盐还原作用对厌氧消化的影响机制归纳为SRB与产甲烷菌(MPB)竞争共同底物而对其产生的初级抑制作用和硫酸盐的还原产生的$H_2S$对MPB和其他厌氧菌的次级抑制作用两大方面。几种废水处理的运行结果见表21.1。

表21.1 单相厌氧工艺处理高浓度硫酸盐废水的若干运行结果

| 反应器 | 接种污泥 | 污泥形式 | 基 质 | $\dfrac{r_{COD}}{r_{H_2S}}$ | $\dfrac{r_{CH_4}}{r_{H_2S}}$ |
|---|---|---|---|---|---|
| CSTR(6.0L) | 消化污泥 | 絮状 | 乙酸 + $SO_4^{2-}$ | 1.0 | 0.0 |
| CSTR(12.0 L) | 未报告 | 絮状 | 城市污水 + $SO_4^{2-}$ | 1～1.3 | 0.0 |

续表21.1

| 反应器 | 接种污泥 | 污泥形式 | 基 质 | $\dfrac{r_{COD}}{r_{H_2S}}$ | $\dfrac{r_{CH_4}}{r_{H_2S}}$ |
|---|---|---|---|---|---|
| UASB(6.0 L) | 未报告 | 颗粒污泥 | 模拟城市污水 + $SO_4^{2-}$ | 1.8 | 约0.4 |
| UASB(2.5 L) | 絮体污泥 | 颗粒污泥 | 酵母废水 + $SO_4^{2-}$ | 3.0 | 约0.6 |
| CP(0.5 $m^3$) | 消化污泥 | 絮状 | 食用油废水(含$SO_4^{2-}$) | 1.5 | 约0.8 |
| AF(0.5 $m^3$) | 消化污泥 | 生物膜,絮状 | 脂肪酸废水(含$SO_4^{2-}$) | 1.8 | 约0.7 |
| AF(1.5 L) | 好氧活性污泥 | 生物膜,絮状 | 糖蜜废水 + $SO_4^{2-}$ | 3.5 | 约0.3 |
| FB(3.2 L) | 厌氧生物膜 | 生物膜 | 乙酸 + $SO_4^{2-}$ | 1.6 | 约0.5 |
| FB(3.2 L) | 厌氧生物膜 | 生物膜 | 乙酸 + $SO_4^{2-}$ | — | 约0.9 |
| UASB(2.5 L) | 颗粒污泥 | 颗粒污泥 | 甘油、类脂 + $SO_4^{2-}$ | 2.0 | 约0.1 |
| UASB(20.0 $m^3$) | 颗粒污泥 | 颗粒污泥 | 食用油废水(含$SO_4^{2-}$) | 1.5 | 约0.5 |

注:①CSTR——连续流搅拌槽式反应器;CP——厌氧接触反应器;UASB——升流式厌氧污泥床反应器;AF——厌氧滤池;FB——厌氧流化床反应器。②$r_{COD}$、$r_{CH_4}$、$r_{H_2S}$分别为COD去除速率、产甲烷速率和产$H_2S$速率

(1)连续流搅拌槽式反应器(CSTR)。将废水连续加入反应器,经消化的污泥和污水由反应器内部的三相分离器分开,分别从消化池底部和上部排出,产生的气体从顶部排出。其特点是在一个反应器内实现厌氧发酵过程,以及气体、液体与污泥的分离过程。为了使进料和厌氧污泥密切接触而设搅拌装置。

(2)厌氧接触反应器(CP)。厌氧接触反应器是完全混合的,排出的混合液首先在沉淀池中进行固液分离。污水由沉淀池上部排出,沉淀在下部的污泥回流至消化池,不会流失污泥保持浓度,在一定程度上提高了设备的有机负荷率和处理效率。

(3)升流式厌氧污泥床反应器(UASB)。废水通过UASB反应器的恒流泵系统均匀地从底部流进,流经絮体或颗粒污泥组成的填充床,随着污水与污泥接触而发生厌氧反应,产生气体。UASB反应器的优势在于废水由底部进入,从顶部流出,因此无需特殊的搅拌设备,并且处理能力强,处理效率高,运行稳定。内部有三相分离装置,产生的气体有一部分附着在污泥颗粒上,自由气泡和附着在污泥上的气泡上升至反应器顶部。颗粒污泥上升撞击到脱气挡板底部,这引起附着气泡的释放;脱气后的颗粒污泥沉淀回到污泥表层面。

(4)厌氧滤池(AF)。厌氧滤池反应器内填充各种类型的固体填料,如卵石、炉渣、瓷环、塑料等,微生物生长在这些填料上可大大降低水力停留时间。厌氧滤池的缺点是载体昂贵,并且容易发生短路或堵塞。

(5)厌氧流化床反应器(FB)。厌氧流化床反应器内部填有一种具有很大比表面积的惰性载体颗粒,厌氧微生物在其上附着生长。因为一部分出水回流使载体在整个反应器内处于流化状态。根据颗粒的大小和颗粒膨胀程度可分为膨胀床和流化床。

2. 硫酸盐废水处理新工艺

(1)单相吹脱工艺。单相吹脱工艺即在单相厌氧处理系统中安装惰性气体吹脱装置,将硫化氢不断地从反应器中吹脱掉,以减轻其对MPB和其他厌氧菌的抑制作用。实验发现,采用UASB反应器设内部吹脱装置处理乳清废水,系统的COD去除率和产甲烷率提高

30% 以上。吹脱气体一般采用较稳定的 $N_2$ 气或沼气。内部吹脱工艺最大困难是吹脱气量不易控制。然而，单相吹脱厌氧工艺并没有彻底克服硫酸盐还原作用对 MPB 的抑制作用，在一定程度上降低了甲烷产量，而且增加了沼气回收利用的困难。

（2）两相厌氧生物处理工艺。试验证明两相厌氧工艺的酸化单元中微生物的产酸作用和硫酸盐还原作用可以同时进行。在酸性发酵阶段利用 SRB 去除硫酸盐的过程中，SRB 可以代谢乳酸、丙酮酸、丙酸等酸性发酵阶段的中间产物，在一定程度上可以促进有机物的产酸分解过程。另外，硫酸盐还原作用主要是在产酸相反应器中进行，避免了 SRB 和 MPB 之间的基质竞争问题。同时由于产酸相反应器处于弱酸状态，硫酸盐的还原产物硫化物大都为 $H_2S$，便于吹脱去除。

（3）硫酸盐还原与硫化物光合氧化联用工艺。这是 Buisman 等提出的一种厌氧工艺，即先利用 SRB 将硫酸盐还原为硫化物，再利用光合细菌将硫化物氧化为单质硫。Maree 通过在厌氧反应器培养光合菌来处理高浓度硫酸盐废水，在厌氧滤池中成功地实现了硫酸盐到硫化物再到硫的转化。这种方法在处理硫酸盐废水方面虽有一定的效果，但需要在反应器内部提供光照，要消耗辐射能，在经济消耗上较高，在工程实践中应用的可行性较低。

（4）硫酸盐还原与硫化物化学氧化联用工艺。硫化物与某些金属离子结合容易生成沉淀，所以在反应器中投加 $Fe^{2+}$、$Zn^{2+}$ 等，可以降低溶解性硫化物浓度，减小硫化物对 MPB 的毒害作用。采用厌氧工艺处理高浓度硫酸盐的废水时，可以投加铁盐或锌盐改善厌氧反应器性能。还有一种方法是直接处理重金属含量高的废水，这也是目前国内外常常采用的方法。这种方法虽然控制了硫化物的抑制作用，但 SRB 与 MPB 的基质竞争作用依然存在。

（5）生物膜法工艺。SRB 的世代时间通常较长，所以采用生物膜工艺处理硫酸盐废水较有优势。填充有白云石等载体介质的生物膜反应器更适用于工业。然而，生物膜反应器的主要缺点是在反应器内容易形成孔隙通道，载体易被硫化物沉淀所阻滞。大多数研究者认为采用具有出水回流的上向流填充床反应器为宜，采用出水回流的上向流填充床反应器可以实现进水和反应器内液体的完全混合。

（6）厌氧颗粒污泥床（EGSB）。EGSB 反应器是由 UASB 反应器进行改进而创造出来的。通过采用出水循环保持上升流速在 $6 \sim 12$ m/h，使得颗粒污泥处于悬浮状态，从而使进水与污泥颗粒能够充分地接触。EGSB 能在低温、高负荷下取得好的处理效果，且不需要填充介质便能产生较大的颗粒污泥。EGSB 还可以处理对微生物有毒害作用的废水。

（7）厌氧折流板反应器（ABR）。ABR 反应器由多个折流板将其分隔成不同隔室，每个隔室都可以看成独立的 UASB 系统，水流在反应器内沿折流板做上下折流流动，整个流态则近似于推流式。污水在折流板的阻隔作用下，上下折流穿越过污泥层，依次通过各个隔室，各隔室中微生物分布不同，故可以取得好的处理效果。

（8）厌氧内循环反应器（IC）。IC 是基于 UASB 的颗粒化和三相分离器的概念而改进的新型反应器。可以看成是两个 UASB 重叠而成，具有容积负荷率高、节省基建投资、占地面积小、沼气提升实现内循环不必外加动力和抗冲击负荷能力强等特点。

## 21.1.2　厌氧处理工艺中 SRB 的多样性及功能

SRB 在厌氧处理系统中种类丰富，参与废水处理的有 9 个属，主要为脱硫弧菌属和脱硫肠状菌属，均为革兰氏阴性菌。脱硫弧菌属一般为中温或低温型，不能形成孢子，环境温度超过 43 ℃ 会死亡;而脱硫肠状菌属为中温或高温型,可形成孢子。

根据对不同底物的利用,SRB 可分为 3 类:即氧化氢的 SRB(HSRB)、氧化高级脂肪酸的 SRB(FSRB)、氧化乙酸的 SRB(ASRB)。有实验报道指出,HSRB、FSRB、ASRB 对硫酸盐的亲和力依次下降。这些 SRB 分布广泛,在利用多种有机物作电子供体方面有相当惊人的能力和多样性。目前,SRB 可以利用的生长底物已超过 100 种。

SRB 的代谢过程即 SRB 利用 $SO_4^{2-}$ 作为最终电子受体,将有机物作为细胞合成的碳源和电子供体,同时将 $SO_4^{2-}$ 还原为硫化物。可分为 3 个阶段:分解代谢、电子传递、还原作用,如图 21.1 所示。第一阶段,有机碳源在厌氧状态下进行降解,同时通过磷酸化产生少量 ATP;第二阶段,前一阶段释放的高能电子通过 SRB 中特有的电子传递链逐级传递,产生大量的 ATP;第三阶段,电子传递给氧化态的硫元素,并将其还原为 $S^{2-}$。

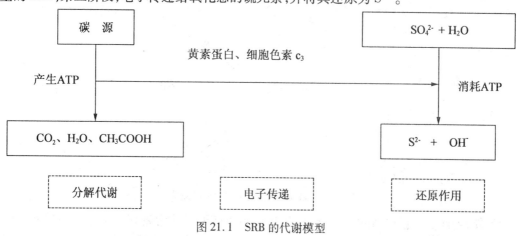

图 21.1  SRB 的代谢模型

### 21.1.3  SRB 对碳源利用的多样性

近些年来,研究者在不断的实验中发现,SRB 利用的有机碳源和电子供体的种类相当广泛,甚至还能利用乙酸、丙酸、丁酸和长链脂肪酸及苯甲酸等。到目前为止,发现可支持 SRB 生长的基质已有 100 余种。SRB 在利用多种多样的化合物作为电子供体时表现出了很强的能力和多样性。

在有硫酸盐存在的厌氧条件下,SRB 以乙酸、丙酸、丁酸、乳酸等最常见的挥发有机酸为电子供体来还原硫酸盐。在不同生态系统中,SRB 的分布因利用碳基质的不同而有较大的差别,其表现为污泥对各种碳源具有不同的消化能力,进而表现为不同的硫酸盐的还原速率。SRB 利用丙酸盐、丁酸盐、乳酸盐、乙酸盐的硫酸盐还原强度依次降低。

两相厌氧工艺系统的产酸相反应器处理硫酸盐废水时,通过连续流实验考察硫酸盐还原过程中分子氢的途径。结果表明,分子氢的产生者是 AB、HPA 和 FSRB;分子氢的消费者主要是利用氢的 HSRB。AB、HPA 和 SRB 之间生物链式的协同代谢关系是维持系统低氢分压的前提。

## 21.2  厌氧处理工艺中 SRB 与其他微生物的种间关系

在废水厌氧处理系统中,有机碳源非常丰富,聚集微生物主要包括厌氧产酸发酵细菌

（AB）、同型产乙酸菌（hAB）、产甲烷古细菌（MPB）以及 SRB，这四类微生物可能存在的种间关系，如图 21.2 所示。

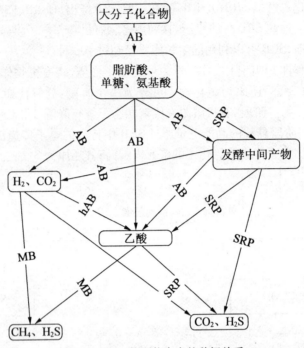

图 21.2　微生物可能存在的种间关系

另外，当环境中存在硝酸盐时，SRB 将与反硝化菌形成非常密切的关系。与硝酸盐呼吸相关的微生物主要包括异养的硝酸盐和亚硝酸盐还原菌（hNRB）或硝酸盐、亚硝酸盐还原 - 硫化物氧化菌（NR - SOB）。

### 21.2.1　SRB 与产酸发酵细菌的种间关系

SRB 在厌氧生物处理系统中只能以较简单的有机物作为碳源，若要利用复杂碳源为底物则必须有其他微生物类群的参与。AB 能水解蛋白质、多糖、脂类、核酸等高相对分子质量的聚合物，并发酵各自的单体氨基酸、糖、挥发酸、核苷酸等，产生 $H_2$、$CO_2$、乙酸、其他有机酸和乙醇，其中乙酸是糖类发酵的主要末端产物。

AB 包括两大类较特殊的微生物类群：一类是负责高相对分子质量化合物水解的微生物，能将蛋白质、多糖、脂类、核酸等在胞外水解。这类微生物对于生物体的彻底降解起到了限速作用。另一类则是产乙酸菌，产乙酸菌是通过乙酰辅酶 A 途径，将脂肪酸和乙醇转化为乙酸、$H_2$、$CO_2$ 的微生物类群。这类微生物对氢分压很敏感，当氢分压较高时，乙酸产生受到抑制，代谢产物又转化为丙酸、丁酸和乙醇。

AB 通过厌氧发酵作用将大分子的有机物水解成小分子脂肪酸、乙醇、$H_2$、$CO_2$，这些代谢产物为 SRB 提供了丰富的电子供体和碳源物质。除了 SRB 在缺少电子供体时也能部分地行使发酵功能与 AB 产生竞争外，两种微生物之间几乎没有竞争。经 SRB 代谢产生大量的乙酸积累，形成了系统特有的乙酸型代谢方式。2001 年，王爱杰等的研究也表明，在以糖蜜为碳源的产酸 - 硫酸盐还原反应器中，AB 的数量比 SRB 约高出两个数量级，AB 和 SRB

在代谢大分子碳源时表现为链式协同代谢关系。

AB 和 SRB 的生态学关系的其他生态因子主要为碳硫比。在高碳硫比时,可利用的碳源增加,AB 大量繁殖,为 SRB 提供更多底物,同时 SRB 也大量生长,二者处于最佳生态位。当处于低碳硫比时,对 SRB 形成单向刺激,AB 数量减少,SRB 数量增加,但由于受到可利用底物量减少和 $H_2S$ 反馈抑制增加的影响,AB 和 SRB 的数量几经波动后最终形成低碳硫比稳定型群落。

在加入钼酸盐的过程中,厌氧处理系统中的优势类群发生了明显演替,原有的 SRB 菌群逐渐消亡,在进入完全抑制阶段时产酸微生物不断地波动。

在产酸－硫酸盐还原系统反应器中,王爱杰等提出了存在乙酸型代谢的概念。乙酸型代谢方式本质上是产酸相反应器处理硫酸盐废水过程中,SRB 与 AB 建立起生物链式协同代谢关系,并通过非完全氧化型方式分解有机物,从而在末端产物中积累大量乙酸。乙酸型代谢方式的形成取决于利用乙酸的 SRB 的竞争能力和它对乙酸的利用能力,且可以为后续产甲烷相反应器提供适宜的底物,对提高硫酸盐废水处理系统的效率和运行稳定性具有重要意义。

在絮状污泥群落中,AB 种群的功能决定了与 SRB、HPA、HAB 等其他种群的种间产生营养生态位分化。AB 种群是生物链的第一级,AB 与 SRB、AB 与 HPA、AB 与 HAB 之间均存在片利共生关系,以代谢产物乙酸、丙酸、丁酸、乳酸、$H_2$ 等为 HPA、SRB、HAB 提供基质。其关系图如图21.3 所示。AB 种群分布于污泥的表层有利于其快速获得营养,保证底物代谢的持续性和有序性。

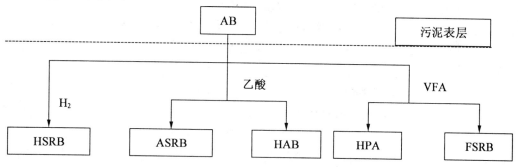

图21.3 AB 与其他种群的种间关系

在 SRB 中,只有脱硫肠状菌属中的 D. nigrifican、D. antarcticum 和脱硫单胞菌属中的 Desufomonas pigra 能够利用葡萄糖,其他种属只能利用乙酸、丙酸、乳酸等脂肪酸作电子供体。在活性污泥中,代谢过程的途径为 AB 首先通过水解－产酸发酵作用将底物转化为脂肪酸,脂肪酸被 FSRB 利用生成乙酸,HSRB 利用 AB 代谢过程中脱下的 $H_2$,ASRB 利用乙酸。上述关系实际是一种片利共生关系,如图21.4 所示。

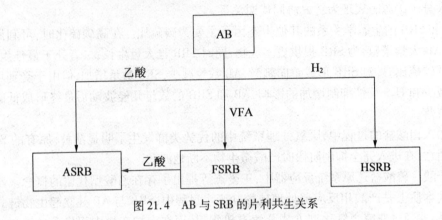

图 21.4　AB 与 SRB 的片利共生关系

## 21.2.2　SRB 与产甲烷菌(MPB)的种间关系

在厌氧反应器中,少量 SRB 或硫化物的存在有利于 MPB 的生长。主要是因为这样的条件能维持较低的氧化还原电位,可以沉降 $Cu^{2+}$、$Ni^{2+}$、$Zn^{2+}$ 等对厌氧微生物有毒的重金属离子,并且能降解丙酸,减少丙酸的积累。

1. SRB 对 MPB 的初级抑制作用

Nielson、Philips 等人提出了 SRB 和 MPB 竞争底物的动力学特性和相关机制。Visser 发现在 55~65 ℃ 的范围 SRB 比 MPB 更有竞争 $H_2$ 和乙酸的优势。在中温范围,利用乙酸的 SRB 和 MPB 具有同样的最适生长温度,在短时间、中温范围内对二者的竞争不会有明显的影响。另外,许多研究者已肯定在高温范围内,SRB 无论在氢还是乙酸的利用上都比 MPB 占有优势。乙酸和 $H_2$ 是 SRB 与 MPB 的共同良好基质,厌氧环境中 70% 的甲烷来自乙酸,而 40%~60% 的 $H_2S$ 是由乙酸提供质子和电子形成的,因此,在高浓度硫酸盐有机废水的厌氧处理中,SRB 与 MB 的竞争是必然的。

Alphenaar 等和 Visser 等研究细胞固定化形式和基质浓度与 SRB 在竞争中占优势的关系时,认为在底物浓度较低的条件下,SRB 在生物膜上容易占据优势。所以在处理高浓度有机废水时如果有机物浓度与 $SO_4^{2-}$ 浓度的比值较大,则 MPB 反应是主导反应,很多实验结果证实了这一点。

在不同厌氧条件下,SRB 种类差异很大,不同种类的 SRB 对乙酸的利用能力差异也十分明显。脱硫杆菌利用乙酸的能力很强,因此,与 MPB 竞争时,对 MPB 有明显的抑制作用。而脱硫弧菌、乙酸氧化脱硫肠状菌等利用乙酸的能力很弱,所以对 MPB 的抑制作用也较弱。

Visser 提出较高 pH 值下,SRB 获得底物的能力强,而在中性 pH 值时,MPB 的竞争可占优势。

2. SRB 对 MPB 的次级抑制作用

Khan 和 Krosis 发现硫化物的毒性远远大于其他化合态硫,不溶性硫化物对厌氧过程一般无抑制作用。Reise 和 McCartney 等提出硫化物对微生物的抑制作用主要是溶解性 $H_2S$。Koster、Parkin、Lawrence、Speece 等、Widdel、Fauque 和 Hansen 提出可以控制 pH 值从而抑制 $H_2S$ 的毒性,并给出了硫化物的最高抑制阈。在 $H_2S$、$HS^-$ 和 $S^{2-}$ 等硫化物浓度较低时有利于 MPB 的生长,但过量的硫化物对 MPB 和 SRB 均会造成毒害作用。不同硫化合物具有不同的毒性,其顺序为:游离 $H_2S$ > 硫离子($S^{2-}$) > 亚硫酸盐 > 硫代硫酸盐 > 硫酸盐。

影响 SRB 和 MPB 竞争的重要指标是碳硫比。一般情况下,较低的 $COD/SO_4^{2-}$ 或 COD 值有利于 SRB 竞争,而较高的 $COD/SO_4^{2-}$ 则有利于 MPB。

另外,当环境中以丙酸、丁酸为基质时,SRB 和 MPB 能够共同生长,存在良好的共生关系。这主要是由于 SRB 不仅能够利用降解这些基质时产生的质子和电子还原硫酸盐,从而维持体系中较低的氢分压,促进降解反应的进行。

### 21.2.3　SRB 与反硝化细菌的种间关系

反硝化细菌在厌氧系统中也是比较常见的,它们可以利用水中的硝酸盐作为电子受体,与 SRB 竞争电子供体。在废水厌氧生物处理中,反硝化过程的发生要优于硫酸盐的还原过程。当废水中含有大量的硝酸盐时,将会影响 SRB 对电子供体的利用,进而影响硫酸盐还原的顺利进行。自养型反硝化硫氧化细菌是一类能够以硝酸盐为电子受体,以各种类型的含硫化合物为电子供体的自养型反硝化菌,可分为严格化能自养型菌、兼性自养型菌和巨大丝状菌三种不同亚类群。若废水中含有大量的有机物,投加硝酸盐后,将促进异养反硝化菌生长,进而与 SRB 对底物竞争增强,并且有可能超过 SRB。

### 21.2.4　SRB 与产氢产乙酸菌(HPA)的种间关系

竞争使亲缘关系密切的种群之间产生生态位分离。在污泥群落中,FSRB 与 HPA 种群间竞争共同的底物。为充分利用底物资源和能量,获得生长优势,两者通过分摊竞争使各自的底物资源发生特化。这是两种群竞争能力相近而形成的平衡共存,其平衡机制有可能使一个种群改变其生物学和生态学特性。

从絮状污泥的透射电镜照片看,可以观察到 FSRB 与 HPA 的营养生态位分离在群落结构中,并以空间分布。HPA 的分布位置浅于 FSRB,HPA 种群的分布更接近于污泥表层,有利于与 HSRB 和 HAB 间进行种间氢转移。另外,从污泥的表层到内层的径向上均存在着基质和生态因子强度的梯度,FSRB 与 HPA 的空间生态位分化正是各自不同生态因子强度的选择性适应结果。

HPA 能够利用乳酸、丙酸、丁酸等 AB 的代谢产物来产生 $H_2$、$CO_2$ 和乙酸。而 HSRB 和 ASRB 只可以利用 $H_2$ 和乙酸等 HPA 的代谢产物。而且,HSRB 和 ASRB 迅速利用 HPA 的代谢产物,对 HPA 形成正向反馈调节,促使其活性提高,这又推动了的 HSRB 和 ASRB 的代谢进程。HPA、HSRB 与 ASRB 三个种群间相互提供营养或生存条件,互相获利。HPA 与 HSRB、ASRB 之间的互利共生关系如图 21.5 所示。

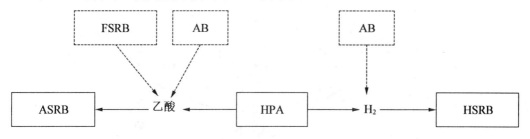

图 21.5　HPA 与 HSRB、ASRB 之间的互利共生关系

### 21.2.5　活性污泥中微生物功能菌群间关系

在 SRB 功能类群中,FSRB 占 80% ~ 85%,HSRB 占 8% ~ 10%,ASRB 仅占 2% ~ 5%。HPA 的产氢产乙酸过程为吸能反应,需氢分压较低,而典型的产酸相反应器通常氢分压较高,使 HPA 在生境中处于竞争的劣势。而在产酸 - 硫酸盐还原反应器中,HSRB 能够充分利用环境中的氢,从而为 HPA 提供了较低的氢分压,再通过各级种群有序的协同代谢强化正反馈作用。

根据产酸 - 硫酸盐还原反应器稳定期絮状活性污泥的特征和优势类群的鉴定结果,污泥外层主要为 AB、嗜 $H_2/CO_2$ 的 HSRB 和完全氧化型/利用乙酸的 SRB(ASRB),内层主要为 HPA 和非完全氧化型/利用脂肪酸的 SRB。碳源首先通过 AB 发酵的作用,降解为少量 $H_2$、大量脂肪酸和乙醇等。$H_2$ 直接被 HSRB 利用作为能源,并将 $SO_4^{2-}$ 还原为 $H_2S$,释放到污泥外部。

活性污泥内的群落结构实际上是由 AB、HPA 和 SRB 等微生物功能类群形成的一条完整生物链。AB 与 FSRB、HSRB、ASRB 间存在复杂的片利共生关系,维持着代谢有序性,其模式关系图如图 21.6 所示。AB 为生物链的初级,HPA 和 FSRB 处于生物链的次级,HSRB 作为生物链的最高级,在调节氢分压过程中起着重要作用,它对 $H_2$ 的快速利用有利于降低系统中的氢浓度,促进丙酸、丁酸等的产氢产乙酸代谢。据推测,在污泥的核心处应该有 MPB 的分布,因为此处 pH 值稍高于污泥表面,$H_2S$ 浓度相对较低,适于 MPB 生长,但 MPB 应处于生长抑制或失活状态。

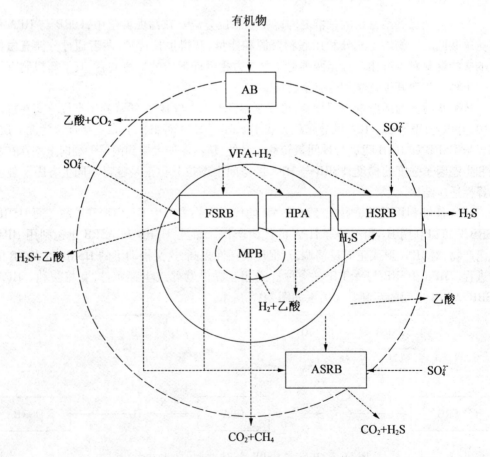

图 21.6　活性污泥中的群落结构模式与种间关系

# 21.3　厌氧处理工艺中影响 SRB 的生态因子

厌氧处理反应器的运行效能最终是由功能微生物群落来决定的,所以,在运行废水厌氧处理反应器时,除了考虑影响 SRB 生物因子之外,还必须提及非生物因素的影响。群落与生态因子之间相互作用、不可分割并保持相对稳定的平衡,表现为"协同进化"关系。生态因子的改变,必然引起群落中优势种群组成及微生物生理特性发生相应变化以适应变化的环境。非生态因子如碳硫比($COD/SO_4^{2-}$)、硫酸盐负荷、碱度、pH 值、氧化还原电位、金属离子、硝酸盐或亚硝酸盐以及硫化物等。

## 21.3.1　碳硫比对 SRB 菌群的影响

Karhadkar、McCartney 和 Oleskiewicz 先后提出了碳硫比的概念,认为碳硫比是决定 SRB 和 MPB 竞争的重要因素。主要研究成果为碳硫比对硫酸盐去除率的影响和对反应器中群落动态的影响两个方面。

1. 碳硫比对硫酸盐去除率的影响

在利用厌氧填充床反应器对酸性矿山废水进行处理时,引入生活污水作为碳源,发现碳硫比为 1.12 时,反应器的状态达到了最佳值,硫酸盐去除率达到了 87% 左右。在利用 CSTR 反应器处理硫酸盐废水过程中,碳硫比从 5.0 逐步降到 3.0,反应器内的 COD 平均去除率逐渐降低,液相末端发酵产物中,乙醇的含量逐渐降低,乙酸的含量逐渐升高。

研究发现碳硫比从 3.0 提高到 4.2 时,SRB 的优势种从利用乙酸的丝菌属变化到利用丙酸的球菌属,群落以合成代谢为主。SRB、AB 等细菌的数量提高了一个数量级,系统处于稳定态。当碳硫比从 4.2 降低到 2.0 时,丝菌属重新成为优势种,系统生态位偏离最佳值,系统处于亚稳定态。

2. 碳硫比制约的微生物群落生态演替

以产酸－硫酸盐还原反应器生境为例,在絮状污泥中,物质的传递与能量的流动是隐蔽的,而且产生了不同于细胞底物代谢水平的各种微环境。从群体及其细胞生理代谢两个水平上,探讨在动态实验过程中,由碳硫比制约的群落生态演替及其优势类群组成,揭示群落演替与生态因子之间的关系。

产酸－硫酸盐还原反应器快速启动时,碳硫比为 5.0 是达到稳定阶段生态条件和群落的优势种群的条件。碳硫比为 5.0 阶段的初始期,pH 值为 5.1,碱度较低,硫酸盐去除效果不理想。投加碳酸氢钠调节 pH 值,使 pH 值在 14 d 内提高至 6.1,与之相对应的硫酸盐去除率也提高 10% 左右,并在 pH 值稳定在 6.1 左右时达到最大。同时末端代谢物中乙酸的比例大幅度提高,形成了低碳硫比稳定型群落。此时的优势类群包括微杆菌属、消化球菌属、拟杆菌属、发酵单胞杆菌属、脱硫弧菌属、脱硫杆菌属和脱硫丝菌属等。

然后,降低碳硫比到 3.0。当碳硫比固定在 3.0 后,便发现它已不是硫酸盐还原过程的限制因子,而 pH 值成为限制条件。通过人工调节使 pH 值由 5.1 提高至 6.1 的过程中,$SO_4^{2-}$ 的去除率波动较大。限制因子的改变使群落处于生态演替的动态之中,直接影响群落的代谢活性和对生境的适应性,甚至使细菌的生长繁殖受到抑制。pH 值提高至 6.1 时营造了适宜的生态条件,合成代谢成为控制细胞生化反应的主要途径,$H_2S$ 的抑制作用大大缓解,AB 与 SRB 的代谢活性提高,表现为 COD 去除率、$SO_4^{2-}$ 去除率、产气率的大幅度提高。此时的优势类群包括链球菌属、拟杆菌属、梭杆菌属、梭状芽孢杆菌属、气单胞杆菌属、葡萄球菌属、脱硫弧菌属、脱硫杆菌属、脱硫肠状菌属和脱硫球菌属。由此可见,限制因子和群落的种类组成是制约群落代谢的主要因素。一方面,顶极群落是微生物对生境适应的表现结果;另一方面,顶极群落中的优势种群通过生理代谢调节,使其有利于其代谢过程的正常进行。

碳硫比从 3.0 提高至 4.0 过程中,理论上碳硫比提高应有更高的 COD 去除率和硫酸盐去除率。群落的初始状态为低碳硫比为 3.0 的稳定型群落。生境中的其他因子 pH 值、ORP、ALK 等不经调节而自动形成。结果显示,由 COD 浓度提高引发碳硫比提高不是影响 SRB 优势种群的限制因子,因为 pH 值、碱度、ORP、末端代谢产物等改变的综合效应是促使 SRB 的代谢活性提高,硫酸盐去除率增加,酸性末端产物中乙酸的比例进一步提高至 75% 以上。pH 值逐渐提高至 6.2,碱度提高至 1 700 mg/L,ORP 则随 pH 值的变化由 −380 mV 降低至 −430 mV,形成了高碳硫比稳定型群落。此时的优势类群包括拟杆菌属、纤毛杆菌属、气杆菌属、气单胞菌属、梭杆菌属、梭状芽孢杆菌属、链球菌属、脱硫弧菌属、脱硫杆菌属、脱硫球菌属、脱硫肠状菌属、脱硫丝菌属。碳硫比从 3.0 提高至 4.0 的生态演替过程说明即使生态因子向着有利于群落稳定性增加的方向改变,也会引起短暂的波动。在碳硫比提高引发的群落演替过程中,随着脂肪酸总量的增加,酸性末端中乙酸的比例逐渐提高至 75%。本阶段硫酸盐去除率和 COD 去除率均提高,AB、SRB、HPA 的数量也提高,都是群落向着更稳定方向演替的判据,形成了高碳硫比稳定型群落。

通过提高 $SO_4^{2-}$ 浓度而使碳硫比从 4.0 降低到 2.0。结果表明,碳硫比降低对提高硫酸盐负荷率的破坏性和对群落的影响很大。优势种群发生明显的变化,以拟杆菌属、微杆菌属、气单胞菌属、梭杆菌属、发酵单胞菌属、脱硫杆菌属、脱硫丝菌属、脱硫球菌属为优势种群。同时,pH 值从 6.2 降低至 5.7,而碱度却从 1 600 mg/L 提高至 2 000 mg/L。这是因为碳硫比的降低作为 SRB 种群的刺激信号,使硫酸盐还原的绝对数量增加。从优势种群的鉴定结果可知,利用丙酸、丁酸的脱硫肠状菌属的优势地位已被利用乙酸的脱硫丝菌属代替,一方面,形成丙酸与丁酸的积累,从而反馈抑制 AB 的活性;另一方面,脱硫丝菌属通过完全氧化的方式利用乙酸,产生的 $H_2S$ 又对群落形成次级抑制,降低群落整体的代谢活性,形成了低碳硫比亚稳定型群落。在碳硫比为 2.0 时,负荷率已不是因变量,而成为产酸 − 硫酸盐还原工艺系统的限制因子,它的改变不仅可引发 SRB 种群生理代谢能力的改变,而且对其他生态因子也产生显著的影响。尽管碳硫比改变引发了群落的生态演替,出现了低碳硫比稳定型群落—高碳硫比稳定型群落—低碳硫比亚稳定型群落演替过程,但各稳定期的群落类型仍为乙酸型顶极群落。

乙酸型代谢是 AB 和 SRB 两种功能类群降解底物的生理生化反应叠加的宏观体现。群落稳定在碳硫比为 3.0 时,控制产酸代谢的生物因子是 $NADH/NAD^+$、ATP 产量和酸性末端产物。细胞内这三要素的生物代谢调控直接受生境中生态因子的影响。SRB 代谢中间产物 $H_2S$ 又使系统维持内平衡和调节更加复杂化。$H_2S$ 对 SRB 的毒害作用远远超过对 AB 的影响。碳硫比从 3.0 提高至 4.0 的过程是通过提高 COD 浓度实现的,$H_2S$ 的抑制作用主要取决于生境中的碳硫比。COD 浓度越高,产气量越大,随气相排出的 $H_2S$ 量就越多,对反应体系中 SRB 的毒害就越少。因此,硫酸盐去除率比碳硫比为 3.0 时有所提高,缓冲系统因硫平衡的调节而增强,使 pH 值提高至 6.2。此时乙酸型顶极群落在 AB、SRB 优势种群的共同调节下处于动态平衡状态,群落生物多样性提高,调节能力增强。碳硫比从 4.0 降低至 2.0 的过程是通过提高 $SO_4^{2-}$ 浓度来实现的。当产酸 – 硫酸盐还原反应器其他生态条件固定时,$SO_4^{2-}$ 浓度影响着 SRB 种群的代谢活性和中间产物硫化物的抑制阈。碳硫比减小有利于 SRB 对底物的竞争,使生境中硫化物浓度迅速上升,从而反馈抑制 SRB 的生理代谢。再者,$SO_4^{2-}$ 负荷率的提高使生境的 pH 值呈阶次下降,使 AB 的繁殖速率显著降低,一部分 $NADH + H^+$ 难以通过合成代谢过程被利用,AB 通过种群的调节作用使产乙酸氧化过程与丙酸发酵过程相耦联,再生 $NADH + H^+$。此时,尽管乙酸型顶极群落的地位仍未动摇,但调节能力差,容易因生态因子的改变而破坏其内平衡。

### 21.3.2　pH 对 SRB 的影响

　　pH 值是影响 SRB 的活性及发挥最佳代谢功能重要的生态因子之一,主要表现在 pH 值的变化引起细胞膜电荷的变化,从而影响 SRB 对底物的吸收,影响 SRB 代谢过程中各种酶的活性与稳定性,并且能够改善生态环境中底物的可给性以及毒物的毒性。相对于产酸菌来说,SRB 所能耐受的 pH 值范围较窄,尽管比 MB 适应环境的能力要强,但是过低的 pH 值下,大部分 SRB 难以生长和进行硫酸盐还原,SRB 生长的 pH 值一般不小于 4.0,SRB 生长最适 pH 值应在中性范围内。另外,透过细胞膜的有机酸在 SRB 细胞内重新电离,改变胞内的 pH 值,影响许多生化反应的进行及 ATP 的合成。

　　另外,同一 SRB 种群由于生境中的 pH 值不同,其生长繁殖速率及代谢途径均可能发生改变。微生物的新陈代谢要通过自身产生的一系列酶来实现,而酶的活性受 pH 值的影响。每一种酶都有一个最佳的 pH 值范围,当环境的 pH 值在这个范围内时,酶的活性较高,微生物的代谢旺盛;反之,微生物的代谢则受到抑制,这就是 pH 值对微生物的作用机理。

　　一般认为,产酸相的建立依赖于高容积负荷率和较短的 HRT,实现有机酸的骤增,pH 值降低,抑制产甲烷菌的生长,最终被生境淘汰。相对于产酸菌,SRB 所能耐受的 pH 值范围较窄,尤其是过低的 pH 值必定使 SRB 代谢活性降低,难以进行硫酸盐还原作用。SRB 在 pH 值范围为 7.0 ~ 7.8 的弱碱性条件下更适于生长。在 pH 值小于 6.0 时 SRB 生长不易进行并失去部分活性,而且某些脱硫弧菌属的最小倍增时间约 17 h。很多研究表明,纯培养时 SRB 的最佳工作 pH 值为 6.1 左右,而混合培养时,由于菌群间复杂的共生关系,其能耐受的 pH 值可以有所降低。王爱杰的研究发现,将 pH 值控制在 6.0 ~ 6.5,可以获得很高的硫酸盐去除率,见表 21.2。

表 21.2　pH 值对 SRB 活性的影响

| pH 值 | 碱度/$(mg \cdot L^{-1})$ | 进水硫酸盐质量浓度/$(mg \cdot L^{-1})$ | 硫酸盐去除率/% |
|---|---|---|---|
| 4.0 ~ 5.0 | 450 | 1 050 | 60 ~ 70 |
| 5.5 ~ 6.5 | 1 500 | 1 000 | 70 ~ 85 |
| 5.5 ~ 6.5 | 1 800 | 1 000 | 大于 85 |

　　除此之外,pH 值还会影响系统的硫酸盐去除率、碱度组成、硫化物在液相中的存在状

态、液相末端组成和系统的 ORP 值等。

在其他因子相对稳定的前提下,pH 值的波动主要取决于有机负荷率。负荷率低时,pH 值较高,负荷率高时,pH 值较低。负荷率一定时,pH 值将很快地趋于某一固定值。根据 pH 值的变化,及时调整有机负荷率,是维持系统高效稳定运行的基本途径。若 pH 值突然下滑至 5.0 时,反应系统有趋于酸化的现象,末端液相产物中丁酸和戊酸的比例增加,硫酸盐去除率下降至 60% 左右,出水中携带大量 SRB。这表明 SRB 的代谢活性迅速降低,生态系统处于非稳定状态。

### 21.3.3　温度对 SRB 的影响

目前 SRB 可分为嗜温菌和嗜热菌两大类,至今所分离到的 SRB 大多是嗜温菌,其最适温度一般在 30 ℃左右,28 ~ 38 ℃时生长最好,其临界高温值是 45 ℃。温度是影响厌氧还原工艺的主要环境参数之一。在含硫酸盐废水和各菌种混合共生的复杂体系中,SRB 的硫酸盐还原速率不仅取决于环境的温度,还要受竞争的影响。一般在 35 ℃时,其硫酸盐还原速率最大。当温度高于 50 ℃时可在几分钟内杀死嗜温菌。嗜热菌最佳生长温度为 54 ~ 70 ℃,最高值为 56 ~ 85 ℃。当温度在 0 ~ 4 ℃以至更低时,对这两类 SRB 均产生抑制作用。

### 21.3.4　碱度对 SRB 的影响

碱度是指反应系统中能够定量与强酸作用的物质总和,由碱度构成的缓冲体系标志着反应体系在一定范围内对氢离子($H^+$)变化的中和能力。碱度在硫酸盐还原过程中起着重要的作用,可以及时缓冲 AB 产生的 VFA,并抵抗由于 $CO_2$ 的产生和溶解对 pH 值的影响,维持反应体系所需 pH 值。硫酸盐还原反应体系中与酸碱平衡有关的共轭酸碱对主要有:$H_2CO_3/HCO_3^-$,$HCO_3^-/CO_3^{2-}$,$H_2S/HS^-$,$HS^-/S^{2-}$,$HAc/Ac^-$ 等。随着反应体系 pH 值的不同,这些共轭酸碱对在各种形态之间的分布也会发生变化。因此,可粗略地认为缓冲体系中的总碱度([ALK])为

$$[ALK] = [HS^-] + [HCO_3^-] + [CO_3^{2-}] + [Ac^-]$$

在反应器运行过程中,间隔一定时间取样,采用真细菌 16S rDNA 进行 PCR – SSCP 图谱分析,结果发现调节碱度使硫酸盐还原反应器中的微生物群落结构发生了明显的生态演替。启动期末时群落的生物多样性已远远低于初始状态,而且群落结构也发生了很大变化,这些种群可能与硫酸盐还原作用有关。但是这些得到富集的种群并非 SRB,而很可能是 AB,其存在与硫酸盐代谢有关。反应器进入到稳定运行状态时,微生物群落结构仍存在一定的变化,在该时期 SRB 的数量已经降低到最低限,以至于杂交出现阴性结果,SRB 数量与硫酸盐去除率间存在明显的正相关。降低碱度对群落生物量的影响较大,杂交显示 SRB 的生物量也有很大降低,但有一些常驻种群的数量影响不大,它们自反应器进入稳定时间就一直存在,虽然不是 SRB 类群,但是它们的存在对硫酸盐代谢是必需的。

因此,根据在硫酸盐代谢过程中的功能划分,该反应器中微生物可分为 AB 和 SRB 两大类群。当以糖蜜为碳源时,二者在基质水平上是链状关系。AB 负责将蔗糖、葡萄糖、果糖等大分子的底物转化为乙酸、乙醇、氢气、甲醇、甲酸等易被 SRB 利用的物质。在为 SRB 提供底物、缓冲碱度变化、维持系统适合的代谢环境等方面起着决定作用。SRB 占有很小的比例,它们除了能够发酵产酸外,最重要的是它们能够将代谢过程中产生的电子传递给

$SO_4^{2-}$,将之还原为硫化物。挥发酸的产生与消耗对缓冲体系的总碱度影响不大,除非 AB 与 SRB 之间的协同代谢被阻断而发生挥发酸积累时,会消耗较多的 $HCO_3^-$ 而使体系的 pH 值下降。

依据左剑恶的方法可求出产酸反应器处理硫酸盐废水时系统内碱度的组成,见表21.3。

表21.3 数学模型计算的硫酸盐还原反应器内碱度组成

| pH 值 | $[ALK]_e$/mmol | 碱度组成 | | | 占总碱度的百分比 | | |
|---|---|---|---|---|---|---|---|
| | | $[AC^-]_e$ /mmol | $[HCO_3^-]_e$ /mmol | $[HS^-]_e$ /mmol | $[Ac^-]$ /% | $[HCO_3^-]$ /% | $[HS^-]$ /% |
| 6.12 | 60.83 | 39.19 | 29.19 | 1.32 | 64.43 | 33.20 | 2.18 |
| 6.10 | 63.84 | 43.04 | 19.23 | 1.45 | 67.42 | 30.13 | 2.27 |
| 6.15 | 65.22 | 41.84 | 21.59 | 1.65 | 64.15 | 33.11 | 2.53 |
| 6.07 | 63.32 | 43.77 | 18.12 | 1.34 | 69.13 | 28.61 | 2.11 |
| 6.12 | 64.14 | 42.48 | 20.12 | 1.42 | 66.23 | 31.37 | 2.21 |
| 6.11 | 63.47 | 42.06 | 19.85 | 1.44 | 66.27 | 31.28 | 2.26 |

缓冲体系在某一特定 pH 值处的缓冲强度由两个因素决定:① 组成缓冲体系的共轭酸碱对的性质,一般来说,体系缓冲强度的极大值在其共轭酸的 pKa 值附近;②与共轭酸碱对的总浓度有关。

虽然在 SRB 的作用下产生了大量硫化物,但 $HS^-$ 碱度在出水中所占的比例仍很小,原因是 $H_2S$ 是一种相对 $H_2CO_3^-$、HAc 更弱的酸,而 $HS^-$ 则是一种比 $HCO_3^-$、$Ac^-$ 更强的碱,因此 pH 值为 6.0 左右时,$HS^-$ 则较易与 $HCO_3^-$、$Ac^-$ 发生转换,而主要以 $H_2S$ 的形式存在,同时生成 $HCO_3^-$ 碱度。虽然体系中 $Ac^-$ 碱度的比例较高,但这种碱度对于维持体系所需的pH 值作用微弱。尤其是挥发酸浓度很高时,碱度可能很高,但 pH 值可能已较低。因此,实际运行中,不能仅仅强调体系的碱度值,应与挥发酸浓度一起考虑。

根据 FISH 结果的统计分析,随着碱度的变化以及 SRB 种属的自适应过程,优势类群依次变化为:Desulfovibrio(SRB687)、Desulfobacter(SRB221)、Desulfovibrio(SRB687)、Desulfobacter(SRB221)、Desulfovibrio(SRB687)。另外,定期检测活性污泥的挥发性固体悬浮物(VSS)所占的比例,证明在反应器运行的过程中,微生物总量、AB 以及 SRB 数量均同硫酸盐去除率成正相关性。碱度对 Desulfobacter 和 Desulfobacterium 的负面影响要远远大于Desulfovibrio 和 Desulfobulbus,碱度的迅速下降导致了 Desulfobacter 和 Desulfobacterium 数量的骤然减少。

## 21.3.5 氧化还原电位对 SRB 的影响

氧化还原电位是厌氧反应器中的一个重要参数,ORP 的差异可以导致不同的微生物发酵类型,这主要是由于不同发酵类型的细菌对 ORP 的耐受能力不同。保持 pH 值在 5.0,将 ORP 从 $-350$ mV 提高到 $-100$ mV,发酵类型从丁酸型转变为丙酸型;保持 pH 值在 4.2,将 ORP 降低到 $-420$ mV 时,发酵类型转变为乙醇型。利用产酸反应器处理硫酸盐废水时,体系中能够构成氧化-还原电位的物质很多,可能构成的氧化-还原电耦有:延胡索酸/琥珀酸、草酰乙酰/苹果酸、脱氢抗坏血酸/抗坏血酸、乙酸/乙醛、乙醛/乙醇、$CO_2$/甲酸、$H^+$/$H_2$、$SO_4^{2-}$/$HS^-$ 等。

SRB 生长的氧化还原电位必须低于 $-100$ mV。氧气、氧化剂、氧化态物质是 SRB 最有效的抑制因子。SRB 对氧化剂或氧化态物质敏感的机理,目前尚不明确。很多 SRB 不具有超氧化物歧化酶和过氧化氢酶,无法保护各种强氧化态物质对菌体的破坏作用。

假设体系中的氧化-还原电位主要与 $H^+$/$H_2$ 电耦相关,即根据 Nernst 方程式,氧化-还原电耦的氧化还原电位(Eh)为

$$Eh = E^0 + \frac{2.303RT}{nF}lg\frac{[氧化剂]}{[共轭还原剂]}$$

对于 $H^+$/$H_2$ 电耦,则

$$Eh = E^0 + \frac{2.303RT}{F}lg\frac{[H^+]}{[pH_2]^{\frac{1}{2}}}$$

$$H^+ / \frac{1}{2}H_2$$

决定反应体系氧化还原电位值的主要化学物质是溶解氧。除氧以外,体系中的 pH 值对 ORP 的影响也很显著。pH 值降低时,氧化还原电位升高;反之,则氧化还原电位降低。任南琪等人发现,pH 值每降低 1,则 ORP 值升高 60 mV。

氧对 SRB 的毒害过程大致分为抑菌和杀菌两个阶段。抑菌阶段的特征是氧或氧化剂不断消耗菌体内为维持正常生化反应而生成的 NADH 等还原力,使还原力所承担的代谢功能暂时受阻,ATP 和其他生物活性物质的合成暂时中断。若氧化还原电位很高,将由抑菌阶段过渡到杀菌阶段。此时,大量的氧化剂将自由涌入菌体,全面破坏菌体,使 SRB 大量死亡。

在实际厌氧反应器的运行操作中,ORP 值还是反应器运行状态好坏的指示参数,但要准确计算 ORP 比较困难,因为硫酸盐还原系统中存在着多种影响氧化还原电位值的因素,如 pH 值、碳硫比、$S^{2-}$ 含量和系统密闭性等。但反应器是封闭系统,可以通过生化反应迅速消耗进水中带入的溶解氧,使 ORP 尽快降低到理想状态,其中反应器运行中投加铁粉是降低氧化还原电位的有效途径。但是铁粉势必造成污泥活性生物量降低、污泥处理难度增加等问题,应用时必须依据目的性慎重选择。

ORP 虽然是影响顶极群落的因变因子,但同样制约优势种群的适应性,并与致变因子产生叠加效应,影响顶极群落的生理代谢水平和稳定性。同时,顶极群落也通过反馈调节机制,如优势种群体内诱导合成不同的酶,催化新的代谢水平以改善生境的 ORP。可以说,ORP 与顶极群落的关系是互相协调、互相平衡的关系。

从群落的演替看,ORP 的变化反映了优势种群对生态系统的反馈调节。一方面 AB、SRB 等优势种群体内的脱氢酶系包括辅酶 I、铁氧还原蛋白和黄素蛋白等要求低 ORP 环境,因此 ORP 制约着优势种群的生态幅宽度;另一方面优势种群对 ORP 也有反作用,可通过诱导合成作用产生新的酶系,催化其代谢方式以改善生境中的 ORP,使之适应自身生长及代谢的要求。

### 21.3.6 硫酸盐负荷对 SRB 的影响

硫酸盐负荷率直接反映了底物与 SRB 之间的平衡关系,是产酸脱硫反应器的重要控制参数和生态指标。当反应器拥有的 SRB 生物量(gVSS/L)和生物活性一定时,欲获得理想的运行效果,负荷率必须控制在一定限度内,否则将会引起生物活性的下降和运行的恶化。

为了保持硫酸盐去除率达到最高,硫酸盐负荷有一个阈值,若超过阈值继续提高硫酸盐负荷,硫酸盐去除率下降,但是硫化物含量上升。但不同的运行条件达到的最大负荷阈值也不相同,超出阈值,系统由于受到负荷冲击而很容易崩溃。硫酸盐负荷可以影响系统的 pH 值、ORP 等因子。

控制一定的硫酸盐负荷率必须考虑负荷率、底物分解率和 $H_2S$ 抑制三者的选择平衡关系。寻求三者的最适平衡范围,可保证 SRB 最大限度地还原硫酸盐。试验表明,硫酸盐负荷的调控关键是水力停留时间(HRT)和生物量。在游离 $H_2S$ 浓度相同的情况下,较高的生物量可缓解 $H_2S$ 的反馈抑制作用,从而使群落所受的次级抑制程度也减小。

### 21.3.7 不同价态铁元素对 SRB 的影响

金属离子对硫酸盐还原的作用分为促进和抑制两种,起促进作用的有 $Fe^{2+}$、$Mn^{2+}$ 等离子,起抑制作用的有 $Pb^{2+}$、$Cd^{2+}$ 等离子,另外大多数阴离子 $MnO_4^{2-}$、$SeO_4^{2-}$、$CrO_4^{2-}$、$NO_3^-$、$NO_2^-$ 等均不同程度地对 SRB 有抑制作用。在厌氧系统中,硫化物在液相与气相之间和液相内部均存在复杂的平衡关系。$Fe^{2+}$ 的引入在原有平衡的基础上又增加了 $S^{2-}$ 与 $Fe^{2+}$ 之间的平衡。

$H_2S$ 在水中存在的两级电离:

$$H_2S \Longleftrightarrow HS^- + H^+$$

$$HS^- \Longleftrightarrow S^{2-} + H^+$$

加入 $Fe^{2+}$ 后又发生如下反应:

$$Fe^{2+} + S^{2-} \Longleftrightarrow FeS$$

大量 $S^{2-}$ 以 FeS 沉淀的形式从液相分离出来,使三个平衡均向右移动,形成 $H_2S \to HS^- \to S^{2-} \to FeS$ 的流动,最终使液相中各种还原态硫都减少。

随着硫化物不断被去除,硫酸盐还原的生化反应会因之增强。因此,引入 $Fe^{2+}$ 既可以降低液相中硫化物的浓度,减轻硫化物抑制,又促进了硫酸盐还原,加强了 SRB 的代谢能力。

铁元素是 SRB 细胞中各种酶如细胞色素 c3、铁氧还蛋白、红素还原酶、过氧化氢酶、氢化酶、APS 还原酶及亚硫酸盐还原酶等的辅基成分,通过自身价态相互转化 $Fe^{2+}$、$Fe^{3+}$ 实现呼吸酶传递电子的作用。

在酸性条件下,$Fe^0$ 与溶液中的 $H^+$ 反应时,可产生 SRB 能够利用的 $H_2$,增加电子供体,同时溶液的 pH 值升高,有益于 SRB 生存。而且 $Fe^{2+}$ 可以与 $S^{2-}$ 形成 FeS 沉淀,从而减轻甚至消除硫化物对 SRB 的毒害作用。$Fe^0$ 在硫酸盐还原体系中会发生电化学腐蚀,析出 $Fe^{2+}$,从而进一步减轻硫化物对 SRB 的抑制。但反应形成的 FeS 使污泥的形状发生改变,会带来一系列污泥处理的问题,工程中不应轻易采用。但作者发现 $Fe^{2+}$ 对降低系统的氧化还原电位却有明显的效果,ORP 受冲击时 $Fe^{2+}$ 是良好的调整剂。

## 21.3.8　硝酸盐对 SRB 的抑制作用

在废水厌氧处理中,为降低硫化氢的产生,多采用硝酸盐和亚硝酸盐来进行。抑制硫化氢产生的主要机制为: $NO_3^-$ 和 $NO_2^-$ 的加入刺激了异养的硝酸盐和亚硝酸盐还原菌(hNRB)或者硝酸盐、亚硝酸盐还原硫化物氧化菌(NR - SOB)等微生物的繁殖,使 SRB 产生的硫化氢迅速被氧化。另外,亚硝酸盐通过抑制硫酸盐还原代谢途径直接抑制 SRB 的活性。此外,当硝酸盐浓度很高时,hNRB 直接氧化有机酸,并产生亚硝酸盐,维持较高的氧化还原电位,从而抑制 SRB。有试验显示亚硝酸盐是调控 SRB 硫酸盐活性的主要因素。

研究表明脱硫脱硫弧菌菌株 27774 的周质中存在较完整的硝酸盐还原系统,将硝酸盐经硝酸盐还原酶催化生成亚硝酸盐。而普通脱硫弧菌菌株 Hildenborough 的周质中则仅有亚硝酸盐还原酶(DsrAB)。但是,SRB 的硫酸盐还原代谢途径中的 DsrAB 也能够进行微量的亚硝酸盐的还原。采用分子生态学技术对硝酸盐抑制下的硫酸盐还原功能菌群进行了调查,结果认为绝大部分 SRB 受到抑制,而反硝化菌数量增加,反硝化菌通过还原硝酸盐产生的亚硝酸盐对脱硫弧菌产生了持久性抑制,而对脱硫叶状菌属的抑制则是短暂的。

在运行厌氧废水处理反应器时,将反应器中初步添加硝酸盐,整个反应器状态几乎没有变化,硝酸盐全部去除,没有检测到亚硝酸盐。继续提高硝酸盐添加浓度时,硫酸盐去除率下降,硫酸盐还原率的下降直接导致了出水中硫化物浓度的降低,然而出水碱度并未因为出水中硫化浓度的降低而下降。研究表明,硝酸盐对 SRB 的抑制较为复杂,硝酸盐加入后,会迅速被硝酸盐 - 硫化物氧化菌(NR - SOB)还原为亚硝酸盐。亚硝酸将对没有亚硝酸盐还原酶的 SRB 产生长期的抑制,而对含有该酶的 SRB 抑制是短暂的。NR - SOB 由于氧化了硫化物会提高系统的 ORP。

## 21.3.9　硫化氢对 SRB 的抑制作用

SRB 通过硫酸盐还原产生硫化物而获得代谢过程中的可再生电子,而硫化物可以抑制 SRB 的生长并降低其产量和硫酸盐还原速率。其抑制作用的机理尚不清楚。确定硫化物抑制 SRB 的极限浓度阈是装置正常运行的关键环节。

硫化物除了会被反应器中的微生物生长所利用,还可能与 $Fe^{2+}$、$Zn^{2+}$ 等离子形成少量沉淀,与 $H_2S$ 会由液相进入产生的气体中有直接关系。

在反应器中,总硫化物与 $H_2S$ 存在着如下关系:

液相中:

$$[TS]_{液} = (1 + K_1/10^{-pH})[H_2S]_{液}$$

式中　$[TS]_{液}$——液相中总硫化物浓度;

　　　$[H_2S]_{液}$——液相中 $H_2S$ 浓度;

　　　$K_1$——平衡常数。

气液两相:

$$[H_2S]_{液} = \alpha[H_2S]_{气}$$

式中　$[H_2S]_{气}$——气相中 $H_2S$ 浓度;

　　　$\alpha$——系数。

将上式进行整理可得

$$[TS]_液 = \alpha(1 + K_1/10^{-pH})[H_2S]_气$$

液相中硫化物浓度与产气中的 $H_2S$ 浓度有关。由于 $H_2S$ 随着产气不断排出反应器,使气相中的 $H_2S$ 分布降低,为了保持平衡,水中的硫化物就会不断以 $H_2S$ 的形式从液相进入气相中,这就造成了硫化物的损失。$H_2S$ 在水中的溶解度受废水成分、pH 值、产气率等多种因素的影响,而实际上可能并不完全符合理论上的数学关系。

反应器能够承受较高硫化物浓度的原因,主要与絮状污泥中 SRB 和 AB 的种群分布与群落结构有关。从种群分布看,SRB 主要分布于污泥的内层,AB 主要分布于污泥的外层。酸化过程主要发生在絮状污泥表面,硫酸盐还原过程主要发生在污泥内部。故 pH 值存在着一个梯度,外部低,内部高,最高的 pH 值在污泥中心,最低在污泥表面。$H_2S$ 在总硫化物中所占有的比例与 pH 值直接相关,当水中硫化物浓度一定时,pH 值越高,$H_2S$ 的量越低。因此,絮状污泥的 pH 值 – $H_2S$ 浓度梯度模型如图 21.7 所示。

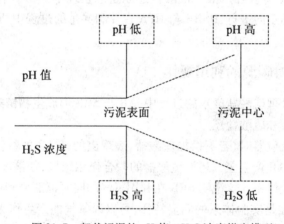

图 21.7　絮状污泥的 pH 值 – $H_2S$ 浓度梯度模型

另外,在反应器中,硫化物通过生物硫源同化、以金属盐沉淀以及 $H_2S$ 气体三种形式逸出,从而减轻抑制作用。

硫化氢是硫酸盐还原的末端产物,在高浓度时会对 SRB 自身产生抑制,但这种抑制是可逆的。在高浓度时,这种气体会渗透进细胞,同细胞色素及其他含量金属离子的蛋白发生反应,使离子还原,酶或蛋白失活,但由于 $S^{2-}$ 和 $HS^-$ 处于离子状态,进入细胞相对较难,所以微生物对其耐受值更高一些。对于产酸 – 硫酸盐还原反应器而言,控制较高的 pH 值使硫化物主要以 $HS^-$ 形式存在,则对微生物的活性抑制较小。$H_2S$ 在水中会电离生成 $HS^-$ 和 $S^{2-}$,由于这些离子是硫酸盐还原的产物,所以存在反馈抑制作用,但 $H_2S$ 的毒害作用要远大于其反馈抑制作用。

## 21.4　SRB 对底物的利用规律

### 21.4.1　SRB 对氢的利用

从污泥中分离到的脱硫杆菌属、脱硫弧菌属和脱硫球菌属均可有效地利用 $H_2$。在 AB、HSRB 和 HPA 协同代谢降解有机物的过程中,HSRB 支配着种间氢的转移,其种间关系如图 21.8 所示。

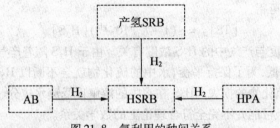

图 21.8　氢利用的种间关系

HSRB 直接利用分子态氢有效地降低了系统氢分压，对 AB 和 HPA 的生化反应起着重要的调控作用。若 HSRB 对分子氢的利用速率下降，将引起产氢产乙酸细菌对丙酸的利用速率下降，然后接着依次是丁酸和乙醇。

在产酸－硫酸盐还原反应器运行过程中，若 HRT 较短，SRB 的硫酸盐还原作用与产氢作用消耗的 COD 密切相关。随着硫酸盐水平的提高，硫化物的产量呈增加趋势，而产氢作用消耗的 COD 水平却下降。在产酸－硫酸盐还原生态系统中，HSRB 作为种间 $H_2$ 的消费者首先刺激产乙酸作用正向进行，HSRB 与 HPA 在片利共生的过程中巧妙地维持着系统的氢平衡。

### 21.4.2　SRB 对碳源的利用规律

利用产酸反应器处理硫酸盐废水的过程中，AB 与 SRB 形成生物链式协同代谢关系，以实现有机物的产酸发酵和硫酸盐还原。

在进行厌氧处理反应器时，若不投加硫酸盐，表现出的是 AB 的特性，而加硫酸盐的体系表现的是 SRB 利用 AB 产生氢气还原硫酸盐的联合作用结果，使液相末端产物中乙醇含量明显少于不加硫酸盐体系。这说明 SRB 在利用氢气的同时也部分利用乙醇还原硫酸盐。反应过程中氢气的存在是实验体系的明显特征，可以以氢气的产生作为考查 AB 活性的指标，以氢气的被利用作为考查 SRB 活性的指标。

表 21.4 考查了 SRB 对不同碳源的利用能力。

表 21.4　SRB 对不同碳源的利用能力

| 底物 | 初始质量浓度/(mg·L⁻¹) | | 反应后液相末端产物/(mg·L⁻¹) | | | | | | $SO_4^{2-}$ 去除率/% | $S^{2-}$ /(mg·L⁻¹) |
| | 碳源① | $SO_4^{2-}$② | 乙醇 | 乙酸 | 丙酸 | 丁酸 | 戊酸 | 总量 | | |
|---|---|---|---|---|---|---|---|---|---|---|
| 糖蜜 1 | 3 232.4 | 0.00 | 620.74 | 580.50 | 199.37 | 137.88 | 26.95 | 1565.44 | – | 3.84 |
| 糖蜜 2 | 3 232.4 | 742.30 | 285.38 | 1 016.86 | 190.42 | 109.40 | 17.14 | 1 619.2 | 93.0 | 23.04 |
| 乙醇 | 4 152.6 | 742.30 | – | 968.58 | 57.57 | 13.58 | 7.60 | 1 047.33 | 99.9 | 28.16 |
| 乙酸 | 3 024.8 | 742.30 | 5.61 | – | 156.54 | 64.17 | 25.74 | 252.06 | 7.5 | 0.64 |
| 丙酸 | 3 424.2 | 742.30 | 16.85 | 120.65 | – | 53.59 | 12.34 | 203.43 | 22.2 | 3.84 |
| 丁酸 | 3 782.1 | 742.30 | 0.00 | 76.52 | 39.81 | – | 7.26 | 123.59 | 12.0 | 0.64 |
| 乳酸 | 3 500.0 | 742.30 | 14.77 | 524.59 | 404.63 | 22.67 | 13.77 | 980.43 | 97.8 | 26.24 |

注：①糖蜜为实测 COD 浓度，乳酸为配制浓度，其他为实测浓度

　　②$SO_4^{2-}$ 为加入浓度

　　产酸－硫酸盐还原反应器中,SRB 用于硫酸盐还原的电子供体为乙酸、丙酸、丁酸、乳酸、$H_2$ 等。不同污泥来源、不同生态系统中利用各种碳源的 SRB 的分布有较大差异,从而表现为 SRB 对各种碳源的不同利用能力,进而影响到 SRB 的硫酸盐还原速率。从硫酸盐去除、硫化物生成及产生挥发酸量来看,SRB 对底物利用的顺序为:氢气 > 乙醇 > 乳酸 > 丙酸 > 丁酸和乙酸,这与还原硫酸盐的热力学规律一致。AB 的发酵产物乙醇和乳酸被利用后大部分转化为乙酸,但 SRB 对乙酸的转化率极低,从而造成反应系统内乙酸的积累,所以要提高产酸脱硫反应中 COD 的利用率,必须增强反应系统中 SRB 对乙酸的利用。

　　在底物充足的条件下, AB 和 SRB 维持较高的活性,产气能力相对较强,SRB 产生的 $H_2S$ 随生物气损失的较多,对系统的压力减轻。因此,接种污泥的制约性是有限的,而驯化条件更为重要。

### 21.4.3　SRB 对电子流分量的影响

　　电子流可作为 SRB 与 MPB 基质竞争关系的一个参数,可以根据 SRB 和 MPB 的电子流比重确定它们的竞争关系。在厌氧处理中形成的乙酸和氢气,当存在硫酸盐时,SRB 和 MPB 的共同底物乙酸和氢气所脱掉的电子在硫酸盐还原作用和产甲烷作用之间进行分配。

　　SRB 的电子流途径为

$$4H_2 + H^+ + SO_4^{2-} \longrightarrow HS^- + 4H_2O$$
$$CH_3COO^- + SO_4^{2-} \longrightarrow HS^- + 2HCO_3^-$$
$$H_2S + 2O_2 \longrightarrow H_2SO_4$$

　　还原 1 mol $SO_4^{2-}$,需要 4 mol $H_2$ 或 1 mol 乙酸,形成 1 mol $H_2S$,相当于 649 COD。SRB 的电子流( a ) = $SO_4^{2-}$ 还原的物质的量( mol ) × 649 = Ag。

　　MPB 的电子流途径为

$$4H_2 + H^+ + HCO_3^- \longrightarrow CH_4 + 3H_2O$$
$$CH_xCOO^- + H_2O \longrightarrow CH_4 + HCO_3^-$$
$$CH_4 + 2O_2 \longrightarrow CO_2 + 2H_2O$$

　　产生 1 mol $CH_4$,需要 4 mol $H_2$ 或 1 mol 乙酸,相当于 649 COD。MPB 的电子流( B ) = 形成 $CH_4$ 的物质的量( mol ) × 649 = Bg。

　　故:

$$SRB 分配的电子流比例(\%) = Ag/(Ag + Bg) × 100\%$$
$$MPB 分配的电子流比例(\%) = Bg/(Ag + Bg) × 100\%$$

　　在研究乙酸、丙酸、乳酸中投加硫酸盐,对厌氧处理的实验结果显示,硫酸盐的存在不影响产甲烷作用,在反应器中,电子将主要流向硫酸盐还原作用,但最关键的是两种作用进行的先后次序。

　　对于产酸－硫酸盐还原反应器而言,不存在单相厌氧反应器中 SRB 与 MPB 争夺乙酸和氢的过程中对可利用电子的分流。但可用于 SRB 种群还原硫酸盐消耗的 COD 占总 COD 去除量的比例的分析。

$$SRB 的电子流分量 = \frac{\Delta c_{SO_4^{2-}} × 0.67}{\Delta c_{COD}} × 100\%$$

式中　数值 0.67——SRB 还原消耗 COD 的理论值;

$\Delta c_{SO_4^{2-}}$——硫酸盐的去除量；

$\Delta c_{COD}$——COD 的去除量。

提高 COD 浓度的过程中，底物不是限制因子，可为 AB 种群的迅速繁殖提供条件，使 AB 消耗的 COD 总量增加。而 SRB 的电子流分量是由其种群密度制约的。故尽管 COD 和 $SO_4^{2-}$ 去除率均提高，但 SRB 的电子流分量却相对减少，因此碳硫比从低到高的直观表现是 SRB 种群的电子流分量降低，这也从电子传递水平上反映出影响群落结构和种群组成的关键生态因子是碳硫比。

## 21.5　生物膜反应器中 SRB 的分布

由于 SRB 的世代时间通常大于厌氧反应器的水力停留时间，固定化是解决这个问题的有效途径。生物膜反应器中载体颗粒的比表面积较大，为微生物生长提供了充足的场所，提高了单位容积反应器内的微生物量，使生物膜的活性提高并加速底物向微生物细胞膜内的传质过程，有利于反应提高效率。

有研究表明，反应器中微生物有两种状态：一是附着于载体的表面或者内部，二是在载体外的游离活性污泥中生存。对载体相和游离泥相中的微生物进行产氢、产硫酸盐还原对照实验，结果显示在这两相中 AB 与 SRB 分布差异较大。从微生物产氢与利用氢的情况可以看出，若载体相不加硫酸盐，反应过程中则一直没有氢气产生，即在此状态下 AB 不占优势；而游离泥相中一直有氢气产生，说明游离污泥中 AB 占据优势地位。若在载体相加硫酸盐反应过程中一直没有氢气产生，则说明载体相中 SRB 占优势。而若游离泥相加硫酸盐开始有氢气产生，之后氢气被 SRB 利用，氢气减少，说明游离泥相 AB 与 SRB 共存。

综上所述，由于吸附作用，活性炭颗粒上的硫酸根浓度要高于混合液中的硫酸根浓度，SRB 趋向于富集在载体上。游离泥相有硫酸盐还原能力生成的硫离子，说明游离泥相中也有 SRB 分布。

在产酸－硫酸盐还原反应系统内生物膜中，微生物的存在状态有附着态与游离态两种。对反应器内游离的活性污泥中 AB 和 SRB 记数结果表明，AB 的数量为 $3.5 \times 10^{12}$ 个/mL 左右，SRB 的数量为 $1.2 \times 10^8$ 个/mL 左右。大量 AB，良好的传质作用使 AB 充分与进水中糖蜜底物接触，使产酸发酵较快完成。游离的活性污泥成絮状，结构比较松散，但沉降性较好，有利于传质作用。

活性炭载体的外表面菌胶团的扫描电镜照片如图 21.9 所示。载体颗粒活性炭表面分布许多微孔，孔隙中生长着大量微生物，微生物的形态各异，有杆菌、球菌、短杆菌、弧菌等，但以杆菌居多。活性炭与菌胶团之间结合程度不太紧密，会在反应器底部积累、接触，产生很大的相互摩擦作用，使污泥絮体更新加快，并能够提高载体生物膜活性。

图 21.9　活性炭表面菌胶团的扫描电镜照片(1 000 倍)

在载体活性炭上，SRB 占据相优势地位，造成载体相中 SRB 定向富集的原因有以下几点：

(1)因为载体上的过酸和相对较高的氧化还原环境有利于抵御 AB 发酵的发生。

(2)因为吸附作用,活性炭颗粒上的硫酸根浓度较高使 SRB 趋向于富集在载体上。

(3)因为 SRB 的世代时间一般大于 HRT,SRB 吸附在载体上大大增加了其停留时间,有利于 SRB 菌群的生长代谢,同时,也遏制了 AB 的生长,致使 AB 不易吸附到载体上。

# 第 22 章　油田硫酸盐还原菌分子生态学

新中国诞生前夕,我国天然石油的生产主要集中在西北的玉门、新疆的独山子、陕西的延长和台湾的出磺坑等四个小油矿,以及四川、台湾等地的七个小气田,产量都很少。1949年全国只有 8 台钻机,石油年产量仅有 12 万吨,其中天然油不到 7 万吨。从 1904 年到 1948年间,我国共生产原油 290 万吨,而同期进口油 2 800 万吨,民族石油工业岌岌可危。新中国成立后开始了我国石油工业发展的新篇章。石油工业经历 20 世纪 50 年代的起步发展后,形势依然严峻。至 1959 年时,全国原油产量远远不能满足国民经济发展的需要。为彻底改变这一状况,我国中央决定全面寻找和开发大的油田。大庆等油田的发现和开发结束了中国贫油的历史,并从 1962 年开始出口石油。周恩来总理在 1963 年 12 月 4 日宣布"中国需要的石油现在已经可以基本自给"。1978 年中国原油产量已达到 1 亿吨/年,位居世界第八。目前中国原油产量仅次于俄罗斯、沙特阿拉伯、美国,成为全球第四大原油生产国。

大庆油田原本是一片荒芜,在 1958 年,按照邓小平石油勘探战略重点东移的指示,松辽盆地石油勘探工作全面开展。1959 年 9 月 6 日,位于大同镇附近的"松基 3 井"经过试采,产油能够较长时间保持稳定,标志着新油田的诞生,并命名为"大庆油田"。本章以大庆油田为例,阐述油田硫酸盐还原菌的分子生态学的基本概况。硫酸盐还原菌的研究主要集中在 SRB 的金属腐蚀及 SRB 的抑制和杀灭方面。我国在这方面的研究还较少,水平也较低,处于初步阶段,与国际水平还有一定的差距。近年来,随着微生物分子生态学研究手段的不断进步,对群落的解析手段的不断深入,加深了人们对 SRB 菌群的了解,研究其在回注水系统的分布规律,解决油田 SRB 的定量检测以利于指导生产。

## 22.1　油田概述

油田是指受构造、地层、岩性等因素控制的圈闭面积内,一组油藏的总和。有时一个油田仅包含一个油藏,有时包括若干个油藏,还可能有气藏。在同一面积内主要为油藏的称油田,主要为气藏的称气田。按控制产油、气面积内的地质因素,将油气田分为 3 类:①构造型油气田,指产油气面积受单一的构造因素控制,如褶皱和断层。②地层型油气田,区域背斜或单斜构造背景上由地层因素控制的含油面积。③复合型油气田,产油气面积内不受单一的构造或地层因素控制,而受多种地质因素控制的油气田。

### 22.1.1　微生物与油气形成

在油气形成假说中,微生物发挥了重要作用。根据对青海湖第四纪沉积岩四个剖面九类生理菌群和生化、地化的分析结果指出,原始有机质的数量、类型和沉积环境是决定有机质保存及转化的重要因素,也是决定微生物活动强度的重要因素。微生物在有机质转化早期,起着产氢、转氢、脱氧、创造还原环境、促进成岩等作用。微生物分解有机质释放的能量一部分储存于环境中,一部分转给剩余的有机质使之还原并转化成石油。脂肪酸是有机质转化早期的主要中间产物,在三个还原性剖面中约为有机质的总量的 50%。在接种岩心样及湖底沉积物样的脂肪酸发酵产物中,鉴定出甲烷、乙烷、丙烷、丙烯、正丁烷、丁烯和异丁烷等。

甲烷氧化菌可把甲烷氧化成二氧化碳和氢气,并参与到温室气体中,也可作为油气勘探的指示菌,及在消除煤矿瓦斯爆炸等发挥有益作用。产甲烷菌既是温室气体甲烷和生物形成气体的主要参与者,也在微生物提高采油工艺中发挥重要作用。据推测,全世界范围内产甲烷菌每年产甲烷 4 亿吨,成为第二大温室气体。它也是气田、油藏油溶气、气顶气和煤层气的主要成分。

群生的丛粒藻是广泛分布于在世界内陆水域的浮游单细胞微藻,又称油藻。在国外,从约 1 亿年前到近代的沉积岩中均发现了丛粒藻的化石。不同来源的丛粒藻的含烃量为 0.3% ~76% 细胞干重,大大高于其他微生物。在有石油沉积的地方,几乎所有的有机质都是由它形成的。根据对澳大利亚达尔文水库丛粒藻的研究结果估算,每年可产石油烃类 35 万吨。自 20 世纪 40 年代以来对藻类产烃已逐渐引起了科学家们的关注。我国在 20 世纪 80 年代也开始了这方面的研究。如固定化丛粒藻细胞产烃,是将其固定在纱布上,产生的烃类与游离细胞相当,主要是 C23 - C31 的奇数二烯同系物,产烃量比当时报道的高 1 ~4 倍,达到国际先进水平,并且具有设备简单、费用低、透光性好和表面积大等优点。

油层微生物活动规律的研究是油田微生物学的基础。阐明活动规律能够掌握加速有益活动、预测油田开发时对其活动的意义估计不足而可能引起的有害后果,针对要点对其进行规避。许多研究工作者正利用微生物拓宽采油途径,如把有效细菌注入油层内,但这会增加很大的难度。如果油藏内存在着适宜的菌类,也可以通过加入营养物活化油层内菌类的活动,从而提高采油量。在原油中发育良好的菌株多半都具有利用原油中某些组分的能力。向原油中加入一些营养物可以活化其中存在的细菌活动。一些非油田菌株可以长期在原油中存在,并为扩大提高采油量用的菌株来源提供了依据。

通过对玉门油区三个油田油 - 水样品的微生物进行分析,结果显示在深度 253 ~ 2 880 m 油层中广泛地存在着硫酸盐还原菌、液体石蜡分解菌、反硝化细菌和腐生菌。非油区和水样中菌量极少,未发现硫酸盐还原菌。在油田开发中,注水是普遍应用的采油方法。注水会导致油层微生物活动的强化。在注水早的老君庙油田,油层水原属氯化钙型,矿化度高。含油岩心中存在腐生菌、反硝化细菌、液体石蜡分解菌、硫酸盐还原菌和脂肪分解菌。注入水带进一些细菌和硫酸根到油层中,易冲淡地层水并使微生物活动强度增高,引起地层堵塞和设备腐蚀。并且菌量随输水管的延长而增加,在注水井底形成了由烃氧化菌和硫酸盐还原菌组成的活泼的微生物群落,排出液中硫酸盐还原菌菌数高达几十万到几千万/mL。

另外,燃料油贮存过程中微生物的存在和繁殖会引起油品性质的变化和损坏贮油设备,严重时还可导致飞行事故。

## 22.1.2　油藏中的微生物类群

油藏是指原油在单一圈闭中具有同一压力系统的基本聚集,按成因分为构造油藏、地层油藏和岩性油藏三类。构造油藏为油聚集在由于构造运动而使地层变形或变位所形成圈闭中的油藏,常见的有背斜油藏和断块油藏。地层油藏为油聚集在由于地层超覆或不整合覆盖的圈闭中而形成的油藏,常见的有古潜山油藏。岩性油藏为油聚集在由于沉积条件的改变导致储集层岩性发生横向变化而形成的岩性尖灭和砂岩透镜体圈闭中而形成的油藏,常见的有砂岩透镜体、岩性尖灭和生物礁块油气藏。

不同类型的油藏构成了复杂多样的极端环境。油藏的温度、压力和矿化度比较高,温度一般在 40~180 ℃,压力在几兆帕到数十兆帕,矿化度可达 20% 以上。油藏开发前为封闭系统,开发后变为开放系统。油藏基质为结构尺寸变化多样的孔隙介质,其中充满着油、气和水,随沉积不同,油、气和水的性质差异很大。

1. 油藏微生物群落研究方法

油藏中存在着大量的微生物,它们通过各种信号传递、相互作用和影响形成群落,并且在群落的背景下发挥功能和作用,微生物资源提高采收率(MEOR)技术的开发和应用必须认识和考虑到油藏微生物群落的结构组成和功能特性。传统上研究油藏微生物群落采用培养的方法,基本步骤为:利用常规的培养条件和富集培养基将微生物从油藏中分离,对分离菌株进行种类鉴别、计数和功能测试,进而了解油藏微生物群落结构。但此方法能成功培养的微生物数量极少,只有 0.01%~1%,必然不能够完全真实、准确地反映油藏中的微生物群落。所以近年来科学家们利用提高微生物可培养技术研究油藏微生物群落得到了较好的发展,并在生产实践中得到应用。

提高微生物可培养技术的建立,也是基于传统培养技术的基础之上,突破了传统微生物培养的方法限制,改进培养条件和开发新培养技术来获取更多的油藏微生物菌种。该方法模拟油藏环境条件,利用来自于油藏环境的物质作为基质,或以多聚物为碳源,以降低营养基质的浓度,减少氧对微生物的危害,提高微生物的培养成活率。例如,油井中的嗜热球菌长期适应油井中营养匮乏的贫营养环境而更能耐受饥饿。也只有在模拟油井中极端环境的条件下,才能进行培养。同时,在培养基中加入调节微生物相互作用的信号分子就可以基本上模拟微生物之间的相互作用,有利于微生物生长繁殖。此外,不同微生物的代谢过程各异,对反应底物的要求也不尽相同,所以在培养基中添加不同的电子供体和电子受体来提高油藏微生物的培养成功率,并能够在培养的过程中发现新种微生物。如在基础无机盐培养基中添加乙酸盐或丙酸盐,就从油藏中分别分离到了具有硫酸盐还原能力的新种 Desulfobactr vibrioformis、Desulfobulbus rhabdoformis 和 Desulfovibrio capillatus 等。

此外,还可以通过微生物细胞分散法,即通过适度的超声处理使聚集生长的微生物细胞分散,使更多的微生物接触培养基而得到培养。延长培养时间法,即使生长缓慢的微生物能长至肉眼可见的菌落而得以分离的方法。通过借鉴提高非油藏微生物可培养技术来培养更多未培养油藏微生物的方法,包括稀释培养法、高通量培养法、扩散生长盒法、细胞包囊法等。序列引导分离技术是利用微生物基因组中特定基因的特异性序列,设计引物或探针,以培养物中目标序列存在和变化情况为指标,来指导选择最优的微生物培养条件,进而培养出新的微生物。

非纯培养分析技术最初是利用各种染料来直接检测环境中具有不同代谢活性的微生物。随着分子生物学技术的发展,以微生物 DNA、RNA 为研究对象的非纯培养技术,逐步发展为微生物分子生态学的重要技术手段,即通过分析微生物遗传物质中保守的 16S rRNA 基因及特定功能基因等来揭示不同环境中微生物群落结构组成和功能特点。非纯培养分析技术主要包括荧光原位杂交(FISH)、变性梯度凝胶电泳(DGGE)、末端限制性片断长度多态性分析(T－RFLP)和基因克隆文库等。该技术手段不受微生物可培养性的限制,也克服了选择性培养不能准确反应微生物真实数量的缺点,能够更准确、直接和全面地反映群落的结构及多样性。此外,将培养和非培养技术结合也可以更好地了解油藏微生物群落结构和功能特性,弄清在不同油藏中各种微生物类群的功能和数量,可以为外源驱油微生物的配伍提供指导性蓝图。

此外,建立油藏微生物的菌种资源库和宏基因组库不但能够更好地保护油藏微生物资源,而且有利于油藏微生物资源的进一步开发和应用。

2.油藏中微生物特征

未经开发的油藏为封闭体系,此时油藏中的微生物主要以古菌为主,并且数量很少。在油藏开发之前和油藏开发第一阶段,油藏为高度还原的环境;第二阶段,注水开发使油藏环境发生了变化,注水将溶解氧和生活在地表的微生物源源不断地带入地层。所以造成了在注水井及近井地带存在一定范围的有氧环境,沿注水井向油藏深部沿采油井的方向溶解氧含量迅速降低,各种各样的油藏环境培育了复杂多样的油藏微生物。

对于特定油藏,在平衡的注采关系下,长期注水开发导致油藏中形成了相对稳定的微生物种群。在高矿化度的油田地层水和低矿化度的油田地层水中一般都可分离出不同生理群的微生物,如厌氧的发酵菌、硫酸盐还原菌、硝酸盐还原菌、甲烷生成菌和好氧的烃氧化菌等。厌氧微生物(硫酸盐还原菌、发酵菌、产甲烷菌)在注水波及的整个区域中存在,好氧菌主要在容易获得溶解氧的注水井近井地带活动,在油藏深部,它们的生长受到还原环境和高浓度硫化氢的抑制。

注水开发是决定油藏生境中微生物群落分布状况的主要因子,其中烃类氧化菌、发酵细菌、脱氮菌、腐生菌、SRB 和产甲烷古菌等是这个生态系统中的主要细菌群。油藏特性、流体性质和注入水质不同,形成的微生物的种类和分布也不同。由于油藏盐水中含有的氮、磷量很低或缺乏,油藏中微生物的数量一般较低。

地层水中的微生物种类非常丰富。2002 年,Nazina 等利用 16S rDNA 序列技术对大庆注水开发油田地层水中的微生物进行了分析,发现既有高(G＋C)含量的微生物,又有低(G＋C)含量的微生物;既有革兰氏阳性菌,又有革兰氏阴性菌。其中革兰氏阴性菌主要包括假单胞菌和不动细菌等;革兰氏阳性菌主要包括杆菌、纤维单胞菌、红球菌、棍状杆菌、戈登氏菌和迪茨氏菌等。2004 年,石梅等对大庆油田注水井中的微生物种类结构进行研究,结果显示:地层水存在硫酸盐还原菌 20 个/mL、发酵菌 250 个/mL、甲烷菌 13 个/mL、烃氧化菌 6 000 个/mL。

油藏中的微生物大部分在岩石表面或油水界面上生长和繁衍,小部分在油藏盐水中活动。由于油藏孔隙介质的过滤等作用,在油田采出流体中的微生物数量和结构一向不能准确、真实地反映油藏中实际的微生物的数量和结构。

一般情况下,油藏原生水和注入水中含有硫酸盐、碳酸盐、挥发性脂肪酸、微量元素、含氮的腐蚀抑制剂、古磷的阻垢剂等物质，这些物质可作为营养支持微生物的活动。特别对于 SRB 来说，上述这些营养物质的存在是非常有利于 SRB 生长繁殖的。

油藏中的烃氧化菌可将烃类氧化生成低相对分子质量有机酸及 $CO_2$；脱硝菌利用硫化物和有机物，产生大量的 $N_2$、CO、$N_2O$ 等气体；硫酸盐还原菌可将硫酸盐还原为硫化氢气体；产甲烷菌利用油藏中的二氧化碳、氢或低相对分子质量有机酸等生成甲烷，但其对生长环境要求苛刻，在油藏微生物活动中占的比例很小。

经长时间的演化，油藏中的微生物形成了特定的、稳定的群落，所以向油藏中引入的少量的微生物不足以改变油藏微生物的群落结构。

3. 油藏中典型的微生物生理群

（1）硫酸盐还原菌。在油田生产的过程中，SRB 的繁殖给油田生产带来很多危害，如回注水系统中腐蚀产物导致污水发黑，悬浮固体含量增加，使处理后水中悬浮固体含量超标。迄今为止，几乎没有研究证实 SRB 能够独自或与其他功能微生物类群协同作用有益于原油开采。所以，现有的关于油藏中 SRB 的研究都是从控制或防治这类微生物角度进行的。但是根据群落生态学原理，群落中的不同种群是相互作用、相互依存的，许多功能类群的作用是间接而不固定的，所以想要单一的提出某一群落的功能还是需要更深的探讨研究。

油藏中 SRB 种类繁多，硫酸盐还原是主要的厌氧过程，通过这一过程，原油中的有机组分被转变。目前筛选到的硫酸盐还原菌主要有硫肠状菌、去磺弧菌和脱硫状菌，在油田污水回注系统和油层缺氧环境中广泛存在。油藏中的 SRB 可利用多种电子受体，如氢、脂肪酸、极性有机产物以及石油烃等。油层水通常含有乙酸、丙酸和丁酸等短链有机酸以及地热反应或发酵细菌降解产生的 $H_2$，这为硫酸盐还原菌生长提供了营养物质。在不同的矿化度和温度下都可生长繁殖的 SRB，其产生的 $H_2S$ 增加了油气中的硫含量而降低了原油品质，与金属离子形成沉淀抑制油水分离，对采用化学驱的油田来说，它使聚丙烯酰胺黏度下降而导致化学驱失效。

Desulfovibrio vaculatus 为新发现的菌种，只能在硫酸盐存在时在乳酸钠、丁酸钠、苹果酸钠介质上生长，或者在酵母存在时在甲酸盐和氢介质上生长。Desulfacinum subterraneum 也是一种新发现的菌种，在还原硫酸盐过程中，可利用乳酸盐、丙酮酸盐、苹果酸、延胡索酸、乙醇、脂肪酸盐、酵母抽提物、丙氨酸、丝氨酸、半胱氨酸等物质。曾景海等利用 FISH 技术对胜利油田采油厂回注水中硫酸盐还原原核生物（SRPs）进行检测，结果表明 SRPs 在胜利油田回注水中具有极高的种群多样性，广泛分布于 4 个细菌门和 1 个古菌门。

（2）发酵细菌。发酵细菌特别是嗜热发酵细菌在地下油藏中广泛分布，不同的油藏条件分离出不同种属的发酵细菌，但随着油藏温度升高，可分离出的菌株数量随之降低。发酵细菌是一类能发酵糖、氨基酸、长链有机酸等复杂有机物，产生 $H_2$、$CO_2$ 和乙酸等短链有机酸的细菌和古菌的总称，大部分可以还原亚硫酸盐或硫产生 $H_2S$。油藏中的发酵细菌主要包括热球菌属、嗜热厌氧杆菌属、热孢菌目和盐厌氧菌属等。热球菌属菌都是嗜热古菌，主要分布在 $80 \sim 90$ ℃的高温油藏中，还原硫产生 $H_2S$，发酵产物为乙酸、丙酸和丁酸等短链有机酸。嗜热厌氧杆菌以硫代硫酸盐作为电子受体，发酵葡萄糖产生乙醇、乙酸、$H_2$ 和 $CO_2$。热袍菌目细菌在进化树上是非常古老、进化缓慢的一群独特的极端嗜热微生物，其菌中的石油石袍菌属细菌全部分离自油井采出水。盐厌氧菌属是中度嗜盐的嗜温菌，乙酸、$H_2$ 和 $CO_2$ 是发酵葡萄糖的主要产物。

(3)烃氧化菌。烃氧化菌具有乳化原油的性能,能广泛利用有机物,降解正构烷烃作为碳源生长,不需添加生长因子。主要包括微球菌、节杆菌、红球菌和盐杆菌等。在矿化度很宽的范围内均有烃氧化菌存活。

(4)产甲烷菌(MPB)。MPB 是指甲烷杆菌科的细菌。所有的种都严格厌氧,对氧高度敏感。某些菌株被认为是兼性自养型。所有的种共同的产能形式是氢的厌氧氧化,以二氧化碳作为电子受体,代谢产物为甲烷和水。这类细菌处于油层生态系统的最后阶段。一般情况下,在地层越深、还原条件越强的环境,产甲烷菌活性越高。

筛选到的甲烷生成菌包括甲烷杆菌和甲烷八叠球菌,甲烷杆菌中的典型菌为布氏甲烷杆菌和甲酸甲烷杆菌。布氏甲烷杆菌革兰氏阳性,最佳生长温度为 45 ℃。甲酸甲烷杆菌革兰氏阴性,最佳生长温度 37 ℃。两者均能利用 $CO_2/H_2$,甲酸甲烷杆菌也能利用甲酸盐作为碳源和能源生长。另外,烃氧化菌、硫酸盐还原菌和甲烷生成菌是利用油藏微生物资源开采原油或防治油田酸化、设备腐蚀研究和实践中涉及的 3 个主要的典型的微生物生理群。

(5)硝酸盐还原菌(nitrate – reducing bacteria,NRB)。通常所说的硝酸盐还原菌可以按照其功能分为硝酸盐还原菌和反硝化细菌两类。硝酸盐还原菌只能把硝酸盐还原成亚硝酸盐。反硝化细菌可以将亚硝酸盐还原成一氧化氮和分子氮,在分类学上是不同的,而且无处不在。近些年来,从油藏中分离到很多硝酸盐还原菌,但大都是之前没有发现的新属。绝大多数属兼性好氧菌,利用有机酸生长,在氧或硝酸盐(被还原为 $N_2O$)存在条件下,可分别利用延胡索酸、丙酮酸、琥珀酸、甲酸、乙醇和酵母浸取液生长。*Carciella nitratireducens* 和 *Petrimonas sulfuriphila* 是专性厌氧菌,还原硝酸盐为氨,也可以发酵多种糖类和有机酸。*Marinobacter aqueolei* 为嗜盐、兼性好氧菌,能够好氧降解十六烷和石油中的部分组分,并且能够抑制硫酸盐还原菌的生长,并可以生物转化已存在的 $H_2S$。

大多数生物膜中将无机氮转化成分子氮都是由反硝化细菌完成的。生物脱氮在各种不同的硝酸盐还原方法中被证实是比较有效的,并且可以使硝酸盐被转化成为氮气。

(6)腐生菌。腐生菌是各类营异养生活的细菌的总和。某些菌群可以代谢产生有利于驱油的产物,某些菌群是采油有害菌,是油田注入水重要的控制指标之一。但在油田水系统中多指好氧型异养菌,其中的某些菌群在生长繁殖过程中能产生大量的黏性物质,附着在管线和设备上形成生物垢,会引起注水井、过滤器以及地层堵塞,同时也会引起腐蚀,有时还会形成适合生长的局部厌氧环境而使腐蚀加剧。

# 22.2　油田中的硫酸盐还原菌的检测方法

## 22.2.1　油田中 SRB 的检测

随着硫酸盐的污染越来越严重,利用 SRB 去除废水中硫酸盐的厌氧处理工艺得到了广泛的应用。于是,如何快速有效地检测各种生境中的重要功能微生物,SRB 便成了与工艺密切相关的关键问题。在油田生产的过程中,SRB 的过度繁殖会造成很多危害,如地面系统中腐蚀产物导致废水发黑、悬浮固体含量增加,使处理后水中悬浮固体含量超标。中国石油天然气行业标准规定在油田注水中的 SRB 总量不得超过 100 个/mL。SRB 的快速定量检测一直是油田生产中的一大难题,其对于油田水质检测和地面系统中合理杀菌浓度的确定、及时地指导油田生产具有重要的意义。

SRB 的检测方法主要有:传统的检测方法,培养法以及显微镜直接计数法;基因法,基于 SRB 种属的 16S rRNA 序列的定性检测,如基因芯片以及 FISH 技术对 SRB 的定量和定性检测,APS 还原酶基因和异化型亚硫酸盐还原酶基因进行定性检测;基于蛋白检测法,主要是通过免疫吸附的原理来实现,如已经申请专利的基于 APS 还原酶的 SRB 的快速检测试剂盒等。

### 1. 培养法

培养法主要有测试瓶法、琼脂深层培养法和溶化琼脂管法,这些方法都是根据 APIRP - 38 地下注入水分析法中的三管平等绝迹稀释法进行的。

测试瓶法是利用瓶装的含乳酸盐、硫酸盐和铁离子或金属铁的培养基对样品进行接种培养,从而确定样品中 SRB 含量的方法。样品接入测试瓶中若含有 SRB,经一段时间的培养,测试瓶底部会出现黑色的硫化铁沉淀。此方法是目前国内外常用的方法,但所用时间过长,一般需要 20 d 左右。

琼脂深层培养法采用的培养基与测试瓶法基本相同,不同之处在于此方法加入亚硫酸钠作为还原剂和除氧剂。该法也以培养基变黑作为生长标志,但是是通过观察培养基变黑所需时间的长短来计数的。此法在 5 d 之内得到检测结果,但 5 d 内必须每天观察试验结果。并且,该法容易出现假阳性或假阴性而影响检测结果。

溶化琼脂管法以胰蛋白胨作为唯一营养源,在培养基中加入亚硫酸钠。此方法进行三天培养可得到检测结果,但操作较为繁琐,并且实验结果有时难以观察。

### 2. 显微镜直接计数法

显微镜下可以测出细菌的总数,但却不能检出 SRB 的数量,若通过表面荧光或细胞表面抗体标记法,便可快速得到 SRB 检测结果。其原理是 SRB 细胞表面存在着特异的抗体附着点,抗体与荧光化合物连接,且只与 SRB 细胞表面的抗体附着点相结合。在表面荧光显微镜下观察,抗体与细胞相连呈现绿色边界。该法在 2～3 h 内得到结果,但实验操作要求严格。

### 3. MPN - PCR 检测

PCR 技术已经是较为成熟的实验室常用技术,以常规 PCR 为基础,结合 MPN 计数原理,采用能够与 SRB 功能基因 APS 还原酶基因特异结合的引物,待测样品细胞为模板,在 4 h 内完成对样品中 SRB 的快速定量。腺苷酰硫酸还原酶(APS)是进行硫酸盐还原的关键酶之一,APS 基因在同一类群的 SRB 中相当保守,是一种寡聚铁硫黄素蛋白,含有一分子 FAD 和 12 个原子的铁和不稳定硫。在不同类群 SRB 中却有较大差别,可以作为 SRB 的分类与进化的指标,是 16S rRNA 序列分子分类法的补充,对于 SRB 菌的快速检测提供一个稳定的靶位点。主要步骤为:样品预处理,PCR 扩增及电泳检测和 SRB 的快速定量。

预处理是将环境样本中除微生物菌体以外的杂质尽量去除,在缓冲液中只含有微生物菌体,直接作为 PCR 扩增模板 DNA。其过程是先将样品 1 mL 注入 1.5 mL 的离心管中,振荡 5 min,然后在 13 000 r/min 条件下离心 1 min,去除上清液0.9 mL,然后向管中加入菌液制备前处理缓冲液 0.9 mL,再振荡 5 min,13 000 r/min 条件下离心 2 min,去上清液 0.98 mL,充分振荡 2 min,样品预处理完毕。

预处理后的样品进行 10 倍稀释,取 2 μL 作模板在冰上进行 PCR 扩增。反应体系统

20 μL,包括 Buffer 20 μL,dNTP 0.3 mmol/L 为 2 μL,引物 APS7F 和 APS8R 各 1 μL,rTaq DNA 聚合酶 0.3 μL,其余的加去离子水 11.7 μL,然后加 2 μL 的样品。PCR 扩增的引物能够与 APS 还原酶基因专一性地结合,从而引发扩增,如图 22.1 所示。PCR 程序:95 ℃预变性 10 min,40 个循环(95 ℃变性 30 s、50 ℃退火 45 s、72 ℃延伸 90 s),最后 72 ℃延伸 10 min。最后扩增产物于 1.0%的琼脂糖电泳检测,直接进行凝胶照相分析。同时进行三个平等测定,对阳性结果根据 Briones 和 Reichardt 方法进行确定原样品中 SRB 的浓度。根据扩增产物的电泳结果来记录各样品的阳性条带数,然后查阅 MPN 表得出对应数值,计算出 1 mL 检测水样中 SRB 菌的总数。

```
  1  GGGTCTGTCC  GCCATCAACA  CCTACCTGGG  TGAAAACGAC  GCCGACGACT  ACGTCCGCAT  60
 61  GGTCCGCACC  GACCTTATGG  GCCTGGTTCG  CGAAGACCTT  ATCTTCGACG  TAGGCCGTCA  120
121  CCTTGACGAC  TCCGTGCATC  TATTTGAAGA  TTGGGGCCTT  CCCTGCTGGA  TCAAGGGCGA  180
181  AGACGGCCAC  AACCTGCCGC  GCGCGGCCGC  CAAGGCTGCT  GGCAAGAGCC  TGCGCAAGGG  240
241  CGATGCCCCT  GTGCGTTCCG  GCCGCTGAGA  GATCATGATC  AACGGTGAAT  CCTACAAGTG  300
301  CATCGTGGCC  GAAGCTGCCA  AGAATGCCCT  GGGTGAAGAC  CGCATCATGG  AACGTATCTT  360
361  CATCGTGAAG  CTGCTTCTCG  ATAAGAACAC  CCCCAACCGC  ATCGCCGGCG  CCGTGGGCTT  420
421  CAACCTGCGC  GCCAACGAAG  TGCACATCTT  CAAAGCCAAC  ACCATCATGG  TGGCCGCTGG  480
481  CGGTGCCGTT  AACGGTACC   GTCCCCGGAA  GGCATGGGCC  GTGCATGGTA  540
541  TCCTGTGTGG  AACGCTGGTT  CTACCTACAC  CATGTGCGCT  CAGGTTGGCG  CTGAAATGAC  600
601  CATGATGGAA  AACCGCTTCG  TGCCCGCCCG  CTTCAAGGAC  GGTTACGGCC  CCGTGGGTGC  660
661  GTGGTTCCTC  CTGTTCAAGG  CCAAAGCCAC  TAACTCCAAG  GGTGAAGATT  ATTGCGCCAC  720
721  CAACCGCGCC  ATGCTGAAGC  CTTACGAAGA  TCGCGCCTAC  GCCAAGGGCC  ATGTCATTCC  780
781  GACCTGCCTG  CGTAACCACA  TGATGCTTCG  TGAAATGCGC  GAAGGCCCCG  GCCCCATCTA  840
841  CATGGACACC  AAGAGCGCCC  TGCAGAACAC  CTTCGCGACC  CTGAACGAAG  AACAGCAGAA  900
901  GGATCTTGGA  TCCCAAGGTT  GGGAAGACTT  CCTCGACATG  TGC  943
```

图 22.1　引物 APS7F 和 APS8R 扩增的序列

### 4. FISH 技术

FISH 技术由于具有直观、定性以及半定量等特征而被广泛应用于微生物群落的结构与动态学研究之中。该技术是在原来的同位素原位杂交技术基础上发展起来的,其原理是按照两个核酸的碱基序列互补原则,用特殊修饰的核苷酸分子标记 DNA 探针,然后将标记的探针直接原位杂交到染色体或 DNA 纤维切片上,再与荧光素分子耦联的单克隆抗体和探针分子特异性结合,经荧光检测系统和图形分析技术对染色体或 DNA 纤维上的 DNA 序列定位、定性和相对定量。其结果在荧光显微镜下可直接观察。

FISH 技术实现的关键在于探针的选择及其特异性。在系统发育学中的分散性,SRB 类群涵盖了 5 个重要的细菌门,所以,至今仍然没有能够与所有 SRB 都杂交的寡核酸探针。为弥补这一不足,多位学者设计了部分能够与 SRB 中某些属或门的 16S rRNA 靶探针,这些探针的组合使用也能够反映出 SRB 种群的变化规律。以 16S rRNA 为靶对象,采用 FISH 技术,许多研究者对不同生境中的特异类群 SRB 进行了直观有效的定性定量分析,如河流沉积物中植物根际,生物膜反应器中 SRB 的空间分布、群落动态等。

FISH 法特异性和灵敏度极高,能够研究环境中数量少、培养难度大的微生物,但操作过程中有微生物流失或本身不易杂交的特性,可能会导致过低地估计了 SRB 的数量。

5. 免疫学法

APS 还原酶是 SRB 所共有和特有的胞内酶,免疫学法便是基于 APS 还原酶研究而成的。这种酶能催化腺苷 -5' -磷酸硫酸盐发生还原反应,生成还原产物。利用该还原产物与显色剂的显色反应及其强弱,与标准菌量读数卡比较,即可得到水样中 SRB 的含量。标准菌量读数卡的制作采用纯种的去磺弧菌,在显微镜下计数去磺弧菌的真实读值,然后进行 SRB 数量与显色程度关系的标定。

在测量时,将待测样品进行预处理,目的是去除样品中会干扰测量的硫化氢,然后用小型电池电动超声波发生器释放出 SRB 细胞中的 APS 还原酶,然后将样品通过多孔小珠吸入聚乙烯移液管中,冲洗数次,最后再通过多孔小珠吸入显色剂,若含有 SRB,样品便会在 10 min 内变为蓝色,颜色深浅与样品中 SRB 的含量呈正比。与标准菌量读数卡进行比较即可得出样品中 SRB 的含量。

该法对 SRB 具有专一性,结果准确,检测过程也不需要特殊仪器,干扰因素少,是一种很有发展前景的 SRB 检测方法。

# 22.3　油田中 SRB 的危害

## 22.3.1　SRB 对油田开采的影响

对于油田开采而言,SRB 的影响在于对其注水系统造成的危害。SRB 对聚丙烯酰胺(PAM)的降解作用可能还会导致三次采油的失败。腐蚀的主要原理是:SRB 的新陈代谢在金属的电化学腐蚀过程中起阴极去极化的作用,加剧腐蚀程度。并且,在此过程中产生的副产物硫化铁、碳酸钙等还容易引起注水井渗滤端面和油层的堵塞。此外,有些副产物与另外一些细菌的分泌物还会黏附在器壁上形成生物膜垢,不但为 SRB 的生长提供适宜的环境,还会造成管内各种堵塞。

## 22.3.2　SRB 的腐蚀原理

1. 阴极去极化理论

SRB 腐蚀主要是通过氢化酶的作用,在金属表面的阴极部位把硫酸根生物催化还原为硫离子和初生态氧。初生态氧在阴极使吸附于阴极表面的氢去极化而生成水。因此硫酸盐还原菌主要是通过阴极去极化作用加速了钢铁的腐蚀。总反应方程式为

$$4Fe + SO_4^{2-} + 4H_2O \longrightarrow FeS + 3Fe(OH)_2 + 2OH^-$$

当系统中含有作为电子受体的可还原物质时,阴极区的去极化率与细菌的产氢能力有关,反之,当系统中不存在可还原物质时,阴极的去极化率与氢化能力无关。

2. 浓差电池理论

当部分金属表面有污垢或腐蚀产物覆盖时,会形成气差或者浓差。管道表面覆盖有锈之后,金属表面不能与溶解于水中的氧接触,相对于裸露的金属表面,被覆盖的金属表面就成了阳极。这种类型的腐蚀伴随着厌氧腐蚀,这种厌氧环境恰巧形成了 SRB 生存的环境,由于厌氧微生物的活动加速了已经存在的腐蚀。而实际上的腐蚀机理更为复杂,这种类型的腐蚀经常发生在航空器材和燃料系统。

### 3. 代谢产物腐蚀理论

SRB 在新陈代谢过程中会产生大量的硫化物,硫化物的存在可加速金属表面的腐蚀与结垢。其金属局部腐蚀和其腐蚀金属后所形成的[ H ]还会导致金属结构的氢脆现象。在油管管壁上发现的大面积凹凸不平的坑蚀,与高含硫的油田污水对油管及其管壁的腐蚀形态极为相似。

### 4. 酸腐蚀理论

在酸性环境中,微量氧所引发的氧阴极还原反应,导致金属阳离子的生成,而绝大多数微生物腐蚀终产物是低碳链脂肪酸。低碳链脂肪酸在油藏和污水中普遍存在,它是 SRB 生长和代谢过程中良好碳源和营养物质基础。其在油藏中主要以醋酸盐和丙酸盐的形式存在,SRB 利用醋酸盐和丙酸盐进行生长代谢的同时,产生大量硫化氢,加速油田管道的腐蚀。

## 22.3.3　SRB 腐蚀的影响因素

### 1. 氧

SRB 是绝对厌氧菌,油田系统一般采用短时曝气法来杀灭水中的 SRB。在实际操作过程中,发现在偶然曝氧期间,金属的腐蚀速率将明显高于原有的厌氧腐蚀速率,其点蚀更为严重。随后有实验研究指出,SRB 可耐受 4.5 mg/L 的溶解氧。原因可能与硫化物膜在阳极区和阴极区的差异有关,但对于机理方面的阴极反应尚不清楚。

### 2. 铁

含铁的金属暴露在含有 SRB 的低浓度铁离子介质中,会在表面形成由微生物的生命活动产生的生物膜。生物膜的破裂和分离导致基体金属迅速发生局部腐蚀。当铁离子的质量浓度范围在 0.1 ~ 10 mg/L 时,几乎没有腐蚀发生,但生物膜中铁的硫化物粒子增多,在铁离子质量浓度达到 60 mg/L 时,硫化物开始沉积。硫化铁离子穿过生物膜与金属接触,发生腐蚀。

### 3. 硫代硫酸盐

在含有 SRB 和硫代硫酸盐的水溶液介质中对低碳钢点蚀的研究中发现,硫代硫酸盐是主要的点蚀因素。在存在硫代硫酸盐的情况下,低碳钢的点蚀率达到 4 cm/a,而在没有硫代硫酸盐时的点蚀率最高为几个 mm/a。主要原因是硫代硫酸盐能够降低生物膜内环境的 pH 值。在有硫代硫酸盐存在时,膜内的 pH 值降至 3 以下,而且酸化不断地发生,同时膜外的 pH 值不变。由此构成膜内为阳极,膜外为阴极的腐蚀电池,随着膜内酸化的不断进行,金属阳极的溶解也不断地进行,因此加速腐蚀的进行。

### 4. 其他因素

硫化物在不含氯离子的溶液中能引发钢的孔蚀。有报道在中性硫化钠缓冲溶液中存在低碳钢的孔蚀。含有氯离子的硫化物溶液能提高钢的活性。

合金元素加入到金属中可改善金属的可加工性、电化学性能和抗腐蚀性。此外也能改变形成的腐蚀产物的化学成分、厚度以及提高或降低材料对微生物燃料电池的敏感性。

除此之外,有研究者通过电化学方法在 SRB 培养介质条件下,对碳钢腐蚀的影响进行探讨,结果发现 SRB 的存在会显著影响材料的腐蚀电位和二次钝化电位。

# 22.4　油田中 SRB 的生态调控抑制

油田系统中由于硫化物造成的设备腐蚀、管道堵塞、滤料污染等危害日趋严重,而 SRB 是导致油田地面系统硫化物产生的根源。大庆油田通过 2002～2003 年度水质调查发现,由于大规模长期水驱,使得其地面系统中 SRB 危害严重,腐蚀产物进入地面系统中,导致污水发黑。

为有效治理 SRB 的危害,油田已从单一的化学药剂治理转为化学法与物理法并用,同时大庆油田对化学法杀菌的药剂要求也越来越严。近年来,生态调控抑制的方法受到国内外学者的关注,应用最为广泛的是用反硝化作用来抑制硫酸盐的还原。

## 22.4.1　油田 SRB 的控制策略

油田系统中,SRB 除了引起厌氧腐蚀、堵塞管道以外,其代谢产物硫化氢还会污染燃料气和燃料油。硫化氢是一种剧毒的气体,若在通风条件差的地方积累,被人体吸收是非常危险的。

1. 硫化物积累的诊断方法

首先是根据油藏温度和气相、液相中硫化物含量水平来综合判断微生物活动的可能性。温度过高或过低都是不适合微生物生存的。硫化物有很强的还原性,对多数细菌包括 SRB 有毒副作用,因此,油藏中发现大于 10% 的高浓度的硫化氢便不可能是由于 SRB 作用产生的。此外,是否含有高浓度 $SO_4^{2-}$、$Fe^{2+}$ 和 $CO_3^{2-}$ 等 SRB 生长所必需的营养成分,也可作为判断 SRB 活动的重要指标。

其次,若将未经处理的钻井泥浆、压裂液、水等注入油藏,将带入大量细菌和营养成分并导致微生物的活化。

再次,非微生物作用引起的酸化与微生物作用引起的有明显的差异。微生物酸化作用起初仅发生在受影响的井,然后逐渐在地层中扩散,达到其他井,因此各井酸化的程度会显示明显差异。而非微生物作用的结果则常常是同样深的井都被酸化,每年每口井产生的硫化物水平相当。

最后,通过微生物菌群进行分析。一般在酸化油藏环境中微生物水平比非酸化环境中至少高出几个数量级,而且常发现产酸细菌与 SRB 相伴,因为产酸细菌产生的有机酸能被 SRB 作为营养物利用。再结合硫同位素进行分析判断,更精准地确定 SRB 的活动。

2. 油藏中防止 SRB 腐蚀的常规方法

传统的硫化物的控制方法主要有利用杀生剂和通气的方法抑制 SRB 的生长。目前研究的 SRB 抑制剂超过上百种。研究最多的是钼酸盐,其抑制机理尚不清楚。一种观点认为钼酸盐与硫酸盐的化学结构相似,可通过竞争作用被 SRB 吸收,抑制 SRB 进行硫酸盐还原反应所必需的焦磷酸化酶的产生,从而抑制 SRB。还有研究认为,钼酸盐并不是理想的选择性抑制剂,若长期使用则对 MPB 和其他厌氧菌群也有抑制作用。

TS-780 是一种复合型杀菌剂,由醛类、多聚季铵盐及其他有机杀菌剂复合而成,有研究显示,在相同药力浓度下,TS-780 对注水系统中 SRB 的杀灭能力明显优于其他药剂。它可以通过抑制细菌细胞膜蛋白合成,与蛋白质反应而使其凝固致使细菌死亡,从而有效解决系统中 SRB 的腐蚀问题。

甲硝唑对 SRB 具有一定的杀菌能力,但由于其水溶性差,所以实际应用不广。但将甲硝唑与其他物质成盐反应,可以增强其水溶性和剥离能力,并在实验室测试了其杀菌效果。咪唑衍生物之所以能抑制 SRB 的生长,是因为含硝基的咪唑化合物能穿过细菌体内的细胞膜和细胞核后,破坏细菌的遗传系统,硝基咪唑衍生物在细菌体内时, $-NO_2$ 被还原成 $-NH_2$ 后与 DNA 的碱基发生氢键作用,从而引起碱基对之间的氢键减弱,DNA 双链解旋,从而破坏 SRB 的遗传系统杀死细菌,化合物是以甲硝唑为骨架的季铵盐,而且易溶于水,所以具有较好的杀菌效果。

用紫外线处理油田注水可杀灭水中 SRB,一般紫外灯在 260 nm 波长附近有很强的辐射,这个波长恰好能为核酸所吸收,照射时间较长就可使 SRB 死亡。另外,超声波或放射线处理也可杀死 SRB。

在硫酸盐还原菌存在的条件下,也可以使用阴极保护的方法来防止 SRB 的腐蚀,这是由于在阴极保护下,阴极提供自由氢的速度超过了细菌去极化作用中利用氢的速度。在利用阴极保护法时,需要在被保护对象上施加阴极极化电位,即相对于 $Cu/CuSO_4$ 电极为 $-0.950$ V,在此条件下才能够保护对象。而在 SRB 不存在的环境中,需要的电位为相对于 $Cu/CuSO_4$ 电极的 $-0.850$ V。另外,在采用阴极保护时,金属表面附近便形成了碱性环境,对 SRB 也可造成抑制作用。

目前可采用的解决方法还有使用刮管器或把灭菌剂配料加入水中高速冲洗管道以清洁系统和酸处理注水井等方法。

## 22.4.2　微生物生态抑制

微生物生态抑制即利用微生物菌群间的生物竞争抑制作用,通过微生物间的共生、拮抗及竞争作用和菌群替代,达到降低有害微生物并去除其有害代谢物的目的。

1. 微生物控制 SRB 的机理

微生物防治 SRB 腐蚀的机理主要分为两大类:一是通过所用微生物种群之间的竞争关系来防止 SRB 腐蚀,寻找一些在生活习性、生长环境等方面与硫酸盐还原菌非常相似,不产生 $H_2S$,而生成其他对油田无害的产物或者将 $H_2S$ 转化的替代细菌,从而降低 SRB 的腐蚀。这一类细菌主要包括脱氮硫杆菌和硫化细菌等,它们通过将 $H_2S$ 转化来降低 SRB 的腐蚀。二是利用某些细菌可以产生类似抗生素类的物质直接杀死 SRB 或者降低 SRB 活性,也就是利用微生物之间的共生、竞争以及拮抗的关系来防止微生物对金属的腐蚀。如短芽孢杆菌接种至 SRB 后,可以分泌短芽菌肽 S 来抑制不锈钢上 SRB 引起的腐蚀。

2. 反硝化抑制 SRB 技术

反硝化菌(DNB)是存在于油田采出水系统中具有竞争优势的拮抗菌,具有较高的生物多样性,在生长环境和代谢底物等方面与 SRB 极其相似,但不产生 $H_2S$ 等对油田有害的物质。所有反硝化菌在还原硝酸盐为分子氮时,都需要一个无氧环境和可利用的还原性基质,主要为有机物。只有脱氮硫杆菌的还原性基质为硫化物,如图 22.2 所示。

SRB 的最大比基质降解速率 $V_{max}$ 比 DNB 高。因此,在较高基质浓度环境中,由于 SRB 有较大的 $V_{max}$,它能有效地转换基质,保持物质代谢平衡,也能够生长。所以,在基质充足时,DNB 对 SRB 的竞争抑制作用不十分明显。目前,有关硝酸盐用于控制硫酸盐还原的研究很多。有研究显示,向油层水中加入硝酸盐刺激了另外一种硝酸盐还原菌的生长,它与SRB竞争水中的挥发酸成分,从而抑制了硫化物的产生,由此在硝酸盐改良后的微生物群体中,异养反硝化菌群是主导生物群体,也是控制硫化物产生的主要原因。

DNB 的代谢过程中的中间产物($NO_2^-$、NO、$N_2O$)对 SRB 也具有抑制作用:$NO_2^-$ 可以抑制亚硫酸盐向硫化物还原过程的酶的活性;NO 是细菌最为有效的抑菌剂;$N_2O$ 与细菌酶结构内的络合金属形成复合键,降低酶活性,抑制细菌的生长代谢。

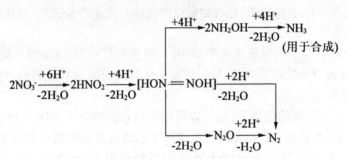

图 22.2　反硝化系列化过程示意图

生物竞争排除技术主要是向地层导入低浓度的硝酸盐/亚硝酸盐成分,它将更容易积极地替代硫酸盐成为电子受体,这可以促使天然存在于油层中的硝酸盐还原菌群迅速增生扩散,与SRB竞争空间和基质,阻止SRB获得所需的营养,从而控制SRB的代谢活性。生物竞争排除技术试剂的成分是由硝酸盐/亚硝酸盐的混合物组成,其成分可根据不同的油藏特性、水组成以及硫化物的深度进行调节。

所以,根据在厌氧条件下所利用的还原性基质不同,可将其分为两大类。

(1)异养反硝化菌。异养反硝化菌多为革兰氏阴性杆菌,通过反硝化作用还原硝酸盐产生 $N_2$、NO、$N_2O$ 等。反硝化作用的最适温度为 30 ℃,pH 值低于 5 时,反硝化停止,pH 值低于 6 时不产生 $N_2$,只产生 $N_2O$ 气体。

利用异养反硝化菌防止SRB腐蚀作用主要是通过异养反硝化菌与SRB混合生长时,能够与SRB争夺环境中的生活空间及有机营养物质。许多研究表明,DNB在与SRB的竞争中占据优势,可以优先利用营养物基质,其原因是:与SRB相比DNB对营养物的利用力高;反应热力学变化有利于向硝酸盐还原反应进行;SRB生长代谢需要较低的氧化还原电位体系。在油藏中投加硝酸盐后体系的氧化还原电位会升高,同时硝酸盐还原反应又是优先发生的。向油田中注入适量的异养反硝化菌和硝酸盐等物质,异养反硝化菌便会争夺SRB生长所利用的挥发性有机酸,使其迅速进行生长繁殖,成为油层中的优势菌群,占据整个微生物群的90%以上,从而抑制SRB的生长繁殖并降低了SRB的腐蚀作用。

另外,SRB和反硝化细菌、硫化细菌、多聚磷累积细菌之间存在着共生和竞争关系,在含水系统中加入硝酸盐、亚硝酸盐和钼酸盐等,可促进反硝化细菌、硫化细菌的生长,而抑制SRB的生长。

(2)自养反硝化菌(脱氮硫杆菌)。脱氮硫杆菌是一种严格自养和兼性厌氧型的短杆菌,大小为 0.5 μm × (1~3) μm,革兰氏阴性,可在 10~37 ℃,pH 值为 4.0~9.5 的条件下生长,只能利用无机碳源进行生长代谢。该菌能以无机硫化物或溶液中的 $H_2S$ 作为能源,将其氧化为 $SO_4^{2-}$,从而减少或抑制硫化物的形成。在厌氧条件下,脱氮硫杆菌利用硝酸盐为电子受体,将硝态氮还原成游离氮,同时氧化硫化物或 $H_2S$。

脱氮硫杆菌利用还原性硫化物的生长过程为

$$3H^+ + 8NO_3^- + 5HS^- \longrightarrow 4N_2 + 5SO_4^{2-} + 4H_2O$$

该技术主要是通过操纵油藏微生物生态来改变最终电子受体,将硫酸盐还原作用转变成硝酸盐还原作用,从而抑制硫化物的积累。向油藏中加入适量的脱氮硫杆菌和硝酸盐物质,抑制 SRB 生长,如图 22.3 所示,降低油藏及采出液中的硫化物含量,达到控制 SRB 腐蚀金属管道,抑制了 FeS 和 $H_2S$ 的产生,消除由 FeS 和结蜡造成的堵塞,提高石油产量的目的。另外,脱氮硫杆菌还可使油层中的金属硫化物脱硫,在油层中起到排油和脱硫的效果。

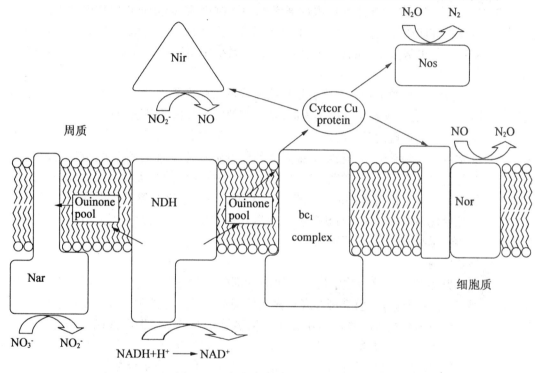

图 22.3 硝酸盐还原相关酶系及定位

## 22.5 工业设备控制

在石油和天然气生产工业中,人们主要关心的问题是如何防止在生产、运输和设备加工过程中发生的碳钢腐蚀现象,我国每年都要花费上亿的资金以减少腐蚀对经济和环境产生的影响。

进入 20 世纪 70 年代,人们发现微生物在成品油中具有持续的影响,而且蓄油池中的外来氧有促进空气或水中短链烷烃和芳香族化合物进行生物降解的作用。蓄油池内酸化是一个复杂的过程,需要利用有假单胞菌属和 SRB 共同参与的好氧碳氢化合物的活动。蓄油池内的微生物通过种群间的相互作用进行活动,利用氧的介入来分解碳氢化合物。显然,早期和近期的结论都认为硫酸盐还原菌可选择性地利用简单的碳氢化合物直接进行厌氧降解,但在缺氧条件下对大量的石油所进行的代谢却很有限。蓄油池内的微生物活动要比酸化作用具有更实际的后果，堵塞、短链碳氢化合物的损失和破坏注入的提高石油恢复能力的化学物质的现象都有可能发生。

### 22.5.1　设备表面的生物活动及处理方法

1. 设备表面生物活动的常规抑制

生物膜和非浮游微生物能够对管道和水处理设备产生非常严重的影响。在生物膜环境里，细菌能依靠复杂的碳源生长，而不是通常只利用单个的浮游细胞。

对微生物腐蚀问题的处理需要采取预防和控制相结合的手段，不同的工业设备也采用不同的方法，但经济条件和方法的局限性通常成为限制因素，因此防止生物腐蚀的重点就放到了阴极保护和防腐涂料上。尽管很多设备都可以采用此法进行保护，但在不规则的表面不可能有足够的电势分布，而且在大多数热交换系统中由于自由流动的要求，无法安装阳极。

不可透过膜是防止微生物在金属表面直接形成群落的有效办法。若膜是耐用、不可生物降解、非透过性并且紧紧黏附在钢的表面，就可有效防止细菌的腐蚀。

去除碳氢化合物处理设备中的水是一个有效防止腐蚀的方法。若固定的水相出现，燃料系统会非常容易受到微生物的侵染。如果天然气管道在建成后正确脱水，或者运输的气体中已经去除了水，内部腐蚀问题就不会发生。冷却塔内主要的盐类物质或蓄油池内的海水是极好的为微生物生长而提供的无机营养物来源。对水源进行紫外辐射或强化臭氧等先进的氧化预处理手段可以减少有机物并产生氧化性的生物杀灭物种，但此方法经济费用非常高，所以在常规处理中一般不预采用。

2. 生物杀伤剂

生物杀伤剂通常只是整个化学控制方法的一部分，化学控制方法包括腐蚀抑制剂、防腐添加剂、氧清除剂、分散剂、螯合剂和底材表面处理剂。在流动处理系统中使用生物杀伤剂杀灭微生物已成为控制微生物的惯用方法。生物杀伤剂产品依据活性成分的性质和使用的目的而有所差别。生物杀伤剂可分为氧化产品和非氧化产品，强氧化物质如氯和臭氧，可通过剧烈的化学氧化来杀死微生物，这能导致细胞和生物膜聚合黏膜的水解和扩散。非氧化型生物杀伤剂通过交叉结合细胞组分（乙醛）或改变细胞膜的完整性来起作用。生物杀伤剂中的活性成分是一种化学物质，它对大量的 SRB 和其他微生物具有普遍的杀伤作用。生物杀伤剂产品的配方通常比较复杂，要加入许多种助混剂进行混合以得到较强的杀伤、净化、储存、加工性能、减少腐蚀等特性。其产品的需求量很大，油田水处理系统每年需要处理几百万立方米的水，在这一系统中，将生成的水进行分离并且通过蓄油池循环来置换更多的油。

细菌中 SRB 数量的减少，是用来检测应用在石油天然气工业中的生物杀伤剂有效性的方法。人们用来直接分析从钢表面刮下的样品时使用的商业试剂盒的原理是传统的生长方法或者新的酶活性测试技术。在最近的几个研究测试中比较了其中的一些商业试剂盒，因为微生物的数量在 8 ~ 10 的数量级范围内是可变的，所以化学分析只需要有一个准确的数量级。适宜于目标系统使用的速度、方便性、费用、准确度及灵敏范围，这是选择商业试剂盒的主要考虑因素。在黑铁硫酸盐腐蚀产物中有大量 SRB 存在的地方，就能显示出生物杀伤剂的使用和其他的一些活动，在更新的工业指南中制定了另外一些标准。

在进行生产性实验之前,有必要对产品进行快速、可靠的筛选。要尽可能在真实的条件下进行产品的筛选,如把从目标设备中得到的碎填料上的浮游种群放到从系统中取得的流动液体里,然后在厌氧条件下迅速转移到实验室。把利用同位素标记底物法测定的硫酸盐还原速率和 SRB 在 Postgate 介质中生长的死亡分析进行计量。然后将这些种群放到从目标设备的主流分支得到的侧流中继续进行测试,由此得到的烧杯实验的结论能为实际操作提供有效的指导。但是在实际应用中还需要几个月的时间确定合理的剂量。另外,在包括容器、蓄水池、泵、流动管线和弯管接头的更为复杂的系统中,接触到生物杀伤剂的生物膜会有很大变化。

生物杀伤剂的注入和设定投加步骤的方法因目标的不同而不同。如在沉淀物较多的系统要先除去沉淀物,才能体现较好的杀伤力。但采取连续投加生物杀伤剂的方法会很昂贵,所以采取间歇注入的方式可得到双赢的效果。

影响生物杀伤剂活性的因素包括水、处理药剂、微生物、水流的状态等。体系内水质成分的变化对生物膜的影响具有和投加生物杀伤剂相同重要的作用,膜内 SRB 受到 pH 值微量变化、硬度、硝酸盐浓度及其他水质参数的影响。目前所使用的控制腐蚀的处置化学药剂的各组分,尽管从表面上看是很协调的,但实际上却可以产生相反的结果,这也是控制过程中一个亟待解决的问题。微生物是固着群落中的动力组成,在整个膜的形成过程中起着重要作用,固着型 SRB 在混合种群中的作用是不变的,其他菌对 SRB 生长的促进作用可能很重要。液体的流速、管径、管壁及流体本身的特性决定管内的流动状态,这些参数为无单位常数,称作 Reynold 系数。Reynold 系数高,意味着流体在流动期间会不停地混合;而低 Reynold 系统时,在管壁表面力的作用下,水流的总体流动速度减慢,尤其是生物膜,它能在很大程度上增加相关的摩擦系数。

提高生物杀伤剂性能的方法有表面机械清洗、紫外辐射、生物电作用等。表面清洗通常与生物杀伤剂结合使用,清管器通常随化学控制腐蚀的物质流动,这一过程破坏了生物膜,使微生物接触到生物杀伤剂的有效成分,因此比单独应用生物杀伤剂的杀伤力要强。但是小管径、不规则形状和复杂的内部结构不能够使用此方法,并且有些清管器安装在设备里就不能够卸下,因此要增加很多费用。紫外辐射杀菌是一种常规的改善水质的水处理方法,对工业系统使用的水进行紫外辐射预处理,几乎不会产生副作用。生物电作用可能会提供另外一种改进生物杀伤剂功效的方式。如果将充足的电场应用于像热交换器那样的结构中,会提高系统的保护能力。在有微量电场存在的条件下使用生物杀伤剂,其效果比单独使用化学药剂要好。

3. 其他控制方法

(1)热冲击。有研究表明,持续几分钟的短期热冲击可以对表面种群进行控制,在 65 ℃条件下暴露 5 min 可使存活的微生物减少 99%。在油田系统内,从 20 ℃到 60 ℃的温度变化足可以使一类微生物向另一类微生物进行转变。

(2)冰冻。将温度降低到冰点已经被认为是一种去除流体控制系统内金属表面生物膜的方法。冰晶的生成可有效分离其他紧密结合的生物膜沉淀,达到清洁金属表面的效果。

(3)操纵生物膜。在工业设备中,单纯改变营养物质或者物理参数可能会促进不同的、更有潜力的良性微生物群落的生长,从而操纵生物膜的形成。人们已经知道在微生物强化石油恢复方案中,甚至可以通过添加硝酸盐来抑制硫化氢的形成。如向油田实验设备中加入 100 mg/L 的硝酸盐,SRB 的数目在 30 d 后增加了 100 倍,但是在一个流程结束后,在管道表面的沉淀物里没有检测到硫化铁。硫化物消失的作用机制是微生物利用硝酸盐进行呼吸所引起的氧化作用引起的。当生物膜内的种群和相关的腐蚀产物发生显著变化时,这种改变会导致更高的腐蚀速率。通过电化学测定和重量损耗可以得出经硝酸盐处理的管道的腐蚀速率是控制值的 4～6 倍。

在工业系统中对生物膜群落的构成和活性的控制,与传统的使用生物杀伤剂的方法相比,费用和难度水平差不多,还有可能更低一些。

### 22.5.2　蓄油池酸化

蓄油池本身也是油田运行中微生物种群的一个来源。在石油和天然气恢复运行时 SRB 都普遍存在于蓄油池中。回流井表明油井在蓄油池中被复杂的微生物群落所包围,这包括分解碳氢化合物和产甲烷细菌,如果群落中有 SRB 存在,那么即使在靠近钻井的区域内注入少量的化学处理剂,生物杀伤剂也可有效地抑制硫化氢产物的生成。生物杀伤剂的功效可能取决于产生硫化物的微生物活性位置。但是若引起酸化作用的 SRB 的活动范围遍布井筒上部的区域,便不能用生物杀伤剂经济用量进行处理。

油田注水操作可以使微生物的活动深入到蓄油池中。在北海,Ligthelm 等人发现硫化氢产物集中在注入的海水与蓄油池深处的天然水相混合的区域,这是一个流动的区域,不可能接触到后期注入水洗运行器中的生物杀伤剂。当储存脱水石油时,可以在存储区域使用高浓度盐水,以此来抑制硫化氢的形成。在给油田注水的一个循环周期中,当 SRB 在水流经蓄油池的过程中进行活动时,产生蓄油池的酸化现象,而与 SRB 有关的腐蚀问题在发生另一半周期的设备表面。

在某一系统内,只有知道微生物参数与发生腐蚀的速率的相关关系,才能估计给定微生物控制体系的费用投入产出比和费用有效利用率,以及预测油田在各种情况下的运行情况。而微生物群落是每一个设备所特有的,且在一定阶段内具有惊人的稳定性,已有研究证明在油田注水操作中,从生产井通过表面设备到达注入井的过程中,种群以合理的方式进行变化。继续探索和了解群落在目标系统内的进化过程还需要进一步的深入的研究。

# 第23章　脱硫弧菌属的分子生物学

硫酸盐还原菌中含有很多可以氧化还原活性金属基团的蛋白质。在过去几十年的研究中，人们对脱硫弧菌中的这一蛋白进行了重点分析，并发现了许多新的金属中心。其中有些蛋白在电子转移中起作用，有些则作为催化的活性位点。

当人们认识到这些蛋白中有些可能与技术应用有潜在关联时，硫酸盐还原菌开始引起了分子生物学家的关注。科学家们先后从硫酸盐还原菌中克隆出编码普通脱硫弧菌的一个具有高度专一活性的氢化酶的基因、细胞色素 c3、编码金属蛋白（氢化酶、亚硫酸盐还原酶、细胞色素、红素氧还蛋白、红细胞素）的基因等。基因的氨基酸序列的比较分析为这些蛋白中金属结合位点的鉴定提供了一个极有价值的工具。

1989 年，首次报道了将质粒转移到脱硫弧菌中的方法。从此，表达系统得到了发展，脱硫弧菌中能产生超量的蛋白。以前经常应用于大肠杆菌遗传学研究的诸多标准技术，如转座子诱变和其他破坏基因的技术，但目前还不能大量地应用于脱硫弧菌。

到目前为止，除了为确定各种硫酸盐还原菌的系统发育关系进行的 16S rRNA 的测序，在硫酸盐还原菌中，脱硫弧菌属的基因是唯一经过克隆和测序的。本章以脱硫弧菌属为例对硫酸盐还原菌进行简要的介绍。

## 23.1　脱硫弧菌属概述

### 23.1.1　脱硫弧菌属的生理特征

根据伯杰氏细菌鉴定手册，脱硫弧菌属（*Desulfovibrio*，现代拉丁阳性名词，意为还原硫化物的震动菌）为革兰氏阴性菌，其形态为弯的杆菌，有时为反曲或螺旋状的，形态受菌龄和环境的影响，以极生鞭毛运动，不形成芽孢（描述引用含 0.02 ~ 0.1% NaCl 的 Baars 的培养基）。

脱硫弧菌属为有机化能异养菌，以厌氧呼吸还原硫或其他可还原的硫化合物为硫化氢得到能量，乳酸盐、丙酮酸盐，通常还有苹果酸盐可氧化到乙酸盐和二氧化碳，对糖很少利用，并永不产气。细胞含有 c3 的细胞色素和脱硫弧菌素，吸收峰 630 纤米，在加入几滴 2.0 mol/L NaOH 之后，如立即在 366 纤米检测，脱硫弧菌或与细胞特有的红色荧光有关，这个反应是释放色素的发色团所致。脱硫弧菌不需要有机生长因素，通常有氧化酶，不液化明胶，不还原硝酸盐，有时可固定氮。

严格厌氧生长，温度最高极限为 44 ℃，最适温度受来源和以前的历史的影响，通常为 25 ~ 30 ℃，有的菌株能生长在 0 ℃或 0 ℃以下。有些种和亚种中等嗜盐。有些种通常显示出某种程度的抗原交叉反应,致病性没有记载。

### 23.1.2　脱硫弧菌属的种的描述

**1. 脱硫脱硫弧菌(*Desulfovibrio desulfuricans*)**

脱硫脱硫弧菌可以出现 S 状弯曲型,通常需要含有硫酸盐的特殊培养基,含铁盐的培养基变黑,细菌常与沉淀的 FeS 有关。在含过量的亚铁盐的乳酸盐硫酸盐洋菜中,产生全黑的圆菌落;在蛋白胨葡萄糖硫酸盐洋菜中,菌落类似,但在发展的最初阶段显示金黄色光泽。对 10 ~ 25 mg hibitane/L 抵抗,但对 5 ~ 12.5 mg/L 浓度不抵抗。

在淡水中,特别是发黑的和有硫化物形成的污水中,在土壤中特别是厌氧或积水的有机质丰富的土壤,在海洋和碱水中,淡水株很容易适应海水,反过来也是一样的。

脱硫脱硫弧菌种内还有两个亚种,分别是脱硫脱硫弧菌脱硫亚种(*Desulfovibrio desulfuricans* subsp. desulf)和脱硫脱硫弧菌河口亚种,前者生理特征与上述相符,后者除了海生菌株或含盐来源的菌株不能适应淡水环境之外都与上述特征相同,另外需要一定的 NaCl,通常质量分数为 2.5%。

**2. 普通脱硫弧菌(*Desulfovibrio vulgaris*)**

碳源限于乳酸盐、丙酮酸盐、甲酸盐和一些简单的初级醇类,包括甲醇、乙醇、丙醇和丁醇。其生理特征与脱硫脱硫弧菌相似。其种内包括两个亚种,分别是普通脱硫弧菌普通亚种和普通脱硫弧菌草氨酸亚种,其中,后者除了能在没有硫酸盐的胆碱或丙酮酸盐时生长和能代谢草氨酸盐、草酸盐之外,同普通脱硫弧菌的描述相同。

**3. 需盐脱硫弧菌(*Desulfovibrio salexigens*)**

该菌发现于海水、江河口或海中的污泥、腌渍用的盐水中。生长需要氯离子,以 NaCl 供应,通常质量分数为 2.5 ~ 5%。形态与脱硫脱硫弧菌相同。

**4. 非洲脱硫弧菌(*Desulfovibrio africanus*)**

该菌产自非洲的盐水和淡水,具有广泛的耐盐性,长的 S 型杆菌,丛生鞭毛提供迅速前进的运动性。其形态类似普通脱硫弧菌。

**5. 巨大脱硫弧菌(*Desulfovibrio gigas*)**

大的弯杆菌,$(1.2 ~ 1.5) \times (5 ~ 10) \mu m$,常成链呈螺旋状。丛生极毛缓慢运动,用相差显微镜观察时,低反差部分为年幼的菌株。其生长最适环境为约 80 mV 的氧化还原电位(Eh),抗坏血酸盐于 pH 7,但比其他种生长缓慢。尽管该菌来源于盐水,但盐培养基不能用于该菌的培养。

另外,有研究学者提出了鲁氏脱硫弧菌、解烃脱硫星状菌,但没有被脱硫细菌委员会(ICSB)接受。

各种脱硫弧菌属之间的鉴别特征见表 23.1。

表 23.1　脱硫弧菌属各种的鉴别特征

| | 脱硫脱硫弧菌脱硫亚种 | 脱硫脱硫弧菌河口亚种 | 普通脱硫弧菌普通亚种 | 普通脱硫弧菌草氨酸亚种 | 需盐脱硫弧菌 | 非洲脱硫弧菌 | 巨大脱硫弧菌 |
|---|---|---|---|---|---|---|---|
| 直径（微米） | $(0.5-1)$ $\times(3-5)$ | | $(0.5-1)$ $\times(3-5)$ | | $(0.5-1)$ $\times(3-5)$ | $0.5$ $\times(5-10)$ | $(1.2-1.5)$ $\times(5-10)$ |
| 极生鞭毛：单生丛生 | + - | + - | + - | + - | + - | - + | - + |
| 鞭毛的厚度（纤米） | 20~25 | 20~25 | 20~25 | | 20~25 | 12 | 9 |
| 丙酮酸盐减硫酸盐 | + | + | + | + | - | - | - |
| 苹果酸盐加硫酸盐 | + | + | - | - | + | + | - |
| 苹果酸盐减硫酸盐 | - | - | - | - | - | - | - |
| 胆碱加硫酸盐 | + | + | - | + | - | - | - |
| 胆碱减硫酸盐 | + | + | - | + | - | - | - |
| 需要 NaCl | - | + | - | - | + | - | - |
| 抗 Hibitane mg/L | 10~25 | 10~25 | 2.5 | 2.5 | 1 000 | 2.5 | .5 |
| (G＋C)/% | 55.3±1 | | 61.2±1 | | 46.1±1 | 61.2±1 | 50.2 |
| pH 7.2 时,生长需要的 Eh | -100 | | -100 | | -100 | -100 | 80 |

# 23.2　脱硫弧菌的遗传学

## 23.2.1　基因组

现代遗传学家认为,基因是 DNA(脱氧核糖核酸)分子上具有遗传效应的特定核苷酸序列的总称,是具有遗传效应的 DNA 分子片段。基因位于染色体上,并在染色体上呈线性排列。基因不仅可以通过复制把遗传信息传递给下一代,还可以使遗传信息得到表达。

基因组是指单倍体细胞核、细胞器或病毒粒子所含的全部 DNA 或 RNA 分子。即核基因组是单倍体细胞核内的全部 DNA 分子;线粒体基因组则是一个线粒体所包含的全部 DNA 分子;叶绿体基因组则是一个叶绿体所包含的全部 DNA 分子。

在目前的分类系统中,大多数非产芽孢的硫酸盐还原菌属于紫色细菌的 δ 亚门,脱硫弧菌属在其中被划分为一个单一的异质群。异质性的表现形式之一是各种菌株质粒吸收和复制的能力不同。脱硫弧菌属中随着种的不同,DNA 的(G + C)含量也不同,变化范围在 49% ~ 65% 之间。脱硫弧菌属中有些种的基因组很小,基因组小就意味着其代谢能力有限。如普通脱硫弧菌基因组为 1 720 kb,每个细胞有 4 个拷贝的基因组;巨大脱硫弧菌基因组大约是 1 630 kb,每个细胞有 9 ~ 17 个拷贝的基因组。另外,普通脱硫弧菌克隆在质粒或 λ 载体上的随机 DNA 片段的几个基因组文库已经被成功构建出来。

### 23.2.2 质粒

质粒是细胞内的一种环状的小分子 DNA,是进行 DNA 重组的常用载体。作为一个具有自身复制起点的复制单位独立于细胞的主染色体之外,质粒 DNA 上携带了部分的基因信息,经过基因表达后使其宿主细胞表现相应的性状。在 DNA 重组中,质粒或经过改造后的质粒载体可通过连接外源基因构成重组体。从宿主细胞中提取质粒 DNA,是 DNA 重组技术中最基础的实验技能。

目前,已发现有质粒的细菌有几百种,已知的绝大多数的细菌质粒都是闭合环状 DNA 分子(cccDNA)。细菌质粒的相对分子质量一般较小,约为细菌染色体的 0.5% ~ 3%。根据相对分子质量的大小,大致上可以把质粒分成两类:较大一类的相对分子质量是 $40 \times 10^6$ 以上,较小一类的相对分子质量是 $10 \times 10^6$ 以下(少数质粒的相对分子质量介于两者之间)。

每个细胞中的质粒数主要决定于质粒本身的复制特性。按照复制性质,质粒可分为严紧型质粒和松弛型质粒两类,前者当细胞染色体复制一次时,质粒也复制一次,每个细胞内只有 1 ~ 2 个质粒;后者当染色体复制停止后仍然能继续复制,每一个细胞内一般有 20 个左右质粒。一般情况下,相对分子质量较大的质粒属严紧型,相对分子质量较小的质粒属松弛型。此外,质粒的复制有时和它们的宿主细胞有关,某些质粒在大肠杆菌内的复制属严紧型,而在变形杆菌内则属松弛型。

科学家们在 20 世纪 80 年代研究的 16 个脱硫弧菌菌株中,发现 6 个菌株含有大质粒,其大小在 60 ~ 195 kb 之间。有质粒的拷贝数还不能确定,但可能很低。如果每个染色体只有一个拷贝的质粒,质粒占巨大脱硫弧菌和普通脱硫弧菌 Hildenborough 总 DNA 的 10% 左右。但是除了普通脱硫弧菌菌株中编码固氮酶组分 Ⅱ 的基因外,其他的蛋白都不是由质粒上的基因编码的。

在 20 世纪 80 年代的时候,就有科学家在巨大脱硫弧菌中分离到了大质粒,但其特性的研究工作还在继续,这些研究将应用于脱硫弧菌属的克隆载体的构建。20 世纪 90 年代初期,科学家们又在脱硫弧菌菌株中发现了一个小质粒,大小仅 2 ~ 3 kb。在脱硫脱硫弧菌脱硫亚种 G100A 中大约有 20 个拷贝。

### 23.2.3　噬菌体

噬菌体是感染细菌、真菌、放线菌或螺旋体等微生物的细菌病毒的总称。作为病毒的一种,噬菌体具备病毒特有的一些特性:个体微小、不具有完整细胞结构、只含有单一核酸。噬菌体基因组含有许多个基因,但所有已知的噬菌体都是在细菌细胞中利用细菌的核糖体、蛋白质合成时所需的各种因子、各种氨基酸和能量产生系统来实现其自身的生长和增殖。一旦离开了宿主细胞,噬菌体既不能生长,也不能复制。根据蛋白质结构噬菌体可分为有尾部和无尾部两种,除此之外还有线状体。

20 世纪 80 年代末,科学家们从脱硫脱硫弧菌脱硫亚种 ATCC 27774 的培养基的清液中分离出第一个噬菌体,其含有一个大小一致的 DNA,大小为 13.6 kb,经消化后琼脂糖凝胶上的 DNA 是成片的条带,而不是不连续的片段,不形成噬斑。而从需盐脱硫弧菌、普通脱硫弧菌 *Hildenborough* 和脱硫脱硫弧菌 ATCC 13541 中分离出的噬菌体却与 ATCC 2774 噬菌体相反,其 DNA 消化后形成不连续的限制性片段。*Hildenborough* 和 ATCC 13541 噬菌体都有 40~45 kb 的 DNA,但两者不能进行交叉杂交。需盐脱硫弧菌是唯一能形成噬菌斑的噬菌体。关于脱硫弧菌属噬菌体应用于基因克隆和遗传转移的载体构建仍在研究之中。

### 23.2.4　基因克隆

采用重组 DNA 技术,将不同来源的 DNA 分子在体外进行特异切割,重新连接,组装成一个新的杂合 DNA 分子。在此基础上,这个杂合分子能够在一定的宿主细胞中进行扩增,形成大量的子代分子,此过程叫基因克隆。

基因克隆技术可概括为:分、切、连、转、选。即先分离制备合格的待操作的 DNA,然后用序列特异的限制性内切酶切开载体 DNA 或目的基因,接下来是指用 DNA 连接酶将目的 DNA 同载体 DNA 连接起来,形成重组的 DNA 分子,再接下来则是指通过特殊的方法将重组的 DNA 分子送入宿主细胞中进行复制和扩增,最后挑选出携带有重组 DNA 分子的个体。

基因工程的载体必须能够在宿主细胞中有独立的复制和表达的能力,这样才能使外源重组的 DNA 片段得以扩增,并且相对分子质量尽可能小,载体分子中最好能够具有两个以上的容易检测的遗传标记,并且具有尽可能多的限制酶单一切点,为避开外源 DNA 片段中限制酶位点的干扰提供更大的选择范围。

DNA 克隆常用的载体有:质粒载体(plasmid)、噬菌体载体(phage)、柯斯质粒载体(cosimid)、单链 DNA 噬菌体载体(ssDNA phage)、噬粒载体(phagemid)及酵母人工染色体(YAC)等。从总体上讲,根据载体的使用目的,载体可以分为克隆载体、表达载体、测序载体和穿梭载体等。

1. IncQ 质粒应用于脱硫弧菌属的基因克隆

遗传物质从一个细胞转移到另一个细胞有三种方式:DNA 分子直接被受体菌摄入,称为转化;通过病毒颗粒为媒介进行的狭义的感染;给体菌和受体菌相接触而进行接合,使 DNA 在细胞和细胞之间发生转移,叫接合转移。习惯上特别把病毒颗粒转运非自身基因组的遗传物质的过程叫作转导。任何质粒都能通过这三种方式中的任何一种,从本体细胞传递给受体细胞。

脱硫弧菌属是紫色细菌的四个亚门中唯一没发现质粒转移系统的亚门。在 20 世纪 90

年代左右,有研究者报道了广寄主范围的载体向普通脱硫弧菌 *Hildenborough*、脱硫弧菌属的菌种 Holland SH-1 和脱硫脱硫弧菌 Norway 4 的转移,以及质粒向脱硫脱硫弧菌菌株 G200 和 D. fructosovorans 的转移。

借助质粒 DNA 进行的转化主要过程是将大肠杆菌在低温下用氯化钙处理,使之形成能让 DNA 渗入的表面结构。遗传性状由于取得了 DNA 而发生改变称作转化,带有质粒而发生了改变的菌叫转化体。这种方法有很多用途,如运用这种方法把本身没有传递能力的质粒转移到别的寄主菌中或对人工重组体进行感染等。质粒 DNA 分子具有环状结构,所以不管是闭合环状还是开放环状都可用于转化。

实际操作是先在冷却条件下用氯化镁洗菌体,然后用 0.05 mol/L 的氯化钙洗,保持低温悬浮于氯化钙中,使之与 DNA 充分接触。同时可用常规方法来筛选发生了转化的菌株。用氯化钙处理虽然不会使菌死亡,但 DNA 分子感染率非常低,而且同一种菌中用两种或两种以下的质粒 DNA 同时进行转化时,转化率非常高。

脱硫弧菌属的转化有几种方法,可以通过大肠杆菌寄主进行接合转移,也可以通过电穿孔的方法进行转移。但与大肠杆菌接合的技术仍是最佳的技术。根据脱硫弧菌属的特性,其厌氧的本质和脱硫弧菌菌株对抗生素的高水平抗性常被作为选择标记。

广寄主范围的克隆载体至少含有一个复制起点,与质粒维持和接合转移有关的基因,一个或更多的抗生素抗性基因,以及含有多个限制酶识别序列的多克隆位点。在这里面,只有 IncQ 载体向多种脱硫弧菌的接合转移建立了较完善的技术,转移频率从 $10^{-4}$ 到 1。IncQ 质粒能在普通脱硫弧菌 *Hildenborough*、菌种 Holland SH-1 和脱硫脱硫弧菌菌株 G200 和 Norway 4 这些细菌内稳定地存在。

随后,有研究者培养了 32 代含有 IncQ 载体 pSUP104 和 pSUP104Ap 的普通脱硫弧菌 *Hildenborough*,这些质粒的拷贝数大约为每个细胞 12 个,IncQ 载体 pSUP104 和 pJRD215 作为表达载体被分别应用于普通脱硫弧菌 *Hildenborough* 和脱硫脱硫弧菌菌株 G200 中,其来自克隆基因的蛋白能超量产生。pSUP104 中四环素抗性基因启动子能在普通脱硫弧菌中表现出高水平的克隆基因的转录。

脱硫弧菌属转化中能选择含有掺入质粒的适当标记非常有限。但是应用含有稳定维持的高拷贝数质粒细胞的转化的表达已成为可能,另外,不常用的抗生素抗性基因,互补的营养缺陷型突变等不同标记进行系统的筛选要求脱硫弧菌遗传学扩充它的研究工具。到目前为止,只报道过 D. fructosovorans 的标记基因的交换,IncQ 载体在 D. fructosovorans 中并不复制,但含有镍铁氢化酶基因,能用于这些基因染色体拷贝的失活。

此外,除了 IncQ 质粒,脱硫弧菌属的质粒 pBG1 和大肠杆菌载体相互融合构建的穿梭载体也能通过接合的方式从大肠杆菌转移到 D. desulfuricans G100A 和 D. fructosovorans。

2. 基因克隆的应用

基因克隆技术已经展示出广阔的应用前景,概括一下大概有 5 个方面:培育优良畜种和生产实验动物,生产转基因动物,生产人胚胎干细胞用于细胞和组织替代疗法,复制濒危的动物物种、保存和传播动物物种资源。

脱硫弧菌属中的基因克隆主要应用于含氧化还原活性血红素族或铁硫蔟的蛋白和酶的超量产生。几种脱硫弧菌属血红素蛋白基因和铁硫蛋白基因在以脱硫弧菌属的菌株作为寄主时,其中很多蛋白在天然状态下超量产生(在克隆载体 pJRD215 或 pSUP104 的适当位点插入基因能使其蛋白超量产生 5~20 倍),蛋白中存在金属中心,而在大肠杆菌为寄主的时候表达只积累了脱辅基蛋白。

D. fructosovorans 基因组中镍铁氢化酶基因的破坏是脱硫弧菌属标记交换唯一的例子。标记交换可以通过基因破坏的方法解释特定蛋白或酶在代谢途径中的作用,也可以将其他种的基因稳定地插入某一细菌以获得新的特性。

## 23.3 脱硫弧菌属的氧化还原活性金属蛋白

金属蛋白即由蛋白质和金属离子结合形成。其中多数金属离子仅和蛋白质连接,少数除和蛋白质相连外,还和一个较小的分子相连,如血红蛋白中的铁(Ⅱ)除和蛋白质相连外,还和卟啉相连。金属蛋白质有重要的生理功能,如血红蛋白为运送氧所必需。铜蓝蛋白能催化铁(Ⅱ)的氧化,以利于铁(Ⅲ)和蛋白质结合形成运铁蛋白。运铁蛋白用于运送铁,铁蛋白则用于储存铁等。

一类含金属元素的蛋白,大体有含铁蛋白、蓝铜蛋白、铁硫蛋白和金属酶。

除了几种 c 型细胞色素和亚硫酸盐还原酶之外,脱硫弧菌属含有含非硫二铁位点的蛋白:红红细胞素(rubrerythrin)和黑红细胞素(nigerythrin)以及含单核 $FeS_4$ 中心的蛋白——红素氧还蛋白。红红细胞素和黑红细胞素,含[3Fe-4S]簇的蛋白;巨大脱硫弧菌的铁氧还蛋白Ⅱ和氢化酶含[4Fe-4S]簇的蛋白;普通脱硫弧菌含有一种新型的铁硫中心——[6Fe-6S],[6Fe-6S]可能具有四种氧化还原态。这些金属中心通常与两个氧化还原态之间的单电子转移和循环有关。

### 23.3.1 氢化酶

氢化酶广泛存在于原核生物及低等真核生物体内,1931 年首次被 Stephenson 和 Stickland 发现。各种氢化酶在它们的蛋白结构和所利用的电子载体的种类上有很大的差异,如铁氧化还原蛋白、细素氧化蛋白和奎宁等。根据氢化酶所含的金属元素不同,可分为三类:[NiFe]氢化酶(包括[NiFeSe]亚类氢化酶)、[Fe]氢化酶和无金属氢化酶。但事实上无金属氢化酶的 Hmd 分子中是存在铁官能团的,只是铁元素不直接显示催化活性。[NiFe]氢化酶和[Fe]氢化酶可以催化三种类型的反应:同位素氢的交换、邻对位氢的转换和氢分子的可逆氧化。

脱硫弧菌属中含有的氢化酶十分丰富。根据金属中心的组成,氢化酶可分为只含 Fe-S 簇的氢化酶(只含铁或铁氢化酶)、含 Fe-S 簇和镍的氢化酶(镍铁-氢化酶)和含 Fe-S 簇、镍、硒的氢化酶(镍铁硒-氢化酶)。

1. 铁-氢化酶

脱硫弧菌属的酶能以休眠的形式被分离,这时它对氧的失活不敏感,在还原状态下,它又能转化为活性的形式。普通脱硫弧菌 Hildenborough 和脱硫脱硫弧菌 ATCC 7557 的周质铁-氢化酶是已知的所有氢化酶中比活最高的氢化酶。普通脱硫弧菌的铁-氢化酶是由 42 kg/mol 和 10 kg/mol 的两个亚基组成的 αβ 二聚体,该酶只含铁,不含其他金属,其中铁和硫化物的含量分别为 13~15 和 12~14 mol/(mol 蛋白)。脱硫脱硫弧菌 ATCC 7557 的周质铁-氢化酶是由 46 kg/mol 和 11 kg/mol 的两个亚基组成的 αβ 二聚体。大 α 亚基在氨基酸序列的 N - 末端有两个重复的基序,它在铁氧还蛋白中十分保守。

[4Fe－4S]簇参与电子向酶活化位点的转移,另一铁硫簇在中性 pH 值时的中点还原电势为－300 mV,它可能是 $H_2$ 的活化位点,其光谱特性与[2Fe－2S]簇或[4Fe－4S]簇的光谱特性存在差异。

目前我们已经知道两个半胱氨酸和两个立方烷中的铁相互作用,并且根据氢化酶的总铁含量和在两个似铁氧还蛋白立方烷(8Fe)中的数量,Hagen 等提出了一个新的概念,即[6Fe－6S]簇。[6Fe－6S]簇是氢的活性位点,这一点在普通脱硫弧菌中分离出的"Prismane 蛋白"中得到了支持。

普通脱硫弧菌铁氢化酶的 α 和 β 亚基(hydA 和 hydB)、hydC、C. pasteurianum 的氢化酶 I (hyd－1)、A. eutrophus H16 的 NAD 还原氢化酶的 δ 亚基、牛心线粒体 NADH－脱氢酶的 75 kg/mol 亚基的 N－末端序列(nur)是具有同源性的。hydC 和 hydAB 基因很可能来源于一个共同的祖先基因,在复制后其中一个拷贝剪接,并且一个前导序列连接在一个小亚单位上。HydC 有一个富含半胱氨酸的 N－末端延伸,而在普通脱硫弧菌的铁氢化酶中则没有,但 HydC 的作用和诱导合成的条件仍不清楚。半胱氨酸可能和[2Fe－2S]簇配位进行电子转移。从 EPR 和 EXAFS 中获得[2Fe－2S]簇的光谱证实了 NADH 脱氢酶、NAD 依赖型氢化酶的心肌黄酶亚基以及梭菌氢化酶 I 的存在。NAD 还原氢化酶的 α 亚基是含 FMN 的亚基,在这个亚基上 NAD 被还原,它与 NADH 脱氢酶的 NADH 氧化亚单位中含 FMN 的 24 kg/mol 亚基有高度的相似性。

2. 镍铁－氢化酶

很多种微生物中都分离出了镍铁－氢化酶,该酶中含有镍和铁硫簇。大多数真核细菌的镍铁－氢化酶由两个亚基组成:50～65 kg/mol 的大亚基和 25～40 kg/mol 的小亚基,其活性位点在大亚基上。于是人们把这个带有活性位点的大亚基提取了出来,称作单体氢化酶,目前对其一级结构、酶学、光谱学方面的研究已经有了一定的进展。

在所有含镍的氢化酶中,大亚基上的镍是 $H_2$ 活化的位点,活性位点 $H_2$ 的产生可能是通过镍的一个质子还原为氢化物,并伴随着质子的提取来完成的。但要确定镍的化合价是很难的,只能测出镍铁－氢化酶在休眠、准备及活性状态下的镍光谱,其光谱是十分清晰的。镍铁－氢化酶的普遍的中点电势是－200～50 mV,温度和 pH 值对其影响也非常重要,特别是状态的转换。

一些镍铁－氢化酶有[3Fe－4S]簇,它可能位于大亚基上,例如,巨大脱硫弧菌的氢化酶,但[3Fe－4S]簇并非氢化酶活性所必需,也不和镍相互作用。镍铁－氢化酶还有两个位于小亚基上的,可以相互作用的[4Fe－4S]簇,它们可能参与活性位点镍和生理的电子载体之间的电子传递。有实验证明,铁能和半胱氨酸配位,所有的小亚基序列有 10 个保守的半胱氨酸,但它们不在含 2 个[4Fe－4S]簇的铁氧还蛋白的典型基序之中。

3. 镍铁硒－氢化酶

镍铁硒－氢化酶也同样含有镍和铁硫簇,但它只存在于少数几种脱硫弧菌菌株中: D. baculatus、需盐脱硫弧菌和普通脱硫弧菌 Hildenborough。多数真核细菌的镍铁硒－氢化酶同镍铁－氢化酶一样,也是由 50～65 kg/mol 的大亚基和 25～40 kg/mol 的小亚基这两个亚基组成。镍铁硒－氢化酶中的硒是硒代半胱氨酸的一部分。硒代半胱氨酸的密码子是 TGA,在正常状态下,它是终止密码子,但在特定的环境 DNA 的结构可以决定 TGA 编码成硒代半胱氨酸。

在大肠杆菌中,sel 操纵子编码参与硒代半胱氨酸生物合成的蛋白。在镍铁硒－氢化酶中,硒代半胱氨酸替换了镍铁－氢化酶中的一个半胱氨酸残基。

有研究表明,镍是 5 或 6 配位的,并与硫、氮或氧的配体形成混合物,在镍铁硒－氢化酶中硒是镍的配体。在脱硫弧菌属内的 17 个大亚基的氨基酸序列进行比较,结果显示不同种亚基之间的同源性非常低,共同点是都有两个严格保守的区域,一个是 N－末端(Arg－Xaa－Cys－(Xaa)2－Cys),另一个是 C 末端(Asp－Pro－Cys－(Xaa)2－Cys)。而在镍铁硒－氢化酶中,C 末端的第一个半胱氨酸被硒代半胱氨酸替换。在大肠杆菌的氢化酶中,7 个保守残基被替换了 6 个,但是替换会导致氢化酶的失活,说明了半胱氨酸、精氨酸、天冬氨酸都是镍的配体。

### 4. 氢化酶的合成及作用

大多数的脱硫弧菌有 2 个或 2 个以上的氢化酶,但是不同种氢化酶的分布和定位也存在不同的类型:D. baculatus 有一个膜定位的氢化酶和存在于三个细胞区室的镍铁硒－氢化酶;普通脱硫弧菌 Hildenborough 有一个周质铁－氢化酶、膜定位的镍铁－氢化酶和镍铁硒－氢化酶;巨大脱硫弧菌的有一个周质氢化酶和一个细胞质的镍铁－氢化酶,但没有膜定位的氢化酶。

早在 20 世纪 80 年代,就有工作者研究氢化酶的产生,它们利用大肠杆菌为寄主进行克隆化基因的生产,最初的研究表明,合成活性氢化酶所需要的特定因子并不存在于每一个寄主细菌中。

目前工作者们对大肠杆菌生产的氢化酶进行分析,其 $\alpha\beta$ 二聚体只含有 2 个似铁氧还蛋白的[4Fe－4S]簇,并不含有活性位点簇。在大肠杆菌生产氢化酶的过程中,多数小亚基以与膜相关的前体分子的形式积累,只有一小部分亚基用来形成二聚体;大多数大亚基保留在细胞质中,并且这些亚基的运输与亚基的装配相耦联。

分泌到周质空间的前体蛋白质是一个大约为 25 个氨基酸的前序列,其中保守的残基至少占序列的 50%,前导序列的 N 端是带正电的残基,接着是一段疏水残基,起到运输的作用,运输之后,前导序列被一个特定的信号肽除去。同时,人们发现在 N－末端氨基酸序列中只有 $\beta$ 小亚基的合成有前导序列的参与,$\alpha$ 大亚基则没有。$\beta$ 亚基的前导序列的结构非常长,大部分区域的残基带有正电荷,且有一个特别短的疏水核。

但是值得注意的是,铁氢化酶并不是在所有的细菌中都存在,编码镍铁－氢化酶的基因在脱硫弧菌属中也没有发现。大多数编码结构亚基的基因都与一套 4~7 个辅助基因在染色体上聚集成簇,辅基是编码特定氢化酶的过程中所必需的。在一个细菌中存在的辅基有很大差异,如大肠杆菌的三套辅助基因中的每一套都与其他两套存在较大差异。目前对辅基的研究已经很深入,有的基因编码与表达调节有关的蛋白,如编码一种 b 型线粒体,在呼吸链中将醌的还原和 $H_2$ 的氧化相耦联;有的基因编码电子载体蛋白,其作用是参与体内电子传递给酶的过程。

在氢化酶的合成中,小亚基是大亚基的膜定位,是加工和活化过程中所必需的,对于前导序列的去除小亚基的加工,也必须有大亚基的存在。但是,只有氢化酶在合成之后,才能分离出亚基,产生活性的单体酶。

此外,同源基因簇包括一个调节基因、镍的结合、运输必需的基因和两个影响大亚基大小的基因。这个基因簇对所有氢化酶的生物合成产生多效性。

　　但是,每一个氢化酶在不同种中的作用还不清楚,研究工作还需要进一步的探索。脱硫弧菌以氢为能源生长,在生长时需要吸收氢化酶,而以乳糖或丙酮酸为能源的时候可以产生氢。细胞质中带活性位点的氢化酶和氢产生耦联,使乳糖或丙酮酸氧化,氢扩散到周质中,在周质中产生质子梯度。

　　研究者用遗传学的方法研究了周质铁－氢化酶和镍铁－氢化酶的作用,并用一个质粒特异地抑制了普通脱硫弧菌中铁氢化酶的合成,使细胞中氢化酶的活性降低了 $2 \sim 3$ 倍,氢化酶反义 RNA 就来自这个质粒。另外,氢化酶活性的降低导致乳酸培养基上的突变菌株的生长率也随之降低,并且产生的氢也较少,间接地说明了铁－氢化酶对普通脱硫弧菌的生长起关键作用。普通脱硫弧菌细胞中的铁－氢化酶的数量是不固定的,有实验显示,培养基中铁的含量下降,铁－氢化酶的数量增加,说明铁－氢化酶在铁代谢中的重要作用。

　　然而,周质铁－氢化酶并不是在脱硫弧菌属的每一个菌株中都像在普通脱硫弧菌中一样重要。通过对 25 种脱硫弧菌菌株的试验结果表明,其中有 13 种就没有铁－氢化酶的基因。

### 23.3.2　细胞色素

　　细胞色素中能被脱硫弧菌利用的起电子载体作用的只有 c 型细胞色素。以普通脱硫弧菌为例,该菌中有大小为 9 kg/mol 的单血红素细胞色素 $c_{553}$,大小为 12 kg/mol 的四血红素细胞色素 $c_3$,大小为 26 kg/mol 八血红素细胞色素 $cc_3$,以及一个高相对分子质量的大小为 75 kg/mol 十六血红素细胞色素 c 四种,这四种血红素细胞色素均存在于周质中。其作用以及作用机理还没有明确。

　　目前细胞色素 $c_{553}$ 和 $c_3$ 的一级结构已经通过了肽测序和基因的核苷酸测序确定,并建立了普通脱硫弧菌、巨大脱硫弧菌以及 D. baculatus 中细胞色素的三维结构。普通脱硫弧菌和 D. baculatus 血红素蛋白的总体结构和排列是保守的。对普通脱硫弧菌中编 HMC 的基因的氨基酸序列和细胞色素 $cc_3$ 部分序列的比较,结果明确的显示 HMC 和细胞色素 $cc_3$ 来源于同一单基因。离体实验表明,细胞色素 $cc_3$ 是几种酶的高效供体或受体,而细胞色素 $c_{553}$ 作为铁氢化酶的电子供体能高效地替换细胞色素 $cc_3$。

　　c 型细胞色素中的血红素通过 2 个半胱氨酸残基以共价键形成与蛋白相连,氨基酸残基在该蛋白的一级结构中。此外,血红素铁的第五配体是组氨酸,第六配体是甲硫氨酸或另一组氨酸。血红素铁的轴配位对氧化还原过渡的中点电势有明确的影响,中点电势是依赖 pH 值的,它表明了蛋白中与质子有关的构象变化,如细胞色素 $c_{553}$ 的血红素中组氨酰－甲硫氨酰配位的铁的中点电势是 $-50$ mV,组氨酰配位的血红素铁的中点电势更低;细胞色素 $c_3$ 的四种血红素的电势也不是一样的,它的还原是协同的,血红素的氧化状态取决于其中点电势。

# 第24章 硫酸盐还原菌在废水治理中的应用

废水污染是一个全球性的问题,由于没有得到有效治理,严重污染了江河湖海以及地下水资源,废水污染问题已经成为世界范围内的大问题。废水处理方法有化学处理法、物理处理法、生物处理法等,其中生物处理法以成本低、效果好的优势迅速成为新的研究方向。而利用SRB 处理废水是极具潜力的技术。SRB 废水处理技术可以处理工业废水、生活污水和矿山废水等多种废水,而且多用来处理常见的重金属离子,其在这方面的处理效果较好。

## 24.1 硫酸盐还原的厌氧工艺

厌氧处理相对于好氧处理有许多优点:首先,对于高、中浓度污水的处理,厌氧比好氧处理费用要少得多,并且可以回收利用一些产物能源(如沼气);其次,厌氧处理对营养物需求低;再次,厌氧处理可以应用于各种不同规模的污水处理工程。现在开发了很多现代高负荷厌氧反应器,具有处理污水所需反应器的体积更小、厌氧处理污泥产量小等优点。

但是,厌氧处理技术发展至今也不可避免地存在着一些缺点:其一是出水水质一般难以达到国家排放标准,还需要后续阶段处理;其二是发酵常常有较浓的异味,会影响周围环境;其三是温度影响较大,启动较慢,工艺控制相对较复杂,并且对低浓度废水处理效果不是很理想。

### 24.1.1 硫酸盐还原的厌氧作用的机理

1. 硫酸盐还原的厌氧工艺原理

在厌氧处理废水的工艺中,对厌氧反应起关键作用的主要有两类厌氧菌:一类是硫酸盐还原菌(SRB),另一类是产甲烷菌(MPB)。在厌氧条件下,废水中的复杂有机物质被降解为有机酸、醇、醛等液态产物,以及 $CH_4$、$CO_2$、$H_2O$、$H_2S$ 等气态产物。SRB 是兼性厌氧菌,MPB 是专性厌氧菌。SRB 主要分解硫酸根离子,产生硫化氢气体,故出水有较重的臭味。而 MPB 对 pH 值、温度、有毒物质非常敏感。在厌氧系统中,两类菌群存在着竞争关系,所以在设计厌氧处理系统时要充分考虑这种情况。

蛋白质、碳水化合物和脂类厌氧降解过程如图 24.1 所示。颗粒型有机物降解为甲烷和二氧化碳的过程首先是生物大分子的水解,将碳水化合物、蛋白质和脂类水解成氨基酸、糖类和脂肪。第二步为发酵和厌氧氧化,氨基酸和糖经发酵,脂肪经厌氧氧化形成氢、乙酸。第三步为由乙酸型甲烷菌将乙酸转化为甲烷,嗜氢甲烷菌将氢转化为甲烷。由于氢和二氧化碳产生甲烷的细菌的生长快于利用乙酸的甲烷菌,因此乙酸型甲烷菌是限制因素;甲烷化在较低温度下水解也可能是限制阶段,一般是厌氧消化过程中的限速阶段。

乙酸型甲烷菌:$CH_3COOH \longrightarrow CH_4 + CO_2$

嗜氢甲烷菌:$4H_2 + CO_2 \longrightarrow CH_4 + 2H_2O$

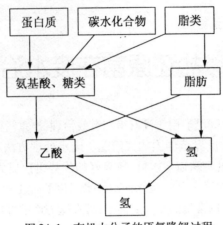

图 24.1  有机大分子的厌氧降解过程

在含有硫酸盐的废水中,$SO_4^{2-}$ 是非常稳定的,其还原过程首先要被 ATP 等物质激活。ATP 硫酸化酶催化 $SO_4^{2-}$,吸附到 ATP 的磷酸酶上,进而形成腺苷酰硫酸(APS),如图 24.2 所示。从硫酸盐到硫化氢的还原过程一共有 8 个电子被还原。在同化还原中,APS 上再加一个磷而形成 3'-磷酸腺苷-5'-磷酰硫酸(PAPS);在异化硫酸盐还原中,APS 直接被还原成亚硫酸盐并释放出 AMP,如图 24.2 所示。这两种情况下,硫酸盐还原的初始产物是 $SO_3^{2-}$,形成 $SO_3^{2-}$ 便可开始还原过程了。

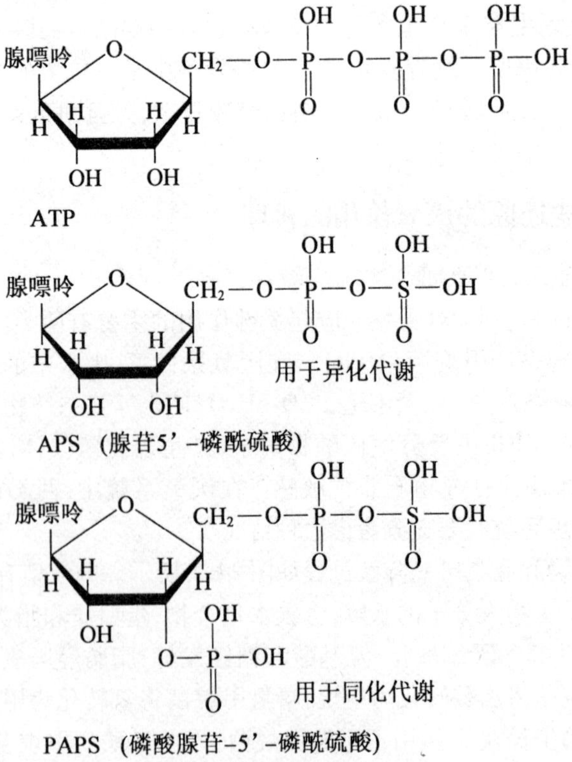

ATP

APS  (腺苷5'-磷酰硫酸)  用于异化代谢

PAPS  (磷酸腺苷-5'-磷酰硫酸)  用于同化代谢

图 24.2  硫酸盐的两种活化形式

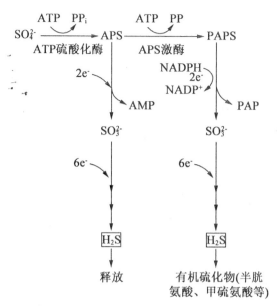

图 24.3　同化还原和异化还原示意图

SRB 中的细胞色素是细胞色素 $c_3$，这是一种电负性极强的细胞色素。SRB 可进行基于细胞色素的电子传递过程，伴随着能源中释放出来的电子被传给 APS 中的硫酸盐和亚硫酸盐。在能降解乙酸和其他脂肪酸的 SRB 菌中还含有细胞色素 b，它可能存在于这些菌的电子传递链中，而不能降解脂肪酸的 SRB 中没有细胞色素 b。

细胞外的氢可将电子传递给周质中与细胞色素 $c_3$ 紧密相连的氢化酶。在膜中时，氢原子被氧化，质子留在膜外，电子跨膜进入膜内，于是形成一个质子动力用于合成 ATP。在胞质中电子可用于 APS 和亚硫酸盐的还原，其电子传递系统如图 24.4 所示。大多数 SRB 是化能有机营养菌，可将各种有机化合物作为电子供体。

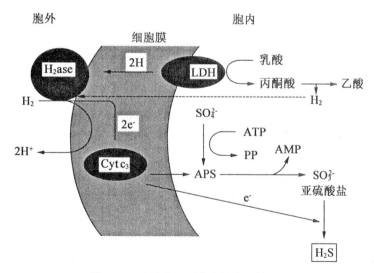

图 24.4　硫酸盐还原菌中的电子传递

2. 硫酸盐还原菌的生长机制

许多 SRB 可以乙酸作为唯一的能源进行生长，这类菌体大多数起源于海洋，它们能将乙酸完全氧化成 $CO_2$，并将硫酸盐还原成亚硫酸盐。当 SRB 在 $H_2/SO_4^{2-}$ 上生长时，它们能够进行化能无机营养。一些菌种甚至能在这种条件下进行自养生长，并将 $CO_2$ 作为唯一碳源反应式如下：

$$CH_3COOH + SO_4^{2-} + 2H^+ \longrightarrow 2CO_2 + H_2S + 2H_2O$$

目前在 SRB 中发现两种氧化乙酸的生化机制，那就是变形的柠檬酸循环（CAC）和乙酰 CoA 途径。

变形的柠檬酸循环氧化乙酸的反应中包含了柠檬酸循环中的大多数酶。能够利用这种方式来氧化乙酸的微生物（如脱硫菌）体内含有一种能催化乙酸和琥珀酰 CoA 反应产生琥珀酸和乙酰 CoA 的酶，琥珀酸和乙酰 CoA 进入 CAC 并被氧化成 $CO_2$。但是，利用这种方式来氧化乙酸，首先要有一种酶，可利用乙酸来合成 ATP，并激活硫酸盐。然而，大多数 SRB 氧化乙酸的过程为乙酰 CoA 途径，该途径与变形的柠檬酸循环氧化乙酸反应过程截然不同，其关键酶是一氧化碳脱氢酶。

有些 SRB 能够利用中间氧化态的硫化物进行歧化反应，该过程是指从一种化合物分解为两种新的化合物，一种较原底物的氧化态更高，一种较原底物的还原态更高。

硫代硫酸盐（$S_2O_3^{2-}$）的歧化反应为 $S_2O_3^{2-}$ 中的一个硫原子变成 $SO_4^{2-}$ 形态，而另一个硫原子变成 $H_2S$，反应式如下：

$$S_2O_3^{2-} + H_2O \longrightarrow SO_4^{2-} + H_2S$$

亚硫酸盐的歧化反应为

$$4SO_3^{2-} + 2H^+ \longrightarrow 3SO_4^{2-} + H_2S$$

硫（$S^0$）的歧化反应为

$$4SO^0 + 2H_2O \longrightarrow SO_4^{2-} + 3H_2S + 2H^+$$

3. 硫酸盐还原对厌氧消化的影响及解决办法

SRB 在 $SO_4^{2-}$ 浓度适当的条件下，可以有效地消耗 $H_2$ 促进产氢产乙酸反应的顺利进行，还有一条途径是通过 SRB 不完全氧化丙酸、丁酸等短链脂肪酸为乙酸，减轻了 MPB 的压力，有利于产甲烷反应。另外，硫酸盐还原反应的产物可以为 MPB 的生长提供硫源，并利于维持体系的低氧化还原电位状态，还可以与过量的重金属离子形成沉淀起到解毒和保护作用。

除了上述的一些积极的影响之外，硫酸盐还原对厌氧消化也存在着一些消极的影响，其主要表现为在高浓度的 $SO_4^{2-}$ 的环境中，SRB 与 MPB 的非竞争性与竞争性抑制。首先，SRB 代谢产生的硫化物在高浓度时会毒害菌体，造成厌氧过程恶化甚至失败，这是对 MPB 的非竞争性抑制作用。克服硫化物的影响是需要重点考虑的问题。其次，从热力学角度分析，硫酸盐还原反应的产能水平比产甲烷反应更高，并且 SRB 对基质具有更大的亲和力和更高的比增殖速度。所以，在对基质的争夺方面，尤其是碳源缺乏的厌氧环境中，SRB 较有利，竞争胜过 MPB 成为优势菌种，从而形成厌氧消化过程中对 MPB 的竞争性抑制。

碳源结构决定微生物优势种群、分布、代谢途径以及限速步骤。在 $SO_4^{2-}$ 的浓度较高的环境中，基质的降解途径更加复杂，不同菌群的活性、生长率、抗受毒物的能力不同，菌群间的互营协同作用也不同，这决定了硫酸盐还原对产甲烷过程的影响方式及程度也会不同。

基质对厌氧消化竞争的影响表现在微生物的硫化物耐受能力的不同,基质不同导致代谢途径的限速步骤不同,以及由基质不同引起的供给微生物的碳源不同,这三方面是影响厌氧消化的基质方面的主要因素。具体来说,在相同情况下,评价以乙酸、丙酸、乳酸、葡萄糖分别作为基质的四个悬浮系统耐受硫酸盐还原影响的能力,发现基质越复杂,对硫化物毒性的耐受力越强。在以乙酸、乳酸、乙酸乳酸的混合酸分别作为基质,$COD/SO_4^{2-}$ 为 1,测定提高 $H_2S$ 浓度对比乙酸利用速率的影响,结果发现乳酸降解限速步骤是丙酸向乙酸的转化。虽然硫化物对各个步骤都可能产生影响,但限速步骤的影响才对代谢全过程具有重要意义,因此限速步骤严重受抑制就会导致过程失败。

最明显的就是碳源对竞争力的决定性的影响。如某些基质(如甲醇),SRB 无法与 MPB 竞争。但是某些基质(如乙醇)是 SRB 优先利用的基质,与 SRB 在竞争 $H_2$ 时具有更显著的动力学优势有关。试验表明,以丙酸为基质的体系,SRB 对硫化物的敏感程度强于 MPB,受抑制的体系发现丙酸大量积累而很少有乙酸积累。这是由于 SRB 对丙酸的不完全氧化快速有效,造成硫化物水平升高过快,从而反馈性地抑制 SRB 的活性导致丙酸积累,使过程恶化甚至失败。在复杂的碳源或基质充分的情况下,SRB 在与 MPB 竞争乙酸时往往缺乏竞争力。

克服硫化物对产甲烷菌的影响的方法有物理化学法和生物氧化法。物理化学法主要通过化学氧化剂氧化硫化物为单质硫,或者通过金属盐类与可溶性硫化物结合为不溶物,来避免硫化物对 MPB 的毒害。生物氧化法的优点是能耗少,运行费用低,若能降低处理要求来降低对溶解氧的限制,则有良好的应用前景。

抑制硫酸盐还原的发生可以两种物质作为抑制剂,一种是过渡金属,另一种是类似 $SO_4^{2-}$ 结构的基团。过渡金属抑制作用与流态密切相关,间歇流时对 SRB 有良好的选择性抑制作用,而连续流时其抑制作用则是非选择性的,对 SRB 和 MPB 均产生作用。而基团如 $CrO_4^{2-}$、$MoO_4^{2-}$、$WO_4^{2-}$、$SeO_4^{2-}$ 等,其机理可能是通过空间替代 $SO_4^{2-}$,阻碍活性酶的产生,有效性顺序大致为 $CrO_4^{2-} > MoO_4^{2-}$,$WO_4^{2-} > SeO_4^{2-}$。

结合上述方法,含硫酸盐废水厌氧法处理的工艺主要分为单相法和两相法。单相法的优势在于其方法简单,经济费用低,但产甲烷、硫酸盐还原、必要的硫化物处理均在一相中进行,但是也会因此给设计和控制带来难度。两相工艺又分两种:一种是产酸相+产甲烷相,另一种是硫酸盐还原相+产甲烷相。硫酸盐还原和产甲烷按前后顺序分别在两相内进行,避免相互影响,而又相互补充,发挥 SRB 在厌氧消化方面的优势,为产甲烷相创造良好条件,获得去除 COD 和 $SO_4^{2-}$ 的双重效果。两相之间设处理硫化物的单元,从而保证了系统的稳定性。显然,两相工艺构筑物和关联因素较多,不仅增加投资,也对运行管理提出了较高要求。

## 24.1.2　硫酸盐还原的厌氧工艺

### 1. 反应器类型

硫酸盐还原的厌氧工艺有厌氧反应器悬浮法和固着型膜法两种。其中,膜系统处理在废水处理中占有优势地位。膜法有利于克服 SRB 对 MPB 的竞争性抑制和非竞争性抑制,在处理含 $SO_4^{2-}$ 废水时耐受硫化物的能力比较强。膜系统的优势在 MPB 对于载体的吸附能力和自凝聚能力比 SRB 强,因而膜系统有利于强化 MPB 的截留富集而不利于 SRB。另外,膜系统中的微生态环境复杂，SRB和MPB可以分别寻找适于自己生长的场所进行生长繁殖，减小相互作用的影响。同时，较高的生物量降低了$SO_4^{2-}$的污泥负荷，也有利于减轻MPB受到的毒害。

随着对厌氧发酵工艺的不断成熟，人们认识到使反应器内保持大量的微生物同时尽可能延长污泥龄对提高反应效率至关重要，也是反应器成败的关键。所以，在建立高速率厌氧处理系统时，要尽可能地保持大量的厌氧活性污泥和足够长的污泥龄，同时，保持所处理的废水和污泥之间的充分接触。于是，从20世纪70年代末期开始，人们成功地开发了各种新型的厌氧反应器，不断地提高厌氧的应用范围。厌氧反应器的发展经历了下面几个时期。

（1）第一代反应器。

①厌氧消化池。厌氧消化池多应用于处理从污水中分离出来的有机污泥、含有机固体物较多的污水和浓度很高的污水，目前，厌氧消化池工艺主要应用于城市废水处理厂污泥的稳定化处理、高浓度有机工业废水的处理、高含量悬浮物的有机废水、含难降解有机物工业废水的处理。污水或污泥定期或连续加入消化池，经消化的污泥和污水分别从消化池底部和上部排出，所产的沼气从顶部排出。其特点是在一个池内实现厌氧发酵反应过程和液体与污泥的分离过程。

普通厌氧消化池可以按池体构型、池顶构型以及运行方式等进行分类。按容量大小可分为小型池（1 000～2 500 m³）、中型池（2 500～5 000 m³）和大型池（5 000～10 000 m³）；按运行方式可分一级和二级厌氧消化池。二级消化池串联在一级消化池之后。两相厌氧消化工艺就是把酸化和甲烷化两个阶段分离在两个串联反应器中，使产酸菌和产甲烷菌各自在最佳环境条件下生长，从而提高了它们的活性，同时提高了处理能力。

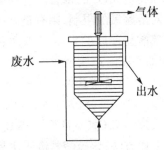

图24.5　CSTR反应器的结构示意图

传统的完全混合反应器（CSTR）即典型的普通厌氧消化池，其借助于消化池内的厌氧活性污泥来净化有机污染物，其基本结构如图24.5所示。

消化池由集气罩、池盖、池体、下锥体、进料管、排料管等部分组成，此外还有加热和搅拌设备。国内建造的厌氧消化池大多数呈圆筒形。普通厌氧消化池通常采用水密性、气密性和耐腐蚀的材料建造，通常为钢筋混凝土结构。由于消化过程产生的$H_2S$、$NH_3$和有机酸等均有一定的腐蚀性，所以要在消化池内壁涂一层抗腐蚀材料，如环氧树脂或沥青。另外，消化池外均设有保温层。消化池的搅拌一般有水泵循环搅拌、池内叶轮搅拌和压缩机循环沼气搅拌等方式。压缩机循环沼气进行搅拌的方式可以提高沼气产量。

②厌氧接触反应器。厌氧接触反应器是完全混合的，排出的混合液首先在沉淀池中进行固液分离，可以采用沉淀池或气浮处置。污水由沉淀池上部排出，沉淀下的污泥回流至消化池，这样可提高消化池内的污泥浓度，从而在一定程度上提高了设备的有机负荷率和处理效率。厌氧接触反应器与普通消化池相比的优势在于其水力停留时间可以大大缩短。

（2）第二代厌氧反应器。

①厌氧滤池（AF）。AF是由Young和McCarty于1969年重新研发的，它是在反应器内

充填卵石、炉渣、瓷环、塑料等固体填料来处理有机废水。

厌氧生物滤床按其中水流的方向分为两种主要的形式,即下流式厌氧固定膜(DSFF)反应器和升流式厌氧滤池,统称厌氧生物滤池,两种反应器均可用于处理低浓度或高浓度废水。AF 反应器的优势在于减小了滤料层的厚度,在池底布水系统与滤料层之间留出了一定的空间,以便悬浮状态的絮状污泥和颗粒污泥能在其中生长、累积。当进水依次通过悬浮的污泥层及滤料层时,其中有机物将与污泥及生物膜上的微生物接触并相对稳定。

在厌氧生物滤池内厌氧污泥的保留按两种方式完成:一是细菌在固定的填料表面形成生物膜;二是在反应器的空间内形成细菌聚集体。厌氧微生物在反应器内的分布特点是厌氧生物滤池的另一特征,其表现为在反应器进水处,由于细菌得到营养最多,因而污泥浓度最高。污泥的浓度随高度升高迅速减少,因此容易引起反应器的堵塞,这是影响 AF 应用的最主要问题之一。解决堵塞问题可考虑采用出水循环的办法。出水循环可以稀释进水浓度,由于出水大量循环,进水与出水有机物浓度差别减小,可以基本消除滤池底部的堵塞问题。另外载体的价格及用量也使其使用成本上升,所以,也限制了它的广泛应用。

②升流式厌氧污泥床反应器(UASB)。UASB 反应器是由 Lettinga 在 20 世纪 70 年代开发的,多用于处理高、中浓度有机废水,近年来开始逐步应用于生物制氢领域。一些学者认为与 CSTR 相比,UASB 的生物持有量较高,可省去搅拌和回流污泥所需的设备和能耗,其基本结构如图 24.6 所示。废水尽可能均匀地引入反应器的底部,污水通过包含颗粒污泥或絮状污泥的污泥床。厌氧反应发生在废水与污泥颗粒的接触过程中。在厌氧状态下产生的气体引起了内部的循环,这

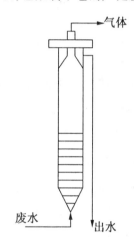

图 24.6　UASB 反应器的结构示意图

对于颗粒污泥的形成和维持有利。随着污水与污泥相接触而发生厌氧反应,产生气体引起污泥床扰动。部分附着有气体的颗粒污泥上升至反应器的顶部,通过三相分离器分离。上升到三相分离器表面的颗粒碰击气体发射板的底部,引起附着气泡的污泥絮体脱气,气泡被释放,污泥颗粒沉淀到污泥床的表面。包含一些剩余固体和污泥颗粒的液体经过分离器缝隙进入沉淀区。UASB 有机负荷率和去除率高,不需搅拌,能适应负荷冲击和温度的变化,是一种较好的厌氧反应器。

UASB 反应器有矩形和圆形两种基本几何形状,三相分离器是 UASB 中重要的结构。圆形反应器具有结构稳定的优点,但是建造圆形反应器的三相分离器比矩形的要复杂,如图 24.7 所示。所以,一般情况下,小容积的反应器可以建造成圆形的,大容积的反应器经常建造成矩形的。

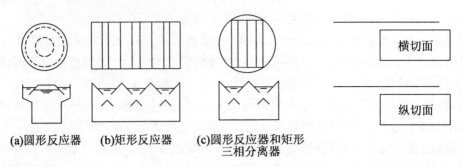

(a)圆形反应器　(b)矩形反应器　(c)圆形反应器和矩形
　　　　　　　　　　　　　　　　三相分离器

图 24.7　UASB 中三相分离器的形状

③厌氧流化床(AFB)。AFB 系统由 Jeris 在 1982 年开发,反应器内填充着粒径小、比表面积大的载体,厌氧微生物组成的生物膜在载体表面生长,它的一部分出水回流,使载体颗粒在整个反应器内处于流化状态,具有良好的传质条件,微生物易与废水充分接触,细菌具有很高的活性,设备处理效率高。

④厌氧生物转盘反应器。厌氧生物转盘反应器是在生物滤池基础上发展起来的一种高效、经济的污水生物处理设备,是生物膜法污水生物处理技术的一种,与好氧生物转盘相类似的装置。它是由水槽和部分浸没于污水中的旋转盘体组成的生物处理构筑物。微生物附着在惰性(塑料)介质上,介质可部分或全部浸没在废水中。介质在废水中转动时,可适当限制生物膜的厚度。剩余污泥和处理后的水从反应器排出,使污水获得净化。厌氧生物转盘反应器具有结构简单、运转安全、电耗低、抗冲击负荷能力强,不发生堵塞的优点。目前已广泛运用到我国的生活污水以及许多行业的工业废水处理中,并取得良好效果。

(3)第三代厌氧反应器。

①厌氧折流反应器(ABR)。ABR 反应器是由 Ma Carty 和 Bachmann 等人于 1982 年,在第二代反应器的基础之上,开发和研制的一种新型高效厌氧污水生物处理技术。它在结构上相当于多个 UASB 串联在一起(以三格室为例,其基本结构如图 24.8 所示),但在工艺上与单个 UASB 有着显著的不同,它不仅生物固体截留能力强,而且水力混合条件好。随着工艺的发展,水力设计已由简单的推流式或完全混合式发展到了混合型复杂水力流态,主要由反应器主体和挡板组成,内置竖向导流板将反应器分隔成串联的几个反应室。

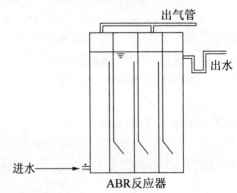

图 24.8　三格室 ABR 反应器的结构示意图

由于折板的阻隔使污水上下折流穿过污泥层,并且每一单元相当于一个单独的反应器,各单元中微生物种群分布不同,在一定程度上实现生物相的分离,废水中的有机物通过与微生物充分的接触而得以去除,由于水体流动和气体上升的作用,反应室中的污泥上下运动,但是由于导流板的阻挡和污泥自身的沉降性能,大量的厌氧污泥还能够被截留在反应室中,在处理废水方面能够取得比较好的处理效果。反应器结构简单、无运动部件、无需机械混合装置、容积利用率高、造价低,并且具有对生物体的沉降性能没有要求、污泥产率低、泥龄高等优点。

在 ABR 反应系统的基础上,Tilche 和 Yang 等人提出复合型厌氧折流板反应器(HABR),在每个格室顶部设置填料,防止污泥的流失,而且可以形成生物膜,增加生物量,对有机物具有降解作用,其结构如图 24.9 所示。HABR 能够提高细胞平均停留时间以有效地处理高浓度有机废水。

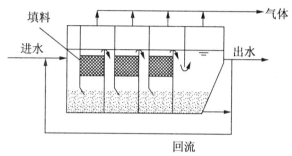

图 24.9　HABR 反应器的结构示意图

ABR 反应器的结构特征决定了在 ABR 各个反应室中的微生物是随反应器的流程逐级递变的,递变的规律与底物降解过程协调一致,从而确保相应的微生物拥有最佳的工作活性。但与此同时,ABR 的第一格室要承受远大于平均负荷的局部负荷。

b. 厌氧颗粒污泥膨胀床(EGSB)。20 世纪 90 年代初期,荷兰 Wageningen 农业大学在 UASB 反应器的基础上开始了的第三代高效厌氧反应器 EGSB 的研究。EGSB 反应器实际上是通过水流下部进入,上部流出,带动颗粒污泥处于悬浮状态,从而保持了进水与污泥颗粒的充分接触,其基本结构如图 24.10 所示。高的液体表面流速上升使颗粒污泥床层处于膨胀状态,不仅使进水能与颗粒污泥充分接触,提高了传质效率,而且有利于基质和代谢产物在颗粒污泥内外的扩散、传送,保证了反应器在较高的容积负荷条件下正常运行。EGSB 特别适于低温和相对低浓度污水,当沼气产率低、混合强度低时,在此条件下较高的进水动能和颗粒污泥床的膨胀高度将获得比较好的运行结果。另外,反应器设有出水回流系统,更适合于处理含有悬浮性固体和有毒物质的废水。

厌氧内循环(IC)和厌氧升流式流化床(UFB)是

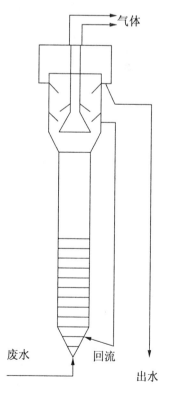

图 24.10　EGSB 反应器的结构示意图

两种不同类型的 EGSB 反应器。IC 反应器可看成是由两个 UASB 反应器的单元相互重叠而成。其特点是在一个高的反应器内将沼气的分离分成两个阶段,底部一个处于极端的高负荷,上部一个处于低负荷。IC 反应器的高径比大、上升流速快、有机负荷高。由于废水和污泥能很好地接触,强化了传质效率,使污泥活性和去除有机物的能力均大大提高。目前已经成功地用于处理各种工业废水和低、中、高浓度农产品加工废水。UFB 反应器在运行过程中形成了厌氧颗粒污泥,因此在实际运行中将厌氧流化床转变为 EGSB 运行形式。它可以在极高的水、气上升流速下产生和保持颗粒污泥,不需采用载体物质。

　　2. 两相厌氧工艺

　　据报道,在较低浓度时,硫酸盐的存在对厌氧消化是有利的。但是,当废水中存在高浓度硫酸盐时,对厌氧消化是很不利的,一方面,硫酸盐本身引起的高渗透压使废水极难处理,另一方面,硫酸盐还原产物——硫化物会抑制有机物的最终降解过程。针对这个问题,学者们研究开发了两相、三相以及多相厌氧工艺。

　　以硫酸盐还原 - 产甲烷两相工艺为例,将硫酸盐还原作用与甲烷发酵相结合做简要介绍。其工艺流程为废水首先进入第一相反应器内,在 SRB 的作用下硫酸盐被还原为硫化物,有机物被酸化,出水由上部进入气提塔,其中的硫化物以硫化氢的形式被氮气洗出,气提塔的出水部分回流入反应器 I,以解除高浓度硫化物对 SRB 的抑制作用,部分流入第二相反应器进行甲烷发酵,第一相和气提塔上部的气体进入脱硫塔以回收硫。实际生产中也可以沼气来洗气。

　　在此两相厌氧工艺中,快速富集 SRB 以有效启动第一相反应器是非常重要的,因此选择软性纤维等填料将 SRB 微生物以高浓度被截留。接种污泥与填料一起在三角瓶中驯化一星期后,填料表面出现肉眼可见的菌团。迅速将填料固定于反应器中,通以含硫酸盐的合成废水继续驯化。直到硫酸盐还原率达 95%,启动便取得了成功。为了达到快速启动,在启动初始阶段就可在废水中加入较高浓度的硫酸盐来快速富集 SRB,并抑制 MPB 的活性。待硫酸盐还原率上升到 80%,便可通过提高硫酸盐浓度和减少 HRT 来增加硫酸盐负荷率。

　　在启动及运行的过程中,根据文献可知,pH 值是影响 SRB 活性的较主要的因素,当 pH 值在 6.48 ~ 7.14 时,能够得到满意的硫酸盐去除效果,此时表明 SRB 在该 pH 值范围内活性较强。出水中有机酸主要包括乙酸、丙酸、丁酸,其中乙酸占 60% ~ 70%,随 pH 值的上升而增加,与此相对应的硫酸盐还原率却有所下降,可以推测其原因是利用乙酸盐的 SRB 之活力受 pH 值影响。当系统中存在硫酸盐时,酸化过程得到了强化,并且产生了大量的乙酸盐。乙酸盐是 MPB 的优良底物,可推动下一阶段的甲烷发酵。

　　另外,很重要的部分是两相厌氧消化的高效相分离。相分离即是指两个反应器中的菌体分布以及微生物量的比例有着较大差别的状态。通常两相厌氧消化理想的分布是:产酸相中存在大量的产酸菌和 SRB、一定量的产氢产乙酸菌(HPAB)和较少的 MPB;而产甲烷相中则大量存在 HPAB 和 MPB,产酸菌的量很少。利用污泥进行厌氧消化是一个各类菌群存在互营共生、协同竞争关系的复杂系统,因此,对废水中有机物的降解能力由菌群之间的比例关系来决定。如有效地利用种群间的种间关系,可达到最佳的消化效果。

　　3. 多相厌氧工艺

　　多相厌氧工艺即是在两相厌氧工艺的基础上发展的新型工艺。如硫酸盐还原 - 生物脱硫－产甲烷三相串联工艺,其生物脱硫单元利用微生物将水中硫化物氧化为单质硫。其基本流程是在硫酸盐还原反应器中,SRB 利用废水中部分有机物将 $SO_4^{2-}$ 还原为硫化物;在硫化物生物氧化反应器中,无色硫细菌在好氧条件下将硫化物氧化成单质硫;在产甲烷反应器中,MPB 将脱硫废水中的有机物分解为 $CH_4$ 和 $CO_2$。此工艺具有无需催化剂、不产生化学污泥、产生的污泥量少、耗能低、去除效率高、反应速度快等优点。所以,此工艺对于高浓度硫酸盐有机废水的处理有很大的发展潜力和实用意义。

在三相处理工艺的基础上研究者进一步开发了采用硫酸盐还原－硫化物生物氧化－产甲烷－接触氧化的四相串联工艺处理含硫酸盐的高浓度有机废水,将硫酸盐还原与有机物甲烷化分别在两个反应器中进行,从根本上避免了生物还原对 MPB 造成的竞争抑制。利用无色硫细菌将硫化物氧化为单质硫,效果好,设备简单,消除了硫化物对 MPB 的毒害作用,为产甲烷反应器的有效运行创造了良好的条件。

4.硫酸盐还原菌颗粒污泥的形成

厌氧还原作用效率的高低主要取决于在生物反应器中培养出的高活性生物相。采用 $SO_4^{2-}$ 的生物还原和有机物厌氧消化的技术处理含硫酸盐的高浓度有机废水时,在硫酸盐还原反应器中培养出高活性的 SRB 颗粒污泥是使 $SO_4^{2-}$ 有效还原、有机物有效净化的重要前提。

根据污泥形态的变化,从反应器接种启动到污泥床完全颗粒化,可分为三个阶段:启动期、颗粒污泥形成初期和颗粒污泥成熟期。在启动期,反应器接种污泥是较为松散的絮体污泥,经过启动期的运行,一般为 30 d 左右,SRB 的活性有明显提高,较松散的污泥后期成为凝聚性能较好的絮体污泥,此阶段增加水力负荷,但污泥流失现象严重。接下来便进入颗粒污泥形成初期,污泥床中出现小的颗粒污泥,直径约为 0.1~0.2 mm,形成持续的时间在 40 d 左右,污泥颗粒所占比例逐渐增大,部分粒径可达 1 mm 左右,且污泥流失现象明显减弱。颗粒粒径逐渐增大,颗粒比例大大增加便进入成熟期,絮状污泥逐渐减少,粒径大于 1 mm 的污泥颗粒所占比例明显增加,污泥量开始回升,最后污泥床实现颗粒化。

废水水质、污泥负荷、水力负荷等是影响污泥颗粒化的重要因素。污泥在接种前需要用配制的含 $SO_4^{2-}$ 有机废水进行了间歇驯化,但是在驯化以后,MPB 仍较丰富,所以要以较高的 $SO_4^{2-}$ 浓度及负荷启动,pH 值保持在 6.0~6.5。高负荷启动有效地抑制了 MPB 的活性,SRB 的活性明显提高。水力负荷的作用主要是筛选沉降性能良好的污泥,淘汰结构松散、沉降性能差的絮状污泥。在启动后应尽快提高水力负荷和基质浓度,以利于颗粒污泥的形成和污泥床颗粒化。

另外,培养以 SRB 为主的颗粒污泥,除需要足够的 $SO_4^{2-}$ 外,还需要一定量的有机物做碳源。根据对碳源的代谢情况,将其可分为不完全氧化型和完全氧化型两类。前者能够利用乳酸、丙酮酸等作为基质,并以乙酸作为代谢终产物;后者则氧化某些脂肪酸并将其降解为 $CO_2$ 和 $H_2O$,另有某些 SRB 可利用 $H_2$ 还原 $SO_4^{2-}$。SRB 对所利用碳源的种类有一定的选择性。

## 24.1.3 硫酸盐还原菌与其他菌种之间的竞争

1.硫酸盐还原菌和产甲烷菌对氢的竞争利用

氢是厌氧消化过程关键的中间产物,降解 COD 的 30% 是通过氢的途径进行降解,SRB

和 MPB 均能利用氢作为底物。从细菌对底物的竞争动力学性质来看,SRB 氧化氢所需要的自由能比 MPB 低,SRB 在利用氢的能力上比 MPB 要强。另外,从细菌生长动力学特征来看,SRB 利用氢的生长能力也要比 MPB 要强,于是,有学者进行假设,即如果有足够的硫酸盐,所有的氢都可以被 SRB 所利用。所以在厌氧消化的反应器中发现,在硫酸盐废水中,对氢的利用中几乎没有产生 MPB。这也就意味着由氢过程降解的 COD 是由硫酸盐还原途径而不是由产甲烷途径降解。在利用氢时 SRB 比 MPB 占有绝对的优势。

2. 硫酸盐还原菌和产甲烷菌对乙酸的竞争利用

在厌氧条件下,SRB 和 MPB 都有可能利用乙酸作为有机物碳和能量的主要来源。乙酸同氢一样,也是厌氧消化中最重要的中间产物,通常降解 COD 的 70% 要由乙酸这一中间产物降解。理论上,从细菌降解乙酸时所需要的自由能的角度来看,SRB 所需要的自由能要比 MPB 低;从细菌的生长方面来说,SRB 也要比 MPB 适合的生长范围大,所以 SRB 在与 MPB 竞争乙酸中处于优势,特别是在低的乙酸浓度下。但在实际反应器中 SRB 与 MPB 的竞争受到很多因素的影响:

(1)温度和 pH 值。在中温范围,利用乙酸的 SRB 和 MPB 具有同样的最适生长温度,两者作为温度函数的活力曲线变化是一致的。因此,在短时间里,在中温范围温度对两者的竞争不会有明显的影响。而温度越高,MPB 对温度变化更为敏感,越有利于 SRB 对底物利用的竞争。

在较高 pH 值下,硫酸盐还原成为底物降解的主要代谢途径。而在中性 pH 值时,MPB 的竞争可占优势。

(2)硫酸盐浓度。SRB 的生长受到电子供体(乙酸)和电子受体(硫酸盐)两方面的限制。在较低的硫酸盐浓度下 MPB 的生长优于 SRB,另外,SRB 除与 MPB 竞争乙酸外,利用乙酸的 SRB 还必须和利用其他类型电子供体的 SRB 竞争硫酸盐。*Desulfovibrio*、*Desulfobulbus* 和 *Desulfobacter* 属的 SRB,分别利用氢、丙酸和乙酸作为电子供体来还原硫酸盐,它们对硫酸盐的亲和力大小为:*Desulfovibrio* > *Desulfobulbus* > *Desulfobacter*。所以,在低硫酸盐浓度时,利用乙酸的 SRB 竞争不过其他 SRB,便导致 MPB 有足够的乙酸作为底物而生长。

(3)污泥的类型和运行时间。在采用低浓度硫酸盐废水中驯化的污泥作为种泥的时候,利用乙酸的 SRB 的浓度在很长时间里比 MPB 低得多。大多数厌氧反应器在开始时 SRB 的量值很低,而像 UASB 这样的厌氧反应器污泥停留时间很长,在很长时间里,SRB 可能不会形成对 MPB 的优势生长。与利用乙酸的 SRB 不同,利用氢的 SRB 可以在相当短时间里表现出高的活性。

3. 硫酸盐还原菌和产乙酸菌对挥发性脂肪酸的竞争

在处理含硫酸盐废水的反应器中 SRB 与 MPB 竞争氢和乙酸盐,与产乙酸菌(AB)竞争中间底物,如短链脂肪酸 VFA 和乙醇。竞争结果是很重要的,因为这将决定厌氧矿化过程进行的程度、最终产物硫化物和甲烷的量。理论上,硫酸盐还原反应、产甲烷反应、产乙酸反应的热力学和动力学参数将决定三种菌种的竞争,而 SRB 的竞争能力超过 MPB 和 AB,而在实验中也证实了这一理论。在乙酸盐的含量充足的条件下,SRB 降解乙醇和短链VFA,AB 便与 SRB 形成有力的竞争,即使在硫酸盐充足的情况下也是如此。

4. 氯酚和硝基酚对丙酸盐降解的影响

炸药、药剂、杀虫剂、农药、除草剂、杀菌剂、色素、印染、防腐剂、橡胶等行业,都广泛使用氯酚和硝基酚作为化工原料。有些氯酚虽不是重要的工业原料,却是多氯酚降解的中间产物,对环境影响很重要。研究发现,在硫酸盐厌氧还原菌富集培养中,对许多芳香烃和脂肪烃化合物的降解非常有效。根据目前的研究,其中一些硫酸盐的存在能够抑制氯化物的脱卤作用。但是大量的苯酚的化合物可能会导致反应中毒而失败。所以在设计这种废水处理系统时,要知道这些取代苯酚对反应运行系统动力学的影响。据报道,在硫酸盐还原系统中,SRB 和 HAB、MPB 等都可以处理和降解像氢分子和短链脂肪酸这样的基质。这里着重介绍一下硫酸盐还原系统中氯酚和硝基酚对丙酸盐降解的动力学影响。丙酸作为营养物质是因为在厌氧环境中它是许多复杂废弃物分解的中间产物,并且对硫酸盐降解有重大影响。

当硫酸根离子消耗完以后丙酸根离子浓度将停止下降,而乙酸根离子浓度继续下降,即使硫酸根离子已经消耗完全。丙酸根离子的降解依赖于是否存在硫酸根离子,也就是说丙酸根离子主要由 SRB 消耗。有研究显示,在相似的条件和低硫酸盐的情况下,利用这种反应器所形成的乙酸根主要转化为甲烷。其反应如下:

$$C_2H_5COO^- + 0.75SO_4^{2-} \longrightarrow CH_3COO^- + HCO^- + 0.75SH^- + 0.25H^+$$

$$CH_3COO^- + H_2O \longrightarrow CH_4 + HCO_3^-$$

在丙酸根和乙酸根降解的过程中,氯酚的去除率小于 5%。大多数氯酚对利用乙酸根比丙酸根的影响大得多。在毒物的浓度刚刚超出完全抑制作用的实验中,一氯苯酚的毒性最小,而五氯苯酚的毒性最大。一氯苯酚中氯取代基的位置对乙酸根和丙酸根降解毒性的关系不是太大。经过一个月的培养期后,所有氯酚去除率小于 5%。

所有的硝基酚的毒性都很大,但都很容易被降解,一旦硝基酚被降解,这种毒性便会减缓。在所有一硝基苯酚中,4 - NP 对丙酸根和乙酸根降解毒性最小,而一硝基苯酚对乙酸根的抑制都比丙酸根大。

二氨基四硝基苯酚在厌氧系统中硝基酚被转化成氨基化合物,而这些化合物的毒性比原混合物小得多。另外,硝基酚对甲烷菌有破坏作用,所以其对丙酸根降解抑制是不可逆的。

# 24.2 应用硫酸盐还原菌技术处理废水

## 24.2.1 硫酸盐生物还原法处理重金属离子工业废水

随着社会的发展,工业的进步,现代社会每年都会产生大量含有金属离子的废水,如果处理不当这些废水便会直接排入环境中,并且在环境中不断地积累,造成严重的环境污染。目前重金属废水的处理方法主要有沉淀法、离子交换法、电渗析法和反渗透法等。但这些方法成本都较高,近些年来,利用微生物进行重金属处理的研究取得了重大的发展。

1. 硫酸盐生物还原法处理重金属废水机理

金属采矿业、冶炼业、化工工业等部门大量排放重金属废水,这些废水中含有大量的 $AS^{2+}$、$Cd^{2+}$、$Cr^{6+}$、$Cu^{2+}$、$Hg^{2+}$、$MO^{2+}$、$Ni^{2+}$、$Pb^{2+}$、$Sb^{2+}$、$Se^{2+}$、$Zn^{2+}$ 等金属离子。由于重金属离子难以去除,导致环境不断恶化,所以近些年来用硫酸盐还原菌(SRB)处理重金属废水的方法迅速得到了广泛的应用。其原理是利用 SRB 在无氧条件下产生的 $H_2S$ 和废水中的重金属反应,生成金属硫化物沉淀以去除重金属离子。在厌氧条件下,SRB 通过异化硫酸盐还原作用产生硫化物,这些硫化物与重金属离子反应生成溶解度很低的金属硫化物,进而将重金属去除,反应式如下所示:

$$Me^{2+} + HS^- \longrightarrow MeS\downarrow + H^+$$

主要通过三种方式改善水质:第一种是产生的硫化氢与溶解的金属离子反应,生成不可溶的金属硫化物,使其从溶液中除去;第二种为硫酸盐还原一方面消耗水合氢离子,提高溶液的 pH 值,使金属离子以氢氧化物的形式沉淀;第三种通过硫酸盐还原反应将有机营养物氧化生成重碳酸盐的形式使水质得到改善。

这种方法可用一般有机废水培养 SRB,降低废水的处理费用,另外,大多数重金属硫化物溶度积常数很小,因而重金属的去除率很高。但该法目前还尚未完全成熟,仍然存在些许不足,如反应器水力滞留时间较长、出水中 COD 较高等。下面以实验的方法对目前的 SRB 还原法处理重金属废水的进展情况做一些介绍。

试验采用的主要设备为污泥床反应器,由有机玻璃制成,有效容积为 1.5 L。反应器运行温度为 30 ℃,废水用 LDB - M 电子蠕动泵进入反应器。重金属溶液为 ZnSO₄ 溶液,在进行硫酸盐浓度试验时合成废水中硫酸盐均用氯化物,并另加入 Na₂SO₄ 到所需的浓度中。

结果显示,在实验进行的进水 COD 浓度范围内(960 ~ 80 mg/L)对 Zn²⁺ 去除率都在99% 以上。但在低浓度的情况下,随实验时间的延长,Zn²⁺ 去除率也在不断地下降,另外,长时间的低 COD 浓度会严重影响微生物的营养,导致微生物的自溶、死亡。当反应器运行的稳定和出水水质最佳的状况时,废水中营养物的加量应当控制在 300 mg/L 左右。

在保持最佳的进水 COD 浓度和 Zn²⁺ 浓度条件下,降低水力停留时间(HRT),结果表明,当 HRT 在一定范围内(9 ~ 18 h),对 Zn²⁺ 的去除率基本没有影响,然而继续降低水力停留时间,Zn²⁺ 的去除率开始逐渐提高,当水力停留时间降到 5 h 达到最高值,再继续下降 Zn²⁺ 的去除效率便急剧下降。

另外,进水 Zn²⁺ 浓度的提高对反应器 Zn²⁺ 的去除率的影响呈正相关。但是,同上述参数的调节一样,进水 Zn²⁺ 浓度的提高有一个阈值,达到阈值后便会使 Zn²⁺ 的去除率迅速降低,推测为 Zn²⁺ 浓度过高对 SRB 产生重金属毒害作用。

试验结果表明,SRB 能够利用低浓度营养物有效地去除重金属离子。从理论上分析 SRB 分解有机物的最后产物是 CO₂ 和 H₂S,但实验发现分解的有机质中有很大一部分并没有转化为 H₂S,因此很有可能有一部分被 MPB 转化成了甲烷。目前一般认为在厌氧条件下,由 SRB 产生的 H₂S 对 MPB 会产生抑制作用,但对试验结果进行分析可以看出,SRB 对环境中 H₂S 积累也很敏感,但是在实验条件下,SRB 可能不直接受到抑制,而是 SO₄²⁻ 产生 H₂S 的代谢途径受到了抑制。当 H₂S 产生受到抑制之后,COD 的去除总量还在随着进水浓度的提高而提高,说明 MPB 的活性还在提高,这一结果说明在一定条件下,SRB 对 H₂S 要比 MPB 更为敏感。这种反馈抑制作用可以在有效去除重金属离子的前提下防止 H₂S 过量产生,保证出水水质。

目前,已有报道 Zn²⁺ 对 SRB 的毒害作用。但试验中所采用的 Zn²⁺ 浓度已超过了以前所报道的浓度,分析原因可能是反应器中 SRB 活性较高,产生的 H₂S 及时除去了进水中的 Zn²⁺,从而降低反应器中的 Zn²⁺ 浓度。

另外，SRB 对 $SO_4^{2-}$ 还原作用使 $SO_4^{2-}$ 转化为 $S^{2-}$，这是一个增加碱度的过程，从而使废水 pH 值升高，使重金属离子形成氢氧化物沉淀而去除，并有利于其他功能微生物的生存。利用 SRB 对重金属离子的特殊吸附能力去除废水中的重金属，SRB 吸附重金属离子后，形成剩余污泥而除去。

2. 影响 SRB 去除重金属的生态因子

（1）碳源。

在重金属去除工艺中，乙酸、乳酸、丙酸、丁酸和乙醇等有机酸是 SRB 生物还原硫酸盐产生硫化物最常用的碳源。但是在中试或规模化处理中，考虑到经济成本，可以用糖蜜、活性污泥、混合气体、甘油、初沉淀池污泥、奶酪乳清、反丁烯二酸、苹果酸等长链脂肪酸、苯甲酸，甚至鱼饲料、纤维素、锯末等百余种物质作为 SRB 的碳源。

（2）pH 值。

相对于产酸菌来说，pH 值是影响 SRB 活力的主要影响因子。SRB 所能耐受的 pH 范围较窄，在 pH 值 <6.0 的条件下 SRB 较难生长和进行硫酸盐还原。当 pH 在 6.48～7.43 时，对硫酸盐的还原效果最好。

（3）ORP。

SRB 属于严格厌氧菌，在氧气存在的条件下，便会强烈地抑制细菌生长。SRB 生长的氧化还原电位必须低于 -100 mV，对氧气十分敏感。但最近有研究表明，有一部分 SRB 能够在空气中生存较长时间，甚至有的 SRB 能够以氧气为最终电子受体。

（4）温度。

温度是影响厌氧 $SO_4^{2-}$ 还原的主要环境参数，因为温度是影响酶活性的主要因子。至今所分离到的 SRB 菌属大多是嗜温菌，嗜热菌较少。嗜温菌最适温度一般在 28～38 ℃ 时生长最好，其临界高温值是 45 ℃。

## 24.2.2　硫酸盐还原法处理矿山酸性废水

酸性矿山废水的污染的范围是非常大的，其主要特征表现为较低的 pH 值、高浓度的硫酸盐和可溶性的重金属离子，如铁、锰、锌、铜等，所含有的离子浓度与矿山的地理位置及矿的类型相关，甚至在同一矿山不同地点其数值也不同。从 20 世纪 70 年代开始，我国使用了各种方法应对矿山废水的污染问题。目前国内外采用的主要方法有中和法和湿地法，这两种方法都有很多的不足之处，中和法产生的大量的固体废物难以处置，便形成了二次污染；而湿地法占地面积大，处理易受环境影响，对硫化氢的处理若不彻底便会进入大气，造成污染。最近开展利用 SRB 处理酸性矿山废水技术的研究，发现此技术成本低、适用性强，并且没有二次污染，因此成为酸性矿山废水处理技术研究的前沿课题。

1. 酸性矿山废水的形成

酸性矿山废水是指煤矿、多金属硫化矿等硫化矿系在开采、运输、选矿及废石排放和尾矿储存等生产过程中经氧化、分解，并与水化合形成硫酸而产生的酸性水。酸性矿山废水中硫酸盐的浓度很高，使之呈现较强的酸性（pH 在 4.5～6.5），且含有大量的铜、铁、锌、铝、锰、镍、铅、铬、砷等重金属。酸性矿山废水会造成大面积的酸污染和重金属污染，并且能够腐蚀管道、水泵、钢轨等矿井设备和混凝土结构，同时危害人体健康，若污染水源还会危害鱼类和其他水生生物，若污染农田会使土壤板结，农作物发黄，所以酸性矿山废水的处理尤为重要。

黄铁矿氧化产酸可划分为两个阶段:第一阶段是以自然界中氧气参加为主的反应,主要生成物为硫酸和硫酸亚铁,且在氧充足时亚铁可被氧化成高铁,但此过程极其缓慢,其氧化产酸过程如下:

$$2FeS_2 + 7O_2 + 2H_2O \longrightarrow 2FeSO_4 + 2H_2SO_4$$

第二阶段是 pH 值降至 4.5 以后三价铁和铁氧化菌参与的黄铁矿的氧化过程,这时反应比第一阶段快得多,亚铁离子在游离氧或细菌的作用下氧化成高价铁,其过程如下:

$$4Fe^{2+} + O_2 + 4H^+ \longrightarrow Fe^{3+} + 2H_2O$$

高铁离子继续水解或氧化黄铁矿。硫化矿的氧化实质上是纯化学反应,三价铁离子对黄铁矿的氧化作用起着重要作用。与黄铁矿产酸有关的细菌主要是嗜酸氧化铁硫杆菌、嗜酸氧化硫硫杆菌、氧化铁铁杆菌和氧化硫铁杆菌等,这些微生物在黄铁矿氧化的过程中起到催化的作用。微生物生长繁殖导致大量酸性废水产生,随着 pH 值的降低将尾矿废石中的其他重金属也溶解出来,便形成典型的酸性矿山废水。

2. 利用 SRB 去除酸性矿山废水中的重金属

废弃的或者不连续使用的露天金属矿坑,由于停止开采,从而形成矿坑湖。由于矿坑的伴随矿物的数量及种类的不同,矿坑湖水可能包含浓度不等的可溶性金属、非金属及硫酸盐。目前世界上大约有 200 座以上的这样的矿藏还在被开采,而这样的开采将会导致大量的新的矿坑湖产生,从而严重污染环境。尽管矿坑湖水在 pH 值及重金属成分上变化很大,但它们通常所含有的硫酸盐浓度每升可达几毫克。下面主要对利用 SRB 修复重金属污染环境进行说明。

在厌氧条件下,SRB 对处理矿山废水是一种很有潜力和效率的方法,金属硫化物的可溶性低,SRB 利用碳源提供电子而使硫酸盐转化为硫化物,而这些硫化物能与许多金属离子发生反应,最后使各类金属以沉淀物形成分离出来。另外 SRB 可以用矿山废水作为原始能量来源,同时产生 $CO_2$,由化学平衡可知硫酸盐还原的情况下,废水的碱度会有所提高,而且伴随碱度升高而产生的碳酸盐和氢氧化物会生成金属沉淀物。这种降低金属离子浓度的能力和对废水碱度的中和能力使得 SRB 在处理矿山废水和金属离子废水时发挥着重大的作用。近年来,对采用 SRB 修复重金属污染的土壤和水体等研究越来越多,各种相关的新的生物技术也不断更新。早有研究表明,当 ORP 上升时,金属去除率下降,因此维持良好的还原条件对于连续的金属去除很重要。2000 年,Jalali 和 Baldwin 研究了 $CuSO_4$ 溶液中 SRB 的生长以及去除 Cu 的效果,结果显示在硫酸盐溶液中,Cu 与 SRB 结合可大大地提高 Cu 的沉淀率。

2002 年,Tuppurainen 等在厌氧上向流反应器中研究了 Zn 和 $SO_4^{2-}$ 的去除。对反应器中污泥的质量进行 X 射线衍射分析,说明重金属去除是通过硫化物沉降过程完成的。$SO_4^{2-}$ 还原和 Zn 转化的同时进行证明了这一点。2003 年,Jong 和 Parry 在上流厌氧填充床反应器中研究了 SRB 混合菌种对废水中 $SO_4^{2-}$ 和重金属的去除,结果说明重金属的转化是由于在 SRB 作用下 $SO_4^{2-}$ 还原为 $H_2S$ 与金属发生化学沉淀的结果,各金属的去除与它们所形成的金属硫化物的溶解度有关。

而对矿坑湖水,至今尚未研制开发出特别有效的治理方法。当我们用高浓度可溶性金属盐溶液来中和酸时,高浓度的硫酸盐废水往往会形成含有高浓度金属离子的中性废水,而这是不符合生活及农业应用水质标准的。但通过外加有机营养物质来促进 SRB 的异化处理,可以用来修复废弃的矿坑湖,这种污水处理的方法是经济有效的。

SRB 可以在将废水中的有机化合物氧化及硫酸盐转化为硫化物的过程中获得所需能量,其过程伴随着金属及重金属离子沉淀,反应式如下:

$$SO_4^{2-} + H^{2+} + 2C \longrightarrow MS\downarrow + 2CO_2$$

式中　M——不溶性金属离子;

　　　C——有机物。

添加的有机物可以减少水中及沉淀中的氧化剂成分,保持硫酸盐还原的适合的氧化还原电位。另外,为 SRB 提供其所需的低相对分子质量有机化合物。

有研究者对内华达州一个金矿形成的矿坑湖废水的修复进行实验研究。该矿坑积水主要是从金矿泵出的水,并不断接受沉渣、地表水,且富含碳酸盐而略显酸性。矿坑湖废水主要含有 $As_2S_2$ 和 $As_4S$,除此之外还有 Fe、Na、Ca、Mg 等金属离子,其他金属几乎没有。对该矿废水的修复添加了本地土豆加工厂的废物和饲养场的混合畜粪。

大量的土豆废物添加剂,对微环境有轻微的氧化作用,对硫酸盐降解有阻碍作用。硝酸盐添加物能提高微环境的氧化还原的电位,并且也阻碍硫酸盐的降解,直至硝酸盐和亚硝酸盐被降解。很多厌氧菌可以在缺氧条件下以 $NO_3^-$、$NO_2^-$ 为最终的电子受体。在 $NO_3^-$ 与 $SO_4^{2-}$ 都存在的环境中,$NO_3^-$ 降解是主要的电子接受过程。在矿坑湖废水治理中,主要目标是用细菌对 $SO_4^{2-}$ 的降解,故对营养源一个比较好的选择将是铵盐,而不是硝酸盐提供还原性的营养源。

SRB 的浓度是随着硫酸盐浓度的减少和硫化物浓度的增加而增加的。铁离子随起始的硝酸盐添加物的氧化还原电位逐级下降。建立缺氧条件及少量硫化物出现在溶液中的微环境中,砷的浓度下降,随着可溶硫化物的增加,砷的浓度也增加。即硫化砷沉淀量仅跟着硫化物的再溶解而形成硫代亚砷酸盐配合物这一现象而出现的。

对从微环境中新取水样总砷的测定采用硝酸使溶液酸化至 pH 值小于 2。而 As(Ⅲ)则用未酸化的水样,采用 HGALS 方法测定。在水样处理上,一些产生较多硫化物的微环境中可溶解的砷的浓度可能会超过测定范围。在含高浓度硫化物的微环境中 As(Ⅲ)的溶解度随着硫化物形成配合物硫代亚砷酸盐而增多。ICAPES 方法可能更进一步地测量硫化物溶液中砷的浓度,采用此方法时应添加硝酸氧化硫化物且使配合物硫代亚砷酸盐不稳定,使可溶砷沉淀。另外,要注意到潜在的硝酸的干扰。

氧可以通过很多途径进入而引起硫化物沉淀,包括湖水对流风暴及生物作用。在这种情况下氧可以经过数月之久而渗透聚乙烯瓶壁,从而引起硫化物($S^{2-}$)向 $FeS_2$ 转化。天然的 $FeS_2$ 对砷有很强的吸收能力,它可在其晶体核中容纳很大数量的砷,所以 $FeS_2$ 的形成通常伴随着可溶砷的降低。任何释放进溶液中的砷将在溶液中以硫代亚砷酸盐形成保存。砷很可能在沉淀固化阶段的缓慢反应中被释放。$FeS_2$ 的高热力学稳定性使砷不可能通过与硫化物的反应而从矿物中释放出来。

除了大量存在于矿坑湖水中的铁以外,其他金属如 Ca、Na、Mg 等金属的浓度十分稳定,但从包含大量土豆废物或混合物微环境中采集的水样中 Mg 和 Na 会有所增加。

综上所述,在一些微环境中,硫酸盐的细菌还原会产生硫化物,过几个月后,大量的硫酸盐、铁、砷将会从微环境的溶液中以沉淀的形式去除。有机添加物的数量及种类对上述过程及溶液的 pH 值的影响是已知的,当增加有机物时,硫酸盐、铁、砷的去除及酸的中和效果不尽相同。可以看到存在一个使修复最快的、最佳的有机物添加量。中间数量的土豆皮添加物的治理效果最好。另外,在其他很多很浅的湖泊中,底层的硫化物沉淀含有丰富的有机物,现在发现有去除硫酸盐和可溶金属的作用。

3. 厌氧滤池去除酸性矿山废水中的重金属

美国学者 Vicki S. Steed 和 Makram T. Suidan 等应用厌氧滤池来去除废水中的重金属,取得明显的效果。为了有效处理含有金属离子的废水,需要建立一个适合 SRB 的厌氧环境,而且金属盐沉淀物要加以净化。由于固体在反应器内的累积会影响处理效果,所以在选择反应器时应充分考虑金属沉淀和污泥的去除和净化。这里采用全部填料方式和部分填料方式的升流式填料厌氧滤池作为研究。

研究结果表明,填充式厌氧滤池对固体物能够有效地控制,但每隔一段时间就需要处理反应器中的固体物,否则处理效果会减弱,同时其也可防止污泥塞住反应器,影响连续操作。排放水中的 COD、乙酸盐、金属离子浓度都会上升,排放水中含有丙酸盐,表明这个体系处在重压之下,另外,排放水中金属离子浓度的增加,表明厌氧滤池的处理效果下降。除此之外,还需拆下填充材料加以清洗,反应器底部沾有的固体物会累积并妨碍填充材料的处理,所以将大概 40% 的填充材料移走可以给固体物留出一些余地。

对于金属离子物料平衡,考虑到金属离子的量,反应器操作的时候要处于稳定状态,除了锰金属外,它会遗留在反应器中。稳定的操作需要的时间根据金属离子物料的平衡度并考虑到反应器中污泥的量所得。

结果显示,两种厌氧滤池的净化效果都比较好,金属离子的去除率非常高。然而进水中铁、锌、锰金属离子总浓度在填充式反应器中高于部分填充式反应器。总固体物浓度表明,部分填充式反应器由于底部是空的,能产生较为紧凑压实,以及更为黏稠的污泥,这可增加附加的过滤能力。在采用 95 % 绝对间隔标准试验中分析证明,进水中金属离子总浓度在处理后,铁和锌的浓度有较明显的差异,而其他金属离子浓度却没有太大的差异,表明部分填充式厌氧滤池处理的效率更好,处理后的金属离子浓度更低。

## 24.2.3 抗生素废水的厌氧处理工艺

抗生素废水主要含有淀粉、蛋白、脂肪、残留抗生素及其中间代谢产物、较高浓度的硫酸盐、表面活性剂和提取分离过程中残留的高浓度酸、碱、有机溶剂。常规的厌氧工艺处理过程中,高浓度的 $SO_4^{2-}$ 对 MPB 产生强烈抑制作用,所以近些年来,多采用一体化两相厌氧工艺来解决这种问题,并得到了较好的效果。采用一体化两相厌氧反应器来处理抗生素废水将产酸反应阶段与产甲烷反应阶段在一个反应器内完成,有研究表明,抗生素废水中的大量残留抗生素及其中间代谢产物、高浓度的 $SO_4^{2-}$ 等对厌氧生物反应有强烈的抑制作用,但通过一体化两相厌氧反应器中两相的协同作用,产酸菌占优势和生物菌群与 MPB 占优势的微生物菌群,分别处在不同的反应区。产酸相的还原产物是 $H_2S$,大部分直接溢出,少部分 $H_2S$ 及 $SO_4^{2-}$ 进入产甲烷反应区,从而避免和减弱了 $SO_4^{2-}$ 对 MPB 的抑制。产酸相能承受较高的有机负荷,并在产酸阶段去除大部分 $SO_4^{2-}$。另外,产酸相将不溶性大分子难降解有机物分解为水溶性的小分子有机物,并在发酵细菌和产氢产乙酸菌的作用下进一步分解为有机酸和醇,解决了微生物种群间的竞争、抑制作用。

　　反应器运行的稳定程度取决于反应器对各种冲击负荷的耐受能力。在抗生素废水处理过程中,废水浓度、pH 值、$SO_4^{2-}$、重金属等都能够对厌氧系统的正常运行造成影响,但是,一体化两相厌氧反应器表现出良好的抗冲击负荷能力。此外,产气量是厌氧生物过程运行状态的一个反应敏感的标志,不但与反应器对有机物的降解相关,而且受 $COD/SO_4^{2-}$ 的影响较大。所以利用一体化两相厌氧反应器处理含高浓度硫酸盐的抗生素废水充分利用产酸相的优势,避免 $SO_4^{2-}$ 对产甲烷相的不利影响,使废水得到有效治理。

### 24.2.4　青霉素废水治理的厌氧处理工艺

　　青霉素废水中 $SO_4^{2-}$ 质量浓度高达 5 000 ~ 7 000 mg/L,在厌氧环境下通过 SRB 的作用产生大量硫的还原产物,这些物质使水质产生异味,引起设备的腐蚀,更重要的是积累到一定浓度便会对 MPB 产生严重的抑制作用。针对青霉素废水中 $SO_4^{2-}$ 的毒性影响问题,很多研究人员通过采用两级厌氧反应器进行了试验。

　　其处理工艺的基本流程是废水首先经过一定的预处理,然后进入两级厌氧反应器。在第一级厌氧反应器的 SRB 和产酸菌的作用下,废水中大部分 $SO_4^{2-}$ 转为硫化物,有机物转为乙酸、$H_2$ 及 $CO_2$。然后,含有大量硫化物的废水经过一个气提塔,将大部分硫化物以 $H_2S$ 形式转入气相,吹脱废气再经过一个 $H_2S$ 气体净化装置,使废水中的 $H_2S$ 被回收为副产硫泥。然后再通过第二级厌氧反应器中的 MPB 的作用使废水中大部分有机物转为甲烷,出水经过进一步生化处理后排放。整个反应器控制为中温发酵条件,pH 值保持在 7.0 ~ 7.5 的范围内。

　　硫酸盐的还原产物对 SRB 的自身代谢也产生抑制影响,因此,控制反应器中硫化物浓度是保持 SRB 良好代谢活力的必要条件。为控制 $S^{2-}$ 的影响,可采用气提分离法分别以 $CO_2$、空气及净化后的厌氧脱硫尾气为吹脱气源,对厌氧脱硫出水中 $S^{2-}$ 进行了气提分离,并以气提出水部分回流稀释方法控制反应器 $S^{2-}$ 的毒性影响。但采用 $CO_2$ 为气源,成本较高,难以在工业水处理中实现。采用空气为气源,$S^{2-}$ 分离效果也比较稳定,成本也不高,但在吹脱处理过程中 $S^{2-}$ 被氧化,氧化产物随回流液又进入厌氧脱硫反应器,加重反应器对硫的处理负荷。采用净化处理后的生物脱硫尾气为气源,不仅成本低,同时还能保证 SRB 代谢过程所需的绝对厌氧环境,克服了 $S^{2-}$ 的过氧化问题,效果较为理想。

　　pH 值对硫化物的分离效果影响较大,理想的 pH 值在 6.1 左右。有研究显示废水 pH 值控制在 7.0 ~ 7.5 时,气提效果还不足 65%;而溶液 pH 值保持在 6.6 左右时,废水中硫化物的分离效果可达 84% 以上。

　　通过扫描电镜对各阶段污泥相进行观察,反应器接种污泥生物相中以短链甲烷杆菌为主,同时存在有甲烷球菌及少量脱硫菌。到 SRB 培养成熟期,厌氧脱硫反应器的污泥生物相中主要是以脱硫弧菌为主;而厌氧消化器的污泥生物相中则主要是短链甲烷杆菌、甲烷球菌等,但也有少量的脱硫弧菌。

### 24.2.5　酸性钛白废水的厌氧处理工艺

　　生产 $TiO_2$ 的方法主要有硫酸法和氯化法,硫酸法生产的基本化学反应过程为:酸解、水解、煅烧。在此水解过程中会产生废酸和副产物硫酸亚铁。若将废酸和硫酸亚铁直接排入水体,会严重污染环境;用中和法处理也容易引起二次污染,产生许多固体废弃物。所以有研究人员以 ASBR 反应器利用 SRB 进行钛白粉废水的处理,结果显示出一定的优势。

ASBR 采用了水循环引发气体循环的工作方式,整个过程均为闭式循环。循环过程为:循环水泵 - 伽式抽气管 - 吸收瓶构成水循环,防碱液回流装置 - 伽式抽气管 - 吸收瓶 - 连通管 - 厌氧反应器构成气路循环。气体在伽式抽气管中与液体混合进入吸收瓶中,可吸收气体中的 $H_2S$,减少 $H_2S$ 气体对细菌的毒害作用。SRB 和 MPB 共生在同一体系中,驯化后的接种污泥产甲烷菌仍较丰富。为加快启动速度和颗粒污泥的培养过程,反应器采用高负荷启动,从而抑制 MPB 的活性,SRB 的活性明显提高。

研究结果显示,工业钛白废水水质成分复杂,存在大量 $Fe^{2+}$,还有其他一些重金属离子,这对 SRB 有一定的毒性作用,因此需要较长的驯化时间。从理论上说,所有的有机物可被 SRB 完全氧化,且硫酸盐本身也被还原,但实际情况是存在着 SRB 与 MPB 的激烈竞争,必然有大量的甲烷产生,故不同的 $COD/SO_4^{2-}$ 对 SRB 与 MPB 产生不同的影响。当其比值在 2～3 时,$SO_4^{2-}$ 的去除效果相对较好,控制 $COD/SO_4^{2-}$ 对实际处理有较大的意义。总体上看,用 ASBR 反应器处理含硫酸根废水时能够取得较好的效果,所以,应用厌氧技术处理钛白废水技术是非常有发展前景的。

# 24.3　通过混合培养和纯培养 SRB 来代谢环境污染物

微生物学中把从一个细胞或一群相同的细胞经过培养繁殖而得到的后代,称纯培养。纯培养指只在单一种类存在的状态下所进行的生物培养。在自然界中,有的培养条件很困难,特别是具有密切共生关系的生物及进行寄生性营养的生物,也包括一些在理论上不可能进行纯粹培养的生物。混菌培养也叫混合培养,又称混合发酵,是在深入研究微生物纯培养基础上的人工微生物生态工程。混合培养可分为联合混菌培养、序列混菌培养、共固定化细胞混菌培养、混合固定化细胞混菌培养等。

## 24.3.1　通过混合培养 SRB 代谢非卤代化合物

在硫酸还原状态下可被生物降解的物质数量有很多。根据代谢中间产物的测定可以推知这些化合物的生理降解途径。近期有研究显示,苯可在厌氧条件下抵抗微生物的分解作用,但在产甲烷作用下苯会解体,而在硫酸盐还原状态下苯解体的可比较的证据却不存在。

很多研究者发现多种物质可在硫酸盐还原状态下厌氧分解甲苯和二甲苯的异构体。在 Vero Beach 的溢油井附近得到的微观证据表明二甲苯和 P - 甲苯是可代谢的,而加入的硫酸盐是这个微生境中唯一可测到的电子受体,它促使了甲苯转化。后期的研究更确定了在二甲苯和甲苯的代谢过程中硫酸盐是最终电子受体。用 14C 标记物分析的结果也证明二甲苯与甲苯完全矿化为 $CO_2$,同时,还表明硫酸盐还原作用的产物——硫化物抑制了芳香族化合物的转化,加入硫化钠时可强烈地抑制二甲苯和甲苯的降解。

在对海洋沉积物进行硫酸盐还原作用的研究时,发现了二甲苯的降解现象。在很多实验室条件下,研究人员进行了甲酚异构体厌氧生物降解的试验。1987 年,Smolenski 和 Suflita 在实验室条件下对被市政垃圾填埋溶液污染的浅湾污水进行接种,发现了甲酚降解的选择性模式。在硫酸盐还原作用的培养中,P-甲酚不足 10 d 就出现变化,而 O-甲酚的代谢则至少要 90 d,m-甲酚降解所必需的时间则在二者之间。甲酚异构体的分解代谢途径也是多变的。P-甲酚的代谢有可能在各种厌氧条件下通过苯甲基的氧化而进行。O-甲酚可以类似的方式在这样的条件下被厌氧氧化为 O-羟基安息香酸盐。在硫酸盐还原的状态下 m-甲酚的代谢途径却截然不同,其代谢是通过对底物的羧化作用富集培养进行产甲烷作用或硫酸盐还原的作用实现的。安息香酸和苯酚是在不同条件下许多芳香族的化合物厌氧生物降解途径的重要中间产物。厌氧生物降解安息香酸的普遍特征是最初它在胞内转化为苯甲酰辅酶 A,随后六个电子还原形成环己羧基辅酶 A。苯酚的厌氧生物降解目前认为其主要途径是以 P-羟基安息香酸盐为中间体的。4-羟基安息香酸盐可不转化为安息香酸,而是直接通过环还原反应被代谢,它能被脱去羟基转化为安息香酸盐或有时能被脱去羧基形成苯酚。利用苯酚和安息香酸作电子供体还可以纯培养 SRB。

N-取代安息香酸盐和磺化安息香酸盐在厌氧硫酸盐还原条件下的敏感性试验结果表明,当芳香族化合物的质核被羧基取代时,氨基苯相对容易生物降解,但唯独苯胺和苯甲酸例外,在试验中苯胺的转化相当弱而厌氧硫酸盐还原条件下只有 m-苯甲酸是按上述规律分解的。并且,取代基团的数量、位置和类型对其厌氧化生物降解的敏感性有重要影响。

硫杂环化合物在硫酸盐还原状态下对厌氧生物降解的研究比较少。这些物质的生物降解途径还不十分确切,许多杂环化合物的一个基本降解作用可能是杂原子相临位置上的 $H_2O$ 与环产生了羟基化反应,大量杂环化合物在厌氧条件下都遵从这一转化途径。

一般情况下,厌氧微生物代谢非卤代芳香族化合物不必非经过芳香环裂解这一步,最初更改的反应产生的中间代谢物可以继续进行一系列取代基的去除反应。而后取代其的去除反应包括脱羧基反应、脱羟基作用、脱氨基作用和脱卤作用。一旦发生了初始转化,中间代谢物便进入安息香酸盐、苯或 P-羟基安息香酸盐有关的厌氧生物降解途径或其他代谢途径,如间苯二酚或间苯三酚途径。

很多 SRB 的纯培养是可以代谢羟基安息香酸盐的。在硫酸盐还原的富集培养和一些 SRB 的纯培养情况下也进行了更复杂的酚结构物质的生物降解试验。有研究发现发酵细菌可进行对苯二酚的羧基化反应并能转化母体物质为龙胆酸盐。有些 resorcylic 酸能脱羧转化为间苯二酚,后者能直接被发酵细菌还原为二羟基间苯二酚,然后水解为 5-oxocaproic 酸,间苯三酚被还原为二羟基间苯三酚,它是环裂解的中间产物,后者继续转化为 3-羟基-5-oxocaproic 酸。但对 SRB 的降解途径还缺乏更进一步明确的证据。

## 24.3.2 纯培养时非卤化合物的代谢

安息香酸盐与许多芳香族化合物有相同的厌氧生物降解途径。目前从土壤中已分离到了能降解安息香酸盐,纯培养的形成芽孢和非芽孢的 SRB,包括:*Desulfobacterum*,*Desulfomonile*,*Desulfosarcina*,*Desulfotomaculum*,*Desulfococcus*,*Desulfonema*,*Desulfoarculus* 和 *Desulfobasula*。这些纯培养 SRB 能矿解苯乙酸、苯丙酸和某些支链脂肪酸,一部分 SRB 也能降解苯乙酸、苯丙酸以及一些羟基安息香酸盐异构体以及一些同素环状的,杂环的和氮取代的芳香族化合物。

目前,人们发现 *Desulfobacterium*、*Desulfoarculus* 属能够消耗环境污染物苯酚,菌株 *Desulfobacterium phenolicum* 能氧化苯酚、安息香酸盐、羟基安息香酸盐,P-甲酚和吲哚。虽然其降解途径还没有研究透彻，但结果是苯酚是完全被氧化了。*Desulfoarculus* 属够能氧化安息香酸，4－羟基安息香酸盐和苯酚，它以安息香酸盐作碳源，以硫酸盐做电子受体，将这两种物质均完全氧化为 $CO_2$。

纯培养的 SRB 可代谢甲酚异构体的报道已经屡见不鲜。例如，Bak 和 Widdel 报道过可催化 P－甲酚代谢的纯培养的 SRB；Schnell 等人也分离到了能利用 P－甲酚和 m－甲酚的 SRB 菌株，并且用三种二羟基苯酚异构体做底物富集培养，分离出三种不同的 SRB，每一种菌仅能以苯酚生长，均不能代谢其他的苯二酚。分离得到的代谢间苯二酚和对苯二酚的 SRB 能利用 2,4－二羟基安息香酸盐，甲酸盐和 1,3－环己二酮。还有人报道了降解芳香族化合物的 SRB 的更广泛的特征。一个新菌属 *Desulfotomaculum* 的菌株 Groll 能氧化安息香酸盐、儿茶酚、苯酚、香草和原儿茶等极宽范围的取代基芳香族化合物。菌株 Groll 还能使芳香化合物零位脱甲基形成取代化合物，还可使原儿茶脱羟形成儿茶酚。

还有研究发现 *Desulfobacterium cateholicum*，*Desulfosarcina variable*，*Desulfococcus multivorans*，*Deslfonema magnum*，*Desulfotomaculum sapomanclens* 和 *Desulfobacula toluolica* 属的 SRB 能代谢安息香酸但不能生物降解苯酚。这些菌种有可能会使羟基安息香酸盐异构体脱羟基后形成安息香酸盐，安息香酸盐能经过环状物还原作用和裂解反应而被厌氧代谢掉。

近来研究人员分离到以硫酸盐为电子受体氧化甲苯的 SRB，当提供给它惰性增长载体时，它能将甲苯完全氧化为 $CO_2$。该菌株可以 P－甲酚、苯甲醛、苯丙酸盐、4－羟基苯甲醛和安息香酸盐为唯一碳源和能源，而 O－甲酚、m－甲酚和 P－羟基苯乙醇不能支持其生长。

D. anilini 种的 SRB 有较强的代谢上的多样性，它能以苯胺为底物生长，它降解苯胺和 4－氨基安息香酸盐有的途径相同。同其他厌氧生物转化作用一样，它降解苯胺也是依赖 $CO_2$ 的，但这种依赖性不如降解 4－氨基安息香酸盐时强。此外还发现，存在较低电势的电子供体时，细胞抽提液中 4－氨基苯甲酰 CoA 能转化为苯甲酰－CoA。

纯培养的 SRB 也能代谢一系列的 N－，O－，S－取代基的杂体化合物，*Desulfobacterium indolicum* 能利用吲哚和嘧啶作为电子供体和碳源，也能利用 anthranilic 酸和其他非芳香族化合物。

很多纯培养 SRB 能转化硫杂环化合物。kohler 等人发现 *Desulfovibrio sp.* 可厌氧降解二苄基硫化物并产生硫化物。

*Desulfovibrio sp.* 能利用一些硝基芳香化合物作氮源，当它在缺乏硫酸盐的条件下培养时，其中某些硝基芳香化合物也能做电子受体，但是，硝基芳香化合物不能单独做该 SRB 的碳源和能源。Preuss 等人也报道了纯培养 SRB 对 2,4,6－三硝基甲苯进行的硝基芳香族化合物还原反应，经过一系列不连续的步骤最终还原为二氨基甲苯。

### 24.3.3 混合培养和纯培养的 SRB 对卤代化合物的代谢

SRB 代谢卤代化合物的方式之一是还原性脱卤作用，这个过程的电子是从胞内电子供体转移到卤代有机分子上，使得卤代基团从有机物分子上去除而被一个质子替代。卤代化合物被还原的可能性取决于它自身的氧化还原电位值，很多卤代污染物相对于其非卤代时的母体来说是氧化态的，所以可以接受电子，进行还原性脱卤作用。有些卤代污染物比氧的电负性强，即使在厌氧条件下也能被还原性脱卤。但是，卤代芳香族化合物往往需较高的还原性条件,在产甲烷作用占优势的环境中往往能稳定地发生。

还原性脱卤作用最大限度地降低了卤代污染物在环境中的滞留时间。这种生物转化不能给微生物提供碳源,但能提供能量。进行脱卤作用的微生物可能通过一系列中间产物将电子转移给卤代化合物,使之作最终电子受体,这一过程耦连着能量的转移。

通过研究 D. tiedjei 属的 SRB 可以发现,当细胞悬浮液中加入 3 - 氯苯甲酸盐时,随着物质的脱卤作用,ATP 含量增加,细胞可以在卤代芳香族化合物得电子的同时获得能量。即厌氧微生物不仅能转移氯代化合物的电子,也能利用电子转移的反应产生能量供其生长。

同时,卤代化合物必须与其他可利用的电子受体竞争来进行微生物的氧化还原反应,所以,还原性脱卤作用的效果常常受其他电子受体存在的影响,而代谢卤代脂肪族化合物时则不然。

目前,已发现可以利用 SRB 的富集培养物质厌氧氧化天然的卤苯。据实验结果推测,SRB 的脱卤作用是发生在苯环被氧化之前的。开始,外加电子供体存在时,二溴苯抑制 $H_2S$ 的产生,但最终 $H_2S$ 的产量还是显著地提高了。但是,还原性脱卤作用发生于可替代的电子受体硫酸盐存在时,却不会受其抑制。

当存在着潜在的电子受体时,可通过检测 D. tiedjeir 的电子供体——氢的代谢而得知硫羟基阴离子对还原性脱卤作用的影响。当亚硫酸盐作电子受体时,氢消耗的速率比 3 - 氯苯甲酸盐做电子受体时快 6 倍,因此,当两种电子受体共存时可能存在着还原平衡的竞争。存在两种电子受体时,氢消耗速率比硫羟基阴离子单独做电子受体时要慢。因此,假设脱卤作用的共同电子受体和硫羟基阴离子的还原有可能说明中间代谢产物氢的消耗速率,而且硫羟基阴离子会抑制芳基化合物的脱卤反应。但是试验中测 3 - 氯苯甲酸盐代谢时发现,只有存在亚硫酸盐和硫代硫酸盐时抑制脱卤作用,而硫酸盐存在时却不会如此。

对环境研究表明,存在硫羟基阴离子和卤代苯甲酸盐时氢代谢的动力学表明,硫酸盐还原占主导的环境中,氢的水平可能很低,低至难以满足芳基脱卤作用。在厌氧环境中,脱卤细菌利用废物的能力取决于特定环境中其他微生物的电子受体的存在。

卤代芳香族污染物的厌氧生物转化包括抗性极强的卤代烷烃和烷烃等重要环境污染物,如四氯化碳、三氯乙烷、PCE 和 TCE 等。其中许多污染物都受厌氧降解过程的影响,但也发现其他微生物可进行脱卤反应。

研究测得脱卤作用的沉积物中 SRB 种群的总量占 1%,而产甲烷菌种群的量却少到可以忽略不计。实际上,可能是多种类型的厌氧微生物参与了芳香族化合物的脱卤作用。在地下沉积物中,不同的电子供体可富集不同类的菌群,其中几个类群能脱卤。

有研究表明 TCE 的脱卤作用耦连着硫酸盐还原。在 Veio 海滨的厌氧沉积物中,TCE 的还原性脱卤作用与硫酸盐还原作用同步进行。硫酸盐还原作用 - 还原性脱卤作用的耦连是依情况而定的,除了 SRB 另外一些厌氧菌也可以利用卤代有机物作电子受体,但现有的资料表明在脱卤过程中产甲烷菌的量很少或者不活跃。

在生物膜反应中也发现了卤代有机化合物的降解。柱状反应中,有氧呼吸的连续区域有生物膜,含卤代甲烷、卤代乙烷和其他卤代有机物溶液中进行着硫酸盐还原反应。在该反应器运行的条件下,SRB 对于氯代脂肪族化合物从污水中去除所起的作用至少是间接的。

　　研究纯培养的 SRB 发现其还原性脱卤的作用。Desulfobacterium autotropinicum 能对很多氯代碳水化合物进行脱卤反应,包括将四氯甲烷转化为三氯甲烷和二氯甲烷,将三氯乙烷还原为二氯乙烷。这种纯培养也可以对三氯甲烷进行脱卤作用。但这些一步脱卤反应不能完全去除环境中的污染物,但长期培养或不同条件下,可以继续脱卤。此外还有发现 SRB 可以利用钴胺酰胺参与四氯甲烷和其他氯代有机化合物的脱卤作用。其他厌氧菌也能对这些化合物进行脱卤,甚至速度更快。

　　钴维素和其衍生物使电子从厌氧菌转化到卤代碳水化合物进行电子传递。纯水合钴维素能催化甲氯化碳、氯仿、氯亚甲基和氯甲烷的还原性脱卤作用,并以柠檬酸钛的氯代甲烷为电子供体。其他的钴维素衍生物,如甲基钴维素、Cobiriamide 和细菌转移金属的辅酶均能催化氯代碳水化合物的还原性脱卤作用。以柠檬酸钛为电子供体辅酶 $F_{430}$ 可催化四氯化碳的还原性脱卤,并可测到其还原中间产物包括氯仿、氯亚甲基、氯甲烷和甲烷。

　　通过传递金属的辅酶使电子确定性地转移到卤代碳水化合物的过程可能对细胞不利,因为它能回避产生 ATP 这一步,而将电子的传递给最终电子受体,这也不是厌氧菌对氯碳化合物脱卤的唯一途径。利用 SRB 的富集物对 PCE、TCE 等化合物进行脱卤,用泵将被 PCE、TCE 和 DCE 污染的含水层中的水抽至地面,通过外加苯甲酸钠或硫酸镁形成硫酸还原条件来修正污水,再将其回灌至含水层,地下水流携带修正后的污水至回收井,这种硫酸盐富集培养的过程可以使 PCE 和 TCE 脱卤,四个月后脱卤的程度为:回收井内 PCE 浓度至少降低98%,TCE 质量分数降低 85～89%。

　　典型的纯培养硫酸盐还原脱卤微生物为 D. tiedjei,它最初是从同产甲烷菌中分离到的,以3-氯苯甲酸作唯一碳源和能源。在厌氧条件下分离到的这种纯培养物可在丙酮酸盐存在时脱掉3-氯苯甲酸盐的氯,后来又发现它能对 PCE 进行脱氯。D. tiedjei 以 PCE 脱卤为 TCE 的速率显著地高于其他厌氧菌。

　　当厌氧颗粒污泥床反应器内接种入纯培养的 D. tiedjei 时,并使它成为反应器内微生物群落中较稳定的种群,与颗粒污泥很好地结合,并对3-氯苯甲酸盐进行有效的还原性脱卤和分解代谢。

# 第25章 复合硫酸盐还原菌法去除污染物的原理

复合硫酸盐还原菌即是经过一系列的分离筛选和优化组合,从硫酸盐还原菌中选出有多个功能相近的菌株组成的有特定功能的复合硫酸盐还原菌。人们研究出这种复合菌的目的就是利用这些菌群去除环境中难以转化的污染物,如重金属、砷等物质,改变传统的用物理化学等方法处理重金属废水程序复杂、费用高昂的缺点,并取得了较好的效果。

## 25.1 复合硫酸盐还原菌

### 25.1.1 复合硫酸盐还原菌的生理特征

复合硫酸盐还原菌的菌体外壳含有羟基、羧基、醛基、巯基、氨基、甲氧基、羰基、磺酸基等基团,使外壳带负电荷,能够吸附带正电荷的二价金属离子和三价的铬离子。复合硫酸盐还原菌能将 $SO_4^{2-}$ 和有机硫还原为 $S^{2-}$,$S^{2-}$ 与重金属离子生成硫化物沉淀,这也是除去重金属离子的机理中的一种。

复合硫酸盐还原菌分泌的胞外聚合物有螯合与包藏金属阳离子的生物絮凝作用,有的金属离子可以通过细胞壁进入细胞内,发生胞内蓄积而沉集。

复合硫酸盐还原菌产生的生物硫铁纳米材料经高分辨透射电镜和 X 射线谱仪等分析鉴定,结果显示该生物硫铁纳米材料长为 45~80 nm,长宽比为 10~15,实验证明,该材料对六价铬的去除率比传统方法提高数倍。

### 25.1.2 复合硫酸盐还原菌的生长条件

复合硫酸盐还原菌生长所需要的环境条件与 MPB 有很多相似之处。多数复合硫酸盐还原菌为中温性细菌(最适温度为 30~40 ℃)和高温性细菌(最适温度为 55~65 ℃),在中温范围内复合硫酸盐还原菌与 MPB 等菌一样,没有表现出特别的优越性,而在高温范围,由于 MPB 对温度变化相对敏感,从而表现出复合硫酸盐还原菌的优势,尤其是短时间内迅速提高温度更有利于复合硫酸盐还原菌对底物的利用。

目前我们得到的复合硫酸盐还原菌的生长 pH 值范围在 4.5~9.5 之间,最适 pH 值范围在 7.5~8.0,但是在 pH 值小于 6.5,或大于 8.0 的时候,在系统内 MPB 的生长繁殖受到抑制,所以复合硫酸盐还原菌能够在此状态下处于优势地位,而在中性状态下,复合硫酸盐还原菌在与其他菌的竞争中没有优势。SRB 菌活动的氧化还原电位一般在 -100~250 mV 以下,因此得到的复合硫酸盐还原菌的活动范围也在此区间内。

另外,营养物质对复合硫酸盐还原菌的生长有着重要作用,如维生素、铁和硫酸盐均对其生长具有促进作用;苯酚类、抗生素和一些含有类似硫酸根基团的物质($K_2CrO_4$、$Na_2MnO_4$、$Na_2SeO_4$ 等)会抑制复合硫酸盐还原菌的生长。

硫酸盐是复合硫酸盐还原菌的必需营养物质,若培养基中硫酸盐含量过低,硫酸盐还原作用便弱,产生的硫化物浓度也就低,那么厌氧反应器运行就会出现问题,并且重金属离子去除率也会降低。但是如果向反应器内投加 2% ~ 5% 的高浓度硫酸盐,经过复合硫酸盐还原菌的还原作用,产物中硫化物的浓度增加,硫化物就可以与重金属离子结合形成重金属硫化物沉淀,进而去除重金属。

复合硫酸盐还原菌可利用的基质范围广泛,并且氧化有机物的能力很强,所以在厌氧反应器中能够高效降解有机物,提高 COD 的去除率。复合硫酸盐还原菌还能够氧化氢,使厌氧反应器中的氢分压降低,从而使反应器内部始终保持着较低的氧化还原电位。

研究表明,影响厌氧反应器内复合硫酸盐还原菌与 MPB、产氢产乙酸菌(HPAB)竞争的主要因素有硫酸盐浓度、COD/$SO_4^{2-}$ 值、进水的有机物类型、半饱和常数、热力学与反应的自由能、温度、反应器类型,以及营养物的有效性、初始反应器中复合硫酸盐还原菌与 MPB、HPAB 等的数量比例等。但是当硫酸盐浓度较高时,还原作用产生的硫化氢会直接破坏MPB、HPAB 的细胞功能,产生毒性,使 MPB、HPAB 的生长受到严重抑制作用。

复合硫酸盐还原菌还原反应产生的硫化物有三种形式:$S^{2-}$、$HS^-$、$H_2S$,这三种物质所占比例的多少与环境中的 pH 值有关,具体情况为当 pH < 6.5 时,$H_2S$ 的浓度占多数,此时毒性最强;7 < pH < 8 时,$H_2S$ 会迅速转化成 $HS^-$。$H_2S$ 毒性最强的机理是由于 $H_2S$ 分子最易接近和穿过带负电荷的细胞膜,对细胞质体产生直接的伤害,为了防止其毒害作用,在厌氧反应器的运行过程中,可以向反应器中投加铁盐,这样便会降低硫酸盐还原反应过程的产物对复合硫酸盐还原菌的毒害抑制作用。因为二价铁离子可以与 $HS^-$ 和 $H_2S$ 反应生成硫化亚铁等对微生物没有毒害作用的物质,致使反应正常进行。

### 25.1.3　复合硫酸盐还原菌的还原与代谢作用

同化作用存在的条件下,复合硫酸盐还原菌对硫酸盐的还原反应如下:

$$SO_4^{2-} + C + H^+ + NH_4^+ + H_2O \longrightarrow C_5H_7O_2N + HCO_3^- + HS^- + CO_2$$

$$COD/[SO_4^{2-}] = 0.72$$

由上式可知,硫酸盐还原反应为产碱反应,生成的 $S^{2-}$ 与镍、铜、锌等重金属离子作用生成硫化物沉淀。

复合硫酸盐还原菌的代谢过程在细胞外完成,大概可分成以下步骤:

(1)短链脂肪酸、乙醇等碳源的不完全氧化,生成乙酸;

(2)电子转动过程;

(3)硫酸根还原。

其过程如图 25.1 所示。

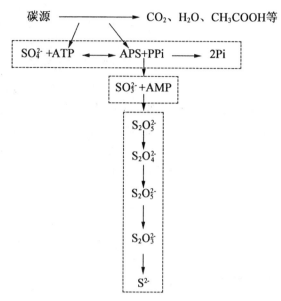

图 25.1　复合硫酸盐还原菌的代谢过程简图

大多数复合硫酸盐还原菌都以硫酸盐为末端电子受体,将硫酸盐最终还原为 $S^{2-}$,但也有部分属种能利用单质硫、亚硫酸盐、硫代硫酸盐等为电子受体进行硫酸盐还原反应。如图 25.1 所示,硫酸盐的还原也大概分为三步:

(1)硫酸盐的活化,硫酸盐转化为 APS 和焦磷酸(PPI),焦磷酸快速转化成磷酸;

(2)APS 转化成 $SO_3^{2-}$ 和磷酸腺苷(AMP);

(3)亚硫酸盐还原成 $S^{2-}$。

复合硫酸盐还原菌还有一种氧化途径是将乙酸、丙酸和乳酸等短链脂肪酸和乙醇完全氧化,生成二氧化碳和水。由于厌氧反应过程中有机物的代谢途径多样化,在反应器中便会呈现出菌种之间对底物的竞争。主要竞争为复合硫酸盐还原菌与 MPB 竞争乙酸和氢,竞争的结果将决定反应器内的反应是产甲烷反应还是硫酸盐还原反应。其次为复合硫酸盐还原菌中的不同类型的硫酸盐还原菌对硫酸盐的竞争。

## 25.2　复合硫酸盐还原菌法去除铬的原理

铬为银白色金属,质地极硬、耐腐蚀,在元素周期表中属 VIB 族,原子序数为 24,体心立方晶体,常见化合价有 +2、+3 和 +6 价。金属铬在酸中一般以表面钝化为其特征,但在去钝化后,极易溶解于酸中。在高温条件下被水蒸气所氧化,1 000 ℃时能够被 CO 氧化;若与氮起反应,就能被碱所腐蚀,可溶于碱液。但在空气中,氧化速度极慢,不溶于水。镀在金属上可起保护作用。

铬是广泛存在于环境中的元素,冶炼、镀铬、制革、印染等工业将含铬废水排入水体,均会使水体受到污染。水体中的铬主要以三价和六价铬的化合物为主。铬的存在形态决定在水体中的迁移能力,三价铬大多数被底泥吸附转化为固相,少量溶于水,迁移力较弱;六价铬在碱性水体中较为稳定并以溶解状态存在,迁移能力较强。这两种价态的铬在土壤中的行为很不相同。

六价铬的毒性最大，约是三价铬的 100 倍，对呼吸道、消化道有很强的刺激、诱变，甚至是致癌作用。这两个价态的铬都会对环境造成严重的污染，尤其对水生生物来说都有致死作用。有实验数据显示，1 mg/L 时便可刺激作用生长，1～10 mg/L 时会使作物生长减慢，到100 mg/L时则几乎完全使作用停止生长。环境中两个价态可以互相转化，所以近年来倾向于根据铬的总含量，而不像以前一样只根据六价铬的含量来确定水质。

人体摄入微量三价铬能够防止多种疾病的发生，但是如果过量则会导致全肠外营养儿童肾小球过滤率降低。而六价铬的危害则可影响人体代谢过程中的氧化、还原作用，更重要的是它能与核酸结合，产生诱变、致癌作用。长期暴露在含铬的环境中，各种肿瘤的发病率也会大大增加。

中国规定生活饮用水中六价铬的浓度应该低于 0.05 mg/L；地面中铬的最高允许浓度为三价铬 0.5 mg/L，六价铬 0.05 mg/L。现在处理含铬废水的方法主要有化学还原沉淀法、物理化学法和生物处理法，下面将做简单的介绍，但是重点还是要详细地阐述目前研究的复合硫酸盐还原菌法去除铬的方法。

### 25.2.1　现有的处理含铬废水的技术

（1）物理法：利用具有高比表面积或表面具有高度发达的空隙结构的物质作为吸附剂，除去废水中的铬。

（2）乳状液膜分离法：乳化液膜是由悬浮在液体中的一层很薄的乳状大分子颗粒所构成的。待处理液中分离出的溶质，通过在液膜中发生的传质过程，不断地转移至内相中，并在内相中富集，然后通过静置实现被处理液和乳液的分离，再通过破乳实现内相和液膜的分离，达到分离富集的目的。

（3）气浮法：主要利用 $Fe(OH)_3$ 胶体的强吸附能力，吸附废水中包括 $Cr(OH)_3$ 在内的氢氧化物沉淀，形成共絮体，这种共絮体能有效地被气泡黏着，并上浮除去。

（4）化学絮凝沉降法：指在废水中添加一定量的絮凝剂，使一些难于自然沉降的悬浮物质在絮凝剂的作用下，通过中和电荷、吸附桥连等作用，增大絮状分子，达到与水分离的目的。

（5）钡盐法：利用置换反应原理，用碳酸钡等钡盐与废水中的铬酸作用，形成铬酸钡沉淀，再利用石膏过滤，将残留的钡离子去除。该法主要用于处理含 $Cr^{6+}$ 的废水，操作工艺简单，效果好。

（6）还原沉淀法：原理是在酸性条件下向废水中加适量还原剂，使 $Cr^{6+}$ 被还原为 $Cr^{3+}$，然后将溶液的 pH 值调到碱性，$Cr^{3+}$ 以氢氧化铬沉淀的形式从溶液中分离除去。如加入 $SO_2$，$SO_2$ 还原法方法简便，设备简单，污泥量少，可用烟道气中的 $SO_2$ 而降低运行费用。但设备易腐蚀，若密封不好还容易发生泄漏，操作安全方面存在着一定的潜在危险因素。

（7）离子交换法：将含 $Cr^{6+}$ 的污水流经阴离子交换树脂以进行分离。此法的优势在于：进行交换后留在树脂上的 $HCrO_4$ 用 $NaOH$ 溶液淋洗后，可以重新进入溶液而被回收，同时树脂也得到再生，可重复利用。

（8）铁屑内电解法：该处理过程中，铁屑即是阳极，也是阴极，铁屑在阳极不断溶解，生成 $Fe^{2+}$，在酸性条件下，$Fe^{2+}$ 将 $Cr^{6+}$ 还原成 $Cr^{3+}$，同时在阴极析出 $H_2$，使废水中 pH 值逐渐上升,呈中性时以氢氧化物沉淀析出以达到净化废水的目的。

(9)电渗析法:电渗析除铬是使含铬废水进入带电极的阴阳膜组成的小室内,在直流电场的作用下作定向运动,利用阴阳离子交换膜对溶液中阴阳离子进行选择,使铬得到富集。

(10)微生物处理法:微生物处理含铬废水是依据获得的高效功能菌对铬的静电吸附作用、酶的催化转化作用、络合作用、絮凝作用和沉淀作用,使铬被沉积,经固液分离,使废水得到净化。如硫酸盐还原菌、阴沟肠杆菌、脱色假单胞菌、脱色杆菌、酵母菌、荧光假单胞菌等对含 $Cr^{6+}$ 的废水都有有效的净化作用。

(11)水生高等植物处理法:水生高等植物对水体铬污染具有一定的净化能力,这种净化作用是通过植物对铬的吸收和富集而实现的。沉水植物通过整个植物体表面吸收铬,浮水植物吸收铬主要靠根系。

(12)活性炭吸附法:活性炭具有非常好的吸附和稳定的化学性能,且表面积大,孔隙率高,还有一定的还原能力,用于处理含铬废水效果比较好。当 PH 值在 4~6.5 时,$Cr^{6+}$ 被直接吸附到活性炭表面;当 pH <3 时,活性炭所具有的还原性使 $Cr^{6+}$ 转化成 $Cr^{3+}$ 是非常容易的,同时在氧气充足供应时,活性炭吸附水溶液中的氧原子、氢离子及阴离子后转化成过氧化氢,过氧化氢对 $Cr^{6+}$ 也有还原作用。当 pH >6 时,活性炭表面的吸附位点被 $OH^-$ 占据,对 $Cr^{6+}$ 不吸附,但用碱处理可达再生活性炭的目的。活性炭吸附铬设备简单,占地面积小,操作简便,还可以回收铬。

(13)电渗析法:在直流电场作用下,含铬废水中的阴、阳离子分别向电极的阳、阴极移动,再利用阴、阳离子交换膜及对阴、阳离子的选择透过性,对废水进行净化。

(14)氢氧化镁法:氢氧化镁法是在还原剂将 $Cr^{6+}$ 还原成 $Cr^{3+}$ 后,加入氢氧化镁乳液,形成 $Cr(OH)_3$ 沉淀,同时,氢氧化镁乳液还具有吸附性,在形成沉淀的同时吸附铬离子,提高处理效果。

(15)稻草黄原酸酯处理法:该方法主要利用废稻草碎屑中的稻草黄原酸酯将 $Cr^{6+}$ 还原为 $Cr^{3+}$,然后黄原酸酯再与 $Cr^{3+}$ 形成黄原酸铬盐沉淀从而析出。该方法对铬的去除率高,成本低,反应迅速,操作便捷,但是 COD 去除率较低。

### 25.2.2　复合硫酸盐还原菌合成生物硫铁纳米材料及其在含铬废水处理中的应用

1. 生物硫铁纳米材料的制备

硫铁(FeS)的制备方法有多种,包括化学法和微生物法等。化学包括均相沉淀法和微乳液法;微生物指的就是利用复合硫酸盐还原菌来进行制备。

(1)均相沉淀法。均相沉淀法是利用硫代乙酰胺(TAA)在酸性和碱性条件下水解,然后再加入 $Fe^{2+}$,其过程如下:

$$CH_3CSNH_2 + 2H_2O + H^+ \Longrightarrow CH_3COOH + H_2S + NH_4^+$$
$$CH_3CSNH_2 + 3OH^- \Longrightarrow CH_3COO^- + S^{2-} + NH_3 + H_2O$$
$$Fe^{2+} + S^{2-} \Longrightarrow FeS$$

理论上来讲,将 TAA 与 $Fe^{2+}$ 混合便能够得到产物,但在实际操作中必须调节其 pH 值,TAA 水解会使溶液的 pH 值降为 3 左右,而在这个 pH 值条件下不能形成 FeS。而在调节 pH 值的过程中,$OH^-$ 会与 $Fe^{2+}$ 反应,生成 $Fe(OH)_2$ 沉淀。所以,人们想出在合成时加入一定量的柠檬酸钠,这样 $Fe^{2+}$ 与柠檬酸根发生络合,便不能与 $OH^-$ 形成 $Fe(OH)_2$ 沉淀,待温度升到一定程度时,$Fe^{2+}$ 从络合物中释放出来,此时,$S^{2-}$ 也从 TAA 中水解出来,所以此时便能够形成 FeS。另外,柠檬酸钠还能够吸附在 FeS 表面,使 FeS 粒子不能继续增大,从而形成非常细的硫铁纳米丝材料。

(2)微乳液法。微乳液法制备是按照不同比例添加 T-80 和 S-80 两种表面活性剂,与环己烷混合,密封后在搅拌器上恒温搅拌,然后缓慢滴加 $FeSO_4$ 溶液或 $FeCl_2$ 溶液,有实验数据显示,使用 $FeSO_4$ 溶液相时,体系增溶的溶液量较少,而使用 $FeCl_2$ 溶液时体系增溶的溶液量很大,其机理还在研究当中,但是使用 $FeCl_2$ 溶液比使用 $FeSO_4$ 溶液的产量要高。虽然如此,但是产率相对其他方法较低仍然是微乳液法的缺点。

(3)复合硫酸盐还原菌法。利用复合硫酸盐还原菌制备硫铁纳米粒子的过程大致上可以分为三个步骤,如图25.2所示。第一步是 $SO_4^{2-}$ 被 SRB 还原成 $S^{2-}$;第二步是 $S^{2-}$ 和 $Fe^{2+}$ 进入细胞内,即离子的转运;第三步为 $S^{2-}$ 和 $Fe^{2+}$ 在细胞内发生反应形成沉淀,并富集在细胞内。

第一步 $SO_4^{2-}$ 被还原属复合硫酸盐还原菌的分解代谢过程,该过程可分为分解代谢、电子传递和氧化三个阶段。分解代谢阶段是在厌氧的状态下进行的有机物碳源的降解,同时通过基质水平磷酸化产生 ATP,但是数量较少;电子传递阶段是将上一步产生的高能电子通过 SRB 中特有的电子传递链逐级传递,在此传递过程中将产生大量 ATP,供下一步骤使用消耗;氧化阶段电子传递给氧化态的硫,将其还原为 $S^{2-}$,并消耗上一步骤产生的大量 ATP,具体步骤如复合硫酸盐还原菌还原 $SO_4^{2-}$ 步骤。

第二步 $S^{2-}$ 和 $Fe^{2+}$ 离子透过细胞膜进入细胞内,$Fe^{2+}$ 离子在 ATP 酶的作用下通过主动运输进入到细胞体内。主动运输涉及物质输入和输出细胞以及细胞器,并且能够逆浓度梯度或电化学梯度。在载体蛋白和能量的作用下将物质运进细胞膜。

第三步 $S^{2-}$ 和 $Fe^{2+}$ 在细胞内发生反应,形成纳米无定形的硫铁化合物。

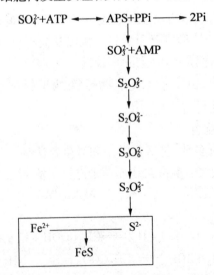

图25.2　复合硫酸盐还原菌制备硫铁纳米材料示意图

制备生物硫铁材料的复合硫酸盐还原菌是由脱硫弧菌、脱硫肠状菌、脱硫杆菌、阴沟肠杆菌和芽孢杆菌五种菌组成的复合菌。将复合菌接种至事先已灭菌的培养基中,35 ℃静置培养 6~7 h 后,形成生物硫铁化合物,取培养物离心分离,去上清液,沉淀用去离子水清洗,然后再次离心,即得生物硫铁粗提物。粗提物用去离子水充分清洗,离心分离,至上清液不能检测到 $Fe^{2+}$ 和 $SO_4^{2-}$,取黑色沉淀用细胞粉碎机进行粉碎,然后再高速离心,其沉淀用无水乙醇、超声波洗涤,再用高速冷冻离心分离去除杂质,接着沉淀冷冻真空干燥24 h,得到生物硫铁纳米粉末。通过高分辨透射电镜观察,可看到生物硫铁以针状或须状为主,长 45 ~ 80 nm,长宽比 10 ~ 15;通过化学能谱分析,得到结论为生物硫铁的铁硫比并不是 1∶1,而是 1.07 ~ 1.11,也证实了生物硫铁并不是单纯的 FeS,而是多种硫铁化合物的混合物。

为了确定生物硫铁混合物的组成,人们进行了初步的研究,结果显示在自然界中硫铁矿物存在的形态有许多种,主要包括 FeS、细颗粒硫复铁矿、四方硫铁矿、$Fe_3S_4$、黄铁矿等,这其中只有四方硫铁矿的铁硫原子比大于 1∶1,因此初步确定生物硫铁的组成成分是 FeS 和四方硫铁矿为主。

2. 生物硫铁纳米材料处理含铬废水的原理

纳米级的材料非常小,FeS 的还原性非常强,在空气中极易被氧化,处理含六价铬的废水时,就是利用 FeS 的强还原性将六价铬还原:

$$Cr^{6+} + FeS \longrightarrow Cr^{3+} + Fe^{3+} + S\downarrow$$
$$Cr^{3+} + Fe^{3+} + H_2O \longrightarrow (Cr,Fe)(OH)_3\downarrow + H^+$$

综合比较上述三种方法制备的纳米材料,结果显示均相沉淀法和微乳液法制备的纳米粒子去除六价铬的速率为 20 min 便可去除 90% 以上,而用复合硫酸盐还原菌制备的纳米材料需要 50 min 才能达到去除 90% 的效果。但是在经济上来讲,化学法制备成本高,易氧化,而复合硫酸盐还原菌制的硫铁纳米粒子成本很低,并且易于保管。

该材料除了对六价铬的去除率较高以外,还有磁性,其磁性吸附作用在低浓度重金属废水的处理中效果较好。同时,该材料还具有较强的耐铬性和再生性,能够通过再生反复处理含铬废水。

$Cr^{6+}$ 很容易通过细胞膜进入细胞内,然后被还原成 $Cr^{3+}$,但 $Cr^{3+}$ 不容易进出细胞膜,在还原过程中产生的中间产物易造成 DNA 损伤。对于高浓度的 $Cr^{6+}$ 废水通常采用培菌和处理系统分开的方式。生物硫铁是由 SRB 细胞与包围 SRB 的纳米硫铁组成,这层纳米硫铁材料起了双重保护作用。其一是快速还原 $Cr^{6+}$;其二是保护 SRB,使 $Cr^{6+}$ 不能进入 SRB 细胞,并在细胞外壳形成 $Cr(OH)_3$ 沉淀,大部分黏附在细胞体外,从而保护生物硫铁在短时间内耐受高浓度的 $Cr^{6+}$ 时仍然保持活性。

此外,SRB 还可能分泌与还原六价铬相关的酶,如硫酸腺苷转移酶、腺苷酰硫酸盐还原酶、异化型亚硫酸盐还原酶等,也有科学家研究表明,$Cr^{6+}$ 的去除是细菌本身还原酶作用的结果,生物膜还原 $Cr^{6+}$ 是一种生物传导作用的结果。

生物硫铁与 $Cr^{6+}$ 的反应的方程式为

$$FeS + H_2Cr_2O_7 \longrightarrow Cr(OH)_3\downarrow + Fe(OH)_3\downarrow + S\downarrow$$

生物硫铁是可以再生的,反应体系中铁和硫形态再生前主要以 S 单质和 $Fe^{3+}$ 为主,经过再生后,体系中硫和铁形态主要是 $S^{2-}$ 和 $Fe^{2+}$。大部分的 $S^{2-}$ 是由单质 S 转化而来,因为体系中 $SO_4^{2-}$ 含量较少。SRB 还可以以 $Fe^{3+}$ 作为电子受体,将 $Fe^{3+}$ 还原成 $Fe^{2+}$。再生后,$Fe^{2+}$ 与 $S^{2-}$ 重新在菌体聚集,生成了硫铁纳米化合物,培养体系污泥从黄色变为黑色便是证明。

另外,生物硫铁产量与去除 $Cr^{6+}$ 量是呈现正相关的关系。生物硫铁生成过程中,生物硫铁产量还与 pH 值、菌量密切相关。通过对培养生成系统中 pH 值、菌量、除 $Cr^{6+}$ 能力进行监测，可以快速确定监测生物硫铁生成的各个阶段，为培养的选择提供很好的指标。此外，采用分批补料发酵方式可以有效提高生成系统中生物硫铁的浓度。

3. 共存离子对复合硫酸盐还原菌还原含铬废水的影响

含铬废水中除了 $Cr^{6+}$ 以外，还有钴、锌、铜、铁、银等阳离子以及一些阴离子存在。经实验研究结果表明，在菌量一定的情况下，阳离子 $Sr^{2+}$、$Zn^{2+}$、$UO_2^{2+}$ 存在时，对用 SRB 复合菌处理含 $Cr^{6+}$ 废水的影响是使 $Cr^{6+}$ 的去除时略有增加，$Ca^{2+}$ 和 $Ag^{2+}$ 的存在则导致 $Cr^{6+}$ 去除率下降。阴离子对处理含 $Cr^{6+}$ 废水的影响是 $Cl^{2-}$、$SO_4^{2-}$、$CO_3^{2-}$ 存在时的影响几乎没有，而 $SiF_6^{2-}$、EDTA 及柠檬酸根使 $Cr^{6+}$ 去除率下降。

4. 活体与失活 SRB 处理含 $Cr^{6+}$ 废水

(1)活体法即利用生长状态的 SRB 来处理含 $Cr^{6+}$ 的废水，活体 SRB 不仅对 $Cr^{6+}$ 具有吸附作用，其特点还具有活性酶的催化转化作用，以及代谢产物的还原作用、沉淀作用和絮凝作用等去除 $Cr^{6+}$ 的途径。其优势还在于活体微生物在作用过程中能够自我增殖，使去除效果更佳。

目前已经报道的具有除 $Cr^{6+}$ 能力的菌株非常多，大都属于无色杆菌、土壤细菌、芽孢杆菌、脱硫弧菌、肠杆菌、微球菌、硫杆菌以及假单胞菌等多种属，其中绝大多数只能在厌氧的条件下还原 $Cr^{6+}$，但是肠杆菌、芽孢杆菌、硫杆菌、假单胞菌等可在好氧状态下还原 $Cr^{6+}$。

上述内容已经讲到，$Cr^{6+}$ 很容易进入到细胞内，在细胞质、线粒体以及细胞核中被还原，还原产生的 $Cr^{6+}$ 与蛋白质结合产生稳定的化合物，这种化合物可与核酸作用，导致毒性反应。有科学家研究表示细胞内 $Cr^{6+}$ 还原应该是酶反应过程，而在此过程中，电子供体是非常重要的物质。有研究发现，SRB 菌可在硫酸腺苷转移酶、腺苷酰硫酸盐还原酶等一系列酶的作用下把 $SO_4^{2-}$ 还原为 $S^{2-}$，因而可还原 $Cr^{6+}$。

(2)失活法则是利用已经没有活性的 SRB 及其代谢产物来与 $Cr^{6+}$ 反应，达到去除的目的。目前已有霉菌、酵母菌、藻类、细菌等多种微生物应用于此研究。利用失活的微生物主要是利用其吸附作用，在经济上非常廉价，并且效果也不错。微生物吸附 $Cr^{6+}$ 以及其他重金属离子与细胞结构有关，如细胞膜、细胞壁、荚膜等。其中细胞壁由甘露聚糖、葡聚糖、蛋白质、甲壳质组成，是吸附作用的主要场所，细胞壁上的 $-COOH$、$-NH_2$、$-SH$、$-OH$、$-PO_4^{3-}$ 等基团可吸附重金属离子。SRB 对重金属离子的吸附表现为两个阶段：快速吸附和缓慢吸附。一般认为快速吸附发生在细胞外壳的活性基团、离子交换以及络合基团晶核；缓慢吸附则是重金属离子透过细胞壁或细胞膜进入到细胞内部而进行的。

## 25.3　复合硫酸盐还原菌法去除废水中的砷

砷(As)是一种类金属，有许多同素异形体，如非金属的黄色的砷，几种类金属的黑、灰色的砷都是一些常见的种类。黄、黑、灰三种同素异形体中，灰色晶体具有金属性，脆而硬，具有金属光泽，善于传热导电。游离的砷是非常活泼的，易与氟、氮化合，在加热的情况下能与多数金属和非金属发生反应。砷不溶于水，但溶于硝酸和王水，也能溶解于强碱，生成砷酸盐。砷在自然界中主要以硫化物的形式存在，如雌黄和雄黄。中国人很早就将雄黄当作丝织品的黄色染料用于印染丝绸,中国古代名医将雄黄、松脂、硝古三种物质合炼得到砷,并将其入药治疗血液病。

### 25.3.1　砷与其毒性

砷的毒性与其化合物有关,无机砷氧化物及含氧酸是最常见的砷中毒的原因。砷的化合价有 0 价、+3 价和 +5 价,其化合物对哺乳动物的毒性由价数的不同、有机或是无机,是气体、液体或固体,溶解度高低、粒径大小、纯度等来决定。一般而言无机砷比有机砷毒性更强,+3 价砷比 +5 价砷的毒性更强。

砷虽为类金属,但以它对环境的污染程度来看,常把它当作重金属来对待。在环境化学污染物中,砷是最常见、危害居民健康最严重的污染物之一。砷主要来源于砷化物的开采和冶炼、有色金属的开发和冶炼、含砷农药的生产和使用,作为玻璃、木材、制革、纺织、化工、陶器、颜料、化肥等工业原料,以及煤的燃烧,常造成砷对环境不同程度的持续污染。

各种砷污染可不同程度地引起急性、亚急性和慢性砷中毒,急性中毒多为误服或使用含砷浓药或大量含砷废水污染用水所致。对人的中毒剂量为 0.01 ~ 0.052 g,致死量为 0.06 ~ 0.2 g。

日常生活中常见的剧毒的砷化合物有三氧化二砷(砒霜)、二硫化二砷(雄黄)、三硫化二砷(雌黄)以及三氯化砷等。五价砷在低浓度下是无毒的,三价砷是剧毒的。亚砷酸盐能与蛋白质中的巯基反应,故砷酸盐毒性非常大。砒霜对人的中毒剂量为 0.001 ~ 0.025 g,致死剂量为 0.03 ~ 0.20 g。海水中砷的质量浓度为 1 ~ 10 mg/L 时就能够毒死一些海洋动物。

砷的毒害是累积性的,长期饮用 0.2 mg/L 以上的含砷水就会引起慢性中毒。哺乳动物常常表现出对砷的耐受性,砷中毒往往在若干年后表现出来。+3 价砷在人体内可转化为甲基或甲基砷化物。砷一经食入会被人体吸收 60% ~ 90%,尘埃粒径的大小决定沉着的部分,由皮肤吸收的量很少。砷在吸收之后会分布到肝、脾、肾、肺、消化道等部分,砷在人体内甲基化多半在肝脏进行,即 +3 价与 +5 价的相互转化。甲基化的能力是可以被训练的,这些甲基化的砷会由肾脏、排汗、皮肤脱皮或指甲头发等排除体外。而海产中的砷化物无法在人体内进行转化,通常由尿液直接排除。

砷中毒主要症状是皮肤出现病变,神经、消化和心血管系统发生障碍,有人还认为,砷还能引起皮肤癌、肺癌和膀胱癌。砷进入机体后与细胞酶蛋白的巯基结合,特别是与丙酮酸氧化酶的巯基结合使其失去活性,影响细胞正常代谢。空气中的砷污染和燃煤砷中毒可造成人体多器官的综合性损害。中毒者会出现典型的皮肤色素异常及角化过度,砷中毒的独特特征是皮肤损伤程度严重至皮肤溃烂,最终导致皮肤癌,并且由砷中毒引起的皮肤损伤是永久性的。另外,砷中毒还会引起肝损害,70% 以上的砷中毒者会同时伴有心肺功能异常和神经中毒症状,随着中毒程度的加深,眼角膜、结膜、视网膜及视神经组织都会发生病变,并且几乎不可逆。

现代毒理学研究发现,砷化合物的毒性强弱为:三氧化二砷 > 三氯化砷 > 亚砷酸 > 砷化氢。

### 25.3.2　处理含砷废水的技术

1. 生物处理法

砷可被水体中的微生物所富集和浓缩，但是与其他重金属的富集和浓缩不同的是，砷在生物体中富集后，还会被氧化和甲基化，甲基化的毒性要比无机砷低很多，因此此过程也是对砷的一个脱毒的过程，所以利用这一特征可采用生化法对高浓度的含砷废水进行处理。

目前人们已知可用于处理含砷废水的微生物有假单胞菌、黄单胞菌、节杆菌、产碱菌等细菌，这些微生物可将亚砷酸盐氧化为砷酸盐。而微球菌、某些酵母菌、小球藻等可还原砷酸盐为毒性更强的亚砷酸盐。土壤和底泥中无机砷化物可在微生物的作用下发生甲基化，有机砷可脱甲基形成无机砷，一甲基砷等可转化成毒性更大的砷化氢。甲烷杆菌、脱硫弧菌、假丝酵母、镰刀霉、曲霉、帚霉、拟青霉等都能转化无机砷为甲基砷。

菌藻共生体对砷的去除可认为是藻类和细菌的共同作用，许多研究表明，在去除金属的过程中微生物的表面起着重要的作用。菌藻共生体中，藻类和细菌表面存在着许多功能键，如羟基、氨基、羧基、硫基等。这些功能键可与砷共价结合，砷先与藻类和细菌表面上亲和力最强的键结合，然后再与亲和力较弱的键结合，先吸附在细胞表面再慢慢进入一细胞内原生质中。因而藻类和细胞吸附砷可能经过快吸附过程和慢吸附过程两个过程后，吸附作用才趋于平衡。有研究显示，在有营养源的 +3 价、+5 价砷的废水中，菌藻共生体对 +5 价砷的去除率超过 70%，对 +3 价砷的去除率也超过 50%。在没有营养源的条件下，对 +3 价、+5 价砷混合废水的总去砷率达到 80%。

影响微生物处理含砷废水的因素主要有砷的浓度及价态、有机负荷的高低、处理环境的 pH 值、生物固体的停留时间、污染浓度等。

2. 物理吸附法

物理吸附常用的吸附剂有活性炭、飞灰、活性铝、赤铁矿、硅灰古等，吸附量与吸附剂的表面积大小有关，表面积越大，吸附能力越强，但同时，影响吸附效果的因素还与溶液的 pH 值、温度、吸附时间和砷的浓度有关。吸附法优势在于可将废水中的砷浓度降到较低水平而不增加盐浓度。多数吸附剂能有效地吸附 +5 价砷，对 +3 价砷的吸附能力较差，因此对 +3 价砷进行吸附处理之前需要进行预处理。但是每一次循环操作后吸附剂的吸附量都会下降，出现其他与砷竞争吸附位点时，吸附率也会降低。

3. 化学法

化学方法包括化学沉淀法和化学氧化法。化学沉淀法是利用可溶性砷能够与多数金属离子形成难溶物质发生沉淀的特性。沉淀法常以钙、铁、镁以及硫化物等作沉淀剂，钙盐的成本低，操作简单，但是需要的钙浓度大，需要消耗大量絮凝剂，还容易造成二次污染。铁盐处理法中常用氯化铁作为絮凝剂，与砷反应生成砷酸铁和氢氧化铁胶体，溶液中砷酸根与氢氧化铁可发生吸附共沉淀，因此去除效果较好。铁絮凝剂对 +5 价砷的去除率要远远高于对 +3 价砷的去除率。目前多数处理含砷废水的方法是几种絮凝剂混合使用或分段使用，如石灰 – 氯化铁、石灰 – 铝盐、硫酸亚铁 – 苏打等组合，其中石灰 – 氯化铁的去砷率可达到 99%，其缺点就是氯化铁的价格较高。

化学氧化法是利用氧化剂将 +3 价砷氧化成 +5 价，以去除其毒性，提高去除率。常用的氧化剂有过氧化氢、氧化锰、臭氧、氧化钛等物质，都能够将 +3 价砷氧化成 +5 价。

4. 膜分离法

膜分离法还处于理论与实验阶段，即是利用高分子材料或无机半透膜为介质，以外界能量推动多组流体使其通过膜,根据膜的传质的选择性差异,实现砷的分离,包括微滤、超滤、纳滤等。该技术对设、膜、操作条件的要求都苛刻,而且目前的研究表明,阻挡层带负电荷的膜对五价砷的去除有效,而对以电中性形态存在于水体中的 +3 价砷的去除效果则并不理想,还需要对原水进行预氧化处理,增加运行成本。

5. 电渗析法

该技术是将含砷废水放在两张半透膜之间,在两张膜外各插一支不同性的电极,通入直流电,废水中的阴阳离子在电场办的作用下向两极移动,两张膜只允许阴离子或阳离子中的一种通过,进而达到分离砷的目的。但电渗析法要消耗很多电能,并且处理周期长,对设备腐蚀大,目前还处于实验室阶段。

6. 光催化氧化法

光催化氧化技术是利用光催化剂吸收光能,然后在一定的条件下以特定的波长释放,使水中的溶解氧离子化,进而氧化 +3 价砷。其优势在于光催化剂加入后,催化反应可迅速进行,在理论上可以永久使用。但只能够对含砷废水进行预处理作用,要想达到一定的排放要求,还需要搭配其他方法。

### 25.3.3　复合硫酸盐还原菌处理含砷废水

复合硫酸盐还原菌可对砷、锌、铬、铜、铋、镉、镍等离子进行吸附、氧化还原,絮凝和包藏沉聚,使这些离子从废水中分离出来。

影响复合硫酸盐还原菌去除砷的主要因素是生物质的量、废水中金属离子浓度、pH 值、混合反应时间和滞留时间等。通过实验研究结果表明,废水 pH 值调整到 7.5 ~ 8.5 时,加入废水中的生物质的量与废水体积相当的条件下,反应时间与静置时间比例为 3:1,反应后过滤,可达到排放标准。对高浓度的含砷废水则要进行三级处理才能达到排放标准。该技术工艺流程短、操作简单,适应砷的浓度变化范围大,无二次污染,并且费用低。

进一步有中试研究表明,在有营养物质的情况下能够稳定的去除砷,并可将生物质的量与废水的体积比下降到 1:10 ~ 1:100,节省了一次性投资。复合硫酸盐还原菌去除含砷废水时,先加生物质搅拌去除大部分砷以及一些铜,然后再加营养物质搅拌去除砷,再加石灰搅拌去除锌和镍,最后加絮凝剂处理过滤达到排放标准。该工艺处理效果稳定达标,有着较好的经济、环境效益。

# 25.4　微生物去除其他重金属离子

目前,微生物法去除重金属离子的方法是用霉菌来吸附重金属离子,将含曲霉、毛霉、青霉以及根霉的丝状真菌丝培养物干燥、研磨,筛分,制成可以存放的生物体,将废水的 pH 值调整为 7 后与其混合,可去除废水中 97% 的锌、98% 的铅、92% 的镉以及 74% 的镍。

### 25.4.1　微生物去除锌

锌矿开采、冶炼加工、机械制造以及镀锌、仪器仪表、有机合成和造纸等工业的排放等都会造成环境的锌污染。汽车轮胎磨损以及煤燃烧产生的粉尘、烟尘中均含有锌及化合物,工业废水中锌常以锌的羟基络合物存在。

　　锌对鱼类和水生动物的毒性比对人和温血动物大很多倍。锌在土壤中富集,会使植物体中也富集而导致食用这种植物的人和动物中毒。我国规定生活饮用水的锌质量浓度不得超过去 1.0 mg/L,渔业用水中锌的最高容许质量浓度为 0.1 mg/L,工业废水中锌及锌化合物的最高排放质量浓度为 5.0 mg/L。

　　去除锌的一般方法是化学沉淀法。目前研究发现,除了上述霉菌以外,还有酒曲霉、失活的链霉菌、绿藻、马尾藻等都可作为生物吸附剂吸附重金属离子。细菌对金属离子的吸附是物理、化学反应共同作用的结果,物理吸附如静电吸附,反应速率一般都很快,被吸附物与吸附剂一经接触就会被吸附;而化学吸附、外壳络合和酶促反应等反应速率较慢。具有活性的微生物除了具有同失活的生物体一样的吸附作用以外,还能够利用本身的化学成分和物理性质进行消极吸附重金属离子。由于活性微生物是生存在某一环境中,它可通过物质运输及细胞内、外吸附等生物主动蓄积过程提高自身对重金属离子吸附去除的能力,以吸附去除更多的重金属。由于生物体的生长繁殖涉及生物化学变化等过程,所以为去除重金属提供了更多的可能性。

　　有学者利用 SRB 对硫酸盐的还原反应产生的 $H_2S$ 去除煤矿酸性废水中的钙、铁、镍等重金属。一部分锌与 $H_2S$ 生成硫化物沉淀,另一部分锌通过氢氧化物或碳酸盐的形式沉淀出来,锌的总去除率能够达到 90% 以上。硫化锌比氢氧化锌的溶度积更小,能够达到比絮凝法和吸附法更好的除锌效果。在去除锌的同时,还能去除废水中的硫酸根离子,特别是从煤矿等处排出的酸性废水,经过 SRB 处理,废水的 pH 值从 4 左右提高到 7 左右,达到排放要求。

　　微生物去除锌还有生物絮凝法。这种方法是微生物或微生物代谢物进行絮凝沉淀的一种去除污染物的方法。微生物絮凝剂是一类由微生物产生并分泌到细胞外,具有絮凝活性的代谢物,一般由多糖、蛋白质、DNA、纤维素、糖蛋白、聚氨基酸等高分子物质构成,其中含有多种官能团,可以使水中胶体悬浮物相互凝聚沉淀。该方法是先利用微生物产生生物絮凝剂,再利用絮凝剂中的氨基和羟基与锌、铜、银、汞等生成絮凝物,形成沉淀以去除重金属。

　　另外,有研究结果表明,锌对微生物的毒性作用对锌的去除率有一定的影响,锌离子的浓度应限制在一定的范围内。

### 25.4.2　微生物去除铜

　　铜是有机体所需的痕量元素之一,在人体的生长、发育中起着重要作用。但是,过量的铜将沉积于人的大脑、皮肤、肝、胰和心肌等部分,将会导致威尔森症。主要污染源是铜锌矿的开采和冶炼、金属加工、机械制造、钢铁生产等。冶炼排放的烟尘是大气铜污染的主要来源。我国规定,工业废水中铜及其化合物最高容许排放质量浓度为 1 mg/L,地面水最高容许质量浓度为 0.1 mg/L,生活饮用水的铜质量浓度不得超过 1 mg/L,渔业用水为 0.01 mg/L。

　　传统的处理含铜废水采用化学法,但在 20 世纪 70 年代,便有科学家开始利用微生物吸附溶液中的铜离子。先后研究了不同种类的酵母、芽短梗霉、小刺青霉、黑曲霉、木素木霉、少根根霉、枝孢等进行铜离子的去除,目前研究较多的是用 SRB 去除废水中铜。

　　在 pH 值为 4 的含铜废水中加入脱硫杆菌,实验结果显示,铜浓度对脱硫杆菌去除铜离子的影响是随铜浓度 pH 值的增高而降低。pH 值对脱硫杆菌去除铜的影响较大,在一定范围内,pH 值越高,去除效果越好,其原因是 pH 值越高,氢氧化物的沉淀作用越强,pH 值升到 9 的时候,主要为氢氧化物的沉淀作用。温度对脱硫杆菌去除铜离子也有一定的影响,实验结果显示 30 ℃为最佳反应温度。其去除机制就是铜离子与 SRB 的代谢产物硫离子反应,形成硫化物沉淀,同时利用吸附作用将铜离子吸附在菌体表面而去除。

### 25.4.3　微生物去除镍

镍(Ni)主要以硫化镍矿和氧化镍矿的形态存在,在铁、钴、铜和一些稀土矿中,往往有镍共生。目前认为镍对环境是一种潜在的危害物,工业上大部分镍用于制造不透钢和抗腐蚀合金,广泛应用于镀镍、铸币、制造催化剂和玻璃陶瓷等。镍对生物、人体具有很强的毒性,有一些镍化合物还具有致癌作用。

对于含镍废水的治理,传统采用的是加碱沉淀法,这种方法的缺点是存在着二次污染。有学者开始研究用 SRB 去除矿山废水中的镍,并取得了较好的效果。

人们从电镀污泥中分离得到脱硫肠状菌,这种菌处理含 $Ni^{2+}$ 的效果是目前最佳的。其作用机理是物理吸附和生物化学作用,及其与其代谢产物硫离子结合形成沉淀而去除。脱硫肠状菌菌株去除 $Ni^{2+}$ 的优势在于该菌株对废水成分变化的适应能力较强,而且处理时消耗的能量少,没有二次污染,并且处理后的镍还易于回收。

# 第4篇 厌氧发酵生物制氢系统

**本篇提要:** 本篇介绍了世界能源概况、发展趋势,以及生物能源的应用前景;厌氧生物制氢的 3 种主要的不同发酵代谢类型,以及各发酵代谢类型稳定运行特征、各生态因子,如温度、pH 值、生物量等对厌氧发酵制氢产氢效能的影响,着重介绍了通过有机负荷和 pH 值的变化实现乙醇型发酵的快速启动,厌氧发酵生物制氢的纯培养工艺,生物载体强化对乙醇型发酵的影响,生物制氢反应系统的生物强化技术研究,污泥强化厌氧发酵生物制氢,菌种强化厌氧发酵生物制氢,活性炭载体强化乙醇型发酵产氢效能,利用 UASB 反应器发酵制氢系统的启动和运行特征,以及 BP 神经网络对其建模。

# 第26章 生 物 能 源

## 26.1 能　源

能源是人类活动的物质基础,在某种意义上讲,人类社会的发展离不开优质能源的出现和先进能源技术的使用。在当今世界,能源的发展,能源和环境,是全世界、全人类共同关心的问题,也是我国社会经济发展的重要问题。

### 26.1.1 世界能源概况

据统计,1995 年末世界煤炭探明可采储量为 10 316.1 亿 t,储产比 228 年,其中美国的探明可采储量最多,为 2 405.58 亿 t,占世界总储量的 23.3%;中国探明的可采储量 1 145 亿 t,低于世界人均水平可采储量 180.5 t。1995 年末世界石油探明储量 1 383 亿 t,储产比低于世界人均可采储量 23.9 t。1995 年末世界天然气探明储量 139.7 万亿 $m^3$,储产比为 64.7 年,其中探明储量最多的国家是俄罗斯,为 48.1 万亿 $m^3$,占世界总储量的 34.5%。中国探明储量为 1.7 万亿 $m^3$,占世界总储量的 1.4%,居世界第 16 位,人均可采储量为 1.04 万 $m^3$,远低于世界人均可采储量 2.08 万 $m^3$。

核能是一种十分重要的清洁能源。利用核能发电是代替煤和石油化石燃料的一个重要途径,世界上的核能资源比较丰富。根据 1987 ~ 1989 年间统计,市场经济国家铀资源探明量为 235.6 万 t,储产比 64 年;中央计划经济国家铀资源探明量为 333 ~ 837 万 t。由于核能发电的成本较高,以及核设施的安全性问题,目前大多数国家对核能的利用持十分谨慎的态度。全球核电装机容量至迟在 2002 年开始持续减少,美国能源部预测,全球核电装机容量在今后 20 年内,将减少一半。

地球上的水力资源也是比较丰富的。目前全世界已经查明的可开发水能资源共计9.8 万亿(kW·h)/a,1988 年统计已经开发利用了 21.3%。中国探明的可开发水能资源为1.92 万亿(kW·h)/a,低于世界人均拥有量 1 888(kW·h)/a。而且,中国水能资源开发利用的程度很低,1990 年仅 6.6%,比世界水能资源总的开发程度 21.3% 还低。此外,世界上存在的其他可再生能源和新能源,包括生物质能、风能、太阳能、地热能和海洋能等,据估计可能开发量相当于 100 多亿 t 标准煤,比目前全世界各种能源的总产量还要多。因此可以预见,依靠先进的科学技术,可再生能源和新能源开发将有可能满足人类可持续性发展战略的要求。

目前世界能源的消费状况如下:

(1)受经济发展和人口增长的影响,世界一次能源消费量不断增加,随着世界经济规模的不断增大,世界能源消费量持续增长。根据统计,1973 年世界一次能源消费量仅为57.3 亿 t 油当量,而 2007 年已达到 111.0 亿 t 油当量。在 30 多年内能源消费总量翻了一番,年均增长率为 1.8% 左右。

(2)世界能源消费呈现不同的增长模式,发达国家增长速率明显低于发展中国家过去30 多年来,北美、中南美洲、欧洲、中东、非洲及亚太等六大地区的能源消费总量均有所增加,但是经济、科技与社会比较发达的北美洲和欧洲两大地区的增长速度非常缓慢,其消费量占世界总消费量的比例也逐年下降,北美由 1973 年的 35.1% 下降到 2007 年的 25.6%,欧洲地区则由 1973 年的 42.8% 下降到 2003 年的 26.9%。其主要原因有:一是发达国家的经济发展已进入到后工业化阶段,经济向低能耗、高产出的产业结构发展,高能耗的制造业逐步转向发展中国家;二是发达国家高度重视节能与提高能源使用效率。

(3)世界能源消费结构趋向优质化,但地区差异仍然很大。

自 19 世纪 70 年代的产业革命以来,化石燃料的消费量急剧增长。初期主要是以煤炭为主,进入 20 世纪以后,特别是第二次世界大战以来,石油和天然气的生产与消费持续上升,石油于 20 世纪 60 年代首次超过煤炭,跃居一次能源的主导地位。虽然 20 世纪 70 年代世界经历了两次石油危机,但世界石油消费量却没有丝毫减少的趋势。此后,石油、煤炭所占比例缓慢下降,天然气的比例上升。同时,核能、风能、水力、地热等其他形式的新能源逐渐被开发和利用,形成了目前以化石燃料为主和可再生能源、新能源并存的能源结构格局。2007 年,在世界一次能源消费总量中石油占 35.6%、煤炭占 28.6%、天然气占 25.6%。非化石能源和可再生能源虽然增长很快,但仍保持较低的比例,只占 12.0%。

由于中东地区油气资源最为丰富、开采成本极低,故中东能源消费的 97% 左右为石油和天然气,该比例明显高于世界平均水平,居世界之首。在亚太地区,中国、印度等国家煤炭资源丰富,煤炭在能源消费结构中所占比例相对较高,其中中国能源结构中煤炭所占比例高达 68% 左右,故在亚太地区的能源结构中,石油和天然气的比例偏低(约为 47%),明显低于世界平均水平。除亚太地区以外,其他地区石油、天然气所占比例均高于 60%。

## 26.1.2　世界能源的供求趋势及利用现状

人类对能源的利用主要有三大转换:第一次是煤炭取代木材等成为主要能源;第二次是石油取代煤炭而居主导地位;而当今世界是在石油逐渐枯竭的状况下向多能源结构的过渡转换。

　　18 世纪前,人类只限于对风力、水力、畜力、木材等天然能源的直接利用,尤其是木材,在世界一次能源消费结构中长期占据首位。蒸汽机的出现加速了 18 世纪开始的产业革命,促进了煤炭的大规模开采。到 19 世纪下半叶,出现了人类历史上第一次能源转换。1860年,煤炭在世界一次能源消费结构中占 24%,1920 年上升为 62%。从此,世界进入了"煤炭时代"。

　　19 世纪 70 年代,电力代替了蒸汽机,电器工业迅速发展,煤炭在世界能源消费结构中的比重逐渐下降。1965 年,石油首次取代煤炭占居首位,世界进入了"石油时代"。1979年,世界能源消费结构的比重是:石油占 54%,天然气和煤炭各占 18%,油、气之和高达72%。石油取代煤炭完成了能源的第二次转换。因此,石油是现在世界上利用最多的能源,并且面临着枯竭的危机。

　　1995 年世界能源消费总量为 11 691 007.7 万 t 标准煤,比 1990 年增加了约 9%。1995年世界原油消费量比生产量超出了 400 万 t 标准煤。在所有的一次商品能源中,天然气的消费量有显著的增长趋势,1990~1995 年天然气的消费量增加了 18%。1995 年中国的发电量为 10 070 kW·h,比 1990 年增加了 60% 以上。

　　1996 年,世界能源消费总量达 1 199 207.6 万 t 标准煤,比上年增加了 1.1%,比 1990年增加了 4.3%,比 1980 年增加了 9.2%,一次能源消费结构无太大变化,液体燃料所占比重大,从 1994 年的 35.8% 降至 1996 年 34.8%;固体燃料从 29.7% 下降至 29.5%;气体燃料从 24.2% 上升至 25.4%;电力消费变化不大,约为 10.3%。1996 年,世界人均能源消费量为 2 091 kg/人,中国只有 1 012 kg/人,低于世界平均水平。化石燃料的大量利用破坏了生态环境,间接对人类的发展也造成了不良的影响。因此,发展新能源,向多能源结构的过渡是当今人类不可避免的。根据国际能源机构(IEA)的预测,世界能源(包括石油、固体燃料、天然气、水力和可再生能源)的总供给量将从 1995 年的 84.5 亿 t 油逐步增加到 2020 年的 128.8 亿 t 油。而能源的总需求量则从 1995 年的 118 亿 t 增加到 2020 年的 199 亿 t。可见未来的 20 年内,世界能源的供需存在着较大的缺口。

　　由于化石燃料便宜、使用方便、有效,今天人类仍继续依靠化石燃料。另外,石油仍将占世界能源消费的主导地位,天然气的消费将上升到接近煤的消费水平。核动力发电将基本保持在现在的水平。目前,全世界 64% 的电力来自化石燃料(主要是煤),18% 来自水电,17% 来自核能,其余不到 1% 来自其他能源,包括生物质、太阳能、风能和地热等。根据 IEA的展望,今后 20 年发展电力的增加主要依靠化石燃料;核能的使用将有所下降,并且要由化石燃料来弥补;水电和其他可再生能源将有少量的增加。相对于化石燃料来说,对太阳能、风能和地热能等无污染或污染少的可再生能源,目前其使用还仅限于特定的情况下,原因是这些能源的价格相对较高,在经济上不具有竞争力。目前世界能源的利用现状如下:

　　(1)受经济发展和人口增长的影响,世界一次能源消费量不断增加。

　　随着世界经济规模的不断增大,世界能源消费量持续增长,1973 年世界一次能源消费量仅为 57.3 亿 t 油当量,2003 年已达到 97.4 亿 t 油当量。过去 30 年来,世界能源消费量年均增长率为 1.8% 左右。

　　(2)世界能源消费呈现不同的增长模式,发达国家增长速率明显低于发展中国家。

　　过去 30 年来,北美、中南美洲、欧洲、中东、非洲及亚太等六大地区的能源消费总量均有所增加,但是经济、科技与社会比较发达的北美洲和欧洲两大地区的增长速度非常缓慢,其消费量占世界总消费量的比例也逐年下降,北美由 1973 年的 35.1% 下降到 2003 年的 28.0%,欧洲地区则由 1973 年的 42.8% 下降到 2003 年的 29.9%。OECD(经济合作与发展组织)成员国能源消费占世界的比例由 1973 年的 68.0% 下降到 2003 年的 55.4%。其主要原因:一是发达国家的经济发展已进入到后工业化阶段,经济向低能耗、高产出的产业结构发展,高能耗的制造业逐步转向发展中国家;二是发达国家高度重视节能与提高能源使用效率。

(3)世界能源消费结构趋向优质化。

石油、煤炭所占比例缓慢下降,天然气的比例上升。同时,核能、风能、水力、地热等其他形式的新能源逐渐被开发和利用,形成了目前以化石燃料为主和可再生能源、新能源并存的能源结构格局。到 2003 年底,化石能源仍是世界的主要能源,在世界一次能源供应中约占 87.7%,其中,石油占 37.3%、煤炭占 26.5%、天然气占 23.9%。非化石能源和可再生能源虽然增长很快,但仍保持较低的比例,约为 12.3%。

我国能源利用现状:

(1)能源丰富而人均消费量少。

我国能源虽然丰富,但分布很不均匀,煤炭资源 60% 以上在华北,水力资源 70% 以上在西南。虽然在生产方面,自新中国成立后,能源开发的增长速度也是比较快,但由于我国人口众多,且人口增长快,造成我国人均能源消费量水平低下。

(2)能源构成以煤为主,燃煤严重污染环境。

从目前状况看,煤炭仍然在我国一次能源构成中占 70% 以上,成为我国主要的能源,煤炭在我国城市的能源构成中所占的比例是相当大的。以煤为主的能源构成以及 62% 的燃煤在陈旧的设备和炉灶中沿用落后的技术被直接燃烧使用,成为我国大气污染严重的主要根源。燃煤排放的大气污染物对我国城市的大气污染的危害已十分突出:污染严重,尤其是降尘量大;污染冬天比夏天严重;我国南方烧的高硫煤产生了另一种污染——酸雨;能源的利用率低增加了煤的消耗量。

(3)农村能源供应短缺。

我国农村的能源消耗,主要包括两方面,即农民生活和农业生产的耗能。我国农村人口多,能源需求量大,但农村所用电量仅占总发电量的 14% 左右。而作为农村主要燃料的农作物秸秆,除去饲料和工业原料的消耗,剩下供农民做燃料的就不多了。即使加上供应农民生活用的煤炭,以及砍伐薪柴、拣拾干畜粪等,也还不能满足对能源的需求。因此,我国目前的能源利用状况相对落后,形势比较严峻。

## 26.1.3　世界能源的发展趋势

### 1.非常规能源井喷

国际油价已经是能源政策、市场反应和技术更新的一个综合体。尽管没有任何一种燃料能够单方面影响国际油价,但是燃料新技术的更新速度以及所涉及的范围和发展步伐使得液态燃料在未来的 10 年内的供应量必将大幅上涨。与此同时,常规石油供应将呈现不温不火的状态。在过去的一年中,生物燃料的发展呈现了爆炸性的增长。2007 年,生物乙醇的产量每天增加了 20 万桶。但是,人们对生物燃料的质疑声音越来越大。一方面是生物燃料的环保性令人担忧,更为突出的问题是生物燃料在全球范围内引发的通货膨胀和粮食短缺。食物与燃料的冲突仍将是制约生物燃料发展的重要因素。为了解决这个冲突,纤维质技术和基因技术进入生物燃料领域,第二代生物燃料让人们充满了希望。尽管传统观点认为,煤炭是一种"脏的"燃料,但是在未来的 10 ～ 15 年,煤炭仍是主要的能源形式。除了发电之外,随着煤炭液化技术,煤炭成为一个非常有前景的液态燃料。尽管煤炭液化是一个比较昂贵的资金密集型项目,但是它仍然吸收了大量投资资金,特别是中国。2007 年,中国煤炭液化的产量是每天 24 万桶,它已经把 10 年后煤炭液化的生产目标定为每天 100 万桶。美国与中国一样是能源消耗大国。在过去的 10 ～ 15 年里,钻探非常规性天然气(油砂、油页岩、煤层气)已经成为北美上游领域主要的投资战略。据预测,到 2017 年,非常规性的天然气供应将占到北美地区湿气总供应量的一半还要多。

### 2. 成本继续上涨

尽管公众一直非常关注油价的走势,但是被公众忽视的石油勘探和开发成本也在飞速上涨。其上涨速度远远高于通货膨胀率。最近剑桥能源研究协会和 HIS 能源联合给出上游成本的数据。数据显示,开发一个新油田的成本比 4 年前翻了两番。一些领域的成本增长更是高于这个数字。深海钻井船的租金从四年前的每天 12.5 万美元,上涨到今天的 60 万美元。但是对于生产者来说,深海钻井船只仍是一船难求。专业人才和石油设备一样出现了短缺的局面。石油危机给石油工业的发展带来了致命的打击,导致石油工业的专业人才严重不足。大约有一半以上的石油专家在 10 年内面临退休。人才和设备的短缺已经导致成本飞涨,也导致一些新项目被迫搁置。现在上游公司不得不花两倍的价钱去购买 1 年前同样的石油设备,但是与此同时,油价也在飞涨。如果油价的上涨超出成本的增长,对于石油公司来说还是有利可图的。如果油价下降,石油公司在成本最高时期建设的工程,就要在低油价的环境下进行生产,这会给石油公司带来致命的打击。

### 3. 改变输运方式

包括高成本、供应紧张、地缘政治等在内的众多因素把油价推在高位。很多人不禁想知道油价究竟会到何种高度,人们的石油需求量究竟又是多少? 无论在使用范围还是便利性上讲,石油仍是运输领域的主要燃料。这个事实在短期内是不会改变的。但是如果油价继续高涨,运输领域将会尝试用其他非常规性燃料提供动力。在剑桥能源研究协会,一个关于汽油峰值的趋势分析显示,2008 年美国的汽油消耗量在 17 年来首次出现下滑的局面。这不仅仅是经济不景气的信号,也是长期的高油价导致人们驾车次数减少以及人们提高燃料利用率的结果。在 2007 年末,随着国际油价第一次突破每桶 100 美元,美国国会也是 32 年来首次通过了一项关于提高汽车燃料效率的法案。

现在,消费者更加倾向于购买燃料利用率高的汽车,而不是原来的动力性能高的汽车。结合了电池的混合性动力汽车从原来的边缘产品,如今已经成为消费购买汽车的主流选择。剑桥能源研究协会估计,到 2020 年,1/5 的客车都将是安装了电池的混合动力汽车。混合动力汽车将占到美国汽车总量的 6%。这种变化对汽油的生产者和电力领域都将是一个重大的转变。

### 4. 投资清洁能源

剑桥能源研究协会预测,全球二氧化碳的排放量到 2015 年将增加 15%,到 2030 年将增加 50%,从今天的 300 亿 t 上涨到 420 亿 t。面对全球越来越严峻的气候问题,清洁能源技术和旨在提高能源安全性和减少二氧化碳排放量的存储技术就有了更大的吸引力。

随着人们越来越关注气候的变化,解决能源问题的重点已经从现在如何满足供应的一方而转向需求一方。能源领域为任何可行的新技术创造了非常良好的投资环境,但是新技术的开发也是在考虑成本的前提下。从短期来看,提高能源的使用效率是降低二氧化碳排放量的一个低成本的方式。但是从长期来看,降低二氧化碳的排放量还不能只依靠提高能源的使用效率,使用清洁能源才是最根本的方法。

### 26.1.4　新能源发展状况

面对当前日益枯竭的化石资源,面向日益紧迫的能源危机,目前有多种新能源不断被利用开发,如太阳能、核能、风能、氢能、地热能、生物质能、海洋能、水能等。

1. 太阳能

太阳能一般指太阳光的辐射能量。太阳能的主要利用形式有太阳能的光热转换、光电转换以及光化学转换三种主要方式。广义上的太阳能是地球上许多能量的来源,如风能、化学能、水的势能等由太阳能导致或转化成的能量形式。

利用太阳能的方法主要有:太阳能电池,通过光电转换把太阳光中包含的能量转化为电能;太阳能热水器,利用太阳光的热量加热水,并利用热水发电等。太阳能清洁环保,无任何污染,利用价值高,太阳能更没有能源短缺这一说法,其种种优点决定了其在能源更替中的不可取代的地位。

无论是家庭还是企业,都能处处接触到、使用到太阳能,但太阳能大规模开发的成本高,所以目前不能作为主要能源使用。

2. 核能

核能发电的能量来自核反应堆中可裂变材料(核燃料)进行裂变反应所释放的裂变能。实现链式反应是核能发电的前提。核能发电的优点有:第一,核能发电不会造成空气污染。第二,核能发电不会产生加重地球温室效应的二氧化碳。第三,核能发电所使用的铀燃料,除了发电外,没有其他的用途。第四,核燃料能量密度比起化石燃料高上几百万倍,故核能电厂所使用的燃料体积小,运输与储存都很方便,一座 100 亿瓦的核能电厂一年只需 30 t 的铀燃料,一航次的飞机就可以完成运送。第五,核能发电的成本中,燃料费用所占的比例较低。核能发电是一种相当理想的新能源,但由于技术要求高,危险性大,目前发展仍然受到制约。

3. 风能

风能是太阳辐射下流动所形成的。风能与其他能源相比,具有明显的优势,它蕴藏量大,是水能的 10 倍,分布广泛,永不枯竭,对交通不便、远离主干电网的岛屿及边远地区尤为重要。目前风能最常见的利用形式为风力发电。风力发电目前有两种思路:水平轴风机和垂直轴风机。水平轴风机目前应用广泛,为风力发电的主流机型。截至 2009 年底,全球累计装机容量已经达到了 1.59 亿 kW,2009 年全年新增装机容量超过 3 000 万 kW,涨幅31.9%。从累计装机容量看,美国已累计装机 3 516 万 kW,稳居榜首;中国为 2 610 万 kW,位列全球第二。

4. 氢能

氢是宇宙中分布最广泛的物质,它构成了宇宙质量的 75% ,因此氢能被称为人类的终极能源。水是氢的大“仓库”,如把海水中的氢全部提取出来,将是地球上所有化石燃料热量的 9 000 倍。氢的燃烧效率非常高，只要在汽油中加入 4% 的氢气，就可使内燃机节油 40%。目前，氢能技术在美国、日本、欧盟等国家和地区已进入系统实施阶段。美国政府已明确提出氢计划，宣布今后几年政府将拨款十几亿美元支持氢能开发。美国计划到 2040 年每天将减少使用 1 100 万桶石油，这个数字正是现在美国每天的石油进口量。因此氢能发展前景十分大，有望成为取代化石燃料的新能源。

5. 地热能

地球本身蕴藏着的地热能，相当于地球上所有煤炭能量总和的 1.7 亿倍。地热是由形成地壳岩石中的放射性元素衰变而产生的。地热随地下的深度而异。地热能的利用主要有两大类：直接利用和地热发电。地热能的直接利用损耗小，但有局限性，主要是受载热介质、热水输送距离的限制。利用地下喷出的高温高压蒸汽和热力驱动汽轮机发电，称为地热发电。地热发电的单位投资高，但发电成本低，设备利用率高，且便于综合利用。到 1990 年底，世界地热发电能力约为 583.8 万 kW；当年地热发电量为 377 亿 kW·h。世界上一些国家已经利用温泉，有的国家利用钻井，把地热引到地面采暖供热，进行发电。我国科学技术的提高，地热能的开发和利用具有一定的发展前景。

6. 生物质能

生物质能（又名生物能源）是利用有机物质（例如植物等）作为燃料，通过气体收集、气化（化固体为气体）、燃烧和消化作用（只限湿润废物）等技术产生能源。只要适当地执行，生物质能也是一种宝贵的可再生能源，但要看生物质能燃料是如何产生出来的。地球上的生物质能资源较为丰富，而且是一种无害的能源。地球每年经光合作用产生的物质有 1 730 亿 t，其中蕴含的能量相当于全世界能源消耗总量的 10～20 倍，但目前的利用率不到 3%。目前全球范围正在用玉米、小麦、食糖等粮食来制造汽油等能源来满足日益增长的需求，但过高的成本也使得汽油等能源的价格过高。

7. 海洋能

海洋能是一种可以再生的能源。同时它是清洁、无污染的能源。海洋中能量的蕴藏是极其丰富的。按其在形式上的差别可分为海水的动能、海洋的热能、海水的化学能和海水的生物能四类。目前最常提到的海洋能是潮汐能，主要是利用潮汐能发电。据估计，世界上潮汐能源蕴藏量可达 27 亿 kW。我国潮汐能约为 1.1 亿 kW，可利用的装机容量约为 3 500 万 kW，每年约可发电 900 亿 kW·h。其缺点是安装成本较高，投资额为 910～4 000 美元/kW。由于其资源丰富、清洁和可再生等特点，海洋能的深入开发和利用势在必行。

8. 水能

水能主要是利用水流落差发电。有数据表明，世界可开发水能资源共计 9.8 万亿 (kW·h)/a，世界人均拥有量总计达 6.76 亿 kW，约占全世界总能源的 1/6。中国已探明的可开发水能资源为 1.92 万亿 (kW·h)/a，居世界首位。1995 年水电装机已达到 4 000 万 kW，居世界第四位。但人均可开发水能资源只有 1 704 (kW·h)/a，低于世界平均水平。此外中国水能资源开发利用的程度很低，1990 年仅 6.6%，比世界水能资源总的开发程度 21.3% 还低。可见，如果继续提高水能资源的开发程度，在未来几十年中，水能的利用将会有较大的发展。

目前新能源的发展是多种多样的，面对能源危机并非没有解决方法，但要找出一种低成本,高成效,容易大规模生产的能源,正是科研人员的研究重点。"十一五"规划称,在现有技术水平和政策环境下,除水电和太阳能热水器有能力参与市场竞争外,大多数可再生能源在现行市场条件下缺乏竞争力,需要政策扶持。而风电、生物质能、太阳能等可再生能源的相关政策体系目前也不完整,经济激励力度较弱。规划要求各有关部门和各级政府要抓紧制定和完善《可再生能源法》相关配套法规和政策,明确发展目标,将可再生能源开发利用作为建设资源节约型、环境友好型社会的考核指标。有关部门要根据可再生能源开发利用需要,提出可再生能源发展专项资金的管理办法和使用指南,安排必要的财政资金,支持可再生能源技术研发、试点项目建设、资源评价、标准制定和设备国产化等工作。

## 26.1.5 世界各国面临的挑战与对策

从世界能源供求前景中可以看出,如果世界各国继续使用现有的能源政策,1995～2020年,世界能源的需求量将增加 86.8%,其中有 2/3 的能源需求的增加集中在发展中国家。这种需求趋势将造成能源危机的进一步加剧,此外还会造成温室气体排放量增加约 70%,全球将面临能源危机和温室效应的进一步挑战。

中国作为世界能源生产和消费大国,能源生产总量虽已名列世界前列,但人均占有能源消费只有发达国家的 5%～10%,另一方面,每万美元国民生产总值能耗为世界各国之首;使用能源的设备效率偏低,能源浪费严重。此外,由于中国能源生产与消费以煤及石油为主,造成严重的环境污染。目前每年总耗煤量约 12 亿 t,年排放烟尘约 2 100 t,$SO_2$ 2 300 万 t,$CO_2$ 及 $NO_x$ 1 500 万 t,$CO_2$ 的排放量已居世界第二位。石油年产约 1.5 亿 t,是内燃机及汽车的燃料,燃油的排放物是城市污染的主要来源。基于这种挑战,世界各国必须采取改变其现有能源供求与节能政策,研究和开发代替燃料,同时采取各种措施来解决全球能源需求的危机,减少温室气体效应,减少环境污染,保护环境。具体政策措施包括:第一,调整经济增长模式,厉行节约,反对浪费,最大可能提高能源利用效率,大力发展节能型产品。第二,因地、因时制宜,开发利用多种能源,大力优化能源结构。第三,依靠科技进步,研究和开发应用太阳能、氢能、风能、地热能、潮汐能等新能源和可再生能源,控制环境污染。具体技术措施包括:第一,研究提高石油利用效率。石油主要用户是内燃机,应该研究提高热效率和降低污染物排放的新技术,主要研究内容包括直接喷射分层稀燃技术、共轨式电控高压燃油喷射技术、多气门技术、废气再循环技术、二甲基醚新燃料和三元催化剂的研制。第二,研究提高煤炭利用效率。工业锅炉要大型化、机械化、自动化,采取集中供热、热电联产降低煤耗;火电站应采取超高参数以提高热效率;提高城市煤气化及工业炉高效化程度;研究洁净煤技术,包括高效低污染燃烧新技术、烟气脱硫新技术以及煤炭气化与液化新技术。第三,研究新能源开发技术。研究开发快中子增殖反应堆及高温气冷堆,研究开发受控热核聚变堆。研究开发超临界压力火电机组,研究开发蒸汽-燃气联合循环新技术,包括增压流化床蒸汽联合循环机组和整体煤气化联合循环机组。研究太阳能利用新技术,研究先进燃料电池技术,研究氢能的开发利用,包括制氢技术和储氢材料的研制和开发。第四,研究能源开发利用和节能技术中的基础理论问题,包括多相流及其传热传质过程的研究、气动热力学的研究、高效低污染燃料理论的研究以及能源系统化的研究。

# 26.2　生　物　能　源

## 26.2.1　生物能源

　　生物能源又称绿色能源,是指从生物质得到的能源,它是人类最早利用的能源。古人钻木取火,伐薪烧炭,实际上就是在使用生物能源。"万物生长靠太阳",生物能源是从太阳能转化而来的,只要太阳不熄灭,生物能源就取之不尽。其转化的过程是通过绿色植物的光合作用将二氧化碳和水合成生物质,生物能的使用过程又生成二氧化碳和水,形成一个物质的循环,理论上二氧化碳的净排放为零。生物能源是一种可再生的清洁能源,开发和使用生物能源,符合可持续的科学发展观和循环经济的理念。因此,利用高新技术手段开发生物能源,已成为当今世界发达国家能源战略的重要内容。但是通过生物质直接燃烧获得的能量是低效而不经济的。随着工业革命的进程,化石能源的大规模使用,使生物能源逐步被煤和石油天然气为代表的化石能源所替代。但是,工业化的飞速发展,化石能源也被大规模利用,产生了大量的污染物,破坏了自然界的生态平衡,为了进行可持续发展,以及化石能源的弊端日益显现,生物能源的开发和利用又被人们所侧重。

　　人类走向以生物能源开发利用为标志的可再生能源时代,意义十分重大:能大量利用农村的土地,提高农民收入。直接增加能源供给,改善大气环境,使二氧化碳的排放与吸收形成良性循环,缓解二氧化碳排放的压力。当前生物能源的主要形式有沼气、生物制氢、生物柴油和燃料乙醇。合成生物学的发展,通过基于系统生物学原理的计算机辅助人工设计与次生代谢链的酶系统基因合成、代谢工程技术将富油生物进行基因工程改造成能够使生物柴油高产量与分泌的转基因生物,从而实现规模化利用太阳能的生物能源产业,美国著名的文特尔私立研究所已经获得几亿美元的投资,一旦成功产业化,将带来石油与汽车工业的技术变革。

　　生物能源的载体是有机物,所以这种能源是以实物的形式存在的,是唯一一种可储存和可运输的可再生能源。而且它分布最广,不受天气和自然条件的限制,只要有生命的地方即有生物质存在。从利用方式上看,生物质能与煤、石油内部结构和特性相似,可以采用相同或相近的技术进行处理和利用,利用技术的开发与推广难度比较低。另外,生物质可以通过一定的先进技术进行转换,除了转化为电力外,还可生成油料、燃气或固体燃料,直接应用于汽车等运输机械或用于柴油机、燃气轮机、锅炉等常规热力设备,几乎可以应用于目前人类工业生产或社会生活的各个方面,所以在所有新能源中,生物质能与现代的工业化技术和目前的现代化生活有最大的兼容性,它在不必对已有的工业技术做任何改进的前提下即可以替代常规能源,对常规能源有很大的替代能力,这些都是今后生物质能发挥重要作用的依据。从化学的角度上看,生物质的组成是 C－H 化合物,它与常规的矿物燃料,如石油、煤等是同类。由于煤和石油都是生物质经过长期转换而来的,所以生物质是矿物燃料的始祖,被喻为即时利用的绿色煤炭。正因为这样,生物质的特性和利用方式与矿物燃料有很大的相似性,可以充分利用已经发展起来的常规能源技术开发利用生物质能。但与矿物燃料相比,它的挥发组分高,炭活性高,含硫量和灰分都比煤低,因此,生物质利用过程中 $SO_2$、$NO_x$ 的排放较少,造成空气污染和酸雨现象会明显降低;这也是开发利用生物质能的主要优势之一。

　　沼气是微生物发酵秸秆、禽畜粪便等有机物产生的混合气体,主要成分是可燃的甲烷。生物氢可以通过微生物发酵得到,由于燃烧生成水,因此氢气是最洁净的能源。生物柴油是利用生物酶将植物油或其他油脂分解后得到的液体燃料,作为柴油的替代品更加环保。燃料乙醇是植物发酵时产生的酒精,能以一定比例掺入汽油,使排放的尾气更清洁。虽然现在的主要能源还是化石能源,但是生物能源的前途无量。虽然生物能源的开发利用处于起步阶段,生物能源在整个能源结构中所占的比例还很小,但是其发展潜力不可估量。以我国为例,目前全国农村每年有 7 亿 t 秸秆,可转化为 1 亿 t 的酒精。南方有大量沼泽地,可以种植油料作物,发展生物柴油产业,加上禽畜粪便、森林加工剩余物等。我国现有可供开发用于生物能源的生物质资源至少达到 4.5 亿 t 标准煤,相当于我国 2000 年全部一次能源消费的 40%。

　　生物能源的开发利用,可带来以可持续发展为目标的循环经济。以巴西以例,垃圾正在变成有价值的能源。根据巴西有关行业协会统计,2004 年巴西回收铝易拉罐 90 亿个,回收率达到 96%,居世界第一。其他各类垃圾的回收率也居世界前列,创造了循环经济模式。回收的垃圾,根据分类被用于不同的方面,其中大部分非金属类的垃圾均可以转化为能源。生物能源作为绿色能源,具有可再生的特点,而化石能源却是不可再生能源,这是生物能源的一大优势。根据估算,地球的石油枯竭期最多可延长到百年,而对于中国这个石油资源相对贫乏的国家来说,石油稳定供给不会超过 20 年。而生物能源主要利用淀粉质生物如植物、薯类、作物秸秆等加工成其他燃料,从大范围来看具有大量的来源。据专家估计,全球每年产生的生物质能的储量为 1 800 亿 t,是取之不尽、用之不竭的资源。因此,生物能源在将来大有可为,尤其是在石油供应紧张的时候,生物能源将大显身手。

　　以我国为例,国内大约 20 亿亩荒山荒地可用于发展能源农业和能源林业,而且我国的产能微生物研究、生物转化研究、过程与设备研究等已趋成熟,石油替代产品的开发技术也具备进行大规模工业化生产的条件。因此,政府应适应形势发展的需要,制定生物能源的发展政策与规划,合理利用各种手段来支持和推进生物能源的开发利用。应借鉴国外的成功经验,与我国的实际相结合,极大地推动生物能源的开发利用。

## 26.2.2　生物能源的特点及其重要性

　　21 世纪是生物的世纪,是科学技术飞速发展的新世纪,可持续发展是当前经济发展的趋势所在。面对化石能源的枯竭和环境的污染,生物能源的开发利用为经济的可持续发展带来了曙光。生物能源作为可再生、污染极小的能源,具有无可比拟的优越性,必将为 21 世纪的经济发展和环境保护注入强大的推动力。与石油、煤炭等能源相比,生物能源具有以下特点:

　　(1)生物质能源在燃放过程中,对环境污染小。生物质能源在燃放过程中产生二氧化碳,排放的二氧化碳可被等量生长的植物光合作用吸收,实现二氧化碳零排放,这对减少大气中的二氧化碳含量及降低“温室效应”极为有利。

　　(2)生物质能源蕴含量巨大,而且属于可再生能源。只要有阳光存在,绿色植物的光合作用就不会停止,生物质能源就不会枯竭。大力提倡植树、种草等活动,不但植物会源源不断地供给生物质能源原材料,而且还能改善生态环境。

(3)生物质能源具有普遍性、易取性特点。生物质能源存在于世界上国有国家和地区，而且廉价、易取，生产过程十分简单。

(4)生物质能源可储存和运输。在可再生能源中，生物质能源是唯一可以储存与运输的能源，对其加工转换与连续使用提供方便。

(5)生物质能源挥发组分高，炭活性高，易燃。在400 ℃左右的温度下，生物质能源大部分挥发组分可释出，将其转化为气体燃料比较容易实现。生物质能源燃烧后灰分少，并且不易黏结，可简化除灰设备。

从生物质能的资源总体构成来看，目前我国农村中生物质能约占全部生物质能的70%以上，其他主要是城镇生活、污水和林业废弃物，而从先进国家目前的生物质资源和利用来看，其主要构成均是以林业废弃物和薪炭林为主。我国随着薪炭林技术的发展和工业水平的提高，这方面的比例也会越来越大，所以这方面的开发利用量也是不容忽视的。

另外发展生物能源还具有以下优势：

(1)生物能源是唯一能大规模替代石油燃料的能源产品，而水能、风能、太阳能、核能及其他新能源只适用于发电和供热。

(2)生物能源产品上的多样性。能源产品有液态的生物乙醇和柴油，固态的原型和成型燃料，气态的沼气等多种能源产品。既可以替代石油、煤炭和天然气，也可以供热和发电。

(3)生物能源原料上的多样性。生物燃料可以利用作物秸秆、林业加工剩余物、畜禽粪便、食品加工业的有机废水废渣、城市垃圾，还可利用低质土地种植各种各样的能源植物。

(4)生物能源的"物质性"，可以像石油和煤炭那样生产塑料、纤维等各种材料以及化工原料等物质性的产品，形成庞大的生物化工生产体系。这是其他可再生能源和新能源不可能做到的。

(5)生物能源的"可循环性"和"环保性"。生物燃料是在农林和城乡有机废弃物的无害化和资源化过程中生产出来的产品；生物燃料的全部生命物质均能进入地球的生物学循环，连释放的二氧化碳也会重新被植物吸收而参与地球的循环，做到零排放。物质上的永续性、资源上的可循环性是一种现代的先进生产模式。

(6)生物能源的"带动性"。生物燃料可以拓展农业生产领域，带动农村经济发展，增加农民收入；还能促进制造业、建筑业、汽车等行业发展。在中国等发展生物燃料，还可推进农业工业化和中小城镇发展，缩小工农差别，具有重要的政治、经济和社会意义。

(7)生物能源具有对原油价格的"抑制性"。生物燃料将使"原油"生产国从目前的20个增加到200个，通过自主生产燃料，抑制进口石油价格，并减少进口石油花费，使更多的资金能用于改善人民生活，从根本上解决粮食危机。

(8)生物能源可创造就业机会和建立内需市场。巴西的经验表明，在石化行业1个就业岗位，可以在乙醇行业创造152个就业岗位；石化行业产生1个就业岗位的投资是22万美元，燃料行业仅为1.1万美元。联合国环境计划署发布的"绿色职业"报告中指出，"到2030年可再生能源产业将创造2 040万个就业机会，其中生物燃料1 200万个。"

随着人类大量使用矿物燃料带来的环境问题日益严重，各国政府开始关心、重视生物质电源的开发利用。虽然各国的自然条件和技术水平差别很大，对生物质能今后的利用情况将千差万别，但总地来说，生物质能今后的发展将不再像最近200多年来一样日渐萎缩，而是重新发挥重要作用,并在整个一次能源体系中占据稳定的比例和重要的地位。

## 26.2.3 生物能源分类

生物能源按照原料的化学性质可分为:糖类、淀粉和木质纤维素物质。按照原料的来源可分为:农业生产废弃物,主要为农作物秸秆、薪柴和柴草,农林加工废弃物,木屑、谷壳和果壳;人畜粪便和生活有机物等;工业有机废弃物,有机废水和废渣等;能源植物,包括所有可作为能源用途的农作物、林木和水生植物资源。生物能源本身可分为以下几类:

1. 农林废弃物包括农业废弃物和林业废弃物

农业废弃物指的是农作物收获时农田中产生的残余物,可以利用的有谷物、根茎作物和甘蔗残余物等。林业废弃物指的是木材加工部门从原材料制造各种木质一次制品时产生的废物,以及木材利用部门以一次制品为原料形成建筑物等二次产品时产生的废物。

农业废弃物产生的方式和量随产生地点的不同而不同,对应于收获量的残余物产生比率,大米为140%、麦为130%、玉米为100%、根茎作物为40%。世界上产生的农林废弃物总共约为30亿t,大米的残余物最多,约为8.36亿t。此外,根茎作物残余物为2.72亿吨,麦残余物为7.54亿t,玉米残余物为5.91亿t。

世界原木料的生产量为$32.75 \times 10^8$ $m^3$,其中$15.26 \times 10^8$ $m^3$为工业用途。现在和将来每年在生产和废弃物时也可能产生相同程度的废料量。世界上的木质废弃物的产生、可再生资源化的状况不是很清楚,但是,与《气候变化框架组织条约》相关联的,针对由于木材的经久耐用造成的碳元素储量变化,有的缔约国已经采取行动公布其数据,从而有可能逐渐了解相应木质废料现状。为了减轻气球变暖,制止大气中的二氧化碳浓度的上升,政府间气候变化委员会提出了促进对木材等生物质能源的利用达到总资源的30%的倡议。在欧美,用木质类生物质进行发电和热能利用等也得到了大力推进。

2. 有机污水

有机污水指的是丰富有机物质的排放废水,其中包括工业污水、农业污水以及生活污水等。由于清洁、高效、可再生等突出特点,氢气作为能源日益受到人们的重视。目前制取氢气的方法有:水电解法、热化学法、光电化学法、等离子化学法和生物制氢法。从生物制氢的成本角度考虑,利用这些单一基质制取氢气的费用比较高,而利用工农业有机废水等廉价的复杂基质来制取氢气,能使废物质得到资源化处理,降低它的生产成本。利用混合菌种产氢技术逐步成熟,并取得了较大成果。

3. 禽畜粪便

禽畜粪便也是一种重要的生物质能源。除在牧区有少量的直接燃烧外,禽畜粪便主要是作为沼气的发酵原料。中国主要的禽畜是鸡、猪和牛,根据这些禽畜品种、体重、粪便排泄量等因素,可以估算出粪便资源量。根据计算,目前我国禽畜粪便资源总量约8.5亿t,折合7 840多万t标煤,其中牛粪5.78亿t,折合4 890万t标煤,猪粪2.59亿t,折合2 230万t标煤,鸡粪0.14亿t,折合717万t标煤。

在粪便资源中,大中型养殖场的粪便是更便于集中开发和规模化利用的。我国目前大中型牛、猪、鸡场约6 000多家,每天排出粪尿及冲洗污水80多万t,全国每年粪便污水资源量1.6亿t,折合1 157.5万t标煤。

**4. 生活垃圾**

随着城市规模的扩大和城市化进程的加速,中国城镇垃圾的产生量和堆积量逐年增加。1991 和 1995 年,全国工业固体废物产生量分别为 5.88 亿 t 和 6.45 亿 t,同期城镇生活量以每年 10% 左右的速度递增。1995 年中国城市总数达 640 座,清运量 10 750 万 t。

城镇生活垃圾主要是由居民生活,商业、服务业及少量建筑等废弃物所构成的混合物,成分比较复杂,其构成主要受居民生活水平、能源结构、城市建设、绿化面积以及季节变化的影响。中国大城市的构成已呈现向现代化城市过渡的趋势,有以下特点:一是中有机物含量接近 1/3 甚至更高;二是食品类废弃物是有机物的主要组成部分;三是易降解有机物含量高。目前中国城镇热值在 4.18 MJ/kg 左右。

### 26.2.4　世界生物能源的应用情况

世界生物能源技术的发展应用主要有四大方向:基于沼气池等传统设备的生物能源技术,基于生物优选和转基因技术的生物燃料技术、生物发电技术、生物燃料电池技术。在这些技术方向上,系统化的工业应用项目已经大量投入运行。在主要攻关方向上,国外也出现了很多重大研究突破。

例如,在生物燃料领域,合成基因组公司优选了一种藻类,它大约一半的质量都是油脂,可作为优秀的燃料生物大量培养;该公司还开发了一种能够生成新型飞机燃料的微生物,它与酒精或丁醇类似,但不吸收水,燃烧效率更高,该微生物的提取物可作为飞机燃料使用。活油料公司则开发了转基因生物燃料,以及优选的藻类生物电池燃料。

在生物发电和生物电池领域,牛津大学研制出一种生物电池,它装备的生化酶能吸收空气中的氢、氧,进而自动发电。得克萨斯大学研制出一种人体微型生物电池,能依靠人体内的液体发电、蓄电。这种电池可为植入人体的 RFID、GPS、生物传感器、生物机器人等微电子设备提供电力支持。ADS 公司还发明了利用动物肌肉运动为植入生物体内的电子设备充电的生物电池。美国能源部西北太平洋国家实验室利用蛋白质的细胞膜外电子传递功能,开发了一种采集人体新陈代谢多余能量的生物电池。

此外,美国圣 - 路西亚大学的研究人员开发了一种依靠任何液体,包括酒精工作的生物电池,其效率比普通电池高 62 倍。美国研究人员还设计了利用糖的生物电池,它包括两块并列的微型光纤板,长度约 1/4 英寸(1 英寸 ≈2.54 厘米),可产生 600 纳瓦的电流,能带动一个微电路。它也可以为 RFID、GPS、生物传感器、生物机器人等微电子设备提供电力,使上述电子设备可以在任何包含糖分的生物组织中停留或者漫游。例如,具有这种生物电池的 RFID 设备可以嵌入人体,进行不需要任何外部电力支持的永续运行。

2007 年 8 月 23 日,公司通过视频资料向全球宣布,它发明了一种微型生物电池,可在葡萄糖溶液或者含糖饮料中生成电流,足以支持闪存式 Walkman 播放器、小型风扇等电驱设备。这个发明显示,利用富含葡萄糖的体液为体内电子设备提供电力支持的技术即将在全球掀起一场诊断、医疗,以及生物跟踪、监视设备的普及化运动。

随着技术的日益成熟,生物能源产业的发展壮大从依靠技术进步转变到依靠政策支持。为了推进生物能源技术的发展,各国颁布了不少政策、法规。例如,日本的阳光计划、巴西的酒精能源计划、印度的绿色能源工程都主要用于推进生物能源技术的发展。各国还颁布了食品循环法、降解处理法、清洁能源法等法规,用于推进相关政策的实施。在政府的推定下,生物能源技术取得了较大发展。例如,目前,全球生物发电装机容量已经超过风电、光电、地热等几种可再生能源发电量的总和。相比之下,我国生物发电仅占可再生能源发电装机容量的 0.5%。主要发达国家的沼气技术、生物电池技术、优选和转基因生物燃料技术的应用也比较普及。例如,纽约一些站采用湿法处理有机物,回收沼气,用于发电,同时生产肥料。有些美国公司利用稻谷等纤维素废料建设酒精电厂,为数以万计的家庭提供了稳定的电力支持。美国通用汽车公司研制的村级生物发电系统可在处理废料的同时为大量家庭提供电力。上述设备都已经在美国市场广泛推广。在日本,每年家畜排泄物约 1 亿 t,食品废弃物超过 2 000 万 t。这些有机物大部分都能通过生物能源系统予以处理应用。

生物能源的开发利用,可带来以可持续发展为目标的循环经济。以巴西以例,垃圾正在变成有价值的能源。根据巴西有关行业协会统计,2004 年巴西回收铝易拉罐 90 亿个,回收率达到 96%,居世界第一。其他各类垃圾的回收率也居世界前列,创造了循环经济模式。回收的垃圾,根据分类,被用于不同的方面,其中大部分非金属类的垃圾均可以转化为能源。生物能源作为绿色能源,具有可再生的特点,而化石能源却是不可再生能源,这是生物能源的一大优势。根据估算,地球的石油枯竭期最多可延长到百年,而对于中国这个石油资源相对贫乏的国家来说,石油稳定供给不会超过 20 年。而生物能源主要利用淀粉质生物如植物、薯类、作物秸秆等加工成其他燃料,从大范围来看具有大量的来源。据专家估计,全球每年产生的生物质能的储量为 1 800 亿 t,是取之不尽、用之不竭的资源。因此,生物能源在将来大有可为,尤其是在石油供应紧张的时候,生物能源将大显身手。例如用大豆或其他植物油做柴油汽车的燃料已不是幻想,目前世界上许多国家正大力开发这种生物柴油技术并推进其产业化进程。生物柴油是用含油植物或动物油脂作为原料的可再生能源,是优质的石油柴油代用品。它和传统的柴油相比,具有润滑性能好,储存、运输、使用安全,抗爆性好,燃烧充分等优良性能。目前世界各国大多使用 20% 生物柴油与 80% 石油柴油混配,可用于任何柴油发动机和直接利用现有的油品储存、输运和分销设施。近年来,欧美国家政府大力推进生物柴油产业,给予巨额财政补贴和优惠税收政策支持,使生物柴油价格与石油柴油相差无几,从而使之具有较强的市场竞争力。2001 年,欧盟国家生物柴油产量突破 100 万 t,美国从 3 年前的 1 500 t 高速增长到 2001 年的 6 万 t。加拿大、巴西、日本等国家也在积极发展生物柴油。

发展生物柴油产业对中国意义重大。2006~2008 年中国农村出现了卖粮难、卖果难。种植油料作物生产生物柴油,走的是农产品向工业品转化之路,产品市场广阔,是一条强农富农的可行途径,它还可创造大量就业机会,带动农村及区域的经济发展,为国家和地方增加税收。

发展生物柴油产业可增强中国石油安全。2001 年中国的原油产量为 1.65 亿 t,而石油产品消费 2 亿多 t。今后长期大量进口石油已成定局。发展立足于本国的生物柴油替代液体燃料,是保障中国石油安全的重大战略措施之一。中国柴油消费 2000 年达 6 600 万 t,大于汽油消费的 3 600 万 t,专家预测,二者差距将继续扩大。发展生物柴油在近期能够缓解柴油供应紧张,长期可大量替代进口。如果中国 2010 年生物柴油产量达到千万吨以上,将对中国石油安全做出重大贡献。而且,生物柴油是资源永续的可再生能源,而石油资源是可耗尽的。

发展生物柴油有益于保护生态环境:生产生物柴油的能耗仅为石油柴油的1/4,可显著减少燃烧污染排放;生物柴油无毒,生物降解率高达98%,降解速率是石油柴油的两倍,可大大减轻意外泄漏时对环境的污染;生物柴油和石油柴油相比,可减少燃烧时的所有主要污染物排放,尾气排放指标满足严格的欧洲3号标准;生物柴油生产使用的植物还可将二氧化碳转化为有机物固化在土壤中,因此,可以减少温室气体排放;利用废食用油生产生物柴油,可以减少肮脏的、含有毒物质的废油排入环境或重新进入食用油系统;在适宜的地区种植油料作物,可保护生态,减少水土流失。

面对如此数量巨大的生物质资源,如何提高生物能源的开发利用水平也是一个科学性的问题。在化石能源仍为主要能源的时代,生物能源的开发技术也异常重要,因为化石能源是不可再生能源。以我国为例,国内大约有20亿亩($1$ 亩 $\approx 667\ m^2$)荒山荒地可用于发展能源农业和能源林业,而且我国的产能微生物研究、生物转化研究、过程与设备研究等已趋成熟,石油替代产品的开发技术也具备进行大规模工业化生产的条件。因此,政府应适应形势发展的需要,制定生物能源的发展政策与规划,合理利用各种手段来支持和推进生物能源的开发利用。应借鉴国外的成功经验,与我国的实际相结合,极大地推动生物能源的开发利用。

21世纪是生物的世纪,是科学技术飞速发展的新世纪,可持续发展是当前经济发展的趋势所在。面对化石能源的枯竭和环境的污染,生物能源的开发利用为经济的可持续发展带来了曙光。生物能源作为可再生、污染极小的能源,具有无可比拟的优越性,必将为21世纪的经济发展和环境保护注入强大的推动力。

### 26.2.5　我国生物能源技术的发展应用情况

由于我国目前的生物质能主要是在农村经济中利用,所以农村未来能源需求和消耗情况对生物质能的开发利用量影响很大,有关资料对我国农村今后能源使用情况做了预测,这个指标可以较大程度上反映我国今后生物质能消耗的趋势。它的预测按两种,第一种是常规方案预测,即建立在现时生物质能发展情况的基础之上的预测,其结果是各时段(2000、2010、2030、2050)的生物质利用量的增长速度分别为8.9%、7.7%、8.0%、3.6%;第二种是加强方案预测,即以突出强调生物质能对化石能源的替代为依据的预测,其结果是各时段的发展速度分别为9.6%、8.0%、7.4%、4.5%。

由预测可知,随着社会的发展,传统利用生物质能的比例将越来越少,到2050年,农村生物质能的利用中传统利用方法不到1%,但是,生物质能的现代化利用技术的比例将越来越高,到2050年可能达到农村总能耗的13%。另外,从预测中可以看出天然生物质能在农村能源的比例随时间推移将越来越少,从30%降到13.7%左右,但是不管哪个时期,也不管哪个方案,生物质能在农村能源中的比例都很大(高于14%),而且是最主要的可再生能源(占可再生能源的50%以上),这可以充分说明生物质能在今后几十年内在我国农村能源,甚至于我国能源体系的重要地位。

中国政府及有关部门对生物质能源利用也极为重视,已连续在四个国家五年计划将生物质能利用技术的研究与应用列为重点科技攻关项目,开展了生物质能利用技术的研究与开发,如户用沼气池、节柴炕灶、薪炭林、大中型沼气工程、生物质压块成型、气化与气化发电、生物质液体燃料等,取得了多项优秀成果。政策方面,2005年2月28日,第十届全国人民代表大会常务委员会第十四次会议通过了《可再生能源法》,2006 年 1 月 1 日起已经正式实施,并于 2006 年陆续出台了相应的配套措施。这表明中国政府已在法律上明确了可再生能源包括生物质能在现代能源中的地位,并在政策上给予了巨大优惠支持,因此,中国生物质能发展前景和投资前景极为广阔。

我国生物能源技术的发展取得了很多成就。例如,我国已经能够独自设计、建设大型生物发电厂,而且主要设备都已经实现国产化。我国在生物燃料电池、优选生物燃料的研究方面也取得了很多技术突破。在沼气技术方面,我国研究、筛选了 300 多株厌氧微生物菌种,认定了严禁沼气池使用的材质,如黄花蒿、梧桐叶、臭椿叶、水杉、桃叶、苦楝叶、断肠草、猫儿眼、银杏叶、辣蓼子、泡桐叶等。在嗜热厌氧纤维素酶、产甲烷菌、纤维素厌氧降解及沼气发酵菌剂、嗜热纤维素分解菌、复合沼气发酵菌剂、沼气厌氧固态发酵、厌氧纤维素分解菌等领域,我国也取得了很多技术成就。在技术标准化方面,我国也取得了很多成果。例如,《沼气工程技术规范第 1 部分:工艺设计》《沼气工程技术规范第 2 部分:供气设计》《沼气工程技术规范第 3 部分:施工及验收》《沼气工程技术规范第 4 部分:运行管理》《沼气工程技术规范第 5 部分:质量评价》《规模化畜禽养殖场沼气工程运行、维护及其安全技术规程》《规模化畜禽养殖场沼气工程设计规范》和《沼气发电机组》等工业标准已经颁布实施。

在产业发展方面,我国生物能源技术的应用规模居全球第一位,但是总体技术含量较低。例如,我国已经在农村地区兴建沼气池上千万座,数量居全球首位。我国在科尔沁、黑山、辽源、沙雅、晋州、宿迁、句容、单县、垦利、菏泽等地建成或者在建生物发电厂多座,一般项目投资都超过 2 个亿,有些投资额更大。例如,菏泽的项目投资额将超过 5 亿,辽源生物电厂投资额将超过 6 亿。总体上看,我国生物能源技术的应用规模很大,发展速度很快,但是技术水平较低。在主导未来生物能源产业的转基因技术、生物电池技术等领域,我国基本没有发布开创性的技术成果,这些领域的系统化工程研究则几乎没有国内机构介入。

## 26.2.6　新能源——氢能的发展及应用

随着社会的发展,环境污染对人类赖以生存的环境造成的污染日益严重,迫切需要开发环境友好工业及新能源。氢作为二次能源得到了广泛的应用,其用途主要有以下几个方面:氢作为一种高能染料,用于航天飞机、火箭等航天行业及城市公用汽车中,据报道,世界上一些发达国家在 1993 年就已经开发出以液氢为染料的城市公用汽车;氢气用作保护气应用于电子工业中,如在集成电路、电子管、显像管等的制备过程中,都是用氢做保护气的;在炼油工业中用氢气对石脑油、燃料油、粗柴油、重油等进行加氢精制,提高产品的质量及除去产品中的有害物质如硫化氢、硫醇、水、含氮化合物、金属等,还可以使不饱和进行加氢精制;氢气在冶金工业中可以作为还原剂将金属氧化物还原为金属,在金属高温加工过程中可以做保护气;在食品工业中,食用的色拉油就是对植物油进行加氢处理的产物,植物油加氢处理后性能稳定、易存放,且有抵抗细菌生长、易被人体吸收之功效;在精制有机合成工业中,氢气也是重要的合成原料之一;在合成氨工业中,氢气也是重要的合成原料之一;氢气还可以做填充气,如在气象观测中的气球就是用氢气填充的;在分析测试中氢气可以作为标准气,在气象色谱中氢气可以作为载气。

近几年来,氢的用途又有了新的发展,氢气被广泛地用于燃料电池中作为燃料。氢气作为燃料电池的燃料与其他燃料相比具有无比可拟的优越性,如氢气热值高、对空气无污染等,表26.1列出了几种物质的燃烧值。

表26.1　几种物质的燃烧值

| 名称 | 氢气 | 甲烷 | 汽油 | 乙醇 | 甲醇 |
|---|---|---|---|---|---|
| 燃烧/(kJ·kg⁻¹) | 121 061 | 50 054 | 44 467 | 27 006 | 20 254 |

从表26.1可以看出氢能的热值远远高于烃类及醇类化合物,因此其用途受到广泛的重视,1996年仅日本用氢量为1.81亿 $m^3$、用液氢量达4 000 $m^3$;美国1994年用氢量为66.1亿 $m^3$,且每年呈递增的趋势上涨;北美的氢气用量为 $(8.49 \sim 11.33) \times 10^{10}$ $m^3$。而且氢能作为电动汽车的燃料,其用途又有了新的发展,据报道氢能用于航天飞机、火箭等航天行业及城市公用汽车中,1993年世界上一些发达的国家已经将液氢用于城市公用汽车的燃料,这一方面解决了能源短缺问题,另一方面解决了汽车尾气对环境造成的污染问题,但用液氢或钢瓶压缩气,合金材料等贮氢的方法为公用汽车提供燃料是不经济的,因此要发展新的制氢工艺。

由于氢是高效、清洁、可再生的二次能源,其用途越来越广,氢能的应用将进入社会的各个领域。由于氢能的应用日益广泛,对氢的需求量日益增加,因此开发新的制氢工艺势在必行。以氢为染料电池代替靠热机原理工作的发电机,汽车从根本上解决了汽车对环境的污染问题。开发染料电池电动汽车车载液体染料制氢技术势在必行,从近期发展目标来看,开发汽油氧化重整技术是发展的方向。从氢能应用的长远规划来看,开发生物制氢技术势在必行。

# 第27章  厌氧生物处理技术及工艺

## 27.1  厌氧生物处理概述

厌氧生物处理(Anaerobic Biotreatment Process)传统上称之为厌氧消化(Anaerobic Digestion),也称为污泥消化(Sludge Digestion)。虽然厌氧生物处理技术问世已有100多年,但是很长一段时间内,厌氧生物处理工艺被认为是一种较慢的生物处理过程,而且仅仅适用于剩余污泥等有机物的处理,如20世纪50年代前,普通消化池是唯一的厌氧生物处理实用装置,主要用于污水处理厂剩余污泥的消化处理。即在无氧的条件下,利用厌氧微生物的代谢活动,将污泥中的各种有机物转化为甲烷、二氧化碳等。在废水处理方面,几乎都是采用好氧微生物处理工艺。20世纪70年代以来,生物相分离技术提出以后,研究开发的第二代厌氧生物处理工艺和装置,使废水厌氧生物处理系统的有机负荷率和处理效率大大提高,进一步拓展了厌氧生物处理的应用领域。随着对产甲烷细菌的生理学、生态学和生物化学等研究的进一步深入和工程实践经验的不断积累,陆续开发出很多新的厌氧生物处理工艺和设备。它们不仅克服了传统厌氧工艺的诸多缺点,而且使这一处理技术的理论和实践都有了很大的进步,使之在高浓度有机废水处理方面取得了良好的效果和显著的经济效益。

从20世纪70年代以来,厌氧生物处理工艺与设备主要朝着两个方向发展:第一,最大限度地提高反应器中的生物持有量,通过比好氧反应器中高几倍甚至几十倍的生物量,使处理效率接近或达到好氧处理的效率。基于此,开发出多种新型厌氧反应器、升流式厌氧污泥反应器、厌氧流化床反应器、厌氧膜膨胀床反应器、厌氧膨胀颗粒污泥床反应器以及复合式厌氧反应器、厌氧生物转盘、厌氧序批式反应器、厌氧折流板反应器和内循环升流式厌氧污泥层反应器等,其共同特征为有机负荷高、处理能力强。第二,利用厌氧细菌的特点,采取生物相分离技术,开发出两相厌氧反应器,使不同厌氧菌群在各自的反应器中各司其职,充分发挥作用,从而提高转化效率。

虽然厌氧生物处理工艺的发展较好氧生物处理技术起步晚,但是在不断的开发与应用过程中,以下几个方面突出的优点得到很多研究和应用者的认可与重视:第一,厌氧法可以直接处理高浓度有机废水,且耗能少、运行费用低;第二,污泥产率低;第三,营养物需求少;第四,可以回收沼气,具有一定的经济效益。目前,厌氧生物处理技术作为一种有效的工艺,广泛应用于工业生产废水的处理中。自20世纪80年代起,美国、英国等国家在应用厌氧处理工艺处理肉类加工废水、食品加工废水、乙醇加工废水等,取得了很好的处理效果,COD去除率可达到65%~85%。世界上已有几十座UASB投入运行,其中运行最大的容积可达5 000 m³。

# 27.2　有机物的厌氧生物降解过程

传统观点认为有机物的厌氧生物处理分为两个阶段:产酸(或酸化)阶段(Acidogenic Phase)和产甲烷(或甲烷化)阶段(Methanogenic Phase)。产酸阶段几乎包括所有的兼性细菌;产甲烷阶段的细菌主要为产甲烷细菌。Bryant(1967)认为,有机物的厌氧降解过程经历四个阶段:第一阶段,水解(Hydrolysis)阶段;第二阶段,产酸发酵(Acidogenic Fermentation)阶段;第三阶段,产氢产乙酸(H$_2$-Producing Acetogenesis)阶段;第四阶段,产甲烷(Methano-Genesis)阶段。从厌氧细菌类型来看,完成上述四个阶段的微生物可以划分为两大类菌群:产酸细菌(acidogens),包括水解、产酸发酵、产氢产乙酸阶段的细菌群体;产甲烷细菌(methanogens)。

(1)水解阶段:高分子有机物由于其大分子体积,不能直接通过厌氧菌的细胞壁,需要在微生物体外通过胞外酶加以分解成小分子。废水中典型的有机物质比如纤维素被纤维素酶分解成纤维二糖和葡萄糖,淀粉被分解成麦芽糖和葡萄糖,蛋白质被分解成短肽和氨基酸。分解后的这些小分子能够通过细胞壁进入到细胞的体内进行下一步的分解。

(2)酸化阶段:上述的小分子有机物进入到细胞体内转化成更为简单的化合物并被分配到细胞外,这一阶段的主要产物为挥发性脂肪酸(VFA),同时还有部分的醇类、乳酸、二氧化碳、氢气、氨、硫化氢等产物产生。

(3)产氢产乙酸阶段:在此阶段,上一步的产物进一步被转化成乙酸、碳酸、氢气以及新的细胞物质。主要的产氢产乙酸反应有

$$乙醇:CH_3CH_2OH + H_2O \longrightarrow CH_3COOH + 2H_2 \qquad ①$$
$$丙酸:CH_3CH_2COOH + 2H_2O \longrightarrow CH_3COOH + 3H_2 + CO_2 \qquad ②$$
$$丁酸:CH_3CH_2COOH + 2H_2O \longrightarrow 2CH_3COOH + 2H_2 \qquad ③$$

注意:上述反应只有在乙酸浓度很低、系统中氢分压也很低时才能顺利进行,因此产氢产乙酸反应的顺利进行,常常需要后续产甲烷反应能及时将其主要的两种产物乙酸和 H$_2$ 消耗掉。

(4)产甲烷阶段:在这一阶段,乙酸、氢气、碳酸、甲酸和甲醇都被转化成甲烷、二氧化碳和新的细胞物质。这一阶段也是整个厌氧过程最为重要的阶段和整个厌氧反应过程的限速阶段。典型的产甲烷反应有

$$CH_3COOH \longrightarrow CH_4 + CO_2 \qquad ④$$
$$4H_2 + CO_2 \longrightarrow CH_4 + 2H_2O \qquad ⑤$$
$$4HCOO^- + 2H^+ \longrightarrow CH_4 + CO_2 + 2HCO_3^- \qquad ⑥$$
$$4CO + 2H_2O \longrightarrow CH_4 + 3CO_2 \qquad ⑦$$
$$4CH_3OH \longrightarrow 3CH_4 + HCO^- + H^+ + H_2O \qquad ⑧$$

在上述四个阶段中,有人认为第二个阶段和第三个阶段可以分为一个阶段,在这两个阶段的反应是在同一类细菌体内完成的。而第四个反应阶段通常很慢,同时也是最为重要的反应过程,在前面几个阶段中,废水中的污染物质只是形态上发生变化,COD 几乎没去除,只是在第四个阶段中污染物质变成甲烷等气体,使废水中 COD 大幅度下降。同时在第四个阶段产生大量的碱度这与前三个阶段产生的有机酸相平衡,维持废水中的 pH 值稳定,

保证反应的连续进行。

## 27.3　厌氧生物处理技术的发展概况

实际上,厌氧生物过程广泛地存在于自然界中,但人类第一次有意识地利用厌氧生物过程来处理废弃物,则是在 1881 年由法国的 Louis Mouras 所发明的"自动净化器"开始的,随后人类开始较大规模地应用厌氧消化过程来处理城市污水(如化粪池、双层沉淀池等)和剩余污泥(如各种厌氧消化池等)。这些厌氧反应器现在通称为"第一代厌氧生物反应器",它们的共同特点是:第一,水力停留时间(HRT)很长,有时在污泥处理时,污泥消化池的 HRT 会长达 90 d,即使是目前在很多现代化城市污水处理厂内所采用的污泥消化池的 HRT 也长达 20~30 d;第二,虽然 HRT 相当长,但处理效率仍十分低,处理效果还很不好;第三,具有浓臭的气味,因为在厌氧消化过程中原污泥中含有的有机氮或硫酸盐等会在厌氧条件下分别转化为氨氮或硫化氢,而它们都具有十分特别的臭味。以上这些特点使得人们对于进一步开发和利用厌氧生物过程的兴趣大大降低,而且此时利用活性污泥法或生物膜法处理城市污水已经十分成功。

但是,当进入 20 世纪五六十年代,特别是 70 年代的中后期,随着世界范围的能源危机的加剧,人们对利用厌氧消化过程处理有机废水的研究得以强化,相继出现了一批被称为现代高速厌氧消化反应器的处理工艺,从此厌氧消化工艺开始大规模地应用于废水处理,真正成为一种可以与好氧生物处理工艺相提并论的废水生物处理工艺。这些被称为现代高速厌氧消化反应器的厌氧生物处理工艺又被统一称为"第二代厌氧生物反应器",它们的主要特点有:第一,HRT 大大缩短,有机负荷大大提高,处理效率大大提高;第二,主要包括厌氧接触法、厌氧滤池(AF)、上流式厌氧污泥床(UASB)反应器、厌氧流化床(AFB)、AAFEB、厌氧生物转盘(ARBC)和挡板式厌氧反应器(ABR)等;第三,HRT 与 SRT 分离,SRT 相对很长,HRT 则可以较短,反应器内生物量很高。以上这些特点彻底改变了原来人们对厌氧生物过程的认识,因此其实际应用也越来越广泛。

进入 20 世纪 90 年代以后,随着以颗粒污泥为主要特点的 UASB 反应器的广泛应用,在其基础上又发展起来了同样以颗粒污泥为根本的颗粒污泥膨胀床(EGSB)反应器和厌氧内循环(IC)反应器。其中 EGSB 反应器利用外加的出水循环可以使反应器内部形成很高的上升流速,提高反应器内的基质与微生物之间的接触和反应,可以在较低温度下处理较低浓度的有机废水,如城市废水等;而 IC 反应器则主要应用于处理高浓度有机废水,依靠厌氧生物过程本身所产生的大量沼气形成内部混合液的充分循环与混合,可以达到更高的有机负荷。这些反应器又被统一称为"第三代厌氧生物反应器"。

## 27.4　厌氧生物处理工艺进展

在全社会提倡循环经济,关注工业废弃物实施资源化再生利用的今天,厌氧生物处理显然是能够使污水资源化的优选工艺。近年来,污水厌氧处理工艺发展十分迅速,各种新工艺、新方法不断出现,包括厌氧接触法、升流式厌氧污泥床、挡板式厌氧法、厌氧生物滤池、厌氧膨胀床和流化床,以及第三代厌氧工艺膨胀颗粒污泥床和内循环厌氧反应器,发展十分迅速。

**1.厌氧接触法**

对于悬浮物较高的有机废水,可以采用厌氧接触法如图27.1所示。厌氧接触法实质上是厌氧活性污泥法,不需要曝气而需要脱气。厌氧接触法对悬浮物高的有机废水(如肉类加工废水等)效果很好,悬浮颗粒成为微生物的载体,并且很容易在沉淀池中沉淀。在混合接触池中,要进行适当搅拌以使污泥保持悬浮状态。搅拌可以用机械方法,也可以用泵循环池水。据报道,肉类加工废水(BOD$_5$约1 000 ~ 1 800 mg/L)在中温消化时,经过6 ~ 12 h(以废水入流量计)消化,BOD$_5$去除率可达90%以上。

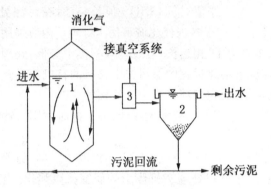

图27.1　厌氧接触法的流程
1—混合接触池;2—沉淀池;3—真空脱气器

**2.厌氧生物滤池**

厌氧生物滤池是密封的水池,池内放置填料,污水从池底进入,从池顶排出,如图27.2所示。微生物附着生长在滤料上,平均停留时间可长达100 d左右。滤料可采用拳状石质滤料,如碎石、卵石等,粒径在40 mm左右,也可使用塑料填料。塑料填料具有较高的空隙率,质量也轻,但价格较贵。

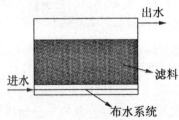

图27.2　厌氧生物滤池示意图

根据对一些有机废水的试验结果,当温度在25 ~ 35 ℃时,在使用拳状滤料时,体积负荷率可达到3 ~ 6 kgCOD/(m$^3$·d);在使用塑料填料时,体积负荷率可达到3 ~ 10 kgCOD/(m$^3$·d)。

厌氧生物滤池的主要优点是:处理能力较高;滤池内可以保持很高的微生物浓度;不需另设泥水分离设备,出水SS较低;设备简单、操作方便等。它的主要缺点是:滤料费用较贵;滤料容易堵塞,尤其是下部,生物膜很厚。堵塞后,没有简单有效的清洗方法。因此,悬浮物高的废水不适用。

### 3. 厌氧流化床反应器

厌氧流化床反应器利用砂等大比表面积的物质为载体,厌氧微生物以生物膜形式结在砂或其他载体的表面,在污水中成流动状态,微生物与污水中的有机物进行接触吸附分解有机物,从而达到处理的目的,是一种生物膜法处理方法,如图27.3所示。

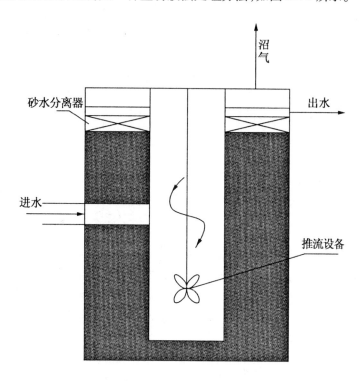

图 27.3　厌氧流化床反应器示意图

本设备可广泛应用于处理食品加工、酿造、味精、造纸等高浓度有机污水,制革、制药、发酵淀粉等高浓度有机污水,以及羊毛加工、屠宰等一切 COD 大于 2 000 的高浓度有机污水。

YLH 厌氧反应器采用以砂为载体,设备结构为内外两个圆筒,利用特制的轴流泵,使污水和有机生物膜的砂在外筒中进行循环,达到流化的目的。由于砂的比表面积大,每立方米可达 5 500 ~ 6 500 $m^2/m^3$(折合一般填料 40 ~ 50 $m^3$),因而生物接触面积特别大,因而处理效率很高,每 $m^3$ 有效反应器容积可每天处理 COD 达 35 ~ 45 kgCOD/$m^3$,比一般的厌氧设备处理 3 ~ 6 kgCOD/$m^3$ 要大得多。

### 4. 厌氧折流板反应器

美国 Stanford 大学的 McCarty 及其合作者于 1982 年在厌氧生物转盘反应器的基础上改进开发出了厌氧折流板反应器 ABR(Anaerobic Baffled Reactor)。该反应器是一种高新型高效厌氧反应器,从结构看相当于几个升流式污泥床的串联,实现了产酸菌群和产甲烷菌群在不同隔室生长的条件,在高浓度有机废水的处理中有特殊的优势。因具有结构简单,污泥截留能力强,稳定性高,对高浓度有机废水,特别是对有毒、难降解废水处理中有特殊的作用,因而引起了人们的关注。

ABR反应器内设置若干竖向导流板,将反应器分隔成串联的几个反应室,每个反应室都可以看作一个相对独立的升流式污泥床系统,废水进入反应器后沿导流板上下折流前进,依次通过每个反应室的污泥床,废水中的有机基质通过各反应室并与其中的微生物充分接触而得到去除,如图27.4所示。借助于水流的上升和沼气的搅动作用,反应室中的污泥上下运动,水流在不同隔室中流态呈现完全混合态。但是由于导流板的阻挡和污泥自身的沉降性能,污泥在水平方向的流速极其缓慢,从而大量的厌氧污泥被截留在反应室中,反应器在整个流程方向表现为推流式流态。

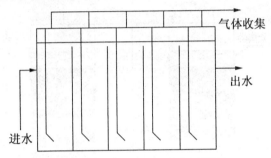

图27.4　折流式厌氧反应器示意图

ABR独特的分格式结构及推流式流态使得每个反应室中可以驯化培养出与流至该反应室污水水质环境条件相适应的微生物群落。ABR反应器前面隔室中以产酸菌为优势菌群,后面隔室中以产甲烷菌为优势菌群,使消化反应的产酸相和产甲烷相沿程得到分离,参与厌氧消化过程的微生物能够生长于各自最佳的生长环境中,使厌氧消化的效率大大提高。

5. 升流式厌氧污泥床

升流式厌氧污泥床(Upper Anerobic sludge Bioreactor,UASB)由污泥反应区、气液固三相分离器(包括沉淀区)和气室三部分组成(图27.5)。在底部反应区内存留大量厌氧污泥,具有良好的沉淀性能和凝聚性能的污泥在下部形成污泥层。要处理的污水从厌氧污泥床底部流入与污泥层中污泥进行混合接触,污泥中的微生物分解污水中的有机物,把它转化为沼气。沼气以微小气泡形式不断放出,微小气泡在上升过程中,不断合并,逐渐形成较大的气泡,在污泥床上部由于沼气的搅动形成一个污泥浓度较稀薄的污泥和水一起上升进入三相分离器,沼气碰到分离器下部的反射板时,折向反射板的四周,然后穿过水层进入气室,集中在气室沼气,用导管导出,固液混合液经过反射进入三相分离器的沉淀区,污水中的污泥发生絮凝,颗粒逐渐增大,并在重力作用下沉降。沉淀至斜壁上的污泥沿着斜壁滑回厌氧反应区内,使反应区内积累大量的污泥,与污泥分离后的处理出水从沉淀区溢流堰上部溢出,然后排出污泥床。

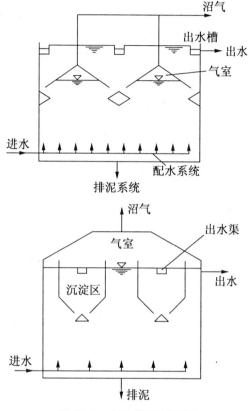

图27.5　升流式厌氧污泥床

### 6.膨胀颗粒污泥床

膨胀颗粒污泥床(Expanded Granular Sludge Bed,EGSB),如图27.6所示,是第三代厌氧反应器,于20世纪90年代初由荷兰Wageingen农业大学的Lettinga等人率先开发。其构造与UASB反应器有相似之处,可以分为进水配水系统、反应区、三相分离区和出水渠系统。与UASB反应器不同之处是,EGSB反应器设有专门的出水回流系统。EGSB反应器一般为圆柱状塔形,特点是具有很大的高径比,一般可达3~5,生产装置反应器的高度可达15~20 m。颗粒污泥的膨胀床改善了废水中有机物与微生物之间的接触,强化了传质效果,提高了反应器的生化反应速度,从而大大提高了反应器的处理效能。

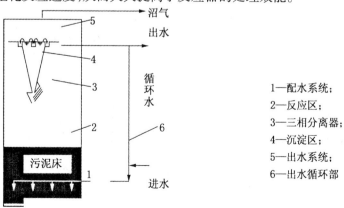

1—配水系统;
2—反应区;
3—三相分离器;
4—沉淀区;
5—出水系统;
6—出水循环部

图27.6　EGSB反应器示意图

厌氧膨胀颗粒床反应器是在上流式厌氧污泥床反应器的研究成果的基础上,开发的第三代超高效厌氧反应器,该种类型反应器除具有 UASB 反应器的全部特性外,还具有以下特征:第一,高的液体表面上升流速和 COD 去除负荷;第二,厌氧污泥颗粒粒径较大,反应器抗冲击负荷能力强;第三,反应器为塔形结构设计,具有较高的高径比,占地面积小;第四,可用于 SS 含量高的和对微生物有毒性的废水处理。

### 7. 内循环厌氧反应器

内循环厌氧反应器(Internal Circulation,IC),由两个 UASB 反应器上下叠加串联构成,高度可达 16~25 m,高径比一般为 4~8,由 5 个基本部分组成:混合区、颗粒污泥膨胀床区、精处理区、内循环系统和出水区。如图 27.7 所示,其内循环系统是 IC 工艺的核心结构,由一级三相分离器、沼气提升管、气液分离器和泥水下降管等结构组成。经过调节 pH 值和温度的生产废水首先进入反应器底部的混合区,并与来自泥水下降管的内循环泥水混合液充分混合后进入颗粒污泥膨胀床区进行 COD 生化降解,此处的 COD 容积负荷很高,大部分进水 COD 在此处被降解,产生大量沼气。沼气由一级三相分离器收集。由于沼气气泡形成过程中对液体做的膨胀功产生了气提的作用,使得沼气、污泥和水的混合物沿沼气提升管上升至反应器顶部的气液分离器,沼气在该处与泥水分离并被导出处理系统。泥水混合物则沿泥水下降管进入反应器底部的混合区,并于进水充分混合后进入污泥膨胀床区,形成所谓内循环。根据不同的进水 COD 负荷和反应器的不同构造,内循环流量可达进水流量的0.5~5倍。经膨胀床处理后的废水除一部分参与内循环外,其余污水通过一级三相分离器后,进入精处理区的颗粒污泥床区进行剩余 COD 降解与产沼气过程,提高和保证了出水水质。

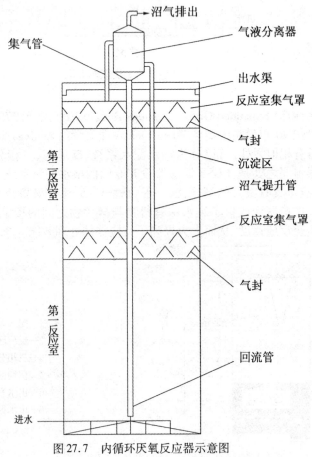

图 27.7　内循环厌氧反应器示意图

8. 循环流厌氧生物反应器

循环流厌氧生物反应器(Circulation-flow Anaerobic Sludge Bed, CASB)是一种利用厌氧微生物处理污水中有机污染物的主要设备之一。其特点是处理费用低(无需鼓风曝气),可处理高浓度有机污染物污水,可回收利用沼气,设备占地面积小(容积负荷高、设备高度高)等。随着研究的深入,厌氧生物反应器在处理高难度有机废水方面的特殊效果也引起了高度关注。

CASB 也是一种在 UASB 基础上发展起来的新型高效厌氧生物反应器,且同时也是对 EGSB、IC 等第三代厌氧生物反应器的改进。从外形上看,CASB、EGSB、IC 等都较 UASB 高大,因此在相同的容积下,CASB、EGSB、IC 等都较 UASB 占地面积小;但 EGSB 一般拥有一个巨大的"脑壳",这个"脑壳"的作用是用来进行气、固、液三相分离,如果这个"脑壳"不够大则气、固、液三相分离的效果就达不到,这种情况给 EGSB 的建造带来很大的负担;EGSB 还拥有一个外回流系统,依靠此系统,反应器内的厌氧生物得以流化,但也增加了大量的动力消耗;IC 不需要巨大的"脑壳",也不需要外回流系统,但需要更高的"个头",这个高出的"个头"的作用除提供气、固、液三相分离外,更主要的作用是实现依靠反应器自身产生的沼气进行反应器内回流,但这个高出的"个头"却不参与厌氧生物流化反应,因此消耗了部分反应器有效容积。CASB 采用了特殊的内部构造,使其不需要巨大的"脑壳",不需要外回流系统,也不需要额外高出的"个头",却能获得更好的流化效果,适用领域更为广阔。

CASB 中,进水与反应器中的厌氧生物菌在主反应区(A 区)充分混合并反应,是反应器的主要产沼气区。在主反应区,厌氧生物菌和进水混合物随沼气向上移动,水质逐渐被净化,到达 B 区时,进水中有机物已经大部分得到降解,产气量明显降低。在 B 区,A 区所产沼气被分离出来由沼气管排出,厌氧生物菌和水流夹带着少量的沼气进入 C 区。C 区是副反应区,在 C 区,水中有机物进一步被厌氧生物菌降解,有少量产气,比重较大的厌氧生物菌直接落入 A 区,比重较小的厌氧生物菌附着着少量沼气随出水到达三相分离器。在经过三相分离器时,沼气被分离出来通过沼气管排出,比重较大的厌氧生物菌重新回到 C 区,比重较小的厌氧生物菌则随出水到达 D 区。在 D 区,比重较大的厌氧生物菌会形成一个不稳定的厌氧床继续降解有机物,比重较小的厌氧生物菌则随水排出反应器。

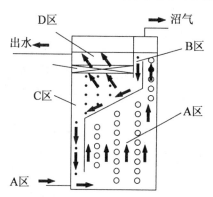

图 27.8 循环流厌氧生物反应器示意图

# 27.5　厌氧生物发酵制氢的研究进展及应用

大量的研究资料显示,根据微生物的生理代谢特性,能够产生分子氢的微生物可以分为以下两大主要类群:第一,包括藻类和光合细菌在内的光合生物;第二,诸如兼性厌氧的和专性厌氧的发酵产氢细菌。由于产氢的微生物划分为光合细菌和发酵细菌两大类群,目前生物制氢技术也发展为两个主要的研究方向,即光合法生物制氢技术和发酵法生物制氢技术。纵观生物制氢研究的各阶段,比较而言,对光合法生物制氢的研究要远远多于对发酵法生物制氢的研究。

1. 光合法生物制氢技术

自 Gaffron 和 Rubin 发现一种栅列藻属绿藻可以通过光合作用产生氢气以来,不断深入的研究表明,很多的藻类和光合细菌都具有产氢特性,目前研究较多的主要有颤藻属、深红红螺菌、球形红假单胞菌、深红红假单胞菌、球形红微菌等。

从目前光合法生物制氢技术的主要研究成果分析,该技术未来的研究动向主要有以下几个方面:光合产氢机理的研究,参与产氢过程的酶结构和功能研究,产氢抑制因素的研究,产氢电子供体的研究,高效产氢基因工程菌研究和实用系统的开发研究等。在这些发展方向之中,高效产氢工程菌的构建以及光反应器等实用系统的开发具有较大的研究价值。

多年来,人们对光合法生物制氢技术开展了大量的研究工作,但是利用光合法制氢的效果并不理想。要使光合法生物制氢技术达到大规模的工业化生产水平,很多问题仍有待于进一步研究解决。

2. 发酵法生物制氢技术

产氢发酵细菌能够利用底物碳水化合物、蛋白质和脂肪等,利用自身的生理代谢特点,通过发酵作用,在逐步分解有机底物的过程中产生分子氢。以糖类为例,其产氢过程大致如下:首先是糖醇解过程生成丙酮酸、ATP 和 NADH;然后,丙酮酸通过丙酮酸铁氧化还原蛋白酶被氧化成乙酰辅酶 A、二氧化碳和还原性氧化还原蛋白,或者通过丙酮酸甲酸裂解酶二分解成乙酰辅酶 A 和甲酸,所产生的甲酸再次被氧化为二氧化碳;并使铁氧化还原蛋白还原;最后,还原性铁氧化还原蛋白在氢化酶和质子的作用下生成氢气。

同光合法生物制氢技术相比,发酵法生物制氢技术具有一定的优越性:第一,发酵细菌的产氢速度通常很快,其产氢速度是光合细菌的几倍,甚至是十几倍;第二,酵细菌大多数属于异养型的兼性厌氧细菌群,在其产氢过程对 pH 值、温度、氧气等环境条件的适应性比较强,并且不需要光照,可以在白天和夜晚连续进行;第三,酵细菌能够利用的底物比较多,除通常糖类化合物外,甚至固体有机废弃物和高浓度的有机废水都可以作为产氢的底物,并且对营养物质的要求比较简单。第四,利用的产氢反应器类型比较多,并且反应器的结构同藻类和光合细菌相比也比较简单。

在 100 多年前,有人发现在微生物作用下,通过蚁酸钙的发酵可以从水中产生氢气。1962 年,Rohrback 首先证明 Clostrium butyricum 能够利用葡萄糖产生氢气。Karube 等人利用 Clostrium butyricum 采用固定化技术连续 20 天产生氢气。Zeikus 等人证明细菌利用碳水化合物、脂肪、蛋白质等生产氢气的同时,得到蚁酸、乙酸和二氧化碳,而乙酸、蚁酸又能被甲烷生成细菌所利用生产甲烷。1983 年日本生等人系统地研究了 Enterobacter aerogenes strain E.82005 的产氢情况,氢气速率可以达到 $1.0 \sim 1.5$ mol $H_2$/mol glucose。1992 年 Taguchi F. 等人从白蚂蚁体内得到的 153 株细菌中分离得到 51 株产氢细菌,其中 Clostrum beijerinckii strain AM21B是产氢能力最强的单菌,氢气产率为 245.0 mL $H_2$/mol glucose。

当前,利用厌氧发酵制氢的研究大体上可分为三种类型:一是采用纯菌种和固定技术进行生物制氢,因其发酵条件要求严格,偏向机理,还处于实验室研究阶段;二是利用厌氧活性污泥进行有机废水发酵生物制氢;三是采用连续混合高效产氢细菌使含有碳水化合物、蛋白质等的有机物质分解产氢。

在废水厌氧处理过程中很早就有利用从厌氧活性污泥中得到的产氢产酸菌产生氢气的报导,其发酵过程大体可被分为三个阶段:水解阶段、产酸产氢阶段和产甲烷阶段,产氢处于第二阶段。而如何控制第二阶段的积累和抑制第三阶段产甲烷细菌对氢的消耗成为利用废水连续制氢的一个研究思路。目前,采用活性污泥方法生物制氢的研究很多,Steven Van Ginkel 等人的研究表明,热处理可以抑制甲烷细菌和硫化氢还原细菌的存活,可以有效抑制第三阶段的发生。氮气吹扫可以减少氢气分压和提供完全厌氧环境,从而提高氢气产率。

而利用高效厌氧产氢细菌进行连续发酵制氢方法,目前主要工作是高效产氢菌种的开发以及采用基因技术等手段筛选优秀菌种。设计高效、低成本反应器和选择最佳反应工艺是此制氢方法在技术上的研究方向。

近十年来,国内对厌氧发酵产氢的研究已处于国际先进水平,哈尔滨工业大学的任南琪采用活性污泥方法利用糖蜜废水完成了连续发酵产氢的中试研究,而中国科学院化学研究所的沈建权采用高效厌氧产氢细菌进行了连续发酵制氢中试试验,对柠檬酸厂实际废水进行处理,由于柠檬酸水质的影响,产氢率不高,但厌氧处理废水阶段达到 60% 的 COD 去除率,96% 以上的总糖分解率。

生物制氢技术由于具有常温、常压、能耗低、环保等优势,在化石资源日渐紧张的今天,逐渐成为国内外研究的热点。利用生物质资源,进一步降低制氢成本是生物制氢走工业化的必由之路。但无论哪种生物制氢方法都存在自身的缺陷。近年来,混合培养技术和分阶段处理工艺越来越受到人们的重视,例如,将厌氧发酵细菌与厌氧光合细菌耦合的二步生物制氢技术。两步方法制氢的概念是通过建立一步厌氧发酵反应器酸化有机废弃物并部分产生氢气,再利用光合细菌在二步反应器中将厌氧发酵的产物进一步转化为氢气的技术。它既弥补了厌氧发酵法产氢效率低和光合细菌法无法直接利用有机废弃物连续产氢的缺点,是高效利用有机废弃物,处理废水的一条可行性很高的研究途径。二步法制氢有可能成为高效利用可再生生物质的关键技术环节。此外,采用多步厌氧光合制氢技术、厌氧光合/厌氧发酵同体系协同制氢技术也引起人们越来越多的关注,但如何保持制氢连续性、稳定性和抑制产酸积累仍是很难克服的技术难题。解决这些问题,必须考虑在传统工艺技术基础上渗入新的技术元素,如基因技术和酶/细胞固定化技术。固定化技术在生物制氢中的应用日渐增多,如使用乙烯 – 醋酸乙烯共聚物(EVA)作为细菌的载体可以得到 1.74 mol $H_2$/mol sucrose 的产率。此外,玻璃钢珠、活性炭和木纤维素等材料也可作为固定化载体。固定化制氢具有产氢纯度高、产氢速率快等但细胞固定化后细菌容易失活、材料不耐用且成本高等问题有待开发新的载体材料和新工艺来解决。

目前,已经设计出各种光合和厌氧发酵反应器,但成本高、放大难和氢气产率不高等仍是影响生物制氢发展的制约因素。文献认为,对于厌氧发酵制氢反应器,CSTR 型要优于 UASB 型。而其他研究表明,针对不同产氢细菌利用不同的反应器类型都能得到较好的产氢效果。许多研究立足构建生物制氢数学机理模型,来模拟各种操作条件,为生物制氢的放大、评估工程投资和反应器设计等提供理论依据。

这些技术和模型的应用很可能会使生物制氢技术具有更大开发潜力。但生物制氢机理的研究整体不足,特别是厌氧发酵制氢,它的遗传机制、能量代谢和物质代谢途径以及抑制机理都不十分清楚,这制约了生物制氢的发展。随着氢能日渐受到重视,生物制氢机理的研究也将越来越深入。

生物制氢技术是一种经济、有效、环保的新型能源技术。它与有机废水处理过程相结合,既可以产生清洁能源——氢气,又能实现废弃物的资源化,保护环境,对我国的可持续发展能源战略有重大意义。通过基因技术、固定化技术等内外部促进手段,进一步提高氢气的产率和有机质的利用效率,必然加速生物制氢工业化的进程。相信不久的将来必将迎来一次以利用生物质资源采用微生物方法制取氢气的新能源技术革命。

# 第28章 生物制氢原理

## 28.1 生物制氢概述

能源对于人类的生存、社会的繁荣与发展是至关重要的。目前人类主要利用煤和石油等化石燃料作为初级能源,这些能源一方面面临资源枯竭问题,另外,在利用过程中还会引起全球气候改变、环境污染生态变异和健康问题,氢气作为清洁可再生的能源而逐渐被人们所接受。

在诸多的新型替代能源中,氢能被认为是最有吸引力的替代能源。氢气作为一种新型的能源具有许多优越性:氢是宇宙间最简单同时也是储量最丰富的元素;氢能是一种十分清洁的能源,氢在燃烧和使用过程中只生成水,不产生任何污染物,可达到污染的"零排放"。正是由于氢的这种清洁特性,它又被人们称为"清洁能源"和"绿色能源";氢的利用效率高,氢在动力转换的过程中产生的热效率比常规的化石燃料高 30% ~60%;氢的能量密度高,是汽油的 2.68 倍;氢气能够储存在一些特殊的金属间化合物或纳米材料中,储存方便;氢的输送性能良好,在输送各种能源时,以相同的热量计算,氢的输送成本最低,损失最小,优于输电;氢与燃料电池相结合可提供一种高效、清洁、无转动部件、无噪声的新型发电技术。总之,氢气由于其清洁、高效、可再生、资源丰富、便于储存和运输等突出优点而在能源界备受青睐,被认为是 21 世纪之后构成世界能源体系的重要支柱。在未来的世界能源系统之中,氢能将发挥着举足轻重的作用。

目前氢气主要是通过水的电裂解来生产的,不可避免地要消耗不可再生能源和造成环境污染。生物法生产氢气主要通过微生物的代谢过程进行的,由于生物制氢工艺可以利用诸如高浓度有机废水、含碳水化合物物质等一系列可再生资源来生产氢气,因此该技术已成为极具吸引力的研究热点。以光分解和光合成为代表的生物制氢工艺,氢的转化率和太阳能转化率较低及工业化生产设备和光源问题,制约了生物制氢技术的发展,长久以来该技术一直难以达到工业化生产和商业利用。哈尔滨工业大学任南琪教授从 20 世纪 90 年代就开始了发酵法生物制氢技术的研究,并在混合培养发酵法生物制氢方面取得了巨大成功,引起国际上广泛的关注。2005 年混合培养发酵法生物制氢完成生产示范工程。

纯培养生物制氢工艺因具有工艺操作简单、底物利用率高等优点而一直受到人们的关注。利用生物质进行乙醇的发酵转化已经实现了产业化应用,其主要的技术进步就是发现大量的生产乙醇的菌株,最终筛选出能够稳定生产乙醇的酵母菌,实现了乙醇的大规模生产。目前,国外学者已经分离出约 50 余株产氢细菌,但是大部分都属于 *Clostridium*、*Enterobacte* 等少数几个菌属,发酵产氢微生物的遗传基础十分狭窄,另外由于所发现的产氢微生物的产氢能力低及菌种的耐逆性差等原因,到目前仍难以进入工业化生产中。因此,在开展混合培养生物制氢的同时,从混合培养发酵生物制氢系统中分离培养出环境适应能力强、产氢效能高的新型产氢细菌,进行纯培养生物制氢研究,对拓宽产氢微生物种子资源、提高生物制氢效能具有重要的意义。

# 28.2　生物制氢技术的主要研究方向

氢气作为一种清洁、可再生能源,已成为国内外关注的焦点。早在 18 世纪,人们就已经认识到某些藻类和微生物在代谢过程中可以产生氢气的现象,但是直到 20 世纪 70 年代世界性的能源危机爆发,生物法制氢的实用性及可行性才得到重视。1966 年 Lewis 就提出,许多藻类和细菌在厌氧条件下能产生氢气。氢气被当时的能源界誉为“清洁的”“未来燃料”。随着人类文明的发展和进步,人们对以化石燃料为基础的能源生产所带来的环境问题有了更为深入的了解,清醒地认识到化石燃料造成的大气污染甚至会对全球气候的变化产生显著的影响。一些工业化国家为了减少环境污染共同签订《京都议定书》,它要求在 2008 ~ 2050 年间,工业化国家的温室气体排放量要比 1990 年的水平降低 5.2%。因此世界把目标“聚焦”在生物制氢技术上,氢能源成为世界关注的热点。研究资料显示,根据微生物的生理代谢特征,能够产生分子氢微生物可以分为以下两大主要类群:

(1)包括藻类和光合细菌在内的光合生物。

(2)如兼性厌氧的和专性厌氧的发酵产氢细菌。由于产氢的微生物划分为光合细菌和发酵细菌两大类群,目前生物制氢技术也发展为两个主要的研究方向,即光合法生物制氢技术和发酵法生物制氢技术。纵观生物制氢技术研究的各阶段,比较而言,对光和发酵生物制氢的研究要远远多于对发酵法生物制氢的研究。

## 28.2.1　光合法生物制氢技术

自 Gaffron 和 Rubin(1942)发现一种栅列藻属绿藻(*Scenedesmassp*)可以通过光合作用产生氢气以来,不断深入的研究表明,很多的藻类和光合细菌都具有产氢特性,目前研究较多的主要有颤藻属(*Oscillatoria*)、深红红螺菌(*Rhdospirllum rubrum*)、球形红假单胞菌(*Rhodopseudomonoas spheroides*)、深红红假单胞菌(*Rhodopseudomonoas rubrum*)、球形红微菌(*Rhodomicrobium spheroides*)、液泡外流红螺菌(*Ectothiorhodospira vacuotata*)等。一些产氢的藻类和光合细菌种属及其产氢能力列于表 28.1 中。

表 28.1　一些产氢的藻类和光合细菌种属及其产氢能力

| 种类 | 微生物种属 | 产氢能力 mmol $H_2$/(g drycell·h) |
|---|---|---|
| 蓝细菌 | *Anabaena cylindrica* B-629 | 0.103 |
| | *Anabaena variabilis* SA1 | 2.1 |
| | *Nostoc flageliforme* | 1.7 |
| | *Oseillatoria sp.* MIAMIBG7 | 5 |
| | *Spirulina platensis* | 0.4 |
| | *Calotrix membtanacea* B-379 | 0.108 |
| 绿藻 | *Chlamydomonas reinhardii* 137C | 2.0 |
| | *Scenedesmus obliquus* $D_3$ | 0.3 |
| 光合细菌 | *Rhodobacter sphaeroides* RV | 3.3 |
| | *Rhodopseudomonas capsulata* B10 | 2.4 |
| | *Rhodospirillum molischianum* | 6.2 |
| | *Rhodopseudomonas palustris* | 1.9 |
| | *Rhodospirillum ruburm* | 0.89 |
| | *Ectothiorhodospira* | 0.2 |
| | *Shaposhnikovii* | |
| | *Rhodobacter marinus* | 3.75 |
| | *Rhodobacter sphaeroides* 8703 | 6.7 |

　　从目前光合法生物制氢技术的主要研究成果分析,该技术未来的研究动向主要有以下几个方面:光合产氢机理研究、参与产氢过程的酶的结构和功能研究、产氢抑制因素的研究、产氢电子供体的研究、高效产氢基因工程菌研究和实用系统的开发研究等。在这些发展方向之中,高效产氢工程菌的构建以及光反应器等实用系统的开发具有较大的研究价值。

　　60 多年来,人们对光合法生物制氢技术开展了大量的研究工作,各国科学工作者一直进行着不懈的努力,但是利用光合法制氢的效果并不理想。光合细菌的产氢能力及其对光能的转化效率都偏低,产氢代谢过程的稳定性差而且光合法制取氢气需要充足的光能源,这些问题都限制了光合法生物制氢技术的发展。因此要使光合法生物制氢技术达到大规模的工业化生产水平,很多问题仍有待进一步研究解决。

## 28.2.2　发酵法生物制氢技术

　　另一类在代谢过程中可以产生分子氢的微生物是产氢发酵细菌,产氢发酵细菌能够根据自身的生理代谢特性,通过发酵作用,在逐步分解有机底物的过程中产生分子氢。资料显示,能够发酵产氢的微生物很多,如丁酸性梭状芽孢杆菌(*Clostridium butyricum*)、巴氏梭菌(*Clostridium pasteurianum*)、克氏梭菌(*Clostridium Kuyveri*)、拜氏梭状芽孢杆菌(*Clostridi-*

*um beijerinckii*)、丙酮丁醇梭菌(*Clostridium acetobutylicum*)、热纤维梭菌(*Clostridium thermocellum*)、大肠杆菌(*Escherichia coli*)、拟杆菌属(*Bacteroides*)、产气肠杆菌(*Enterobacter aerogenes*)、中间柠檬酸杆菌(*Citrobacter intermedius*)、产气韦荣氏球菌(*Veillonella gazogenes*)、醋酸球菌属(*Acetivibrio*)、奥氏甲烷杆菌(*Methanobacterium rettgeri*)、瘤胃球菌属(*Ruminococcus*)、嗜热产氢菌属(*Thermohydrogenium*)、拟盐杆菌属(*Halobacteroides*)、褐球固氮菌(*Azolobacter chroococcum*)等。

科学工作者们研究分离出了很多产氢发酵细菌,以期望获得高产氢能力的产氢发酵细菌,详细内容见表28.2。在分离菌株中,肠杆菌属和梭菌属的细菌较多,他们的产氢能力也普遍较高,例如,Kumar 等(2002)分离到的一株阴沟肠杆菌 *Enterobacter cloacae* 的产氢能力较强,最大产氢能力可达 29.63 mmolH$_2$/(g drycell·h)。与光合法生物制氢相比,发酵法进行生物制氢技术具有一定的优越性:

(1)发酵法生物制氢技术的产氢稳定性好。由于发酵法生物制氢技术利用有机底物的分解制取氢气,它不需要光能源,因此发酵法制氢技术不必依赖于光照,能够不分昼夜地持续产氢,从而保证产生氢气的持续稳定性。

(2)发酵产氢细菌的产氢能力较高。光合细菌和发酵细菌产氢能力的综合比较表明,迄今为止,发酵产氢菌中的产氢能力还是高于光合细菌。从表28.2可见,大多数光合细菌的产氢能力都在5 mmol H$_2$/(g drycell·h)以下,而发酵细菌大多具有较高的产氢能力,如产气肠杆菌 *Enterobacter aerogenes* E.82005 产氢能力为 17 mmolH$_2$/(g drycell·h)。

(3)发酵细菌的生长速率快。研究表明,发酵细菌的生长速率快于光合细菌,它可以工业化大规模的生物制氢技术设备快速地提供大量的产氢发酵微生物。

(4)制氢成本低。发酵细菌利用的产氢底物是植物光合作用的产物,实际上是对太阳能的间接利用技术,而且它可以利用工农业生产的废弃物作为原料,实现废物的资源化处理,从而降低发酵法制取氢气的生产成本。发酵法生物制氢技术的优越性已逐渐被人们所认识,近年来,发酵法生物制氢技术研究受到普遍的关注,正在成为生物制氢研究的热点。

表28.2　发酵法产氢的微生物

| 细菌名称 | 细菌种属 | 细菌编号 |
|---|---|---|
| 产气肠杆菌 | *Enterobacter aerogenes* | E.82005 |
| 产气肠杆菌 | *Enterobacter aerogenes* | HO－39 |
| 产气肠杆菌 | *Enterobacter aerogenes* | HU－101 |
| 产气肠杆菌 | *Enterobacter aerogenes* | NCIMB 10102 |
| 拜氏梭菌 | *Clostridium beijerinckii* | AM21B |
| 丁酸梭菌 | *Clostridium butyricum* | IFO3847 |
| 丁酸梭菌 | *Clostridium butyricum* | IFO3858 |
| 丁酸梭菌 | *Clostridium butyricum* | IFO3315t1 |
| 丁酸梭菌 | *Clostridium butyricum* | NCTC 7423 |
| 丁酸梭菌 | *Clostridium butyricum* | IAM19001 |
| 巴氏梭菌 | *Clostridium pasteurianum* | － |

续表 28.2

| 细菌名称 | 细菌种属 | 细菌编号 |
|---|---|---|
| 艰难梭菌 | *Clostridium difficle* | 13 |
| 生孢梭菌 | *Clostridium sporogenes* | 2 |
| 梭菌属 | *Clostridium sp.* | NO.2 |
| 丙酮丁醇梭菌 | *Clostridium acetobutylicum* | ATCC824 |
| 热纤维梭菌 | *Clostridium thermocellum* | 651 |
| 阴沟肠杆菌 | *Enterobacter cloacae* | IIT – BT 08 |
| 大肠杆菌 | *Escherichia coli* | — |
| 柠檬酸杆菌属 | *Citrobacter sp.* | Y19 |
| 中间柠檬酸杆菌 | *Citrobacter intermedius* | — |
| 地衣芽孢杆菌 | *Bacillus licheniformis* | 11 |

# 28.3　厌氧发酵生物制氢的产氢机理

许多微生物在代谢过程中能够产生分子氢,其中已报道的化能营养性产氢微生物就有四十多个属,其中一些产酸发酵细菌具有很强的产氢能力。根据国内外大量资料分析,对于发酵生物制氢反应器中的微生物而言,可能的产氢途径有 3 种:EMP 途径中的丙酮酸脱羧产氢,辅酶 I 的氧化与还原平衡调节产氢以及产氢产乙酸菌的产氢作用。

## 28.3.1　EMP 途径中的丙酮酸的脱羧产氢

厌氧发酵细菌体内缺乏完整的呼吸链电子传递体系,发酵代谢过程中通过脱氢作用所产生的"过剩"电子,必须通过适当的途径得到"释放",使物质的氧化与还原过程保持平衡,以保证代谢过程的顺利进行。通过发酵途径直接产生分子氢,是某些微生物为解决氧化还原过程中产生的"过剩"电子所采取的一种调节机制。

能够产生分子氢的微生物必然还有氢化酶,目前,人们对蓝细菌和藻类的氢化酶研究已取得了较大的进展,但是,国际上对产氢发酵细菌的氢化酶研究较少,Adams 报道了巴氏梭状芽孢杆菌( *Clostridium pasteurianum* )中含氢酶的结构、活性位点及代谢机制。细菌的产氢作用需要铁氧还蛋白的共同参与,产氢产酸发酵细菌一般含有 8Fe 铁氧还蛋白,这种铁硫蛋白首先在巴氏梭状芽孢杆菌中发现,其活性中心为 $Fe_4S_4(S – CyS)_4$ 型。螺旋体属亦为严格发酵碳水化合物的微生物,在代谢上与梭状芽孢均属相似,经糖酵解 EMP 途径发酵葡萄糖生成 $CO_2$、$H_2$、乙酸、乙醇等作为主要末端产物,该属也有些种以红氧还蛋白替代铁氧还蛋白,其活性中心为 $Fe_4(S – CyS)_4$ 型。

产氢产酸发酵细菌(包括螺旋体属)的直接产氢过程均发生于丙酮酸脱羧作用中,可分为以下两种方式。

(1)梭状芽孢杆菌型:丙酮酸首先在丙酮酸脱氢酶作用下脱羧,羟乙基结合到酶的 TPP 上,形成硫胺素焦磷酸——酶的复合物,然后生成乙酰 CoA,脱氢将电子转移给铁氧还蛋白,使铁氧还蛋白得到还原,最后还原的铁氧还蛋白被铁氧还蛋白氢化酶重氢化,产生分子氢。

(2)肠道杆菌型:此型中,丙酮酸脱羧后形成甲酸,然后甲酸的一部分或全部转化为 $H_2$ 和 $CO_2$。由以上分析可见,通过 EMP 途径的发酵产氢过程,不论是梭状芽孢杆菌型还是肠道杆菌型,虽然他们的产氢形式有所不同,但其产氢过程均与丙酮酸脱羧过程密切相关。

### 28.3.2　NADH/NAD$^+$的平衡调节产氢

生物制氢系统内,碳水化合物经 EMP 途径产生的还原型辅酶 I($NADH^+/H^+$),一般可通过与一定比例的丙酸、丁酸、乙醇或乳酸等发酵相耦联而得以氧化为氧化型辅酶 I($NAD^+$),从而保证代谢过程中 NADH/NAD$^+$的平衡,这也是有机废水厌氧生物处理中,之所以产生各种发酵类型(丙酸型、丁酸型及乙醇型)的重要原因之一。生物体内的 $NAD^+$ 与 NADH 的比例是一定的,当 NADH 的氧化过程相对于其形成过程较慢时,必然会造成 NADH 的积累。为了保证生理代谢过程的正常进行,发酵细菌可以通过释放 $H_2$ 的方式将过量的 NADH 氧化:

$$NADH + H^+ \longrightarrow NAD^+ + H_2$$

根据生理生态学分析,与大多数微生物一样,厌氧发酵产氢细菌生长繁殖的最适 pH 值在 7 左右。然而,在产酸发酵过程中,大量有机挥发酸的产生,使生境中的 pH 值迅速降低,当 pH(pH < 3.8)值过低时,就会对产酸发酵细菌的生长造成抑制。此时,发酵细菌将被迫阻止酸性末端产物的生成,或者依照生境中的 pH 值,通过一定的生化反应,成比例地降低 $H^+$ 在生境中的浓度,以达到继续生存的目的。大量分子氢的产生和释放,酸性末端产物中丁酸及中性产物乙醇的增加,正是这种生理需求的调节机制。

### 28.3.3　产氢产乙酸菌的产氢作用

产氢产乙酸细菌(*H$_2$-producing acetogens*)能将产酸发酵第一阶段产生的丙酸、丁酸、戊酸、乳酸和乙醇等,进一步转化为乙酸,同时释放分子氢。这群细菌可能是严格厌氧菌或是兼性厌氧菌,目前只有少数被分离出来。

## 28.4　厌氧发酵法生物制氢工艺概述

### 28.4.1　厌氧发酵生物制氢工艺

厌氧细菌发酵富含碳水化合物的底物也可以产生氢气。光合成和光降解生产获得的氢气为纯氢,发酵法生产的氢气为混合气体,含有 $H_2$ 和 $CO_2$ 及少量的 CO、$H_2S$ 和 $CH_4$。厌氧制氢细菌主要为 *Enterobacter*、*Bacillus* 和 *Clostridium* 的许多种类。任南琪等发现了发酵产氢细菌 B49。这些发现极大地丰富了生物制氢的微生物种质资源,发酵类型称之为乙醇型发酵。这些细菌易于用诸如葡萄糖、六碳糖的同聚物及淀粉、半纤维素和纤维素的多聚物等碳水化合物作为产氢发酵的底物。发酵产氢途径决定了 $H_2$ 的产量,当乙酸作为末端产物时,理论上每 mol 葡萄糖可以产生 4 mol 的 $H_2$,其反应方程式如下:

$$C_6H_{12}O_6 + 2H_2O \longrightarrow 2CH_3COOH + 4H_2 + 2CO_2$$

当丁酸作为末端产物时,理论上每 mol 葡萄糖可以产生 2 mol 的 $H_2$,反应方程式如下:

$$C_6H_{12}O_6 + 2H_2O \longrightarrow CH_2CH_2CH_2COOH + 4H_2 + 2CO_2$$

一般认为,当末端产物以乙酸为主时,氢气产量较高;在混合培养条件下,当末端产物以乙酸和丁酸为主时氢气产量较高;而当末端产物以丙酸和还原形式的乙醇和乳酸为主时,氢气产量较低。任南琪等研究表明当末端产物为乙醇时,氢气产量却较高。

上述不同生物制氢系统之间的比较主要观察产氢能力的大小,即产氢量和产氢速率的值的变化。生物制氢系统间产氢速率的大小变化很大,光照依赖型的生物制氢系统(光合成生物制氢、光降解生物制氢两种类型)$H_2$ 分子合成速率低于 1 mmol/(L·h),发酵生物制氢系统的产氢速率差异很大,个别案例产氢速率极高(表 28.3)。在光和 - 发酵生物制氢工艺中,Tsygankov 等利用 *Rhodobacter spheroids* GL1 细胞固定化在球形玻璃体上,氢气产率达到 3.6 ~ 3.8 mLH$_2$/(mL·h),氢气产率有所提高。

表 28.3　不同生物制氢系统产氢速率的比较

| 生物制氢系统 | 氢合成速率(文献) | 氢合成速率(换算)(mmolH$_2$/(L·h)) |
|---|---|---|
| 光合成生物制氢系统 | 4.67 mmol H$_2$/L/80 h | 0.07 |
| 光分解生物制氢系统 | 12.6 nmol H$_2$/μg protein/h | 0.355 |
| 光合 - 发酵生物制氢系统 | 4.0 mL H$_2$/mL/h | 0.16 |
| 水气交换反应生物制氢系统 | 0.8 mmol H$_2$/g cdw/min | 96 |
| 离体氢酶生物制氢系统 | 11.6 mol H$_2$/mol 葡萄糖 | |
| Mesophilic,纯菌 | 21.0 mmol H$_2$/L/h | 21 |
| Extreme thermophilic,纯菌 | 8.4 mmol H$_2$/L/h | 8.4 |
| 活性污泥法 | 36 mLH$_2$/(g cell·h) | |
| 活性污泥法 | 5.4 mol/kg COD | |

总而言之,以光照为基础的生物制氢工艺不能够以足够的速率生产氢气来满足一定规模的能源需求。但这并不意味着这些系统没有开发的价值和潜力。在适度的能源需求上仍需要开发这些系统。以绿藻为代表的光和生物制氢工艺可以从水中制造氢气,太阳能转化率比树木和作物高 10 倍,缺点是需要光能,另外氧气也危害制氢系统;以蓝细菌为代表的光降解有机物生物制氢工艺可以从水中制造氢气,主要利用固氮酶生产氢气,并从大气中固定 $N_2$,该过程的缺点是固氮酶可以被移走,需要太阳光照,另外在 $H_2$ 中混有 30% 左右的 $O_2$ 和一定量的 $CO_2$、$O_2$ 阻碍固氮酶的活性。

以红细菌光异养型微生物为代表的水 - 气交换反应固定 CO 的生物制氢工艺也可以从水中制造氢气,不需要光照,产氢率较高,氢化酶不受 $O_2$ 的阻碍,生物气中含有 $CO_2$ 等气体;光合发酵杂交生物制氢系统可以利用来源广泛的底物,也可利用宽泛光谱,缺点是需要光照进行氢气生产。离体氢酶生物制氢系统是酶工程的一种,还需要进一步的开发研究。

发酵法生物制氢工艺可以利用不同的碳源(淀粉、纤维素、半纤维素、木质素、蔗糖等),因此可以利用不同的碳源原材料,并可以产生有价值的丁酸、乳酸、乙酸作为副产品,缺点是发酵液的排放可能污染环境,$CO_2$ 存在于气体中,但是可以通过对排放的发酵液进一步甲烷化处理或光合法生物制氢,进一步利用液相有机酸末端产物生产氢气。因此,从以上分析和表 28.3 可以看出,发酵法生物制氢工艺具有不可替代的优势。

### 28.4.2　混合培养发酵法生物制氢工艺

混合培养发酵法生物制氢工艺的基本操作是接种活性污泥,利用生物厌氧产氢－产酸发酵过程制取氢气,产氢单元就是作为污水的两相厌氧生物处理工艺的产酸相。污泥接种后进行驯化培养,采用高浓度有机废水,辅助加入 N/P 配置而成的作用底物,使反应器进入乙醇型发酵状态,进行连续流的氢气生产。反应器采用任南琪发明的完全混拌式生物制氢反应器。

1. 工程控制参数

产酸相乙醇型发酵的出现是生物发酵产氢的最佳运行状态及最佳控制的标志,而该发酵类型又受多种运行参数的调控。其中温度、pH 值、碱度、氧化还原电位和反应器搅拌速度都对产氢过程有着重要的影响。

温度对产氢产酸发酵有显著影响,当温度调节在 35 ~ 38 ℃ 范围时,反应器中的厌氧活性污泥和微生物菌群具有最高的发酵与繁殖速度,其有机物酸化率及产气率达到最大。但温度对发酵末端产物的组成影响不大。

产酸发酵细菌,包括稳定性较强的乙醇型发酵菌群,对 pH 值的变化均十分敏感。反应器内 pH 值的变化会造成其微生物生长繁殖速率及代谢途径的改变。另外,pH 值的变化也会引起代谢产物的变化,pH 值在 4.0 ~ 5.0 范围内时,发酵末端产物以乙醇、乙酸含量最高,呈现典型的乙醇型发酵;在 4.4 < pH < 5.0 范围内,末端产物中亦含有一定含量的丙酸和乳酸,它们的存在可能导致后续处理单元丙酸的积累,影响产甲烷相的正常运行;当 4.0 < pH < 4.5 时,发酵产物以乙醇、乙酸、丁酸为主,均属理想的产氢代谢目标副产物。若 pH < 4.0,由于有机酸的大量积累造成过度酸化,细菌的产氢生理生化代谢过程受到严重抑制,产气率急剧下降。综上所述,乙醇型发酵的最佳 pH 值应为 4.0 ~ 4.5。

厌氧微生物的一些脱氢酶系包括辅酶 I、铁氧还蛋白和黄素蛋白等要求低的 Eh 值环境才能保持活性,因此厌氧微生物的生存和代谢活动必须要求较低的氧化还原电位( Eh 值)环境。生境中的氧化还原电位受多方面因素的影响。首先氧化还原电位受氧分压的影响,氧分压高则氧化还原电位高;氧分压低,氧化还原电位低;其次微生物对有机物的代谢过程中所产生的氢、硫化氢等还原性物质会降低环境中的 Eh 值;第三,环境中的 pH 值也能影响氧化还原电位。pH 值较低时,氧化还原电位高,pH 值高时,氧化还原电位低;可以采取加入还原剂如抗坏血酸、$H_2S$ 或含巯基( −SH )的化合物(如半胱氨酸、谷胱甘肽等),以降低反应体系中的氧化还原电位值;如果要得到高的氧化还原电位值,最好的办法是通空气,提高氧的分压,也就提高了 Eh 值。

有机物在反应器中的水力停留时间直接制约着微生物的代谢过程,停留时间过短,产酸发酵过程进行得不充分;停留时间过长,会影响反应器效能的发挥。试验运行中可观察到出水中有大量细菌絮体流出,这会导致反应器产氢量的下降。根据产氢能力和悬浮物截留能力,生物制氢反应器的水力停留时间( HRT )维持在 4 ~ 6 h 较为适宜。

搅拌速率对反应速率影响较大,它不但影响混合液的流动状况,决定微生物与底物的接触机会,而且对代谢速率、气体释放速率及生物发酵途径都有较大影响。李建政认为搅拌器在转速为 60 r/min 时,反应器内的污泥絮体能够完全悬浮,且在 HRT 不小于 5 h 的条件下,其污泥持有量能够保持较高水平(20 MLVSS/L)。在高有机负荷运行条件下,进水碱度(以 $CaCO_3$ 计)应大于 300 mg/L,以保证乙醇型发酵的最适 pH 值 4 ~ 4.5;当进水碱度小于 300 mg/L 时,出水 pH 值有可能降至 4.0 以下,造成微生物代谢活力迅速下降,发酵产氢作用将受到极大限制。调节进水碱度可采用投加 $NaHCO_3$、NaOH、$Na_2CO_3$ 和石灰等方法,其中以投加石灰乳为佳。首先,石灰价格低廉,可减少生物制氢的生产成本;另外,一定量的 $Ca^{2+}$ 对微生物的代谢有刺激作用,可使产氢率提高 15% 以上。尚未见到关于一个连续流的、工业化生产的生物制氢工艺的报道。任南琪等已经比较详尽报道了发酵法生物制氢工艺,并进行了小试和中试试验。目前正在进行生物制氢生产示范化工程的基地建设,使这一研究方向继续保持领先。发酵法生物制氢工艺至少包括以下几个步骤:从厌氧污泥和耗氧污泥作为种泥,可进行或不进行预热处理。工程控制温度在 35 ~ 38 ℃ 之间,pH 值在 4.0 ~ 6.0 之间,水力停留时间 4 ~ 6 h。工艺采用富含碳水化合物的底物,并投加充足的 P、复杂的 N 源,并吹脱溶解氢,通过监测气流、气体成分和液相氧化还原电位来防止乙酸 – 丁酸 – 氢气代谢途径的偏离,并去除制氢工艺中产芽孢菌的干扰。可以认为,在任南琪等乙醇型发酵生物制氢理论指导下的发酵法生物制氢技术,是各种生物制氢系统中最有前途的工艺之一,而且乙醇型发酵生物制氢工艺理应普及到纯培养上来。

2. 存在问题与解决途径

为了达到连续制氢的目的,应该选择适当的反应底物(物料)。碳水化合物是可持续利用的资源,具有充分的浓度有利于发酵转化和能量转换,达到最低限度的预处理和低成本。在理论上 1 mol 葡萄糖(主要指六碳同聚物或淀粉和纤维素的多聚物)通过以乙酸为末端代谢产物的途径可以产生理论值 $4\ molH_2$;而以丁酸为末端产物时,可以产生 $2\ molH_2$,任南琪等以糖厂废蜜废水为底物进行生物制氢,小试和中试连续制氢实验获得了成功。Lay 和 Yokoi 等利用淀粉废水生产氢气分别获得了 $2.14\ molH_2/mol$ 六碳糖和 $2.7\ molH_2/mol$ 葡萄糖。到目前为止,除任南琪等之外,大多数研究者们利用成本较高的纯底物,而很少利用成本较低的固体废弃物和废水,因此难以真正达到可持续的工艺要求。可持续利用的底物应当包括含糖作物,例如甜菜、甘蔗、甜高粱;以淀粉为基础的作物,例如玉米和小麦,以木质素和纤维素为基础的植物,例如饲料草和 *Miscanthus*。发酵生物质进行氢气生产,因其具有强竞争力的底物而比酵母发酵范围较窄的底物进行乙醇生产具有更大的优势,该优势主要表现为成本较低、能量回收率高。生物制氢的反应物料特性,给生物制氢工艺提出新的课题,那就是如何利用数量规模有限和在一定时段上能够提供的反应底物,这样,连续的生物制氢生产工艺就显得不能够胜任这样的短时间内生产氢气的任务,就需要利用分批培养和补料 – 分批培养这样可以在一段时间内运行的工艺所补充。这样,通过把这些有限数量和特定时间能够提供的底物转化为氢气,高效率地利用生物质资源;另一方面,当反应底物的组成不是十分复杂,也可以采用纯培养技术,这样可以减少因混合培养菌种繁多对底物的消耗;研究者一般采用接种厌氧污泥和好氧污泥进行驯化来得到产氢优势菌群,采用或不采用预先对污泥进行热处理的方法,有人认为加热处理污泥可以加速启动,*Clostridium* 菌种的氢产量比好氧菌要高出很多,但任南琪等从生物制氢反应器中分离到的一些特殊新菌种具有更高的产氢能力。混合培养生物制氢系统的启动需要 40 ~ 50 d 的运行,才能成为稳定产氢的系统。在适合纯培养的生物制氢中,反应器的启动时间比较快。氮气吹脱有利于产氢。

　　燃料电池是一种利用带电离子创造电流的电化学装置。很多类型的燃料电池已经发展起来,其主要差别在于电极的类型、操作条件和电势高低。例如,用在机动车上的燃料电池在 $50 \sim 100$ ℃范围内运行,需要纯 $H_2$,对 CO 极为敏感。一般而言,对氢气消耗的速率,当产生 1 kW 的电时,需要提供 23.9 mol/h 的氢气流。这就需要生物制氢系统提供足够量的氢气产量和速率,这是对生物制氢系统的技术挑战之一。解决这一问题的途径之一是,在连续流氢气生产工艺之外,附之分批培养和补料分批培养这样短时间运行的制氢工艺,补充连续流工艺的氢气生产,强化和稳定燃料电池所需要的氢气流和氢气量。

### 28.4.3　纯培养发酵法生物制氢工艺

　　纯培养生物制氢工程开展得要比混合培养生物制氢早许多年,但是自从任南琪教授开展活性污泥发酵法生物制氢以来,混合培养生物制氢取得了快速的发展。在任南琪教授的发酵生物制氢系统,分离出一批新型产氢细菌。在此基础上,进一步开展纯培养生物制氢工程研究就十分必要。首先,以一些特定的生物质为原料的生物制氢,应该进行分批培养和补料分批培养的纯菌制氢;第二,在以混合培养为主的大型生物制氢工厂,附之纯培养生物制氢工艺,以补充氢气生产的速率和流量;第三,以特定生物质制氢工程,需要开展纯培养研究,观察底物制氢的有效性和效能;第四,尽管其他作者研究纯培养制氢取得的成绩,还不能与混合培养制氢的结果相比,有必要进行新型菌种的纯培养生物制氢工程研究,扩大不同类型菌种制氢的应用。

　　1. 纯培养发酵法生物制氢技术研究历史

　　尽管早在 20 世纪 80 年代,Suzuki 等利用细胞固定化连续培养技术在 1980 年研究了 *Clostridium butyicum* 的氢气生产;Tashino 等在 1983 年就开始了利用 *Enterobacter aerogenes* 纯间歇培养,在接种 $5.5 \sim 6.5$ h 后,产生 $0.20 \sim 0.21$ $LH_2/L$,他们获得的氢气产率相近。研究一直持续到现在,但是多年的纯培养制氢研究还没有实现工业化生产。主要的原因就是所采用的菌种来源太少,缺乏工程上所需要的产氢菌种和制氢技术。纯培养研究一直持续到 20 世纪 90 年代中叶,纯培养制氢研究逐步成为生物制氢研究的热点。代表性的菌种有 *Enterobacter aerogenes* B.82005 等。任南琪教授 1994 年从活性污泥入手,开始了混合培养生物制氢的研究,经过 15 年的探索,已经把混合培养发酵法生物制氢工艺深入到生产示范工程,实现规模化工业化生产。相比较而言,纯培养生物制氢被甩到了后面,国际上也于 2000 年开始把注意力集中在混合培养,陆续报道了一些研究成果。但是,纯培养研究也随着菌种的不断发现,纯培养研究再次与混合培养并列成为人们关注的两个热点。代表性的菌种有 *Enterobacter clocae* IIT – BT08、*Clostridium butyricum* CGS5 和 B49。发酵法生物制氢所利用的底物不断扩大,除了废弃物和废水外,生物质作为底物的研究越来越受到人们的重视,这样,成分不是很复杂的生物质、废水和废弃物,可以成为纯培养生物制氢的作用底物,使得纯培养生物制氢的研究持续不断。纯培养生物制氢的研究和产业化,随着新菌种的发现,前景十分看好。

　　2. 分批培养工艺

　　分批培养是一种最简单的发酵方式,在培养基中接种后通常只要维持一定的温度,厌氧过程还需要驱逐溶解氧。在培养过程中,培养液的菌体浓度、营养物质浓度和产物浓度不断变化,表现出相应的变化规律。

(1)细菌的生长:分批培养的细菌生长一般经过延迟期、指数生长期、减数期、静止期和衰亡期五个阶段。延迟期是菌体细胞进入新的培养环境中表现出来的一个适应阶段,这时菌体浓度虽然没有明显的增加,但在细胞内部却发生着很大的变化。产生延迟期的原因有和培养环境中营养的改变(碳源的改变等)、物理环境的改变(温度、pH 值和厌氧状况)、存在抑制剂和种子的状况有关。延迟期结束后,因为培养液中的营养因素十分丰富,菌体生长不受任何限制,菌体浓度随时间指数增大,故称之为指数生长期。随着细菌的生长,发酵液中的营养不断消耗减少,有害代谢产物不断积累,菌体生长的速率逐渐下降,进入减速期,而细菌生长和死亡速率相等时,菌体浓度不变化,进入静止期。当培养液中的营养物质耗尽和有害物质浓度过度积累,细胞生长环境恶化,造成细胞不断死亡,进入衰亡期。一般的培养过程在衰亡期之前结束,但是也发现有些生物过程在衰亡期尚有明显的产物形成。当培养液中的营养物质耗尽和有害物质浓度过度积累,细胞生长环境恶化,会造成细胞不断死亡,进入衰亡期。一般的培养过程在衰亡期之前结束,但是也发现有些生物过程在衰亡期尚有明显的产物形成。

(2)底物的消耗:培养过程中消耗的底物用于菌体生长和产物的形成,有的底物还与能量的产生有关。一般而言,底物的消耗与菌体生长浓度和增值率成正比,与得率成反比。

(3)产物的生成:一般认为,分批培养中产物的生成与生长的关系归纳为三种关系,即产物的生成与生长相关、部分相关和不相关。产物的生成与生长相关多见于初级代谢产物的生产;产物的生成与生长部分相关,产物的生成速率即与细胞的比生长速率有关,也与细胞的浓度有关;产物的生成与生长不相关,则见于次生代谢产物的生产。

(4)工程控制参数:Minnan 等发现的 *Klebsiella oxytoca* HP1 的分批培养试验结果表明,氢气生产的最佳条件是,葡萄糖浓度、起始 pH 值、培养温度和气相氧分别是 50 mmol 葡萄糖、起始 pH 值 7.0、35 ℃ 和 0% 的氧,最大的氢气生产活性、产率和产量分别为 9.6 mmol/(g CDW·h),87.5 mL/1 h 和 1.0 mol/mol 葡萄糖。*Klebsiella oxytoca* HP1 发酵氢气生产强烈地依赖于起始 pH 值。Chen 等报道了 *Clostridium butyricum* CGS5 在起始蔗糖浓度 20 g COD/L(17.8 g)和 pH 5.5 情况下的分批培养研究结果,其产量为 5.3 L 和 2.78 mol $H_2$/mol蔗糖,在 pH 6.0 条件下,最高的氢气产率为 209 mL/(L·h)。Jung 研究的 *Citrobacter* sp.19 在分批培养中,最佳的细胞生长和氢气生产在 pH 值 5~8、温度在 30~40 ℃ 氧分压为 (0.2~0.4)×$1.01×10^5$ Pa,其最大产氢量为 27.1 mmol/(gcell·h)。

3.连续培养工艺

在连续培养中,不断向反应器中加入培养基,同时从反应器中不断释放出培养液,培养过程可以长期进行,可以达到稳定状态,过程的控制和分析也比较容易进行。生物反应器的培养基接种后,通常先进行一段时间的培养,待菌体浓度达到一定数量后,以恒定流量将新鲜培养基送入反应器,同时将培养液以同样的流量抽出,因此反应器中的培养液体积保持不变。在理想状态下,培养液中的各处的细胞浓度和产物浓度分别相同。和分批培养相比,连续培养省去了反复放料及清洗发酵罐,避免了延迟期,因而设备的利用率高。Minnan 等发现的 *Klebsiella oxytoca* HP1 的连续培养试验结果表明 pH 值控制在 6.5,培养温度控制在 38 ℃,驱除气相中的氧成分和回添氩气。培养起始阶段,由于较少的菌体含量,氢气生产率较低。培养 12 h 后,产氢活性和产率都得到提高,在上述条件下,氢气生产率和产量分别达到 15.2 mmol/(g CDW · h),350 mL/h 和 3.6 mol/mol 蔗糖。Jung 研究的 *Citrobacter* sp. 19 在连续培养中,最佳的细胞生长和氢气生产分别在 pH 5 ~ 7.5,温度在 30 ~ 40 ℃,氧分压为 $(0.2 ~ 0.4) × 1.01 × 10^5$ Pa,其最大产氢量为 20 mmol/(gcell · h)。

### 4. 补料分批培养工艺

补料分批培养是一种介于分批培养和连续培养之间的一种操作方式,在进行分批培养时,随着营养的消耗,向反应器补充一种或多种营养物质,以达到延长生产期和控制发酵的目的。随着补料操作的持续进行,发酵液的体积逐渐增大,到了一定时候需要结束培养,或者取出部分发酵液,剩下的发酵液继续进行补料分批培养。补料分批培养可以有效地对发酵过程进行控制,提高发酵过程的生产水平,在生产中得到广泛应用。目前还没有关于补料分批培养用于氢气生产的报道。

### 5. 纯培养生物制氢进展

尽管利用纯培养生物制氢技术提出得很早,但是人们只是停留在 *Enterobacter*、*Clostridium* 等几个菌种上,技术进步和研究成果与混合培养比较,研究相对落后。直到最近人们又重新开始对纯培养发生兴趣,不断扩大菌种来源 *Citrobacter*、*Klebsiella*,并且研究产氢微生物对底物的来源范围不断扩大。一些 *Enterobacter* 的株系可以利用可溶性淀粉、食品废弃物、造纸废液、小麦淀粉、糖类生物质、食品废水、大米造酒废水等来源广泛的氢气生产底物。Angenent 等对工业和农业废水的氢气生产有了一个综述,Logan 采用了一个新型分批培养技术用于生物制氢。在纯培养生物制氢的研究中,*Clostrodiu* 产氢菌的研究十分详尽,是模式菌种。Collet P. 等人报道了 *Clostridium thermolacticum* 纯培养生物制氢的研究结果。在含有乳糖的培养液中,大量氢气生成。在乳品工业中,有大量牛奶渗透到废流中,其中乳糖含量多达 6%,是一个有价值的生物制氢底物来源。在连续培养工艺中,*C. thermolacticum* 氢气产量达到 5 mmol $H_2$/(gcell · h)。围绕着 *Clostridium* 菌属的其他菌种的研究表明,同一属内的菌种的培养特性和产氢能力有所不同,培养条件对 *C. thermolacticum* 乳糖的氢气生产有着十分重要的影响。在气相产品中 $H_2$ 的含量十分高,而 $CO_2$ 的含量却十分少。细胞代谢释放的 $CO_2$ 进入培养液形成碳酸盐或重碳酸根离子的形式存在。Frick 等进行的中试表明培养液的缓冲液强烈地改变培养液中气相 $CO_2$ 和不溶解的 $CO_2$ 之间的平衡。Lee 等报道了提高碱度,有利于氢气生产量的增加。在碱性 pH 条件下乳糖的氢气生物转化,氢分压由 53 kPa 增加到 78 kPa,氢气产量从 2.06 mmol/(L · h)增加到 3.00 mmol/(L · h),一些作者则有相反的结论。乙醇的形成减少了氢气的产量,这一结论受到人们的置疑。利用 *Clostrodium* 消化其他有机物生产氢气也有许多报道,菊粉、蔗糖、乙酰氨基糖和角素等含木质素的废液和污水污泥以及其他方面等都有进行纯培养生产氢气的报道。

如前所述,产氢菌 *Clostridium butyricum* CGS5 是一个比较成功的报道。尽管 *Clostridium* 产氢菌比 *Enterobacter* 对氧气敏感,人们对还是热衷于研究它的产氢特性,这些菌种在价格便宜的培养液中可以进行有效的氢气生产。*Clostridium butyricum* 氢气生产的 pH 值最佳范围是 5.5 ~ 6.7,而在 pH 值为 5.0 时,氢气生产受到抑制。同样,有机负荷起着十分重要的作用。乙醇产量相对较少,属于丁酸型发酵。纯培养生物制氢的研究中,*Clostridium* 产氢菌的一些研究结果为发酵生物制氢工艺提供了许多具有指导意义的基础资料。

# 28.5　厌氧发酵生物制氢技术的发展现状

迄今为止,根据是否需要光源,可将已报道的产氢生物类群分为光合生物(厌氧光合细菌、蓝细菌和绿藻)、非光合生物(严格厌氧细菌、兼性厌氧细菌和好氧细菌)。根据营养类型又可分为发酵细菌和非发酵细菌,其中发酵细菌也包括光发酵细菌和暗发酵细菌(通常称发酵产氢细菌)。与光合法生物制氢相比,发酵法生物制氢技术具有一定的优越性:①发酵法生物制氢技术的产氢稳定性好。由于发酵法生物制氢技术利用有机底物的分解制取氢气,它不需要光能源,因此发酵法制氢技术不必依赖于光照,能够不分昼夜地持续产氢,从而保证产生氢气的持续稳定性。②发酵产氢细菌的产氢能力较强。光合细菌和发酵细菌产氢能力的综合比较表明,迄今为止,发酵产氢菌种的产氢能力还是要高于光合细菌。

## 28.5.1　高效产氢菌种的分离和筛选

目前,国际上对生物制氢技术的研究仍处于实验室研究阶段,产氢细菌的产氢能力不高成为限制生物制氢技术发展的重要因素。为了解决这一问题,国内外的研究者纷纷进行产氢细菌的分离和筛选工作,以期获得高效的产氢菌种。Jung(2002)从厌氧消化污泥中分离出一株化能异养菌 *Citrobavter* sp. Y19,最大产氢能力为 27.1 $mmolH_2/(gdrycell \cdot h)$;Yokoi 等(1995)从土壤中分离到的产气肠杆 HO – 39 菌株,其最大产氢能力为 850 $mLH_2/(L \cdot h)$;Rachman 等(1997)分离到气肠杆菌 HU101 突变株 A – 1 的产氢能力为 78 $mmolH_2/L$ 培养基;林明(2002)从生物制氢反应器的厌氧活性污泥中分离到了一株高效产氢细菌,其产氢能力为 $25 \sim 28$ $mmolH_2/(gdrycell \cdot h)$。

## 28.5.2　厌氧发酵生物制氢的发酵类型

发酵是微生物在厌氧条件下所发生的,以有机物质作为电子受体的生物学过程。在无氧条件下,发酵细菌的产能代谢过程仅依赖于底物水平磷酸化,在有机底物氧化过程中,电子载体 $NAD^+$ 或 $NADP^+$ 接受电子形成的 NADH 或 NADPH 无法通过电子传递链得以氧化。然而,微生物体内的 $NAD^+$ 及 $NADP^+$ 的量都是有限的,若使代谢过程不断地进行下去,NADH 或 NADPH 必须得以再生。辅酶的这一再生作用,必须借助于包括丙酮酸及由丙酮酸转化产生的其他有机化合物的氧化还原机制来完成。由于细菌种类不同及不同生化反应体系的生态位存在着相当幅度的变化,就导致形成多种特征性的末端产物,从分子水平分析,末端产物组成是受产能过程和 $NADH/NAD^+$ 的氧化还原耦联过程支配,由此形成了经典生物化学中不同的发酵类型。

在废水发酵法生物制氢中,根据末端发酵产物组成,常将发酵类型分为两类:丁酸型发酵和丙酸型发酵。任南琪在研究中又发现了称作乙醇型发酵的有机废水产酸发酵类型。以上三种发酵类型与生物化学中经典的丁酸发酵、丙酸发酵及混合酸发酵较相似,但由于生态环境及生物种群有一定差别,所以发酵末端产物并不完全相同。下面就三种发酵类型的代谢途径加以分析。

1. 丁酸型发酵(Butyric acid-type fermentation)

发酵中主要末端产物为丁酸、乙酸、$H_2$、$CO_2$ 和少量的丙酸。丁酸型发酵(Butyric acid-type fermentation)主要是在梭状芽孢杆菌属(*Clostridium*)的作用下进行的,如丁酸梭状芽孢杆菌(*C. butyricum*)和酪丁酸梭状芽孢杆菌(*C. tyrobutyricum*)。从氧化还原反应平衡来看,以乙酸作为唯一终产物是不理想的,因为产乙酸过程中将产生大量 $NADH + H^+$,同时,由于乙酸所形成的酸性末端产物过多,所以常因 pH 值很低而产生负反馈作用。由以上两方面原因,出现产乙酸过程与丁酸循环机制耦联（即呈现丁酸型发酵）就不难理解了。在这一循环机制中,尽管葡萄糖的产丁酸途径中并不能氧化产乙酸过程中过剩的 $NADH + H^+$,但是,因为产丁酸过程可减少 $NADH + H^+$ 的产生量,同时可减少发酵产物中的酸性末端,所以对加快葡萄糖的代谢进程有促进作用。从丁酸型发酵的末端产物平衡分析,丁酸与乙酸物质的量之比约为 2:1,其反应式如下:

$$C_6H_{12}O_6 + 12H_2O + 2NAD^+ + 16ADP + 16P_i \longrightarrow 4CH_3CH_2CH_2COO^- + 2CH_3COO^-$$
$$+ 10HCO_3^- + 2NADH + 18H^+ + 10H_2 + 16ATP$$
$$\Delta G^0 = -252.3 \text{ kJ/mol 葡萄糖}(pH = 7, T = 298.15 \text{ K})$$

2. 丙酸型发酵(Propionic acid-type fermentation)

含氮有机化合物（如酵母膏、明胶、肉膏等）的酸性发酵,难降解碳水化合物,如纤维素,在厌氧发酵过程常呈现丙酸型发酵。与产丁酸途径相比,产丙酸途径有利于 $NADH + H^+$ 的氧化,且还原力较强。丙酸型发酵(Propionic acid-type fermentation)的特点是气体产量很少,甚至无气体产生,主要发酵末端产物为丙酸和乙酸。丙酸杆菌属(*Propionibacterium*)等的丙酸的产生不经乙酰 CoA 旁路,而是由丙酮酸发酵形成,其中包括部分 TCA 循环机制。此外,由于丙酸杆菌属无氢化酶,因而无 $H_2$ 产生。在丙酸型发酵中,产乙酸过程中所释放的过量 $NADH + H^+$ 通过与产丙酸途径耦联而得以再生,丙酸和乙酸物质的量比值理论上为 1,反应式如下:

$$C_6H_{12}O_6 + H_2O + 3ADP \longrightarrow CH_3COO^- + CH_3CH_2COO^- + HCO_3^- + 3H^+ + H_2 + 3ATP$$
$$\Delta G^0 = -286.6 \text{ kJ/mol 葡萄糖}(pH = 7, T = 298.15 \text{ K})$$

3. 乙醇型发酵(Ethanol type fermentation)

在经典的生化代谢途径中,所谓乙醇发酵是由酵母菌属等将碳水化合物经糖酵解(EMP)或 ED 途径生成丙酮酸,丙酮酸经乙醛生成乙醇。在这一发酵中,发酵产物仅有乙醇和 $CO_2$,无 $H_2$ 产生。任南琪等对产酸反应器内生物相观察,并未发现酵母菌存在,也未发现运动发酵单孢菌属( $G^-$ 细菌,不产芽孢的杆菌,杆径粗大, $(1 \sim 2) \mu m \times (2 \sim 5) \mu m$ 。试验中发现,发酵气体中存在大量 $H_2$,因而这一发酵类型并非经典的乙醇发酵。他将这一发酵类型称作乙醇型发酵(Ethanol-type fermentation),主要末端发酵产物为乙醇、乙酸、 $H_2$ 、 $CO_2$ 及少量丁酸。这一发酵类型中,通过如下发酵途径产生乙醇。从发酵稳定性及总产氢量等方面综合考察,乙醇型发酵仍不失为一种较佳的厌氧发酵及产氢途径。然而,由于常规的生物制氢反应器内微生物均为混合菌种,即使对同一种废水,很难预料将形成何种发酵。研究表明,厌氧发酵生物制氢呈现何种发酵类型,除由菌种本身所决定外,更主要的是由运行参数（如有机负荷、pH 值、反应器流态等）的控制所决定,从生态学观点来看,厌氧发酵生物制氢的发酵类型与反应器内生态位（即所控制的生态因子）有直接关系。

### 28.5.3　生物载体强化技术在生物制氢领域的应用

为了实现生物反应器的实际运行,有较高细胞持有量是基本要求。因此人们用一些微生物载体或包埋剂,对一系列反应器系统进行了细胞固定化的研究。载体强化系统与悬浮细胞系统相比,具有以下特点:污泥龄长,更适合时代周期长的微生物生长;水力停留时间短,容积负荷高;一般能保持较高的生物浓度,因其较高的吸附速率和较快的生物降解速率;生物载体微生物集团内生物多样化,食物链较长,污泥产生量少;分层结构使生态环境多样化,内层微生物受到外层载体和微生物的保护,抗毒性能力增强。

目前,在生物制氢领域,无论是利用光合细菌还是厌氧发酵制取氢气,都有人进行微生物固定化的实验研究,有的采用纯菌种固定化,多见于光合细菌;有的使用混合菌群进行固定化产氢实验,所采用有机载体和无机载体,甚至一些新型高分子材料载体。实验方式有间歇试验和连续流运行。在这些采用生物固定化技术的实验中,研究成果显示出一致性:细胞固定化技术的使用,提高了反应器的生物量,使单位反应器的比产氢率和运行稳定性有了很大提高,固定化系统均取得了较好的产氢效果。固定化细胞与非固定化细胞相比有着耐低 pH 值、持续产氢时间长、抑制氧气扩散速率、防止细胞流失等优点。

1. 固定化纯菌种制氢

固定化微生物制氢的早期研究主要以纯菌种固定化发酵制氢为主。其中有严格厌氧的梭状芽孢杆菌属( Clostridium )、兼性厌氧的大肠杆菌( Escherichia coli )和肠细菌( Enterobacter aerogenes )。发酵制氢的底物主要为糖类等碳水化合物,主要有葡萄糖、蔗糖、果糖、阿拉伯糖、纤维二糖、乳糖和糖蜜等,也有采用淀粉废水和有机固体废弃物作为底物的研究。但以包埋和吸附两种固定化方法为主。表 28.4 为一些固定化纯菌种制氢研究。

表 28.4　固定化纯菌种制氢研究

| 菌类 | 固定化材料 | 制氢率 |
|---|---|---|
| Anabaena variabilis ASI | 角叉藻胶 | 46 mL/( g · h) |
| 红假单胞菌菌种 | 琼脂凝胶 | 28.5 mL/( g · h) |
| 产气肠杆菌 HO – 39 | 琼脂凝胶 | 240 mol $H_2$/( L · h) |
| 产气肠杆菌 | 聚氨基甲酸乙酯泡沫 | 21.5 mol $H_2$/mol(糖) |
| ( Enterobacter cloacae ) II T – BT08 | 椰壳纤维 | 75.6 mmol/( L · h) |
| Enterobacter aerogenes | 多空玻璃 | 5.46 $m^3H_2$/( $m^3$ 反应器 · d) |
| Ethanologenbacterium HarbinYUAN – 3 | 陶瓷粒 | 6.44 $m^3H_2$/( $m^3$ 反应器 · d) |
| | – | 120 mol $H_2$/( L · h) |
| Clostridium butyricum | 多孔玻璃 | 850 mL $H_2$/( L · h) |
| | | 1.5 mol $H_2$/mol(糖) |
| ( Enterobacter aerogenes ) E. 8200 | 聚氨基甲酸乙酯泡沫 | 2.2 mol $H_2$/mol(糖) |
| | – | 996 mL $H_2$/L |
| Rhodbacter sphaeroides | 海藻酸钙 | 3 094 mL $H_2$/L |

注: – 为非固定化

2. 固定化混合菌种制氢

固定化混合菌种技术在其他工业废水处理应用中得到了广泛的运用,并取得了很好的效果,但直到 20 世纪 90 年代中期混合菌发酵制氢才成为微生物制氢研究的热点。李白昆等的研究表明,由于菌种间的协同作用,混合菌的制氢能力较纯菌种高。这对有机废水制氢是有利的,因为废水中有机物的复杂性,要求发酵制氢菌具有多样性。当光合细菌和制氢发酵细菌同时存在时,光合细菌却可能对制氢发酵细菌的制氢代谢起促进作用。许淳钧等首先利用 *Clostridium butyricum* 与 *Rhodobacter spha-eroides*(RSP)进行了纯菌种单独制氢试验,最后再把两种纯菌种混合后固定化进行制氢,可得到 13.46 mmol/(L·h),显示出混合菌种制氢的优势。Kayano 认为,这是由于 PSB-*Chlorella vulgaris* 在光照条件下可以大量还原 NADP,而丁酸梭菌能迅速使 NADPH 传递到细胞色素上,协同促进制氢。并且由于不同制氢菌及其互生菌的混合培养、发酵制取氢气的优势,可达到利用活性污泥或混合培养之间的协同作用,以达到最佳的制氢效果。表 28.5 列举了固定化混合菌制氢的研究。

**表 28.5　固定化混合菌种制氢**

| 菌类 | 固定化材料 | 制氢率 |
| --- | --- | --- |
| 活性污泥 | 多孔材料 | 0.37 L/(g·d) |
| 活性污泥 | 聚乙烯醇 | 324.2 mL/(L·h) |
| 硝化污泥 | 两性聚合剂 | 300 mL/(L·h) |
| 生活污水污泥 | 膨胀黏土(EC) | 0.415 L/(L·h) |
| 生活污水污泥 | 活性炭(AC) | 1.32 L/(L·h) |
| 活性污泥 | Acrylic latex plus silicone | 2.92 L/(gVSS·h) |
| 污泥 | 海藻酸钙、氧化铝 | 20.3 mmol/(L·h) |
| 混合菌 | 藻酸盐凝胶 | 0.196 mL/(s·L) |
| 污泥 | 海藻酸钙 | 5.85 L/(L·h) |
| 厌氧污泥 | 聚乙烯–辛烯公弹性体 | 7.67 mmol/(L·h) |

### 28.5.4　利用不同基质进行生物产氢的探索

资料表明,现有生物制氢技术研究所利用的基质大部分为成分单一的基质。Yokoi 等(1995)根据产气肠杆菌 HO-39 菌株对葡萄糖、半乳糖、果糖、甘露糖、蔗糖、麦芽糖、乳糖、淀粉、纤维素和糊精等基质的利用情况研究发现,葡萄糖和麦芽糖为适宜的产氢基质,淀粉和纤维素则难以利用。Taguchi 等(1993)对巴氏梭菌 AM21B 在多种基质上的产氢能力进行了研究,基质包括阿拉伯糖、纤维二糖、果糖、半乳糖、葡萄糖、淀粉、蔗糖、木糖等,其中蔗糖的产氢效率最高,淀粉最低。在另外的几次研究中,他还研究了梭菌 No.2 在阿拉伯糖、木糖、纤维素和淀粉等基质上的产氢情况。Roychowdhury 等(1998)对甘蔗汁、玉米浆和糖化纤维素的降解研究表明,混合培养污泥比两株 Coli 型细菌 *E. coli* 和 *Citrobacter spp.* 更易于利用底物,从而获得更大的氢气产量。

从生物制氢的成本角度考虑,利用这些单一基质制取氢气的费用较高,而利用工农业生产的废物等廉价的复杂基质来制取氢气,能使废弃物质得到资源化处理,降低它的生产成本。最近几年来利用以有机废水、固体废物为主的复杂物进行生物制氢研究得到了一定的开展,见表 28.6。

表28.6　利用废水和废弃物制取氢气的实例

| 废水种类 | 细菌种类 | 培养方式 | 细菌 |
|---|---|---|---|
| 豆制品废水 | *Rhodobacter sphaeroide* RV | 间歇培养 | 固定化处理 |
| 制糖废水 | *Rhodobacter sphaeroide* O.U.001 | 间歇培养 | 未固定化处理 |
| 酒厂废水 | *Rhodobacter sphaeroide* O.U.001 | 间歇培养 | 固定化处理 |
| 甘蔗废水 | *Rhodopseudomonas* sp. | 间歇培养 | 固定化处理 |
| 乳清废水 | *Rhodopseudomonas* sp. | 间歇培养 | 固定化处理 |
| 淀粉废水 | *Rhodopseudomonas* sp. | 间歇培养 | 未固定化处理 |
| 制糖废水 | *Rhodospirillum ruburm* | 间歇培养 | 未固定化处理 |
| 糖蜜废水 | *Enterobacter aerogenes* E.82005 | 连续培养 | 未固定化处理 |
| 食品废水 | *Clostridium butyricum* NCIB9576 | 间歇培养 | 固定化处理 |
|  | *Rhodopseudomonas sphaeriodes* E15-1 | 连续培养 | 未固定化处理 |
| 牛奶废水 | *Rhodobacter sphaeroide* O.U.001 | 间歇培养 | 未固定化处理 |
| 米酒废水 | 厌氧污泥(混合菌群) | 连续培养 | 未固定化处理 |
| 淀粉制造废物 | *Clostridium butyricum* 及<br>*Enterobacter aerogenes* HO-39 | 间歇培养 | 未固定化处理 |
| 有机废物 | 厌氧污泥(混合菌群) | 间歇培养 | 未固定化处理 |
| 城市垃圾 | 厌氧污泥和 *Clostridium* 属 | 间歇培养 | 未固定化处理 |
| 城市固定垃圾 | *Rhodobacter sphaeroide* RV | 间歇培养 | 未固定化处理 |

　　分析表28.6可见,虽然一些科学家已经考虑到了利用有机废水和固体废弃物为制取氢气的复杂底物,但是他们的研究大多数仍然以纯菌种为主,对细菌进行固定化处理,而且大多采用了间歇培养的方式制氢。传统的观点认为,微生物体内产氢系统(主要是氢酶)很不稳定,只有进行细胞固定化,才可能试验持续产氢。因此,迄今为止,生物制氢研究中大多采用了纯菌种的固定化技术,采取分批培养法居多,利用连续流培养产氢的报道较少。但是实际上,由于纯菌种的固定化处理需要消耗的工作量大,技术复杂,它增加了生物制氢的成本。另外,间歇培养的方式仅限于实验室小型容器的小试研究,它并不能实现持续的氢气生产。目前仅有 Yu 等(2002)在研究中利用了非固定化混合菌种的连续流培养,但是他获得的产氢能力偏低,目前还难以实现大规模的工业化生产。

# 第 29 章　厌氧生物制氢的发酵类型及其运行特征

发酵产氢是利用产氢微生物,在厌氧条件和酸性介质中代谢有机物产生氢气的过程。厌氧微生物可以在暗环境中以碳水化合物为底物生产氢气。这些微生物包括专性厌氧微生物 *Clostridium*、*Methylotrophs* 和 *Bacillus*,兼性厌氧微生物 *Escherichia* 和 *Enterobacter*。在厌氧发酵过程中,葡萄糖首先经糖酵解(EMP)等途径生成丙酮酸,合成三磷酸腺苷(ATP)和还原态的烟酰胺腺嘌呤二核苷酸(NADH)。然后由 *C. butyricum* 等厌氧发酵细菌将丙酮酸转化为乙酰辅酶 A(CoA),生成氢气和二氧化碳。丙酮酸还可以转化为乙酰 CoA 和甲酸,而甲酸极易被 *Escherichia coli* 等厌氧发酵细菌转化为氢气和二氧化碳。在不同条件下乙酰 CoA 最终被不同微生物转化为乙酸、丁酸和乙醇。NADH 用于形成丁酸和乙醇,剩余的 NADH 被氧化为 NAD$^+$ 并释放 $H_2$。乙酰 CoA 形成丁酸和乙酸的过程伴随着 ATP 合成,为微生物活动提供能量。复杂碳水化合物在微生物作用下的发酵途径如图 29.1 所示。

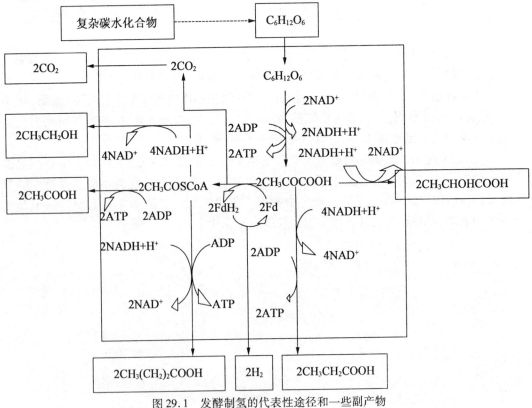

图 29.1　发酵制氢的代表性途径和一些副产物

大多数厌氧发酵细菌需要在氢化酶的催化下产生氢气。氢化酶一般可分为两大类:可溶性酶和膜结合酶。前者通常参与产氢过程,而后者则与氢的氧化有关。在能量学上,异养型厌氧菌产氢十分有利,它们能从产氢反应中获得比光营养菌更多的能量,而且由氢酶催化的产氢反应不需 ATP。但是,异养型厌氧菌分解有机物不彻底,分解速率缓慢,而影响氢气产率及产氢速率。1 mol 葡萄糖理论上只能产生 2~4 mol $H_2$。传统观点认为有机废水产酸发酵的目标发酵产物具有一定的不确定性。因为厌氧微生物生长速度较慢,所以厌氧反应器启动过程就需要比较长的时间。通过分析碳水化合物的代谢途径可以看出,在厌氧条件下复杂的碳水化合物糖酵解成丙酮酸后,可分别形成乙醇、乙酸、丁酸和乳酸等多种发酵产物。生态因子对产酸相的末端发酵产物组成都有明显影响,包括水力停留时间(HRT)、有机物浓度、温度、pH 值、氧化还原电位(ORP)、有机负荷等。通过长期的连续流试验运行,本研究结果表明,上述各种生态因子综合作用下出现的一些优势种群的特性代谢特点决定产酸相末端发酵产物的分布,即当环境最适合某一种群的生长繁殖的产酸相时,这一种群就会很快在与其他种群的竞争中取胜并成为优势种群,此时优势种群所进行的生理代谢发酵类型群表现为以某种挥发性脂肪酸和醇类为主。在利用有机物发酵过程中的微生物,其中某些微生物为解决氧化还原过程中产生的"多余"电子的一种调控机制来生产氢气。同时溶解性有机物被转化为以挥发性脂肪酸为主的液相末端产物。产酸发酵类型可以根据末端发酵产物组成来划分为丁酸型发酵、丙酸型发酵和乙醇型发酵。在不同的生态环境条件下,对于产酸发酵的微生物群落,会向不同的方向进行生态演替,由于其生理代谢的发酵产物组成存在不确定性,它有可能形成三种发酵类型中的任何一种。

## 29.1　乙醇型发酵及其运行特征

经典的生化代谢途径中,酵母菌的乙醇发酵是一种研究最早、发酵机制最清楚的发酵类型。在这种发酵过程中,酵母菌利用糖酵解途径将碳水化合物分解为丙酮酸,丙酮酸在脱羧酶作用下脱羧生成乙醛,乙醛在脱氢酶作用下被还原成乙醇。任南琪等发现,在一定的环境条件下,碳水化合物的产酸发酵末端产物主要形成了以乙醇、乙酸、$H_2$ 和 $CO_2$ 为主,并含有少量丁酸和丙酸的发酵类型,称之为乙醇型发酵。而这一发酵类型并非经典的酵母菌的乙醇发酵。在丙酮酸铁氧还酶和氢化酶的共同作用下生成乙醇,并同时生成 $H_2$ 和 $CO_2$。

在实验过程中,发现发酵所产生的气体中含有大量的氢气,通过对产酸发酵反应器内的生物相进行观察,结果未发现酵母菌和运动发酵单胞菌属。所以将此发酵定义为乙醇型发酵,其发酵途径如图 29.2 所示,乙醇、乙酸、$H_2$、$CO_2$ 和少量丁酸为主要末端产物,pH < 5.0。根据生理生态学分析,由于在较低的 pH 值生态环境下,产乙酸过程与产乙醇过程相耦连,不但中性产物乙醇的存在可使发酵液中酸性末端数量减少,而且使 $NADH/NAD^+$ 维持在正常生理范围内,任南琪等认为乙醇型发酵有以下优点:①具有良好的发酵稳定性,易于控制,且丙酸产率很低;②可提供产甲烷相最佳底物组成;③产乙醇和产乙酸过程在较低pH 值条件下进行,可提供较高的氢气产率。

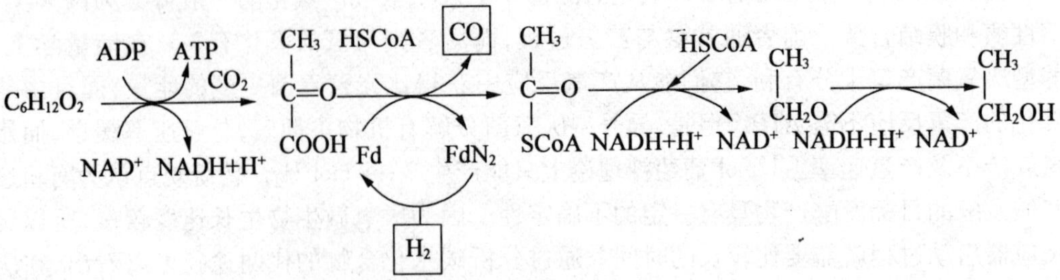

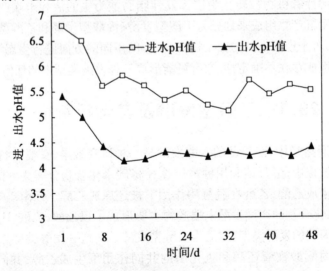

图 29.2　乙醇型发酵途径

### 29.1.1　运行阶段 pH 值的变化

运行阶段反应器 pH 值的变化如图 29.3 所示。启动阶段,随着接种污泥中的厌氧菌逐步适应环境并利用进水中的有机物产酸发酵,产生的挥发酸积累导致出水 pH 值出现下降,在第 12 天时仅为 4.1,后来逐步稳定回升,乙醇型发酵菌群逐步占据优势,出水呈现稳定状态,稳定运行阶段,出水 pH 值稳定在 4.2~4.4 范围内。乙醇型发酵液相末端产物主要为乙醇,乙醇的积累不会造成系统内环境的酸化。

图 29.3　运行阶段 pH 值的变化

### 29.1.2　运行阶段 ORP 的变化

图 29.4 反映了反应器运行期间 ORP 的变化规律,启动的第 2 天,ORP 由最初的 100 mV 迅速降至 -420 mV,这是因为接种之后,活性污泥的环境由原来的有氧态变成密封状态。反应器运行初期 ORP 有较大波动,因为不同的菌群有自己适宜生存的 ORP 值,ORP 的波动反应了反应器内优势菌群的演替变化。反应器运行至第 32 天后,ORP 基本稳定在 -280~-320 mV 之间。

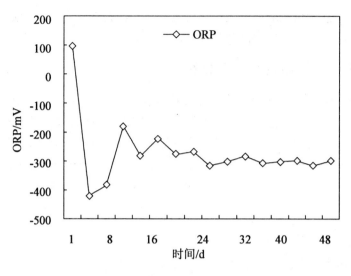

图 29.4 运行阶段 ORP 的变化

表 29.1 运行阶段液相末端产物分析

| t/d | $Q(\text{mg} \cdot \text{L}^{-1})$ | | | | | | W（乙醇 + 乙酸)/% |
| --- | --- | --- | --- | --- | --- | --- | --- |
| | 乙醇 | 乙酸 | 丙酸 | 丁酸 | 戊酸 | 总量 | |
| 1 | 82.6 | 496.5 | 627.9 | 302.1 | 168.6 | 1 677.7 | 34.5 |
| 14 | 448.7 | 598.4 | 302.6 | 604.9 | 248.3 | 2 202.9 | 47.5 |
| 28 | 304.2 | 874.1 | 357.4 | 587.6 | 105.4 | 2 228.7 | 52.8 |
| 32 | 598.4 | 786.9 | 185.7 | 274.3 | 62.4 | 1 907.7 | 72.6 |
| 34 | 702.4 | 799.6 | 121.3 | 158.1 | 30.2 | 1 811.6 | 82.9 |
| 40 | 798.5 | 810.3 | 104.6 | 154.8 | 42.8 | 1 911.0 | 84.2 |
| 44 | 764.3 | 785.1 | 90.2 | 128.6 | 50.1 | 1 818.3 | 85.2 |
| 48 | 780.1 | 802.5 | 97.3 | 131.1 | 51.8 | 1 862.8 | 84.9 |

### 29.1.3 运行阶段液相末端产物分析

通过气相色谱对 CSTR 生物制氢系统的液相末端产物组分和含量进行监测分析,从表 29.1 中可以看出,生物制氢系统在启动直至稳定运行阶段的 48 天内,液相末端产物总量呈现出先上升后下降并逐步稳定的趋势,由最初的 1 677.7 mg/L 上升至 2 202.9 mg/L 后又回落并稳定在 1 800 mg/L 左右。启动阶段,接种污泥适应环境并开始利用有机底物进行产酸发酵,28 天之前的启动阶段,各种有机酸的含量比较均衡,没有明显的优势菌群,为混合酸发酵阶段。随着乙醇型发酵菌群逐渐富集并占据优势,丙酸、丁酸、戊酸的含量快速下降,乙醇和乙酸的含量逐步上升并占主导地位。各种有机酸含量的波动反应了反应器内优势菌群的演替变化。乙醇含量最初仅为 82.6 mg/L,稳定运行阶段则在 740 mg/L 左右。乙酸含量由最初的 496.5 mg/L 上升至稳定阶段的 800 mg/L 左右。乙醇和乙酸总含量在液相末端产物总量的比例由最初的 34.5% 上升至稳定运行阶段 82.9%。34 天至 48 天的稳定运行阶段,乙醇和乙酸总含量在液相末端产物总量的比例始终在80%以上,说明此运行阶段,活性污泥发酵系统处于典型的乙醇型发酵阶段。

### 29.1.4　稳定运行阶段气相组分的变化

经过启动运行34天后,反应区pH值逐渐稳定在4.2～4.4之间,氧化还原电位(ORP)范围为 -280 ～ -320 mV,通过气相色谱对CSTR生物制氢系统的气相组分和含量进行监测分析,生物气组分主要为$H_2$和$CO_2$,图29.5反映了稳定运行阶段的产气和产氢情况。

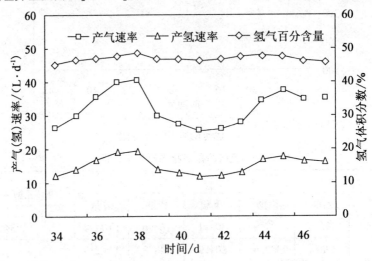

图29.5　乙醇型发酵稳定运行阶段的产气情况

稳定运行期间,乙醇型发酵的产气速率在25～41 L/d范围内波动,第38天产气速率达到最大值40.2 L/d,运行稳定阶段产气速率的平均值为32 L/d。氢气的百分含量一直比较稳定,没有明显波动,并且维持在较高水平,最大值为48.6%,平均值为46.8%。产氢速率在11～20 L/d范围内波动,第38天产氢速率达到最大值19.54 L/d,运行稳定阶段产氢速率的平均值为15.07 L/d。可见,乙醇型发酵系统呈现出良好的运行状态和较高的产氢能力。

### 29.1.5　pH值对产氢速率的影响

从图29.6可以看出,pH值对产氢速率有较大影响。随着pH值由5.4降至4.1,产氢速率呈现出先上升后降低的变化趋势。pH值在4.2～4.4范围内时,产氢速率较高,在12 L/d以上。当pH值高于4.4或者低于4.1时,产氢速率均较低。可见,pH值为4.2～4.4时,是乙醇型发酵菌群的适宜生长范围,其活性较强,生物制氢系统处于乙醇型发酵阶段且呈现良好的产氢状态。

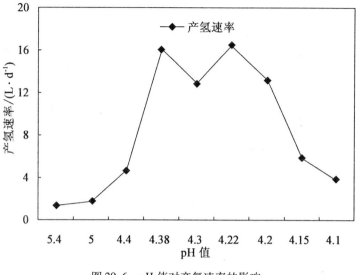

图 29.6　pH 值对产氢速率的影响

## 29.1.6　pH 值对液相末端产物的影响

图 29.7 反映了 pH 值对液相末端产物的影响。可以看出,随着 pH 值由 5.4 降至 4.2,乙醇和乙酸呈现出逐步上升并稳定的趋势,稳定阶段其质量浓度均在 780 mg/L 左右,丙酸、丁酸和戊酸则呈现出下降趋势,稳定阶段其含量均在 200 mg/L 以下。pH 值在 4.2 ~ 4.4 范围内时,产酸相中乙醇型发酵菌种占主导地位,活性污泥系统进行乙醇型发酵,液相末端产物中乙醇和乙酸含量较高,其他三种酸含量很低。

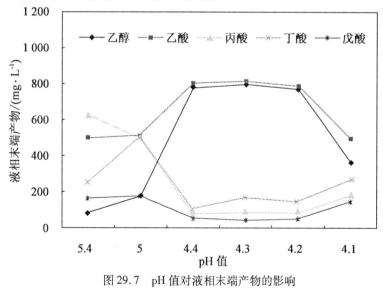

图 29.7　pH 值对液相末端产物的影响

# 29.2　丁酸型发酵及其运行特征

可溶性碳水化合物(如葡萄糖、乳糖、蔗糖、淀粉等)的发酵以丁酸型发酵为主,发酵中主要末端产物为丁酸、乙酸、$H_2$、$CO_2$ 和少量的丙酸。不同发酵类型微生物菌群有着不同的发酵产氢能力。其中丁酸发酵产氢是研究最多的一种产氢途径。由于产乙酸过程将生成大量的 $NADH^+H^+$，在乙酸产率较大的情况下，可导致 $NADH + H^+$ 大量过剩，常使 pH 值很低而产生副作用，同时形成过多的酸性末端产物。通过产乙酸反应式和过程可以看出，产乙酸过程会减少发酵产物中的酸性末端产物，同时也会减少部分 $NADH + H^+$，会出现产乙酸过程和丁酸循环机制相耦联，所以呈现为丁酸型发酵，这种发酵类型可以加快促进葡萄糖的代谢过程。

任南琪等分析了丁酸型发酵的末端平衡中的丁酸与乙酸物质的量之比，与理论的发酵产物值相吻合。丁酸型发酵类型的末端平衡中的丁酸与乙酸物质的量之比（$M_{bu}/M_{Ac}$）约为 2∶1。Kisaalita 等在试验研究中采用含乳糖的人工底物进行产酸发酵，结果表明，pH 值对 $M_{bu}/M_{Ac}$ 值的影响显著。当 pH 值为 4.0 时，$M_{bu}/M_{Ac}$ 值约为 2∶1，当 pH 值达到 5.5 以上时，酸性末端产物就不能成为限制因素，因而 $M_{bu}/M_{Ac}$ 值较低。任南琪用人工糖蜜废水在反应器内进行发酵，实验结果表明，当 pH 值为 5.2 时，$M_{bu}/M_{Ac} = 1.5$，随着 pH 值降低，$M_{bu}/M_{Ac}$ 值减小，仅为 0.08 ~ 0.38，出现了产乙醇过程。

$$C_6H_{12}O_6 + 12H_2O + 2NAD^+ + 16ADP + 16P_i \longrightarrow 4CH_3CH_2CH_2COO^- +$$
$$2CH_3COO^- + 10HCO_3^- + 2NADH + 18H^+ 10H_2 + 16ATP$$
$$\Delta G^0 = -252.3 \text{ kJ/mol 葡萄糖}(pH = 7, T = 298.15 \text{ K})$$

### 29.2.1　运行阶段 pH 值的变化

乙醇型发酵阶段末期，向进水中添加适量的 $NaHCO_3$ 使进水 pH 值保持在 6.0 ~ 7.0 范围内，并根据出水 pH 值和气相、液相末端产物监测情况适当调整添加量。运行阶段反应器 pH 值的变化如图 29.8 所示。

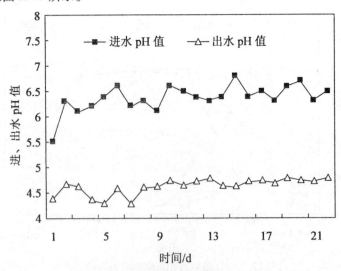

图 29.8　丁酸型发酵运行阶段 pH 值的变化

调整运行阶段，由于进水碱度突然增大，反应器内 pH 值等运行环境的变化，使得生物制氢系统内微生物受到冲击，产酸发酵受影响，出水 pH 值升高，而后出水 pH 值又呈现出上下波动，反映了系统内不同发酵菌群的竞争和演替。第 8 天以后，活性污泥系统重新达到稳定运行阶段，出水 pH 值稳定在 4.6 ~ 4.8 范围内，随着活性污泥系统中丁酸型发酵菌群逐渐适应新的生态位并成为优势菌群。

## 29.2.2　运行阶段 ORP 的变化

调整运行阶段,ORP 由最初的 −300 mV 迅速升至 −206 mV 后又反复出现上下波动,这是因为进水碱度的改变,系统内环境随之改变,活性污泥系统受到冲击所致。不同的菌群有自己适宜生存的 ORP 范围,第 8 天之后,经过演替竞争,丁酸型发酵菌群逐渐占据优势,系统内 ORP 呈现稳定态势,基本稳定在 −200 ~ −240 mV 之间,如图 29.9 所示。

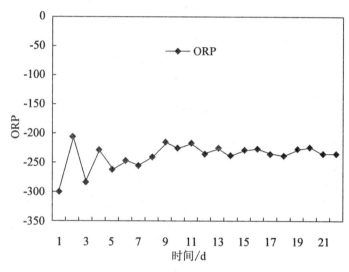

图 29.9　丁酸型发酵运行阶段 ORP 的变化

## 29.2.3　运行阶段液相末端产物分析

从表 29.2 中可以看出,生物制氢系统在丁酸型发酵运行阶段,液相末端产物总量由之前的 1 862.8 mg/L 下降至 1 615.9 mg/L 后又稍有提升并稳定在 1 660 mg/L 左右。因为运行初期,由于进水碱度增大,系统内 pH 值和 ORP 发生改变,已不再适合乙醇型发酵菌群的生长,产酸相受到影响,液相末端产物总量下降,随着丁酸型发酵菌群适合的生态位的形成,系统内微生物群落再次演替变化。乙醇和丙酸的含量快速下降,丁酸含量大幅度提升,并于第 9 天时占到总酸含量的 54%。乙醇含量最初仅为 472.3 mg/L,稳定运行阶段则在 130 mg/L 左右。丁酸和乙酸总含量在液相末端产物总量的比例由最初的 59.0% 上升至稳定运行阶段 82.1%。第 9 天至 22 天的稳定运行阶段,丁酸和乙酸总含量在液相末端产物总量的比例始终在 82% 以上,说明此运行阶段,活性污泥发酵系统处于丁酸型发酵阶段。

表 29.2　丁酸型发酵阶段液相末端产物分析

| $t$/d | $Q$/(mg·L$^{-1}$) | | | | | | $W$(乙醇 + 乙酸)/% |
| --- | --- | --- | --- | --- | --- | --- | --- |
| | 乙醇 | 乙酸 | 丙酸 | 丁酸 | 戊酸 | 总量 | |
| 2 | 472.3 | 695.2 | 121.4 | 258.6 | 68.4 | 1 615.9 | 59.0 |
| 4 | 346.2 | 594.3 | 103.6 | 624.5 | 85.3 | 1 753.9 | 69.5 |

续表 29.2

| t/d | Q/(mg·L⁻¹) | | | | | | W(乙醇 + 乙酸)/% |
| --- | --- | --- | --- | --- | --- | --- | --- |
| | 乙醇 | 乙酸 | 丙酸 | 丁酸 | 戊酸 | 总量 | |
| 6 | 329.8 | 486.7 | 91.5 | 673.5 | 74.6 | 1 656.1 | 70.0 |
| 8 | 247.9 | 451.6 | 84.2 | 821.9 | 66.9 | 1 672.5 | 76.1 |
| 9 | 172.3 | 463.5 | 73.6 | 906.4 | 53.7 | 1 669.5 | 82.1 |
| 14 | 134.6 | 446.3 | 69.9 | 957.8 | 62.1 | 1 670.7 | 84.0 |
| 18 | 117.5 | 452.8 | 84.1 | 936.1 | 51.8 | 1 642.3 | 84.6 |
| 22 | 129.8 | 438.6 | 92.6 | 951.7 | 56.1 | 1 668.8 | 83.3 |

### 29.2.4　稳定运行阶段气相组分的变化

调整运行 8 d 后,CSTR 生物制氢系统的反应区 pH 值稳定在 4.6 ~ 4.8,ORP 稳定在 −200 ~ −240 mV,通过气相色谱对 CSTR 生物制氢系统的气相组分和含量进行监测分析,生物气组分主要有 $H_2$ 和 $CO_2$,图 29.10 反映了稳定运行阶段的产气和产氢情况。稳定运行期间,丁酸型发酵的产气速率在 12 ~ 15 L/d 范围内波动,平均值为 14.0 L/d。氢气的体积分数也比较高,最大值为 38.5%,平均值为 34.9%。第 16 天,产气速率和产氢速率均达到最大值,分别为 14.8 L/d 和 5.70 L/d。丁酸型发酵产氢情况比较稳定。

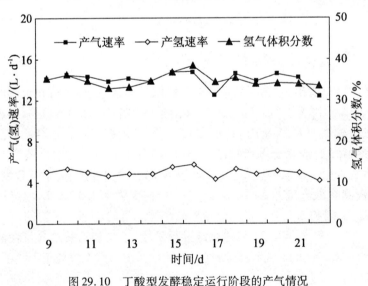

图 29.10　丁酸型发酵稳定运行阶段的产气情况

### 29.2.5　pH 值对产氢速率的影响

pH 值对丁酸型发酵的产氢速率也有较大影响,如图 29.11 所示。随着 pH 值由 4.1 升至 4.8,产氢速率呈现出先下降后回升并稳定的变化趋势。pH 值在 4.6 ~ 4.8 范围内时,产氢速率较高,在 5.0 L/d 上下。这是因为不同菌群有不同的适宜生长 pH 值范围,pH 值在 4.1 ~ 4.4 范围内时,系统处于调整运行阶段,各种发酵菌群处于演替竞争阶段,产氢速率较低,当 pH 值为 4.6 ~ 4.8 时,丁酸型发酵菌群逐渐成为优势菌群,生物制氢系统处于丁酸型发酵阶段且呈现较好的产氢状态。

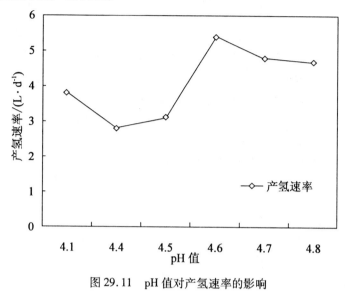

图 29.11　pH 值对产氢速率的影响

### 29.2.6　pH 值对液相末端产物的影响

从图 29.12 中可以看出,随着 pH 值由 4.4 上升至 4.8,乙醇和乙酸呈现出逐步下降并稳定的趋势,丁酸含量迅速上升,由最初的 258.6 mg/L 上升至稳定阶段的 930 mg/L。pH 值在 4.6 ~ 4.8 范围内时,产酸相中丁酸型发酵菌种占主导地位,该阶段发酵系统处于丁酸型发酵阶段,丁酸和乙酸含量较高,其他三种酸含量很低。

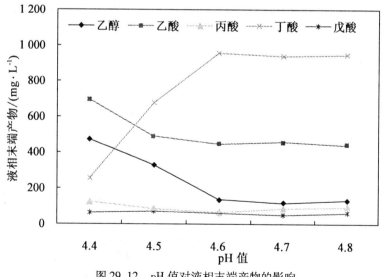

图 29.12　pH 值对液相末端产物的影响

## 29.3　丙酸型发酵及其运行特征

参与丙酸型发酵的细菌主要是丙酸杆菌属(*Propionibacterium*)。丙酸的产生不经乙酰 CoA 旁路,而是由丙酮酸发酵形成的。由于丙酸杆菌属无氢化酶,因而无 $H_2$ 产生。污水厌氧生物处理中,丙酸型发酵常发生在含氮有机物(如酵母膏、牛肉膏、明胶等)的酸性发酵中。丙酮酸发酵的特点是气体产量较少,几乎无气体产生,丙酸和丁酸为主要发酵末端产物。与产丁酸途径相比,产丙酮酸途径有利于 $NADH^+H^+$ 的氧化且还原力较强。据 Dinopo-ulou 等对肉膏废水和 Broure 等对明胶废水的研究表明,pH 值和有机负荷均对丙酸和乙酸摩尔比率($M_{Pa}/M_{Ac}$)有影响。降低有机负荷或提高 pH 值,均可减小 $M_{Pa}/M_{Ac}$ 值。对于肉膏废水,当 pH 值为 5 时,$M_{Pa}/M_{Ac}$ 约为 1.36,而当 pH 值为 7 时,$M_{Pa}/M_{Ac}$ 为 0.73。

$$C_6H_{12}O_6 + H_2O + 3ADP \longrightarrow CH_3COO^- + CH_3CH_2COO^- + HCO_3^- + 3H^+ + H_2 + 3ATP$$

$$\Delta G^0 = -286.6 \text{ kJ/mol } 葡萄糖(pH = 7, T = 298.15 \text{ K})$$

### 29.3.1　运行阶段液相末端产物组分分析

从表 29.3 中可以看出,生物制氢系统在丙酸型发酵运行阶段,液相末端产物总量呈现出先下降后回升并最终稳定在 1 500 mg/L 左右。因为运行初期,由于进水碱度改变,系统内微生物相受到影响,液相末端产物总量下降,当反应区 pH 稳定在 5.2 ~ 5.6,ORP 稳定在 -180 ~ -210 mV 时,适合丙酸型发酵菌群的生态位形成,系统内微生物群落再次演替变化。丁酸的含量快速下降,丙酸含量大幅度提升,并于第 8 天时占到总酸含量的 47%。丙酸含量最初仅为 248.3 mg/L,稳定运行阶段则在 800 mg/L 左右。丙酸和乙酸总含量在液相末端产物总量的比例由最初的 44.3% 上升至稳定运行阶段 80.5%。第 8 天至 18 天的稳定运行阶段,丙酸和乙酸总含量在液相末端产物总量的比例始终在 80% 以上,说明此运行阶段,活性污泥发酵系统处于丙酸型发酵阶段。

表 29.3　丙酸型发酵阶段液相末端产物分析

| t/d | $Q/(\text{mg} \cdot \text{L}^{-1})$ | | | | | | $W(乙醇 + 乙酸)/\%$ |
| --- | --- | --- | --- | --- | --- | --- | --- |
| | 乙醇 | 乙酸 | 丙酸 | 丁酸 | 戊酸 | 总量 | |
| 2 | 106.5 | 384.1 | 248.3 | 623.5 | 64.2 | 1 426.6 | 44.3 |
| 4 | 139.4 | 410.5 | 457.8 | 283.7 | 73.4 | 1 364.8 | 63.6 |
| 6 | 97.3 | 468.3 | 587.9 | 102.8 | 58.4 | 1 314.7 | 80.3 |
| 8 | 102.5 | 485.2 | 682.6 | 98.7 | 82.1 | 1451.1 | 80.5 |
| 12 | 97.6 | 421.5 | 798.5 | 83.6 | 68.5 | 1 469.7 | 83.0 |
| 14 | 104.8 | 474.9 | 814.5 | 89.7 | 72.1 | 1 556 | 82.9 |
| 18 | 98.7 | 435.2 | 832.6 | 98.5 | 59.4 | 1 524.4 | 83.2 |

### 29.3.2　稳定运行阶段气相组分的变化

通过气相色谱对 CSTR 生物制氢系统的气相组分和含量进行监测分析,生物气组分主要有 $H_2$ 和 $CO_2$,图 29.13 反映了丙酸型发酵稳定运行阶段的产气和产氢情况。稳定运行期间,丙酸型发酵的产气速率在 3.0 L/d 以下,最大值仅为 2.4 L/d,氢气百分含量也很低,最大值仅为 4.2% ,平均值为 3.4% 。丙酸型发酵的氢气百分含量仅为乙醇型发酵氢气百分含量的 1/14,丁酸型发酵氢气百分含量的 1/10。其产氢速率最大值仅为 0.09 L/d,平均值为 0.05 L/d。

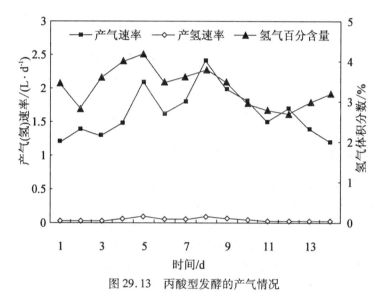

图 29.13　丙酸型发酵的产气情况

### 29.3.3　pH 值对产氢速率的影响

pH 值对丙酸型发酵的产氢速率也有较大影响,如图 29.14 所示。随着进水碱度的进一步提升,pH 值由 4.8 增至 5.6,产氢速率快速下降,由最初的 3.4 L/d 降至 0.05 L/d。pH 值在 4.8～5.6 范围内时,产氢速率很低,仅为 0.05 L/d 上下。这是因为该生态位范围内,生物制氢系统的丙酸型发酵菌群占据优势,丙酸型发酵菌群是经过部分三羧酸循环途径将丙酮酸降解为丙酸,此过程并无氢气产生,而发酵细菌氧化 $NADH + H^+$ 时释放的 $H_2$ 是极少的。在生物制氢工艺中,应该尽量避免丙酸型发酵的形成。

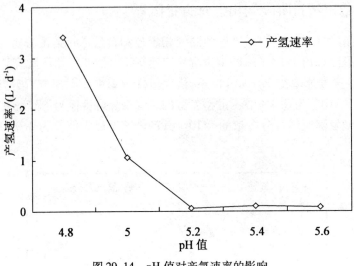

图 29.14　pH 值对产氢速率的影响

### 29.3.4　pH 值对液相末端产物的影响

从图 29.15 中可以看出,随着 pH 值由 4.8 上升至 5.6,丁酸呈现出逐步下降并最终在 200 mg/L 以下,丙酸含量迅速上升,由最初的 92.6 mg/L 上升至稳定阶段的 720 mg/L 左右,乙酸、乙醇和戊酸含量均有小幅波动。pH 值在 5 左右时,各种酸含量较为均衡,此阶段也是不同发酵菌群激烈竞争的阶段。当 pH 值在 5.2～5.6 范围内时,丙酸和乙酸含量较高,占绝对优势,其他三种酸含量很低,说明该阶段丙酸型发酵菌群占据优势,液相末端产物以丙酸为主。

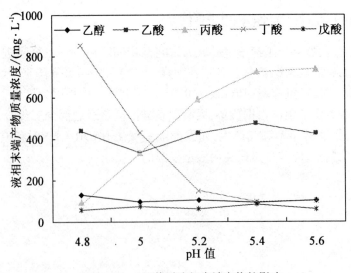

图 29.15　pH 值对液相末端产物的影响

## 29.4　混合酸发酵产氢途径

以混合酸发酵(Mixed Acid Fermentation)途径产氢的典型微生物主要有:埃希氏菌属 (*Escherichia*)和志贺氏菌属(*Shigella*)等,主要的末端产物有乳酸、乙酸、$CO_2$、$H_2$ 和甲酸等。

其总反应方程式可以用下式来表示:

$$C_6H_{12}O_6 + H_2O \longrightarrow CH_3COOH + C_2H_5OH + 2H_2 + 2CO_2$$

由图 29.16 可以看出,在混合酸发酵产氢过程中,由 EMP 途径产生的丙酮酸脱羧后形成甲酸和乙酰基,然后甲酸裂解生成 $CO_2$ 和 $H_2$。

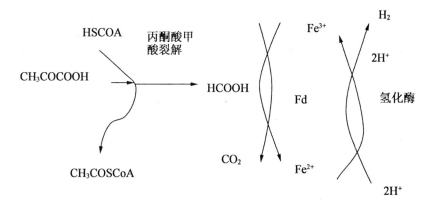

图 29.16　混合酸发酵产氢途径

## 29.5　结　　论

(1)生物制氢反应系统的不同发酵类型分别是由不同类型发酵菌群发挥作用实现的,pH－ORP 制约的不同生态位范围内产生不同的发酵类型。在水力停留时间 HRT 为 6 h,进水 COD 为 5 000 mg/ L,温度控制为 35 ℃的条件下,反应区 pH 值稳定在 4.2~4.4,ORP 范围为 －280 ～ －320 mV 时能形成稳定的乙醇型发酵;反应区 pH 值稳定在 4.6~4.8,ORP 范围为 －200 ～ －240 mV 时能形成稳定的丁酸型发酵;反应区 pH 值稳定在 5.2~5.6,ORP 范围为 －180 ～ －210 mV 时能形成稳定的丙酸型发酵。

(2)采用连续流搅拌槽式反应器(CSTR)作为反应装置,利用糖蜜废水作为有机底物,当 HRT 为 6 h,进水 COD 为 5 000 mg/ L 条件下,乙醇型发酵的最大生物气产率、最大氢气百分含量、最大产氢速率分别为 40.2 L/d、48.6%、19.54 L/d。丁酸型发酵的最大生物气产率、最大氢气百分含量、最大产氢速率分别为 14.8 L/d、38.5% 、5.70 L/d。丙酸型发酵的最大生物气产率、最大氢气百分含量、最大产氢速率分别为 2.4 L/d、4.2% 、0.09 L/d。

# 第 30 章  厌氧发酵生物制氢系统的混合培养工艺

有机废水发酵法生物制氢技术采用两相厌氧生物工艺中的产酸相作为制氢单元,从有机废水中制取氢气。由于厌氧微生物具有生长速度缓慢的特性,所以厌氧反应器启动过程花费的时间往往较长,而且,传统观点认为有机废水产酸发酵的目标发酵产物具有一定的不确定性。从碳水化合物的代谢途径分析,当复杂的碳水化合物在厌氧条件下糖酵解为丙酮酸后,存在多条分支代谢途径,可分别形成乙醇、乙酸、丙酸、丁酸和乳酸等多种发酵产物。国内外相关研究资料显示,有机废水的产酸发酵主要存在三种发酵类型:乙醇型发酵、丙酸型发酵和丁酸型发酵。发酵生物制氢系统中发挥产氢作用的微生物是由厌氧活性污泥组成的混合菌种,微生物群落在不同的生态环境条件下会向不同的方向进行生态演替,因此反应器的随机启动,造成污泥驯化方向的不确定性,决定了启动过程完成后形成的顶级群落类型及其生理代谢的发酵产物组成存在不确定性,有可能形成这三种发酵类型的任何一种。反应器发酵的差异将直接影响系统的产氢能力,因此对生物制氢反应器启动过程中影响发酵类型的工程控制参数进行研究具有重要意义。本章研究的目的是通过对乙醇型发酵和丁酸型发酵的产氢能力进行对比分析,得出乙醇型发酵为产酸相最佳发酵类型,并通过一定的调控措施,使发酵法生物制氢系统由启动初始的非稳定状态迅速、准确地向高效制氢的发酵途径转化,保证反应器内的混合发酵菌群发生定向演替并形成产氢能力较高的乙醇型发酵,实现生物制氢反应器乙醇型发酵工艺的快速启动。

## 30.1  厌氧发酵生物制氢的生态因子分析

环境与生物是相互作用、相互影响、相互制约、不可分割的统一整体。环境是生物赖以生存的各种外界客观条件,从环境中分析出来的各种要素或条件单位,称为环境因子。对生物体发生直接或间接作用的环境因子,称为生态因子。只有对具体的环境、生物进行研究,才能了解环境与生物的生态作用规律及其机制。为了探讨发生最佳产酸发酵类型的运行控制参数,我们对影响产酸相的一些主要生态因子进行了探讨。

### 30.1.1  温度

温度是影响微生物生存及生物化学反应最重要的因素之一。温度不仅对微生物的生存及筛选竞争有着显著的影响,而且对生化反应速度的影响也极为明显。

1. 温度对产酸相产气速率的影响

温度对产酸相产气速率的影响试验结果如图 30.1 所示。从图中可以看出,温度在

35 ℃以下时,产气速率随温度升高而增加,温度至 35 ℃时产气速率达到最大值,此后随温度升高,产气速率反而下降。

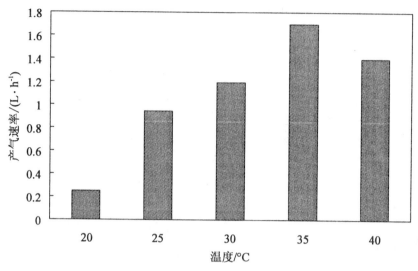

图 30.1　温度对产酸相产气速率的影响

**2. 温度对产酸相酸化率的影响**

本文中酸化率的含义是:产酸相反应器内所产生的末端产物总量与进水总 COD 浓度的比值。结果如图 30.2 所示,产酸相发酵酸化率随温度变化规律表明,酸化率也在 35 ℃时达到最大值。

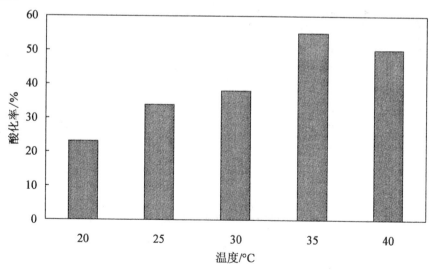

图 30.2　温度对酸化率的影响

**3. 温度对发酵末端产物的影响**

为了研究温度对各种发酵细菌的影响,我们对产酸相发酵末端产物中各种有机挥发酸以及乙醇做了分析,其结果如图 30.3 所示。结果证明,出水中各种发酵末端产物含量也都在 35 ℃最高。

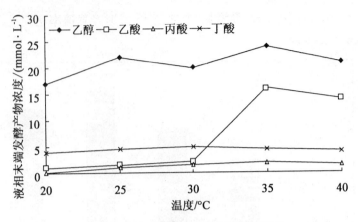

图 30.3　温度对液相发酵末端产物的影响

如图 30.1、图 30.2 和图 30.3 所示,温度对产氢产酸发酵有显著影响,当温度调节在 35 ℃时,反应器中的厌氧活性污泥和微生物菌群具有最强的发酵与繁殖速度,其有机物酸化率及产气率达到最大。

## 30.1.2　pH 值

氢离子浓度与微生物的生存存在密切关系。整个包外酶和包内酶的稳定性均受它一定程度的限制。每种微生物可在一定的 pH 值范围内活动,但它们最适 pH 值是有差别的,微生物细胞对底物的吸收也受介质 pH 值的影响。在不同 pH 值条件下,某些底物在溶液中存在的形式是不同的,如乙酸在 pH <7 时,以离子状态存在,细菌细胞壁是一种半透膜,它可以通过乙酸分子而不能通过乙酸离子。这样,pH 值就直接影响到微生物细胞对底物的吸收作用。

试验运行结果(图 30.4)表明,pH 值对产酸相的影响是显著的。从图中看出,介质 pH 值在 4.0 ~ 4.4 之间时,产酸相中乙醇型发酵菌种占主导地位,其主要发酵末端产物为乙醇和乙酸。pH 值为 4.4 ~ 4.8 时,虽然各种有机挥发酸的产量各有消长,各有其最佳(产量最高)pH 值范围,但总体来看,各挥发酸的量保持相当比例,属混合型发酵,运行结果还证实产酸发酵细菌群代谢水平在 pH 值为 5.0 时达到最低值。

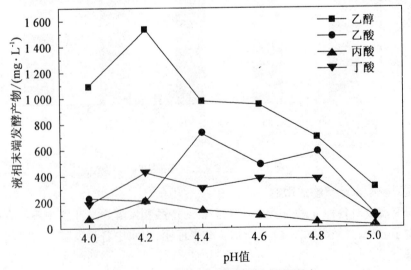

图 30.4　pH 值对液相末端发酵产物的影响

## 30.1.3　氧化还原电位

氧化还原电位简写为 Eh,其单位为伏(V)或毫伏(mV)。各种微生物要求氧化还原电位是不同的,一般好氧微生物要求 Eh 为 +300 ~ +400 mV,Eh 在 +100 mV 以上好氧微生物可以生长。兼性厌氧细菌要求 Eh 为 -200 ~ -250 mV。在厌氧发酵全过程中,尽管产酸发酵阶段可在兼性条件下完成,此时 Eh 在 +100 ~ -100 mV,但是,产酸相过低的 Eh 对原水中有机物的酸化是不利的,我们运行测试结果如图 30.5 所示。从图中可以看出,正常运行时(乙醇型发酵),产酸相的 Eh 为 -200 ~ -500 mV,Eh 较低时,产酸相发酵末端产物总量处在较低水平,而过高的 Eh(如大于 -200 mV)在正常运行中极少发生。产酸相乙醇型发酵的最适 Eh 应为 -250 ~ -350 mV。

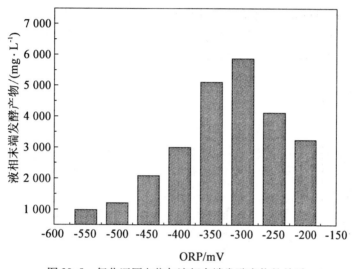

图 30.5　氧化还原电位与液相末端发酵产物的关系

## 30.1.4　容积负荷率

容积负荷率间接反映了食料与微生物量之间的平衡关系,是生物处理中最主要的控制参数。试验结果表明(图 30.6):产酸相的负荷率提高,单位 COD 的产气量虽然下降,但因反应器相对处理量的增加,总产气率仍然增加。

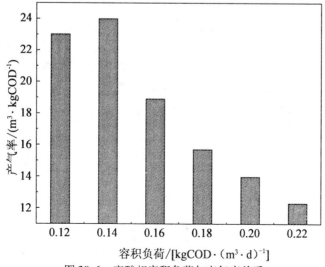

图 30.6　产酸相容积负荷与产气率关系

### 30.1.5　生物量

在生物处理中,食料与微生物之间的关系最为密切。生物反应器中的活性微生物(活性污泥)保有量高,反应器的有机物转化率以及允许承受的处理负荷率就高。

1. 生物量对产酸相的影响

为了研究生物量对产酸相的影响,我们在正常运行期间对污泥有机负荷率及有关参数(出水 pH 值及末端发酵产物产量)做了分析,结果分述如下:

(1)污泥负荷率对发酵末端产物产量的影响。图 30.7 向我们展示了在正常运行期间(乙醇型发酵),污泥负荷率与发酵产物产量之间的变化规律,该规律说明,在产酸反应器中,发酵末端产物产量反而下降,这说明两者之间存在着一个最佳对应关系,从图中可以分析,对于乙醇型发酵的酸化率来说,污泥负荷率的最适参数应为 2 ~ 2.5 gCOD/(gVSS · d),污泥负荷过高或过低都将导致底物转化率的降低。

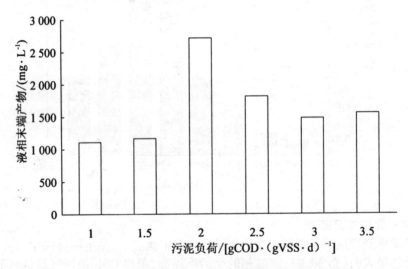

图 30.7　污泥负荷率对发酵末端产物产量的影响

(2)污泥负荷率对产酸相 pH 值的影响。从图 30.8 可以看出,产酸相出水 pH 值随着其污泥负荷率的提高而降低,污泥负荷率大于 4 gCOD/(gVSS · d)时,由于产生大量有机挥发酸,而使产酸相 pH 值降到 3.8 以下,使产气量急剧下降以致为零,生物活性受到极大抑制,我们把产酸相的这种状态称为"过酸"状态。产酸相的"过酸"状态在正常运行中应尽量避免,因它不仅会抑制产酸相生物自身活力,降低处理效果,而且,如不及时采取措施,极易导致产甲烷相的酸化,从而导致整个运行的失败,产酸相"过酸"状态发生后,可通过降低有机负荷方式逐渐恢复其活性。

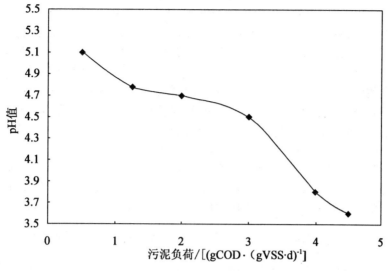

图 30.8　产酸相出水 pH 值与污泥负荷关系

## 30.1.6　营养

为了满足厌氧发酵微生物的营养要求,需要一定的营养物质,工程中主要是控制进水的 C、N、P 比例。一般来说,处理含天然有机物的废水不用调节。在处理有机废水时,特别要注意使进料中 C、N、P 保持一定比例。大量试验表明,C:N:P 控制在(200～300):5:1 为宜(其中碳以 COD 表示,N、P 以元素含量计)。我们的研究结果证明,对产酸发酵,进水中投加一定量的 N、P,保持 COD:N:P =(500～1 000):5:1 是适宜的,在装置启动时,N、P 浓度稍高,这有利于微生物增殖,有利于提高反应器的缓冲能力。Tavai 与 Kamura 报道,添加 $NH_3$ – N 会因提高混合液的氧化还原电位而使甲烷产率降低,所以氮素以加入有机氮与 $NH_4^+$ – N 营养物为宜。据以上分析,我们在试验运行中,以投加尿素及农用复合肥(含 N、P、K 等)方式来维持进水中 COD:N:P =(500～1 000):5:1。产酸相污泥经 20 d 驯化培养得以完成,整个运行期间,产酸相处于良好的状态,这与维持进料中的营养物质平衡是有直接关系的。

## 30.2　乙醇型发酵和丁酸型发酵的产氢能力及运行稳定性分析

废水发酵生物制氢是通过厌氧产酸细菌具有高效多变化发酵特性和氢气生产能力实现的。发酵效果依赖一些因素,比如说温度、pH 值、碱度、氧化还原电位。根据这些因素的不同,导致不同的微生物菌群结构,以至最终导致不同的发酵类型。有机物厌氧产酸主要有三种发酵类型(以葡萄糖为例),分别为丙酸型发酵、丁酸型发酵和乙醇型发酵。丙酸型发酵的主要产物是丙酸和乙酸,而丁酸型发酵产物包括丁酸和乙酸。对于乙醇型发酵,乙醇和乙酸是主要发酵产物。

$$C_6H_{12}O_6 + 2NADH \longrightarrow 2CH_3CH_2COO^- + 2H_2O + 2NAD^+ \qquad ①$$

$$C_6H_{12}O_6 + 2H_2O \longrightarrow CH_3CH_2CH_2COO^- + 2HCO_3^- + 2H_2 + 3H^+ \qquad ②$$

$$C_6H_{12}O_6 + 2H_2O + 2NADH \longrightarrow 2CH_3CH_2OH + 2HCO_3^- + 2NAD^+ + 2H_2 \qquad ③$$

　　反应式①~③表明氢气产生于乙酸型发酵、丁酸型发酵和乙醇型发酵,而丙酸型发酵不产氢气。然而,丙酸型发酵根据推测比其他发酵类型更容易发生是因为它自身的吉布斯自由能变化所制。丙酸型发酵类型能够在一个混合微生物种群里与其他能够产氢的发酵类型并存。因此,即使在丙酸产量很高的条件下,厌氧发酵也可以产生氢气。

　　国内外利用厌氧污泥成功进行发酵法生物制氢的研究很多。产酸发酵细菌的乙醇型发酵和丁酸型发酵是发酵法生物制氢采用的两种发酵类型。与其相对应的是两类不同的产酸发酵菌群:乙醇型发酵菌群和丁酸型发酵菌群。不同发酵类型液相末端产物的组分和比例不同,发酵气体的生成量以及发酵气体中的氢气含量也存在很大的差异。从理论上分析,丁酸型发酵可获得较高的产氢率,而乙醇型较少。针对此问题,重点对连续流生物制氢反应器乙醇型发酵和丁酸型发酵的产氢能力及其相应菌群的生态学特性进行了对比研究,探讨适用于发酵法生物制氢技术产业化的最佳发酵类型及其工程控制参数。

## 30.2.1　丁酸型发酵和乙醇型发酵特征性液相发酵产物对比

　　丁酸型发酵末端产物比较容易获得。丁酸型发酵产物主要以丁酸和乙酸为主,二者之和一般占总发酵产物浓度的70%~90%,乙醇含量较低,在较低容积负荷下丁酸型发酵产物中丙酸和戊酸的含量也很低,气相产物中氢气的体积分数一般为12%~34%,明显低于相同负荷下乙醇型发酵气相产物中的 $H_2$ 的体积分数。从图30.9中可见,运行前期液相末端发酵中乙酸、丙酸和丁酸的含量较低,其中丙酸约占总量的2%~7%,但随着时间的推移,三种物质的量都在增高,其中丁酸的增加尤为明显。分析原因可能与此阶段反应器的容积负荷一直处于逐渐增高的动态变化之中有关。

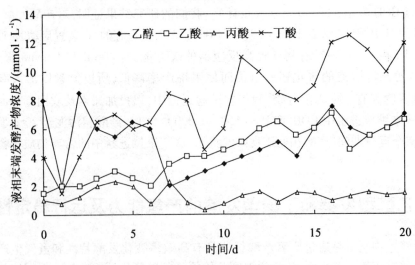

图30.9　丁酸型发酵产物的组成

　　如图30.10,典型的乙醇型发酵产物主要由乙醇和乙酸组成,占总量的80%以上,丁酸约占10%~15%,丙酸和戊酸的含量很低,只有1%~4%左右,气相中含量占总气体体积的40%以上,此阶段反应器的pH值在4.1左右。系统处于非稳定状态时的乙醇型发酵产物组成,尽管乙醇和乙酸的总和也占总发酵产物的50%以上,但丁酸也占相当的比例。此外,丙酸的含量也较高,并且乙醇和乙酸所占的百分比越低,丙酸的含量就越高。液相发酵产物的结果表明,丁酸型发酵和乙醇型发酵的末端产物差别很大,不同的发酵类型形成各种不同的液相发酵产物。丁酸型发酵的液相末端产物以丁酸和乙酸为主,乙醇型发酵的液相末端产物则以乙醇和乙酸为主。

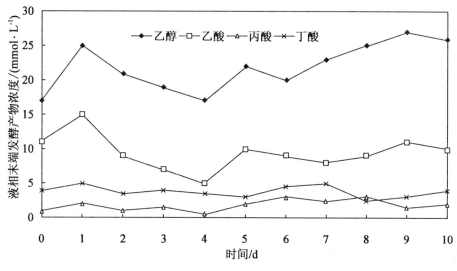

图 30.10　乙醇型发酵类型产物组成

## 30.2.2　丁酸型发酵和乙醇型发酵产气(氢)能力的比较

生物制氢反应器以有机废水为底物,其发酵气体主要成分是 $H_2$ 和 $CO_2$。由图 30.11 可见,在丁酸型发酵运行期间,系统的产气能力始终维持在 1.9 m³$H_2$/(m³ 反应器·d)左右,但丁酸型发酵阶段氢气含量较低一般维持在 35% 左右,所以它的最大产氢能力只有 0.8 m³$H_2$/(m³ 反应器·d);而在乙醇型发酵阶段(图 30.12),反应器的产气能力基本能维持在 2.5 m³$H_2$/(m³ 反应器·d)左右,最大产气(氢)能力可达 3.0 m³$H_2$/(m³ 反应器·d),此阶段发酵气体中的氢气含量也较高,基本维持在 50%,最低也达到了 45%,最大产氢能力可达到1.5 m³$H_2$/(m³ 反应器·d)。

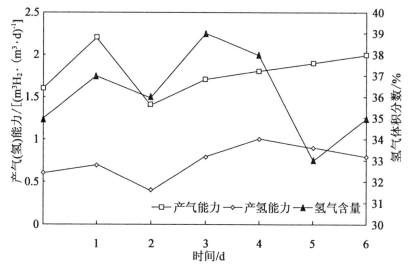

图 30.11　丁酸型发酵的产气(氢)能力

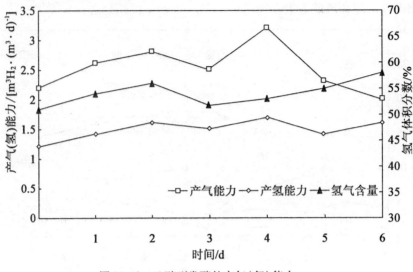

图 30.12　乙醇型发酵的产气(氢)能力

### 30.2.3　丁酸型发酵和乙醇型发酵 pH 值的变化

pH 值是影响发酵类型的重要性生态因子。厌氧处理中, 水解菌及产酸菌对 pH 值有较大范围的适应性, 这类细菌大多可以在 pH 值为 5.0~8.5 的范围内生长良好, 一些产酸菌在 pH 值小于 5.0 时仍可生长。厌氧处理的这一 pH 值范围是指反应器内反应区的 pH 值, 而不是进水 pH 值。当废水进入反应器内部后, 生物化学过程和稀释作用可以迅速改变进水的 pH 值。对于混合良好的反应器(如 CSTR 型), 其反应区的 pH 值与出水的 pH 值基本趋于一致。图 30.13 为丁酸型发酵和乙醇型发酵稳定进行阶段 pH 值变化情况。试验结果表明丁酸型发酵基本稳定在 4.4~4.7 之间。乙醇型发酵阶段出水 pH 值可在 4.0~4.2 的范围内变化。

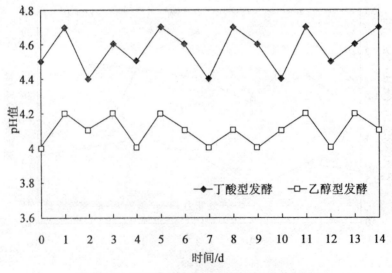

图 30.13　丁酸型发酵和乙醇型发酵 pH 值的对比

### 30.2.4　丁酸型发酵和乙醇型发酵 ORP 变化

氧化还原电位(ORP)对微生物生长和代谢均有显著影响。环境中的氧化还原电位主要与氧分压有关,环境中的氧气越多,氧化还原电位越高;反之氧化还原电位越低。图 30.14 为丁酸型发酵和乙醇型发酵的 ORP 对比。从图中可见,不同发酵类型对系统氧化还原电位的要求存在一定的差异。丁酸型发酵的 ORP 一般在 –200 ~ –350 mV,乙醇型发酵的 ORP 则维持在 –330 ~ –350 mV。

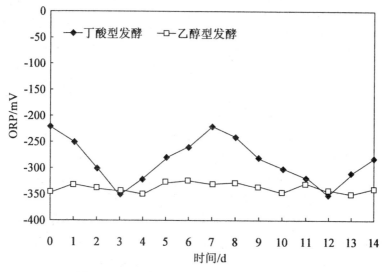

图 30.14　丁酸型发酵与乙醇型发酵的 ORP 对比

### 30.2.5　生物制氢反应系统最佳发酵类型的确定

生物制氢反应系统最佳发酵类型的主要判断依据为产氢能力、运行稳定性等方面。综合以上几部分的研究结果可知,从产氢能力方面分析,在相同条件下,乙醇型发酵具有最高的产氢能力。从系统稳定性方面分析,乙醇型发酵也最为优秀。乙醇型发酵在高负荷下仍能维持乙醇型的发酵产物。综合上述分析,我们认为,在这三种常见的发酵类型中,乙醇型发酵在产氢能力、运行稳定性具有明显优势,因此我们提出乙醇型发酵为发酵法生物制氢反应器的最佳发酵类型。

## 30.3　乙醇型发酵制氢工艺快速启动的定向调控

### 30.3.1　厌氧发酵产氢污泥的驯化

利用污水处理厂预处理剩余污泥厌氧发酵产氢是一个非常有意义并具有广阔发展前景的新的研究方向。大量研究表明,提高连续流混合菌种生物制氢产氢能力的有效途径之一就是提高混合菌种中产氢微生物的数量与产氢活性。为了降低成本,并能在未来的工业化生产中方便地获得大量的接种污泥,研究生物制氢反应器接种污泥的特性,降低工业化产氢生产成本以及运行过程中的维护操作均有着深远的意义。城市污水处理厂的剩余污泥中的微生物种类繁多，有严格厌氧细菌、兼性细菌和好氧细菌，有产酸菌、产氢菌和耗氢菌等。为了最大限度地提高接种污泥中产氢菌的数量和活性，把耗氢菌的数量降到最低，缩短反应器启动周期，国内外研究中对接种至生物制氢反应器的污泥采用了多种方法进行预处理，主要有热处理、曝气氧化、超声波处理等，如 Lin 等成功地用热处理污泥发酵水解物产氢，其产氢率达到 1.7 g/kg（TCOD 总化学需氧量）。本试验采用了具有较低工业化应用成本的曝气预处理方式，以糖蜜废水为底物，利用 CSTR 反应器作为反应装置，取得了较高的氢气产量，为厌氧处理综合利用氢气的工艺设计提供基础研究。

**1. 接种污泥的预处理**

为了获得氢气，必须抑制或杀死污泥中的耗氢微生物（主要为产甲烷菌），以截断污泥厌氧消化过程中的氢转化过程。由于污泥中的一些产氢微生物能形成芽孢，其耐受不利环境条件的能力比普通的微生物更强，因此可以通过预处理抑制污泥中的耗氢微生物，达到筛选产氢微生物的目的。目前常用的预处理方法主要有热处理、曝气氧化、超声波处理等。不同的预处理条件对混合菌系的组成有较大的影响，随之对产氢量也会有不同程度的影响。研究表明，经过预处理的污泥产氢量明显高于未经任何预处理的污泥产氢量。加热这种预处理方法是以杀灭不产芽孢的细菌为目的，从而抑制耗氢细菌的生存。但是这种预处理方法也抑制了细菌的活性。曝气氧化预处理是通过提高系统的氧化还原电位（ORP）值来达到杀灭严格厌氧细菌的目的，而兼性细菌和产芽孢的细菌可以在这种环境下存活。比较可知，这样的接种污泥有着更为丰富的生物多样性，这也就为启动期的驯化提供了丰富的微生物种群，从而成功实现了生物制氢反应器的高效快速启动。本实验采用间歇曝气培养方式。糖蜜废水为底物，控制 COD 进水质量浓度为 10 000 mg/L。曝气氧化过程中，大量微生物尤其是严格厌氧菌不适应环境的变化而死亡，曝气池上层会出现大量污泥聚集，每天停曝 1 h 静沉，去掉上层被"淘汰"的污泥。间歇曝气培养 2 周左右后，观察污泥的颜色逐渐由起始灰黑色变为黄褐色，并形成沉降性能良好的絮状污泥时接种至反应器。经显微镜观察生物相，污泥生物种类十分丰富。

**2. pH 值**

pH 值的变化对污泥驯化系统有十分重要的意义。这是因为大量有机挥发酸（VFA）的形成和积累对微生物产生显著影响。产酸发酵细菌对 pH 值的变化十分敏感，当驯化池内 pH 值在一定范围内变化时，也会造成其微生物生长繁殖速率及微生物群落发生改变。若 pH 值过高会有大量的产甲烷菌形成，导致反应器启动后产氢率较低；但是过低的 pH 值会使产氢细菌偏离正常生理条件下的 pH 值，使其失去产氢活性。因此，维持一定的 pH 值对实现发酵产氢是至关重要的。图 30.15 描述了接种污泥在驯化过程中 pH 值的变化情况。本实验采用 COD 为 10 000 mg/L 的糖蜜废水，间歇曝气培养 2 周后，pH 值为 4.63。较低的 pH 值可有效抑制产甲烷菌的形成，更有利于反应器产酸的快速启动。

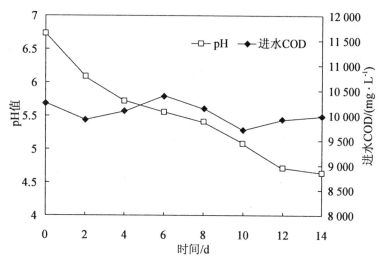

图 30.15　污泥驯化过程中 pH 值变化

3. 污泥接种量

较高的污泥接种量有利于反应器的快速启动。污水处理厂剩余污泥经曝气培养、厌氧发酵时,会有大量微生物不适应环境的变化而死亡,因此厌氧发酵产氢反应器的建立必须保证有足够数量的可驯化污泥。研究表明,在污泥接种量不小于 6.5 gVSS/L 时,产酸相可在 20 d 内快速启动成功。本次实验接种污泥量为 17.74 gVSS/L。在试验的正常运行期间,产酸相污泥表现出良好的沉降性能(图 30.16),其污泥沉降 30 ~ 50 min 可接近其最大密度,其沉降比约 54%。正常的产酸相活性污泥呈絮状,其结构紧密,说明污泥有颗粒化的趋势,而污泥颗粒化对保证污泥良好的沉降性能、在反应器中维持较高的生物量、提高有机物的去除率以及增加反应器的抗负荷冲击能力、提高运行稳定性都有积极作用。

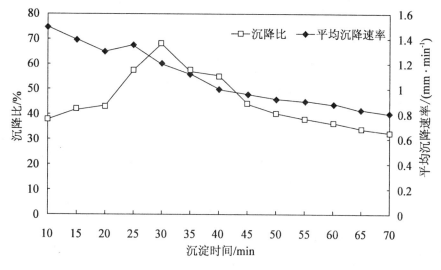

图 30.16　产酸相污泥沉降性能

### 30.3.2　CSTR反应器乙醇型发酵的快速启动

CSTR 生物制氢反应器乙醇型发酵的快速启动分为两个阶段:启动前 5 d 为第一阶段,进水 COD 约为 4 000 mg/L,6 d 以后的运行为第二阶段,进水 COD 为 2 000 mg/L。为了保证反应器内各反应时间充足,在反应器每次连续运行 4 个 HRT(1 d)后,对各反应参数进行测量并分析调控。

1. pH 值与 OLR 的调控对液相末端发酵产物的影响

反应器运行过程中液相末端产物变化如图 30.17 所示,图 30.18 为反应器 pH 值的变化情况。应器运行 1 d 后就出现了发酵现象,检测液相末端发酵产物发现乙醇、丁酸、戊酸含量较小,分别为 9.63 mg/L、79.22 mg/L 和 31.5 mg/L,而乙酸和丙酸含量较大,分别为 376.53 mg/L 和 546.54 mg/L,其中,丙酸在液相末端发酵产物总量中其质量分数达到 50.16%,这是由于启动初期反应器内还存在溶解氧,属于兼性厌氧环境,而丙酸型发酵菌群适应兼性厌氧环境,挥发酸总量为 1 089.44 mg/L;出水 pH 值变化不大,由起始的 4.63 下降为 4.46。反应器运行到 2 d,溶解氧逐渐被系统中微生物消耗利用,这时兼性微生物(即产丙酸菌群)活性下降,表现为丙酸含量开始下降,丁酸、乙醇和乙酸含量上升,而挥发酸总量为 979.11 mg/L,并无明显减少,说明反应器内部发酵菌群代谢仍然旺盛,只是菌群结构发生改变,即微生物群落结构中的各种群的相对比例发生变化。随着挥发酸的产生,系统 pH 值降低到 4.06,为避免反应器系统内部 pH 值过低而影响微生物代谢活性,向反应器进水箱投加定量 NaOH,来提高系统内部 pH 值。反应器出水 pH 值上升到 4.18,检测液相末端发酵产物发现,目的发酵产物乙醇含量增加到 122.61 mg/L,可见,产乙醇菌群适应此时的系统内部酸碱度,因此,不再继续投加 NaOH。此时,挥发酸总量上升到 1 334.84 mg/L。

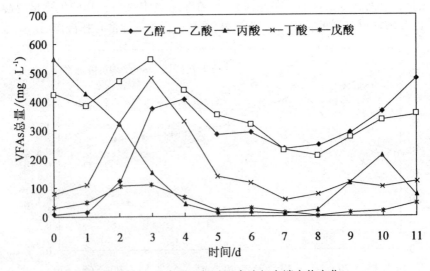

图 30.17　反应器运行过程中液相末端产物变化

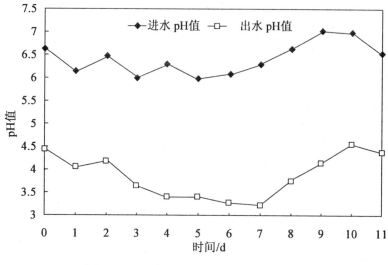

图 30.18　反应器运行过程中 pH 值变化情况

随着反应器运行到 3 d,乙酸含量上升到第一位,为 543.72 mg/L,占总挥发酸的32.87%。乙醇和丁酸含量上升较快,分别为 372.18 mg/L 和 479.57 mg/L,呈混合酸发酵趋势。由于液相末端发酵产物的大量产生,导致出水 pH 值下降到 3.64。运行 1 d 后,出水pH 值继续下降到 3.41。反应器内部 pH 值过低,导致挥发酸总量由 1 d 前的 1 653.85 mg/L下降到 1 277.61 mg/L。然而,检测发现,乙醇含量并没有跟其他发酵产物一样,随反应器内部 pH 值过低而减少,反而增加到 402.68 mg/L,可见,产乙醇菌群能够比其他发酵菌群更耐受较低的 pH 值。6 d 时反应器开始进入第二阶段,调节进水 COD 质量浓度为 2 000 mg/L。进水 COD 浓度的降低是为了抑制或者缓解 pH 值的进一步降低。反应器运行到 7 d,出水pH 值下降到 3.23,可见,进水 COD 质量浓度的降低只是缓解了系统内部 pH 值的下降趋势。挥发酸总量达到最低值 537.17 mg/L,如图 30.17 所示。反应器内部的过酸状态严重抑制了微生物活性,各发酵产物产量都有所下降,而乙醇含量下降最为缓慢,并且乙醇含量上升到液相末端发酵产物的第一位(表 30.1),进一步说明产乙醇菌群比其他发酵菌群更耐受较低的 pH 值。此时,为了避免瞬时变化而导致微生物的不适应,分两次向进水投加定量NaOH 以调节系统内部 pH 值。运行 1 d 后,出水 pH 值上升到 3.78,目的发酵产物乙醇的含量略有增加。在以后的运行过程中,反应器每经过 4 个 HRT 后向进水投加定量 NaOH,反应器运行到 11 d,出水 pH 值达到 4.57,此时,各发酵产物产量都有所增加,而作为乙醇型发酵的目的产物,乙醇和乙酸含量上升较快,占末端发酵产物总量的 67.67%,如图 30.17 所示。直至 11 d 时,乙醇质量浓度达到 476.97 mg/L,占末端发酵产物总量的 44.58%,乙醇和乙酸含量达到 77.63%。说明反应器中的污泥达到乙醇型发酵菌群的优势生态群落。系统 pH 值稳定在 4.32 左右。

表 30.1　pH 值对 VFAs 总量及各液相末端产物百分含量的影响

| pH 值 | VFAs 总量/(mg·L$^{-1}$) | 乙醇/% | 乙酸/% | 丁酸/% |
|---|---|---|---|---|
| 3.0 | 580 ± 12 | 44 ± 0.5 | 43 ± 1.1 | 1 ± 0.001 |
| 3.2 | 788 ± 33 | 38 ± 0.3 | 42 ± 0.8 | 3 ± 0.2 |

续表30.1

| pH 值 | VFAs 总量/(mg · L$^{-1}$) | 乙醇/% | 乙酸/% | 丁酸/% |
|---|---|---|---|---|
| 3.4 | 801 ± 39 | 35 ± 0.6 | 44 ± 0.4 | 2 ± 0.1 |
| 3.6 | 1 300 ± 50 | 32 ± 0.2 | 34 ± 1.3 | 4 ± 0.03 |
| 3.8 | 1 350 ± 29 | 9 ± 0.03 | 35 ± 1.2 | 24 ± 0.6 |
| 4.0 | 1 650 ± 18 | 22 ± 0.1 | 33 ± 3.2 | 5 ± 0.05 |
| 4.2 | 1 100 ± 22 | 1 ± 0.005 | 39 ± 0.8 | 6 ± 0.02 |
| 4.4 | 980 ± 13 | 0 | 41 ± 2.7 | 4 ± 0.1 |

　　微生物生境中的 pH 值对微生物生长的影响很大,主要效应是引起微生物细胞的细胞膜电荷变化,以及影响营养物离子化程度,从而影响微生物对营养物的吸收;影响代谢过程中酶的活性;改变生境中营养物质的可给性以及有害物质的毒性等。启动过程中反应系统的 pH 值是反应器运行的重要工程控制参数,也是影响不同发酵类型优势种群形成的限制性生态因子。废水厌氧处理过程中的 pH 值范围通常指的是反应区内混合液的 pH 值,并非进料混合液 pH 值。在废水进入反应系统后,废水中的物质所发生的一系列生理生化反应以及液体的稀释作用将迅速改变系统内的 pH 值。如含有大量溶解性碳水化合物(糖、淀粉等)的废水进入反应器后,由于酸化作用明显,碳水化合物发酵产生的有机酸(特别是乙酸)的积累,将使系统内 pH 值下降。针对废水水质的不同,可通过对反应系统进水 pH 值的调控来达到调节反应器内混合液 pH 值的目的。一般来讲,厌氧生物处理系统内,水解菌及产酸发酵细菌对 pH 值具有较大范围的适应性,这类细菌大多数可以在 pH 值为 5.0~8.5 范围内生长良好,一些细菌甚至可以适应 pH 值小于 5.0 的酸性环境。在对系统内 pH 值进行调控时,要兼顾进水 pH 值与反应系统内 pH 值之间的变化关系和微生物最佳代谢状态所需的 pH 值范围,对反应系统的进水 pH 值进行调节,调节范围可能高于或低于反应器内所要求的 pH 值。对于混合良好的反应器系统(如本试验采用的 CSTR 反应系统),其反应区的 pH 值与系统出水的 pH 值基本一致。pH 值的变化不仅直接影响参与新陈代谢过程的酶活性,而且不同种类的细菌在不同 pH 值生境条件下,生长繁殖的速率不同,最终影响反应器中微生物种群和群落的变化,而且能够改变反应器中优势种群的地位和数量,从而使生物制氢反应器中的发酵类型发生改变。常规乙醇型发酵类型的形成是通过控制制氢系统在适宜的乙醇型发酵生态位,从而达到乙醇型发酵,这样的定向调控通常需要 30 d 左右的时间,然而本试验证明,当系统内 pH 值过低,达到 3.23 时,反应器中各微生物菌群均受到抑制,而产乙醇菌相对其他发酵菌群受到的抑制程度最小;当系统 pH 值上升到 3.8 以上时,产乙醇菌活性恢复较快,其他发酵菌群可能由于系统经历过低 pH 值,此时活性难以恢复。因此,通过低 OLR 和低 pH 值的调控过程,能够有效加速乙醇型发酵的形成,提高反应器的产氢效率和实现稳定的发酵氢气生产。

　　2. 反应器内部氧化还原电位(ORP)的变化

　　氧化还原电位对微生物生长生理、生化代谢均有明显影响。生物体细胞内的各种生物化学反应,都是在特定的氧化还原电位范围内发生的,超出特定的范围,则反应不能发生,或者改变反应途径。总之,氧化还原电位对于微生物生命过程中的生物化学体系具有重要的影响,能引起某种反应的特定微生物的生长和生命活动需要特定的氧化还原电位范围。各种微生物要求生存环境内的氧化还原电位不尽相同,一般好氧微生物要求的氧化还原电位为 +300 ~ +400 mV,氧化还原电位在 +100 mV 以上好氧微生物可以生长;兼性厌氧微生物在氧化还原电位为 +100 mV 以上时可以进行有氧呼吸,氧化还原电位为 +100 mV 以下时进行无氧呼吸;专性厌氧细菌要求氧化还原电位为 -200 ~ -250 mV,专性厌氧的产甲烷细菌要求的氧化还原电位更低,为 -300 ~ -600 mV。

　　生境中的氧化还原电位可受多种因素影响。它与氧分压有关,氧分压高,氧化还原电位高,氧分压低,氧化还原电位低;微生物对有机物的氧化及代谢过程中所产生的氢、硫化氢等还原性物质,会使环境中的 Eh 值降低;环境中的 pH 值也会影响氧化还原电位,如图 30.19 所示,pH 值较低时,Eh 较高,pH 值较高时,Eh 较低。当反应器内 pH 值在 4 ~ 4.6 之间变化时,反应器内 ORP 维持在 -420 ~ -450 mV;随着反应器内 pH 值的降低,ORP 随着升高到 -380 ~ -410 mV。

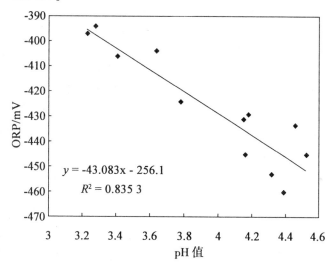

图 30.19　反应器运行过程中 ORP 与 pH 值的关系

　　图 30.20 反映了污泥驯化期间 ORP 的变化情况。在产氢发酵过程中,较低的氧化还原电位是产氢发酵微生物生长发育的必要条件。这是因为厌氧微生物的生存要求较低的氧化还原电位(ORP)环境的原因,使它们的一些脱氢酶系包括辅酶 I、铁氧还蛋白和黄素蛋白等要求低的 ORP 环境才能保持活性。反应器启动后,ORP 很不稳定,并有上升趋势,反应器运行到 7 d 时,ORP 从起始的 -445 mV 逐渐上升到 -394 mV,这是因为污泥曝气培养及接种至反应器的过程中,反应器内部会存在一定的氧分子和溶解氧,而在厌氧阶段,这些氧分子和溶解氧需要经过一段时间才能被系统中的微生物所消耗利用,因此反应器启动初期,系统内的厌氧程度较低。在后续运行阶段,随着厌氧环境的逐渐形成,ORP 逐渐稳定在 -460 mV 左右,直至反应器乙醇型发酵优势菌群的建立。

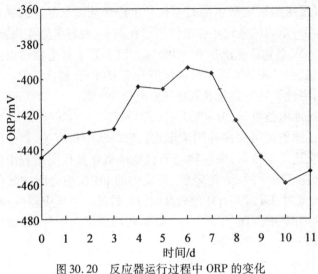

图 30.20　反应器运行过程中 ORP 的变化

### 3. 反应器对化学需氧量(COD)去除率变化情况

发酵法生物制氢的生物反应特性是通过大分子有机物在微生物的作用下水解、发酵进而被转化为小分子物质如挥发酸、氢气和二氧化碳等并被合成细胞物质。如图 30.21 为反应器对 COD 去除率的变化情况。反应器启动 1 d 后,活性污泥尤其是兼性菌的代谢活性保持较高水平,COD 去除率高达 40.91%,这是由于反应器启动后,活性污泥暂时保持着较高的水平,反应器运行 1 d 后,系统内环境从好氧到无氧的剧烈变化,使接种污泥中的产甲烷菌、产氢产乙酸菌和在接种之前搁置过程中孳生的一些好氧微生物不适应而死亡,反应器中污泥量减少,生物活性迅速下降,COD 去除率降低到 14.75%。随着微生物对环境的调节适应,微生物活性也逐渐恢复并趋于稳定,COD 去除率保持在 20% 左右。运行到 6 d 时,由于进水 COD 下降为 2 000 mg/L 及过低的 pH 值严重抑制了微生物代谢活性,COD 去除率几乎为 0,如图 30.22 所示。投加 NaOH 调整 pH 值后,反应器系统内部 pH 值开始上升,此阶段微生物代谢活性得到加强,反应器的 COD 去除率逐渐开始上升并在以后的运行过程中基本保持在 8% 左右。

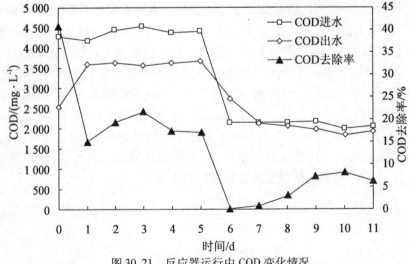

图 30.21　反应器运行中 COD 变化情况

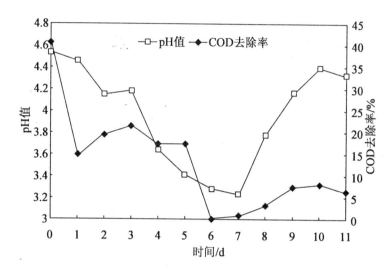

图 30.22　反应器运行过程中 pH 值对 COD 去除率的影响

### 4.启动过程中产气及产氢的变化

生物制氢反应器启动后产氢能力如图 30.23 所示。当发酵制氢反应器运行到第 3 天时,系统产气量达到最大值 12.6 L/d。当反应器运行到第 7 天时,由于系统内部"过酸状态"(pH 值小于 4.0)的形成以及进水 COD 浓度由 4 000 mg/L 下降到 2 000 mg/L,严重抑制了发酵产氢微生物的代谢活性,导致系统产气量达到最低值 0.5 L/d。

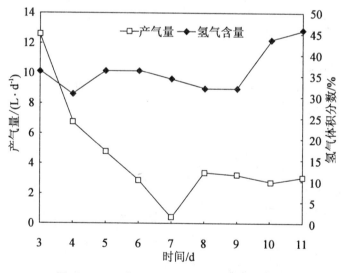

图 30.23　反应器运行过程中产气量与氢气含量

在反应器后续运行过程中,随着系统内部的 pH 值逐渐稳定在 4.3 左右,系统的产气量也稳定在 3 L/d 左右,如图 30.24 所示。厌氧发酵制氢反应系统内在第 11 天形成乙醇型发酵后,系统产气量(3 L/d)低于启动初期的产气量,这可能是由于系统进水 COD 浓度的下降,发酵底物的减少,从而导致发酵制氢反应器在形成乙醇型发酵后系统产气量较低,但这并非能够认定乙醇型发酵的产气量是低的。

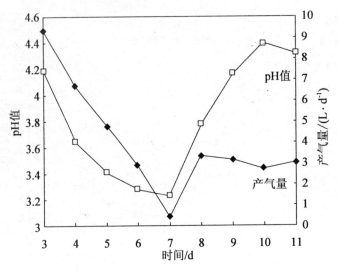

图 30.24　反应器运行过程中 pH 对产气量的影响

**5. 碱度**

厌氧发酵产氢系统的 pH 值变化主要是由有机物的产酸发酵过程决定的。有机物的发酵过程产生大量的有机挥发酸(VFA),VFA 的形成和积累将会对微生物的生长和生理代谢产生重要影响。当充足的碳酸氢盐碱度存在时,将会发生以下的反应:

$$CH_3COOH + HCO_3^- \longrightarrow CH_3COO^- + CO_2 + H_2O$$

挥发酸是影响碳酸氢盐碱度的一个重要因素,系统中一定碳酸氢盐碱度的存在可以中和产酸发酵作用产生的大量挥发酸类物质,防止大量挥发酸的产生导致系统的 pH 值迅速下降,使活性污泥中微生物的代谢活性下降,从而抑制它的发酵产氢作用。图 30.25 为反应器达到乙醇型发酵后出水碱度的变化情况。结果表明,当反应器达到乙醇型发酵后,出水碱度一般为 100 ~ 170 mg/L。

适当地提高进料的碱度,可以增加反应系统对有机酸的缓冲能力,防止 pH 值下降过于迅速而对微生物生长及生理生化代谢产生抑制作用,但是人为地向反应系统中大量投加碱度的物质会增加运行的费用。

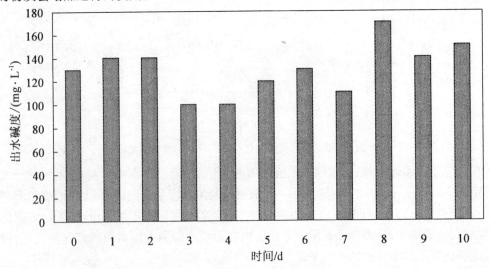

图 30.25　乙醇型发酵的出水碱度

# 30.4　结　论

环境中各种生态因子不是孤立存在的,它们之间是相互联系、相互制约的。某个生态因子对生物的生态效应总是在其他各种生态因子的配合中才能发挥出来,不管一个因子对生物的生长发育怎样适宜,如无其他因子的适当配合,就无法完成其生长发育过程。综上所述,环境中的某一生态因子虽有其独立的、特定的作用,但并不是单独的对生物发生作用;环境中各因子总是综合的或作为一个体系作用于生物。污水生物处理反应器运行状态是否良好,能否取得最佳效果,各种环境因子(控制参数)组合的完善程度是决定性因素。对于生物制氢反应器的运行,得到相关生态因子的控制参数。

(1)产气速率在 35 ℃以下时,随温度升高而增加,至 35 ℃达到最大值,此后,温度升高,产气速率反而下降。产酸相发酵酸化率随温度变化规律表明,酸化率也在 35 ℃时达到最大值;当 pH 值小于 4.0 时,可造成产酸相的过酸状态,使发酵酸化率、产气率急剧下降,细菌的生化代谢过程受到严重抑制;正常运行时,产酸相的 Eh 为 $-200 \sim -500$ mV,Eh 较低时,产酸相发酵末端产物总量处在较低水平,而过高的 Eh(如大于 $-200$ mV)在正常运行中极少发生;产酸相的负荷率提高,单位 COD 的产气量虽然下降,但因反应器相对处理量的增加,总产气率仍然增加;我们在试验运行中,以投加尿素及农用复合肥(含 N、P、K 等)方式来维持进水中 COD:N:P = $(500 \sim 1\,000):5:1$。产酸相污泥经 20 d 驯化培养得以完成,整个运行期间,产酸相处于良好的状态,这与维持进料中的营养物质平衡是有直接关系的。

(2)从液相末端发酵产物组成上来看,丁酸型发酵稳定期的特征性末端液相产物主要有乙酸和丁酸,气相产物主要有 $H_2$ 和 $CO_2$,其中 $H_2$ 含量较低,一般占总体积的 12% ~ 34%。乙醇型发酵稳定期的主要液相末端发酵产物有乙醇和乙酸,丁酸含量很低,气相产物主要有 $H_2$ 和 $CO_2$,其中 $H_2$ 含量较高,一般在 40% 左右。乙醇型发酵产物以乙醇为主,乙酸的含量很低,其他酸的含量也很低。丁酸型发酵及乙醇型发酵适宜的 pH 值范围分别为 4.4 ~ 4.7,4.0 ~ 4.2;ORP 范围分别为 $-200 \sim -350$ mV, $-330 \sim -350$ mV。通过试验分析得知,在生物制氢反应器各种常见发酵类型中,乙醇型发酵在产氢能力、运行稳定性和产酸相最适发酵产物的综合能力上,明显优于其他发酵类型,因此我们认为乙醇型发酵为发酵法生物制氢反应器的最佳发酵类型。

(3)在启动过程中采取以有机负荷控制为主,以 pH 值监测和调节为辅助的手段能够获得预期的目的发酵类型。当污泥接种量为 17.74 g/L、温度为 35 ℃、HRT 为 6 h、VSS/SS 为 63.72% 的条件下,启动初期的有机负荷控制为 16 kgCOD/($m^3 \cdot$ d) 左右,并采取降低负荷的方式(8 kgCOD/($m^3 \cdot$ d))启动时,可在 11 d 左右实现生物制氢乙醇型发酵的快速启动。

(4)当反应器 pH 值低于 4.0,开始抑制微生物代谢活性时,通过有机负荷的改变试图提升系统的 pH 值,效果不明显;而通过投加 NaOH 的方式,对于提高制氢系统的 pH 值是十分有效的。通过低 OLR 和低 pH 值的调控过程,能够有效加速乙醇型发酵的形成,提高反应器的产氢效率和实现稳定的发酵氢气生产。在本实验条件下,厌氧发酵产氢系统的 pH 值降低到 3.23 时,反应器中各微生物菌群受到抑制,而产乙醇菌相对其他发酵菌群受到的抑制程度最小;当系统 pH 值上升到 4.0 以上时,产乙醇菌活性恢复较快,其他发酵菌群可能由于系统经历过低 pH 值,此时活性难以恢复,快速实现生物制氢反应器中微生物的主要代谢类型为乙醇型发酵。

# 第31章　厌氧发酵生物制氢的纯培养工艺

## 31.1　纯培养发酵法生物制氢工艺

纯培养生物制氢工程的开展要比混合培养生物制氢早许多年,但是自从任南琪开展活性污泥发酵法生物制氢以来,混合培养生物制氢取得了巨大的成功。在任南琪的混合培养的发酵生物制氢系统,分离出一批以 R3 为代表的新型产氢细菌。开展纯培养微生物的生物制氢具有重要意义。首先,以一些特定的生物质为原料的生物制氢,应该进行分批培养和补料分批培养的纯菌制氢;第二,在以混合培养为主的大型生物制氢工厂,附之纯培养生物制氢工艺,以补充氢气生产的速率和流量;第三,以特定生物质制氢工程,需要开展纯培养研究,观察底物制氢的有效性和效能;第四,尽管其他作者研究纯培养制氢取得的成绩,还不能与混合培养制氢的结果相比,有必要进行新型菌种的纯培养生物制氢工程研究,扩大不同类型菌种制氢的应用。

### 31.1.1　纯培养发酵法生物制氢技术

尽管早在 20 世纪 80 年代,Suzuki 等人利用细胞固定化连续培养技术在 1980 年研究了 *Clostridium butyicum* 的氢气生产;Tashino 等人在 1983 年就开始了利用 *Enterobacter aerogenes* 纯间歇培养,在接种 5.5~6.5 h 后,他们获得的氢气产率相近。研究一直持续到现在,但是多年的纯培养制氢研究还没有实现工业化生产。主要的原因就是所采用的菌种来源太少,缺乏工程上所需要的产氢菌种和制氢技术。纯培养研究一直持续到 20 世纪 90 年代中叶,纯培养制氢研究逐步成为生物制氢研究的热点。代表性的菌种有 *Enterobacter aerogenes* B. 82005 等。任南琪 1994 年从活性污泥入手,开始了混合培养生物制氢的研究,经过 15 年的探索,已经把混合培养发酵法生物制氢工艺深入到生产示范工程,实现规模化工业化生产。相比较而言,纯培养生物制氢被甩到了后面,国际上也于 2000 年开始把注意力集中在混合培养,陆续报道了一些研究成果。但是,纯培养研究也随着菌种的不断发现,纯培养研究再次与混合培养并列一起成为人们关注的两个热点。代表性的菌种有 *Enterobacter clocae* IIT – BT08、*Clostridium butyricum* CGS5 和 B49。发酵法生物制氢所利用的底物不断扩大,除了废弃物和废水外,生物质作为底物的研究越来越受到人们的重视,这样,成分不是很复杂的生物质、废水和废弃物,可以成为纯培养生物制氢的作用底物,使得纯培养生物制氢的研究持续不断。纯培养生物制氢的研究和产业化,随着新菌种的发现,前景十分看好。

1. 分批培养工艺

分批培养是一种最简单的发酵方式,在培养基中接种后通常只要维持一定的温度,厌氧过程还需要驱逐溶解氧。在培养过程中,培养液的菌体浓度、营养物质浓度和产物浓度不断变化,表现出相应的变化规律。

(1)细菌的生长:分批培养的细菌生长一般经过延迟期、指数生长期、减数期、静止期和衰亡期等5个阶段。延迟期是菌体细胞进入新的培养环境中表现出来的一个适应阶段,这时菌体浓度虽然没有明显的增加,但在细胞内部却发生着很大的变化。产生延迟期的原因和培养环境中营养的改变(碳源的改变等)、物理环境的改变(温度、pH 值和厌氧状况)、是否存在抑制剂和种子的状况有关。延迟期结束后,因为培养液中的营养因素十分丰富,菌体生长不受任何限制,菌体浓度随时间指数增大,故称之为指数生长期。随着细菌的生长,发酵液中的营养不断消耗减少,有害代谢产物不断积累,菌体生长的速率逐渐下降,进入减速期,而细菌生长和死亡速率相等时,菌体浓度不变化,进入静止期。当培养液中的营养物质耗尽和有害物质浓度过度积累,细胞生长环境恶化,造成细胞不断死亡,进入衰亡期。一般的培养过程在衰亡期之前结束,但是也发现有些生物过程在衰亡期尚有明显的产物形成期。当培养液中的营养物质耗尽和有害物质浓度过度积累,细胞生长环境恶化,造成细胞不断死亡,进入衰亡期。一般的培养过程在衰亡期之前结束,但是也发现有些生物过程在衰亡期尚有明显的产物形成。

(2)底物的消耗:培养过程中消耗的底物用于菌体生长和产物的形成,有的底物还与能量的产生有关。一般而言,底物的消耗与菌体生长浓度和增值率成正比,与得率成反比。

(3)产物的生成:一般认为,分批培养中产物的生成与生长的关系归纳为 3 种关系,即产物的生成与生长相关、部分相关和不相关。产物的生成与生长相关多见于初级代谢产物的生产;产物的生成与生长部分相关,产物的生成速率即与细胞的比生长速率有关,也与细胞的浓度有关;产物的生成与生长不相关,则见于次生代谢产物的生产。

(4)工程控制参数:Minnan 等人发现的 *Klebsiella oxytoca* HP1 的分批培养试验结果表明,氢气生产的最佳条件是,葡萄糖浓度、起始 pH 值、培养温度和气相氧分别是 50 mmol 葡萄糖、起始 pH 7.0、35℃ 和 0% 的氧,最大的氢气生产活性、产率和产量分别为 9.6 mmol/(g CDW·h),87.5 mL/h 和 1.0 mol/mol 葡萄糖。*Klebsiella oxytoca* HP1 发酵氢气生产强烈地依赖于起始 pH 值。Chen 等人报道了 *Clostridium butyricum* CGS5 在起始蔗糖质量浓度20 gCOD/L(17.8 g)和 pH 5.5 情况下的分批培养研究结果,其产量为 5.3 L 和 2.78 mol $H_2$/mol蔗糖,在 pH 6.0 条件下,最高的氢气产率为 209 mL/(L·h)。Jung 研究的 *Citrobacter* sp. 19 在分批培养中,最佳的细胞生长和氢气生产在 pH 值 5~8、温度在 30~40 ℃氧分压为(0.2~0.4)×1.01×10$^5$ Pa,其最大产氢量为 27.1 mmol/(gcell·h)。

### 2.连续培养工艺

在连续培养中,不断向反应器中加入培养基,同时从反应器中不断释放出培养液,培养过程可以长期进行,可以达到稳定状态,过程的控制和分析也比较容易进行。生物反应器的培养基接种后,通常先进行一段时间的培养,待菌体浓度达到一定数量后,以恒定流量将新鲜培养基送入反应器,同时将培养液以同样的流量抽出,因此反应器中的培养液体积保持不变。在理想状态下,培养液中的各处的细胞浓度和产物浓度分别相同。和分批培养相比,连续培养省去了反复放料、清洗发酵罐、避免了延迟期,因而设备的利用率高。Minnan 发现的 *Klebsiella oxytoca* HP1 的连续培养试验结果表明 pH 值控制在 6.5,培养温度控制在 38 ℃,驱除气相中的氧成分和回添氩气。培养起始阶段,由于较少的菌体含量,氢气生产率较低。培养 12 h 后，产氢活性和产率都得到提高，在上述条件下，氢气生产率和产量分别达到 15.2 mmol/(gCDW·h)，350 mL/h 和 3.6 mol/mol 蔗糖。Jung 研究的 *Citrobacter* sp. 19 在连续培养中，最佳的细胞生长和氢气生产分别在 pH 5～7.5，温度在 30～40 ℃，氧分压为 $(0.2～0.4)\times1.01\times10^5$ Pa，其最大产氢量为 20 mmol/(gcell·h)。

　　3. 补料分批培养工艺

　　补料分批培养是一种介于分批培养和连续培养之间的一种运行方式，随着分批培养的持续进行时，发酵液营养物质的不断消耗，向反应系统内分批次地补充其中的微生物所需要的营养物质，目的是达到延长发酵生产期和控制发酵过程有利于发酵目的的措施。随着反应器内的不断补料，发酵液的数量和体积不断扩大，到了一定体积大小时需要结束发酵，或者倒出其中的一定体积的发酵液，余下的发酵液可以继续发酵。补料分批培养技术可以适时地对发酵过程补充营养改善反应器环境和控制工艺，提高发酵效率，在医药、食品等领域的生产中得到普遍使用。目前还没有关于补料分批培养用于氢气生产的报道。

## 31.1.2　纯培养生物制氢进展

　　尽管利用纯培养生物制氢技术提出得很早，但是人们只是停留在 *Enterobacter*、*Clostridium* 等几个菌种上，技术进步和研究成果与混合培养比较，研究相对落后。直到最近人们又重新开始对纯培养发生兴趣，不断扩大菌种来源 *Citrobacter*、*Klebsiella*，并且研究产氢微生物对底物的来源范围不断扩大。一些 *Enterobacter* 的株系可以利用可溶性淀粉、食品废弃物、造纸废液、小麦淀粉、糖类生物质、食品废水、大米造酒废水等来源广泛的氢气生产底物。Angenent 等人对工业和农业废水的氢气生产有了一个综述，Logan 等人采用了一个新型分批培养技术用于生物制氢。在纯培养生物制氢的研究中，*Clostrodiu* 产氢菌的研究十分详尽，是模式菌种。Collet 等报道了 *Clostridium thermolacticum* 纯培养生物制氢的研究结果。在含有乳糖的培养液中，大量氢气生成。在乳品工业中，有大量牛奶渗透到废流中，其中乳糖多达 6%，是一个有价值的生物制氢底物来源。在连续培养工艺中，*C. thermolacticum* 氢气产量达到 5 mmol $H_2$/(gcell·h)。围绕着 *Clostridium* 菌属的其他菌种的研究表明，同一属内的菌种的培养特性和产氢能力有所不同，培养条件对 *C. thermolacticum* 乳糖的氢气生产有着十分重要的影响。在气相产品中 $H_2$ 的含量十分高，而 $CO_2$ 的含量却十分低。细胞代谢释放的 $CO_2$ 进入培养液形成碳酸盐或重碳酸根离子的形式存在。Frick 等人的中试试验表明培养液的缓冲液强烈地改变培养液中气相 $CO_2$ 和不溶解的 $CO_2$ 之间的平衡。Lee 等人报道了提高碱度，有利于氢气生产量的增加。在碱性 pH 值条件下乳糖的氢气生物转化，氢分压由 53 kPa 增加到 78 kPa，氢气产量从 2.06 mmol/(L·h) 增加到 3.0 mmol/(L·h)，一些作者则有相反的结论。乙醇的形成减少了氢气的产量，这一结论受到人们的置疑。利用 *Clostrodium* 消化其他有机物生产氢气也有许多报道，菊粉、蔗糖、已酰氨基糖和角素等含木质素的废液和污水污泥以及其他方面等都有进行纯培养生产氢气的报道。

　　如前所述，产氢菌 *Clostridium butyricum* CGS5 是一个比较成功的报道。尽管 *Clostridium* 产氢菌比 *Enterobacter* 对氧气敏感，人们对还是热衷于研究它的产氢特性，这些菌种在价格便宜的培养液中可以进行有效的氢气生产。*Clostridium butyricum* 氢气生产的 pH 值最佳范围是 5.5～6.7，而在 pH 5.0 时，氢气生产受到抑制。同样，有机负荷起着十分重要的作用。乙醇产量相对较少，属于丁酸型发酵。纯培养生物制氢的研究中，*Clostridium* 产氢菌的一些研究结果为发酵生物制氢工艺提供了许多具有指导意义的基础资料。

# 31.2　纯菌种 R3 厌氧发酵生物制氢

## 31.2.1　纯菌种 R3 植物秸秆糖化制氢

生物制氢系统的主要技术之一是为产氢微生物寻找合适的底物。植物秸秆是最为重要的生物质来源之一,具有价格低廉和来源广泛的特点。目前,生物制氢技术和植物秸秆糖化技术都是最为前沿的技术之一。通过发酵过程,氢气可以直接从糖类或甚至废水生产得到。

1.原料的预处理

植物秸秆预处理操作流程工艺如图 31.1 所示。

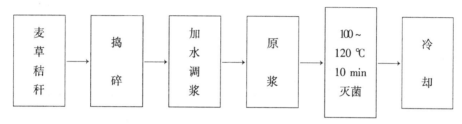

图 31.1　植物秸秆预处理操作流程

将 10 g 麦草秸秆用研钵捣碎,倒入 250 mL 容量瓶中加水调成浆液,放入高压灭菌筒,在 110～120 ℃高温下灭菌 10 min,冷却后加水至刻度线,调匀备用。实验 1 为不同温度对降解的影响,各取预处理后的原浆 10 mL 分别和质量分数为 35% 的乙酸、35% 盐酸按料液比 1∶4 装入 100 mL 的三角瓶中。降解温度分别为 20 ℃、40 ℃、60 ℃、80 ℃,静置恒温水浴中,降解时间为 2 h,每 10 min 摇晃一次。降解产物冷却后用离心机分离,清液即酸降解液,留待测糖量。实验 2 为不同的降解时间对降解的影响,各取预处理后的原浆 10 mL 分别和质量分数为 35% 的乙酸、35% 盐酸按料液比 1∶4 装入 100 mL 的三角瓶中。40 ℃静置恒温水浴中,按降解时间为 0.5 h、1.0 h、1.5 h、2.0 h 进行降解,每 10 min 摇晃一次。降解产物冷却后用离心机分离,清液即酸降解液,留待测糖量。

强酸与弱酸在降解植物秸秆的过程中也起到不小的作用。盐酸在反应过程中完全电离出氢离子,所以氢离子能够很完全地参与反应。而乙酸作为弱酸,并不能完全电离,所以在反应过程中,氢离子并没有全部参与其中,导致降解效果不明显。

2.降解温度对降解的影响

在酸质量分数为 35%、不同降解温度的情况下降解 2 h,得到相应的还原糖量见表 31.1,其降解温度对降解的影响关系如图 31.2 所示。由此图可以看出,温度对乙酸降解植物秸秆的影响是比较明显的,在降解温度为 40 ℃时糖水溶液中干固物的百分含量较高。随着降解温度的不断升高,其糖水溶液中干固物的百分含量呈下降趋势。导致这种情况的产生可能是与乙酸本身的性质有关:一方面,乙酸作为弱酸,对植物秸秆中的纤维素作用相对来说较低,在较低的温度下,乙酸不容易挥发,当温度升高时,其挥发能力会逐渐提高。

同时温度越高,乙酸的反应速率也会增大,所以在实验过程中发现,在 20 ~ 40 ℃,降解而得的糖含量呈上升趋势,并在 40 ℃时最高;而 40 ~ 80 ℃糖含量则逐渐下降。

表 31.1　不同降解温度反应得到的糖化液中糖含量及折射率

| 实验号 | 乙酸 | | | 盐酸 | | |
| --- | --- | --- | --- | --- | --- | --- |
| | 降解温度 /℃ | 糖水溶液中干固物的百分含量(Brix) | 折射率 nD | 降解温度 /℃ | 糖水溶液中干固物的百分含量(Brix) | 折射率 nD |
| 1 | 20 | 0.9 | 1.334 3 | 20 | 35.4 | 1.391 6 |
| 2 | 40 | 7.8 | 1.344 4 | 40 | 35.0 | 1.390 8 |
| 3 | 60 | 7.2 | 1.343 6 | 60 | 34.1 | 1.388 7 |
| 4 | 80 | 1.2 | 1.334 7 | 80 | 29.8 | 1.380 8 |

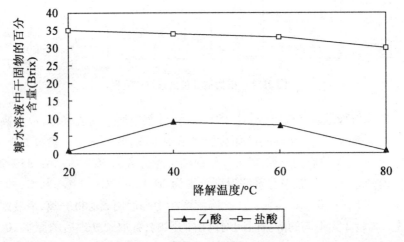

图 31.2　降解温度对降解的影响

用盐酸降解植物秸秆时,温度的影响没有乙酸那么明显,还原糖量随着降解温度的上升而下降,在降解温度为 20 ℃时,糖水溶液中干固物的百分含量最大。随着温度的逐渐上升,盐酸慢慢挥发,导致溶液中盐酸浓度逐渐下降,使得降解而得的糖含量下降。所以,用乙酸降解植物秸秆,其降解温度最佳值为 40 ℃;用盐酸降解植物秸秆,其降解温度最佳值为 20 ℃。

3. 降解时间对降解的影响

在降解温度为 40 ℃、酸的质量分数为 35% 的情况下,按不同降解时间进行降解,得到相应的还原糖量见表 31.2,其降解时间对降解的影响关系如图 31.3 所示。实验表明,用乙酸降解植物秸秆时,降解效果比较明显。在 0.5 ~ 1.0 h,糖水溶液中干固物的百分含量逐渐上升,并且在 1.0 h 时达到最大值;而 1.0 ~ 2.5 h,糖水溶液中干固物的百分含量则逐渐下降。这是由于乙酸作为弱酸,对植物秸秆的降解效果较低,并且在长时间的恒温反应过程中,乙酸也在逐渐挥发,致使浓度越来越低,反应速率也下降。

表 31.2　不同降解时间反应得到的糖化液中糖含量及折射率

| 实验号 | 乙酸 | | | 盐酸 | | |
| --- | --- | --- | --- | --- | --- | --- |
| | 降解时间/h | 糖水溶液中干固物的百分含量(Brix) | 折射率 nD | 降解时间/h | 糖水溶液中干固物的百分含量(Brix) | 折射率 nD |
| 1 | 0.5 | 5.8 | 1.340 1 | 0.5 | 36.4 | 1.393 0 |
| 2 | 1.0 | 14.4 | 1.354 7 | 1.0 | 36.8 | 1.394 2 |
| 3 | 1.5 | 11.7 | 1.350 4 | 1.5 | 35.1 | 1.391 1 |
| 4 | 2.0 | 6.6 | 1.342 6 | 2.0 | 34.5 | 1.389 9 |

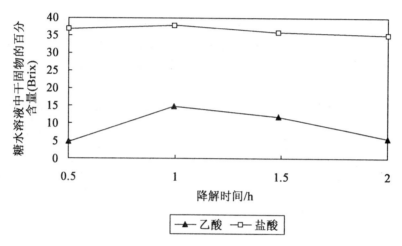

图 31.3　降解时间对降解的影响

相对应地,用盐酸降解时其效果并不显著,糖水溶液中干固物的百分含量始终徘徊在 35 ~ 36,在 1 h 时达到最高值 36.8,呈现缓慢下降趋势。另外,用盐酸降解的糖化液中糖含量要比乙酸降解来得多,这是因为盐酸是强酸,对植物秸秆的降解效果较强。

所以,用乙酸降解植物秸秆,其最佳降解时间为 1 h;用盐酸降解植物秸秆,其最佳降解时间也为 1 h。

### 31.2.2　糖化液产氢

按实验方法配制培养基,其中每瓶培养基中加入预先配好的糖化液。置于 HZQ - C 空气浴振荡器中,在 35 ℃、120 r/min 的条件下,振荡产氢 24 ~ 48 h,产氢结果见表 31.3。从表 31.3 中可以看出,糖化液中糖含量与产氢量成正比,与所用酸也有很大的关系。用乙酸等弱酸降解所得到的糖化液比用盐酸等强酸降解所得到的糖化液产氢量要少。

在实验过程中,降解温度、降解时间的控制也对最终的产氢效果有一定的影响。对于之前降解过程中所出现的一个最大值,则在产氢过程中相对应的氢的含量较多。

表 31.3　降解因素(降解时间、降解温度)与产氢量的关系

| 影响因素 | 乙酸降解糖化液的产氢量/(mL·L$^{-1}$) | 盐酸降解糖化液的产氢量/(mL·L$^{-1}$) |
|---|---|---|
| 0.5 h | 8.5 | 18.5 |
| 1 h | 10 | 20 |
| 1.5 h | 20 | 18 |
| 2 h | 12.5 | 16.5 |
| 20 ℃ | 10 | 18.2 |
| 40 ℃ | 20 | 17.8 |
| 60 ℃ | 12.5 | 16.5 |
| 80 ℃ | 11 | 14 |

在 25 ℃、1.013 MPa 状态下,把所得的氢气由体积换算成物质的量,分别得到乙酸糖化降解所得到产氢的体积与物质的量的关系及盐酸糖化降解所得到产氢的体积与物质的量的关系,见表 31.4 和表 31.5,并估算得出了日平均产氢量。

表 31.4　乙酸糖化降解所得到产氢的体积与物质的量的关系及日平均产氢量

| 乙酸降解糖化液的产氢量/(mL·L$^{-1}$) | 物质的量/mmol | 日平均产气量/mol |
|---|---|---|
| 8.5 | 190.4 | 95.2 |
| 10 | 224.0 | 112.0 |
| 20 | 448.0 | 224.0 |
| 12.5 | 280.0 | 140.0 |
| 10.0 | 224.0 | 112.0 |
| 20.0 | 448.0 | 224.0 |
| 12.5 | 280.0 | 140.0 |
| 11.0 | 246.4 | 123.2 |

表 31.5　盐酸糖化降解所得到产氢的体积与物质的量的关系及日平均产量

| 盐酸降解糖化液的产氢量/(mL·L$^{-1}$) | 物质的量/mmol | 日平均产气量/mol |
|---|---|---|
| 18.5 | 414.4 | 207.2 |
| 20.0 | 448.0 | 224.0 |
| 18.0 | 403.2 | 201.6 |
| 16.5 | 369.6 | 184.8 |
| 18.2 | 407.7 | 203.8 |
| 17.8 | 398.7 | 199.3 |
| 16.5 | 369.6 | 184.8 |
| 14.0 | 313.6 | 156.8 |

## 31.3　厌氧发酵连续流纯菌种 R3 生物制氢

### 31.3.1　连续培养制氢工艺

厌氧发酵制氢技术早期的研究主要关注于利于纯厌氧菌如 *Enterobacter*、*spergillusterreus* 和 *Clostridium* 将碳水化合物转化为氢气。表 31.6 列出了一些常见的产氢发酵细菌及底物的累积产氢量。

表 31.6　几种常见的产氢发酵细菌及底物的累积产氢量

| 细菌种属及编号 | 碳源 | 累计产氢量 |
|---|---|---|
| *Enterobacter aerogenes* E. 82005 | 糖蜜 | 1.58 |
| *Enterobacter aerogenes* HU – 101 | 葡萄糖 | 1.17 |
| *Enterobacter cloacae* IIT – BT08 | 葡萄糖 | 2.30 |
| *Clostridium butyricum* IFO 13949 | 葡萄糖 | 1.90 |

哈尔滨工业大学的任南琪课题组曾利用产氢纯菌株 B49 进行了发酵产氢,讨论了各种生长因子对菌株生长以及产氢的影响。从利用纯菌发酵制氢的研究结果来看,纯菌的厌氧发酵制氢技术还处于起步阶段,最具有产氢潜力的两类细菌是梭状芽孢杆菌(*Clostridium*)和肠杆菌属(*Enterobecter*)。采用具有高效产氢能力的纯细菌,底物降解速度快,产氢速度快,底物的氢气转化率高,反应器可以在较高的负荷下运行。

在发酵法生物制氢工艺中,混合培养发酵法得到了广泛的开展并且取得了巨大的成功。但是,纯培养生物制氢工程的开展要比混合培养生物制氢早许多年。因此,利用混合培养生物制氢系统,分离出一批产氢细菌并在此基础之上,进一步开展出纯培养生物制氢工程研究,就显得十分必要。

目前,厌氧生物制氢的研究主要集中在利用纯培养微生物的间歇试验上,如 *Clostridium sp.*、*Enterobacter aerogenes* 和 *Ectothiorhodospira vacuolata*。为了使产氢细菌达到工业化应用的水平,以高效产氢细菌——R3 为研究对象,通过连续流培养试验,考察了利用纯菌种 R3 连续流发酵生物制氢反应系统的启动和运行特性,进而促进生物制氢技术产业化进程。

## 31.4　纯菌种 R3 连续流生物制氢

### 31.4.1　液相末端发酵产物

液相末端发酵产物对厌氧发酵制氢具有重要的影响,通过检测挥发酸性脂肪酸(VFAs)的组成和含量,可以适时地反映系统运行特征及其稳定性。从图 31.4 中可以看出,R3 发酵末端产物以乙醇和乙酸为主(占总量的 90% 以上),符合乙醇型发酵。从发酵末端产物的增加速率分析,丙酸和丁酸几乎不变,而乙醇和乙酸的量都随时间变化增长得较快。反应器运行到 16 d 达到相对稳定状态,此时乙醇为 973 mg/L,乙酸为 660 mg/L,分别占液相末端产物的 56.47% 和 38.3%,为典型的乙醇型发酵。

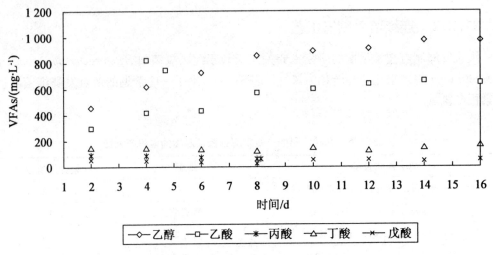

图 31.4　液相末端发酵产物的变化

### 31.4.2　反应器运行过程中 pH 值的变化

　　pH 值的变化不仅直接影响参与新陈代谢过程的酶活性,而且不同种类的细菌在不同 pH 值生境条件下,生长繁殖的速率不同,最终影响反应器中微生物种群和群落的变化,而且能够改变反应器中优势种群的地位和数量,从而使生物制氢反应器中的发酵类型发生改变。

　　如图 31.5,反应器运行后系统内 pH 值发生了很大变化。随着有机挥发酸的大量产生,致使反应器内 pH 值迅速降低,反应器启动 4 d 后 pH 值迅速下降到 3.82,而 pH 4.0 通常被认为是厌氧生物制氢工艺控制的下限,向进水投加适量 NaOH 后,反应器出水 pH 值逐渐升高到 4.45,可见,通过投加 NaOH 的方式提高反应器 pH 值是有效的。虽然在随后的运行过程中,进水 pH 在 5.5 ~ 6.24 之间变化,反应器出水 pH 值稳定在 4.25 左右,仍为乙醇型发酵适宜的 pH 值生态位。

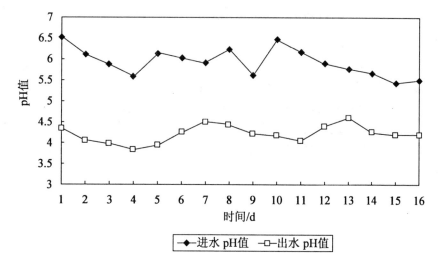

图 31.5　反应器运行过程中 pH 值变化情况

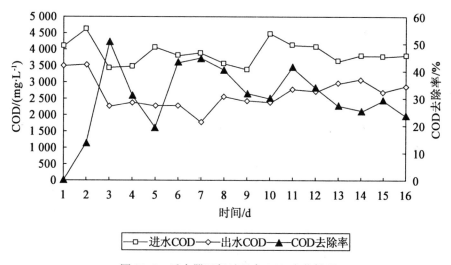

图 31.6　反应器运行过程中 COD 变化情况

### 31.4.3　反应器运行过程中 COD 变化

发酵法生物制氢的生物反应特性是通过大分子有机物在微生物的作用下水解、发酵进而被转化为小分子物质如挥发酸、氢气和二氧化碳等并被合成细胞物质。图 31.6 反映的是 CSTR 反应器在运行过程中 COD 变化情况。反应器运行 3 d 后,COD 去除率高达 50.64%, 这是由于反应器启动后,R3 菌株暂时保持着较高的代谢水平。随着培养系统从间歇到连续流的剧烈变化以及反应器内 pH 值下降到 4.0 以下,R3 菌株活性迅速下降,COD 去除率降低到 19.32%。R3 对环境的调节适应后,活性也逐渐恢复并趋于稳定,在后续的运行过程中,COD 去除率上升并保持在 28% 左右。

### 31.4.4　反应器运行过程中 ORP 变化

氧化还原电位对微生物生长生理、生化代谢均有明显影响。生物体细胞内的各种生物化学反应,都是在特定的氧化还原电位范围内发生的,超出特定的范围,则反应不能发生,或者改变反应途径。因此,氧化还原电位对于微生物生命过程中的生物化学体系具有重要的影响,能引起某种反应的特定微生物的生长和生命活动需要特定的氧化还原电位范围。

在产氢发酵过程中,较低的氧化还原电位是产氢发酵微生物生长发育的必要条件。这是因为厌氧微生物的生存要求较低的氧化还原电位(ORP)环境的原因,使它们的一些脱氢酶系包括辅酶 I、铁氧还蛋白和黄素蛋白等要求低的 ORP 环境才能保持活性。

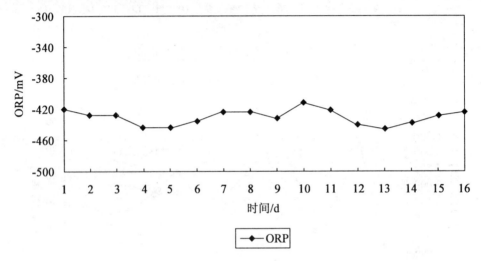

图 31.7　反应器运行过程中 ORP 变化情况

图 31.7 反映了反应器运行过程中 ORP 的变化情况。在 R3 菌株经间歇培养接种至反应器之前,需要用 $N_2$ 对反应器内进行吹脱,去除反应器内部的氧分子和溶解氧,以满足 R3 菌株对厌氧环境的需求。反应器启动后,ORP 变化不大,基本稳定在 $-445 \sim -420$ mV,为 R3 菌株适宜的生态位,有利于反应器持续、稳定产氢。

### 31.4.5　产气量和产氢量

反应器在接种 R3 之前,菌种需培养 $7 \sim 10$ d,使菌种处于最佳状态。图 31.8 为试验过程中反应器的产气量和产氢的变化情况。在反应器启动 1 d 后即有发酵气体产生,反应器运行前 10 d 累计产气量达到 47.29 L,氢气含量稳定在 55% 左右,这是由于 R3 本身为高效产氢菌,接种至反应器后能迅速利用反应器内部有机底物发酵产氢,可见 R3 菌株可作为连续流厌氧发酵产氢试验菌种。然而反应器每天的产气量却有很大的变化,这是因为 R3 菌株接种至反应器后,培养条件发生了变化,导致反应器产气量的波动较大。随着 R3 菌株对新的培养环境的适应,反应器运行到 14 d 达到相对稳定状态,此时产气量约 6.6 L/d,氢气含量 59.4%。

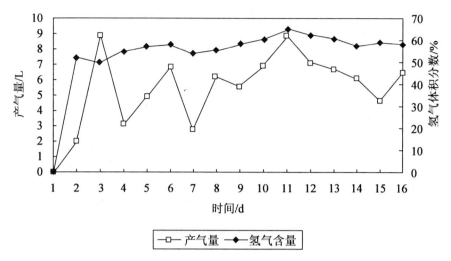

图31.8　反应器运行过程中产气量和产氢量的变化情况

# 31.5　底物浓度变化对反应器的影响

## 31.5.1　底物浓度对产氢能力的影响

产气(氢)速率是衡量生物制氢反应器启动效能的一个重要指标。图31.9为底物浓度与系统产气和产氢量的变化。从试验结果中可以发现,当进水COD质量浓度在2 600 ~ 4 440 mg/L范围内变化时,进水COD浓度的变化对纯培养R3产氢系统的产气量和产氢量有明显的影响,产气量和产氢量随着进水COD浓度的下降而降低,然而,当进水COD浓度提高时,产气量和产氢量也有相应的增加。CSTR发酵产氢系统的最大产气量和产氢量分别为6.08 L和3 L。

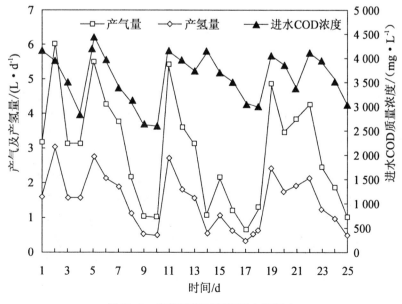

图31.9　底物浓度对产氢能力的影响

### 31.5.2  pH 值与 COD 去除率的变化

在废水进入反应系统后,废水中的物质所发生的一系列生理生化反应以及液体的稀释作用将迅速改变系统内的 pH 值。如含有大量溶解性碳水化合物(糖、淀粉等)的废水进入反应器后,碳水化合物发酵产生的有机酸(特别是乙酸)的积累,将使系统内 pH 值下降。pH 值的变化不仅直接影响参与新陈代谢过程的酶活性,而且不同种类的细菌在不同 pH 值生境条件下,生长繁殖的速率不同,发酵代谢产物的种类和数量也存在差异。如图 31.10 所示为 CSTR 反应器进出水 pH 值与 COD 去除率的变化情况。在反应器运行过程中,进水 pH 值的波动范围很大,在 3.46 ~ 6.45 之间,而进水 pH 值与 COD 去除率呈现相同的变化趋势,COD 去除率在 4.69% ~ 35.86% 之间波动。可见高效产氢菌株 R3 对进水 pH 值的变化十分敏感,较低的 pH 值导致微生物的活性下降,正常的生理代谢受到抑制。

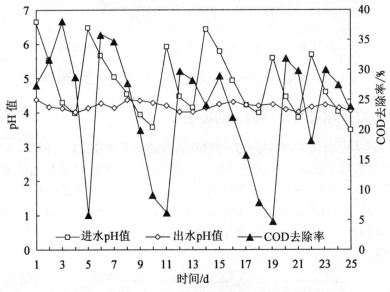

图 31.10  进出水 pH 值与 COD 去除率的变化情况

### 31.5.3  ORP 的变化

氧化还原电位(ORP)对微生物生长生理、生化代谢均有明显影响。生物体细胞内的各种生物化学反应,都是在特定的氧化还原电位范围内发生的,超出特定的范围,则反应不能发生,或者改变反应途径。

在产氢发酵过程中,较低的氧化还原电位是产氢发酵微生物生长发育的必要条件。这是因为厌氧微生物的生存要求较低的氧化还原电位环境的原因,使它们的一些脱氢酶系包括辅酶 I、铁氧还蛋白和黄素蛋白等要求低的氧化还原电位环境才能保持活性。CSTR 反应器运行过程中 ORP 的变化情况如图 31.11 所示,ORP 基本上保持在较低水平( -445 ~ -420 mV),有利于连续流纯菌株 R3 系统高效稳定产氢。观察发现 ORP 与 COD 去除率存在着一定的线性关系,如图 31.12 所示,$y = 0.729\,5x + 339.66$ ( $R^2 = 0.657\,7$ )。

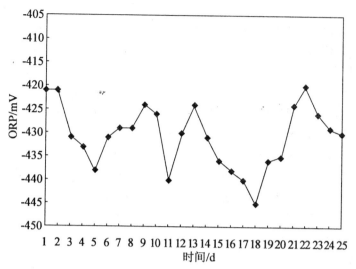

图 31.11　CSTR 反应器运行过程中 ORP 的变化情况

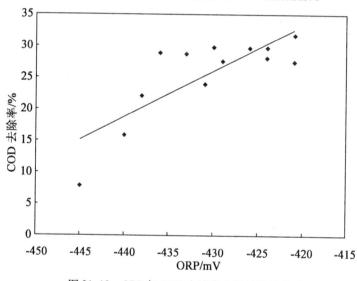

图 31.12　ORP 与 COD 去除率之间的线性关系

## 31.6　结　　论

本实验用植物秸秆作为原材料,捣碎配成浆液,通过高温灭菌后,用乙酸和盐酸进行不同时间、不同温度的降解实验,得到所需的糖化液,并在空气浴振荡器中进行振荡产氢实验。用乙酸降解植物秸秆,其最佳降解温度为 40 ℃;用盐酸降解植物秸秆,其最佳降解温度为 20 ℃;用乙酸和盐酸降解植物秸秆的最佳降解时间均为 1 h;用乙酸等弱酸降解所得到的糖化液比用盐酸等强酸降解所得到的糖化液所得到的产氢量要少。

(1)采用纯菌种 R3 为产氢菌株,进行连续流厌氧发酵生物制氢实验证明,通过控制适宜的实验条件,可实现 CSTR 反应器连续产氢。液相末端发酵产物对厌氧发酵制氢具有重要的影响,通过检测挥发酸性脂肪酸(VFAs)的组成和含量,可以适时地反映系统运行特征及其稳定性。R3 发酵末端产物以乙醇和乙酸为主(占总量的 90% 以上),符合乙醇型发酵。pH 值的变化不仅直接影响参与新陈代谢过程的酶活性,而且不同种类的细菌在不同 pH 值生境条件下,生长繁殖的速率不同,最终影响反应器中微生物种群和群落的变化,而且能够改变反应器中优势种群的地位和数量,从而使生物制氢反应器中的发酵类型发生改变。进水 pH 值在 5.5~6.24 之间变化,反应器出水 pH 值稳定在 4.25 左右,仍为乙醇型发酵适宜的 pH 值生态位。发酵法生物制氢的生物反应特性是通过大分子有机物在微生物的作用下水解、发酵进而被转化为小分子物质如挥发酸、氢气和二氧化碳等并被合成细胞物质。R3 对环境的调节适应后,活性也逐渐恢复并趋于稳定,在后续的运行过程中,COD 去除率上升并保持在 28% 左右。在反应器启动 1 d 后即有发酵气体产生,反应器运行前 10 d 累计产气量达到 47.29 L,氢气含量稳定在 55% 左右,可见 R3 菌株可作为连续流厌氧发酵产氢试验菌种。随着 R3 菌株对新的培养环境的适应,反应器运行到 14 d 达到相对稳定状态,此时产气量约 6.6 L/d,氢气含量 59.4%。

(2)在系统温度为 36 ℃、HRT 为 6 h、系统 pH 值和 ORP 分别在 4.0~4.38 和 -445~ -420 mV 等条件下,可以实现高效产氢菌株 R3 在 CSTR 反应器中连续厌氧制氢。进水底物浓度的变化对系统的产氢效能的影响十分明显,进水 COD 在 2 600~4 440 mg/L 范围内变化,分别得到最大产气量和产氢量为 6.08 L 和 3 L。进水 pH 值的降低影响系统的 COD 去除效率,但对出水 pH 值却无明显影响,可见连续流纯培养 R3 菌株是一个相对稳定的发酵制氢系统,系统氧化还原电位(ORP)稳定在 -445~ -420 mV。ORP 与 COD 去除率存在着一定的线性关系,$y = 0.729\ 5x + 339.66$($R^2 = 0.657\ 7$)。

# 第32章　生物载体强化对乙醇型发酵的影响

## 32.1　生物载体强化技术在生物制氢领域的应用

为了实现生物反应器的实际高效运行,有较高生物持有量是基本要求。因此人们用不同的生物载体或细胞包埋剂,对多种反应器发酵体系进行了细胞固定化的新型工艺的研究。附加载体后,微生物体附着在载体的表面上,形成了与载体表面积相匹配微生物作用面,我们称之为微生物反应面膜,构成了所谓的强化系统,与传统的活性污泥悬浮培养的细胞系统相比,具有如下优点:活性污泥龄比较长,适合于培养世代周期较长的微生物增殖和生长;水力停留时间较短,废水或污水容积负荷较高;一般能保持较高的生物量和微生物有效作用面积,因为微生物较高的吸附率和较快的污染物生物降解率;载体多表面积的特点,吸附的微生物菌团内微生物多样化,食物供给来源也多种多样,剩余污泥产生量相对较少;微生物的面膜的分层结构使栖息的微生物生境多样化,微生物的面膜的内层微生物受到微生物的面膜的外层微生物的保护,抵抗废污水的毒性能力增强。

目前,在生物制氢领域,无论是利用光合细菌还是厌氧发酵制取氢气,都有研究者进行了工程菌的固定化的实验探索,多为培养纯菌种的细胞固定化,例如光合细菌;活性污泥中的混合菌群的固定化产氢研究,利用有机化合物载体和无机化合物载体,以及一些研制出的新型高分子材料载体。研究成果表明细胞固定化提高反应器的生物含量,提高生物制氢系统的比产氢率和稳定性。

### 32.1.1　固定化细胞纯培养生物制氢

固定化微生物制氢的早期研究主要以纯培养发酵工艺的发酵制氢。梭状芽孢杆菌属（*Clostridium*）、大肠杆菌（*Escherichia coli*）和产气大肠杆菌（*Enterobacter aerogenes*）。发酵制氢的底物主要是碳水化合物的有机底物,例如底物葡萄糖、蔗糖、果糖、乳糖、糖蜜、淀粉废水和有机固体废弃物作为反应基质。包括细胞和载体吸附细胞两种固定化细胞方法,表32.1 为一些固定化纯培养制氢的案例。

表 32.1　　纯培养菌种的细胞固定化制氢

| 菌类 | 固定化材料 | 制氢率 |
|---|---|---|
| *Anabaena variabilis* ASI | 角叉藻胶 | 46 mL/(g·h) |
| 红假单胞菌菌种 | 琼脂凝胶 | 28.5 mL/(g·h) |
| 产气肠杆菌 HO – 39 | 琼脂凝胶 | 240 mol $H_2$/(L·h) |
| 产气肠杆菌 | 聚氨基甲酸乙酯泡沫 | 21.5 mol $H_2$/mol(糖) |
| (*Enterobacter cloacae*) II T – BT08 | 椰壳纤维 | 75.6 mmol/(L·h) |
| *Enterobacter aerogenes* | 多空玻璃 | 5.46 $m^3 H_2$/($m^3$ 反应器·d) |
| *Ethanologenbacterium Harbin*YUAN – 3 | 陶瓷粒 | 6.44 $m^3 H_2$/($m^3$ 反应器·d) |
|  | – | 120 mol $H_2$/(L·h) |
| *Clostridium butyricum* | 多孔玻璃 | 850 mL $H_2$/(L·h) |
|  | – | 1.5 mol $H_2$/mol(糖) |
| (*Enterobacter aerogenes*) E. 8200 | 聚氨基甲酸乙酯泡沫 | 2.2 mol $H_2$/mol(糖) |
|  | – | 996 mL $H_2$/L |
| *Rhodbacter sphaeroides* | 海藻酸钙 | 3 094 mL $H_2$/L |

注:一非固定化

## 32.1.2　细胞固定化混合培养生物制氢工程

细胞固定化混合培养技术在废水处理应用中得到了广泛的应用,20 世纪 90 年代末期细胞固定化混合培养制氢技术才逐步开展起来。李白昆等人认为菌种间的协同作用导致了混合菌的制氢效果要好。因为废水中有机物的构成多种多样,发酵制氢的微生物具有多样性才可能有好的效果。许淳钧等人进行了两种 *Clostridium butyricum* 与 *Rhodobacter sphaeroides*(RSP)纯菌混合后固定化培养进行生物制氢,可以得到 13.46 mmol/(L·h),产量增加。Kayano 认为在光照条件下,PSB-*Chlorella vulgaris* 还原 NADP,丁酸梭菌使 NADPH 传递到细胞色素上加速了产氢的数量,表 32.2 列举了固定化混合细菌的制氢结果。

表 32.2　　固定化细胞的混合培养生物制氢

| 菌类 | 固定化材料 | 制氢率 |
|---|---|---|
| 活性污泥 | 多孔材料 | 0.37 L/(g·d) |
| 活性污泥 | 聚乙烯醇 | 324.2 mL/(L·h) |
| 硝化污泥 | 两性聚合剂 | 300 mL/(L·h) |
| 生活污水污泥 | 膨胀黏土(EC) | 0.41 L/(L·h) |
| 生活污水污泥 | 活性炭(AC) | 1.32 L/(L·h) |
| 活性污泥 | Acrylic latex plus silicone | 2.92 L/(gVSS·h) |
| 污泥 | 海藻酸钙、氧化铝 | 20.3 mmol/(L·h) |
| 混合菌 | 藻酸盐凝胶 | 0.19 mL/(s·L) |

续表 32.2

| 菌类 | 固定化材料 | 制氢率 |
|------|-----------|--------|
| 污泥 | 海藻酸钙 | 5.85 L/(L·h) |
| 厌氧污泥 | 聚乙烯 - 辛烯公弹性体 | 7.67 mmol/(L·h) |

利用廉价的有机基质产氢,是解决能源危机、实现废物利用、改善环境的有效手段。随着对能源需求量的日益增加,对氢气的需求量也不断加大,改进旧的和开发新的制氢工艺势在必行。固定化技术已广泛运用于各种废水处理中,固定化载体系统与悬浮细胞系统相比,具有污泥龄长、适合世代周期长的微生物生长、水力停留时间短、容积负荷高,污泥产生量少,载体内分层结构使生态环境多样化,内部微生物抗毒性抗负荷能力增强等优点。因此固定化技术目前也较多地运用于生物制氢领域,各国固定化微生物制氢研究结果一致表明:细胞固定化技术的使用,提高了反应器内的生物量,使单位反应器的比制氢率和运行稳定性有了很大提高,固定化系统均取得了较好的制氢效果。

生物吸附法自固定微生物具有一定的固定强度,载体价格便宜,运输方便,具有实用性,而且运行管理方便,容易挂膜,在生产上具有实际应用价值。本研究利用颗粒活性炭的良好吸附性能对经曝气培养驯化的生活污水排放沟底泥进行好氧预挂膜,形成生物强化的载体,其内部设有气 - 液 - 固三相分离装置,为反应区和沉淀区一体化结构,反应器设有搅拌装置,因此反应器内部泥水呈完全混合状态,进水与生物颗粒充分接触反应,提高有机物降解速率;搅拌有利于发酵气体及时排出系统,避免由于气体积累产生的反馈抑制;完全混合状态能够有效稀释冲击负荷,提高系统稳定性;由于载体的固定和保护作用,使系统中生物量增加,微生物的耐酸性和抗冲击能力增强。通过借鉴废水厌氧生物处理的载体吸附固定微生物技术,结合 CSTR 工艺形式,设计的完全混合生物膜发酵制氢动态模型,和同类生物制氢反应设备相比具有结构简单、运行稳定、操作灵活、容积利用率高、生物持有量高等优点。

# 32.2　生物强化技术的应用现状

## 32.2.1　生物强化技术在废水处理中的应用

生物强化技术是指在废水处理中添加目标微生物来提高系统的污染物处理效果,是未来废水生物处理的一个重要方法。从现有的研究资料上看,生物强化技术已经在很多方面显示出了它的优越性,生物强化技术已经广泛地应用于废水处理的诸多领域,它的作用主要表现在以下几个方面:

1. 目标污染物的降解作用得到加强

生物强化作用需要向废水处理系统的活性污泥中投加高效工程微生物,目的是增加生物处理系统的特定细菌的种群数量和改善种群结构从而能够发挥效能。Kennedy 等人的研究发现,利用生物强化技术处理对氯酚(4 - CP)废水,能够在 9 h 内使 4 - CP 的去除率达到 96%,而未强化的系统在 58 h 后 4 - CP 的去除率才达到 57%。徐向阳等人研究了染化废水的生物强化技术,脱色率得到显著地提高,苯胺去除率也获得了提高。罗国维等人在厌氧池中投入高效菌种后,出水的色度去除率达到 70% ~ 90% ,软油及其他表面活性剂的去除率为 80% ~ 90% ,克服了该废水处理过程中泡沫横飞的弊病。

Chin 等人在固定化生物床中加入降解苯、甲苯和二甲苯的优势混合细菌,当 HRT 为 1.9 h时,生物强化系统能去除 10 mg/L 的 BTX。含氨化工废水的两步强化处理法(可降解硝基苯的菌和铵根离子氧化菌)后, $NH_4^+ - N$ 含量大大降低,焦化废水的强化处理效果也好。

**2. BOD、COD 去除率得到提高**

生物强化技术对 BOD、COD 去除率都有了显著地提高,Chambers 等人强化处理牛奶废水有延时曝气、曝气塘和氧化沟三种系统,强化处理的 BOD、COD 去除率效果都好。Saravance 等人强化处理含头孢氨废水 COD 去除率可达 88.5% 。

**3. 污泥活性得到提高和减少剩余污泥**

生物强化能够消除污泥膨胀现象,防止污泥流失,改善了出水水质,排放和消化剩余污泥的工作也得到改善。Hung 等人发现投加强化系统的污染物去除率比活性污泥提高了 1/5,污泥减少 1/3。Hung 等强化处理城市废水中,污泥床层由 2.3 ~ 2.7 m 下降至 0.7 ~ 1 m。

**4. 反应器启动加快和耐冲击负荷加强**

投加相当数量的工程细菌,可加快启动所耗的时间,达到较好的处理效果,耐冲击负荷和稳定性增强。

Belia 等人强化处理含磷废水启动过程仅需 14 d,普通的驯化活性污泥则需 58 d。Watanabe等人强化处理 3 个活性污泥系统来降解酚仅需 2 ~ 3 d 的启动时间,普通活性污泥法需 10 d。Guio 等人强化处理酚类化合物废水需要 36 d 后,对照系统却需要 171 d。全向春等的强化氯酚降解菌强化治理氯酚废水仅需 4 d 完成启动,对照系统需要 9 d。Soda 等强化处理含苯酚废水效果也好。生物强化技术在废水处理中的应用见表 32.3。

表 32.3 　生物强化技术在废水处理中的应用

| 废水类型 | 运行系统种类 | 效果 |
| --- | --- | --- |
| 牛奶废水 | 曝气塘氧化沟 | 提高 COD 去除率,防止污泥膨胀 |
| 马铃薯废水 | 连续式活性污泥 | 提高 COD 去除率 |
| | 间歇式活性污泥 | 提高 TOC 去除率,减少污泥产生 |
| 苯酚废水 | SBR 非稳态 | 提高 COD 去除率 |
| | SBR 稳态 | 加速系统启动 |
| | SBR 稳态 | 耐冲击负荷能力增强 |
| 3 - 氯苯甲酸脂废水 | SBR | 加速系统启动 |
| 氯酚废水 | 恒化器 | 提高降解效果 |
| 染化废水 | 厌氧反应器 | 提高脱色效果 |
| 染整和砂洗废水 | 不完全厌氧 - 好氧 | 提高脱色效果减少泡沫 |

续表 32.3

| 废水类型 | 运行系统种类 | 效果 |
|---|---|---|
| 含磷废水 | SBR | 提高污泥抗负荷冲击能力 |
|  | SBR | 加速系统启动 |
| 焦化废水 | 间歇式活性污泥 | 降解能力增强 |
| 化工厂含氨废水 | 普通活性污泥法 | 脱氨率提高 |
| 菠萝加工废水 | 间歇式活性污泥 | 提高 TOC 去除率 |
| 五氯酚废水 | UASB | 提高降解效果 |
| BTX 废水 | 升流式附着床 | 提高 BTX 去除率 |
| 城市废水 | 氧化塘 | 降低污泥床层 |
| 制药废水 | 升流式厌氧污泥床 | 提高 COD 去除率 |
| 含表面活性剂废水 | 活性污泥法 | 提高活性剂去除率 |
| 洗衣及厨房废水 | 滴滤池 | 降低油脂 |

**5. 问题反应系统的快速恢复**

反应器的运行出现失败等问题时,投加菌种能够快速恢复系统,这是生物强化技术最早的应用方式。Koe 等人发现废水处理系统的运行状况不佳或失败时,强化作用能够帮助恢复。Vartak 等人在低温和低负荷条件下的奶牛粪便废水厌氧消化过程的生物强化工艺,能够显著地提高甲烷产量。Quasim 等人发现强化作用对污泥生长量影响巨大,可参见表 32.4。

表 32.4　生物强化处理工艺实例

| 废水处理 | 解决对象 | 处理方案 | 应用结果 |
|---|---|---|---|
| Mobay | 生物量减少 | 投加突变菌 | 恢复 |
| Sturgeon | 甲醛外泄 | 投加突变菌 | 甲醛减少 |
| Citizens Utility | 臭味 | 投加细菌 | 臭味消除 |
| Arvada | 臭味 | 投加细菌 | 臭味消除 |

## 32.3　CSTR 生物制氢反应器悬浮生长系统的运行特性

厌氧反应器的高效、稳定运行是设计者追求的主要目标之一。完成对 CSTR 生物制氢反应进行启动研究后,本章着重考察了反应器达到稳定的乙醇型发酵后,有机负荷由 $8\ kgCOD/(m^3 \cdot d)$ 提高到 $24\ kgCOD/(m^3 \cdot d)$ 条件下,反应器的运行特性。通过研究和分析各种工程技术参数和生态因子对反应器产氢效能的影响,确定 CSTR 反应器用于生物制氢的工程运行参数,以指导反应器的实际放大过程。

### 32.2.1　运行过程中有机负荷的提高方式

有机负荷通过进水浓度和水力停留时间的双重调节。OLR 的提高方式一般可通过提高进水 COD 质量浓度和提高进水流量两种方式来实现。

本次运行过程是用曝气预处理污泥作为接种污泥,初始可控条件如下:

初始生物量:挥发性悬浮固体(VSS)为 17.74 g/L,污泥活性(VSS/SS)为 63.72%(其中 SS 为总悬浮固体);

反应器的运行温度:35 ℃;

反应器的 HRT:6 h;

进水 COD 质量浓度:2 000 mg/L;

有机负荷 OLR:8 kg/(m³·d)。

运行初期,HRT 保持不变,通过将反应器的进水 COD 质量浓度由 2 000 mg/L 提高到 6 000 mg/L,进而提高有机负荷到 24 kg/(m³·d),考察反应器的运行特性以及产氢效能的变化。

### 32.3.2　运行过程中 pH 值的变化规律

pH 值是影响厌氧产氢产酸发酵的重要限制性生态因子。当废水进入反应器内部后,生物化学过程和稀释作用可以迅速改变进水 pH 值,例如当含有大量溶解性碳水化合物的废水进入反应器后,碳水化合物分解代谢产生大量的酸性物质,会导致反应器内的 pH 值迅速下降。从生理生态学的角度分析,不同的产酸发酵菌群对于生态因子 pH 值都有一个实现生态位,不同的 pH 值环境,将产生与之相适应的优势种群。它们的生理代谢特性截然不同,从而形成了不同的发酵类型。

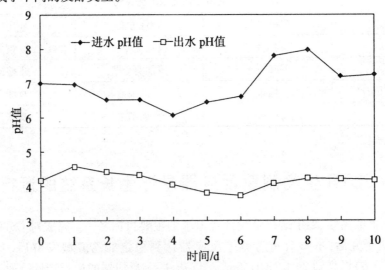

图 32.1　反应器运行过程中进出水 pH 值的变化情况

图 32.1 是运行过程中进出水 pH 值的变化规律。从图中可以看出,当反应器有机负荷提高后,液相末端发酵产物总量迅速提高,过多的发酵产物对产酸发酵菌群产生了反馈抑制作用,也促使了 pH 值的迅速下降,如图 32.2 所示。反应器出水的 pH 值在 4 d 内迅速从

乙醇型发酵稳定阶段的 4.39 降到 3.73,此时出水中可明显观察到有污泥流失的现象,如此低的 pH 值已对产氢造成了抑制并抑制了细菌的正常生理活动,使产酸发酵细菌逐渐在竞争中失去优势地位,表现为菌群发酵能力差,产气(氢)量很少。说明对于 CSTR 生物制氢反应器为使其高效运行和产氢,有机负荷并不是越大越好,而是应该控制在一定的范围内。负荷过高,会使反应器迅速酸化并由此导致运行的失败,所以在放大生产中应注意严格控制反应器运行有机负荷。再次通过提高进水 pH 值方式,使反应器出水 pH 值达到 4.07,并最终稳定在 4.18 左右,为乙醇型发酵适宜的生态位。

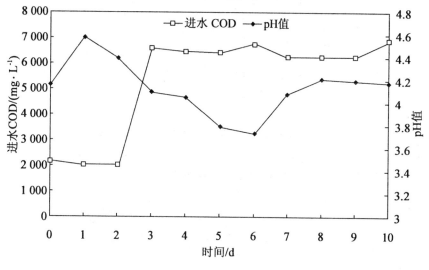

图 32.2　进水 COD 对 pH 值的影响

### 32.3.3　运行过程中 ORP 的变化规律

　　氧化还原电位对微生物的生长和代谢均有显著影响。环境中的氧化还原电位与很多因素相关,主要是与氧分压有关,环境中的氧分压越高,氧化还原电位也越高;反之,氧化还原电位越低。微生物代谢过程中产生的还原性物质(例如 $H_2$)也会降低环境中的氧化还原电位;另外,通过向体系中人为投加还原性物质如抗坏血酸、半胱氨酸和单质铁等也可用于降低氧化还原电位。不同的微生物对氧化还原电位的要求不同,不同发酵类型对系统的氧化还原电位的要求也存在着一定的差异。

　　图 32.3 是运行阶段反应器的氧化还原电位(ORP)的变化情况。从图中可见,系统内 ORP 达到相对稳定状态,约为 −450 mV。随着有机负荷的提高 24 kg COD/($m^3$·d),系统产气量和 pH 值等均产生了变化,ORP 也出现了相应的变化,在第 5 天逐步上升到 −246 mV。随着系统内环境的平衡,ORP 稳定在 −310 mV 左右。图 32.4 为反应器运行过程中 pH 值对 OPR 的影响,pH 值较低时,氧化还原电位高;pH 值高时,氧化还原电位低,呈负相关。

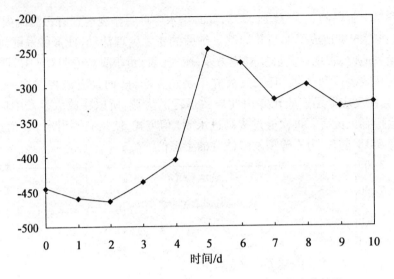

图 32.3　反应器运行阶段的氧化还原电位(ORP)的变化情况

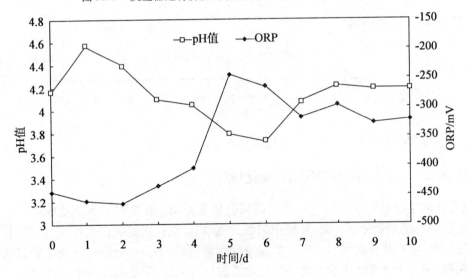

图 32.4　反应器运行过程中 pH 值对 ORP 的影响

### 32.3.4　运行过程中 COD 去除的变化规律

图 32.5 是运行过程中进出水 COD 和 COD 去除率的变化规律。可以看出,当有机负荷调整到 24 kgCOD/(m³ · d),COD 去除率迅速提高到 39.24%,可见此时反应器内部微生物代谢活性较高。然而随着反应器内挥发酸的大量产生,系统内部 pH 值迅速降低,导致一部分微生物不适应而死亡,表现为 COD 去除率迅速降低;随着运行时间的延续,发酵产氢微生物可以很快适应已经变化了的环境,其代谢活性得到恢复,并最终达到稳定状态,COD 去除率在 20% 左右。

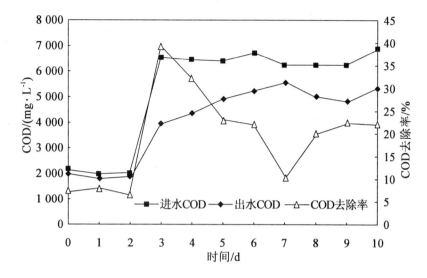

图32.5　反应器运行过程中进出水 COD 和 COD 去除率的变化情况

### 32.3.5　运行过程中液相末端产物的变化规律

在启动末期,CSTR 生物制氢反应器已经形成了乙醇型发酵,在提高容积负荷的运行实验中,对运行过程中的液相末端产物进行了分析,如图 32.6 所示。

由图 32.6 可见,反应器在整个运行过程阶段都保持了乙醇型发酵,说明初始的生态条件决定了运行期的优势菌群组成,并且容积负荷的改变并不能改变经过启动期驯化形成的发酵类型,表示运行系统的稳定性和成功的调控。

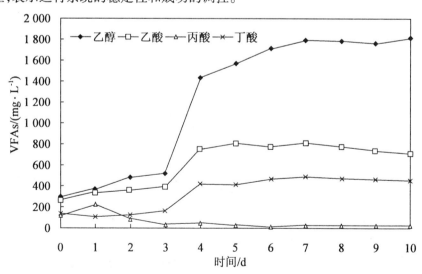

图32.6　反应器运行过程中的液相末端产物变化情况

随着有机负荷由 8 kgCOD/$(m^3 \cdot d)$ 提升到 24 kgCOD/$(m^3 \cdot d)$,液相末端发酵产物总量由 1 123.74 mg/L 增加到 2 718.27 mg/L,如图 32.7 所示。其中,乙醇含量的增加尤其明显,由 508.94 mg/L 增加到 1 438.37 mg/L,增长幅度很大。随着产氢发酵反应的进行,反应器出水中的乙醇质量浓度在 1 564.1～1 817.58 mg/L 之间波动,乙酸的含量则维持在 707.

71~813.77 mg/L 范围内,而丙酸的质量浓度仅为 8~26.92 mg/L,丁酸为 406.77~484.37 mg/L,戊酸的含量更低,在 6 mg/L 以下。

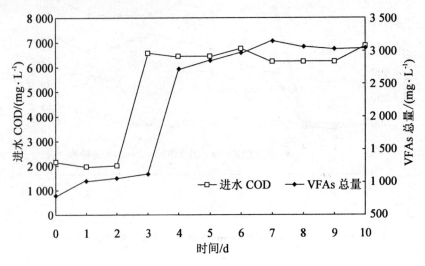

图 32.7　进水 COD 对 VFAs 总量的影响

作为乙醇型发酵目的产物的乙醇和乙酸含量,如图 32.8 所示,在液相末端发酵产物总量中的质量百分比为 83% 左右,其中乙醇的质量百分比达到 54.79%~59.74%。可见系统具有较高稳定性,并没有随着有机负荷的提高而改变发酵类型,厌氧活性污泥发酵产氢系统始终维持了乙醇型发酵的特征。

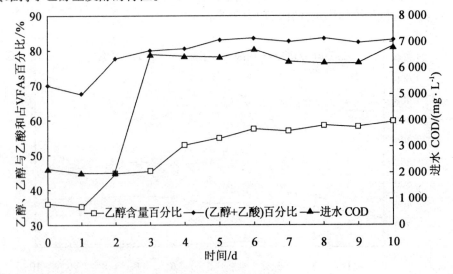

图 32.8　进水 COD 对各液相产物百分比影响

### 32.3.6　运行过程中产气(氢)的变化规律

发酵法生物制氢研究中,反应器的产氢能力是衡量系统运行效能的重要参数。有机负荷的提高对产氢稳定性有一定的影响:有机负荷提高到 24 kgCOD/($m^3$·d),如图 32.9 和 32.10 所示,发酵菌群的产氢能力逐步提高。反应器的产气速率基本能维持在 18 L/d 左右,最大产气速率可达 23.49 L/d。这是由于系统在低有机负荷条件下运行时,有机物的量仅够微生物正常的生长和新陈代谢所需,没有更多的能量转化为氢气释放出来。当有机负荷上升到 24 kgCOD/(m³·d)以后,产气量迅速提高,说明微生物适宜此时有机物的量。然而,酸性末端产物的不断增加导致产氢系统 pH 值的降低,而 pH 值的降低影响了产氢微生物的活性,表现为系统的产气量由第 6 天的 23.49 L/d 下降到第 7 天的 18.45 L/d。通过提高进水 pH 值的方式,使反应器出水 pH 值达到 4.07 后,微生物活性得到恢复,此时表现为系统产气量和产氢量逐步达到一个新的稳定状态。

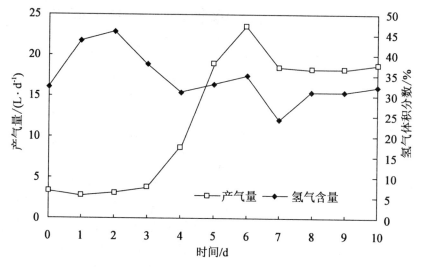

图 32.9　反应器运行阶段产氢速率及氢气含量的变化情况

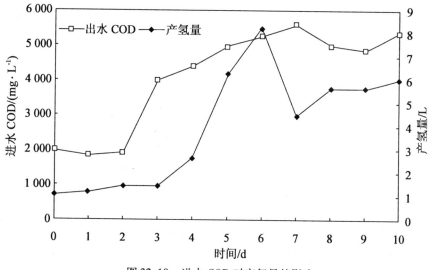

图 32.10　进水 COD 对产氢量的影响

## 32.3.7　CSTR 生物制氢反应器悬浮生长系统最佳工艺条件的确定

对于新型 CSTR 生物制氢反应器,确定其最佳工艺运行参数,对指导该反应器的放大生产性试验具有重要的意义。经过前一节的研究和讨论,得出 CSTR 生物制氢反应器最佳工

艺条件如下:

反应器的运行温度:35 ℃;

反应器的 HRT:6 h;

进水 COD 质量浓度:6 000 mg/L;

容积负荷:24 kg/(m³ · d)。

# 32.4　生物载体强化附着
# 生长系统乙醇型发酵制氢工艺的定向调控

## 32.4.1　反应器的启动

目前,如何提高反应器的产氢效率和降低制氢成本是发酵法生物制氢技术面临的首要问题。众多科研工作者在这两方面做出了不懈的努力,取得了大量的应用性研究成果。我们可以看出,无论采用哪种反应器工艺形式,影响产氢效率的关键因素在于产氢发酵细菌的产氢能力,以及产氢发酵菌群的组成和结构。为了取得更高的氢气产量,在反应器的启动过程中,调整外部可控制参数,控制微生物群落的演替方向,尽可能地在短时间内建立适合发酵制氢的微生物种群,减少对产氢没有贡献和消耗氢气的细菌种类和数量,也将使产氢量有很大幅度的提高。在实际工程中,从经济性考虑只能采用未经灭菌的混合体系,产氢细菌所产生的氢气会被甲烷菌作为能量利用。因此,制氢过程控制的重要内容是如何减少体系内甲烷菌的存在量及其活性。研究者尝试了控制 pH 值、HRT 以及热处理接种的对策,本质都是通过过程或者接种控制,降低体系内甲烷菌的活性,从而提高产氢效率。因此,生物制氢反应器的启动是产氢系统正常运行并保持较高效率的前提。目前还没有针对生物制氢反应器启动的较为系统的报道,多数为产氢某项研究所做的准备工作。

在反应器启动的污泥预处理、不同类型种泥启动研究的总结可以发现如下问题:

(1)无针对生物制氢反应器启动的较为系统的报道,多数为产氢某项研究所做的准备工作。

(2)反应器启动时间长短不一,无针对反应器启动的较为系统的对比试验研究。

(3)反应器启动关键影响因子、最佳工作条件及调控手段各异,没有细化启动方式及启动调控对策。

针对以上问题,希望可以通过本课题研究工作的开展,为发酵法生物制氢反应器的启动提供可靠的理论依据及工程技术指导。

连续流生物制氢反应器污泥接种量为 16.63 gVSS/L,VSS/SS 为 27.8%。污泥驯化过程分为两个阶段:启动前 21 天为第一阶段,HRT 为 10 h;第 21 天之后的运行为第二阶段,HRT 为 6 h。

如图 32.11,在反应器启动初期,可以看到反应器内 ORP 由低到高最后逐渐趋于稳定的过程。这是由于部分兼性微生物的存在,消耗了反应器内残余的溶解氧,致使系统早期的氧化还原电位较低,为 −420 mV 左右。在随后的启动和运行过程中,反应器内的 ORP 基本稳定在 −200 mV 之间。而且在反应器启动 1 d 后出水 pH 值在 4.3 左右。

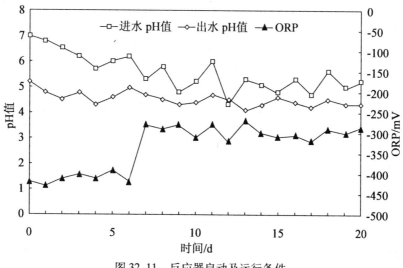

图 32.11　反应器启动及运行条件

从液相末端产物检测结果分析(见表 32.5,$Q$ 为液相末端发酵产物质量浓度),在反应器启动后,活性污泥经历了一个演替过程。反应器运行 1 d 后即出现了明显的发酵现象,在液相末端发酵产物中,除乙醇含量较小,包括乙酸、丙酸、丁酸和戊酸在内的各种低分子有机酸含量均较大,其中的丙酸含量尤其显著,呈现典型的混合酸发酵。随着运行时间的延续,作为乙醇型发酵目的产物的乙醇和乙酸,在末端发酵产物总量中所占的比例迅速增加,而丙酸和戊酸的含量则不断减少。运行到 20 d 时,乙酸的含量上升到第一位,乙醇和乙酸在液相末端发酵产物总量中的质量分数为 52%。30 d 时丁酸的产率达到最高峰,在末端发酵产物总量中其质量分数达 49%,说明丁酸型发酵菌群在前段污泥驯化中也得到了强化。在后续阶段运行中,丁酸型发酵菌群在竞争中逐渐失去优势,表现为丁酸产率迅速降低。运行进行到 40 d 时,目的发酵产物乙醇和乙酸的质量分数上升到了 66%,驯化期结束时更是达到了 84%,说明产酸相反应器中的厌氧活性污泥完全建立了以乙醇型发酵菌群为优势的生态群落。启动后的前 5 天,反应器中的生物量有所减少(图 32.12),这是由于部分微生物不适应厌氧环境而被淘汰所致,随着运行时间的推移,反应器中的生物量逐渐增加,30 d 后基本稳定在 19.5 gVSS/L 的水平。根据驯化过程的 VSS/SS 与产气量的变化情况分析,厌氧活性污泥的活性也同样经历了一个由递减到逐渐增加的变化过程。这些现象都证明,种泥在接种到产酸相反应器之后的驯化过程中,经历了一个从不适应到适应,从适应到活性逐渐增强的演变历程。

表 32.5　模型反应器启动不同阶段的液相末端发酵产物检测结果

| $t$/d | $Q$/(mg·L$^{-1}$) | | | | | | $W$(乙醇 + 乙酸)/% |
|---|---|---|---|---|---|---|---|
| | 乙醇 | 乙酸 | 丙酸 | 丁酸 | 戊酸 | 总量 | |
| 1 | 58.82 | 433.99 | 603.42 | 278.51 | 149.70 | 1 524.45 | 32.33 |
| 10 | 474.44 | 507.42 | 204.96 | 720.27 | 208.10 | 2 057.53 | 47.72 |
| 20 | 312.53 | 1 068.30 | 453.35 | 701.07 | 99.59 | 2 634.84 | 52.4 |

| t/d | Q/(mg·L⁻¹) | | | | | | W(乙醇 + 乙酸)/% |
| --- | --- | --- | --- | --- | --- | --- | --- |
| | 乙醇 | 乙酸 | 丙酸 | 丁酸 | 戊酸 | 总量 | |
| 30 | 179.17 | 580.36 | 356.35 | 1 197.51 | 132.64 | 2 446.02 | 31.05 |
| 40 | 505.63 | 630.39 | 87.99 | 408.07 | 79.98 | 1 712.06 | 66.35 |
| 43 | 653.80 | 779.56 | 91.83 | 182.50 | 21.63 | 1 700.51 | 84.29 |

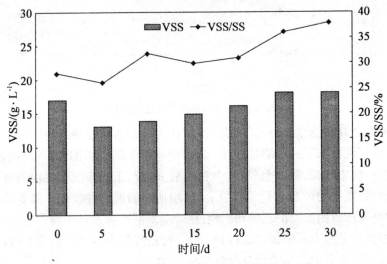

图 32.12　反应器的启动及调控阶段生物量变化

## 32.4.2　反应器的稳定阶段

**1. 产氢产酸发酵类型及产氢能力**

微生物利用有机物发酵过程中,氢的产生实际上是某些微生物为解决氧化还原过程中产生的"多余"电子所采用的一种调控机制。伴随此过程,溶解性有机物被转化为以挥发性脂肪酸为主的液相末端产物。根据末端发酵产物组成来划分的产氢发酵类型主要有乙醇型发酵、丁酸型发酵以及各种液相末端产物分配比例相当的混合酸型发酵。

目前国外对发酵法生物制氢技术的研究多利用的是丁酸型发酵。如 Mizuno 等人采用连续流 CSTR 反应器利用厌氧活性污泥以葡萄糖为底物获得的最大产氢效率为 $4.77\ m^3H_2/(m^3 \cdot d)$。Sung 等人采用连续流完全混合生物反应器以蔗糖为底物获得的最大产氢效率为 $2.23\ m^3H_2/(m^3 \cdot d)$。由任南琪教授开创的乙醇型发酵的产氢能力及系统运行稳定性远远高于其他两种产酸类型。

本研究在反应器连续流运行过程中,系统中微生物优势菌群呈现了"丁酸型发酵→混合型发酵→乙醇型发酵"这样一个演替规律。

如图 32.13,发酵产物中丁酸质量浓度为 1 180 ~ 1 930 mg/L;乙酸质量浓度为 382 ~ 805 mg/L;乙醇质量浓度低于 400 mg/L;丙酸质量浓度小于 200 mg/L,分别占总量的 60%、14%、10% 和 4%,系统呈现典型的丁酸型发酵特性。系统产气量和氢气体积分数分别稳定在 47.5 L/d 和 26%（图 32.14）。

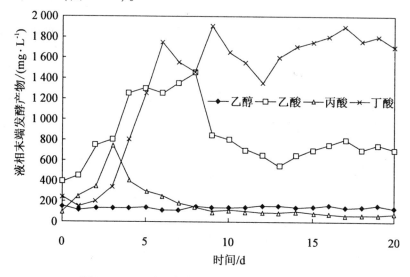

图 32.13　丁酸型发酵阶段液相末端发酵产物变化

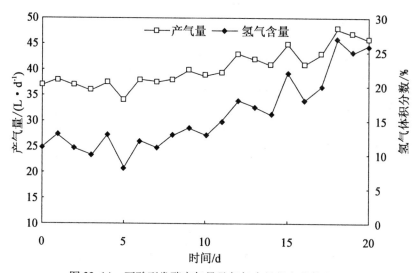

图 32.14　丁酸型发酵产气量及氢气含量的变化情况

反应器稳定运行后,pH 值下降至 3.2,引起了系统发酵类型的改变。如图 32.15,液相末端发酵产物中,丁酸含量下降,而丙酸含量均有明显上升,各产物比例相当,没有占绝对优势的发酵产物,系统由丁酸型发酵转化为混合酸型发酵,氢气体积分数也增加至 40%（图 32.16）。

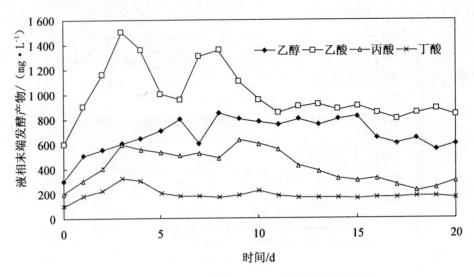

图 32.15　混合酸型发酵阶段液相末端发酵产物的变化

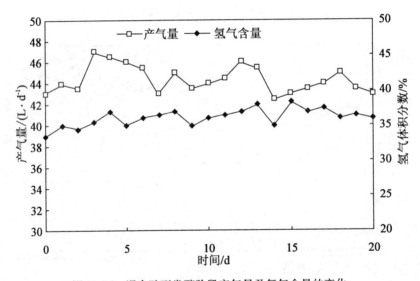

图 32.16　混合酸型发酵阶段产气量及氢气含量的变化

　　而后经过一段较长时间的生态演替,液相末端发酵产物中乙醇含量突然大幅增加,乙醇和乙酸含量分别占液相末端发酵产物的 58% 和 25%,如图 32.17 所示,两者之和超过80%,为典型的乙醇型发酵,此时氢气含量在 50% 以上,获得最大产气速率为3.9 LH₂/(L反应器·d),如图 32.18 所示。

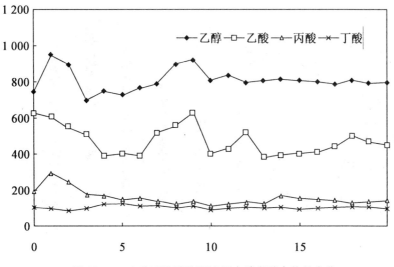

图 32.17　乙醇型发酵阶段液相末端发酵产物的变化

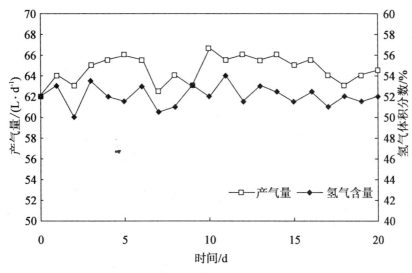

图 32.18　乙醇型发酵产气量及氢气含量的变化

**2. 反应器内生物量变化**

如图 32.19,生物量接种至反应器后首先经历了一个适应的阶段,初始 10 d 反应器中的生物量略有降低,这是由于好氧曝气培养阶段生长的部分微生物不能适应厌氧反应器内的新环境而被淘汰。反应器继续运行,逐渐提高进水 COD,随着有机负荷的增加,生物量也逐渐增加直至达到一种稳定的状态。

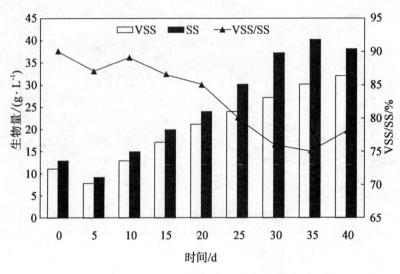

图 32.19　生物制氢反应器中的生物量变化

## 32.5　有机负荷对厌氧发酵制氢系统产氢效率的影响

本实验以糖蜜废水作为发酵底物,以连续流搅拌槽式反应器(CSTR)作为反应装置,本章着重考察了反应器达到稳定的乙醇型发酵后,研究底物浓度变化对 CSTR 的影响作用,在温度为(35 ± 1)℃,水力停留时间(HRT)为 6 h 的条件下,底物 COD 质量浓度在 2 000 ~ 8 000 mg/L,即 OLR 在 8 ~ 32 kg/(m³·d)的范围内变化。研究发现,随着 COD 浓度的不断升高,每个阶段的浓度对产气、产氢以及液相发酵产物都有着相当大的影响。

### 32.5.1　有机负荷对厌氧发酵制氢悬浮生长系统的影响

1. 进水浓度对产氢的影响

众所周知,通常评价发酵制氢过程效率的重要因素就是产气量和产氢量。以稳定乙醇型发酵系统作为研究基础,通过逐步提高糖蜜废水的进水 COD 质量浓度,如图 32.20 所示,在整个发酵过程中,进水 COD 质量浓度从 2 000 mg/L 逐步升高到 8 000 mg/L,气相产物中只有 $H_2$ 和 $CO_2$,并没有检测到甲烷的产生,这表明,好氧曝气预处理能有效地杀死(或抑制)混合菌群中产甲烷菌的活性。COD 在 2 000 mg/L 至 4 000 mg/L 至 6 000 mg/L 的升高过程中,CSTR 系统的产氢量基本呈现出一个稳定上升的趋势,并且当进水 COD 为 6 000 mg/L时,CSTR 系统达到了最大的产氢量状态,即 8.19 L/d;随后,COD 继续从 6 000 mg/L上升到 8 000 mg/L的过程中,通过图表可以明显发现,随着 COD 的上升,当 COD 到达 8 000 mg/L 并且稳定在 8 000 mg/L 这一阶段时,CSTR 的产氢量骤然下降,此时的最大产氢量仅为 4.2 L/d,几乎只有 COD 为 6 000 mg/L 时产氢量的一半左右。这就说明,CSTR 系统进水质量浓度为 6 000 mg/L 时最适宜微生物的生长和呼吸,以达到较佳的产氢效率。

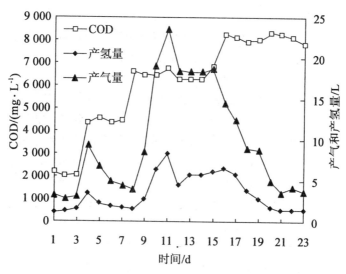

图 32.20　进水浓度对产气量和产氢量的影响

　　图 32.21 为整个进水浓度变化过程中氢气含量的变化情况。从图中可以看出,随着进水 COD 的逐渐升高,氢气的含量并没有随之升高或者降低,没有非常明显的变化。相比之下,COD 处于低浓度时(2 000 ~ 6 000 mg/L)比在高浓度(8 000 mg/L)下的产气率高出了 37% ~ 57%,而且发现,当处于高浓度时,反应器中的生物量流失严重,低浓度条件下的系统相对稳定许多。另外,进水质量浓度从 2 000 mg/L 提高到 6 000 mg/L 与 6 000 mg/L 提升到 8 000 mg/L 的过程相比,系统所需要的适应时间更加短,更有利于产气。从这个较短的周期中,不难发现,随着 COD 浓度的不断变化,CSTR 系统中的产氢污泥对此有相当的适应能力,就低浓度和高浓度条件下,可以得出,污泥对高浓度进水需要更长的适应时间,虽然在高浓度时有利于提高 CSTR 系统的产氢能力,但是提高的同时会导致大量微生物的流失,不利于系统长期循环制氢,而且,低浓度系统更加稳定。因此,COD 在低浓度进水条件下更有利于 CSTR 系统制氢。

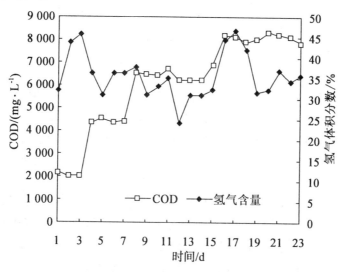

图 32.21　进水浓度对氢气体积分数的影响

### 2. 液相末端发酵产物

CSTR 系统厌氧发酵制氢的同时,还会产生大量的挥发酸,即液相末端发酵产物,这些挥发酸的成分和含量通常被用作监控产氢效率的重要指标。如表 32.6 所示的是在各个进水 COD 浓度条件下运行并达到稳定状态时各液相发酵产物的含量。首先,反应器在启动时为乙醇型发酵,主要的代谢产物是乙醇、乙酸、丙酸和丁酸,其各自质量浓度分别为:476 mg/L、353 mg/L、73.8 mg/L 和 119 mg/L。随着 COD 浓度的逐步升高,乙醇含量逐渐升高,丙酸含量逐渐减少,当 COD 质量浓度为 6 000 mg/L 时,运行 20 d 后达到稳定,乙醇、乙酸、丙酸、丁酸和戊酸质量浓度分别为:1 817 mg/L,707 mg/L,25 mg/L,452 mg/L 和 38 mg/L,此时,乙醇和乙酸的含量占总液相产物的 82%,这表明,CSTR 系统的代谢类型仍为乙醇型发酵。而丙酸含量仅占全部的 0.8%,由于丙酸型发酵不产氢,所以丙酸含量越低并且乙醇含量越高越有利于提高产氢量。同时发现,产氢量越高,代谢产生的液相组分也越多,COD 质量浓度为 6 000 mg/L 时,液相末端产物的产量也达到了最大的 3 042 mg/L。进水 COD 质量浓度提升为 8 000 mg/L 时,运行 15 d 后达到稳定,稳定后各液相产物的含量依次分别为:648 mg/L,516 mg/L,376 mg/L,432 mg/L 和 117 mg/L。液相产物的变化表明系统经历了发酵类型的转变。与 COD 质量浓度为 6 000 mg/L 时相比,乙醇含量仅有原来的 1/3,同时伴随着丙酸含量的升高,这表明,混合型发酵类型逐渐形成,产氢效率受到抑制,导致产氢量下降。

表 32.6　不同进水质量浓度达到稳定条件下液相末端发酵产物含量对比

| COD /(mg·L$^{-1}$) | 2 000 | 4 000 | 6 000 | 8 000 |
|---|---|---|---|---|
| 液相末端产物/(mg·L$^{-1}$) | 1 069 | 1 375 | 3 042 | 2 089 |
| [乙醇 /(mg·L$^{-1}$)]:[含量/%] | 476/44 | 602/44 | 1 817/59 | 648/31 |
| [乙酸/(mg·L$^{-1}$)]:[含量/%] | 353/33 | 437/32 | 707/23 | 516/24 |
| [丙酸/(mg·L$^{-1}$)]:[含量/%] | 73/6.8 | 42/3 | 25/0.8 | 376/18 |
| [丁酸/(mg·L$^{-1}$)]:[含量/%] | 119/11 | 229/17 | 452/14.8 | 432/20 |
| [戊酸/(mg·L$^{-1}$)]:[含量/%] | 46/4.3 | 65/4.7 | 38/1.2 | 117/5.6 |

### 3. pH 值对产氢的影响

在厌氧发酵制氢系统中,pH 值对系统产氢效率起到了非常重要的作用。尤其对于废水来说,pH 值不但影响代谢酶活性和发酵途径,而且能进一步改善营养供给和有害底物的毒性作用。由于反应器中存在着各种不同的微生物,在不同进水 COD 浓度变化下,微生物也会形成各种代谢菌群,因此,pH 值在发酵制氢中是因群而异的。这里所涉及的 pH 值范围在 3.6~4.6 之间。

图 32.22 是 CSTR 反应系统中进水 COD 浓度与系统 pH 值的变化关系。当进水质量浓度为 2 000 mg/L 时,pH 值基本在 4.2~4.6 之间浮动。运行 3 d 后,将进水浓度从原来的 2 000 mg/L 提高到 6 000 mg/L,运行 4 d 后,由于液相末端发酵产物内富含各类酸,导致其 pH 值从 4.39 下降到 3.73。然后,通过人工调控,向反应器投加 NaOH,经过 4 d 后,系统 pH 值重新回升并稳定在 4.18。从 12 d 起,再将进水 COD 质量浓度提升到 8 000 mg/L,pH 值

开始逐渐下降,运行 3 d 后,出水 pH 值降至 4.0 以下,随后每天都向系统中投加 NaOH,但是 pH 值却仍然只能维持在 3.7 左右,无法回升到 4.0 以上。这种情况影响了产氢菌的活性,改变了发酵的类型。因此,pH 值的调控对于厌氧发酵制氢有着不可低估的影响,有效的调控才能保证反应器的连续稳定制氢,不会导致产氢量和产气量下降。

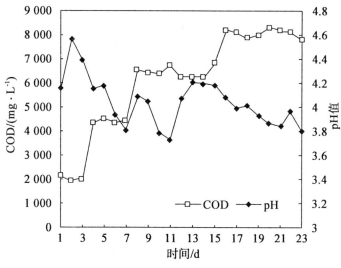

图 32.22　进水浓度对系统 pH 值的影响

4. 生物量和 COD 去除率

表 32.7 为不同进水浓度稳定条件下的生物量和 COD 去除率的对比情况,当进水浓度为 6 000 mg/L 时,其 OLR、COD 去除率、VSS、VSS/SS 和 ORP 分别为:24 kg/(m³ · d),22%,5 450 mg/L,77.75% 和 -310 mV。与 COD 为 2 000 mg/L 相比,它的 COD 去除率提高了 14%,几乎是原来的三倍,其污泥活性由 75.98% 提高到 77.75%,表明这个进水浓度有利于微生物活动。部分底物被微生物合成代谢消耗掉,导致 VSS 增加到 5 450 mg/L。ORP 则从 -450 mV 上升到 -310 mV。然而 COD 达到 8 000 mg/L 时的情况则大相径庭,其 OLR、COD 去除率、VSS、VSS/SS 和 ORP 分别为:32 kg/(m³ · d),14%,3 210 mg/L,50.2% 和 -325 mV。虽然 COD 去除率也有所提高,但是其 VSS 和污泥活性严重下降,这是由于底物浓度过高,反应器中的微生物无法合成代谢不能将底物消耗掉,使得微生物因为不能适应环境而死亡,出现严重的污泥流失现象,影响 CSTR 反应系统的正常运行,直接导致了系统产气量和产氢量的下降。

表 32.7　不同进水浓度稳定条件下生物量和 COD 去除率的对比情况

| COD/(mg · L⁻¹) | OLR/[kg · (m³ · d)⁻¹] | COD 去除率/% | VSS/(mg · L⁻¹) | VSS/SS/% | ORP/mV |
|---|---|---|---|---|---|
| 2 000 | 8 | 8 | 4 550 | 75.98 | -450 |
| 4 000 | 16 | 17 | 5 385 | 74.02 | -406 |
| 6 000 | 24 | 22 | 5 450 | 77.75 | -310 |
| 8 000 | 32 | 14 | 3 210 | 50.2 | -325 |

### 32.5.2　有机负荷对厌氧发酵制氢附着生长系统的影响

1. 不同 OLR 对产氢效能的影响

图 32.23 表明了有机负荷在 8 ~ 32 kg/(m³·d)范围内的变化对产氢效能的影响。试验所产生的发酵气体为 $H_2$ 和 $CO_2$,并没有检测到 $CH_4$ 的产生。这说明,有机负荷在 8 ~ 32 kg/(m³·d)内变化,可有效地抑制耗氢菌(产甲烷菌)的产生。如图 32.23,产氢效率为在不同有机负荷条件下,反应器稳定运行 16 个 HRT 后得到的均值。当有机负荷在 8 ~ 32 kg/(m³·d)范围内变化时,产氢效率随着有机负荷的提高而增加。

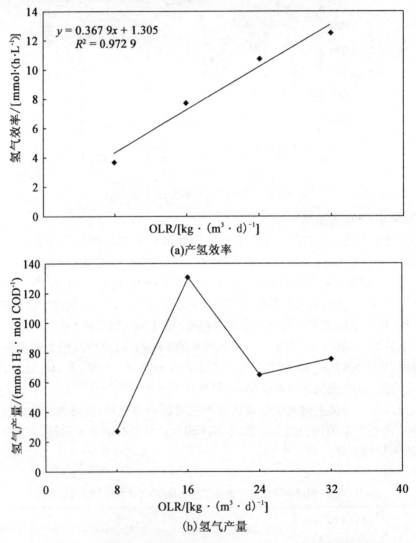

(a)产氢效率

(b)氢气产量

图 32.23　不同有机负荷下的产氢效能的变化

从图 32.23(a)中可以看出,当 OLR 为 32 kg/(m³·d)时,系统得到最大产氢效率为 12.51 mmol/hL。产氢效率同 OLR 呈正比关系。线性方程为 $y = 0.367\,9x + 1.305$ ($R^2 = 0.972\,9$)($y$:产氢速率;$x$:OLR)。如图 32.23(b),当 OLR 为 16 kg/(m³·d)时,系统得到最大底物转化产氢率为 130.57 mmol/mol。这说明,产氢效率是随着 OLR 的提高而提高,然

而,当 OLR 大于 16 kg/(m³·d)时,过多的有机底物被微生物自身生长等原因而消耗掉,底物转化产氢率呈现下降趋势。对比不同的 OLR 条件下,系统的产氢率和底物转化产氢率存在明显的差异。

图 32.24 为不同 OLR 条件下,系统产气量的变化情况。如图 32.24 所示,系统的产气速率、底物转化产气率同产氢速率、底物转化产氢率呈现相似的变化趋势。如图 32.24(a),当 OLR 为 32 kg/(m³·d)时,系统得到最大产气速率 25.02 mmol/(h·L)。产气速率($y$)同 OLR ($x$)成正相关,线性方程为 $y = 0.759\ 2x + 2.58(R^2 = 0.939\ 5)$。当 OLR 从16 kg/(m³·d)提高到 32 kg/(m³·d)时,底物转化产气率从 252.02 mmol/mol 下降到 152.72 mmol/mol。

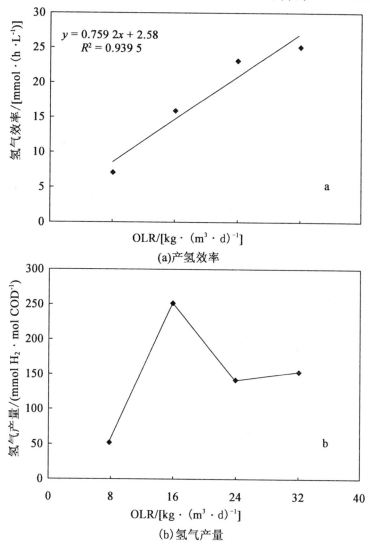

(a)产氢效率

(b)氢气产量

图 32.24 不同有机负荷下产气量的变化

**2. 液相末端发酵产物同产氢速率之间的关系**

图 32.25 为液相末端发酵产物与产氢速率的变化情况。当产氢速率为 12.51 mmol/(h·L)时,系统分别得到最大的乙醇产量(55.8 mmol/L)和乙酸产量(42.41 mmol/L)。当产氢速率小于7.68 mmol/(h·L)时,丁酸和丙酸含量呈下降趋势,然

而,当产氢速率大于 7.68 mmol/(h·L)时,丁酸和丙酸含量增加,并在产氢速率为 12.51 mmol/(h·L)时,丁酸和丙酸含量分别达到最大值 13.3 mmol/L 和 1.33 mmol/L。从图 32.25 中可以看出,当产氢速率在 3.72 ~ 12.51 mmol/(h·L)范围内,乙醇含量明显高于乙酸含量。乙醇和乙酸为系统液相末端发酵产物的主要代谢产物,这表明,系统产氢细菌主要为乙醇型发酵代谢菌群。

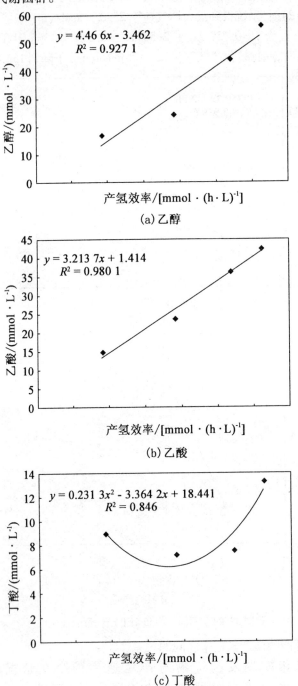

$y = 4.466x - 3.462$
$R^2 = 0.9271$

(a)乙醇

$y = 3.2137x + 1.414$
$R^2 = 0.9801$

(b)乙酸

$y = 0.2313x^2 - 3.3642x + 18.441$
$R^2 = 0.846$

(c)丁酸

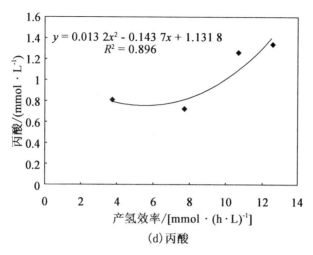

(d) 丙酸

图 32.25　液相末端发酵产物同产氢速率之间的关系

3. 不同 pH 值对丁酸/乙酸和乙醇/乙酸的影响

图 32.26(a)和(b)所示为不同 pH 值分别对丁酸/乙酸和乙醇/乙酸的影响。当 pH 值从 3.4 提高到 4.4 时,丁酸/乙酸随着 pH 值的提高而提高,并在 pH 值为 4.14 时,得到最大丁酸/乙酸比值为 0.51。因此,可以看出,较高的 pH 值有利于丁酸的产生。丁酸/乙酸($y$)比值同 pH 值($x$)呈正相关,线性方程可表述为 $y = 0.365\,4x - 0.989\,6\,(R^2 = 0.985\,6)$。如图 32.26(b)所示为不同 pH 值条件下,乙醇/乙酸比值的变化情况。当 pH 值在 3.4~3.6 和 4.1~4.4 范围内变化时,乙醇/乙酸比值大于 1.1,这说明,当 pH 值在这一范围内变化时有利于乙醇型发酵。从不同 pH 值条件下分别得到的丁酸/乙酸和乙醇/乙酸比值可以看出,pH 值能够明显地影响液相末端发酵产物含量及成分。乙醇/乙酸($y$)比值同 pH 值($x$)的线性方程可表述为 $y = 1.453\,3\,x^2 - 11.324x + 23.079\,(R^2 = 0.931\,3)$。

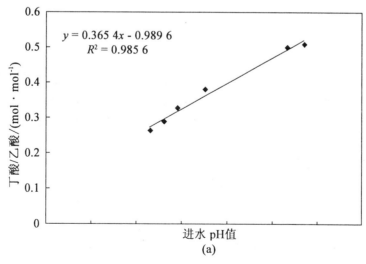

(a)

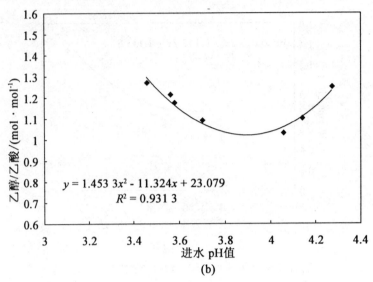

$$y = 1.453\,3x^2 - 11.324x + 23.079$$
$$R^2 = 0.931\,3$$

图 32.26　不同 pH 值对丁酸/乙酸和乙醇/乙酸的影响

# 32.6　生物强化技术在其他领域的应用

　　生物强化技术广泛应用于土壤的生物修复,投加工程菌使土壤中引入能够修复污染物的微生物,已成为一种简单、有效且价格合理的处理方法。韩立平等人对受到喹啉污染的土壤进行了生物修复研究。Lestan 等人利用真菌进行生物强化处理收到五氯酚(PCP)污染的土壤,取得了较好的效果。生物强化技术在受污染的地表水和地下水处理上也有较多的应用。Ro 等人在处理受 I - 萘胺污染的地下水、Ellis 等人在处理受三氯乙烯(TCE)污染的地下水、赵荫薇等人在对石油污染的地下水处理时均采用了生物强化技术,并都在处理效果上表现出了不同程度的增强。

　　综上所述,生物强化技术在诸多的研究领域得到了普遍使用。Bouchez 等人在硝化反应器的生物强化处理使系统运行失败。Wilderer 等人强化处理 3 - 氯苯甲酸脂废水没有改善系统。Lange 等人认为系统内土著菌经过驯化后也能达到与增强菌的相同效果。Gaisek 等人和 Koe 等人认为生物强化处理系统与对照系统的处理效果无异。生物强化作用主要应用在去除有毒有害物质和难降解物质方面,从活性污泥中分离培养高效产氢工程菌投加到生物制氢反应器中,提高系统的产氢能力。

# 32.7　结　　论

　　(1)底物浓度对连续流厌氧发酵制氢系统具有显著的影响。在温度(35 ± 1)℃,水力停留时间 6 h,CSTR 反应器在进水 COD 质量浓度 2 000～6 000 mg/L 变化时,系统产氢效率随着进水浓度的提高而提高,在进水 COD 质量浓度为 6 000 mg/L 时,得到最大产气量和产氢量分别为 23.49 L/d 和 8.19 L/d。当 pH 值为 4.4 左右,CSTR 反应器在进水 COD 质量浓度 2 000～8 000 mg/L 变化,即 OLR 为 8～32 kg/(m³·d),在液相末端产物中,乙醇和乙酸为主要的代谢产物,占液相产物总量的 82% ,为乙醇型发酵。

(2)厌氧活性污泥发酵产氢系统对底物浓度提高造成的冲击具有一定的适应能力,但这种适应性是有限度的。在本实验条件下,进水 COD 质量浓度达到 8 000 mg/L 时,厌氧活性污泥发酵产氢系统的 pH 值迅速下降到 3.7,厌氧活性污泥微生物活性受到严重抑制,反应器产氢能力急剧下降,有机废水产酸发酵的类型也发生了改变。有机负荷在 8 ~ 32 kg/(m$^3$·d)内变化,可有效地抑制耗氢菌(产甲烷菌)的产生。当 OLR 为 16 kg/(m$^3$·d)时,系统得到最大底物转化产氢率为 130.57 mmol/mol。并且产氢效率随着有机负荷的提高而提高。然而,当 OLR 大于 16 kg/(m$^3$·d)时,过多的有机底物被微生物自身生长等原因消耗掉,底物转化产氢率呈现下降趋势。当 pH 值在 3.4 ~ 3.6 和 4.1 ~ 4.4 范围内变化时,乙醇/乙酸比值大于 1.1,这说明,当 pH 值在这一范围内变化时有利于乙醇型发酵。

(3)采用提高有机负荷的方式考察了生物制氢反应系统的稳定性。反应器的控制条件为:温度为(35 ± 1)℃,HRT 为 6 h,当有机负荷由 8 kgCOD/(m$^3$·d)提高到 24 kgCOD/(m$^3$·d)后,反应系统可在 9 d 内重新达到稳定运行状态,其 COD 去除率和产气量由 8% 和 3 L/d 提高到 20% 和 12 L/d,发酵气中氢气体积分数为 67%。作为乙醇型发酵目的产物的乙醇和乙酸含量,在液相末端发酵产物总量中的质量百分比为 83% 左右,其中乙醇的质量分数达到 54.79% ~ 59.74%。可见厌氧活性污泥发酵产氢系统始终维持了乙醇型发酵的特征。为使 CSTR 生物制氢反应器高效运行和产氢,有机负荷并不是越大越好,而是应该控制在一定的范围内,本试验条件下得到的容积负荷范围为 8 ~ 24 kg/(m$^3$·d)。

# 第33章　生物制氢反应系统的生物强化技术研究

废水生物处理系统的有效运行在很大程度上依赖于系统活性污泥中功能性微生物的富集和群落的结构组成,在实际的工程应用中,废水处理系统的微生物群落往往不能及时地进行调整,致使系统出水无法达到排放标准,尽管微生物群落具有随着进水条件的变化而进行自身调节的功能,向废水处理系统中投加某些特定的微生物以增加活性污泥的生物活性和多样性,往往能使系统尽快进入反应状态,提早进入产氢的进程,因此研究者们试图对废水处理系统投加功能性细菌进行了研究。

生物强化技术(Bioaugmentation),即生物增强技术,也就是人们常说的投菌法。它产生于20世纪70年代中期,是通过人工方法向生物处理反应体系中投加从自然界中或通过遗传工程技术产生的高效菌种,进而提高废水生物处理系统的处理效率并改善原有生物处理体系处理效果的一种方法,在20世纪80年代后引起了广泛的研究和关注。生物强化技术应用的初期主要是针对由于一些废水处理厂的突发事故而致使废水达不到排放标准,因此人们开始直接投加高效菌种以期改善生物处理系统出水水质,从而使系统恢复正常。这是废水生物处理系统中的微生物活性和种群组成决定着它对某类废水的处理效果,如果在原来的生物处理构筑物中不存在某些特定的功能性微生物种群,这时加入经过筛选的具有特定功能的微生物,就可以有针对性地处理废水,从而达到较好的处理效果;即使原来的生物处理构筑物中存在少量的功能性微生物种群,对已有微生物的培养和驯化也需要较长的时间才能完成,即使采用补充活性污泥的措施也是如此,而采用生物强化技术向活性污泥组成的自然混合菌群中投加具有特殊作用的功能性微生物,可以大大缩短反应体系中微生物的驯化时间,并增加系统所需的功能性生物在微生物种群中的数量,从而强化其对某一特定环境或特殊污染物的反应,加快和改善反应体系的生物处理效果。随着生物强化技术在受污染的地下水处理、土壤的生物修复和废水治理等方面的广泛应用,该项技术也越来越受到人们的普遍重视,近年来科学工作者在生物强化技术的应用上也进行了大量的研究工作。

## 33.1　生物强化的主要控制参数

废水生物处理系统的处理性能与污泥在反应器中的滞留、功能表达活性及其功能性微生物的富集、降解性基因库量密切相关,因此生物强化处理过程中投加的高效细菌是否可以在生物反应系统中滞留、增殖的同时,而且还能发挥其特定的功能,这将会直接影响到生物强化处理的效果。在厌氧发酵生物制氢反应器的生物强化处理过程中,对发酵反应系统的主要控制参数及其高效产氢细菌的投加方式和条件进行了研究,进而确定生物强化处理的最佳控制参数,从而保证生物强化处理达到良好的强化效果。生物强化处理中的主要控制参数包括反应器的生物强化处理时期、HRT、高效产氢菌种的选择、投加方式以及投加剂量等方面,本文对影响生物强化处理效果的主要控制参数分别进行了研究并分析。

### 33.1.1　生物强化的时期

生物制氢反应器的运行过程大体可分为三个时期:启动期、低负荷稳定运行期和高负荷稳定运行期。生物强化处理中高效产氢菌种的投加时期也主要是这三个时期。

(1)启动期投加:对相关资料的分析表明,启动期投加高效菌可能会加速启动过程,但是由于启动过程是一个各种发酵菌群不断发生生态演替的动态变化过程,而不是稳定的运行阶段,因此在启动期进行生物强化处理则很难界定强化处理的效果。

(2)低负荷稳定运行阶段投加:在反应器的运行过程中,随着容积负荷的提高,系统内的活性污泥量也随之增加,如图 33.1 所示,因此稳定运行的低负荷阶段与高负荷期相比,反应器内生长的污泥量较少,在相同细菌投配比的条件下,此时投加细菌的绝对剂量较小而且又可以很明显地反映出处理的效果。

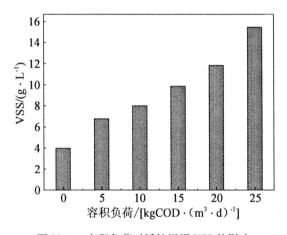

图 33.1　容积负荷对活性污泥 VSS 的影响

(3)高负荷运行稳定投加:若在高负荷运行稳定状态进行生物强化处理,要达到与低负荷阶段相同的投加比例需要投加的细菌绝对剂量更大,这将加大强化处理的工作量并增加工程运行的成本。

综合上述分析表明,低负荷稳定运行阶段最适于进行生物强化处理。

### 33.1.2　水力停留时间

水力停留时间(Hydrolic Retention Time),简写为 HRT,它是废水生物处理的一个重要直接可控参数,并且在工程设计和工艺选择等方面都起着非常重要的作用。在一些特定的条件下,HRT 是影响废水生物处理能力的最直接因素之一。

在生物制氢反应器中,进水中的有机物在微生物的作用下发生水解、发酵并释放出 $H_2$ 和 $CO_2$ 等气体。有机底物在发酵制氢反应器内部的停留时间直接影响产酸发酵代谢过程,进而影响整个生物反应系统的处理效率。水力停留时间(HRT)过长时,则会影响生物制氢反应器处理效能的发挥;水力停留时间过短,产酸发酵过程进行得又不充分。而且又由于生物制氢反应器的沉淀区偏小,出水的悬浮物随水力停留时间的减小而增大,当反应器的水力停留时间(HRT)小于 4 h 时,如图 33.2 所示,可以明显观察出水中有大量的污泥絮体流失,进而影响生物制氢反应器处理效能的发挥,因此,生物制氢反应器的水力停留时间一般控制在 4~6 h 之间。

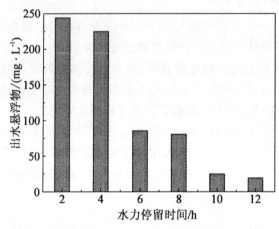

图 33.2　HRT 对出水悬浮物的影响

在进行生物强化处理时,HRT 是影响处理效果的一个重要参数,HRT 过小,必然导致投加反应器内的高效产氢菌种的流失量加大,高效菌种的大量流失会使强化处理的效果大打折扣,甚至达不到预期的效果。Soda 等人在研究细菌细胞对活性污泥表面的吸附作用时提出,较长的水力停留时间对生物强化作用的有效发挥有着重要的作用。但是 HRT 也不能无限度地增大,HRT 过大会影响反应器效能的发挥,因此在允许的范围内适当地增大 HRT,会减少投加高效菌流失对强化处理的影响。因此建议生物强化作用的水力停留时间不应小于 6 h。

### 33.1.3　高效产氢菌种

作为生物强化作用中投加到反应器中的细菌菌种,高效产氢菌种的选择直接关系生物强化作用的成败。

在高效产氢菌种的选择过程中,细菌菌种的产氢能力和对环境的适应能力是首要考虑的因素。生物强化处理选用的细菌,为本实验室在前期研究中从连续流生物制氢反应器的乙醇型发酵活性污泥中分离出来的高效产氢菌种(R3)。该菌种是在分离到的 210 株发酵细菌中进一步的筛选和优选,获得的一株高产氢能力的乙醇型发酵菌株——*Biohydrogenbacterium R3* sp. nov.。

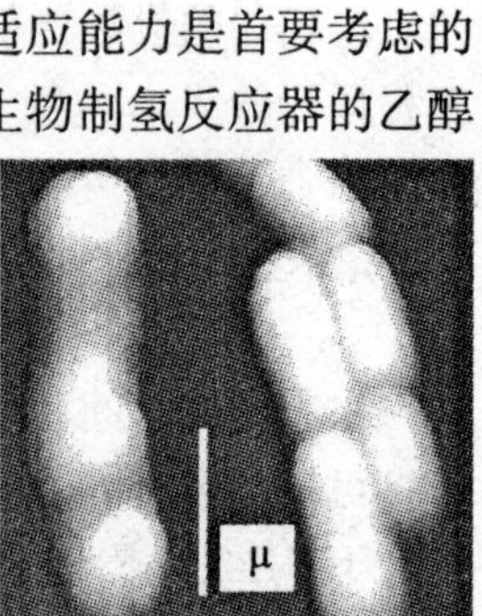

产氢新菌 *Biohydrogenbacterium R3* sp. nov.(以下称 R3)菌种鉴定的国际 DNA 数据库登记号为 AF363375,从生物制氢活性污泥中分离得到。R3 为革兰氏阳性菌,不形成芽孢,杆菌;大小为 $(0.3 \sim 0.5)\,\mu m \times (1.5 \sim 2.0)\,\mu m$;周生鞭毛,且鞭毛较长;形成的菌落呈现白色或乳白色,20~30 d 可以长成至直径为 1.0~2.5 mm,菌落边缘整齐,圆形,光

图 33.3　R3 菌

滑,不透明;类脂粒4~6个,异染粒2~3个;该菌为严格厌氧菌,如图33.3所示。细菌培养基的制备和全部实验操作采用改进的Hungate厌氧技术,以高纯氮气为气相,35℃常规培养。

由于生物制氢反应器采用的是两相厌氧消化工艺的产酸相,反应器运行中会产生大量的挥发酸,系统的产酸发酵作用会使系统内部的pH值降低到4.0~4.5之间,因此产氢菌种的耐酸性是选择投加细菌的一个重要标准。我们选择的高效产氢菌种R3具有较好的耐酸性,它在pH值低于4的条件下能够生存,产氢菌种R3的主要液相发酵产物为乙醇和乙酸,其他发酵产物量均很少,这些发酵产物既可以减少酸性物质对系统pH值的影响,而且它们也和正常运行的生物制氢反应器的产物基本相同,不会对反应系统造成不利的影响。

分析生物强化处理对投加菌种的几个要求可见,本实验室在前期研究中从连续流生物制氢反应器中分离得到的高效产氢菌种R3在生理特点、耐酸性及其高效产氢的性能等方面都符合生物强化处理的条件,适宜作为生物制氢反应器投加的细菌。一些产氢细菌产氢能力的比较见表33.1。

表33.1 一些产氢细菌产氢能力的比较

| 细菌种属 | 细菌代号 | 最大产氢能力 $mmol/(gdrycell \cdot h)$ |
|---|---|---|
| 产气肠杆菌 (*Enterobacter aerogenes*) | E. 82005 | 17 |
| 丁酸梭菌 (*Clostridium butyricum*) | – | 7.3 |
| 巴氏梭菌 (*Clostridium pasteurianum*) | – | 1.9 |
| 拜氏梭菌 (*Clostridium beijerinckii*) | AM21B | 21.25 |
| 阴沟肠杆菌 (*Enterobacter cloacae*) | IIT – BT08 | 29.63 |
| | R3 | 25 |

### 33.1.4 菌种投加方式

高效产氢菌种的投加方式是影响生物强化处理效能的一个重要参数。采用不同的菌种投加方式会对生物强化处理效果有较大的影响。在试验中我们分别采取了几种不同的投加方式,其中主要投加方式有直接投加、离心处理后投加和过滤处理后投加。以下为对三种不同投加方式利弊的具体分析,如图33.4和图33.5所示。

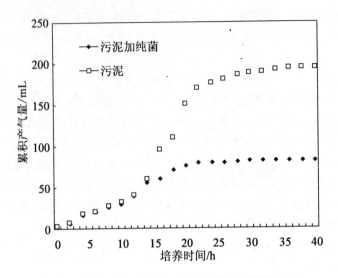

图 33.4　直接投加高效菌对产气的影响(静态试验)

　　直接投加是指扩大培养后的高效产氢细菌,不经过任何处理过程直接投加到生物制氢反应器中。由于投加细菌前未经过任何处理,扩大培养后的细菌培养液和细菌被一同投加到反应器中,而培养液中含有大量的发酵物质,pH 值较低,另外培养液中还含有未被完全利用的牛肉膏、蛋白胨和无机盐等复杂成分,所以将细菌连同培养液一起投入反应器中很容易引起反应器的酸化,使反应系统处于"过酸状态"。在实验过程中我们曾经向生物制氢反应器中直接投加了细菌极其培养液,结果导致系统的过酸状态,使整个系统的产酸发酵作用受到抑制,发酵产物急剧下降,产气能力也会大幅度地降低,因此我们认为直接投加的方式不适合对生物制氢系统的生物强化作用研究。

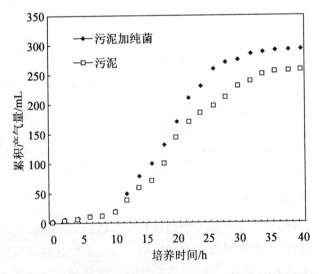

图 33.5　离心处理后高效菌的投加对产气的影响(静态试验)

　　离心处理后投加,是指将扩大培养后的细菌培养液在离心机中进行离心处理,使细菌与培养液分离,然后再将分离后的细菌投加到反应器中。这种处理方式的优点是它可以避免细菌培养液进入到反应器中,避免培养液发酵产生的大量挥发酸等酸性物质对反应系统进行酸化等负面影响。

过滤后投加,由于细菌在培养基中培养后细菌量较大,过滤时一些细菌及形成的絮体会堵塞滤纸的孔隙,使过滤过程缓慢,时间过长,因此这种方法不适用。

对细菌三种不同投加方式的分析表明,在直接投加、离心处理后投加和过滤后投加这三种方法之中,离心处理后投加高效菌的方法更适合于生物制氢系统的生物强化处理研究。

### 33.1.5　高效产氢菌种的生物强化作用

1. 活性污泥絮状体的形成机理

CSTR 型反应器的工艺特点要求系统内的微生物必须具有形成细菌絮状体的特性。在絮状体形成之初,细菌在反应混合液中主要以游离状态存在,随着絮体的成长,混合液中游离细菌的数目逐渐减少,大部分细菌被包围在絮状的基质中。絮状基质和包埋在其内的细菌总称为活性絮凝体,形成絮凝体的过程成为生物絮凝化作用。尽管对絮状污泥的发生机理还存在一定的争议,但一致的看法是可由细菌胞外聚合物(ECP)学说来解释这一过程。

细菌胞外聚合物学说认为,细菌的胞外聚合物(胞外多糖、蛋白质和核酸)在絮凝过程中起到了重要作用,细菌在内源呼吸期所产生的胞外长链高分子聚合物在细胞之间起联结作用,使细胞聚集到一起。Mitchell 等人曾用电镜照片显示,细菌细胞之间通过 ECP"架桥"相连,当絮凝微生物的一端在一处或几处吸附点附着另一个微生物的表面,其他微生物被挤出,而前一个微生物的游离端由架桥作用或吸附作用与一个或数个附加颗粒相连接时,形成了凝集的絮状颗粒。这些"桥"使细胞丧失了胶体的稳定性而紧密地聚合成凝絮状。

Zit 等人提出细菌的吸附过程可分为两步,包括可逆吸附和不可逆吸附。可逆吸附是通过长距离力完成的,而不可逆性吸附则是通过细胞表面结构的直接接触来实现的。

细菌絮状体的形成与诸多影响因素有关,其中主要的因素有以下几种:

(1)细胞表面的疏水性和细胞表面结构影响细菌细胞对活性污泥絮体的吸附。Zita 等人的研究表明,细菌细胞表面的疏水性与它对活性污泥的吸附能力正相关。

(2)细胞表面的电荷也是影响絮凝的因素。

(3)一些金属阳离子也对细菌絮状体的形成有着重要的影响。金属阳离子如钙离子、镁离子等可能在细胞间起架桥作用,从而促进细菌的絮凝作用。Shimizu 等人在对从活性污泥中分离出的细菌 $Alcagenes$ 菌株 No.5 进行研究时发现,$Mg^{2+}$ 的存在对絮状体的形成有明显的促进作用;Tezuka、Endo 等也都曾报道过 $Mg^{2+}$ 和 $Ca^{2+}$ 对一些细菌的絮凝作用是必不可少的。另外,一些能够对细菌的纤毛、膜蛋白组成和胞外多糖造成影响的温度因素也可能影响细菌的絮凝特性,如培养基成分、环境压力、pH 值、温度和剪切力等。

2. 细菌形成的絮状体特性对生物强化作用的影响

在生物强化研究中,高效菌种在反应器内的保持是保证强化效果的一个关键因素,如果我们选择的高效菌种进入反应器后无法滞留,立即随出水流失,那么它的产氢能力再高也无济于事,不能起到生物强化的作用。目前人们主要采取细胞的固定化技术来避免细菌的流失,但是由于固定化技术复杂、工作量大、费用高、难以实现大规模的生产,而且包埋剂等固定化材料的使用必然会占据反应器内的有效空间,限制了反应器内生物量的增长。另外,生物制氢反应器为 CSTR 型,中间设有搅拌装置,搅拌还会对固定化材料造成不同程度的破坏,因此不能对生物制氢反应器内投加的细菌进行固定化处理。

在进行生物强化处理时,向生物制氢反应器中投加具有自絮凝能力的高效细菌也是避免细菌流失的一个有效方法。Rachman 等人的研究表明,具有自絮凝能力的细菌 *Enterobacter* 在连续流的填充床反应器中培养时,由于细胞的絮凝作用使反应器内的细菌浓度要比经过固定化处理的细菌还要高,因此具有形成沉降性能良好絮体能力的细菌能较好地避免流失。Soda 和 Fujita 在生物强化研究中都提出,接种细菌的絮体形成能力的强弱是它能否在反应器内滞留、繁殖的关键因素,也是影响生物强化作用效果的一个重要因素。我们在研究中发现,高效产氢菌 R3 在液体培养基和糖蜜中均可生长;而且它具有较好的形成絮体能力,在 R3 液体培养基的底部有大量的细菌絮体形成。高效产氢细菌 R3 在不同培养基中表现出的絮状体形成能力上的差异,可能与培养基成分的差异有关。

在进行生物强化作用时,高效菌 R3 较好的絮体形成能力有助于细菌在反应器内形成絮状体,或吸附在系统原有活性污泥的表面,从而增加高效菌在反应器内的沉降性能。高效菌 R3 的絮凝特性对避免投加到反应系统中细菌的流失,增加反应系统运行的生态稳定性具有重要作用,它能促使高效产氢细菌在反应器内滞留和进一步增殖,并有助于高效菌发展成为反应器中的优势种群。

## 33.2　生物强化的作用效果分析

### 33.2.1　生物强化前反应器的运行状态

在进行生物强化处理之前,使生物制氢反应系统在进水 COD 3 000 mg/L、HRT 6 h、有机负荷 12 kgCOD/($m^3$·d)、pH 值 4.6、ORP −300 mV 等条件下达到稳定运行状态,此时反应器内的生物量 VSS 为 10.38 g/L,VSS/SS 为 80.4%,末端发酵产物中的乙醇、乙酸、丙酸、丁酸和戊酸分别为 6.3 mmol/L、5.8 mmol/L、4.7 mmol/L、0.8 mmol/L 和 0.6 mmol/L,产气量为 2.14 L/d,发酵气中的氢气质量分数为 29.7%。

高效产氢菌种 R3 的液相末端发酵产物以乙醇和乙酸为主,另外还有微量的乳酸。在间歇培养中,培养液中乙醇和乙酸的含量分别可达到液相末端发酵产物总量的 45% 以上,而乳酸的浓度则很低,不超过产物总量的 4%。对连续流生物制氢反应系统的生物强化试验,就是通过投加高效工程菌 R3 进行的。R3 的投加共进行了 3 次,首次投加在反应器前期的稳定运行 15 d 进行,第 2 次和第 3 次投加分别在运行的第 25 天和第 47 天进行,投加量分别为 1.3%(占反应器中活性污泥 VSS 的百分比)、3.1% 和 5.2%。

高效菌的投加剂量太小时,由于微生物的快速增殖需要一定量的细菌基数来保证,而厌氧细菌的增殖过程较缓慢,所以投加到反应器内的细菌数量太小,它可能在没有大量增殖前就已经随着出水大量流失了,导致处理的效果不明显。如果当投加剂量太大时,加大投加细菌的数量无疑会加大强化处理的工作量,并增加系统运行的成本。对生物制氢反应器的生物强化作用的实验结果分析可见,高效产氢菌种的最佳投菌量为系统生物的 3% ~ 5% 左右。

### 33.2.2　生物强化对产气速率的影响

厌氧发酵生物制氢反应系统的产气和产氢速率是反映反应器运行效能的重要指标。我们对生物强化处理前后产气量、产氢量及其发酵气中氢气含量的变化情况进行了监测，试验结果如图 33.6 所示。

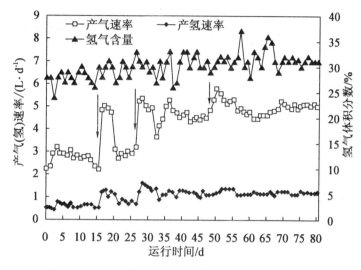

图 33.6　生物强化处理前后产气和产氢速率的变化

图 33.6 中的 3 个箭头代表 3 次投加高效菌 R3 的时间,前 14 d 为生物强化处理之前的稳定运行阶段,平均产气速率为 2.8 L/d,平均产氢速率为 0.7 L/d。向反应器中投加菌种 R3 进行生物强化处理后,系统的产气速率和产氢速率迅速地从强化处理前的 2.8 L/d 和 0.7 L/d 左右上升到 5 L/d 和 1.5 L/d,但 5 d 后产气速率又下降到 3 L/d 左右,此时产氢速率为 0.8 L/d,与生物强化处理前的水平基本相同。第 2 次投加高效菌 R3 时加大了投菌量 (3.1%),强化处理后产气速率和产氢速率分别提高到 5.1 L/d 和 1.5 L/d,此后产气速率略有下降,但很快又恢复到 4.4 L/d,产氢速率恢复为 1.3 L/d。第 3 次强化处理时进一步加大投菌量(5.2%),强化处理后系统的产气速率和产氢速率首先增加至 5 L/d 和 1.6 L/d,随后有短期的下降,产气速率达到 4.4 L/d,产氢速率为 1.3 L/d,此后产气速率和产氢速率又开始回升,产气速率达到并维持在 5 L/d 的水平,产氢速率则达到并维持在 1.5 L/d 左右。但是,生物强化处理前后氢气含量的变化并不明显,基本稳定在 30% 左右,高效产氢细菌的投加并没有明显地提高系统的氢气含量,这可能与生物强化处理时选择的负荷较低有关。

生物强化处理前后的产气和产氢速率的比较表明,生物强化处理对生物制氢系统产氢能力的提高具有一定的作用。强化处理前生物制氢系统的产气能力和产氢能力基本保持在 2.8 L/d 和 0.7 L/d 的水平,而进行 3 次生物强化处理后的系统达到稳定运行状态时,生物制氢系统的产气速率可达到 5 L/d,产氢速率为 1.5 L/d,与强化处理前相比,它的产氢速率和产气速率都有较大幅度的提高。

### 33.2.3　生物强化对液相末端发酵产物的影响

如前所述,投加高效产氢菌之前,连续流生物制氢反应系统的主要液相末端发酵产物为乙醇、乙酸和丙酸,而投加的高效菌 R3 后的主要液相末端发酵产物为乙醇和乙酸。因此,我们可以根据强化处理前后发酵产物的组成和含量的对比,来判断反应系统产气及产氢能力的变化是否是由高效菌的投加引起的。

图 33.6 反映了生物强化实验过程中,反应系统液相发酵产物的总体变化情况。在生物强化处理之前,液相发酵产物中的主要成分以乙醇、乙酸和丙酸为主,它们的平均浓度为 6.8 mmol、5.3 mmol、4.8 mmol,分别占发酵产物总量的 40%、31% 和 29%。

向反应器中投加菌种 R3 进行生物强化处理后,系统液相发酵产物的组成和含量都发生了一定的变化。第 1 次投加高效菌后,出水中的发酵产物立即发生了变化,发酵产物中乙醇和乙酸的含量及其在总发酵产物中的比例都有所增加,乙醇从投加前的 7 mmol/L 增加到 10.2 mmol/L 左右,乙酸也从 5.5 mmol/L 增加到 7.2 mmol/L 左右。与此同时,丙酸的含量和比例则有一定程度的下降,从投加前的 5 mmol/L 降低到 3.5 ~ 4 mmol/L 左右。由于反应系统液相发酵产物的变化是向着乙醇和乙酸这两种产物增多的方向发展,因此可以判断投加的菌种 R3 在反应系统中发挥了一定的作用。但是投菌 7 d 后,系统的液相发酵产物中的乙醇和乙酸含量下降、丙酸含量增加,又基本恢复了强化处理前的状态。这很可能与投加的细菌量较小(1.3% 左右)有关:一方面,投加的细菌可能有一部分随出水流失;另一方面,滞留在反应器中的那部分 R3 细菌,数量过少,与系统内固有活性污泥细菌的激烈生存竞争中,很难得以大量增殖而被淘汰,其生物强化作用消失。

第 2 次投加高效菌 R3 的剂量提高到污泥总量的 3.1%,投加高效菌后,系统的液相发酵产物有了较大幅度的变化。细菌投加的初期,乙醇和乙酸含量增加,丙酸含量降低,7 d 后乙醇和乙酸含量也出现了一个下降的过程,这与第 1 次生物强化处理的结果相似。但是与第 1 次强化处理不同的是,下降过程结束后,系统又经历了一个回升的过程,此时发酵产物中的乙醇和乙酸含量再次增加,乙醇、乙酸和丙酸分别为 8.5 mmol/L、7 mmol/L 和 4.4 mmol/L 左右,并基本维持在这一状态。

Fujita 和 Kanagawa 等人在研究生物强化处理时也发现投加细菌的数量有先下降,后有所回升并逐渐达到稳定状态的情况,分析认为投加的细菌和反应器内固有活性污泥之间的生存竞争是出现这种现象的重要原因。系统发酵产物的这一变化实际上反映了反应器内部投加的高效菌和本身固有活性污泥间的此消彼长的生存竞争过程。在生物强化处理的初期,由于投加的细菌剂量相对较大,投加的细菌在反应器内参与了产酸发酵过程,乙醇和乙酸含量开始增加,相应的丙酸含量有所下降。此后,一部分投加的细菌随着出水流失了,反应器内保留的细菌还没有完成大量增殖的过程,此时系统内原有的活性污泥又开始形成优势,发酵产物中的丙酸含量增加,但是随后投加的细菌逐渐适应环境条件,并在反应系统内占据一定生态位,此后细菌开始在反应器内迅速增殖,系统发酵产物中的乙醇和乙酸含量又开始增加。当快速繁殖的细菌增加到一定程度时,高效细菌和活性污泥之间形成了一种新的生态平衡,系统基本稳定在这个状态,发酵产物也保持在这一水平不再发生明显的变化。

第 3 次进行生物强化作用时,我们又进一步加大了投菌的剂量,达到总污泥量的5.2%,

此时液相发酵产物的变化如图 33.7 所示。试验结果表明,系统发酵产物的总体变化趋势与第 2 次投加的基本相同,发酵产物中的乙醇和乙酸含量也经历了上升、下降、再上升的一个变化过程,当系统强化处理后达到稳定状态时,发酵产物中乙醇、乙酸和丙酸含量分别为 10.5 mmol/L、7.5 mmol/L 和 1.7 mmol/L 左右,乙醇和乙酸的含量比第 2 次强化处理后又有了较大幅度的提高。

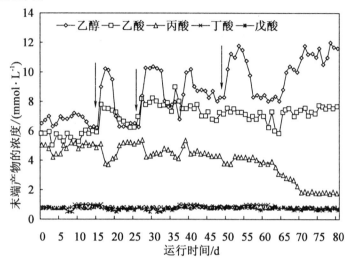

图 33.7　生物强化处理前后液相发酵产物的变化

通过 3 次生物强化处理的试验结果表明,生物强化处理前后发酵产物的变化与产气(氢)速率的变化相对应,每次生物强化处理后,产气速率和产氢速率增加时,伴随着发酵产物中的乙醇和乙酸含量的相应上升。

### 33.2.4　生物强化对 pH 值的影响

pH 值也是生物强化处理中的重要监测的指标之一。生物强化处理前后系统的进出水 pH 值情况如图 33.8 所示。

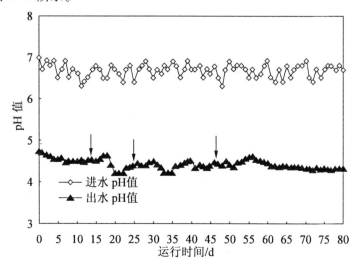

图 33.8　生物强化处理前后 pH 值的变化

　　试验结果表明，生物强化处理前系统进水的 pH 值无明显变化，基本维持在 6.5～7 之间。但系统的出水 pH 值在生物强化处理过程中有一定的波动，生物强化处理前，系统的出水 pH 值基本在 4.5～4.7 之间。每次生物强化处理后，系统的出水 pH 值都有一个下降过程。第 1 次强化处理后，出水 pH 值从 4.7 下降到 4.2，3 天后又恢复到 4.5 左右；第 2 次强化处理后，出水 pH 值也有一个下降的过程，与第 1 次强化处理相似；第 3 次强化处理后，出水 pH 值开始下降，从 4.5～4.7 下降到 4.3 左右，并稳定在这一数值。强化处理后出水 pH 值的下降可能与液相发酵产物的变化等因素有直接的影响。

### 33.2.5　生物强化对氧化还原电位的影响

　　在生物强化处理的前后定期考察了发酵生物制氢反应体系内部氧化还原电位的变化情况，如图 33.9 所示。试验结果表明，3 次生物强化处理前后，系统的氧化还原电位并没有明显的变化。生物强化处理前，系统的氧化还原电位在 -250～-300 mV 之间，没有明显的波动；生物强化处理后的氧化还原电位也基本维持在 -250～-300 mV 之间。这说明反应系统的密闭条件良好，而且反应器内部的厌氧活性污泥的产氢产酸发酵作用保持了稳定的态势，没有因为高效产氢细菌的投加产生重大的变化，所以我们认为生物强化处理对连续流发酵生物制氢反应系统的氧化还原电位并无明显的影响。

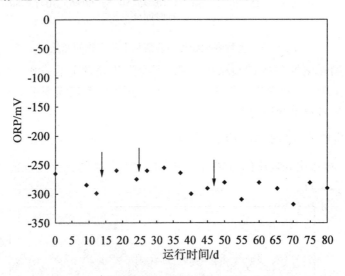

图 33.9　生物强化处理前后氧化还原电位的变化

### 33.2.6　生物强化对产氢系统影响的综合分析

　　为了便于对生物强化处理的效果进行分析评价，我们将第 3 次生物强化处理前后的控制参数和试验结果列于表 33.2 中进行对比。

表 33.2　第 3 次细菌投加前后试验结果的对比

| 分析指标 | 第 3 次强化处理前 | 第 3 次强化处理后 |
|---|---|---|
| 有机负荷 | 12 kgCOD/(m³·d) | 12 kgCOD/(m³·d) |
| 进水 COD | 3 000 mg/L | 3 000 mg/L |
| HRT | 6 h | 6 h |
| pH 值 | 4.7 | 4.3 ~ 4.4 |
| 氧化还原电位 | − 300 mV | − 300 mV |
| 产气量 | 4.42 L/d | 4.99 L/d |
| 产氢量 | 1.33 L/d | 1.57 L/d |
| 糖转化率 | 94.8% | 96.3% |
| 乙醇和乙酸的百分比 | 73.6% | 86.6% |
| 丙酸百分比 | 21.5% | 8.4% |

　　结果表明,除了 ORP 基本保持不变外,生物强化处理前后的液相发酵产物、pH 值和糖转化率等均发生了变化。第 3 次生物强化处理后的生物制氢系统中,糖的转化率从 94.8%增加到 96.3%,出水 pH 值从 4.7 降低到了 4.3 ~ 4.4,乙醇型发酵的目的产物乙醇和乙酸在总发酵产物中比例也有了较大的提高,从强化处理前的 73.6%增加到强化处理后的86.6%。生物强化处理后的平均产气能力也从 4.42 L/d 提高到了 4.99 L/d,比强化处理前提高了 12.9%,平均产氢能力从 1.33 L/d 增加到 1.57 L/d,提高了 18%。由此说明,氢系统的生物强化作用起到了改善发酵产物组成、提高产氢能力的目的。

## 33.3　结　　论

　　本章就生物强化处理对生物制氢反应系统的影响及其主要控制参数进行了研究:

　　(1)确定了生物强化处理的最佳控制参数和高效产氢细菌的投加条件。研究结果表明,采用前期获得的高效产氢菌种 R3 对连续流发酵制氢反应系统进行生物强化处理时,选择低负荷稳定运行期较为适宜,HRT 不应小于 6 h;菌种扩大培养后,投加前需作离心处理,投加剂量为系统生物量的 3% ~ 5%。研究发现高效产氢菌种 R3 具有形成絮状体的能力,这是避免投加的细菌流失,在反应系统内占据一定生态位的一个重要因素。

　　(2)除了氧化还原电位基本保持不变外,生物强化处理前后的产气和产氢能力、液相发酵产物、pH 值和糖转化率等均发生了变化。在一定运行控制条件下,生物强化处理后的生物制氢系统,糖的转化率从 94.8%增加到 96.3%,出水 pH 值从 4.7 降低到了 4.3 ~ 4.4,乙醇型发酵的目的产物乙醇和乙酸在总发酵产物中的比例也从强化处理前的 73.6%增加到强化处理后的 86.6%。生物强化处理后的平均产气能力也从 4.4 L/d 提高到了 4.99 L/d,比强化处理前提高了 12.9%,平均产氢能力从 1.33 L/d 增加到 1.57 L/d,提高了 18%。生物强化作用达到了提高生物制氢系统产氢能力的目的。

# 第 34 章　污泥强化厌氧发酵生物制氢

随着工业化进程的深入和发展,大量 $CO_2$ 的排出,导致全球气温升高、气候发生变化等一些严重的环境问题。而氢能以自身的可再生性、清洁燃烧无污染等特点,成为当前的新型替代能源,从而将"低碳环保"转变为"零碳环保"的可持续发展道路。传统的厌氧发酵产氢研究主要集中在工程控制因子、生态因子等方面。郭婉茜等人对接种污泥预处理对生物制氢反应器启动进行了研究,然而关于污泥强化对厌氧系统影响方面的研究较少。污泥的活性在很大程度上决定着系统的处理效果和稳定运行。合理的强化污泥,可以使污泥保持良好的处理能力,保证厌氧系统高效处理,而且能够提高整个系统的负荷冲击能力。适当的强化预处理污泥可以显著地提高系统的产氢效能及总末端产物的量,而且可以使系统快速进入最佳的产氢状态。这在降低生物制氢连续流培养成本的同时提高了生产工艺的可行性,为污泥强化系统的工程控制提供了研究依据,进而推动生物制氢的工业化进程。

本研究采用连续流搅拌槽式反应器(CSTR)作为反应装置,以具有较高产氢能力的乙醇型发酵菌群为研究对象,利用生活污水排放沟经过好氧培养的底泥,将污泥经过强化处理后接种至反应器,研究强化污泥对乙醇型发酵系统的产气量、代谢产物及发酵类型的影响,旨在为提高系统产氢量提供基础资料。

## 34.1　强化污泥的工程控制

接种污泥为生活污水排放沟底泥经过滤、沉淀、淘洗,用糖蜜废水间歇好氧培养 2 周后,然后将上一步间歇培养的污泥用 70 ℃ 水浴恒温加热 30 min,形成热强化污泥,再接种至反应器。向反应器中投加强化污泥分为两个阶段,第 1~13 天为第一运行阶段,加入反应器的热预处理强化污泥的活性 VSS/SS 为 55%,接种量为 2 L;第 13 天~21 天,调节进水有机底物质量质量浓度从 4 500 mgCOD/L 升高到 6 500 mgCOD/L;第 22 d 以后的为第二阶段,加入热预处理强化污泥的活性 VSS/SS 为 56% ,接种量为 2 L,其他控制参数不变。

## 34.2　强化污泥的研究装置

本试验采用连续流搅拌槽式反应器(CSTR)为试验装置,结构如图 34.1 所示,该反应器的总容积为 19.4 L,有效容积为 7.0 L,反应器内部有三相分离器,使气、液、固三相很好地分离,有利于气体的传质与释放。试验的 HRT 维持在 6.2 h,整个反应器采用外缠电热丝加热方式,将温度控制在(35 ±1)℃。

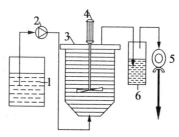

1—水箱；2—蠕动泵；3—反应器；4—搅拌机；5—湿式气体流量计；6—水封

图 34.1　CSTR 厌氧反应器的结构图

## 34.3　强化污泥对产气量及产氢量的影响

　　氢气产量是衡量一个系统运行效率高低的一个重要指标,本实验研究了热预处理的强化污泥对已驯化成功的乙醇型发酵菌群的产气量及产氢量的变化情况(图 34.2)。强化前乙醇型发酵稳定阶段的产气量和产氢量分别为 5.39 L/d 和 2.41 L/d,第 1 次加入热预处理强化污泥运行初期的产气量和产氢量并未明显提高,从第 3 天开始产气量和产氢量出现一个明显的上升阶段,但代谢途径并没有改变,仍是乙醇型发酵。强化后系统的产气量和产氢量提升并稳定在 6.90 L/d 和 3.32 L/d 左右,分别是强化前的 1.28 和 1.38 倍,氢气含量为 48%。说明经过强化的污泥具有很强的活性,在一定的底物浓度条件下,强化污泥能彻底地利用底物转化制氢。运行到第 13 天进水有机底物质量浓度从 4 500 mgCOD/L 提高到 6 500 mgCOD/L 时,产气量和产氢量明显增加并稳定为 9.20 L/d 和 4.71 L/d,氢气含量为 51.8%,发酵类型转变为混合酸发酵,说明强化污泥的活性随着营养底物浓度的增加而增大。运行到第 22 天第 2 次加入热预处理的强化污泥,强化后第 2 天产气量和产氢量突然下降,这可能是反应器中进入了部分溶解氧,也可能是强化污泥抑制其他细菌的活性,随着后续微生物活性的恢复,产气量和产氢量显著增高并稳定在 12.52 L/d 和 5.47 L/d 左右,分别是 2 次强化前的 1.36 和 1.16 倍,氢气含量达到 51.9%。说明强化污泥能更好地对底物进行分解产氢,强化污泥的活性和微生物的数量对产氢量及系统的稳定性有直接的影响。污泥强化作用可以促进生物制氢反应器的发酵类型向产氢能力更高的乙醇型发酵转变。

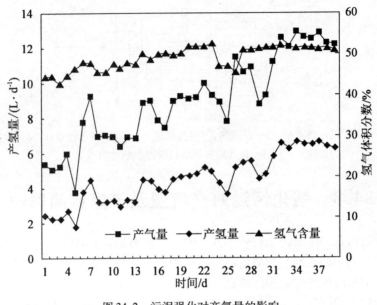

图 34.2　污泥强化对产氢量的影响

## 34.4　强化污泥对液相末端产物的影响

　　向已经成功驯化的乙醇型发酵系统中加入强化预处理的污泥,研究强化污泥对生物制氢系统代谢进程的影响(图 34.3)。向稳定运行的系统第 1 次加入强化污泥,相应末端产物的量均有小幅度的提升,这是因为污泥强化的过程中,抑制甲烷类细菌活性的,致使初期微生物活性较低。末端产物乙酸、乙醇、丙酸、丁酸的量分别从强化前的 438.89 mg/L、386.51 mg/L、107.45 mg/L、58.53 mg/L 增加至 589.33 mg/L、563.51 mg/L、138.53 mg/L、134.43 mg/L,乙酸和乙醇的量占总产物的 80%,总挥发酸量从 991.37 mg/L 增加到 1 425.79 mg/L,发酵类型及系统的稳定型没发生改变。运行到第 13 天进水有机底物浓度从 4 500 mgCOD/L 提高到 6 500 mgCOD/L 时,发酵产物的组成发生了一定的波动,总挥发酸量增加到 1 930.4 mg/L,乙酸和乙醇的比例下降到 66% 左右,而丁酸量从 135.87 mg/L 增加到449.11 mg/L,占总产物的 23.26%,微生物菌群结构经历了一个演替过程,形成了混合酸发酵。说明反应器内的发酵菌群代谢旺盛,只是菌群结构发生了变化。反应运行到 22 d时,再次加入强化污泥,反应器运行进入到第二阶段,系统的微生物群落再次发生变化,乙酸和乙醇比例上升到 77% 左右,丁酸发酵菌群逐渐失去优势,丙酸和丁酸的比例分别减少到 7% 和 14%,总挥发酸量达到最大值 1 977.323 mg/L,反应系统在 16 d 内重新达到相对稳定的乙醇型发酵,这是因为强化污泥对底物进行了充分的酸化,此时的微生物达到乙醇型发酵的优势生态群落,具备了较强的自我平衡调节能力。分析图 34.2 和图 34.3 可见,污泥强化后发酵产物中乙醇和乙酸含量的变化规律与产氢速率的变化规律相似,在污泥强化后乙醇和乙酸含量的上升阶段都相应地伴随着产氢速率的增加,这可能是污泥强化发酵代谢进程中产乙酸和乙醇的途径与引起产氢效能的增加有直接的关系。

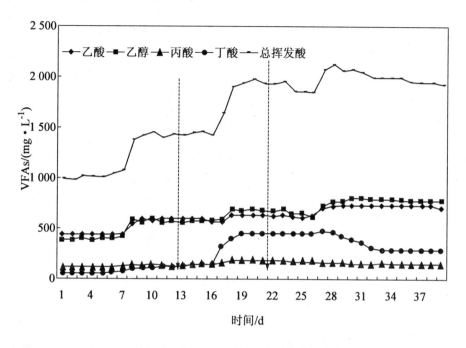

图 34.3　污泥强化对液相末端产物的影响

## 34.5　强化污泥对化学需氧量(COD)去除率的影响

强化污泥对产氢系统的影响除了表现在产氢量和液相末端产物外,还表现在有机物被微生物水解、发酵转化为小分子物质方面。图 34.4 为强化污泥对系统内 COD 去除率的变化情况。

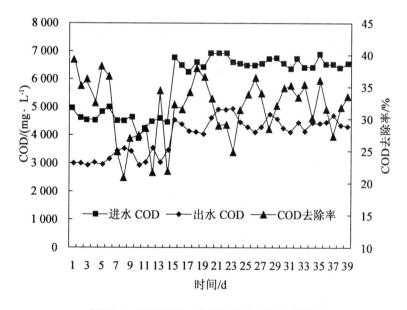

图 34.4　强化污泥对化学需氧量(COD)的影响

# 34.6　强化污泥对 pH 值和 ORP 的影响

图 34.5 是强化污泥对已经驯化形成的乙醇型发酵系统中 pH 值的变化情况。强化污泥加入系统后的第 5 天 ORP 上升到 -380 mV,可能是强化污泥加入反应器的过程中存在一定的溶解氧,抑制其他细菌的活性,导致强化初期系统内的厌氧程度较低,并且产气量和总挥发酸量分别下降了 28% 和 8.8%。在后续运行的过程中,随着微生物活性的恢复,系统 ORP 也恢复并稳定在 -450 mV 左右。当有机底物质量浓度提高到 6 500 mgCOD/L 时,pH 值突然下降到 3.53,为了防止 pH 值过低而影响微生物的代谢活性,向反应器中投加 NaOH 溶液来调节,运行 1 d 后 pH 值上升到 4.06,之后在 4.4 ~ 4.55 内波动,这是因为底物浓度的增加,强化微生物对底物进行了充分的酸化。运行到第 23 天时,系统的 ORP 再次上升到 -386 mV,产气量和总挥发酸量再一次下降,经历一个最低值后又迅速上升,这可能是第 2 次加入强化污泥时再次融入溶解氧,滋生好氧细菌所至。运行到 28 d 时,pH 值再次下降到 3.84,这是因为恢复活性的微生物利用高负荷的底物进行了充分的酸化,也是造成总挥发酸量大幅度升高的原因。在后续的运行中表现出相对稳定的状态,系统的 pH 值稳定在 4.5 ~ 4.8 之间,ORP 基本稳定在 -434 ~ -447 mV,该 pH 值和 ORP 范围为再次形成乙醇型发酵提供了环境基础。说明此时发酵生物制氢反应器内的强化污泥已具备了良好的酸碱缓冲性能,适宜的酸碱环境为强化后微生物的生长和活性的提高提供了有利的条件,微生物的增长和活性的提高,使反应体系中各类菌群的活性得到了更进一步的强化,提高了反应体系对外界条件变化的抵抗能力,并加速形成和最终确立了乙醇型发酵菌群在竞争中的优势地位。

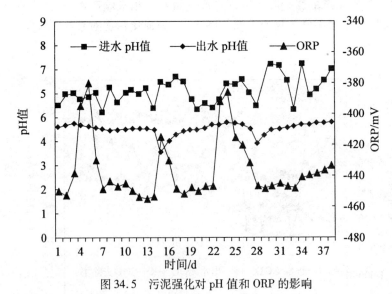

图 34.5　污泥强化对 pH 值和 ORP 的影响

# 34.7　结　　论

（1）在水力停留时间（HRT）为6.2 h，温度控制在（35±1）℃，将好氧预处理2周的污泥用70 ℃水浴恒温强化处理30 min后接种至反应器，第1次强化污泥的活性 VSS/SS 为55%，其对已经成功驯化的乙醇型发酵菌群的影响表现在：产气量和产氢量分别上升到6.90 L/d和3.32 L/d，分别是强化前的1.28和1.38倍。末端产物乙酸、乙醇、丙酸、丁酸的比例分别增加了25.5%、31.4%、22.4%、56.5%。第2次强化污泥的活性 VSS/SS 为56%，产气量和产氢量逐渐增加并稳定为12.52 L/d 和5.47 L/d，氢气体积分数达到51.9%，乙酸和乙醇比例上升到77%左右，总挥发酸量达 1 977.323 mg/L，并且在短期内形成了稳定的产氢系统。

（2）当进水有机底物质量浓度从4 500 mgCOD/L 提高到6 500 mgCOD/L 时，产气量和产氢量分别增加到9.20 L/d 和4.71 L/d，氢气含量为51.8%，总挥发酸量增加到1 930.4 mg/L。说明强化后污泥活性的增强和微生物数量的增加，有利于微生物能够彻底地分解高负荷的有机底物和增加反应器的生态稳定性，并且能保持较高产氢能力和产氢效率。

（3）强化污泥加入系统后，微生物活性在短期内能快速恢复，并且在保持较高产气量和产酸量的情况下，强化污泥在一定负荷的条件下，可以迅速形成产氢能力较高的乙醇型发酵类型，进而保证高的氢气产率。

# 第 35 章　菌种强化厌氧发酵生物制氢

生物强化技术是近年发展起来的用于提高废水处理效果的一项新技术。该技术通过向废水生物处理系统中投加具有特定污染物降解能力的功能性微生物,从而达到改善原有废水的效果。各国科学家对菌种强化厌氧发酵生物制氢做了大量的工作,Mclaughlin 等人向 SBR 反应器中投加 *Psedomonas putida* 细菌强化无 4 - 氯酚降解能力的活性污泥后,实现了反应器中 4 - 氯酚降解。Belia 等人在含磷废水的生物强化做了研究,其发现向活性污泥中投加高效降磷菌 *Acinetobacter luoffii* 后,只需 14 d 即可使系统的脱磷率达到 90% 以上,高效菌的投加大大缩短了启动时间。Ivanov 等人通过细菌的生物强化作用加速了好氧废水处理中好氧颗粒污泥的形成,这是利用产氢菌强化 CSTR 型生物制氢反应器的产酸发酵菌群。秦智等人研究产氢菌的投加方式对强化发酵菌群产氢的影响,通过间歇培养考察了产氢菌发酵液的直接投加以及产氢菌离心单独投加这两种投加方式对强化生物制氢反应器发酵菌群产氢能力的影响。

## 35.1　产氢菌的投加方式对强化发酵菌群产氢的影响

### 35.1.1　产氢菌投加对发酵菌群生物强化的影响

产氢菌 B49 在培养基质中扩大培养时,利用培养液中的营养物质发酵产氢、实现细菌增殖,同时通过发酵形成了具有高浓度的乙醇和乙酸的发酵液,因此扩大培养后形成的是产氢菌与发酵液的混合液。在产氢菌强化发酵菌群的研究中,不采用细菌与发酵液的分离措施,而是直接投加产氢菌发酵液,操作比较简便。因此考察了产氢菌发酵液的直接投加对发酵菌群产氢量和发酵产物的影响。

### 35.1.2　混合投加对发酵菌群产氢的影响

产氢菌发酵液的直接投加对发酵菌群产氢量的影响如图 35.1 所示。分析图 35.1 可知,发酵菌群发酵培养 45 h 时的累计产氢量为 103.3 mL。向发酵菌群中投加产氢菌强化培养时,发酵产生的累计产氢量反而比发酵菌群单独培养降低了约 1/2,而且产氢菌投加量从 11.6% 增加到 23.2% 时,累计产氢量又进一步降低。产氢菌 B49 在单独培养过程中是一株具有较高产氢能力的乙醇型发酵菌株,向发酵菌群的投加却引起了累计产氢量的下降,说明产氢菌及其发酵产物的投加对发酵菌群的发酵产氢过程起到了抑制作用。

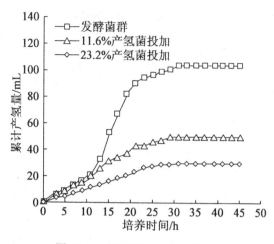

图35.1　发酵培养的累计产氢量

### 35.1.3　混合投加对发酵产物的影响

试验中分别考察了发酵菌种以及产氢菌强化的发酵菌种在培养过程中发酵产物的变化情况,结果如图35.2和35.3所示。如图35.3,发酵菌群间歇培养过程中产生的发酵产物主要为乙醇、乙酸和丙酸,与发酵菌群在生物制氢反应器中形成的发酵产物基本相同。随着培养时间的增加,发酵产物乙醇、乙酸和丙酸也在逐渐增加。在培养40 h后,乙醇、乙酸和丙酸的浓度基本分别稳定在3.0 mmol/L、2.6 mmol/L、2.0 mmol/L 左右。在培养时间为0 h 时,反应瓶中存在少量的乙醇、乙酸和丙酸,浓度分别为 0.3 mmol/L、0.2 mmol/L、0.1 mmol/L,这是发酵菌群接种入反应瓶引起的背景值,由于发酵菌群经过清洗,因此背景值较小,对发酵产物无明显影响。

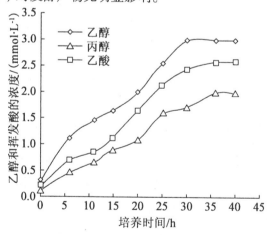

图35.2　发酵菌群培养过程的发酵产物

图35.4和图35.5为产氢菌以11.6%和23.2%的比例投加后发酵产物的变化情况。结果显示,产氢菌发酵液的直接投加引起了培养液发酵末端产物背景值的显著增加。在产氢菌和发酵菌群发酵培养之前,即培养时间为0 h 时,11.6% 的产氢菌发酵液投加使培养液中的乙醇和乙酸浓度分别达到9.6 mmol/L 和 2.6mmol/L。23.2%的产氢菌发酵液投加使乙醇和乙酸的浓度进一步提高,分别达到17.3 mmol/L 和 5.2 mmol/L,投加比例增加了1倍后,发酵产物中乙醇和乙酸的浓度也基本增加了1倍。产氢菌和发酵菌群培养到45 h

后,发酵产物已基本稳定,不再发生明显变化。将发酵产物与累计产氢量进行对比可知,初始发酵产物中乙醇和乙酸浓度的增加,反而引起反应系统累计产氢量的减少。

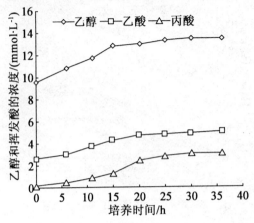

图 35.3　发酵菌群中投加 11.6% 产氢菌培养过程的发酵产物

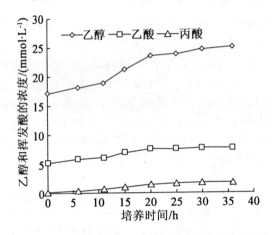

图 35.4　发酵菌群中投加 23.2% 产氢菌培养过程的发酵产物

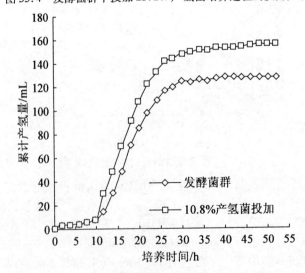

图 35.5　产氢菌投加对发酵菌群的产氢量的影响

### 35.1.4　混合投加对产氢抑制作用的原因分析

为了分析产氢菌发酵液的投加对发酵菌群产氢发生抑制作用的原因,我们考察了 3 组试验前后 pH 值的变化以及糖的利用率,结果见表 35.1。

表 35.1　间歇培养前后的 pH 值和糖利用率变化

| 分析指标 | 发酵菌群 | 11.6%产氢菌投加 | 23.2%产氢菌投加 |
| --- | --- | --- | --- |
| 培养液的初始 pH 值 | 6.2 | 5.4 | 5.1 |
| 培养液的终止 pH 值 | 4.0 | 3.6 | 3.6 |
| 糖利用率/% | 23.1 | 19.9 | 20.9 |

根据表 35.1 可知,产氢菌发酵液的投加引起培养液 pH 值的下降,产氢菌投加比为 11.6%时,初始 pH 值从 6.2 下降为 5.4,产氢菌投加比增加为 23.2%时,pH 值进一步下降为 5.1。3 组反应过程的糖利用率均约为 20% ,反应终止时,培养液中还存在大量未利用的糖类物质,因此反应的终止并不是由培养基的营养限制而引起的。

从反应过程中的发酵产物和 pH 值的变化趋势可见,产氢菌发酵液的投加引起反应初始发酵产物的增加和反应系统 pH 值的下降。研究发现发酵产物中乙醇和乙酸浓度的增加对发酵产氢过程具有抑制作用。任南琪等人研究末端产物对产氢能力的影响时提出,末端发酵产物中乙醇和乙酸的浓度较高时会对发酵菌群的产氢发酵存在明显的抑制作用。而且反应终止时的 pH 值均较低,已达到发酵菌群生长和代谢的最低 pH 值范围,因此分析认为,产氢菌发酵液的投加所引起的末端产物抑制和低 pH 值抑制作用是导致发酵菌群产氢作用降低的主要原因。

### 35.1.5　单独投加产氢菌对发酵菌群生物强化的影响

离心分离产氢菌和发酵液并收集菌体,研究了向发酵菌群投加产氢菌菌体对发酵菌群产氢的影响,试验结果如图 35.5 所示。

从培养过程的累计产氢量变化可知 0 h 后,发酵菌群和产氢菌强化的发酵菌群都有一个产氢量迅速增加的过程,当培养时间达到 45 h 后,累计产氢量不再发生明显变化。发酵菌群培养 45 h 时的累计产氢量为 128.8 mL。产氢菌以 10.8%的比例投加到发酵菌群中,培养 45 h 的累计产氢量为 155.0 mL,比产氢菌强化前的累计产氢量提高了 21.5%。离心后产氢菌菌体的投加可提高发酵菌群的产氢能力,从而起到强化发酵产氢的作用。

### 35.1.6　小结

(1)产氢菌的投加方式对发酵菌群的产氢能力有显著的影响。产氢菌发酵液的直接投加可抑制发酵菌群的产氢作用。投加 11.6%的产氢菌引起发酵菌群的累计产氢量下降了约 1/2,并引起发酵产物中的乙醇和乙酸浓度的显著增加。随着产氢菌发酵液投加比例的升高,发酵产物的浓度也进一步升高。分析认为,产氢菌发酵液的投加所引起的末端产物抑制和低 pH 值抑制作用是导致发酵菌群产氢作用降低的主要原因。

（2）离心后投加产氢菌菌体可提高发酵菌群的产氢能力，起到强化产氢的作用。发酵菌群培养时的累计产氢量为128.8 mL。向发酵菌群投加10.8%的产氢菌，培养45 h时的累计产氢为155.0 mL，比产氢菌强化前提高了21.5%。因此在利用产氢菌进行发酵菌群的生物强化研究中，应采用离心分离后投加产氢菌菌体的方式进行生物强化。

# 35.2 发酵生物制氢反应器的产氢菌生物强化作用研究

发酵法生物制氢技术越来越受到人们的普遍关注，通过分离和筛选，国内外研究者获得了大量具有较高产氢能力的发酵产氢细菌。从国内外生物制氢技术的研究成果来看，大多数采用纯菌种培养和细胞固定化的方式，多处于实验室中的基础研究阶段。任南琪等人的研究表明，采用非固定化混合菌种的连续流培养，利用两相厌氧处理工艺的产酸相从有机废水中发酵制氢是可行的，并在研究中发现生物制氢反应器的乙醇型发酵具有较高的产氢能力。

发酵生物制氢反应器产氢能力的提高是发酵法生物制氢技术降低连续培养成本、实现工业化生产的技术关键。生物强化技术是近年来发展起来的用于提高废水处理效果的一项新技术。McLaughlin等人研究发现，向SBR反应器中投加细菌 *Pseudomonas putida* 强化无4-氯酚降解能力的活性污泥后，可实现对反应器中4-氯酚的降解。Ivanov等人通过细菌的生物强化作用加速了好氧废水处理中好氧颗粒污泥的形成，但利用高效产氢菌进行CSTR型生物制氢反应器产氢能力的生物强化研究还鲜见报道。本研究利用从活性污泥中筛选的高效产氢菌种，有针对性地投加到CSTR型生物制氢反应器中进行生物强化，增加反应器内功能性产氢菌在活性污泥微生物群落中的数量与比例，从而提高反应系统的产氢效能。进行了生物制氢系统生物强化的工程控制参数研究，并对高效产氢菌种连续流生物强化前后的产氢能力进行了对比分析，以期为生物制氢技术产氢效能的提高和生物强化系统的工程控制提供基础的研究依据。

## 35.2.1 生物强化过程的水力停留时间研究

水力停留时间（HRT）是影响生物强化效果的一个重要参数，为了使反应器的产氢效能得到有效的发挥，运行中应尽可能地减小HRT，但是生物强化过程中HRT过小，又会增加反应器内产氢菌的流失，影响高效菌在反应器内的滞留，降低生物强化的效果。实验过程中对HRT与反应器出水悬浮物的关系进行了研究，结果如图35.6所示。由图35.7可见，随水力停留时间的减小，出水中的悬浮物含量逐渐增加，当反应器的水力停留时间为4.4 h时，出水悬浮物迅速增加达到220 mg/L，同时有大量活性污泥絮体流失，而水力停留时间为6.5 h时，出水的悬浮物仅为92 mg/L。因此分析认为生物制氢反应器在生物强化阶段的水力停留时间应维持在6 h左右。

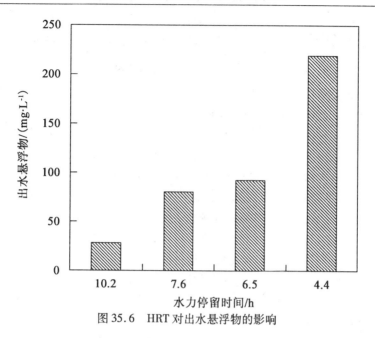

图 35.6　HRT 对出水悬浮物的影响

## 35.2.2　反应器的生物强化时期研究

　　试验中考察了容积负荷对活性污泥 MLVSS 的影响,如图 35.7 所示。分析图 35.7 可知,随着反应器容积负荷的升高,制氢系统内的活性污泥量也随之增加,在容积负荷为 9.9 kg/(m³·d)时, MLVSS 仅为 8.0 g/L ,而容积负荷升高至 21.9 kg/(m³·d)时,MLVSS 达到 16.2 g/L。另外,为了保证产氢菌强化后在反应器内的滞留和增殖,产氢菌投加到活性污泥时,应保证达到一定的投配比例,在保持相同的细菌投配比的条件下,控制较低容积负荷下的生物强化,投加产氢菌的绝对剂量较小,可降低生物强化的运行成本。因此,生物强化应选择在容积负荷为 10 ~ 15 kg/(m³·d) 的低负荷运行期进行。

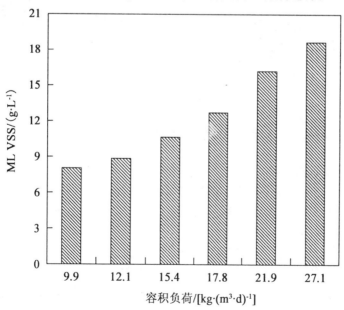

图 35.7　容积负荷对活性污泥 MLVSS 的影响

### 35.2.3　高效产氢菌种 B49 的特性及其对生物强化的影响

高效菌种在反应器内的滞留和增殖是保证生物强化效果的一个关键的因素。CSTR 型反应器的工艺特点要求系统内的微生物具有一定的形成细菌絮状体的特性。因此在生物强化时，向生物制氢反应器中投加具有一定絮凝能力的细菌是避免细菌流失的一个有效方法。Soda 等人和 McLaughlin 等人在生物强化研究中都提出，投加细菌的絮状体形成能力的强弱是它能否在反应器内滞留、繁殖的关键因素，也是影响生物强化作用效果的一个重要因素。本研究通过显微镜观察到高效产氢菌 B49 在培养过程中可形成絮状体，如图 35.8 所示。由图 35.8 可见，B49 细菌之间分泌胞外多糖类物质，使细胞之间紧密联结，在培养液中形成细菌絮状体，具有较好的絮凝能力。产氢菌的这一特性有助于它自身在反应器内形成絮状体，或黏附在系统原有活性污泥的表面，从而避免生物强化细菌的流失，促使产氢菌在反应器内滞留和增殖，可增加反应器运行的生态稳定性。

另外，产氢菌 B49 发酵葡萄糖的主要发酵产物为 $H_2$、$CO_2$、乙醇、乙酸，最大比产氢速率为 25.0 mmol/(g·h)，是 1 株具有较高产氢能力的乙醇型发酵菌株，适宜于在 CSTR 型反应器内发挥生物强化作用。

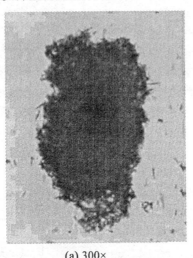

(a) 300×　　　　　　　　　　　　　　　　　　(b) 700×

图 35.8　高效产氢菌 B49 形成的絮状体

### 35.2.4　生物制氢系统在生物强化前后的对比分析

生物强化研究在反应器容积负荷为 12 kg/($m^3$·d) 的运行条件下进行。产氢菌 B49 的生物强化试验共进行了 3 次，第 1 次生物强化在反应器稳定运行的第 15 天进行，第 2 次和第 3 次投加分别在第 25 天和第 47 天进行，产氢菌投加量(占活性污泥 MLVSS 的质量分数) 分别为 1.3%、3.1% 和 5.2%。

### 35.2.5　生物强化前后比产气(氢)速率的比较

生物制氢反应系统的比产气(氢) 速率是反映反应器产氢能力的一个重要的指标，研究中对生物强化前后比产气速率、比产氢速率及氢气含量的变化进行了监测，结果如图

35.9 所示。

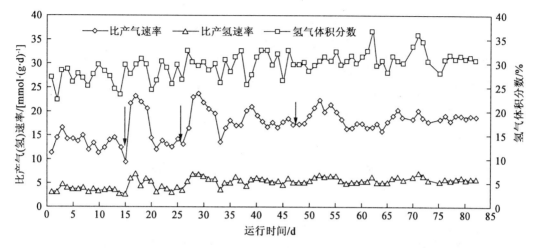

图 35.9　生物强化前后产气(氢)速率的变化

在生物强化前 14 d 的稳定运行阶段,平均比产气速率为 13.6 mmol/(kg·d),平均比产氢速率为 3.6 mmol/(kg·d),向反应器中投加菌种 B49 强化后,系统的比产气速率和比产氢速率均发生了变化。在第 1 次生物强化后,反应系统的比产气和比产氢速率都有一个迅速上升的过程,但是仅仅 5 d 后又下降,基本维持在强化前的水平。经第 2 次和第 3 次生物强化后达到稳定运行状态时,系统的比产氢速率达到在 5.7 mmol/(kg·d) 左右。氢气含量在生物强化前后的变化不大,基本稳定在 30% 左右。

从生物强化前后的比产气和比产氢速率的对比分析可知,高效产氢菌的生物强化可显著地提高生物制氢系统低负荷稳定运行初期的比产氢速率,经过 3 次生物强化作用,生物制氢系统的比产氢速率从强化前的 3.6 mmol/(kg·d) 提高到强化后的 5.7 mmol/(kg·d),是强化前的 1.5 倍。

### 35.2.6　生物强化处理前后的液相发酵产物比较

图 35.10 反映了生物强化过程中制氢系统液相发酵产物的变化情况,生物强化前 CSTR 型生物制氢反应系统的主要液相发酵产物中为乙醇、乙酸和丙酸,它们的平均浓度分别为 6.8 mmol/L、5.3 mmol/L 和 4.8 mmol/L,分别占发酵产物总量的 40.5%、31.5% 和 28.6%。高效产氢菌 B49 的液相发酵产物则主要为乙醇和乙酸。

第 1 次生物强化后,发酵产物的组成发生了一定的波动后,基本恢复了强化前的状态。第 2 次强化后,液相发酵产物中乙醇和乙酸的比例发生了变化。

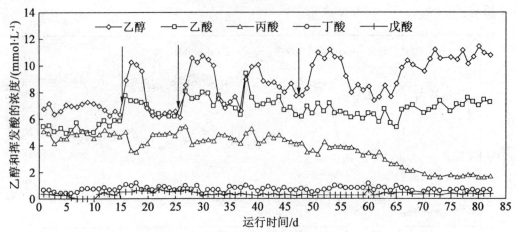

图 35.10　生物强化前后液相发酵产物的变化

波动期结束后，发酵产物中的乙醇和乙酸含量增加，乙醇、乙酸和丙酸分别为8.5 mmol/L、7.0 mmol/L 和 4.4 mmol/L 左右，并基本维持在这一状态。第 3 次生物强化后，发酵产物中的乙醇和乙酸含量经历了先上升、后下降、再上升的一个变化过程，当系统达到稳定状态时，发酵产物中乙醇、乙酸和丙酸浓度分别为 10.5 mmol/L、7.5 mmol/L 和1.7 mmol/L左右，乙醇和乙酸的含量较强化前有较大幅度地提高。

Fujita 等人和 Kanagawa 等人在废水的生物强化研究中，也出现了投加细菌的数量先下降，后有所回升并达到稳定状态的现象，分析认为这种波动的主要原因在于投加的产氢菌和反应器内固有活性污泥之间的生存竞争。制氢系统中发酵产物的变化实际上也反映了投加的高效产氢菌和反应器内部固有活性污泥之间此消彼长的生存竞争过程，乙醇和乙酸是产氢菌的主要发酵产物，因此乙醇和乙酸的含量增加阶段，也是产氢菌在反应器内大量增殖的阶段当产氢菌逐渐适应反应器的环境后，产氢菌与活性污泥之间形成一种新的动态平衡，此后发酵产物的组成和含量也基本维持在稳定的状态，不再发生明显的变化。

产氢菌的生物强化可显著改善反应器低负荷稳定运行阶段的发酵产物的组成，乙醇型发酵的目的产物乙醇和乙酸在总发酵产物中的比例从生物强化前的 72.0% 提高为强化后的 86.8%。另外，分析图 35.8 和图 35.9 可见，生物强化后发酵产物中乙醇和乙酸含量的变化规律与产氢速率的变化规律相对应，在生物强化后乙醇和乙酸含量的上升阶段都相应地伴随着产氢速率的增加，分析认为发酵过程中产乙醇和乙酸代谢途径的强化可能是引起产氢速率增加的直接原因。

### 35.2.7　生物强化前后的 pH 值比较分析

生物强化前后反应器的进出水 pH 值变化情况如图 35.11 所示。生物强化前后，制氢系的进水 pH 值基本维持在 6.5 ~ 7.0 之间，没有明显变化。出水 pH 值在生物强化后有一个波动变化的过程，生物强化前，出水 pH 值基本在 4.5 ~ 4.7 之间。3 次生物强化过程中，出水 pH 值都有一个下降的过程。第 1 次和第 2 次强化处理后，出水 pH 值经过波动期后从 4.7 下降到 4.5 左右；第 3 次强化后，出水 pH 值逐渐下降并稳定在 4.3 左右。研究表明，发酵生物制氢反应器在乙醇型发酵阶段的产氢能力较强，而典型乙醇型发酵的 pH 值范围一般为 4.0 ~ 4.5。生物强化后，制氢系统的 pH 值达到典型乙醇型发酵的 pH 值范围。生物强化作用可促进生物制氢反应器的发酵类型向产氢能力较高的乙醇型发酵转变。

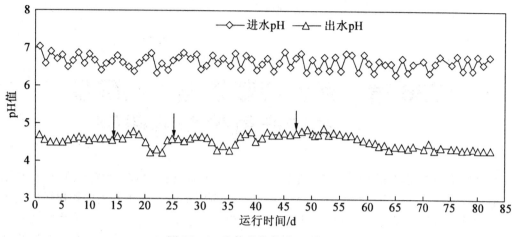

图 35.11　生物强化前后 pH 值的变化

## 35.4　结　　论

（1）对生物强化阶段的控制参数研究表明，CSTR 型生物制氢反应器在生物强化阶段的水力停留时间应保持在 6 h 左右，反应器的生物强化时期应选择在反应器容积负荷为 10～15 kg/（m³·d）的低负荷运行期。

（2）通过显微镜观察可见，高效产氢菌种 B49 具有一定的形成絮状体能力，这一特性有助于避免生物强化过程中细菌的流失，能促进产氢菌在反应器内滞留和进一步增殖，因而可增加反应器运行的生态稳定性。

（3）生物强化前后的对比分析表明，在反应器容积负荷为 12 kg/（m³·d）条件下，通过投加高效产氢菌生物强化 CSTR 型生物制氢反应器，可显著提高反应系统的产氢能力并改善反应系统的发酵产物组成。制氢系统的产氢速率从强化前的 3.6 mmol/（kg·d）提高到强化后的 5.7 mmol/（kg·d），是强化前的 1.5 倍。生物强化后，乙醇型发酵的目的产物乙醇和乙酸占总发酵产物比例从生物强化前的 72.0% 提高为强化后的 86.8%。生物强化后的出水 pH 值从 4.5～4.7 下降到 4.3 左右，达到典型乙醇型发酵的 pH 值范围。产氢菌的生物强化有助于反应器在低负荷运行期迅速形成产氢能力较高的乙醇型发酵。

# 第 36 章 活性炭载体强化乙醇型 发酵产氢效能的研究

生物吸附法自固定微生物具有一定的固定强度,载体价格便宜,运输方便,具有实用性,而且运行管理方便,容易挂膜,在生产上具有实际应用价值。本研究利用颗粒活性炭的良好吸附性能对经曝气培养驯化的生活污水排放沟底泥进行好氧预挂膜,形成生物强化的载体,反应顶端设有气体 – 液体 – 固体三相同步分离结构,活性污泥反应室和沉淀室整合在一起,反应器被设计成为含有叶片旋转搅拌结构,因此反应器内部泥水呈完全混合状态,进水与生物颗粒充分接触反应,提高有机物降解速率;搅拌有利于发酵气体及时排出系统,避免由于气体积累产生的反馈抑制;完全混合状态能够有效稀释冲击负荷,提高系统稳定性;由于载体的固定和保护作用,使系统中生物量增加,微生物的耐酸性和抗冲击能力增强。通过借鉴废水厌氧生物处理的载体吸附固定微生物技术,结合 CSTR 工艺形式,设计的完全混合生物膜发酵制氢动态模型,和同类生物制氢反应设备相比具有结构简单、运行稳定、操作灵活、容积利用率高、生物持有量高等优点。

## 36.1 非固定化 CSTR 系统的产氢运行操作

厌氧生物反应器的稳定性好坏、效率高低是主要的观察目标。本章着重研究高负荷对乙醇性发酵的影响。工程控制参数、相关技术参数和生态影响因子是主要研究的目标和任务。

### 36.1.1 提高有机负荷的方法

通过进水 COD 和水力停留时间 HRT 的双重调节有机负荷 OLR 的数量和强度。试验反应器运行启动是用曝气给氧预处理的实际工程污泥作为种泥。

生物量:挥发性悬浮固体 – VSS 为 17.70 g/L,污泥活性 – VSS/SS 为 64.00%(SS 为总悬浮固体);

控制反应器温度范围:$(35 \pm 1)$℃;

水力停留时间 HRT:6 h;

进水 COD:2 000 mg/L;

有机负荷 OLR:7 kg/($m^3 \cdot$ d)。

HRT 保持 6 h 不变,进水 COD 由 2 000 mg/L 提高到 6 000 mg/L,提高幅度为 4 倍,有机负荷由 7 kg/($m^3 \cdot$ d)提高到 25 kg/($m^3 \cdot$ d),考察反应器的运行改变和经济参数——产氢量的改变。

### 36.1.2　pH 值的变化规律

pH 值是影响厌氧产氢产酸发酵的重要限制性生态因子。

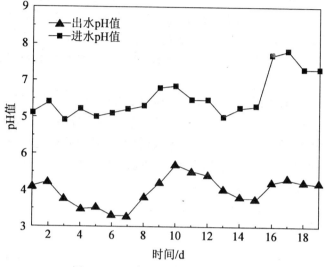

图 36.1　反应器进出水 pH 值的变化

图 36.1 是供试反应器的进出水 pH 值的运行状况的表征。由于提高供试反应器的有机负荷,作用底物的增加,发酵作用增强,液相末端发酵产物也积聚起来,过多积累的酸性产物对发酵菌群也同时逐步地产生了反馈抑制作用。供试反应器的出水的 pH 值在 6 d 内迅速由 4.20 下降至 3.80,可以观察到有污泥明显流失,如此低的酸性环境不但对产氢代谢造成了破坏,也抑制了维持细菌生存的正常生理生化生命活动,产酸发酵细菌逐渐衰亡数量降低活性丧失,生物气体(含有氢气)产生量大大减少。说明有机负荷的提高对于 CSTR 生物制氢反应器的运行和产氢产生不利影响,有机负荷并不是越高越好,应该控制有机负荷在一定的微生物可以接纳的范围之内。有机负荷过高,反应器快速酸化运行异常,所以控制反应器有机负荷。添加试剂提高进水 pH 值,调控反应器出水 pH 值达到 4.10,稳定 pH 值在 4.20 左右,效果更好且稳定。

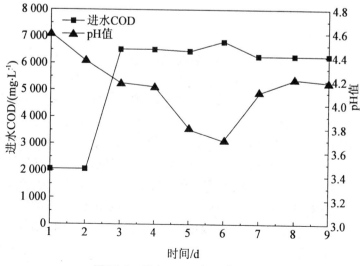

图 36.2　进水 COD 对 pH 值的影响

### 36.1.3　氧化还原电位的变化规律

　　氧化还原电位对微生物的生长和增殖影响很大。氧化还原电位与氧分压有关,氧分压越高,氧化还原电位也越高;反之,氧分压越低,氧化还原电位也越低。$H_2$ 分压也会改变或者降低氧化还原电位。投加还原性化合物如抗坏血酸、半胱氨酸到系统中也可降低氧化还原电位。微生物类群的不同,氧化还原电位也不尽一样,发酵类型不同,系统内氧化还原电位也各自不同。

　　图 36.3 是供试反应器的氧化还原电位和 pH 值的表征状况。ORP 达到一定的数值,持续地进入稳定运行状态,大约为 $-450 \sim -460$ mV。有机负荷逐步提高至25 kgCOD/($m^3 \cdot d$),产气量、pH 值、ORP 发生改变,在第 6 天 ORP 逐步上升到 $-245$ mV。ORP 趋于稳定 $-305$ mV 左右。反应器内的 pH 值处于较低的值时,氧化还原电位的值较高;pH 值处于较高的值时,氧化还原电位的值较低,二者之间表现出负相关。

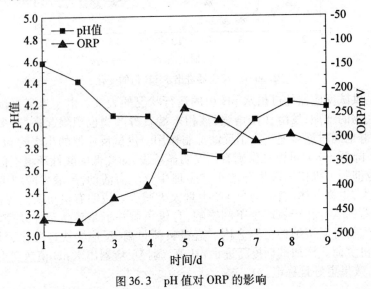

图 36.3　pH 值对 ORP 的影响

### 36.1.4　COD 去除率

　　COD 去除率也是活性污泥厌氧发酵生物制氢工艺的一个经济指标和重要的观察参数。在追求高效产氢的同时,提高 COD 的去除率。

　　图 36.4 是供试反应器的进出水 COD 的强度和 COD 去除率的表征。从图 36.4 能够观察到,提高有机负荷至 25 kgCOD/($m^3 \cdot d$),COD 的去除率快速提高几乎达到 40.00%,供试反应器此时此刻的微生物细胞生理生化新陈代谢活动旺盛。反应的持续进行,反应器发酵液有机挥发酸的逐步加大,反应器 pH 值也因酸化而降低,微生物与逆境不适应渐渐减量,COD 去除率也大大降低,运行效果不佳;供试反应器的运行时间的持续延长,发酵细菌和发酵产氢细菌经过困难的延缓期,逐步适应了变化了的新环境,其各种生理生化代谢活性迅速,细胞进入活跃生长对数期,种群数量和活性得到恢复,并到稳定状态,COD 去除率保持在 20% ~25% 左右。

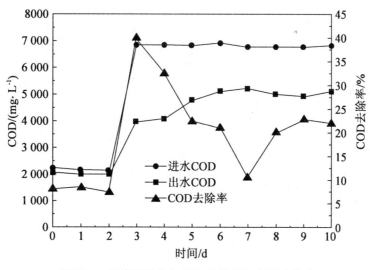

图 36.4　反应器进出水 COD 的数值和 COD 去除率

### 36.1.5　液相末端产物的变化规律

CSTR 生物制氢反应器逐步进入理想的乙醇型发酵阶段,在提高容积负荷的反应器运行的液相末端产物的变化状态如图 36.5 至图 36.7 所示。

有机负荷由 7 kgCOD/(m³·d) 人为提高到 25 kgCOD/(m³·d),反应器内的液相末端发酵产物总的含量由 3 630.00 mg/L 增加到 2 820.30 mg/L。液相末端发酵产物的乙醇含量的增加比起其他产物要高出许多倍,由原来的 510.00 mg/L 增加到负荷提高后的 1 440.00 mg/L。发酵产氢反应持续进行至数月,供试反应器出水中的乙醇产量在 1 570.00～1 820.00 mg/L,乙酸产量则保持在 710.00～820.00 mg/L,丙酸产量仅仅 10.00～29.00 mg/L,丁酸产量为 410.00～490.00 mg/L,戊酸产量则更低至 5.00 mg/L。由图 36.5 可见供试反应器自始至终都保持了乙醇型发酵的状况,启动之初的反应器,经过持续运行,内部的生态条件是优势菌群改变或保持的主要条件,有机容积负荷的暂时改变往往不能改变启动阶段经过驯化形成的活性污泥的发酵类型,处理系统的稳定性得以保持。

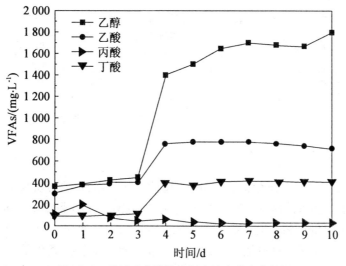

图 36.5　供试反应器的液相末端产物变化情况

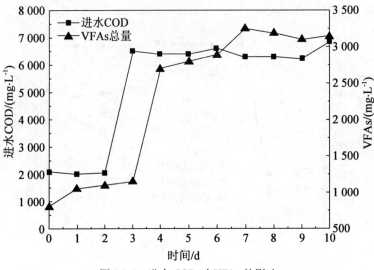

图 36.6　进水 COD 对 VFAs 的影响

乙醇型发酵副目标产物的乙醇和乙酸在液相末端发酵产物总量中的质量百分比为85%附近,而乙醇的质量百分比达到55%～60%。可见,运行系统稳定性较高,有机负荷的提高没有改变供试反应器的微生物类群和其特定的发酵类型,供试反应器的活性污泥产氢系统一直保持了乙醇型发酵。

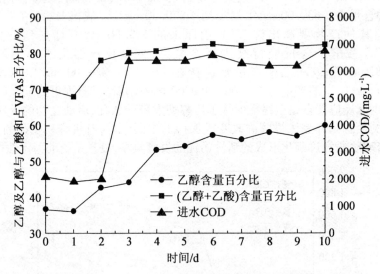

图 36.7　进水 COD 对各液相产物百分含量影响

## 36.1.6　产氢量

除了 COD 去除率外,产氢量也是衡量生物制氢反应器的重要经济参数。图 36.8 中的提高有机负荷对产氢量的值有一定的改变:有机负荷提高到 25 kgCOD/(m³·d)(图 36.8和图 36.9)发酵菌群的产氢量有所提高。供试反应器的产气速率大约在 20 L/d 左右,最大产气速率可达 24.55 L/d。这可能是供试反应器在有机负荷较低条件下运行时,进水中的有机物仅仅能够维持微生物正常生命代谢所需,不能够或者仅仅少量的有机物转化为氢气。有机负荷提高到 25 kgCOD/(m³·d)以后,情况发生了改变,产气量大大提高。酸性末端产物的积累滞留在供试反应器内,酸化致使 pH 值降低,抑制了产氢微生物的种群规模和代谢生理活性,产气量由第 6 天的 24.55 L/d 下降到第 7 天的 18.00 L/d。增加进水 pH 值,供试反应器出水 pH 值达到 4.10 后,微生物活性和数量得到恢复,供试反应器的产氢量也渐入佳境并且稳定下来。

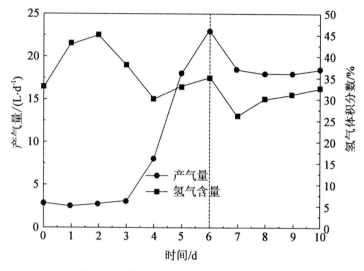

图 36.8　供试反应器产氢速率及氢气含量

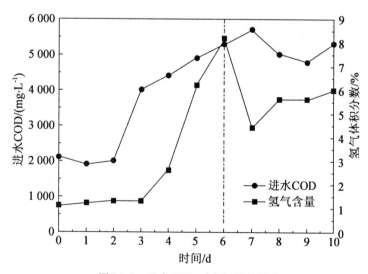

图 36.9　进水 COD 对产氢量的影响

# 36.2　固定化 CSTR 系统的产氢运行效能

## 36.2.1　CSTR 反应器的启动

目前,如何提高反应器的产氢效率和降低制氢成本是发酵法生物制氢技术面临的首要问题。众多科研工作者在这两方面做出了不懈的努力,取得了大量的应用性研究成果。我们可以看出,无论采用哪种反应器工艺形式,影响产氢效率的关键因素在于产氢发酵细菌的产氢能力,以及产氢发酵菌群的组成和结构。为了取得更高的氢气产量,在反应器的启动过程中,调整外部可控参数,控制微生物群落的演替方向,尽可能地在短时间内建立适合发酵制氢的微生物种群,减少对产氢没有贡献和消耗氢气的细菌种类和数量,也将使产氢量有很大幅度提高。在实际工程中,从经济性考虑只能采用未经灭菌的混合体系,产氢细菌所产生的氢气会被甲烷菌作为能量利用。因此,制氢过程控制的重要内容是如何减少体系内甲烷菌的存在量及其活性。研究者尝试了控制 pH 值、HRT 以及热处理接种的对策,本质都是通过过程或者接种控制,降低体系内甲烷菌的活性,从而提高产氢效率。因此,生物制氢反应器的启动是产氢系统正常运行并保持较高效率的前提。目前还没有针对生物制氢反应器启动的较为系统的报道,多数为产氢某项研究所做的准备工作。

在反应器启动的污泥预处理、不同类型种泥启动研究的总结可以发现如下问题:①无针对生物制氢反应器启动的较为系统的报道,多数为产氢某项研究所做的准备工作;②反应器启动时间长短不一,无针对反应器启动的较为系统的对比试验研究;③反应器启动关键影响因子、最佳工作条件及调控手段各异,没有细化启动方式及启动调控对策。针对以上问题,希望可以通过本课题研究工作的开展,为发酵法生物制氢反应器的启动提供可靠的理论依据及工程技术指导。

连续流生物制氢反应器污泥接种量为 16.63 gVSS/L,VSS/SS 为 27.8%。污泥驯化过程分为两个阶段,启动前 21 天为第一阶段,HRT 为 10 h;第 21 天之后的运行为第二阶段,HRT 为 6 h。

如图 36.10,在反应器启动初期,可以看到反应器内 ORP 由低到高最后逐渐趋于稳定的过程。这是由于部分兼性微生物的存在,消耗了反应器内残余的溶解氧,致使系统早期的氧化还原电位较低,为 -420 mV 左右。在随后的启动和运行过程中,反应器内的 ORP (氧化还原电位)基本稳定在 -200 mV 之间。而且在反应器启动 1 d 后出水 pH 值在 4.3 左右。

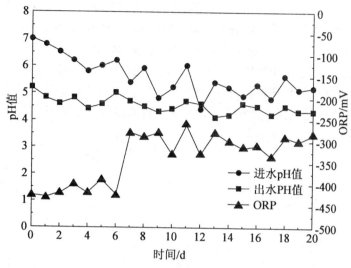

图36.10　反应器启动及运行条件

液相末端产物的数值(表36.1)表明活性污泥经历了一个微生的群落演替的改变。供试反应器运行1～2 d后进入发酵阶段,供试反应器的液相末端发酵产物中乙醇含量较小,而乙酸、丙酸、丁酸和戊酸含量都较高,丙酸含量更高,应该是混合酸发酵。供试反应器持续运行一段时间后,乙醇和乙酸产量增加且比例也逐步提高,这是乙醇型发酵的标志性的目的产物,非标志性的目的产物丙酸和戊酸产量下降,比例更小。直到第20天,乙酸产量最高,乙醇和乙酸在液相末端发酵产物总产量中的质量分数为55.00%。30 d时丁酸产量达到最高,其质量分数占50.00%,丁酸型发酵菌的种群数量也逐步占有一定地位。持续一段发酵时间后,丁酸型发酵菌种群逐渐下降,到40 d时,乙醇和乙酸产量的质量分数上升到了68.00%,驯化期结束时更是达到了85.00%,供试反应器中的活性污泥确立了乙醇型发酵细菌种群为顶级群落。

表36.1　模型反应器启动不同阶段的液相末端发酵产物检测结果

| $t$/d | $Q$/(mg·L$^{-1}$) | | | | | | $W$(乙醇 + 乙酸)/% |
| --- | --- | --- | --- | --- | --- | --- | --- |
| | 乙醇 | 乙酸 | 丙酸 | 丁酸 | 戊酸 | 总量 | |
| 1 | 59.00 | 440.00 | 610.00 | 280.00 | 150.00 | 1 530.00 | 32.30 |
| 10 | 480.00 | 510.00 | 210.00 | 720.00 | 210.00 | 2 057.00 | 40.00 |
| 20 | 315.00 | 1 070.00 | 450.00 | 710.00 | 100.00 | 2 640.00 | 52.40 |
| 30 | 180.00 | 580.00 | 360.00 | 120.00 | 135.00 | 2 450.00 | 35.00 |
| 40 | 510.00 | 630.00 | 88.00 | 410.00 | 80.00 | 1 720.00 | 67.00 |
| 43 | 655.00 | 780.00 | 92.00 | 180.00 | 22.00 | 1 700.00 | 85.00 |

供试反应器启动后 1~5 d,生物量逐步减少(图 36.11),一些发酵微生物已经开始不适应反应器内的环境而逐步减少。随着持续运行反应器和时间的延长,供试反应器中的生物量又呈现恢复性增加,30 d 后稳定在 20.00 gVSS/L 左右。VSS/SS 与产气量也显示出活性污泥的微生物代谢活性也不断经历了一个由递减到递增的改变经历,历时与上述吻合。这些阐述和反应器表现出的特征证明,种泥的驯化经历了一个从开始试着准备适应到完全适应,从完全适应到微生物代谢活性加强的活性和种群数量的改变的特点。

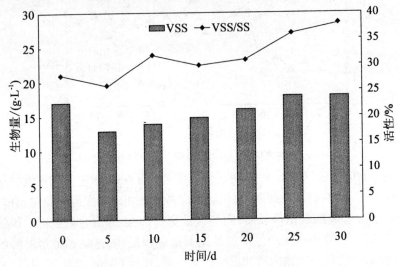

图 36.11    反应器的启动及调控的生物量

## 36.2.2    反应器的稳定运行

### 1.产氢产酸发酵类型及产氢能力

微生物分解发酵有机物的代谢途径中,氢的产生与释放,是某些微生物进化和适应保持生态环境的代谢的困境的一种应答机制,这种机制解决了氧化还原过程中产生的"多余过剩"电子的接纳和出路问题。伴随此过程,溶解性有机物被转化为以挥发性脂肪酸为主的液相末端产物。根据末端发酵产物组成来划分的产氢发酵类型主要有乙醇型发酵、丁酸型发酵以及各种液相末端产物分配比例相当的混合酸型发酵。

目前国外对发酵法生物制氢技术的研究多利用的是丁酸型发酵。如 Mizuno 等人采用连续流 CSTR 反应器利用厌氧活性污泥以葡萄糖为底物获得的最大产氢效率为 4.80 $m^3H_2/(m^3 \cdot d)$。Sung 等人采用连续流完全混合生物反应器以蔗糖为底物获得的最大产氢效率为 2.30 $m^3H_2/(m^3 \cdot d)$。由任南琪开创的乙醇型发酵的产氢能力及系统运行稳定性远远高于其他两种产酸类型。

本研究在反应器连续流运行过程中,系统中微生物优势菌群呈现了"丁酸型发酵→混合型发酵→乙醇型发酵"这样一个演替规律。

图 36.12 表明丁酸产量为 1 180.00~1 930.00 mg/L;乙酸产量为 390.00~810.00 mg/L;乙醇产量都低于 400 mg/L;丙酸产量低于 200 mg/L,分别占总量的 60%、15%、10% 和 5%,这就是丁酸型发酵。供试反应器产气量和氢气产量分别达到 48.00 L/d 和 27.00%(图 36.12)。

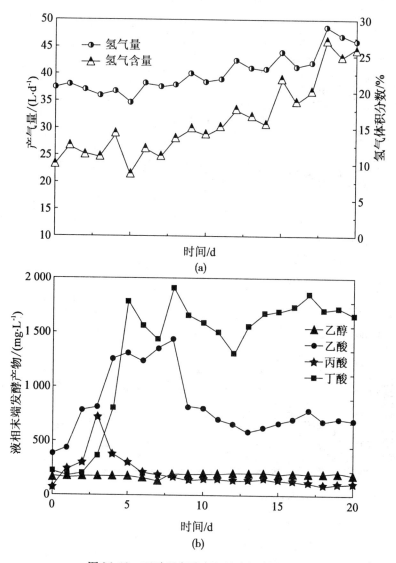

图36.12　丁酸型发酵产氢及液相末端产物

供试反应器进入稳定运行期,pH 值下降至 3.0,反应器内的微生物发酵类型改变。图 36.13 显示液相末端发酵产物中丁酸产量减少,丙酸产量却明显提高,发酵产物比例差异不大,发酵产氢体系由丁酸型发酵转化为混合酸型发酵,氢气产量也增加明显至 41.25%(图 36.13)。

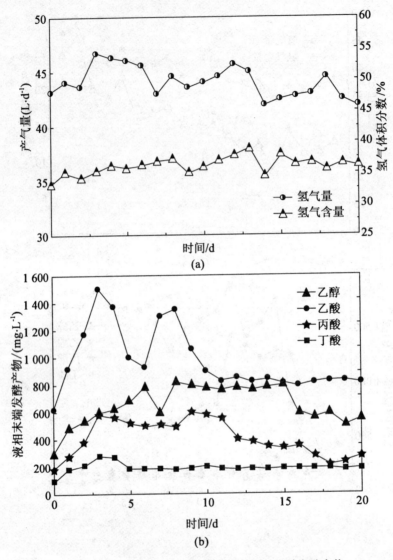

图 36.13　混合酸型发酵阶段产氢及液相末端发酵产物

　　经过一段时间的持续微生物群落的生态演替,乙醇产量持续增加且比例很高,乙醇和乙酸产量分别占 60.00% 和 26.00%,如图 36.14 所示,两者之和几乎近 80.00 ~ 90.00%,即所谓乙醇型发酵,氢气产量上升到达 50%,其最大产气速率达到 3.9 LH$_2$/(L·d),见图 36.14,结果明显改变。

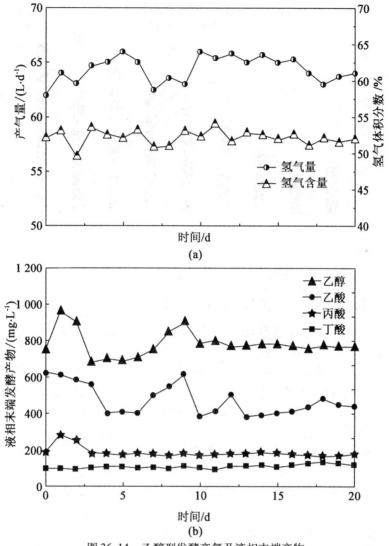

图 36.14　乙醇型发酵产氢及液相末端产物

**2. 反应器内生物量**

如图 36.15,活性污泥接种至供试反应器后,微生物菌群首先需要经历了一个不适应到适应的初始阶段,发酵的前 10 天,供试反应器中的活性污泥的生物量减少,减少量不大,这是因为接种前的好氧驯化培养阶段的部分微生物不能适应厌氧反应器内的新环境而被自身减量。继续运行反应器,进水 COD 的增加和负荷的提高,活性污泥的生物量达到一种平衡和稳定。

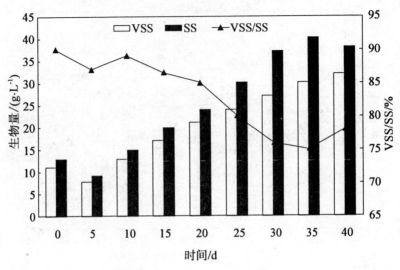

图 36.15　生物制氢反应器中的生物量

### 36.2.3　微生物悬浮培养与附着培养的差异

本文考察了当 CSTR 反应器在 HRT 为 6 h，进水 COD 质量浓度为 8 000 mg/L 稳定运行时，悬浮培养系统与附着培养系统各参数的变化情况。

pH 值对产酸发酵微生物的生长和代谢有很大影响，能够引起厌氧产氢代谢的发酵类型的改变直接关系到产氢能力。任南琪指出厌氧连续发酵产氢的最适宜 pH 值为 4.0 ~ 4.5。当 pH 值低于 4.0 时，系统内的微生物活动都受到影响，尽管程度有所不同。因此，控制 pH 4.0 是厌氧生物制氢工艺的重要参数。由表 36.2 可以看出，当 HRT 为 6 h，进水 COD 质量浓度为 8 000 mg/L 时，悬浮培养系统 pH 值稳定在 4.0 ~ 4.6 之间，而附着培养系统 pH 值稳定在 3.80 ~ 4.5 之间，添加活性炭载体后，供试反应器耐受 pH 值的情况好一些，载体附加对发酵产氢系统的酸碱缓冲性能有所提高。悬浮培养系统 ORP 稳定在 − 420 ~ − 450 mV，而附着培养系统 ORP 稳定在 − 350 ~ − 370 mV，分析认为，这是由于活性炭载体丰富的空隙造成的。悬浮培养系统的产氢量稳定在 23.5 L/d，略高于附着培养系统的 21.7 L/d，这是因为虽然活性炭载体强化后，产氢系统能够耐受较低 pH 值并保持较高的生物量（表 36.2），然而，活性炭载体的填加一定程度上影响了有机底物与微生物之间的传质速率，因此，悬浮培养系统的产氢能力略高于附着培养系统，这一研究结果与 Yamada 等人研究结论一致。由于微生物挂膜在活性炭载体上不易流失，附着培养系统的 VSS 和 SS 均高于悬浮培养系统。试验系统内的活性污泥保持较大量的生物量和活性是厌氧活性污泥系统产氢和 COD 去除率的得到改善的重要方法。通过细胞固定化技术和生物量提高，附着培养系统出水没有污泥流失。

表 36.2　悬浮培养系统与附着培养系统的观察指标

| | HRT/h | COD/<br>(mg · L⁻¹) | pH 值 | ORP/mV | 产氢能力/<br>(L · d⁻¹) | VSS/<br>(g · L⁻¹) | SS/<br>(g · L⁻¹) |
|---|---|---|---|---|---|---|---|
| 悬浮培养 | 6 | 8 000 | 4.00 ~ 4.60 | − 420 ~ − 450 | 24.00 | 26.10 | 18.50 |
| 附着培养 | 6 | 8 000 | 3.80 ~ 4.50 | − 350 ~ − 370 | 22.00 | 35.00 | 25.00 |

# 36.3　结　　论

采用提高有机负荷的方式考察了生物制氢反应系统的稳定性。

(1)活性污泥的生物制氢反应器的运行参数可以确定为:温度为 35 ~ 37 ℃,HRT 为 6 ~ 7 h,有机负荷范围为 7 ~ 25 kgCOD/($m^3$ · d)。作为乙醇型发酵生物标记物的副目的产物——乙醇和乙酸,在液相末端发酵产物总产量中的为 80% ~ 90%,其中乙醇达到 55.00% ~ 60.00%。

(2)采取颗粒活性炭作为载体,对 CSTR 生物产氢反应器的活性污泥进行固定化,建立了完全混合生物膜法制氢工艺。在连续流运行过程中,悬浮培养系统 pH 值稳定在 4.0 ~ 4.6之间,而附着培养系统 pH 值稳定在 3.78 ~ 4.5 之间,可见添加了活性炭载体的产酸反应器能够耐受较低的 pH 值。然而,活性炭载体的添加一定程度上影响了有机底物与微生物之间的传质速率,悬浮培养系统的产氢量稳定在 23.5 L/d,略高于附着培养系统的 21.7 L/d。反应器内固定化细菌的特点是,固定化菌团容易和系统内的营养物质分离,供试反应器内可以维持高浓度的菌液,不易流失,制氢反应器中的产氢细菌受载体的保护或者特定生境,有利于应对环境的变化,稳定反应器的运行也是有利的。

(3)乙醇型发酵菌群的驯化,可通过 pH 值的调控实现,其发生范围为 4.0 ~ 4.6。较低的 pH 值可有效抑制启动初期的产甲烷过程,通过预处理和驯化可直接利用产甲烷相的厌氧污泥作为制氢反应器的种泥。调控阶段与反应器运行特征与前期研究结果基本吻合,证明这一调控技术具有良好的再现性,可用于工程实践。乙醇型发酵启动结束时的产气(氢)速率、氢气含量均要高于其他两种发酵类型。

# 第 37 章　UASB 生物制氢

## 37.1　UASB 生物制氢反应器的启动

### 37.1.1　COD 去除率

此前的研究人员得出 UASB 反应器进行厌氧发酵生物制氢的最佳 HRT 为 8 h。因此本实验将启动和稳定阶段的 HRT 都设为 8 h。如图 37.1,启动阶段的人工配制的红糖废水的 COD 质量浓度为 4 500 mg/L 左右。

由图 37.2 可以看出,反应器启动初期,COD 去除率仅有 11% 左右。由于微生物生存的环境由好氧曝气转变为厌氧环境,导致微生物进行了剧烈的竞争并进入优胜劣汰的阶段。此时,反应器的出水中会有少量的微生物随着出水洗出,而生存下来的优势产氢菌种继续留在反应器中。在第 8 天时由于系统内有大量的挥发酸产生导致 pH 值的降低,使得一部分微生物不适应这一 pH 值而死亡,直接表现为 COD 去除率降到 10% 以下。随着对环境变化的适应,微生物逐渐恢复了代谢的活性,COD 去除率也随之增大,在第 15 天达到最大 18.6%。因此在启动阶段,COD 去除率有较大的变化,在 10% ~ 20% 之间波动。

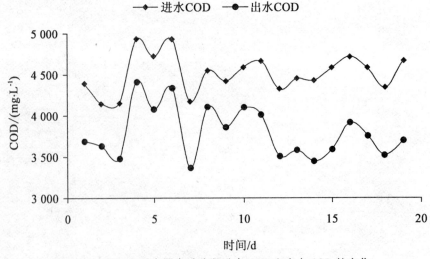

图 37.1　UASB 反应器启动阶段进水 COD 和出水 COD 的变化

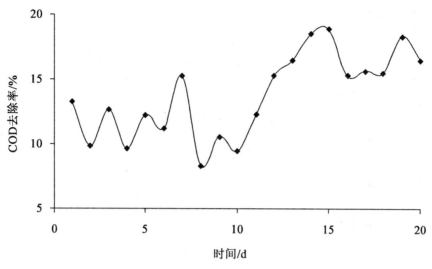

图 37.2　UASB 反应器启动阶段 COD 去除率的变化

### 37.1.2　发酵液相末端产物

　　UASB 反应器启动阶段,发酵液相末端产物的组成及含量如图 37.3 所示。由图看出,液相末端产物中有乙酸、乙醇、丙酸和丁酸 4 种物质。在启动的初期,除了乙醇的浓度很小外,乙酸、丁酸和丙酸的有机酸含量均较大。但乙酸、乙醇和丁酸的含量呈现同步上升的趋势。在第 8 天丁酸的质量浓度达到了最大值 3 778.61 mg/L,此后,丁酸的浓度大幅度的降低,在 19 d 左右开始下降的速度趋于缓慢。如此复杂的液相末端产物是由于反应器内的微生物组成复杂,还未形成以某一类发酵产酸菌群为主的优势种群,因此呈现出了典型的混合型发酵。与此同时,乙酸和乙醇仍然保持上升的趋势,但从第 12 天开始,乙醇的浓度上升到第一位,并在第 18 天开始趋于平稳。而丙酸的含量保持下降的变化趋势,直至第 15 天稳定在 150 mg/L 左右。由图 37.4 可以看出,整个启动过程中,乙醇和乙酸的含量在液相末端产物中的所占的比例迅速增加,最后到达 80% 左右。

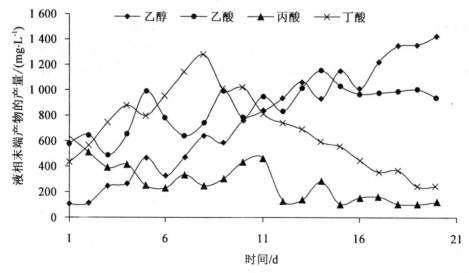

图 37.3　UASB 反应器启动阶段的发酵液相末端产物的组成及产量

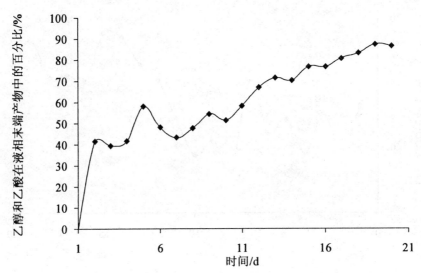

图 37.4　UASB 反应器启动阶段乙醇和乙酸在液相末端产物中的百分比

### 37.1.3　启动阶段的 pH 值

pH 值会通过改变酶的活性和改变细胞膜的电荷而影响微生物的吸收代谢过程,因此 pH 值对于微生物的生理代谢影响非常大,是生物制氢重要的影响因子之一。每种产氢菌都有各自最适合的 pH 值范围,不在此范围内时不仅会影响参与新陈代谢酶的活性,而且会影响其生长速度,进而改变反应器中优势菌群的种类、地位和数量。本实验中的出水 pH 值范围指的是反应区内混合液的 pH 值。图 37.5 是 UASB 反应器启动阶段进水和出水的 pH 值的变化情况。在反应器启动的初期,废水进入反应器内部后,其中的液体的稀释作用和废水物质发生的生理生化反应会使系统内部的 pH 值发生迅速的改变。生物制氢反应器启动的第 1 天,活性污泥中的微生物并未完全适应反应系统内的环境,因此产酸发酵作用十分微弱,出水 pH 值达到了 5.83。随着微生物对反应系统环境的逐步适应和液相末端产物的酸性,反应器的出水 pH 值在第 10 天下降到了 4.97。此后,系统的出水 pH 值一直保持在 4.5~5 之间。而且,尽管此后的进水 pH 值在 6~7 之间频繁的变化,但其对反应系统的影响并不大,出水的 pH 值一直保持在 4.5 左右。这一现象表明 UASB 反应器已具备了良好的酸碱缓冲能力。这一能力会加速乙醇型发酵菌群在竞争中建立优势地位。也说明,UASB 反应器内部的反应系统此时已建立了稳定的微生物群落。

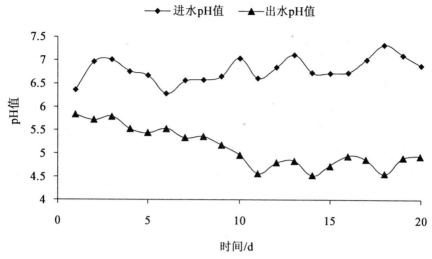

图 37.5　UASB 反应器启动阶段进水 pH 值和出水 pH 值的变化情况

### 37.1.4　启动阶段的产氢情况

图 37.6 是 UASB 反应器在启动阶段产气量、产氢量及氢气含量的情况。厌氧生物制氢的主要发酵气体成分是 $H_2$ 和 $CO_2$，没有甲烷产生。结果表明，产气量随着运行时间的递进而逐渐增加，在启动阶段的第 1 天由于污泥正处于驯化的阶段，相对较少的发酵气体产生，而且增长的速率较慢，此时产气量 2.57 L/d，氢气为 24.6%。启动初期，由于系统内的微生物正在进行这激烈的竞争，因此并没有明显的优势产氢菌产生，气体的产量有小幅度的下降，在第 4 天降到最低，产气量 1.12 L/d，氢气仅为 0.25 L/d。从第 5 天开始，由于微生物开始适应反应器内厌氧的环境和 COD 浓度的冲击，因此产气量有明显的增大，发酵气中氢气的体积分数也有大幅度的增加。在第 13 天时，产气量达到最大 14.1 L/d，此时氢气体积分数为 47.8%。虽然随后的产气量有小幅度的下降但也趋于稳定，而且氢气体积分数一直保持在 45% 左右。

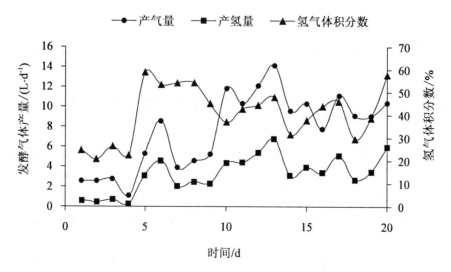

图 37.6　UASB 反应器启动阶段发酵气体及氢气的产量和氢气的体积分数

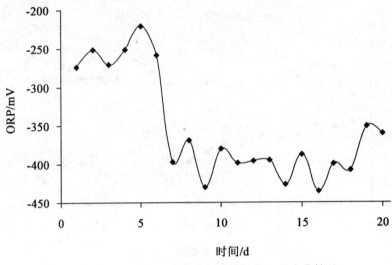

图 37.7　UASB 反应器在启动阶段 ORP 的变化情况

### 37.1.5　启动阶段的 ORP(氧化还原电位)

微生物的生长和代谢与 ORP 的变化有很大的关系。生物体细胞内的各种生物化学反应，都是在特定的氧化还原电位范围内发生的，超出特定的范围，则反应不能发生，或者改变反应途径。不同的微生物对 ORP 的需求不同，并且不同的发酵类型对 ORP 的要求也存在着差异。图 37.7 是 UASB 启动阶段 ORP 的变化规律。在启动初期，由于接种的污泥中存在着大量的好氧菌种，此时 ORP 较高，大约在 −200 mV 左右。此时，好氧微生物以氧为最终电子受体，在生长和代谢的过程中迅速消耗环境中的氧，来降低 ORP。当 ORP 降低到好氧微生物不能适应的水平时，厌氧微生物和兼性微生物开始进行生长和代谢，此时好氧微生物全部死亡。从第 7 天开始，ORP 有明显的降低，并最后保持在 −400 mV 左右。这是因为产氢菌在氧化及代谢有机物的过程中会产生氢、硫化氢等还原性物质，引起 ORP 的降低。

## 37.2　UASB 生物制氢反应器稳定运行的特征

### 37.2.1　稳定运行阶段 COD 质量浓度的调控及 COD 去除率

进水 COD 质量浓度的改变会直接影响系统活性污泥中微生物的群落代谢、生物活性和生物量等，这些因素共同决定了系统中微生物的产氢能力和运行状况。启动阶段，由于系统内从好氧到无氧环境的变化，使得接种污泥中的产甲烷菌因不适应环境而死亡，反应器中污泥量减少，生物活性下降，处于混合发酵的反应系统的 COD 去除率在 10% ~20% 之间波动。而在稳定运行的前 10 天，我们将 COD 质量浓度从 5 000 mg/L 调节到 6 000 mg/L（图 37.8），并在接下来的 30 d 维持这一 COD 浓度。由图 37.9 可以看出，调整 COD 浓度的初期，COD 去除率保持在 15% 左右，当系统内的微生物适应了有机负荷的冲击后，形成了稳定的乙醇型发酵。随着微生物对环境的逐渐适应，其活性也逐渐趋于稳定，COD 去除率保持在 24% 左右,最高达到 28%。这一变化过程说明,有机负荷的变化对反应器中的微生物种群的组成产生了很大的影响,并且由于不同微生物优势菌群的生理代谢及其强度的不同,使得系统的 COD 去除率产生了一定的变化。

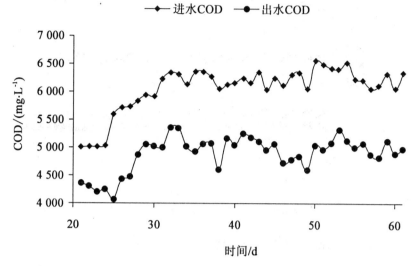

图 37.8　UASB 反应器稳定运行阶段进水 COD 和出水 COD 的变化

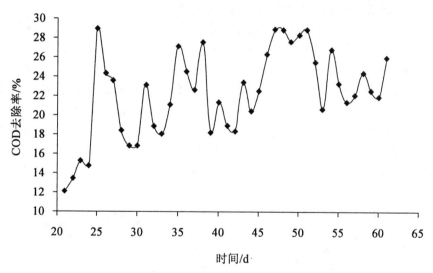

图 37.9　UASB 反应器稳定运行阶段 COD 去除率的变化

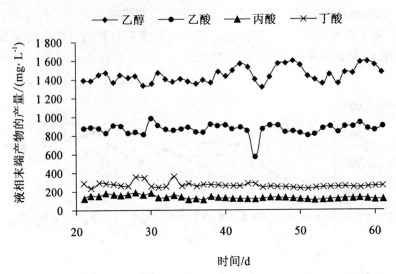

图 37.10　UASB 反应器稳定运行阶段的发酵液相末端产物的组成及产量

### 37.2.2　液相末端产物及发酵类型

图 37.10 是 UASB 反应器在稳定运行阶段液相末端产物的分布情况。经历了复杂的演替过程后,反应器进入稳定的连续运行阶段,生物制氢反应系统的发酵液相末端产物的组成及其含量应是稳定的。液相末端产物中以乙醇和乙酸为主,还有少量的丙酸和丁酸产生。其中乙醇和乙酸的在挥发酸总量中的所占比例非常的大,并且非常稳定的维持在80% ~85%的范围内波动(图 37.11),而乙醇在液相末端产物中的质量浓度在 1 400 mg/L左右,明显高于乙酸、丙酸和丁酸的含量。整个稳定运行阶段中,丙酸的平均浓度为180 mg/L,而丁酸的平均质量浓度为 266 mg/L。任南琪教授提出:在生物制氢反应器的发酵液相末端产物中,当乙醇和乙酸的总浓度占总量的 70% 左右时,主导产氢的微生物是乙醇型的发酵细菌。将本文稳定运行阶段反应器内液相末端产物的这一分布情况与这一理论进行比较,可以判断本实验中的厌氧发酵制氢最终形成了乙醇型发酵的优势种群。

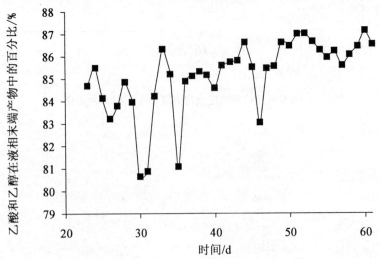

图 37.11　UASB 反应器稳定运行阶段乙醇和乙酸在液相末端产物中的百分比

### 37.2.3　稳定运行阶段的 pH 值

对于厌氧发酵制氢,pH 值是一个重要的限制性因子。有机废水进入到反应器时,会发生一系列复杂的生物化学过程,如溶解性碳水化合物进入反应器后,发酵产生的有机物大量积累,导致系统内 pH 值大幅度下降。这些作用直接导致了出水 pH 值的变化。不同的产酸发酵菌群都有不同的 pH 值适应范围,而且,一般厌氧生物处理系统内的水解菌及产酸发酵菌对 pH 值具有一定的适应范围。因此 pH 值决定了反应器系统内的优势种群的种类,它们各自的生理代谢特性将直接决定厌氧发酵制氢的发酵类型。图 37.12 是 UASB 反应器稳定运行阶段进水 pH 值和出水 pH 值的变化情况。反应器的进水 pH 值虽然在 6 ~ 7 范围内有很大的变化,但是其出水 pH 始终保持在 4 ~ 4.5 之间,达到了乙醇型发酵菌群所需要的pH 值生态位。此时系统的产酸发酵产物基本上也达到了稳定,乙酸和乙醇占液相末端产物总量的 80% 以上,因此发酵类型为标准的乙醇型发酵。值得注意的是,出水 pH 值没有受进水 pH 值波动的影响,这一现象说明,一旦反应器内的反应系统环境形成乙醇型发酵,发酵制氢反应器中的生态体系便具很强的抗有机负荷冲击的能力和稳定性。

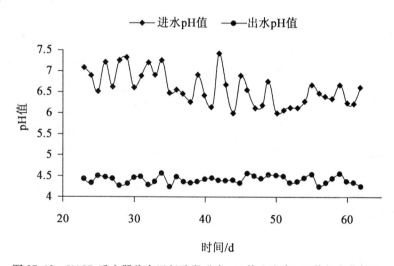

图 37.12　UASB 反应器稳定运行阶段进水 pH 值和出水 pH 值的变化情况

### 37.2.4　稳定运行阶段的产氢情况

图 37.13 是 UASB 反应器在稳定运行阶段产气量、产氢量和氢气含量的情况。在提升COD 浓度的阶段,产气量有明显的增大,这说明有机负荷的变化对产氢的稳定性有一定的影响。在 COD 质量浓度稳定在 6 000 mg/L 后,产气量最大达到 16.8 L/d,而氢气百分比也在 50% 以上。这个现象表明污泥经过了启动期间的驯化后,反应器已具有很高的产酸发酵能力,并进入了正式运行阶段。UASB 反应器在较低的有机负荷下运行时,仅能够满足微生物正常生长和新陈代谢所需的营养,并不能将更多的能量转化为氢气。当 COD 质量浓度稳定在6 000 mg/L后,产气量的增大说明这一 COD 质量浓度适宜产氢微生物的生长,并使系统的产气量和产氢量逐步达到一个新的稳定状态。

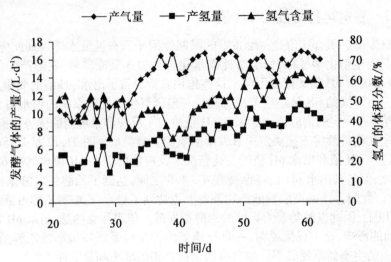

图 37.13　UASB 反应器稳定运行阶段发酵气体及氢气的产量和氢气的体积分数

## 37.2.5　稳定运行阶段的 ORP

反应系统中的 ORP 会受到很多因素的影响。ORP 主要与环境中的氧分压有关,两者成正比关系;它还会受到环境中 pH 值的影响,微生物进行氧化及代谢作用后产生的还原性物质,如氢、硫化氢等会使系统环境的 pH 值降低,导致 ORP 的升高。图 37.14 是 UASB 反应器稳定运行阶段反应器内部 ORP 的变化趋势。进入到稳定运行阶段后,由于产酸发酵菌群的驯化及系统内各环境因子的相对稳定,尽管 COD 浓度有大幅度的变化,但并没有对 ORP 有很大的影响,一直稳定的保持在 −380 ～ −440 mV 之间,可以看出 UASB 反应器内部的系统能够对有机负荷有很好的承受能力。这也说明了在启动阶段,反应器保持了完全的厌氧状态,保证了启动的成功。而且根据其他研究者的研究结果,这个 ORP 范围基本属于乙醇型发酵的生态位。

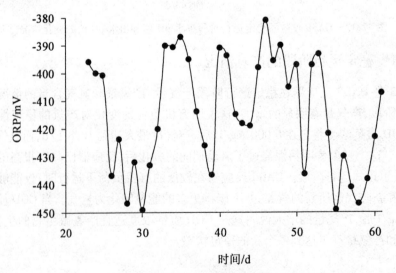

图 37.14　UASB 反应器稳定运行阶段 ORP 的变化情况

# 37.3　基于 BP 神经网络的 UASB 系统建模

## 37.3.1　人工神经网络概念

大量的神经元组成了人的大脑,而树突、轴突和突触构成了神经元,各个神经元之间遵照一定的规律联系在一起,就会根据外面的实质指示做出相应的回应,从而适应每个信号给出的指示,在脑中进行信息的整合,对于外部做出自适应的变化,对于外界事物及时做出决策性的结论。

人工神经网络是一种信息处理系统,它是对于人脑神经网络结构和功能的体现,神经网络具有很多对于基本特性的理论抽象、简化,从而进行模拟而形成。它还是一种自适应非线性的动态系统,由大量神经元构成,可以模仿人脑对于模糊领域的认知,是一个新型信息处理系统。人工神经网络也同样是可以计算的一个模拟数学的模型,基本单位是神经元,由输入端和输出端两部分组成,对于神经网络而言,树突就是神经细胞的输入端,轴突则是输出端。也可以用一个完整的处理器来形容人工神经网络,因为它可以接收数据、处理数据,还可以把数据储存起来。神经网络还可以通过自学习算法、修正算法减小误差来分析数据之间的规律。神经网络具有的特征:①容错性和鲁棒性;②自学习、自组织和自适应;③大规模并行处理能力;④系统性、整体性和非线性。

神经网络是一种非线性动力学系统,其组成是由大量的简单处理单元组成的,可以解决正常情况下处理信息方法难以解决,或者根本无法解决的问题,数学迫近、映射、最优化问题、模式聚类、模式分类和概率密度函数估计等繁琐的问题均可以解决,足见其具有很强的信息处理能力。

神经网络数学模型的优势:①对于结构关系的知识,给定指定的网络结构及输入足够的可测肯定的信息,无需知道数量之间的线性关系即可以分析组建数学模型;②对于非线性关系可以表达得很好,因其本身人工神经网络就是动态系统,具有大规模非线性的特点;③人工神经网络处理能力具有并行的优点,为了使其很显著地提高辨识速度,所以其使用快速并行处理算法计算其数学模型。基于以上三个优点,对于反应器的优化运行条件选择,模拟控制系统的变化规律,提高系统内部的稳定性及各种效率,会使其在其领域产生重要的作用。

## 37.3.2　BP 神经网络在本研究中的优越性

1. 厌氧消化过程中 BP 神经网络模型

误差反向传递(Back-Propagation)前馈式神经网络,简称 BP 神经网络。在厌氧消化过程中,误差反向传递神经网络的模拟中有两个用途:①当有机负荷(OLR)或流量变化时,可以模拟反应器性能的各种改变规律,例如,有机负荷、甲烷的产率、挥发性酸(VFAs);②识别功能,可以对反应器所处的运行状态进行辨识。此时,BP 神经网络可以应用到厌氧消化过程中的基本参数条件为三层:①输入层;②输出层;③隐含层。其中,若要对其系统进行实际模拟效果的调节,则要调整输入层与隐含层的神经元数目。

2.经网络的优越性

20世纪50年代,神经元最早的数学模型是由心理学家 W. McCulloch 和数学家 W. Pitts 合作提出的,神经科学理论研究的时代从他们这里开始。在之后的半个世纪里,围绕人工智能这一主题,许多科学家展开了细致的研究,由此为神经元网络奠定了理论基础。BP 神经网络具有以下基本属性:①非线性:人工神经元在数学上是一种非线性关系,可以分别处于激活或抑制两种不同的状态。具有阈值的神经元可以提高容错性和存储容量,对于构成神经网络可以具有更好的性能。②非局域性:非局域性体现在一个神经网络是由多个神经元广泛联结而成。非局域性的特性由单元之间的相互作用,取决于单个神经元的特征,单元之间的大量联结是模拟大脑的非局域性构成的主要原因。③非定常性:在单纯处理信息时,神经网络处理的信息可以有各种变化包括本身也在不断地变。④非凸性:某个特定的状态函数对其影响作用最大。

UASB 工艺具有多变量、非线性的特点。任意逼近的能力使得 BP 神经网络在系统建模和控制方面体现出强大的优越性:

(1)非线性系统的建模适于使用。

(2)可使用快速并行处理算法从而提高辨识速度,主要是由于神经网络由许多并行处理单元组成。

(3)神经网络用于系统建模方法简单,是一种普遍适用的辨识方法,所以不需要被辨识对象的阶次结构等先验知识。

采用 BP 网络建立起一种映射关系,它反映出 UASB 运行过程的影响因素与各运行结果,对反应器的运行结果,其揭示了各影响因素的直接或间接的作用。

### 37.3.3　基于 BP 神经网络的 UASB 系统仿真

1.取网络输入因子

对于 UASB 系统,其运行效果的影响因素主要是:①环境温度的波动;②UASB 中水样的 pH 值;③碳酸氢盐的缓冲能力和碱度;④OLR 的数值;⑤废水中的营养物质和微量元素;⑥反应器内部的 HRT;⑦反应器中的 ORP;⑧VFA 的组成成分;⑨反应器中微生物种群的总类以及数量。

本研究选取了具有代表性和有关键控制作用的 4 个参数作为网络的输入,即进水 COD 浓度、容积负荷(VLR)、pH 值、氧化还原电位(ORP)。

2.BP 神经网络的拓扑结构

图 37.15 描述了本研究采用的 BP 网络拓扑结构。输入层 4 个神经元,隐含层 3 个神经元,输出层 1 个神经元。我们编写的程序确定的隐含层数和节点数能够较好地实现逼近与泛化效果——输入层 4 个神经元,隐含层 3 个神经元,输出层 1 个神经元,即 4－3－1 结构。将样本集分为训练集和检验集,训练集用于进行网络训练,检验集用于在训练的同时对网络的预测性能进行检验。

本研究在 BP 神经网络基础上建立了 UASB 出水水质影响因素的仿真模型,BP 神经网络拓扑关系如图 37.15 所示。

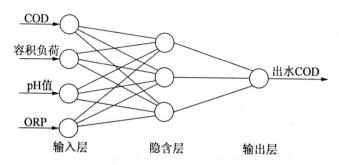

图 37.15　BP 网络拓扑关系

### 3. BP 神经网络的训练

表 37.1　训练数据

| 样本序号 | 进水 COD | 有机负荷 | ORP | 进水 pH 值 | A 段出水 COD | COD 去除率 |
|---|---|---|---|---|---|---|
| 1 | 6 162.3 | 28.45 | −461 | 7.1 | 1 009.6 | 83.62% |
| 2 | 5 818.3 | 26.84 | −465 | 7.38 | 572.5 | 90.17% |
| 3 | 6470.5 | 29.85 | −456 | 7.41 | 468.3 | 92.77% |
| 4 | 6 597.5 | 30.46 | −457 | 6.77 | 790.3 | 88.03% |
| 5 | 6 009 | 27.72 | −462 | 7.09 | 740.3 | 87.69% |
| 6 | 5 648.6 | 26.06 | −455 | 7.23 | 761.1 | 86.53% |
| 7 | 5 996.2 | 27.66 | −458 | 7.27 | 900.1 | 84.99% |
| 8 | 6 085.8 | 28.08 | −453 | 7.22 | 949.6 | 84.41% |
| 9 | 6 065.4 | 27.98 | −453 | 7.24 | 662.5 | 89.09% |
| 10 | 6 981.5 | 32.21 | −446 | 7.13 | 1112.6 | 84.05% |
| 11 | 7 038.8 | 32.48 | −458 | 6.91 | 978.6 | 86.11% |
| 12 | 6 923.9 | 31.95 | −456 | 7.23 | 1 008.8 | 85.44% |
| 13 | 7 742.9 | 35.73 | −463 | 7.45 | 920.5 | 88.10% |
| 14 | 7 693.7 | 35.52 | −457 | 7.38 | 870.2 | 88.68% |
| 15 | 9 422.8 | 43.48 | −461 | 7.92 | 1371.1 | 85.46% |
| 16 | 8781 | 40.52 | −456 | 7.25 | 1 277.5 | 85.44% |
| 17 | 9 490.8 | 43.7 | −445 | 7.32 | 1 637.6 | 82.76% |
| 18 | 9 644.2 | 44.52 | −443 | 7.62 | 1 728.5 | 82.09% |

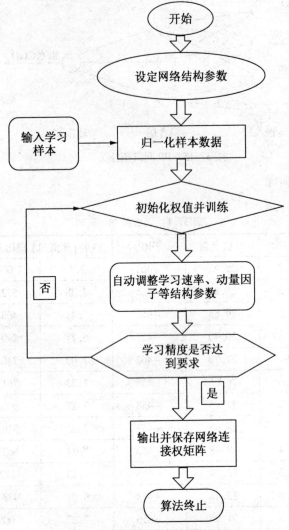

图 37.16　BP 神经网络算法流程图

**4. BP 神经网络仿真预测结果**

经过 17 105 次迭代,网络的总体误差 MSE 为 0.009 995 97,网络的训练精度达到要求。训练完毕后,各层之间的权值以及各个神经元的偏置也就相应确定了,见表 37、2 至表 37.4。

表 37.2　输入层和隐含层之间的权值

| 隐含层 | 输入层 | | | |
|---|---|---|---|---|
| | 1 | 2 | 3 | 4 |
| 1 | 1 572.1 | − 1 573.7 | − 3.2 | 1.8 |
| 2 | 19.8 | 19.9 | − 0.000 0 | 0.3 |
| 3 | 20.4 | 20.6 | 0.000 0 | 0.4 |

表37.3　隐含层与输出层之间的权值

| 输出层 | 隐含层 | | |
| --- | --- | --- | --- |
| | 1 | 2 | 3 |
| | -1.1785 | 528.315 1 | 258.004 3 |

表37.4　输出层与隐含层的阈值

| | 隐含层 | | | 输出层 |
| --- | --- | --- | --- | --- |
| | 1 | 2 | 3 | |
| 阈值 | 0.637 1 | -1.262 5 | 0.970 5 | 257.251 1 |

模型建立起来后,为了考查网络的泛化能力,我们另外抽取了不同运行条件的7组数据进行仿真。从图37.17可以看出,仿真结果和原型试验值吻合,两者回归相关系数 $R = 0.935$。图37.18对比了BP预测值与试验值,由此可见,BP神经网络具有良好的泛化、外推能力,用于 UASB 系统的预测是可行的。

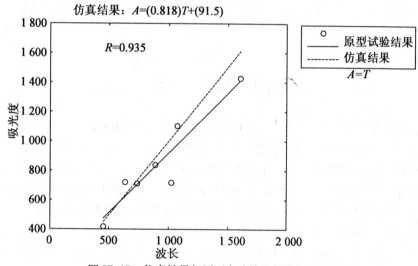

图37.17　仿真结果与原型实验结果的线性回归分析

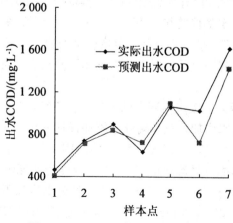

图37.18　BP预测值与试验值对比图

表 37.5 列出了不同条件下 BP 模型预测结果。通过对比分析，可以看出，预测值和实测值相当接近，两者最大偏差为 30.58%，最小偏差为 2.98%，平均偏差 12.10%。对于非线性的 UASB 系统来说，此预测精度满足实际要求。

表 37.5 实际值与模型预测值对比分析

| 样本号 | pH 值 | ORP /mV | 进水 COD/ (mg · L⁻¹) | HRT/h | 负荷/[kg · (m⁻³ · d)⁻¹] | 出水 COD 实际值 | 出水 COD 模拟值 | 偏差/% |
|---|---|---|---|---|---|---|---|---|
| 1 | 7.48 | −467 | 5481.4 | 25.22 | 26.29 | 456.5 | 405.5 | 12.17 |
| 2 | 7.35 | −456 | 6 531.7 | 25.22 | 31.15 | 736.7 | 707.6 | 4.05 |
| 3 | 7.31 | −452 | 6 086.8 | 25.22 | 29.09 | 894.4 | 834.8 | 6.74 |
| 4 | 7.12 | −453 | 6 042.6 | 25.22 | 28.89 | 636.6 | 717.5 | 12.81 |
| 5 | 7.33 | −457 | 7 806.8 | 25.22 | 35.04 | 1 066 | 1 098.4 | 3.13 |
| 6 | 7.45 | −462 | 8 633.4 | 25.22 | 38.84 | 1 027.2 | 712.7 | 30.69 |
| 7 | 7.01 | −445 | 9 506.7 | 25.22 | 42.87 | 1 612.9 | 1 434.6 | 11.83 |

# 37.4 结 论

（1）本实验在稳定运行的前 10 天，将 COD 质量浓度从 5 000 mg/L 调节到 6 000 mg/L，并在接下来的 30 天维持这一 COD 浓度。调整 COD 浓度的初期，COD 去除率保持在 15% 左右，当系统内的微生物适应了有机负荷的冲击后，COD 去除率最高达到 28% 左右。液相末端产物中以乙醇和乙酸为主，还有少量的丙酸和丁酸产生。其中乙醇和乙酸在挥发酸总量中的所占比例非常大，并且非常稳定地维持在 80% ~85% 的范围内波动，而且乙醇在液相末端产物中的含量明显高于乙酸、丙酸和丁酸的含量。反应器的进水 pH 值虽然在 6 ~7 范围内有很大的变化，但是其出水 pH 值始终保持在 4 ~4.5 之间，废水的乙醇性发酵也没有受到影响。在提升 COD 浓度的阶段，产气量有明显的增大，最大达到 16.844 L/d，而氢气也在 50% 以上。从稳定运行阶段开始，虽然 COD 质量浓度有大幅度的变化，但并没有对 ORP 有很大的影响，一直稳定的保持在 −380 ~ −440 mV 之间。根据以上结果可以判断本实验中的厌氧发酵制氢最终形成了乙醇型发酵的优势种群。而且一旦反应器内的反应系统环境形成乙醇型发酵，发酵制氢反应器中的生态体系便具有很强的抗有机负荷冲击的能力和稳定性。

（2）本章介绍了以红糖人工废水为底物的 UASB 生物制氢反应器的启动情况。启动阶段为 20 天。除了向人工废水中加入氮和磷外未添加任何其他营养元素。在制氢系统启动过程中采用的工程控制参数分别为：温度（35 ±1）℃，HRT 8 h，进水 pH 值 6 ~7，所得结论如下：启动阶段的人工配制的红糖废水的 COD 质量浓度为 4 500 mg/L 左右。反应器启动初期，COD 去除率仅有 11% 左右。在第 8 天，由于一部分微生物不适应环境的变化而死亡，使得 COD 去除率降到 10% 以下。随着微生物逐渐恢复了代谢的活性，去除率在第 15 天时 COD 达到最大 18.6%。液相末端产物中有乙酸、乙醇、丙酸和丁酸 4 种物质。丁酸的浓度首先增大到 1 278.61 mg/L,然后大幅度下降并在第 19 天趋于缓慢。在启动初期,乙醇的含量非常小,但随着反应的进行而逐渐增大,并在第 12 天超过其他几种有机酸的含量。整个启动过程中,乙醇和乙酸的含量在液相末端产物中所占的比例迅速增加,最后到达 80% 左右。而丙酸的含量保持下降的变化趋势。启动阶段反应器内部的系统呈现的是混合发酵的特点。pH 值作为反应器运行的重要工程控制参数,对微生物生长有很大影响。尽管进料混合液的 pH 值变化范围很大,但是出水 pH 值始终保持在 4 ~ 4.5 之间。ORP 受到溶解氧和环境中 pH 值的影响。在发酵初期的氧化还原电位较高在 -200 mV 左右,随着发酵的进行,由于受到微生物代谢和环境的影响,氧化还原电位逐渐降低至 -400 mV 左右。由于微生物的竞争作用,在启动的初期只有少量的发酵气体产生。随着反应器内优势产氢菌的产生,并且微生物逐渐适应反应器内的环境和 COD 浓度的冲击,产气量、产氢量及氢气含量都有大幅的增加。在第 13 天,产气量达到最大 14.128 L/d,此时氢气体积分数为 47.88%。

(3)将 BP 神经网络的理论方法引入 UASB 系统中,分段选取了影响系统运行效果的主要因子 pH 值、进水 COD、HRT、碱度,建立了结构为 4 - 3 - 1 的 BP 网络模型。模型的仿真结果表明,网络具有较好的泛化能力,能很好地预测 UASB 系统的处理效果。在 UASB 段采用分离权值法,对影响反应器运行效果的主要参数进行排序,得出各输入参数在训练数据范围内的相对重要性为 pH 值 > 进水 COD > HRT > 碱度。另外,需要说明的是,由于所建立的人工神经网络模型是基于有限的训练数据,若希望其适用范围更加宽泛,可以选取更多的不同数据对网络进行训练。

# 第38章　氢气的制备、纯化

## 38.1　氢气的制备

氢气可以从多种原料制得,同时在制氢过程中也可以使用各种热源,本章介绍了一些常见的制氢方法。

1.烃类分解生成氢气和炭黑的制氢方法

将烃类分子进行热分解,其反应如下:

$$C_nH_m \longrightarrow nC + \left(\frac{m}{2}\right)H_2$$

得到的炭黑可用于橡胶工业及一些塑料行业中做着色剂、防紫外线老化剂和抗静电剂;在印刷业做黑色染料,做静电复印色粉等,其最重要的是避免了二氧化碳的排放。目前,主要有两种方法用于烃类分解制取氢气和炭黑,即热裂解法和等离子体法。

挪威的 Kve. rner 油气公司开发了等离子体法分解烃类制氢气和炭黑的工艺,即所谓的"CB&H"工艺。该公司于1990年开始该技术研究,1992年进行了中试实验,据称现在已经可以利用该技术建设无二氧化碳排放的工业制氢装置。CB&H 的工艺过程为:在反应器中装有的等离子体,提供能量使原料发生热分解,等离子气是氢气,可以在过程中循环使用。因此,除了原料和等离子体所需的电源外,过程的能量可以自给。用高温加热原料使其达到规定的要求,多余的热量可以用来生成蒸汽。在规模较大的装置中,可用多余的热量发电。由于回收了过程产生的热量,整个过程的能量消耗有所降低。

该法的原料适应性强,几乎所有的烃类都可作为制氢原料,原料不同,仅仅会影响产品中的氢气和炭黑的比例。此外,装置的生产能力可大可小,据 Kverrner 油气公司称,利用该技术建成的装置规模最小为每年 1 $m^3$(标氢气),最大为每年 3.6 亿 $m^3$(标氢气)。

2.氨裂解制氢

氨裂解法是合成氨的逆反应,其使用的是 Ni 或 Fe 的催化剂,反应温度 800 ~ 10 000 ℃。本法氢气产量只适合于小规模的生产,且生成气中氢气占到 1/4 的量,要进一步分离提纯氢气。但由于生成气中不含 CO,故对低温燃料电池有利。

3.新型氧化物材料制氢

中科院地质科学研究院康振川博士和美国佐治亚理工学院王中林教授于2002年研制出一种新型热化学制氢的方法。采用新型氧化物材料"铁改性稀土高氧化物",利用温度300 ~ 700 ℃,并配合甲烷和水汽交换实现了低温、无催化剂的制氢新方法,从而降低成本,而且可以使反应循环进行。这一方法把热化学反应分为两步,同时利用铁改性稀土高氧化物作为中间反应物来进行氢气的制备。

第一步,利用氧化物材料释放出的点阵氧来氧化甲烷而得到氢;第二步,利用水汽氧化该氧化物材料使其恢复原态,同时得到氢。恢复后的氧化物材料又可重复用于第一步反应,因此两步过程可以循环进行。与热化学反应相比,该方法的独特之处在于:其一,氢气在中低温 300~700 ℃ 的温度循环下摆动,在甲烷和水的交替变换过程中不断产生,达到节能的目的;其二,反应过程不需镍或铂作为催化剂,从而降低成本。

铁改性稀土高氧化物是表面科学与化学的交叉与结合,是新材料科学的一大进展。稀土高氧化物表面稀土离子氧化和还原的难易程度取决于稀土高氧化物的非化学整比性决定的是氧的传递功能。铁原子在稀土高氧化物表面的特殊作用,就是降低了稀土高氧化物表面稀土离子氧化和还原的势垒,从而在中、低温下也具有良好的氧传递功能。调节点阵氧的释放量,是氧化甲烷中的碳而获得氢的关键。释放量太多,形成水和二氧化碳太少,炭黑将沉积在氧化物表面,从而限制了化学反应的进行。铁改性稀土高氧化物在中低温循环中,基本实现了变甲烷中碳为一氧化碳的有效控制,从而保证了反应的连续进行。

该方法的实质是一种热化学制氢方法,其对热源要求不高。目前技术条件下,利用太阳能可以较容易地获得温度在 300~700 ℃ 的热源。因此,这种制氢方法在日照充足的偏远地区具有实际意义。

4. $NaBH_4$ 的催化水解制氢

它利用 $NaBH_4$ 的催化水解反应,可在常温下生产高纯度氢气,且产生的氢气中不含 CO,适合用作质子交换膜燃料电池或过渡性内燃机的燃料源。硼氢化钠溶液无可燃性,储运和使用安全;硼氢化钠溶液在空气中可稳定存在数月,制得的氢气纯度高,不需要纯化过程,可直接作为质子交换膜燃料电池的原料,氢的生成速度容易控制,氢的储存效率高,可达 7% (质量分数)。催化剂和反应产物可以循环利用;在常温甚至 0 ℃ 下便可以生产氢气。

硼氢化钠是一种强还原剂,广泛用于废水处理、纸张漂白和药物合成等方面。20 世纪 50 年代初,Schlesinger 等人发现,在催化剂存在的条件下,硼氢化钠在碱性水溶液中可水解产生氢气和水溶性亚硼酸钠,其反应如下:

$$NaBH_4 + 4H_2O \longrightarrow 4H_2 + NaBO_2 \quad \Delta H = -300 \text{ kJ/mol}$$

如果没有催化剂,上式反应也能进行,其反应速度与溶液的 pH 值和温度有关。根据 Kreevoy 等人的研究结果,这一速度可由以下经验式计算:

$$\lg t_{\frac{1}{2}} - pH - (0.034T - 1.92)$$

式中　$t_{\frac{1}{2}}$——$NaBH_4$ 的半衰期,以 d 表示;

$T$——绝对温度。由该式计算的不同 pH 值和不同温度下的半衰期列于表 38.1。

表 38.1　pH 值和温度对 NaBH 半衰期的影响

| pH 值 | $t_{\frac{1}{2}}/d$ | | | | |
|---|---|---|---|---|---|
| | 0 | 25 | 50 | 75 | 100 |
| 8 | $3.0 \times 10^{-3}$ | $4.3 \times 10^{-4}$ | $6.0 \times 10^{-5}$ | $8.5 \times 10^{-5}$ | $1.2 \times 10^{-5}$ |
| 10 | $3.0 \times 10^{-1}$ | $4.3 \times 10^{-2}$ | $6.0 \times 10^{-3}$ | $8.5 \times 10^{-4}$ | $1.2 \times 10^{-4}$ |
| 12 | $3.0 \times 10^{1}$ | $4.3 \times 100$ | $6.0 \times 10^{-1}$ | $8.5 \times 10^{-2}$ | $1.2 \times 10^{-2}$ |
| 14 | $3.0 \times 10^{3}$ | $4.3 \times 10^{2}$ | $6.0 \times 10^{1}$ | $8.5 \times 100$ | $1.2 \times 100$ |

由表 38.1 可见,pH 值和温度对反应速度有很大的影响,特别是 pH 值的影响更大。当 pH 值为 8 时,即使在常温下,经过半分钟 NaBH₄ 就水解掉一半。因此,平时必须将 NaBH₄ 溶液保持在强碱性溶液中。在 pH 值为 14 和室温下,NaBH₄ 的半衰期长达 1 年以上,在实际应用已经足够。如果需要高速度制备氢气,可让 NaBH₄ 的强碱溶液与催化剂接触,在反应的过程中所使用催化剂也不同,氢气的生成速度也不同。

Levy 等人和 Kaufman 等人研究了钴和镍的硼化物,Brown 等人研究了一系列金属盐后发现,铑和钌盐能以最快的速度由 NaBH₄ 溶液中释放出氢气。Amendola 等人系统地研究了用 Ru 为催化剂时,NaBH₄ 浓度、NaOH 浓度和温度对反应速度的影响。他们研究发现,阴离子交换树脂比阳离子交换树脂好。他们用 0.259 5% 负载钌催化剂和 20% NaBH₄ + 10% NaOH + 70% H₂O 的水溶液,测定了不同温度下产生的气体体积随反应时间的变化得出反应式(38.1)是零级反应的结论,即反应速度与反应物浓度无关。反应式(38.1)的速度可以表示为

$$-4\mathrm{d}[\mathrm{NaBH_4}]/\mathrm{d}t = \mathrm{d}[\mathrm{H_2}]/\mathrm{d}t = k$$

式中,$k$ 是常数,在 25 ℃、35 ℃、45 ℃和 55 ℃下,$k$ 的值分别为 $2.0 \times 10^{-4}$ mol/s、$1.1 \times 10^{-4}$ mol/s、$6.5 \times 10$ mol/s、$2.9 \times 10^{-5}$ mol/s。按上式计算,每产生 1 L 氢气需要的时间分别为 1 550 s、690 s、410 s 和 220 s。按 55 ℃下的产氢速度计算,该氢源可为功率 27 W 的质子交换膜燃料电池供应氢气,增加催化剂用量可按比例地增加产氢速度。按金属计算,每克钌产生的氢气可供应一个 2 kW 的质子交换膜燃料电池电堆。钌金属可以反复使用,因为体系中没有使催化剂中毒的物质且反应温度很低。氢气的生成速度可根据负载的变化进行调节。当需要氢气时,可将 NaBH₄ 溶液喷洒到催化剂上或将催化剂浸没在 NaBH₄ 溶液中。控制喷洒到催化剂上 NaBH₄ 溶液的量或浸没在 NaBH₄ 溶液中催化剂的量便可以调节氢气的生成速度。

NaBH₄ 在碱性水溶液中反应基本上可进行完全。假设 H₂ 的收率为 100%,1 L 35% 的 NaBH₄ 溶液可以产生 74 g H₂。因此储存 5 kg H₂ 大约需要 35% 的 NaBH₄ 溶液 67 L。如果用压力为 30 MPa 的高压容器储存同样质量的 H₂,所占体积为 187 L。由于储存 NaBH₄ 溶液只需要常压,可用塑料容器,与高压容器相比,质量也轻了很多。35% 的 NaBH₄ 溶液的密度大约为 1.05 kg/L,可以算出 35% NaBH₄ 溶液的储氢效率约为 7%(质量比)。

NaBH₄ 在碱性水溶液中反应是一个放热反应,每产生 1 mol H₂ 放出 75 kJ 热量。而其他氢化物与水反应生成氢的典型反应热为 125 kJ/mol H₂。因此,反应更安全而且容易控制。另一方面,在某些情况下可能需要将 NaBH₄ 溶液适当加温以提高产氢速度,正好可以利用该反应的热,无需外加热源。

Amendola 等人的研究组设计出两种实现该反应的方案。一种类似于启普发生器。利用压差将储罐中静止的 NaBH₄ 溶液驱入装有催化剂的反应管。将 NaBH₄ 溶液由反应管底部进入,产生的氢气由反应管顶部通过控制阀而逸出。通过控制反应管中氢气的压力可以调节反应管中 NaBH₄ 液面高低,从而也就控制了氢气的生成速度。该方案的操作设备简单、操作方便、安全可靠、成本低廉。

另一种是使用小型机械泵将 NaBH₄ 溶液注入装有催化剂的管式反应器,通过控制将 NaBH₄ 溶液的流速来控制产氢速度。该方案可对氢气需要量的变化做出快速的响应。Amendola 研究组已制备出两台氢气发生器样机。一种为 35 W 的商业氢气/空气质子交换

膜燃料电池供给氢气;另一种为 1 kW 的内燃机供给氢气。质子交换膜燃料电池配以这种氢气发生器用作汽车动力比充电电池有更大的优越性,如一次装料可行驶更长的距离、装料方便、时间短等。

当然,尽管该方法制氢具有许多优点,但作为一种新的制氢工艺还存在一些问题,现介绍如下:

(1)硼氢化钠的生产成本高:目前工业上生产硼氢化钠的工艺最早是由 Schlesinger 和 Brown 提出的,反应式如下:

$$H_3BO_3 + 3CH_3OH \longrightarrow B(OCH_3)_3 + 3H_2O$$
$$2Na + H_2 \longrightarrow 2NaH$$
$$4NaH + B(OCH_3)_3 \longrightarrow NaBH_4 + 3CH_3ONa$$

(2)该工艺比较成熟,但装置普遍较小,目前在我国生产量较小,且成本较高。因此,如何做到硼氢化钠的规模和经济化生产还有许多技术问题需要解决。

(3)工艺路线整个工艺路线的可行性,如能耗、经济性等问题还需进一步研究。

5. 硫化氢分解制氢

硫化氢是制取氢气的原料,我国有丰富的硫化氢资源,从硫化氢中制取氢有多种方法,我国在 20 世纪 90 年代开展了多方面的研究,如北京石油大学进行了"间接电解法双反应系统制取氢气与硫黄的研究"取得了进展,正在进行扩大试验。中科院感光所等单位进行了"多相光催化分解硫化氢的研究"及"微波等离子体分解硫化氢制氢的研究"等。硫化氢分解为氢气和硫的反应如下:

$$xH_2S \longrightarrow xH_2 + S_x, x = 1, 2, \cdots, 8$$

式中,$S_x$ 代表元素 S 的同素异形体;$x$ 值的大小则依赖于操作温度。对该反应的研究主要包括对热力学、动力学及其反应机理的研究。

热力学分析:$H_2S$ 分解反应为

$$2H_2S \longrightarrow 2H_2 + S_2$$

为了使 $H_2S$ 分解反应顺利进行,可以采用催化剂完成,或加入一个热力学上有利的反应等手段,即所谓闭式循环和开式循环。

动力学研究:近几年的研究主要集中于各动力学参数的确定,结果见表38.2。

表38.2 动力学参数

| 催化剂 | 反应温度/K | 反应级数 | 活化能 $E_i/(kJ \cdot mol^{-1})$ |
|---|---|---|---|
| $Fe_2O_3 - FeS$ | 387 ~ 1 073 | 0.5 | |
| $Y - Al_2O_3$ | 923 ~ 1 073 | 2.0 | 75.73 |
| $NiS, MoS_2$ | 923 ~ 1 123 | 2.0 | 69.04 |
| $CoS, MoS_2$ | 923 ~ 1 123 | 2.0 | 59.21 |
| $5\% \ V_2O_5 - Al_2O_3$ | 773 ~ 873 | 1.0 | 33.98 |
| $5\% \ V_2S_2 - Al_2O_3$ | 773 ~ 873 | 1.0 | 35.42 |
| 无催化剂 | 873 ~ 1 133 | | 495.62 |

对气相分解反应 $2H_2S \longrightarrow 2H_2 + S_2$，动力学的分析表明这是一个二级单相反应。反应的活化能为 280 kJ/mol。

由于上述反应是可逆的，因此在离解产物冷却（硬化）下保持在高温反应区所达到的转换度就显得很重要。计算表明，离解产物的完全硬化是在冷却速度不低于 $10^6$ k/s 的情况下发生的。

反应机理的探索是动力学研究的重要组成部分之一。目前，所解释的 $H_2S$ 的分解机理可分为非催化分解和催化分解两大类型。

（1）非催化分解机理认为 $H_2S$ 的热分解一般为自由基反应：

$$H_2S \longrightarrow HS^- + H^+$$
$$H^+ + H_2S \longrightarrow H_2 + HS^-$$
$$2HS^- \longrightarrow H_2S + S^-$$
$$S^- + S^- \longrightarrow S_2$$

（2）催化机理可表述为：M 代表催化剂的活性中心。

$$H_2S + M \longrightarrow H_2SM$$
$$H_2S + M \longrightarrow SM + H_2$$
$$SM \longrightarrow S + M$$
$$2S \longrightarrow S_2$$

文献报道的硫化氢分解方法较多，有热分解法、电化学法，还有以特殊能量分解 $H_2S$ 的方法，如 X 射线、γ 射线、紫外线、电场、光能甚至微波能等，在实验室中均取得了较好的效果。

热分解法最初是采用传统的加热方法，如电炉作为热源加热反应的体系，反应温度高达 1 000 ℃。随后，一些其他形式的热能如，太阳能等得到了利用。为了降低反应温度，以 $Al_2O_3$、$Ni - Mo$ 或 $Co - Mo$ 的硫化物做催化剂，在温度不高于 800 ℃、停留时间小于 0.3 s 的条件下，得到的 $H_2S$ 转化率仅为 13% ~ 14%。对于工业应用来讲，热分解法的转化率还比较低。

电化学法：在电解槽中发生如下反应产生氢气和硫，即

$$阳极：S^{2+} \longrightarrow S + 2e$$
$$阴极：2H^+ + 2e \longrightarrow H_2$$

电化学法分解硫化氢的工作主要集中于开发直接或间接的 $H_2S$ 分解方案以减小硫黄对电极的钝化作用。

在所谓的间接方案中，首先进行氧化反应，用氧化剂氧化 $H_2S$，被还原的氧化剂在阳极再生，同时在阴极析出氢气，由于硫是经氧化反应而产生的，因而避免了阳极钝化。目前日本已有中试装置，研究表明：$Fe - Cl$ 体系对硫化氢吸收的吸收率为 99%、制氢电耗 $2.0(kW \cdot h)/m^3\ H_2$（标）。该方法的经济性与克劳斯法相比，然而用该法得到的硫为弹性硫，需要进一步处理。另外，电解槽的电解电压高也使得能耗过高。

Bolmer 等人提出利用有机蒸气带走阳极表面的硫黄的方法，也有向电解液中加入 S 溶剂的方法；另外，改变电解条件、电极材料或电解液组成等方法也都取得了一定的效果。Shih 和 Lee 等人提出用甲苯或苯做萃取剂来溶解电解产物硫，但得到的硫转化率低，电池电阻增加，产物纯度低，效果不好。Z. Mao 等人利用硫的溶解度随溶液 pH 值的变化特征，调

节 pH 值溶解 S,得到了较为满意的结果。另外,$H_2S$ 气体能有效地被碱性溶液(如 NaOH)吸收,电解该碱性溶液可在阳极得到晶态硫,阴极得到氢气,产物纯度较高。电解时的理论分解电压约 0.20 V 左右,是电解水制氢的理论分解电压 1.23 V 的 1/6。

电场法:电场作为一种能量形式,可直接用来分解 $H_2S$。美国曾利用高压交流电场处理含 $H_2S$ 废气。研究表明,在放电区加入聚三氯氟乙烯油可有效地减小 $H_2S$ 分解过程单位能耗,改变操作条件,结果表明:随着电压升高,$H_2S$ 分解转化率增大,如果在反应中加入 He、Ar、$N_2$ 等惰性气体,这种增大趋势更为明显,而随着温度上升,转化率减小。

电场法对于处理含 $H_2S$ 低的气体具有较好的效果,但能耗也相对较大。

微波法:由于微波对于化学反应有着特殊的作用,对于极性物质的作用尤为显著,国内外一些学者对微波应用于 $H_2S$ 的分解进行了深入的研究。

直接将 $H_2S$ 置于微波场中,在微波的作用下将 $H_2S$ 分解为 $H_2$ 和 S。$H_2S$ 分解率与微波功率、微波作用时间及原料气组成有关。实验条件下 $H_2S$ 分解转化率可达 84%。

美国能源部阿贡国家实验室(ANL)利用特殊设计的微波反应器分解天然气和炼油工业中的废气,可以把 98% 的硫化氢转化为氢气和硫。

光化学催化法:Naman 等人报道了用硫化钒和氧化钒做催化剂光解 $H_2S$ 的结果。与 Gratzel 等人用 CdS 半异体为催化剂的结果相似,光子产率都较低。分解 $H_2S$ 的效果不理想。

等离子体法:美国和俄罗斯合作研究了利用微波能产生等离子体分解 $H_2S$。微波能由一个或数个微波发生器产生,经波导管对称地引入等离子体反应区,利用微波产生"泛"非平衡等离子体,其中包括 $H_2S$、$H_2$、S(g)、S(1)。将反应混合物引入换热器急冷即可分离出硫黄,同时也有效地减小了副反应的发生;$H_2S/H_2$ 混合物通过膜分离器分离出 $H_2$。其微波发生器功率为 2 kW,$H_2S$ 分解率为 65% ~ 80%。

用一根长 100 cm、直径 2.5 cm 的圆柱形透明玻璃管内充满强介质钛酸钡颗粒,气体从一端进入反应器,从另一端排出。高压交流电源在反应器的两端施加高电压,电压可根据需要进行调节。当在两端电极施加交流电压时,钛酸钡颗粒开始极化,在每个颗粒的接触点周围便产生强磁场,强磁场导致微放电,产生高能自由电子和原子团,其与通过的 $H_2S$ 气体作用,使气体分解。

我国学者李秀金做了不同分解电压、停留时间、初始浓度对硫化氢分解率影响的研究。当停留时间为 0.23 s 时,硫化氢的分解率在初始时变化不大,当电压升高到 6 kV 后分解率迅速提高,当电压升高到 10 kV 时分解率已达 100%;结果表明:高电压时停留时间和初始浓度对分解率的影响均不大。

综合分析国内外的研究现状,$H_2S$ 分解制氢的研究工作主要集中在以下几个方面:在普通的加热条件下,$H_2S$ 分解反应速度较慢,转化率低,多用于研究反应的特性。而太阳能、电场能、微波能的引入则大大改变了反应的状况。尤其是微波能的利用,微波能直接作用于 $H_2S$ 分子,能量利用率高,取得了较好的效果。此外,电子束、光能及各种射线等形式能量的应用研究亦取得了一定的进展。

提高反应速度一般采用改变反应条件(如温度、压力)或加入催化剂。$H_2S$ 分解反应温度通常较高,研究工作主要集中于催化剂的研制。所用的催化剂分为几大类:①金属类,如 Ni;②金属硫化物,如 FeS、CoS、NiS、$MOS_2$、$V_2S_3$、WS;③复合的金属硫化物如 Ni – Mo 的硫化物、Co - Mo 的硫化物等。在这些催化剂中,以 $Al_2O_3$ 做载体的 Ni - Mo 硫化物及 Co - Mo 硫化物的催化性能较好。

目前,$H_2S$ 分解催化剂的研制仍是该项研究的一个热点。

$H_2S$ 分解是一个可逆的反应,通常转化率不高,需要及时将产品从混合物中提出,以提高反应的速度,另外分离出 $H_2S$ 返回反应器进行反应。

$H_2S$ 分解产物的分离是一个大问题。将反应产物急冷,可较容易地分离出固体硫黄,而 $H_2$ – $H_2S$ 混合气的分离成为问题的焦点,效果较好的分离方法是膜分离法,所用选择性膜包括 $SiO_2$ 膜、金属合金膜、微孔玻璃膜等,已有多项专利公布。

### 6. 太阳能直接光电制氢

在太阳能制氢方面,又有了新的进展,日本京都产业大学物理学系大森隆副教授最近开发出利用太阳能高效率制造氢气的系统,该系统把太阳能电池板与水电解槽连在一起,为了高效率制造氢气,电极部分的材料在产生氢气一侧使用钼氧化钴,产生氧气一侧使用镍氧化物。实验时使用 Imz 太阳能电池板和 100 mL 的电解溶液,每小时可制作氢气 20 L,纯度为 99.9%。

### 7. 辐射性催化剂制氢

据《日刊工业新闻》报道,该研究所科学家使用乏核燃料储藏设施中产生的 γ 射线开发出两种制氢技术。其一是使用 γ 射线直接照射辐射性催化剂把水分解为氢和氧;其二是利用荧光物质把 γ 射线转变为紫外线,然后照射光催化剂,将水分解为氢和氧,其优点是不排出二氧化碳等对环境有害的气体,只需要分解水和进行脱湿等工艺就能获得高纯度的氢能。但目前这种制氢方法的能源转换效率仅有百分之几,大大提高其能源转换效率是实现这一技术的实用化的关键。

### 8. 各种化工过程副产品氢气的回收

多种化工过程如电解食盐制碱工业、发酵制酒工艺、合成氨化肥工业、石油炼制工业等均有大量副产物——氢气,如能采取适当的措施进行氢气的分离回收,每年可得到数亿立方米的氢气。这是一项不容忽视的资源,应设法加以回收利用。炼油厂尾气回收制氢,炼油厂石油精制的尾气含氢量较高,再经过变压吸附(PSA)技术,可获得高纯氢气。

### 9. 电子共振裂解水

1970 年,美国科学家普哈里希在研究电子共振对血块的分解效率时发现,经过稀释的血液,某一频率的振动会使血液不停地产生气泡,气泡中包裹着氢气和氧气。这一偶然的发现,使他奇迹般地创造出了用电子共振方法裂解水分子,把海水直接转化成氢燃料的技术。2002 年,普哈里希演示了一个用电子共振裂解水的实验,他将频率为 600 Hz 的交流电,输入一个盛有水的鼓形空腔谐振器中,使水分子共振后被分裂成了氢和氧。这一装置的电能转换效率据说在 90% 以上,因而可以说是一条很有希望的制氢途径。

### 10. 陶瓷和水反应制取氢气

日本东京工业大学的科学家在 300 ℃下,使陶瓷跟水反应制得了氢。他们在氩气和氮气的混合气流中,将炭的镍铁氧体(CNF)加热到 300 ℃,然后用注射针头向 CNF 上注水,使水跟热的 CNF 接触,就制得氢。由于在水分解后 CNF 又回到了非活性状态,因而铁氧体能反复使用。在每一次反应中,平均每克 CNF 能产生 $2 \sim 3$ $cm^3$ 的氢气,这种方法原理不明确,有待于进一步的验证。

11. 厌氧发酵制氢

　　氢以其所特有的优越性作为一种可再生的"绿色能源"受到世界各国的广泛关注。目前,制取氢气的主要途径有生物法制氢和物理化学法制氢。与物理化学法制氢相比较,生物制氢具有能耗低、可再生等优点。生物制氢包括微生物厌氧光合制氢和厌氧发酵制氢,与厌氧光合制氢相比,厌氧发酵制氢具有可利用有机物范围广、工艺简单、易于操作等优点,更具有发展潜力。

　　在可再生清洁能源中,可以从自然界广泛存在的生物质获取的有氢气、甲烷、乙醇、甲醇和生物柴油等。其中,氢气是最具有清洁、极具潜力的未来替代能源之一。氢能的研究已涉及能源、汽车、环境、生物、经济、法律、政策等多个领域,从世界范围看,氢能经济正呼之欲出。然而,相对于日益完备的氢能利用的下游体系,氢气却没有在可持续生产方面实现突破。目前,氢气还是主要来自化石燃料的重整转化和电解水制氢。这显然未能摆脱原有的化石能源体系。因此,如何从太阳能或其转化而成的可再生资源获取氢气尤其受到人们的关注。生物制氢是解决这一问题的重要途径之一。现代生物制氢的研究始于 20 世纪 70年代的能源危机,90 年代因为对温室效应的进一步认识,生物制氢作为可持续发展的能源再次引起重视。生物制氢技术包括光驱动过程和厌氧发酵两种途径,前者利用光合细菌直接太阳能转化为氢气,是一个非常理想的过程,但是由于光利用效率很低,光反应器设计困难等因素,近期内很难推向应用。而后者采用的是产氢菌厌氧发酵,它的优点是产氢速度快,反应器设计简单,发酵技术比较成熟,且能够利用可再生资源和废弃有机物进行生产,相对于前者更容易在短期内实现产业化应用。

　　发酵法制氢的研究开始于 20 世纪 90 年代中,但是由于研究小组不多,进展并不大。20世纪 90 年代末到 21 世纪初,由于认识到发酵制氢更容易在近期内实现产业化,在暗发酵制氢方面的科研投入也大大增加,尤其在近 3 年内产生了许多基础性的研究结果。

　　利用发酵产氢微生物,将葡萄糖等一些生物质转化为氢气在技术上本身没有问题,关键是过程中的经济性的问题,其核心问题是如何提高氢气从葡萄糖等生物质的转化率,如何降低发酵底物成本,如何实现高效产氢的生物反应过程。针对这些问题,目前国际上的重要研究方向包括新的产氢菌种的获得、产氢菌及氢酶的基因工程改造、针对不同废弃生物量的产氢反应器的开发等。在菌种方面,除了对现有产氢菌种的深入研究外,还采用生物学、分子生物学及生物信息学手段建立产氢菌种库;在氢酶的研究方面,已逐步从基因确定、功能研究拓展到基因工程构建高效产氢菌研究;而在与废弃生物量处理相结合的反应过程方面,研究主要集中在利用不同种类的废弃物的产氢和高效产氢反应器上。

　　厌氧生物制氢是通过厌氧微生物将有机物降解制取氢气,许多厌氧微生物在氢化酶的作用下能将多种底物分解而得到氢气。这些底物包括:甲酸、丙酮酸、CO 和各种短链脂肪酸等有机物、淀粉、纤维素等糖类、硫化物等。这些物质广泛存在于工农业生产的高浓度有机废水和人畜粪便中,利用这些废弃物制取氢气,在得到能源的同时还还会起到保护环境的作用,实现了废弃物的资源化利用。

　　酵生物制氢过程有 3 种基本途径:混合酸发酵途径、丁酸型发酵途径、NADH 发酵途径,如图 38.1 所示。

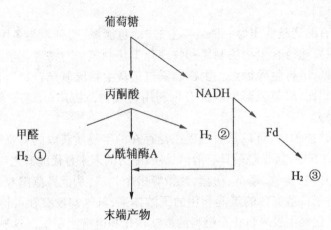

①混合酸发酵途径;②丁酸型发酵途径;③NADH发酵途径

图38.1　厌氧发酵产氢的三种途径

从图38.1可以看出,葡萄糖在厌氧条件下发酵生成丙酮酸(EMP过程),同时产生大量的NADH和$H^+$,当微生物体内的NADH和$H^+$积累过多时,NADH会通过氢化酶的作用将电子转移给$H^+$,并释放分子氢。而丁酸型发酵和混合酸发酵途径均发生于丙酮酸脱羧作用中,它们是微生物为解决这一过程中所产生的"多余"电子而采取的一种调控机制。

以丁酸型发酵途径进行产氢的典型微生物主要有:梭状芽孢杆菌属、丁酸弧菌属等;其主要末端产物有丁酸、乙酸、$CO_2$和$H_2$等。

丁酸型发酵产氢的反应方程式可以表示如下:

$$C_6H_{12}O_6 + 2H_2O \longrightarrow 2CH_3COOH + 2CO_2 + 4H_2$$
$$C_6H_{12}O_6 \longrightarrow CH_3CH_2CH_2COOH + 2CO_2 + 2H_2$$

从图38.2可以看出,在丁酸型发酵产氢过程中,葡萄糖经EMP途径生成丙酮酸,丙酮酸脱羧后形成羟乙基与硫胺素焦磷酸酶的复合物,该复合物接着将电子转移给铁氧还蛋白,还原的铁氧还蛋白被铁氧还蛋白氢化酶重新氧化,产生分子氢。

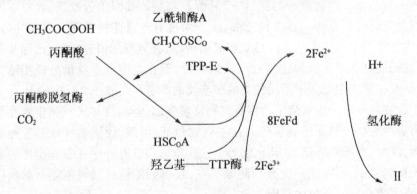

图38.2　丁酸型发酵产氢途径

以混合酸发酵途径产氢的典型微生物主要有埃希氏菌属和志贺氏菌属等,主要末端产物有乳酸(或乙醇)、乙酸、$CO_2$、$H_2$和甲酸等。其总反应方程式可以用下式来表示:

$$C_6H_{12}O_6 + 2H_2O \longrightarrow CH_3COOH + C_2H_5OH + 2CO_2 + 2H_2$$

由图38.3可以看出,在混合酸发酵产氢过程中,由EMP途径产生的丙酮酸脱羧后形成甲酸和乙酰基,然后甲酸裂解生成$CO_2$和$H_2$。

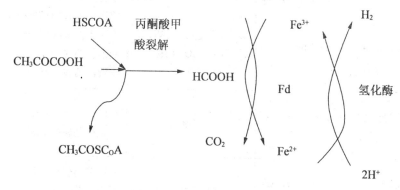

图38.3　混合酸发酵产氢途径

到目前为止,研究者们对厌氧发酵生物制氢途径进行了多种多样的探索和研究,并取得了一定的成果。大部分研究者主要研究了不同产氢菌株利用不同基质时的比产氢能力。

发酵是微生物在厌氧条件下所发生的、以有机物质作为电子供体和电子受体的生物学过程,这一过程不具有以氧或硝酸盐等作为电子受体的电子传递链。即在无氧条件下,产酸发酵微生物的产能代谢过程仅能依赖底物水平磷酸化等产生能量。微生物的发酵过程主要解决两个关键问题:一是提供产酸发酵微生物生长与繁殖所需的能量;二是保证氧化还原过程的内平衡。

底物水平磷酸化是指在生物代谢过程中,ATP的形成直接由代谢中间产物(含高能的化合物)上的磷酸基团转移到ADP分子上的作用(何辰庆,1994)。由于由1 mol ADP生成1 mol ATP需 -31.8 kJ能量,所以高能化合物的吉布斯自由能应大于 -31.8 kJ/mol(表38.1)。在自然界中,常见乙酸与其他酸的发酵相耦联,这主要是由于乙酸的产生可提供较多的能量。有些中间产物的含能不足以通过底物水平磷酸化释放足够的能量直接耦联合成ATP,但仍能使发酵细菌生长,在此情况下,底物的分解代谢可与离子泵相连,建立起质子泵或$Na^+$泵的跨膜梯度。

由于微生物种类不同,特别是产酸发酵微生物对能量需求和氧化还原内平衡的要求不同,会产生不同的发酵途径,即形成多种特定的末端产物。从生理学角度来看,末端产物组成是受产能过程、$NADH/NAD^+$的氧化还原耦联过程及发酵产物的酸性末端数支配,由此形成了如表38.3所示的在经典生物化学中不同的发酵类型。

表38.3　碳水化合物发酵的主要经典类型

| 发酵类型 | 主要末端产物 | 典型微生物 |
| --- | --- | --- |
| 丁酸发酵(butyric acid fermentation) | 丁酸、乙酸、$H_2 + CO_2$ | 梭菌属(*Clostridium*)<br>丁酸梭菌(*C. butyricum*) |
| 丙酸发酵(propionic acid fermentation) | 丙酸、乙酸、$CO_2$ | 丁酸弧菌属(*Butyriolbrio*)<br>丙酸菌属(*Propionibacterium*) |

续表38.3

| 发酵类型 | 主要末端产物 | 典型微生物 |
|---|---|---|
| 混合酸发酵（mixed acid fermentation） | 乳酸、乙酸、乙醇、甲酸、$CO_2 + H_2$ | 费氏球菌属（*Veillonella*）<br>埃希氏杆菌属（*Eschetichia*）<br>变形杆菌属（*Proteus*）<br>志贺氏菌属（*Shigella*） |
| 乳酸发酵（同型）（1actic acid fermentation） | 乳酸 | 沙门氏菌属（*Salmonella*）<br>乳杆菌属（*Lactobacillus*） |
| 乳酸发酵（异型）（1actic acid fermentation） | 乳酸、乙醇、$CO_2$ | 链球菌属（*Streptococcus*）<br>明串珠菌属（*Leuconostoc*）<br>肠膜状明串珠菌（*Lmesenteroides*） |
| 乙醇发酵（ethanol fermentation） | 乙醇、$CO_2$ | 葡聚糖明串珠菌（*L. dextranicum*）<br>酵母菌属（*Saccharomyces*）<br>运动发酵单孢菌属（*Zymomonas*） |

　　复杂碳水化合物在细菌作用下的发酵途径如图38.4所示。从图38.4中可见，复杂碳水化合物首先经水解后生成葡萄糖，在厌氧条件下，通过糖酵解（glycolysis，又称 EMP）途径生成的丙酮酸，经发酵后再转化为乙酸、丙酸、乙醇或乳酸等。

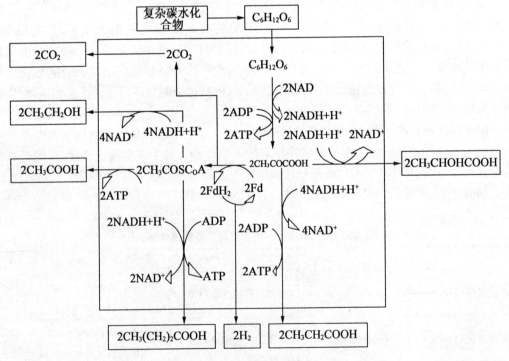

图38.4　细菌作用下的复杂碳水化合物发酵途径示意图

## 38.2　氢气的纯化

石油化学工业的高级油料生产,电子工业的半导体器件制造,金属工业的金属处理,玻璃、陶瓷工业的光纤维、功能陶瓷的生产,电力工业的大型发电机冷却系统等,都需要大量氢。尤其是近年来高纯度氢在化学工业、半导体、光纤维等领域的应用,使得氢的纯化日益得到重视。

由于自然界没有纯净的氢,氢总是以其化合物如水、碳氢化合物等形式存在。因此在制备氢时就不可避免地带有杂质。

1. 水电解制氢

当采用碱性水电解制氢时,氢气流中常见的是水汽和氧气。通常能占到 1% ,如果要高纯氢,还需进一步净化。采用聚合物膜电解膜,氢中仍然会有氧杂质。

2. 重油裂解制得氢的杂质

重油催化裂化干气的组成比较复杂,除 $H_2$ 外,还含有一定量的 $N_2$、$O_2$、CO、$CO_2$、$CH_4$、$C_2H_4$、$C_2H_6$ 及 $C_5$ 等烃类组分。例如,某工厂的重油催化裂化干气的组成见表 38.4。

表38.4　重油催化裂化干气的组成

| 气体 | 体积分数/% | 气体 | 体积分数/% |
|---|---|---|---|
| $H_2$ | 47.44 | $n2C_4H_8 + i2C_4H_8$ | 1.917 |
| $O_2$ | 1.328 | $CsH_{12}$ | 0.089 |
| $N_2$ | 8.573 | 气体杂质/($mg \cdot m^{-3}$) | – |
| $CH_4$ | 17.199 | CO | 1.035 |
| $C_2H_4$ | 7.907 | $CO_2$ | 0.010 |
| $C_2H_6$ | 9.361 | 总硫/% | – |
| $C_3H_8$ | 0.509 | $H_2S$ | 0.53 |
| $C_3H_6$ | 3.524 | 硫醇 | 0.14 |
| $i2C_4H_{10}$ | 0.750 | 二硫化物 | <0.02 |
| $n2C_4H_{10}$ | 0.367 | – | – |

3. 煤制氢中的杂质

煤制氢中的杂质含量随煤的品种有很大的变化,与石油类制氢的最大区别是含有多种杂环类化合物,某单位的焦炉煤气主要组成见表 38.5。

表38.5　焦炉煤气的组成

| 组分 | 体积分数/% | 组分 | 体积分数/% |
|---|---|---|---|
| $H_2$ | 55.60 | $H_2O$ | 饱和 |
| $CH_4$ | 24.35 | $H_2S$ | 500 |

| 组分 | 体积分数/% | 组分 | 体积分数/% |
|---|---|---|---|
| $CO_2$ | 2.14 | 萘 | 150 |
| CO | 6.26 | $NH_3$ | 30 |
| $O_2$ | 0.56 | 焦油 | 50 |
| $C_nH_m$ | 2.34 | 有机硫 | 约100 |
| | | 苯 | 4 000 |

总地来看,无论是用哪种方法制氢,都含有不同程度的杂质。

在现代工业中,氢的用处很广,因而对氢的品质要求各不一样,这就要求对氢进行纯化。

(1)燃料电池的要求。燃料电池堆对氢原料有一定的要求,特别是在低温工作的燃料电池对氢的要求很高。对在80 ℃工作的PEMFC而言,要求氢气中的CO和$SO_2$的含量在$10^{-6}$级水平。对工作温度在200 ℃的PAFC来说,$H_2$中允许CO可达1%。

(2)石油加工的要求。氢气是现代炼油工业和化学工业的基本原料之一。由原油蒸馏或裂解所得,分需采用加氢精制才能得到优质产品。在炼制工业中,氢气主要用于加氢脱硫。在石油化工领域,氢气主要用于C3馏分加氢、汽油加氢、C6~C8馏分加氢脱烷基、生产环己烷。催化重整原料的加氢精制目的是除去石脑油中的硫化物、氮化物、铅和砷等杂质。加氢裂化是在氢气存在条件下进行的催化裂化过程,氢气用量大。选择性加氢主要用于高温裂解产物,从而将不稳定化合物转化成稳定的产物。

表38.6　列出炼制工业和石油化工领域中各种加工过程的氢气耗量

| 加氢精制类型 | 氢耗量($1:x$) | 加氢精制类型 | 氢耗量($1:x$) |
|---|---|---|---|
| 炼制工业 | | 石油工业 | |
| 石脑油加氢脱硫 | 12 | C3馏分加氢 | 25 |
| 粗柴油加氢脱硫 | 15 | 汽油加氢 | 35 |
| 改善飞机燃料的无烟火焰高度 | 45 | C6~C8馏分加氢脱烷基 | 350 |
| 燃料油加氢脱硫 | 12.5 | 环己烷 | 800 |
| 加氢裂化 | 150~400 | | |

注:$x = H_2$ 量

由于在上述过程中,使用了各式各样的催化剂,因而对氢的纯度要求达到99.99%以上。

(3)在冶金工业中,氢气可作为还原剂将金属氧化物还原成金属,也可作为金属高温加工时的保护气。在硅钢片生产中要使用纯度为99.99%以上的氢气。电工使用的钨必须是由氢气直接还原氧化钨来制得。硬质合金切削刀的热处理;烧结合金;磁带金属粉末的制造;等离子焊接及特殊焊接,用于人造卫星部件和高压容器焊接等方面。

(4)在浮法玻璃生产中,需向密封的锡槽内连续地通入纯净的氮氢混合气,维持锡槽内微正压与还原气氛,保护锡液不被氧化,保护气体中氮与氢含量比为10:1。

(5)天然的食用油用氢处理后,使全部或大部分活性复键与氢加成。所得产品可以稳定储存,并能抵抗细菌生长。

(6)煤的加氢气化与液化工艺中,一般每 15 kg 煤需用 2 kg 氢。

(7)在塑料工业和精细有机合成工业中,氢是极重要的原料之一。氢气也用于合成甲醇。

(8)在氢氧焊和切割中用氢和氧,特别适合于水下切割。原子氢焊接特别适合于薄片焊接。

(9)有的重水厂是采用液氢精馏法生产重水的工艺路线,液氢也可用于低温材料性能试验及超导研究中。

(10)在电力、原子能领域,用于发电机冷却和反应堆冷却;燃料电池用作人造卫星电源。

(11)用作分析、试验的标准气、气象观测用气球的充填气。

# 第 39 章　氢气的贮运

## 39.1　氢气的储存

　　氢气的储存是氢经济发展的主要瓶颈。氢能工业对储氢的要求总地来说是储氢系统要安全、容量大、成本低、使用方便,但具体到氢能的终端用户不同并且有很大的差别。氢能的终端用户可分为两类:一是供应民用和工业的气源;二是交通工具的气源。对于前者,要求特大的储存容量,几十万立方米,就像现在我们常看到的储存天然气的巨大的储罐。对于后者,要求较大的储氢密度。考虑到氢燃料电池驱动的电动汽车按 500 km 续驶里程和汽车油箱的通常容量推算,储氢材料的储氢容量达到 6.5%(质量分数)以上才能满足实际应用的要求。因此美国能源部(DOE)将储氢系统的目标定为:质量密度为 6.5%,体积密度为 62 $kgH_2/m^3$。

## 39.2　氢气的储存技术

### 1. 加压气态储存

　　氢气可以像天然气一样用低压储存,使用巨大的水密封储罐。该方法适合大规模储存气体时使用,由于氢气的密度太低,所以应用不多。

　　气态压缩高压储氢是最普通和最直接的储氢方式,通过减压阀的调节就可以直接将氢气释放出。目前,我国使用容积为 40 L 的钢瓶在 15 MPa 储存氢气。为使氢气钢瓶严格区别于其他高压气体钢瓶,我国的氢气钢瓶的螺纹是顺时针方向旋转的,和其他气体的螺纹相反;而且外部涂以绿色漆。上述的氢气钢瓶只能储存 6 $m^3$ 氢气,大约半公斤氢气,不到装载器质量的 2%。但是运输成本太高,此外还有氢气压缩的能耗和相应的安全问题。

　　目前,国际已经有更高压力的储氢罐,如在 35 MPa 的压力下,将氢气加压储存于特制的铝内胆、石墨纤维缠绕的容器中。70 MPa 的储氢压力罐的样品也已问世,很快就会商品化。

　　国际著名的加拿大 Dynetek 公司出售 20~35 MPa 的氢气压力罐。在其网站上,该公司宣称已经制造出 82.5 MPa (12 500 psi)的固定储氢压力容器,作为车载用,有 70 MPa (10 000 psi)的加氢容器。

　　高压储氢的缺点是能耗高,需要消耗别的能源形式来压缩气体;更重要的是目前公众的接受心理还有障碍。

2. 液化储存

液氢可以作为氢的储存状态,它是通过高压氢气绝热膨胀而生成。液氢沸点仅 20.38 K,气化潜热小,仅 0.91 kJ/mol,因此液氢的温度与外界的温度存在巨大的传热温差,稍有热量从外界渗入容器,即可快速沸腾而损失。短时间储存液氢的储槽是敞口的,允许有少量蒸发以保持低温,即使用真空绝热储槽,液氢也很难较长时间地储存。

液氢和液化天然气在极大的储罐中储存时都存在热分层问题。即储罐底部液体承受来自上部的压力而使沸点略高于上部,上部液氢由于少量挥发而始终保持极低温度。静置后,液体形成下"热"上冷的两层。上层因冷而密度大,蒸气压因而也低,而底层略热而密度小,蒸气压也高。显然这是一个不稳定状态,稍有扰动,上下两层就会翻动,如略热而蒸气压较高的底层翻到上部,就会发生液氢爆沸,产生较大体积的氢气,使储罐爆破。为防止事故的发生,较大的储罐都备有缓慢的搅拌装置以阻止热分层。

液氢储存的最大问题是当你不用氢气时,液氢不能长期保持。由于不可避免的漏热,总有液氢汽化,导致罐内压力增加,当压力增加到一定值时,必须启动安全阀排出氢气。目前,液氢的损失率达每天 1% ~2%。所以液氢不适合于间歇使用的场合,如汽车。你不能要求汽车总是在运动,当你将车放在车库里,一周后再去开车,就会发现储罐内空空如也。

3. 金属氢化物储氢

一种以金属与氢反应生成金属氢化物而将氢储存和固定的技术。氢可以和许多金属或合金化合之后形成金属氢化物,它们在一定温度和压力下会大量吸收氢而生成金属氢化物,然而反应又具有很好的可逆性,适当升高温度和减小压力即可发生逆反应,释放出氢气。金属氢化物储存,使氢气跟能够氢化的金属或合金相化合,以固体金属氢化物的形式储存起来。金属储氢自 20 世纪 70 年代起就受到重视。

储氢机理,反应方程式如下:

$$xM + yH_2 \longrightarrow M_xH_{2y}$$

式中 M——金属元素。

在一定温度下,储氢合金的吸氢过程分 4 步进行。

第一步:形成含氢固溶体(即 α 相)。

$$P_{H_2}^{1/2} \propto h[H]_M$$

第二步:进一步吸氢,固溶相 $MH_x$ 与氢反应,产生相变,生成金属氢化物(即 β 相)。$MH_x$ 固溶相与 $MH_y$ 氢化物相的生成反应为

$$2/(y-x)MH_x + H_2 \longrightarrow 2/(y-x)MH_x + Q$$

第三步:增加氢气压力,生成含氢更多的金属氢化物。根据此过程,氢浓度对平衡压力作图得到压力 - 浓度等温线,即 p – C – T 曲线。

第四步:吸附氢的脱附:

$$MH_{ad} + e^- + H_2O \longrightarrow M + H_2 + OH^-$$

$$2MH_\omega \longrightarrow H_2 + 2M$$

## 39.3　储氢合金的优缺点

储氢合金的优点是合金有较大的储氢容量,单位体积储氢的密度,是相同温度、压力条件下气态氢的 1 000 倍,也即相当于储存了 1 000 个大气压的高压氢气。充放氢循环寿命长,成本低廉。

该法的缺点是储氢合金易粉化,储氢时金属氢化物体积的膨胀,而解离释氢过程又会发生体积收缩。经多次循环后,储氢金属便破碎粉化,使氢化和释氢渐趋困难。例如具有优良储氢和释氢性能的 LaNi₅,经 10 次循环后,其粒度由 20 目至 400 目。如此细微的粉末,在释氢时就可能混杂在氢气中堵塞管路和阀门。

金属或合金,表面总会生成一层氧化膜,还会吸附一些气钵杂质和水分。它们在过程中妨碍了金属氢化物的形成,因此必须进行活化处理。有的金属活化十分困难,因而限制了储氢金属的应用。

杂质气体对储氢金属性能的影响不容忽视。虽然氢气中夹杂的 $O_2$、$CO_2$、$CO$、$H_2O$ 等气体的含量甚微,但反复操作,有的金属可能程度不同地发生中毒,影响氢化和释氢特性。

储氢密度低。多数储氢金属的储氢质量分数仅 1.5% ~ 3%,给车用增加很大的负载。

由于释放氢需要向合金供应热量,实用中需装设热交换设备,进一步增加了储氢装置的体积和质量。同时车上的热源也不稳定,使这一技术难以车用。目前的储氢技术还不能满足人们的要求,特别是氢燃料汽车的续驶里程与其携氢量成正比,这就对储氢量有很高的要求。表 39.1 给出常用的储氢方法及优缺点。

表 39.1　常用的储氢方法及优缺点

| 储氢方法 | 优　点 | 缺　点 |
|---|---|---|
| 压缩气体 | 运输和使用方便、可靠,压力高 | 使用和运输有危险;钢瓶的体积和质量大,运费较高 |
| 液氢 | 储氢能力大 | 储氢过程能耗大,使用不方便 |
| 金属氢化物 | 运输和使用安全 | 单位质量的储氢量小,金属氢化物易破裂 |
| 低压吸附 | 低温储氢能力大 | 运输和保存需低温 |

## 39.4　非金属氢化物储存

由于氢的化学性质活泼,它能与许多非金属元素或化合物作用,生成各种含氢化合物,可作为人造燃料或氢能的储存材料。

氢可与 CO 催化反应生成烃和醇,这些反应释放热量和体积收缩,加压和低温有利于反应的进行。在高性能催化剂作用下完成反应,压强逐渐降低,从而降低了成本。

甲醇本身就是一种燃料,甲醇既可替代汽油做内燃机燃料,也可掺兑在汽油中供汽车使用。它们的储存、运输和使用都十分方便。甲醇还可脱水合成烯烃,制成人造汽油。

$$n\mathrm{CH_3OH} \longrightarrow \frac{n}{2}(\mathrm{CH_3 - O - CH_3}) + \frac{n}{2}\mathrm{H_2O}$$

$$\frac{n}{2}(CH_3 - O - CH_3) \longrightarrow (CH_2)n + \frac{n}{2}H_2O$$

氢与一些不饱和烃加成生成含氢更多的烃,将氢寄存其中。例如,$C_7H_{14}$为液体燃料,加热又可释放出氢,因此也可视为液体储氢材料。氢可与氮生成氮的含氢化合物氨、肼等,它们既是人造燃料,也是氢的寄存化合物。氢和硼、硅形成的氢化物可以储氢。

硼氢化合物中,如 $B_2H_6$、$B_5H_9$、$B_{10}H_{14}$ 等本身也是燃烧热较高的人造燃料,其燃烧反应时放出的热量要比石油等燃料高 1.5 倍以上。其中有些硼化物还可以分解释放出氢气。

氢也可寄存在甲醇或己二醇等醇类化合物中,当醇类做逆向分解时,就可以释放出氢气。甲醇本身也是一种燃料,也是氢的寄存体。甲醇是液态的,容易储存、运输和使用。通过甲醇分解的氢气可以用作氢 – 氧或氢 – 空气燃料电池的燃料。

利用氢在不同化合物中的不同形态的储存特性,给储存、运输和使用氢能带来很多好处。由于这种氢化物大部分是液态的,很容易储存;在实际的应用中,通过化学的方法裂解氢化物,然后就可以使用分解出来的氢气。巴斯夫公司和 DBB 斯图加特燃料电池发动机公司联合研制出甲醇制氢的燃料电池电动汽车,此车燃料电池的甲醇重整器中使用催化剂分解甲醇制氢。用甲醇做燃料,燃料补充便捷,行驶里程远,而且甲醇的重整温度 250 ℃ 最低。但是在甲醇重整的过程,释放出的 CO 严重影响燃料电池的性能,因此要付出很大的努力,才能使 CO 含量降到 $10^{-6}$ 级。总地来说,非金属储氢在燃料电池电动汽车上的应用从技术上来说还不是很完善。

# 39.5　储氢研究动向

## 1. 高压储氢技术

气态高压储存正朝着更高压力的方向发展。目前,已经有 350 MPa 压力的储氢罐商品。这种储氢罐是采用铝合金内胆,外面缠绕碳纤维并浸渍树脂。压力高达 700 MPa 的储氢罐样品也成功面世。现在许多氢燃料汽车就采用这种特制的高压储氢瓶作为车载氢源。

## 2. 新型储氢合金

镁基合金属于中温型储氢合金,吸、放氢性能比较差,但由于其储氢量大($MgH_2$ 的含氢量达到 7.6%(质量分数),而 $Mg_2NiH_4$ 的含氢量也达到 3.6%(质量分数)、质量轻(密度仅为 1.74 $g/cm^3$)、资源丰富、价格便宜和无污染,吸引了众多的科学家致力于开发新型镁基储氢材料。但镁基合金的抗腐蚀能力差以及吸放氢温度较高仍然是阻碍其广泛应用的主要瓶颈,也是氢化物储氢研究的重点。经过长时间的摸索和研究,发现 Mg 或 $Mg_2$ Ni 中加入单一金属。形成的合金的吸、放氢性能并不能改变多大,而向 Mg 或 $Mg_2Ni$ 中加入一定质量分数的其他系列储氢合金(如 TiFe、TiNi 等)会收到意想不到的效果。Mandal 等人发现向 Mg 中加入一定量的 TiFe 和 $LaNi_5$ 可以明显催化 Mg 的吸、放氢性能。如 Mg + 40%(质量分数)FeTi(Mn),在室温下吸氢 3.3%(质量分数),而且在室温 3 MPa 下,10 min 内可吸收 80% 的氢,在 40 min 内可吸饱氢。对镁合金的机械合金化处理,也可有效地改善镁合金的吸放氢的动力学性能。

钛基储氢合金也受到很大的重视。Ti – Mn 系储氢合金的成本较低,是一种适合于较大规模工程应用的无镍储氢合金,而且我国是一个富产钛的国家。在实际工程应用中,

Ti – Mn 多元合金以其较大的储氢量、优异的平台特性得到了较为广泛的应用。日本蒲生孝治等研究发现 $Ti_{1-x}Zr_xMn_{2-y-z}Cr_zV_y$ ($x = 0.1 \sim 0.2$, $y = 0.2$, $z = 0.2 \sim 0.6$) 合金不需要热处理就具有良好的储氢特性。该五元系中,以 $Ti_{0.9}Zr_{0.1}Mn_{1.4}V_{0.2}Cr_{0.4}$ 的储氢性最好,最大吸氢量达 H/M ~ 1.07,即 240 mL/g,最大放氢量为 233 mL/g。为了进一步降低合金的成本,浙江大学曾进行了用钒铁合金替代纯 V,用 Al、Ni 替代 Zr 的研究,发现 $Ti_{0.9}Zr_{0.2}Mn_{1.4}Cr_{0.4}$(V – Fe).0.2 具有较好的储氢特性和平台特征,30 ℃吸氢量达 240 mL/g,放氢率达 94%。德国的 Benz 公司研制的 $Ti_{0.98}Zr_{0.02}V_{0.45}Fe_{0.1}Cr_{0.05}M_{n1.4}$ 合金储氢量达 2.0% (质量分数),平台特性也很好。日本的 E. Akiba 等对 TiV 系固溶体合金进行了研究,研制的 $Ti_{25}Cr_{30}V_{40}$ 合金储氢量可达 2.2% (质量分数)。

目前,世界上仅日本丰田公司研制出应用于燃料电池汽车上的用金属氢化物储氢的储氢器,另外美国正在进行以金属氢化物供氢的燃料电池驱动的高尔夫球车的试验。在燃料电池小型化应用方面,美国氢能公司以金属氢化物来提供氢,开发出了燃料电池驱动的残疾人轮椅车,以及功率为 40 W 的燃料电池便携电源,这种电源可用于手提电脑、便携式收音机或其他便携设备;日本公司用金属氢化物提供氢,研制出了小型燃料电池照明电源;加拿大巴拉德公司研制出与笔记本电脑中燃料电池相配套的钛系金属氢化物储氢器。我国北京有色金属研究总院、浙江大学、南开大学和原中科院上海冶金所都在金属储氢合金的研究方面有所建树,开发出适合小型燃料电池用合金储氢罐,供应国内外研究单位。

3. 有机化合物储氢

有机液态氢化物储氢技术是借助某些烯烃、炔烃或芳香烃等储氢剂和氢气的一对可逆反应来实现加氢和脱氢的。从反应的可逆性和储氢量等角度来看,苯和甲苯是比较理想的有机液体储氢剂,环己烷(cyclo-hexane,简称 Cy)和甲基环己烷(methylcyclo-hexane,简称 MCH)是较理想的有机液态氢载体。有机液态氢化物可逆储放氢系统是一个封闭的循环系统,由储氢剂的加氢反应,氢载体的储存、运输,氢载体的脱氢反应过程组成。氢气通过电解水或其他方法制备后,利用催化加氢装置,将氢储存在 Cy 或 MCH 等氢载体中。

由于氢载体在常温、常压下呈液体状态,其储存和运输简单易行。将氢载体输送到目的地后,再通过催化脱氢装置,在脱氢催化剂的作用下,在膜反应器中发生脱氢反应,释放出被储存的氢能,供用户使用,储氢剂则经过冷却后储存、运输、循环再利用。

和传统的储氢方法相比,有机液态氢化物储氢有以下特点。

(1)储氢量大,储氢密度高。苯和甲苯的理论储氢量分别为 7.19% 和 6.16% (质量分数),高于现有的金属氢化物储氢和高压压缩储氢的储氢量,其储氢密度也分别高达 56.0 g/L 和 47.4 g/L,有关性能参数比较见表 39.2。

表 39.2　苯和甲苯的储氢方式的比较

| 储氢系统 | 密度/(g · L⁻¹) | 理论储氢量/% | 储存 1 kg H₂ 的化合物量/kg |
|---|---|---|---|
| 苯 | 56.00 | 7.19 | 12.9 |
| 甲苯 | 47.40 | 6.16 | 15.2 |

(2)储氢效率高。以 Cy 储氢构成的封闭循环系统为例,假定苯加氢反应时放出的热量

可以回收,整个循环过程的效率高达98%。

(3)氢载体储存、运输和维护安全方便,储氢设施简便,尤其适合于长距离氢能输送。氢载体 Cy 和 MCH 在室温下呈液态,与汽油类似,可以方便地利用现有的储存和运输设备,这对长距离、大规模氢能输送意义重大。

(4)加脱氢反应高度可逆,储氢剂可反复循环使用。

4.研究进展

(1)方法的研究。自 Sultan 等人于1975年首次提出该技术以来,国外一些学者就此项储氢技术进行了专门的研究,但是,还远远谈不上应用。E. Newson 等人的研究结果显示,有机液态氢化物更适合大规模、季节性(约100天)能量储存。瑞士在车载脱氢方面进行了深入的研究,并已经开发出两代试验原型汽车 MTH – 1(1985年)和 MTH – 2(1989年)。意大利也在利用该技术开发化学热泵,G. Cacciola 利用 MCH 或 CY 系统可逆反应加氢放热、脱氢吸热的特性,用工业上大量存在的温度范围为 $423 \sim 673$ K 的废热源供热,实现 MCH 或 CY 的脱氢反应,而甲苯或苯加氢反应放出的热量则以低压蒸汽的形式加以利用。

(2)催化剂研究。在有机液体氢载体脱氢催化剂中,贵金属组分起着脱氢作用,而酸性载体起着裂化和异构化的作用,是导致催化剂结焦、积炭的重要原因。因此,开发 MCH 脱氢催化剂的关键在于强化脱氢活性中心的同时,弱化催化剂的表面酸性中心。解决方案是从研究抗结焦的活性组分或助催化剂入手,对现有工业脱氢催化剂进行筛选和改性,强化其脱氢功能,弱化其表面酸性,以适应 MTH 系统苛刻条件对催化剂的要求。

在 400 ℃、0.12 MPa、空速 $6h – 1$、纯 MCH 进料的反应条件下,制得的改性催化剂 $PtSnK/\gamma – Al_2O_3$ 的活性稳定性保持在 100 h 以上,比改性前至少提高 8 倍。有机液体氢化物脱氢催化剂开发的另一种思路是在载体负载活性组分前对其表面进行改性。研究高效、低温、长寿命脱氢催化剂是其中的重要内容。基本思路是在 $\gamma – Al_2O_3$ 上覆炭,把 $\gamma – Al_2O_3$ 载体高金属相活性和高机械强度等优点和活性炭比表面积高、抗积炭、抗氮化物毒化能力强的特长结合起来,从而提高活性组分的分散度,改善催化剂的抗结焦性能,有关实验正在进行中。

在目前的绿色化学研究体系中,离子液体作为一类新型的环境友好的"绿色溶剂",具有很多独特的性质,如非挥发性、不易燃烧、高的热稳定性、较强的溶解能力等,因此在很多领域(如催化、合成、电化学、分离提纯等)有着诱人的应用前景。研究发现,将离子液体 $[BMIM]BF_4[H_4Ru_4(\eta6 – arene)]BF_4$($[BMIM]+:1 – $丁基 $– 3 – $甲基咪唑阳离子)双相系统应用于苯、甲苯等芳烃的催化氢化中,可显著提高反应速率,同时产品易分离、易纯化、可重复使用,不会引起交叉污染,有效实现绿色催化与生产。

可以预见,在有机液体储氢技术的研究中,基于离子液体热稳定性好、通过阴阳离子设计可调节其物理化学性质及绿色对环境无害等特性,选择适宜离子液体作为加氢、脱氢反应的催化剂将是今后研究的一个重要方向。

(3)膜反应器研究。用膜反应器取代传统的固定床反应器,利用膜对氢气的选择性分离来提高氢载体的转化率并获得高纯度氢气。在各种对氢气有选择透过性的膜中,Pd 的质量分数占23%的 $Pd_2Ag$ 膜被认为是氢气在其中渗透性较好的一种。Ali 等人曾在 $573 \sim 673$ K、$1 \sim 2$ MPa、液体空速 $12$ h $– 1$、$Pt/\gamma – Al_2O_3$ 做催化剂的实验条件下,考察了 MCH 脱氢时这种 2 mm 厚的膜对氢气的分离效果,其转化率提高了 4 倍以上,而且在实验连续运行的两个月中,膜没有任何损害,稳定性能良好。但 Pd$_2$Ag 膜也存在着一些问题,如 Pd$_2$Ag 膜反应器稳定性差,供热困难,而且密封膜容易结块,对硫和氯等易中毒,寿命短,价格昂贵等。

5. 经济分析

以瑞士 Scherer 等对液体有机氢化物 MTH 系统(甲基环己烷 – 甲苯 – 氢)的能源储备、优化利用的经济评价为例,与传统的化石燃料发电相比,利用有机液体储氢技术将夏季剩余电能储存以备冬季使用而建立的氢能 – 电能系统的费用支出较为昂贵,但其在碳排放、环境效益和能源储备等方面具有不可替代的优势。分析表明,综合性能最优的 MTH 系统是 MTH – SOFC(固体氧化物燃料电池)系统,其最大利用效率为48%,冬季使用最低费用支出为0.17 美元/(kW·h),明显高于传统化石燃料发电费用支出(0.05 ± 0.1 美元/(kW·h)),而略低于氢 – 光电系统的发电费用(0.22 美元/(kW·h));其 CO$_2$ 排放量低于天然气的80%,而且从能源战略角度来看,其能源储备的效益显著。

6. 挑战

有机液态氢化物储氢技术虽然取得了长足的进展,但仍然有不少待解决的问题。

(1)脱氢效率低。有机液体氢载体的脱氢是一个强吸热、高度可逆的反应,其脱氢效率在很大程度上决定了这种储氢技术的应用前景。要想提高脱氢效率,必须升高反应温度或降低反应体系的压力。

(2)催化剂问题大。现在多采用脱氢催化剂 Pt2Sn/γ – Al$_2$O$_3$,其在较高温度下,非稳态操作的苛刻条件下,极易结炭失活。另外,现有催化剂的低温脱氢活性还很难令人满意,有待于开发出低温高效、长寿命脱氢催化剂。

# 39.6　氢气的运输

按照输运氢气时所处状态的不同,可以分为:气氢(GH$_2$)输送、液氢(LH$_2$)输送和固氢(SH$_2$)输送。其中前两者是目前正在大规模使用的两种方式。

根据氢的输送距离、用氢要求及用户的分布情况,氢气可以用管网,或通过储氢容器装在车、船等运输工具上进行输送。管网输送一般适用于用量大的场合,而车、船运输则适合于用户数量比较分散的场合。液氢输运方法一般是采用车船输送。

## 39.6.1　车船运输

液氢储罐。液氢生产厂至用户较远时,一般可以把液氢装在专用低温绝热槽罐内,放在卡车、机车或船舶上运输。

利用低温铁路槽车长距离运输液氢是一种既能满足较大的输氢量又是比较快速、经济的运氢方法。这种铁路槽车常用水平放置的圆筒形低温绝热槽罐,其储存液氢的容量可以达到 100 m$^3$。特殊大容量的铁路槽车甚至可运输 120 ~ 200 m$^3$ 的液氢。

在美国,NASA 还建造有输送液氢用的大型驳船。驳船上装载有容量很大的储存液氢的容器。这种驳船可以把液氢通过海路从路易斯安那州运送到佛罗里达州的肯尼迪空间发射中心,驳船上的低温绝热罐的液氢储存容量可达 1 000 m$^3$ 左右。显然,这种大容量液氢的海上运输要比陆地上的铁路或高速公路上运输来得经济,同时也更加安全。

目前,高压储氢技术发展很快。新型的储氢高压罐是用铝合金做内胆,外缠高强度碳纤维,再经树脂浸渍,固化处理而成。这种高压储氢罐要比常规的钢瓶轻很多,其耐压高达35 MPa(近似 350 大气压),是目前已商业化的高压氢气瓶,广泛用于燃料电池公共汽车和小轿车。压力高达 70 MPa 的储氢瓶样品也已经问世,预计很快会商品化。35 MPa 储氢瓶的质量储氢已经接近 5%。

### 39.6.2　管道输送

1. 液氢的管道输送

液氢除采用车船或船舶运输外也可用专门的液氢管道输送,由于液氢是一种低温( −250 ℃)的液体,其储存的容器及输液管道都需有高度的绝热性能,绝热结构会有一定的能量损耗,因此管道容器的绝热结构就比较复杂。液氢管道一般只适用于短距离输送。目前,液氢输送管道主要用在火箭发射场内。

在空间飞行器发射场内,常需从液氢生产场所或大型储氢容器罐输液氢给发动机,此时就必须借助于液氢管道来进行输配。这里介绍的是美国肯尼迪航天中心用于输送液氢的真空多层绝热管路。美国航天飞机液氢加注量 1 432 $m^3$。液氢由液氢库输送到 400 m 外的发射点,39A 发射场的 254 mm 真空多层绝热管路,其技术特性如下:反射屏铝箔厚度0.000 01 mm、20 层,隔热材料为玻璃纤维纸,厚度 0.000 16 mm。管路分段制造,每节管段长 13.7 m,在现场用焊接连接。每节管段夹层中装有 5A 分子筛吸附剂和氧化钯吸氢剂,单位真空夹层容积的 5A 分子筛量为 4.33 g/L。管路设计使用寿命为 5 年,在此期间内,输送液氢时的夹层真空度优于 133 × $10^{-4}$ Pa。39B 发射场的 254 mm 真空多层绝热液氢管路结构及技术特性与 39A 发射场的基本相同,其不同点是:反射屏材料为镀铝聚酯薄膜,厚度0.000 01 mm;真空夹层中装填的吸附剂是活性炭,单位夹层容积装入 4 116 g/L;未采用氧化钯吸氢剂。在液氢温度下,压力为 133 × $10^{-4}$ Pa,5A 分子筛对氢的吸附容量可达 160 CI-Il3(标准状态)/g 以上,而活性炭可达 200 $cm^3$(标准状态)/g。影响夹层真空度的主要因素是残留的氢气、氖气。为此,在夹层抽真空过程中用干燥氮气多次吹洗置换。分析表明,夹层残留气体中主要是氢,其最高含量可达 95%,其次为 $N_2$、$O_2$、$H_2O$、$CO_2$、He。5A 分子筛在低温低压下对水仍有极强的吸附能力,所以采用 5A 分子筛作为吸附剂以吸附氧化钯吸氢后放出的水。5A 分子筛吸水量超过 2% 时,其吸附能力将明显下降。

2. 气氢管道

氢气的长距离管道输送已有 60 余年的历史,最老的长距离氢气输送管道是在 1938 年德国鲁尔建成。在德国莱茵 – 鲁尔工业地区中赫尔(Hull)化学工厂建立的总长达 208 nm的氢气输送管道是世界上第一条输氢管道。其输氢管直径在 15 ~ 30 cm 之间。额定的输氢压力约为 2.5 MPa。输氢管材采用普通的钢管,运行安全良好。

“氢能经济”的概念最早于 20 世纪 70 年代被提出,意在用大规模的氢气管网代替现有的电力输送管网,进而以氢气代替电成为未来能源系统中能量输送的理想载体。美国普林斯顿大学的奥格登(Ogden)等人曾提出,通过氢气管网进行长距离能量输送的成本比通过输电线的成本要低得多。

大约在 1800 年就用管道将城市煤气输送到各家各户。城市煤气含有约 50% 的氢和5% 的 CO。现在美国有 720 km 的输送氢气的管道,主要在美国加州海湾地区,氢气输送的造价比天然气贵,其信息见表 39.3 和 39.4。

表 39.3　气体管道输送

| 氢气管道 | 油和天然气管道 |
|---|---|
| 美国 720 km | 美国输油管道 32 万 km,天然气管道 208 万 km |
| 造价:31 ~ 94 万美元/km | 12.50 ~ 50 万美元/km |

表 39.4　高压氢气与液氢的比较

| 高压氢气输送 | 液氢($LH_2$)输送 |
|---|---|
| 高压储氢过程耗能 15% ~ 30% | 40% ~ 50% |
| 高压储罐投资达 1 000 ~ 2 000 美元/kW | 1 500 ~ 2 500 美元/kW |
| 压力为 20 ~ 35 MPa | 损失 0.1% ~ 0.3%(每天) |

(3)有机化合物输氢管道。有人提出,利用有机化合物加氢和放氢的过程,可以大规模输送氢气,其原理部分参见本书的储氢部分。

# 39.7　氢气运输小结

由以上分析可知,目前,液态、气态氢的储备方式应用较多,技术发展也比较健全;而固态氢的储备正在积极研究中。由于液态、气态氢储备存在各种缺点,因此在氢能发展迅速的今天,发展新的储氢方式(固态氢储备)也就势在必行。表 39.5 给出各种储氢方法的质量比较,表 39.6 给出各种储氢方法的体积比较。

表 39.5　储氢方法的质量比较

| 项　目 | 常规汽油 | 甲醇 | 液氢 | 压缩储氢/30 MPa | 金属储氢合金 | | 纳米碳储氢 | |
|---|---|---|---|---|---|---|---|---|
| | | | | | 3.92% | 2% | 60% | 8% |
| 燃料质量 | 15 | 25.7 | 3.54 | 3.54 | 3.54 | 3.54 | 3.54 | 3.54 |
| 氢载体质量 | 0 | 0 | 0 | 0 | 86.73 | 173.46 | 2.36 | 40.71 |
| 储罐质量 | 3 | 3.3 | 18.2 | 87.0 | 25 | 35.32 | 5.22 | 17.13 |
| 系统总质量 | 18 | 29 | 21.74 | 90.54 | 115.27 | 212.3 | 11.12 | 61.38 |

表 39.6　储氢方法的体积比较

| 项　目 | 常规汽油 | 甲醇 | 液氢 | 压缩储氢/30 MPa | 金属储氢合金 | | 纳米碳储氢 | |
|---|---|---|---|---|---|---|---|---|
| | | | | | 3.92% | 2% | 60% | 8% |
| 燃料体积 | 20 | 32 | 50 | 128.8 | 29 | 58 | – | 47.89 |
| 储罐体积 | 4.5 | 7 | 35 | 41.2 | 12 | 24 | – | 25 |
| 系统总体积 | 24.5 | 39 | 85 | 170 | 41 | 82 | – | 72.89 |

　　从以上介绍可知,氢气储备的部分技术已经应用到实际当中,至于一些新型技术及新型材料,由于受到限制,如今并没有投入运营。在现阶段中,氢气的储备只是在一些比较传统和比较成熟的技术上得到比较完善的应用,而那些新型的技术和材料只是在实验中得以应用,因此储氢的实用化主要是针对那些比较新型的技术而言的。

　　为了加速储氢的实用化,我们目前所要做的就是:拓宽研究开发领域,在原有的储氢合金储氢技术研究开发的基础上,开辟新的研究领域,各种新型储氢材料研制及应用技术等方面开展研究工作,为我国氢能源的开发与应用做出贡献。开展多渠道的国际合作研究,使我们的研究开发工作处于世界的前沿。在科技部的领导下,积极推进与国内其他兄弟单位的合作,充分发挥出各自优势,使氢能系统的各部分工作能实现有效集成。

　　为了环境的清洁一定要发展燃料电池汽车,这是汽车业界的共识,但是何时实现,众说不一,来自日本丰田的分析人士认为,要想使燃料电池车替代目前的汽油车,至少还要等待20 年的时间。美国的通用汽车公司对这种看法稍有不同的意见,他们认为,再过 10 年,燃料电池车将和目前的汽油车具有一样的价格,20 年后将有 100 万辆的生产能力并且能赢利,通用的人士认为,目前的双动力车只不过是个过渡产品,通用公司在清洁燃料车的研究和开发上投入了很大的精力。业内人士进一步认为,要想使清洁燃料车尽快投入市场并被市场所接纳,建设氢燃料加注站是一个关键的问题,通用公司已经开始做这方面的工作。他们已准备在华盛顿建立氢气加注站,并且取得了政府的支持。

　　目前在国际上,燃料电池汽车的商业化进程正在通过多领域的广泛合作得到有效促进,如美国政府提出了美国自由汽车计划(Freedom CAR),把伙伴关系扩展到燃料(氢气)领域;加利福尼亚燃料电池伙伴计划(California Fu-el Cell Partnership)则更是聚集了几乎所有世界最著名的燃料电池系统公司、汽车制造商、燃料(包括氢气)生产商,以及美国和加州政府的环保、交通和能源部门等共计 29 个合作伙伴;欧共体已经开始了燃料电池公交车合作示范项目;德国也在实施清洁能源伙伴计划(Clean Energy Partnership);而日本已由政府组织了使用氢能的国际清洁能源网络的研发计划( WE – NET),该计划的二期项目涉及加氢站和金属氢化物储罐系统的示范,同时也涉及安全措施和制氢系统的基础技术的开发。

　　以上各国计划的推出有其深刻的战略和技术背景。从技术角度分析,由于燃料电池本身只是燃料的转化设备,而要使之成为移动动力系统,必然要与燃料的供应和储存等基础设施形成依赖体系。因此在燃料电池汽车推向市场的过程中,目前至少有 3 个主要的技术壁垒需要克服:

　　(1)小型、轻量、廉价和高效的燃料电池发动机的集成;

　　(2)高储存量车载储氢罐的设计;

　　(3)氢气加注设施的开发和加注站分步的规划。

　　近十年来,在燃料电池电堆和发动机的研制方面已经取得了很大的进展,不仅燃料电池的功率密度有了很大的提高,而且水热管理系统也得到了很大优化,贵重的铂催化剂的用量也大为降低。

　　低密度氢气的储存问题曾经被认为是发展直接氢气燃料电池汽车的瓶颈,但现在已经有了很好的从概念到实际的解决方案,如通过车身轻质化和降低阻力系数来减少百公里氢耗量,从而降低对储氢容积的需求;整车围绕储氢罐的重新设计和布置,以获得尽可能多的储氢空间;进一步提高储氢罐的耐压强度,以提高单位容积储氢量等。最近,车载高压储氢罐技术已有较大突破,储氢密度已近 10%(质量分数),而且已获得耐压 70 MPa 的轻质复合材料储氢瓶制造技术;耐压 35 MPa 的轻质复合材料储氢瓶已经商品化。

氢气加注设施是上述 3 个技术壁垒中较难克服的,被认为是比开发燃料电池汽车本身更复杂的难题。它不仅是技术难题,而是经济难题! 目前,氢气作为车用燃料的供应设施在许多国家几乎还是一片空白,需要着手建设。目前汽油、柴油加注站已经遍布世界。有资料说,按照发达国家几十年来经营加油站的经验,每座加油站支持 800 辆车加油最为科学。现在美国的加油站数目达到 25 万座,原因是美国拥有机动车辆 2 亿辆(我国目前的加油站数目为 7.5 万座)。到底是利用现有的基础设施,使用替代燃料例如甲醇,还是推倒重来,采用氢气加注站,这是经济学家、政治家一直在争论不休的问题。主要这是一项牵涉改变能源供应体系的、仅美国就需要 2 000 多亿美元的投资的巨额工程! 为了避免"有车无气"或"有气无车"的情况出现,发达国家都把解决燃料电池汽车发展与氢源基础设施建设的这种"鸡和蛋"的关系作为重大的战略课题进行研究。

在此背景下,2003 年底在美国成立的由 15 个国家和欧盟参加的《氢能经济国际合作伙伴》(IPHE)是政府间组织,其目标之一就是到 2020 年,要建成遍及各地的加氢站。

目前,加氢站建设在我国尚属空白,对目前国际上已有或正在建设的加氢站做尽可能详尽的调研是有很大必要的,并通过调研分析,探索国内加氢站的设计、建造。

世界上第一座应用于氢能汽车的加氢站是 1999 年 5 月,德国人在慕尼黑国际机场建成的,使用液氢燃料改装的宝马车来到这座加氢站,只需大约 3 min 就可将储氢罐加满,每加一次液氢后可行驶 300 km。迄今为止,总共得到了国际上已有或正在建设的共 69 座加氢站的一些情况。总体看来,这些加氢站主要集中在欧美和日本,采用的燃料形式主要分为液氢和压缩气体氢气。一般氢气加注需要利用高压氢气为原料,故本文主要介绍了压缩氢气的加氢站。此类加氢站主要包括气体输送和在站制氢两种,在站制氢主要有两种方式:天然气、水蒸气重整,水电解制氢。两种制氢方法见表 39.7 和表 39.8。由下面表格可以看到,目前国外已有的加氢站主要以水电解制氢为主,少部分采用天然气、水蒸气重整制氢。

**表 39.7　天然气、水蒸气重整制氢**

| 建站地点 | 燃料类型 | 工程名称 | 建站日期 | 采用技术 | 补充说明 |
|---|---|---|---|---|---|
| 美国内华达州(拉斯维加斯北 65 km) | 压缩氢气 | 能源部内华达试验基地发展公司,拉斯维加斯阳光技术和可再生能源和城市工程 | 2002 年 11 月 5 日开始运行 | N/A | 该站可最多供给 27 辆汽车(平均每车功率 50 kW);一个基于氢气发动机自热重整(ATR)在 Allentown 的气体实验室经过了测试 |
| 日本大阪和高松 | 压缩氢气 | WE－NET | 2001～2003 年 | N/A | 该加氢站同时采用一个天然气、水蒸气重整制氢和一个水电解制氢系统　每个系统都可以达到每小时 30 标米氢气的产气量 |

续表 39.7

| 建站地点 | 燃料类型 | 工程名称 | 建站日期 | 采用技术 | 补充说明 |
|---|---|---|---|---|---|
| 德国斯图加特 | 压缩氢气 | | 2003 年 | BP 附属 | 站上天然气、水蒸气重整制氢,产气量未知 |
| 欧洲比利时卢森堡 | 压缩氢气 | | 2003 年 | N/A | 站上甲烷重整制氢,产气量未知 |

表 39.8　水电解制氢

| 建站地点 | 燃料类型 | 建站日期 | 采用技术 | 补充说明 |
|---|---|---|---|---|
| El Segundo 加利福尼亚 | 压缩氢气 | 1995 年开始运行 | Pr axair 燃料系统,PVI 光电公司。Stuart Energy 水电解制氢加氢站。燃料通过太阳能和水,在站上制得。制氢和压缩系统都是 100% 的独立系统,不受制于电网系统 | |
| 加利福尼亚 Thousand Palms | 压缩氢气 | 2000 年 4 月开始运行 | Stuart Energy 加氢站系统 | 水电解制氢,氢气压缩到 34.5 MPa;每小时生产 1 400 立方英尺(1 立方英尺≈0.028 立方米)氢气 |
| 加利福尼亚州托兰斯 | 压缩氢气 | 2001 年 7 月 12 日开始运行 | solarpowered 氢气生产和加注站技术 | PV - 利用备用网电电解 |
| 加利福尼亚州托兰斯 | 压缩氢气 | 2003 年开始运行 | 丰田公司将和 Stuart 能源和气体制造,化工公司合作 | 丰田公司美国总部在托兰斯利用斯图特能源公司氢气加注站技术。水电解制氢,每天产氢 24 kg |
| 加利福尼亚千棕榈 | 压缩氢气 | 1994 年开始运行 | Teledyne Energy 水电解制氢系统 | 通过水电解得到 3 600 psi 的氢气。每小时可以生产 42 立方英尺的氢气 |
| 加利福尼亚 Richmond | 压缩氢气 | 2002 年 10 月 30 日开始运行 | | |
| 美国亚利桑那州菲尼克斯 | 压缩氢气 | 2001 年开始运行 | Proton Energy 的 HO-GENPEMFC 水电解技术 | |
| 德国汉堡 | 压缩氢气 | 1999 年 1 月 12 日开始运行 | | 100% 的燃料氢气,利用绿色环保电力就地水电解制氢 |

续表 39.8

| 建站地点 | 燃料类型 | 建站日期 | 采用技术 | 补充说明 |
|---|---|---|---|---|
| 德国慕尼黑 | 压缩氢气 & 液态氢 & 液态氢转换为压缩氢气 | 1999 年 5 月 ~ 2001 年 | | 液态氢气由 Linde 提供。气态氢气由一个增压 GHW 水电解器生产，或者由液态氢气化 |
| 德国柏林 | 液态及压缩气态氢气 | 2002 年 10 月 23 日开始运行 | Linde 公司提供液态氢气 &Proton Energy Systems 水电解系统制造压缩氢气 | |
| 瑞典斯德哥尔摩 | 压缩氢气 | 预计 2003 年 | Stuart Energy 的智能化氢气加注站设计 | 欧洲洁净城市交通公交车计划 |

美国 GM 公司以现有技术为依据，对几种典型的现场制氢过程进行了经济评估，结果见表 39.9。

表 39.9　几种制氢过程的经济评估

| 制氢工艺 | 美元/吨氢 | 制氢工艺 | 美元/吨氢 |
|---|---|---|---|
| 天然气转化 | 4 400 | 电解水 | 12 120 |
| 汽油转化 | 5 000 | （目标价格） | 2 000 ~ 3 000 |
| 甲醇转化 | 4 530 | | |

由表中数据可以看出，在 4 种制氢工艺中，以天然气现场制氢的经济性能最好，而电解水最贵。但是为什么目前国外已有的加氢站反而主要以水电解制氢为主呢？这里主要考虑到燃料电池汽车对氢气质量的苛刻要求。前面已经说过，燃料电池汽车的动力源是质子交换膜燃料电池，由于它要求氢气中 CO 的体积分数要小于百万分之五，$SO_2$ 含量要在十亿分之一级。化石能源制氢的复杂的净化系统，虽然能够保证达到这样的要求，但是如果万一某个环节出了问题，氢气质量达不到要求，就会使燃料电池"中毒"。而电解水制氢，从根本上没有这个危险存在，是安全的。这就是电解水虽然最贵，为什么目前国外已有的加氢站反而主要以水电解制氢为主的原因。我国前期制造的加氢站必须考虑这点。当然，等到燃料电池车抗 CO、$SO_2$ 的能力增强后，化石能源制氢的可靠性进一步提高后，我们取得加氢站的经验多了，化石能源为原料的加氢站肯定会大有用武之地。

# 参考文献

[1]黄铭荣,胡纪本.水污染治理工程[M].北京:高等教育出版社,1995.

[2]冯孝善,方士.厌氧消化技术[M].杭州:浙江科学技术出版社,1989.

[3]闵航.厌氧微生物学[M].杭州:浙江大学出版社,1993.

[4]郑元景.污水厌氧生物处理[M].北京:中国建筑工业出版社,1988.

[5]吴唯民.厌氧升流式污泥层(UASB)反应器内颗粒污泥的形成及其特性研究[D].北京:
清华大学,1984.

[6]赵一章.产甲烷细菌及其研究方法[M].成都:成都科技大学出版社,1997.

[7]钱泽澎.沼气发酵微生物学[M].杭州:浙江科学技术出版社,1986.

[8]周孟津.沼气生产利用技术[M].北京:中国农业大学出版社,1999.

[9]许保玖.当代给水与废水处理原理讲义[M].北京.清华大学出版社,1983.

[10]张希衡.废水厌氧生物处理工程[M].北京:中国环境科学出版社,1999.

[11]申立贤.高浓度有机废水厌氧处理技术[M].北京:中国环境科学出版社,1991.

[12]左剑恶,王妍春.膨胀颗粒污泥床(EGSB)反应器的研究进展[J].中国沼气,2000,18
(4):3-8.

[13]左剑恶.厌氧消化过程中的酸碱平衡及价控制的研究[J].中国沼气,1998,16(1):
3-7.

[14]郑元景,沈水明,沈光范.污水厌氧生物处理[M].北京:中国建筑工业出版社,1988.

[15]贺延龄.废水的厌氧生物处理[M].北京:中国轻工业出版社,1998.

[16]左剑恶.高浓度硫酸盐有机废水生物处理新工艺的研究[D].北京:清华大学,1995.

[17]何苗.混合基质条件下难降解有机物的生物降解性能[J].环境科学,1997,14(4):354.

[18]蒋展鹏.有机物好氧生物降解性二氧化碳生成量测试法的研究[J].环境科学,1996,17
(3):11.

[19]王菊思.合成有机化合物的生物降解性,研究环境化学,1993,12(3):161.

[20]HANSEN A C,ZHANG Q,LYNE P W L. Ethanol-diesel fuel blends:a review[J]. Biores
Technol 2005,96:277-285.

[21]BORREGAARD Ⅵ R. Experience with nutrient removal in a fixed-film system at full-scale
wastewater treatment plants[J]. War. Sci. Techn01. 1997,36(1):129.

[22]GONCALVES TL E,LE-GRAND L, ROGALLA R. Biological phosphrus uptake in sub-
merged biofihers with nitrogen removal[J]. Wat. Sci. Techn01,1994,29(10-11):119-
125.

[23]SAKAI Y,NITTA Y, TAKAHASHI F. A submerged filter system consisting of magnetic tu-
bular support media covered with a biofilm fixed by magnetic force[J]. War. Res. 1994,
28(5):1175-1179.

[24]SMUTH B P. Submerged filter biotreatment of hazardous leachate in aerobic,anaerobic and

anaerobic/aembic systems[J]. Hazardous Waste&Hazardous Materials,1996,12(2):167 –
183.

[25]CHUDOBA P,PUJOL R. A three-stage biofiltration process:performances of a pilot plant
[J]. Wat. Sci Technol. 1998,38(8 –9):257 –265.

[26]DEMOULIN G. Co-current nitrification/denitrification and biological P-removal in cyclic ac-
tivated sludge plants[J]. Wat. Sci. Technol,1997,35(1):215 –224.

[27]GENDER M,JEFERSON B,JNDD K. Aerobic MBRs for domestic wastewater treatment:a re-
view with cost con-sideration s[J]. Sepa ration and Purification Technology,2002,18:119 –
130.

[28]GORONSZY M C. Aerated denitrification in full scale activated sludge facilities[J]. Wat.
Sci. Technol,2007,35(10):103 –110.

[29]GORONSZY M C. The cyclic activated sludge system for resort area wastawater treatment
[J]. Wat. Sci. Technol,1995,32(9 –10):105 –114.

[30]HOWELL J A. Suberitical flux operation of microfiltratiorL Journal of Membrane Science
[J]. 1995,107:165 –171.

[31]JANG A,YOON Y H,KIM I S,et al. Characterization and evaluation of aerobic granules in
sequencing batch reactor[J]. J. Biotechnol,2003,105:71 –82.

[32]JIANG H L,LAY J H, LIU. $Ca^{2+}$ augmentation for enhancement of aerobically grown micro-
bial granules in sludge blanket reactors[J]. Biotechnol,2004,25:95 –99.

[33]KWON D Y,VINGNESWARAN S. Influence of particle size and surface charge on critical
flux of crossflow microfil-tration[J]. Wat. Sci. Technol,1998,38:481 –488.

[34]LIN Y M,LIU Y, LAY J H. Development and characteristics of phosphorus-accumulating
microbial granules in sequencing batch reactors[J]. AppL MicrobioL BiotechnaL,2003,62:
430 –435.

[35]LIU H. RAMNARAYANAN I,LOGAN B E. Production of electricity during waste water
treatment using a single chamber mierobialfuel cell Environ[J]. Sci. Technol,2004,38:2281
–2285.

[36]LOK V,LIAO P H, GAO Y C. Anaerobic treatment of swine wastewater using hybrid UASB
reactors[J]. Bioresource Technol. 1994,47(2):153 –157.

[37]LOGAN B E. Extracting hydrogen and electricity from renewable resources:a roadmap for
establishing sustainable processes[J]. Environ. Sci. Technol,2004,38:160 –167.

[38]LOGAN B E. Biological hydrogen production measured in batch anaerobic respirometers[J].
Environ. ScL Technol,2002,36:2530 –2535.

[39]沈萍. 微生物学[M]. 北京:高等教育出版社,2000.

[40]周群英,高廷耀. 环境工程微生物学[M]. 2 版. 北京:高等教育出版社,2000.

[41]李亚新,董春娟. 激活甲烷菌的微量元素及其补充量的确定[J]. 环境污染与防治,
2001,23(3):116 –118.

[42]王家玲,臧向莹,王志通. 环境微生物学[M]. 北京:高等教育出版社,1988.

[43]张国政. 产甲烷菌的一般特征[J]. 中国沼气,1990(2):5 –81.

[44]单丽伟,冯贵颖,范三红.产甲烷菌研究进展[J].微生物学杂志,2003,23(6):42-46.

[45]尹小波,连莉文,徐洁泉,等.产甲烷过程的独特酶类及生化监测方法[J].中国沼气,1998,16(3):8-14.

[46]郭立峰,李永峰,高大文.制药废水中产甲烷菌的分离与鉴定[J].哈尔滨商业大学学报:自然科学版,2008,24(1):29-31.

[47]洪谷政夫.土壤污染的机理与解析——环境科学特论[M].北京:高等教育出版社,1988.

[48]林成谷.土壤污染与防治[M].北京:中国农业出版社,1996.

[49]徐亚同,史家樑,张明.污染控制微生物工程[M].北京:化学工业出版社,2001.

[50]马文漪,杨柳燕.环境微生物工程[M].南京:南京大学出版社,1998.

[51]崔晓光.沼气池中产甲烷菌的分离鉴定及其分布的研究[D].辽宁:大连理工大学,2007.

[52]李爱贞.生态环境保护概论[M].北京:气象出版社,2001.

[53]王建龙,文湘华.现代环境生物技术[M].北京:清华大学出版社,2000.

[54]熊治廷.环境生物学[M].武汉:武汉大学出版社,2000.

[55]徐孝华.普通微生物学[M].北京:中国农业大学出版社,1998.

[56]袁志辉.宏基因组方法在环境微生物生态及基因查找中的应用研究[D].重庆:西南大学,2006.

[57]王菊思.合成有机化合物的生物降解性研究[J].环境化学,1993,12(3):161.

[58]SAKAI Y,NITTA Y,TAKAHASHI F. A submerged filter system consisting of magnetic tubular support media covered with a biofilm fixed by magnetic force[J]. War. Res. 1994,28(5):1175-1179.

[59]LIU H,RAMNARAYANAN I T. LOGAN B E. Production of electricity during waste water treatment using a single chamber mierobialfuel cell Environ[J]. Sci. Technol,2004,38:2281-2285.

[60]任南琪,王爱杰,赵阳国.废水厌氧处理硫酸盐还原菌生态学[M].北京:科学出版社,2009.

[61]陈涛.硫酸盐还原菌的分离纯化和筛选及其去除重金属铬的研究[D].成都:四川大学,2006.

[62]夏君.微生物法处理含锌废水的应用基础研究[D].上海:华东师范大学,2005.

[63]马放,魏利.油田硫酸盐还原菌分子生态学及其活性生态调控研究[M].北京:科学出版社,2009.

[64]李福德,李昕,谢翼飞,等.微生物去除重金属和砷复合硫酸盐还原菌法的机理与技术[M].北京:化学工业出版社,2011.

[65]张小里,刘海红.硫酸盐还原菌生长规律的研究[J].西北大学学报:自然科学版,1999,29(5):397-402.

[66]LARRY L B. Sulfate reducing bacteria[M]. New York:Plenum press,1995.

[67]缪应祺.废水生物脱硫机理及技术[M].北京:化学工业出版社,2004.

[68]RICKARD D,GRIFFTH A,OLDROYD A,et al. The composition of nanoparticulate macki-

nawite,tetragonal iron(Ⅱ)monosulfide[J]. J Chem Geol,2006,235(3 – 4):286 – 298.

[69]张文标,陈银广.石油生物脱硫的微生物学研究进展[J].化学工程与装备,2008(2):88 – 90.

[70]张宇宁,梁玉婷,李广贺.油田土壤微生物群落碳代谢与理化因子关系研究[J].中国环境科学,2010,30(12):1639 – 1644.

[71]赵阳国,任南琪.铁元素对硫酸盐还原菌过程的影响及微生物群落响应[J].中国环境科学,2007,27(2):199 – 203.

[72]布坎南 R E,吉本斯 N E.伯杰细菌鉴定手册[M].8 版.北京:科学出版社,1984.

[73]汪频,李福德.硫酸盐还原菌还原铬(Ⅵ)的研究[J].环境科学,1993,14(6):1 – 4.

[74]SRINATH T,VERMA T,RAMTEKE P W,et al. Chromium(Ⅵ)biosorption and bioaccumulation by chromate resistant bacteria[J]. Chemosphere,2002,48:427 – 435.

[75]张学洪,朱义年,刘辉利.砷的环境化学作用过程研究[M].北京:科学出版社,2009.

[76]国家环保局"水和废水监测分析方法"编委.水和废水监测分析方法[M].3 版.北京:中国环境科学出版社,1989.

[77]张自杰,钱易,章非娟.环境工程手册:水污染防治卷[M].北京:高等教育出版社,1996.

[78]贡俊,张肇铭,曹养宪,等.脱硫脱硫弧菌转化二氧化硫气体的研究[J].环境科学学报,2005,25(12):1597 – 1601.

[79]常磊峰.硫酸盐还原分离菌 APS 还原酶和亚硫酸盐还原酶的纯化及性质研究[D].内蒙古:内蒙古师范大学,2008.

[80]刘艳.一株硫酸盐还原菌(Desulfovibrio sp. strain SRBa)的分离鉴定及其去除水体温表镉离子研究[D].广州:华南理工大学,2011.

[81]DEMIRBAS A. Biodiesel:a realistic fuel alternative for diesel engines[M]. London:Springer,2008.

[82]EDUNGER R,KAUL S. Humankind's detour toward sustainability:past,present,and future of renewable energies and electric power generation[J]. Renew Sustain Energy Rev,2000,4:295 – 313.

[83]GOLTSOV V A,VEZIROGLU T N,A step on the road to hydrogen civilization[J]. Int J Hydrogen Energy,2002,27:719 – 723.

[84]HANSEN A C,ZHANG Q,LYNE P W L. Ethanol-diesel fuel blends:a review[J].. Biores Technol,2005,96:277 – 285.

[85]IEA(International Energy Agency). Reference scenario projections[M]. Paris:IEA,2006.

[86]EDINGER R, KAUL S. Humankind's detour toward sustainability: past, present, and future of renewable energies and electric power generation[J]. Renew Sustain Energy Rev,2000,4:295 – 313.

[87]NATH K,DAS D. Hydrogen from biomass[J]. Current Sci,2003,85:265 – 271.

[88]QUAKERNAAT J. Hydrogen in a global long-term perspective[J]. Int J Hydrogen Energy,1995,20:485 – 492.

[89] DEMIEBAS A. Biodiesel: a realistic fuel alternative for diesel engines [M]. London:

Springer,2008.

［90］LARRY L B. Sulfate reducing bacteria［M］. New York:Plenum press,1995.

［91］陈进富,赵永丰.贮氢技术及其研究进展［J］.化工进展,1997,17(1):10－15.

［92］陈长聘,刘宾虹.复合贮氢材料技术研究［J］.低温与特气,1999,3:29－32.

［93］VEZIROGLU T N. Dawn of the hydrogen age［J］. Int J Hydrogen Energy,1998,23:1077－1078.

［94］WANG D C,ZERNIK S,CHORNET E. Production of hydrogen from biomass by catalytic steam reforming of fast pyrolysis oils［J］. Energy Fuels,1998,12:19－24.

［95］DEMIRBAS M F,BALAT M. Recent advances on the production and utilization trends of biofuels:a global perspective［J］. Energy Convers Manage,2006,47:2371－2381.

［96］DERWENT R G,COLLINS W J,JOHNSON C E, et al. Transient behavior of tropospheric ozone precursors in a global 3－D CTM and their indirect greenhouse effects［J］. Climatic Change,2001,49:463－487.

［97］KIM S,DALE B E. Life cycle assessment of various cropping systems utilized for producing biofuels:bioethanol and biodiesel［J］. Biomass Bioenergy,2005,29:426－439.